Electronic Devices and Circuit Theory

電子學
裝置與電路精析

Robert L. Boylestad
Louis Nashelsky

卓中興　黃時雨　譯
洪啓強　改編

Pearson Education Taiwan Ltd.

國家圖書館出版品預行編目資料

電子學：裝置與電路精析 / Robert L. Boylestad, Louis Nashelsky 原著；卓中興，黃時雨譯；洪啟強改編 .-- 初版 .-- 新北市：臺灣培生教育, 臺灣東華, 2014.09
　632 面；19x26 公分

譯自：Electronic devices and circuit theory, 11th ed

　ISBN 978-986-280-274-8（平裝）

1. 電子工程 2. 電路

448.6　　　　　　　　　　　　　　　10301935

電子學：裝置與電路精析

Electronic devices and circuit theory, 11th Edition

原　　著	Robert L. Boylestad, Louis Nashelsky
譯　　者	卓中興 • 黃時雨
改 編 者	洪啟強
出 版 者	台灣培生教育出版股份有限公司
	地址／231 新北市新店區北新路三段 219 號 11 樓 D 室
	電話／02-2918-8368
	傳真／02-2913-3258
	網址／www.pearson.com.tw
	E-mail／Hed.srv.TW@pearson.com
	台灣東華書局股份有限公司
	地址／台北市重慶南路一段 147 號 3 樓
	電話／02-2311-4027
	傳真／02-2311-6615
	網址／www.tunghua.com.tw
	E-mail／service@tunghua.com.tw
總 經 銷	台灣東華書局股份有限公司
出 版 日 期	2014 年 10 月 初版一刷
I S B N	978-986-280-274-8

版權所有 • 翻印必究

Authorized Translation from the English language edition, entitled ELECTRONIC DEVICES AND CIRCUIT THEORY, 11th Edition 9780132622264 by BOYLESTAD, ROBERT L.; NASHELSKY, LOUIS, published by Pearson Education, Inc, Copyright © 2013, 2009, 2006 by Pearson Education, Inc.

All rights reserved. No part of this book may be reproduced or transmitted in any form or by any means, electronic or mechanical, including photocopying, recording or by any information storage retrieval system, without permission from Pearson Education, Inc.

CHINESE TRADITIONAL language edition published by PEARSON EDUCATION TAIWAN LIMITED and TUNG HUA BOOK COMPANY LTD, Copyright © 2014.

改編序

　　本書係依據東華書局之最新電子裝置與電路理論中文譯本精編而成，適用於電子電機與資工機械或相關科系必選修之電子學課程。

　　本書之內容特點：
1. 保留原文作者之每一章，卻刪除章節內冗繁內容與文字敘述。
2. 保留每章最新電子裝置與應用實例。
3. 精析相關電子裝置與電路原理推證。
4. 保留教學彈性，若因授課學程時數所囿，可視教學情況所需，略刪第九、十四、十六與十七章之內容。
5. 本書略有作修正，疏漏之處惠于指正。

編者　洪啟強　甲午仲夏
于金門吉祥書苑

譯者序

　　電子裝置與電路理論一書初版至今已歷四十載，今為第十一版，之所以能歷久不衰自有原因：

1. 對基本概念的闡述非常詳細，可謂循循善誘，對初學者的觀念形成很有幫助。
2. 取材和計算範例十分豐富，且避開艱深的內容，極適合中等程度的學生和自學者。
3. 各種實際應用的介紹極為廣泛，讓讀者在研習學理之際，也能領略電子學的強大應用能力。
4. 依據各章內容，簡要介紹數項重要輔助工具，如 PSpice (Design Center) 和 Multisim 的用法和實例。同學可依自身興趣涉獵深淺，為將來的職涯或深造作準備。

　　本版中譯，筆者力求通順並反映原意，但匆促之間恐仍有疏漏，祈各方不吝賜正，以求盡善。

譯者謹識

目　錄

改編序　iii
譯者言　iv

第 1 章　半導體二極體　1

1.1	導　言　1	1.9	二極體等效電路　21
1.2	半導體材料：鍺、矽和砷化鎵　2	1.10	遷移和擴散電容　22
1.3	共價鍵和純質材料　2	1.11	逆向恢復時間　23
1.4	能　階　4	1.12	半導體二極體的記號　24
1.5	n 型和 p 型材料　4	1.13	二極體的測試　24
1.6	半導體二極體　7	1.14	齊納二極體　26
1.7	理想對實際　14	1.15	發光二極體　28
1.8	區段電阻值　15		

第 2 章　二極體的應用　33

2.1	導　言　33	2.8	截波電路　51
2.2	負載線分析　33	2.9	箝位電路　56
2.3	二極體的串聯組態　38	2.10	同時輸入 DC 和 AC 電源的電路　62
2.4	並聯與串並聯組態　41	2.11	齊納二極體　64
2.5	AND/OR 閘　43	2.12	倍壓電路　71
2.6	弦波輸入：半波整流　44	2.13	實際的應用　73
2.7	全波整流　47		

第 3 章　雙載子接面電晶體　87

3.1	導　言　87	3.6	共集極組態　97
3.2	電晶體結構　88	3.7	操作的限制　97
3.3	電晶體操作　88	3.8	電晶體測試　99
3.4	共基極組態　90	3.9	電晶體的包裝和腳位識別　101
3.5	共射極組態　93		

第 4 章　BJT（雙載子接面電晶體）的直流偏壓　103

4.1	導　言　103	4.4	射極偏壓電路　111
4.2	工作點　103	4.5	分壓器偏壓電路　115
4.3	固定偏壓電路　105	4.6	集極反饋偏壓電路　120

- 4.7 射極隨耦器偏壓電路　125
- 4.8 共基極偏壓電路　127
- 4.9 各種偏壓電路組態　129
- 4.10 歸納表　132
- 4.11 多個 BJT 的電路　134
- 4.12 電流鏡　140
- 4.13 電流源電路　143
- 4.14 pnp 電晶體　145
- 4.15 電晶體開關電路　147
- 4.16 實際的應用　150

第 5 章　BJT（雙載子接面電晶體）的交流分析　159

- 5.1 導言　159
- 5.2 交流放大　159
- 5.3 BJT 電晶體模型　159
- 5.4 r_e 電晶體模型　162
- 5.5 共射極固定偏壓電路　165
- 5.6 分壓器偏壓　168
- 5.7 共射極(CE)射極偏壓電路　171
- 5.8 射極隨耦器電路　175
- 5.9 共基極電路　180
- 5.10 集極反饋電路　181
- 5.11 集極直流反饋電路　187
- 5.12 R_L 和 R_S 的影響　190
- 5.13 串級系統　193
- 5.14 達靈頓接法　199
- 5.15 混合 π 模型　207
- 5.16 實際的應用　209

第 6 章　場效電晶體　219

- 6.1 導言　219
- 6.2 JFET 的結構和特性　220
- 6.3 轉移特性　225
- 6.4 規格表(JFET)　227
- 6.5 空乏型 MOSFET　228
- 6.6 增強型 MOSFET　233
- 6.7 VMOS 和 UMOS 功率金氧半場效電晶體　240
- 6.11 CMOS　241
- 6.12 MESFET　242

第 7 章　場效電晶體(FET)的偏壓　247

- 7.1 導言　247
- 7.2 固定偏壓電路　248
- 7.3 自穩偏壓電路　251
- 7.4 分壓器偏壓　254
- 7.5 共閘極電路　259
- 7.6 特例：$V_{GS_Q}=0$ V　262
- 7.7 空乏型 MOSFET　263
- 7.8 增強型 MOSFET　265
- 7.9 p 通道 FET　273
- 7.10 實際的應用　275

第 8 章　FET（場效電晶體）放大器　283

- 8.1 導言　283
- 8.2 JFET 小訊號模型　283
- 8.3 固定偏壓電路　290
- 8.4 自穩偏壓電路　293
- 8.5 分壓器電路　299
- 8.6 共閘極電路　300
- 8.7 源極隨耦器（共汲極）電路　305
- 8.8 空乏型 MOSFET　309
- 8.9 增強型 MOSFET　311
- 8.10 E-MOSFET 汲極反饋電路　312
- 8.11 E-MOSFET 分壓器電路　316
- 8.12 歸納表　317
- 8.13 R_L 和 R_{sig} 的影響　318
- 8.14 串級電路　322
- 8.15 實際的應用　324

第 9 章　BJT 和 JFET 的頻率響應放大器　333

9.1　導　言　333
9.2　對　數　333
9.3　分　貝　336
9.4　一般的頻率考慮　338
9.5　標準化（正規化）程序　340
9.6　低頻分析——波德圖　343
9.7　低頻響應——BJT 放大器　349
9.8　R_s 對放大器低頻響應的影響　352
9.9　低頻響應——FET 放大器　356
9.10　米勒效應電容　359
9.11　高頻響應——BJT 放大器　362
9.12　高頻響應——FET 放大器　368
9.13　多級的頻率效應　371

第 10 章　運算放大器　377

10.1　導　言　377
10.2　差動放大器電路　380
10.3　BiFET、BiMOS 及 CMOS 差動放大器電路　389
10.4　運算放大器的基本觀念　391
10.5　實際的運算放大器電路　395
10.6　運算放大器規格——直流偏壓參數　401
10.7　運算放大器規格——頻率參數　405
10.8　差模與共模操作　410

第 11 章　運算放大器應用　417

11.1　定增益放大器　417
11.2　電壓和　422
11.3　電壓緩衝器　425
11.4　受控源　425
11.5　儀表電路　428
11.6　主動濾波器　432

第 12 章　功率放大器　441

12.1　導言——定義與放大器類型　441
12.2　串饋 A 類放大器　442
12.3　變壓器耦合 A 類放大器　447
12.4　B 類放大器操作　456
12.5　B 類放大器電路　461
12.6　放大器失真　468
12.7　功率電晶體散熱　471
12.8　C 類與 D 類放大器　472

第 13 章　線性－數位積體電路(IC)　477

13.1　導　言　477
13.2　比較器 IC（單元）操作　477
13.3　數位－類比轉換器　484
13.4　計時器 IC 單元操作　487
13.5　壓控振盪器　491
13.6　介面電路　493

第 14 章　反饋與振盪器電路　497

14.1　反饋概念　497
14.2　反饋接法類型　497
14.3　實用的反饋電路　503
14.4　振盪器操作　511
14.5　移相振盪器　511
14.6　韋恩電橋振盪器　514
14.7　單接面振盪器　516

第 15 章　電源供應器（穩壓器） 519

15.1　導言　519
15.2　濾波器的一般考慮　519
15.3　電容濾波器　522
15.4　RC 濾波器　525
15.5　個別電晶體的穩壓電路　527
15.6　IC 穩壓器　535

第 16 章　其他的雙端裝置 543

16.1　導言　543
16.2　肖特基障壁（熱載子）二極體　543
16.3　變容二極體　545
16.4　太陽能電池　546
16.5　光二極體　549
16.6　光導電池　550
16.7　紅外線(IR)發射器　552
16.8　液晶顯示器　553
16.9　熱阻器　554
16.10　透納二極體　555

第 17 章　*pnpn* 及其他裝置 561

17.1　導言　561
　　　pnpn 裝置　561
17.2　矽控整流子　561
17.3　矽控整流子的基本操作　561
17.4　SCR 的特性與額定值　563
17.6　矽控開關　568
17.7　閘關斷開關　570
17.8　光激 SCR　571
17.9　蕭克萊二極體　573
17.10　diac（雙向蕭克萊二極體）　574
17.11　triac（雙向矽控整流子）　576
　　　其他裝置　576
17.12　單接面電晶體(UJT)　576
17.13　光電晶體　586
17.14　光隔離器　588
17.15　可規劃單接面電晶體(PUT)　589

附錄 A　混合(*h*)參數的圖形決定法和轉換公式（精確及近似） 597

A.1　*h* 參數的圖形決定法　597
A.2　精確轉換公式　601
A.3　近似轉換公式　602

附錄 B　漣波因數和電壓的計算 603

B.1　整流器的漣波因數　603
B.2　電容濾波器的漣波電壓　604
B.3　V_{dc} 和 V_m 對漣波因數 r 的關係　606
B.4　V_r(rms) 和 V_m 對漣波因數 r 的關係　607
B.5　整流—電容濾波器電路中，導通角、%r 和 $I_{峰值}/I_{dc}$ 的關係　608

附錄 C　圖　表 611

附錄 D　奇數習題解答 613

索　引 619

Chapter 1
半導體二極體

1.1 導言

近年來電子微型化的發展，在晶圓上的完整系統比早期網路中的單一元件還小了數千倍。第 1 個積體電路(IC)是由在德州儀器(TI)工作的 Jack Kilby 在 1958 年發展出來的（圖1.1），現今，圖 1.2 中的 Intel i7 極致版核心處理器，其 IC 封裝中共有 7 億 3 千 1 百萬個電晶體，其總面積僅略大於 1.67 平方英寸。進一步的微型化將受到四個因素的限制：半導體材料的品質、網路設計技術和製造與製程設備的限制，以及半導體工業創新精神的強度。

圖 1.1　第 1 個積體電路，1958 年由美國 *Jack S. Kilby* 發明的移相振盪器（採自 *TI*）

圖 1.2　Intel i7 極致版核心處理器

電子學—裝置與電路精析
Electronic Devices and Circuit Theory

1.2　半導體材料：鍺(Ge)、矽(Si)和砷化鎵(GaAs)

每一個分立式電子裝置或積體電路都是用最高品質的半導體材料建構而成的。

半導體是一種特別的材料，其導電性介於良導體與絕緣體之間。

半導體材料有兩類：單晶式與複合式，單晶式半導體如鍺(Ge)和矽(Si)，而複合式半導體如砷化鎵(GaAs)、硫化鎘(CdS)、氮化鎵(GaN)和磷砷化鎵(GaAsP)等。

在電子裝置的結構中，三種最常用的半導體是矽(Si)、鍺(Ge)和砷化鎵(GaAs)。

早年用鍺製造的二極體和電晶體，但因為對溫度變化的敏感度，使其可靠度不高。自此，矽快速成為半導體材料的選擇，矽不止溫度的敏感度較低，同時地表上蘊藏量最豐富的材料，完全不必擔心供應的問題。

然而隨著時代的演進，在電子領域上。計算機的運算速度愈來愈高，通訊系統也要在更高的性能水準上工作。能符合這種要求的半導體材料在 1970 年代的前期，砷化鎵電晶體誕生，操作速度可達矽電晶體的 5 倍之多。大部分的應用而言，矽電晶體電路擁有較低廉的製程，以及較有效率的設計方法的優勢。砷化鎵在高純度製程的難度較高且更昂貴，基於提高速度的需求，在超大型積體電路(VLSI)的設計中，砷化鎵已被用作基本材料了。

1.3　共價鍵和純質材料

在原子結構中，中子和質子形成原子核，而電子則在固定軌道上環繞原子核。三種材料的波爾原子模型如圖 1.3 所示。

在純矽和純鍺晶體中，每個原子的 4 個價電子和鄰近的 4 個原子形成鍵結，如圖 1.4。

這種鍵結是由價電子的共用來強化，稱為共價鍵。

因為砷化鎵是複合半導體，兩種原子之間存在一種共享，如圖 1.5。

共價鍵中的價電子和其母體原子間形成更強的結合力，若從外界吸收足夠的動能可打斷共價鍵。使價電子成為自由電子的外部原因包括周圍介質所帶來的光能（以光子的形式）和熱能。室溫之下，在 1 cm^3 的純矽材料中約有 1.5×10^{10} 個自由載子。

材料中的自由電子若僅因外部因素（熱、光）產生，稱為本質載子，表 1.1 中比較了鍺、矽和砷化鎵中每 1 立方公分中本質載子的數量（簡記為 n_i）。但在電場中材料的特性因數是材料中自由載子的相對移動率 μ_n。表 1.2 清楚的揭露，砷化鎵中自由載子的移動率是矽的 5 倍。

半導體和導體之間對熱變化的反應，導體電阻值會隨著溫度的上升而增加，產生此

第 1 章 半導體二極體 3

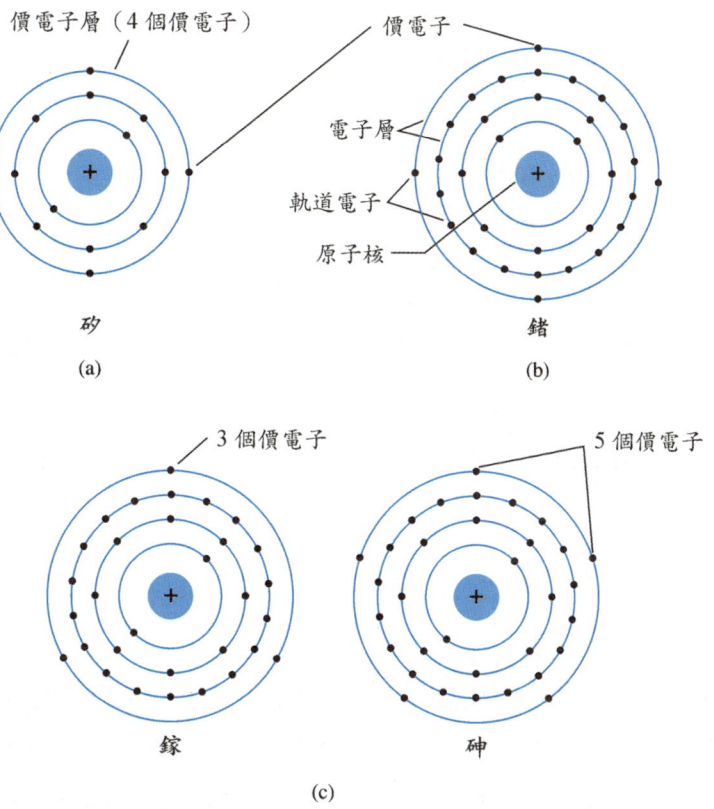

圖 1.3 (a)矽;(b)鍺;(c)砷化鎵的原子結構

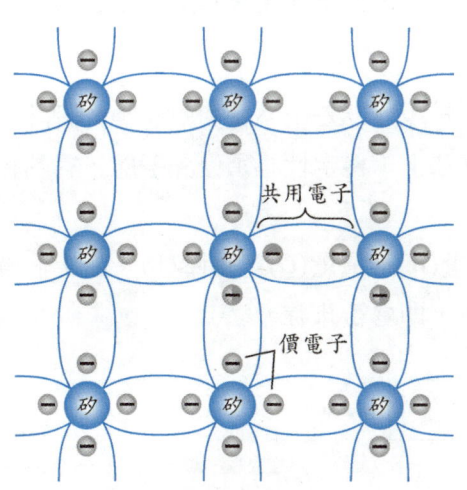

圖 1.4 矽原子的共價鍵

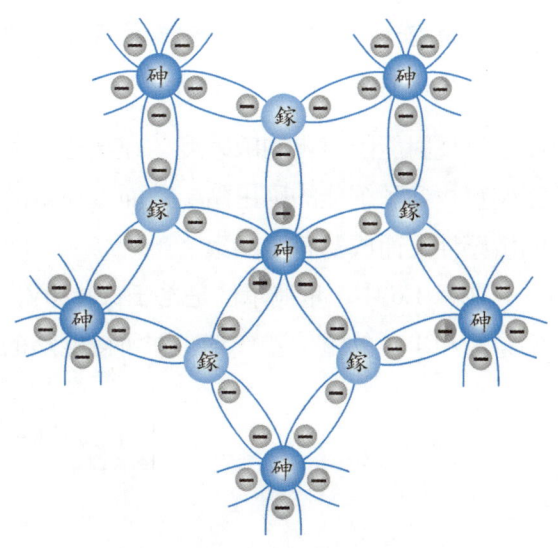

圖 1.5 砷化鎵晶體的共價鍵

表 1.1　本質載子 n_i

半導體	本質載子數（每 1 cm³）
砷化鎵	1.7×10^6
矽	1.5×10^{10}
鍺	2.5×10^{13}

表 1.2　移動率因數 μ_n

半導體	μ_n (cm²/V·s)
矽	1500
鍺	3900
砷化鎵	8500

反應的材料稱為具有正溫度係數。半導體材料在加熱之下電導係數卻提高，因此提高了自由載子數。故

半導體材料具有負溫度係數。

1.4　能　階

原子結構中每一層的電子都有特定能階，如圖 1.6。一般而言：

距離原子核愈遠，其能量狀態（能階）愈高。而任何脫離母體原子的自由電子，其能量狀態會高於存在於原子結構中的任何電子。

傳導帶的電子有一最低能階，而價電子則有一最高能階，兩者之差稱為能帶隙，價帶中的電子必須克服能帶隙才能成為自由電子。

和鍺價帶中的電子相比，矽價帶中的電子必須吸收更多的能量才能成為自由電子。同樣地，和矽或鍺價帶中的電子相比，砷化鎵價帶中的電子也必須得到更多的能量才能進入傳導帶。

這種對能階變化的敏感度，在光感測器對光感應以及安全系統對熱感應的設計上，鍺裝置找到了絕佳的應用點。然而，在電晶體網路上，穩定性必須優先考慮，對熱和光的敏感性反而成為有害因素。

在圖 1.6 中，量測單位是電子伏特(eV)，能量(W) = 電量(Q) × 電壓(V)。將 1 個電子的電量和 1 V 的電位差代入，即可得能階的單位，即電子伏特。

$$1 \text{ eV} = 1.6 \times 10^{-19} \text{ J} \tag{1.1}$$

1.5　n 型和 p 型材料

在純半導體材料中加入些許特定的雜質原子，就可有效改變半導體材料的特性。

接受摻雜程序後的半導體稱為外質半導體。

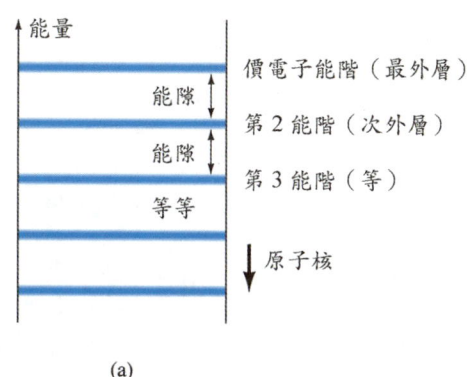

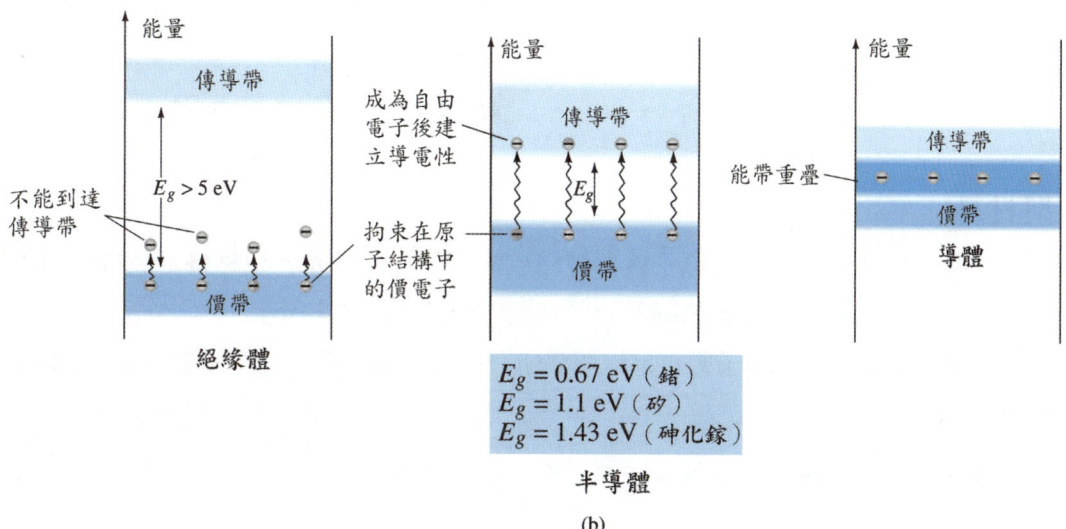

圖 1.6 能階：(a)孤立原子結構的能階；(b)絕緣體、半導體及導體的傳導帶和價帶

對半導體裝置的製造而言，有兩種外質半導體，即 n 型材料與 p 型材料。

n 型材料

在純矽基體中加入具有 5 個價電子的 5 價原子作雜質，如銻、砷和磷，即可得 n 型材料。摻入的雜質原子會多一個第 5 電子，可以在新形成的 n 型材料中自由移動。

具有 5 個價電子的擴散雜質原子，稱為施者(donor)原子

利用圖 1.8 的能階圖，描述摻雜程序對於相對導電率的作用。室溫下純質矽材料約每 10^{12} 個原子才出現 1 個自由電子，若摻雜比例是一千萬分之一，$10^{12}/10^7 = 10^5$，亦即材料中的載子濃度會增加 10^5 倍。

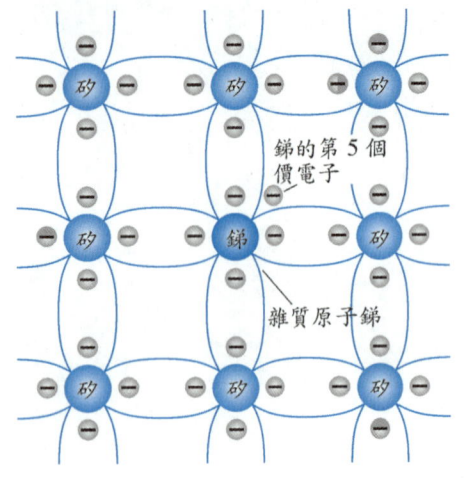

圖 1.7　n 型材料中的銻雜質原子

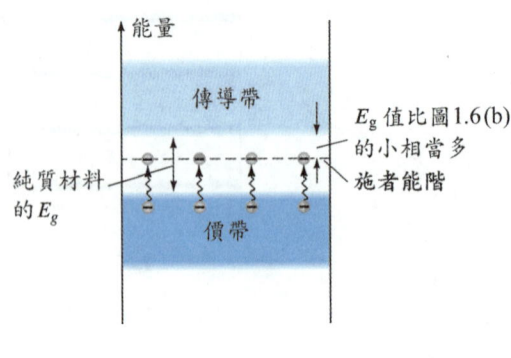

圖 1.8　施者雜質對能帶結構的效應

p 型材料

用具有 3 個價電子的雜質原子摻到純鍺或純矽中，即形成 p 型材料。最常用的雜質元素有硼、鎵和銦。這些元素如硼對矽質基體的作用如圖 1.9 所示。

在新形成的晶格中，電子數不足以填滿所有的共價鍵，產生的空位稱為電洞(hole)，空位會接受電子：

具有 3 個價電子的擴散雜質原子，稱為受者原子。

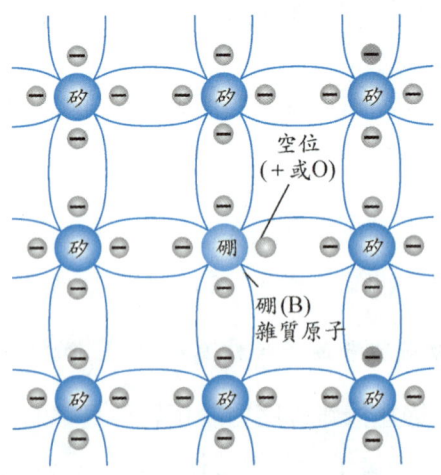

圖 1.9　p 型材料中的硼雜質原子

電子流對電洞流

導體中電洞的作用見圖 1.10，電洞朝左轉移而電子則朝右轉移。

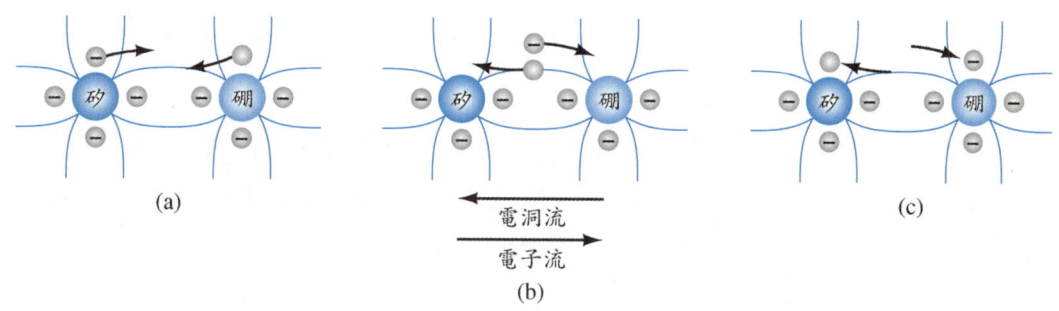

圖 1.10　電子流對電洞流

多數載子與少數載子

在純質狀態中，鍺或矽的自由電子數很少。在 n 型材料中，電洞數量沒有顯著變化，和純質材料時的數量相近。總和結果是，自由電子的數量遠超過電洞的數量。因此：

在 n 型材料中（圖 1.11a）電子稱為多數載子，而電洞則稱為少數載子。

對 p 型材料而言，電洞的數量則遠超電子的數量，如圖 1.11b 所示。

在 p 型材料中，電洞是多數載子，而電子則是少數載子。

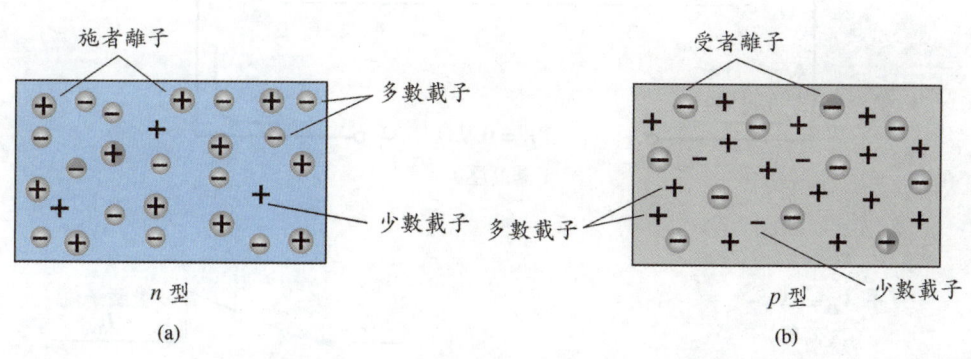

圖 1.11　(a) n 型材料；(b) p 型材料

1.6　半導體二極體

半導體二極體，只要將 p 型材料和 n 型材料相接即可得到。

未加偏壓($V=0$ V)

　　當 p、n 兩種材料 "接" 在一起時，接面區域的電子和電洞會互相結合，在接面附近會形成一個缺乏自由載子的區域，如圖 1.12a 所示。

這個未被遮覆的正負離子的區域稱為空乏區，因為區域內的自由載子都被 "排除" 了。

　　若 p 型和 n 型材料側端都接上導線，即形成一雙端裝置，如圖 1.12a 和圖 1.12b 所示。在圖中可清楚看到，外加電壓 0 V（零偏壓）時，所得電流為 0 A。如果二極體的外加電壓和圖 1.12b 所標極性相同，則外加電壓就看成是正電壓，如果相反的話，就看成是負電壓。相同的標準可以應用在圖 1.12b 所定的電流方向上。

　　空乏區 n 型側的任何少數載子都會移動到 p 型材料區域。p 型和 n 型材料中少數載子的流動顯示在圖 1.12c 的上半部。

　　在 p 型材料的多數載子（電洞）上，由多數載子所產生的電流，見圖 1.12c 的下半部。

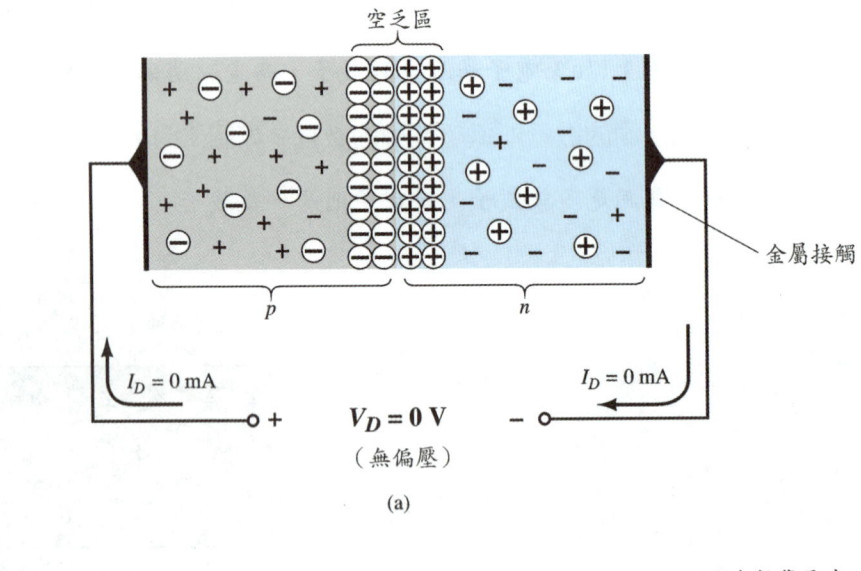

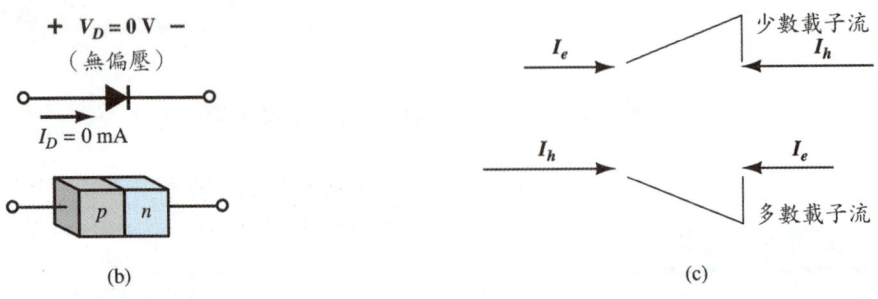

圖 1.12　未外加偏壓下的 p、n 接面：(a)內部電荷分布；(b)標記電壓極性和電流方向的二極體符號；(c)裝置端電壓為 0（$V_D=0$ V）時淨載子流

總而言之：

半導體二極體在沒有外加偏壓時，任一方向的淨電荷流動為零。

逆向偏壓 ($V_D < 0$ V)

若 pn 接面外加電壓 V 伏特，使電壓的正端接到 n 型材料，而負端接到 p 型材料，如圖 1.13。淨效應是空乏區擴大，因而產生更大的能量障壁，阻止多數載子的移動，使多數載子電流降到零，如圖 1.13a 所示。

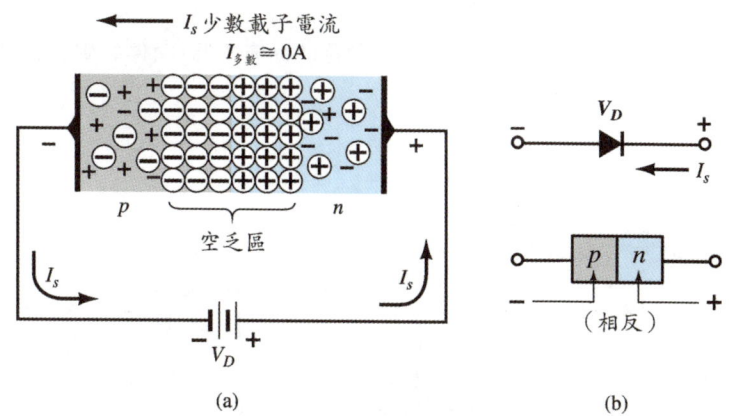

圖 1.13 p-n 接面的逆偏：(a)逆偏之下內部電荷的分布；
(b)逆偏電壓極性和逆向飽和電流方向

在逆向偏壓下產生的電流稱為逆向飽和電流，以 I_s 代表。

順向偏壓 ($V_D > 0$ V)

如將外加電壓的正電位端接到 p 型材料，負電位端接到 n 型材料，即建立了順向偏壓或"導通"條件，見圖 1.14。

順偏電壓 V_D，會"迫使" n 型材料中的電子和 p 型材料中的電洞和空乏區邊界附近的離子重新結合，因而降低了空乏區寬度，如圖 1.14a 所示。當外加電壓的大小增加時，空乏區寬度持續縮減，最後電子將如洪水般的越過接面，其電流將呈指數般上升，如圖 1.15 特性曲線中順偏區域所示。

利用半導體物理，可用以下方程式定義半導體二極體的一般特性，稱為蕭克萊方程式，適用於順偏和逆偏區域：

$$I_D = I_s(e^{V_D/nV_T} - 1) \quad \text{(A)} \tag{1.2}$$

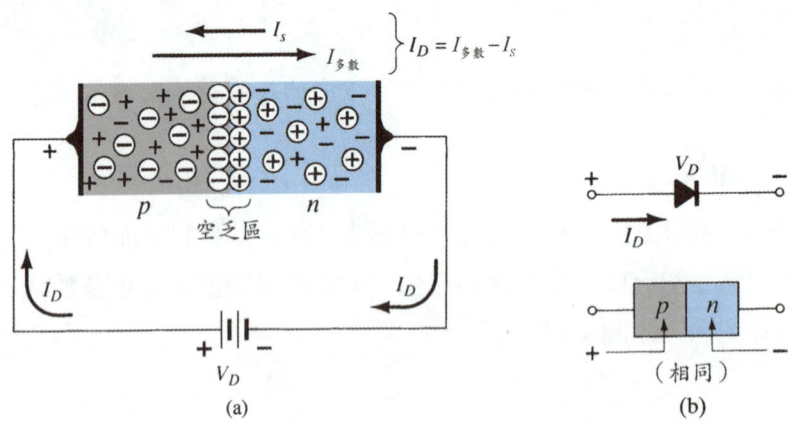

圖 1.14　p-n 接面的順偏：(a)順偏之下內部電荷的分布；(b)順偏的電壓極性和電流方向

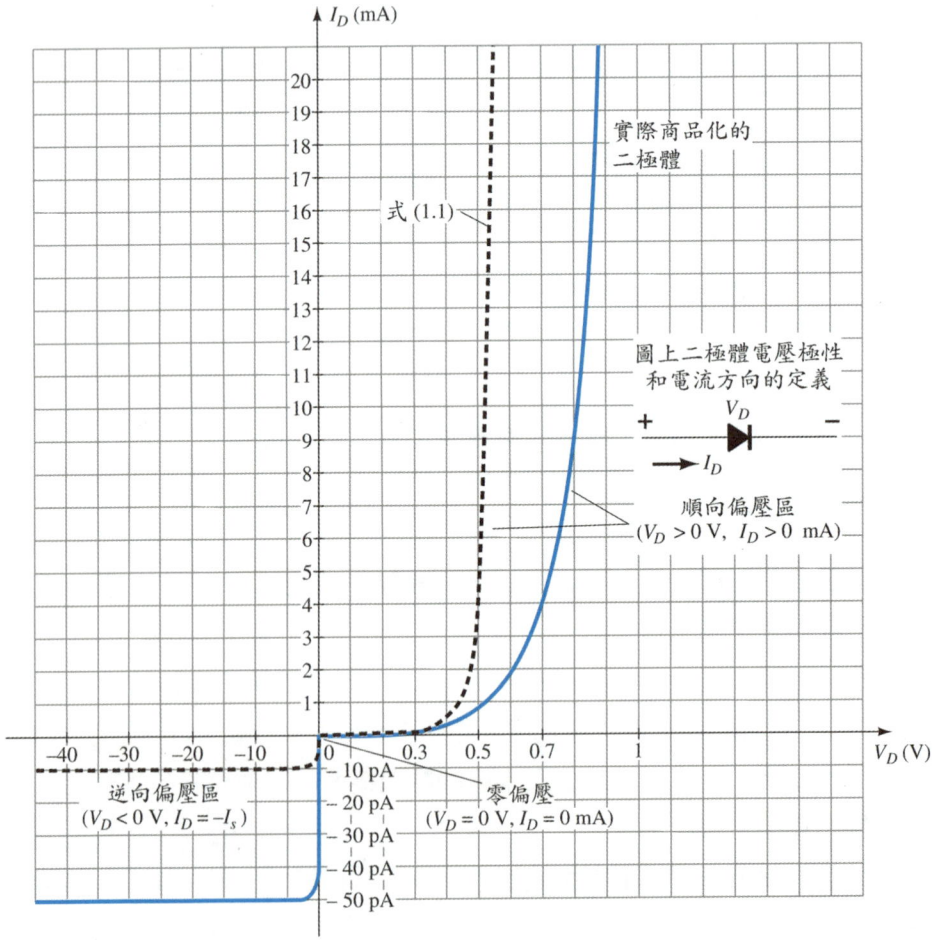

圖 1.15　矽半導體二極體特性

其中 I_s 是逆向飽和電流

V_D 是二極體外加的順向偏壓

n 是理想因數，n 是操作條件和物理結構的函數，其值介於 1～2 之間，受到多種因素的影響（本書中，除非另有說明，一律假定 $n=1$）

式(1.1)中，V_T 稱為**熱電壓**，可由下式決定：

$$\boxed{V_T = \frac{kT_K}{q}} \quad (V) \tag{1.3}$$

其中 k 是波爾茲曼常數，$k=1.38 \times 10^{-23}$ J/K

T_K 是絕對溫度（單位 °K），$T(°K) = 273 + T(°C)$

q 是電子的電量，$q = 1.6 \times 10^{-19}$ C

例 1.1

試決定溫度 27°C（這是元件在密閉操作系統中的一般溫度）時的熱電壓 V_T。

解：代入式(1.3)，可得

$$T = 273 + °C = 273 + 27 = 300 \text{ K}$$

$$V_T = \frac{kT_K}{q} = \frac{(1.38 \times 10^{-23} \text{ J/K})(30 \text{ K})}{1.6 \times 10^{-19} \text{ C}}$$

$$= \mathbf{25.875 \text{ mV} \cong 26 \text{ mV}}$$

V_D 為正時，

$$I_D \cong I_s e^{V_D/nV_T} \quad (V_D \text{ 為正})$$

圖 1.16 的指數曲線會隨著 x 值的增加而極快速的上升。

V_D 為負時，

$$I_D \cong -I_s \quad (V_D \text{ 為負})$$

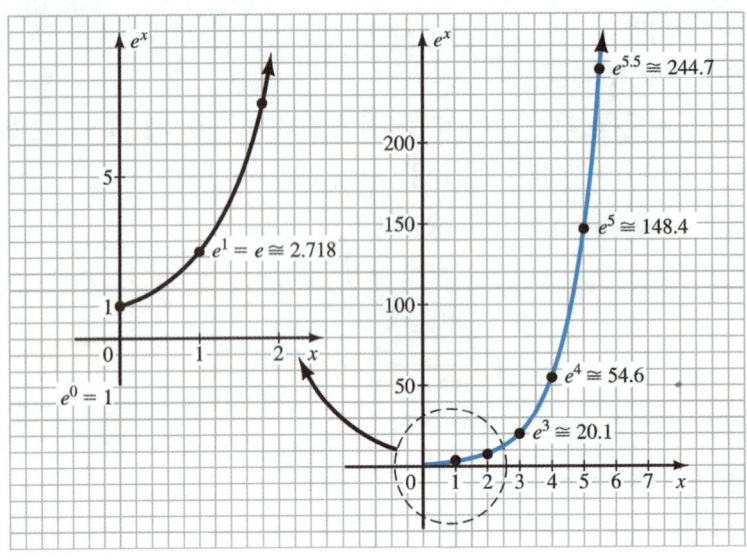

圖 **1.16** e^x 的圖形

崩潰區

如果電壓太負時，在圖 1.17 所示的電流會以急劇的變化率上升。造成特性劇烈改變的對應逆偏電壓值稱為崩潰電壓，以代號 V_{BV} 表之。

逆偏電壓增加時，形成逆向飽和電流 I_s 的少數載子速度也會增加。和穩定的原子結構碰撞，價電子吸收到足夠能量，脫離母體原子游離。這些多出來的載子又會再增進上述的游離程序，因而建立了很大的累增電流，使二極體進入了累增崩潰區。

藉著增加 p 型和 n 型材料的摻雜數量，使累增崩潰區產生另一種機制，稱為齊納崩潰，可產生逆偏特性的劇烈轉折。雖然齊納崩潰機制只有在 V_{BV} 較低時才構成主要的崩潰機制，運用 p-n 接面崩潰特性區域的二極體稱為齊納二極體。

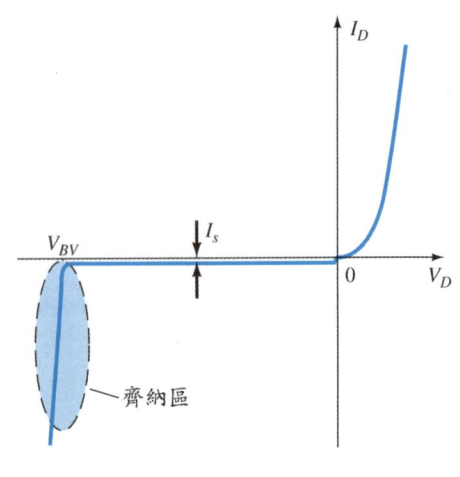

圖 **1.17** 崩潰區

> 二極體在進入崩潰區之前所能承受的最大逆向電壓稱為峰值反向電壓（簡稱 PIV 額定）或峰值逆向電壓（簡稱 PRV 額定）。

鍺、矽和砷化鎵

矽、砷化鎵和鍺二極體的特性比較見圖 1.18。特性曲線的轉彎中心（因此 V_K 的 K 代表膝點）電壓，鍺約為 0.3 V，矽約為 0.7 V，而砷化鎵約為 1.2 V（見表 1.3）。

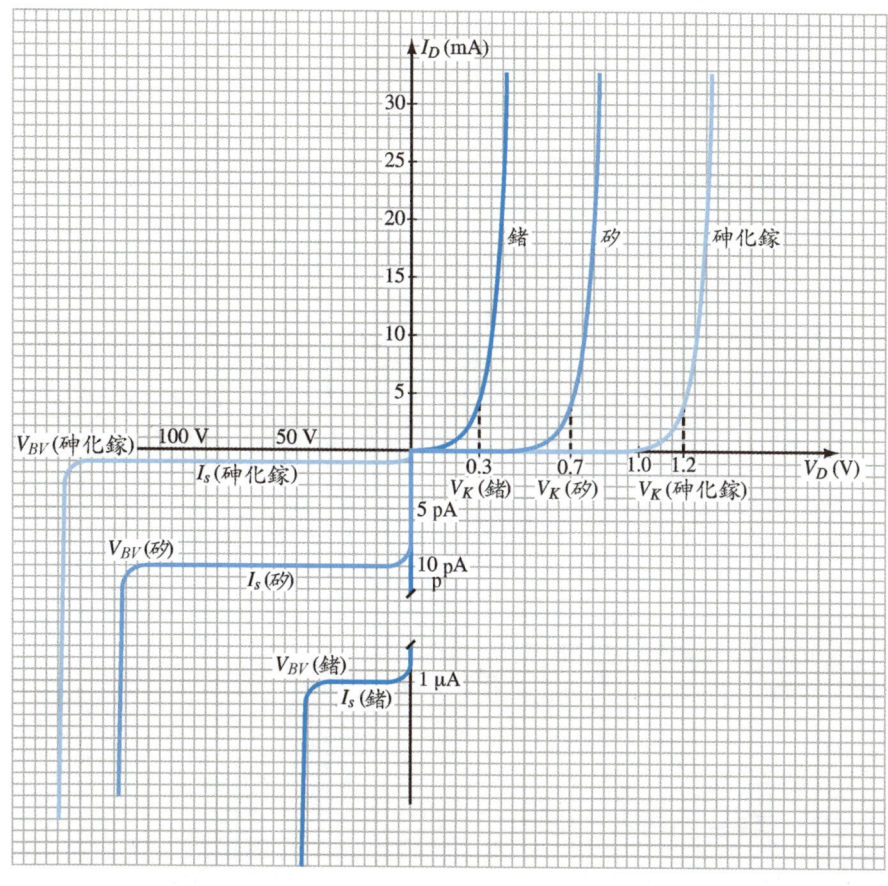

圖 1.18 鍺、矽和砷化鎵二極體的比較

表 **1.3** 膝點電壓 V_K

半導體	V_K (V)
鍺	0.3
矽	0.7
砷化鎵	1.2

表 **1.4** 電子移動率 μ_n

半導體	$V\mu_n$ (cm^2/V・s)
鍺	3900
矽	1500
砷化鎵	8500

三種材料的自由電子移動率提供在表 1.4，可看出載子通過材料時的速度有多快，因而決定了各種材料製成的元件的操作速度。

溫度效應

溫度對半導體二極體的特性影響非常大，如圖 1.19

在順向偏壓區工作時，攝氏溫度每增加 1°C 時，矽二極體的特性會向左移動 2.5 mV。

二極體在逆向偏壓區工作時，溫度每增加 10°C 時，逆向飽和電流會倍增。

半導體二極體的崩潰電壓會受溫度影響而上升或下降。

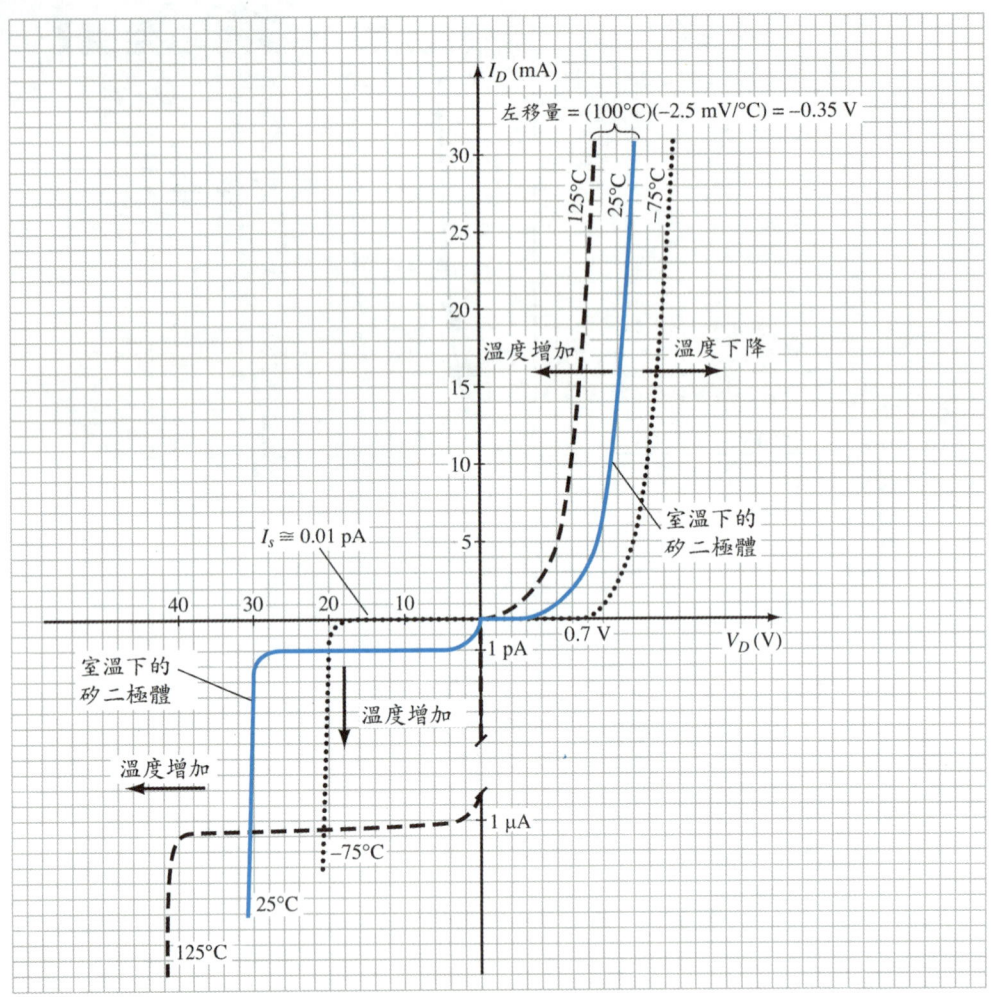

圖 1.19 矽極體在不同溫度下的特性變化

1.7 理想對實際

　　p-n 接面順向偏壓時允許通過大電流，而在逆向偏壓時允許通過的電流值很小。圖 1.20a 的大電流方向符合二極體電路符號上箭號的方向，而在圖 1.20b 上反向的小電流則代表逆向飽和電流。

　　理想而言，二極體在順向偏壓區工作時像一個閉路開關，二極體的電阻應該是 $0\ \Omega$，而在逆向偏壓區時因等效於開路，對應的電阻應該是 $\infty\ \Omega$。在圖 1.21 的特性曲線上，一條是理想矽二極體，另一條是實際的矽二極體，商用二極體成品的電流上升點是 0.7 V 而非 0 V。

第 1 章　半導體二極體　15

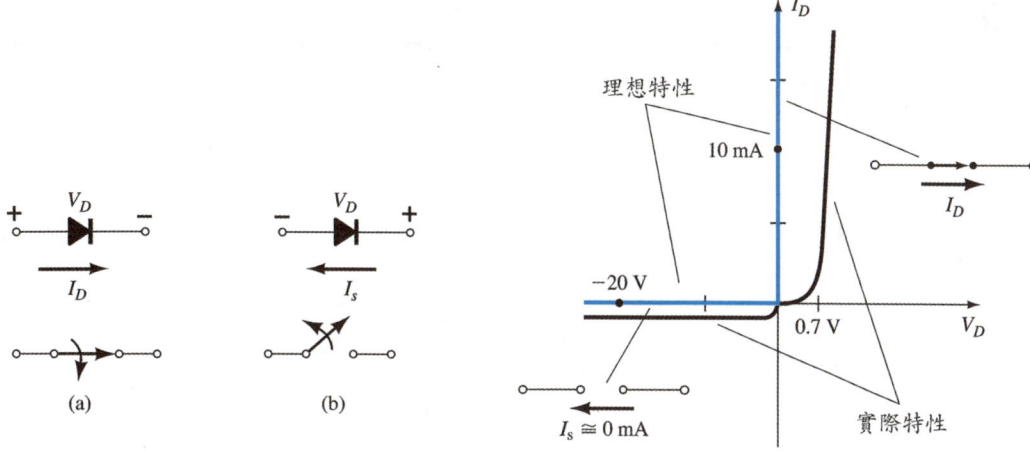

圖 1.20　理想的半導體二極體：(a) 順向偏壓；(b) 逆向偏壓

圖 1.21　理想和實際半導體二極體特性的比較

　　對商用二極體成品而言，在順偏區工作時的特性曲線呈彎曲形狀，使二極體的電阻將會超過 0 Ω。但如果二極體的電阻值比與其串聯的其他網路電阻小很多，可假定商用二極體的電阻為 0 Ω。而在逆向偏壓區，因逆向飽和電流很小，等效於開路。

1.8　區段電阻值

　　根據外加電壓或訊號的形式，來定義電阻值對應的區段範圍。

直流或靜態電阻值

　　工作點的電阻值可以簡單從圖 1.22 上 V_D 和 I_D 的對應大小求出，公式：

$$R_D = \frac{V_D}{I_D} \tag{1.4}$$

　　二極體在最常用的作用區的直流電阻，典型值約在 10 Ω～80 Ω 的範圍。

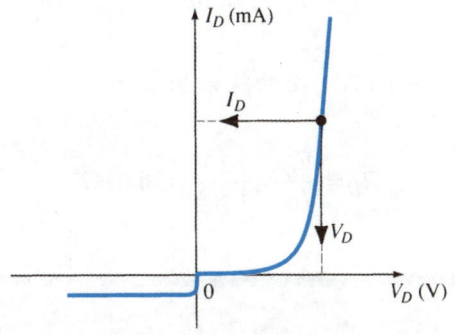

圖 1.22　決定二極體在特定工作點的直流電阻

例 1.3

試決定圖 1.23 對應的二極體的電阻，為

a. $I_D=2$ mA（低電流）
b. $I_D=20$ mA（高電流）
c. $V_D=-10$ V（逆偏）

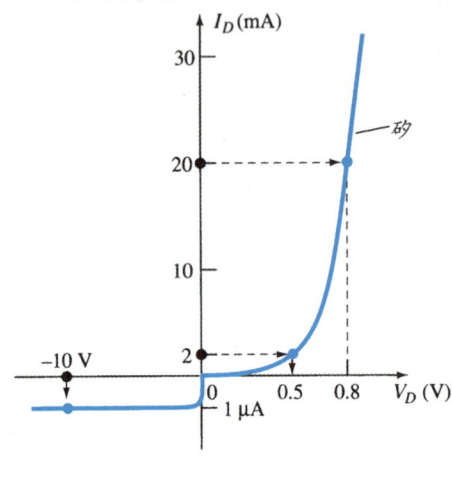

圖 1.23 例 1.3

解：

a. $I_D=2$ mA 時，$V_D=0.5$ V（由曲線看出）且

$$R_D=\frac{V_D}{I_D}=\frac{0.5 \text{ V}}{2 \text{ mA}}=\mathbf{250\ \Omega}$$

b. $I_D=20$ mA 時，$V_D=0.8$ V（由曲線看出），且

$$R_D=\frac{V_D}{I_D}=\frac{0.8 \text{ V}}{20 \text{ mA}}=\mathbf{40\ \Omega}$$

c. $V_D=-10$ V 時，$I_D=-I_s=-1\ \mu\text{A}$（由曲線看出），且

$$R_D=\frac{V_D}{I_D}=\frac{10 \text{ V}}{1\ \mu\text{A}}=\mathbf{10\ M\Omega}$$

交流或動態電阻值

如果不外加直流輸入,而改成外加交變的弦波,可以定義出特定的電流和電壓變化,如圖 1.24 所示。

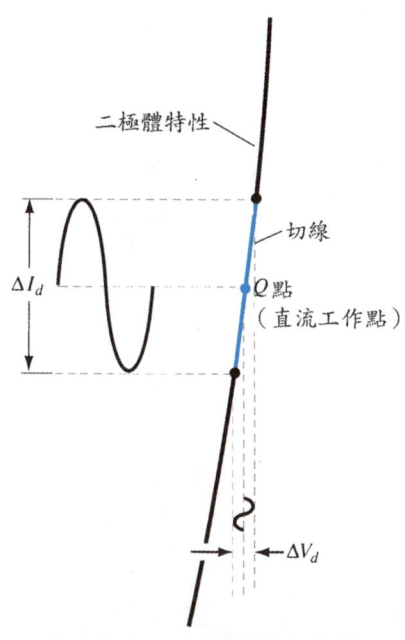

圖 1.24　定義動態或交流電阻

圖 1.25 中,特性曲線在 Q 點的切線定義了電壓和電流的對應變化,用來決定二極體特性在這個區間的交流或動態電阻值。交流電阻的公式如下

$$r_d = \frac{\Delta V_d}{\Delta I_d} \tag{1.5}$$

其中,Δ 表示物理量的有限變化。

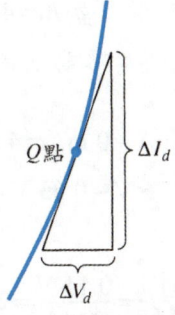

圖 1.25　決定 Q 點處的交流電阻

例 1.4

就圖 1.26 的特性曲線：

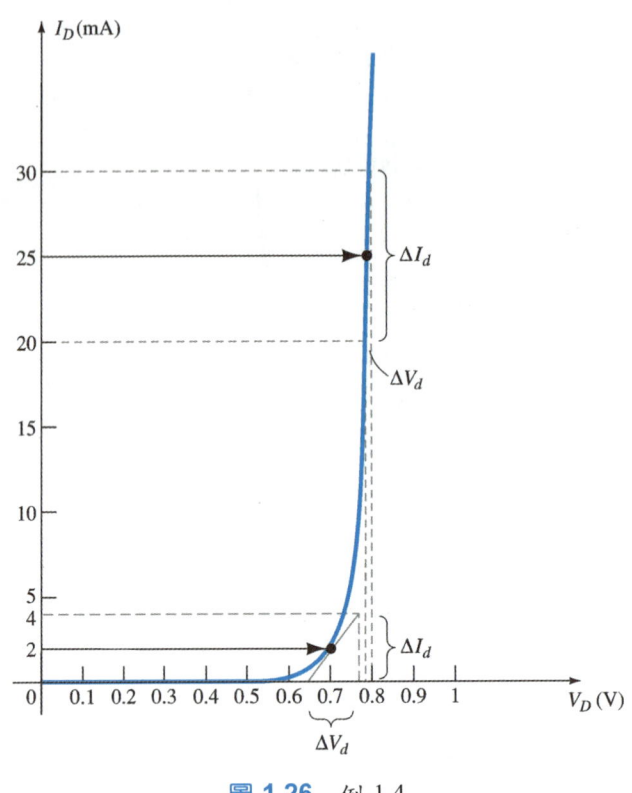

圖 **1.26**　例 1.4

a. 試決定 $I_D=2$ mA 處的交流電阻值。

b. 試決定 $I_D=25$ mA 處的交流電阻值。

c. 將 a、b 所得結果分別和對應的直流電阻值作比較。

解：

a. 特性曲線在 $I_D=2$ mA 處的切線已畫在圖 1.26 上，且顯示了 2 mA 的上下擺幅（以 $I_D=2$ mA 為中心）。由特性曲線可看出，當 $I_D=4$ mA 時對應的 $V_D=0.76$ V，而當 $I_D=0$ mA 時對應的 $V_D=0.65$ V。所產生的電壓電流變化分別如下：

$$\Delta I_d = 4 \text{ mA} - 0 \text{ mA} = 4 \text{ mA}$$

且

$$\Delta V_d = 0.76 \text{ V} - 0.65 \text{ V} = 0.11 \text{ V}$$

交流電阻值為

$$r_d = \frac{\Delta V_d}{\Delta I_d} = \frac{0.11 \text{ V}}{4 \text{ mA}} = \mathbf{27.5 \ \Omega}$$

b. 特性曲線在 $I_D=25$ mA 處的切線已畫在圖 1.26 上,且顯示 5 mA 的上下擺幅(以 $I_D=25$ mA 為中心)。由特性曲線可看出,當 $I_D=30$ mA 時對應的 $V_D=0.8$ V,而當 $I_D=20$ mA 時對應的 $V_D=0.78$ V。所產生的電壓電流變化分別如下:

$$\Delta I_d = 30 \text{ mA} - 20 \text{ mA} = 10 \text{ mA}$$

且
$$\Delta V_d = 0.8 \text{ V} - 0.78 \text{ V} = 0.02 \text{ V}$$

交流電阻值為

$$r_d = \frac{\Delta V_d}{\Delta I_d} = \frac{0.02 \text{ V}}{10 \text{ mA}} = \mathbf{2 \ \Omega}$$

c. $I_D=2$ mA,$V_D=0.7$ V 的工作點對應的直流電阻值

$$R_D = \frac{V_D}{I_D} = \frac{0.7 \text{ V}}{2 \text{ mA}} = \mathbf{350 \ \Omega}$$

此值遠超過交流電阻(r_d)值 27.5 Ω。

$I_D=25$ mA,$V_D=0.79$ V 的工作點對應的直流電阻值

$$R_D = \frac{V_D}{I_D} = \frac{0.79 \text{ V}}{25 \text{ mA}} = \mathbf{31.62 \ \Omega}$$

此值遠超過交流電阻(r_d)值 2 Ω。

利用半導體二極體的一般特性方程式即式(1.2),針對順向偏壓的情況求出導數再取倒數,就可得順向偏壓區動態或交流電阻的公式。
$I_D \gg I_s$,可得

$$\frac{dI_D}{dV_D} \cong \frac{I_D}{nV_T}$$

$$\frac{dV_D}{dI_D} = r_d = \frac{nV_T}{I_D}$$

代入 $n=1$ 和 $V_T \cong 26$ mV

$$\boxed{r_d = \frac{26 \text{ mV}}{I_D}} \tag{1.6}$$

所決定的電阻值都只考慮到 p-n 接面,並未包括半導體材料本身的電阻(稱為體電阻),以及半導體材料和外部金屬接腳之間的電阻(稱為**接觸電阻**),新增的電阻以 r_B

代表

$$r'_d = \frac{26 \text{ mV}}{I_D} + r_B \quad \text{歐姆} \tag{1.7}$$

r_B 的大小從 0.1 Ω（高功率裝置）～2 Ω（低功率一般用途二極體）之間。

平均交流電阻

若輸入訊號足夠大，能產生如圖 1.27 所示的大擺幅，操作的裝置電阻稱為平均交流電阻。公式如下

$$r_{av} = \frac{\Delta V_d}{\Delta I_d}\bigg|_{\text{點對點}} \tag{1.8}$$

由圖 1.27 所顯示的情況，

$$\Delta I_d = 17 \text{ mA} - 2 \text{ mA} = 15 \text{ mA}$$

且

$$\Delta V_d = 0.725 \text{ V} - 0.65 \text{ V} = 0.075 \text{ V}$$

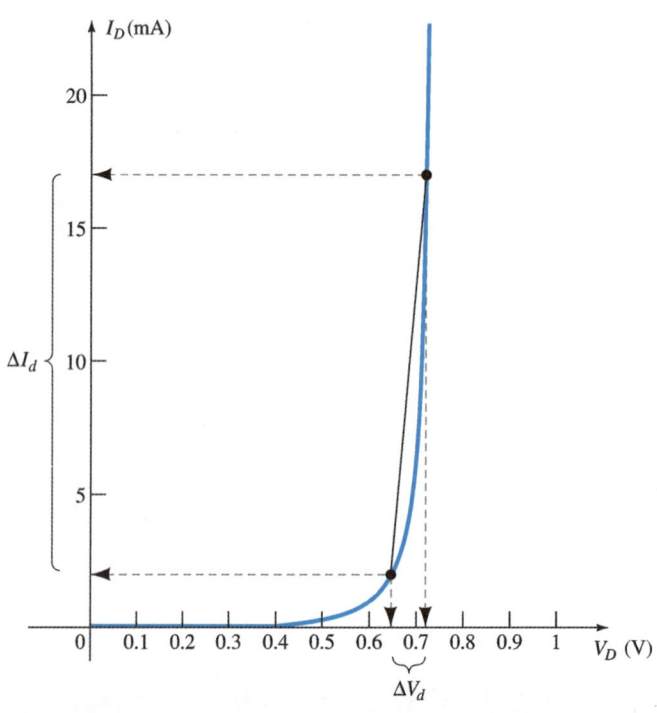

圖 1.27　兩極限點間交流電阻的決定

得
$$r_{av} = \frac{\Delta V_d}{\Delta I_d} = \frac{0.075 \text{ V}}{15 \text{ mA}} = 5 \text{ Ω}$$

1.9 二極體等效電路

等效電路是一組電路元件經最佳選擇後的組合,可以代表某裝置或系統在特定工作區域實際的端電壓端電流特性。

分段線性等效電路

如圖 1.28,所得的等效電路稱為分段線性等效電路。圖 1.29 中實際裝置旁的等效電路中出現的電阻值,基本上此電阻定義了裝置在"導通"狀態時的電阻值。

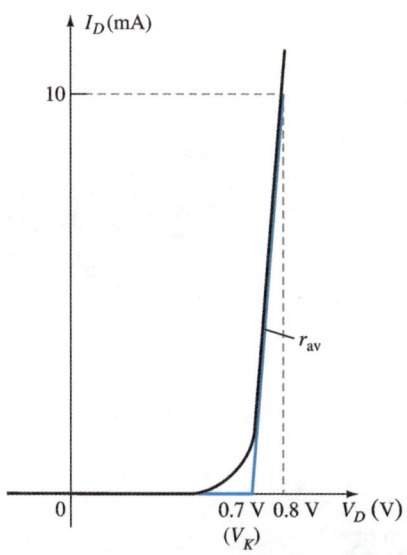

圖 1.28 用近似於特性曲線的直線段,定義分段線性等效電路

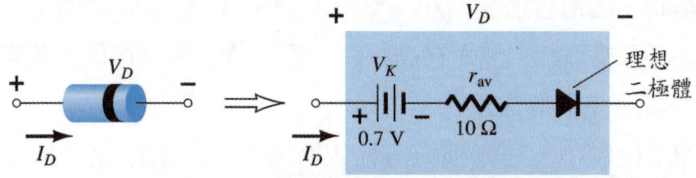

圖 1.29 分段線性等效電路的組成

簡化的等效電路

對大部分的應用而言,電阻值 r_{av} 足夠小,和網路中其他的電阻相比可以忽略不計,即得圖 1.30 中出現的二極體特性。

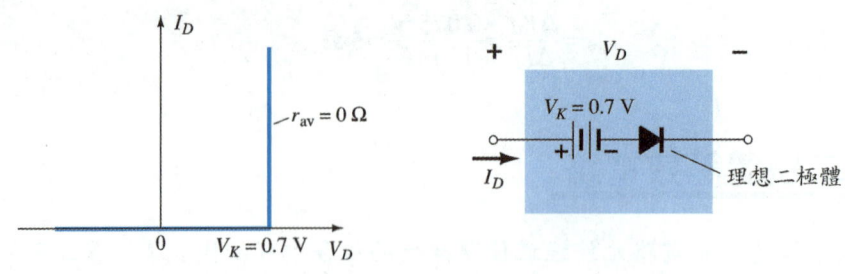

圖 1.30　矽二極體半導體簡化的等效電路

理想的等效電路

分析時發現 0.7 V 和外加電壓相比很小時，此 0.7 V 通常可以忽略不計。等效電路將簡化到只有一個理想二極體，曲線如圖 1.31。

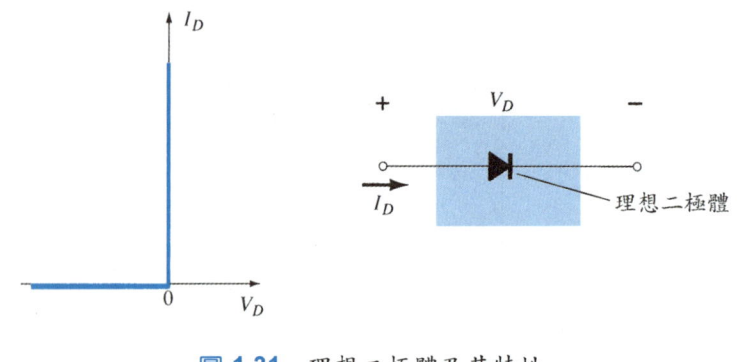

圖 1.31　理想二極體及其特性

1.10　遷移和擴散電容

任何裝置的端電壓電流特性都會隨著頻率而變化，對二極體而言，其雜散電容值的效應最大。在低頻時，因電容值相當小，電容的電抗 $X_C = 1/2\pi fC$ 通常很高，可用開路代替，因此雜散電容可忽略不計。然而在高頻時，電抗值會掉到很低，使電容器接近短路，使二極體對網路的響應完全無作用。

在 p-n 半導體二極體中，有兩種電容性效應要考慮。兩種電容都會出現在順偏區和逆偏區，但在任一操作區裡某一電容的作用都遠超過另一種電容。

在空乏區寬度會隨著逆偏電壓的增加而上升，使對應的遷移電容值下降，如圖 1.32 所示。

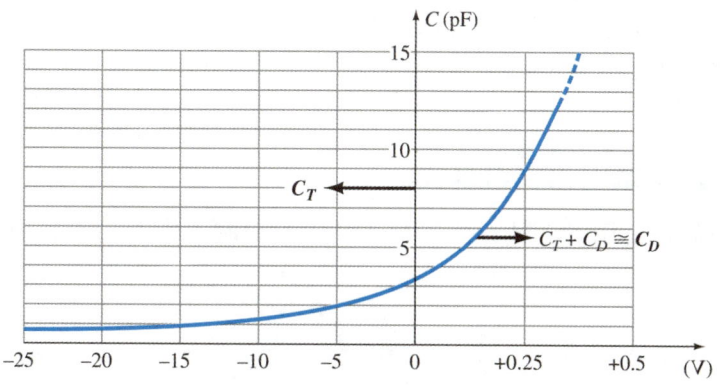

圖 1.32　矽二極體遷移與擴散電容對應於外加偏壓的關係

此電容稱為過渡電容(C_T)、障壁電容，或空乏區電容，其值決定如下：

$$C_T = \frac{C(0)}{(1+|V_R/V_K|)^n} \tag{1.9}$$

其中，$C(0)$ 是零偏壓之下的電容值，而 V_R 則是外加逆偏大小。

另一種電容的效應是電流上升時，擴散電容值也隨之增加。如下式：

$$C_D = \left(\frac{\tau_T}{V_K}\right)I_D \tag{1.10}$$

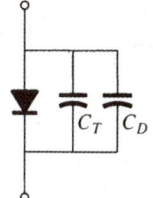

其中 τ_T 是少數載子的生存時間。

上述的電容性效應，可以用電容器和理想二極體並聯來代表，如圖 1.33。

圖 1.33　將遷移或擴散電容的效應包括在半導體二極體上

1.11　逆向恢復時間

二極體規格表有一項是逆向恢復時間，代號是 t_{rr}。在順偏狀態下，流進 p 型材料中的電子和流入 n 型材料中的電洞，建立了大量的少數載子。當外加電壓要由順偏轉向逆偏時，理想情況是希望二極體立即從導通狀態進入不導通狀態。然而，如圖 1.34 中以此相當的大小維持一段時間 t_s（儲存時間），最終逆向電流會逐漸減小，逐

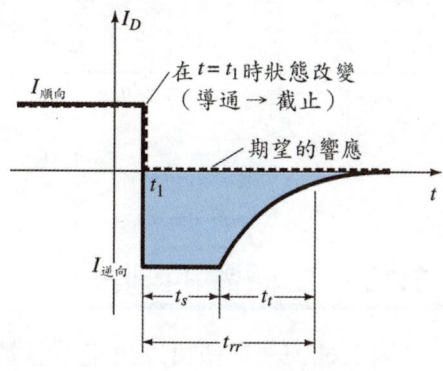

圖 1.34　定義逆向恢復時間

漸到達不導通狀態對應的逆向飽和電流，第 2 段時間記為 t_t（遷移時間）。逆向恢復時間是兩段時間的和：$t_{rr}=t_s+t_t$。

1.12 半導體二極體的記號

半導體二極體最常用的記號見圖 1.35。商用半導體二極體的成品顯示在圖 1.37。

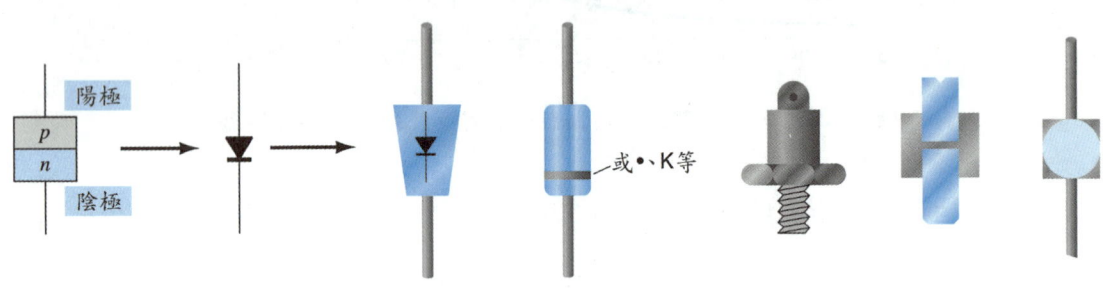

圖 1.35　半導體二極體記號

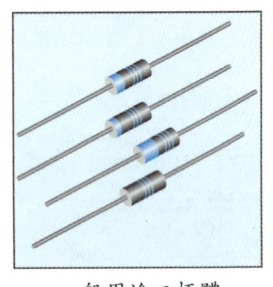
一般用途二極體

表面黏著高功率 PIN 二極體

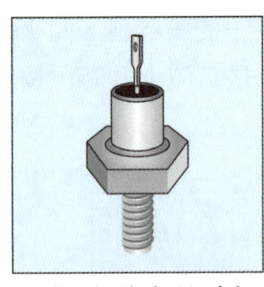
功率二極體（螺帽式）

功率二極體（平面式）

束腳針式二極體

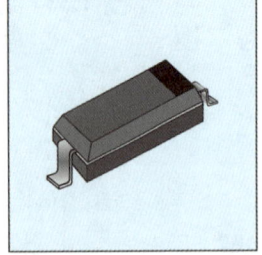
平面晶片式表面黏著二極體

功率二極體

功率二極體（碟式）

圖 1.36　各種不同類型的接面二極體

1.13 二極體的測試

有三種方法很快可以決定半導體二極體的狀況：(1) 用具有二極體檢查功能的數位顯示電表(DDM)；(2) 用三用電表的歐姆檔；(3) 用曲線測試儀。

二極體功能檢測

具有二極體檢測功能的數位顯示電表，見圖 1.37。將測棒按圖 1.38a 所示，二極體應該會進入"導通"狀態，並指示順偏電壓。如 0.67 V（對矽二極體而言）。在圖 1.38b 所示。

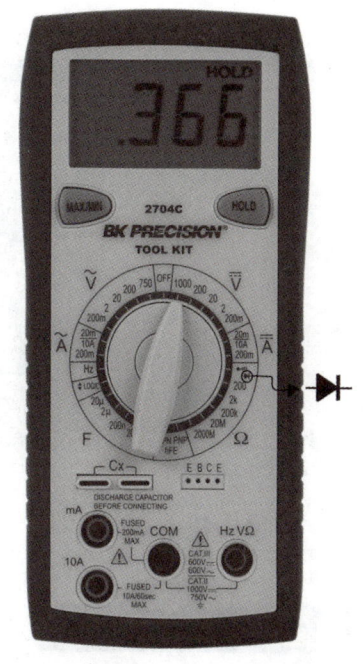

圖 1.37　數位顯示電表（摘自 B&K Precision 公司）

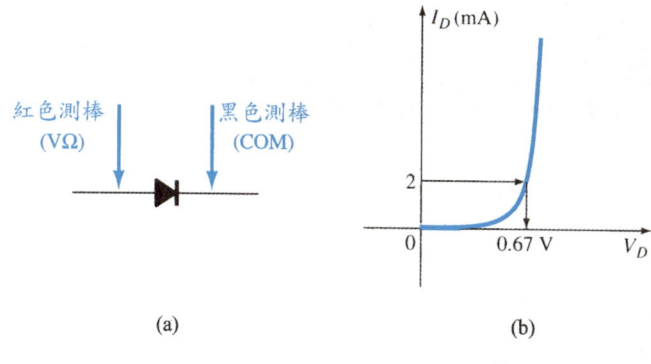

圖 1.38　檢測順偏狀態下的二極體

歐姆表測試

圖 1.39a 所示的接法來量測二極體的電阻，我們可以期待得到相當低的阻值。而在逆偏情況下，電阻讀值很高，此時需要用到高電阻檔位，如圖 1.39b 所示。

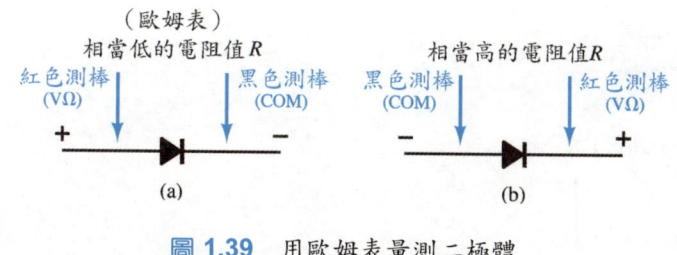

圖 1.39　用歐姆表量測二極體

曲線測試儀

圖 1.40 的曲線測試儀，可以顯示包含半導體二極體在內的多種裝置的特性。

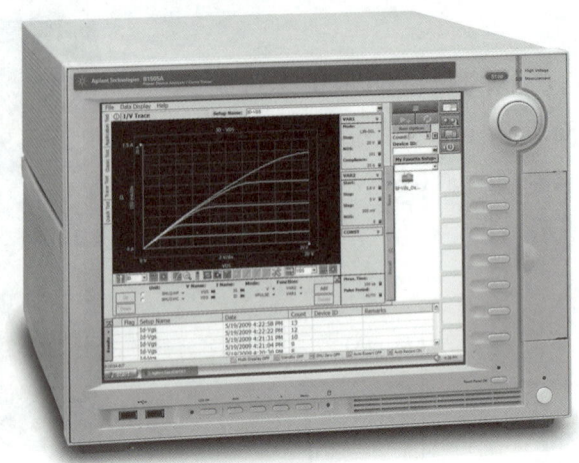

圖 1.40 曲線測試儀（經同意，摘自 Agilent Technologies 安捷倫科技公司）

1.14 齊納二極體

圖 1.41 中的齊納區，電流方向和順偏二極體的電流方向相反。

齊納二極體的圖形符號見圖 1.42a。在圖 1.42 中，半導體二極體和齊納二極體放在一起，外加電壓極性和導通電流方向能清楚的了解。若兩種二極體都看成是電阻性元件時，V_D 和 V_Z 的極性是相同的，如圖 1.42c。

用分段線性模型表示如圖 1.43。在某些應用中，齊納二極體會在齊納區和順向偏壓區之間來回擺動，所以了解齊納二極體在各區域的工作是很重要的。

10 V，500 mW，20% 的齊納二極體的規格見表 1.5，I_{ZT} 用來定義動態電阻 Z_{ZT} 和裝置功率額定值的一般公式，

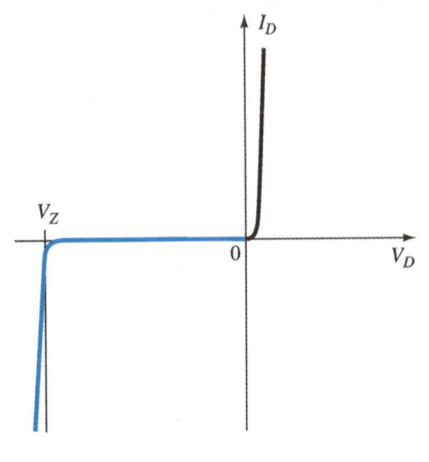

圖 1.41 檢視齊納區

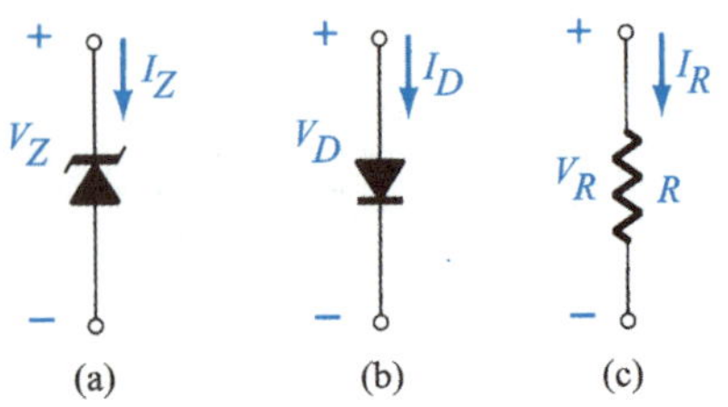

圖 1.42 (a)齊納二極體；(b)半導體二極體；(c)電阻性元件的導通方向

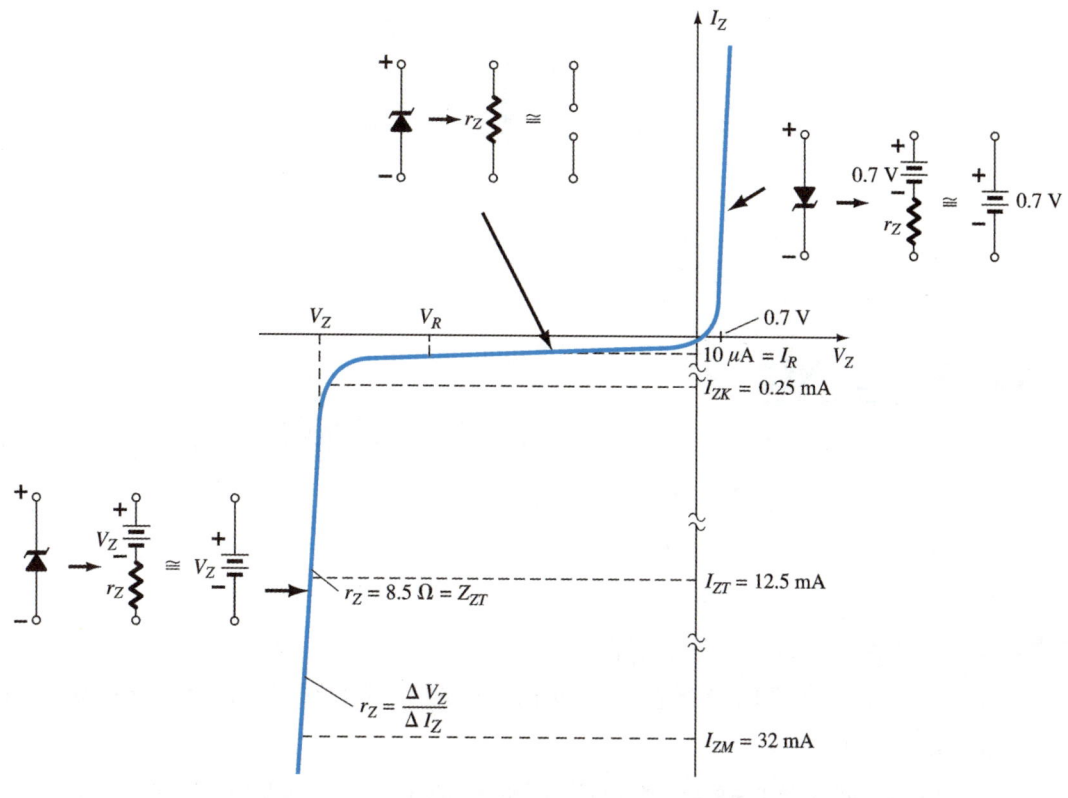

圖 1.43 齊納二極體在各區域工作的等效模型

表 1.5 電氣特性（周邊溫度 25°C）

標稱齊納電壓 V_Z (V)	電流測試 I_{ZT} (mA)	最大動態阻抗 Z_{ZT} 在 I_{ZT} (Ω)	最大膝點阻抗 Z_{ZK} 在 I_{ZK} (Ω) (mA)	最大逆向電流 I_R 在 V_R (μA)	電壓測試 V_R (V)	最大調整電流 I_{ZM} (mA)	典型溫度係數 (%/°C)
10	12.5	8.5	700 0.25	10	7.2	32	+0.072

$$P_{Z_{max}} = 4 I_{ZT} V_Z \tag{1.11}$$

$P_{Z_{max}} = 4 I_{ZT} V_Z = 4(12.5 \text{ mA})(10 \text{ V}) = 500 \text{ mW}$

各種不同的齊納二極體的接腳判別和包裝見圖 1.44，其外觀和標準二極體十分相似。

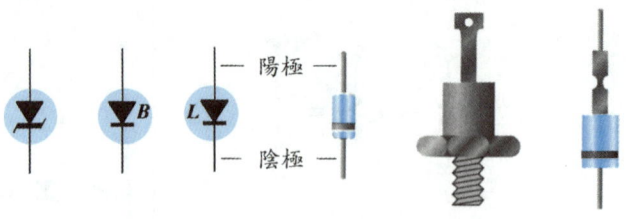

圖 1.44　齊納二極體的接腳和符號

1.15　發光二極體

　　有兩類電子結構最常用作發光元件，發光二極體(LED)和液晶顯示器(LCD)。而 LCD 顯示器則留待後面章節再討論。

　　發光二極體受到能量激發時，會釋出可見光或不可見光（紅外線）。在任何順偏的 p-n 接面中，電子和電洞會復合，造成原先未拘束的自由電子會釋出能量，一部分能量變成熱能，另一部分則以光子的形式釋出。

　　矽和鍺不會用來建構 LED 裝置，而砷化鎵建構的二極體，其 p-n 接面處的復合過程會發射紅外線（不可見光）。

　　表 1.6 提供一列普通的複合半導體及發光的顏色，以及順向偏壓的一般範圍。

　　LED 的基本構造以及此裝置所用的標準符號，見圖 1.45。

表 1.6　發光二極體

顏　色	結　　構	典型的順向電壓(V)
琥珀	AlInGaP	2.1
藍	GaN	5.0
綠	GaP	2.2
橙	GaAsP	2.0
紅	GaAsP	1.8
白	GaN	4.1
黃	AlInGaP	2.1

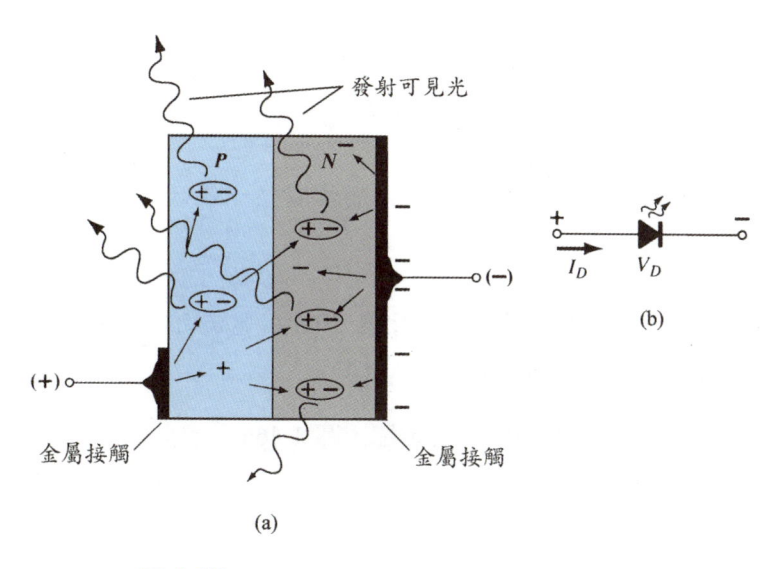

图 **1.45** (a)LED 的發光程序；(b)電路符號

值得注意到，不可見光的頻譜比可見光低。
發光裝置的響應時提的波長關係式：

$$\lambda = \frac{c}{f} \quad (m) \tag{1.12}$$

其中 $c=3\times 10^8$ m/s（真空中的光速）
　　$f=$ 頻率（單位 Hz）
　　$\lambda=$ 波長（單位 m）

例 1.5

試利用式(1.12)，求出可見光頻率範圍(400 THz～750 THz)對應的波長範圍。

解：

$$c = 3\times 10^8 \frac{m}{s}\left[\frac{10^9 \text{ nm}}{m}\right] = 3\times 10^{17} \text{ nm/s}$$

$$\lambda = \frac{c}{f} = \frac{3\times 10^{17} \text{ nm/s}}{400 \text{ THz}} = \frac{3\times 10^{17} \text{ nm/s}}{400\times 10^{12} \text{ Hz}} = 750 \text{ nm}$$

$$\lambda = \frac{c}{f} = \frac{3\times 10^{17} \text{ nm/s}}{750 \text{ THz}} = \frac{3\times 10^{17} \text{ nm/s}}{750\times 10^{12} \text{ Hz}} = 400 \text{ nm}$$

400 nm～750 nm

LED 的光強度會隨著順向電流的增加而增加，直到飽和點為止。飽和時即使電流再增加，發光量也無法再有效增加。

使用 LED 時有一主要關注點，即逆偏崩潰電壓一般只有 3 V～5 V（也有少數可達 10 V 者）。

開始分析具有 LED 的網路時，可假定在 20 mA 電流之下，藍光 LED 平均的順偏電壓為 5 V，而白光 LED 則為 4 V。

LED 已成為閃光燈和高級汽車的普遍選擇，圖 1.46a 的管狀燈取代了標準的日光燈。圖 1.46b 的照明燈，每個僅 1.7 W 可提供 140 流明，可減少 90% 的能源損耗。圖 1.46c 的枝型燈泡，其壽命達 50,000 小時，耗電僅 3 W。

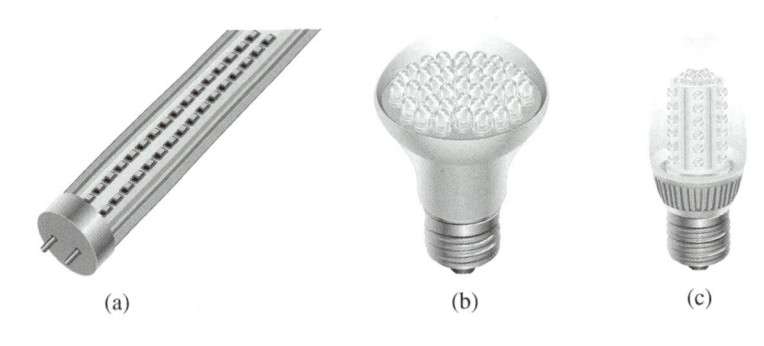

圖 1.46　用於住宅與商業的 LED 照明

七段數位顯示器是置放在一個 DIP IC 包裝內，見圖 1.47，對某些預定的腳位施加 5 V 的電源，可激發某些 LED，就可顯示所要的數字。正面看顯示器，從左上腳位數起，沿著逆時針的方向，就可決定各腳腳位。大部分的七段顯示器，採用共陽極或共陰極的接法，陽極代表每個二極體的正端，而陰極則代表每個二極體的負端。

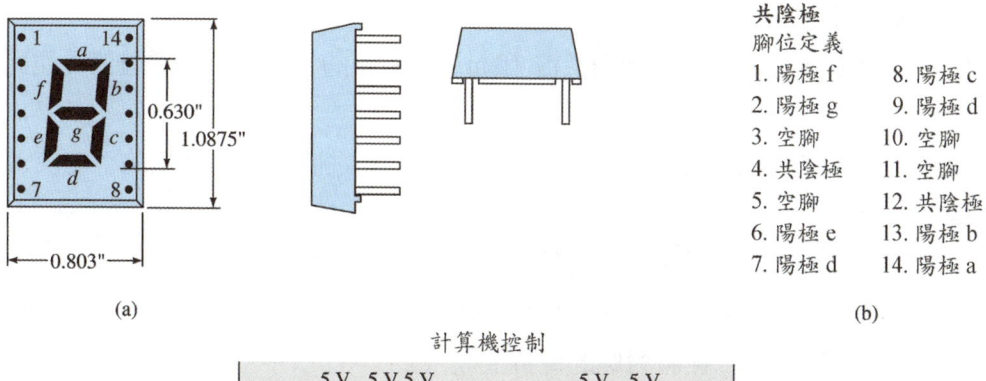

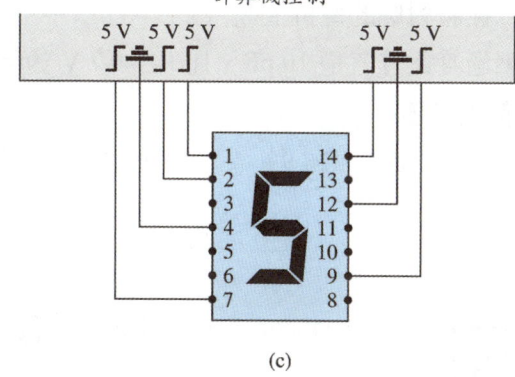

共陰極
腳位定義
1. 陽極 f　　8. 陽極 c
2. 陽極 g　　9. 陽極 d
3. 空腳　　10. 空腳
4. 共陰極　　11. 空腳
5. 空腳　　12. 共陰極
6. 陽極 e　　13. 陽極 b
7. 陽極 d　　14. 陽極 a

圖 1.47　七段顯示器：(a)正面和腳位判別；(b)腳位定義；(c)顯示數字 5

習　題

1. **a.** 將 12 μC 的電荷移經 6 V 的電位差，需要多少焦耳的能量？
   b. 就(a)部分，試以 eV 為單位求出能量。
2. 移動某電荷通過 3.2 V 的電位差，共需 48 eV 的能量，試決定此電荷的電量。
3. 說明 n 型與 p 型半導體材料之間的差異。
4. 說明施者與受者雜質之間的差異。
5. 說明多數與少數載子之間的差異。
6. 說明如何使 p-n 接面二極體進入順偏和逆偏狀態，即正負電位應分別接到那一個腳位？
7. 某矽二極體，$n=20$，$I_s=0.1\ \mu$A，逆偏電壓 -10 V，試利用式(1.2)，決定 20°C 時的二極體電流。
8. 已知某二極體的電流是 8 mA 且 $n=1$，若外加電壓是 0.5 V 且溫度為室溫(25°C)，試求 I_s。
9. 已知某二極體電流為 6 mA，$V_T=26$ mV，$n=1$，$I_s=1$ nA，試求出外加電壓 V_D。
10. 用自己的話說明理想二極體的特性，並說明如何決定裝置的導通和截止狀態，也就是說明何以等效於短路和開路是恰當的。

11. 試計算圖 1.15 中二極體在順向電流 10 mA 處對應的直流和交流電阻值，並比較兩者的大小。

12. 試決定圖 1.15 中二極體順向電壓在 0.6 V～0.9 V 之間時，二極體的平均交流電阻值。

13. 參考圖 1.32，決定電壓 0 V 和 0.25 V 時對應的擴散電容。

14. 某二極體，其特性如圖 1.32，若外加頻率 6 MHz，試分別決定順偏電壓 0.2 V 和逆偏電壓 -20 V 時，二極體對應的電抗值。

15. 某矽二極體的零偏壓過渡電容值是 10 pF，且 $V_K = 0.7$ V，$n = 1/3$。試求出過渡電容值 4 pF 時對應的逆偏電壓值。

16. 若 $t_t = 2t_s$，且總和的逆向恢復時間為 9 ns，試畫出圖 1.48 電路中 i 的波形。

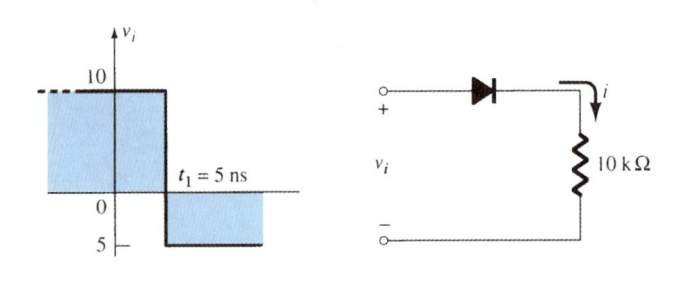

圖 1.48　習題 45

Chapter 2
二極體的應用

2.1 導言

我們已有二極體特性及外加電壓電流所產生響應的基本知識，利用這些知識來探討各種多樣化的網路。

一般而言：

分析電子電路有兩種途徑：一種是利用實際的特性，另一種是利用裝置的近似模型。

2.2 負載線分析

圖 2.1 中的電路是最簡單的二極體組態，電路求解是求出同時滿足二極體特性和所選網路參數的電壓和電流。

圖 2.2 中，二極體特性和網路參數所定義的直線，畫在同一座標平面上。此直線稱為**負載線**，由負載 R 決定。特性曲線和負載線的交點，即此網路之解，定義了網路的電流值和電壓值。

要決定圖 2.2 中特性曲線和負載線的交點，先應用克希荷夫電壓定律，以順時針方向，可得

$$E = V_D + I_D R \quad (2.1)$$

將式(2.1)畫在圖 2.2 的特性曲線圖上。

且

$$I_D = \frac{E}{R}\bigg|_{V_D = 0\,\text{V}} \quad (2.2)$$

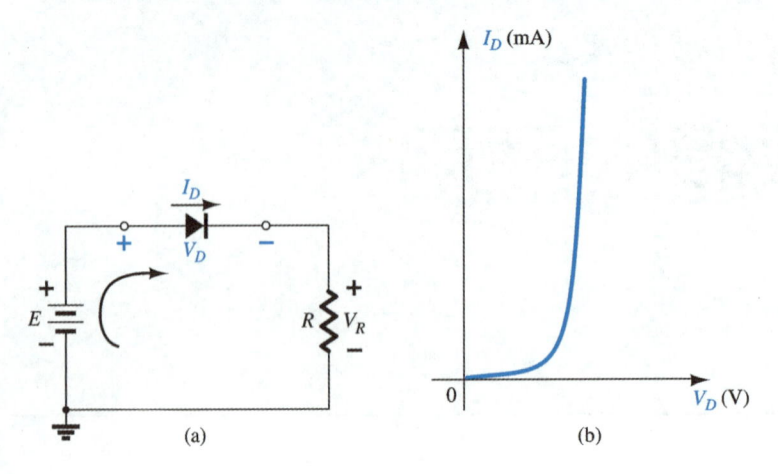

圖 2.1 二極體的串聯組態：(a)電路；(b)特性

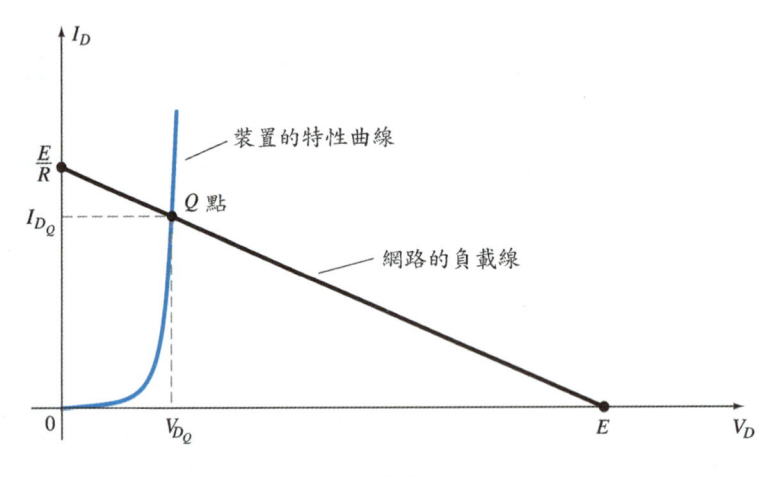

圖 2.2 畫出負載線，找出工作點

與
$$V_D = E \big|_{I_D = 0\,A} \tag{2.3}$$

以上兩點之間畫一直線，負載線和裝置的特性曲線，這兩條線的交點就是電路的工作點。交點朝下畫一條線到橫軸，決定二極體電壓 V_{D_Q}，交點畫一條水平線到縱軸，可得 I_{D_Q} 的大小。

例 2.1

對圖 2.3a 中二極體的串聯組態，試利用圖 2.3b 中的特性，決定

a. V_{D_Q} 和 I_{D_Q}。
b. V_R。

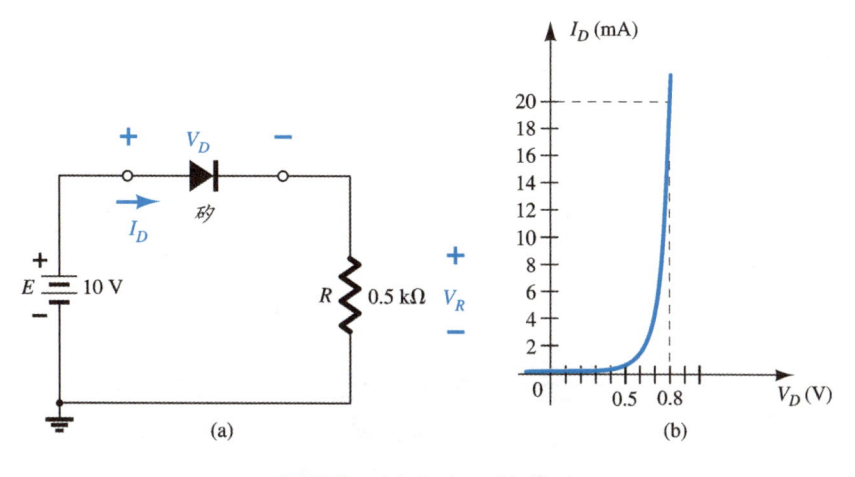

圖 2.3　(a)電路；(b)特性

解：

a. 式(2.2)：　　$I_D = \dfrac{E}{R}\bigg|_{V_D=0\text{ A}} = \dfrac{10\text{ V}}{0.5\text{ k}\Omega} = 20\text{ mA}$

式(2.3)：　　$V_D = E|_{I_D=0\text{ A}} = 10\text{ V}$

所得負載線見圖 2.4。負載線和特性曲線的交點定義了 Q 點，即

$$V_{D_Q} \cong \mathbf{0.78\text{ V}}$$

$$I_{D_Q} \cong \mathbf{18.5\text{ mA}}$$

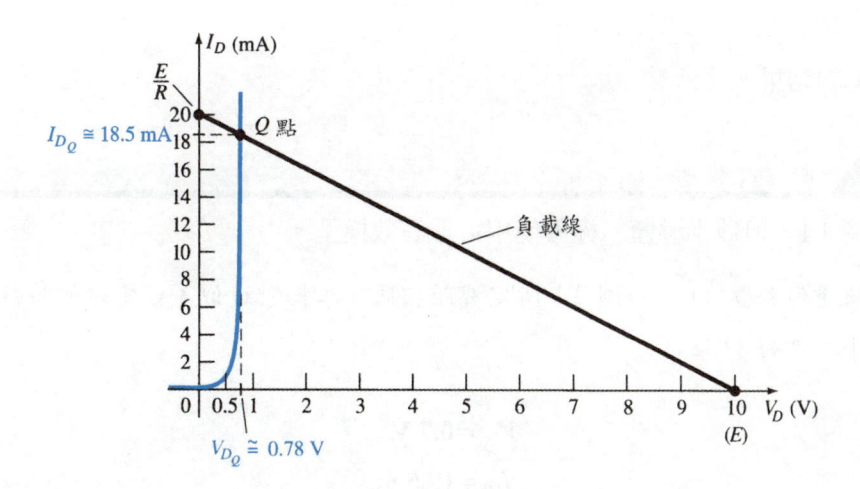

b. $V_R = E - V_D = 10\text{ V} - 0.78\text{ V} = \mathbf{9.22\text{ V}}$

圖 2.4　例 2.1 的解

用 Q 點值求例 2.1 的直流電阻值是

$$R_D = \frac{V_{D_Q}}{I_{D_Q}} = \frac{0.78 \text{ V}}{18.5 \text{ mA}} = 42.16 \text{ } \Omega$$

畫出等效電路如圖 2.5。

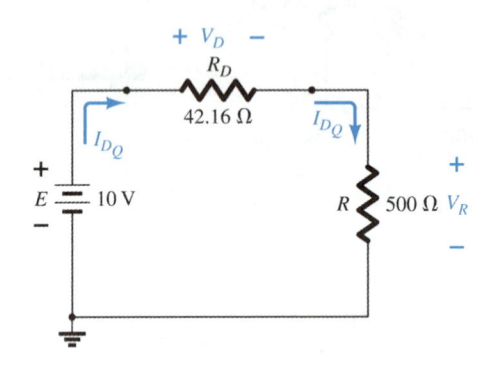

圖 2.5 圖 2.4 電路的等效電路

電流

$$I_D = \frac{E}{R_D + R} = \frac{10 \text{ V}}{42.16 \text{ } \Omega + 500 \text{ } \Omega} = \frac{10 \text{ V}}{542.16 \text{ } \Omega} \cong \mathbf{18.5 \text{ mA}}$$

且

$$V_R = \frac{RE}{R_D + R} = \frac{(500 \text{ } \Omega)(10 \text{ V})}{42.16 \text{ } \Omega + 500 \text{ } \Omega} = \mathbf{9.22 \text{ V}}$$

符合例 2.1 的結果。

例 2.2

重做例 2.1，但矽半導體二極體使用近似等效模型。

解：負載線重做於圖 2.6，和例 2.1 所定截距相同。二極體近似等效電路的特性曲線也畫在同一圖上，所得 Q 點為

$$V_{D_Q} = \mathbf{0.7 \text{ V}}$$

$$I_{D_Q} = \mathbf{18.5 \text{ mA}}$$

此種情況下 Q 點的直流電阻是

$$R_D = \frac{V_{D_Q}}{I_{D_Q}} = \frac{0.7 \text{ V}}{18.5 \text{ mA}} = 37.84 \text{ } \Omega$$

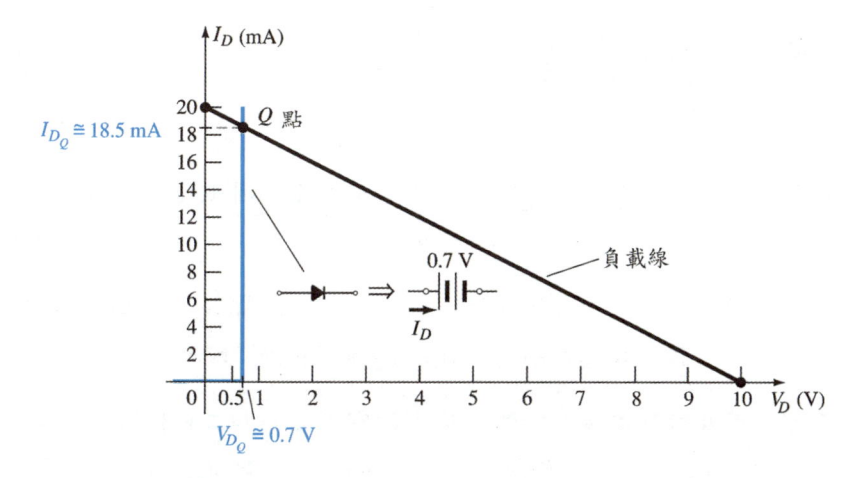

圖 2.6 用二極體近似等效模型重做例 2.1

例 2.3

重做例 2.1，但使用理想二極體模型。

解： 如圖 2.7 所示，負載線沒有變，但負載線和理想特性曲線相交於縱軸，因此 Q 點定為

$$V_{D_Q}=0\text{ V}$$

$$I_{D_Q}=20\text{ mA}$$

$$R_D=\frac{V_{D_Q}}{I_{D_Q}}=\frac{0\text{ V}}{20\text{ mA}}=0\text{ Ω}（等效於短路）$$

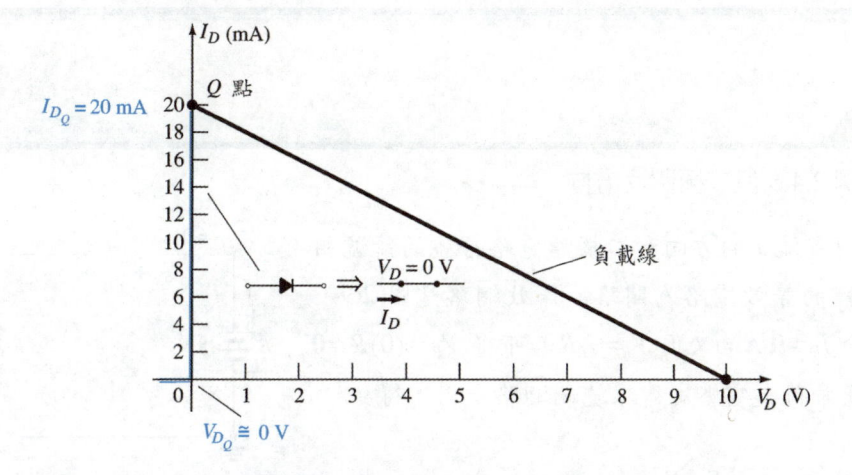

圖 2.7 用理想二極體模型重做例 2.1

2.3 二極體的串聯組態

以下的所有分析皆假定：

二極體的順向電阻和網路中其他的串聯電阻相比，因阻值相對很小，皆可忽略不計。

對每一種電路組態而言，都要先決定二極體的狀態，那些二極體"導通"？又那些二極體"截止"？代入適當的等效電路，並決定剩下的網路參數。

一般而言，若外加電源在二極體所建立的電流方向和二極體電路符號的箭號一致，且矽的 $V_D \geq 0.7$ V（鍺的 $V_D \geq 0.3$ V，而砷化鎵的 $V_D \geq 1.2$ V）時，二極體就是在"導通"狀態。

例 2.4

就圖 2.8 的二極體串聯組態，試決定 V_D、V_R 和 I_D。

解：因外加電壓可建立順時針方向的電流，和箭號方向一致，所以二極體在"導通"狀態。

$$V_D = \mathbf{0.7 \text{ V}}$$

$$V_R = E - V_D = 8 \text{ V} - 0.7 \text{ V} = \mathbf{7.3 \text{ V}}$$

$$I_D = I_R = \frac{V_R}{R} = \frac{7.3 \text{ V}}{2.2 \text{ k}\Omega} \cong \mathbf{3.32 \text{ mA}}$$

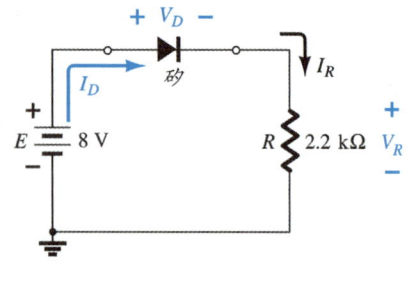

圖 2.8 例 2.4 的電路

例 2.5

重做例 2.4，但二極體反方向。

解：已發現電流 I 的方向和二極體電路符號的箭號相反，二極體的等效電路為開路。等效網路見圖 2.9，因為開路，$I_D = \mathbf{0 \text{ A}}$，又因 $V_R = I_R R$，可得 $V_R = (0)R = \mathbf{0 \text{ V}}$。利用克希荷夫電壓定律環繞閉迴路一周，得

$$E - V_D - V_R = 0$$

且

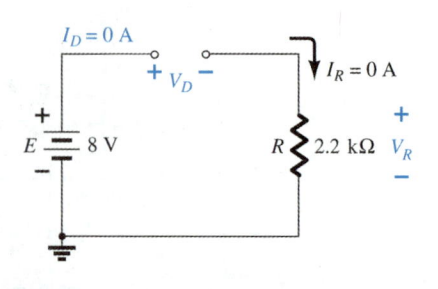

$$V_D = E - V_R = E - 0 = E = \mathbf{8 \text{ V}}$$

圖 2.9 決定例 2.5 中的未知數

在圖 2.10 的記號代表外加電壓，這是在產業界通用的記號。

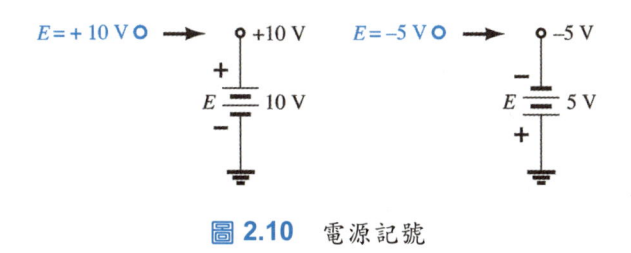

圖 2.10 電源記號

例 2.6

對圖 2.11 的二極體串聯組態，試決定 V_D、V_R 和 I_D。

解：雖然"電壓"所能建立的電流方向和箭號同向，但外加電壓的大小不足以使矽二極體"導通"，在特性上的工作點如圖 2.12 所示，所以恰當的近似等效模型是開路，因此所得電壓和電流值如下：

$$I_D = \mathbf{0\ A}$$
$$V_R = I_R R = I_D R = (0\ A)\,1.2\ k\Omega = \mathbf{0\ V}$$

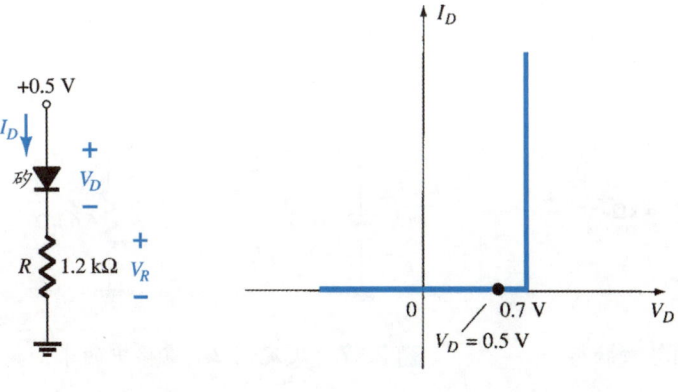

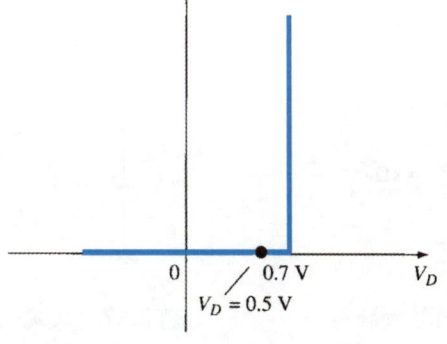

且
$$V_D = E = \mathbf{0.5\ V}$$

圖 2.11 例 2.6 中二極體的串聯組態

圖 2.12 $E = 0.5\ V$ 時的工作點

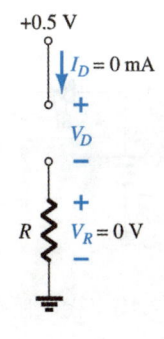

圖 2.13 決定圖 2.16 中 I_D、V_R 和 V_D 之值

例 2.7

試決定圖 2.14 電路中的 I_D、V_{D_2} 和 V_o。

解：假想移走二極體並換成電阻，並決定圖 2.15 電路中所產生的電流方向，此方向和矽二極體相符，但和鍺二極體不符。短路和開路的串聯組合必然產生開路，即 $I_D=\mathbf{0\,A}$，如圖 2.16 所示。

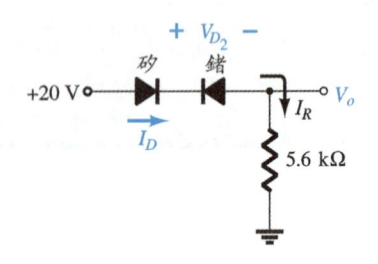

圖 2.14 例 2.7 的電路

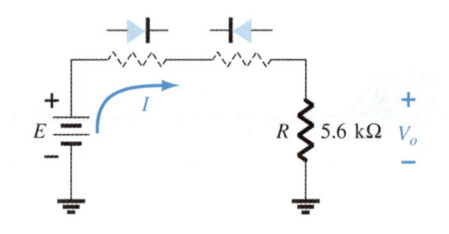

圖 2.15 決定圖 2.14 中二極體的狀態

實際的二極體在沒有偏壓的情況下，$I_D=0\,A$ 且 $V_D=0\,V$（見第 1 章），反之亦然。$I_D=0\,A$ 且 $V_D=0\,V$ 的情況如圖 2.17 所示，可得

$$V_o = I_R R = I_D R = (0\,A)R = \mathbf{0\,V}$$

且

$$V_{D_2} = V_{開路} = E = \mathbf{20\,V}$$

圖 2.16 代入開路二極體的等效狀態

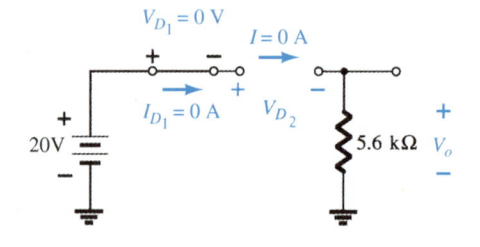

圖 2.17 決定例 2.7 電路中的未知數

以順時針方向應用克希荷夫電壓定律

$$E - V_{D_1} - V_{D_2} - V_o = 0$$

且
$$V_{D_2} = E - V_{D_1} - V_o = 20\,V - 0 - 0 = \mathbf{20\,V}$$

且
$$V_o = \mathbf{0\,V}$$

2.4　並聯與串並聯組態

照之前二極體串聯組態的分析方法，逐步按順序執行即可。

例 2.8

圖 2.18 的二極體並聯組態中，試決定 V_o、I_1、I_{D_1} 和 I_{D_2}。

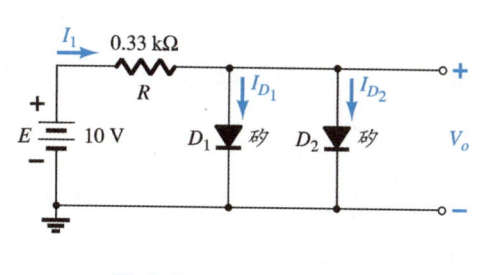

圖 2.18　例 2.8 的網路

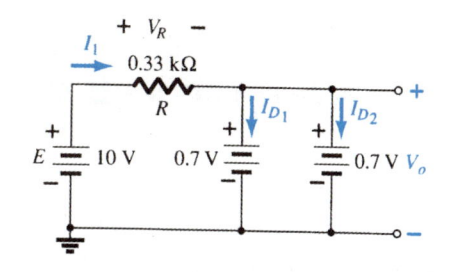

圖 2.19　決定例 2.8 中網路的未知數

解：外加"電壓"試圖在每個二極體上建立的電流方向如圖 2.19，因為所產生的電流方向和每個二極體的箭號相符，且外加電壓大於 0.7 V，所以兩個二極體都會在"導通"狀態。並聯元件的電壓必定相同，且

$$V_o = \mathbf{0.7\ V}$$

電流為

$$I_1 = \frac{V_R}{R} = \frac{E - V_D}{R} = \frac{10\ \text{V} - 0.7\ \text{V}}{0.33\ \text{k}\Omega} = \mathbf{28.18\ mA}$$

假定二極體的特性相同，可得

$$I_{D_1} = I_{D_2} = \frac{I_1}{2} = \frac{28.18\ \text{mA}}{2} = \mathbf{14.09\ mA}$$

例 2.9

本例中有兩個 LED，用作電壓極性檢測器，外加正電壓源時綠燈亮，而負電壓源則使紅燈亮，市面上有這種組合包裝。

試求電阻 R，以保證圖 2.20 的電路組態中，"導通"的二極體會流通 20 mA 的電流。兩個二極體的逆向崩潰電壓是 3 V，平均導電壓是 2 V。

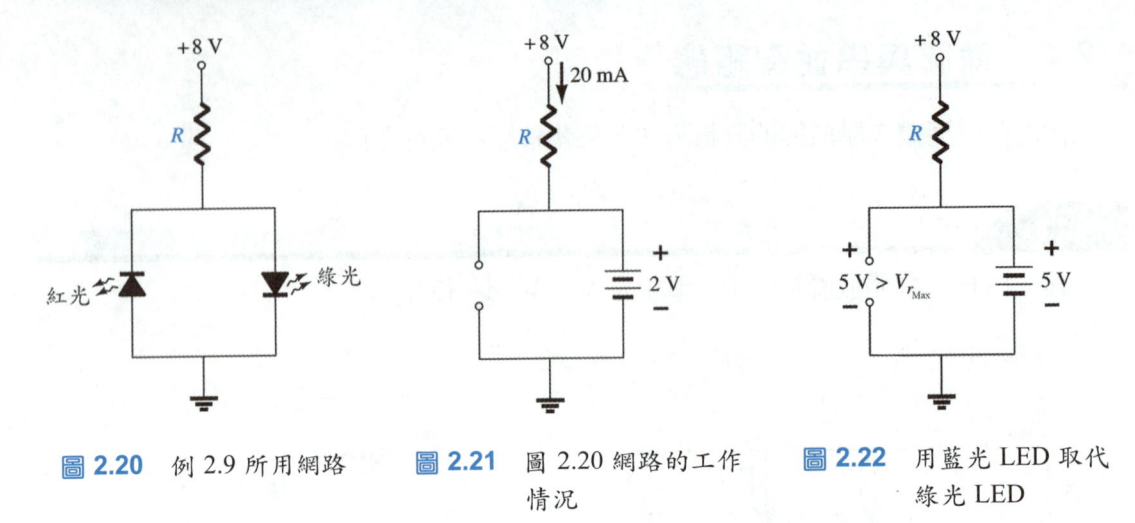

圖 2.20 例 2.9 所用網路　　**圖 2.21** 圖 2.20 網路的工作情況　　**圖 2.22** 用藍光 LED 取代綠光 LED

解： 外加正電源電壓時，所產生的電流方向和綠光 LED 的箭號一致，可使綠光 LED 導通。

綠光 LED 上的電壓特性，會對紅光 LED 逆偏，紅光 LED 的逆偏電壓大小和綠光 LED 的順偏電壓大小相同，結果如圖 2.21 的等效網路。

應用歐姆定律，可得

$$I = 20 \text{ mA} = \frac{E - V_{\text{LED}}}{R} = \frac{8 \text{ V} - 2 \text{ V}}{R}$$

且

$$R = \frac{6 \text{ V}}{20 \text{ mA}} = 300 \text{ }\Omega$$

然而，如果將綠光 LED 換成藍光 LED 就會有問題，見圖 2.22。LED 導通所需的順偏電壓約 5 V，因此需要用比較小的電阻 R 才能建立 20 mA 的電流。

例 2.10

試決定圖 2.23 網路中的電流 I_1、I_2 和 I_{D_2}。

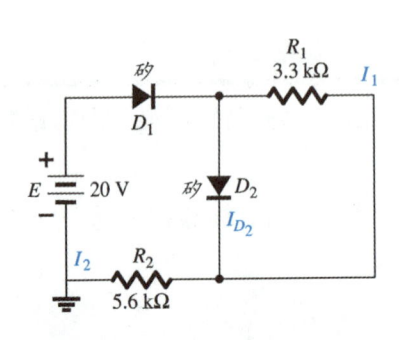

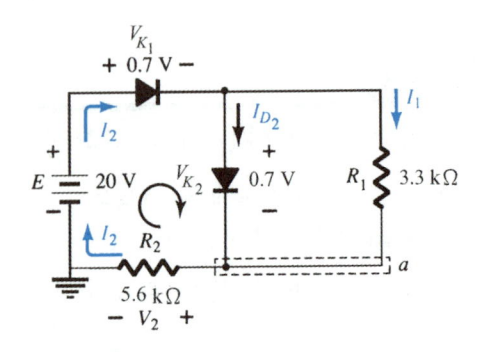

圖 2.23 例 2.10 中的網路　　**圖 2.24** 決定例 2.10 中的未知數

解： 外加電壓使兩個二極體導通，網路上所產生的電流方向如圖 2.24 所示。應用分析技巧，對此直流串並聯網路求解，可得

$$I_1 = \frac{V_{K_2}}{R_1} = \frac{0.7 \text{ V}}{3.3 \text{ k}\Omega} = \textbf{0.212 mA}$$

以順時針方向環繞迴路，應用克希荷夫電壓定律，可得

$$-V_2 + E - V_{K_1} - V_{K_2} = 0$$

且
$$V_2 = E - V_{K_1} - V_{K_2} = 20 \text{ V} - 0.7 \text{ V} - 0.7 \text{ V} \cong \textbf{18.6 V}$$

以及
$$I_2 = \frac{V_2}{R_2} = \frac{18.6 \text{ V}}{5.6 \text{ k}\Omega} = \textbf{3.32 mA}$$

在底部節點 a，

$$I_{D_2} + I_1 = I_2$$

且
$$I_{D_2} = I_2 - I_1 = 3.32 \text{ mA} - 0.212 \text{ mA} \cong \textbf{3.11 mA}$$

2.5　AND/OR 閘

利用二極體的近似等效模型，而不用理想二極體模型，會使 AND/OR 的分析較簡單。

例 2.11

試決定圖 2.25 中正邏輯 AND 閘的輸出位準。對 AND 閘而言，當每一個輸入端都輸出 1 時，輸出才會為 1。

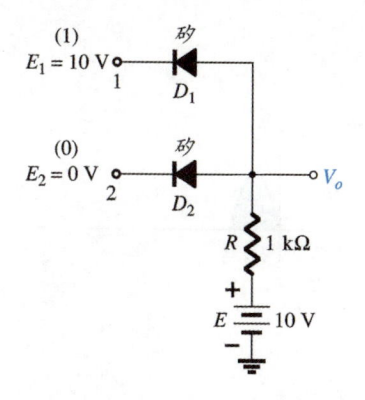

圖 2.25　正邏輯 AND 閘

圖 2.26　將假定狀態代入圖 2.25 中的二極體

解：先假定二極體的狀態，所得網路重畫於圖 2.26。假定 D_1 在 "截止" 狀態，D_2 的陰極側接到低電壓(0 V)，而 10 V 電源又經 1 kΩ 電阻接到陽極，因此可假定 D_2 在 "導通" 狀態。

對圖 2.26 的網路而言，因二極體 D_2 順偏，使 V_o 的電壓是 0.7 V。D_1 陽極在 0.7 V，而陰極在 10 V，D_1 確定在 "截止" 狀態。電流 I 的方向如圖 2.26 所示，其大小等於

$$I = \frac{E - V_K}{R} = \frac{10 \text{ V} - 0.7 \text{ V}}{1 \text{ k}\Omega} = 9.3 \text{ mA}$$

2.6　弦波輸入：半波整流

最簡單的具有時變訊號的網路見圖 2.27，現在我們要用理想二極體模型作分析。

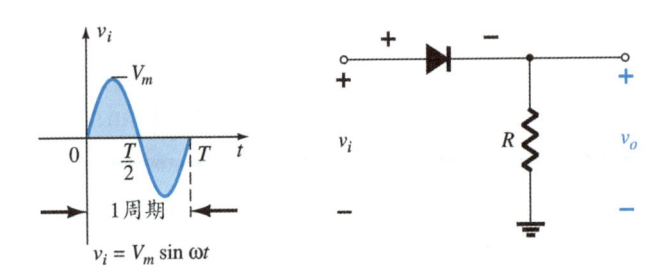

圖 2.27　半波整流器

圖 2.27 定義了周期 T，在一個完整周期內，輸入電壓的平均值為零。圖 2.27 的電路稱為半波整流器(half-wave rectifier)，會產生一個平均值。

在 $t = 0 \to T/2$ 的期間內，外加電壓 v_i 的極性和圖上所註的 "電壓" 極性相同，可使二極體導通，將理想二極體的短路等效模型代入，可得圖 2.28 的等效電路，輸出訊號的兩端經由二極體的短路等效電路，直接連到外加訊號。

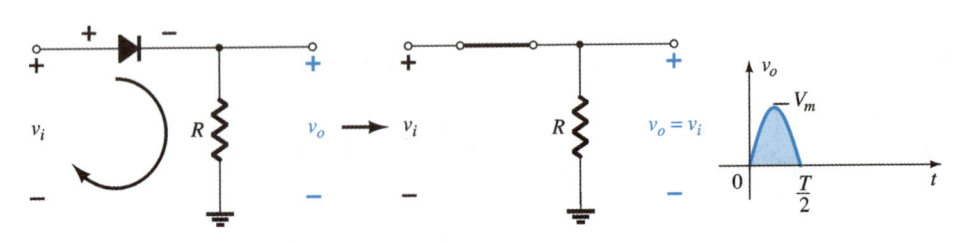

圖 2.28　導通期間($0 \to T/2$)

而在 $T/2 \to T$ 的期間內，輸入電壓 v_i 的極性如圖 2.29 所示，會使理想二極體"截止"，因此在 $T/2 \to T$ 的期間內，$v_o = iR = (0)R = 0$ V。輸入 v_i 和輸出 v_o 都畫在圖 2.30 上。在整個完整周期中，輸出訊號 v_o 的淨面積為正值，且平均值可求出，為

$$\boxed{V_{dc} = 0.318 V_m} \text{ 半波} \tag{2.4}$$

去除半個周期的輸入訊號，以建立直流輸出的程序，稱為半波整流(half-wave rectification)。

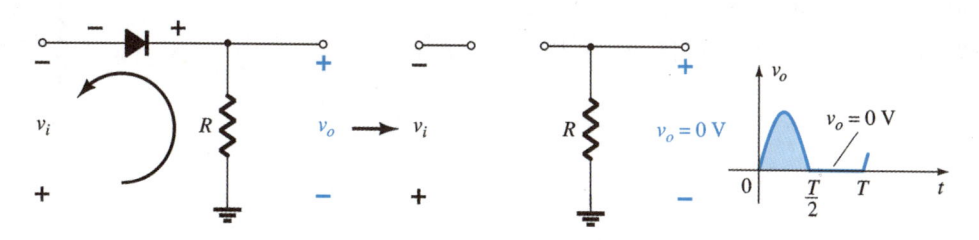

圖 2.29 不導通期間 ($T/2 \to T$)

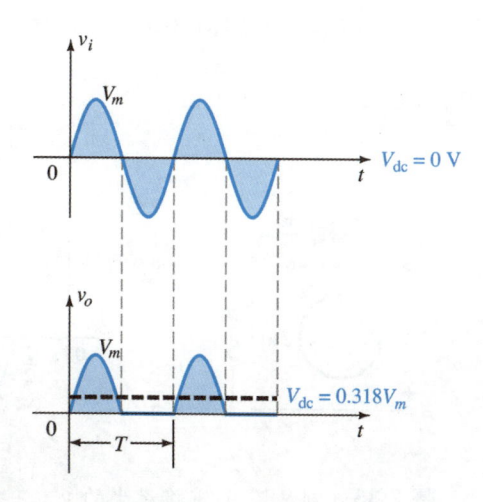

圖 2.30 半波整流訊號

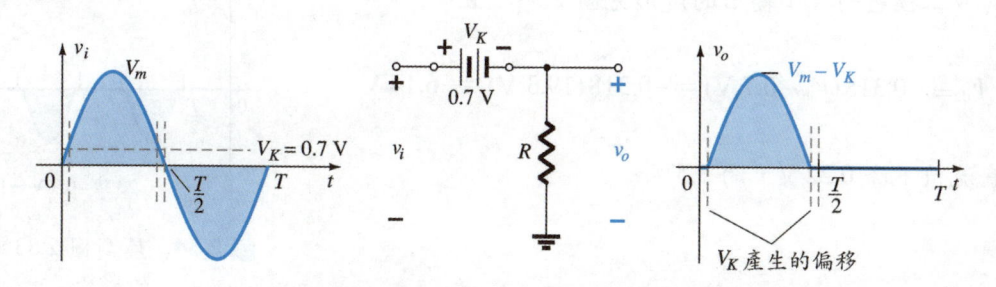

圖 2.31 V_K 對半波整流訊號的影響

用矽二極體並考慮 $V_K=0.7$ V 的影響，可參考圖 2.31 在順偏區操作說明。考慮 $V_K=0.7$ V 的淨效應，可以利用下式決定平均值。

$$V_{dc} \cong 0.318(V_m - V_K) \tag{2.5}$$

例 2.12

a. 對圖 2.32 的網路，試畫出輸出 v_o 的波形，並決定輸出的直流值。

b. 重做(a)，但用矽二極體代替理想二極體。

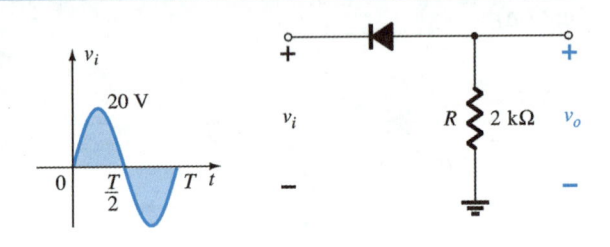

圖 2.32　例 2.12 所用網路

解：

a. 在此情況下，二極體會在輸入的負半周導通，如圖 2.33 所示，直流值為

$$V_{dc} = -0.318 V_m = -0.318(20\text{ V}) = -\mathbf{6.36}\text{ V}$$

負號顯示輸出電壓的極性。

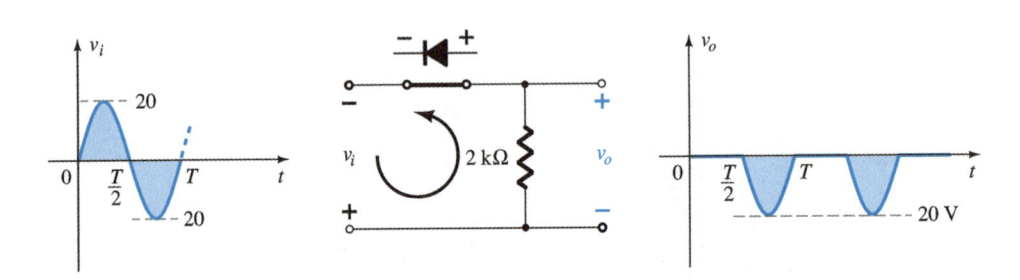

圖 2.33　例 2.12 的電路產生的 v_o

b. 對矽二極體而言，輸出的波形見圖 2.34，且

$$V_{dc} \cong -0.318(V_m - 0.7\text{ V}) = -0.318(19.3\text{ V}) \cong -\mathbf{6.14}\text{ V}$$

直流值下降 0.22 V，約 3.5%。

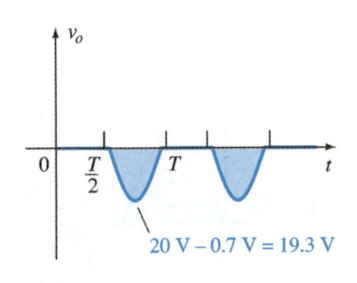

圖 2.34　V_k 對圖 2.33 輸出的影響

最大反向電壓（最大逆向電壓）

在設計整流系統時，二極體的最大反向電壓(PIV)在逆偏區工作時不能超過，否則二極體將進入齊納崩潰區。二極體的 PIV 額定值必須等於或大於外加電壓的最大值。所以，如圖 2.35 所示。

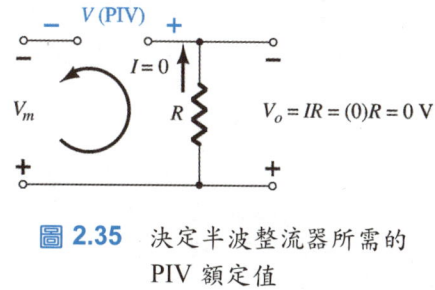

$$\text{PIV 額定值} \geq V_m \quad \text{半波整流器} \tag{2.6}$$

圖 2.35 決定半波整流器所需的 PIV 額定值

2.7 全波整流

橋式網路

利用**全波整流**(full-wave rectification)程序，可將弦波輸入所得的直流值改善 100%。最為人熟知者為四個二極體組成的橋式(bridge)組態，見圖 2.36。在 $t=0 \sim T/2$ 的期間內，輸入電壓的極性如圖 2.37 所示，在理想二極體上所產生的電壓極性也見於圖 2.37。可發現 D_2 和 D_3 導通，而 D_1 和 D_4 則在 "截止" 狀態。總和結果見圖 2.38，顯示了 R 上的電流方向與電壓極性。因為二極體為理想，負載電壓 $v_o = v_i$，一樣顯示在圖 2.38 上。

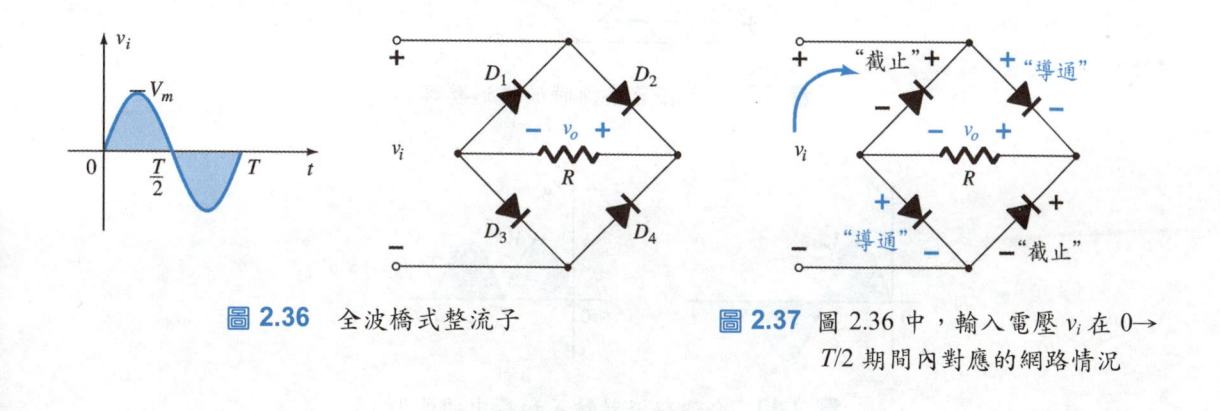

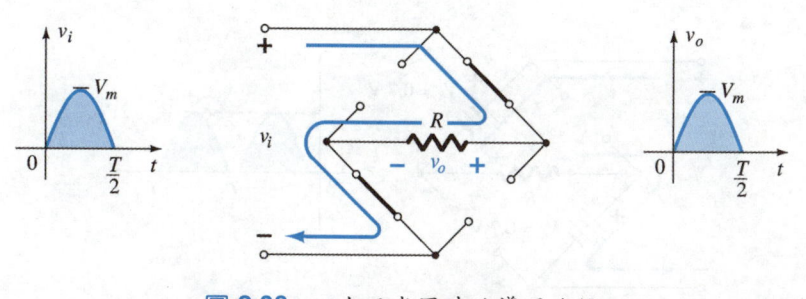

圖 2.36 全波橋式整流子

圖 2.37 圖 2.36 中，輸入電壓 v_i 在 $0 \to T/2$ 期間內對應的網路情況

圖 2.38 v_i 在正半周時的導通路徑

在輸入電壓的負半周，輪到二極體 D_1 和 D_4 導通，總和結果見圖 2.39，負載電阻 R 的電壓極性和圖 2.37 完全相同。考慮一整個完整周期，對應的輸入和輸出電壓見圖 2.40。

因為在一整個周期內，在時間軸上的面積是半波系統所得面積的 2 倍，因此直流值也會倍增。即

$$V_{dc} = 2[式(2.4)] = 2(0.318V_m)$$

或

$$\boxed{V_{dc} = 0.636V_m} \quad \text{全波} \tag{2.7}$$

若使用矽二極體而不用理想二極體，如圖 2.41，輸出電壓 v_o 的最大值是

$$V_{o_{max}} = V_m - 2V_K$$

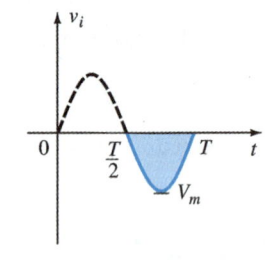

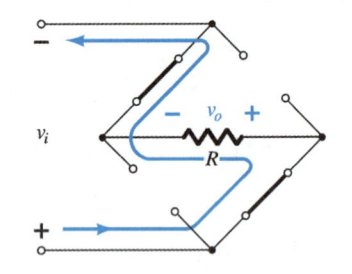

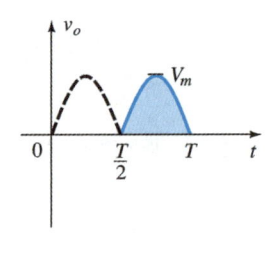

圖 2.39　v_i 在負半周時的導通路徑

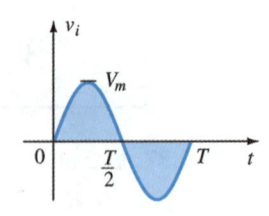

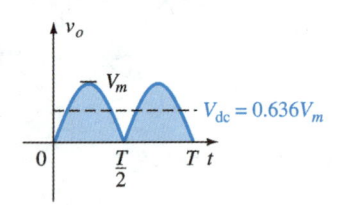

圖 2.40　全波整流器輸入和輸出的波形

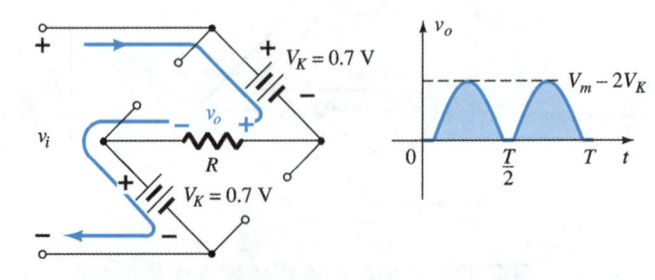

圖 2.41　橋式組態使用矽二極體時 $V_{o_{max}}$ 的決定

求出平均值是

$$V_{dc} \cong 0.636(V_m - 2V_K) \tag{2.8}$$

最大反向電壓 可由圖 2.42 中，當輸入訊號在正半周的最大值處，求出每個理想二極體所需的 PIV 額定值定為

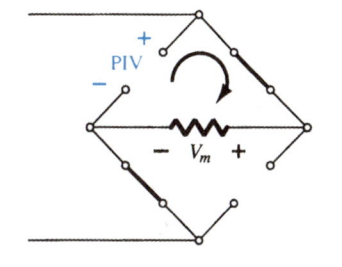

$$\text{PIV} \geq V_m \quad \text{全波橋式整流器} \tag{2.9}$$

圖 2.42 決定橋式電路組態所需的 PIV 值

中間抽頭的變壓器

另一種普遍使用的全波整流器見圖 2.43，只用兩個二極體，但需要一個中間抽頭 (CT) 的變壓器，以使輸入電壓跨在變壓器二次側的任一段上。在變壓器一次側的輸入 v_i 的正半周，電路如圖 2.44 所示。可假定 D_1 等效於短路，而 D_2 等效於開路，輸出電壓如圖 2.44。

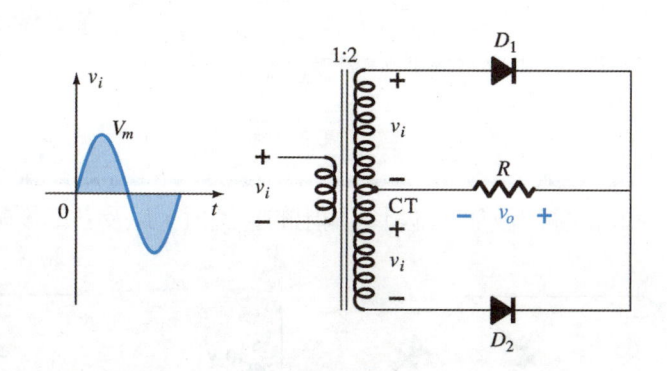

圖 2.43 中間抽頭（變壓器）全波整流器

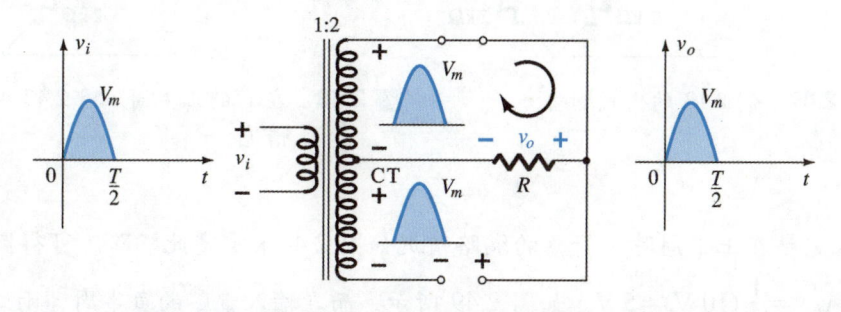

圖 2.44 在 v_i 正半周時對應的網路情況

在輸入的負半周，網路的情況如圖 2.45，兩個二極體的狀態對換，最後結果會得到和圖 2.46 相同的輸出，且直流值相同。

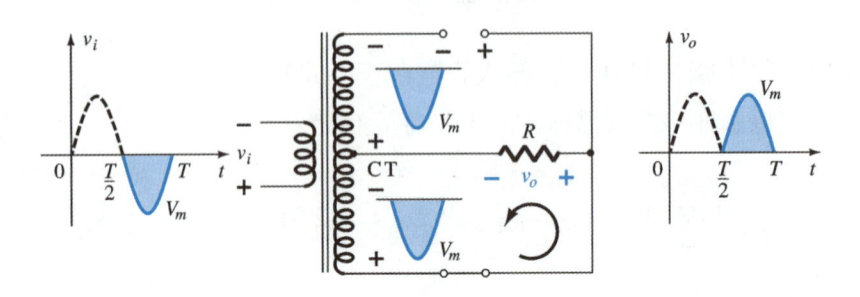

圖 2.45 在 v_i 負半周時對應的網路情況

最大反向電壓見圖 2.46 的網路，決定此全波整流器中各二極體的最大反向電壓(PIV)。利用圖上環繞的迴路，由克希荷夫電壓定律，可得

$$\text{PIV} = V_{\text{二次側}} + V_R$$
$$= V_m + V_m$$

即 $\boxed{\text{PIV} \geq 2V_m}$ 中間抽頭（變壓器）全波整流器 (2.10)

圖 2.46 決定中間抽頭（變壓器）全波整流器中二極體的 PIV 值

例 2.13

試決定圖 2.47 網路的輸出波形，並計算輸出的直流值，以及各二極體所需的 PIV 值。

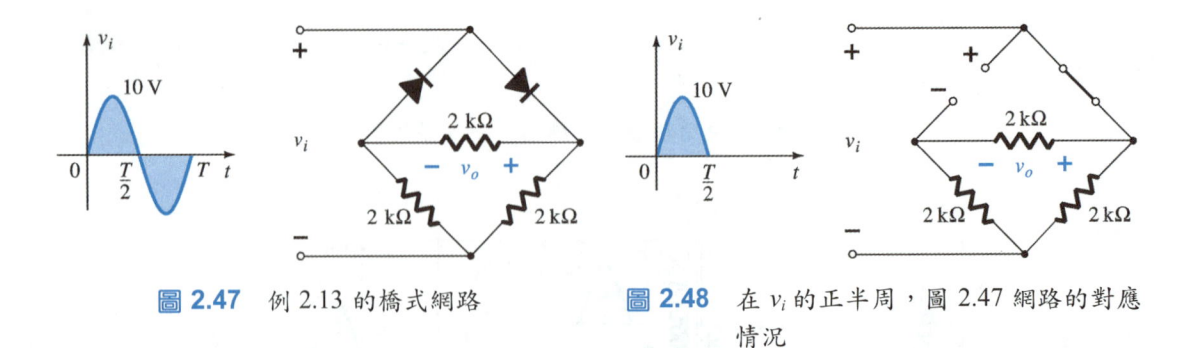

圖 2.47 例 2.13 的橋式網路

圖 2.48 在 v_i 的正半周，圖 2.47 網路的對應情況

解：當輸入電壓在正半周時，對應的網路情況如圖 2.48，重畫此網路，可得圖 2.49，其中 $v_{o_{\max}} = \frac{1}{2} v_{i_{\max}} = \frac{1}{2}(10\text{ V}) = 5\text{ V}$，如圖 2.49 所示。而在輸入電壓的負半周，兩二極體的狀態互換，所得 v_o 見圖 2.50。

輸出的直流值如下：

$$V_{dc} = 0.636(5V) = \mathbf{3.18\ V}$$

由圖 2.48 所得定的 PIV 會等於 R 的最大電壓，即 5 V。

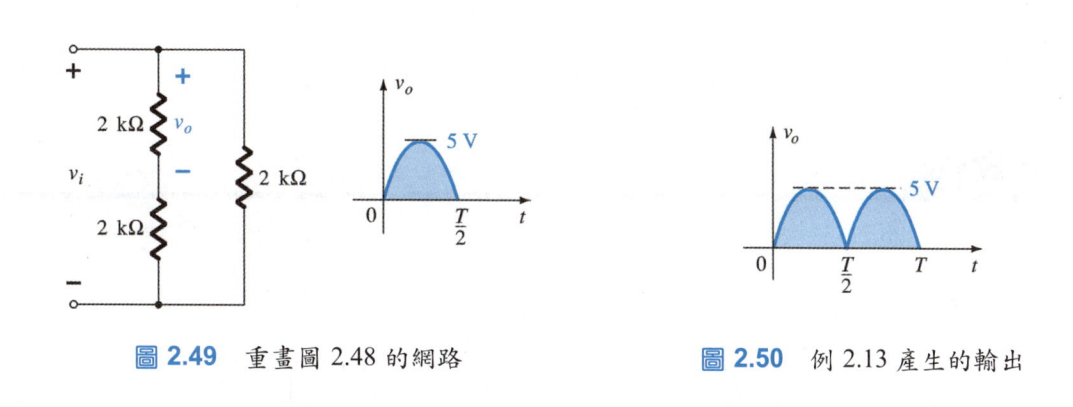

圖 2.49 重畫圖 2.48 的網路

圖 2.50 例 2.13 產生的輸出

2.8 截波電路

二極體可用來改變外加輸入波形的形狀（外觀）。

> 截波電路利用二極體"剪除"(clip)輸入訊號的一部分，但不會使波形的其餘部分變形。

截波電路一般分為兩類：串聯與並聯。串聯組態的定義是二極體和負載串聯，而並聯組態則是二極體和負載並聯。

串聯

圖 2.51a 的串聯組態中，不同的輸入波形以及對應的響應見圖 2.51b。

在網路中加入直流電源，會對串聯截波電路的分析產生很大的影響，如圖 2.52。

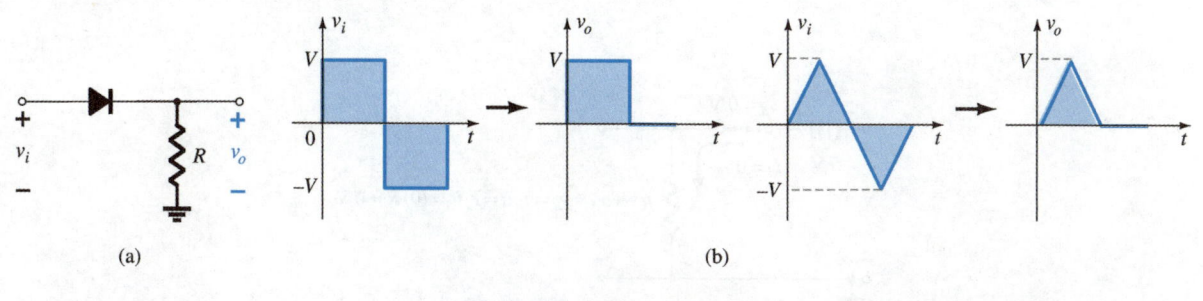

圖 2.51 串聯截波電路

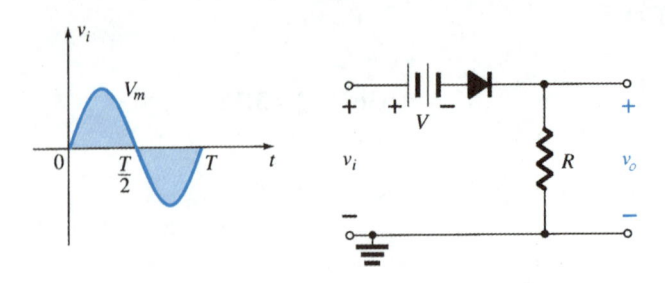

圖 2.52 具有直流電流的串聯截波電路

例 2.14

試決定圖 2.53 中弦波輸入產生的輸出波形。

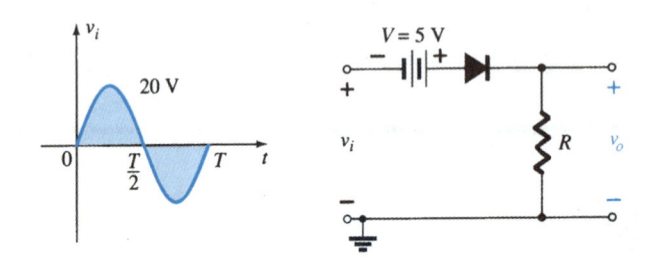

圖 2.53 例 2.14 的串聯截波電路

解：

步驟 1：可看出，輸出電壓是電阻 R 的電壓降。

步驟 2：v_i 的正半周和直線電壓源的"電壓"方向都可使二極體導通，因此在整個 v_i 的正半周，假定二極體都在"導通"狀態，應該是很保險的。但當輸入電壓進入負半周時，一旦低於 $-5\,\text{V}$，將會使二極體截止。

步驟 3：將過渡點的電路模型代入，得圖 2.54，當情況剛好發生在兩狀態的交界處時，

$$v_i + 5\,\text{V} = 0\,\text{V}$$

或

$$v_i = -5\,\text{V}$$

$$v_o = v_R = i_R R = i_d R = (0)R = 0\,\text{V}$$

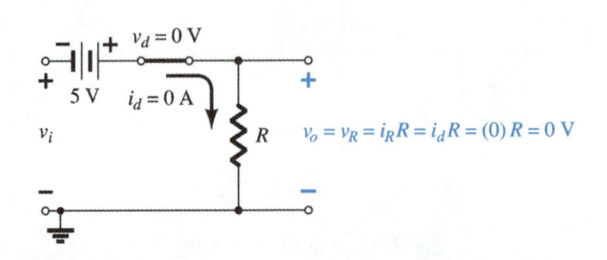

圖 2.54 決定圖 2.74 截波電路中過渡點電壓值

步驟 4：在圖 2.55 的輸入波形上，以過渡點的電壓值畫一條水平線。輸入電壓低於 $-5\,\text{V}$ 時二極體會在開路狀態，且輸出 $0\,\text{V}$，見所畫的 v_o 波形。利用圖 2.55 可發現使二極體導通並建立二極體電流的條件。利用克希荷夫電壓定律，可決定輸出電壓如下：

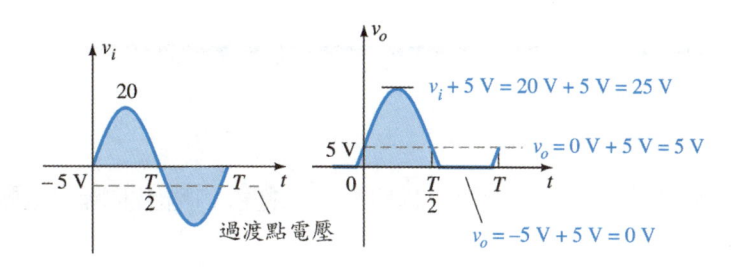

$$v_o = v_i + 5\,\text{V}$$

圖 2.55 畫出例 2.14 的 v_o 波形

具有方波輸入的截波網路的分析，因為只需考慮兩個電壓位準，實際上會比弦波輸入的情況容易。

例 2.15

若例 2.14 網路中的輸入訊號改為圖 2.56 的方波，試求輸出電壓。

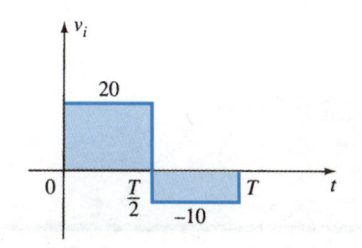

圖 2.56 例 2.15 的輸入訊號

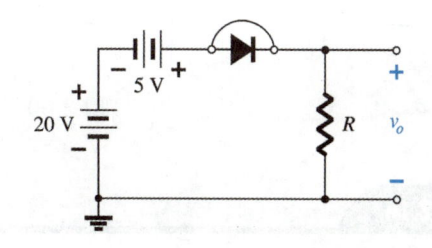

圖 2.57 $v_i = 20\,\text{V}$ 時的 v_o

解：當 $v_i = 20\,\text{V}$（對應於 $t = 0 \to T/2$）時可得圖 2.57 的網路，二極體在短路狀態，且 $v_o = 20\,\text{V} + 5\,\text{V} = 25\,\text{V}$。而當 $v_i = -10\,\text{V}$ 時可得圖 2.58 的網路，二極體在"截止"狀態，且 $v_o = i_R R = (0)R = 0\,\text{V}$，所得輸出電壓見圖 2.59。

圖 2.58 $v_i = -10$ V 時的 v_o

圖 2.59 畫出例 2.15 的 v_o

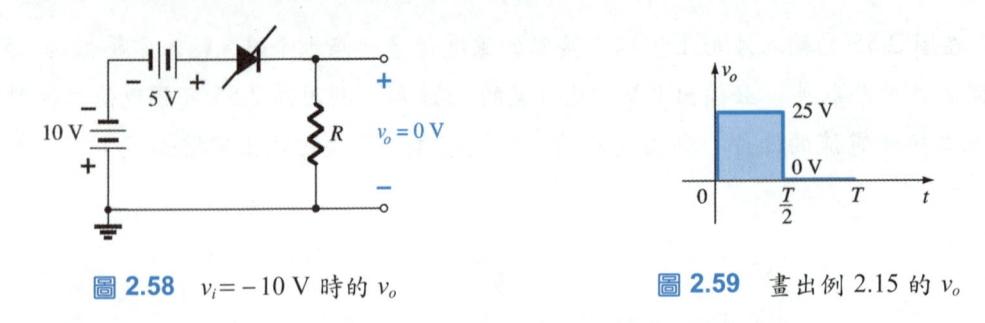

並　聯

　　圖 2.60 的網路是最簡單的二極體並聯組態，二極體和輸出並聯，並聯組態的分析和串聯組態很類似，見下例的說明。

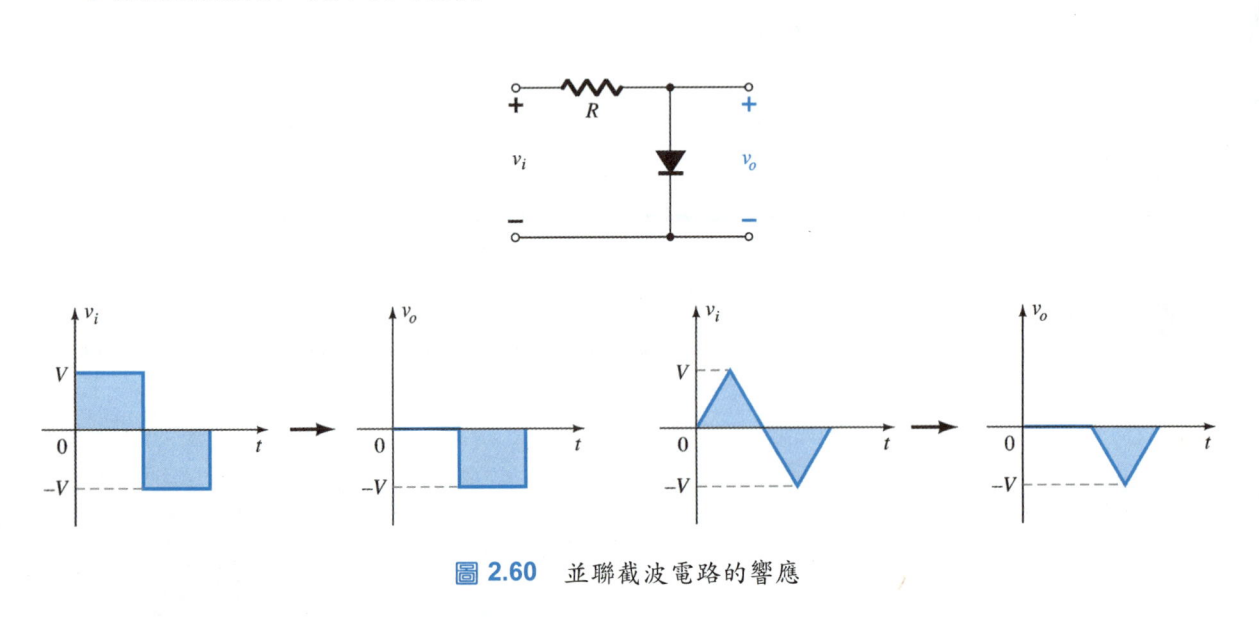

圖 2.60 並聯截波電路的響應

例 2.16

　　試決定圖 2.61 網路中的 v_o。

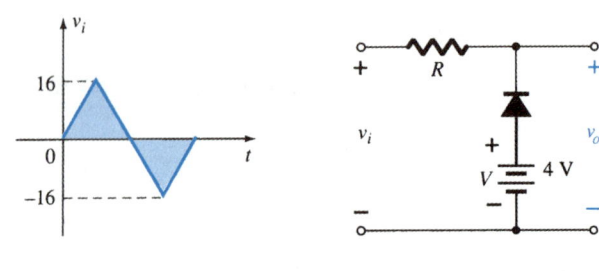

圖 2.61 例 2.16

解：

步驟 1：在此例中，輸出是 4 V 電源和二極體串聯的總電壓，而非電阻 R 的電壓。

步驟 2：從直流電源的電壓極性和二極體的方向，可強烈預期到，在輸入訊號的負半周，二極體會在"導通"狀態。因二極體在短路狀態，輸出電壓直接和 4 V 直流電源並聯，所以輸出會固定在 4 V。當二極體開路時，流程串聯網路的電流是 0 mA，電阻的電壓降會是 0 V，因此只要當二極體截止時會得到 $v_o = v_i$。

步驟 3：可由圖 2.62 求出輸入電壓的過渡點電壓值，二極體代入短路等效電路並記得過渡點對應的二極體電流是 0 mA。可得過渡點電壓

$$v_i = 4 \text{ V}$$

步驟 4：在圖 2.63 中，以過渡點電壓值 $v_i = 4$ V 畫一條線，當二極體導通時 $v_o = 4$ V，而當 $v_i \geq 4$ V 時二極體截止，輸出波形完全和輸入波形完全相同。

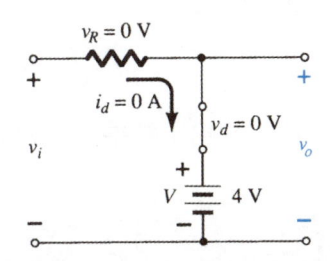

圖 2.62 決定例 2.16 中過渡點電壓值

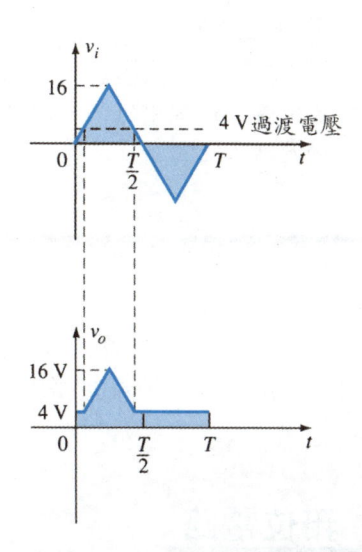

圖 2.63 畫出例 2.16 的 v_o 波形

例 2.17

重做例 2.16，但採用矽二極體且 $V_K = 0.7$ V。

解： 先利用 $i_d = 0$ A 且 $v_d = V_K = 0.7$ V 的條件，得到圖 2.64 的網路，以決定過渡點電壓值。利用克希荷夫電壓定律，以順時針方向環繞輸出迴路，可得

且
$$v_i + V_K - V = 0$$
$$v_i = V - V_K = 4\text{ V} - 0.7\text{ V} = \mathbf{3.3\text{ V}}$$

當輸入電壓超過 3.3 V 時，二極體會開路且 $v_o = v_i$。當輸入電壓低於 3.3 V 時，二極體會在"導通"狀態，可得圖 2.65 的網路，且
$$v_o = 4\text{ V} - 0.7\text{ V} = \mathbf{3.3\text{ V}}$$

所得的輸出波形見圖 2.66。

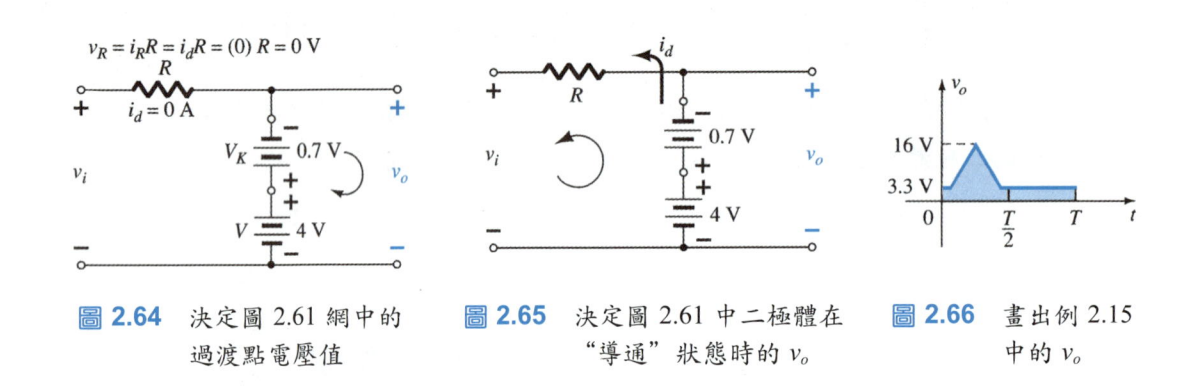

圖 2.64 決定圖 2.61 網中的過渡點電壓值

圖 2.65 決定圖 2.61 中二極體在"導通"狀態時的 v_o

圖 2.66 畫出例 2.15 中的 v_o

總　結

各種不同的串聯與並聯截波電路，以及對應於弦波輸入的輸出結果，見圖 2.67。

2.9　箝位電路

這類電路可移動外加訊號的位準：

> 箝位電路由二極體，電阻和電容構成，可將波形遷移至不同的直流位準，但不會改變波形的形狀（外觀）。

最簡單的箝位電路見圖 2.68，很重要需注意到，電容直接接在輸入訊號與輸出訊號之間，而電阻和二極體則和輸出訊號並聯。

第 2 章　二極體的應用　57

簡單的串聯截波電路（理想二極體）
正截波　　　　　　　　　　　　　　　　　　　　負截波

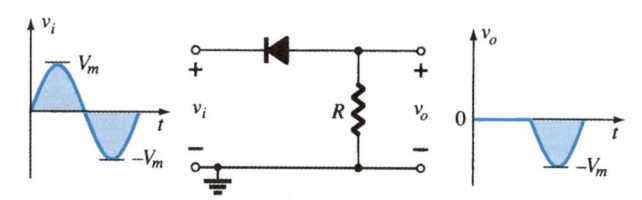

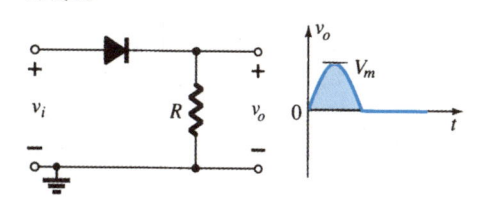

含直流電壓源的串聯截波電路（理想二極體）

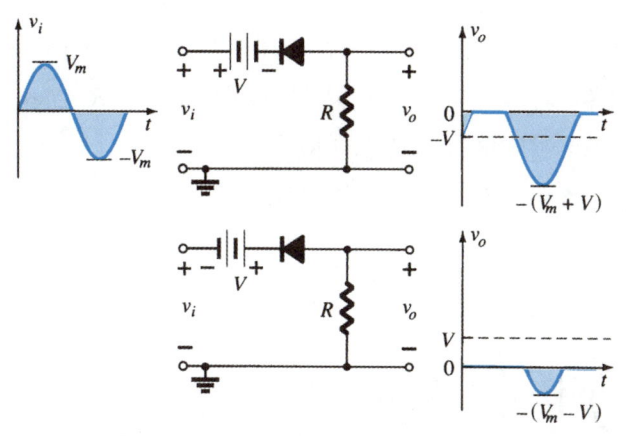

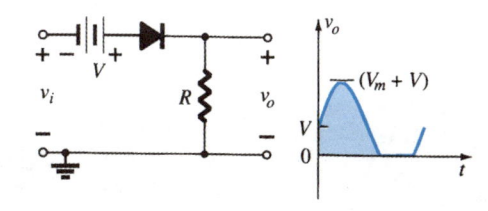

簡單的並聯截波電路（理想二極體）

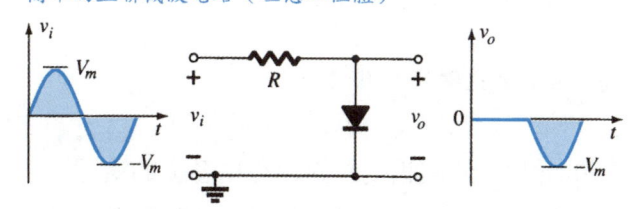

含直流電壓源的並聯截波電路（理想二極體）

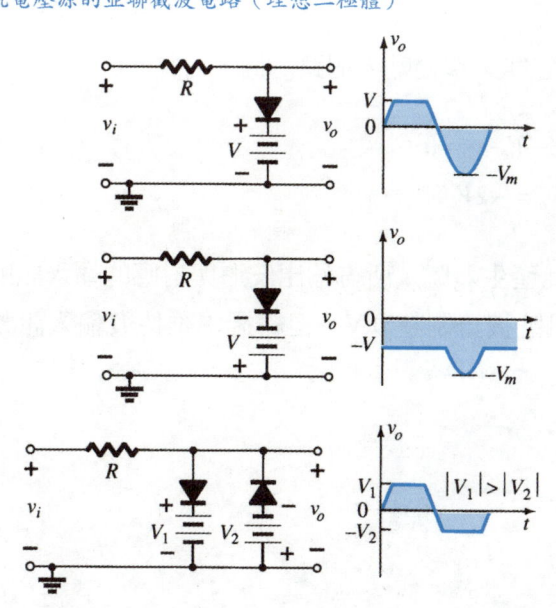

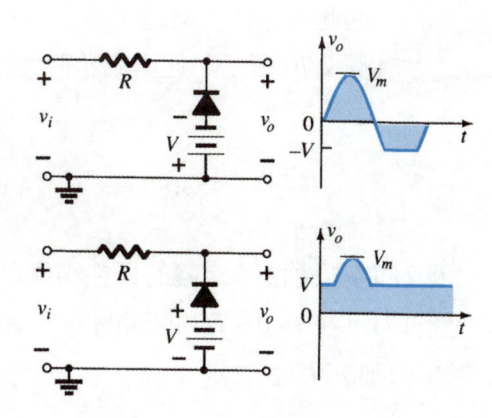

圖 **2.67**　截波電路

圖 2.68 箝位電路

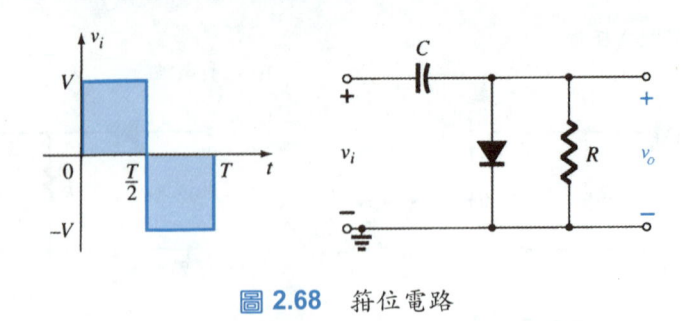

在圖 2.68 的網路，於外加訊號的正半周時二極體會順偏。在 $t=0\sim T/2$ 的期間內，網路如圖 2.69 所示，在此時間內二極體短路，可得 $v_o=0$ V，此時間內時間常數 $\tau=RC$ 很小，電容極快地充電到最大值 V，如圖 2.69，電壓極性也標示在圖上。

在二極體"截止"狀態的期間內，電容會保持在之前建立的電壓值上。

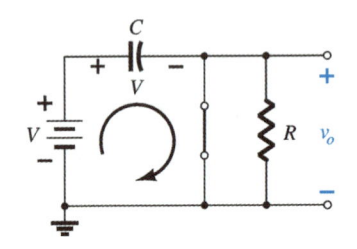

圖 2.69 二極體"導通"且電容充電到 V 伏特

當輸入切換到 $-V$ 狀態時，網路如圖 2.70 所示，外加訊號和儲存在電容上的電壓降使二極體開路。時間常數 RC 要足夠大，使放電時間 $5\tau=5RC$ 遠超過 $T/2$（二極體截止時間），因此可保持住電壓（因 $V=Q/C$）。

在圖 2.70 所示。運用克希荷夫電壓定律，環繞輸入迴路一周，可得

$$-V-V-v_o=0$$

即
$$v_o=-2V$$

因 $2V$ 的極性和 v_o 定義的極性相反，因此產生負號。所得輸出波形與對應的輸入訊號見圖 2.71，在 $t=0\sim T/2$ 的期間內，輸出訊號被箝制在 0 V，但總擺幅維持與輸入訊號相同，仍為 $2V$。

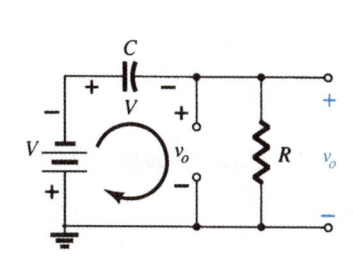

圖 2.70 決定二極體"截止"時的 v_o

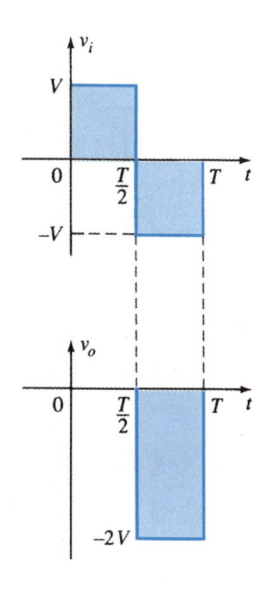

圖 2.71 畫出圖 2.91 網路的 v_o 波形

例 2.18

試決定圖 2.72 網路的輸出 v_o，輸出波形如下圖所示。

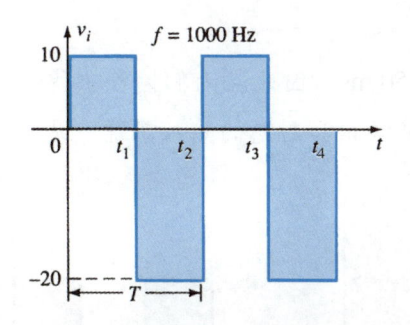

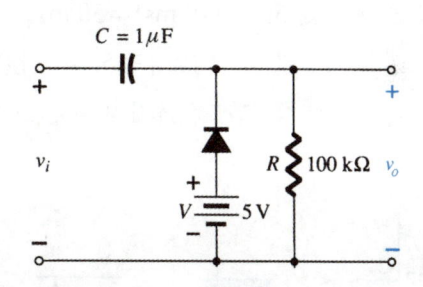

圖 2.72 例 2.18 的網路和外加訊號

解： 注意到頻率是 1000 Hz，即周期 1 ms，兩個位準的時間各占 0.5 ms。我們從 $t=t_1 \to t_2$ 這段期間的輸入訊號開始分析，因在這段期間內二極體處於短路狀態，此時的網路如圖 2.73 所示。運用克希荷夫電壓定律，環繞輸入迴路一周，得

$$-20\ \text{V} + V_C - 5\ \text{V} = 0$$

即

$$V_C = 25\ \text{V}$$

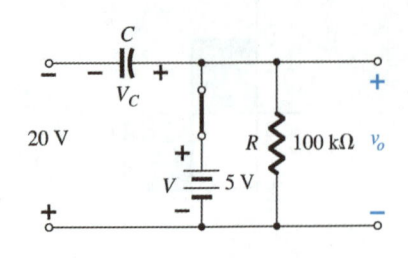

▲ 圖 2.73 決定二極體在"導通"狀態時的 v_o 和 V_C

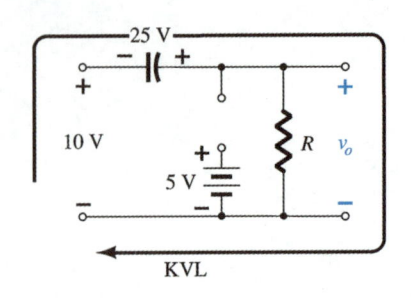

▲ 圖 2.74 決定二極體在"截止"狀態時的 v_o

因此電容會充電到 25 V。接著考慮 $t=t_2 \rightarrow t_3$ 這段期間，網路會如圖 2.74 所示。應用克希荷夫電壓定律，環繞網路的外圈迴路一周得

$$+10\,V+25\,V-v_o=0$$

即
$$v_o=35\,V$$

圖 2.74 網路中，放電的時間常數可由乘積 RC 決定，大小為

$$\tau=RC=(100\,k\Omega)(0.1\,\mu F)=0.01\,s=10\,ms$$

因此總放電時間為 $5\tau=5(10\,ms)=50\,ms$

因 $t=t_2 \rightarrow t_3$ 的期間只持續 0.5 ms，遠小於 50 ms。因此在兩個輸入訊號脈波之間的放電期間內，假定電容可維持住電壓值。所得的輸出和對應的輸入訊號，見圖 2.75。

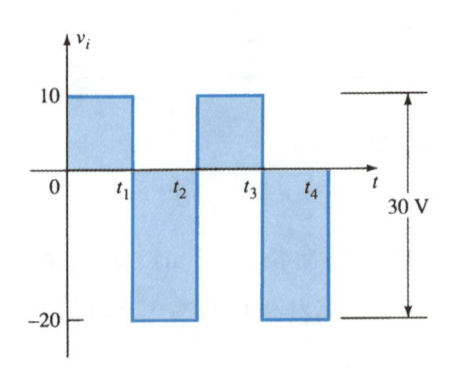

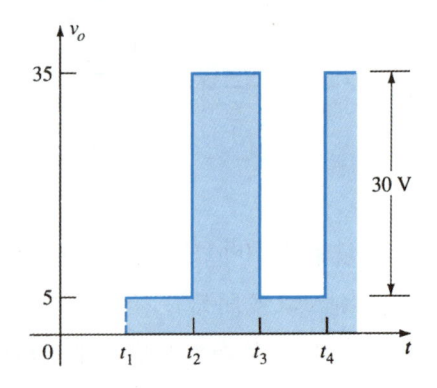

▲ 圖 2.75 圖 2.72 箝位電路的 v_i 和 v_o

某些箝位電路及其對輸入訊號所造成的影響，見圖 2.76。在分析弦波輸入的箝位電路時，可將弦波訊號換成相同峰值的方波，所得的方波輸出會形成實際弦波輸出的包框 (envelope)，可比較實際的弦波響應見圖 2.77。

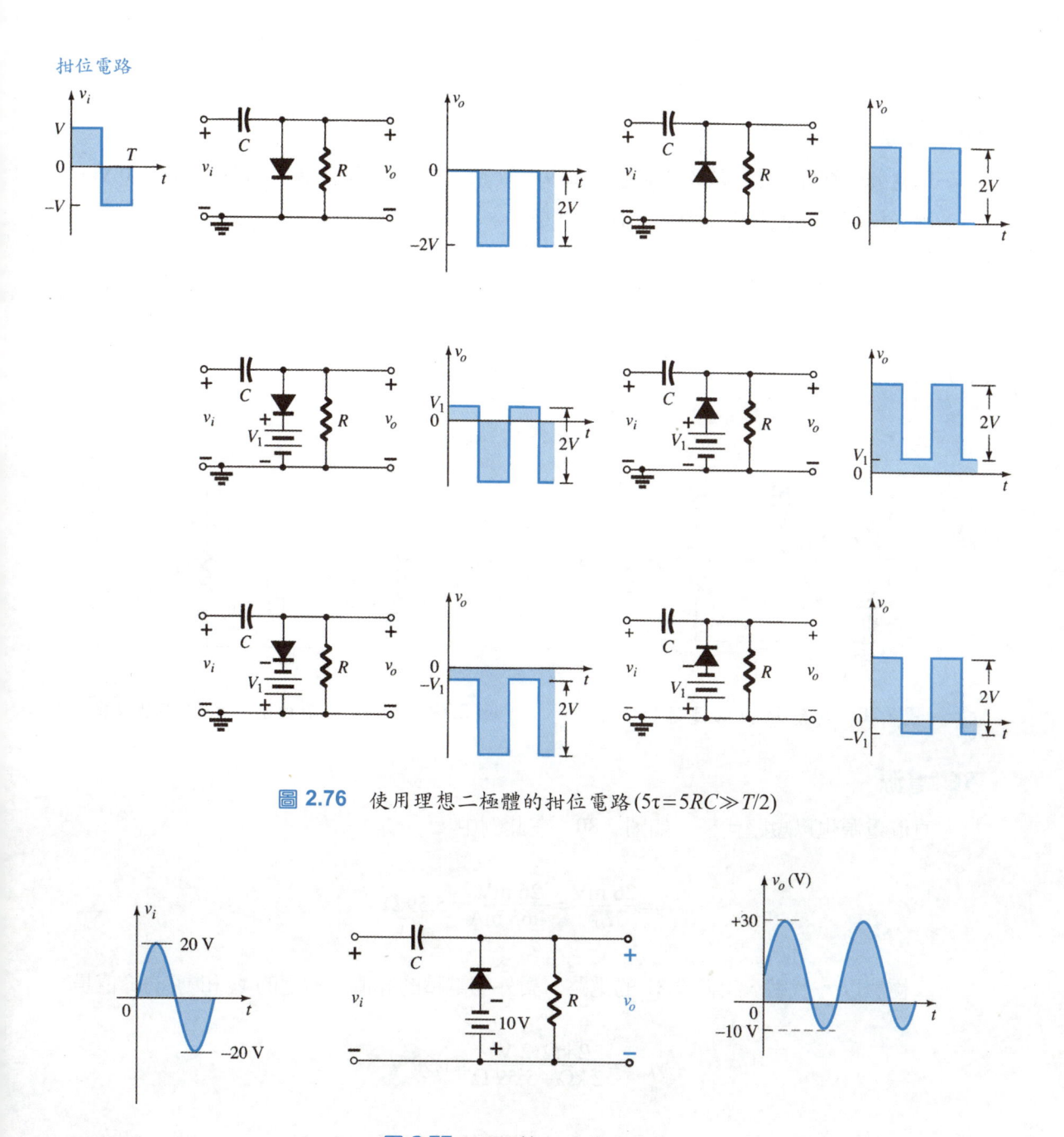

圖 2.76 使用理想二極體的箝位電路 ($5\tau = 5RC \gg T/2$)

圖 2.77 弦波輸入的箝位電路

2.10 同時輸入 DC 和 AC 電源的電路

電路上同時有直流和交流電源輸入的情況，圖 2.78 考慮最簡單的雙電源輸入。對此系統而言，應用重疊原理是特別重要的。

> 同時有 AC 和 DC 電源輸入的電路，可分別獨立地求出各電源所產生的響應，再合併起來而得到總響應。

DC 電源

單就 dc 電源而言，電路重畫在圖 2.89。原 ac 電源以短路代替，因等效於 $v_s=0$ V。用二極體的近似等效電路，輸出電壓是

$$V_R = E - V_D = 10 \text{ V} - 0.7 \text{ V} = 9.3 \text{ V}$$

電流是

$$I_D = I_R = \frac{9.3 \text{ V}}{2 \text{ k}\Omega} = 4.65 \text{ mA}$$

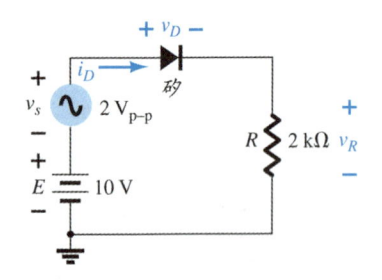

圖 2.78　具有 dc 和 ac 電源的電路 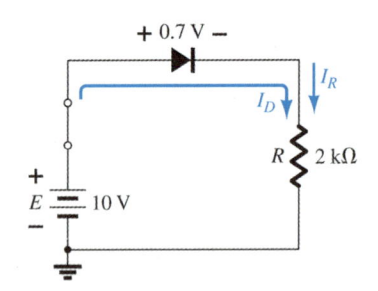　　圖 2.79　運用重疊原理決定 dc 電源的效應

AC 電源

直流電源也以短路代替，如圖 2.80。在此例中，

$$r_d = \frac{26 \text{ mV}}{I_D} = \frac{26 \text{ mV}}{4.65 \text{ mA}} = 5.59 \text{ }\Omega$$

二極體以 r_d 代替，得圖 2.81 的電路。對外加電壓的峰值，對應的 v_R 和 v_D 的峰值是

$$v_{R\text{峰值}} = \frac{2 \text{ k}\Omega (2 \text{ V})}{2 \text{ k}\Omega + 5.59 \text{ }\Omega} \cong 1.99 \text{ V}$$

且

$$v_{D\text{峰值}} = v_{s\text{峰值}} - v_{R\text{峰值}} = 2 \text{ V} - 1.99 \text{ V} = 0.01 \text{ V} = 10 \text{ mV}$$

圖 2.80 決定 AC 電源的響應 v_R

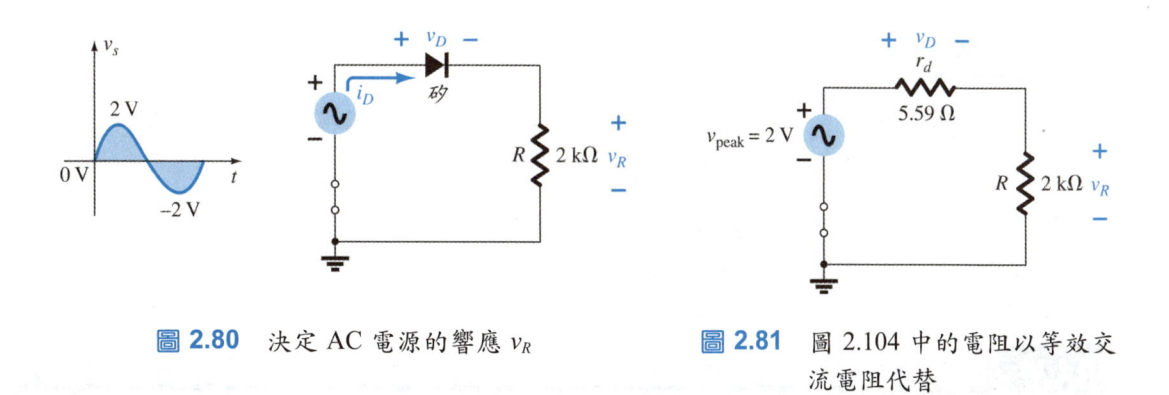

圖 2.81 圖 2.104 中的電阻以等效交流電阻代替

將 dc 和 ac 分析的結果加成，會得到圖 2.82 所示的 v_R 和 v_D 的波形。

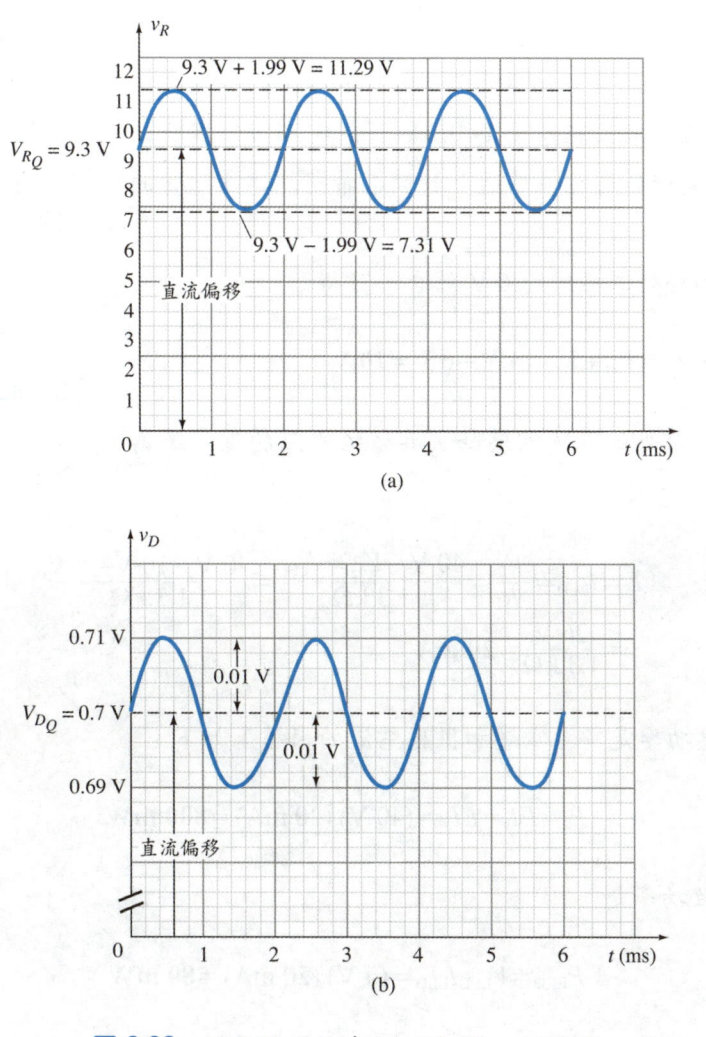

圖 2.82 圖 2.78 電路中 (a) v_R 和 (b) v_D 的波形

2.11 齊納二極體

齊納二極體網路的分析，先決定二極體的狀態，再將合適的模型代入，最後決定網路中的未知數。

齊納二極體作為穩壓器(regulator)，是主要應用領域，穩壓器由數個元件組成，設計用來確保電源的輸出電壓可維持在定值。

例 2.19

試決定圖 2.83 網路所提供的參考電壓值。該網路使用一個白光 LED 指示通電狀態。經過 LED 的電流大小和電源供應的功率各是多少？LED 的吸收功率和 6 V 齊納二極體的吸收功率相比如何？

解：白光 LED 需要約 4 V 的電壓降，6 V 和 3.3 V 齊納二極體共需 9.3 V，順偏矽二極體需要 0.7 V，總共 14 V，因此外加 40 V 電壓足夠使所有元件導通，我們也希望能建立適當的工作電流。

將此 4 V 和齊納二極體的 6 V 結合，可得

$$V_{o_2} = V_{o_1} + V_{Z_1} = 4\text{ V} + 6\text{ V} = \mathbf{10\text{ V}}$$

圖 2.83 例 2.19 的參考電壓設定電路

最後，連同白光的 4 V 電壓降，共留給電阻的電壓降為 40 V – 14 V = 26 V，可求出

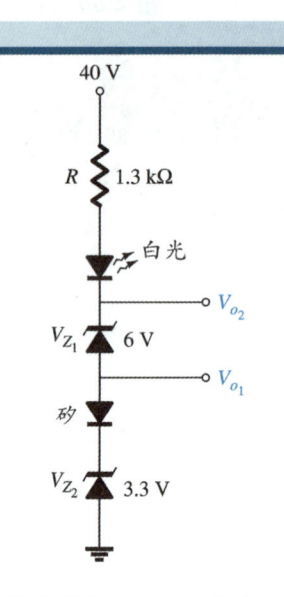

$$I_R = I_{\text{LED}} = \frac{V_R}{R} = \frac{40\text{ V} - V_{o_2} - V_{\text{LED}}}{1.3\text{ k}\Omega} = \frac{40\text{ V} - 10\text{ V} - 4\text{ V}}{1.3\text{ k}\Omega}$$

$$= \frac{26\text{ V}}{1.3\text{ k}\Omega} = \mathbf{20\text{ mA}}$$

電源的供應功率是電源電壓和供應電流的乘積，如下：

$$P_s = EI_s = EI_R = (40\text{ V})(20\text{ mA}) = \mathbf{800\text{ mW}}$$

LED 的吸收功率是

$$P_{\text{LED}} = V_{\text{LED}} I_{\text{LED}} = (4\text{ V})(20\text{ mA}) = \mathbf{80\text{ mW}}$$

6 V 齊納二極體的吸收功率是

$$P_Z = V_Z I_Z = (6 \text{ V})(20 \text{ mA}) = \mathbf{120 \text{ mW}}$$

齊納二極體的吸收功率比 LED 多 40 mW。

齊納二極體作為穩壓器是很普遍的，基本電路組態見圖 2.84。

V_i（輸入電壓）和 R（負載）固定

1. 先將齊納二極體自網路移開，計算所得的開路電壓，以決定齊納二極體的狀態。

    可得圖 2.85 的網路，利用分壓定律，

$$\boxed{V = V_L = \frac{R_L V_i}{R + R_L}} \tag{2.11}$$

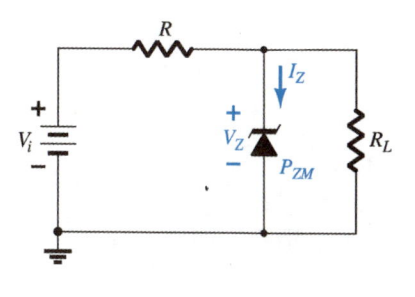

圖 2.84　基本的齊納穩壓器

若 $V \geq V_Z$，齊納二極體導通（崩潰）。

若 $V < V_Z$，二極體截止。

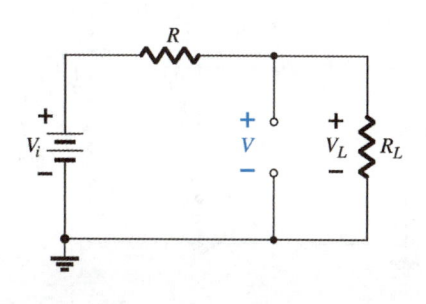

圖 2.85　決定齊納二極體的狀態

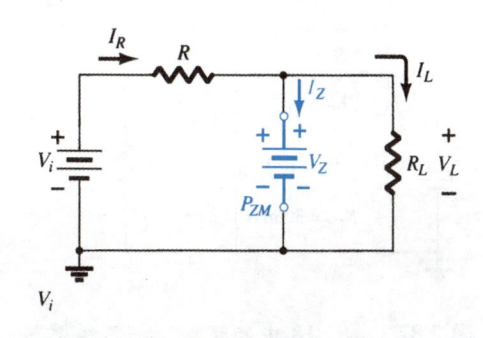

圖 2.86　將齊納二極體在"導通"（崩潰）情況下的等效模型代入

2. 代入適合的等效電路，解出所要求的未知數。

    二極體在"導通"（崩潰）狀態時可得圖 2.86 的等效電路

$$\boxed{V_L = V_Z} \tag{2.12}$$

利用克希荷夫電流定律，出齊納二極體電流，

$$I_R = I_Z + I_L$$

即
$$I_Z = I_R - I_L \tag{2.13}$$

其中
$$I_L = \frac{V_L}{R_L} \quad 且 \quad I_R = \frac{V_R}{R} = \frac{V_i - V_L}{R}$$

齊納二極體的功率消耗為
$$P_Z = V_Z I_Z \tag{2.14}$$

例 2.18

a. 對圖 2.87 的齊納二極體網路，試決定 V_L、V_R、I_Z 和 P_Z 之值。

b. 重做(a)，但 $R_L = 3$ kΩ。

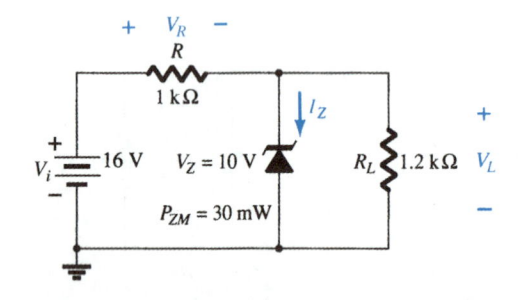

圖 2.87 例 2.18 中的齊納二極體穩壓器

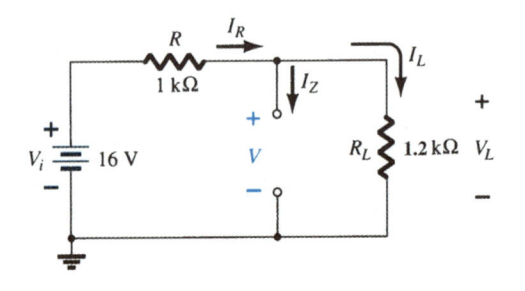

圖 2.88 決定圖 2.87 中穩壓器的 V 值

解：

a. 見圖 2.88。

利用式(2.11)，得

$$V = \frac{R_L V_i}{R + R_L} = \frac{1.2 \text{ k}\Omega (16 \text{ V})}{1 \text{ k}\Omega + 1.2 \text{ k}\Omega} = 8.73 \text{ V}$$

因 $V = 8.73$ V 小於 $V_Z = 10$ V，二極體會在 "截止" 狀態，

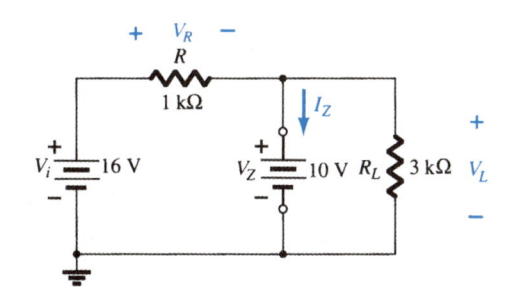

圖 2.89 圖 2.87 的網路中二極體處於 "導通" 狀態

$$V_L = V = \mathbf{8.73\ V}$$
$$V_R = V_i - V_L = 16\ V - 8.73\ V = \mathbf{7.27\ V}$$
$$I_Z = \mathbf{0\ A}$$

且
$$P_Z = V_Z I_Z = V_Z(0\ A) = \mathbf{0\ W}$$

b. 運用式(2.11)可得

$$V = \frac{R_L V_i}{R + R_L} = \frac{3\ k\Omega\,(16\ V)}{1\ k\Omega + 3\ k\Omega} = 12\ V$$

因 $V = 12\ V$ 大於 $V_Z = 10\ V$，二極體會在 "導通" 狀態，而得圖 2.89 的網路。利用式 (2.12)，得

$$V_L = V_Z = \mathbf{10\ V}$$

且
$$V_R = V_i - V_L = 16\ V - 10\ V = \mathbf{6\ V}$$

又
$$I_L = \frac{V_L}{R_L} = \frac{10\ V}{3\ k\Omega} = 3.33\ mA$$

且
$$I_R = \frac{V_R}{R} = \frac{6\ V}{1\ k\Omega} = 6\ mA$$

所以
$$I_Z = I_R - I_L\,[\text{式}(2.18)] = 6\ mA - 3.33\ mA = \mathbf{2.67\ mA}$$

消耗功率是
$$P_Z = V_Z I_Z = (10\ V)(2.67\ mA) = \mathbf{26.7\ mW}$$

此值小於規格值 $P_{ZM} = 30\ mW$。

V_i（輸入電壓）固定，R_L（負載）可變

負載電阻 R_L 太小時，負載電阻產生的電壓降 V_L 會小於 V_Z，使齊納二極體處於"截止"狀態。

決定圖 2.84 中使齊納二極體導通的最小負載電阻值，只要計算會生負載電壓 $V_L=V_Z$ 的 R_L 值即可，亦即

$$V_L = V_Z = \frac{R_L V_i}{R_L + R}$$

解出 R_L，得

$$R_{L_{\min}} = \frac{RV_Z}{V_i - V_Z} \tag{2.15}$$

式(2.15)所定義的條件決定了 R_L 的最小值，同時也規範了最大負載電流 I_L 如下：

$$I_{L_{\max}} = \frac{V_L}{R_L} = \frac{V_Z}{R_{L_{\min}}} \tag{2.16}$$

一旦二極體在"導通"（崩潰）狀態，電阻 R 的電壓會固定在

$$V_R = V_i - V_Z \tag{2.17}$$

且 I_R 維持定值在

$$I_R = \frac{V_R}{R} \tag{2.18}$$

齊納電流

$$I_Z = I_R - I_L \tag{2.19}$$

因為 I_Z 受限於規格表所給的 I_{ZM}，所以 I_{ZM} 會影響 R_L 以及 I_L 的範圍。

可得最小的 I_L 如下：

$$I_{L_{\min}} = I_R - I_{ZM} \tag{2.20}$$

對應的最大負載電阻為

$$R_{L_{\max}} = \frac{V_Z}{I_{L_{\min}}} \tag{2.21}$$

例 2.19

a. 對圖 2.90 的網路,試決定 R_L 和 I_L 的範圍,使產生的 V_{R_L} 可維持在 10 V。
b. 試決定此二極體最大功率(瓦特)額定值。

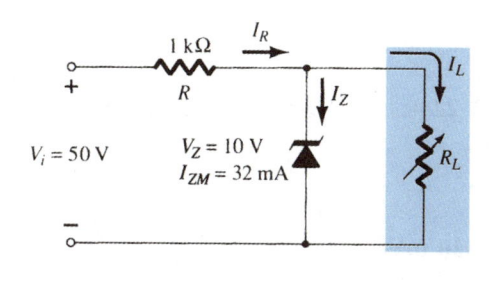

圖 2.90 例 2.19 的穩壓器

解:

a. 決定使齊納二極體導通(崩潰)的 R_L 值,利用式(2.15):

$$R_{L_{\min}} = \frac{RV_Z}{V_i - V_Z} = \frac{(1\text{ k}\Omega)(10\text{ V})}{50\text{ V} - 10\text{ V}} = \frac{10\text{ k}\Omega}{40} = \mathbf{250\ \Omega}$$

然後由式(2.17)決定電阻 R 的電壓降:

$$V_R = V_i - V_Z = 50\text{ V} - 10\text{ V} = \mathbf{40\text{ V}}$$

並利用式(2.18)提供 I_R 的大小:

$$I_R = \frac{V_R}{R} = \frac{40\text{ V}}{1\text{ k}\Omega} = \mathbf{40\text{ mA}}$$

然後用式(2.20)決定 I_L 的最小值:

$$I_{L_{\min}} = I_R - I_{ZM} = 40\text{ mA} - 32\text{ mA} = \mathbf{8\text{ mA}}$$

用式(2.21)決定 R_L 的最大值:

$$R_{L_{\max}} = \frac{V_Z}{I_{L_{\min}}} = \frac{10\text{ V}}{8\text{ mA}} = \mathbf{1.25\text{ k}\Omega}$$

V_L 對應於 R_L 的關係圖見圖 2.91a,而 V_L 對應於 I_L 的關係圖則見圖 2.91b。

電子學—裝置與電路精析
Electronic Devices and Circuit Theory

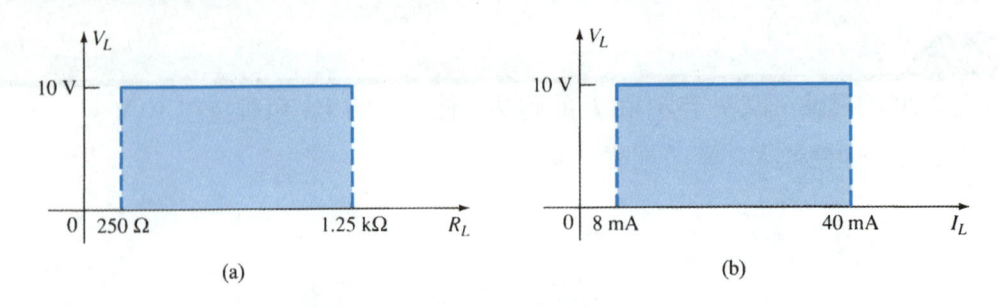

圖 2.91 圖 2.90 中穩壓器的 V_L 分別對應於 R_L 和 I_L 的關係圖

b. $P_{max} = V_Z I_{ZM}$
  $= (10 \text{ V})(32 \text{ mA}) = \textbf{320 mW}$

R_L（負載）固定，V_i（輸入電壓）可變

將圖 2.84 中的負載電阻 R_L 的阻值固定，此時輸入電壓 V_i 必須足夠大才能使齊納二極體導通，最小導通電壓 $V_i = V_{i_{min}}$ 可由下式決定

$$V_L = V_Z = \frac{R_L V_i}{R_L + R}$$

即

$$V_{i_{min}} = \frac{(R_L + R) V_Z}{R_L} \tag{2.22}$$

V_i 的最大值則受限於最大齊納電流 I_{ZM}，因為 $I_{ZM} = I_R - I_L$，所以

$$I_{R_{max}} = I_{ZM} + I_L \tag{2.23}$$

因 I_L 固定在 V_Z/R_L，且 I_{ZM} 是 I_Z 的最大值，最大 V_i 值可定出

$$V_{i_{max}} = V_{R_{max}} + V_Z$$

$$V_{i_{max}} = I_{R_{max}} R + V_Z \tag{2.24}$$

例 2.20

為使圖 2.92 的齊納二極體維持在"導通"（崩潰）狀態，試決定 V_i 值的範圍。

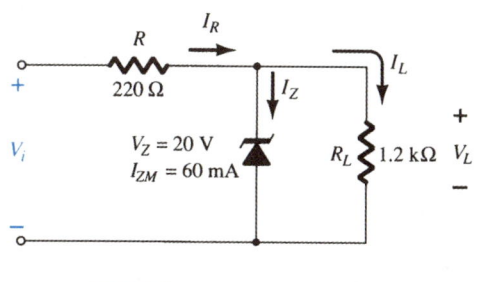

圖 2.92 例 2.20 的穩壓器

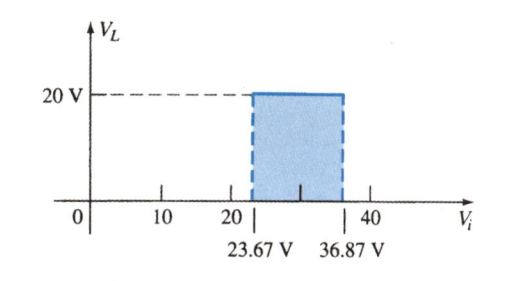

圖 2.93 圖 2.91 的穩壓器中 V_L 對應於 V_i 的關係圖

解：

式 (2.22)：$V_{i_{\min}} = \dfrac{(R_L + R)V_Z}{R_L} = \dfrac{(1200\ \Omega + 220\ \Omega)(20\ V)}{1200\ \Omega} = \mathbf{23.67\ V}$

$I_L = \dfrac{V_L}{R_L} = \dfrac{V_Z}{R_L} = \dfrac{20\ V}{1.2\ k\Omega} = 16.67\ mA$

式 (2.23)：$I_{R_{\max}} = I_{ZM} + I_L = 60\ mA + 16.67\ mA = 76.67\ mA$

式 (2.24)：$V_{i_{\max}} = I_{R_{\max}}R + V_Z = (76.67\ mA)(0.22\ k\Omega) + 20\ V$
$= 16.87\ V + 20\ V = \mathbf{36.87\ V}$

V_L 對應於 V_i 的關係圖提供在圖 2.93。

2.12 倍壓電路

倍壓電路用來使變壓器二次側保持相對較低的峰值電壓，並將此峰值輸出電壓提升到整流峰值電壓的 2 倍、3 倍、4 倍或更多倍。

2 倍壓電路

圖 2.94 的網路是半波 2 倍壓電路。當變壓器的電壓降在正半周時，二次側的二極體 D_1 導通（而二極體 D_2 則截止），此時電容 C_1 會充電到整流峰值電壓(V_m)，其電壓極性如圖 2.95a 所示。當變壓器二次側電壓在負半周時，二極體 D_1 截止而 D_2 則導通，此時電容 C_2 充電，將電壓相加（見圖 2.95b）：

$$-V_m - V_{C_1} + V_{C_2} = 0$$
$$-V_m - V_m + V_{C_2} = 0$$

由此可得

$$V_{C_2} = 2V_m$$

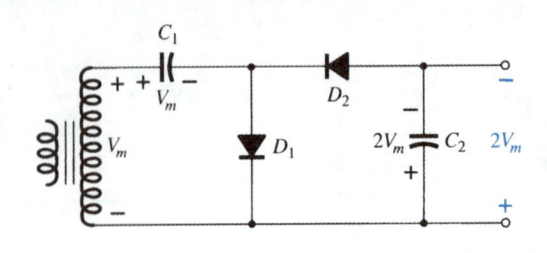

圖 2.94 半波 2 倍壓電路

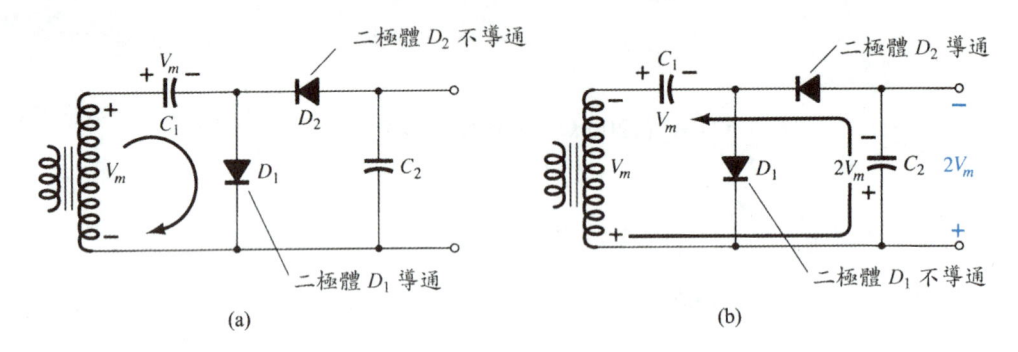

圖 2.95 圖示每半周的工作，達成 2 倍壓：(a)正半周；(b)負半周

在下一個正半周，D_2 不導通，電容 C_2 會經負載放電。若電容 C_2 未並接負載，兩電容將不會放電，C_1 電壓維持在 V_m，而 C_2 電壓則維持在 $2V_m$。

另一種 2 倍壓電路是圖 2.96 的全波 2 倍壓電路。在變壓器二次側電壓的正半周（見圖 2.97a），二極體 D_1 導通，電容 C_1 充電到峰值 V_m，此時二極體不導通。

而在負半周時（見圖 2.97b），二極體 D_2 導通，電容 C_2 充電，而二極體 D_1 則不導通。若電路無負載，不輸出電流，電容 C_1 和 C_2 的電壓降可維持在 $2V_m$。

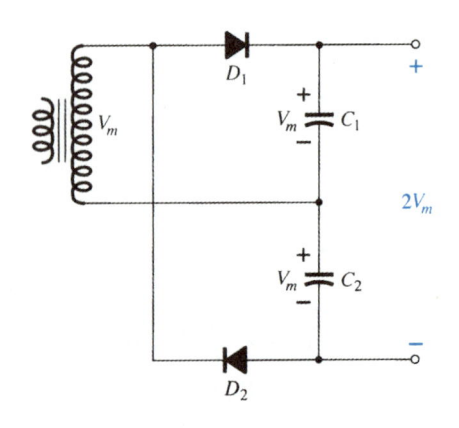

圖 2.96 全波 2 倍壓電路

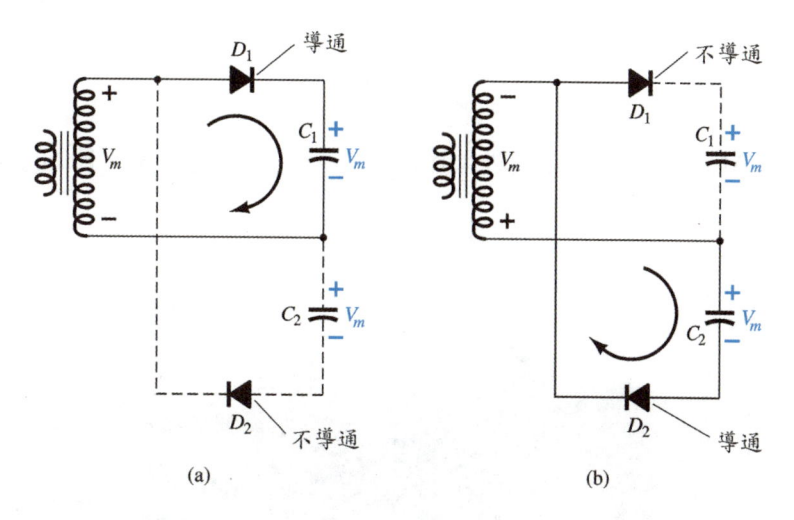

圖 2.97 全波 2 倍壓電路在兩個半波的工作

每個二極體的最大反向電壓是 $2V_m$，這和濾波電容電路所得者相同。總之，半波或全波 2 倍壓電路可提供變壓器二次側峰值電壓的 2 倍電壓，不需用中間抽頭變壓器，且二極體的 PIV 額定僅 $2V_m$。

3 倍壓和 4 倍壓電路

圖 2.98 是半波 2 倍壓電路的延伸，可建立 3 倍和 4 倍於輸入峰值電壓的輸出電壓。可再多接一些二極體和電容，就可產生 5 倍、6 倍、7 倍，甚至更多倍於基本峰值電壓 (V_m) 的輸出電壓。

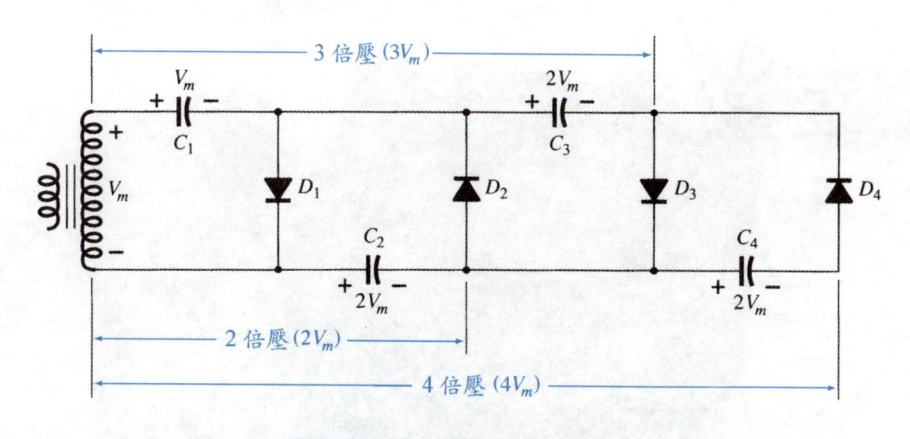

圖 2.98 3 倍壓和 4 倍壓電路

2.13 實際的應用

以下要介紹一些更為普遍的應用領域。

整 流

電池充電器是一種普遍的家用設備,從小的手電筒電池到大容量的水性鉛酸電池都要用。Sears 6/2 AMP 手動充電器的外觀和內部結構見圖 2.99。圖 2.100 的電路圖包括充電器所有的基本元件。

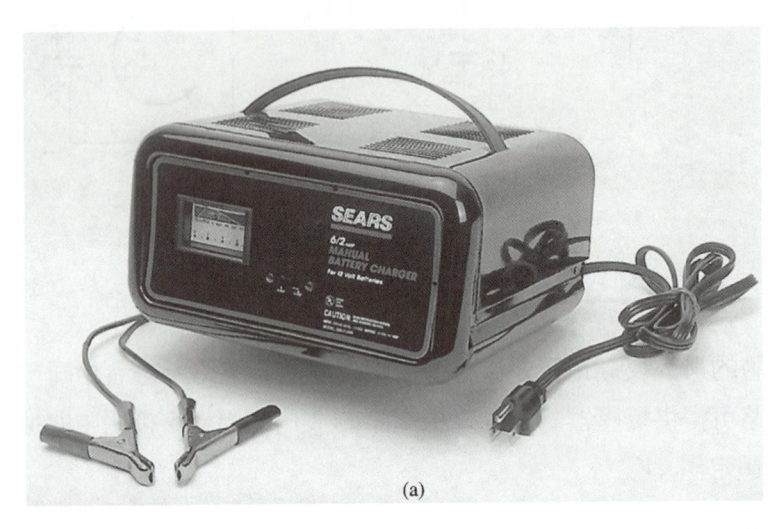

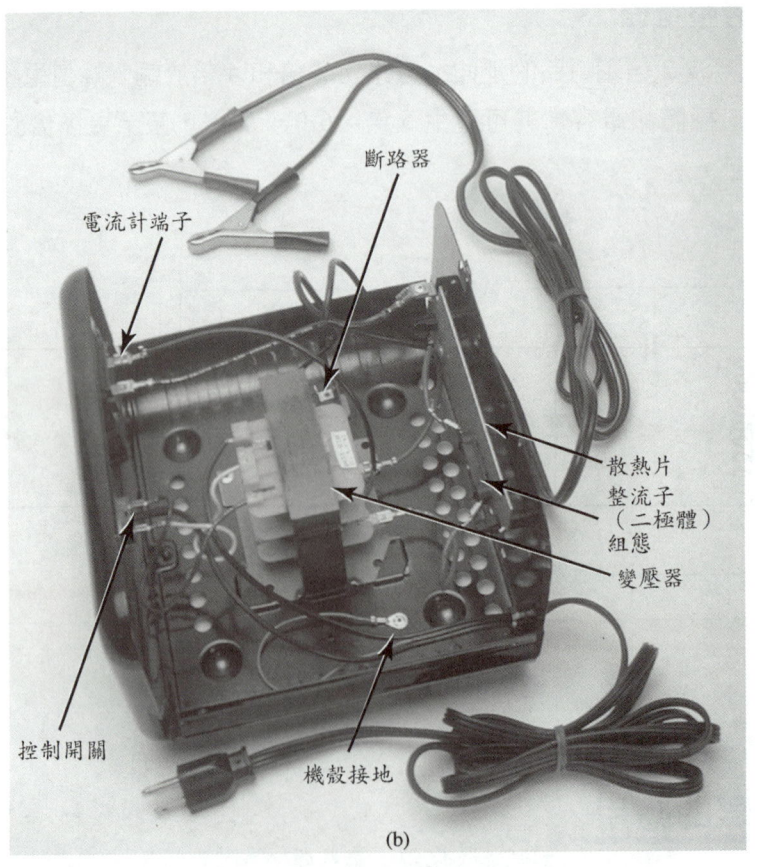

圖 2.99　電池充電器:(a)外觀;(b)內部構造

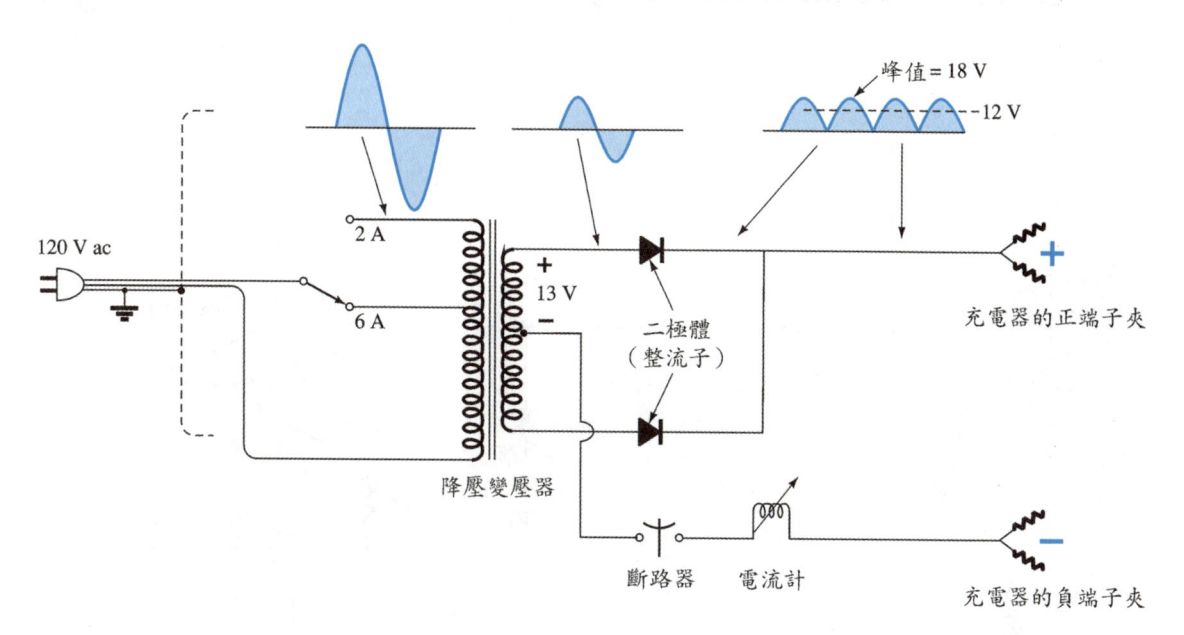

圖 2.100　圖 2.99 電池充電器的電路圖

保護電路組態

可以用二極體以各種不同的方式保護元件和系統，使其免於過電壓或過電流，避免極性接反，電弧和短路等。

常用二極體作保護裝置，如圖 2.101 中，二極體和繼電器組態中的電感性元件並聯。

為避免射極腳位的電位高於基極腳位太多，而損壞電晶體，因此加上一個二極體，如圖 2.102a 所示，此二極體可避免逆偏電壓 V_{EB} 超過 0.7 V。有時也會發現二極體和電晶體的集極腳位串聯，如圖 2.102b。電晶體正常在作用區工作時，集極電位會高於基極和射極，所建立的集極電流方向如圖所示。

如圖 2.103，二極體常用在系統的輸入端，如運算放大器以限制外加電壓的擺幅。

圖 2.103 的控制（限壓）二極體的接法，也可如圖 2.104 所示，此電路在控制（限制）運算放大器輸入端的訊號。

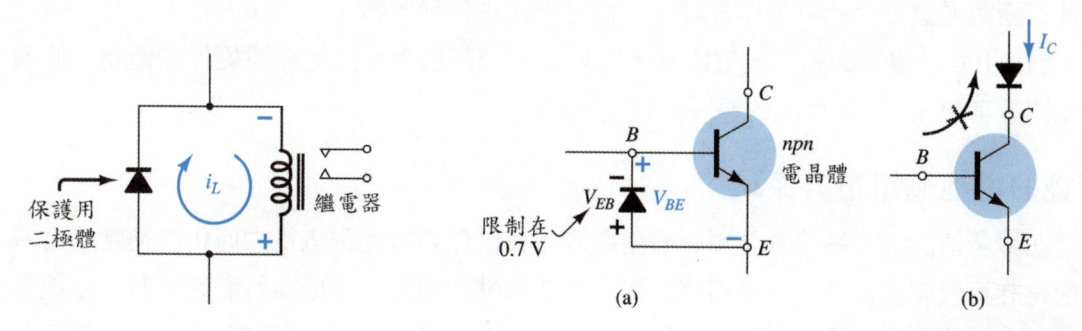

圖 2.101　用二極體保護 RL 電路
圖 2.102　(a)二極體提供電晶體基極射極逆偏電壓的限壓保護；(b)二極體提供集極電流的不逆流保護

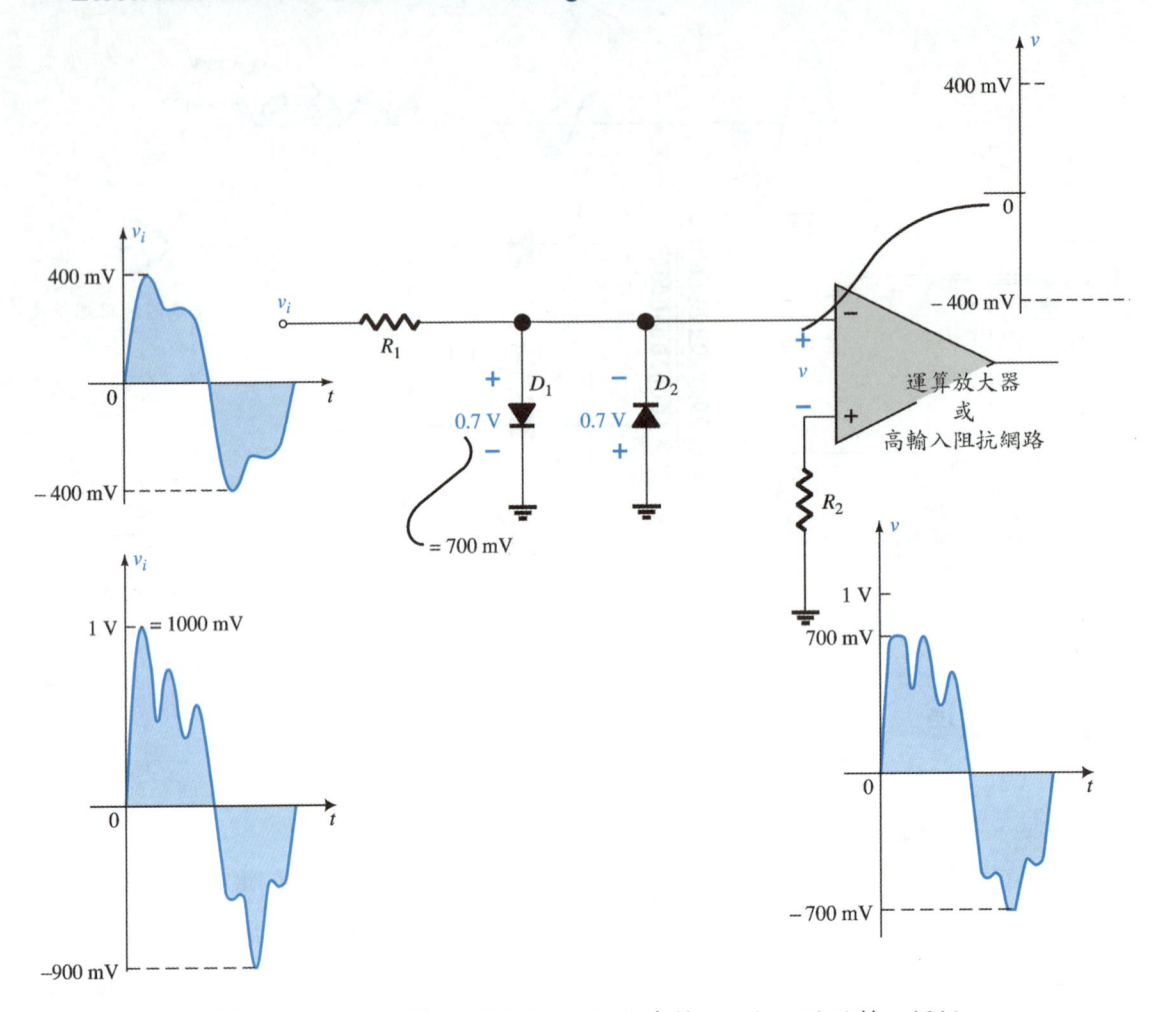

圖 2.103 用二極體控制運算放大器或高輸入阻抗網路的輸入擺幅

極性保險

　　有很多電路對外加電壓的極性非常敏感，例如在圖 2.105a 中，現在假定這是一種很昂貴的設備，極易受錯誤的外加電壓所損壞。正確的外加電壓在第 2 圖，即圖 2.105b，因此二極體逆偏，系統可工作良好，二極體不產生任何影響。

　　圖 2.106 是靈敏的動圈式電流計，它無法承受高於 1 V 以上錯誤極性的電壓，此靈敏電流計可避開 0.7 V 以上的錯誤極性的電壓。

可控的電池備用電力系統

　　在許多情況下，系統應該要有備用電源，以確保系統在失去電力時仍能運轉。當系統像是計算機或收音機沒有接到交流對直流功率轉換電源，而成為行動裝置時，電池備用電力也很重要。在圖 2.107 中車用收音機一旦自車上取下，就會切斷 12 V 直流電源，此時在收音機後背處體積很小的 9 V 電池備用系統就會動作，以保存時鐘模式以及儲存

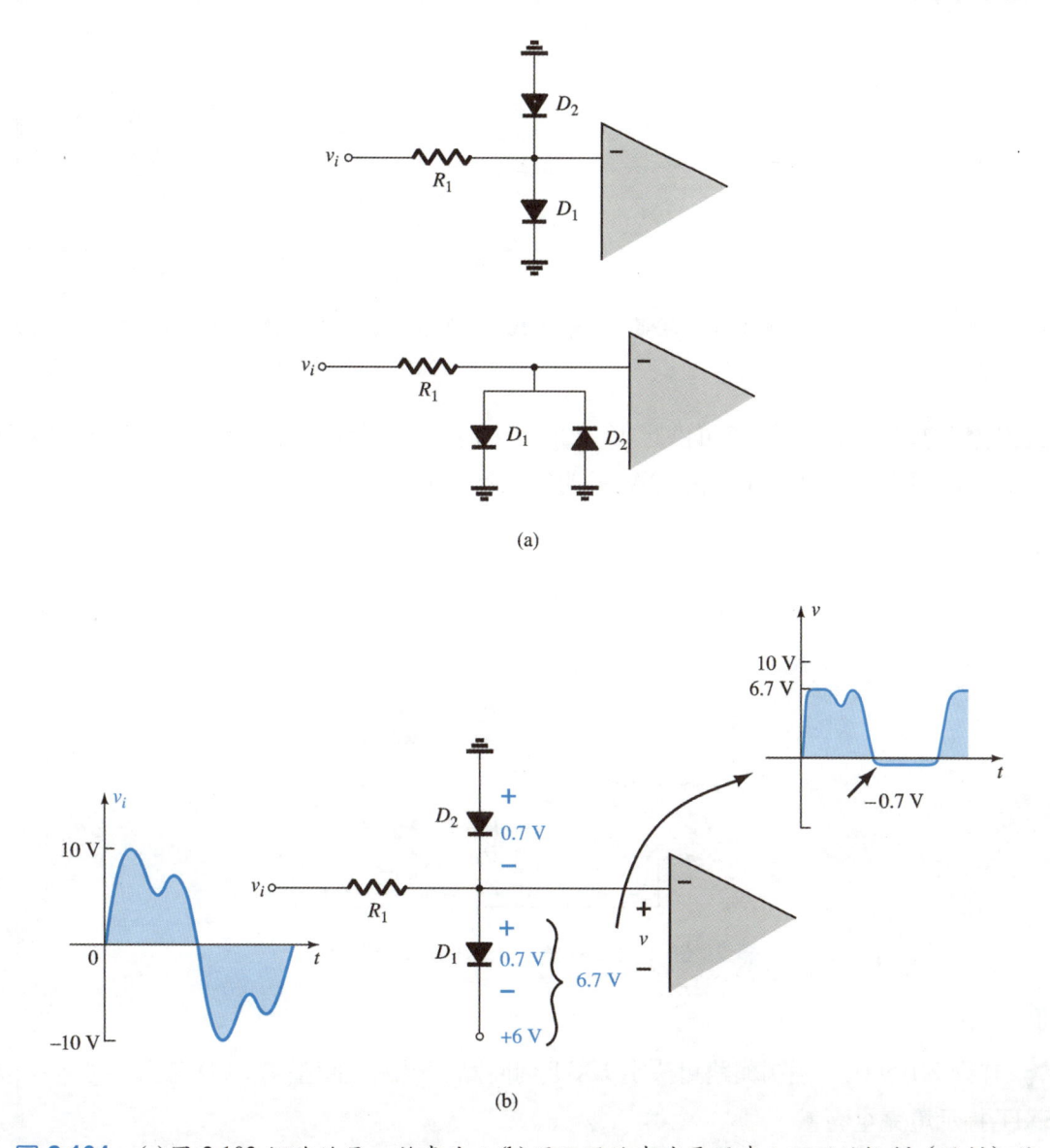

圖 2.104　(a)圖 2.103 網路的另一種畫法；(b)用不同的直流電源建立不同的控制（限制）值

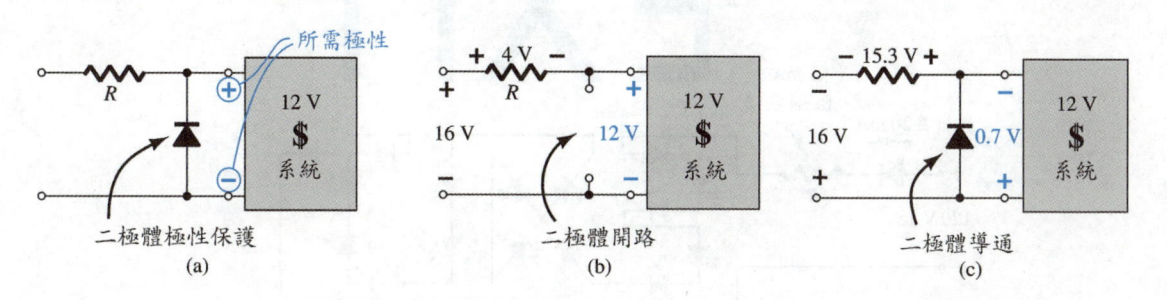

圖 2.105　(a)昂貴敏感性設備的極性保護；(b)正確的外加極性；(c)錯誤的外加極性

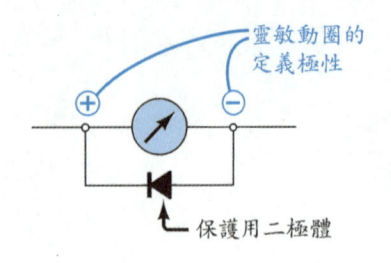

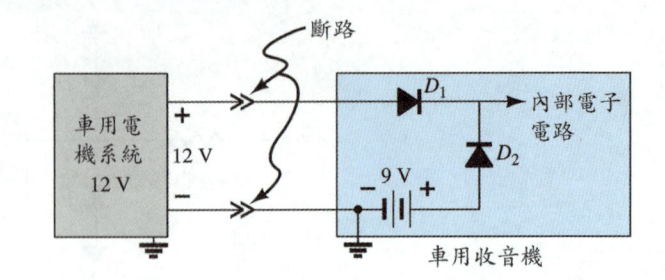

圖 2.106 高靈敏動圈式電流計的保護

圖 2.107 為避免車用收音機自車上取下時記憶喪失所設計的備用系統

在記憶體中的頻道。當汽車可供應 12 V 的電力時，D_1 導通且收音機的輸入電壓約 11.3 V，D_2 則逆偏開路，收音機內的 9 V 電池也不會供電。

極性檢測器

利用不同顏色的 LED，可運用圖 2.108 的簡單網路來檢測直流網路上任意點的極性。

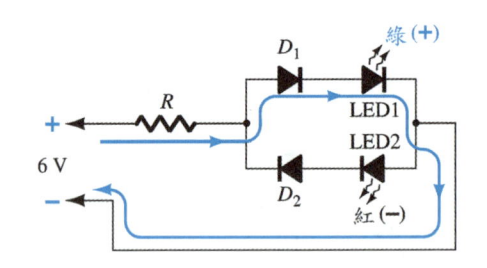

圖 2.108 用二極體和 LED 作極性檢測器

顯示器

在圖 2.109 中，控制網路可決定 EXIT 何時點亮，點亮時整串 LED 都會導通，所以 EXIT 指示燈完全亮。

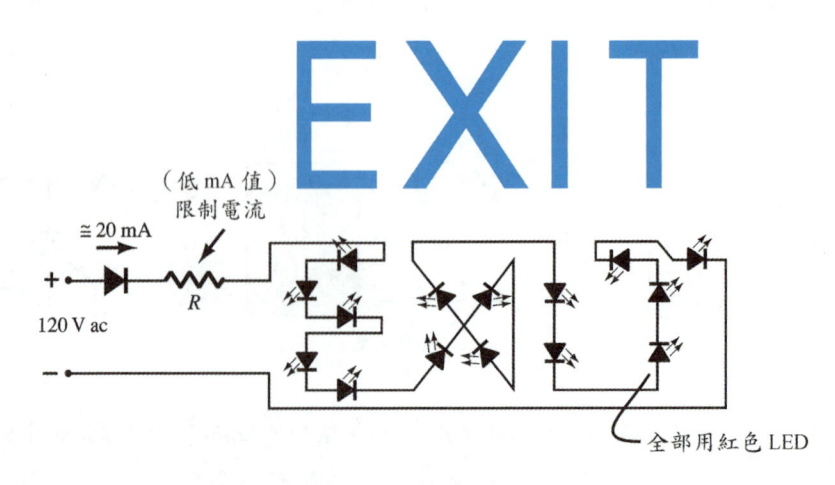

圖 2.109 用 LED 顯示 EXIT

設定參考電壓值

二極體和齊納二極體可用來設定參考電壓值，如圖 2.110。此網路利用兩個二極體和一個齊納二極體，可提供三種不同的電壓位準。

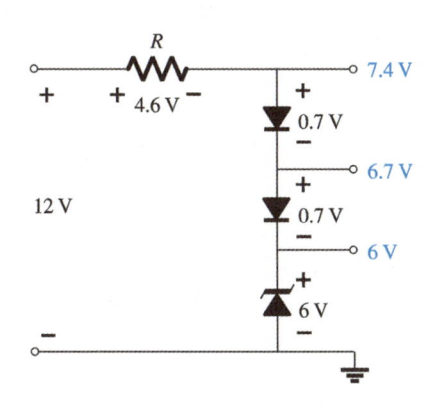

圖 2.110 用二極體提供不同的參考位準值

交流穩壓器和方波產生器

兩個背對背的齊納二極體也可用作交流穩壓器，如圖 2.111a。對弦波輸入 v_i 而言，$v_i = 10\ V$ 瞬間對應的電路情況見圖 2.111b，每個二極體的工作區也顯示在相鄰的圖上。。圖 2.111b 的網路可擴展為簡單的方波產生器（由於截波作用），如訊號 v_i 的峰值增加到 50 V，且用 10 V 的齊納二極體，可得到類似方波的輸出波形，見圖 2.112。

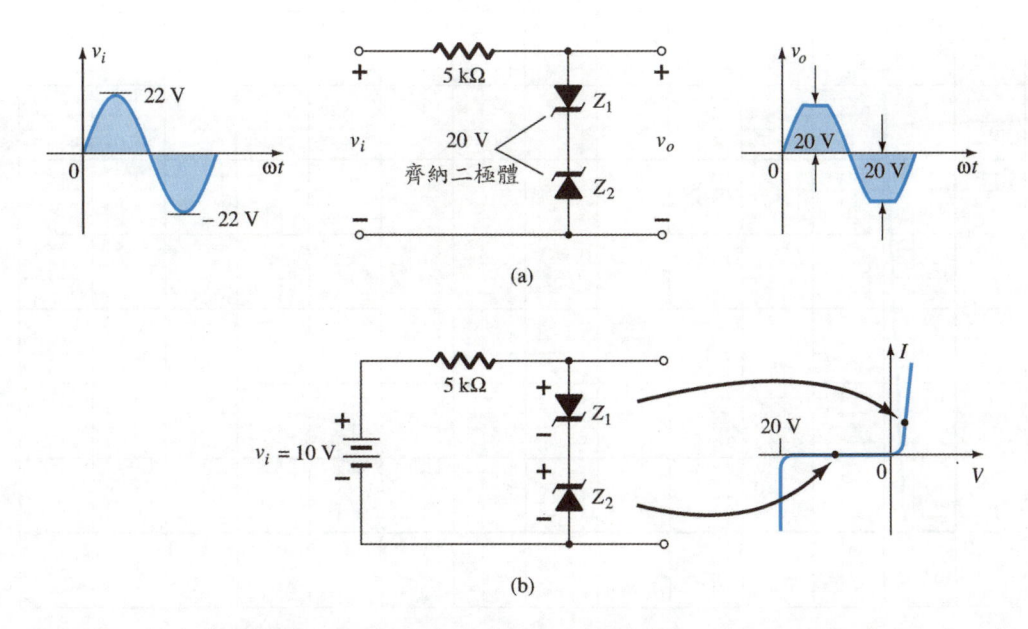

圖 2.111 弦波交流穩壓：(a) 40 V 峰對峰弦波交流穩壓器；(b) $v_i = 10\ V$ 時的電路工作

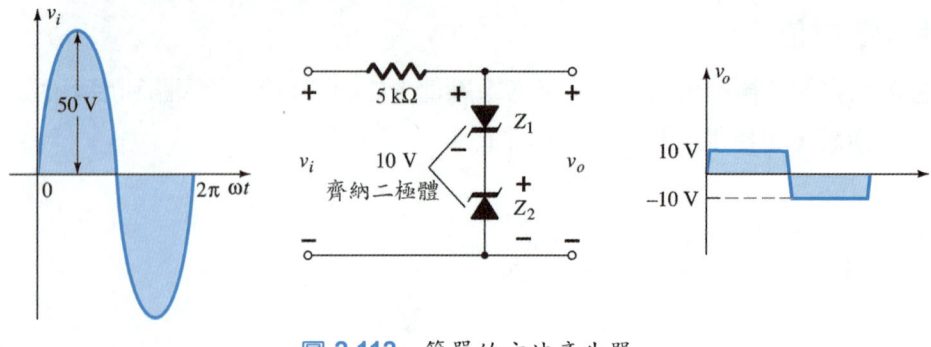

圖 2.112　簡單的方波產生器

習　題

1. a. 用圖 2.113b 的特性決定圖 2.113a 電路中的 I_D、V_D 和 V_R。
   b. 重做(a)，但採用二極體近似模型，並和(a)的結果比較。
   c. 重做(a)，但採用理想二極體，和(a)、(b)的結果比較。

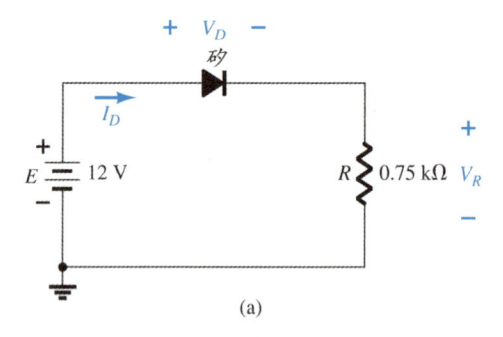

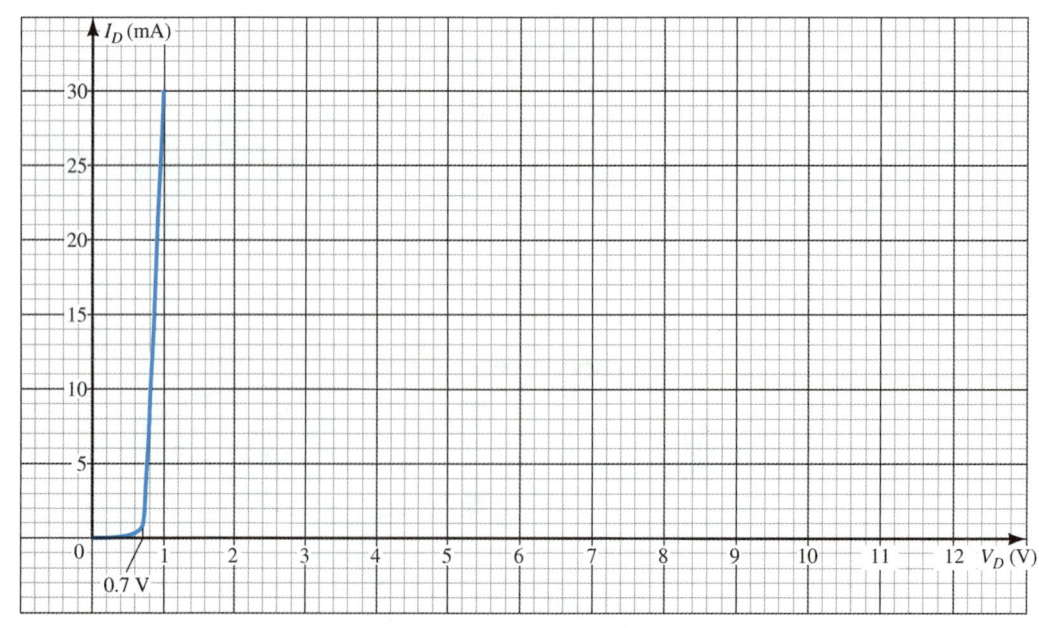

圖 2.113　習題 1 和 2

2. a. 利用圖 **2.113**b 的特性，決定圖 **2.114** 電路中的 I_D 和 V_D。
   b. 重做(a)，但 $R=0.47\ k\Omega$。
   c. 重做(a)，但 $R=0.18\ k\Omega$。

3. 試決定圖 2.114 電路中 R 的阻值，以使當 $E=7\ V$ 時，二極體電流為 10 mA。二極體採用圖 2.113b 的特性。

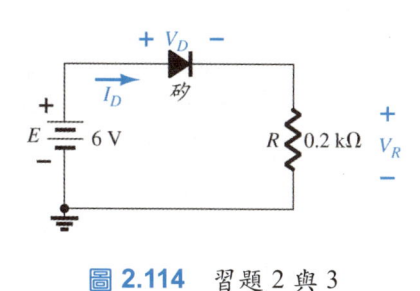

圖 2.114 習題 2 與 3

4. 試利用二極體的近似等效模型，決定圖 2.115 中每個電路組態的電流 I。

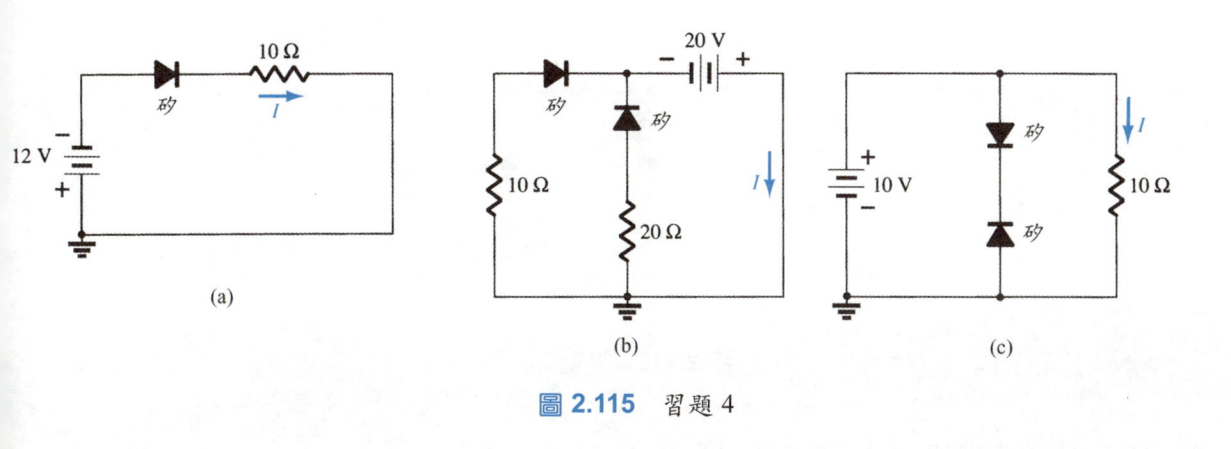

圖 2.115 習題 4

5. 試決定圖 2.116 網路中的 V_o 和 I_D。

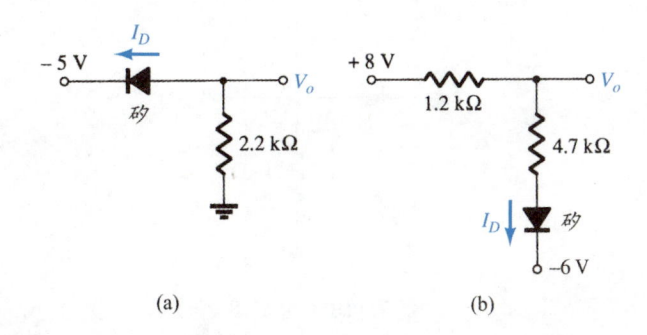

圖 2.116 習題 5

6. 試決定圖 2.117 網路中的 V_o 和 I_D。

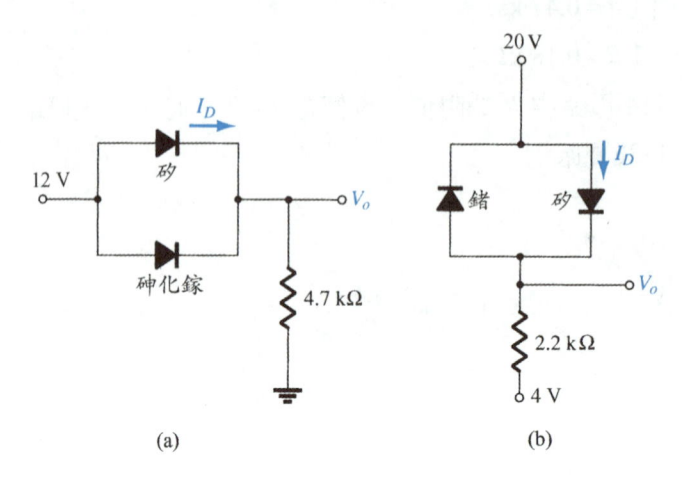

(a) 12 V, 矽二極體 (上), 砷化鎵 (下), 4.7 kΩ, V_o, I_D

(b) 20 V, 鍺與矽並聯, 2.2 kΩ, 4 V, V_o, I_D

圖 2.117 習題 6

7. 試決定圖 2.118 網路中的 V_{o_1}、V_{o_2} 和 I。

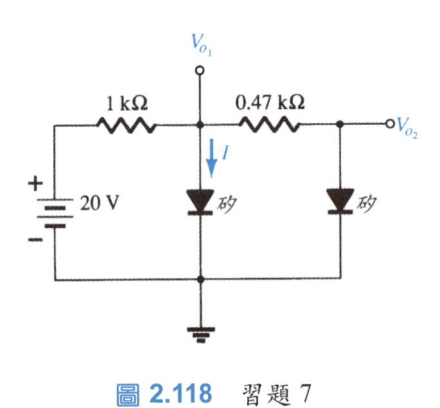

20 V, 1 kΩ, 0.47 kΩ, 矽, 矽, V_{o_1}, V_{o_2}, I

圖 2.118 習題 7

8. 試決定圖 2.119 中負邏輯 OR 閘的 V_o。

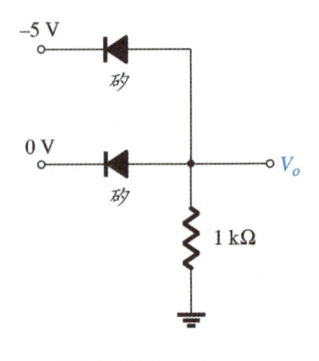

−5 V, 0 V, 矽, 矽, 1 kΩ, V_o

圖 2.119 習題 8

9. 試決定圖 2.120 中負邏輯 AND 閘的 V_o。

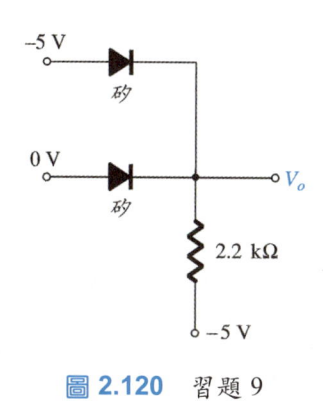

圖 2.120 習題 9

10. 試畫出圖 2.121 半波整流器中 v_i、v_d 和 i_d 的波形，假定用理想二極體，且輸入是頻率 60 Hz 的弦波。

11. 重做習題 10，但採用矽二極體(V_K＝0.7 V)。

12. 重做習題 10，但加上 10 kΩ 的負載，如圖 2.122 所示。並畫出 v_L 和 i_L 的波形。

圖 2.121 習題 10～12

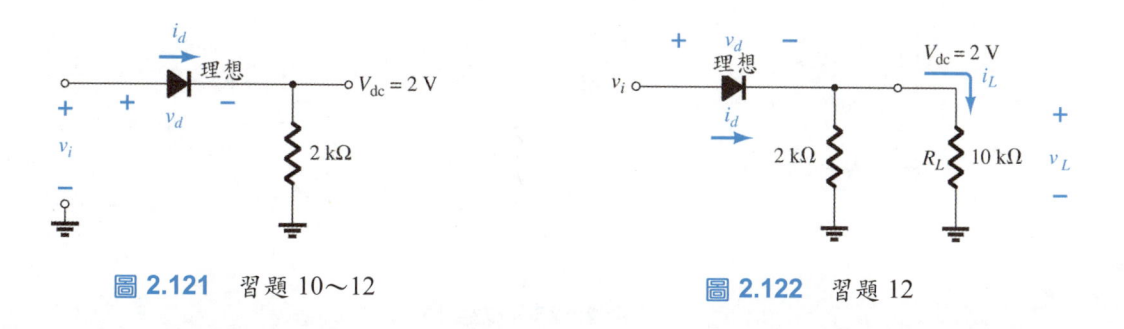

圖 2.122 習題 12

13. 對圖 2.123 的網路，試畫出 v_o 的波形並決定 V_{dc}。

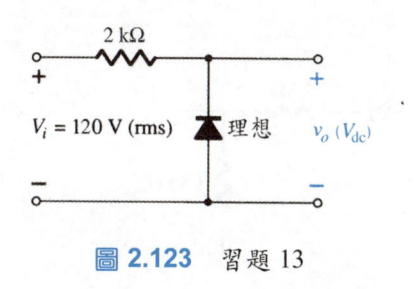

圖 2.123 習題 13

14. 某全波橋式整流器輸入有效值 120 V 的弦波，且負載為 1 kΩ 電阻。
    a. 若採用矽二極體，負載所得的直流電壓是多少？

b. 試決定每個二極體所需的 PIV 額定。

c. 試求導通時流經每個二極體的最大電流。

d. 每個二極體需要的功率額定是多少？

15. 試決定圖 2.124 的電路組態中，每個二極體所需的 PIV 額定值和 v_o。另外，試決定每個二極體的最大電流。

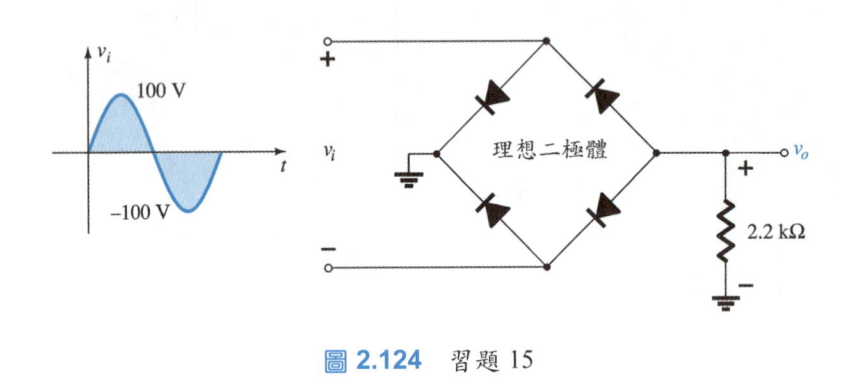

圖 **2.124** 習題 15

16. 試決定圖 2.125 中每個網路的 v_o，輸入如圖所示。

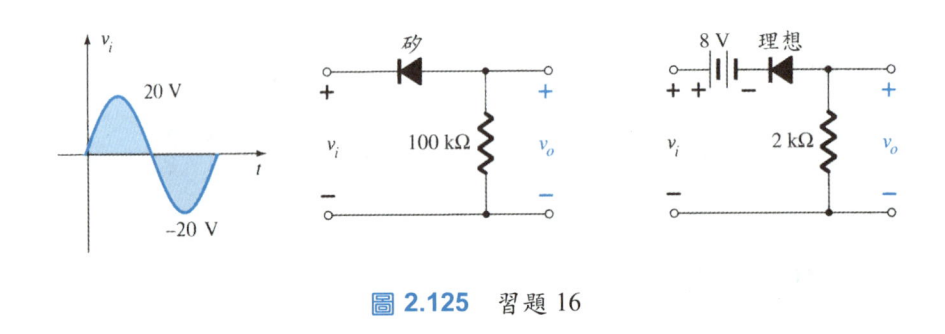

圖 **2.125** 習題 16

17. 試決定圖 2.126 中每個網路的 v_o，輸入如圖所示。

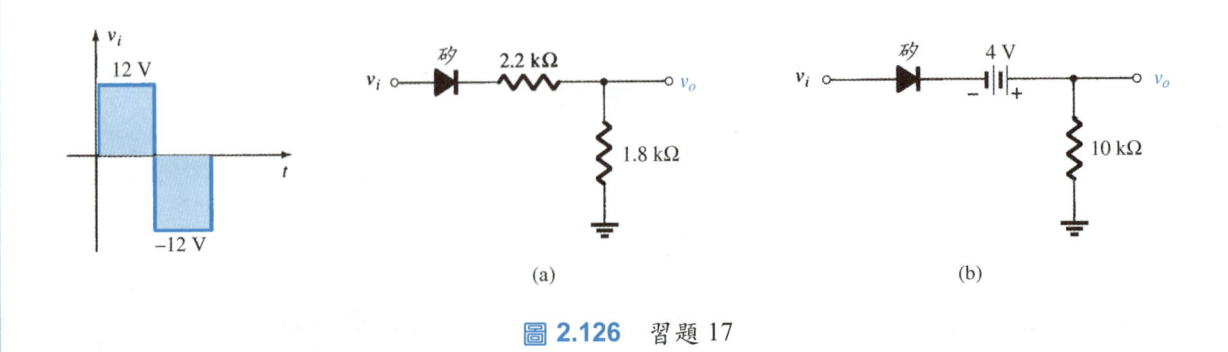

(a)   (b)

圖 **2.126** 習題 17

18. 試畫出圖 2.127 網路中 i_R 和 v_o 的波形,輸入如圖所示。

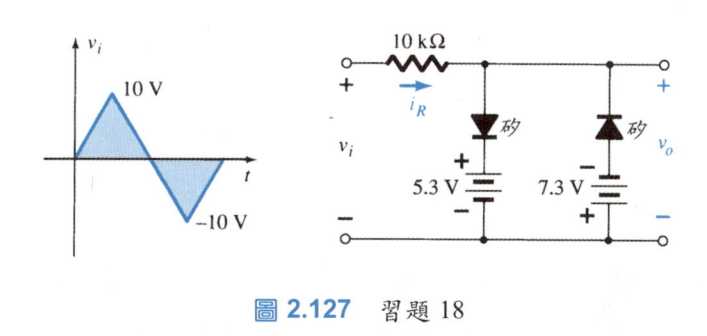

圖 2.127 習題 18

19. 試畫出圖 2.128 中每個網路的 v_o,輸入如圖所示。

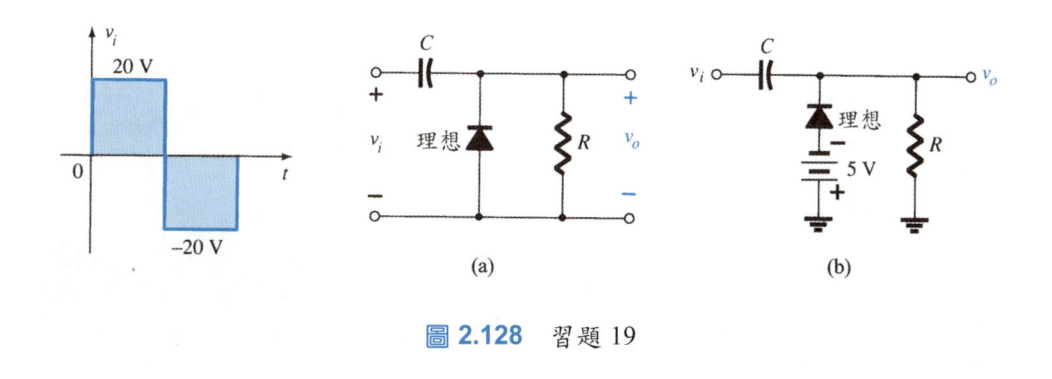

圖 2.128 習題 19

20. 試畫出圖 2.129 中每個網路的 v_o,輸入如圖所示。

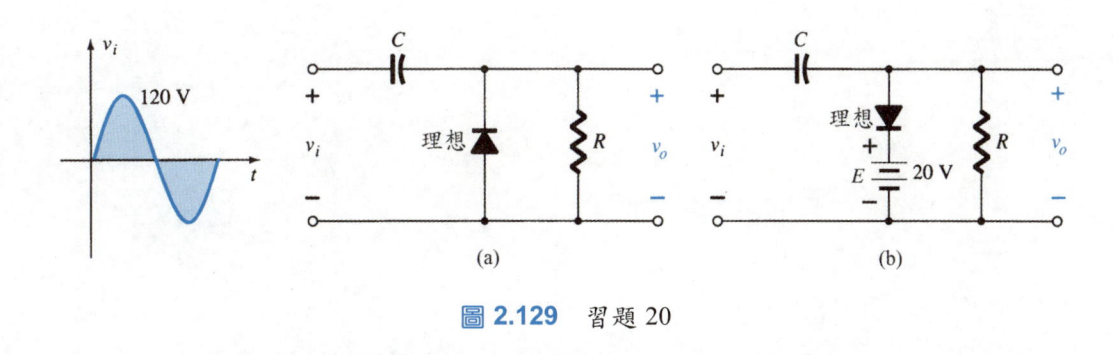

圖 2.129 習題 20

21. **a.** 試決定圖 2.130 網路中的 V_L、I_L、I_Z 和 I_R,已知 $R_L = 180\ \Omega$。
    b. 重做 (a),但 $R_L = 470\ \Omega$。
    c. 試決定 R_L 的阻值,可建立齊納二極體的最大功率條件。
    d. 試決定 R_L 的最小值,可確保齊納二極體在"導通"狀態。

圖 2.130 習題 21

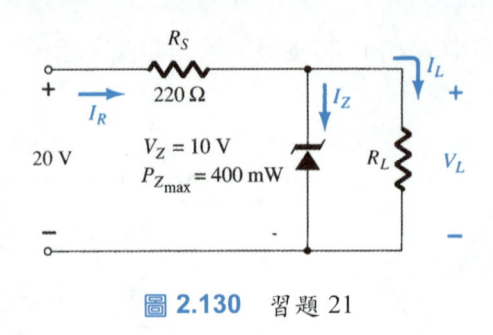

22. 試設計一穩壓電路，可維持輸出電壓 20 V 降在 1 kΩ 負載上，且輸入可在 30 V～50 V 之間變化，也就是決定 R_S 的適當值以及最大齊納電流 I_{ZM}。

Chapter 3
雙載子接面電晶體

3.1 導言

在 1904～1947 年，真空管是人們關注和發展的電子元件。1904年弗來明首先發明二極真空管，緊接著在 1906 年，弗雷斯特加入了控制柵極，產生了第一個放大器——三極真空管。

然而到了 1947 年 12 月 23 日，電子產業經歷了全新的關注與發展方向，蕭克萊、布拉敦和巴登博士在貝爾實驗室，展示了第 1 個電晶體的放大作用，此原創的電晶體（點接觸電晶體）見圖 3.1，這種三腳固態裝置優於真空管是可以立即明顯看出的：小而輕，不需加熱故無熱損耗，結構堅固，裝置吸收功率較少，效率較高，無需預熱立即可使用，可用較低的工作電壓等等。

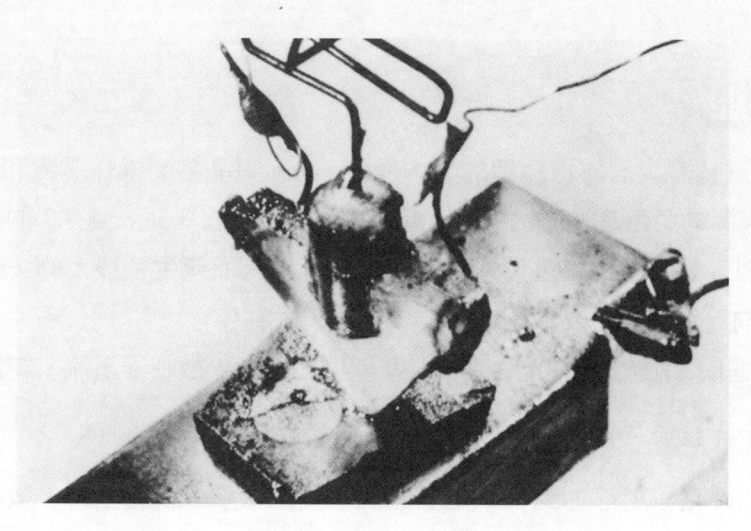

圖 3.1 第 1 個電晶體（摘自貝爾實驗室）

3.2　電晶體結構

電晶體是一種三層半導體裝置，包含兩層 n 型一層 p 型材料，或是兩層 p 型一層 n 型材料，前者稱為 npn 電晶體，後者稱為 pnp 電晶體。這兩種電晶體都顯示在圖 3.2。射極層的摻雜濃度很高，基極層摻雜濃度較低，集極層的摻雜濃度更低。電晶體在外面兩層的寬度比中間這一層大很多。

圖 3.2 也顯示了偏壓，腳位用大寫字母代表，E 代表射極(emitter)、C 代表集極(collector)、B 則代表基極(base)。BJT 是雙載子接面電晶體(bipolar junction transistor)的縮寫，雙載子(bipolar)代表電洞和電子這兩種載子在電晶體工作時，會從某種材料射入到另一個極性相反的材料中。若只用到一種載子（只有電子或只有電洞），就看成是單載子(unipolar)裝置。

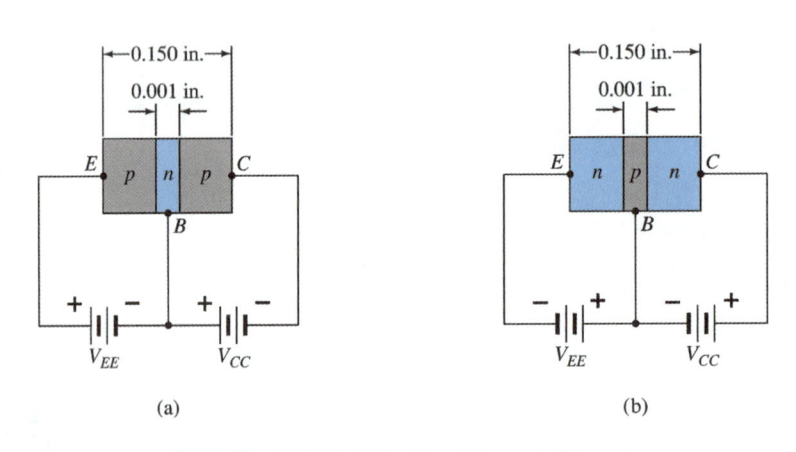

圖 3.2　電晶體的類型：(a)pnp；(b)npn

3.3　電晶體操作

利用圖 3.2a 的 pnp 電晶體來描述電晶體的基本操作，npn 電晶體的操作其實和 pnp 完全相同，只是電子和電洞的角色互換而已。pnp 電晶體重新畫在圖 3.3a，圖 3.3 的情況和順偏二極體的情況相似，因為外加偏壓使空乏區寬度降低，因而產生了很大的多數載子電流，從 p 型材料流向 n 型材料。

在圖 3.3b 的情況和逆偏二極體的情況類似，只會產生很小的少數載子電流。總之：

電晶體其中一個 p-n 接面逆偏，而另一個 p-n 接面則順偏。

在圖 3.4 中，這兩個偏壓電壓都加到 pnp 電晶體上，圖上顯示了所產生的多數載子以及少數載子的電流。清楚顯示了順偏接面與逆偏接面的空乏區寬度之間的差異。也顯示其數量很大的多數載子會擴散過順偏的 p-n 接面，進入 n 型材料。因為中間層 n 型材

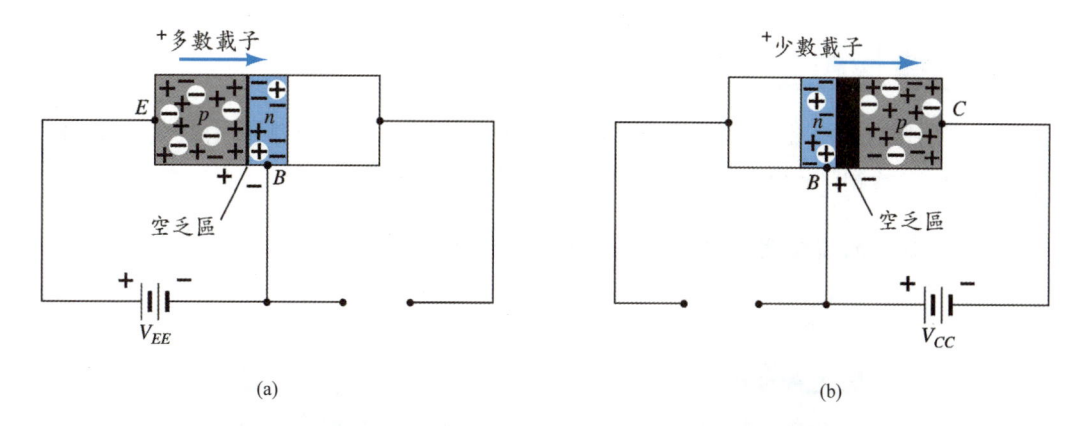

▲ 圖 3.3　*pnp* 電晶體：(a)順偏接面；(b)逆偏接面

料很薄，電導係數也低，以經由此高電阻路徑而到達基極腳位的載子很少，多數載子的大部分會擴散通過逆向偏壓接面而進入 *p* 極材料中，多數載子可以輕易的通過 *p-n* 接面，空乏區中所有的少數載子都會被掃過二極體的逆偏接面到達另一側。

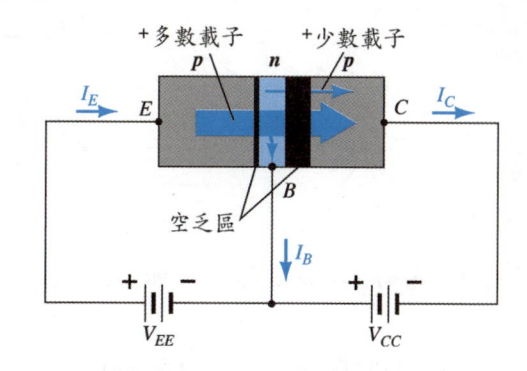

▲ 圖 3.4　*pnp* 電晶體上多數載子與少數載子的流動

把電晶體看成是一個單一節點，利用克希荷夫電流定律，可得

$$I_E = I_C + I_B \tag{3.1}$$

射極電流是集極電流和基極電流的總和。但集極電流由多數載子和少數載子兩個分量組成。因此

$$I_C = I_{C\text{多數載子}} + I_{CO\text{少數載子}} \tag{3.2}$$

對一般用途的電晶體而言，I_C 落在 mA 的範圍，而 I_{CO} 會落在 μA 或 nA 的範圍，很像逆偏二極體的 I_s，會受溫度變化的影響。因此 I_{CO} 的影響通常忽略不計。

3.4 共基極組態

電晶體所用的記法和符號如圖 3.5 所示，*pnp* 和 *npn* 電晶體都採用共基極組態。共基極即基極為電路組態中的輸入側和輸出側所共用。

電路符號中的箭號定義了流經裝置的射極電流方向。

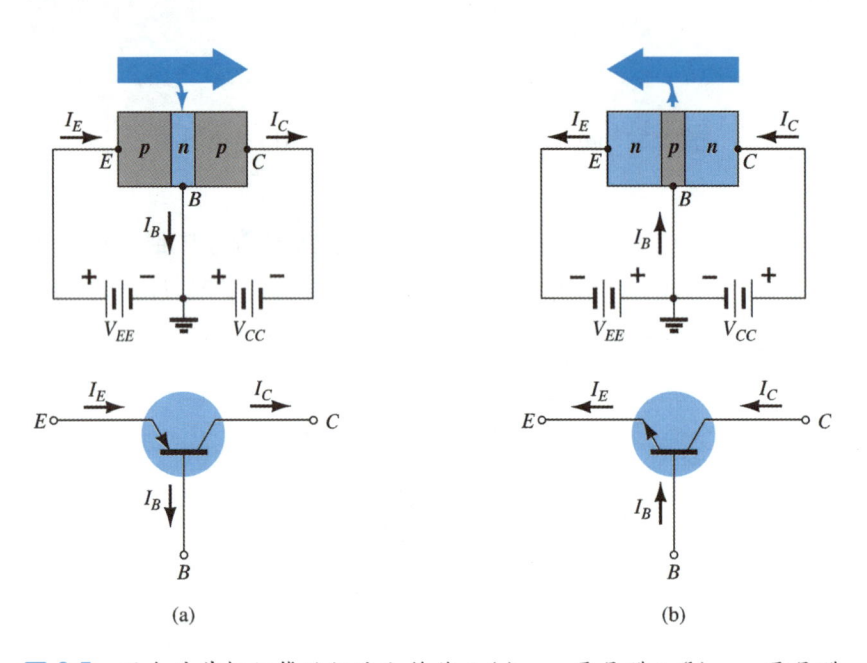

圖 3.5　用在共基極組態的記法和符號：(a) *pnp* 電晶體；(b) *npn* 電晶體

外加的偏壓電壓源的極性，可建立如圖中所示的電流方向。I_E 的方向對應於 V_{EE} 的極性，以及 I_C 的方向對應於 V_{CC} 的極性。

共基極放大器的輸入特性見圖 3.6，代表輸入電流 (I_E) 對應於輸入電壓 (V_{BE}) 的關係，且針對各種不同的輸出電壓 (V_{CB}) 得到不同的特性曲線。

輸出特性則針對不同的輸入電流 (I_E)，建立輸出電流 (I_C) 對應於輸出電壓 (V_{CB}) 的關係。在輸出（集極）特性中，有三個基本區域如圖 3.7 所示，即作用區 (active)、截止區 (cutoff) 和飽和區 (saturation)。一般電晶體用

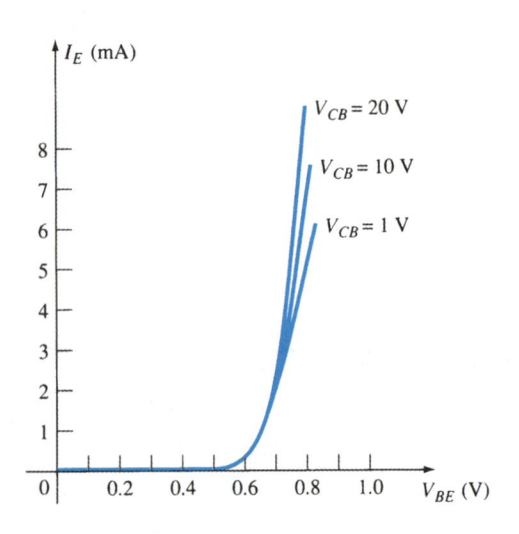

圖 3.6　共基極矽電晶體放大器的輸入（或推動點）特性

作線性（無失真）放大器時會在作用區，特別是：

在作用區工作時，基極射極接面順偏，而集極基極接面則逆偏。

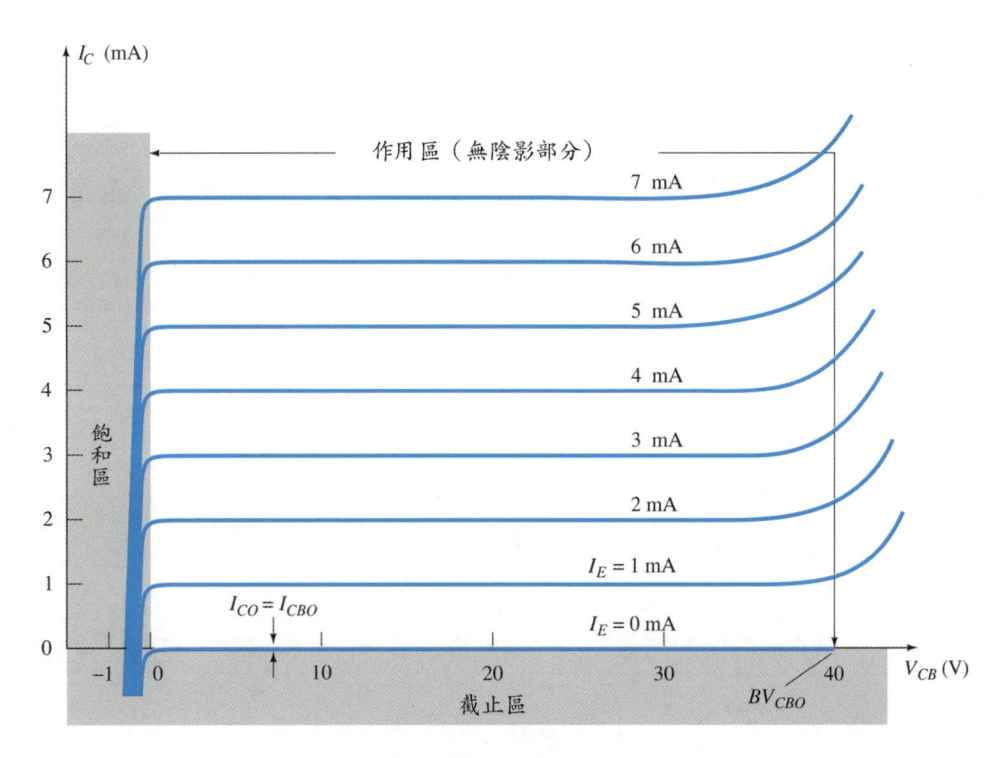

圖 3.7 共基極電晶體放大器的輸出（或集極）特性

在作用區的最低處，射極電流(I_E)是零，集極電流只剩下逆向飽和電流 I_{CO}，如圖 3.8 所示。最常用來代表 I_{CO} 的代號是 I_{CBO}（代表射極開路時集極到基極的電流），I_{CBO} 就像二極體的 I_s，會受到溫度變化的影響。因 I_{CBO} 會隨著溫度快速增加。

在作用區工作時，V_{CB} 對集極電流幾乎無影響。在作用區工作時，I_E 和 I_C 之間存在一次（線性）近似關係，即

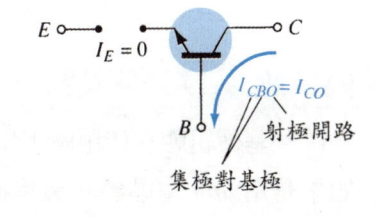

圖 3.8 逆向飽和電流

$$I_C \cong I_E \tag{3.3}$$

在截止區工作時，電晶體的基極射極以及集極基極接面都逆偏。

在飽和區工作時，基極射極接面和集極基極接面都順偏。

在作所有電晶體網路的直流分析時的等效模型，一旦電晶體在"導通"狀態，就假定基極對射極電壓如下：

$$V_{BE} \cong 0.7 \text{ V} \tag{3.4}$$

Alpha(α)

直流 (DC) 模式　在直流模式中，I_C 和 I_E 源於多數載子，兩者的關係為 α，定義於下式：

$$\alpha_{dc} = \frac{I_C}{I_E} \tag{3.5}$$

其中，I_E 和 I_C 表示工作點的電流大小。儘管圖 3.7 的特性會導出 $\alpha=1$，但對實際的裝置而言，α 一般會在 0.90～0.998 之間。對多數載子定義，式(3.2)可改成

$$I_C = \alpha I_E + I_{CBO} \tag{3.6}$$

交流 (AC) 模式　對交流的情況而言，因工作點會沿著特性曲線移動，交流 α 定義如下：

$$\alpha_{ac} = \frac{\Delta I_C}{\Delta I_E}\bigg|_{V_{CB}=\text{定值}} \tag{3.7}$$

交流 α 正式名稱是共基極短路電流放大倍數（增益）。

偏　壓

共基極組態在作用區工作時，對 *pnp* 電晶體而言，此近似結果如圖 3.9 的電路組態，如果是用 *npn* 電晶體，電壓極性就要反過來。

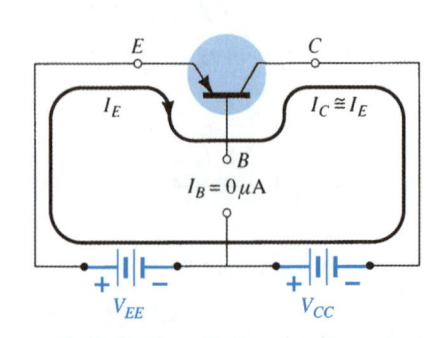

圖 3.9　對在作用區工作的共基極 *pnp* 電晶體，建立其適當的偏壓方法

崩潰區

隨著外加電壓 V_{CB} 的上升，在某一點，曲線會突然上彎，見圖 3.7，這主要歸因於累增效應。基極對集極的最大容許電壓，記為 BV_{CBO}，也稱為 $V_{(BR)CBO}$。

3.5 共射極組態

對 *pnp* 和 *npn* 電晶體而言，最常遇到的電路組態見圖 3.10，稱為共射極組態，因為對輸入和輸出腳位而言，射極是共用或參考腳位。描述共射極組態的操作：一組是輸入或基極對射極特性；另一組是輸出或集極對射極特性，兩者均見於圖 3.11。

對共射極組態而言，輸出特性是針對某一範圍內不同的輸入電流(I_B)，所得到的一組輸出電流(I_C)對應於輸出電壓(V_{CE})的圖形。而輸出特性則是針對某一範圍內不同的輸出電壓(V_{CE})，所得到的一組輸入電流(I_B)對應於輸入電壓(V_{BE})的圖形。

在共射極放大器的作用區，基極射極接面順偏，而集極基極接面則逆偏。

在圖 3.12 的集極特性中，當 $I_B=0$ 時 I_C 並不等於 0。

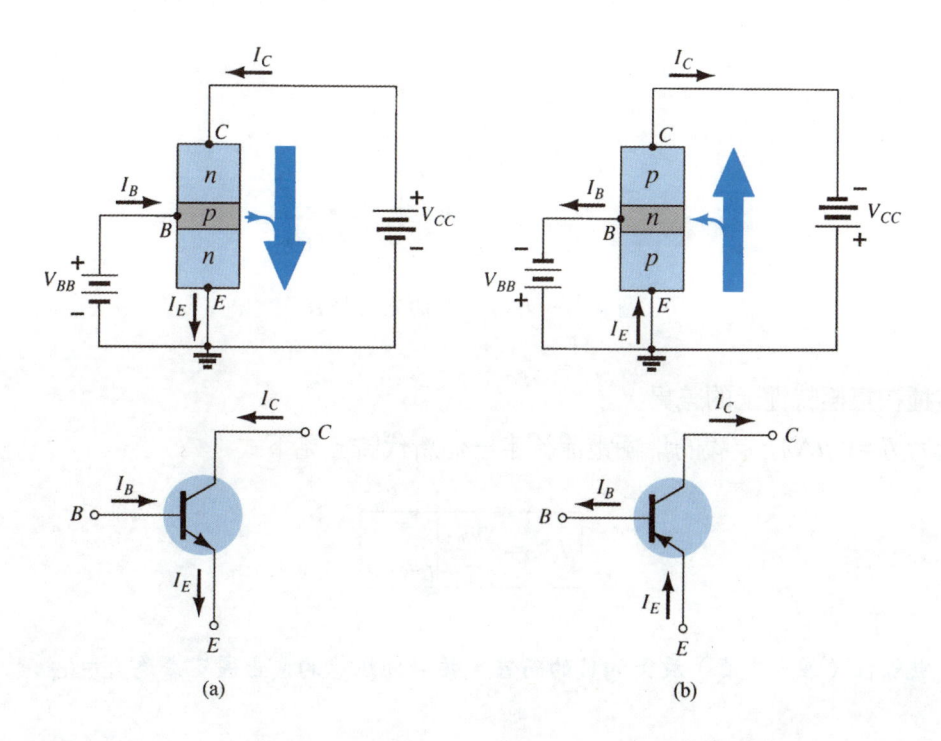

圖 3.10 共射極電路組態所用的記法和符號：(a) *npn* 電晶體；(b) *pnp* 電晶體

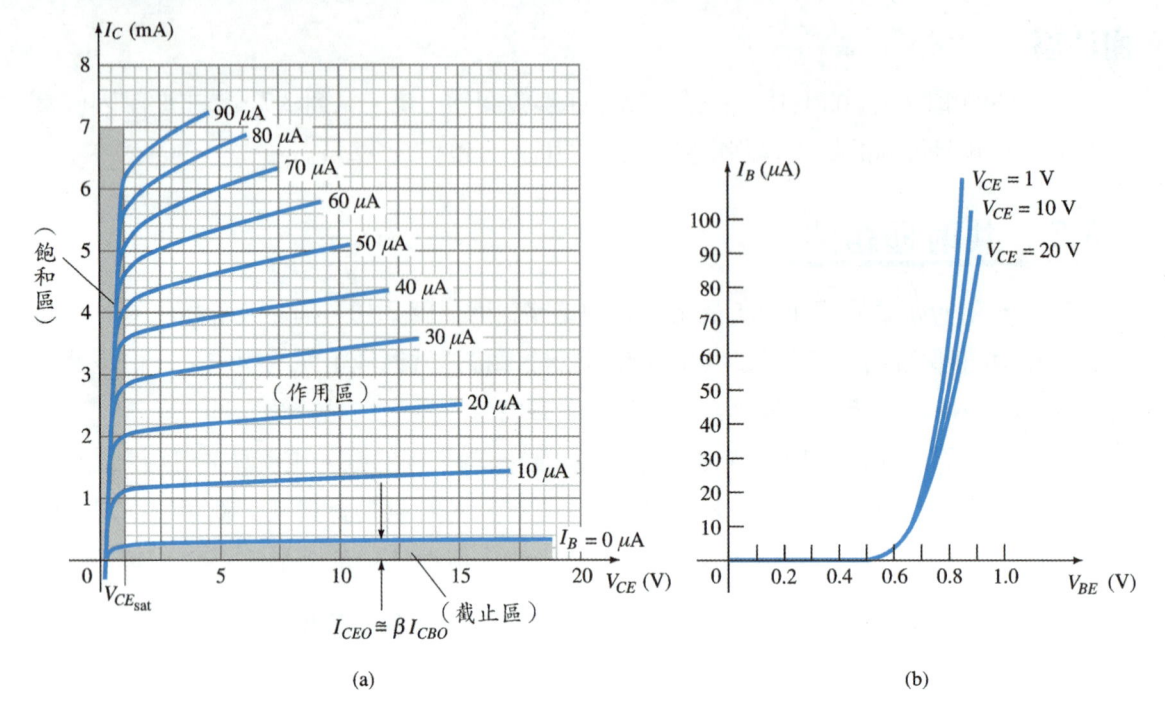

圖 3.11 共射極組態下矽電晶體的特性：(a) 集極特性；(b) 基極特性

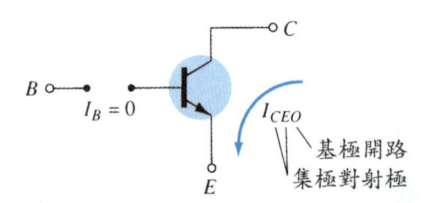

圖 3.12 I_{CEO} 相關的電路條件

這種在集極特性上的差異，

參考 $I_B=0\ \mu A$ 所定義的集極電流給定一個新代號，見下式：

$$I_{CEO}=\left.\frac{I_{CBO}}{1-\alpha}\right|_{I_B=0\ \mu A} \tag{3.8}$$

就線性（最少失真）放大的目的而言，共射極組態的截止區定義為 $I_C=I_{CEO}$。

Beta(β)

直流 (DC) 模式 在直流模式下，I_C 和 I_B 大小的關係稱為 β，定義如下：

$$\beta_{dc}=\frac{I_C}{I_B} \qquad (3.9)$$

對實用的裝置而言，β 值一般約 50～400，大都落在中等範圍。

在規格表中，β_{dc} 通常以 h_{FE} 代表，h 源自交流混合(hybrid)等效電路。下標 FE 源自順向(forward)電流放大和共射極(emitter)組態。

交流 (AC) 模式 在交流情況下，交流 β 定義如下：

$$\beta_{ac}=\frac{\Delta I_C}{\Delta I_B}\bigg|_{V_{CE}=\text{定值}} \qquad (3.10)$$

β_{ac} 的正式名稱是共射極順向電流放大倍數（增益）。

在規格表中，β_{ac} 通常以 h_{fe} 代表。

雖然 β_{ac} 和 β_{dc} 並不完全相等，但通常相當接近，也常互換使用。

導出 α 和 β 的關係，利用 $\beta=I_C/I_B$，可得 $I_B=I_C/\beta$，並由 $\alpha=I_C/I_E$，可得 $I_E=I_C/\alpha$，代入下式：

$$I_E=I_C+I_B$$

可得
$$\frac{I_C}{\alpha}=I_C+\frac{I_C}{\beta}$$

等式兩側都除以 I_C，得

$$\frac{1}{\alpha}=1+\frac{1}{\beta}$$

或 $\quad\beta=\alpha\beta+\alpha=(\beta+1)\alpha$

所以
$$\alpha=\frac{\beta}{\beta+1} \qquad (3.11)$$

或
$$\beta=\frac{\alpha}{1-\alpha} \qquad (3.12)$$

另外，回想到
$$I_{CEO}=\frac{I_{CBO}}{1-\alpha}$$

或
$$I_{CEO}\cong\beta I_{CBO} \qquad (3.13)$$

β 是一個特別重要的參數，因為它提供共射極組態的輸入電流與輸出電流的直接比例，即

又
$$I_C = \beta I_B \quad (3.14)$$

可得
$$I_E = (\beta + 1)I_B \quad (3.15)$$

偏　壓

共射極放大器的適當偏壓，假定 npn 電晶體以圖 3.13a 的接法，使裝置在作用區工作。

相同的作法也適用於 pnp 電晶體，則圖 3.13c 中所有的電流方向和電壓極性都會反過來。

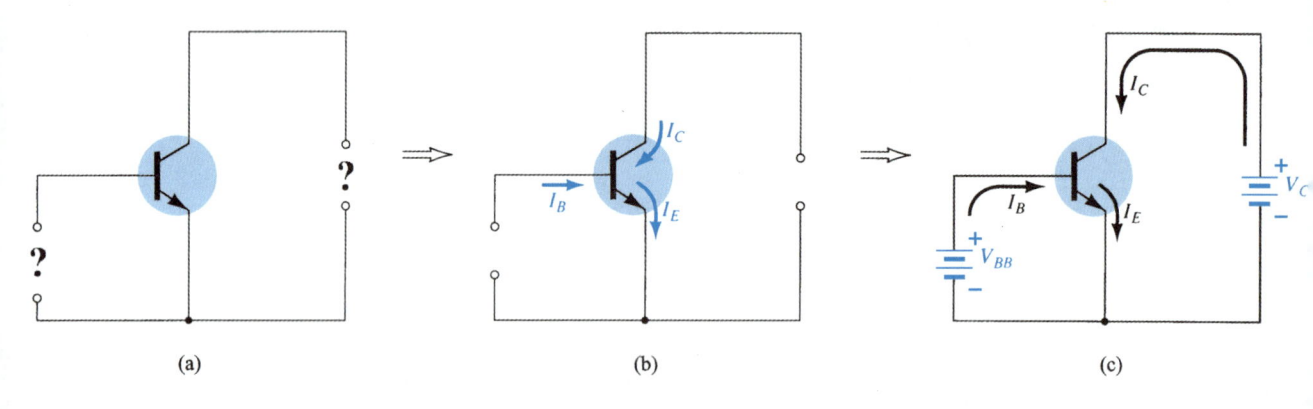

圖 3.13　對共射極 npn 電路體組態，決定其適當的偏壓安排

崩潰區

電晶體在作用區工作時，集極射極電壓也有一最大容許值，在圖 3.14 中。對較大的基極電流而言，集極電流在接近崩潰區時，近似垂直攀爬上升。特別值得注意的，因電流的上升反而造成電壓的下降而電阻性元件的電壓降會隨著電流的上升而增加，這種特質稱為**負電阻**特性。

電晶體在正常工作條件下，V_{CE} 建議的最大值記為 BV_{CEO}，如圖 3.14，或稱為 $V_{(BR)CEO}$。

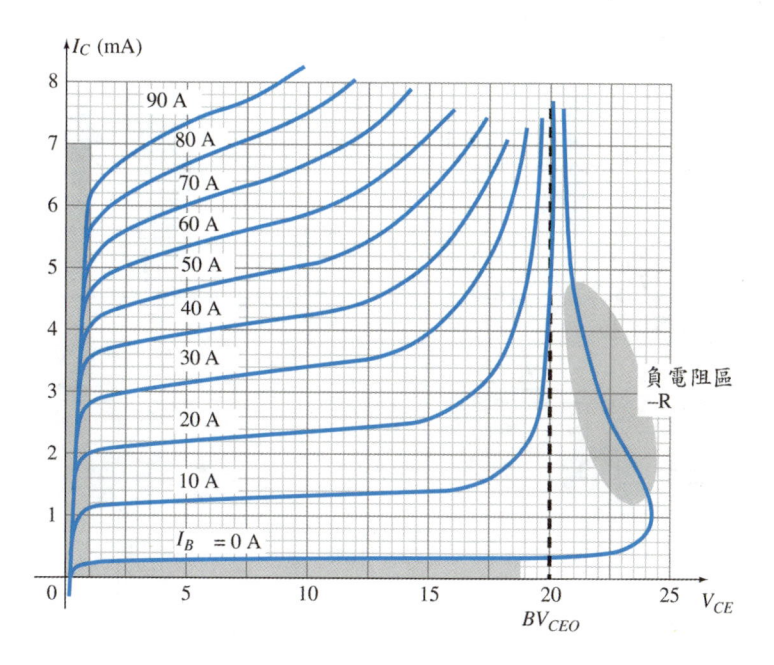

圖 3.14 共射極組態電晶體崩潰區的檢視

3.6　共集極組態

共集極組態如圖 3.15 所示，其上並有適當的電流方向和外加電壓。共集極組態主要用作阻抗匹配，因其具有高輸入阻抗與低輸入阻抗。

3.7　操作的限制

每一個電晶體在特性上都會有一個操作區域，在此區域內工作時，保證不會超過最大額定值，且輸出訊號的失真程度最小。圖 3.16 的特性上就定義這麼一個區域，操作時所有的限制都定義在電晶體的規格表上。

最大功率消耗的大小定義如下式：

$$P_{C_{max}} = V_{CE} I_C \tag{3.16}$$

對圖 3.16 的裝置而言，集極功率消耗的規格是 300 mW。

在 $I_{C_{max}}$ 處　在特性上的任何一點，V_{CE} 和 I_C 的乘積都必須等於 300 mW。若選擇 I_C 在最大值 50 mA，可得

$$V_{CE} = \frac{300 \text{ mW}}{50 \text{ mA}} = \mathbf{6 \text{ V}}$$

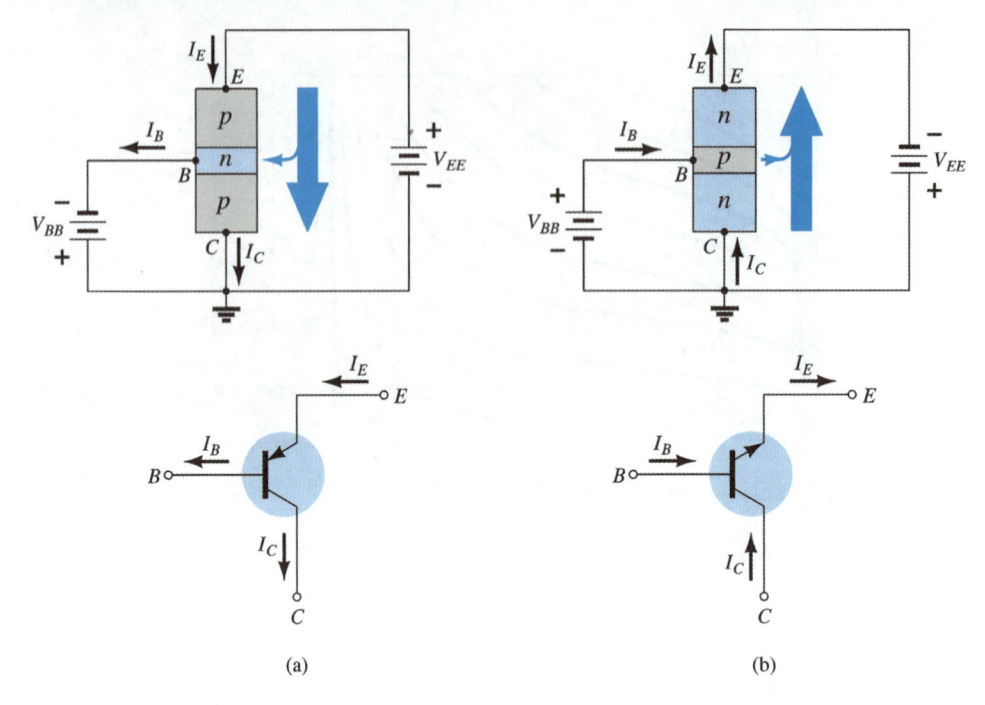

電子學—裝置與電路精析
Electronic Devices and Circuit Theory

圖 3.15 用在共集極組態的電路符號和記法：(a) *pnp* 電晶體；(b) *npn* 電晶體

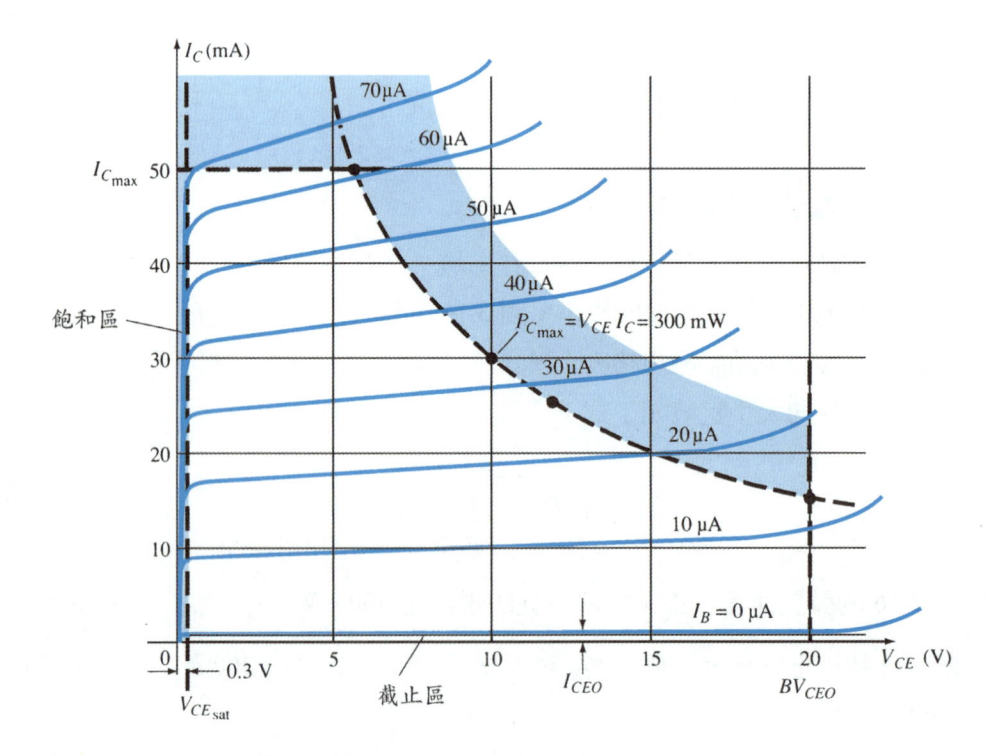

圖 3.16 定義電晶體的線性（無失真）操作區域

在 **$V_{CE\max}$ 處** 選擇 V_{CE} 在最大值 20 V，I_C 值可求出如下：

$$I_C = \frac{300 \text{ mW}}{20 \text{ V}} = \mathbf{15 \text{ mA}}$$

在 **$I_C = \frac{1}{2}I_{C\max}$ 處** 如 25 mA，解出對應的 V_{CE} 值

且

$$V_{CE} = \frac{300 \text{ mW}}{25 \text{ mA}} = \mathbf{12 \text{ V}}$$

以上已定出的三點，粗略畫出實際的曲線。

3.8 電晶體測試

和二極體一樣，有三個途徑可用來檢測電晶體：用曲線測試儀、數位電表和歐姆計。

曲線測試儀

如圖 3.17 的顯示。

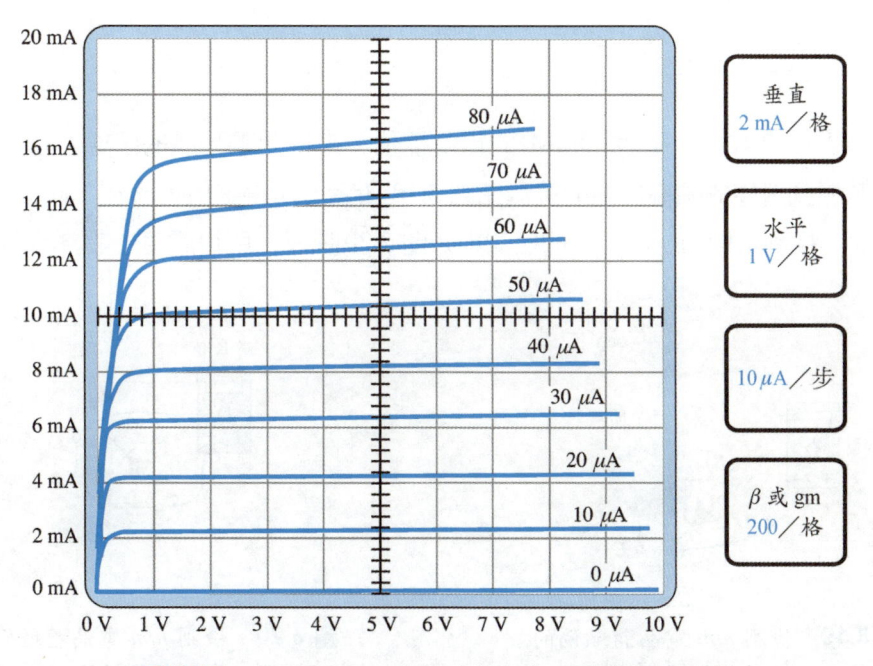

圖 3.17 2N3904 *npn* 電晶體在曲線測試儀上的響應

電晶體測試器

如圖 3.18 屬於專用測試器。

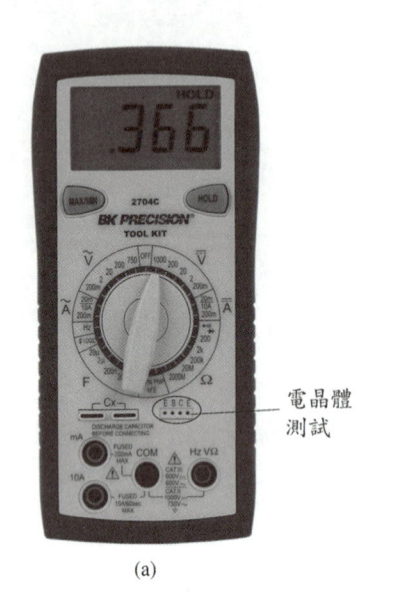

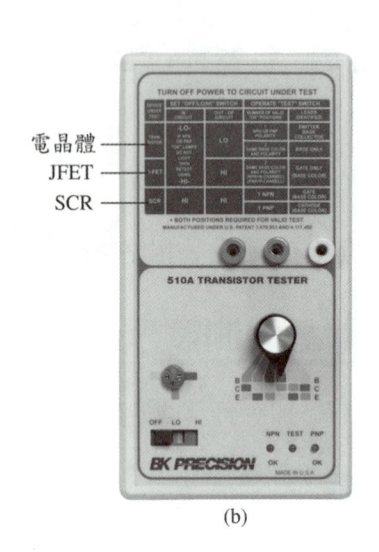

圖 3.18 電晶體測試器：(a)數位電表；(b)專用測試表（摘自 B＋K 精密公司）

歐姆計

可以用歐姆計或數位電表(DMM)的電阻檔位，來檢測電晶體的狀態。對 npn 電晶體而言，從基極到射極的順偏接面的檢測如圖 3.19 所示。所得讀值會落在 100 Ω 到幾 kΩ 的範圍內。而基極到集極的逆偏接面的檢測則如圖 3.20 所示，所得讀值一般會超過 100 kΩ。

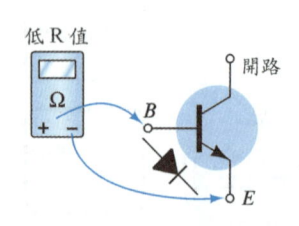

圖 3.19 檢測 npn 電晶體順偏的基極對射極接面

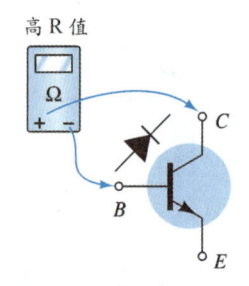

圖 3.20 檢測 npn 電晶體逆偏的基極對集極接面

3.9　電晶體的包裝和腳位識別

如圖 3.21 所示，具有厚實結構的是高功率裝置，而具有小頂帽或塑膠殼體的則屬於低到中功率裝置。

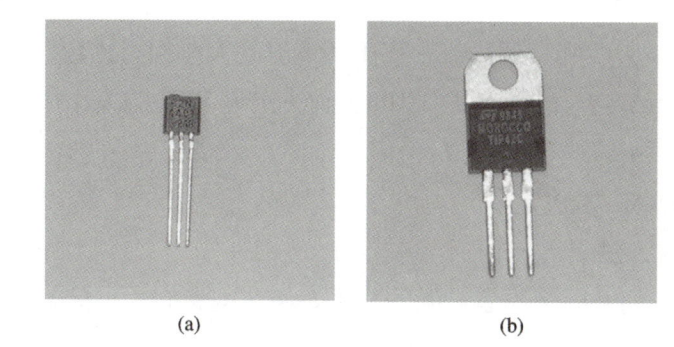

圖 3.21　各種不同種類的一般用途或切換電晶體：(a) 低功率；(b) 中功率；(c) 中到高功率

在電晶體的包裝上找到一些特徵或記號，可以決定那一支腳是電晶體的射極、集極或基極。通常可以用的方法如圖 3.22 所示。

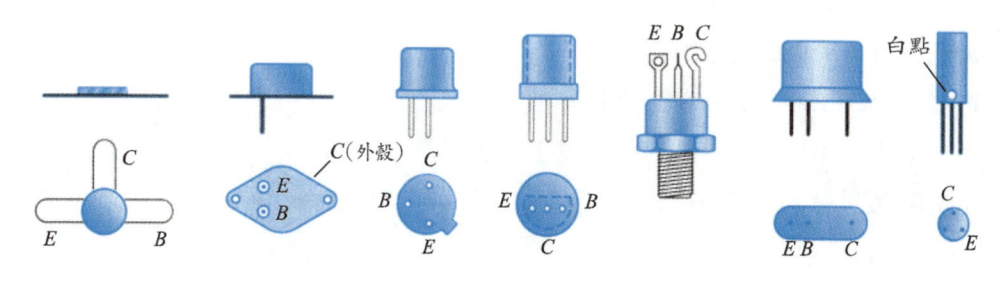

圖 3.22　電晶體的腳位識別

四個個別的 *pnp* 矽電晶體，可以放在 14 腳的塑膠 DIP（雙排腳）包裝內，見圖 3.23a，其內部接線則見圖 3.23b。

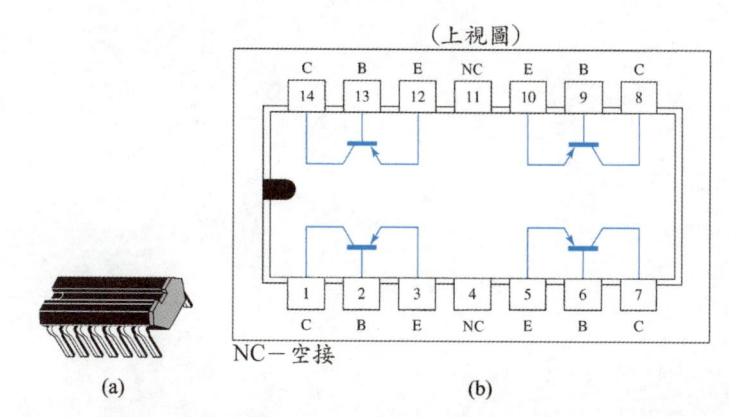

圖 3.23　TI 編號 Q2T2905：四個 *pnp* 矽電晶體：(a) 外觀；(b) 內部接線

習 題

1. 雙載子裝置和單載子裝置之間主要的差異是什麼？
2. 電晶體放大器適當工作時，電晶體的兩個 p-n 接面要如何偏壓？
3. 電晶體中漏電流的來源是什麼？
4. 電晶體的電流中，那一個最大？那一個最小？那兩個電流的大小相對比較接近？
5. 若電晶體的射極電流是 8 mA，且 I_B 是 I_C 的 1/100，試決定 I_B 和 I_C 的大小。
6. **a.** 已知 α_{dc} 為 0.998，若 $I_E=4$ mA，試決定 I_C 值。
   b. 若 $I_E=2.8$ mA 且 $I_B=20$ μA，試決定 α_{dc}。
   c. 若 $I_B=40$ μA 且 $\alpha_{dc}=0.98$，試求 I_E。
7. 試定義 I_{CBO} 和 I_{CEO}，兩者如何不同？兩者之間的關係如何？兩者的大小接近嗎？
8. **a.** 試利用圖 3.11a 的特性，決定 $I_B=60$ μA 且 $V_{CE}=4$ V 處的 β_{dc}。
   b. 重做(a)，但 $I_B=30$ μA 且 $V_{CE}=7$ V。
   c. 重做(a)，但 $I_B=10$ μA 且 $V_{CE}=10$ V。
9. 利用圖 3.11a 的特性，決定 $I_B=25$ μA 且 $V_{CE}=10$ V 處的 β_{dc}，再計算 α_{dc} 和 I_E 值。(I_C 大小由 $I_C=\beta_{dc}I_B$ 決定。)
10. **a.** 已知 $\alpha_{dc}=0.980$，試決定對應的 β_{dc}。
    b. 已知 $\beta_{dc}=120$，試決定對應的 α 值。
    c. 已知 $\beta_{dc}=120$ 且 $I_C=2.0$ mA，試求 I_E 和 I_B。
11. 某電晶體具有圖 3.11 的特性，若 $I_{C_{max}}=6$ mA、$BV_{CEO}=15$ V 且 $P_{C_{max}}=35$ mW，試決定此電晶體的操作區域。

Chapter 4
BJT（雙載子接面電晶體）的直流偏壓

4.1 導言

任何交流電壓、電流和功率的增加，都是來自於外加直流電源能量轉移的結果。

因此，任何電子放大器的分析與設計可分為兩部分：直流部分與交流部分。

在這些電路組態的分析中有一些根本的相似性，電晶體基本關係式：

$$\boxed{V_{BE} \cong 0.7 \text{ V}} \tag{4.1}$$

$$\boxed{I_E = (\beta+1)I_B \cong I_C} \tag{4.2}$$

$$\boxed{I_C = \beta I_B} \tag{4.3}$$

4.2 工作點

對電晶體放大器而言，偏壓所產生的直流電流和直流電壓，會在特性上建立工作點 (operating point)，工作點附近區域可用來放大輸入訊號。因工作點也稱為靜態點（quiescent point，簡稱 Q 點）。圖 4.1 是一般的裝置輸出特性，共顯示四個工作點，圖上也顯示了最大額定值，最大集極電流 $I_{C_{max}}$ 的水平線，最大集極對射極電壓 $V_{CE_{max}}$ 的垂直線，最大功率限制的曲線 $P_{C_{max}}$，最低的部分是截止區，定義為 $I_B \leq 0\ \mu A$，而飽和區的定義則為 $V_{CE} \leq V_{CE_{sat}}$。

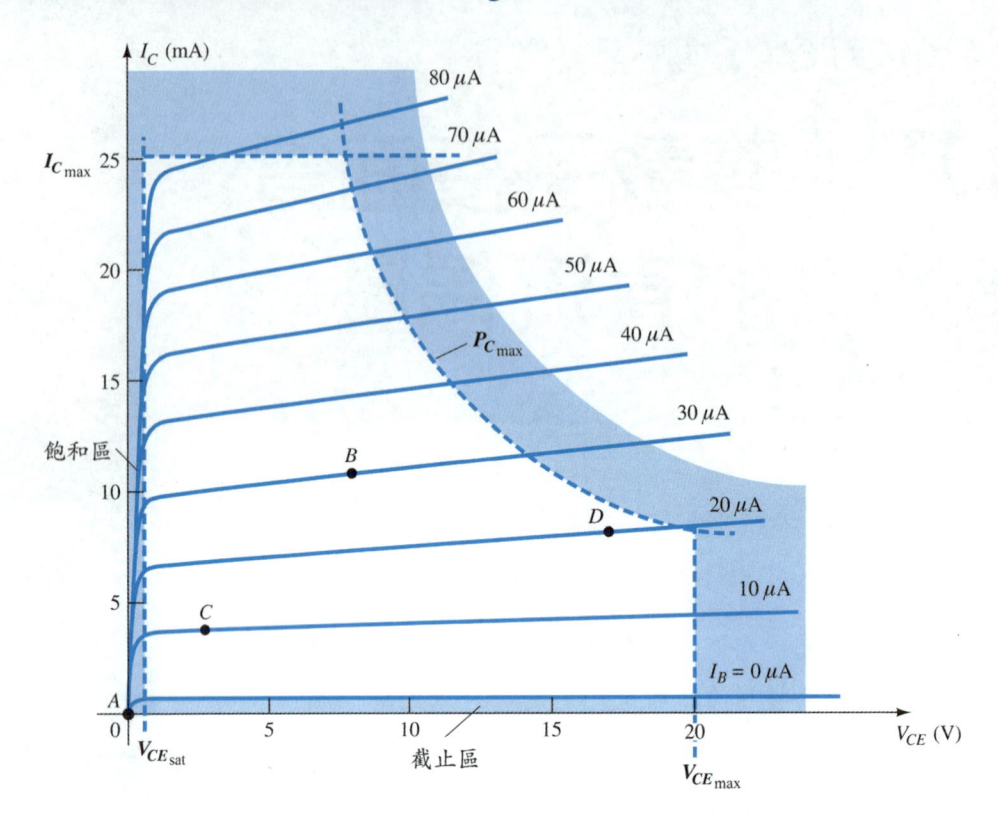

圖 4.1　在電晶體操作限制範圍內各種不同的工作點

　　如果 BJT 要偏壓在線性或作用區，以下條件一定要成立：

1. 基極射極接面必定要順偏（p 型區電壓比較正），產生的順偏電壓約 0.6 V～0.7 V。
2. 基極集極接面必要逆偏（n 型區電壓比較正），逆偏電壓可以是裝置最大限制值之內的任意值。

　　在 BJT 特性的截止區，飽和區和線性（作用）區的操作條件如下：

1. 線性區（作用區）操作：
　基極射極接面順偏
　基極集極接面逆偏
2. 截止區操作：
　基極射極接面逆偏
　基極集極接面逆偏
3. 飽和區操作：
　基極射極接面順偏
　基極集極接面順偏

4.3　固定偏壓電路

圖 4.2 的固定偏壓電路是最簡單的電晶體直流偏壓電路,對直流分析而言,因電容的電抗值是外加頻率的函數,直流時等效於開路,使交流訊號源被隔開。

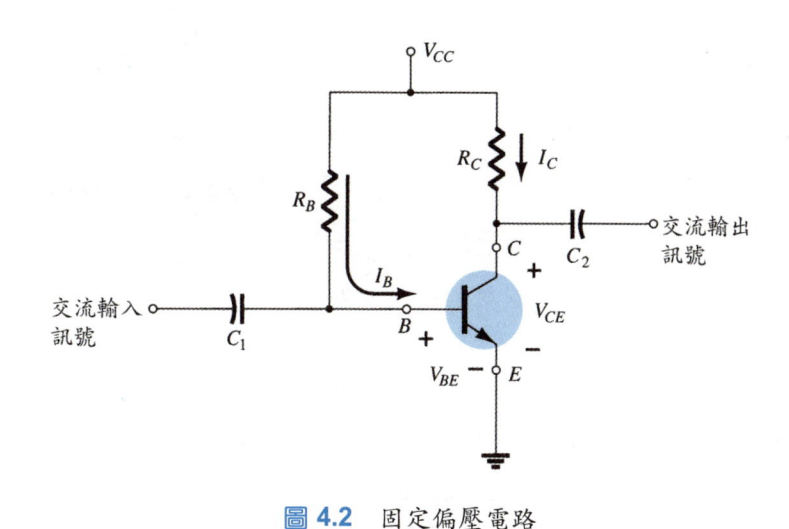

圖 4.2　固定偏壓電路

基極射極的順偏

先考慮圖 4.3 的基極射極迴路,寫下此迴路的克希荷夫電壓方程式,得

$$+V_{CC}-I_B R_B - V_{BE}=0$$

解出電流 I_B 的方程式

$$I_B=\frac{V_{CC}-V_{BE}}{R_B} \tag{4.4}$$

因電源電壓 V_{CC} 和基射電壓 V_{BE} 是常數,因此選擇基極電阻 R_B 可設定工作點的基極電流大小。

集極射極迴路

偏壓網路的集極網路部分見圖 4.4,圖上顯示電流 I_C 的方向和 R_C 電壓降的極性。集極電流的大小直接和 I_B 成正比。

$$I_C=\beta I_B \tag{4.5}$$

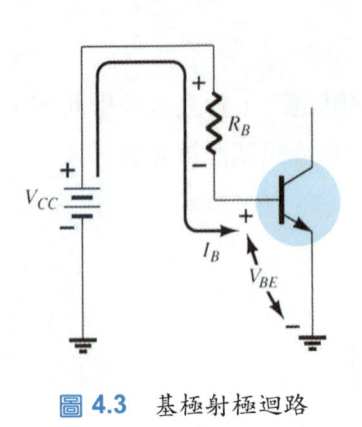

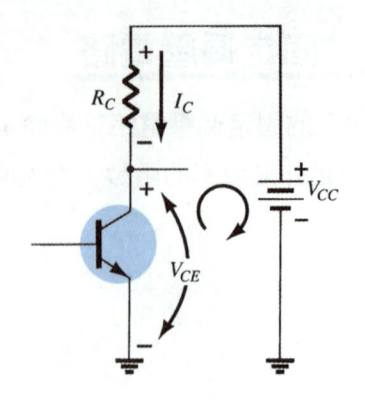

圖 4.3 基極射極迴路　　　　　**圖 4.4** 集極射極迴路

以順時針方向環繞圖 4.4 的閉迴路一周,可得

且
$$V_{CE}=V_{CC}-I_C R_C \qquad (4.6)$$

又
$$V_{CE}=V_C-V_E \qquad (4.7)$$

V_{CE} 是集極對射極的電壓,V_C 和 V_E 分別是集極和射極對地的電壓。電路中,$V_E=0$ V,可得

$$V_{CE}=V_C \qquad (4.8)$$

另外
$$V_{BE}=V_B-V_E \qquad (4.9)$$

又 $V_E=0$ V
$$V_{BE}=V_B \qquad (4.10)$$

例 4.1

對圖 4.5 中的固定偏壓電路,試決定以下的數值:

a. I_{B_Q} 和 I_{C_Q}。
b. V_{CE_Q}。
c. V_B 和 V_C。
d. V_{BC}。

第 4 章　BJT（雙載子接面電晶體）的直流偏壓

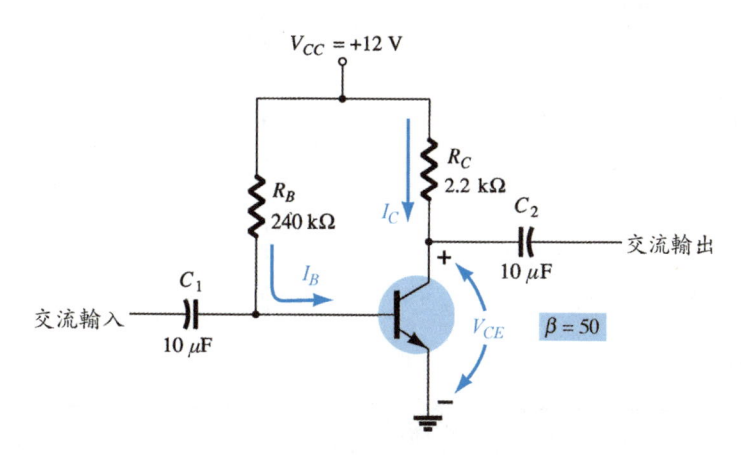

圖 4.5　例 4.1 的直流固定偏壓電路

解：

a. 式 (4.4)：$I_{B_Q} = \dfrac{V_{CC} - V_{BE}}{R_B} = \dfrac{12\text{ V} - 0.7\text{ V}}{240\text{ k}\Omega} = \mathbf{47.08\ \mu A}$

　式 (4.5)：$I_{C_Q} = \beta I_{B_Q} = (50)(47.08\ \mu A) = \mathbf{2.35\ mA}$

b. 式 (4.6)：$V_{CE_Q} = V_{CC} - I_C R_C$

$$= 12\text{ V} - (2.35\text{ mA})(2.2\text{ k}\Omega)$$

$$= \mathbf{6.83\ V}$$

c. $V_B = V_{BE} = \mathbf{0.7\ V}$

　$V_C = V_{CE} = \mathbf{6.83\ V}$

d. 用雙下標記法，可得

$$V_{BC} = V_B - V_C = 0.7\text{ V} - 6.83\text{ V}$$

$$= \mathbf{-6.13\ V}$$

由負號可看出接面逆偏，確定電晶體可作線性放大。

電晶體飽和

　　因飽和區操作時，基極集極接面不再逆偏，輸出的放大訊號會失真。飽和區上的工作點見圖 4.6a，集極射極電壓等於或低於 $V_{CE_{sat}}$。

　　在圖 4.6b 中，電壓 V_{CE} 假定是 0 V，但電流相對高。集極和射極兩端之間的電阻如下：

$$R_{CE} = \dfrac{V_{CE}}{I_C} = \dfrac{0\text{ V}}{I_{C_{sat}}} = 0\ \Omega$$

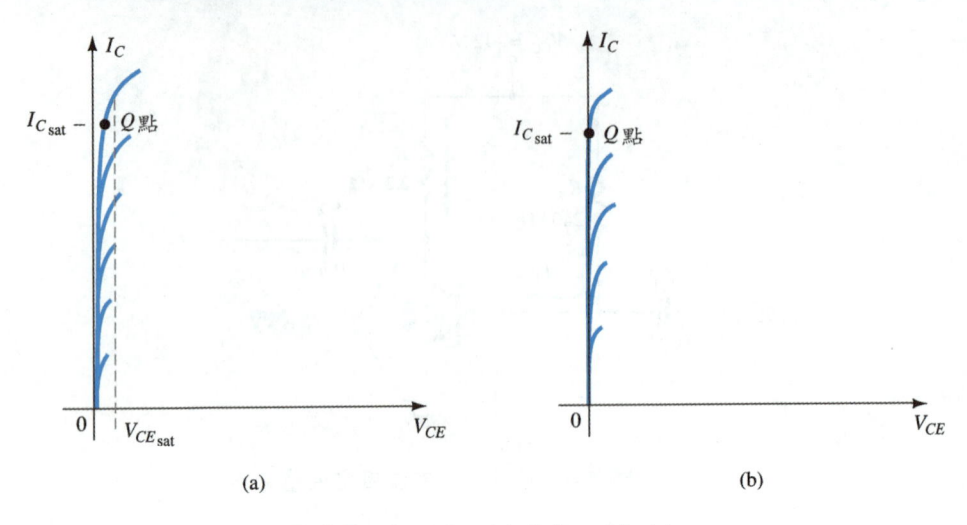

圖 4.6 飽和區：(a)實際；(b)近似

利用此結果到網路的電路圖上，可得圖 4.7。

$V_{CE}=0\,\text{V}$，加上短路之後的固定偏壓電路如圖 4.8，所得的飽和電流為

$$I_{C_{sat}}=\frac{V_{CC}}{R_C} \tag{4.11}$$

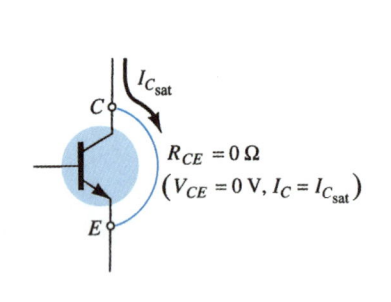

圖 4.7 決定 $I_{C_{sat}}$

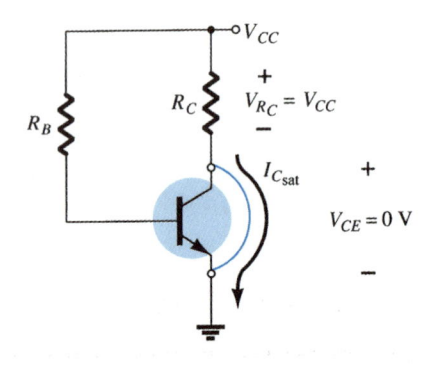

圖 4.8 決定固定偏壓電路的 $I_{C_{sat}}$

例 4.2

試決定圖 4.5 網路的飽和電流大小。

解：

$$I_{C_{sat}}=\frac{V_{CC}}{R_C}=\frac{12\,\text{V}}{2.2\,\text{k}\Omega}=\mathbf{5.45\,mA}$$

負載線分析

在 BJT 網路由相同軸參數定義的 BJT 特性和網路方程式可重疊在同一圖上,固定偏壓電路的負載電阻 R_C 定義了網路方程式的斜率,並決定特性曲線和負載線的交點。圖 4.9a 的網路中:

$$V_{CE} = V_{CC} - I_C R_C \tag{4.12}$$

I_C 對 V_{CE} 的裝置特性提供在圖 4.9b。若設 I_C 為 0 mA,可定出負載線在水平軸的位置,可得

即
$$V_{CE} = V_{CC}|_{I_C = 0\text{ mA}} \tag{4.13}$$

若設 V_{CE} 為 0 V,可建立負載線在垂直軸的位置,由下式決定對應的 I_C:

即
$$I_C = \frac{V_{CC}}{R_C}\bigg|_{V_{CE} = 0\text{ V}} \tag{4.14}$$

在圖 4.10 上所得的直線稱為**負載線**。根據所解出的 I_B 值,就可建立實際的 Q 點,如圖 4.10 所示。

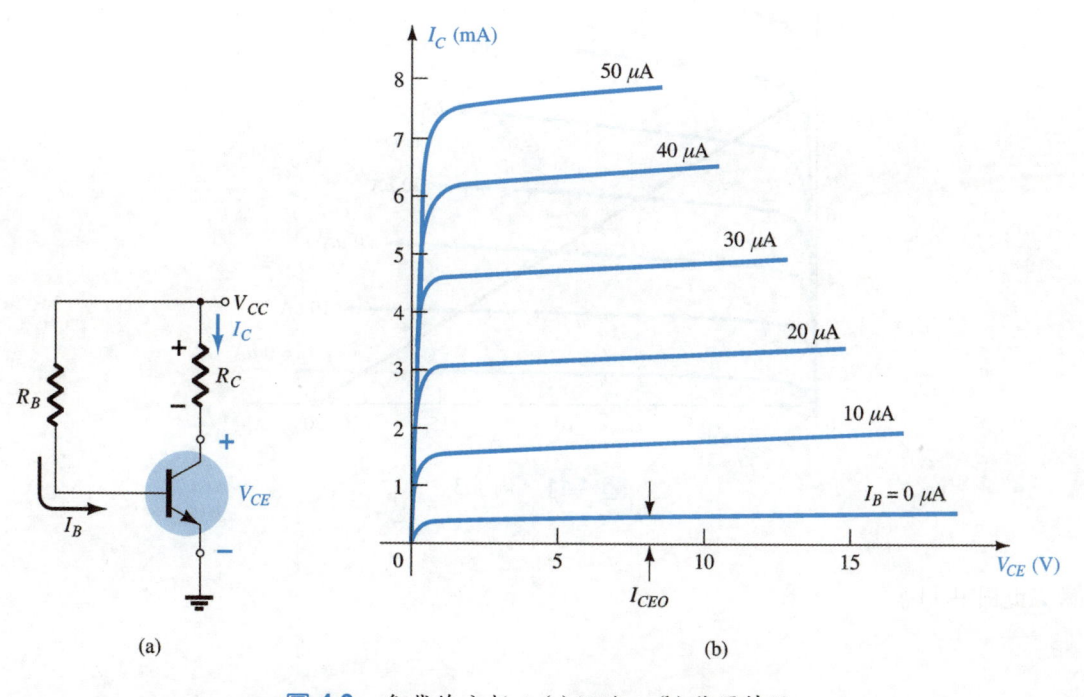

圖 4.9 負載線分析:(a)網路;(b)裝置特性

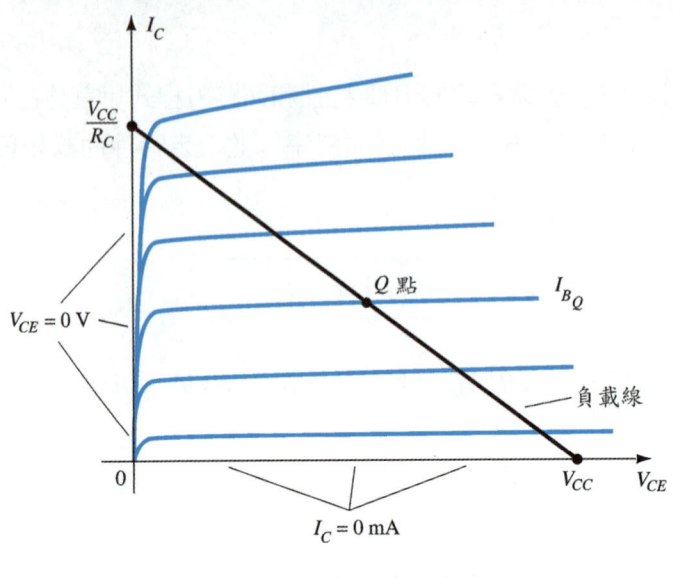

圖 4.10 固定偏壓負載線

例 4.3

對固定偏壓電路而言，如圖 4.11 的負載線和 Q 點，試決定所需的 V_{CC}、R_C 和 R_B 值。

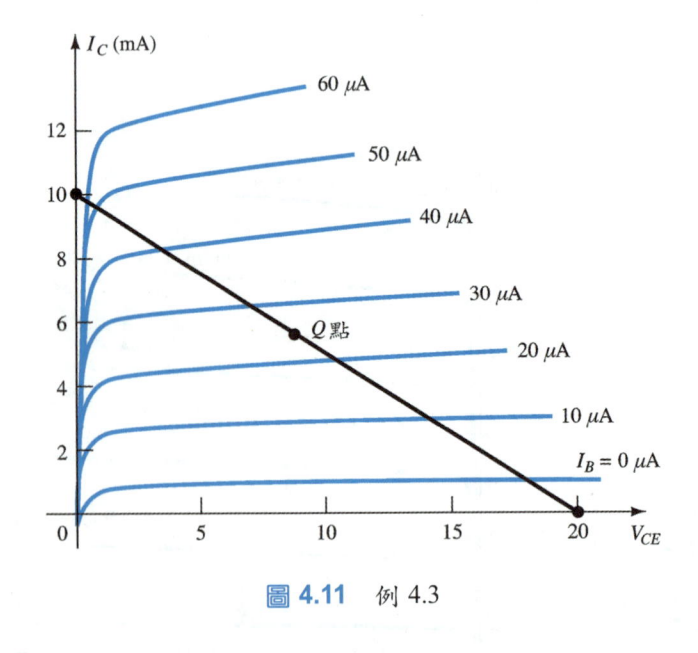

圖 4.11 例 4.3

解： 由圖 4.11，

$$V_{CE}=V_{CC}=\mathbf{20\text{ V}} \text{ 在 } I_C=0\text{ mA}$$

$$I_C=\frac{V_{CC}}{R_C} \text{ 在 } V_{CE}=0\text{ V}$$

可得
$$R_C=\frac{V_{CC}}{I_C}=\frac{20\text{ V}}{10\text{ mA}}=\mathbf{2\text{ k}\Omega}$$

$$I_B=\frac{V_{CC}-V_{BE}}{R_B}$$

可得
$$R_B=\frac{V_{CC}-V_{BE}}{I_B}=\frac{20\text{ V}-0.7\text{ V}}{25\text{ }\mu\text{A}}=\mathbf{772\text{ k}\Omega}$$

4.4 射極偏壓電路

圖 4.12 的直流偏壓網路中電路較穩定,因溫度和參數非預期的變化所產生的響應改變也會愈少。直流等效電路見圖 4.13,將電壓源分成輸入部分和輸出部分各一個。

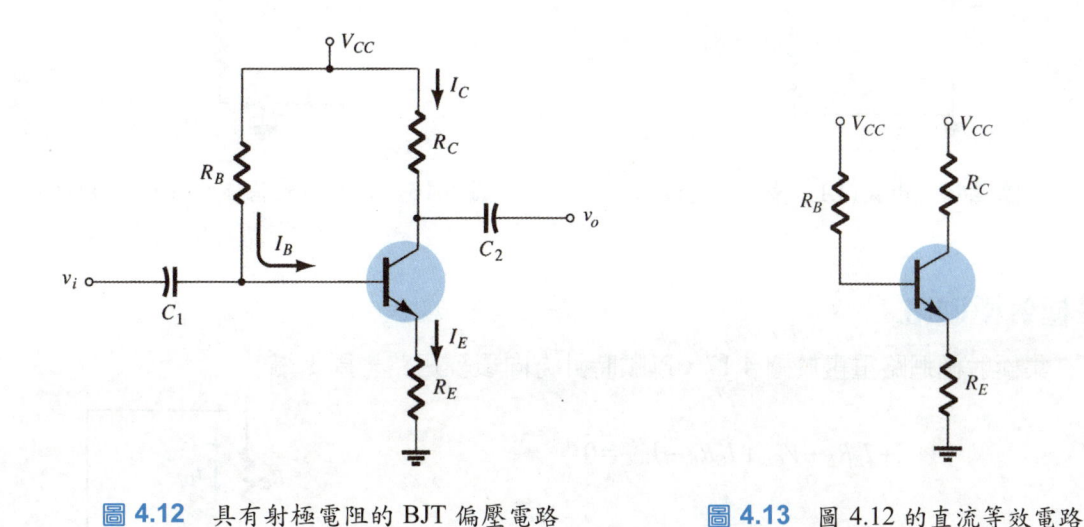

圖 4.12 具有射極電阻的 BJT 偏壓電路　　**圖 4.13** 圖 4.12 的直流等效電路

基極射極迴路

圖 4.13 網路的基極射極迴路重畫於圖 4.14,以順時針方向環繞迴路一周,寫出克希荷夫電壓定律,得:

$$+V_{CC}-I_B R_B-V_{BE}-I_E R_E=0 \tag{4.15}$$

整理可得 $\quad -I_B(R_B+(\beta+1)R_E)+V_{CC}-V_{BE}=0$

移項得 $\quad I_B(R_B+(\beta+1)R_E)=V_{CC}-V_{BE}$ (4.16)

解出 I_B $\quad \boxed{I_B=\dfrac{V_{CC}-V_{BE}}{R_B+(\beta+1)R_E}}$ (4.17)

若用式(4.17)畫出一個滿足此式的串聯網路，如圖 4.15 的網路。對圖 4.16 的電路組態，

$$\boxed{R_i=(\beta+1)R_E} \quad (4.18)$$

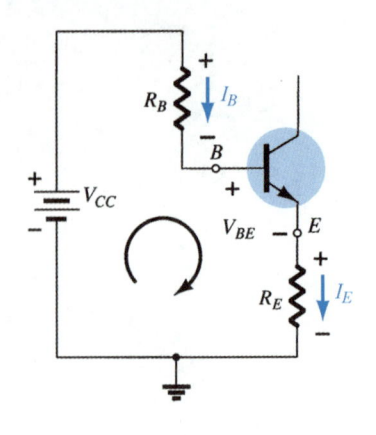

圖 4.14 基極射極迴路

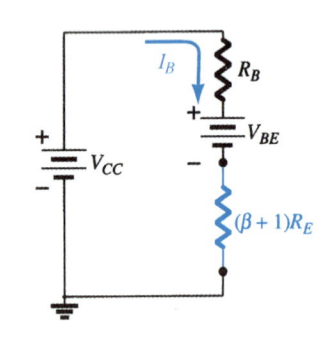

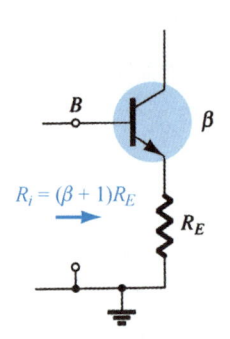

圖 4.15 由式(4.17)導出的網路

圖 4.16 R_E 反映到基極電路的電阻值

集極射極迴路

集極射極迴路重畫於圖 4.17，以順時針方向環繞迴路一周，得

$$+I_E R_E + V_{CE} + I_C R_C - V_{CC} = 0$$

整理得

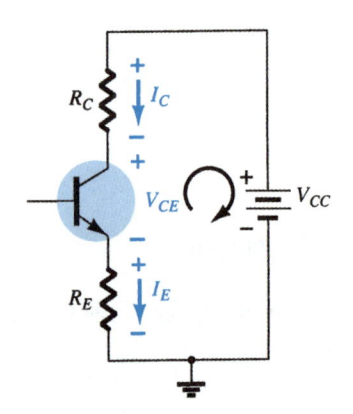

即 $\quad \boxed{V_{CE}=V_{CC}-I_C(R_C+R_E)}$ (4.19)

因 $\quad \boxed{V_E=I_E R_E}$ (4.20)

圖 4.17 集極射極迴路

而集極對地的電壓可由下式決定：

即
$$V_C = V_{CE} + V_E \tag{4.21}$$

或
$$V_C = V_{CC} - I_C R_C \tag{4.22}$$

基極對地的電壓

$$V_B = V_{CC} - I_B R_B \tag{4.23}$$

或
$$V_B = V_{BE} + V_E \tag{4.24}$$

例 4.4

對圖 4.18 的射極偏壓網路，試決定：

a. I_B。
b. I_C。
c. V_{CE}。
d. V_C。
e. V_E。
f. V_B。
g. V_{BC}。

解：

a. 式 (4.17)：$I_B = \dfrac{V_{CC} - V_{BE}}{R_B + (\beta + 1)R_E}$

$= \dfrac{20 \text{ V} - 0.7 \text{ V}}{430 \text{ k}\Omega + (51)(1 \text{ k}\Omega)}$

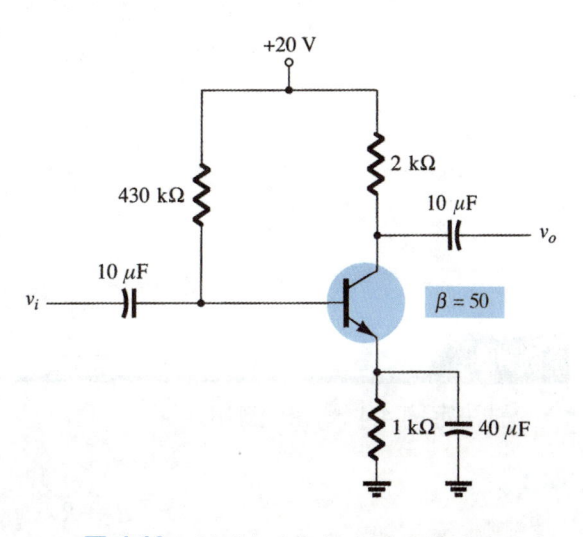

$= \dfrac{19.3 \text{ V}}{481 \text{ k}\Omega} = \mathbf{40.1 \ \mu A}$

圖 4.18 例 4.4 的射極自穩偏壓電路

b. $I_C = \beta I_B$

$= (50)(40.1 \ \mu A) \cong \mathbf{2.01 \text{ mA}}$

c. 式 (4.19)：$V_{CE} = V_{CC} - I_C(R_C + R_E)$

$= 20 \text{ V} - (2.01 \text{ mA})(2 \text{ k}\Omega + 1 \text{ k}\Omega) = 20 \text{ V} - 6.03 \text{ V} = \mathbf{13.97 \text{ V}}$

d. $V_C = V_{CC} - I_C R_C$

$= 20 \text{ V} - (2.01 \text{ mA})(2 \text{ k}\Omega) = 20 \text{ V} - 4.02 \text{ V} = \mathbf{15.98 \text{ V}}$

e. $V_E = V_C - V_{CE}$
   $= 15.98\text{ V} - 13.97\text{ V} = \mathbf{2.01\text{ V}}$

   或 $V_E = I_E R_E \cong I_C R_E$
   $= (2.01\text{ mA})(1\text{ k}\Omega) = \mathbf{2.01\text{ V}}$

f. $V_B = V_{BE} + V_E$
   $= 0.7\text{ V} + 2.01\text{ V} = \mathbf{2.71\text{ V}}$

g. $V_{BC} = V_B - V_C$
   $= 2.71\text{ V} - 15.98\text{ V} = \mathbf{-13.27\text{ V}}$（逆偏，符合所需）

飽和值

將集極射極兩端短路，如圖 4.19，並計算所得的集極電流。

$$\boxed{I_{C_{\text{sat}}} = \frac{V_{CC}}{R_C + R_E}} \qquad (4.25)$$

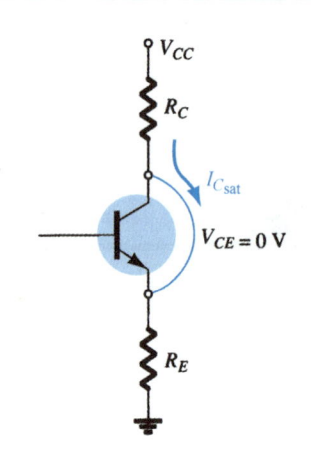

圖 4.19 決定射極自穩偏壓電路的 $I_{C_{\text{sat}}}$

例 4.5

試決定例 4.4 網路的飽和電流。

解：

$$I_{C_{\text{sat}}} = \frac{V_{CC}}{R_C + R_E}$$

$$= \frac{20\text{ V}}{20\text{ k}\Omega + 1\text{ k}\Omega} = \frac{20\text{ V}}{3\text{ k}\Omega}$$

$$= \mathbf{6.67\text{ mA}}$$

此值約為例 4.4 中 I_{C_Q} 值的 3 倍。

4.5 分壓器偏壓電路

有一種較不受或完全不受電晶體 β 影響的偏壓電路，如圖 4.20 的分壓器偏壓電路。若電路參數選擇正確，所得的 I_{C_Q} 值和 V_{CE_Q} 值幾乎完全不受 β 的影響。

有兩個方法可用來分析分壓器電路，第一個方法是**精確法**可應用在任何的分壓器電路。第二個方法稱為**近似法**，只有滿足特定條件時才能用。近似法允許更直接的分析，可節省時間和力氣。

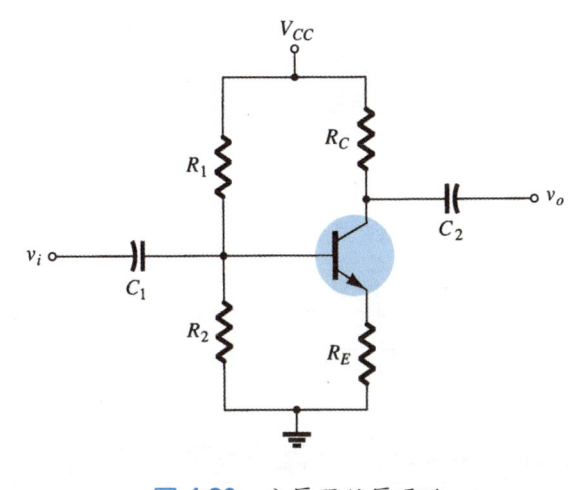

圖 4.20 分壓器偏壓電路

圖 4.20 的網路可重畫於圖 4.21，其輸入側可再重畫在圖 4.22 以便作直流分析。

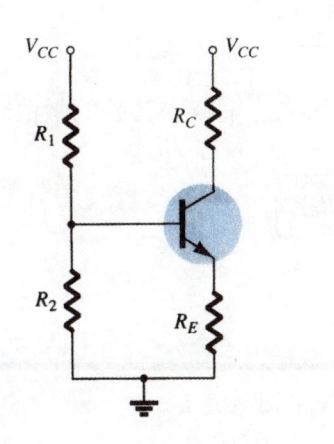

圖 4.21 分壓器電路的直流等效電路 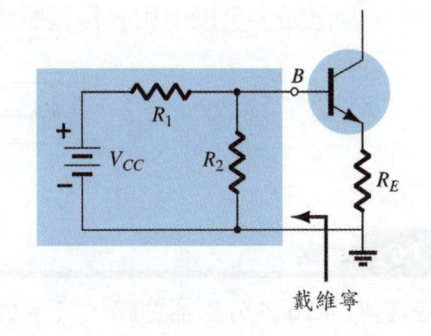　　**圖 4.22** 重畫圖 4.28 網路的輸入側

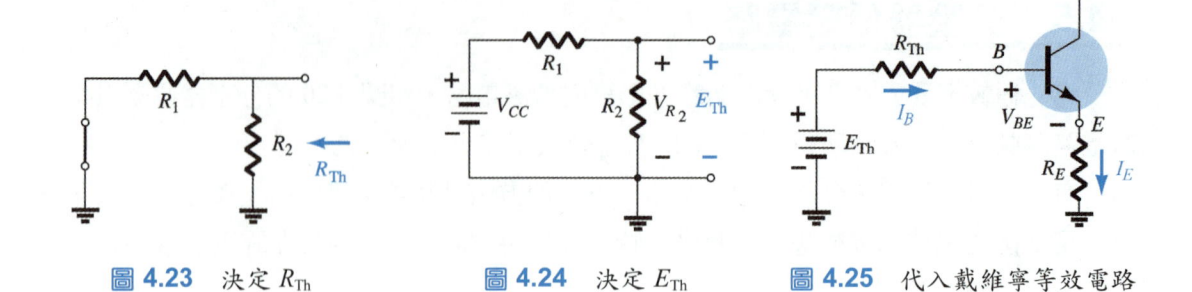

電子學—裝置與電路精析
Electronic Devices and Circuit Theory

圖 4.23　決定 R_{Th}　　　圖 4.24　決定 E_{Th}　　　圖 4.25　代入戴維寧等效電路

R_{Th}　電壓源短路如圖 4.23：

$$R_{Th} = R_1 \| R_2 \tag{4.26}$$

E_{Th}　回復電壓源 V_{CC}，決定圖 4.24 的戴維寧開路電壓如下：
利用分壓定律得

$$E_{Th} = V_{R_2} = \frac{R_2 V_{CC}}{R_1 + R_2} \tag{4.27}$$

將戴維寧等效電路重畫於圖 4.25，先利用克希荷夫電壓定律決定 I_{B_Q}

$$E_{Th} - I_B R_{Th} - V_{BE} - I_E R_E = 0$$

以 $I_E = (\beta + 1)I_B$ 代入，解出 I_B，得

$$I_B = \frac{E_{Th} - V_{BE}}{R_{Th} + (\beta + 1)R_E} \tag{4.28}$$

一旦 I_B 已知，可以用和射極偏壓電路相同的方法求出網路中其餘的數值

$$V_{CE} = V_{CC} - I_C(R_C + R_E) \tag{4.29}$$

例 4.6

試對圖 4.26 的分壓器電路，決定直流偏壓電壓 V_{CE} 和電流 I_C。

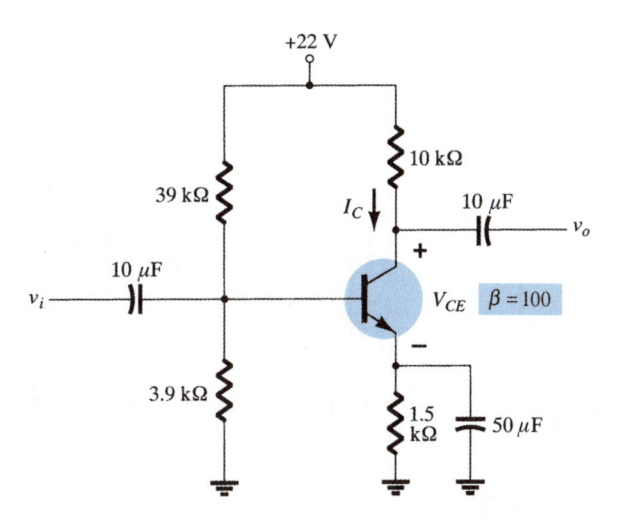

圖 4.26 例 4.8 中可穩定 β 的電路

解：

式 (4.26)：$R_{Th} = R_1 \| R_2$
$$= \frac{(39 \text{ k}\Omega)(3.9 \text{ k}\Omega)}{39 \text{ k}\Omega + 3.9 \text{ k}\Omega} = 3.55 \text{ k}\Omega$$

式 (4.27)：$E_{Th} = \frac{R_2 V_{CC}}{R_1 + R_2} = \frac{(3.9 \text{ k}\Omega)(22 \text{ V})}{39 \text{ k}\Omega + 3.9 \text{ k}\Omega} = 2 \text{ V}$

式 (4.28)：$I_B = \frac{E_{Th} - V_{BE}}{R_{Th} + (\beta+1)R_E} = \frac{2 \text{ V} - 0.7 \text{ V}}{3.55 \text{ k}\Omega + (101)(1.5 \text{ k}\Omega)} = \frac{1.3 \text{ V}}{3.55 \text{ k}\Omega + 151.5 \text{ k}\Omega}$
$$= 8.38 \text{ }\mu\text{A}$$

$I_C = \beta I_B = (100)(8.38 \text{ }\mu\text{A}) = \textbf{0.84 mA}$

式 (4.29)：$V_{CE} = V_{CC} - I_C(R_C + R_E) = 22 \text{ V} - (0.84 \text{ mA})(10 \text{ k}\Omega + 1.5 \text{ k}\Omega)$
$$= 22 \text{ V} - 9.66 \text{ V} = \textbf{12.34 V}$$

近似分析法

分壓器電路的輸入部分可用圖 4.27 的網路代表，電阻 $R_i = (\beta+1)R_E$ 遠超過 R_2，則電流 I_B 會遠小於 I_2。R_2 的電壓降，實際上是基極電壓，可用分壓定律決定

$$\boxed{V_B = \frac{R_2 V_{CC}}{R_1 + R_2}} \tag{4.30}$$

因為 $R_i = (\beta+1)R_E \cong \beta R_E$，要利用以上近似式的條件是

$$\boxed{\beta R_E \geq 10 R_2} \tag{4.31}$$

圖 4.27 用來計算近似基極電壓 V_B 值的部分偏壓電路

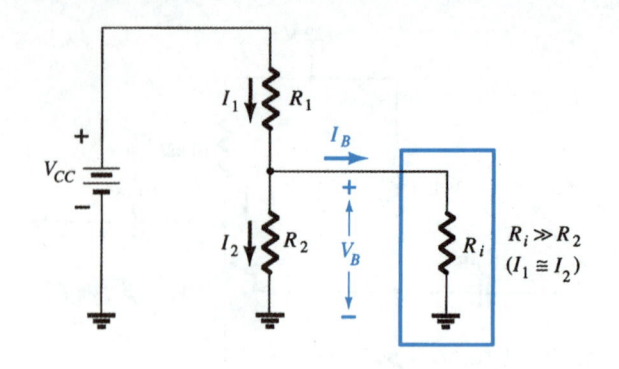

一旦決定 V_B，可由下式算出 V_E 值

$$V_E = V_B - V_{BE} \tag{4.32}$$

且射極電流可由下式決定

$$I_E = \frac{V_E}{R_E} \tag{4.33}$$

且

$$I_{C_Q} \cong I_E \tag{4.34}$$

集極對射極電壓決定如下

$$V_{CE} = V_{CC} - I_C R_C - I_E R_E$$

但因 $I_E \cong I_C$，

$$V_{CE_Q} = V_{CC} - I_C(R_C + R_E) \tag{4.35}$$

例 4.8

重做圖 4.26 的分析，但使用近似分析法，並比較 I_{C_Q} 和 V_{CE_Q} 的結果。

解： 檢查是否可用近似分析法：

$$\beta R_E \geq 10 R_2$$
$$(100)(1.5\ k\Omega) \geq 10(3.9\ k\Omega)$$
$$150\ k\Omega \geq 39\ k\Omega\ （滿足條件）$$

式 (4.32)：$V_B = \dfrac{R_2 V_{CC}}{R_1 + R_2} = \dfrac{(3.9 \text{ k}\Omega)(22 \text{ V})}{39 \text{ k}\Omega + 3.9 \text{ k}\Omega}$
$\qquad\qquad\quad = 2 \text{ V}$

式 (4.32)：$V_E = V_B - V_{BE} = 2 \text{ V} - 0.7 \text{ V} = 1.3 \text{ V}$

$$I_{CQ} \cong I_E = \dfrac{V_E}{R_E} = \dfrac{1.3 \text{ V}}{1.5 \text{ k}\Omega} = \mathbf{0.867 \text{ mA}}$$

而精確分析法所得的 I_{CQ} 是 0.84 mA。最後

$$\begin{aligned} V_{CE_Q} &= V_{CC} - I_C(R_C + R_E) \\ &= 22 \text{ V} - (0.867 \text{ mA})(10 \text{ kV} + 1.5 \text{ k}\Omega) \\ &= 22 \text{ V} - 9.97 \text{V} = \mathbf{12.03 \text{ V}} \end{aligned}$$

電晶體的飽和

分壓器偏壓電路輸出部分的集極射極電路，所得的飽和電流方程式（設電路上的 $V_{CE}=0$）和射極偏壓電路所得者相同

$$\boxed{I_{C_{\text{sat}}} = I_{C_{\max}} = \dfrac{V_{CC}}{R_C + R_E}} \tag{4.36}$$

負載線分析

因輸出電路和射極偏壓電路相似，分壓器偏壓電路會產生相同的負載線截距（水平軸以及垂直軸）。

$$\boxed{I_C = \dfrac{V_{CC}}{R_C + R_E}\Big|_{V_{CE}=0 \text{ V}}} \tag{4.37}$$

且

$$\boxed{V_{CE} = V_{CC}\big|_{I_C = 0 \text{ mA}}} \tag{4.38}$$

4.6　集極反饋偏壓電路

若在集極到基極之間接一條反饋路徑,可改善偏壓穩定性的目的,見圖 4.28。對 β 變化或溫度變動的靈敏度,一般會比固定偏壓或射極偏壓的情況小很多。

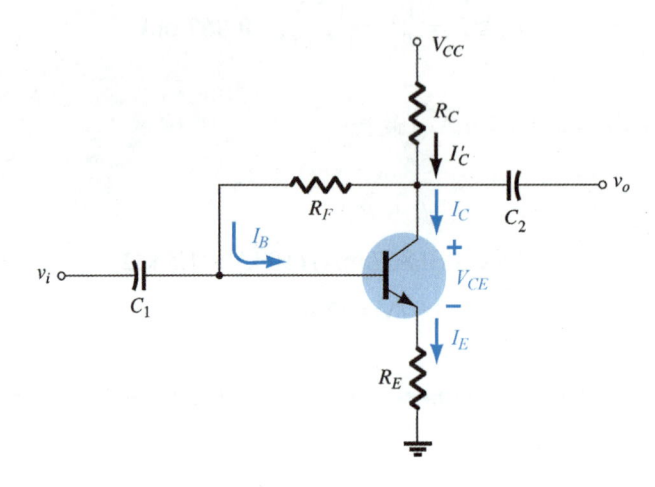

圖 4.28　具有電壓反饋的直流偏壓電路

基極射極迴路

圖 4.29 顯示電壓反饋偏壓電路的基極射極迴路,順時針環繞迴路一周之克希荷夫電壓定律得

$$V_{CC} - I'_C R_C - I_B R_F - V_{BE} - I_E R_E = 0$$

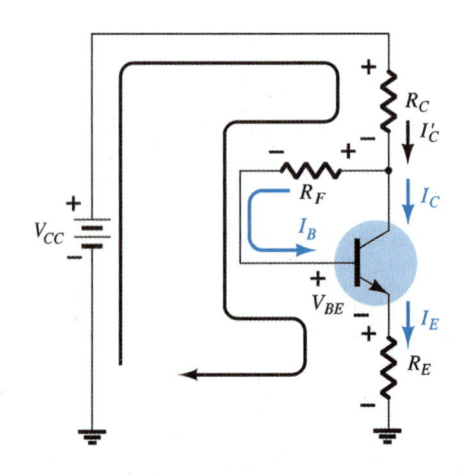

圖 4.29　圖 4.28 網路中的基極射極迴路

第 4 章　BJT（雙載子接面電晶體）的直流偏壓　121

代入 $I'_C \cong I_C = \beta I_B$ 及 $I_E \cong I_C$，可得

整理得
$$V_{CC} - V_{BE} - \beta I_B (R_C + R_E) - I_B R_F = 0$$

解出 I_B，得
$$\boxed{I_B = \frac{V_{CC} - V_{BE}}{R_F + \beta(R_C + R_E)}} \tag{4.39}$$

集極射極迴路

圖 4.28 網路中的集極射極迴路提供在圖 4.30，應用克希荷夫電壓定律環繞迴路一周，得

$$I_E R_E + V_{CE} + I'_C R_C - V_{CC} = 0$$

因 $I'_C \cong I_C$ 且 $I_E \cong I_C$，可得

$$I_C (R_C + R_E) + V_{CE} - V_{CC} = 0$$

即
$$\boxed{V_{CE} = V_{CC} - I_C (R_C + R_E)} \tag{4.40}$$

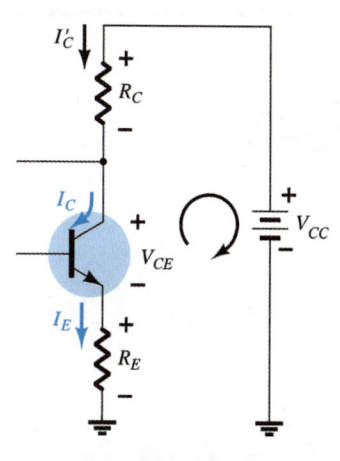

圖 **4.30**　圖 4.28 網路中的集極射極迴路

例 4.9

試決定圖 4.31 網路中的靜態值 I_{C_Q} 和 V_{CE_Q}。

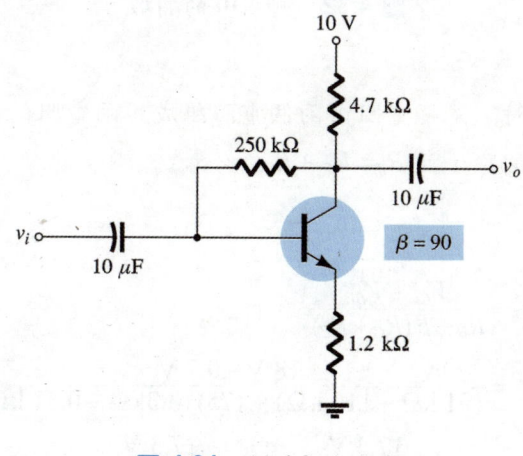

圖 **4.31**　例 4.9 的網路

解： 式 (4.39)：$I_B = \dfrac{V_{CC} - V_{BE}}{R_F + \beta(R_C + R_E)}$

$= \dfrac{10\text{ V} - 0.7\text{ V}}{250\text{ k}\Omega + (90)(4.7\text{ k}\Omega + 1.2\text{ k}\Omega)} = \dfrac{9.3\text{ V}}{250\text{ k}\Omega + 531\text{ k}\Omega} = \dfrac{9.3\text{ V}}{781\text{ k}\Omega}$

$= 11.91\ \mu\text{A}$

$I_{C_Q} = \beta I_B = (90)(11.91\ \mu\text{A}) = \mathbf{1.07\text{ mA}}$

$V_{CE_Q} = V_{CC} - I_C(R_C + R_E)$

$= 10\text{ V} - (1.07\text{ mA})(4.7\text{ k}\Omega + 1.2\text{ k}\Omega) = 10\text{ V} - 6.31\text{ V} = \mathbf{3.69\text{ V}}$

例 4.10

試決定圖 4.32 網路中 I_B 和 V_C 的直流值。

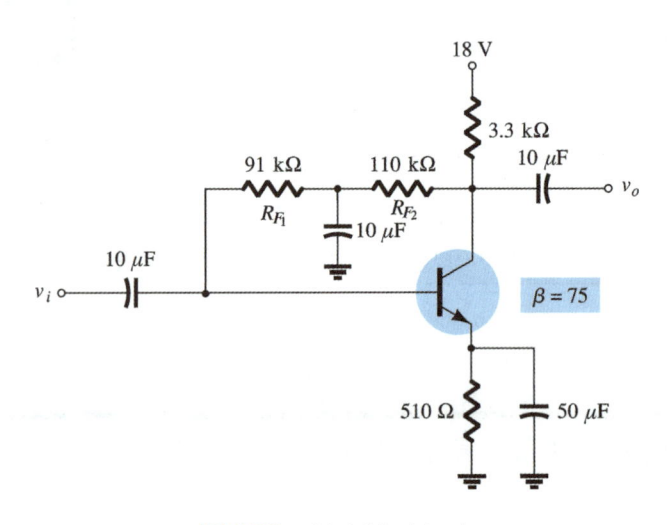

圖 4.32 例 4.10 的網路

解： 此電路作直流分析時，基極電阻由兩個電阻組成，兩電阻的接點再經電容接地。對直流而言，電容等效於開路，且 $R_B = R_{F_1} + R_{F_2}$。

解出 I_B，得

$$I_B = \dfrac{V_{CC} - V_{BE}}{R_B + \beta(R_C + R_E)}$$

$$= \dfrac{18\text{ V} - 0.7\text{ V}}{(91\text{ k}\Omega + 110\text{ k}\Omega) + (75)(3.3\text{k}\Omega + 0.51\text{ k}\Omega)}$$

$$= \dfrac{17.3\text{ V}}{201\text{ k}\Omega + 285.75\text{ k}\Omega} = \dfrac{17.3\text{ V}}{486.75\text{ k}\Omega}$$

$$= \mathbf{35.5\ \mu\text{A}}$$

$$I_C = \beta I_B = (75)(35.5\ \mu A) = 2.66\ \text{mA}$$
$$V_C = V_{CC} - I_C' R_C \cong V_{CC} - I_C R_C$$
$$= 18\ \text{V} - (2.66\ \text{mA})(3.3\ \text{k}\Omega) = 18\ \text{V} - 8.78\ \text{V} = \mathbf{9.22\ V}$$

飽和條件

用近似公式 $I_C' = I_C$，飽和電流的公式和分壓器偏壓電路以及射極偏壓電路所得者相同。也就是

$$I_{C_{\text{sat}}} = I_{C_{\max}} = \frac{V_{CC}}{R_C + R_E} \tag{4.41}$$

負載線分析

用近似公式 $I_C' = I_C$，可得和分壓器偏壓電路以及射極偏壓電路所定義的相同負載線，而 I_{B_Q} 的值則決定於個別的偏壓電路。

例 4.11

給予圖 4.33 的網路和圖 4.34 的 BJT 特性。

a. 將網路的負載線畫在特性圖上。
b. 決定特性在中心區域的直流 β 值，並定義所選取的點（當作 Q 點一般）。
c. 用(b)計算出的直流 β，求出 I_B 的直流值。
d. 求出 I_{C_Q} 和 I_{CE_Q}。

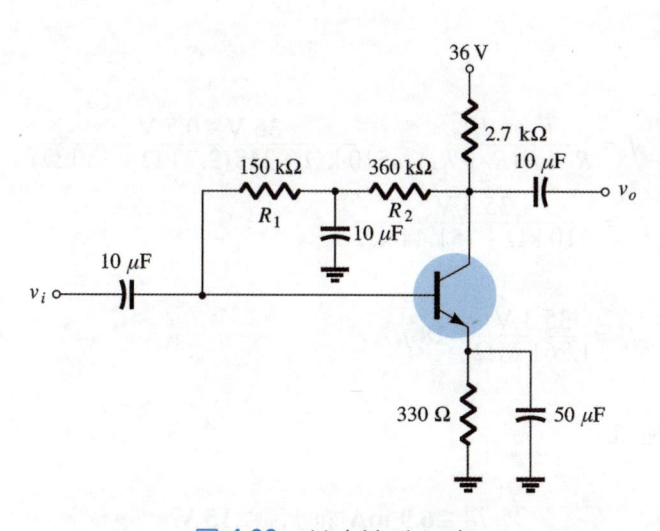

圖 4.33 例 4.11 的網路

圖 4.34 BJT 特性

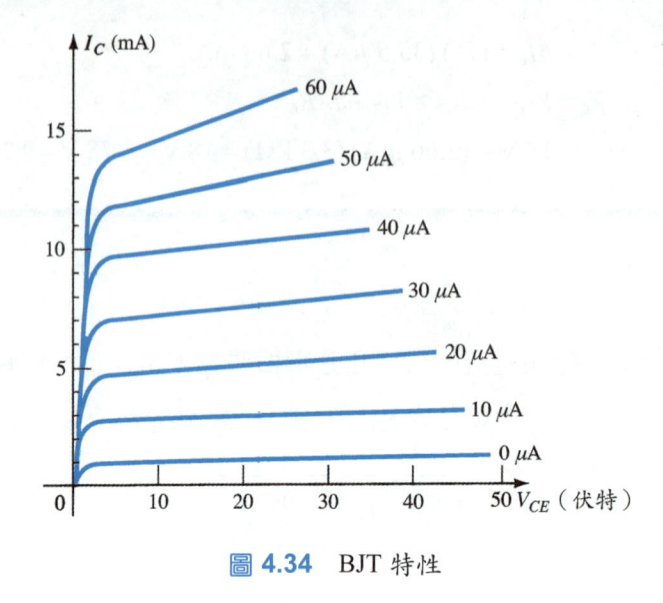

解：

a. 負載線畫在圖 4.35，由以下兩點決定：

$$V_{CE}=0\text{ V}：I_C=\frac{V_{CC}}{R_C+R_E}=\frac{36\text{ V}}{2.7\text{ k}\Omega+330\text{ }\Omega}=\mathbf{11.88\text{ mA}}$$

$$I_C=0\text{ mA}：V_{CE}=V_{CC}=\mathbf{36\text{ V}}$$

b. 用 $I_B=25$ μA 和 V_{CE} 約 17 V 決定直流 β 值：

$$\beta\cong\frac{I_{C_Q}}{I_{B_Q}}=\frac{6.2\text{ mA}}{25\text{ μA}}=\mathbf{248}$$

c. 用式(4.39)：

$$I_B=\frac{V_{CC}-V_{BE}}{R_B+\beta(R_C+R_E)}=\frac{36\text{ V}-0.7\text{ V}}{510\text{ k}\Omega+248(2.7\text{ k}\Omega+330\text{ }\Omega)}$$

$$=\frac{35.3\text{ V}}{510\text{ k}\Omega+751.44\text{ k}\Omega}$$

即

$$I_B=\frac{35.3\text{ V}}{1.261\text{ M}\Omega}=\mathbf{28\text{ μA}}$$

d. 由圖 4.35，靜態值為

$$I_{C_Q}\cong\mathbf{6.9\text{ mA}}\text{ 和 }V_{CE_Q}\cong\mathbf{15\text{ V}}$$

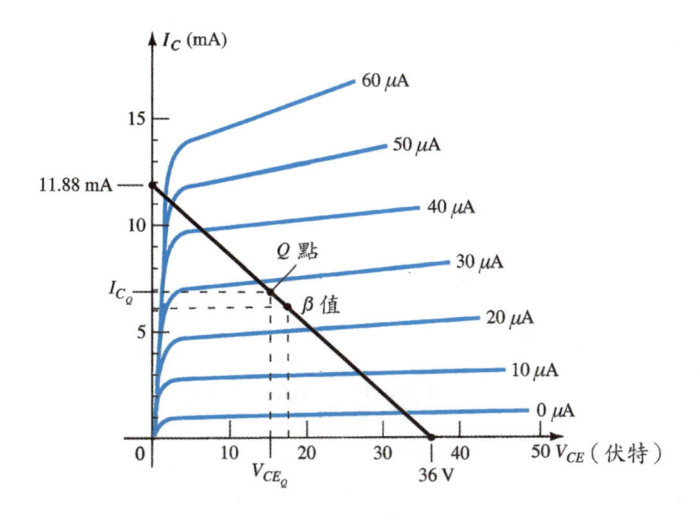

圖 4.35 定義圖 4.33 分壓器偏壓電路的 Q 點

4.7　射極隨耦器偏壓電路

輸出從射極端接出的組態，見圖 4.36，直流等效電路見圖 4.37。

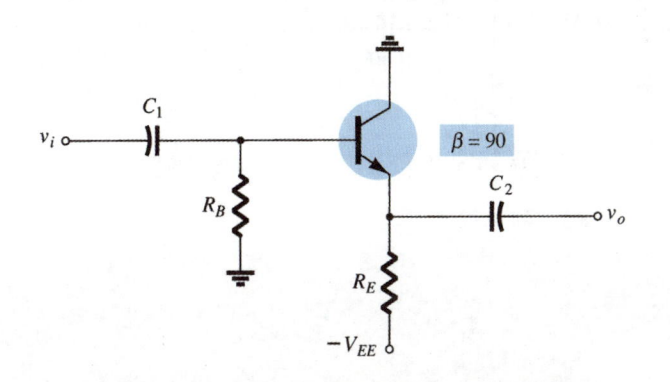

圖 4.36 共集極（射極隨耦器）偏壓電路　　**圖 4.37** 圖 4.36 的直流等效電路

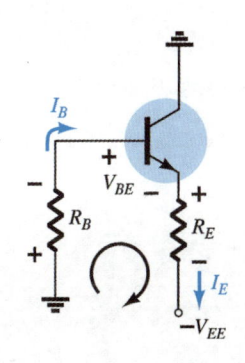

利用克希荷夫電壓定律到輸入電路，可得

$$-I_B R_B - V_{BE} - I_E R_E + V_{EE} = 0$$

並用

$$I_E = (\beta + 1) I_B$$

$$I_B R_B + (\beta + 1) I_B R_E = V_{EE} - V_{BE}$$

所以
$$I_B = \frac{V_{EE} - V_{BE}}{R_B + (\beta + 1)R_E} \tag{4.42}$$

應用克希荷夫電壓定律到輸出網路，得

$$-V_{CE} - I_E R_E + V_{EE} = 0$$

即
$$V_{CE} = V_{EE} - I_E R_E \tag{4.43}$$

例 4.12

決定圖 4.38 網路中的 V_{CE_Q} 和 I_{E_Q}。

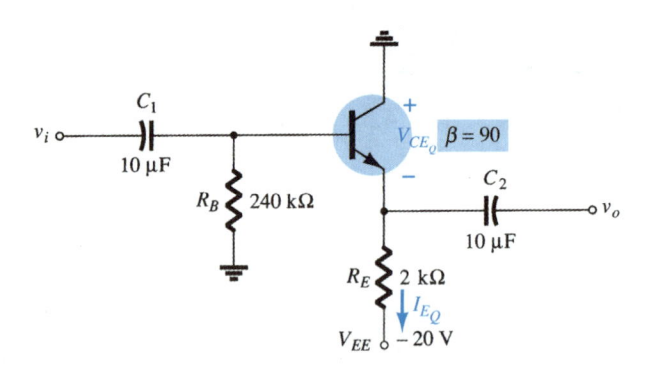

圖 4.38 例 4.12

解：

式 (4.42)：
$$I_B = \frac{V_{EE} - V_{BE}}{R_B + (\beta + 1)R_E}$$

$$= \frac{20\ V - 0.7\ V}{240\ k\Omega + (90 + 1)2\ k\Omega} = \frac{19.3\ V}{240\ k\Omega + 182\ k\Omega}$$

$$= \frac{19.3\ V}{422\ k\Omega} = 45.73\ \mu A$$

且式 (4.43)：$V_{CE_Q} = V_{EE} - I_E R_E$

$$= V_{EE} - (\beta + 1)I_B R_E$$

$$= 20\ V - (90 + 1)(45.73\ \mu A)(2\ k\Omega)$$

$$= 20\ V - 8.32\ V$$

$$= \mathbf{11.68\ V}$$

第 4 章　BJT（雙載子接面電晶體）的直流偏壓

$$I_{E_Q} = (\beta+1)I_B = (91)(45.73\ \mu A)$$
$$= 4.16\ mA$$

4.8　共基極偏壓電路

共基極偏壓電路的輸入訊號接到射極且基極接地，在交流情況下，有極低的輸入電阻、高輸出阻抗和良好增益。

典型的共基極電路見圖 4.39。

直流等效電路見圖 4.40。

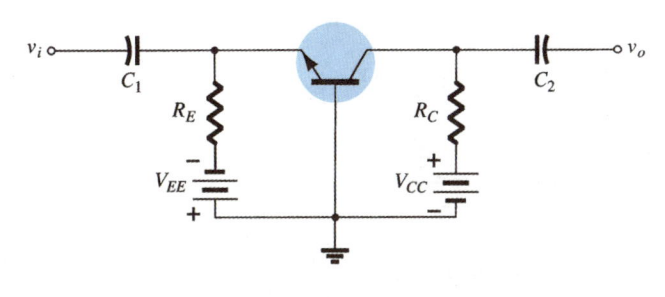

圖 4.39　共基極偏壓電路

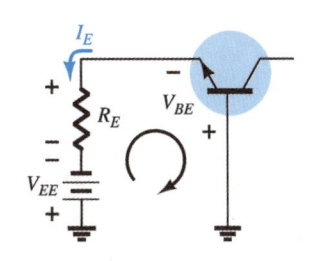

圖 4.40　圖 4.39 網路中輸入部分的直流等效電路

應用克希荷夫電壓定律，可得

$$-V_{EE} + I_E R_E + V_{BE} = 0$$

$$\boxed{I_E = \frac{V_{EE} - V_{BE}}{R_E}} \tag{4.44}$$

應用克希荷夫電壓定律到圖 4.41 網路的外圈迴路，可得

$$-V_{EE} + I_E R_E + V_{CE} + I_C R_C - V_{CC} = 0$$

因為

$$I_E \cong I_C$$

$$\boxed{V_{CE} = V_{EE} + V_{CC} - I_E(R_C + R_E)} \tag{4.45}$$

圖 4.41　決定 V_{CE} 和 V_{CB}

應用克希荷夫電壓定律到圖 4.41 的輸出迴路，可求出 V_{CB}，得

用
$$V_{CB}+I_CR_C-V_{CC}=0$$
$$I_C \cong I_E$$

可得
$$V_{CB}=V_{CC}-I_CR_C \tag{4.46}$$

例 4.13

對圖 4.42 的共基極電路，試決定電流 I_E 和 I_B，以及電壓 V_{CE} 和 V_{CB}。

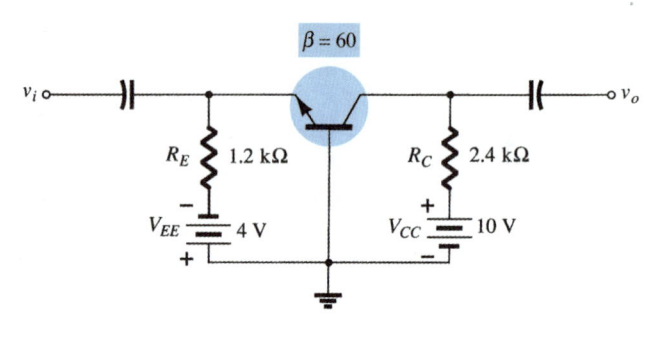

圖 4.42 例 4.13

解：

式 (4.44)：
$$I_E=\frac{V_{EE}-V_{BE}}{R_E}$$
$$=\frac{4\text{ V}-0.7\text{ V}}{1.2\text{ k}\Omega}=\mathbf{2.75\text{ mA}}$$
$$I_B=\frac{I_E}{\beta+1}=\frac{2.75\text{ mA}}{60+1}=\frac{2.75\text{ mA}}{61}$$
$$=\mathbf{45.08\ \mu A}$$

式 (4.45)：
$$V_{CE}=V_{EE}+V_{CC}-I_E(R_C+R_E)$$
$$=4\text{ V}+10\text{ V}-(2.75\text{ mA})(2.4\text{ k}\Omega+1.2\text{ k}\Omega)$$
$$=14\text{ V}-(2.75\text{ mA})(3.6\text{ k}\Omega)$$
$$=14\text{ V}-9.9\text{ V}$$
$$=\mathbf{4.1\text{ V}}$$

式 (4.46)：
$$V_{CB}=V_{CC}-I_CR_C=V_{CC}-\beta I_B R_C$$
$$=10\text{ V}-(60)(45.08\ \mu A)(24\text{ k}\Omega)$$
$$=10\text{ V}-6.49\text{ V}$$
$$=\mathbf{3.51\text{ V}}$$

4.9 各種偏壓電路組態

每一種偏壓電路,第一步都是先導出基極電流的關係式,這不表示都一定要這麼解,當我們遇到一種新的偏壓電路時,卻可提供一條可能的途徑。

例 4.14

對圖 4.43 的網路:
a. 決定 I_{C_Q} 和 V_{CE_Q}。
b. 求出 V_B、V_C、V_E 和 V_{BC}。

解:

a. 沒有 R_E 時,反映電阻值只剩下 R_C 的部分,I_B 的關係式縮減為

$$I_B = \frac{V_{CC} - V_{BE}}{R_B + \beta R_C}$$

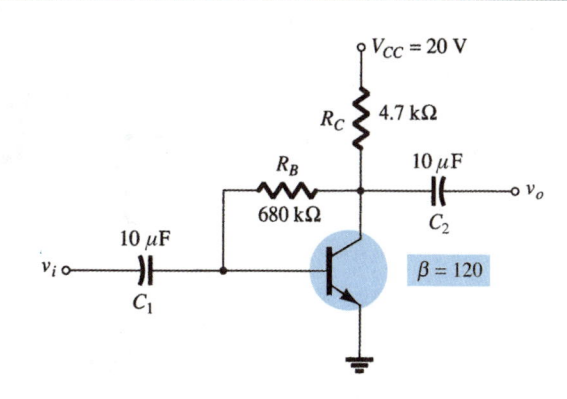

$$= \frac{20\text{ V} - 0.7\text{ V}}{680\text{ k}\Omega + (120)(4.7\text{ k}\Omega)}$$

$$= \frac{19.3\text{ V}}{1.244\text{ M}\Omega}$$

$$= \mathbf{15.51\ \mu A}$$

圖 4.43 $R_E = 0\ \Omega$ 的集極反饋電路

$$I_{C_Q} = \beta I_B = (120)(15.51\ \mu\text{A})$$
$$= \mathbf{1.86\ mA}$$

$$V_{CE_Q} = V_{CC} - I_C R_C$$
$$= 20\text{ V} - (1.86\text{ mA})(4.7\text{ k}\Omega)$$
$$= \mathbf{11.26\ V}$$

b.
$$V_B = V_{BE} = \mathbf{0.7\ V}$$
$$V_C = V_{CE} = \mathbf{11.26\ V}$$
$$V_E = \mathbf{0\ V}$$
$$V_{BC} = V_B - V_C = 0.7\text{ V} - 11.26\text{ V}$$
$$= \mathbf{-10.56\ V}$$

例 4.15

決定圖 4.44 網路的 V_C 和 V_B。

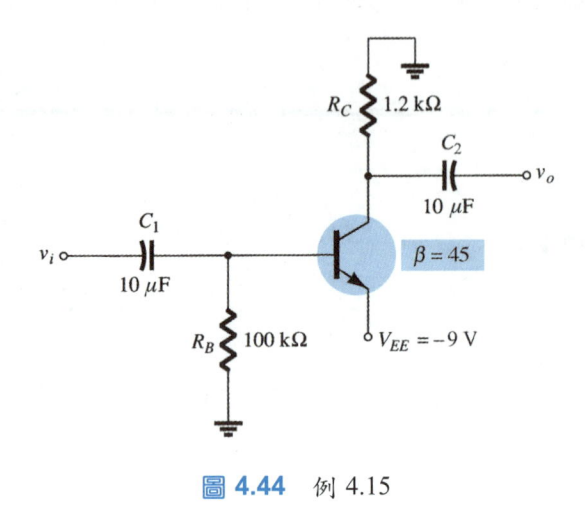

圖 4.44 例 4.15

解：以順時針方向應用克希荷夫電壓定律到基極射極迴路，得

$$-I_B R_B - V_{BE} + V_{EE} = 0$$

即

$$I_B = \frac{V_{EE} - V_{BE}}{R_B}$$

代入數值得

$$I_B = \frac{9\ \text{V} - 0.7\ \text{V}}{100\ \text{k}\Omega} = \frac{8.3\ \text{V}}{100\ \text{k}\Omega}$$

$$= 83\ \mu\text{A}$$

$$I_C = \beta I_B = (45)(83\ \mu\text{A})$$

$$= 3.735\ \text{mA}$$

$$V_C = -I_C R_C = -(3.735\ \text{mA})(1.2\ \text{k}\Omega)$$

$$= \mathbf{-4.48\ V}$$

$$V_B = -I_B R_B = -(83\ \mu\text{A})(100\ \text{k}\Omega)$$

$$= \mathbf{-8.3\ V}$$

例 4.16

決定圖 4.45 網路中的 V_C 和 V_B。

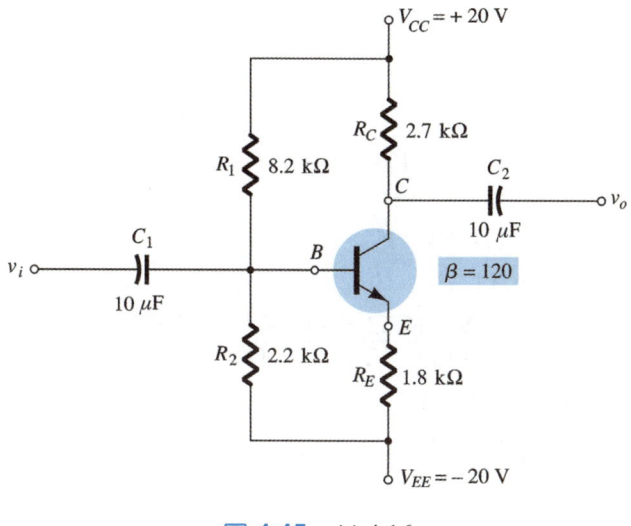

圖 4.45　例 4.16

解：網路在基極端左側的部分，可分別決定其戴維寧電阻和戴維寧電壓，分別見於圖 4.46 和圖 4.47。

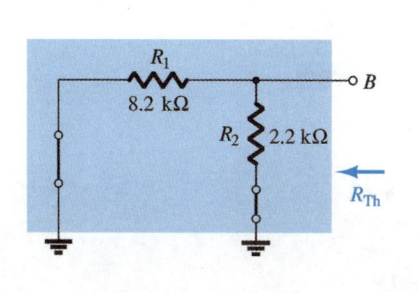

圖 4.46　決定 R_{Th}

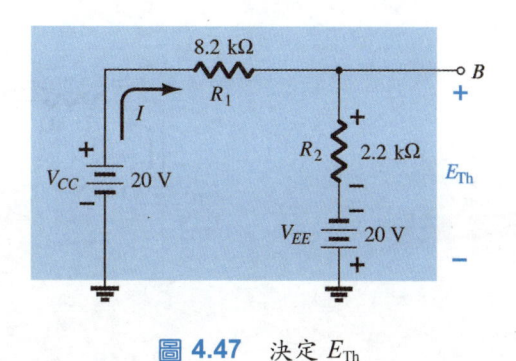

圖 4.47　決定 E_{Th}

R_{Th}　　$R_{Th} = 8.2 \text{ k}\Omega \| 2.2 \text{ k}\Omega = 1.73 \text{ k}\Omega$

E_{Th}　　$I = \dfrac{V_{CC} + V_{EE}}{R_1 + R_2} = \dfrac{20 \text{ V} + 20 \text{ V}}{8.2 \text{ k}\Omega + 2.2 \text{ k}\Omega} = \dfrac{40 \text{ V}}{10.4 \text{ k}\Omega}$

　　　　　　$= 3.85 \text{ mA}$

　　　$E_{Th} = IR_2 - V_{EE}$

　　　　　　$= (3.85 \text{ mA})(2.2 \text{ k}\Omega) - 20 \text{ V}$

　　　　　　$= -11.53 \text{ V}$

完整等效電路重畫在圖 4.48，應用克希荷夫電壓定律得

$$-E_{Th} - I_B R_{Th} - V_{BE} - I_E R_E + V_{EE} = 0$$

代入 $I_E = (\beta+1)I_B$，得

$$V_{EE} - E_{Th} - V_{BE} - (\beta+1)I_B R_E - I_B R_{Th} = 0$$

即
$$I_B = \frac{V_{EE} - E_{Th} - V_{BE}}{R_{Th} + (\beta+1)R_E}$$

$$= \frac{20\text{ V} - 11.53\text{ V} - 0.7\text{ V}}{1.73\text{ k}\Omega + (121)(1.8\text{ k}\Omega)} = \frac{7.77\text{ V}}{219.53\text{ k}\Omega}$$

$$= 35.39\ \mu\text{A}$$

$$I_C = \beta I_B = (120)(35.39\ \mu\text{A})$$

$$= 4.25\text{ mA}$$

$$V_C = V_{CC} - I_C R_C = 20\text{ V} - (4.25\text{ mA})(2.7\text{ k}\Omega)$$

$$= \mathbf{8.53\text{ V}}$$

$$V_B = -E_{Th} - I_B R_{Th} = -(11.53\text{ V}) - (35.39\ \mu\text{A})(1.73\text{ k}\Omega)$$

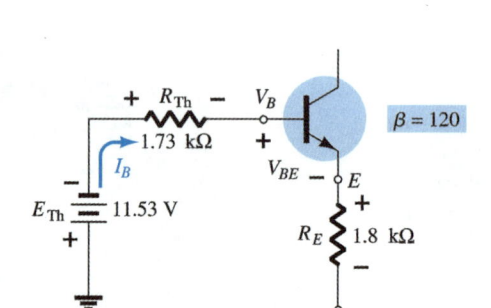

$$= \mathbf{-11.59\text{ V}}$$

圖 4.48 代入戴維寧等效電路

4.10 歸納表

表 4.1 重新檢閱了最普遍的幾種 BJT 偏壓電路組態，以及對應的關係式。

表 **4.1**　BJT 的偏壓電路組態

類型	電路組態	相關式
固定偏壓	(電路圖：V_{CC}, R_B, R_C, β)	$I_B = \dfrac{V_{CC} - V_{BE}}{R_B}$ $I_C = \beta I_B,\ I_E = (\beta+1)I_B$ $V_{CE} = V_{CC} - I_C R_C$
射極偏壓	(電路圖：V_{CC}, R_B, R_C, β, R_E)	$I_B = \dfrac{V_{CC} - V_{BE}}{R_B + (\beta+1)R_E}$ $I_C = \beta I_B,\ I_E = (\beta+1)I_B$ $R_i = (\beta+1)R_E$ $V_{CE} = V_{CC} - I_C(R_C + R_E)$
分壓器偏壓	(電路圖：V_{CC}, R_1, R_C, β, R_2, R_E)	精確分析： $R_{Th} = R_1 \| R_2,\ E_{Th} = \dfrac{R_2 V_{CC}}{R_1 + R_2}$ $I_B = \dfrac{E_{Th} - V_{BE}}{R_{Th} + (\beta+1)R_E}$ $I_C = \beta I_B,\ I_E = (\beta+1)I_B$ $V_{CE} = V_{CC} - I_C(R_C + R_E)$ 近似分析：$\beta R_E \geq 10 R_2$ $V_B = \dfrac{R_2 V_{CC}}{R_1 + R_2},\ V_E = V_B - V_{BE}$ $I_E = \dfrac{V_E}{R_E},\ I_B = \dfrac{I_E}{\beta+1}$ $V_{CE} = V_{CC} - I_C(R_C + R_E)$
集極反饋偏壓	(電路圖：V_{CC}, R_F, R_C, β, R_E)	$I_B = \dfrac{V_{CC} - V_{BE}}{R_F + \beta(R_C + R_E)}$ $I_C = \beta I_B,\ I_E = (\beta+1)I_B$ $V_{CE} = V_{CC} - I_C(R_C + R_E)$
射極隨耦器	(電路圖：R_B, R_E, $-V_{EE}$)	$I_B = \dfrac{V_{EE} - V_{BE}}{R_B + (\beta+1)}$ $I_C = \beta I_B,\ I_E = (\beta+1)I_B$ $V_{CE} = V_{EE} - I_E R_E$
共基極偏壓	(電路圖：R_E, R_C, V_{EE}, V_{CC})	$I_E = \dfrac{V_{EE} - V_{BE}}{R_E}$ $I_B = \dfrac{I_E}{\beta+1},\ I_C = \beta I_B$ $V_{CE} = V_{EE} + V_{CC} - I_E(R_C + R_E)$ $V_{CB} = V_{CC} - I_C R_C$

4.11 多個 BJT 的電路

使用數個電晶體的一些最普遍性的電路，介紹如下：

圖 4.49 是最普通的 **RC 耦合**，一級的集極輸出用耦合電容 C_C 直接接到下一級的基極。選擇電容是為了確保阻絕兩級之間的直流聯繫，且對交流訊號的作用有如短路。將 C_C 和電路中的其他電容代之以開路，可得圖 4.50 的兩個偏壓電路安排。

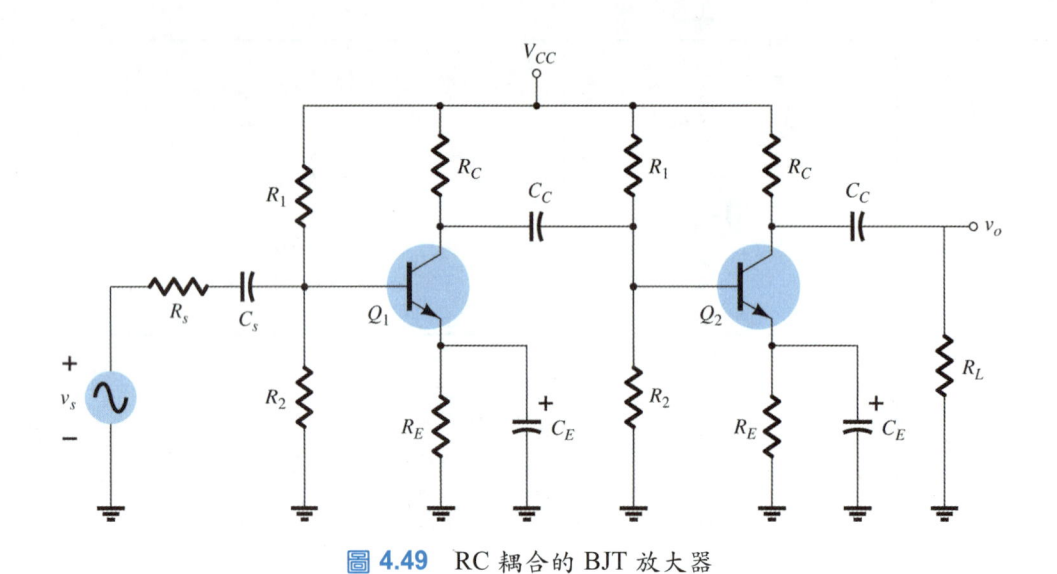

圖 4.49 RC 耦合的 BJT 放大器

圖 4.50 圖 4.49 的直流等效電路

第 4 章　BJT（雙載子接面電晶體）的直流偏壓　135

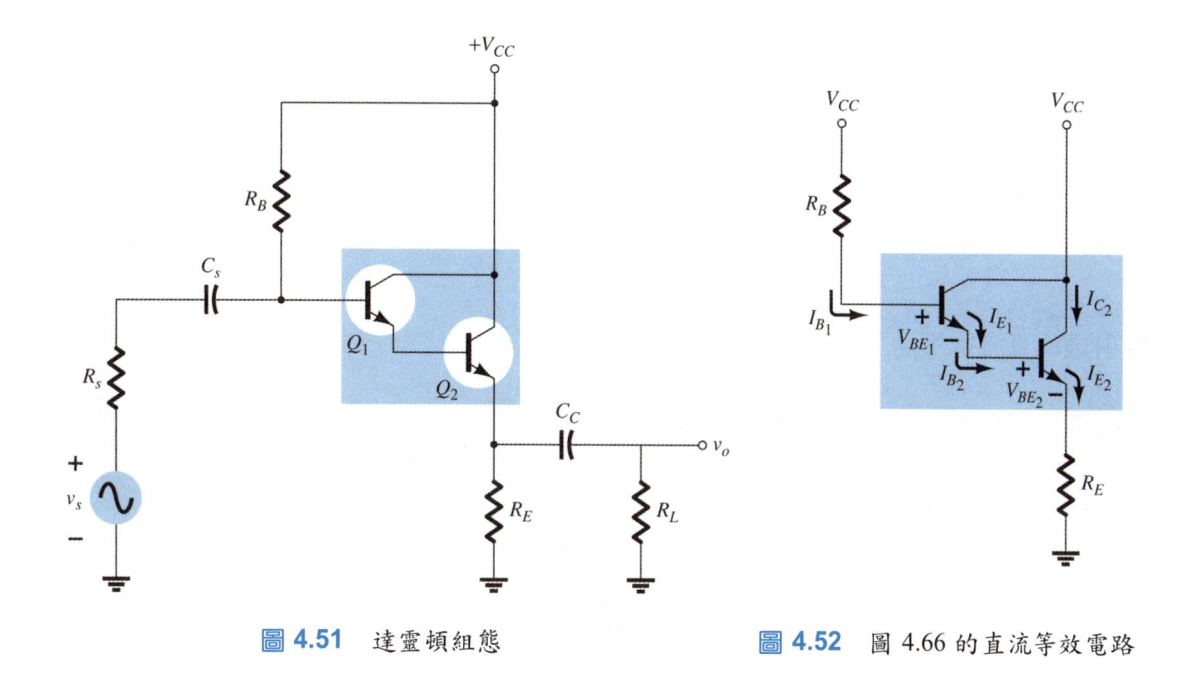

圖 4.51　達靈頓組態

圖 4.52　圖 4.66 的直流等效電路

在圖 4.51 的**達靈頓**組態中，前一級的輸出直接接到下一級的輸入，輸出是直接由射極接出，其交流增益極接近 1 與輸入電阻極高。

就圖 4.52 的直流分析，假定第 1 個電晶體用 β_1，且第 2 個電晶體用 β_2，則第 2 個電晶體的基極電流是

$$I_{B_2} = I_{E_1} = (\beta_1 + 1) I_{B_1}$$

且第 2 個電晶體的射極電流是

$$I_{E_2} = (\beta_2 + 1) I_{B_2} = (\beta_2 + 1)(\beta_1 + 1) I_{B_1}$$

此電路組態的總 β 值是

$$\boxed{\beta_D = \beta_1 \beta_2} \tag{4.47}$$

基極電流公式：

$$\boxed{I_{B_1} = \frac{V_{CC} - V_{BE_1} - V_{BE_2}}{R_B + (\beta_D + 1) R_E}}$$

設

$$\boxed{V_{BE_D} = V_{BE_1} + V_{BE_2}} \tag{4.48}$$

可得
$$I_{B_1} = \frac{V_{CC} - V_{BE_D}}{R_B + (\beta_D + 1)R_E} \qquad (4.49)$$

電流
$$I_{C_2} \cong I_{E_2} = \beta_D I_{B_1} \qquad (4.50)$$

且射極的直流電壓是
$$V_{E_2} = I_{E_2} R_E \qquad (4.51)$$

此電路組態的集極電壓顯然是電源電壓 V_{CC}。
$$V_{C_2} = V_{CC} \qquad (4.52)$$

且電晶體輸出的壓降是
$$V_{CE_2} = V_{C_2} - V_{E_2}$$

或
$$V_{CE_2} = V_{CC} - V_{E_2} \qquad (4.53)$$

　　圖 4.53 Cascode（疊接）組態將一電晶體的集極和另一電體的射極接在一起。本質上這是一個分壓器電路，在其集極再接在一共基極電路，結果使此電路可得高增益並可降低米勒電容。

　　先假定圖 4.54 中 R_1、R_2 和 R_3 的流通電流遠大於各電晶體的基極電流。即

$$I_{R_1} \cong I_{R_2} \cong I_{R_3} \gg I_{B_1} \text{ 或 } I_{B_2}$$

分壓定律即可決定 Q_1 的基極電壓：

$$V_{B_1} = \frac{R_3}{R_1 + R_2 + R_3} V_{CC} \qquad (4.54)$$

同理可得 Q_2 的基極電壓，

$$V_{B_2} = \frac{(R_2 + R_3)}{R_1 + R_2 + R_3} V_{CC} \qquad (4.55)$$

第 4 章　BJT（雙載子接面電晶體）的直流偏壓

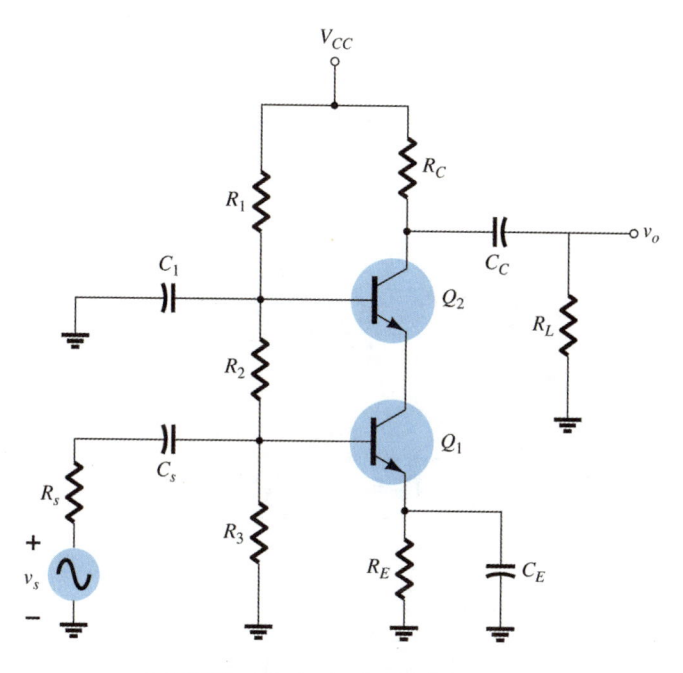

圖 4.53　Cascode（疊接）放大器

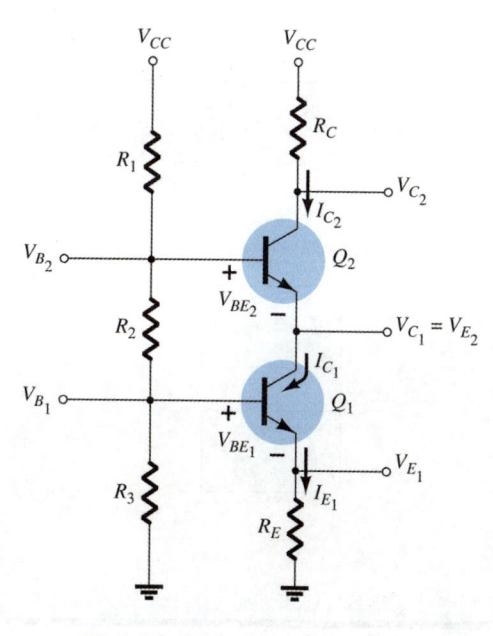

圖 4.54　圖 4.53 的直流等效電路

射極電壓，

$$V_{E_1} = V_{B_1} - V_{BE_1} \tag{4.56}$$

且
$$V_{E_2} = V_{B_2} - V_{BE_2} \qquad (4.57)$$

射極和集極電流決定如下：

$$I_{C_2} \cong I_{E_2} \cong I_{C_1} \cong I_{E_1} = \frac{V_{B_1} - V_{BE_1}}{R_{E_1} + R_{E_2}} \qquad (4.58)$$

集極電壓 V_{C_1}：

$$V_{C_1} = V_{B_2} - V_{BE_2} \qquad (4.59)$$

與集極電壓 V_{C_2}：

$$V_{C_2} = V_{CC} - I_{C_2} R_C \qquad (4.60)$$

流通過偏壓電阻的電流是

$$I_{R_1} \cong I_{R_2} \cong I_{R_3} = \frac{V_{CC}}{R_1 + R_2 + R_3} \qquad (4.61)$$

各基極電流決定如下：

$$I_{B_1} = \frac{I_{C_1}}{\beta_1} \qquad (4.62)$$

且

$$I_{B_2} = \frac{I_{C_2}}{\beta_2} \qquad (4.63)$$

例 4.17

試就圖 4.55 的直接耦合放大器，決定其電源和電壓的直流值。注意到。整個電路是一分壓器偏壓電路，後接著共集極電路。當下一級的輸入阻抗很小時，此電路可達成優異的性能。共集極放大器的作用，有如放大級間的緩衝級。

第 4 章　BJT（雙載子接面電晶體）的直流偏壓　139

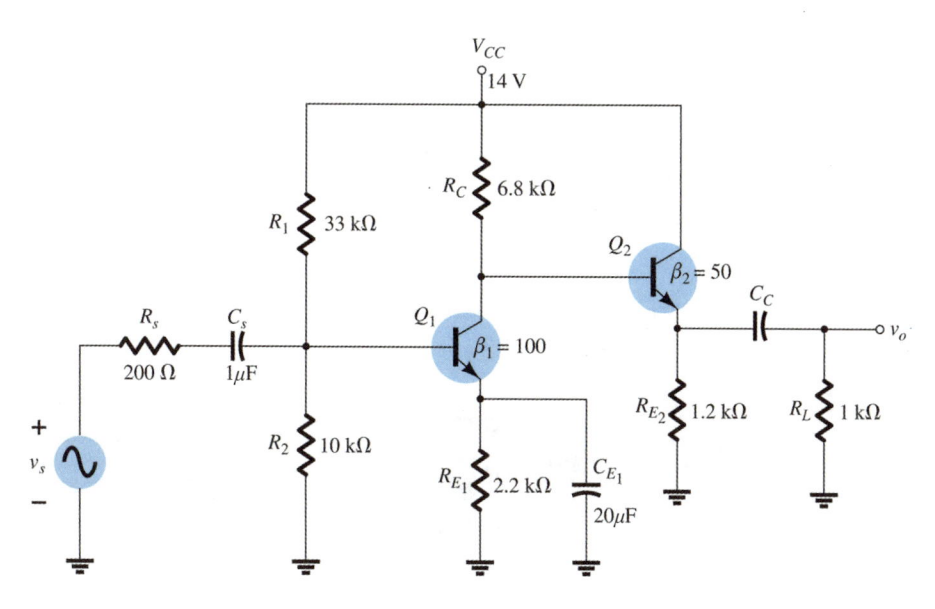

圖 4.55 直接耦合放大器

解： 圖 4.55 的直流等效電路見圖 4.56，對分壓器偏壓電路而言，基極電流公式如下：

$$I_{B_1} = \frac{E_{Th} - V_{BE}}{R_{Th} + (\beta + 1)R_{E_1}}$$

又　　$R_{Th} = R_1 \| R_2$

且　　$E_{Th} = \dfrac{R_2 V_{CC}}{R_1 + R_2}$

此例中，

$$R_{Th} = 33 \text{ k}\Omega \| 10 \text{ k}\Omega = 7.67 \text{ k}\Omega$$

且

$$E_{Th} = \frac{10 \text{ k}\Omega (14 \text{ V})}{10 \text{ k}\Omega + 33 \text{ k}\Omega} = 3.26 \text{ V}$$

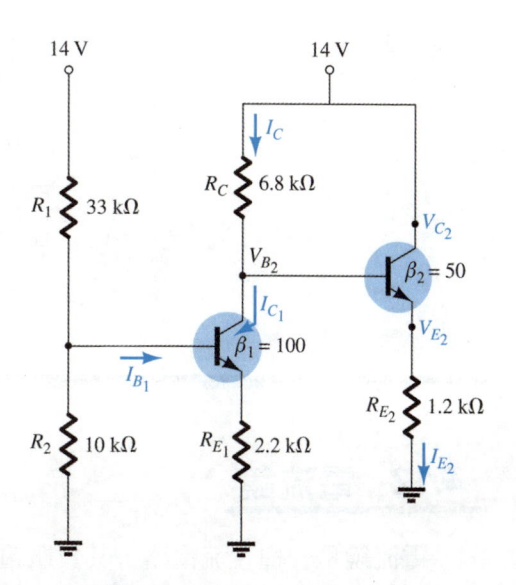

圖 4.56 圖 4.55 的直流等效電路

所以

$$I_{B_1} = \frac{3.26 \text{ V} - 0.7 \text{ V}}{7.67 \text{ k}\Omega + (100+1)2.2 \text{ k}\Omega} = \frac{2.56 \text{ V}}{229.2 \text{ k}\Omega} = \mathbf{11.17 \; \mu A}$$

又

$$I_{C_1} = \beta I_{B_1} = 100(11.17 \; \mu A) = \mathbf{1.12 \text{ mA}}$$

在圖 4.56，可看出

$$\boxed{V_{B_2} = V_{CC} - I_C R_C} \tag{4.64}$$

$$= 14 \text{ V} - (1.12 \text{ mA})(6.8 \text{ k}\Omega)$$

$$= 14 \text{ V} - 7.62 \text{ V}$$

$$= \mathbf{6.38 \text{ V}}$$

且
$$V_{E_2} = V_{B_2} - V_{BE_2} = 6.38 \text{ V} - 0.7 \text{ V}$$

$$= \mathbf{5.68 \text{ V}}$$

可得
$$\boxed{I_{E_2} = \frac{V_{E_2}}{R_{E_2}}} \tag{4.65}$$

$$= \frac{5.68 \text{ V}}{1.2 \text{ k}\Omega}$$

$$= \mathbf{4.73 \text{ mA}}$$

顯然地，
$$\boxed{V_{C_2} = V_{CC}} \tag{4.66}$$

$$= 14 \text{ V}$$

且
$$V_{CE_2} = V_{C_2} - V_{E_2}$$

$$\boxed{V_{CE_2} = V_{CC} - V_{E_2}} \tag{4.67}$$

$$= 14 \text{ V} - 5.68 \text{ V}$$

$$= \mathbf{8.32 \text{ V}}$$

4.12 電流鏡

電流鏡是一種直流電路，其負載電流由電路中另一處電流所控制。基本的電路組態見圖 4.57，兩電晶體是背對背相接，且其中一個電晶體的集極和兩電晶體的基極相接。

當基極對射極電壓提升時，兩電晶體的電流會升高到相同的大小。

由圖 4.57 可清楚看出 $\qquad I_B = I_{B_1} + I_{B_2}$

又因 $\qquad I_{B_1} = I_{B_2}$

可得 $\qquad I_B = I_{B_1} + I_{B_2} = 2I_{B_1}$

另外， $\qquad I_{控制} = I_{C_1} + I_B = I_{C_1} + 2I_{B_1}$

但 $\qquad I_{C_1} = \beta_1 I_{B_1}$

所以 $\qquad I_{控制} = \beta_1 I_{B_1} + 2I_{B_1} = (\beta_1 + 2)I_{B_1}$

又因 β_1 一般 $\gg 2$， $\qquad I_{控制} \cong \beta_1 I_{B_1}$

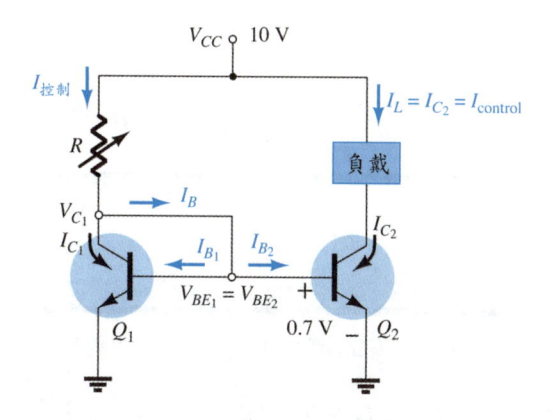

圖 4.57 用背對背電晶體建立電流鏡

即

$$I_{B_1} = \frac{I_{控制}}{\beta_1} \tag{4.68}$$

參考圖 4.57，可發現控制電流決定如下：

$$I_{控制} = \frac{V_{CC} - V_{BE}}{R} \tag{4.69}$$

對固定的 V_{CC} 值而言，可用電阻 R 設定控制電流。

例 4.18

試計算圖 4.58 電路中的複製（鏡射）電流 I。

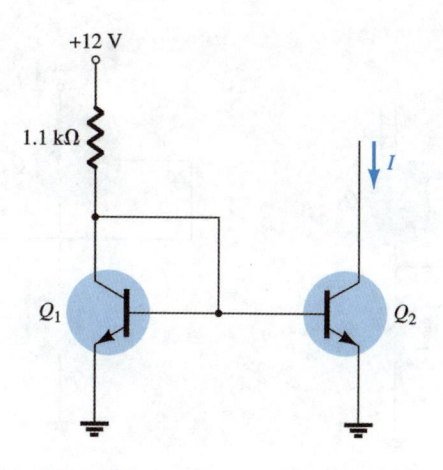

圖 4.58 例 4.18 的電流鏡電路

解： 式(4.69)：

$$I = I_{控制} = \frac{V_{CC} - V_{BE}}{R_X} = \frac{12 \text{ V} - 0.7 \text{ V}}{1.1 \text{ k}\Omega} = \mathbf{10.27 \text{ mA}}$$

例 4.19

試計算圖 4.59 中，流過 Q_2 和 Q_3 的電流 I。

解： 因 $\quad V_{BE_1} = V_{BE_2} = V_{BE_3} \quad$ 所以 $\quad I_{B_1} = I_{B_2} = I_{B_3}$

代入 $\quad I_{B_1} = \dfrac{I_{控制}}{\beta} \quad$ 及 $\quad I_{B_2} = \dfrac{1}{\beta} \quad$ 且 $\quad I_{B_3} = \dfrac{1}{\beta}$

可得 $\quad \dfrac{I_{控制}}{\beta} = \dfrac{I}{\beta}$

所以 I 必然等於 $I_{控制}$，

且 $\quad I_{控制} = \dfrac{V_{CC} - V_{BE}}{R_X} = \dfrac{6 \text{ V} - 0.7 \text{ V}}{1.3 \text{ k}\Omega} = \mathbf{4.08 \text{ mA}}$

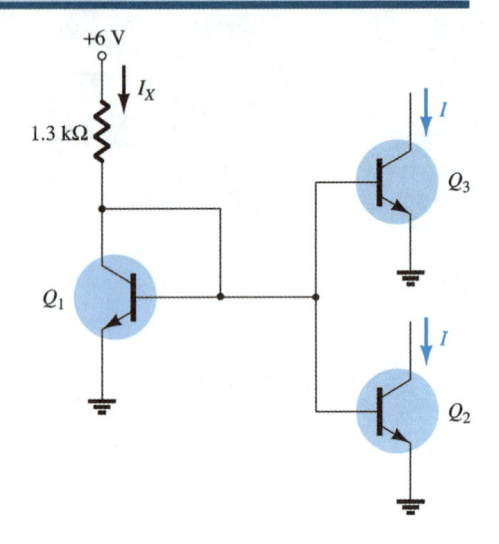

圖 4.59 例 4.19 的電流鏡電路

圖 4.60 展示另一種形式的電流鏡，可提供比圖 4.57 電路更高的輸出阻抗。

圖 4.61 又是另一種形式的電流鏡，接面場效電晶體提供定電流，電流值設在 I_{DSS}。

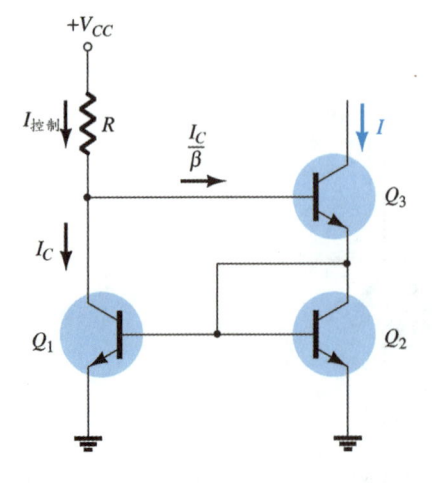

圖 4.60 具有較高輸出阻抗的電流鏡電路

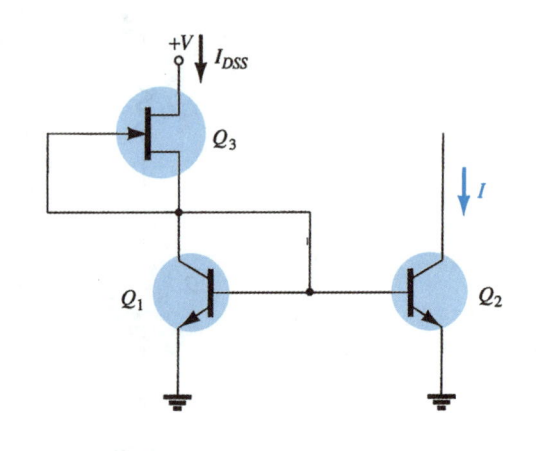

圖 4.61 電流鏡接法

4.13 電流源電路

實際的電壓源（圖 4.62a）是理想電壓源串聯電阻，理想電壓源的 $R=0$，而實際電壓源則包含一些小電阻。實際的電流源（圖 4.62b）是理想電流源並聯電阻，理想電流源的 $R=\infty\ \Omega$，而實際的電流源則包含很大的電阻。

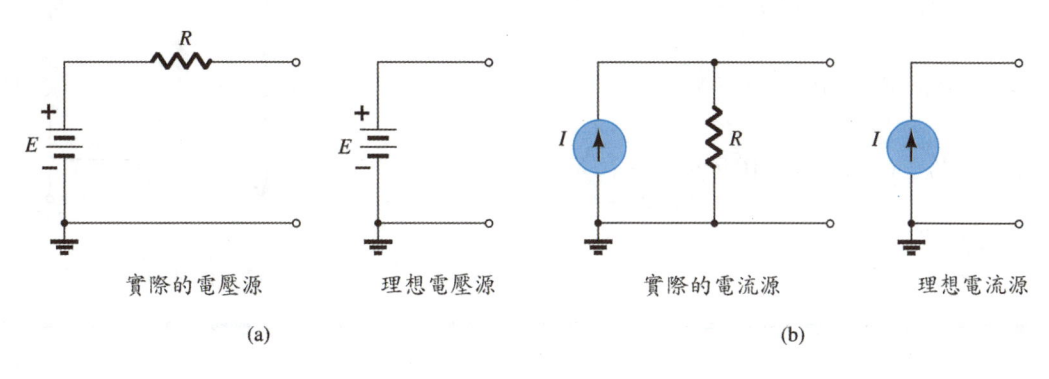

圖 4.62 電壓源和電流源

雙載子電晶體的定電流源

將雙載子電晶體接成定電流源電路，圖 4.63 中用了幾個電阻和一個 *npn* 電晶體建立定電流電路，電流 I_E 可決定如下：

$$V_B = \frac{R_1}{R_1 + R_2}(-V_{EE})$$

且

$$V_E = V_B - 0.7\ \text{V}$$

又

$$I_E = \frac{V_E - (-V_{EE})}{R_E} \approx I_C \tag{4.70}$$

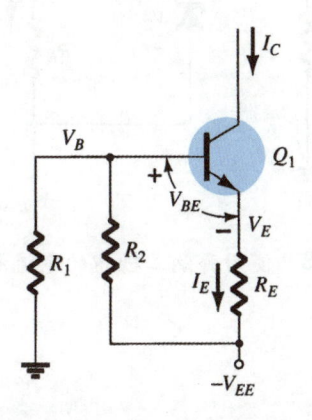

圖 4.63 由個別元件組成定電流源

例 4.20

試計算圖 4.64 電路中的定電流 I。

解：

$$V_B = \frac{R_1}{R_1+R_2}(-V_{EE}) = \frac{5.1\text{ k}\Omega}{5.1\text{ k}\Omega + 5.1\text{ k}\Omega}(-20\text{ V}) = -10\text{ V}$$

$$V_E = V_B - 0.7\text{ V} = -10\text{ V} - 0.7\text{ V} = -10.7\text{ V}$$

$$I = I_E = \frac{V_E - (-V_{EE})}{R_E} = \frac{-10.7\text{ V}-(-20\text{ V})}{2\text{ k}\Omega}$$

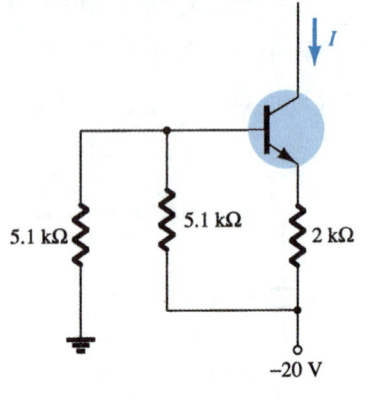

$$= \frac{9.3\text{ V}}{2\text{ k}\Omega} = \mathbf{4.65\text{ mA}}$$

圖 4.64 例 4.20 的定電流源

電晶體╱齊納定電流源

用齊納二極體代替電阻 R_2，如圖 4.65，可提供優於圖 4.63 的改良定電流源。利用基射 KVL（克希荷夫電壓迴路）方程式，齊納二極體可產生定電流。I 的值可用下式算出：

$$I \approx I_E = \frac{V_Z - V_{BE}}{R_E} \tag{4.71}$$

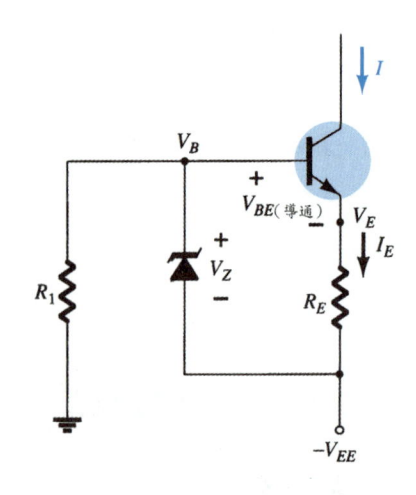

圖 4.65 使用齊納二極體的電流源電路

例 4.21

試計算圖 4.66 的定電流 I。

解: 式 (4.71):

$$I = \frac{V_Z - V_{BE}}{R_E} = \frac{6.2\ V - 0.7\ V}{1.8\ k\Omega} = 3.06\ mA \approx \mathbf{3\ mA}$$

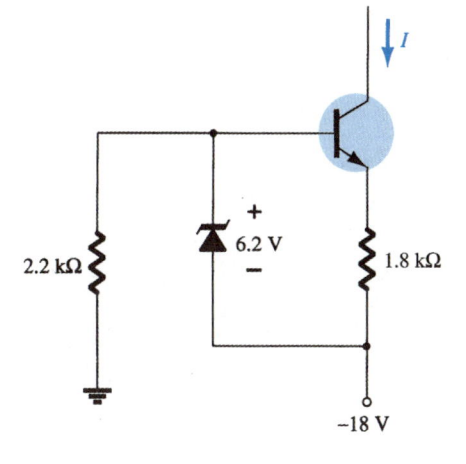

圖 4.66 例 4.21 的定電流電路

4.14 *pnp* 電晶體

pnp 電晶體的分析方法，可以依循 *npn* 電晶體所建立的相同模式。如圖 4.67 所看到的，仍繼續使用雙下標記法，但電流方向反過來以反映真正的導通方向。如依照圖 4.67 的極性定義，V_{BE} 和 V_{CE} 都是負值。

解出 I_B 得

$$\boxed{I_B = \frac{V_{CC} + V_{BE}}{R_B + (\beta + 1)R_E}} \quad (4.72)$$

對於 V_{CE}，應用克希荷夫電壓定律到集極射極迴路，可得下式:

$$-I_E R_E + V_{CE} - I_C R_C + V_{CC} = 0$$

代入 $I_E \cong I_C$，得

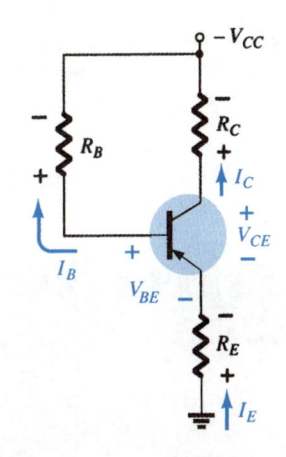

圖 4.67 *pnp* 電晶體接成射極自穩偏壓電路

$$\boxed{V_{CE} = -V_{CC} + I_C(R_C + R_E)} \quad (4.73)$$

例 4.22

決定圖 4.68 分壓器偏壓電路的 V_{CE} 值。

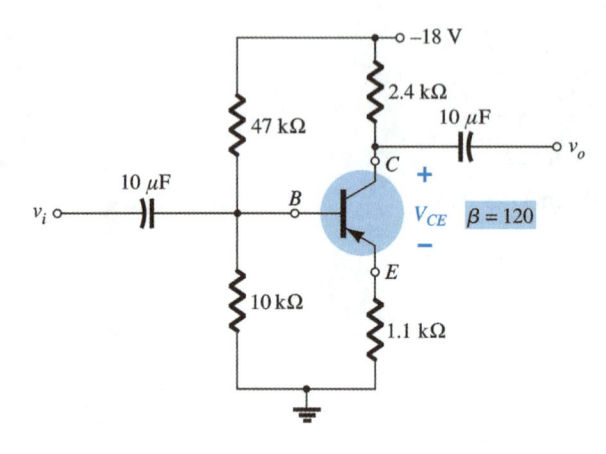

圖 4.68 *pnp* 電晶體建立的分壓器偏壓電路

解: 檢驗近似法準則 $\qquad \beta R_E \geq 10 R_2$

可得 $\qquad (120)(1.1\ k\Omega) \geq 10(10\ k\Omega)$

$$132\ k\Omega \geq 100\ k\Omega\ （滿足）$$

解出 V_B,得

$$V_B = \frac{R_2 V_{CC}}{R_1 + R_2} = \frac{(10\ k\Omega)(-18\ V)}{47\ k\Omega + 10\ k\Omega} = -3.16\ V$$

應用克希荷夫電壓定律環繞基極射極電壓迴路得

$$+V_B - V_{BE} - V_E = 0$$

即 $\qquad V_E = V_B - V_{BE}$

代入數值,可得
$$V_E = -3.16\ V - (-0.7\ V)$$
$$= -3.16\ V + 0.7\ V$$
$$= -2.46\ V$$

電流是 $\qquad I_E = \dfrac{V_E}{R_E} = \dfrac{2.46\ V}{1.1\ k\Omega} = 2.24\ mA$

對集極射極迴路, $\qquad -I_E R_E + V_{CE} - I_C R_C + V_{CC} = 0$

代入 $I_E \cong I_C$，並整理，得 $\quad V_{CE} = -V_{CC} + I_C(R_C + R_E)$

代入數值，可得
$$V_{CE} = -18\text{ V} + (2.24\text{ mA})(2.4\text{ k}\Omega + 1.1\text{ k}\Omega)$$
$$= -18\text{ V} + 7.84\text{ V}$$
$$= -\mathbf{10.16\text{ V}}$$

4.15 電晶體開關電路

　　電晶體的應用範圍並不僅止於訊號的放大，經由適當的設計，電晶體可作為開關，提供計算機和控制方面的應用。圖 4.69a 的網路可用在計算機邏輯電路中，作為反相器。輸出電壓 V_C 的高與低和加到基極或輸入端的電壓相反。輸入訊號在高位準的大小為 5 V，電阻 R_B 可以確保整個外加電壓 5 V 不會完全落在基極對射極接面，且當晶體在"導通"狀態時可決定 I_B 值。

　　反相的適當設計，需要工作點在截止區和飽和區沿著負載線互相切換，圖 4.69b 的指示。

集極電流的飽和值定義為

$$\boxed{I_{C_{sat}} = \frac{V_{CC}}{R_C}} \tag{4.74}$$

在剛要飽和之前的作用區 I_B 值，可用下式近似：

$$I_{B_{max}} \cong \frac{I_{C_{sat}}}{\beta_{dc}}$$

因此對飽和值必須保證以下條件成立：

$$\boxed{I_B > \frac{I_{C_{sat}}}{\beta_{dc}}} \tag{4.75}$$

對圖 4.69b 的網路而言，當 $V_i = 5$ V 時所得 I_B 值為

$$I_B = \frac{V_i - 0.7\text{ V}}{R_B} = \frac{5\text{ V} - 0.7\text{ V}}{68\text{ k}\Omega} = 63\ \mu\text{A}$$

且

$$I_{C_{sat}} = \frac{V_{CC}}{R_C} = \frac{5\text{ V}}{0.82\text{ k}\Omega} \cong 6.1\text{ mA}$$

(a)

(b)

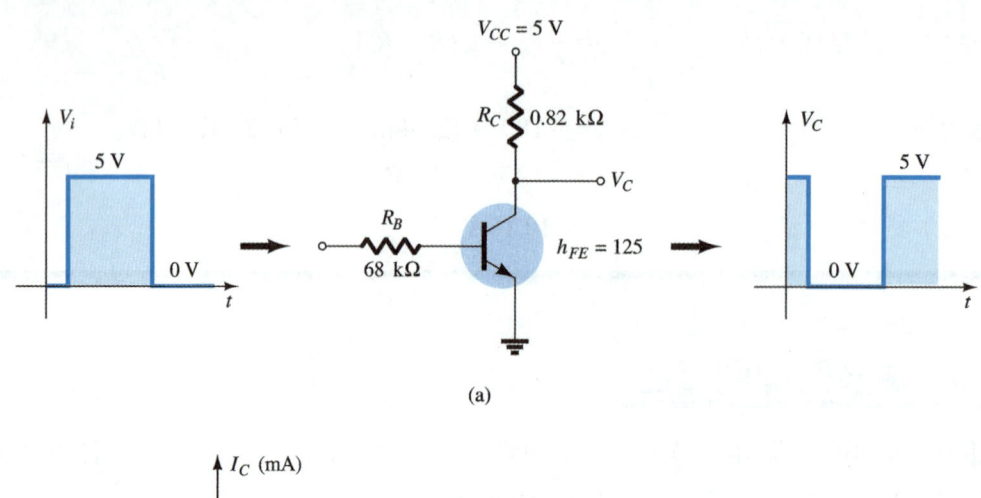

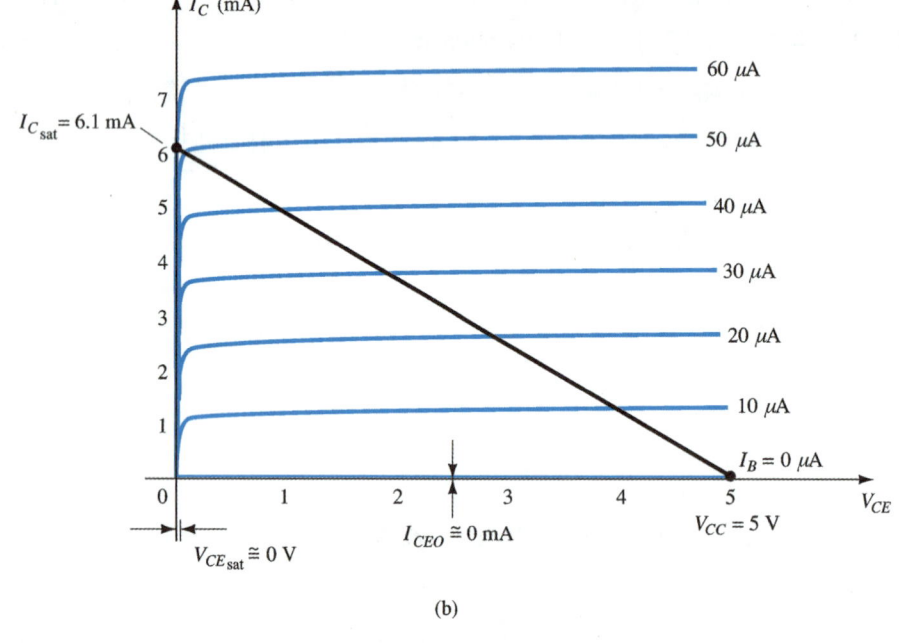

圖 4.69 電晶體反相器

電晶體除了用在計算機邏輯之外，也可用作電子開關。飽和時，電流 I_C 很高而電壓 V_{CE} 很低，兩端之間的電阻決定如下：

$$R_{sat} = \frac{V_{CE_{sat}}}{I_{C_{sat}}}$$

如圖 4.70 的說明。

$V_{CE_{sat}}$ 用一般的平均值如 0.15 V 代入，得

$$R_{sat} = \frac{V_{CE_{sat}}}{I_{C_{sat}}} = \frac{0.15 \text{ V}}{6.1 \text{ mA}} = 24.6 \text{ }\Omega$$

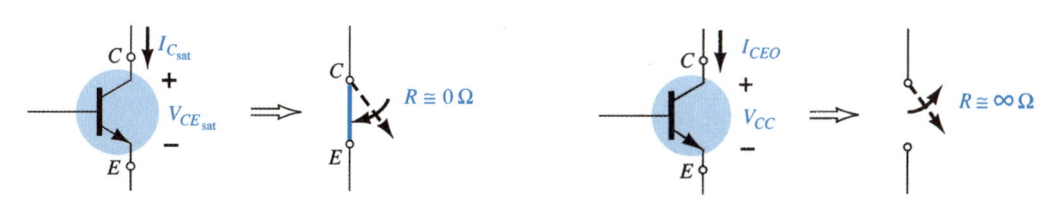

圖 4.70 飽和情況與產生的電阻

圖 4.71 截止情況與產生的電阻

當 $V_i=0$ V 時，截止情況產生的電阻值如下，且如圖 4.71：

$$R_{截止}=\frac{V_{CC}}{I_{CEO}}=\frac{5\text{ V}}{0\text{ mA}}=\infty\,\Omega$$

等效於開路。若以典型值 $I_{CEO}=10\ \mu\text{A}$ 來看，截止電阻的大小是

$$R_{截止}=\frac{V_{CC}}{I_{CEO}}=\frac{5\text{ V}}{10\ \mu\text{A}}=\mathbf{500\text{ k}\Omega}$$

例 4.23

圖 4.72 的電晶體反相器中，若 $I_{C_{sat}}=10$ mA，試決定 R_B 和 R_C。

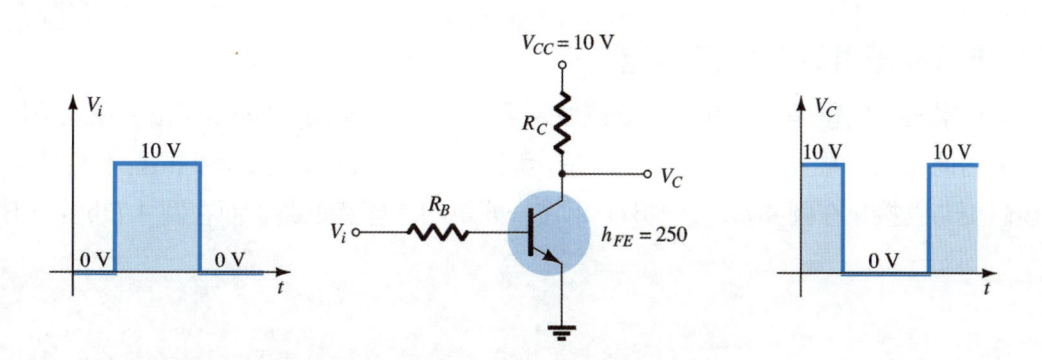

圖 4.72 例 4.23 的反相器

解：

飽和時，
$$I_{C_{sat}}=\frac{V_{CC}}{R_C}$$

即
$$10\text{ mA}=\frac{10\text{ V}}{R_C}$$

所以
$$R_C=\frac{10\text{ V}}{10\text{ mA}}=1\text{ k}\Omega$$

飽和邊緣，

$$I_B \cong \frac{I_{C_{\text{sat}}}}{\beta_{\text{dc}}} = \frac{10 \text{ mA}}{250} = 40 \text{ } \mu\text{A}$$

選擇 $I_B = 60 \text{ } \mu\text{A}$ 以確保在飽和區，利用

$$I_B = \frac{V_i - 0.7 \text{ V}}{R_B}$$

可得

$$R_B = \frac{V_i - 0.7 \text{ V}}{I_B} = \frac{10 \text{ V} - 0.7 \text{ V}}{60 \text{ } \mu\text{A}} = 155 \text{ k}\Omega$$

選用標準阻值 $R_B = 150 \text{ k}\Omega$，代入得

$$I_B = \frac{V_i - 0.7 \text{ V}}{R_B} = \frac{10 \text{ V} - 0.7 \text{ V}}{150 \text{ k}\Omega} = 62 \text{ } \mu\text{A}$$

又

$$I_B = 62 \text{ } \mu\text{A} > \frac{I_{C_{\text{sat}}}}{\beta_{\text{dc}}} = 40 \text{ } \mu\text{A}$$

因此，採用 $R_B = 150 \text{ k}\Omega$ 和 $R_C = 1 \text{ k}\Omega$。

4.16 實際的應用

BJT 作二極體用以及保護功能

某些電路中的電晶體，其三個腳位並未全部接上──特別是集極腳位。在此種情況下，最可能是當二極體用，而不是當電晶體用。在 IC 中，製程上多個電晶體會比加入二極體更為直接。在圖 4.73a 中，BJT 用在一簡單的二極體電路；而在圖 4.73b 中，BJT

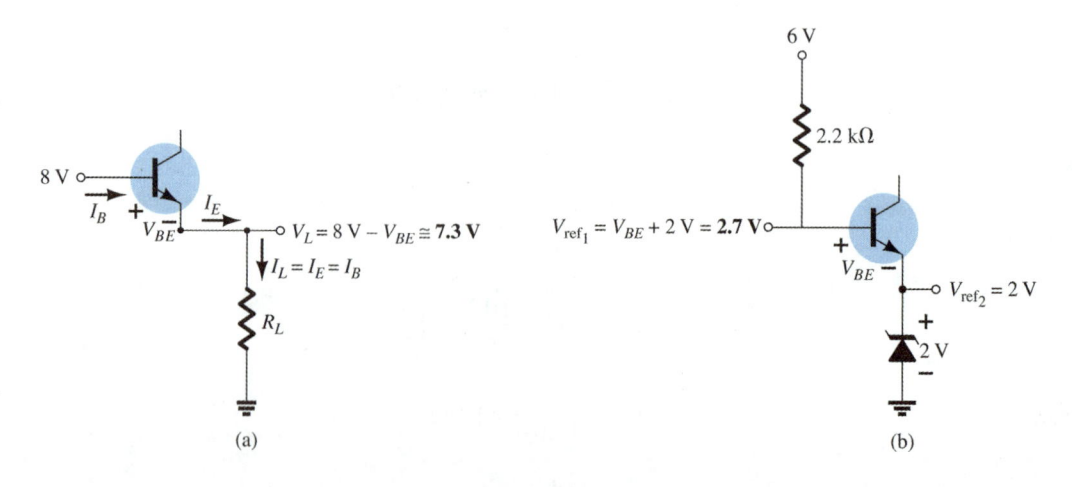

圖 4.73 BJT 作二極體用：(a)簡單的串聯二極體電路；(b)設定參考電壓值

是用來建立一個參考電壓值。

二極體接法的電晶體是直接並聯在一個元件上，如圖 4.74，這只是要確保元件或系統在特定極性的壓降，不會超過 0.7 V 的順向電壓。而在逆向時，只要崩潰電壓足夠高，就只是呈現開路狀態。

繼電器驅動電路

在圖 4.75a 中，利用電晶體建立對繼電器激磁所需的（集極）電流。直接加在電晶體的輸出上，很可能此電壓值會超過電晶體的最大額定值，這會造成半導體裝置永久損壞。

用二極體並接在線圈上，以克服這種破壞性作用，如圖 4.75b。

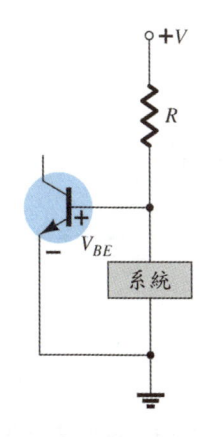

圖 4.74 作為保護裝置

燈光控制

在圖 4.76a 中，電晶體用作開關，以控制接在集極的燈泡的 "導通" 和 "截止"。

邏輯閘

電晶體接近或者在飽和區時，其集極對射極阻抗甚低，而當電晶體接近或在截止區時，對應的阻抗則甚高。

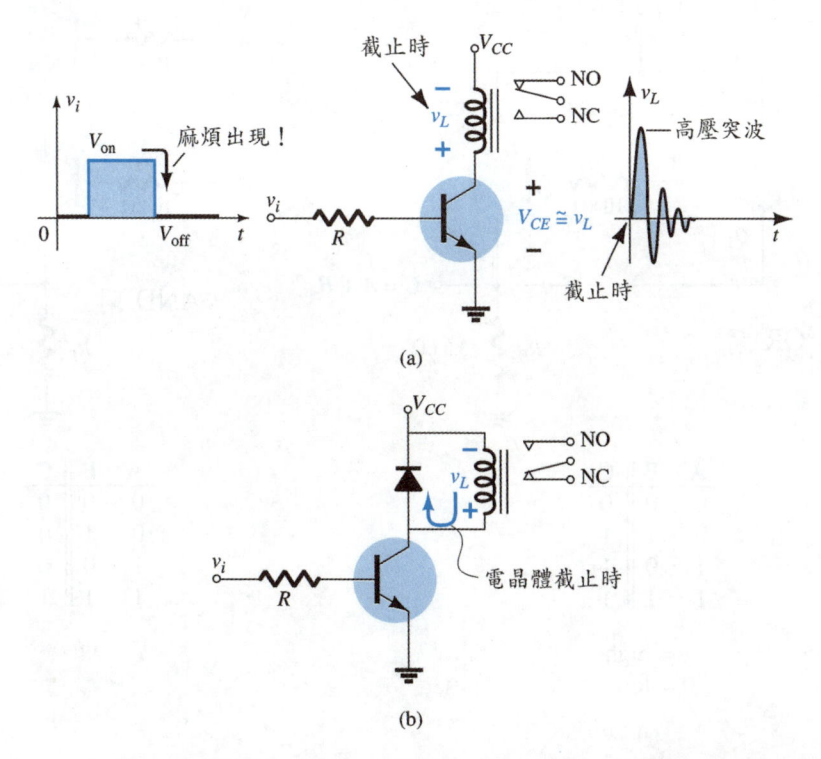

圖 4.75 繼電器驅動電路：(a) 未使用保護裝置；(b) 用二極體並接繼電器線圈

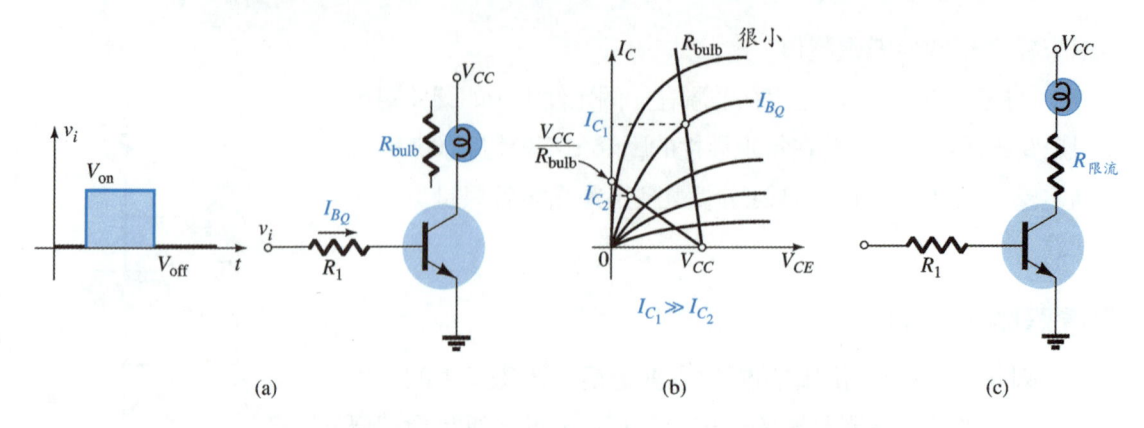

圖 4.76 用電晶體作開關，以控制燈泡的亮滅：(a)網路；(b)低阻值燈泡對集極電流的效應；(c)限流電阻

電晶體"導通"和"截止"所建立的阻抗值，較容易了解圖 4.77 邏輯閘的工作。若圖 4.77a 的 OR 閘的兩個輸入 A 或 B 都在低位準或 0 V，則對應在兩個電晶體都截止，即每個電晶體的集極和射極之間都近似於開路。使流經每個電晶體和 3.3 kΩ 電阻的電流為零，因此輸出電壓是 0 V 或 "低位準"──0。另一方面，如果 Q_1 的基極是正電壓而 Q_2 的基極是 0 V，電晶體 Q_1 會導通而 Q_2 會截止，使輸出電壓在 5 V 或 "高位準"──

A	B	C
0	0	0
0	1	1
1	0	1
1	1	1

1 = high
0 = low

(a)

A	B	C
0	0	0
0	1	0
1	0	0
1	1	1

(b)

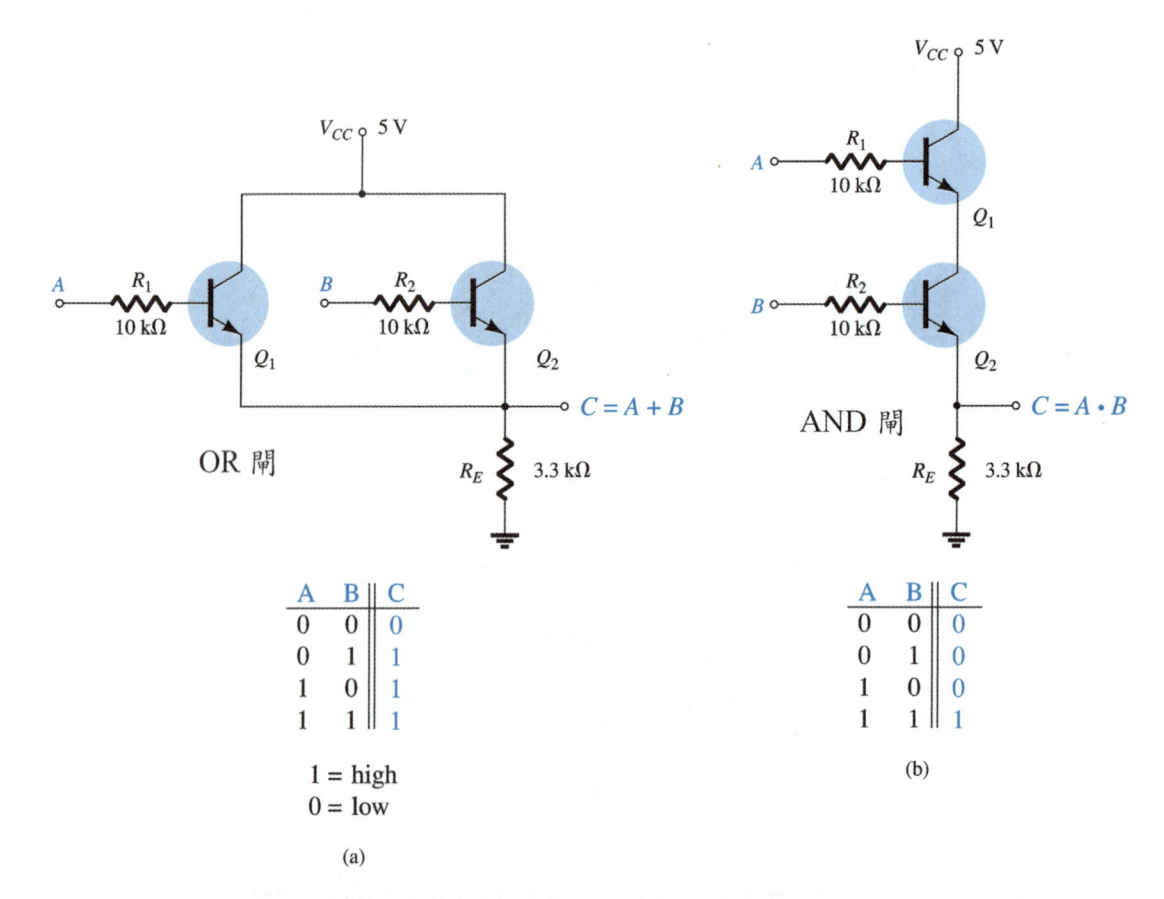

圖 4.77 BJT 邏輯閘：(a) OR；(b) AND

1 狀態。兩晶體的基極都輸入正電壓，使兩個電晶體都導通，兩個電晶體都會使輸出電壓在 5 V 或 "高位準" —— 1 狀態。

圖 4.77b 的 AND 閘，只有當輸入全部在高位準(1)時，才會輸出高位準(1)。當兩個電晶體都在 "導通" 狀態時，每個電晶體的集極和射極之間都可用短路取代，使外加 5 V 電源和輸出之間直接連接，因此在輸出端建立高位準(1)的狀態。

習題

1. 對圖 4.78 的固定偏壓電路而言，試決定
 a. I_{B_Q}。
 b. I_{C_Q}。
 c. V_{CE_Q}。
 d. V_C。
 e. V_B。
 f. V_E。

2. 給予圖 4.79 電路的資料，試決定：
 a. I_C。
 b. V_{CC}。
 c. β。
 d. R_B。

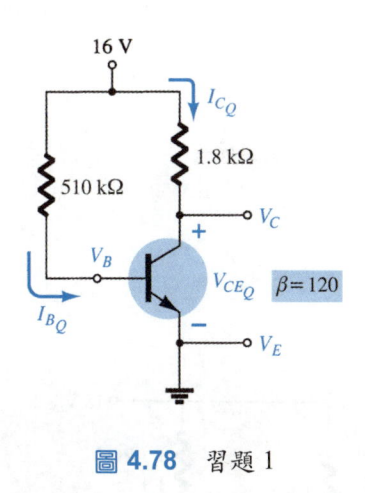

圖 **4.78** 習題 1

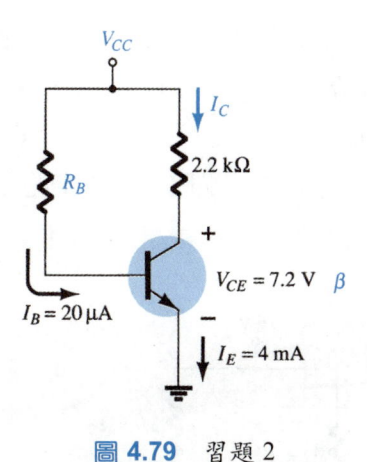

圖 **4.79** 習題 2

3. 對圖 4.80 射極偏壓電路，試決定：
 a. I_{B_Q}。
 b. I_{C_Q}。
 c. V_{CE_Q}。
 d. V_C。
 e. V_B。
 f. V_E。

4. 給予圖 4.81 電路所提供的資料，試決定：
 a. β。
 b. V_{CC}。
 c. R_B。

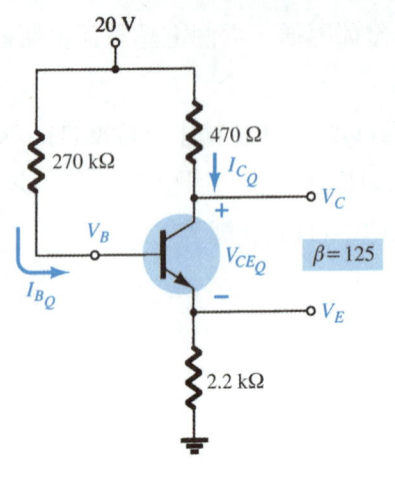

圖 4.80 習題 3

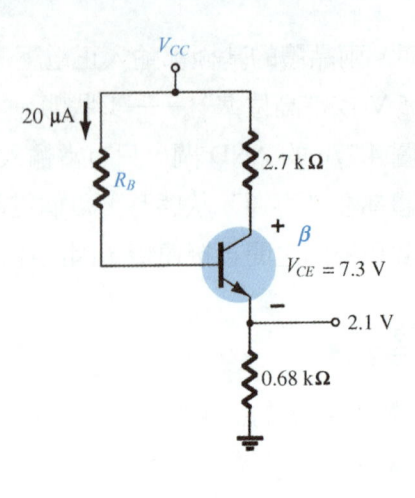

圖 4.81 習題 4

5. 就圖 4.82 的分壓器偏壓電路，試決定：
   a. I_{B_Q}。   d. V_C。
   b. I_{C_Q}。   e. V_E。
   c. V_{CE_Q}。   f. V_B。

6. 根據圖 4.83 所給條件，試決定：
   a. I_C。   c. V_B。
   b. V_E。   d. R_1。

7. 對圖 4.83 的網路，試決定飽和電流($I_{C_{sat}}$)。

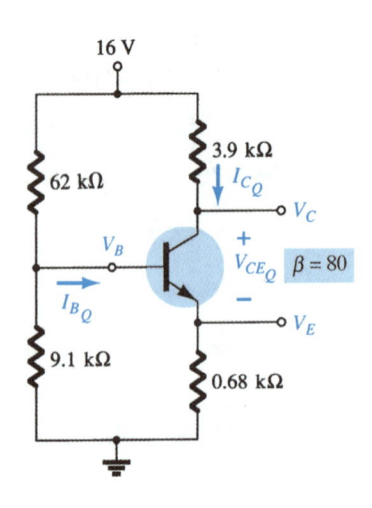

圖 4.82 習題 5

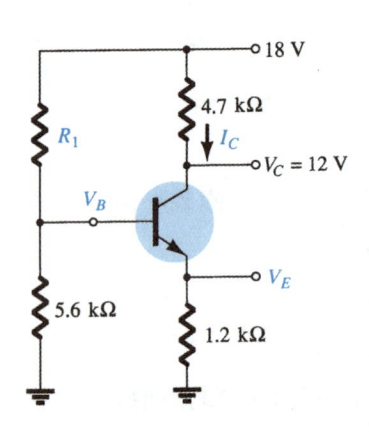

圖 4.83 習題 6 和 7

8. 對圖 4.84 的集極反饋偏壓電路，試決定：

   a. I_B。

   b. I_C。

   c. V_C。

9. 對圖 4.85 的電壓反饋網路，試決定：

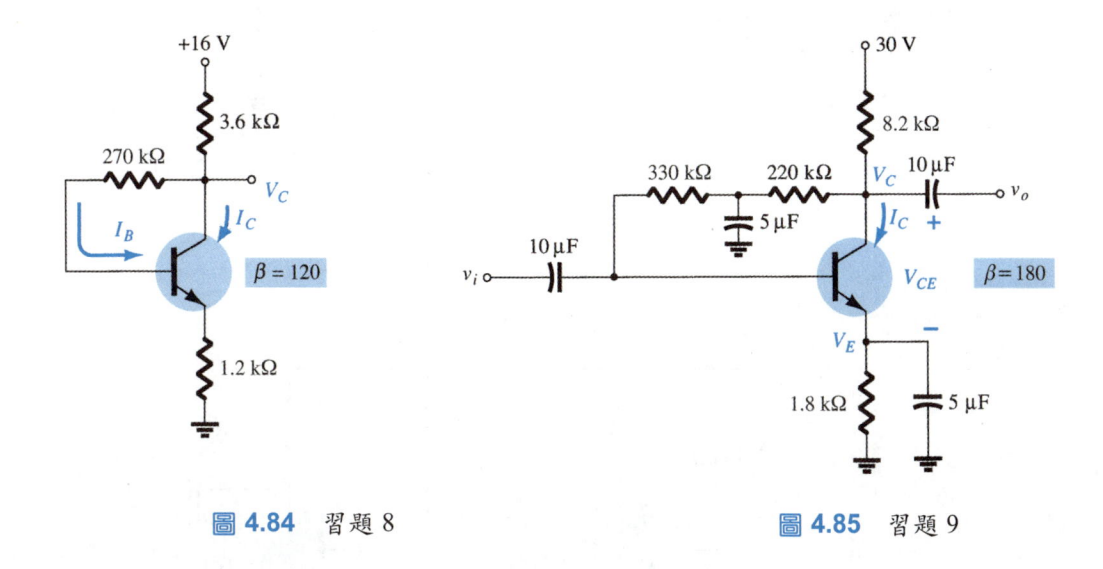

   a. I_C。 c. V_E。

   b. V_C。 d. V_{CE}。

圖 4.84　習題 8

圖 4.85　習題 9

10. 對圖 4.86 的射極隨耦器電路：

    a. 試求出 I_B、I_C 和 I_E。

    b. 試決定 V_B、V_C 和 V_E。

    c. 試算出 V_{BC} 和 V_{CE}。

11. 對圖 4.87 的共基極電路：

    a. 試利用所給條件決定 R_C 值。

    b. 求出電流 I_B 和 I_E。

    c. 試決定電壓 V_{BC} 和 V_{CE}。

12. 對圖 4.88 的 RC 耦合放大器，試決定：

    a. 各電晶體的電壓 V_B、V_C 和 V_E。

    b. 各電晶體的電流 I_B、I_C 和 I_E。

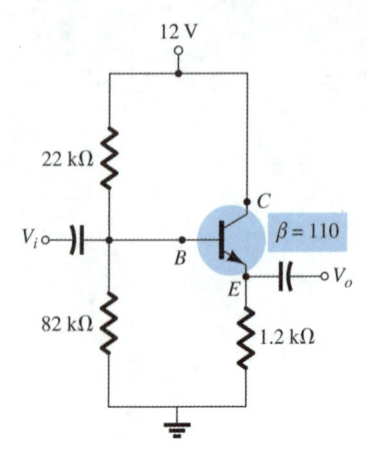

▲ 圖 4.86　習題 10

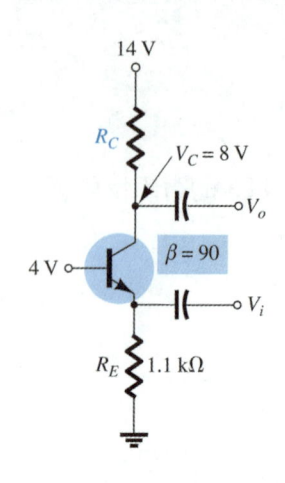

▲ 圖 4.87　習題 11

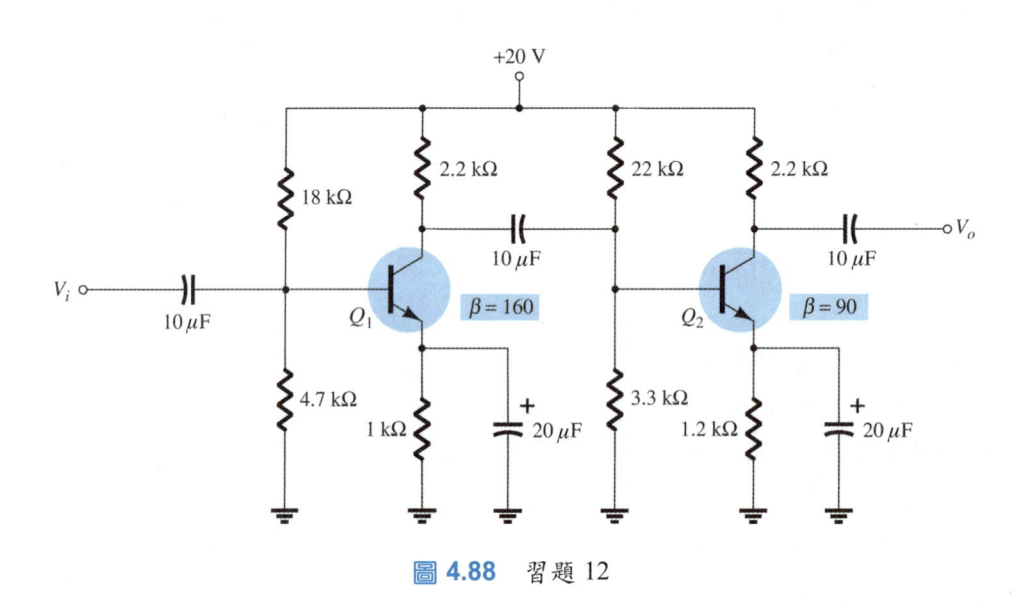

▲ 圖 4.88　習題 12

13. 對圖 4.89 的達靈頓放大器，試決定：

    a. β_D 電平。

    b. 各電晶體的基極電流。

    c. 各電晶體的集極電流。

    d. 電壓 V_{C_1}、V_{C_2}、V_{E_1} 和 V_{E_2}。

14. 對圖 4.90 的疊接放大器，試決定：

    a. 各電晶體的基極與集極電流。

    b. 電壓 V_{B_1}、V_{B_2}、V_{C_1}、V_{E_2} 和 V_{C_2}。

圖 4.89 習題 13

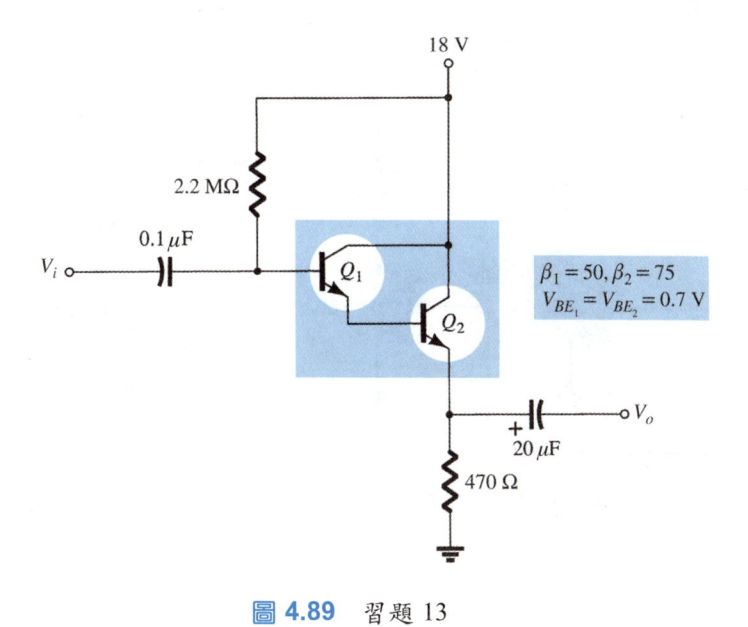

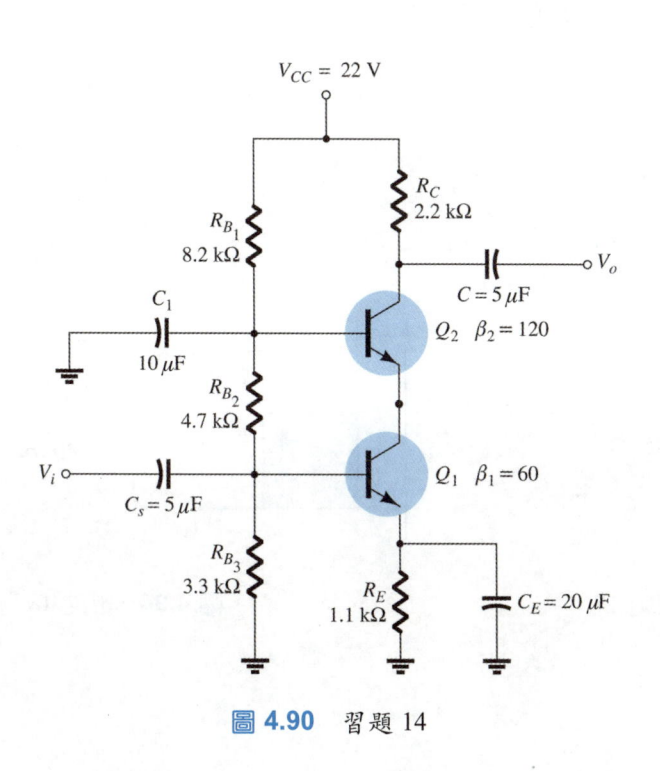

圖 4.90 習題 14

15. 試計算圖 4.91 電路的複製（鏡射）電流 I。
16. 計算圖 4.92 電路中的電流 I。

圖 4.91 習題 15

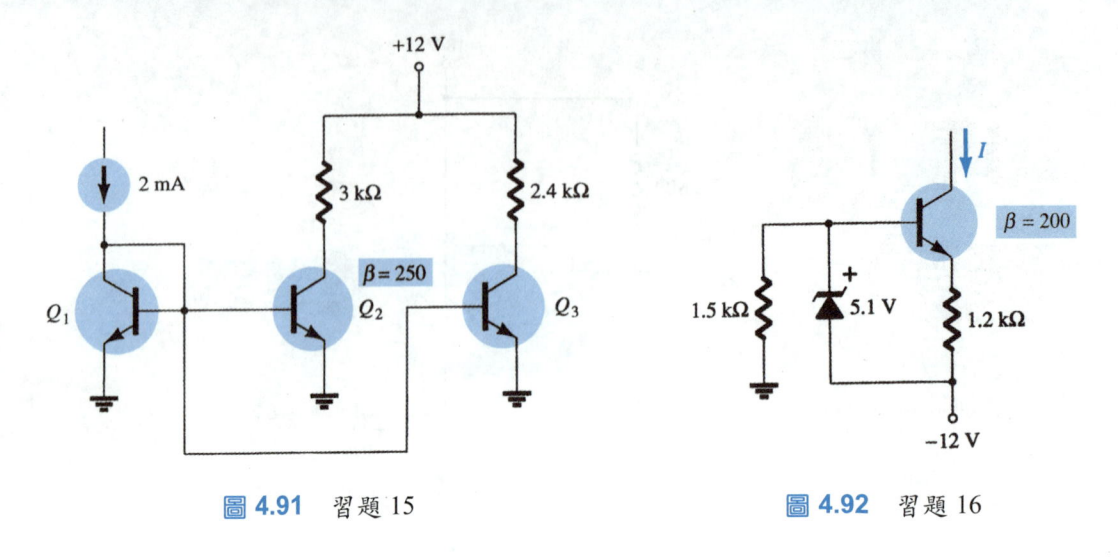

圖 4.92 習題 16

17. 試決定圖 4.93 網路中的 V_C 和 I_B。

18. 設計圖 4.94 的反相器，所用電晶體的 $\beta=100$，工作時的飽和電流是 8 mA，所用 I_B 值是 $I_{B_{max}}$ 的 120%。請選用標準阻值。

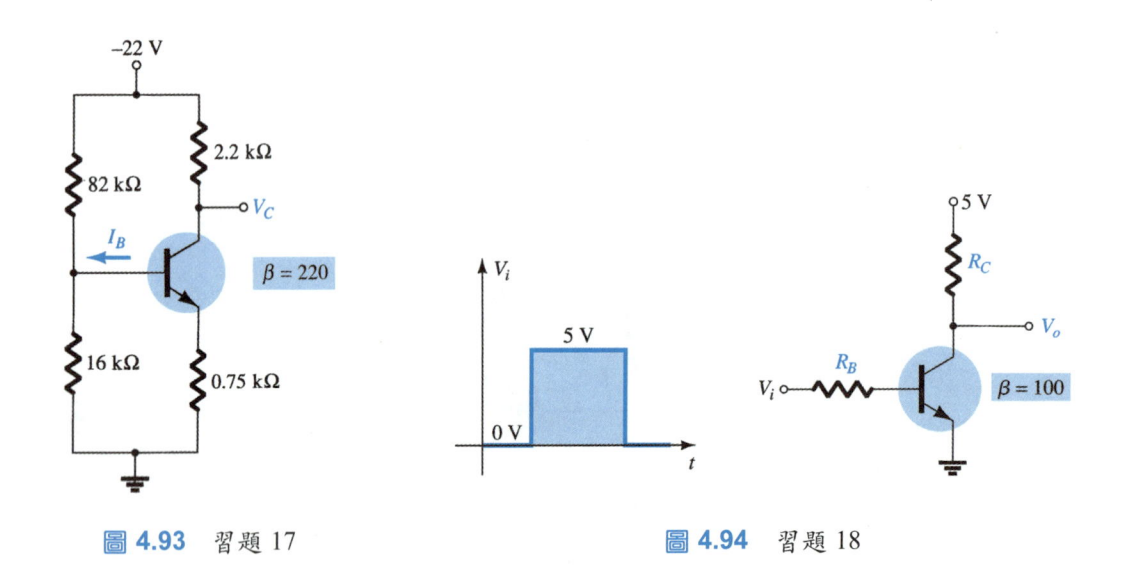

圖 4.93 習題 17

圖 4.94 習題 18

Chapter 5
BJT（雙載子接面電晶體）的交流分析

5.1 導言

在作電晶體網路的交流分析時，我們首先要關注的是輸入訊號的大小，這會決定應採用小訊號或是大訊號的分析技巧。本章是介紹小訊號分析技巧。

有三種模型普遍用在電晶體網路的小訊號交流分析：r_e 模型、混合 π 模型和混合等效（h 參數）模型。

5.2 交流放大

電晶體可用作放大裝置，也就是輸出訊號會大於輸入訊號，或者換另一種說法，輸出交流功率會大於輸入交流功率。但系統的總輸出功率 P_o 不能大於系統的輸入功率 P_i，且效率 $\eta = P_o/P_i$ 不能大於 1。在外加的直流功率，才能使效率因數合於常理。因為有直流功率"換成"交流功率，才能建立較高的輸出交流功率。轉換效率定義為 $\eta = P_{o(ac)}/P_{i(dc)}$，其中，$P_{o(ac)}$ 是送到負載的交流功率，而 $P_{i(dc)}$ 則是外加的直流功率。

一般而言，適當的放大設計需要考慮直流和交流分量在需求與限制相互之間的影響。

> 重疊定理可應用在 BJT 網路中直流與交流分量的分析和設計上，允許系統的直流和交流響應可分開來分析。

5.3 BJT 電晶體模型

模型是一組適當選擇的電路元件的組合，在特定的工作條件下，可對半導體裝置的實際操作達到最佳近似。

在電晶體網路分析發展的年代中，混合等效（h 參數）模型曾經是最常用的等效電路，規格表通常都會列出這些參數，分析時只要將這些值連同等效電路代入即可，但缺點是這些參數值是對應於一組工作條件，可能無法符合實際的工作條件。

現在 r_e 模型的使用更能符合要求，因為等效電路上重要的參數值可以由實際的工作條件決定，而不必使用規格表的值。但等效電路中的某些其他參數仍必須參照規格表。

高頻分析幾乎都是用混合 π 模型，其簡化版本就是 r_e 模型。混合 π 模型包含了輸出和輸入之間的連接元件，意即涵蓋了輸出電壓對輸入電壓電流的反饋效應。

考慮圖 5.1 的電路，假定電晶體的小訊號交流等效電路已經決定好了，所以所有直流電壓源等效於零電位（短路），不影響交流輸出的擺幅大小，見圖 5.2 的清楚說明。

當你在將網路修正成交流等效電路的過程中，參數如 Z_i、Z_o、I_i 和 I_o 的正確定義（如圖 5.3）是很重要的。簡化後網路中參數的定義中輸入阻抗的定義都是從基極到地，輸入電流的定義都是電晶體的基極電流，輸出電壓都是集極對地電壓，且輸出電流都定義成流經負載電阻 R_C 的電流。

在圖 5.4 中，此特定系統的輸入和輸出阻抗都是電阻性的，對 I_i 和 I_o 的方向而言，電阻元件上產生的電壓降，會分別和圖上的 V_i 和 V_o 的極性相同。若某實際系統的電流方向和圖 5.3 相反，則結果必須加上負號，因 V_o 必須按照圖 5.3 的極性定義。

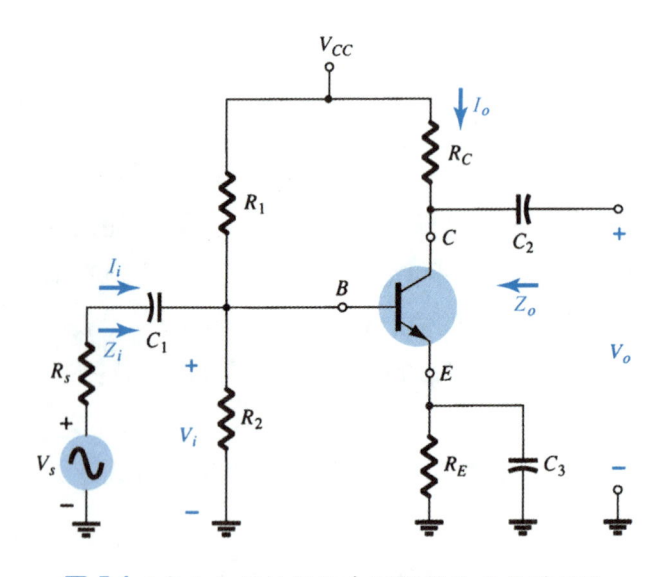

圖 5.1 在此介紹性討論中所探討的電晶體電路

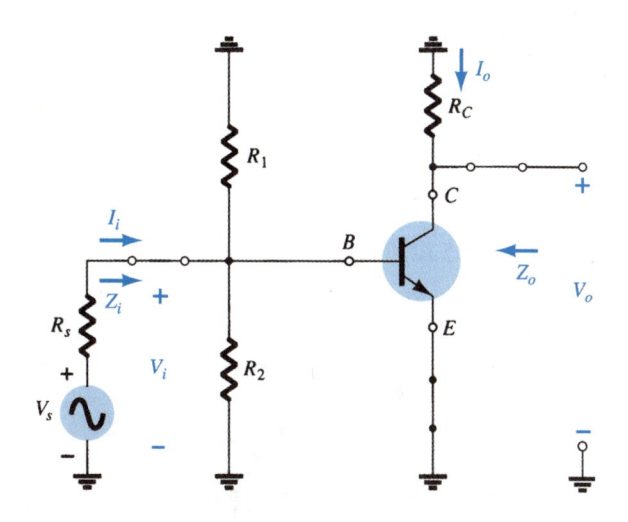

圖 5.2 圖 5.1 的網路去除直流電源，且電容等效於短路後所得的交流等效電路

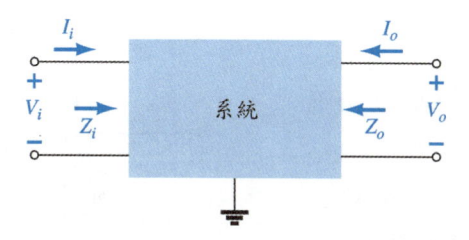

圖 5.3 定義任意系統的重要參數

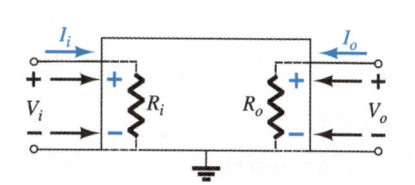

圖 5.4 說明方向和極性的定義理由

若對圖 5.2 建立一個共地點，且調整元件位置，R_1 和 R_2 並聯，R_C 接在集極和射極之間，如圖 5.5 所示。因為圖 5.5 上電晶體等效電路的組成元件，採用一般熟悉的元件如電阻和受控源等，因此可用重疊原理和戴維寧定理等分析技巧來決定電路中所要的電壓電流值。

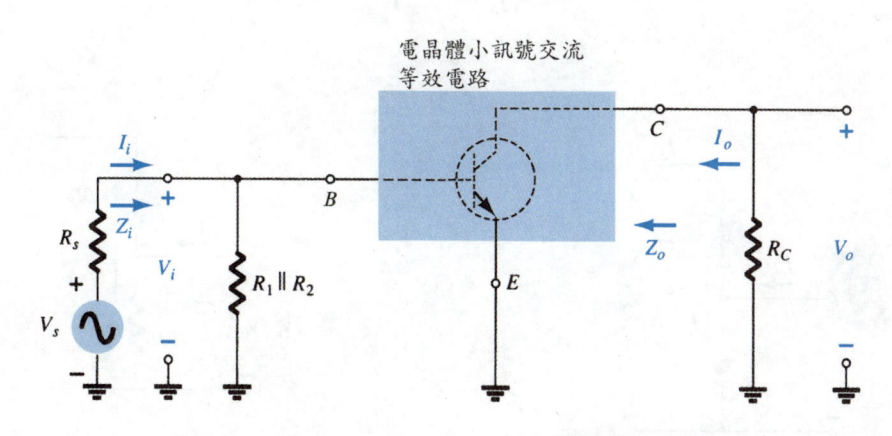

圖 5.5 重畫圖 5.2 的電路以便作小訊號交流分析

5.4 r_e 電晶體模型

共射極電路組態

共射極電路組態的等效電路，從輸入側開始，可看出外加輸入電壓 V_i 等於電壓 V_{be}，且輸入電流是基極電流 I_b，如圖 5.6 所示。

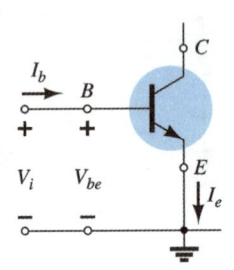

圖 5.6 求出 BJT 電晶體的輸入等效電路

因此就等效電路而言，輸入側僅是一個電流為 I_e 的二極體，如圖 5.7。

輸出部分的特性可用一個受控源代替，其大小是 β 乘上基極電流。所以共射極電路組態的等效網路可建立如圖 5.8。

先用一個等效電阻取代二極體，等效電阻值由 I_E 的大小決定，見圖 5.9。可得 $r_e = 26 \text{ mV}/I_E$。

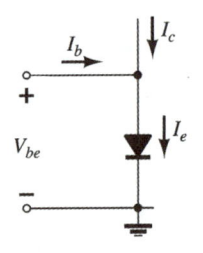

圖 5.7 BJT 電晶體輸入側的等效電路

對輸入側而言：
$$Z_i = \frac{V_i}{I_b} = \frac{V_{be}}{I_b}$$

且
$$Z_i = \frac{V_{be}}{I_b} = \frac{(\beta+1)I_b r_e}{I_b}$$

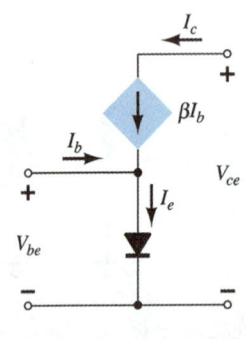

圖 5.8 BJT 等效電路

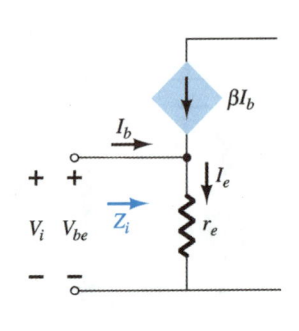

圖 5.9 定義 Z_i

$$Z_i = (\beta+1)r_e \cong \beta r_e \qquad (5.1)$$

結果是，從網路基極"看入"的阻抗是一電阻，阻值是 β 乘上 r_e，見圖 5.10，集極輸出電流仍然是輸入電流 (I_b) 乘上 β。

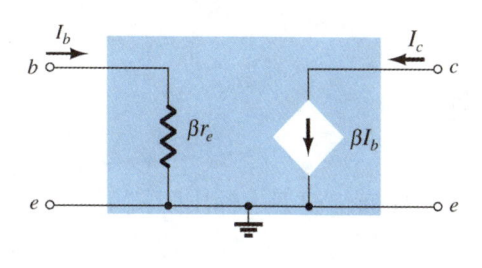

圖 5.10 改良的 BJT 等效電路

Early 電壓

輸出部分除了有 β 值和 I_B 所定的輸出集極電流之外，並未能反映元件的輸出阻抗。實際的特性如圖 5.11 有斜率存在，可定義元件的輸出阻抗。可注意到在圖 5.11 中，此交點的電壓稱為 Early 電壓。對指定的集極和基極電流而言，輸出阻抗可用下式求出：

$$r_o = \frac{\Delta V}{\Delta I} = \frac{V_A + V_{CE_Q}}{I_{C_Q}} \qquad (5.2)$$

但一般而言，和外加的集極對射極電壓相比，Early 電壓足夠大，因此可用以下近似式：

$$r_o \cong \frac{V_A}{I_{C_Q}} \qquad (5.3)$$

當 Early 電壓未提供時，可以在特性曲線圖上，對任何基極或集極電流以下式求出輸出阻抗。

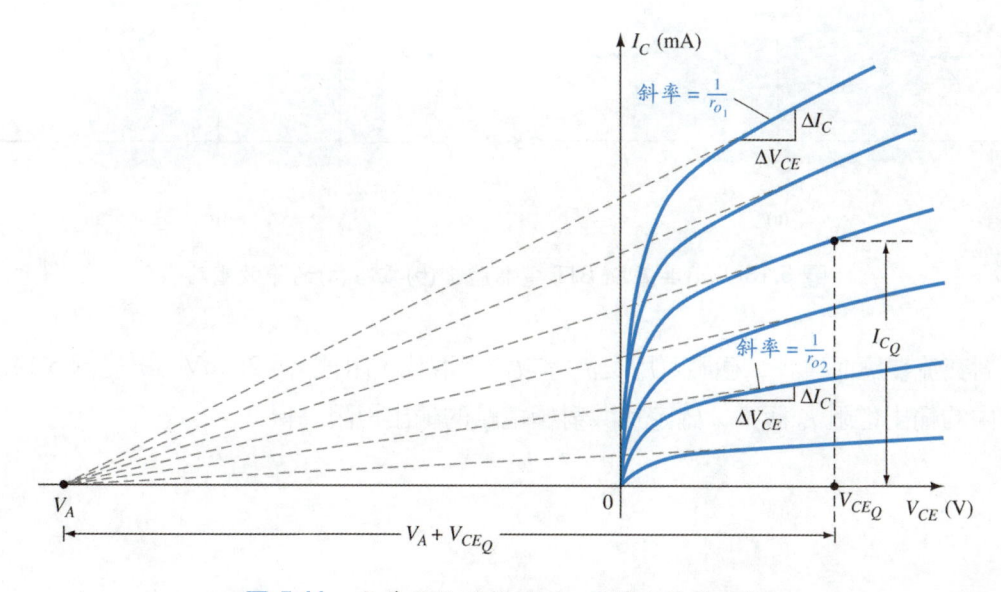

圖 5.11 定義電晶體的 Early 電壓和輸出阻抗

即
$$r_o = \frac{\Delta V_{CE}}{\Delta I_C} \tag{5.4}$$

任何情況下，輸出阻抗可以用電阻形式和輸出並聯，如圖 5.12 的等效電路所示。

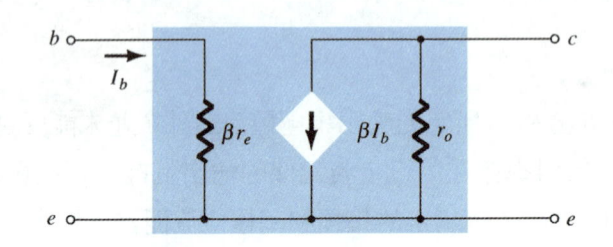

圖 5.12 共射極電晶體組態包含 r_o 效應的 r_e 模型

共基極電路組態

對圖 5.13a 的共基極電路組態，所用的 *pnp* 電晶體的輸入電路，在等效電路中用一個二極體代替，如圖 5.13b 所示。對輸出電路，可發現集極電流和射極電流之間有 α 倍的關係，圖 5.13b 中定義集極電流的受控源方向會和共射極組態中的受控源方向相反，輸出電路中的集極電流方向會和輸出電流的定義方向相反。

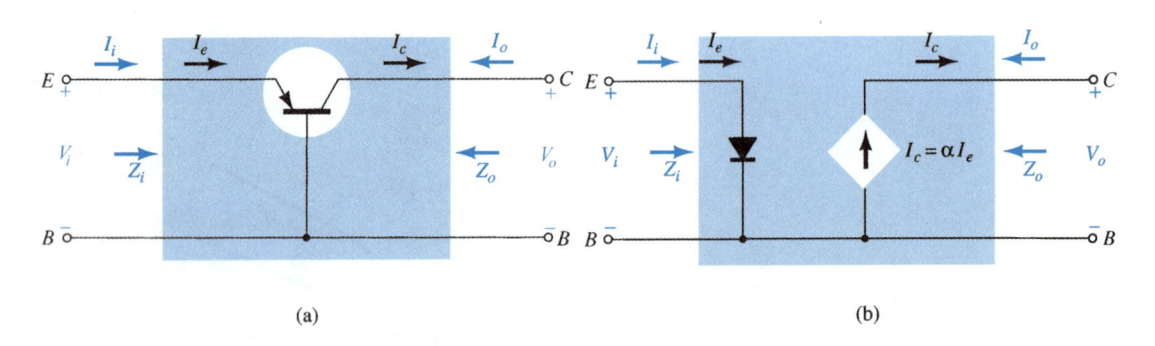

圖 5.13 (a)共基極 BJT 電晶體；(b)電路(a)的等效電路

對交流響應而言，二極體可用交流等效電阻取代，阻值 $r_e = 26 \text{ mV}/I_E$，見圖 5.14。圖 5.14 中的輸出電阻 r_o 極高，確定比共射極電路的輸出電阻高很多。

图 5.14 共基極 r_e 等效電路

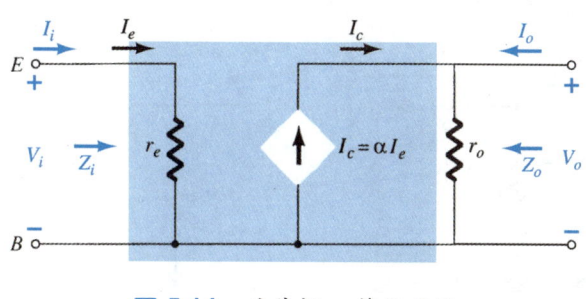

共集極電路組態

對共集極電路組態而言，共射極電路的等效模型（圖 5.12）一般已足以應用，無需再定義新的模型。

npn 對 *pnp*

對交流分析而言，因交流訊號是在正值與負值間不斷交互變化，所以 *npn* 和 *pnp* 的交流等效電路完全相同。

5.5 共射極固定偏壓電路

現在第一個要分析的電路組態，是圖 5.15 的共射極固定偏壓網路。輸入訊號 V_i 加到電晶體的基極，而輸出 V_o 則自集極離開。輸入電流 I_i 並不是基極電流，而輸出電流 I_o 則是集極電流。小訊號交流分析開始要先除去直流 V_{CC} 的影響，再將直流阻絕電容 C_1 和 C_2 等效於短路，可得到圖 5.16 的網路。

將 r_e 模型代入圖 5.16 的共射極電路組態，可得圖 5.17 的網路。

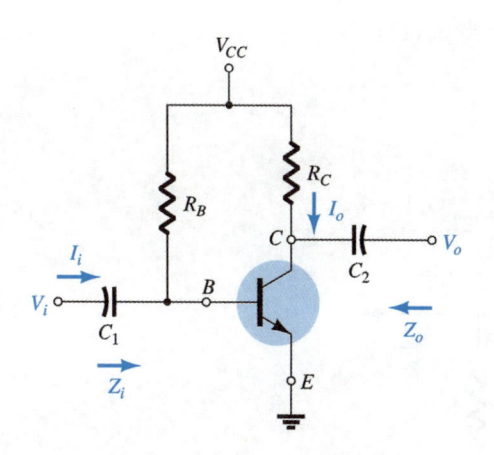

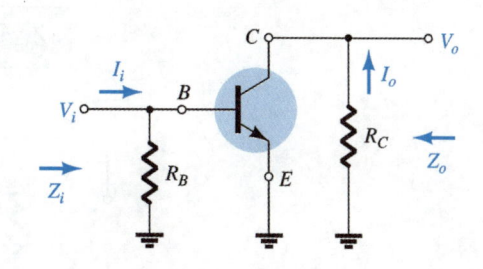

图 5.15 共射極固定偏壓電路

图 5.16 去除 V_{CC}、C_1 和 C_2 效應之後的網路（對應於圖 5.15）

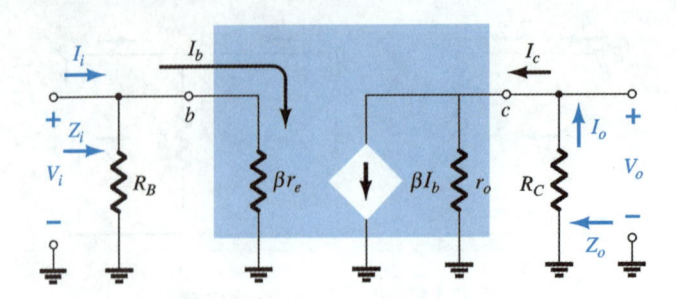

圖 5.17 將 r_e 模型代入圖 5.16 的網路

下一步要決定 β、r_e 和 r_o。β 的大小一般可由規格表，r_e 值必須由系統的直流分析決定，而 r_o 值一般可由規格表或從特性曲線得到。假定 β、r_e 和 r_o 都已決定好，就可產生系統的重要雙埠特性關係式如下：

Z_i 由圖 5.17 可清楚看到

$$\boxed{Z_i = R_B \| \beta r_e} \quad 歐姆(\Omega) \tag{5.5}$$

輸入阻抗可近似如下：

$$\boxed{Z_i \cong \beta r_o}_{R_B \geq 10\beta r_e} \quad 歐姆(\Omega) \tag{5.6}$$

Z_o 任何系統的輸出阻抗 Z_o 的決定，要令 $V_i = 0$ 來決定。對圖 5.17 而言，當 $V_i = 0$ 時，會使 $I_i = I_b = 0$，使電流源 βI_b 等效於開路，結果如圖 5.18 的電路，可得

$$\boxed{Z_o = R_C \| r_o} \quad 歐姆(\Omega) \tag{5.7}$$

若 $r_o \geq 10 R_C$，常用近似式 $R_C \| r_o \cong R_C$，即

$$\boxed{Z_o \cong R_C}_{r_o \geq 10 R_C} \tag{5.8}$$

圖 5.18 決定圖 5.17 網路的 Z_o

A_v 電阻 r_o 和 R_C 並聯，即

$$V_o = -\beta I_b (R_C \| r_o)$$

因

$$I_b = \frac{V_i}{\beta r_e}$$

所以

$$V_o = -\beta \left(\frac{V_i}{\beta r_e}\right)(R_C \| r_o)$$

可得

$$\boxed{A_v = \frac{V_o}{V_i} = -\frac{(R_C \| r_o)}{r_e}} \tag{5.9}$$

若 $r_o \geq 10R_C$，r_o 的效應可忽略不計，

$$\boxed{A_v = -\frac{R_C}{r_e}}\bigg|_{r_o \geq 10R_C} \tag{5.10}$$

相位關係 從 A_v 關係式中的負號可看出，輸入和輸出訊號存在 180° 的相位差，如圖 5.19。

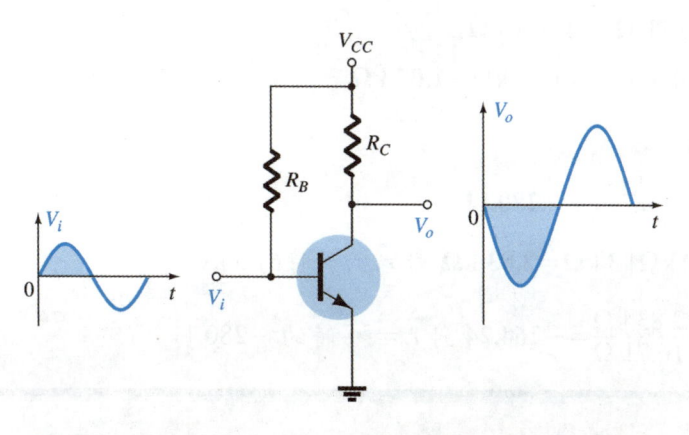

圖 5.19 說明輸入和輸出波形之間存在 180° 的相位差

例 5.1

對圖 5.20 的網路：

a. 試決定 r_e。

b. 試求出 Z_i（已知 $r_o = \infty\,\Omega$）。

c. 試計算 Z_o（已知 $r_o = \infty\,\Omega$）。

d. 試決定 A_v（已知 $r_o = \infty\,\Omega$）。

e. 重做(c)和(d)，但 $r_o = 50\text{ k}\Omega$，並比較結果。

圖 5.20　例 5.1

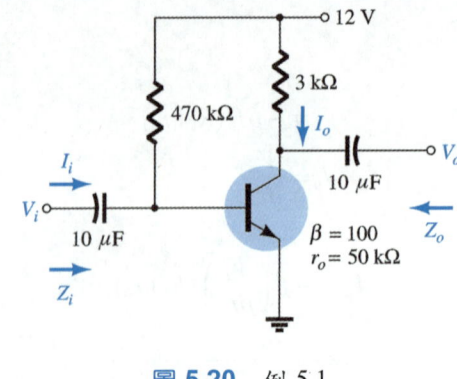

解：

a. 直流分析：

$$I_B = \frac{V_{CC} - V_{BE}}{R_B} = \frac{12\text{ V} - 0.7\text{ V}}{470\text{ k}\Omega} = 24.04\ \mu\text{A}$$

$$I_E = (\beta + 1)I_B = (101)(24.04\ \mu\text{A}) = 2.428\text{ mA}$$

$$r_e = \frac{26\text{ mV}}{I_E} = \frac{26\text{ mV}}{2.428\text{ mA}} = \mathbf{10.71\ \Omega}$$

b. $\beta r_e = (100)(10.71\ \Omega) = 1.071\text{ k}\Omega$

$Z_i = R_B \| \beta r_e = 470\text{ k}\Omega \| 1.071\text{ k}\Omega = \mathbf{1.07\text{ k}\Omega}$

c. $Z_o = R_C = \mathbf{3\text{ k}\Omega}$

d. $A_v = -\dfrac{R_C}{r_e} = -\dfrac{3\text{ k}\Omega}{10.71\ \Omega} = \mathbf{-280.11}$

e. $Z_o = r_o \| R_C = 50\text{ k}\Omega \| 3\text{ k}\Omega = \mathbf{2.83\text{ k}\Omega}$ 對 $r_o = \infty$ 時的 3 kΩ

$A_v = -\dfrac{r_o \| R_C}{r_e} = \dfrac{2.83\text{ k}\Omega}{10.71\ \Omega} = \mathbf{-264.24}$ 對 $r_o = \infty$ 時的 -280.11

5.6　分壓器偏壓

　　接下來要分析的電路組態是圖 5.21 的分壓器偏壓網路，此電路名稱的源由是網路的輸入側利用分壓器偏壓決定 V_B 的直流值。

　　將 r_e 等效電路代入電晶體，可得圖 5.22 的網路。旁路電容 C_E 的低阻抗短路效應，使 R_E 未出現在圖上。注意到 R_1 和 R_2 仍是輸入電路的一部分，而 R_C 則是輸出電路的一部分。R_1 和 R_2 並聯，得

第 5 章 BJT（雙載子接面電晶體）的交流分析

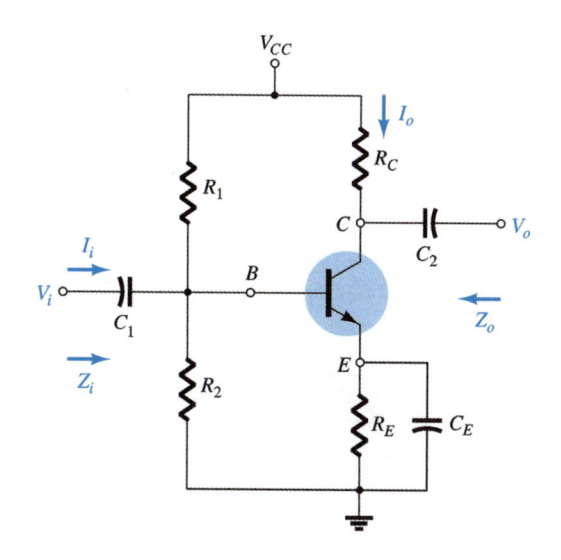

圖 5.21 分壓器偏壓電路

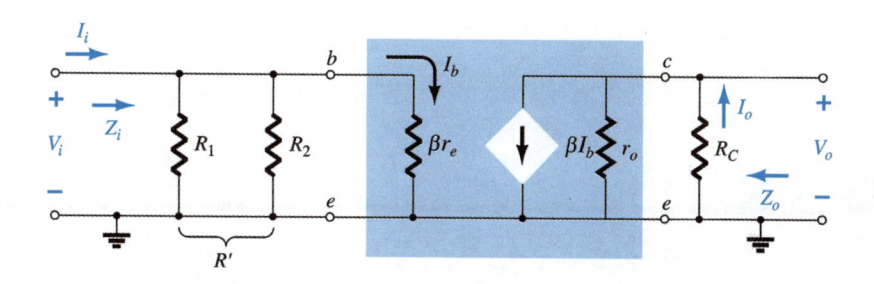

圖 5.22 將 r_e 等效電路代入圖 5.21 的交流等效電路

$$R' = R_1 \| R_2 = \frac{R_1 R_2}{R_1 + R_2} \tag{5.11}$$

Z_i 由圖 5.22，

$$Z_i = R' \| \beta r_e \tag{5.12}$$

Z_o 由圖 5.22，並令 V_i 為 0 V，可得 $I_b = 0\ \mu A$ 以及 $\beta I_b = 0\ mA$，

$$Z_o = R_C \| r_o \tag{5.13}$$

若 $r_o \geq 10 R_C$，

$$Z_o \cong R_C \Big|_{r_o \geq 10 R_C} \tag{5.14}$$

Aᵥ 因 R_C 和 r_o 並聯，

$$V_o = -(\beta I_b)(R_C \| r_o)$$

且

$$I_b = \frac{V_i}{\beta r_e}$$

所以

$$V_o = -\beta \left(\frac{V_i}{\beta r_e} \right)(R_C \| r_o)$$

即

$$\boxed{A_v = \frac{V_o}{V_i} = \frac{-R_C \| r_o}{r_e}} \tag{5.15}$$

若 $r_o \geq 10 R_C$，

$$\boxed{A_v = \frac{V_o}{V_i} \cong -\frac{R_C}{r_e}}_{r_o \geq 10 R_C} \tag{5.16}$$

相位關係 由式(5.15)的負號可看出，V_o 和 V_i 之間的相差是 180°。

例 5.2

對圖 5.23 的網路，試決定：

a. r_e。

b. Z_i。

c. Z_o $(r_o = \infty\,\Omega)$。

d. A_v $(r_o = \infty\,\Omega)$。

e. 重做(b)～(d)，但 $r_o = 50\,\text{k}\Omega$，並比較結果。

解：

a. 直流：檢查 $\beta R_E > 10 R_2$，

$$(90)(1.5\,\text{k}\Omega) > 10(8.2\,\text{k}\Omega)$$
$$135\,\text{k}\Omega > 82\,\text{k}\Omega \text{（滿足）}$$

圖 5.23 例 5.2

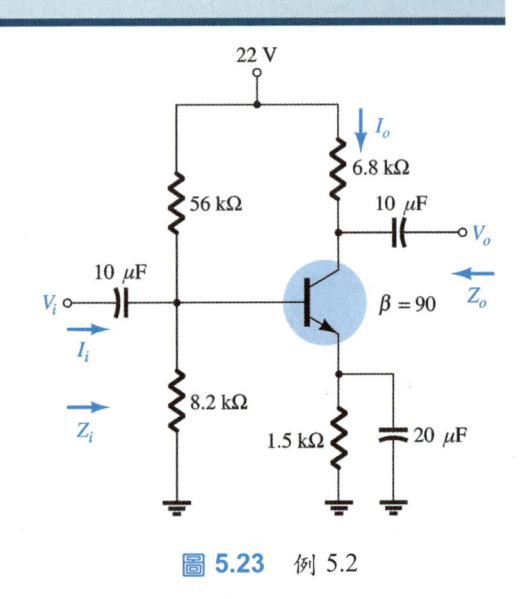

用近似法分析，可得

$$V_B = \frac{R_2}{R_1 + R_2} V_{CC} = \frac{(8.2\,\text{k}\Omega)(22\,\text{V})}{56\,\text{k}\Omega + 8.2\,\text{k}\Omega} = 2.81\,\text{V}$$

$$V_E = V_B - V_{BE} = 2.81\,\text{V} - 0.7\,\text{V} = 2.11\,\text{V}$$

$$I_E = \frac{V_E}{R_E} = \frac{2.11 \text{ V}}{1.5 \text{ k}\Omega} = 1.41 \text{ mA}$$

$$r_e = \frac{26 \text{ mV}}{I_E} = \frac{26 \text{ mV}}{1.41 \text{ mA}} = \mathbf{18.44 \ \Omega}$$

b. $R' = R_1 \| R_2 = (56 \text{ k}\Omega) \| (8.2 \text{ k}\Omega) = 7.15 \text{ k}\Omega$

$Z_i = R' \| \beta r_e = 7.15 \text{ k}\Omega \| (90)(18.44 \ \Omega) = 7.15 \text{ k}\Omega \| 1.66 \text{ k}\Omega$
$= \mathbf{1.35 \text{ k}\Omega}$

c. $Z_o = R_C = \mathbf{6.8 \text{ k}\Omega}$

d. $A_v = -\dfrac{R_C}{r_e} = -\dfrac{6.8 \text{ k}\Omega}{18.44 \ \Omega} = \mathbf{-368.76}$

e. $Z_i = \mathbf{1.35 \text{ k}\Omega}$

$Z_o = R_C \| r_o = 6.8 \text{ k}\Omega \| 50 \text{ k}\Omega = \mathbf{5.968 \text{ k}\Omega}$ 對 $r_o = \infty$ 時的 6.8 kΩ

$A_v = -\dfrac{R_C \| r_o}{r_e} = -\dfrac{5.98 \text{ k}\Omega}{18.44 \ \Omega} = \mathbf{-324.3}$ 對 $r_o = \infty$ 時的 −368.76

因 r_o 能滿足 $r_o \geq 10R_C$ 的條件，所以 Z_o 和 A_v 的結果出現可觀的差異。

5.7 共射極(CE)射極偏壓電路

現在要探討的網路有包含射極電阻，此電阻可以並接也可以不並接旁路電容。

未旁路

未旁路電路組態見圖 5.24，電晶體代入 r_e 等效模型得圖 5.25，但注意到 r_o 並未出現，r_o 的效應會使分析過於複雜，且在大部分的情況下 r_o 的效應很小可忽略不計。

應用克希荷夫電壓定律到圖 5.25 的輸入側，可得

$$V_i = I_b \beta r_e + I_e R_E$$

或

$$V_i = I_b \beta r_e + (\beta + 1)I_b R_E$$

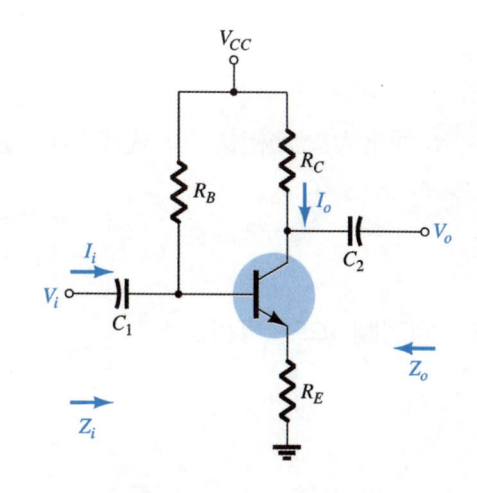

從 R_B 右側看入網路的輸入阻抗是

圖 5.24 CE 射極偏壓電路

$$Z_b = \frac{V_i}{I_b} = \beta r_e + (\beta + 1)R_E$$

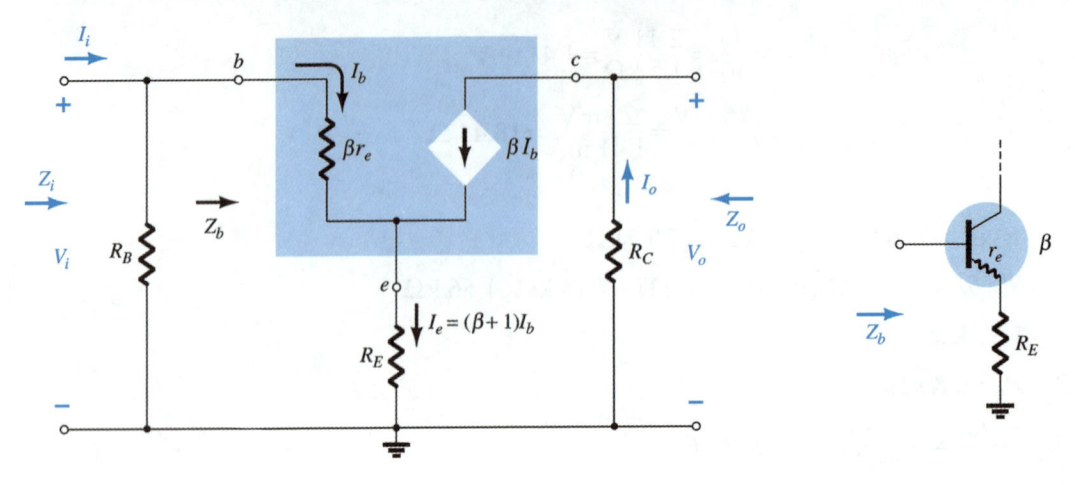

圖 5.25 將 r_e 等效電路代入圖 5.24 的交流等效網路

圖 5.26 定義具有未旁路射極電阻的電晶體的輸入阻抗

　　顯示在圖 5.26 的結果可看出，具有未旁路電阻 R_E 的電晶體，其輸入阻抗可由下式決定：

$$Z_b = \beta r_e + (\beta + 1) R_E \qquad (5.17)$$

近似公式：

$$Z_b \cong \beta r_e + \beta R_E$$

即

$$Z_b \cong \beta (r_e + R_E) \qquad (5.18)$$

因 R_E 通常大於 r_e 相當多，式(5.18)可進一步簡化為

$$Z_b \cong \beta R_E \qquad (5.19)$$

Z_i　回到圖 5.25，可得

$$Z_i = R_B \| Z_b \qquad (5.20)$$

Z_o　令 V_i 為 0 V，使 $I_b = 0$，βI_b 等效於開路，結果是

$$Z_o = R_C \qquad (5.21)$$

A_v

$$I_b = \frac{V_i}{Z_b}$$

且

$$V_o = -I_o R_C = -\beta I_b R_C = -\beta \left(\frac{V_i}{Z_b}\right) R_C$$

即

$$A_v = \frac{V_o}{V_i} = -\frac{\beta R_C}{Z_b} \tag{5.22}$$

將 $Z_b \cong \beta(r_e + R_E)$ 代入，得

$$A_v = \frac{V_o}{V_i} \cong -\frac{R_C}{r_e + R_E} \tag{5.23}$$

再近似為 $Z_b \cong \beta R_E$，

$$A_v = \frac{V_o}{V_i} \cong -\frac{R_C}{R_E} \tag{5.24}$$

相位關係 由式(5.22)的負號，再一次看出 V_o 和 V_i 之間存在 180° 的相位差。

r_o 的影響 從以下關係式可看出，分析中若考慮 r_o 將使結果複雜很多。每一關係式的推導已超過本書的需要，因此留給讀者作練習，經由電路分析的基本定律，如克希荷夫電壓及電流定律、電源轉換及戴維寧定理等等的小心運用就可導出。列出以下公式。

Z_i

$$Z_b = \beta r_e + \left[\frac{(\beta + 1) + R_C/r_o}{1 + (R_C + R_E)/r_o}\right] R_E \tag{5.25}$$

$$Z_b \cong \beta(r_e + R_E) \Big|_{r_o \geq 10(R_C + R_E)} \tag{5.26}$$

Z_o

$$Z_o = R_C \| \left[r_o + \frac{\beta(r_o + r_e)}{1 + \frac{\beta r_e}{R_E}} \right] \tag{5.27}$$

但 $r_o \gg r_e$，可得

$$Z_o \cong R_C \| r_o \left[1 + \frac{\beta}{1 + \frac{\beta r_e}{R_E}} \right]$$

可改寫成

$$Z_o \cong R_C \| r_o \left[1 + \frac{1}{\frac{1}{\beta} + \frac{r_e}{R_E}} \right]$$

$$\boxed{Z_o \cong R_C} \quad \text{對任意的 } r_o \text{ 值} \tag{5.28}$$

A_v

$$\boxed{A_v = \frac{V_o}{V_i} = \frac{-\frac{\beta R_C}{Z_b}\left[1 + \frac{r_e}{r_o}\right] + \frac{R_C}{r_o}}{1 + \frac{R_C}{r_o}}} \tag{5.29}$$

$$\boxed{A_v = \frac{V_o}{V_i} \cong -\frac{\beta R_C}{Z_b}}_{r_o \geq 10 R_C} \tag{5.30}$$

例 5.3

對圖 5.27 的網路，且不加旁路電容 C_E，決定：

a. r_e。
b. Z_i。
c. Z_o。
d. A_v。

解：

a. 直流：

$$I_B = \frac{V_{CC} - V_{BE}}{R_B + (\beta + 1)R_E} = \frac{20\text{ V} - 0.7\text{ V}}{470\text{ k}\Omega + (121)0.56\text{ k}\Omega}$$

$$= 35.89\ \mu\text{A}$$

$$I_E = (\beta + 1)I_B = (121)(35.89\mu\text{A}) = 4.34\text{ mA}$$

且 $r_e = \dfrac{26\text{ mV}}{I_E} = \dfrac{26\text{ mV}}{4.34\text{ mA}} = \mathbf{5.99\ \Omega}$

b. 檢查是否滿足條件 $r_o \geq 10(R_C + R_E)$，可得

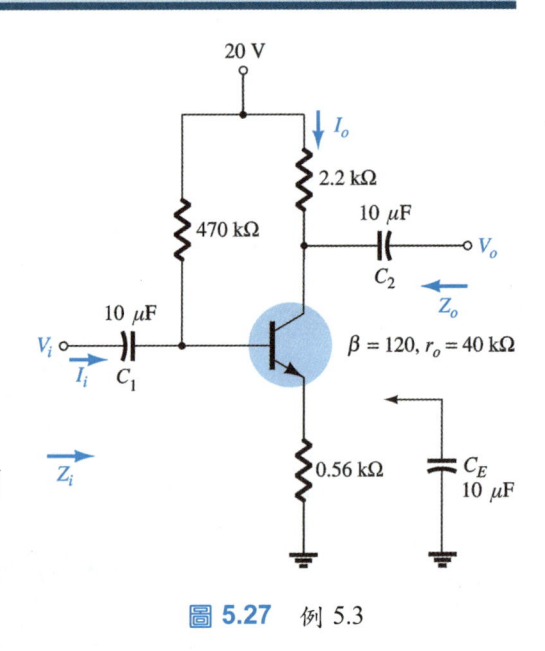

圖 5.27 例 5.3

$$40 \text{ k}\Omega \geq 10(2.2 \text{ k}\Omega + 0.56 \text{ k}\Omega)$$

$$40 \text{ k}\Omega \geq 10(2.76 \text{ k}\Omega) = 27.6 \text{ k}\Omega \text{（滿足）}$$

因此

$$Z_b \cong \beta(r_e + R_E) = 120(5.99 \text{ }\Omega + 560 \text{ }\Omega) = 67.92 \text{ k}\Omega$$

即

$$Z_i = R_B \| Z_b = 470 \text{ k}\Omega \| 67.92 \text{ k}\Omega = \mathbf{59.34 \text{ k}\Omega}$$

c. $Z_o = R_C = \mathbf{2.2 \text{ k}\Omega}$

d. $r_o \geq 10 R_C$ 條件滿足，因此，

$$A_v = \frac{V_o}{V_i} \cong -\frac{\beta R_C}{Z_b} = -\frac{(120)(2.2 \text{ k}\Omega)}{67.92 \text{ k}\Omega}$$
$$= \mathbf{-3.89}$$

若用式(5.20)作比較：$A_v \cong -R_C/R_E$，可得 -3.93。

例 5.4

重做例 5.3，但並聯 C_E。

解：

a. 直流分析完全相同，且 $r_e = 5.99 \text{ }\Omega$。

b. 交流分析時 R_E 被 C_E "短路掉"，因此，

$$Z_i = R_B \| Z_b = R_B \| \beta r_e = 470 \text{ k}\Omega \| (120)(5.99 \text{ }\Omega)$$
$$= 470 \text{ k}\Omega \| 718.8 \text{ }\Omega \cong \mathbf{717.70 \text{ }\Omega}$$

c. $Z_o = R_C = \mathbf{2.2 \text{ k}\Omega}$

d. $A_v = -\dfrac{R_C}{r_e}$

$$= -\frac{2.2 \text{ k}\Omega}{5.99 \text{ k}\Omega} = \mathbf{-367.28} \text{（增加相當多）}$$

5.8 射極隨耦器電路

當輸出自電晶體的射極腳位接出，如圖 5.28 所示。這種網路稱為*射極隨耦器* (emitter follower)。因為基極對射極的電壓降，使輸出電壓必然略小於輸入訊號，但 $A_v \cong 1$ 通常是良好的近似。和集極電壓不同，射極電壓會和輸入訊號 V_i 同相，也就是 V_o 和 V_i 會同時

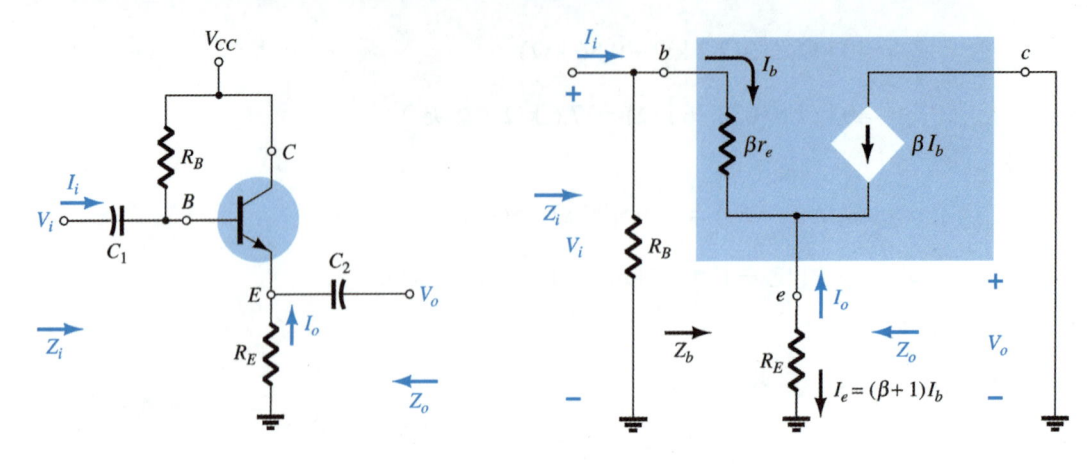

圖 5.28 射極隨耦器電路　　**圖 5.29** 將 r_e 等效電路代入圖 5.28 的交流等效網路

到達正峰值和負峰值，因為同相，V_o 會跟隨著 V_i 的大小變化，所以稱為射極隨耦器。

射極隨耦器電路常用作阻抗匹配的用途，此電路提供高輸入阻抗和低輸出阻抗，和標準的固定偏壓電路恰恰相反。經由此系統（射極隨耦器或變壓器），負載可和電源阻抗相匹配，而得到最大功率轉移。

將 r_e 等效電路代入圖 5.28 的網路，可得圖 5.29 的網路。

Z_i　用上一節所描述的相同方法決定輸入阻抗：

$$Z_i = R_B \| Z_b \tag{5.31}$$

又

$$Z_b = \beta r_e + (\beta + 1) R_E \tag{5.32}$$

或

$$Z_b \cong \beta (r_e + R_E) \tag{5.33}$$

即

$$Z_b \cong \beta R_E \quad {}_{R_E \gg r_e} \tag{5.34}$$

Z_o　先寫出電流 I_b 的方程式，可得輸出阻抗最好的描述方法：

$$I_b = \frac{V_i}{Z_b}$$

$$I_e = (\beta + 1) I_b = (\beta + 1) \frac{V_i}{Z_b}$$

代入 Z_b 的關係式，得

$$I_e = \frac{(\beta + 1) V_i}{\beta r_e + (\beta + 1) R_E}$$

即
$$I_e = \frac{V_i}{[\beta r_e/(\beta+1)] + R_E}$$

又
$$\frac{\beta r_e}{\beta+1} \cong \frac{\beta r_e}{\beta} = r_e$$

所以
$$\boxed{I_e \cong \frac{V_i}{r_e + R_E}} \tag{5.35}$$

現在可以利用式(5.31)的定義建立一個網路，可得圖 5.30 的電路。

決定 Z_o 時，令 $V_i=0$，可得

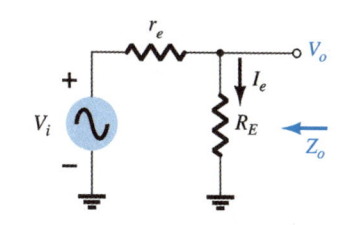

$$\boxed{Z_o = R_E \| r_e} \tag{5.36}$$

圖 5.30 定義射極隨耦器電路的輸出阻抗

因 R_E 一般會遠大於 r_e，所以常運用以下近似式：

$$\boxed{Z_o \cong r_e} \tag{5.37}$$

A_v 由圖 5.30，利用分壓定律可決定電壓增益：

$$V_o = \frac{R_E V_i}{R_E + r_e}$$

即
$$\boxed{A_v = \frac{V_o}{V_i} = \frac{R_E}{R_E + r_e}} \tag{5.38}$$

$$\boxed{A_v = \frac{V_o}{V_i} \cong 1} \tag{5.39}$$

相位關係 由式(5.38)和本節先前的討論可看出，射極隨耦器電路的 V_o 和 V_i 同相。

r_o 的效應
Z_i

$$\boxed{Z_b = \beta r_e + \frac{(\beta+1)R_E}{1 + \dfrac{R_E}{r_o}}} \tag{5.40}$$

若滿足 $r_o \geq 10R_E$ 的條件，

$$Z_b \cong \beta(r_e+R_E) \Big|_{r_o \geq 10R_E} \tag{5.41}$$

Z_o

$$Z_o = r_o \| R_E \| \frac{\beta r_e}{(\beta+1)} \tag{5.42}$$

$$Z_o \cong R_E \| r_e \Big|_{\text{任何}\, r_o} \tag{5.43}$$

A_v

$$A_v = \frac{(\beta+1)R_E/Z_b}{1+\dfrac{R_E}{r_o}} \tag{5.44}$$

即

$$A_v \cong \frac{R_E}{r_e+R_E} \Big|_{r_o \geq 10R_E} \tag{5.45}$$

例 5.5

對圖 5.31 的射極隨耦器網路，試決定：

a. r_e。
b. Z_i。
c. Z_o。
d. A_v。
e. 重做 (b)～(d)，但 r_o = 25 kΩ，並比較結果。

解：

a. $I_B = \dfrac{V_{CC}-V_{BE}}{R_B+(\beta+1)R_E}$

$= \dfrac{12 \text{ V} - 0.7 \text{ V}}{220 \text{ k}\Omega + (101)3.3 \text{ k}\Omega} = 20.42 \ \mu\text{A}$

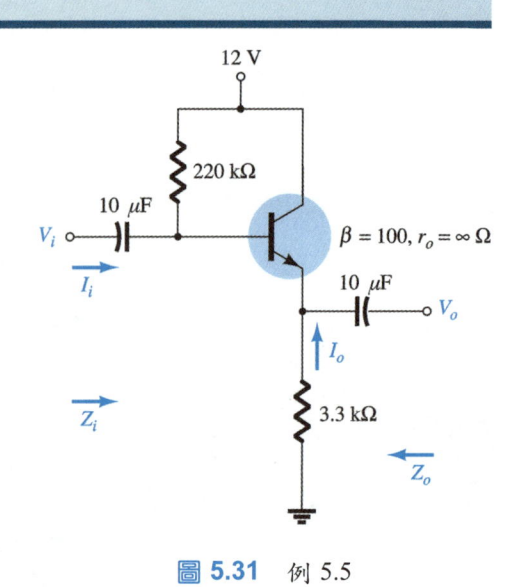

圖 5.31　例 5.5

$$I_E = (\beta + 1)I_B$$
$$= (101)(20.42\ \mu A) = 2.062\ mA$$
$$r_e = \frac{26\ mV}{I_E} = \frac{26\ mV}{2.062\ mA} = \mathbf{12.61\ \Omega}$$

b. $Z_b = \beta r_e + (\beta + 1)R_E$
$$= (100)(12.61\ \Omega) + (101)(3.3\ k\Omega)$$
$$= 1.261\ k\Omega + 333.3\ k\Omega$$
$$= 334.56\ k\Omega \cong \beta R_E$$

$Z_i = R_B \| Z_b = 220\ k\Omega \| 334.56\ k\Omega$
$$= \mathbf{132.72\ k\Omega}$$

c. $Z_o = R_E \| r_e = 3.3\ k\Omega \| 12.61\ \Omega$
$$= \mathbf{12.56\ \Omega} \cong r_e$$

d. $A_v = \dfrac{V_o}{V_i} = \dfrac{R_E}{R_E + r_e} = \dfrac{3.3\ k\Omega}{3.3\ k\Omega + 12.61\ \Omega}$
$$= \mathbf{0.996 \cong 1}$$

e. 檢查條件 $r_o \geq 10 R_E$ 是否滿足,可得

$$25\ k\Omega \geq 10(3.3\ k\Omega) = 33\ k\Omega$$

條件不滿足,因此,

$$Z_b = \beta r_e + \frac{(\beta + 1)R_E}{1 + \dfrac{R_E}{r_o}} = (100)(12.61\ \Omega) + \frac{(100 + 1)3.3\ k\Omega}{1 + \dfrac{3.3\ k\Omega}{25\ k\Omega}}$$
$$= 1.261\ k\Omega + 294.43\ k\Omega$$
$$= 295.7\ k\Omega$$

且 $Z_i = R_B \| Z_b = 220\ k\Omega \| 295.7\ k\Omega$
$$= \mathbf{126.15\ k\Omega} \quad \text{對先前所得結果 } 132.72\ k\Omega$$

$Z_o = R_E \| r_e = \mathbf{12.56\ \Omega}$ 如先前所得結果

$$A_v = \frac{(\beta + 1)R_E / Z_b}{\left[1 + \dfrac{R_E}{r_o}\right]} = \frac{(100 + 1)(3.3\ k\Omega)/295.7\ k\Omega}{\left[1 + \dfrac{3.3\ k\Omega}{25\ k\Omega}\right]}$$
$$= \mathbf{0.996 \cong 1}$$

符合先前所得結果。

5.9 共基極電路

共基極電路的特點是相當低的輸入阻抗，高輸出阻抗和小於 1 的電流增益，但電壓增益則甚大。標準共基極電路見圖 5.32，代入共基極 r_e 模型後的交流等效電路見圖 5.33。電晶體的輸出阻抗 r_o 並未放在電路中，因 r_o 一般在 MΩ 的範圍，和 R_C 並聯時，可忽略不計。

Z_i

$$\boxed{Z_i = R_E \| r_e} \tag{5.46}$$

Z_o

$$\boxed{Z_o = R_C} \tag{5.47}$$

A_v

$$V_o = -I_o R_C = -(-I_c) R_C = \alpha I_e R_C$$

又

$$I_e = \frac{V_i}{r_e}$$

或

$$V_o = \alpha \left(\frac{V_i}{r_e}\right) R_C$$

即

$$\boxed{A_v = \frac{V_o}{V_i} = \frac{\alpha R_C}{r_e} \cong \frac{R_C}{r_e}} \tag{5.48}$$

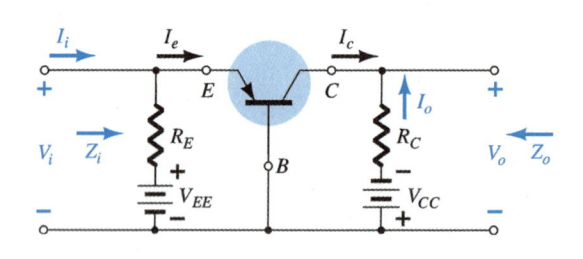

圖 5.32 共基極電路

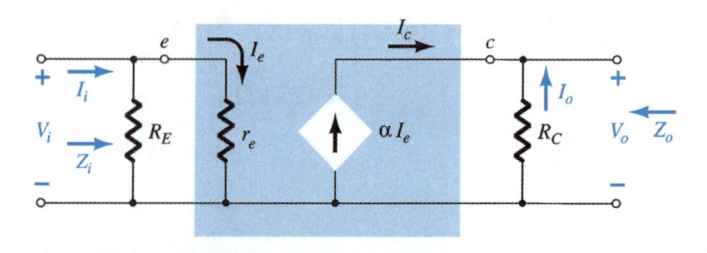

圖 5.33 將 r_e 等效電路代入圖 5.32 的交流等效網路中

A_i 假定 $R_E \gg r_e$,可得

$$I_e = I_i$$

且

$$I_o = -\alpha I_e = -\alpha I_i$$

即

$$A_i = \frac{I_o}{I_i} = -\alpha \cong -1 \tag{5.49}$$

相位關係 A_v 為正值的事實顯示,共基極電路的 V_o 和 V_i 同相。

例 5.6

對圖 5.34 的網路,試決定:
a. r_e。
b. Z_i。
c. Z_o。
d. A_v。
e. A_i。

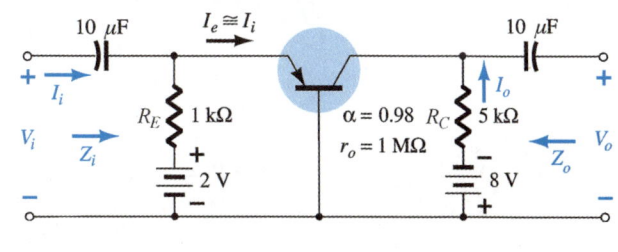

圖 5.34 例 5.6

解:

a. $I_E = \dfrac{V_{EE} - V_{BE}}{R_E} = \dfrac{2 \text{ V} - 0.7 \text{ V}}{1 \text{ k}\Omega} = \dfrac{1.3 \text{ V}}{1 \text{ k}\Omega} = 1.3 \text{ mA}$

$r_e = \dfrac{26 \text{ mV}}{I_E} = \dfrac{26 \text{ mV}}{1.3 \text{ mA}} = \mathbf{20 \text{ }\Omega}$

b. $Z_i = R_E \| r_e = 1 \text{ k}\Omega \| 20 \text{ }\Omega = \mathbf{19.61 \text{ }\Omega} \cong r_e$

c. $Z_o = R_C = \mathbf{5 \text{ k}\Omega}$

d. $A_v \cong \dfrac{R_C}{r_e} = \dfrac{5 \text{ k}\Omega}{20 \text{ }\Omega} = \mathbf{250}$

e. $A_i = \mathbf{-0.98} \cong -1$

5.10 集極反饋電路

圖 5.35 的集極反饋電路中,利用自集極到基極的反饋路徑來增加系統的穩定性,從基極到集極接一個電阻的簡單動作,而不在基極和直流電源之間接電阻,會使分析網路的困難度提高非常多。

將等效電路代入,重畫網路,可得圖 5.36 的電路組態。

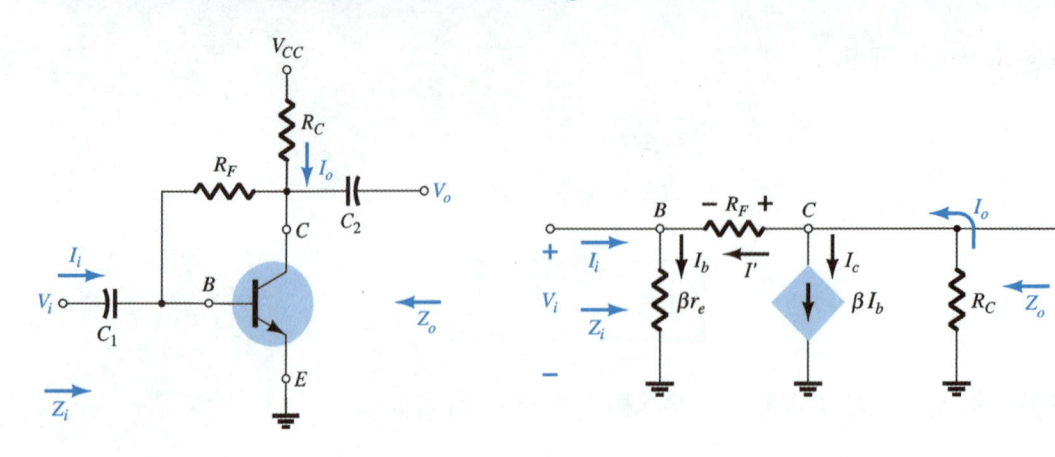

圖 5.35 集極反饋電路　　**圖 5.36** 將 r_e 等效電路代入圖 5.35 的交流等效網路中

Z_i

$$I_o = I' + \beta I_b$$

即

$$I' = \frac{V_o - V_i}{R_F}$$

但

$$V_o = -I_o R_C = -(I' + \beta I_b)R_C$$

又

$$V_i = I_b \beta r_e$$

所以

$$I' = \frac{(I' + \beta I_b)R_C - I_b \beta r_e}{R_F} = -\frac{I' R_C}{R_F} - \frac{\beta I_b R_C}{R_F} - \frac{I_b \beta r_e}{R_F}$$

整理如下：

$$I'\left(1 + \frac{R_C}{R_F}\right) = -\beta I_b \frac{(R_C + r_e)}{R_F}$$

最後，

$$I' = -\beta I_b \frac{(R_C + r_e)}{R_C + R_F}$$

今 $Z_i = \dfrac{V_i}{I_i}$：

且

$$I_i = I_b - I' = I_b + \beta I_b \frac{(R_C + r_e)}{R_C + R_F}$$

即

$$I_i = I_b \left(1 + \beta \frac{(R_C + r_e)}{R_C + R_F}\right)$$

將以上 V_i、I_i 關係代入 Z_i 定義中，

$$Z_i = \frac{V_i}{I_i} = \frac{I_b \beta r_e}{I_b\left(1 + \beta\dfrac{(R_C + r_e)}{R_C + R_F}\right)} = \frac{\beta r_e}{1 + \beta\dfrac{(R_C + r_e)}{R_C + R_F}}$$

因 $R_C \gg r_e$,

$$Z_i = \frac{\beta r_e}{1 + \frac{\beta R_C}{R_C + R_F}}$$

即

$$Z_i = \frac{r_e}{\frac{1}{\beta} + \frac{R_C}{R_C + R_F}} \tag{5.50}$$

Z_o　求 Z_o 時,令 $V_i = 0$,所得網路見圖 5.37。除去 βr_e 的效應,可看到 R_F 和 R_C 並聯,且

$$Z_o \cong R_C \| R_F \tag{5.51}$$

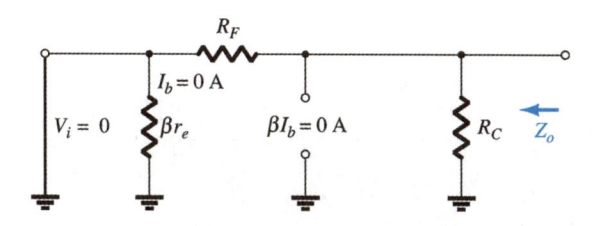

圖 5.37　定義集極反饋電路的 Z_o

A_v

$$V_o = -I_o R_C = -(I' + \beta I_b)R_C$$
$$= -\left(-\beta I_b \frac{(R_C + r_e)}{R_C + R_F} + \beta I_b\right)R_C$$

因此

$$A_v = \frac{V_o}{V_i} = \frac{-\beta I_b \left(1 - \frac{(R_C + r_e)}{R_C + R_F}\right)R_C}{\beta r_e I_b} = -\left(1 - \frac{(R_C + r_e)}{R_C + R_F}\right)\frac{R_C}{r_e}$$

因 $R_C \gg r_e$,

$$A_v = -\left(1 - \frac{R_C}{R_C + R_F}\right)\frac{R_C}{r_e}$$

通分

$$A_v = -\frac{(R_C + R_F - R_C)}{R_C + R_F}\frac{R_C}{r_e}$$

即

$$A_v = -\left(\frac{R_F}{R_C + R_F}\right)\frac{R_C}{r_e} \tag{5.52}$$

對 $R_E \gg R_C$ 而言，

$$A_v \cong \frac{R_C}{r_e} \quad (5.53)$$

相位關係 式(5.52)中的負號代表 V_o 和 V_i 之間相差 180°。

r_o 的效應

Z_i 不採近似，完整分析可得

$$Z_i = \frac{1 + \dfrac{R_C \| r_o}{R_F}}{\dfrac{1}{\beta r_e} + \dfrac{1}{R_F} + \dfrac{R_C \| r_o}{\beta r_e R_F} + \dfrac{R_C \| r_o}{R_F r_e}} \quad (5.54)$$

利用條件 $r_o \geq 10 R_C$，可得

$$Z_i = \frac{1 + \dfrac{R_C}{R_F}}{\dfrac{1}{\beta r_e} + \dfrac{1}{R_F} + \dfrac{R_C}{\beta r_e R_F} + \dfrac{R_C}{R_F r_e}} = \frac{r_e\left[1 + \dfrac{R_C}{R_F}\right]}{\dfrac{1}{\beta} + \dfrac{1}{R_F}\left[r_e + \dfrac{R_C}{\beta} + R_C\right]}$$

利用 $R_C \gg r_e$ 以及 $\dfrac{R_C}{\beta}$，

$$Z_i \cong \frac{r_e\left[1 + \dfrac{R_C}{R_F}\right]}{\dfrac{1}{\beta} + \dfrac{R_C}{R_F}} = \frac{r_e\left[\dfrac{R_F + R_C}{R_F}\right]}{\dfrac{R_F + \beta R_C}{\beta R_F}} = \frac{r_e}{\dfrac{1}{\beta}\left(\dfrac{R_F}{R_F + R_C}\right) + \dfrac{R_C}{R_C + R_F}}$$

但因 R_F 一般 $\gg R_C$，$R_F + R_C \cong R_F$ 且 $\dfrac{R_F}{R_F + R_C} = 1$，

$$Z_i \cong \frac{r_e}{\dfrac{1}{\beta} + \dfrac{R_C}{R_C + R_F}} \bigg|_{r_o \gg R_C, R_F > R_C} \quad (5.55)$$

如先前所得者。

Z_o 將 r_o 涵蓋進來，r_o 和圖 5.37 中的 R_C 並聯，可得

$$Z_o = r_o \| R_C \| R_F \quad (5.56)$$

對 $r_o \geq 10R_C$ 而言,

$$\boxed{Z_o \cong R_C \| R_F}\bigg|_{r_o \geq 10R_C} \tag{5.57}$$

對 $R_F \gg R_C$ 的普通情況,

$$\boxed{Z_o \cong R_C}\bigg|_{r_o \geq 10R_C,\, R_F \gg R_C} \tag{5.58}$$

A_v

$$\boxed{A_v = -\left(\frac{R_F}{R_C\|r_o + R_F}\right)\frac{R_C\|r_o}{r_e}} \tag{5.59}$$

對 $r_o \geq 10R_C$ 而言,

$$\boxed{A_v \cong -\left(\frac{R_F}{R_C + R_F}\right)\frac{R_C}{r_e}}\bigg|_{r_o \geq 10R_C} \tag{5.60}$$

且對 $R_F \gg R_C$ 而言,

$$\boxed{A_v \cong -\frac{R_C}{r_e}}\bigg|_{r_o \geq 10R_C,\, R_F \gg R_C} \tag{5.61}$$

如先前所得者。

例 5.7

對圖 5.38 的網路,試決定

a. r_e。
b. Z_i。
c. Z_o。
d. A_v。
e. 重做(b)~(d),但 $r_o = 20\ k\Omega$,並比較結果。

解:

a. $I_B = \dfrac{V_{CC} - V_{BE}}{R_F + \beta R_C} = \dfrac{9\ V - 0.7\ V}{180\ k\Omega + (200)2.7\ k\Omega}$
 $= 11.53\ \mu A$

$I_E = (\beta + 1)I_B = (201)(11.53\ \mu A) = 2.32\ mA$

$r_e = \dfrac{26\ mV}{I_E} = \dfrac{26\ mV}{2.32\ mA} = \mathbf{11.21\ \Omega}$

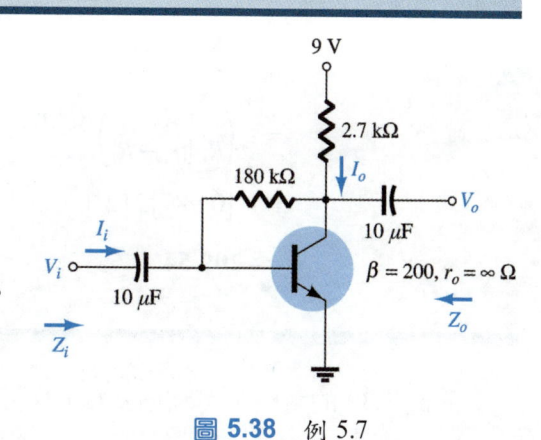

圖 5.38 例 5.7

b. $Z_i = \dfrac{r_e}{\dfrac{1}{\beta} + \dfrac{R_C}{R_C + R_F}} = \dfrac{11.21\ \Omega}{\dfrac{1}{200} + \dfrac{2.7\ \text{k}\Omega}{182.7\ \text{k}\Omega}} = \dfrac{11.21\ \Omega}{0.005 + 0.0148}$

$= \dfrac{11.21\ \Omega}{0.0198} =$ **566.16 Ω**

c. $Z_o = R_C \| R_F = 2.7\ \text{k}\Omega \| 180\ \text{k}\Omega =$ **2.66 kΩ**

d. $A_v = -\dfrac{R_C}{r_e} = -\dfrac{27\ \text{k}\Omega}{11.21\ \Omega} =$ **−240.86**

e. Z_i：不滿足 $r_o \geq 10 R_C$ 的條件，因此

$Z_i = \dfrac{1 + \dfrac{R_C \| r_o}{R_F}}{\dfrac{1}{\beta r_e} + \dfrac{1}{R_F} + \dfrac{R_C \| r_o}{\beta r_e R_F} + \dfrac{R_C \| r_o}{R_F r_e}}$

$= \dfrac{1 + \dfrac{2.7\ \text{k}\Omega \| 20\ \text{k}\Omega}{180\ \text{k}\Omega}}{\dfrac{1}{(200)(11.21)} + \dfrac{1}{180\ \text{k}\Omega} + \dfrac{2.7\ \text{k}\Omega \| 20\ \text{k}\Omega}{(200)(11.21\ \Omega)(180\ \text{k}\Omega)} + \dfrac{2.7\ \text{k}\Omega \| 20\ \text{k}\Omega}{(180\ \text{k}\Omega)(11.21\ \Omega)}}$

$= \dfrac{1 + \dfrac{2.38\ \text{k}\Omega}{180\ \text{k}\Omega}}{0.45 \times 10^{-3} + 0.006 \times 10^{-3} + 5.91 \times 10^{-3} + 1.18 \times 10^{-3}} = \dfrac{1 + 0.013}{1.64 \times 10^{-3}}$

$=$ **617.7 Ω** 對 566.16 Ω（$r_o = \infty$ 的情況）

Z_o：

$$Z_o = r_o \| R_C \| R_F = 20\ \text{k}\Omega \| 2.7\ \text{k}\Omega \| 180\ \text{k}\Omega$$

$=$ **2.35 kΩ** 對 2.66 kΩ（$r_o = \infty$ 的情況）

A_v：

$$= -\left(\dfrac{R_F}{R_C \| r_o + R_F}\right)\dfrac{R_C \| r_o}{r_e} = -\left[\dfrac{180\ \text{k}\Omega}{2.38\ \text{k}\Omega + 180\ \text{k}\Omega}\right]\dfrac{2.38\ \text{k}\Omega}{11.21}$$

$= -[0.987]212.3$

$=$ **−209.54**

對圖 5.39 的電路，可利用式(5.62)～式(5.64)決定所關注的參數，如下：

Z_i

$$Z_i \cong \dfrac{R_E}{\left[\dfrac{1}{\beta} + \dfrac{(R_E + R_C)}{R_F}\right]} \tag{5.62}$$

Z_o

$$Z_o = R_C \| R_F \tag{5.63}$$

第 5 章　BJT（雙載子接面電晶體）的交流分析

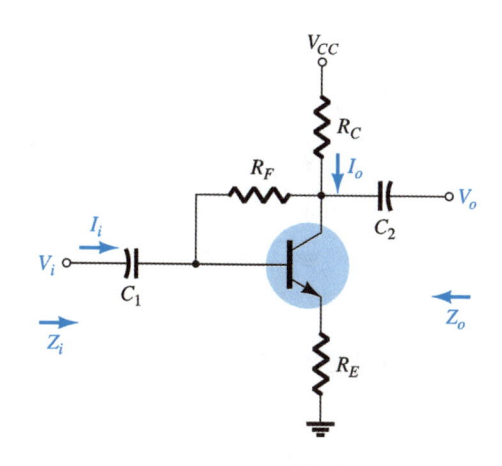

圖 5.39　具有射極電阻 R_E 的集極反饋電路

A_v
$$A_v \cong -\frac{R_C}{R_E} \tag{5.64}$$

5.11　集極直流反饋電路

圖 5.40 的網路具有直流反饋電阻，可增加偏壓穩定性，但電容 C_3 可將反饋電阻在交流情況下分別移到輸入側和輸出側。移到輸入或輸出側的 R_F 部分大小，可由所需的交流輸入和輸出的電阻大小決定。

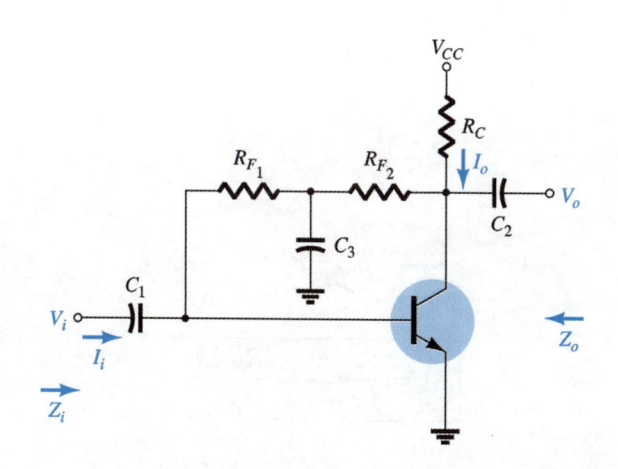

圖 5.40　集極直流反饋電路

在操作頻率範圍內，電容 C_3 的阻抗和網路中其他元件相比，其阻抗甚低可等效於短路，所得小訊號交流等效電路見圖 5.41。

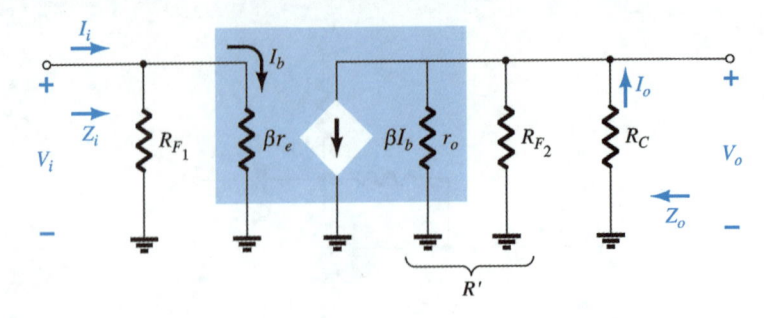

圖 5.41 將 r_e 等效電路代入圖 5.40 的交流等效網路中

Z_i

$$Z_i = R_{F_1} \| \beta r_e \tag{5.65}$$

Z_o

$$Z_o = R_C \| R_{F_2} \| r_o \tag{5.66}$$

對 $r_o \geq 10 R_C$，

$$Z_o \cong R_C \| R_{F_2} \Big|_{r_o \geq 10 R_C} \tag{5.67}$$

A_v

$$R' = r_o \| R_{F_2} \| R_C$$

且

$$V_o = -\beta I_b R'$$

但

$$I_b = \frac{V_i}{\beta r_e}$$

即

$$V_o = -\beta \frac{V_i}{\beta r_e} R'$$

所以

$$A_v = \frac{V_o}{V_i} = -\frac{r_o \| R_{F_2} \| R_C}{r_e} \tag{5.68}$$

對 $r_o \geq 10 R_C$，

$$A_v = \frac{V_o}{V_i} \cong -\frac{R_{F_2} \| R_C}{r_e} \Big|_{r_o \geq 10 R_C} \tag{5.69}$$

相位關係 從式(5.68)的負號可清楚看出，輸入電壓和輸出電壓之間存在 180° 的相移。

例 5.8

對圖 5.42 的網路，試決定：

a. r_e。
b. Z_i。
c. Z_o。
d. A_v。
e. V_o 若 $V_i = 2$ mV。

解：

a. 直流：$I_B = \dfrac{V_{CC} - V_{BE}}{R_F + \beta R_C}$

$= \dfrac{12 \text{ V} - 0.7 \text{ V}}{(120 \text{ k}\Omega + 68 \text{ k}\Omega) + (140)3 \text{ k}\Omega}$

$= \dfrac{11.3 \text{ V}}{608 \text{ k}\Omega} = 18.6 \ \mu\text{A}$

$I_E = (\beta + 1)I_B = (141)(18.6 \ \mu\text{A})$
$= 2.62 \text{ mA}$

$r_e = \dfrac{26 \text{ mA}}{I_E} = \dfrac{26 \text{ mV}}{2.62 \text{ mA}} = \mathbf{9.92 \ \Omega}$

圖 5.42 例 5.8

b. $\beta r_e = (140)(9.92 \ \Omega) = 1.39 \text{ k}\Omega$

交流等效網路見圖 5.43。

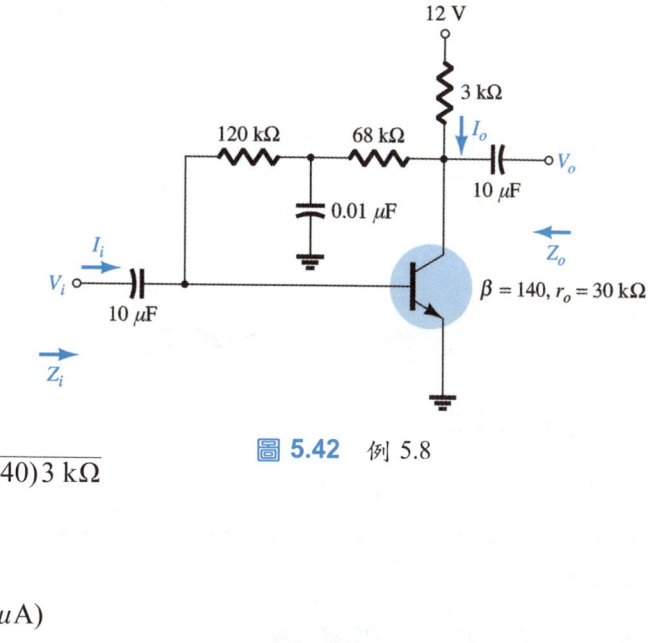

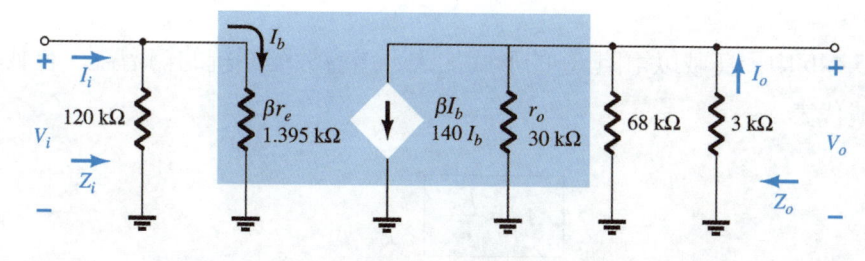

圖 5.43 將 r_e 等效電路代入圖 5.42 的等效網路中

$Z_i = R_{F_1} \| \beta r_e = 120 \text{ k}\Omega \| 1.39 \text{ k}\Omega$
$\cong \mathbf{1.37 \text{ k}\Omega}$

c. 檢查 $r_o \geq 10 R_C$ 的條件是否成立，可發現

$$30 \text{ k}\Omega \geq 10(3 \text{ k}\Omega) = 30 \text{ k}\Omega$$

由等號知條件滿足，因此

$$Z_o \cong R_C \| R_{F_2} = 3 \text{ k}\Omega \| 68 \text{ k}\Omega$$
$$= \mathbf{2.87 \text{ k}\Omega}$$

d. $r_o \geq 10 R_C$，因此，

$$A_v \cong -\frac{R_{F_2} \| R_C}{r_e} = -\frac{68 \text{ k}\Omega \| 3 \text{ k}\Omega}{9.92 \text{ }\Omega}$$
$$\cong -\frac{2.87 \text{ k}\Omega}{9.92 \text{ }\Omega}$$
$$\cong \mathbf{-289.3}$$

e. $|A_v| = 289.3 = \dfrac{V_o}{V_i}$

$V_o = 289.3 V_i = 289.3 (2 \text{ mV}) = \mathbf{0.579 \text{ V}}$

5.12　R_L 和 R_S 的影響

本節將探討，負載加到輸出端且訊號源存在內阻時的影響。圖 5.44a 是先前探討過的典型網路，因輸出端並未接電阻性負載，所得增益通常稱為無載增益，用以下記號代表：

$$\boxed{A_{v_{\text{NL}}} = \frac{V_o}{V_i}} \tag{5.70}$$

在圖 5.44b 中，負載以電阻 R_L 的形式加入，這會改變系統的總增益，有載增益一般用以下記號代表：

$$\boxed{A_{v_L} = \frac{V_o}{V_i}}_{\text{含 } R_L} \tag{5.71}$$

在圖 5.44c 中，負載和訊號源電阻都加進來，會對系統增益產生額外的影響，所產生的增益用以下增益代表：

$$\boxed{A_{v_s} = \frac{V_o}{V_s}}_{\text{含 } R_L \text{ 和 } R_s} \tag{5.72}$$

放大器的有載增益必然小於無載增益。

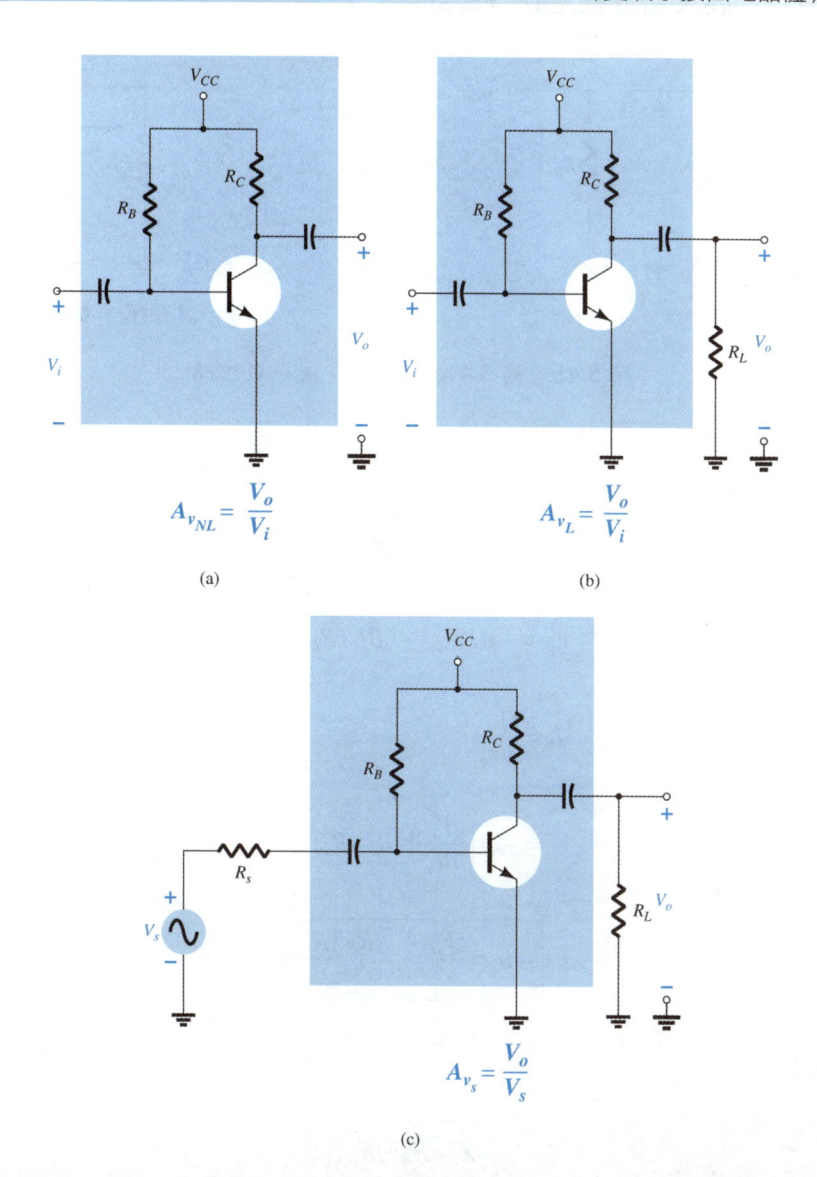

圖 5.44　放大器電路組態：(a)無載；(b)有負載；(c)有負載且有訊號源電阻

對相同電路而言，$A_{v_{NL}} > A_{v_L} > A_{v_s}$。

對特定設計而言，R_L 值愈大時，交流增益值也愈大。

對特定的放大器而言，訊號源的內阻愈小時，總增益就愈大。

對如圖 5.44 具有耦合電容的電路而言，訊號源電阻和負載電阻不會影響直流偏壓值。

圖 5.45 和圖 5.17 在外觀上完全相同，但現在多了一個負載電阻和 R_C 並聯，以及訊號源電阻和電源 V_s 串聯。

$$R'_L = r_o \| R_C \| R_L \cong R_C \| R_L$$

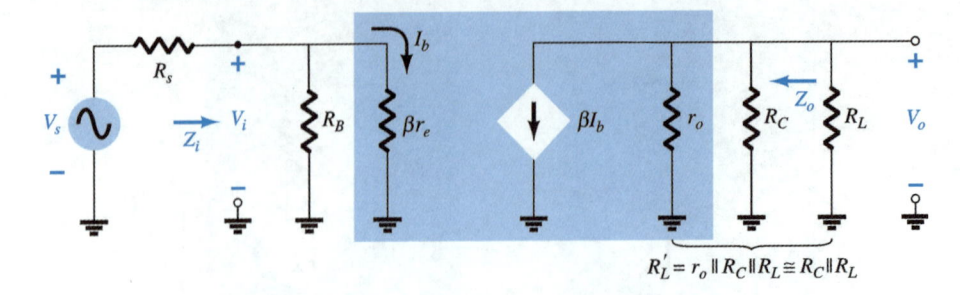

圖 5.45　圖 5.44c 網路的交流等效網路

由並聯

$$R'_L = r_o \| R_C \| R_L \cong R_C \| R_L$$

$$V_o = -\beta I_b R'_L = -\beta I_b (R_C \| R_L)$$

$$I_b = \frac{V_i}{\beta r_e}$$

可得

$$V_o = -\beta \left(\frac{V_i}{\beta r_e}\right)(R_C \| R_L)$$

所以

$$\boxed{A_{v_L} = \frac{V_o}{V_i} = -\frac{R_C \| R_L}{r_e}} \tag{5.73}$$

輸入阻抗是

$$\boxed{Z_i = R_B \| \beta r_e} \tag{5.74}$$

輸出阻抗是

$$\boxed{Z_o = R_C \| r_o} \tag{5.75}$$

若想要求得訊號源 V_s 對輸出電壓 V_o 的總增益，只需應用分壓定律如下：

$$V_i = \frac{Z_i V_s}{Z_i + R_s}$$

即

$$\frac{V_i}{V_s} = \frac{Z_i}{Z_i + R_s}$$

或
$$A_{v_S} = \frac{V_o}{V_s} = \frac{V_o}{V_i} \cdot \frac{V_i}{V_s} = A_{v_L}\frac{Z_i}{Z_i + R_s}$$

所以
$$A_{v_S} = \frac{Z_i}{Z_i + R_s}A_{v_L} \tag{5.76}$$

例 5.9

利用例 5.1 中固定偏壓電路所得的參數值，加上負載電阻 4.7 kΩ 和訊號源電阻 0.3 kΩ，試決定以下各數值，並和無載時的結果比較：

a. A_{v_L}。
b. A_{v_S}。
c. Z_i。
d. Z_o。

解：

a. 式 (5.73)：$A_{v_L} = -\dfrac{R_C \| R_L}{r_e} = -\dfrac{3\text{ k}\Omega \| 4.7\text{ k}\Omega}{10.71\text{ }\Omega} = -\dfrac{1.831\text{ k}\Omega}{10.71\text{ }\Omega} = \mathbf{-170.98}$

比無載增益 −280.11 小相當多。

b. 式 (5.76)：$A_{v_S} = \dfrac{Z_i}{Z_i + R_s}A_{v_L}$

由例 5.1 知，$Z_i = 1.07\text{ k}\Omega$，代入可得

$$A_{v_S} = \frac{1.07\text{ k}\Omega}{1.07\text{ k}\Omega + 0.3\text{ k}\Omega}(-170.98) = \mathbf{-133.54}$$

此值比 $A_{v_{NL}}$ 或 A_{v_L} 都小很多。

c. 和無載情況相同，$Z_i = \mathbf{1.07\text{ k}\Omega}$。

d. 和無載情況相同，$Z_o = R_C = \mathbf{3\text{ k}\Omega}$。

此例清楚說明 $A_{v_{NL}} > A_{v_L} > A_{v_S}$。

5.13 串級系統

雙埠系統分析法對如圖 5.46 中的串級系統特別有用，其中的 A_{v_1}、A_{v_2}、A_{v_3} 等等代表各級在有載情況下的增益，也就是在決定 A_{v_1} 時將 A_{v_2} 的輸入阻抗當作 A_{v_1} 的負載。對 A_{v_2} 而言，A_{v_1} 提供 A_{v_2} 輸入部分的訊號源大小和訊號源阻抗。系統的總增益由各級增益的乘

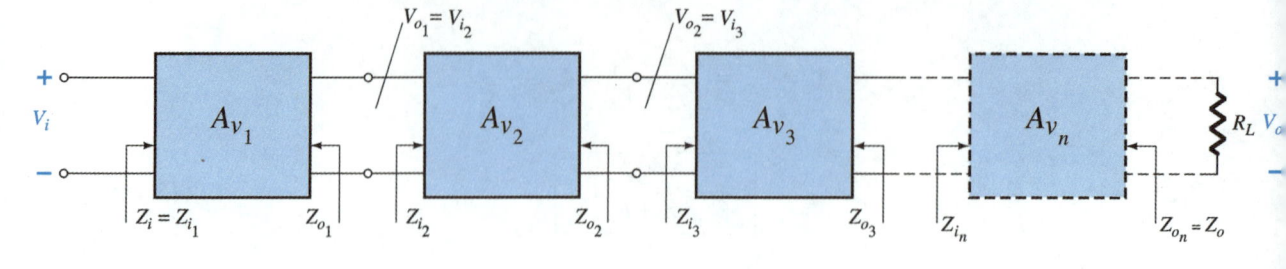

圖 5.46 串級系統

積決定如下：

$$A_{v_T} = A_{v_1} \cdot A_{v_2} \cdot A_{v_3} \cdots \cdots \quad (5.77)$$

總電流增益決定如下：

$$A_{i_T} = -A_{v_T}\frac{Z_{i_1}}{R_L} \quad (5.78)$$

例 5.10

圖 5.47 的二級系統中，在共基極電路組態之前，接一個射極隨耦器電路，確保外加訊號的最大比例可以出現在共基極放大器的輸入端。在圖 5.47 中，每一級都提供了無載參數值，除了射極隨耦器的 Z_i 和 Z_o 之外，其他各參數都可作為有載參數值。對圖 5.47 的電路，試決定：

a. 各級的有載增益。
b. 系統總增益 A_v 和 A_{v_s}。
c. 系統的總電流增益。
d. 若去除射極隨耦器電路時的系統總增益。

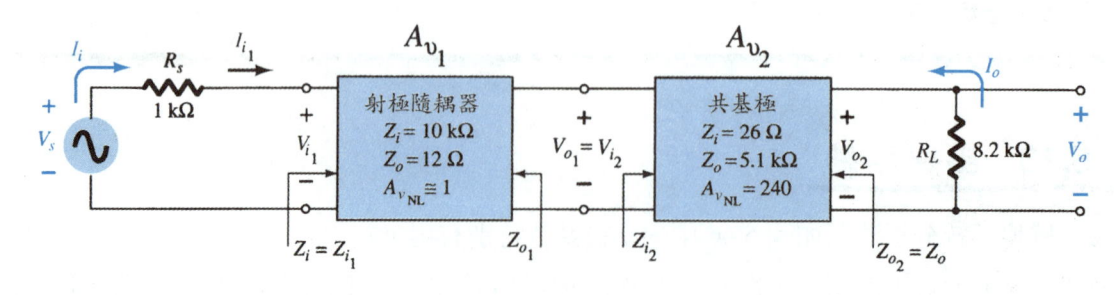

圖 5.47 例 5.10

解：

a. 對射極隨耦器電路，有載增益是（由式(5.88)）：

$$V_{o_1} = \frac{Z_{i_2}}{Z_{i_2}+Z_{o_1}} A_{v_{NL}} V_{i_1} = \frac{26\ \Omega}{26\ \Omega + 12\ \Omega}(1) V_{i_1} = 0.684\ V_{i_1}$$

即
$$A_{V_i} = \frac{V_{o_1}}{V_{i_1}} = \mathbf{0.684}$$

對共基極電路，

$$V_{o_2} = \frac{R_L}{R_L+R_{o_2}} A_{v_{NL}} V_{i_2} = \frac{8.2\ k\Omega}{8.2\ k\Omega + 5.1\ k\Omega}(240) V_{i_2} = 147.97\ V_{i_2}$$

即
$$A_{v_2} = \frac{V_{o_2}}{V_{i_2}} = \mathbf{147.97}$$

b. 式(5.77)：
$$A_{v_T} = A_{v_1} A_{v_2} = (0.684)(147.97)$$
$$= \mathbf{101.20}$$

式(5.76)：
$$A_{v_s} = \frac{Z_{i_1}}{Z_{i_1}+R_s} A_{v_T} = \frac{(10\ k\Omega)(101.20)}{10\ k\Omega + 1\ k\Omega} = \mathbf{92}$$

c. 式(5.78)：
$$A_{i_T} = -A_{v_T}\frac{Z_{i_1}}{R_L} = -(101.20)\left(\frac{10\ k\Omega}{8.2\ k\Omega}\right) = \mathbf{-123.41}$$

d. 式(5.91)：
$$V_i = \frac{Z_{i_{CB}}}{Z_{i_{CB}}+R_s} V_s = \frac{26\ \Omega}{26\ \Omega + 1\ k\Omega} V_s = 0.025\ V_s$$

即 $\dfrac{V_i}{V_s} = 0.025$，又由前知 $\dfrac{V_o}{V_i} = 147.97$

即
$$A_{v_s} = \frac{V_o}{V_s} = \frac{V_i}{V_s} \cdot \frac{V_o}{V_i} = (0.025)(147.97) = \mathbf{3.7}$$

RC 耦合 BJT 放大器

放大級之間普遍的連接方式，是各種 *RC* 耦合，如下個例子中圖 5.48 所示者。

例 5.11

a. 試計算圖 5.48 中 *RC* 耦合電晶體放大器的無載電壓增益和輸出電壓。
b. 若將 4.7 kΩ 的負載加到第 2 級的輸出，試計算總增益和輸出電壓，並和(a)的結果作比較。
c. 試計算第 1 級的輸入阻抗和第 2 級的輸出阻抗。

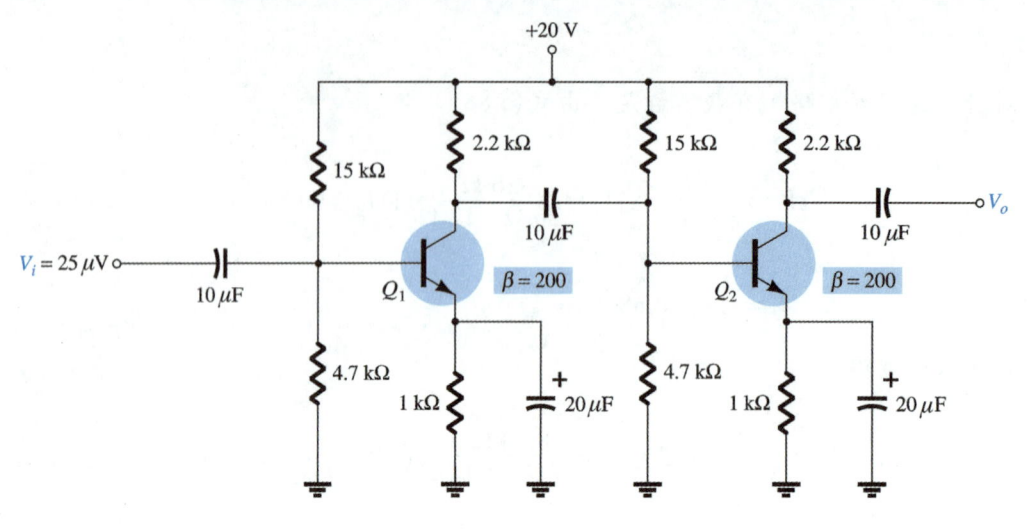

圖 5.48 例 5.11 的 RC 耦合 BJT 放大器

解：

a. 各電晶體的直流偏壓結果如下：

$$V_B = 4.7\text{ V}, V_E = 4.0\text{ V}, V_C = 11\text{ V}, I_E = 4.0\text{ mA}$$

在偏壓點，

$$r_e = \frac{26\text{ mV}}{I_E} = \frac{26\text{ mV}}{4\text{ mA}} = 6.5\text{ }\Omega$$

第 2 級的負載效應是

$$Z_{i_2} = R_1 \| R_2 \| \beta r_e$$

可得第 1 級的增益如下：

$$\begin{aligned}
A_{v_1} &= -\frac{R_C \| (R_1 \| R_2 \| \beta r_e)}{r_e} \\
&= -\frac{(2.2\text{ k}\Omega) \| [15\text{ k}\Omega \| 4.7\text{ k}\Omega \| (200)(6.5\text{ }\Omega)]}{6.5\text{ }\Omega} \\
&= -\frac{665.2\text{ }\Omega}{6.5\text{ }\Omega} = -102.3
\end{aligned}$$

第 2 級的無載增益是

$$A_{v_{2(NL)}} = -\frac{R_C}{r_e} = -\frac{2.2\text{ k}\Omega}{6.5\text{ }\Omega} = -338.46$$

產生的總增益是

$$A_{v_{T(NL)}} = A_{v_1} A_{v_{2(NL)}} = (-102.3)(-338.46) \cong \mathbf{34.6 \times 10^3}$$

因此輸出電壓為

$$V_o = A_{v_{T(NL)}} V_i = (34.6 \times 10^3)(25\ \mu V) \cong \mathbf{865\ mV}$$

b. 加上 10 kΩ 負載之後的總增益是

$$A_{v_T} = \frac{V_o}{V_i} = \frac{R_L}{R_L + Z_o} A_{v_{T(NL)}} = \frac{4.7\ \text{k}\Omega}{4.7\ \text{k}\Omega + 2.2\ \text{k}\Omega}(34.6 \times 10^3) \cong \mathbf{23.6 \times 10^3}$$

比無載增益小相當多，這是因為 R_L 相當接近 R_C。

$$V_o = A_{v_T} V_i = (23.6 \times 10^3)(25\ \mu V) = \mathbf{590\ mV}$$

c. 第 1 級的輸入阻抗是

$$Z_{i_1} = R_1 \| R_2 \| \beta r_e = 4.7\ \text{k}\Omega \| 15\ \text{k}\Omega \| (200)(6.5\ \Omega) = \mathbf{953.6\ \Omega}$$

而第 2 級的輸出阻抗則是

$$Z_{o_2} = R_C = \mathbf{2.2\ k\Omega}$$

疊接組態

　　疊接電路組態有兩種接法，每一種接法都是前一個電晶體的集極接到後一個電晶體的射極。第 1 種接法見圖 5.49，而第 2 種接法則見下個例子中的圖 5.50。疊接電路組態的第 1 級提供相當高的輸入阻抗，但電壓增益很低，以確保輸入米勒電容達到最小，而其後的共基級可提供極佳的高頻響應。

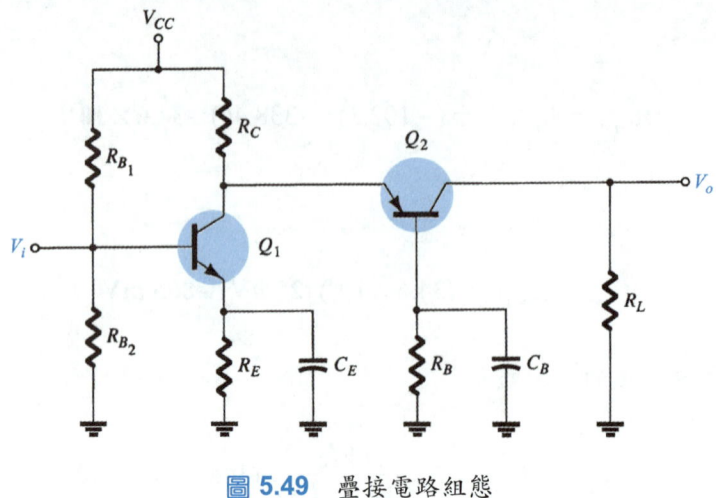

198 電子學—裝置與電路精析
Electronic Devices and Circuit Theory

圖 5.49 疊接電路組態

例 5.12

試計算圖 5.50 中疊接電路組態的無載電壓增益。

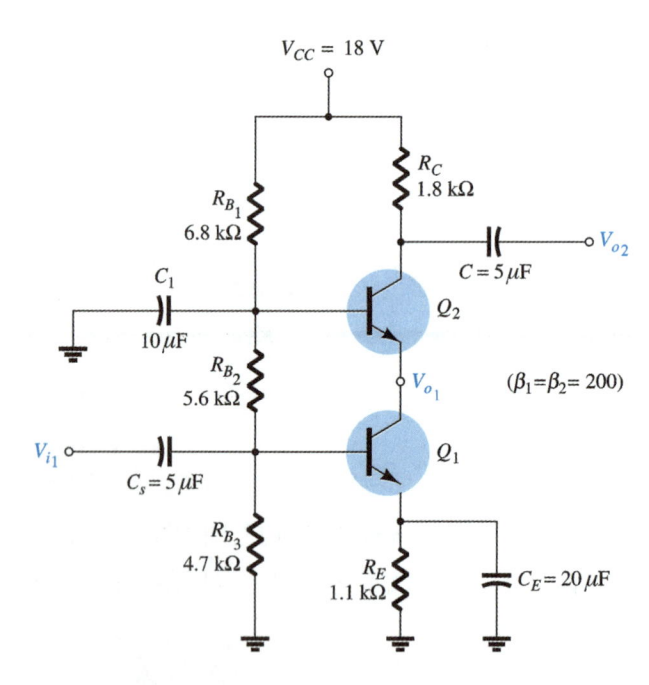

圖 5.50 例 5.12 中實用的疊接電路

解： 直流分析結果如下：

$$V_{B_1}=4.9\text{ V}，V_{B_2}=10.8\text{ V}，I_{C_1}\cong I_{C_2}=3.8\text{ mA}$$

因 $I_{E_1} \cong I_{E_2}$，每個電晶體的動態電阻是

$$r_e = \frac{26 \text{ mV}}{I_E} \cong \frac{26 \text{ mV}}{3.8 \text{ mA}} = 6.8 \text{ Ω}$$

Q_1 的負載是共基極 Q_2 電晶體的輸入阻抗，如圖 5.51 中的 r_e。

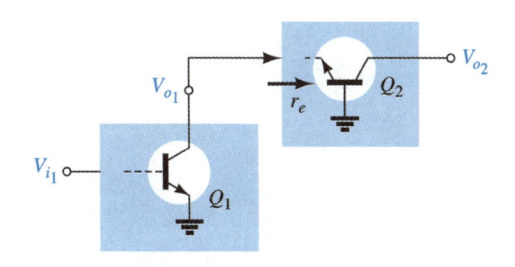

圖 5.51 定義 Q_1 的負載

將共基級電路的輸入阻抗 r_e，代替共射極基本無載方程式中的 R_C，可得第 1 級電壓增益如下：

$$A_{v_1} = -\frac{R_C}{r_e} = -\frac{r_e}{r_e} = -1$$

而第 2 級（共基級）的電壓增益是

$$A_{v_2} = \frac{R_C}{r_e} = \frac{1.8 \text{ kΩ}}{6.8 \text{ Ω}} = 265$$

總無載增益是

$$A_{v_T} = A_{v_1} A_{v_2} = (-1)(265) = \mathbf{-265}$$

5.14 達靈頓接法

有一種很普遍的接法，將兩個雙載子電晶體接成"超級 β"的電晶體，即達靈頓接法，見圖 5.22。達靈頓接法的主要特點是，組合起來的電晶體，其作用有如單一電晶體，且電流增益是個別電晶體電流增益的乘積。若兩電晶體的電流增益分別是 β_1 和 β_2，則達靈頓接法提供的電流增益是

$$\boxed{\beta_D = \beta_1 \beta_2} \tag{5.79}$$

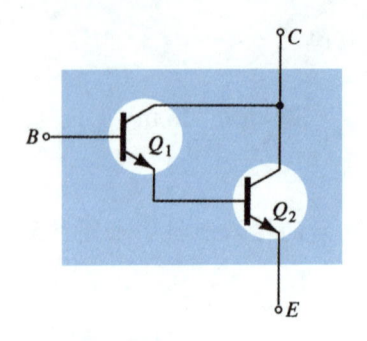

圖 5.22 達靈頓組合

射極隨耦器電路組態

用在射極隨耦器電路組態的達靈頓放大器，見圖 5.53。採用達靈頓組態的主要變化，是其輸入電阻會比單用一個電晶體時大許多。但在電壓增益方面，單電晶體和達靈頓組態的差異就很少了。

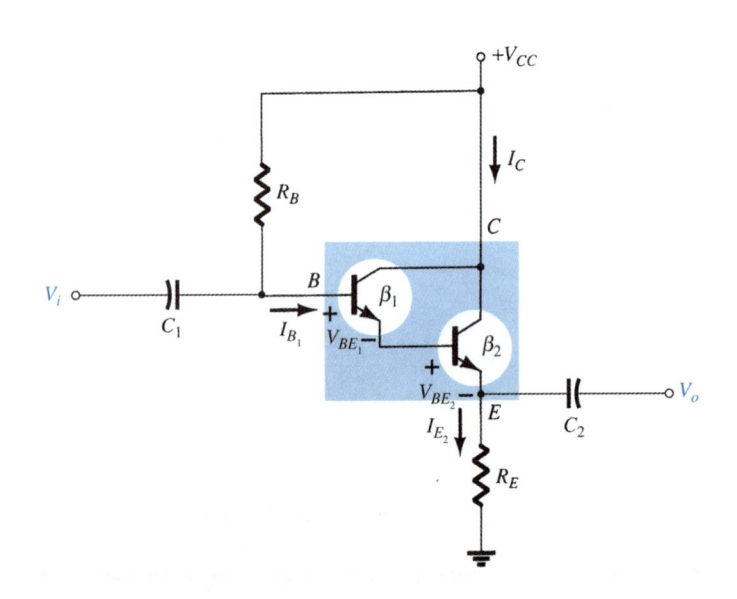

圖 5.53 用在射極隨耦器電路組態的達靈頓放大器

直流偏壓 包括兩個基極對射極電壓降，並用達靈頓組合的總 β 值代替單一電晶體的 β 值。

$$I_{B_1} = \frac{V_{CC} - V_{BE_1} - V_{BE_2}}{R_B + \beta_D R_E} \tag{5.80}$$

Q_1 的射極電流等於 Q_2 的基極電流，所以

$$I_{E_2} = \beta_2 I_{B_2} = \beta_2 I_{E_1} = \beta_2(\beta_1 I_{E_1}) = \beta_1 \beta_2 I_{B_1}$$

$$\boxed{I_{C_2} \cong I_{E_2} = \beta_D I_{B_1}} \tag{5.81}$$

兩電晶體的集極電壓是

$$\boxed{V_{C_1} = V_{C_2} = V_{CC}} \tag{5.82}$$

Q_2 的射極電壓

$$\boxed{V_{E_2} = I_{E_2} R_E} \tag{5.83}$$

Q_1 的基極電壓

$$\boxed{V_{B_1} = V_{CC} - I_{B_1} R_B = V_{E_2} + V_{BE_1} + V_{BE_2}} \tag{5.84}$$

Q_2 的集極射極電壓

$$\boxed{V_{CE_2} = V_{C_2} - V_{E_2} = V_{CC} - V_{E_2}} \tag{5.85}$$

例 5.13

試計算圖 5.54 達靈頓電路組態的直流偏壓電壓與電流。

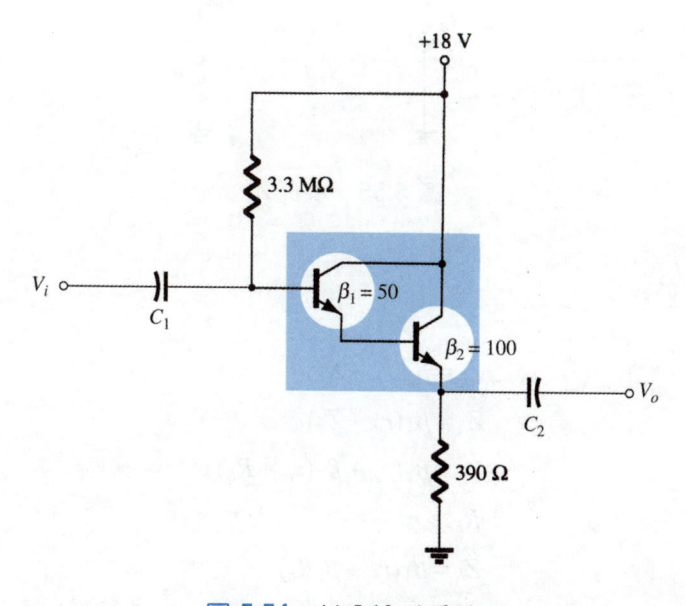

圖 5.54　例 5.13 的電路

解：

$$\beta_D = \beta_1 \beta_2 = (50)(100) = \mathbf{5000}$$

$$I_{B_1} = \frac{V_{CC} - V_{BE_1} - V_{BE_2}}{R_B + \beta_D R_E} = \frac{18\text{ V} - 0.7\text{ V} - 0.7\text{ V}}{3.3\text{ M}\Omega + (5000)(390\ \Omega)}$$

$$= \frac{18\text{ V} - 1.4\text{ V}}{3.3\text{ M}\Omega + 1.95\text{ M}\Omega} = \frac{16.6\text{ V}}{5.25\text{ M}\Omega} = \mathbf{3.16\ \mu A}$$

$$I_{C_2} \cong I_{E_2} = \beta_D I_{B_1} = (5000)(3.16\text{ mA}) = \mathbf{15.80\text{ mA}}$$

$$V_{C_1} = V_{C_2} = \mathbf{18\text{ V}}$$

$$V_{E_2} = I_{E_2} R_E = (15.80\text{ mA})(390\ \Omega) = \mathbf{6.16\text{ V}}$$

$$V_{B_1} = V_{E_2} + V_{BE_1} + V_{BE_2} = 6.16\text{ V} + 0.7\text{ V} + 0.7\text{ V} = \mathbf{7.56\text{ V}}$$

$$V_{CE_2} = V_{CC} - V_{E_2} = 18\text{ V} - 6.16\text{ V} = \mathbf{11.84\text{ V}}$$

交流 (AC) 輸入阻抗　　用圖 5.55 的等效電路決定交流輸入阻抗。

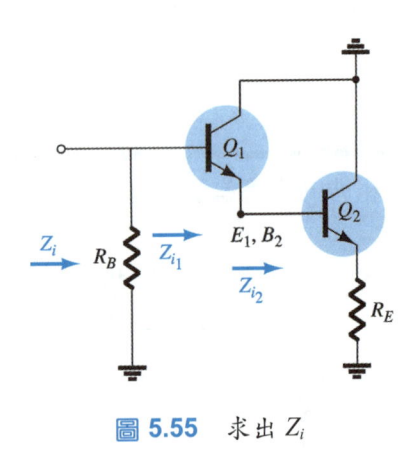

圖 5.55　求出 Z_i

如圖 5.55 的定義：

$$Z_{i_2} = \beta_2 (r_{e_2} + R_E)$$
$$Z_{i_1} = \beta_1 (r_{e_1} + Z_{i_2})$$

所以　　　　　　　　　　$Z_{i_1} = \beta_1 (r_{e_1} + \beta_2 (r_{e_2} + R_E))$

假定　　　　　　　　　　$R_E \gg r_{e_2}$

即　　　　　　　　　　　$Z_{i_1} = \beta_1 (r_{e_1} + \beta_2 R_E)$

因　　　　　　　　　　　$\beta_2 R_E \gg r_{e_1}$

又因
$$Z_{i_1} \cong \beta_1\beta_2 R_E$$
$$Z_i = R_B \| Z_{i_1}$$

$$Z_i = R_B \| \beta_1\beta_2 R_E = R_B \| \beta_D R_E \tag{5.86}$$

就圖 5.54 的電路，

$$Z_i = R_B \| \beta_D R_E$$
$$= 3.3 \text{ M}\Omega \| (5000)(390\ \Omega) = 3.3 \text{ M}\Omega \| 1.95 \text{ M}\Omega$$
$$= \mathbf{1.38\ M\Omega}$$

交流 (AC) 電流增益 可以由圖 5.56 的等效電路決定電流增益。各電晶體的輸出阻抗忽略不計，但標示各電晶體的參數如下：

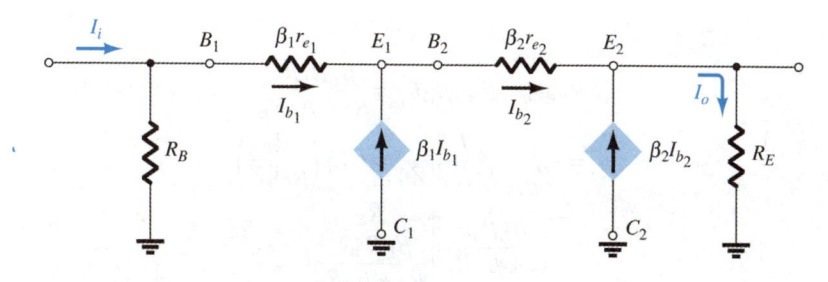

圖 5.56 決定圖 5.53 電路的 A_i

解出輸出電流： $I_o = I_{b_2} + \beta_2 I_{b_2} = (\beta_2 + 1) I_{b_2}$
又 $I_{b_2} = \beta_1 I_{b_1} + I_{b_1} = (\beta_1 + 1) I_{b_1}$
因此 $I_o = (\beta_2 + 1)(\beta_1 + 1) I_{b_1}$

對輸入電路取分流定律，得

$$I_{b_1} = \frac{R_B}{R_B + Z_i} I_i = \frac{R_B}{R_B + \beta_1\beta_2 R_E} I_i$$

且
$$I_o = (\beta_2 + 1)(\beta_1 + 1)\left(\frac{R_B}{R_B + \beta_1\beta_2 R_E}\right) I_i$$

所以
$$A_i = \frac{I_o}{I_i} = \frac{(\beta_1 + 1)(\beta_2 + 1) R_B}{R_B + \beta_1\beta_2 R_E}$$

利用 $\beta_1 \cdot \beta_2 \gg 1$，

$$A_i = \frac{I_o}{I_i} \cong \frac{\beta_1\beta_2 R_B}{R_B + \beta_1\beta_2 R_E} \tag{5.87}$$

或

$$A_i = \frac{I_o}{I_i} \cong \frac{\beta_D R_B}{R_B + \beta_D R_E} \tag{5.88}$$

對圖 5.54：

$$A_i = \frac{I_o}{I_i} = \frac{\beta_D R_B}{R_B + \beta_D R_E} = \frac{(5000)(3.3\ \text{M}\Omega)}{3.3\ \text{M}\Omega + 1.95\ \text{M}\Omega}$$
$$= 3.14 \times 10^3$$

交流 (AC) 電壓增益 可用圖 5.55 決定電壓增益，推導如下：

$$V_o = I_o R_E$$
$$V_i = I_i (R_B \| Z_i)$$
$$R_B \| Z_i = R_B \| \beta_D R_E = \frac{\beta_D R_B R_E}{R_B + \beta_D R_E}$$

即

$$A_v = \frac{V_o}{V_i} = \frac{I_o R_E}{I_i(R_B \| Z_i)} = (A_i)\left(\frac{R_E}{R_B \| Z_i}\right)$$
$$= \left[\frac{\beta_D R_B}{R_B + \beta_D R_E}\right]\left[\frac{R_E}{\frac{\beta_D R_B R_E}{R_B + \beta_D R_E}}\right]$$

即

$$A_v \cong 1 \text{（實際上略小於 1）} \tag{5.89}$$

交流 (AC) 輸出阻抗 回到圖 5.56 決定輸出電阻，設 V_i 為 0 V，見圖 5.57。電阻 R_B "被短路掉"，可得圖 5.58 的電路。

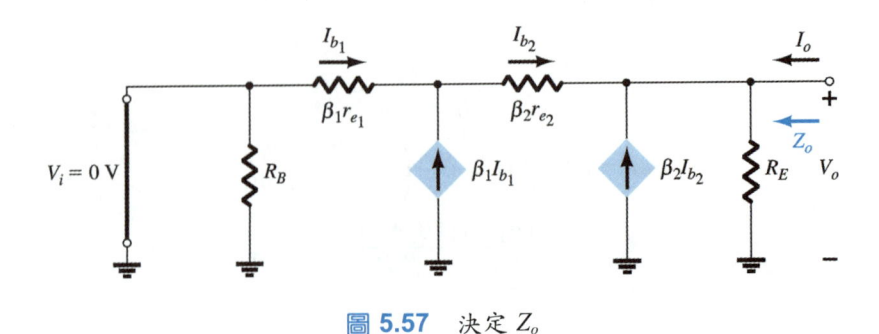

圖 5.57 決定 Z_o

圖 5.58 重畫圖 5.57 的網路

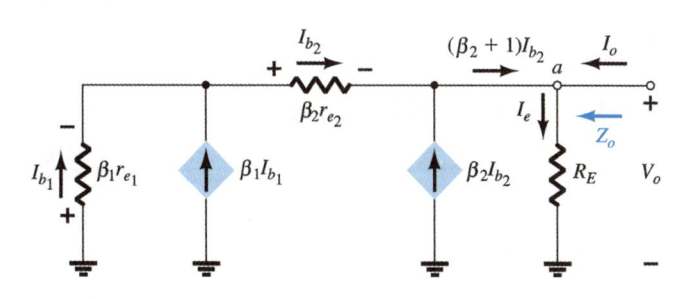

對節點 a 取克希荷夫電流定律，可得 $I_o+(\beta_2+1)I_{b_2}=I_e$：

$$I_o=I_e-(\beta_2+1)I_{b_2}$$

應用克希荷夫電壓定律環繞整個外圍迴路一周，可得

$$-I_{b_1}\beta_1 r_{e_1}-I_{b_2}\beta_2 r_{e_2}-V_o=0$$

即
$$V_o=-[I_{b_1}\beta_1 r_{e_1}+I_{b_2}\beta_2 r_{e_2}]$$

代入
$$I_{b_2}=(\beta_1+1)I_{b_1}$$

$$V_o=-I_{b_1}\beta_1 r_{e_1}-(\beta_1+1)I_{b_1}\beta_2 r_{e_2}$$
$$=-I_{b_1}[\beta_1 r_{e_1}+(\beta_1+1)\beta_2 r_{e_2}]$$

即
$$I_{b_1}=-\frac{V_o}{\beta_1 r_{e_1}+(\beta_1+1)\beta_2 r_{e_2}}$$

又
$$I_{b_2}=(\beta_1+1)I_{b_1}=(\beta_1+1)\left[-\frac{V_o}{\beta_1 r_{e_1}+(\beta_1+1)\beta_2 r_{e_2}}\right]$$

所以
$$I_{b_2}=-\left[\frac{\beta_1+1}{\beta_1 r_{e_1}+(\beta+1)\beta_2 r_{e_2}}\right]V_o$$

回到
$$I_o=I_e-(\beta_2+1)I_{b_2}=I_e-(\beta_2+1)\left(-\frac{(\beta_1+1)V_o}{\beta_1 r_{e_1}+(\beta_1+1)\beta_2 r_{e_2}}\right)$$

或
$$I_o=\frac{V_o}{R_E}+\frac{(\beta_1+1)(\beta_2+1)V_o}{\beta_1 r_{e_1}+(\beta_1+1)\beta_2 r_{e_2}}$$

因 β_1、$\beta_2 \gg 1$，

$$I_o=\frac{V_o}{R_E}+\frac{\beta_1\beta_2 V_o}{\beta_1 r_{e_1}+\beta_1\beta_2 r_{e_2}}=\frac{V_o}{R_E}+\frac{V_o}{\frac{\beta_1 r_{e_1}}{\beta_1\beta_2}+\frac{\beta_1\beta_2 r_{e_2}}{\beta_1\beta_2}}$$

$$I_o=\frac{V_o}{R_E}+\frac{V_o}{\frac{r_{e_1}}{\beta_2}+r_{e_2}}$$

由此式可定義圖 5.59 的並聯電阻網路。

一般而言，$R_E \gg \left(\dfrac{r_{e_1}}{\beta_2} + r_{e_2}\right)$，所以輸出阻抗可定義成

$$\boxed{Z_o = \dfrac{r_{e_1}}{\beta_2} + r_{e_2}} \qquad (5.90)$$

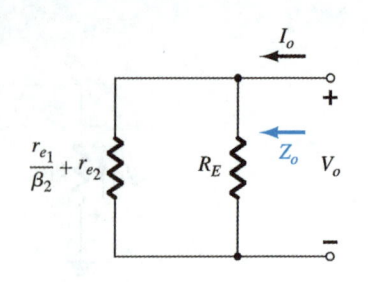

利用直流分析的結果，r_{e_2} 和 r_{e_1} 的值可決定如下：

圖 5.59 所得 Z_o 所定義的網路

$$r_{e_2} = \dfrac{26 \text{ mV}}{I_{E_2}} = \dfrac{26 \text{ mV}}{15.80 \text{ mA}} = 1.65 \text{ }\Omega$$

且

$$I_{E_1} = I_{B_2} = \dfrac{I_{E_2}}{\beta_2} = \dfrac{15.80 \text{ mA}}{100} = 0.158 \text{ mA}$$

所以

$$r_{e_1} = \dfrac{26 \text{ mV}}{0.158 \text{ mA}} = 164.5 \text{ }\Omega$$

因此，圖 5.56 電路的輸出阻抗是

$$Z_o \cong \dfrac{r_{e_1}}{\beta_2} + r_{e_2} = \dfrac{164.5 \text{ }\Omega}{100} + 1.65 \text{ }\Omega = 1.645 \text{ }\Omega + 1.65 \text{ }\Omega = \mathbf{3.30 \text{ }\Omega}$$

封裝好的達靈頓放大器

因達靈頓接法是如此普遍，所以有一些製造商提供封裝好的成品，如圖 5.60 所示。兩種包裝都只提供單一組集極、基極和射極接腳。

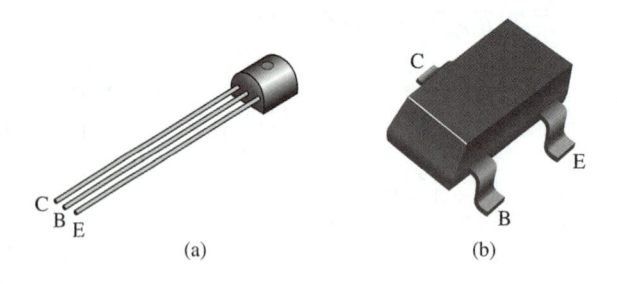

圖 5.60 封裝好的達靈頓放大器：(a) TO-92 包裝；(b) 超級 SOT™−3 包裝

封裝後的形式，圖 5.53 的電路可改畫成圖 5.61。取 β_D 和所給的 V_{BE} ($= V_{BE_1} + V_{BE_2}$) 值，就可應用本節所給的各公式。

第 5 章　BJT（雙載子接面電晶體）的交流分析　207

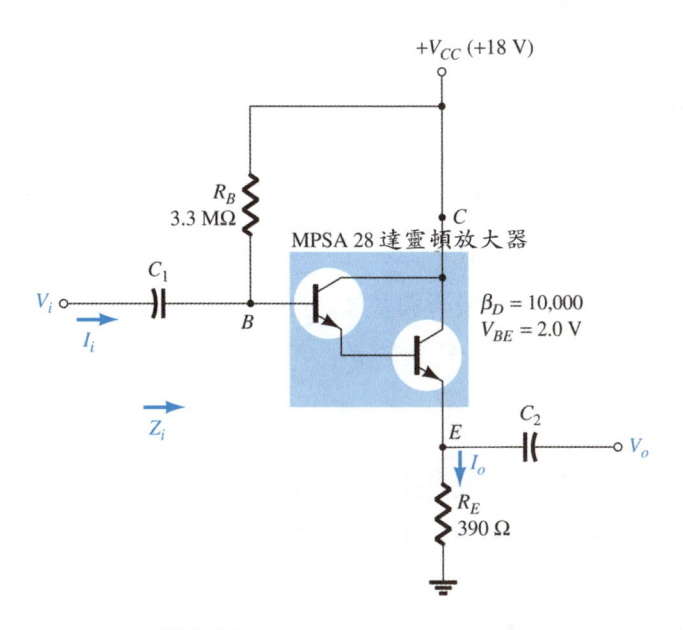

圖 5.61　達靈頓射極隨耦器電路

5.15　混合 π 模型

最後要介紹的是圖 5.62 是混合 π 模型，此模型的參數有些並未出現在其他兩種模型中，但對高頻效應可提供更精確的分析。

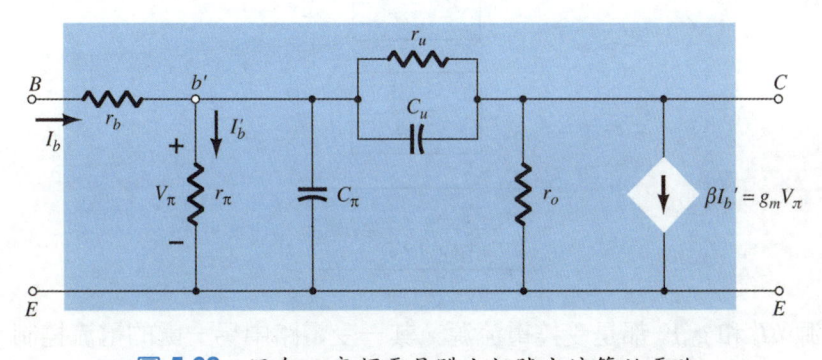

圖 5.62　混合 π 高頻電晶體小訊號交流等效電路

r_π、r_o、r_b 和 r_u

當元件在作用區工作時，r_π、r_o、r_b 和 r_u 分別是各節點間的電阻。電阻 r_π（π 和混合 π 術語一致）即 βr_e，如共射極 r_e 模型所介紹者。

$$r_\pi = \beta r_e \tag{5.91}$$

輸出電阻 r_o 和外接負載並聯，其值一般在 5 kΩ ～40 kΩ 之間，可由混合參數 h_{oe}、Early 電壓，或輸出特性決定。

電阻 r_b 包括基極接觸電阻、基極體電阻，以及基極分布電阻值。接觸電阻是實際的基極接點電阻，體電阻是基極腳位到作用區的電阻，而分布電阻則是基極作用區內部的實際電阻。r_b 一般為數 Ω～數十 Ω。

電阻 r_u（u 代表 union，代表集極與基極之間）是很大的電阻，在等效電路中提供輸出到輸入電路的反饋路徑。r_u 值一般大於 βr_o，其值在 MΩ 的範圍。

C_π 和 C_u

在圖 5.62 中的所有電容，都是元件各接面上的雜散寄生電容，其電容性效應都只在高頻時才會產生影響。而在低頻與中頻範圍，對應的電抗值甚大，可視為開路。輸入端處的電容 C_π，其值在數 pF 數十 pF 的範圍。而基極對集極電容 C_u，通常侷限在數 pF 左右，但會米勒效應而在輸入與輸出部分放大其影響。

$\beta I_b'$ 或 $g_m V_\pi$

很重要需注意到圖 5.62 中的受控源可以是壓控電流源(VCCS)或是流控電流源(CCCS)，端視所用參數而定。

圖 5.62 的參數等式：

$$g_m = \frac{1}{r_e} \tag{5.92}$$

且

$$r_o = \frac{1}{h_{oe}} \tag{5.93}$$

又

$$\frac{r_\pi}{r_\pi + r_u} \cong \frac{r_\pi}{r_u} \cong h_{re} \tag{5.94}$$

等效電源 $\beta I_b'$ 和 $g_m V_\pi$ 都是受控電流源。其一受電路中另一處的電流控制，而另一則是受電路輸入側的電壓所控制。兩者等效可由下式看出：

$$\beta I_b' = \frac{1}{r_e} \cdot r_e \beta I_b' = g_m I_b' \beta r_e = g_m (I_b' r_\pi) = g_m V_\pi$$

5.16 實際的應用

音頻混波器

當要將兩個以上的音頻訊號合在一起,產生單一音頻輸出時,可以用如圖 5.63 的混波器。

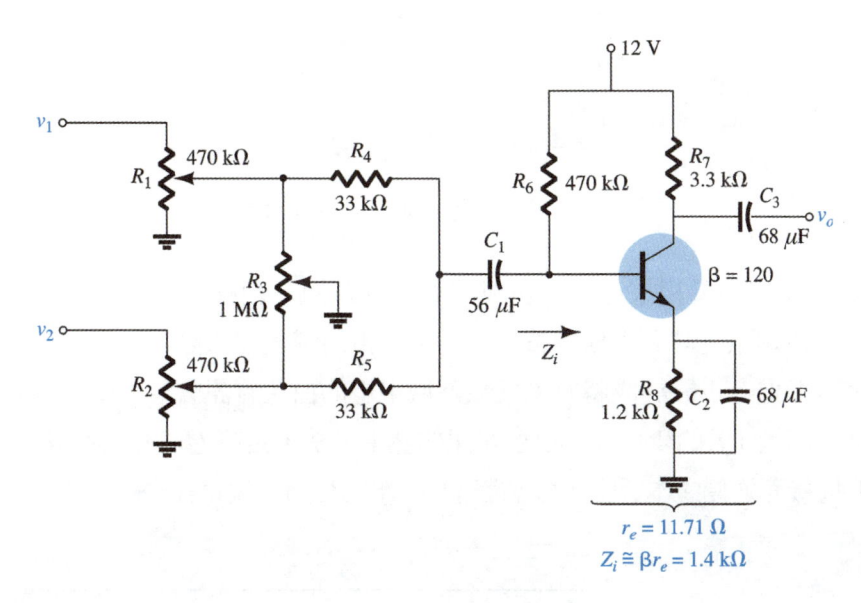

圖 5.63 音頻混波器

前置放大器

前置放大器(preamplifier)的主要功能正如其名稱所意指的:用來擷取主要來源的訊號,對訊號工作,使訊號準備好,通過此前置放大器之後進入放大器部分。一般而言,前置放大器可放大訊號,控制大小,也可能改變輸入阻抗特性。

前置放大器如圖 5.64 所示,常配合動態麥克風,使訊號大小提升到可供進一步放大或接近功率放大器的水平。

隨機雜訊產生器

常有需要隨機雜訊產生器,以測試揚聲器、麥克風、濾波器及事實上需用於寬頻率範圍的任何系統。**隨機雜訊產生器(random-noise generator)**正如其名稱所意指的:能產生隨意振幅和頻率的訊號產生器。

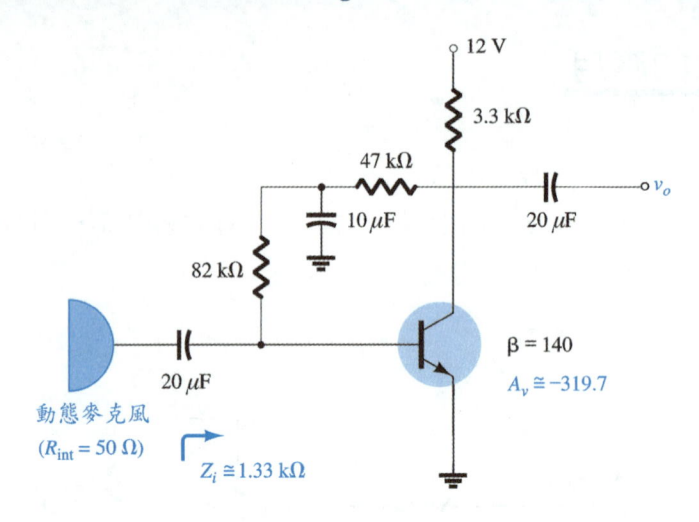

圖 5.64 配合動態麥克風的前置放大器

　　圖 5.65 的電路設計用來產生白色雜訊和粉紅雜訊，兩種雜訊產生電路使用同一來源，先產生白色雜訊（其大小橫跨整個頻譜），再用濾波器去除中高頻成分，只留下低頻雜訊。濾波器進一步設計成將原先低頻區域平坦的白色雜訊響應，變成隨頻率增加而下降的響應（即呈 $1/f$ 的變化）。白色雜訊的產生方法，是將 Q_1 電晶體的集極開路，並使基極對射極接面逆偏。本質上，電晶體 Q_1 的作用有如一偏壓在齊納崩潰區的二極體。

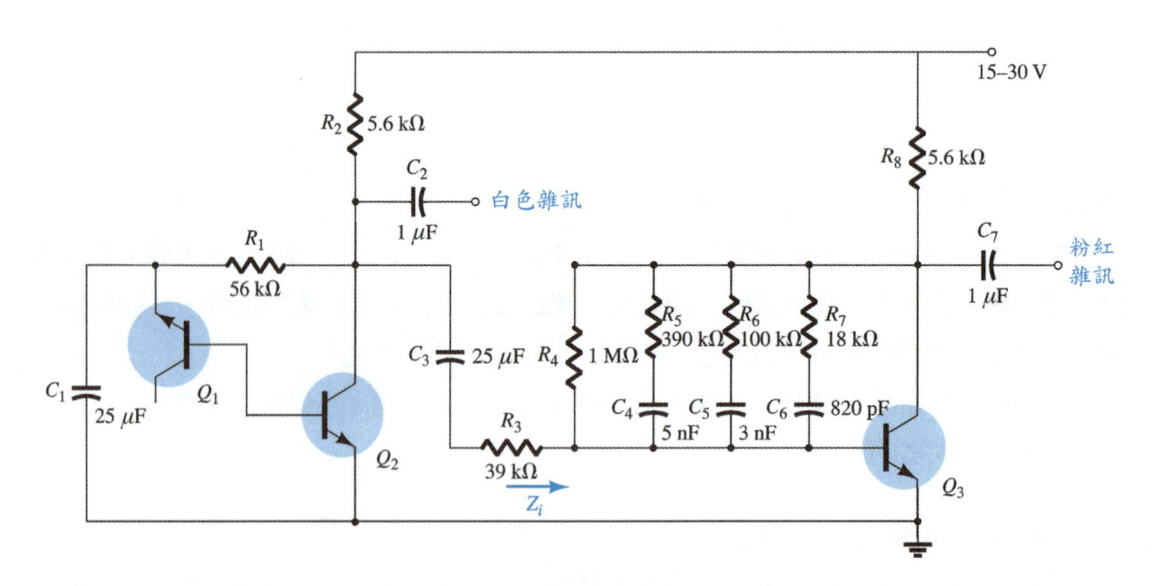

圖 5.65 白色或粉紅雜訊產生器

聲音調變燈源

　　圖 5.66 中 12 V 燈泡的燈光，會受外加訊號的影響，以不同的頻率和強度變化。外加訊號可能是音頻放大器、樂器，甚至是麥克風的輸出。特別要關注的是，外加電源電壓是 12 V 交流電，而非典型的直流偏壓電源。

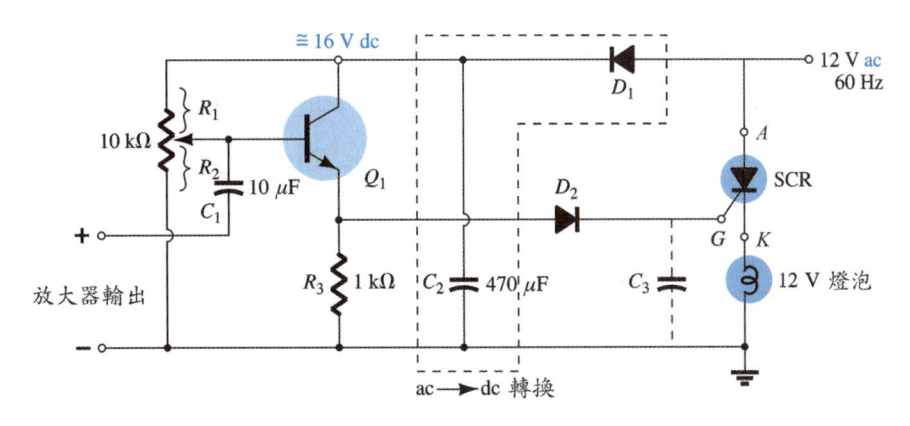

圖 5.66 聲音調變燈源。SCR（矽控整流子）

習　題

1. 10 μF 電容在 1 kHz 頻率處的電抗是多少？對電阻值在 kΩ 範圍的網路而言，在上述情況下將電容等效於短路是好的假定嗎？若頻率在 100 kHz 時又如何？

2. 給定圖 5.67 的共基極電路，試利用圖 5.5 的電晶體模型記號，畫出交流等效電路。

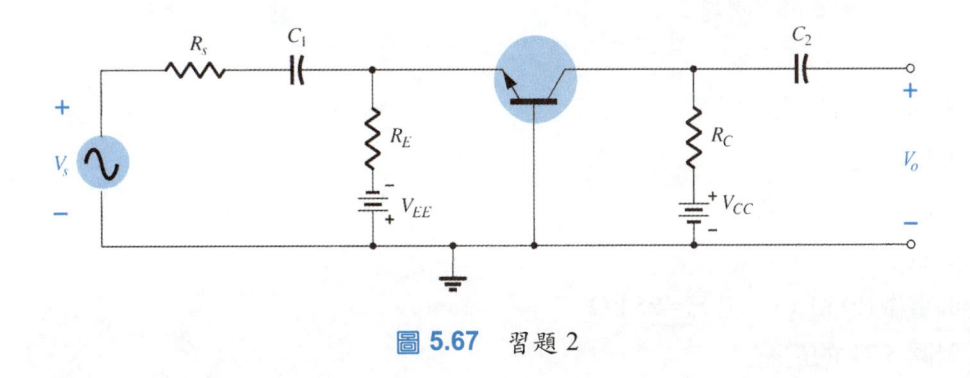

圖 5.67 習題 2

3. 對圖 5.14 的共基極電路而言，外加 10 mV 的交流訊號，可得 0.5 mA 的交流射極電流。若 $\alpha = 0.980$，試決定：
   a. Z_i。
   b. V_o，若 $R_L = 1.2$ kΩ。
   c. $A_v = V_o/V_i$。
   d. Z_o，$r_o = \infty$ Ω。
   e. $A_i = I_o/I_i$。
   f. I_b。

4. 某共射極電晶體放大器的輸入阻抗是 1.2 kΩ，且 $\beta = 140$，$r_o = 50$ kΩ，又 $R_L = 2.7$ kΩ，試決定：
   a. r_e。
   b. I_b，若 $V_i = 30$ mV。
   c. I_c。
   d. $A_i = I_o/I_i = I_L/I_b$。
   e. $A_v = V_o/V_i$。

5. 對圖 5.68 的網路：
   a. 試決定 Z_i 和 Z_o。
   b. 試求出 A_v。
   c. 重做(a)，但 $r_o = 20$ kΩ。
   d. 重做(b)，但 $r_o = 20$ kΩ。

6. 對圖 5.69 的網路：
   a. 試計算 I_B、I_C 和 r_e。
   b. 試決定 Z_i 和 Z_o。
   c. 試計算 A_v。
   d. 試決定 $r_o = 30$ kΩ 對 A_v 的影響。

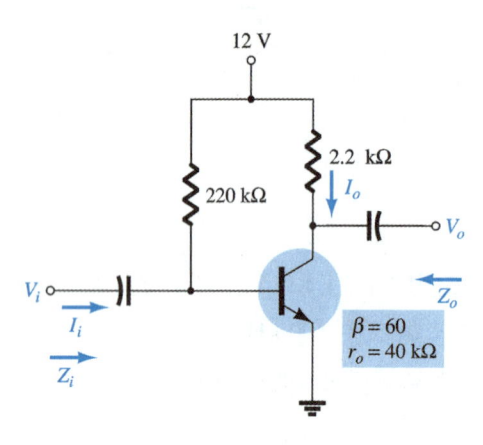

圖 5.68 習題 5

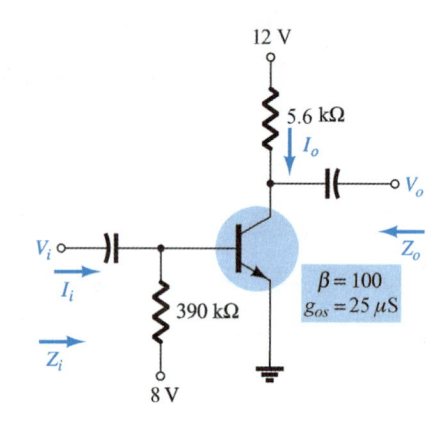

圖 5.69 習題 6

7. 對圖 5.70 的網路：
   a. 試決定 r_e。
   b. 試計算 Z_i 和 Z_o。
   c. 試求出 A_v。
   d. 重做(b)和(c)，但 $r_o = 25$ kΩ。

8. 對圖 5.71 的電路：
   a. 試決定 r_e。
   b. 試求出直流電壓 V_B、V_{CB} 和 V_{CE}。
   c. 試決定 Z_i 和 Z_o。
   d. 計算 $A_v = V_o/V_i$。

圖 5.70　習題 7

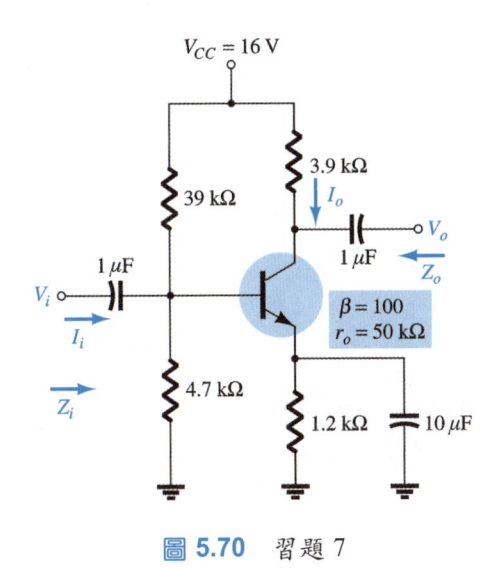

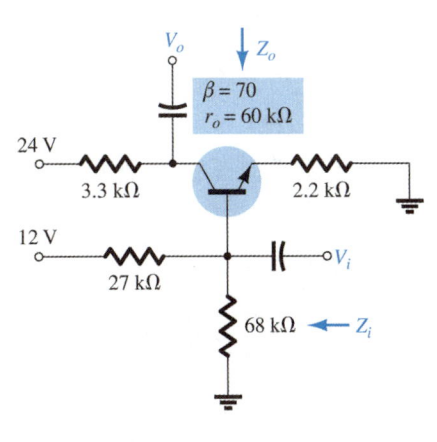

圖 5.71　習題 8

9. 對圖 5.72 的網路：
    a. 試決定 r_e。
    b. 求出 Z_i 和 Z_o。
    c. 試計算 A_v。
    d. 重做 (b) 和 (c)，但 $r_o = 20\ k\Omega$。

10. 對圖 5.73 的電路：
    a. 試決定 r_e。
    b. 試計算 V_B、V_{CE} 和 V_{CB}。
    c. 試求出 Z_i 和 Z_o。
    d. 試計算 $A_v = V_o/V_i$。
    e. 試決定 $A_i = I_o/I_i$。

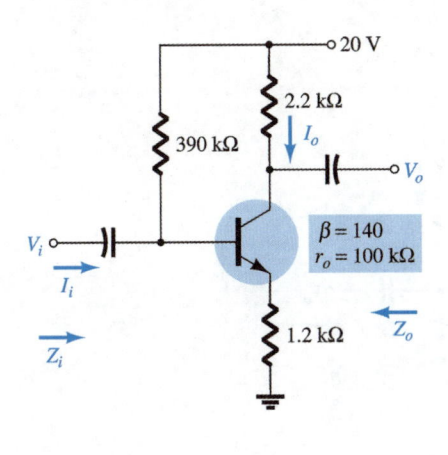

圖 5.72　習題 9

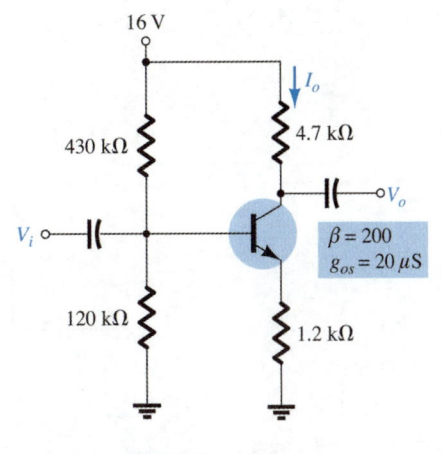

圖 5.73　習題 10

11. 對圖 5.74 的網路：
    a. 試決定 r_e 和 βr_e。
    b. 試求出 Z_i 和 Z_o。
    c. 試計算 A_v。

12. 對圖 5.75 的共基極電路：
    a. 試決定 r_e。
    b. 試求出 Z_i 和 Z_o。
    c. 試計算 A_v。

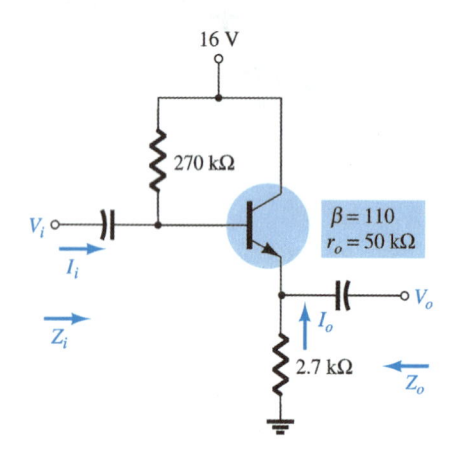

圖 5.74　習題 11

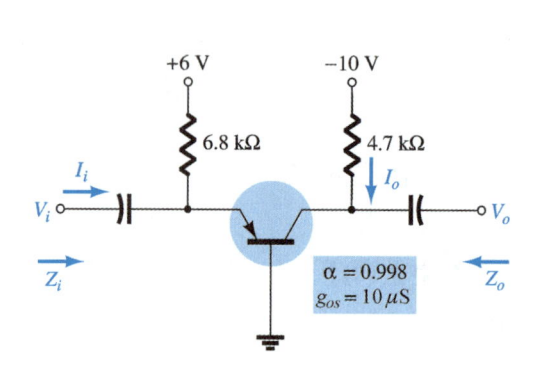

圖 5.75　習題 12

13. 對圖 5.76 的集極反饋電路：
    a. 試決定 r_e。
    b. 試求出 Z_i 和 Z_o。
    c. 試計算 A_v。

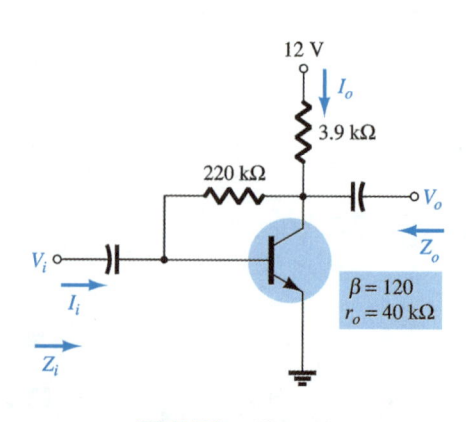

圖 5.76　習題 13

14. 對圖 5.77 的網路：
    a. 試決定 Z_i 和 Z_o。
    b. 試求出 A_v。

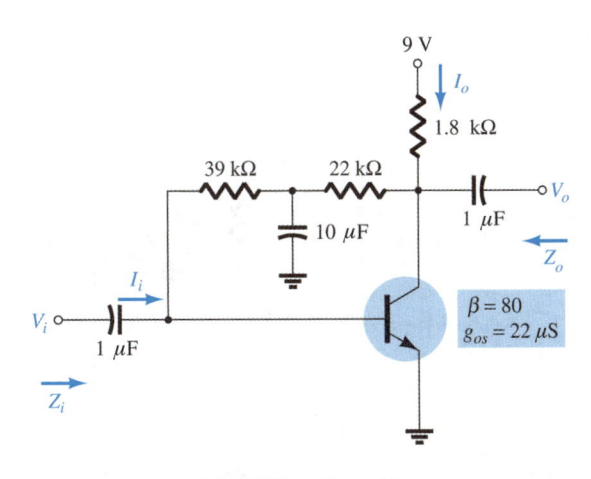

圖 5.77 習題 14

15. 對圖 5.78 的網路：
    a. 試決定 $A_{v_{NL}}$、Z_i 和 Z_o。
    b. 試決定 A_{v_L} 和 A_{v_s}。
    c. 試計算 A_{i_L}。
    d. R_L 改成 5.6 kΩ 並計算 A_{v_s}，增加 R_L 值時，對增益的影響是什麼？
    e. R_s 改成 0.5 kΩ（且 R_L 在 2.7 kΩ），請就 R_s 值降低時，對 A_{v_s} 的影響作評論。
    f. R_L 改成 5.6 kΩ 且 R_s 改成 0.5 kΩ，試決定新的 Z_i 和 Z_o 值。改變 R_L 和 R_s 值時，如何影響阻抗參數？

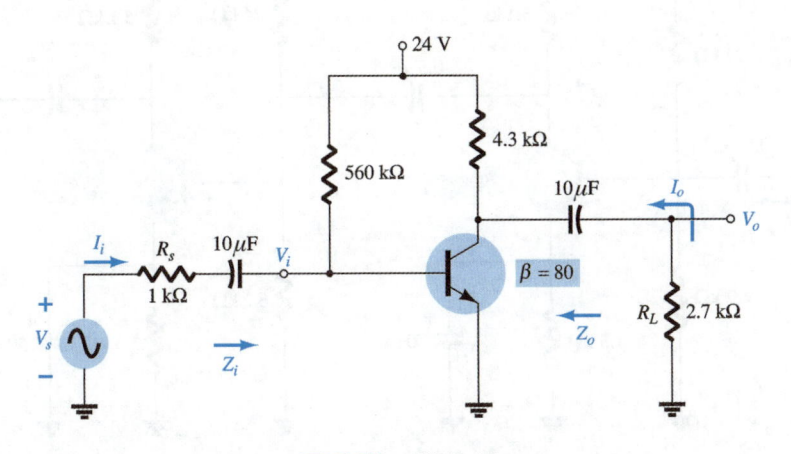

圖 5.78 習題 15

16. 對圖 5.79 的射極自穩網路：

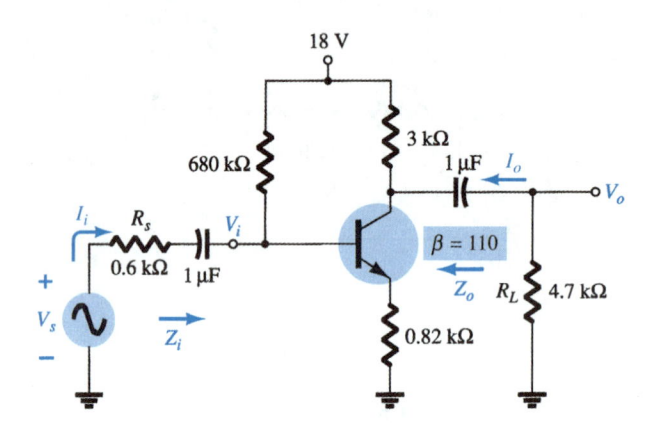

　a. 試決定 $A_{v_{NL}}$、Z_i 和 Z_o。

　b. 試決定 A_{v_L} 和 A_{v_s}。

　c. 將 R_s 改成 1 kΩ，對 $A_{v_{NL}}$、Z_i 和 Z_o 的影響是什麼？

　d. 將 R_s 改成 1 kΩ，試決定 A_{v_L} 和 A_{v_s}。R_s 增加時，對 A_{v_L} 和 A_{v_s} 的影響是什麼？

圖 5.79 習題 16

17. 對圖 5.80 的 BJT 串級放大器而言，試計算各級的直流偏壓電壓和集極電流。

18. a. 對圖 5.80 的 BJT 串級放大器電路，試算出各級的電壓增益，以及總交流電壓增益。

　b. 試求出 $A_{i_T} = I_o/I_i$。

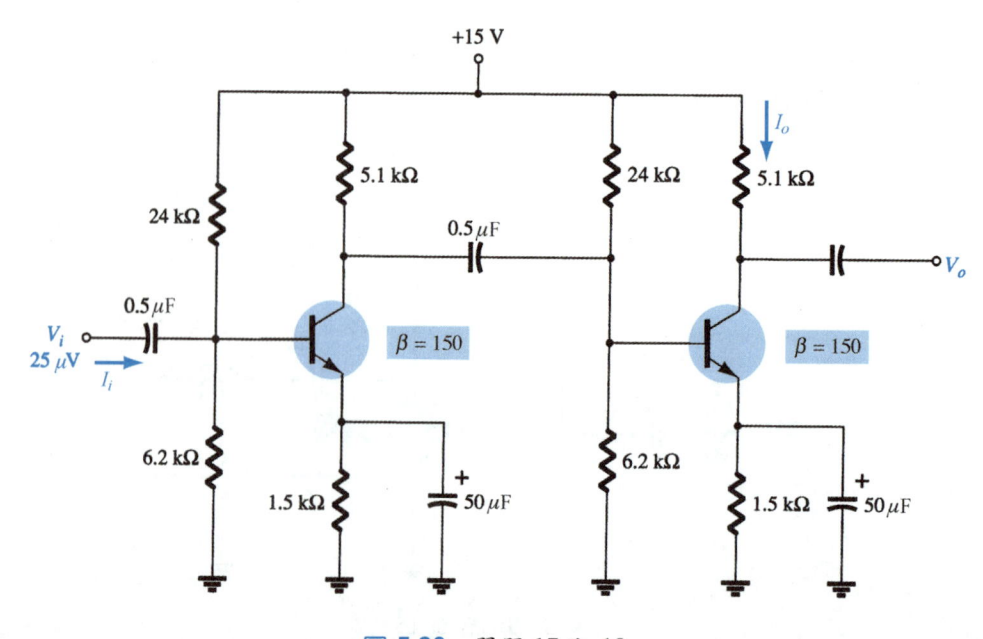

圖 5.80 習題 17 和 18

19. 在圖 5.81 的疊接放大器電路中，試計算直流偏壓電壓 V_{B_1}、V_{B_2} 和 V_{C_2}。

20. 試計算圖 5.81 電路中，接在輸出的 10 kΩ 負載的交流電壓降。

圖 5.81 習題 19 和 20

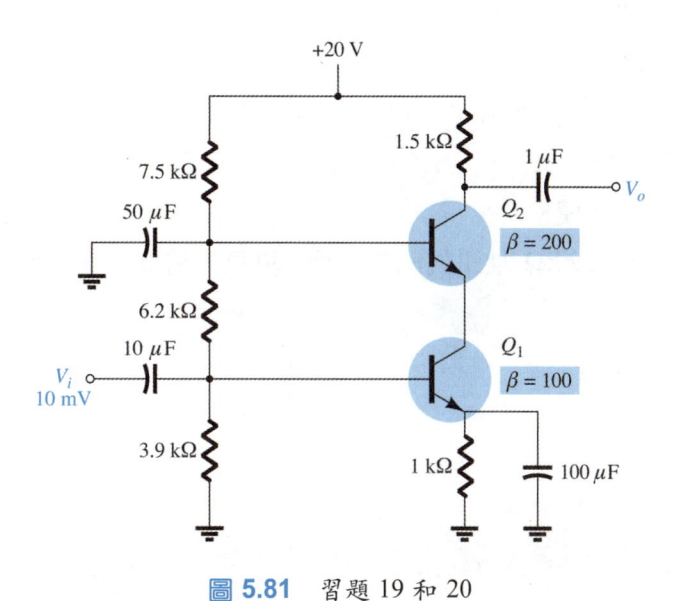

21. 對圖 5.82 的達靈頓電路：

    a. 試決定直流值 V_{B_1}、V_{C_1}、V_{E_2}、V_{CB_1} 和 V_{CE_2}。

    b. 試求出電流 I_{B_1}、I_{B_2} 和 I_{E_2}。

    c. 試計算 Z_i 和 Z_o。

    d. 試決定電壓增益 $A_v = V_o/V_i$ 和電流增益 $A_i = I_o/I_i$。

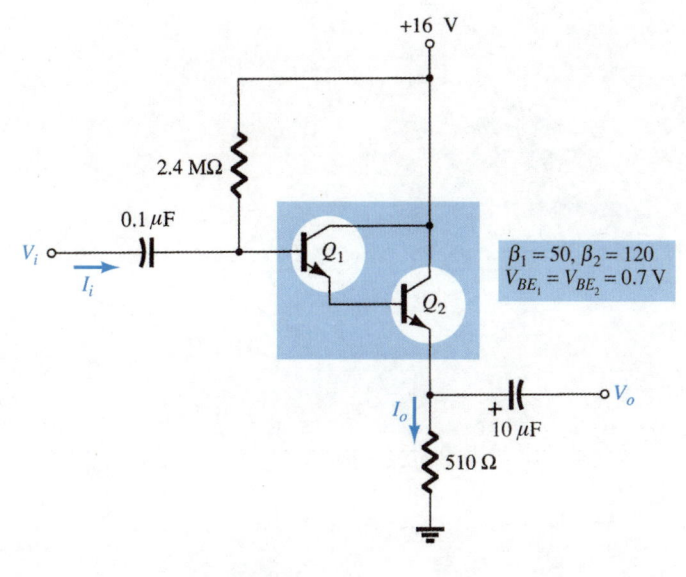

圖 5.82 習題 21~22

22. 圖 5.82 的電路加上電阻 $R_C=470\ \Omega$，射極電阻並接旁路電容 $C_E=5\ \mu F$。若封裝好的達靈頓放大器的 $\beta_D=4000$，$V_{BE_T}=1.6\ V$ 且 $r_{o_1}=r_{o_2}=40\ k\Omega$。

   a. 試求出直流值 V_{B_1}、V_{E_2} 和 V_{CE_2}。

   b. 試決定 Z_i 和 Z_o。

   c. 若輸出電壓 V_o 由集極腳經 $10\ \mu F$ 耦合電容接出，試決定電壓增益 $A_v=V_o/V_i$。

23. a. 若 $r_b=4\ \Omega$，$C_\pi=5\ pF$，$C_\mu=1.5\ pF$，$h_{oe}=18\ \mu S$，$\beta=120$ 且 $r_e=14$，試畫出共射極電晶體的混合 π 模型。

   b. 若外加負載是 $1.2\ k\Omega$ 且訊號源電阻是 $250\ \Omega$，試畫出中低頻範圍的近似混合 π 模型。

Chapter 6
場效電晶體

6.1 導言

場效電晶體(FET)是一種三端裝置,可用於各種不同的應用。兩種電晶體的主要差異如下:

BJT 電晶體是流控裝置,見圖 6.1a,而 JFET 電晶體則是壓控裝置,如圖 6.1b。

如同雙載子電晶體有 *npn* 和 *pnp*,場效電晶體也有 *n* 通道和 *p* 通道。但很重要需記住,BJT 電晶體是雙載子(bipolar)裝置,字頭 "雙(bi)" 表示導通電流中包含電子和電洞兩種載子。而 FET 則是單載子(unipolar)裝置,*n* 通道只導通電子,而 *p* 通道只導通電洞。

名稱中的場效(field-effect)一詞值得作解釋,對 FET 而言,電荷建立了電場,控制源和受控量之間無需直接接觸,即可用電場控制輸出電路的導通路徑。

FET 最重要的特性之一是高輸入阻抗。

其值在 1 MΩ 到數百 MΩ 之間,遠超過 BJT 電晶體電路典型的輸入電阻。另一方面,BJT 電晶體對輸入訊號變化的靈敏度則高很多。

BJT 放大器典型的電壓增益會比 FET 放大器大很多。

FET 的溫度穩定性優於 BJT,而 FET 的尺寸通常小於 BJT,使 FET 特別適用於積體電路(IC)晶片。

本章要介紹三種 FET:接面場效電晶體(junction field-effect transistor, JFET)、金氧半場效電晶體(metal-oxide-semiconductor field-ef-

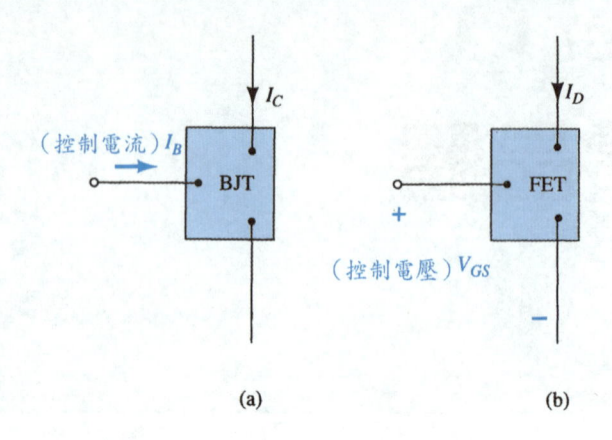

圖 6.1　(a)流控和(b)壓控放大器

fect transistor, MOSFET)和金半場效電晶體(metal-semiconductor field-effect transistor, MESFET)。MOSFET 又可分之空乏(depletion)型和增強(enhancement)型，都將作介紹。在建構和設計數位計算機的 IC 中，MOSFET 已成為最重要的裝置，其熱穩定性和其他一般特性，使其在計算機電路設計上極為普遍。

6.2　JFET 的結構和特性

JFET 是一種三端裝置，可用其中一端控制其他兩端之間的電流。

n 通道 JFET 的基本結構見圖 6.2，結構的主要部分是 n 型材料，在兩個 p 型嵌入層之間形成通道。n 型通道的頂部經歐姆接觸連接到汲極(drain, D)接腳，而相同材料（n 型）的底部經歐姆接觸連接到源極(source, S)接腳。兩側 p 型材料相連接到閘極(gate, G)。若 JFET 沒有外加任何電壓，則 JFET 的兩個 pn 接面都在無偏壓狀態，接面的空乏區如圖 6.2 所示，和二極體在無偏壓情況下的空乏區相同，沒有任何自由載子，因此不會導通電流。

圖 6.2　接面場效電晶體

$V_{GS}=0$ V，V_{DS} 為正值

在圖 6.3 中，正電壓 V_{DS} 加到通道兩端，閘極直接連到源極，使 $V_{GS}=0$ V，結果是閘極和源極等電位。一加上外加電壓 $V_{DD}(=V_{DS})$ 時，電子會被帶向汲極，建立電流 I_D，電流方向如圖 6.3 所示，汲極電流和源極電流相等($I_D=I_S$)。載子是可流動的，只受到 n 通道汲極和源極之間電阻的限制。

很重要需注意到在愈接近兩側 p 型區的頂部，空乏區會愈寬，可藉由圖 6.4 的幫助，描述空乏區寬度變化的理由。假定 n 通道的電阻是均勻的，可將通道電阻分成數段，見圖 6.4。電流 I_D 流過通道時會建立電壓，同樣見於圖 6.4。結果是 p 型區頂部的逆偏約 1.5 V，而底部逆偏則僅約 0.5 V。外加逆偏愈大時，空乏區愈寬——因此，空乏區分佈會如圖 6.4 所示。

當電壓 V_{DS} 自 0 V 略為上升，由歐姆定律知電流會隨之增加，I_D 對應於 V_{DS} 的圖形如圖 6.5 所示。當 V_{DS} 較低時電阻幾為定值，當 V_{DS} 上升到接近圖 6.5 上的 V_P 時，圖 6.3 上的空乏區會擴大到使通道寬度大幅減小，

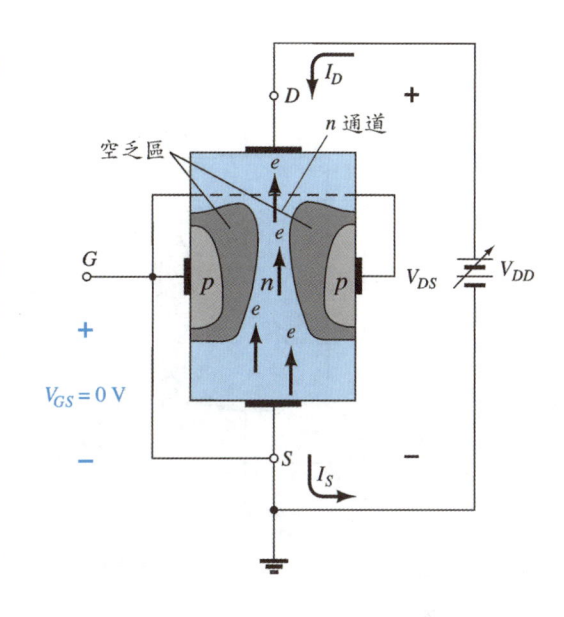

圖 6.3 JFET 在 $V_{GS}=0$ V 且 $V_{DS}>0$ V

導通面積的減小，使電阻值上升，因而出現圖 6.5 的曲線圖。曲線愈平，代表電阻愈大，在曲線的水平段代表電阻趨近於"無窮大"歐姆。若 V_{DS} 增加到某一電壓值，會使兩側空乏區"接觸"在一起，如圖 6.6 所示，此情況稱為夾止(pinch-off)，對應的 V_{DS} 電壓值稱為夾止電壓(pinch-off voltage)，記為 V_P，見圖 6.5。實際上，夾止 I_D 會維持在飽和值，即圖 6.5 上的 I_{DSS}。

當 V_{DS} 增加到超過 V_P 時，兩側會緊密相接，接觸長度會沿著通道增加，但 I_D 值仍幾乎維持定值。因此在本質上，當 $V_{DS}>V_P$ 時，JFET 具備電流源的特性，如圖 6.7 所

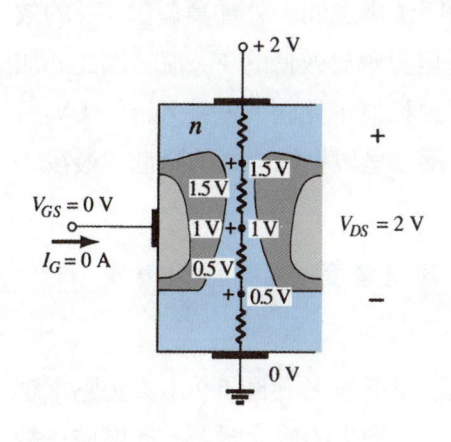

圖 6.4 n 通道 JFET 中，p-n 接面上不同位置對應逆偏電壓的變化

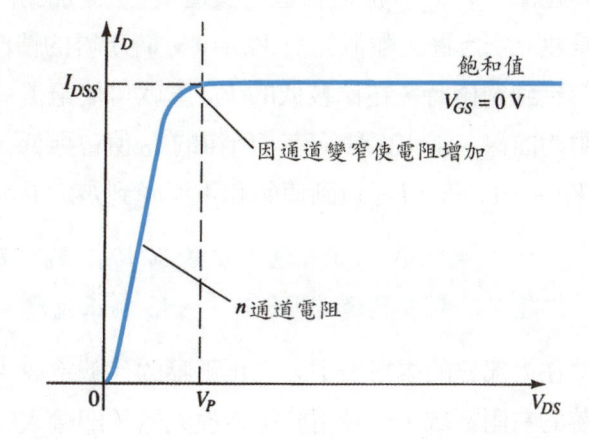

圖 6.5 $V_{GS}=0$ V 時 I_D 對 V_{DS} 的特性

圖 6.6 夾止（$V_{GS}=0$ V 且 $V_{DS}=V_P$）

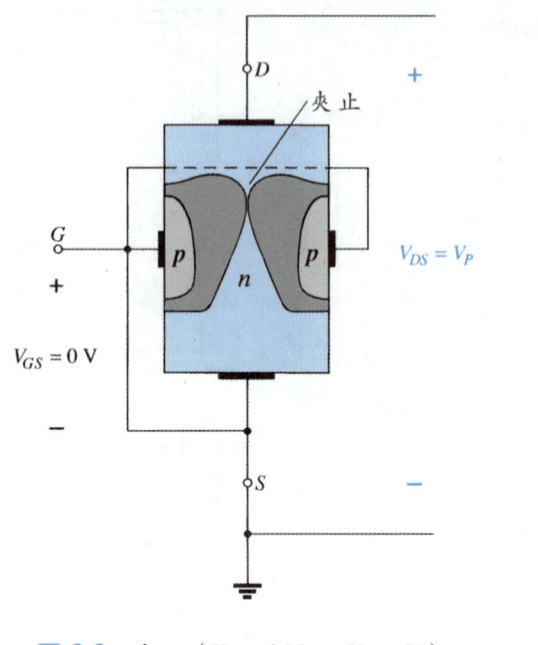

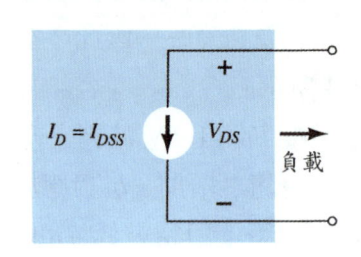

圖 6.7 $V_{GS}=0$ V 且 $V_{DS}>V_P$ 時，等效於電流源

示，電流固定在 $I_D=I_{DSS}$，但電壓 V_{DS} 則由外加負載所決定。

I_{DSS} 是 JFET 最大的汲極電流，定義在 $V_{GS}=0$ V 且 $V_{DS}>|V_P|$ 的條件之下。

$V_{GS}<0$ V

閘極對源極電壓記為 V_{GS}，是 JFET 的控制電壓。不同的 V_{GS} 值也可產生不同的 I_D 對 V_{DS} 曲線。對 n 通道裝置，控制電壓 V_{GS} 可從 $V_{GS}=0$ V 到相當負的電壓值。

在圖 6.8 中，V_{DS} 值較低，負電壓 −1 V 加到閘極與源極之間。外加負偏壓 V_{GS} 的效應是建立空乏區，類似先前 $V_{GS}=0$ V 時所得的情況，但對應於較低的 V_{DS} 值。因此外加負偏壓到閘極時，在比較低的 V_{DS} 處就可使電流達到飽和值，見圖 6.9 中 $V_{GS}=-1$ V 所對應的曲線。當 V_{GS} 愈負時，所得的 I_D 值會愈低，電壓會呈現拋物線式的降低。最後，當 $V_{GS}=-V_P$ 時，V_{GS} 負到使飽和電流降到幾近 0 mA。

使 $I_D=0$ mA 的 V_{GS} 值，定義為 $V_{GS}=V_P$。對 n 通道裝置而言，V_P 為負電壓；而對 p 通道 JFET 而言，V_P 為正電壓。

在大部分的規格表中，夾止電壓的代號定成 $V_{GS(off)}$ 而不是 V_P。圖 6.9 中夾止點電壓軌跡的右側區域，一般用於線性放大器（即輸入訊號失真最少的放大器），此區域一般稱為定電流區、飽和區或線性放大區。

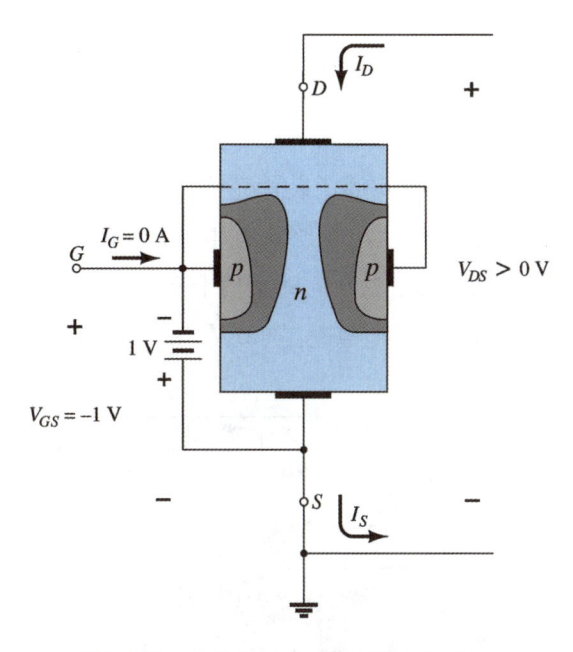

圖 6.8 將負電壓加到 JFET 的閘極

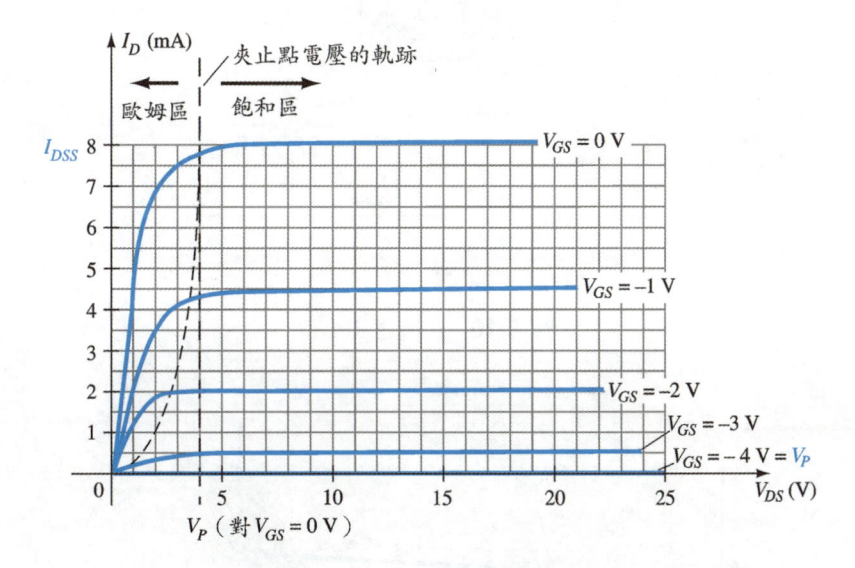

圖 6.9 $I_{DSS}=8$ mA 且 $V_P=-4$ V 的 n 通道 JFET 的特性

壓控電阻

圖 6.9 中，夾止點電壓軌跡左側的區域為**歐姆區**或壓控電阻區，在此區域工作時，JFET 實際上是用作可變電阻（可用在自動增益控制系統），其電阻值由外加的閘極對源極電壓所控制。電阻值表成外加電壓 V_{GS} 的關係，可提供良好的近似：

$$r_d = \frac{r_o}{(1-V_{GS}/V_P)^2} \tag{6.1}$$

其中，r_o 是 $V_{GS}=0$ V 時的電阻，r_d 則是對應於某特定 V_{GS} 值的電阻。

p 通道裝置

p 通道 JFET 的結構和圖 6.2 的 *n* 通道裝置完全一樣，但 *p* 型材料和 *n* 型材料完全對調，見圖 6.10。定義的電流方向相反，電壓 V_{GS} 和 V_{DS} 的實際極性也相反。對 *p* 通道裝置而言，閘極對源極電壓必須限制在由 0 V 朝正值上升，通道電壓 V_{DS} 為負值，見圖 6.11 的特性，其 I_{DSS} 為 6 mA 且 V_{GS} 的夾止電壓是 +6 V。

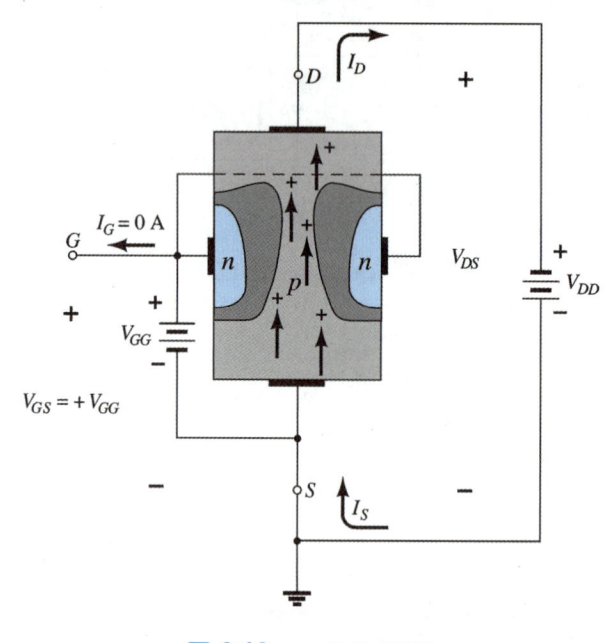

圖 6.10　*p* 通道 JFET

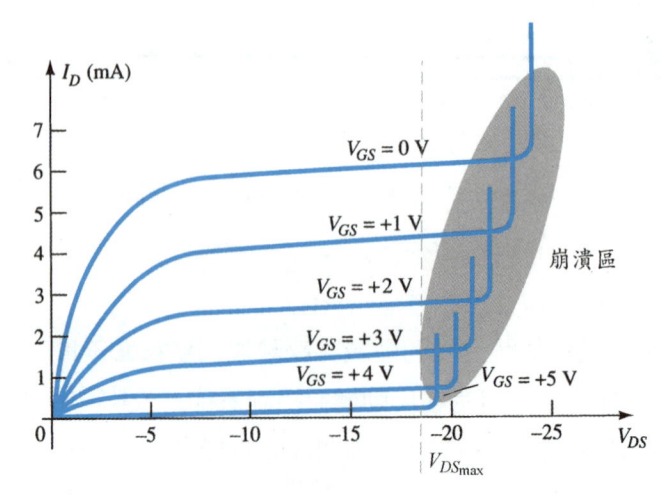

圖 6.11　$I_{DSS}=6$ mA 且 $V_p=+6$ V 的 *p* 通道 JFET 特性

符　號

n 通道和 p 通道 JFET 的圖形符號提供在圖 6.12，注意到 n 通道的箭號是指向內，見圖 6.12a，代表 pn 接面順偏時電流 I_G 的流向。而 p 通道裝置（見圖 6.12b）在符號上的唯一差異，就是箭號方向。

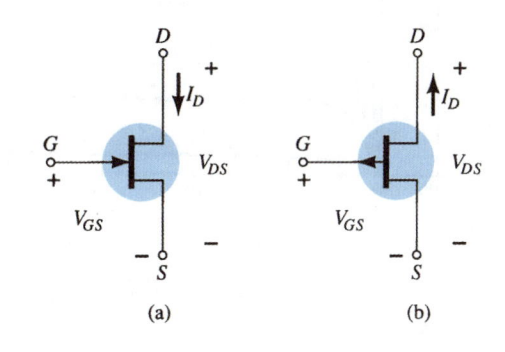

圖 6.12　JFET 符號：(a) n 通道；(b) p 通道

6.3　轉移特性

推　導

JFET 的輸出和輸入之間並不存在線性關係，蕭克萊方程式 (Schokley equation) 定義了 I_D 和 V_{GS} 的關係：

$$I_D = I_{DSS}\left(1 - \frac{V_{GS}}{V_P}\right)^2 \tag{6.2}$$

（控制變數、常數）

一般而言：

蕭克萊方程式所定義的轉移特性，不會受裝置所在網路的影響。

轉移曲線可利用蕭克萊方程式得到，或利用圖 6.9 的輸出特性求得。在圖 6.13 中提供了兩個曲線圖，垂直座標單位都是用 mA。其中一圖是 I_D 對 V_{DS} 的曲線圖，而另一圖則是 I_D 對 V_{GS} 的曲線圖。

汲極特性是代表輸出（汲極）電流對輸出（汲極）電壓的關係，而轉移特性則是輸出（汲極）電流對應於輸入控制電壓的曲線圖。

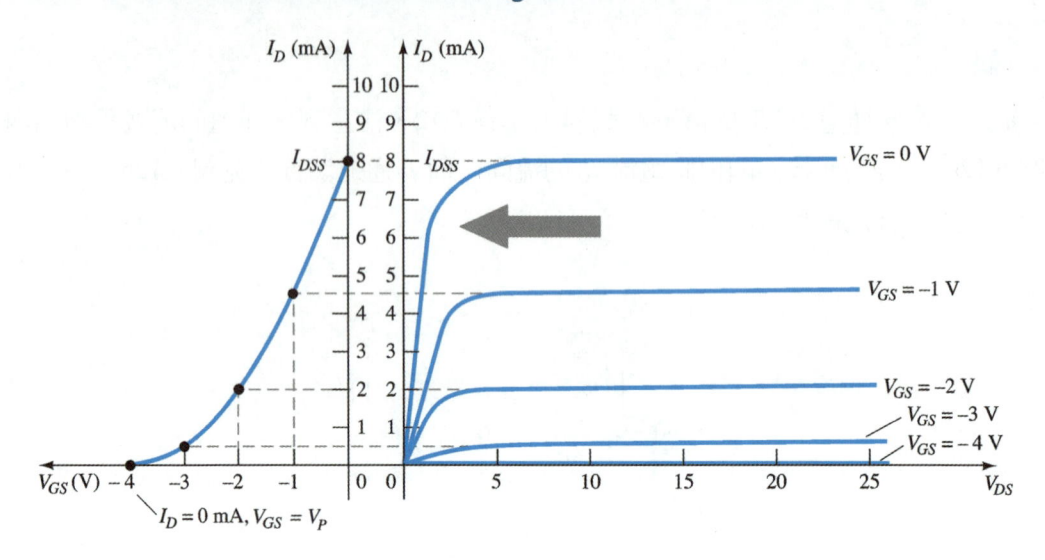

圖 6.13 由汲極特性得到轉移特性

運用蕭克萊方程式

只要已知 I_{DSS} 和 V_P 值，也可以直接由式 (6.2) 的蕭克萊方程式得到圖 6.13 的轉移曲線。I_{DSS} 和 V_P 值定義了曲線在兩軸上的端點，只需再加上幾個中間點即可畫出曲線。

對圖 6.13 的汲極特性，若代入 $V_{GS} = -1\,\text{V}$，

$$\begin{aligned}
I_D &= I_{DSS}\left(1 - \frac{V_{GS}}{V_P}\right)^2 \\
&= 8\,\text{mA}\left(1 - \frac{-1\,\text{V}}{-4\,\text{V}}\right)^2 = 8\,\text{mA}\left(1 - \frac{1}{4}\right)^2 = 8\,\text{mA}(0.75)^2 \\
&= 8\,\text{mA}(0.5625) \\
&= \mathbf{4.5\,mA}
\end{aligned}$$

反過來，利用基本代數，可由式 (6.2) 求得某已知 I_D 對應的 V_{GS} 值公式，推導十分直接，可得

$$\boxed{V_{GS} = V_P\left(1 - \sqrt{\frac{I_D}{I_{DSS}}}\right)} \tag{6.3}$$

若裝置滿足圖 6.13 的特性，試求出汲極電流 4.5 mA 對應的 V_{GS} 值，可求出

$$\begin{aligned}
V_{GS} &= -4\,\text{V}\left(1 - \sqrt{\frac{4.5\,\text{mA}}{8\,\text{mA}}}\right) \\
&= -4\,\text{V}(1 - \sqrt{0.5625}) = -4\,\text{V}(1 - 0.75) \\
&= -4\,\text{V}(0.25) \\
&= \mathbf{-1\,V}
\end{aligned}$$

可代入式(6.3)作計算,並用圖 6.13 驗證。

例 6.1

試畫出 $I_{DSS}=12$ mA 和 $V_P=-6$ V 定義的轉移曲線。

解:曲線兩端點定義如下:

$$I_{DSS}=12 \text{ mA} \text{ 且 } V_{GS}=0 \text{ V}$$

以及 $I_D=0$ mA 且 $V_{GS}=V_P$

在 $V_{GS}=V_P/2=-6$ V$/2=-3$ V 處,汲極電流 $I_D=I_{DSS}/4=12$ mA$/4=3$ mA。在 $I_D=I_{DSS}/2=12$ mA$/2=6$ mA 處,閘極對源極電壓 $V_{GS}\cong 0.3V_P=(0.3)(-6 \text{ V})=-1.8$ V。四個點都定在圖 6.14 上,可完成轉移曲線。

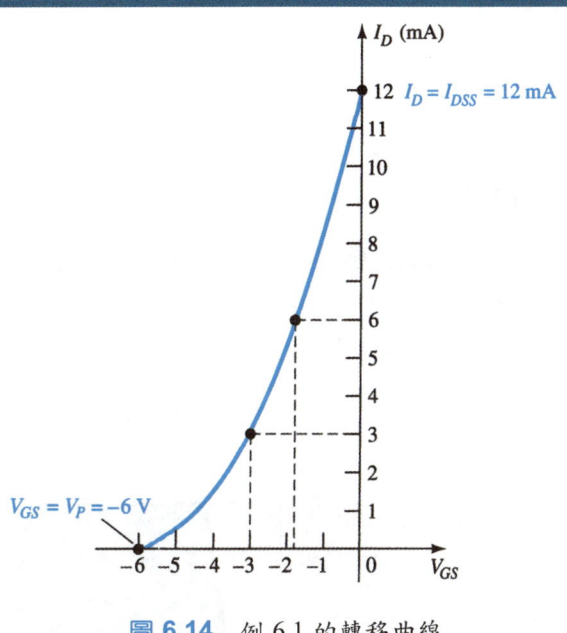

圖 6.14 例 6.1 的轉移曲線

6.4 規格表(JFET)

規格表所用記號不同是常有的事,但一般而言,各資料的標題是一致的,包括**最大額定值**、**熱特性**、**電氣特性**和各組**典型特性**。

最大額定值

最大額定值列表通常會出現在規格表的最開頭,包括各特定腳位間的最大電壓、最大電流值和裝置的最大功率消耗等。在 V_{GSR} 中的術語"逆向"(reverse),定義源極對應於閘極在崩潰之前的最大正電壓(對 n 通道裝置而言,一般都是逆偏正電壓)。在某些規格表中,此值稱為 BV_{DSS}——汲極源極短路($V_{DS}=0$ V)的崩潰電壓。

熱特性

25°C(室溫)時的裝置總功率消耗,是裝置在正常工作條件下的最大功率消耗,定義如下:

$$P_D=V_{DS}I_D \tag{6.4}$$

電氣特性

電氣特性包括"截止"特性的 V_P 和"導通"特性的 I_{DSS}。

典型特性

典型特性圖列中包含各種曲線,說明各重要參數如何隨電壓、電流、溫度和頻率而變化。

工作區域

規格表上的數據,以及不同 V_{GS} 對應的夾止點電壓軌跡,可在汲極特性上定義適用於線性放大的工作區,如圖 6.15 所示。

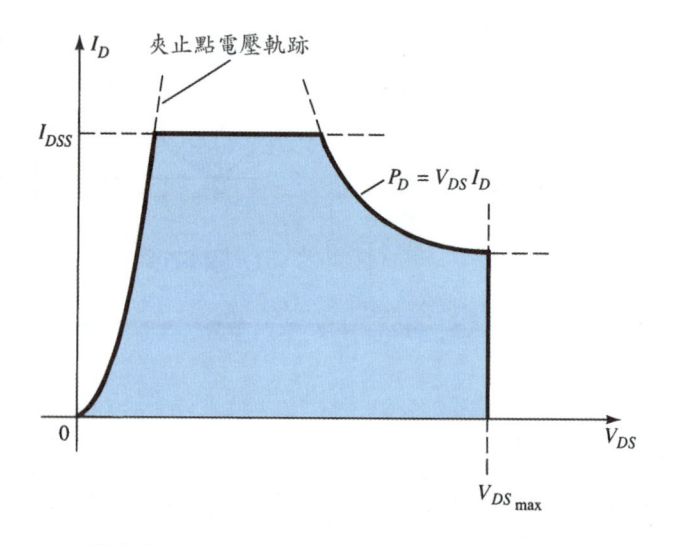

圖 6.15 線性放大器設計所用正常的工作區

6.5 空乏型 MOSFET

MOSFET 可進一步分為空乏型和增強型。術語空乏(depletion)和增強(enhancement)定義了基本工作模式,而名稱 MOSFET 則代表金屬(*m*etal)-氧化物(*o*xide)-半導體(*s*emiconductor)電場(*f*ield)-效應(*e*ffect)電晶體(*t*ransistor)。因不同類型的 MOSFET 在特性和工作上的差異。

基本結構

n 通道空乏型 MOSFET 的基本結構提供在圖 6.16,由矽基質形成一層 p 型材料稱為基板(substrate),這是建構裝置的基礎。有時在元件內部基板會接到源極,但許多獨立型裝置會多提供一個腳位,記為 SS,因此成為四端裝置。源極與汲極腳位經金屬接觸連接到 n 型摻雜區，中間以 n 通道相連，如圖 6.16 所示。閘極也接到金屬接觸表面，但和 n 通道之間以極薄的二氧化矽(SiO_2)層隔離，此絕緣層稱為介電(dielectric)層，介電層內部會產生和外加電壓極性相反的電場。SiO_2 絕緣層具有如下意義：

MOSFET 的閘極腳位和通道之間沒有直接的電性連接。

MOSFET 上的 SiO_2 絕緣層提供裝置極需要的高輸入阻抗。

因為 MOSFET 的輸入阻抗極高，所以在直流偏壓電路中，閘極電流幾乎為 0 A。

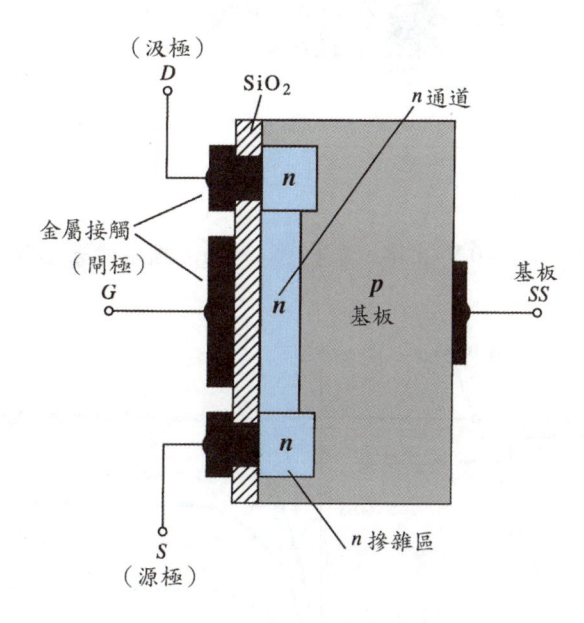

圖 6.16 n 通道空乏型 MOSFET

基本工作與特性

圖 6.17 中，將兩腳位直接連接，使閘極對源極電壓設為 0 V，而汲極對源極則外加電壓 V_{DD}，結果是汲極的正電位會吸引 n 通道的自由電子，可建立類似 JFET 通道上流通的電流。事實上，$V_{GS}=0$ V 所得的電流，仍然標記為 I_{DSS}，如圖 6.18 所示。

在圖 6.19 中，V_{GS} 設為負電壓，比同 −1 V。閘極的負電位會將電子推向 p 型基板如圖 6.19 所示。依據 V_{GS} 所建立負偏壓的大小，自由電子和電洞之間會產生某一定程度的再結合，可將 n 通道中可供導通的自由電子數目降到某一定值。V_{GS} 偏壓愈負時，再結合速率愈高。因此當 V_{GS} 的負偏壓上升時，汲極電流值會隨之下降，如圖 6.18 中，V_{GS} 由 −1 V、−2 V 等到夾止電壓 −6 V，會產生對應的汲極電流值，並繼續畫出轉移曲線，會和 JFET 的轉移曲線完全相同。

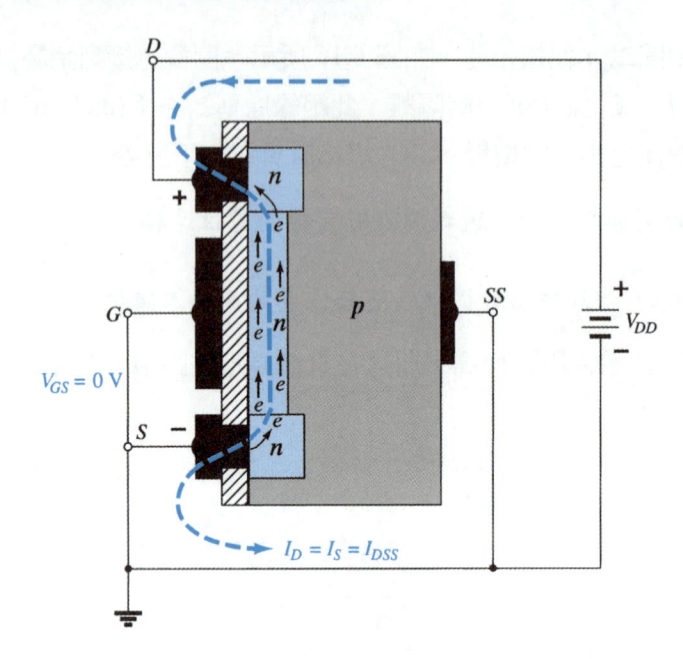

圖 6.17 $V_{GS}=0$ V 且外加電壓 V_{DD} 時的 n 通道空乏型 MOSFET

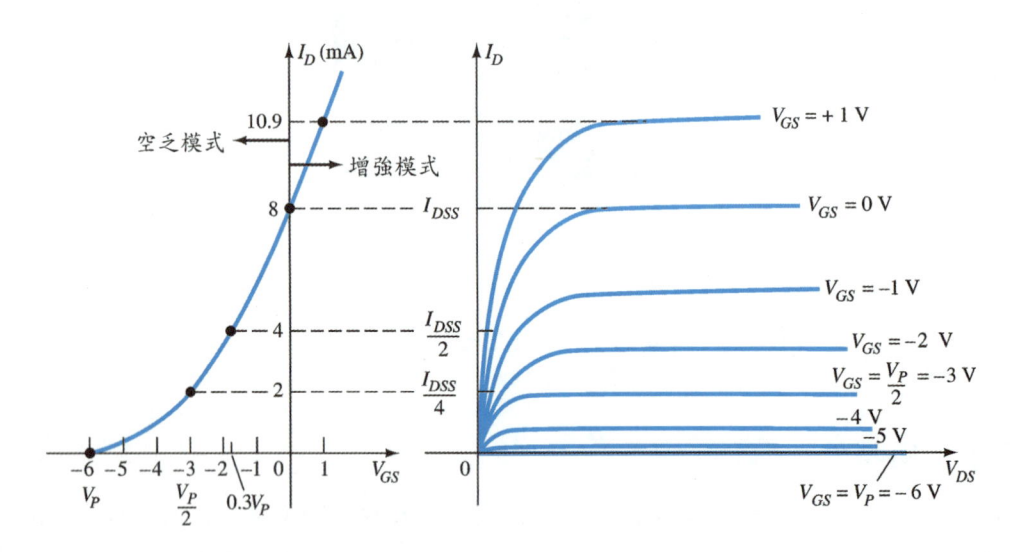

圖 6.18 n 通道空乏型 MOSFET 的汲極和轉移特性

當 $V_{GS}=0$ V 相比，外加正的閘極對源極電壓時，可"增強"通道中的自由載子數量，因此在汲極特性或轉移特性上的正閘極電壓區域，通常稱為**增強區** (enhancement region)，而在截止與飽和電流值 I_{DSS} 之間的區域，則稱為**空乏區** (depletion region)。

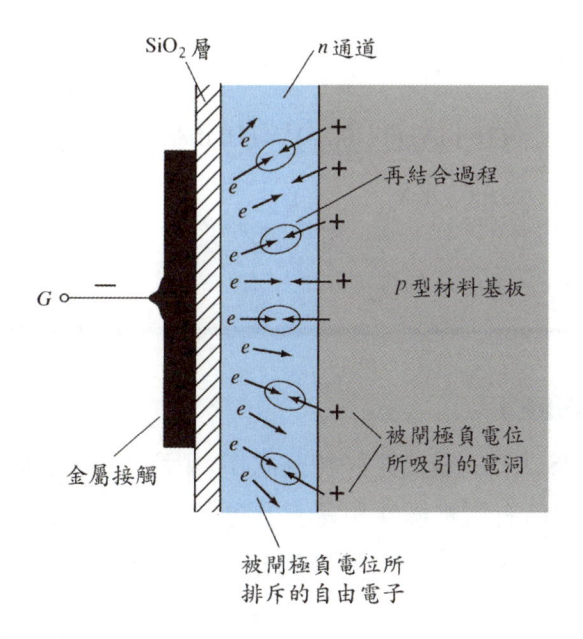

圖 6.19　由於閘極的負電位使 n 通道的自由載子降低

例 6.2

試畫出 $I_{DSS}=10$ mA 和 $V_P=-4$ V 的 n 通道空乏型 MOSFET 的轉移特性。

解：

當 $V_{GS}=0$ V，$I_D=I_{DSS}=10$ mA

$V_{GS}=V_P=-4$ V，$I_D=0$ mA

$V_{GS}=\dfrac{V_P}{2}=\dfrac{-4\text{ V}}{2}=-2$ V，

$I_D=\dfrac{I_{DSS}}{4}=\dfrac{10\text{ mA}}{4}=2.5$ mA

以及當 $I_D=\dfrac{I_{DSS}}{2}$ 時，

$V_{GS}=0.3V_P=0.3(-4\text{ V})=-1.2$ V

以上均顯示在圖 6.20 上。

在畫出正 V_{GS} 值對應的區域之前，記住，隨著正 V_{GS} 值的增加，I_D 值會增加得非常快。易言之，在選取代入蕭克萊方程式的 V_{GS} 值要保守一些。現在取 $V_{GS}=+1$ V 如下：

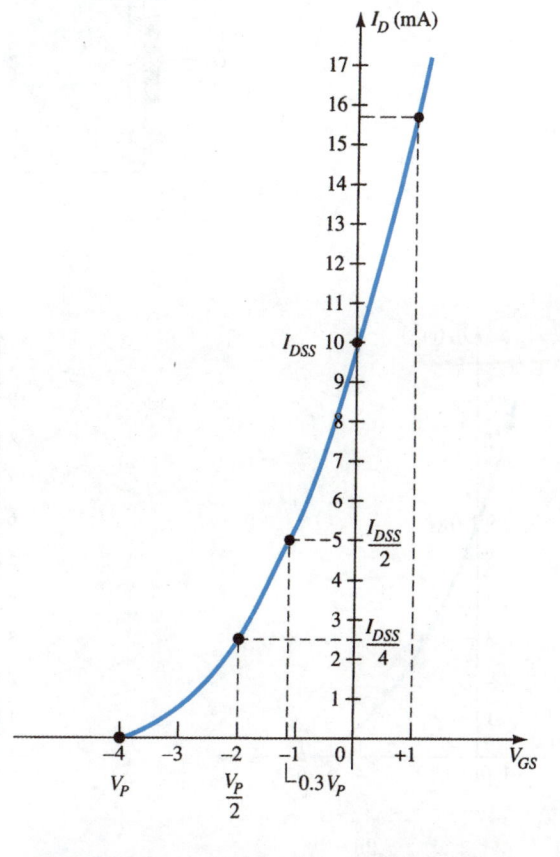

圖 6.20　$I_{DSS}=10$ mA，$V_P=-4$ V 的 n 通道空乏型 MOSFET 的轉移特性

$$I_D = I_{DSS}\left(1 - \frac{V_{GS}}{V_P}\right)^2 = (10\text{ mA})\left(1 - \frac{+1\text{ V}}{-4\text{ V}}\right)^2$$

$$= (10\text{ mA})(1 + 0.25)^2 = (10\text{ mA})(1.5625)$$

$$\cong 15.63\text{ mA}$$

對完成特性圖而言,此 I_D 值已足夠高了。

p 通道空乏型 MOSFET

p 通道空乏型 MOSFET 的結構正好和圖 6.16 相反,也就是具有 n 型基板和 p 型通道,腳位維持不變,但所有電壓極性和電流方向完全相反,見圖 6.21a。汲極特性和圖 6.18 完全相同,但 V_{DS} 為負值,而 I_D 則為正值,V_{GS} 的極性也相反,見圖 6.21c。易言

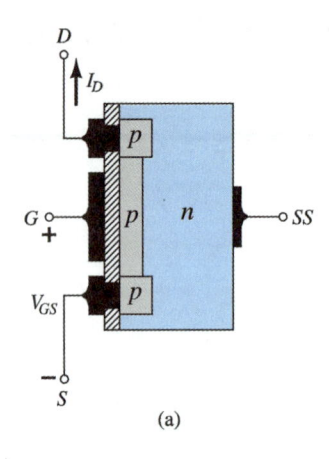

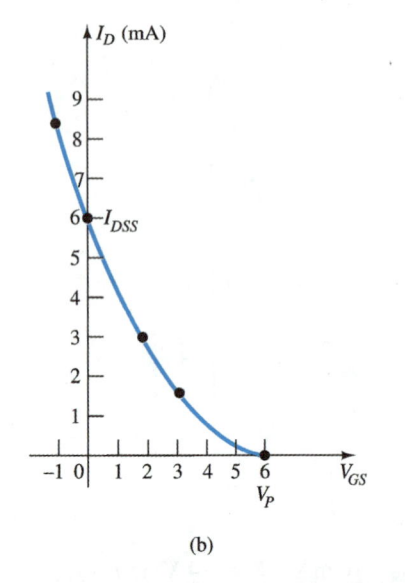

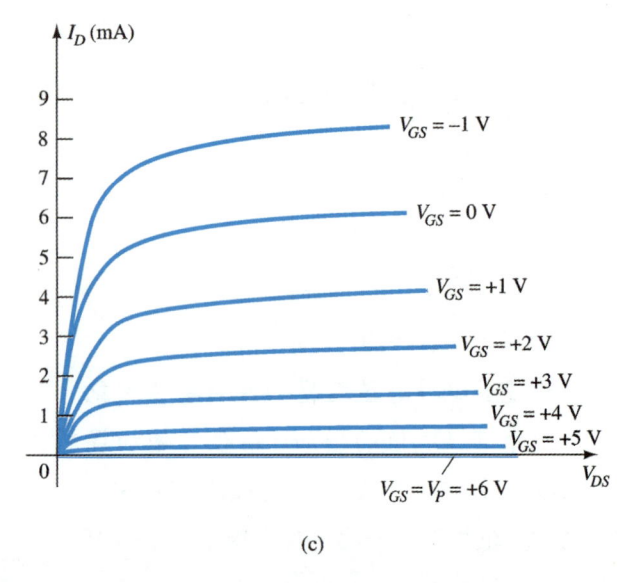

圖 6.21 $I_{DSS} = 6$ mA 且 $V_P = +6$ V 的 p 通道空乏型 MOSFET

之，截止點 $V_{GS}=V_P$ 在 V_{GS} 的正值區域，隨著 V_{GS} 的減少，汲極電流逐漸上升到 I_{DSS}。當 V_{GS} 愈負時，I_D 會繼續增加，蕭克萊方程式依然適用，但 V_{GS} 和 V_P 要代入正確的正負號。

符號、規格表和外殼構造

n 通道以及 p 通道空乏型 MOSFET 的圖形符號提供在圖 6.22，符號的選擇正是要反映裝置的實際結構。

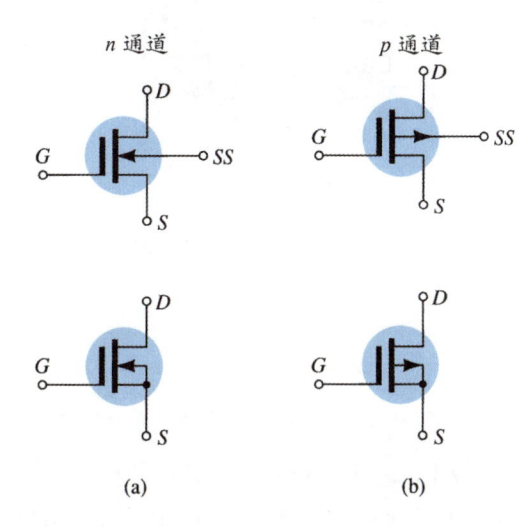

圖 6.22 (a) n 通道空乏型 MOSFET 和 (b) p 通道空乏型 MOSFET 的圖形符號

6.6 增強型 MOSFET

雖然空乏型和增強型 MOSFET 在結構和操作模式上有某些相似性，但增強型 MOSFET 的特性和空乏型 MOSFET（或 JFET）是相當不同的，其轉移特性也不是用蕭克萊方程式定義。在閘極對源極電壓未到達某特定值之前，汲極電流會維持在截止狀態。特別是 n 通道裝置中，電流是由正的閘極對源極電壓所控制，而不像在 n 通道 JFET 和 n 通道空乏型 MOSFET 中電流是由負電壓所控制。

基本結構

n 通道增強型 MOSFET 的基本結構提供在圖 6.23，由矽基質形成 p 型材料層，稱為基板。有些裝置的基板在結構內部直接連到源極腳位，有的並未作連接，使裝置提供四支腳，可由外部控制基板電位(SS)。源極和汲極腳位一樣經金屬接觸到 n 型摻雜區，兩個 n 型摻雜區之間並沒有通道，這是空乏型和增強型 MOSFET 在結構上的主要差異有 SiO_2 層以隔離閘極金屬平台和汲極源極間的區域，此區域現在是一段 p 型材料。增強型 MOSFET 的結構很像空乏型 MOSFET，但在汲極與源極腳位之間沒有通道存在。

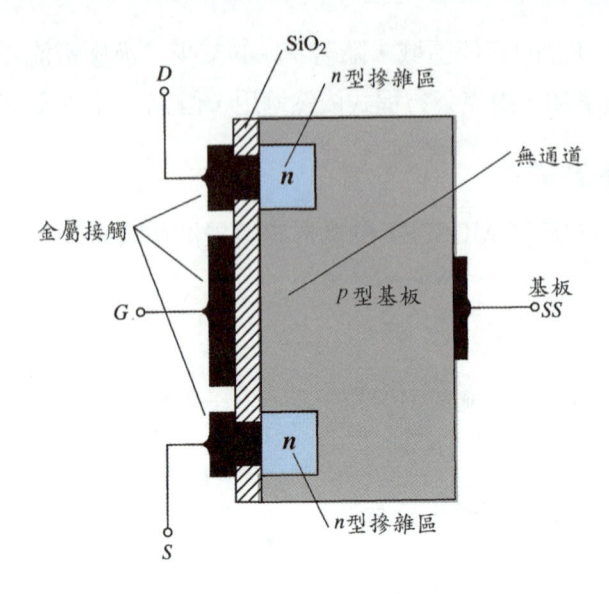

圖 6.23 n 通道增強型 MOSFET

基本工作特性

若圖 6.23 中裝置的 V_{GS} 設在 0 V，且外加電壓到汲極與源極之間，因沒有 n 通道，產生的電流實際上為 0 A，這和空乏型 MOSFET 以及 JFET 對應的 $I_D=I_{DSS}$ 十分不同。若基板腳位 SS 直接連到源極，V_{DS} 施加某正電壓，且 V_{GS} 設在 0 V，則兩個 n 型摻雜區和 p 型基板之間都會成為逆偏的 p-n 接面，會阻止汲極和源極之間的任何電流。

在圖 6.24 中，V_{DS} 和 V_{GS} 都設在大於 0 V 的正電壓，汲極和閘極對源極都呈正電位。閘極的正電位會壓迫 p 型基板中沿著 SiO_2 層邊緣的電洞離開原區域而進入更深層的基板區域，如圖所示。結果是接近 SiO_2 絕緣層的地方，產生一層電洞被排除的區域，而 p 型基板中的電子（少數載子）則被吸引朝向正閘極，自由電子會累積在靠近 SiO_2 層表面區域。當 V_{GS} 愈大時，將自由電子吸引到 SiO_2 表面附近的力量就愈強，最後會感應產生 n 型區，可支持汲極與源極之間產生電流。使汲極電流增加到有意義的大小所需的 V_{GS} 值，稱為**臨限電壓**(threshold voltage)，符號為 V_T，規格表上一般記為 $V_{GS(Th)}$。因 $V_{GS}=0$ V 時通道不存在，必須外加正的閘極對源極電壓以"增強"，所以這種 MOSFET 稱為**增強型 MOSFET**。空乏型和增強型 MOSFET 都有增強模式的操作區域，但因增強型 MOSFET 只有增強模式的操作，故以增強型命名。

當 V_{GS} 超過臨限電壓後繼續上升時，感應產生的通道內的自由載子密度會再增加，使汲極電流值上升。但若 V_{GS} 維持定值且增加 V_{DS}，則汲極電流最後會達到飽和電流值。對圖 6.25 中 MOSFET 的各腳位電壓，運用克希荷夫電壓定律，可發現

$$V_{DG}=V_{DS}-V_{GS} \tag{6.5}$$

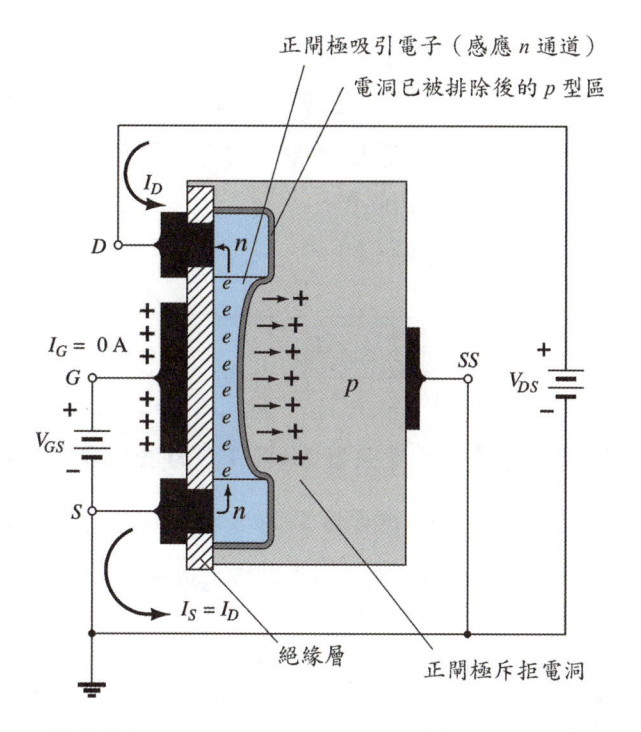

圖 6.24 n 通道增強型 MOSFET 中通道的形成

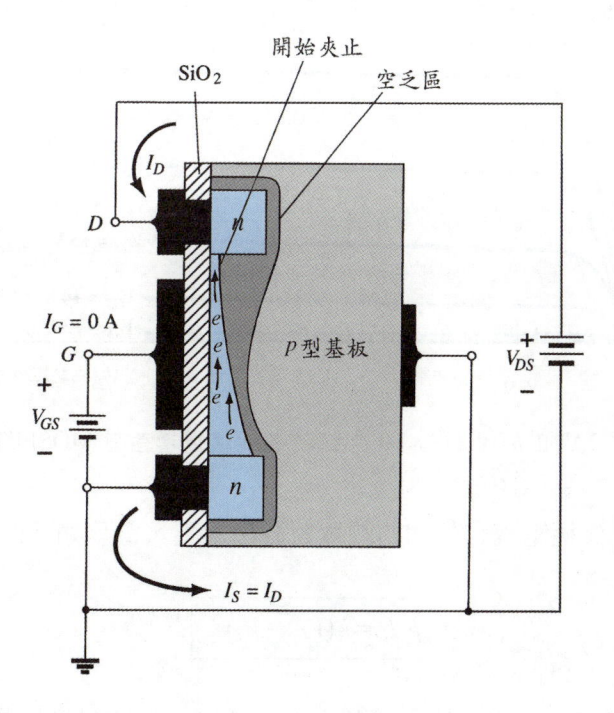

圖 6.25 V_{GS} 固定時，隨著 V_{DS} 值的增加，通道和空乏區的變化

電子學—裝置與電路精析
Electronic Devices and Circuit Theory

若 V_{GS} 維持在某一定值，且 V_{DS} 增加則電壓 V_{DG} 亦增加，對汲極而言，閘極的正壓會愈來愈低，連帶使通道區域對自由電子的吸引力減少，因而使有效通道寬度降低。最後，通道會縮減到夾止的情況而建立飽和條件。當 V_{GS} 固定而 V_{DS} 再繼續增加時，並不能影響 I_D 飽和電流值，除非最後出現崩潰。

V_{DS} 的飽和點和外加的 V_{GS} 值有關，即

$$V_{DS_{sat}} = V_{GS} - V_T \tag{6.6}$$

當 V_{GS} 值小於臨限電壓值時，增強型 MOSFET 的汲極電流會是 0 mA。

由圖 6.26 可清楚看出，V_{GS} 由 V_T 增至 8 V 時，所產生的 I_D 飽和電流值會從 0 mA 增加到 10 mA。另外，隨著 V_{GS} 的增加，V_{GS} 對應曲線之間的間距也隨之增大，代表汲極電流的增幅持續擴大。

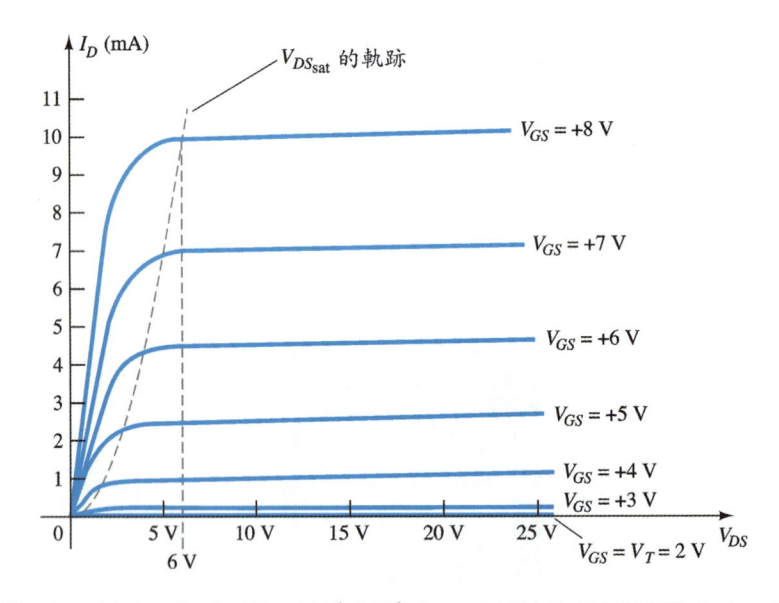

圖 6.26 $V_T = 2\text{ V}$ 且 $k = 0.278 \times 10^{-3} \text{ A/V}^2$ 的 n 通道增強型 MOSFET 的汲極特性

當 $V_{GS} > V_T$ 時，汲極電流和外加的閘極對源極電壓，會呈如下的非線性關係：

$$I_D = k(V_{GS} - V_T)^2 \tag{6.7}$$

k 值可由下式（由式(6.7)導出）決定，其中 $I_{D(on)}$ 和 $V_{GS(on)}$ 是裝置特性在某特定點的對應值。

$$k = \frac{I_{D(\text{on})}}{(V_{GS(\text{on})} - V_T)^2} \tag{6.8}$$

由圖 6.26 的特性，選取 $V_{GS(\text{on})} = 8$ V，對應的 $I_{D(\text{on})} = 10$ mA，代入

$$k = \frac{10 \text{ mA}}{(8 \text{ V} - 2 \text{ V})^2} = \frac{10 \text{ mA}}{(6 \text{ V})^2} = \frac{10 \text{ mA}}{36 \text{ V}^2}$$
$$= \mathbf{0.278 \times 10^{-3} \text{ A/V}^2}$$

因此圖 6.26 的特性，I_D 的一般方程式如下：

$$I_D = 0.278 \times 10^{-3} (V_{GS} - 2 \text{ V})^2$$

代入 $V_{GS} = 4$ V，可求出

$$I_D = 0.278 \times 10^{-3} (4 \text{ V} - 2 \text{ V})^2 = 0.278 \times 10^{-3} (2)^2$$
$$= 0.278 \times 10^{-3} (4) = \mathbf{1.11 \text{ mA}}$$

在圖 6.27 中，汲極特性和轉移特性放在一起，對 n 通道裝置而言，特性在正 V_{GS} 的區域，且當 V_{GS} 超過 V_T 時，電流 I_D 才開始由零上升。

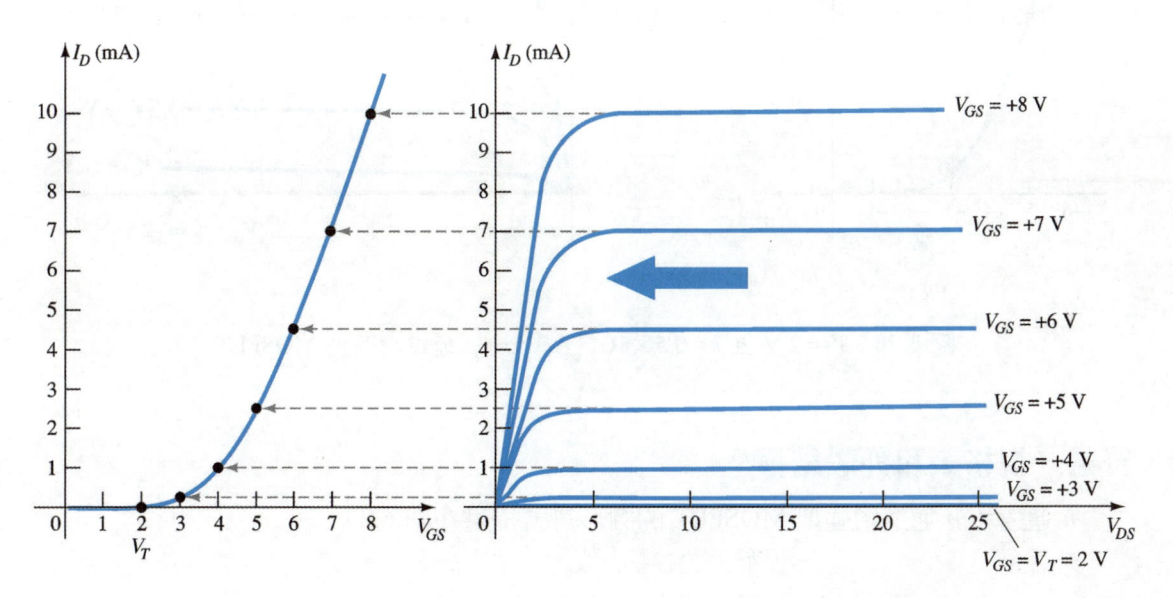

圖 6.27 由 n 通道增強型 MOSFET 的汲極特性畫出轉移特性

p 通道增強型 MOSFET

p 通道增強型 MOSFET 的結構和圖 6.23 正好相反，見圖 6.28a。也就基板為 n 型且汲極源極接腳之下為 p 型摻雜區。接腳定義不變，但所有電壓極性和電流方向皆顛倒。汲極特性見圖 6.28c，當 V_{GS} 的負值愈負時，電流會持續上升。圖 6.28b 的特性曲線，如圖 6.27 曲線的鏡射（對應於 I_D 軸）。當 V_{GS} 負於 V_T 且愈負時，I_D 會愈大，見圖 6.28b。

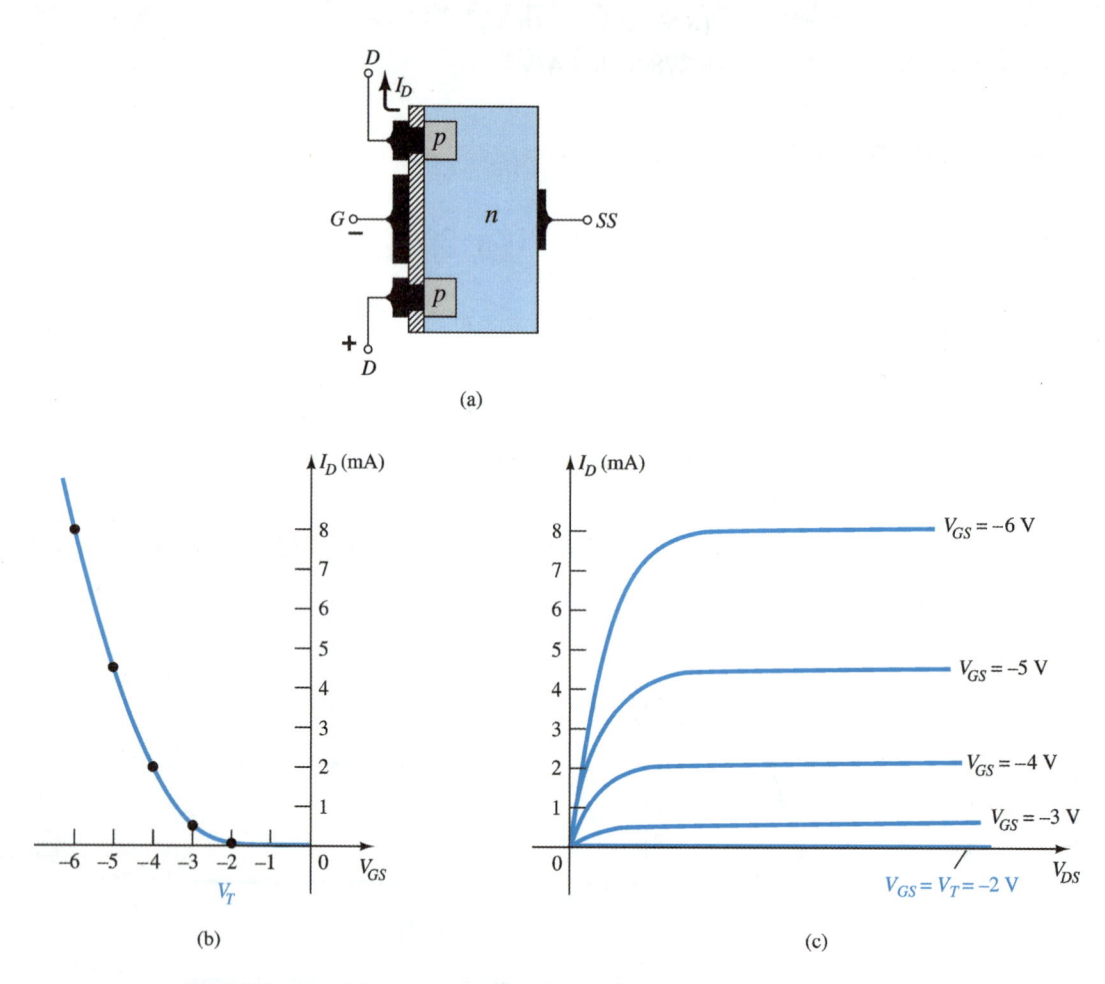

圖 6.28 $V_T = 2$ V 且 $k = 0.5 \times 10^{-3}$ A/V² 的 p 通道增強型 MOSFET

符號、規格表和外殼結構

n 通道和 p 通道增強型 MOSFET 的圖形符號提供在圖 6.29。

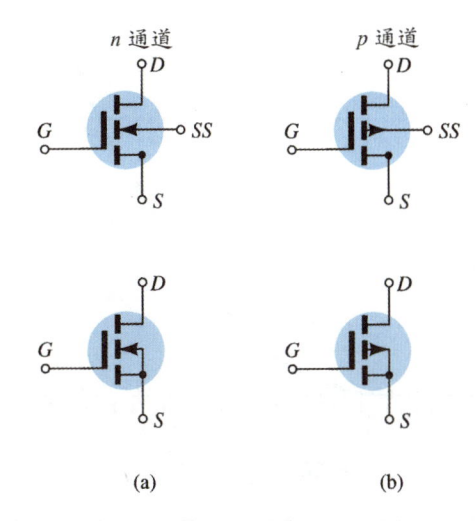

图 6.29 (a) n 通道增強型 MOSFET 和 (b) p 通道增強型 MOSFET 的符號

例 6.3

用下列所提供的數據，且取平均臨限電壓 $V_{GS(Th)}=3$ V、$V_{GS(ON)}=10$ V、$I_{D(ON)}=3$ mA，決定：

a. 所產生的 MOSFET 的 k 值。
b. 轉移特性。

解：

a. 由式 (6.16)：$k = \dfrac{I_{D(\text{on})}}{(V_{GS(\text{on})} - V_{GS(\text{Th})})^2}$

$= \dfrac{3 \text{ mA}}{(10 \text{ V} - 3 \text{ V})^2} = \dfrac{3 \text{ mA}}{(7 \text{ V})^2} = \dfrac{3 \times 10^{-3}}{49} \text{A/V}^2$

$= 0.061 \times 10^{-3} \text{A/V}^2$

b. 由式 (6.15)：$I_D = k(V_{GS} - V_T)^2$

$= 0.061 \times 10^{-3}(V_{GS} - 3 \text{ V})^2$

對 $V_{GS} = 5$ V，

$I_D = 0.061 \times 10^{-3}(5 \text{ V} - 3 \text{ V})^2 = 0.061 \times 10^{-3}(2)^2$

$= 0.061 \times 10^{-3}(4) = 0.244$ mA

對 $V_{GS} = 8$、10、12 和 14 V，I_D 分別是 1.525、3、4.94 和 7.38 mA。轉移特性畫在圖 6.31。

图 6.30　例 6.3 的解答

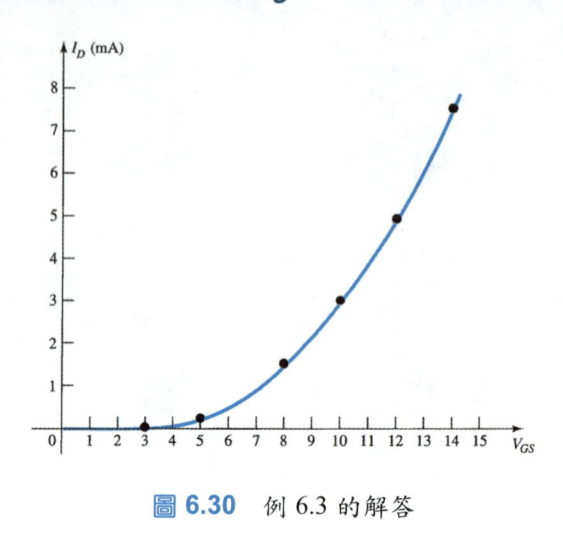

6.7　VMOS 和 UMOS 功率金氧半場效電晶體

　　典型的平面式 MOSFET 的缺點之一，是處理功率的能力較差（一般低於 1 W），和雙載子電晶體的電流範圍相比，流通電流也較小。但透過垂直方式的設計，產生如圖 6.31a 的 VMOS MOSFET 和圖 6.31b 的 UMOS MOSFET，可增加功率和電流值，同時得到更高的切換速度和更低的操作功率消耗。VMOS 或 UMOS MOSFET 連接到元件各接腳的金屬表面，閘極和介於汲極與源極 p 型區間感應產生的 n 型通道（增強型操作）之間的 SiO_2 層。通道是以垂直方向形成，因而產生垂直方向的電流，而非平面式元件的水平方向。但圖 6.31a 的通道也在半導體的基座呈現 V 型下切，也常據此作為命名的理由。

　　VMOS 金氧半場效電晶體，主要設計用作功率開關，以控制電源供應器、低壓馬達控制器、直流對直流轉換器、平面顯示器，以及許多汽車應用上的操作。

　　"U 型"溝槽或通道是"V 型"設計的改善，UMOS（也稱為槽式 MOSFET）和 VMOS 極為類似，但改善的特性。為通道長度減少，且在槽底的電流通道寬度擴大了。

　　因此，一般而言，

> 和平面型相比，功率金氧半場效電晶體具有較低的"導通"電阻值、較高電流，以及功率額定值。

> 功率金氧半場效電晶體具有正溫度係數，可對抗熱耗毀(thermal runaway)的可能性。

> 和傳統平面型構造相比，垂直構造的儲存電量降低，可以得到更快的切換時間。

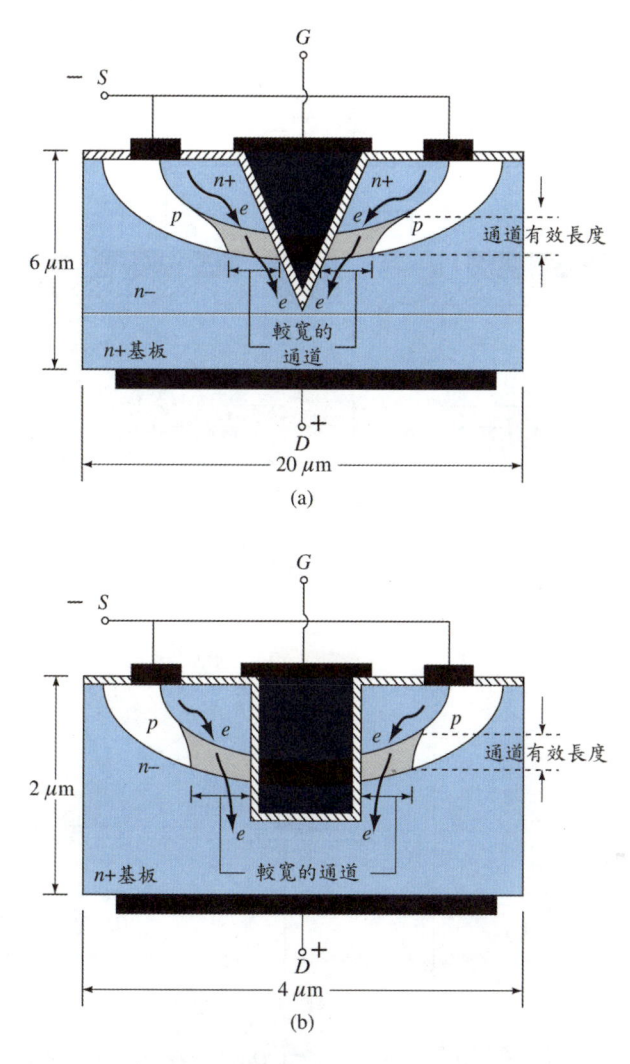

圖 6.31 (a) VMOS MOSFET；(b) UMOS MOSFET

6.8　CMOS

可將 p 通道和 n 通道建構在同一基板上，而建立一種效能極佳的邏輯電路，見圖 6.32。注意對 p 通道和 n 通道裝置而言，感應產生的 p 通道和 n 通道分別在左右兩側，此電路組態稱為**互補**(complementary) *MOS FET*(CMOS)，廣泛應用於計算機邏輯設計上。相對很高的輸入阻抗、快速切換速度和低工作功率，使 CMOS 電路組態產生一門新的學科，稱為 *CMOS 邏輯設計*。

這種互補組態的一種極有效應用是反相器，見圖 6.33。比如操作的邏輯位準是 0 V（0 狀態）和 5 V（1 狀態），若輸入 0 V 時會產生 5 V 輸出，反之亦然。兩個閘極都接到外加訊號，而兩個汲極都接到輸出 V_o。

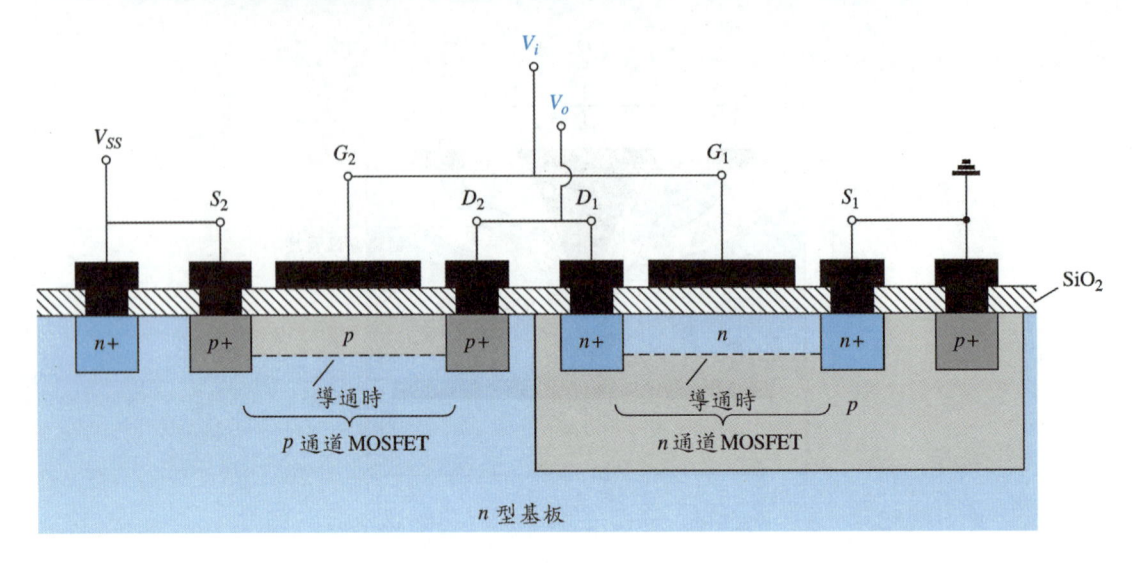

圖 6.32 CMOS，其接法見圖 6.33

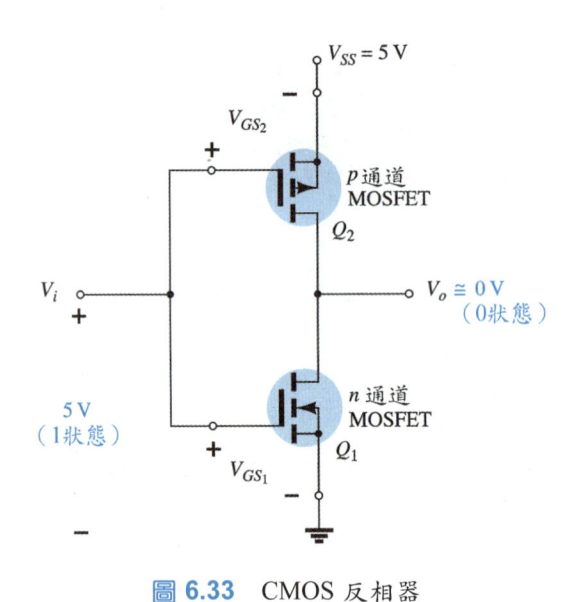

圖 6.33 CMOS 反相器

6.9 MESFET

矽質 MOSFET 可用砷化鎵替代，但由於擴散問題，製程上會困難很多。然而，閘極若採用肖特基接面，FET 的製造會很有效率。

肖特基障壁（接面）是將金屬如鎢置入 n 型通道所建立。

金屬接觸和 n 型通道之間採用絕緣障壁(SiO$_2$)，在沒有絕緣層時，縮減了閘極金屬接觸表面和半導體層之間的距離，因而降低了兩表面之間的雜散電容。電容值愈低，對高頻的敏感度相對減少。

像這種 FET 出現了金屬半導體接面，所以這種 FET 稱為金(metal) − 半(Semiconductor)場效電晶體(FET)，如圖 6.34 中，閘極腳位直接接到金屬導體，此導體直接抵住源極和汲極之間的 n 通道。當負電壓加到閘極時，會推斥通道中的負載子（電子）到基板中與電洞再結合，降低通道中的載子數，因而降低汲極電流，見圖 6.35 中閘極負電壓愈負的情況。而閘極施加正電壓時，基板中的電子（少數載子）會被吸引到通道中，使電流增加。空乏型 MESFET 的汲極特性和轉移特性，與空乏型 MOSFET 是如此相似，所以可以將空乏型 MOSFET 的分析技巧沿用到空乏型 MESFET。此 MESFET 定義的電壓極性和電流方向提供在圖 6.36，也包含了裝置符號。

增強型 MESFET，其結構和圖 6.34 的結構相同，但沒有初始通道，見圖 6.37，圖上也包含其圖形符號。其響應和特性幾乎和增強型 MOSFET 完全相同。但由於閘極的肖特基障壁（接面），此接面的導通電壓約 0.7 V，所以裝置的正臨限電壓必須限制在 0 V～

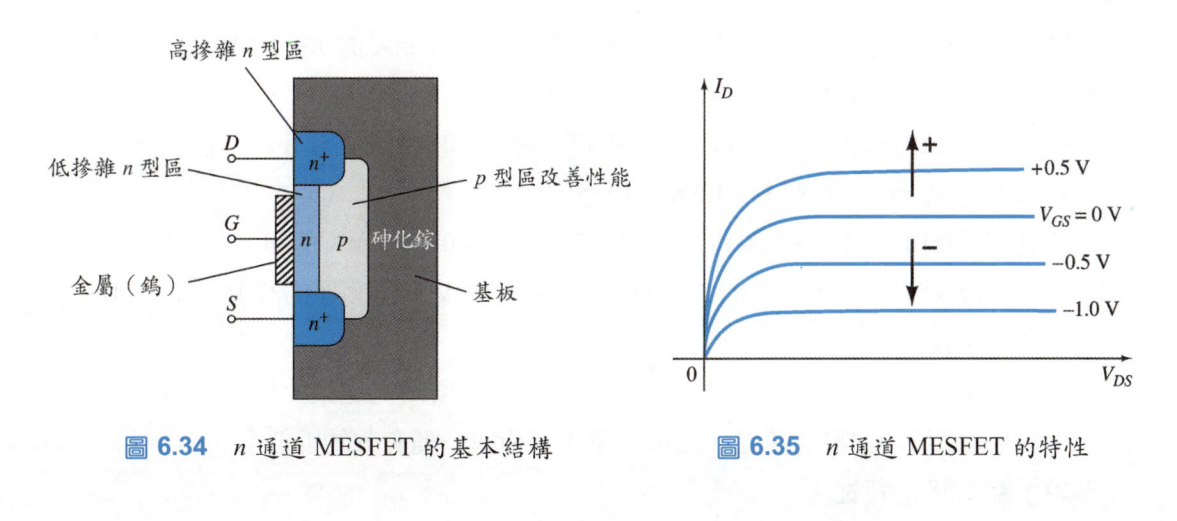

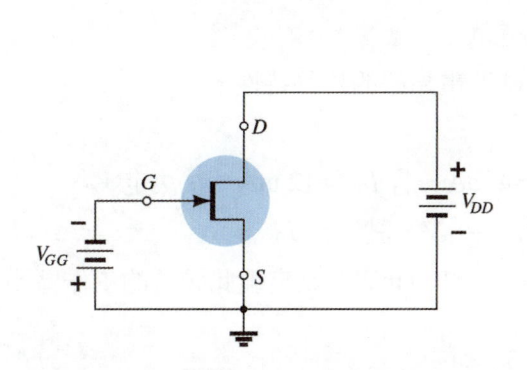

圖 6.34 n 通道 MESFET 的基本結構

圖 6.35 n 通道 MESFET 的特性

圖 6.36 n 通道 MESFET 的符號和基本偏壓電路

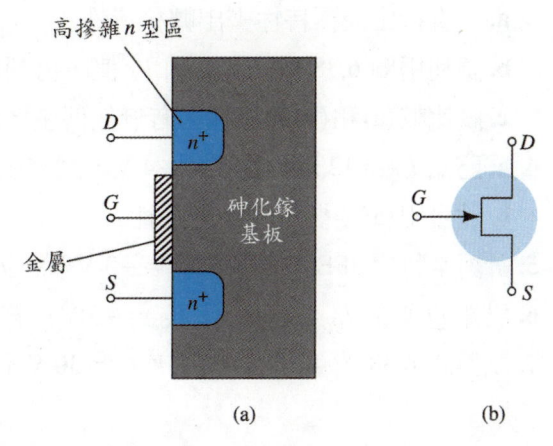

圖 6.37 增強型 MESFET 的(a)結構；(b)符號

約 0.4 V 之間。同樣地，增強型 MESFET 的分析技巧和增強型 MOSFET 所用者類似。

MESFET 的通道必須用 n 型材料，在砷化鎵中電洞的移動率比自由電子低相當多，因此若採用 p 通道將喪失砷化鎵的高速優勢。結果是：

空乏型和增強型 MESFET 的汲極和源極之間都採用 n 通道，因此市面上只有 n 型 MESFET。

習 題

1. 試利用圖 6.9 的特性，決定對應於以下各 V_{GS} 值的 I_D ($V_{DS} > V_P$)：
   a. $V_{GS} = 0$ V。
   b. $V_{GS} = -1$ V。
   c. $V_{GS} = -1.5$ V。
   d. $V_{GS} = -1.8$ V。
   e. $V_{GS} = -4$ V。
   f. $V_{GS} = -6$ V。

2. **a.** 試利用圖 6.9 的特性，決定 $V_{GS} = 0$ V 且 $I_D = 6$ mA 時的 V_{DS}。
   b. 試利用(a)的結果，計算 $V_{GS} = 0$ V 時，從 $I_D = 0 \sim 6$ mA 的 JFET 電阻值。
   c. 試決定 $V_{GS} = -1$ V 和 $I_D = 3$ mA 對應的 V_{DS} 值。
   d. 試利用(c)的結果，計算 $V_{GS} = -1$ V 時，從 $I_D = 0 \sim 3$ mA 的 JFET 電阻值。
   e. 試決定 $V_{GS} = -2$ V 和 $I_D = 1.5$ mA 對應的 V_{DS} 值。
   f. 試利用(e)的結果，計算 $V_{GS} = -2$ V 時，從 $I_D = 0 \sim 1.5$ mA 的 JFET 電阻值。
   g. 將(b)的結果定為 r_o，利用式(6.1)決定 $V_{GS} = -1$ V 時，對應的電阻，並和(d)的結果作比較。
   h. 重做(g)，但針對 $V_{GS} = -2$ V，用相同公式，並和(f)的結果比較。
   i. 以(g)和(h)的結果為基礎，式(6.1)是否可看成一種有效的近似？

3. 給予圖 6.38 的特性：
   a. 試直接由汲極特性畫出轉移特性。
   b. 試利用圖 6.38 建立 I_{DSS} 和 V_P 值，再利用蕭克萊方程式畫出轉移特性。
   c. 試比較(a)和(b)的特性，有無任何主要的差異？

4. **a.** 已知 $I_{DSS} = 12$ mA 且 $V_P = -4$ V，試畫出 JFET 電晶體的轉移特性。
   b. 試畫出(a)中裝置的汲極特性。

5. 針對某特定 JFET，已知 $V_{GS} = -3$ V 時，$I_D = 4$ mA，若 $I_{DSS} = 12$ mA，試決定 V_P。

6. 已知 Q 點的 $I_{D_Q} = 3$ mA 且 $V_{GS} = -3$ V，若 $V_P = -6$ V，試決定 I_{DSS}。

7. 試對圖 6.38 的 JFET，若其 $V_{DS_{max}} = 30$ V 且 $P_{D_{max}} = 100$ mW，試定義此裝置的工作區域。

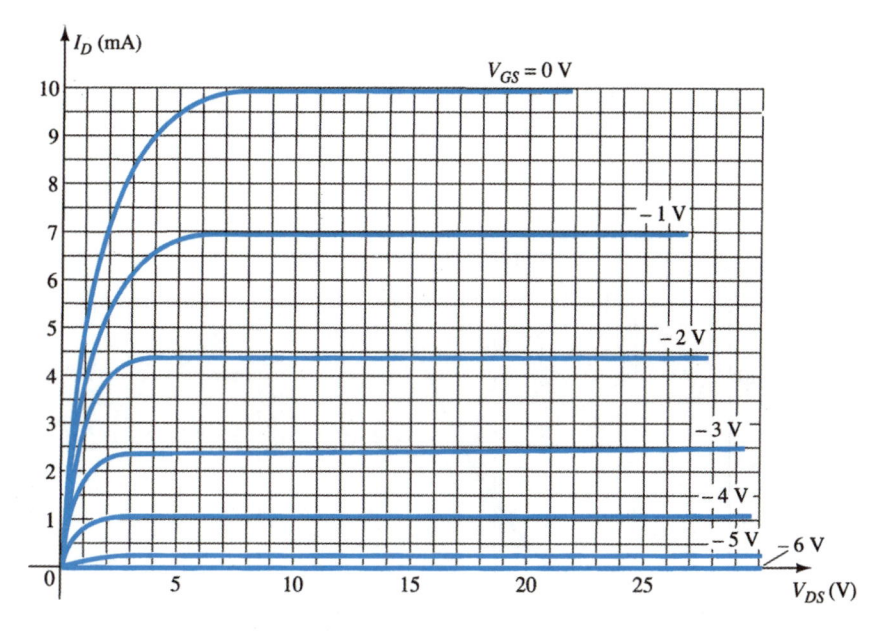

圖 6.38　習題 3 和 6

8. 空乏型 MOSFET 的結構和 JFET 的類似之處是什麼？又有那些不同？
9. 已知某空乏型 MOSFET 的 $I_{DSS}=6$ mA 且 $V_P=-3$ V，試決定 $V_{GS}=-1$、0、1 和 2 V 時，對應的汲極電流，並比較 -1 V 和 0 V 之間以及 1 V 和 2 V 之間的電流差距。在 V_{GS} 的正值區，汲極電流的上升速度是否高於負值區？當正 V_{GS} 值上升時，I_D 曲線是否愈呈垂直？I_D 和 V_{GS} 的關係是線性或非線性？試解釋之。
10. 已知某空乏型 MOSFET 的 $V_{GS}=1$ V 時，$I_D=14$ mA，若 $I_{DSS}=9.5$ mA，試決定 V_P。
11. **a.** 已知 $V_{GS(Th)}=4$ V 且 $V_{GS(on)}=6$ V 時，$I_{D(on)}=4$ mA，試決定 k，並以式 (6.7) 的形式寫出 I_D 的一般表示式。
    b. 試畫出 (a) 中裝置的轉移特性。
    c. 試決定 (a) 中裝置分別在 $V_{GS}=2$、5 和 10 V 時，對應的 I_D。
12. 給予圖 6.39 的轉移特性，試決定 V_T 和 k，並決定 I_D 的一般方程式。
13. 已知 $k=0.4\times10^{-3}$ A/V^2 且 $V_{GS(on)}=4$ V 時，$I_{D(on)}=3$ mA，試決定 V_T。
14. 某 p 通道增強型 MOSFET 的 $V_T=-5$ V 和 $k=0.45\times10^{-3}$ A/V^2，試畫出此裝置的轉移特性。
15. **a.** 試用自己的話描述，VMOS FET 何以能比傳統方法建構的裝置更能承受更大的電流和功率額定？
    b. 為何以 VMOS FET 可以降低通道電阻值？
    c. 為何我們需要正溫度係數？
16. UMOS 技術優於 VMOS 技術的地方有那些？

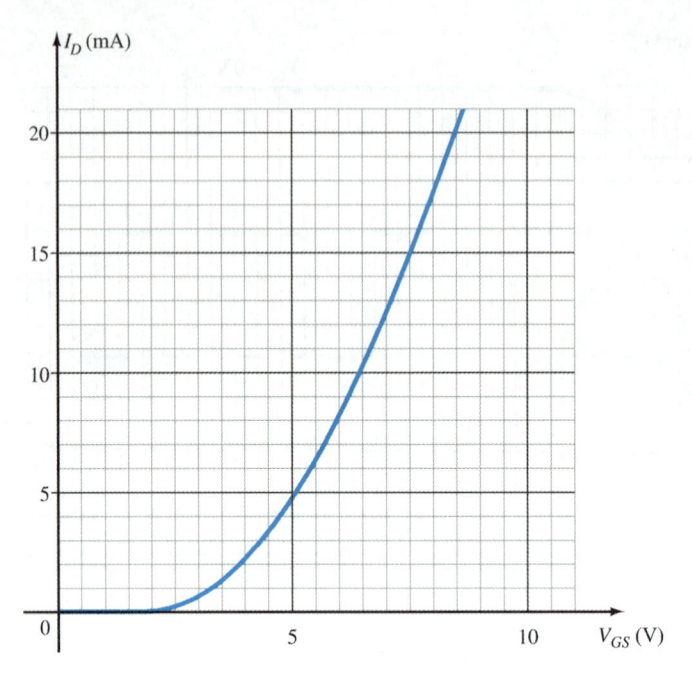

圖 6.39　習題 12

Chapter 7
場效電晶體(FET)的偏壓

7.1 導言

對 JFET 的轉移特性而言,非線性函數會產生曲線。I_D 和 V_{GS} 之間的非線性關係,使 FET 電路採用數學方法作直流分析時,變得複雜。採用圖形方法求解,則是較快速的解法。

BJT 和 FET 電晶體分析的另一明顯差異是:

> BJT 電晶體的輸入控制變數是電流,而 FET 的控制變數則是電壓。

但這兩種電晶體在輸出端的受控變數都是電流,也可在輸出電路轉換成重要電壓。

可應用於所有 FET 放大器的直流分析的一般關係式是

$$\boxed{I_G \cong 0\ \text{A}} \tag{7.1}$$

且

$$\boxed{I_D = I_S} \tag{7.2}$$

對 JFET 和空乏型 MOSFET 以及空乏型 MESFET,可應用蕭克萊方程式建立輸入和輸出的關係:

$$\boxed{I_D = I_{DSS}\left(1 - \frac{V_{GS}}{V_P}\right)^2} \tag{7.3}$$

對增強型 MOSFET 和 MESFET,則可應用以下關係式:

$$\boxed{I_D = k(V_{GS} - V_T)^2} \tag{7.4}$$

7.2 固定偏壓電路

n 通道 JFET 最簡單的偏壓安排見圖 7.1，稱為固定偏壓電路。

圖 7.1 的電路中包含交流電壓 V_i 和 V_o，以及耦合電容（C_1 和 C_2），在直流分析時，是"開路"，而在交流分析時，是低阻抗（幾乎為短路）。

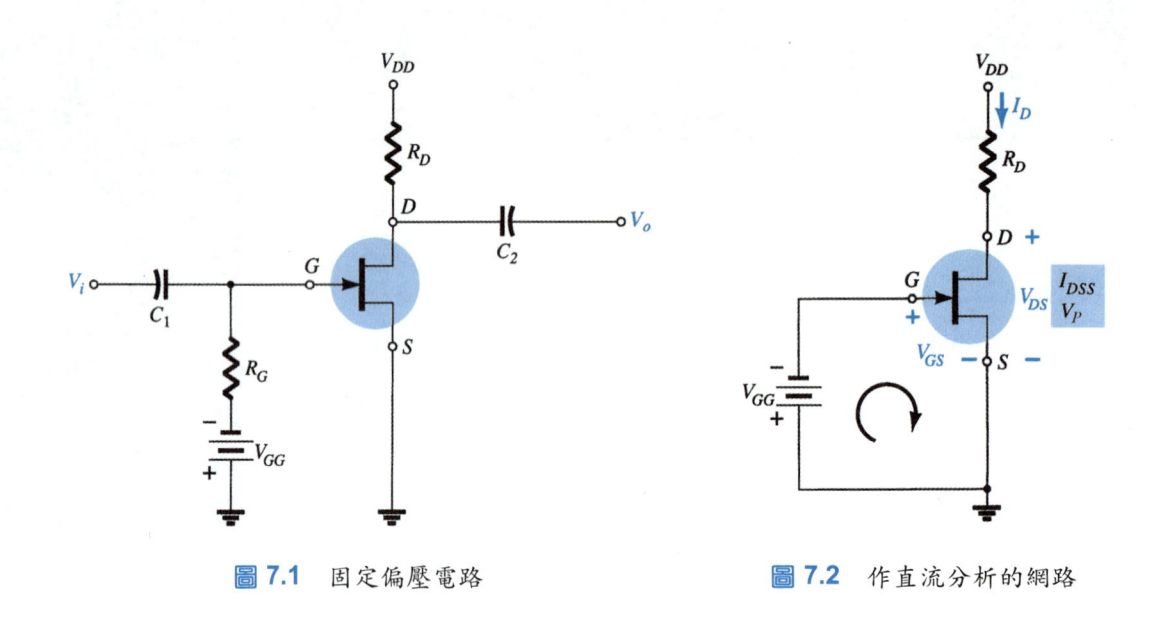

圖 7.1 固定偏壓電路

圖 7.2 作直流分析的網路

$$I_G \cong 0 \text{ A}$$

且
$$V_{R_G} = I_G R_G = (0 \text{ A}) R_G = 0 \text{ V}$$

因 R_G 的壓降為零，可用短路取代 R_G，如圖 7.2 的網路所示。

運用克希荷夫定律，順時針環繞圖 7.2 所示的迴路一周，得

$$-V_{GG} - V_{GS} = 0$$

且
$$V_{GS} = -V_{GG} \tag{7.5}$$

因 V_{GG} 是定直流電源，使 V_{GS} 的電壓值固定，故名為"固定偏壓電路"。

汲極電流大小由蕭克萊方程式決定：

$$I_D = I_{DSS}\left(1 - \frac{V_{GS}}{V_P}\right)^2$$

圖形分析法需要畫出蕭克萊方程式的圖形，取 $V_{GS} = V_P/2$，可得汲極電流 $I_{DSS}/4$。只

圖 7.3 畫蕭克萊方程式

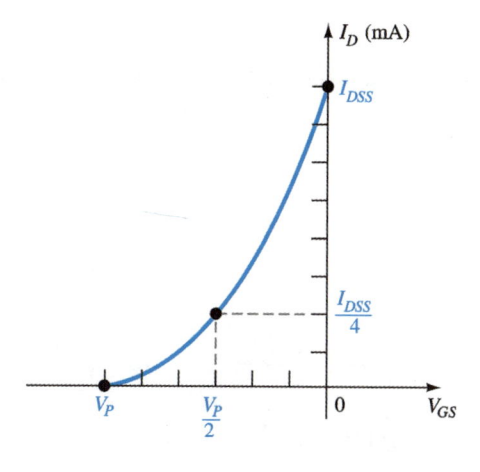

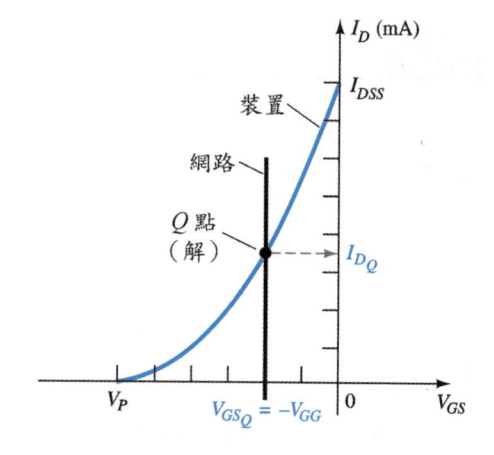

圖 7.4 求出固定偏壓電路的解

取三點，即剛才這一點和 I_{DSS} 及 V_P，即足以畫出曲線，如圖 7.3 所示。

在圖 7.4 中，固定的 V_{GS} 值用一垂直線 $V_{GS} = -V_{GG}$ 代表。在此垂直線上的任意點，V_{GS} 都是 $-V_{GG}$ 值與 I_D 值也必然在此垂直線上。裝置曲線（即蕭克萊方程式）和垂直線的交點，即此電路的解，普通稱為靜態 (quiescent, Q) 或工作點 (operating point)。汲極電流和閘極對源極電壓會加上下標 Q，以代表其為 Q 點值。

利用克希荷夫電壓定律，可決定輸出部分的汲極對源極電壓如下：

$$+V_{DS} + I_D R_D - V_{DD} = 0$$

且

$$\boxed{V_{DS} = V_{DD} - I_D R_D} \tag{7.6}$$

$$V_{DS} = V_D - V_S$$

即

$$V_D = V_{DS} + V_S = V_{DS} + 0 \text{ V}$$

且

$$\boxed{V_D = V_{DS}} \tag{7.8}$$

另外，

$$V_{GS} = V_G - V_S$$

即

$$V_G = V_{GS} + V_S = V_{GS} + 0 \text{ V}$$

且

$$\boxed{V_G = V_{GS}} \tag{7.9}$$

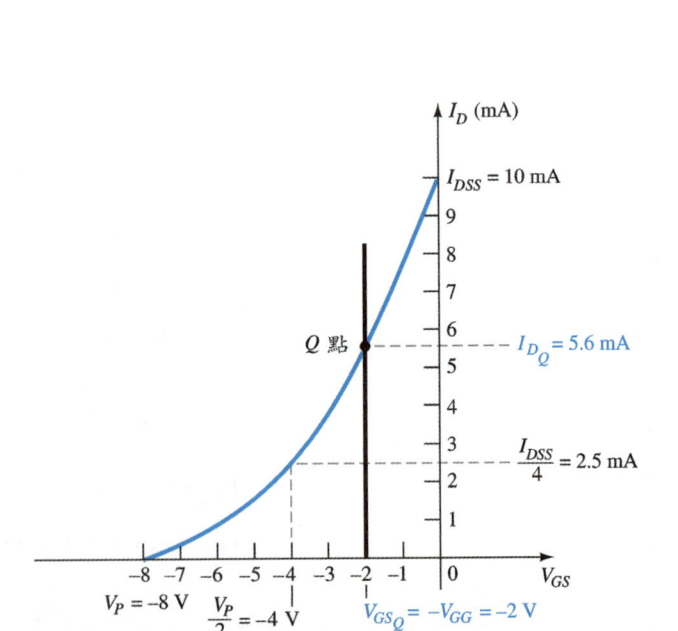

例 7.1

對圖 7.5 的網路，試決定以下各項：

a. V_{GS_Q}。　　d. V_D。
b. I_{D_Q}。　　e. V_G。
c. V_{DS}。　　f. V_S。

解：數學分析法

a. $V_{GS_Q} = -V_{GG} = -2\text{ V}$

b. $I_{D_Q} = I_{DSS}\left(1 - \dfrac{V_{GS}}{V_P}\right)^2 = 10\text{ mA}\left(1 - \dfrac{-2\text{ V}}{-8\text{ V}}\right)^2$

　　　$= 10\text{ mA}(1 - 0.25)^2 = 10\text{ mA}(0.75)^2$

　　　$= 10\text{ mA}(0.5625)$

　　　$= \mathbf{5.625\text{ mA}}$

c. $V_{DS} = V_{DD} - I_D R_D = 16\text{ V} - (5.625\text{ mA})(2\text{ k}\Omega)$

　　　$= 16\text{ V} - 11.25\text{ V} = \mathbf{4.75\text{ V}}$

d. $V_D = V_{DS} = \mathbf{4.75\text{ V}}$

e. $V_G = V_{GS} = \mathbf{-2\text{ V}}$

f. $V_S = \mathbf{0\text{ V}}$

圖 7.5 例 7.1

圖解法　蕭克萊曲線和垂直線 $V_{GS} = -2\text{ V}$ 提供在圖 7.6。但由圖 7.6 的圖形解出 5.6 mA 是很可接受的。

a. 因此，
　　　$V_{GS_Q} = -V_{GG} = \mathbf{-2\text{ V}}$

b. $I_{D_Q} = \mathbf{5.6\text{ mA}}$

c. $V_{DS} = V_{DD} - I_D R_D$
　　　$= 16\text{ V} - (5.6\text{ mA})(2\text{ k}\Omega)$
　　　$= 16\text{ V} - 11.2\text{ V} = \mathbf{4.8\text{ V}}$

d. $V_D = V_{DS} = \mathbf{4.8\text{ V}}$

e. $\mathbf{V_G = V_{GS} = -2\text{ V}}$

f. $\mathbf{V_S = 0\text{ V}}$

圖 7.6 以圖解法解圖 7.5 的網路

由結果清楚證實，數學分析法和圖解法產生的結果極為接近。

7.3 自穩偏壓電路

自穩偏壓電路不必用到兩組電源,閘極對源極的控制電壓,是由接在源極腳位的電阻 R_S 的壓降所決定,見圖 7.7。

對直流分析而言,電容再次用"開路"代替,又因 $I_G=0\ A$,電阻 R_G 可用短路取代,結果見圖 7.8 的網路的直流分析。

流經 R_S 的電流是源極電流 I_S,但 $I_S=I_D$,且

$$V_{R_S}=I_DR_S$$

對圖 7.8 所示的封閉迴路,可得

$$-V_{GS}-V_{R_S}=0$$

即

$$V_{GS}=-V_{R_S}$$

或

$$V_{GS}=-I_DR_S \tag{7.10}$$

式(7.10)由網路組態所定義,代表裝置輸入和輸出之間的關係。兩個方程式都代表相同兩個變數之間的關係,允許用數學分析或圖形方法求解。

將式(7.10)代入蕭克萊方程式,可得數學解如下:

$$I_D=I_{DSS}\left(1-\frac{V_{GS}}{V_P}\right)^2$$

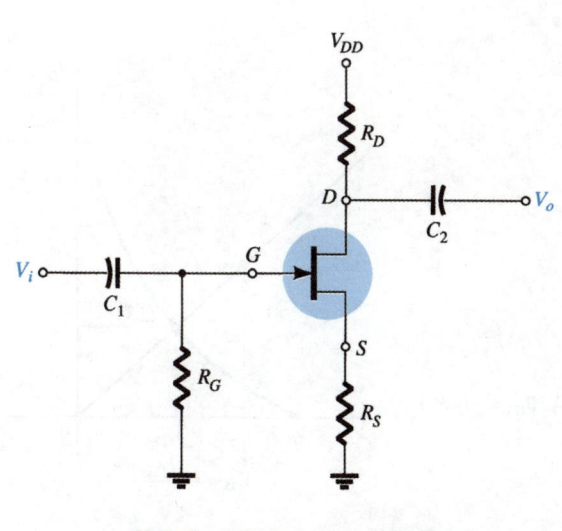

圖 7.7 JFET 自穩偏壓電路

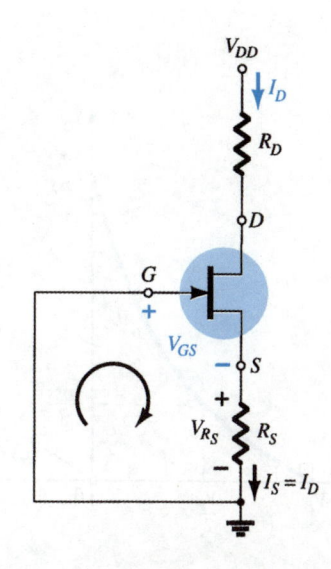

圖 7.8 自穩偏壓電路的直流分析

即
$$I_D = I_{DSS}\left(1 + \frac{I_D R_S}{V_P}\right)^2$$

將平方展開，整理各項

解二次方程式，找出 I_D 的正確解。

　　而圖解法需先建立裝置的轉移特性，見圖 7.9。因式 (7.10) 可定義一條直線在同一圖上，在圖上定出該線上的兩點，即可在兩點間畫出直線。

直線和裝置特性曲線的交點即得靜態點，決定了 I_D 和 V_{GS} 的靜態值，可藉以求出其他數值。

　　利用克希荷夫定律到輸出電路，可決定 V_{DS} 值

$$V_{R_S} + V_{DS} + V_{R_D} - V_{DD} = 0$$

即
$$V_{DS} = V_{DD} - V_{R_S} - V_{R_D} = V_{DD} - I_S R_S - I_D R_D$$

即
$$\boxed{V_{DS} = V_{DD} - I_D(R_S + R_D)} \tag{7.11}$$

另外，
$$\boxed{V_S = I_D R_S} \tag{7.12}$$

$$\boxed{V_G = 0 \text{ V}} \tag{7.13}$$

且
$$\boxed{V_D = V_{DS} + V_S = V_{DD} - V_{R_D}} \tag{7.14}$$

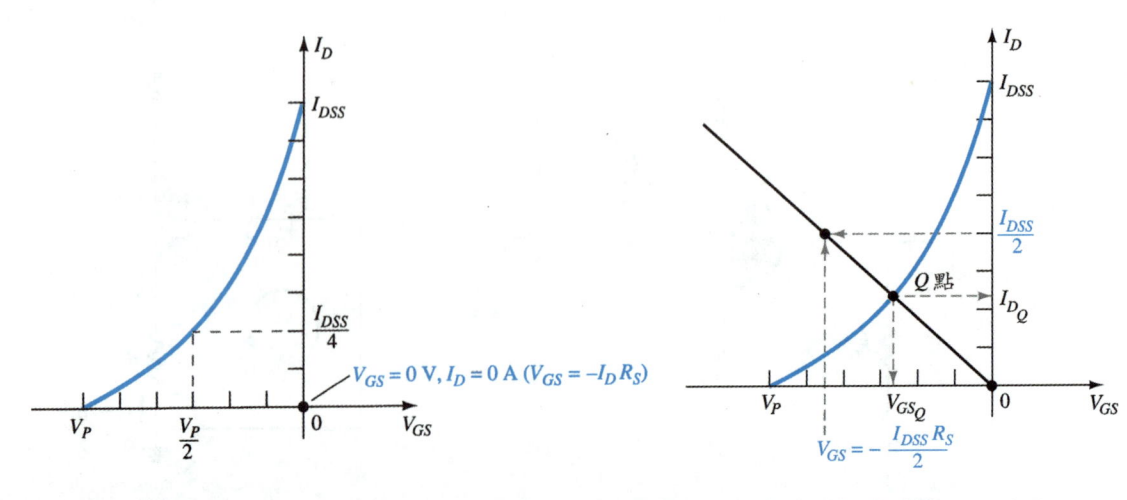

圖 7.9 定出自穩偏壓線上的一點

圖 7.10 畫出自穩偏壓線

例 7.2

試就圖 7.11 的網路，決定以下各項：

a. V_{GS_Q}。　　　d. V_S。
b. I_{D_Q}。　　　e. V_G。
c. V_{DS}。　　　f. V_D。

解：

a. 閘極對源極電壓可由下式決定：

$$V_{GS} = -I_D R_S$$

取 $I_D = 4\text{ mA}$，可得

$$V_{GS} = -(4\text{ mA})(1\text{ k}\Omega) = -4\text{ V}$$

由網路定義的方程式，可得圖 7.12 的圖形。

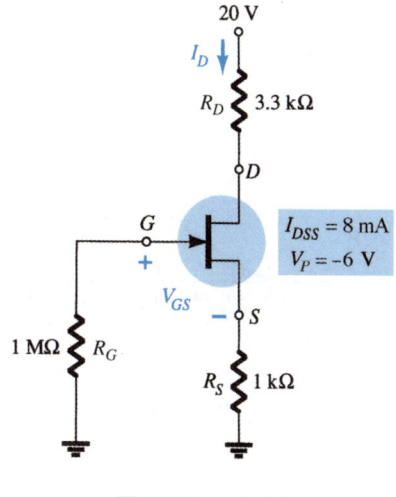

圖 7.11　例 7.2

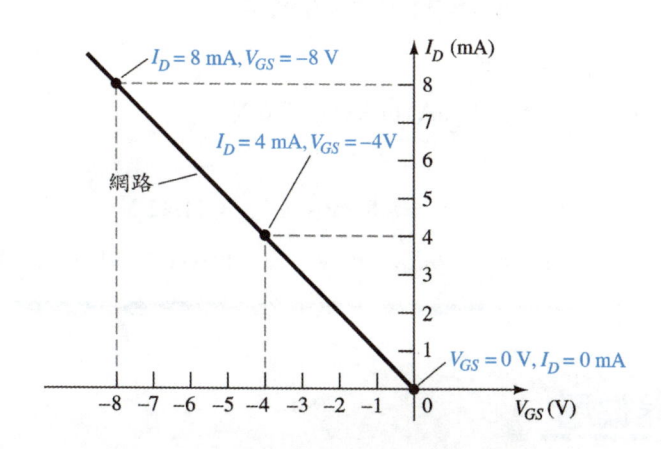

圖 7.12　畫出圖 7.11 中網路的偏壓線

對蕭克萊方程式，若取 $V_{GS} = V_P/2 = -3\text{ V}$，可求得 $I_D = I_{DSS}/4 = 8\text{ mA}/4 = 2\text{ mA}$，而得圖 7.13 的圖形，此代表裝置的特性。將圖 7.12 的網路特性和圖 7.13 的裝置特性重疊，可得到兩線的交點，見圖 7.14

$$V_{GS_Q} = \mathbf{-2.6\text{ V}}$$

b. 在靜態點（Q 點）

$$I_{D_Q} = \mathbf{2.6\text{ mA}}$$

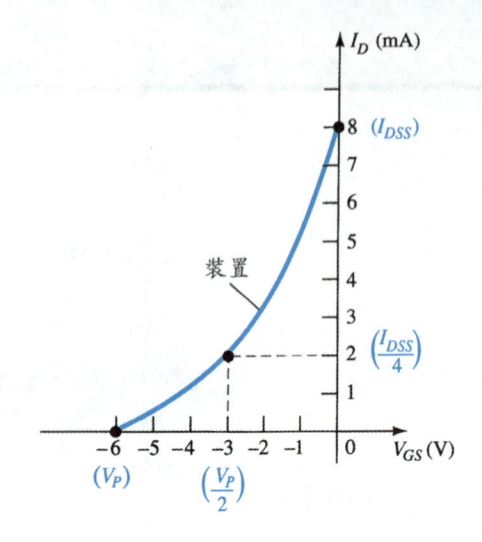

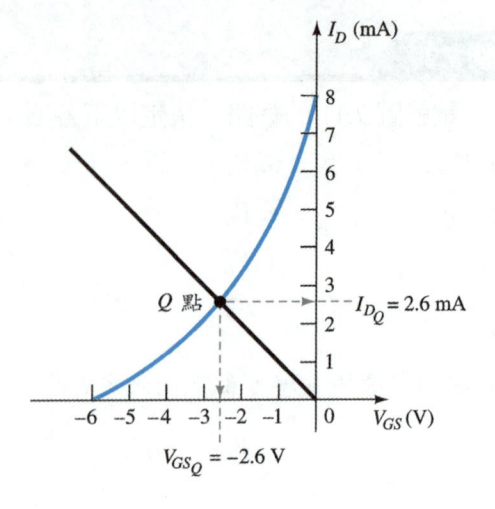

圖 7.13 畫出圖 7.11 中 JFET 的裝置特性

圖 7.14 決定圖 7.11 中網路的 Q 點

c. 式(7.11)：
$$V_{DS} = V_{DD} - I_D(R_S + R_D)$$
$$= 20\text{ V} - (2.6\text{ mA})(1\text{ k}\Omega + 3.3\text{ k}\Omega)$$
$$= 20\text{ V} - 11.18\text{ V} = \mathbf{8.82\text{ V}}$$

d. 式(7.12)：
$$V_S = I_D R_S$$
$$= (2.6\text{ mA})(1\text{ k}\Omega) = \mathbf{2.6\text{ V}}$$

e. 式(7.13)：
$$V_G = \mathbf{0\text{ V}}$$

f. 式(7.14)：
$$V_D = V_{DS} + V_S = 8.82\text{ V} + 2.6\text{ V} = \mathbf{11.42\text{ V}}$$

或
$$V_D = V_{DD} - I_D R_D = 20\text{ V} - (2.6\text{ mA})(3.3\text{ k}\Omega) = \mathbf{11.42\text{ V}}$$

7.4 分壓器偏壓

分壓器偏壓組態見圖 7.15。對 FET 放大器而言，$I_G = 0$ A，輸入和輸出之間的聯繫是透過 V_{GS} 來建立。

為作直流分析，圖 7.15 的網路重畫在圖 7.16，圖 7.16b 包括旁路電容 C_S 都等效於"開路"。另外，電源 V_{DD} 分成兩個等效電源，便於將電路的輸入部分和輸出部分分離。電壓 V_G 等於 R_G 的電壓降，可用以下的圖 7.16a 和分壓定律得到：

$$V_G = \frac{R_2 V_{DD}}{R_1 + R_2} \tag{7.15}$$

圖 7.15 分壓器偏壓電路

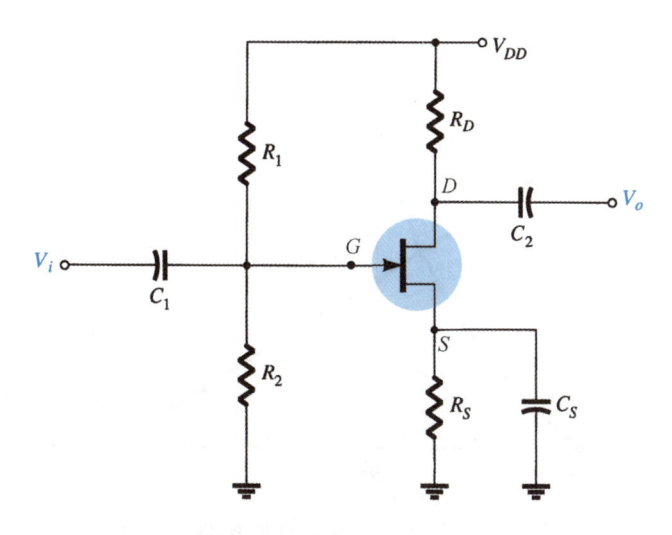

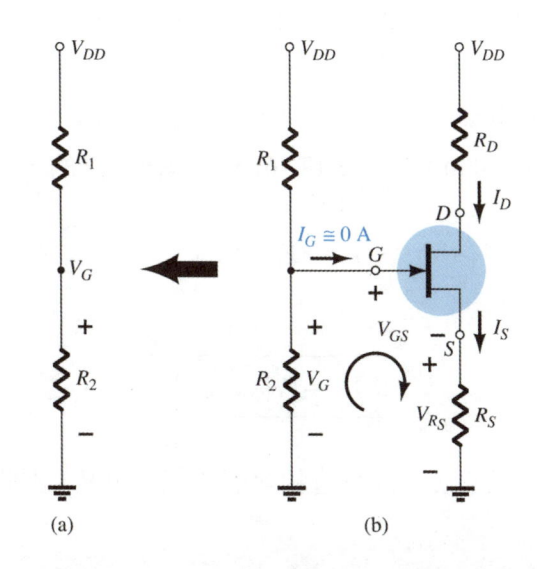

圖 7.16 重畫圖 7.15 的網路以便作直流分析

應用克希荷夫定律到圖 7.16 所示迴路，可得

$$V_G - V_{GS} - V_{R_S} = 0$$

且

$$V_{GS} = V_G - V_{R_S}$$

代入 $V_{R_S} = I_S R_S = I_D R_S$，可得

$$V_{GS} = V_G - I_D R_S \tag{7.16}$$

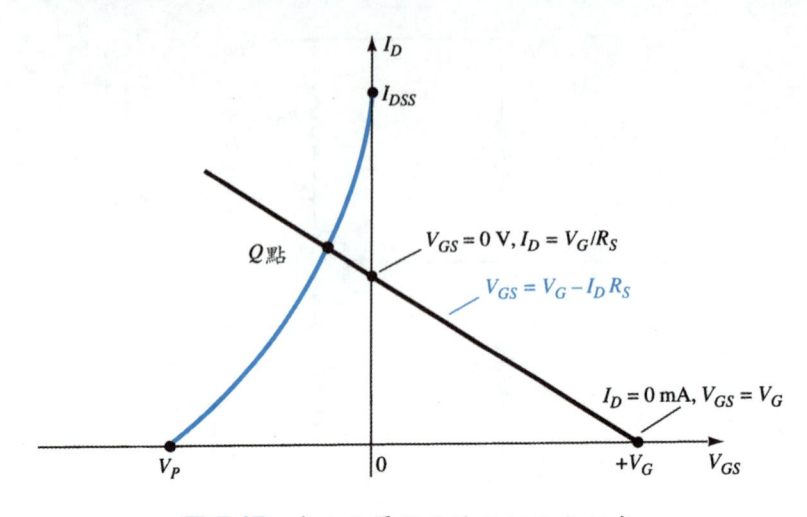

圖 7.17 畫出分壓器電路的網路方程式

此方程式依然包含和蕭克萊方程式相同的兩個變數：V_{GS} 和 I_D。V_G 和 R_S 的數值由網路架構所給予定值。式(7.16)仍然是直線方程式，但不再通過原點。任何直線可由兩點定出，先利用一項事實，即圖 7.17 中水平軸對應於 $I_D=0$ mA，因此可取 $I_D=0$ mA，代表在水平軸上的某處。將 $I_D=0$ mA 代入式(7.16)，可求出對應的 V_{GS} 值如下：

$$V_{GS}=V_G-I_DR_S$$

且
$$\boxed{V_{GS}=V_G|_{I_D=0\text{ mA}}} \tag{7.17}$$

對另一點可利用另一項事實，即垂直軸對應於 $V_{GS}=0$ V，由此可解出另一點對應的 I_D 值：

$$V_{GS}=V_G-I_DR_S$$
$$0\text{ V}=V_G-I_DR_S$$

且
$$\boxed{I_D=\frac{V_G}{R_S}\Big|_{V_{GS}=0\text{ V}}} \tag{7.18}$$

由以上所定的兩點，可畫出一條直線以代表式(7.16)。此直線和轉移曲線的交點，位在垂直軸左側區域，此即工作點，可得該點的 I_D 和 V_{GS} 值。

R_S 值增加時，會使 I_D 的靜態值降低，V_{GS} 的靜態值會更負。

一旦決定了靜態值 I_{D_Q} 和 V_{GS_Q}，可用一般方式分析網路的其他部分，也就是，

$$V_{DS} = V_{DD} - I_D(R_D + R_S) \qquad (7.19)$$

$$V_D = V_{DD} - I_D R_D \qquad (7.20)$$

$$V_S = I_D R_S \qquad (7.21)$$

$$I_{R_1} = I_{R_2} = \frac{V_{DD}}{R_1 + R_2} \qquad (7.22)$$

例 7.3

試對圖 7.18 的網路,決定以下各項:

a. I_{D_Q} 與 V_{GS_Q}。
b. V_D。
c. V_S。
d. V_{DS}。
e. V_{DG}。

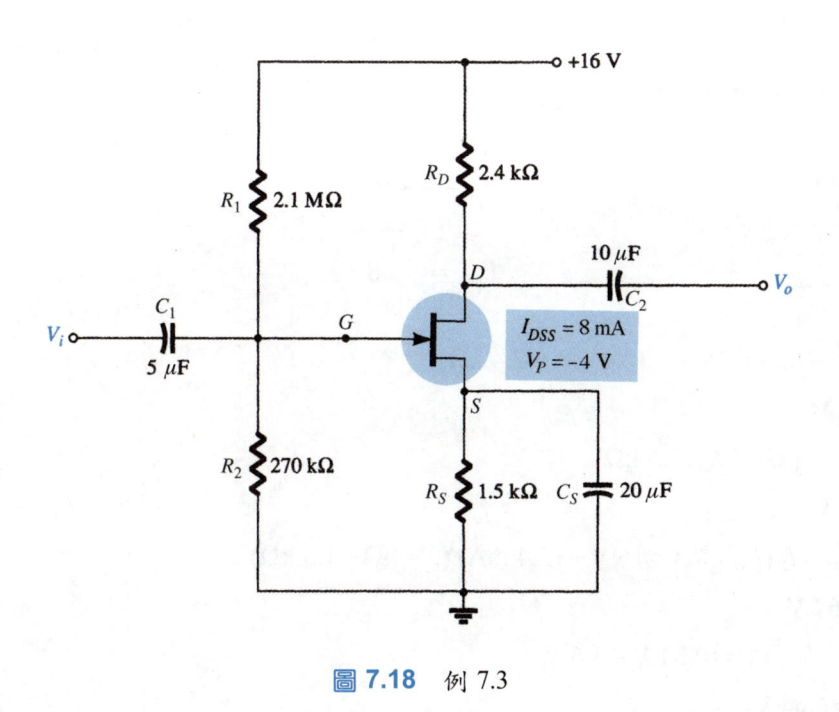

圖 7.18 例 7.3

解：

a. 對轉移特性而言，若 $I_D = I_{DSS}/4 = 8\text{ mA}/4 = 2\text{ mA}$，則 $V_{GS} = -4\text{ V}/2 = -2\text{ V}$，代表蕭克萊方程式的轉移曲線，可得如圖 7.19 所示。網路方程式可決定如下：

$$V_G = \frac{R_2 V_{DD}}{R_1 + R_2}$$

$$= \frac{(270\text{ k}\Omega)(16\text{ V})}{2.1\text{ M}\Omega + 0.27\text{ M}\Omega}$$

$$= 1.82\text{ V}$$

且 $V_{GS} = V_G - I_D R_S$

$\qquad = 1.82\text{ V} - I_D(1.5\text{ k}\Omega)$

當 $I_D = 0\text{ mA}$ 時，

$$V_{GS} = +1.82\text{ V}$$

當 $V_{GS} = 0\text{ V}$ 時，

$$I_D = \frac{1.82\text{ V}}{1.5\text{ k}\Omega} = 1.21\text{ mA}$$

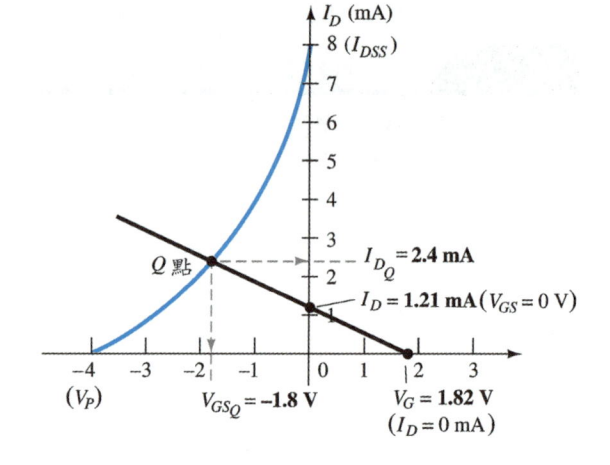

圖 7.19 決定圖 7.18 網路的 Q 點

所得的偏壓線見圖 7.19，靜態值為

$$I_{D_Q} = 2.4\text{ mA}$$

且

$$V_{GS_Q} = -1.8\text{ V}$$

b. $V_D = V_{DD} - I_D R_D = 16\text{ V} - (2.4\text{ mA})(2.4\text{ k}\Omega)$

$\qquad = \mathbf{10.24\text{ V}}$

c. $V_S = I_D R_S = (2.4\text{ mA})(1.5\text{ k}\Omega)$

$\qquad = \mathbf{3.6\text{ V}}$

d. $V_{DS} = V_{DD} - I_D(R_D + R_S) = 16\text{ V} - (2.4\text{ mA})(2.4\text{ k}\Omega + 1.5\text{ k}\Omega)$

$\qquad = \mathbf{6.64\text{ V}}$

或 $V_{DS} = V_D - V_S = 10.24\text{ V} - 3.6\text{ V}$

$\qquad = \mathbf{6.64\text{ V}}$

e. 雖然很少要求，但電壓 V_{DG} 很容易決定

$$V_{DG} = V_D - V_G = 10.24 \text{ V} - 1.82 \text{ V}$$
$$= \mathbf{8.42 \text{ V}}$$

7.5 共閘極電路

將閘極腳位接地，輸入訊號一般加到源極，而輸出訊號則從汲極接出，見圖 7.20a，網路也可畫成如圖 7.20b 所示。

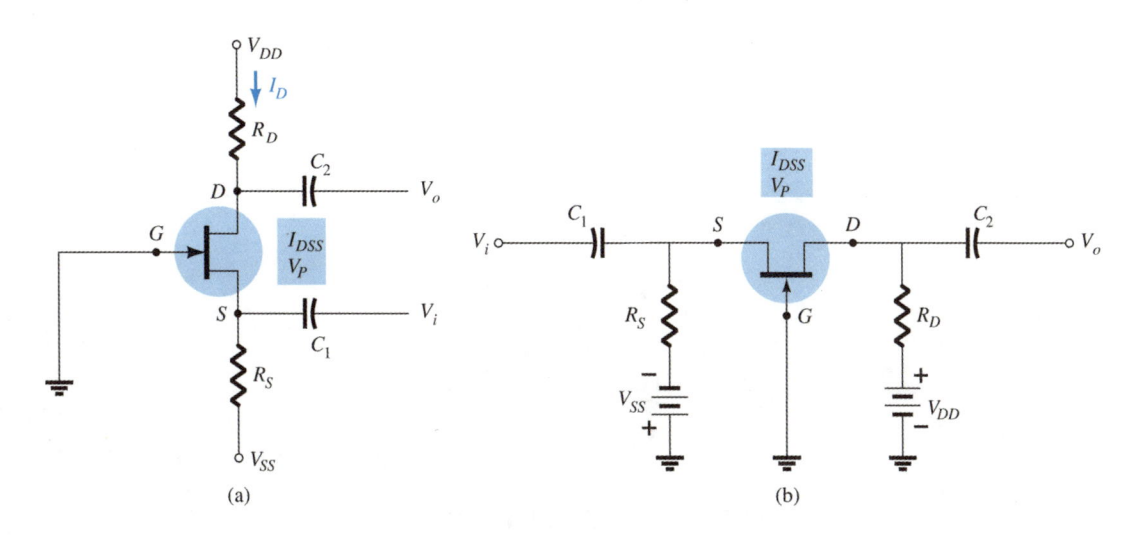

圖 7.20 共閘極電路的兩種畫法

利用克希荷夫電壓定律，其方向如圖 7.21 所示，可得

$$-V_{GS} - I_S R_S + V_{SS} = 0$$

即

$$V_{GS} = V_{SS} - I_S R_S$$

但

$$I_S = I_D$$

所以

$$\boxed{V_{GS} = V_{SS} - I_D R_S} \quad (7.23)$$

圖 7.21 決定圖 7.20 電路的網路方程式

運用 $I_D = 0$ mA 的條件到式(7.23)，可得

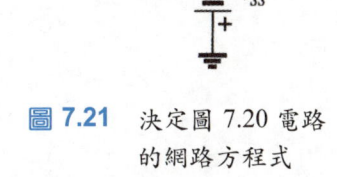

$$V_{GS} = V_{SS} - (0) R_S$$

即
$$V_{GS} = V_{SS}|_{I_D = 0 \text{ mA}} \tag{7.24}$$

運用 $V_{GS} = 0$ V 的條件到式(7.23),可得

$$0 = V_{SS} - I_D R_S$$

即
$$I_D = \frac{V_{SS}}{R_S}\bigg|_{V_{GS} = 0 \text{ V}} \tag{7.25}$$

所得負載線見圖 7.22,和 JFET 轉移曲線的交點也顯示在同一圖上。

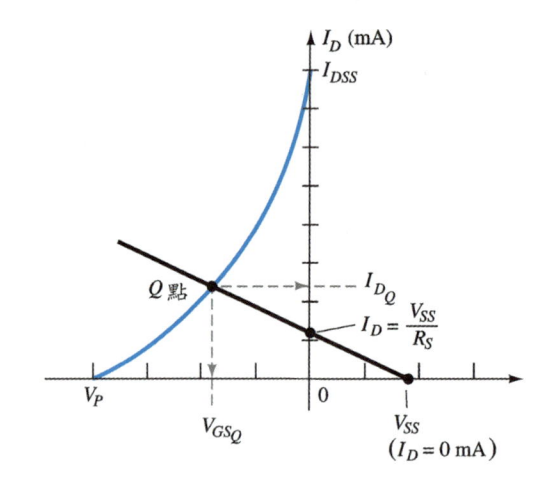

圖 7.22 決定圖 7.21 網路的 Q 點

負載線和轉移曲線的交點,定義了網路的工作電流 I_{D_Q} 和工作電壓 V_{D_Q}。
應用克希荷夫定律到包含兩電源,JFET 和電阻 R_D 和 R_S 的迴路

$$+V_{DD} - I_D R_D - V_{DS} - I_S R_S + V_{SS} = 0$$

所以
$$V_{DS} = V_{DD} + V_{SS} - I_D(R_D + R_S) \tag{7.26}$$

又
$$V_D = V_{DD} - I_D R_D \tag{7.27}$$

且
$$V_S = -V_{SS} + I_D R_S \tag{7.28}$$

例 7.4

對圖 7.23 的共閘極電路，決定以下各項：

a. V_{GS_Q}。　　**d.** V_G。
b. I_{D_Q}。　　**e.** V_S。
c. V_D。　　**f.** V_{DS}。

解：

a. 對式 (7.23) 的特性

$$V_{GS} = 0 - I_D R_S$$

即 $$V_{GS} = -I_D R_S$$

對此方程式，負載線會通過原點，另一點可由其他任意點決定。取 $I_D = 6$ mA，解出對應的 V_{GS}：

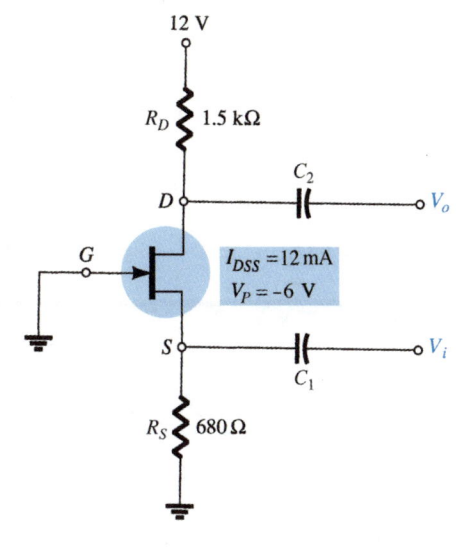

圖 7.23　例 7.4

$$V_{GS} = -I_D R_S$$
$$= -(6 \text{ mA})(680 \text{ Ω}) = -4.08 \text{ V}$$

如圖 7.24 所示。

可利用以下幾點畫出裝置的轉移曲線：

$$I_D = \frac{I_{DSS}}{4} = \frac{12 \text{ mA}}{4}$$
$$= 3 \text{ mA}（在 V_P/2 處）$$

以及 $V_{GS} \cong 0.3 V_P = 0.3(-6 \text{ V})$
$$= -1.8 \text{ V}（在 I_D = I_{DSS}/2 處）$$

可解出

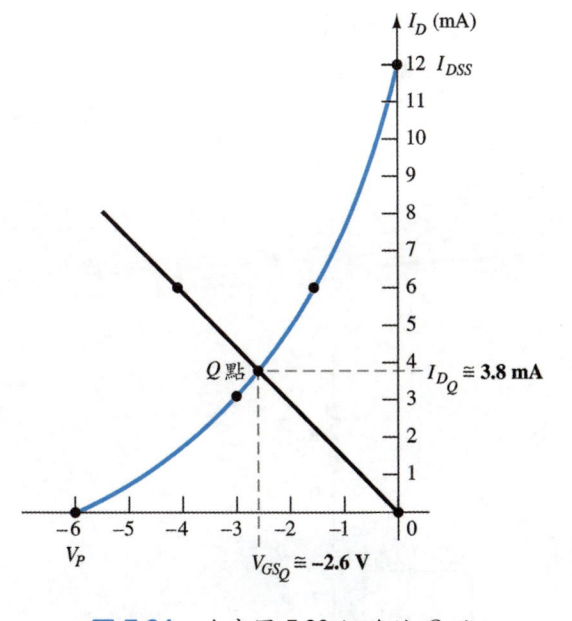

$$V_{GS_Q} \cong \mathbf{-2.6 \text{ V}}$$

圖 7.24　決定圖 7.23 網路的 Q 點

b. 由圖 7.24，

$$I_{D_Q} \cong \mathbf{3.8 \text{ mA}}$$

c. $V_D = V_{DD} - I_D R_D$
   $= 12\text{ V} - (3.8\text{ mA})(1.5\text{ k}\Omega) = 12\text{ V} - 5.7\text{ V}$
   $= \mathbf{6.3\text{ V}}$

d. $V_G = \mathbf{0\text{ V}}$

e. $V_S = I_D R_S = (3.8\text{ mA})(680\text{ }\Omega)$
   $= \mathbf{2.58\text{ V}}$

f. $V_{DS} = V_D - V_S = 6.3\text{ V} - 2.58\text{ V}$
   $= \mathbf{3.72\text{ V}}$

7.6　特例：$V_{GS_Q} = 0\text{ V}$

圖 7.25 中的電路，因其相對的簡單性，常被運用，具有實用價值。在任何直流條件下，閘極對源極電壓必定為 0 V，因此產生垂直的負載線在 $V_{GS_Q} = 0$ V，見圖 7.26。

因 JFET 的轉移曲線會和縱軸交於 I_{DSS}，此即網路的汲極電流值。

因此，
$$\boxed{I_{D_Q} = I_{DSS}} \tag{7.29}$$

運用克希荷夫電壓定律：

$$V_{DD} - I_D R_D - V_{DS} = 0$$

即
$$\boxed{V_{DS} = V_{DD} - I_D R_D} \tag{7.30}$$

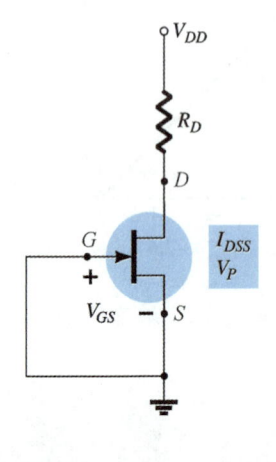

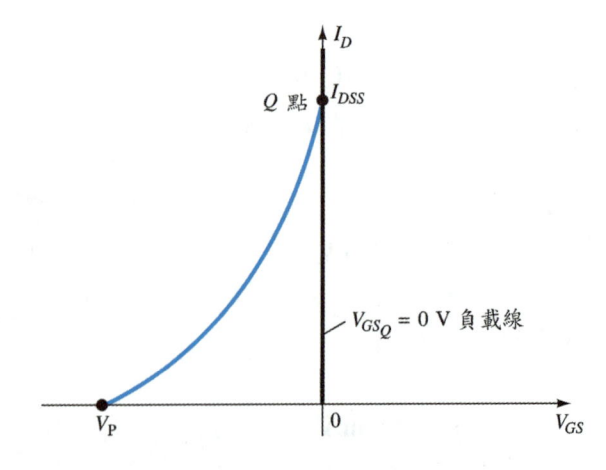

圖 7.25　$V_{GS_Q} = 0$ V 的電路（特例）

圖 7.26　求出圖 7.28 網路的 Q 點

又 $$V_D = V_{DS} \tag{7.31}$$

且 $$V_S = 0 \text{ V} \tag{7.32}$$

7.7　空乏型 MOSFET

JFET 和空乏型 MOSFET 的轉移曲線相似，所以直流分析方法也類似。兩者之間的主要差異是，n 通道空乏型 MOSFET 的工作點的 V_{GS} 可為正值，且 I_D 值可超過 I_{DSS}。

例 7.5

對圖 7.27 的 n 通道空乏型 MOSFET，試決定：

a. I_{D_Q} 和 V_{GS_Q}。

b. V_{DS}。

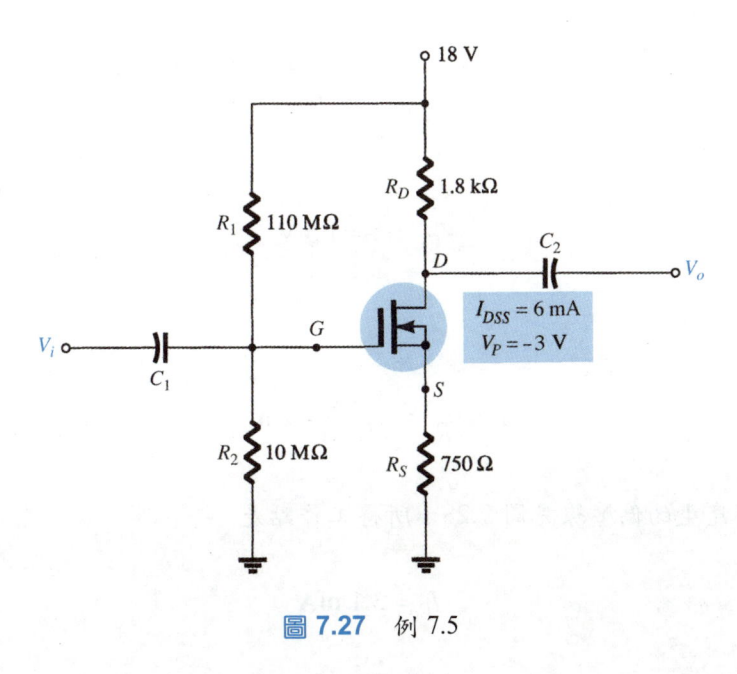

圖 7.27　例 7.5

解：

a. 可利用 I_{DSS}、V_P 與另外一點畫出轉移特性。$I_D = I_{DSS}/4 = 6 \text{ mA}/4 = 1.5 \text{ mA}$ 時，對應的 $V_{GS} = V_P/2 = -3 \text{ V}/2 = -1.5 \text{ V}$。當 V_{GS} 愈正時，蕭克萊方程式所定義的曲線，會隨著 V_{GS} 的增加而快速上升。選取 $V_{GS} = +1 \text{ V}$，代入蕭克萊方程式，得

$$I_D = I_{DSS}\left(1-\frac{V_{GS}}{V_P}\right)^2$$
$$= 6\text{ mA}\left(1-\frac{+1\text{ V}}{-3\text{ V}}\right)^2 = 6\text{ mA}\left(1+\frac{1}{3}\right)^2$$
$$= 6\text{ mA}(1.778)$$
$$= 10.67\text{ mA}$$

所得轉移曲線見圖 7.28。同 JFET 的方法進行分析，可得

式(7.15)：$V_G = \dfrac{10\text{ M}\Omega\,(18\text{ V})}{10\text{ M}\Omega + 110\text{ M}\Omega}$
$$= 1.5\text{ V}$$

式(7.16)：$V_{GS} = V_G - I_D R_S$
$$= 1.5\text{ V} - I_D(750\text{ }\Omega)$$

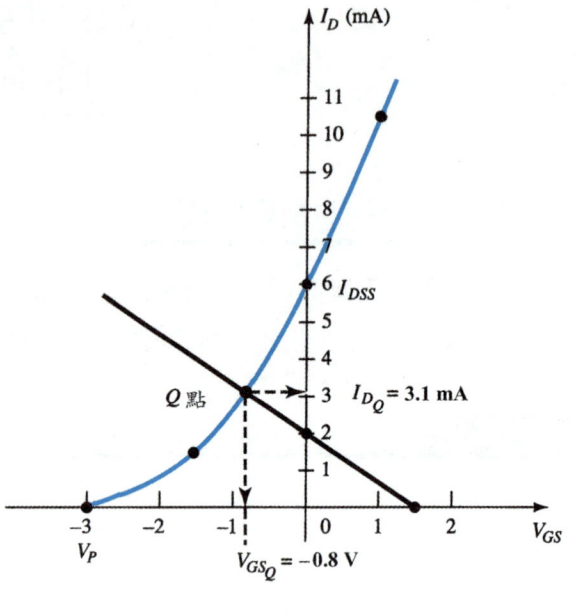

圖 7.28 決定圖 7.27 網路的 Q 點

設 $I_D = 0$ mA，可得

$$V_{GS} = V_G = 1.5\text{ V}$$

設 $V_{GS} = 0$ V，得

$$I_D = \frac{V_G}{R_S} = \frac{1.5\text{ V}}{750\text{ }\Omega} = 2\text{ mA}$$

這兩點和所產生的偏壓線見圖 7.28，所得工作點是

$$I_{D_Q} = \mathbf{3.1\text{ mA}}$$

$$V_{GS_Q} = \mathbf{-0.8\text{ V}}$$

b. 式(7.19)：

$$V_{DS} = V_{DD} - I_D(R_D + R_S)$$
$$= 18\text{ V} - (3.1\text{ mA})(1.8\text{ k}\Omega + 750\text{ }\Omega)$$
$$\cong \mathbf{10.1\text{ V}}$$

例 7.6

決定圖 7.29 網路的 V_{DS}。

解： 閘極和源極直接相接，得

$$V_{GS} = 0 \text{ V}$$

因 V_{GS} 固定在 0 V，依定義，汲極電流必定是 I_{DSS}。易言之，

$$V_{GS_Q} = \mathbf{0} \text{ V} \quad 且 \quad \mathbf{I_{D_Q} = 10 \text{ mA}}$$

因此無需畫出轉移曲線，且

$$\begin{aligned} V_D &= V_{DD} - I_D R_D = 20 \text{ V} - (10 \text{ mA})(1.5 \text{ k}\Omega) \\ &= 20 \text{ V} - 15 \text{ V} \\ &= 5 \text{ V} \end{aligned}$$

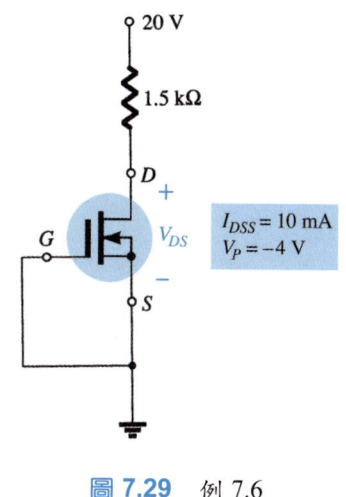

圖 7.29 例 7.6

7.8 增強型 MOSFET

增強型 MOSFET 的轉移特性，在閘極對源極電壓低於臨限值 $V_{GS(Th)}$ 時，汲極電流會是零。當 V_{GS} 高於 $V_{GS(Th)}$ 時，汲極電流定義為

$$I_D = k(V_{GS} - V_{GS(Th)})^2 \tag{7.33}$$

因規格表一般會提供臨限電壓，以及某一汲極電流值 ($I_{D(on)}$) 和對應的 $V_{GS(on)}$ 值，馬上可定出曲線上的兩點，見圖 7.30。為完成整條曲線，將規格表資料代入式(7.33)，解出 k 值如下式：

即

$$k = \frac{I_{D(on)}}{(V_{GS(on)} - V_{GS(Th)})^2} \tag{7.34}$$

一旦定出 k，即可決定任意 V_{GS} 值對應的 I_D 值。一般，只要在 $V_{GS(Th)}$ 和 $V_{GS(on)}$ 之間取一點，以及大於 $V_{GS(on)}$ 處再取一點，即有足夠多的點數可畫出式(7.33)對應的曲線。

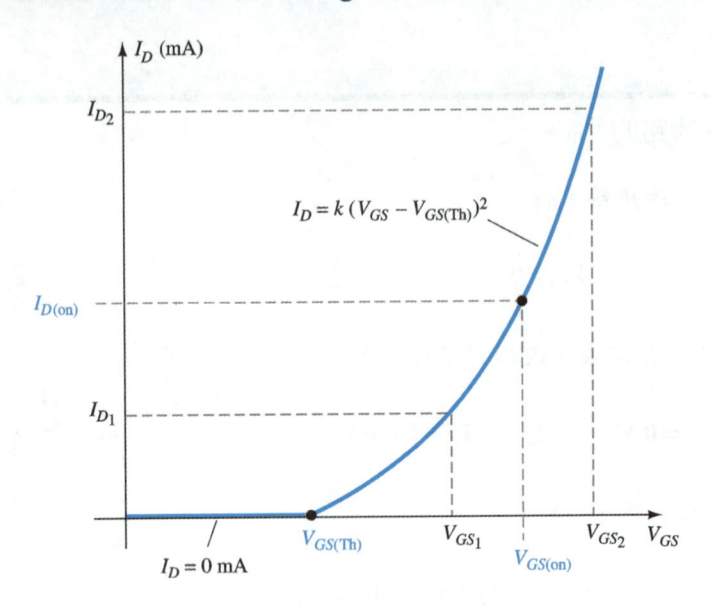

图 7.30 n 通道增強型 MOSFET 的轉移特性

反饋偏壓組態

增強型 MOSFET 相當普遍的一種偏壓組態,提供在圖 7.31。電阻 R_G 引進足夠高的電壓到閘極,使 MOSFET "導通"。因 $I_G=0$ mA 且 $V_{R_G}=0$ V,可得直流等效網路如圖 7.32 所示。

現在汲極和閘極之間直接相連,可得

$$V_D = V_G$$

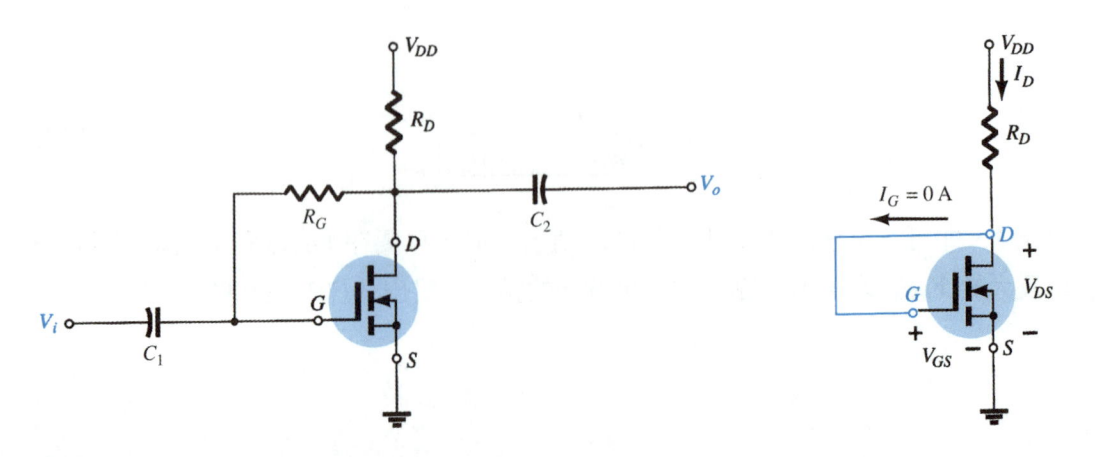

即
$$\boxed{V_{DS} = V_{GS}} \tag{7.35}$$

图 7.31 反饋偏壓組態

图 7.32 圖 7.31 的直流等效網路

對輸出電路，

$$V_{DS}=V_{DD}-I_D R_D$$

代入式(7.27)，可得下式

$$V_{GS}=V_{DD}-I_D R_D \tag{7.36}$$

此為 I_D 對 V_{GS} 的關係式，因此可以在同一座標平面上畫出兩條方程式。

先定出兩點，先代入 $I_D=0$ mA 到式(7.36)中，得

$$V_{GS}=V_{DD}\big|_{I_D=0\,\text{mA}} \tag{7.37}$$

再代入 $V_{GS}=0$ V 到式(7.36)，得

$$I_D=\frac{V_{DD}}{R_D}\bigg|_{V_{GS}=0\,\text{V}} \tag{7.38}$$

式(7.33)和式(7.36)所定出的圖形，見圖 7.33，其交點為工作點。

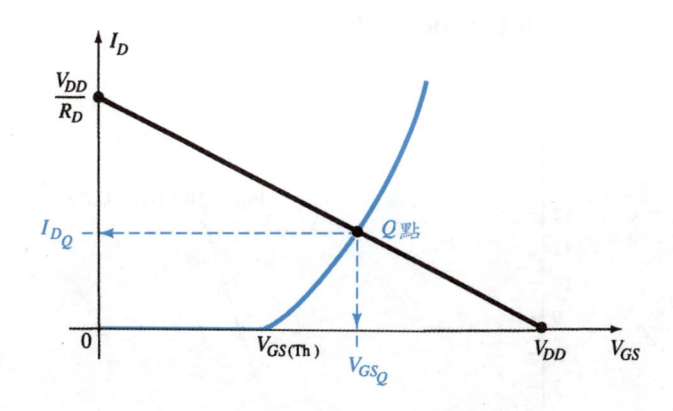

圖 7.33 決定圖 7.31 網路的 Q 點

例 7.7

試決定圖 7.34 中增強型 MOSFET 的 I_{D_Q} 和 V_{DS_Q}。

電子學—裝置與電路精析
Electronic Devices and Circuit Theory

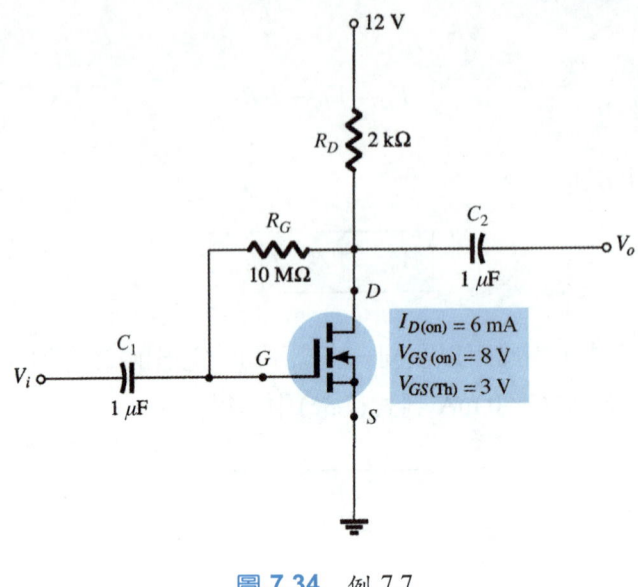

圖 7.34 例 7.7

解：

馬上定出曲線上兩點，見圖 7.35。解 k，可得

式 (7.34)：$k = \dfrac{I_{D(on)}}{(V_{GS(on)} - V_{GS(Th)})^2} = \dfrac{6\text{ mA}}{(8\text{ V} - 3\text{ V})^2} = \dfrac{6 \times 10^{-3}}{25} \text{A/V}^2$

$= 0.24 \times 10^{-3} \text{ A/V}^2$

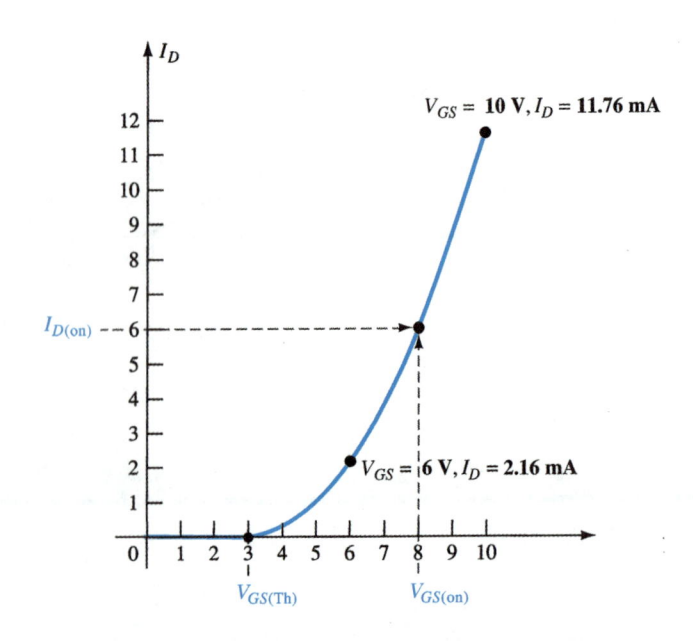

圖 7.35 畫出圖 7.34 中 MOSFET 的轉移曲線

對 $V_{GS}=6$ V（介於 3 V～8 V 之間）：

$$I_D = 0.24 \times 10^{-3}(6\text{ V} - 3\text{ V})^2 = 0.24 \times 10^{-3}(9)$$
$$= 2.16 \text{ mA}$$

見圖 7.35。對 $V_{GS}=10$ V（略大於 $V_{GS(\text{Th})}$）：

$$I_D = 0.24 \times 10^{-3}(10\text{ V} - 3\text{ V})^2 = 0.24 \times 10^{-3}(49)$$
$$= 11.76 \text{ mA}$$

就圖 7.35 的 V_{GS} 範圍而言，有這四點已足以畫出整條完整曲線。

網路偏壓線

$$V_{GS} = V_{DD} - I_D R_D = 12\text{ V} - I_D(2\text{ k}\Omega)$$

式(7.37)：$V_{GS} = V_{DD} = 12\text{ V}|_{I_D = 0\text{ mA}}$

式(7.38)：$I_D = \dfrac{V_{DD}}{R_D} = \dfrac{12\text{ V}}{2\text{ k}\Omega} = 6\text{ mA}|_{V_{GS} = 0\text{ V}}$

所得偏壓線見圖 7.36。

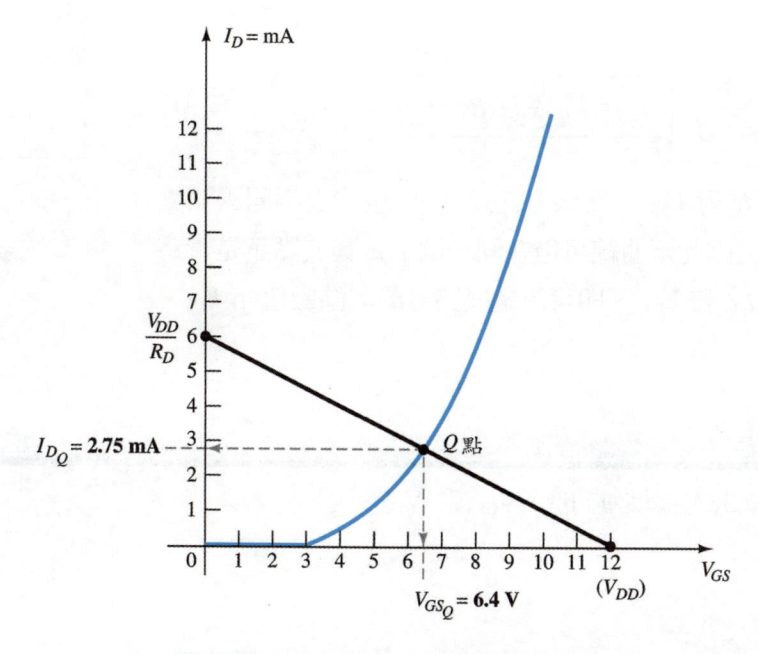

圖 7.36 決定圖 7.34 中網路的 Q 點

在工作點，

$$I_{D_Q} = \mathbf{2.75 \text{ mA}}$$

且

$$V_{GS_Q} = 6.4 \text{ V}$$

又

$$V_{DS_Q} = V_{GS_Q} = \mathbf{6.4 \text{ V}}$$

分壓器偏壓組態

增強型 MOSFET 第 2 種普遍使用的偏壓電路，見圖 7.37。利用分壓定律，可導出以下 V_G 的方程式：

$$\boxed{V_G = \frac{R_2 V_{DD}}{R_1 + R_2}} \tag{7.39}$$

運用克希荷夫定律圖 7.37 所示的迴路一周，可得

或

$$+V_G - V_{GS} - V_{R_S} = 0$$
$$\boxed{V_{GS} = V_G - I_D R_S} \tag{7.40}$$

對輸出部分，

或

$$V_{R_S} + V_{DS} + V_{R_D} - V_{DD} = 0$$
$$\boxed{V_{DS} = V_{DD} - I_D (R_S + R_D)} \tag{7.41}$$

因特性是 I_D 對 V_{GS} 的圖形，且式 (7.40) 也代表相同兩個變數之間的關係，因此兩曲線可畫在同一圖上，其交點正是電路解。一旦知道 I_{D_Q} 和 V_{GS_Q}，即可決定網路上的其餘數值如 V_{DS}、V_D 和 V_S。

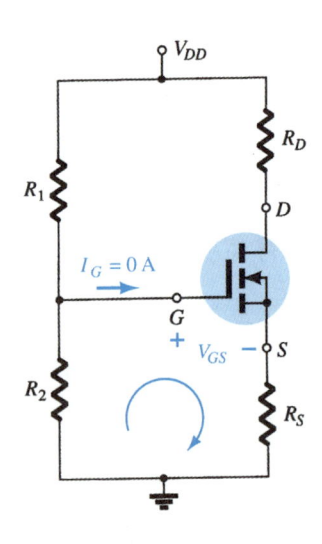

圖 7.37 n 通道增強型 MOSFET 的分壓器偏壓電路

例 7.8

試決定圖 7.38 中網路的 I_{D_Q}、V_{GS_Q} 和 V_{DS}。

第 7 章 場效電晶體(FET)的偏壓 271

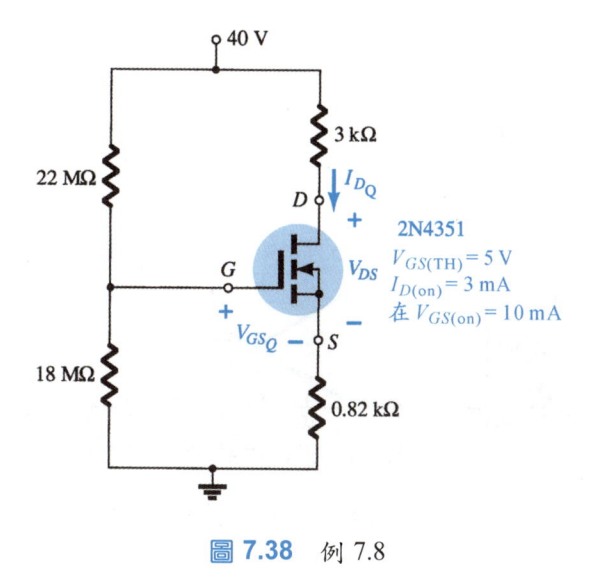

圖 7.38 例 7.8

解：

網路

式(7.39)： $V_G = \dfrac{R_2 V_{DD}}{R_1 + R_2} = \dfrac{(18\ \text{M}\Omega)(40\ \text{V})}{22\ \text{M}\Omega + 18\ \text{M}\Omega}$

$\qquad\qquad = 18\ \text{V}$

式(7.40)： $V_{GS} = V_G - I_D R_S$

$\qquad\qquad = 18\ \text{V} - I_D(0.82\ \text{k}\Omega)$

當 $I_D = 0\ \text{mA}$ 時，

$$V_{GS} = 18\ \text{V} - (0\ \text{mA})(0.82\ \text{k}\Omega) = 18\ \text{V}$$

如圖 7.39 所示。當 $V_{GS} = 0\ \text{V}$ 時，

$$V_{GS} = 18\ \text{V} - I_D(0.82\ \text{k}\Omega)$$
$$0 = 18\ \text{V} - I_D(0.82\ \text{k}\Omega)$$
$$I_D = \dfrac{18\ \text{V}}{0.82\ \text{k}\Omega} = 21.95\ \text{mA}$$

如圖 7.39 所示。

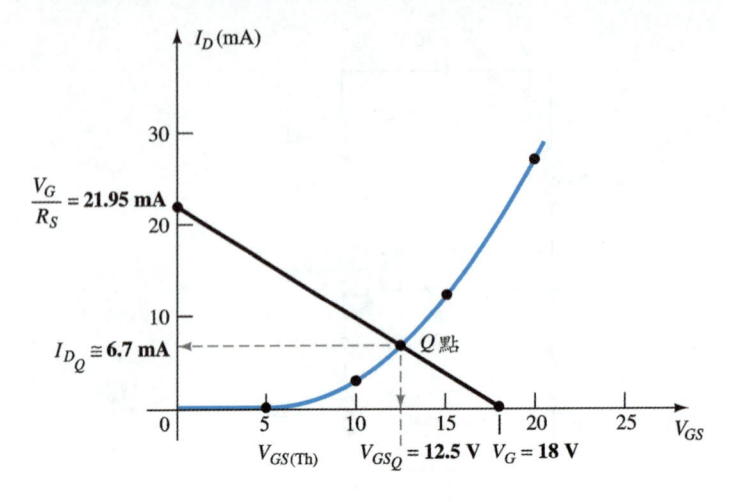

圖 7.39 決定例 7.8 網路中的 Q 點

裝置

$$V_{GS(Th)}=5\text{ V}，I_{D(on)}=3\text{ mA} 與 V_{GS(on)}=10\text{ V}$$

式(7.34)：
$$k=\frac{I_{D(on)}}{(V_{GS(on)}-V_{GS(Th)})^2}$$
$$=\frac{3\text{ mA}}{(10\text{ V}-5\text{ V})^2}=0.12\times 10^{-3}\text{ A/V}^2$$

即
$$I_D=k(V_{GS}-V_{GS(Th)})^2$$
$$=0.12\times 10^{-3}(V_{GS}-5)^2$$

裝置特性和網路方程式畫在同一圖上。由圖 7.39，

$$I_{D_Q}\cong \mathbf{6.7\text{ mA}}$$
$$V_{GS_Q}=\mathbf{12.5\text{ V}}$$

式(7.41)：
$$V_{DS}=V_{DD}-I_D(R_S+R_D)$$
$$=40\text{ V}-(6.7\text{ mA})(0.82\text{ k}\Omega+3.0\text{ k}\Omega)$$
$$=40\text{ V}-25.6\text{ V}$$
$$=\mathbf{14.4\text{ V}}$$

7.9　p 通道 FET

到目前為止，分析都僅於 n 通道 FET。對 p 通道 FET 而言，轉移曲線只要對 I_D 軸鏡射即可使用，而電流方向則相反，見圖 7.40。

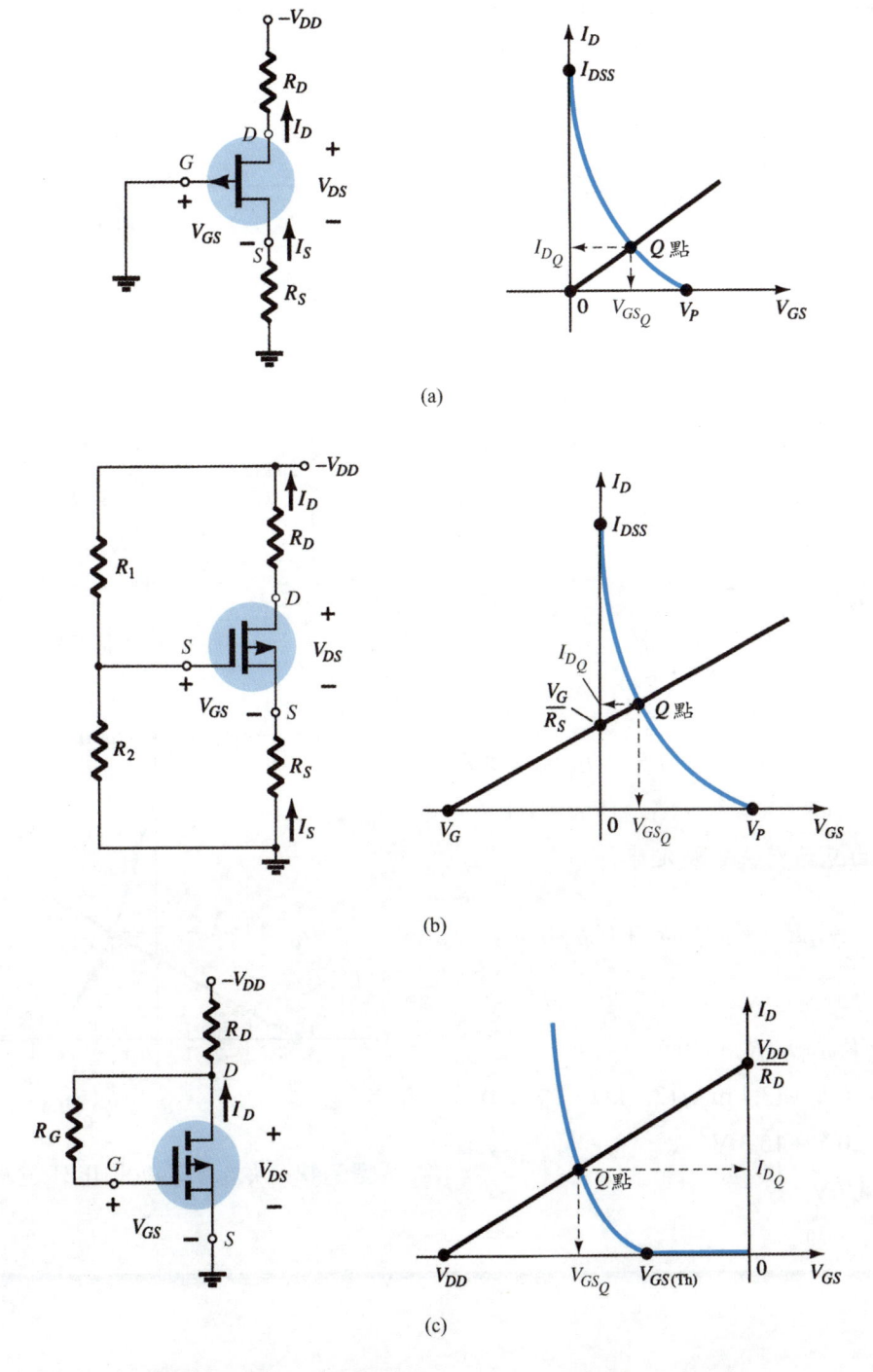

圖 7.40　p 通道電路組態：(a)JFET；(b) 空乏型 MOSFET；(c) 增強型 MOSFET

由於 n 通道和 p 通道裝置的分析方法類似,可假定裝置為 n 通道並將電源電壓反過來,再進行分析。得到結果後,其數值大小都是正確的,只是電流方向和電壓極性相反而已。

例 7.9

試決定圖 7.41 中 p 通道 JFET 的 I_{D_Q}、V_{GS_Q} 和 V_{DS}。

解:可求出

$$V_G = \frac{20\,k\Omega\,(-20\,V)}{20\,k\Omega + 68\,k\Omega} = -4.55\,V$$

利用克希荷夫電壓定律,得

$$V_G - V_{GS} + I_D R_S = 0$$

即

$$V_{GS} = V_G + I_D R_S$$

取 $I_D = 0$ mA,得 $V_{GS} = V_G = -4.55$ V 如圖 7.42 所示。

取 $V_{GS} = 0$ V,得

$$I_D = -\frac{V_G}{R_S} = -\frac{-4.55\,V}{1.8\,k\Omega} = 2.53\,mA$$

亦如圖 7.41 所示。

由圖 7.42 得到靜態點為 $I_{D_Q} = \mathbf{3.4\ mA}$
$$V_{GS_Q} = \mathbf{1.4\ V}$$

對 V_{DS},由克希荷夫電壓定律得

$$-I_D R_S + V_{DS} - I_D R_D + V_{DD} = 0$$

即

$$V_{DS} = -V_{DD} + I_D(R_D + R_S)$$
$$= -20\,V + (3.4\,mA)(2.7\,k\Omega + 1.8\,k\Omega)$$
$$= -20\,V + 15.3\,V$$
$$= \mathbf{-4.7\ V}$$

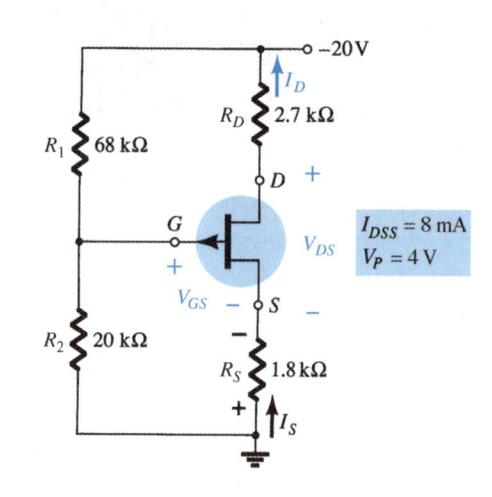

圖 7.41 例 7.9

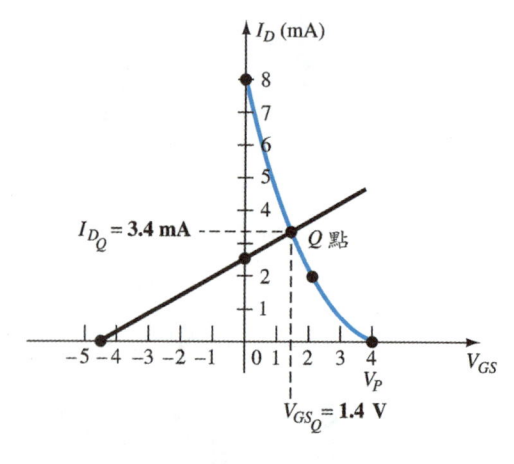

圖 7.42 決定圖 7.40 中 JFET 電路的 Q 點

7.10 實際的應用

所介紹的應用將充分利用場效電晶體的高輸入阻抗、閘極和汲極電路之間的隔離，以及 JFET 特性的線性區，使元件的汲極源極間接近一電阻性元件等優點。

壓控電阻（非反相放大器）

JFET 最普遍的一種應用就是可變電阻器，其阻值由加到閘極腳位的直流電壓所控制。JFET 電晶體的線性區。當汲極電流隨著汲極對源極電壓的上升而增加時，其對應關係幾近為直線。

在 **0 V** 和夾止電壓之間的 V_{GS} 可能值是無窮多種，因此可在 100 Ω ～3.3 kΩ之間產生全範圍的阻值變化。結果可歸納成圖 7.43a。V_{GS}=0 V 時，JFET 等效於圖 7.43b。V_{GS}=−1.5 V 時，JFET 等效於圖 7.43c，餘此類推。

將此種壓控汲極電阻用在圖 7.44a 的非反相放大器——非反相意指輸入和輸出訊號同相。

在圖 7.44b 中，可變電阻用 n 通道 JFET 代替。

計時網路

閘極和汲極電路之間的高阻抗隔離，可以設計出相對簡單的計時器，如圖 7.45。圖中開關為常開(NO)開關，閉合時會使電容迅速放電到 0 V。因工作電壓相對低且放電時間極短，開關網路可以處理電容的迅速放電。

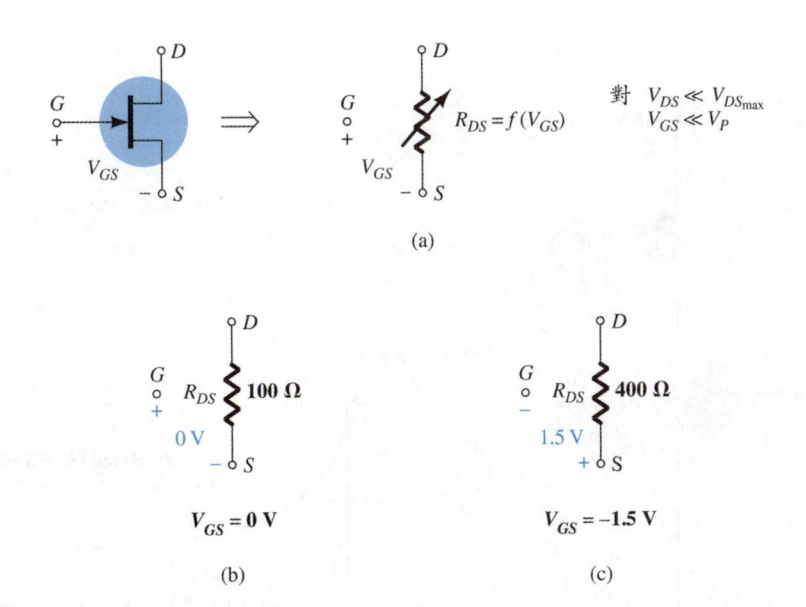

圖 7.43 JFET 汲極壓控電阻：(a) 一般等效；(b) V_{GS}=0 V 時；(c) V_{GS}=−1.5 V 時

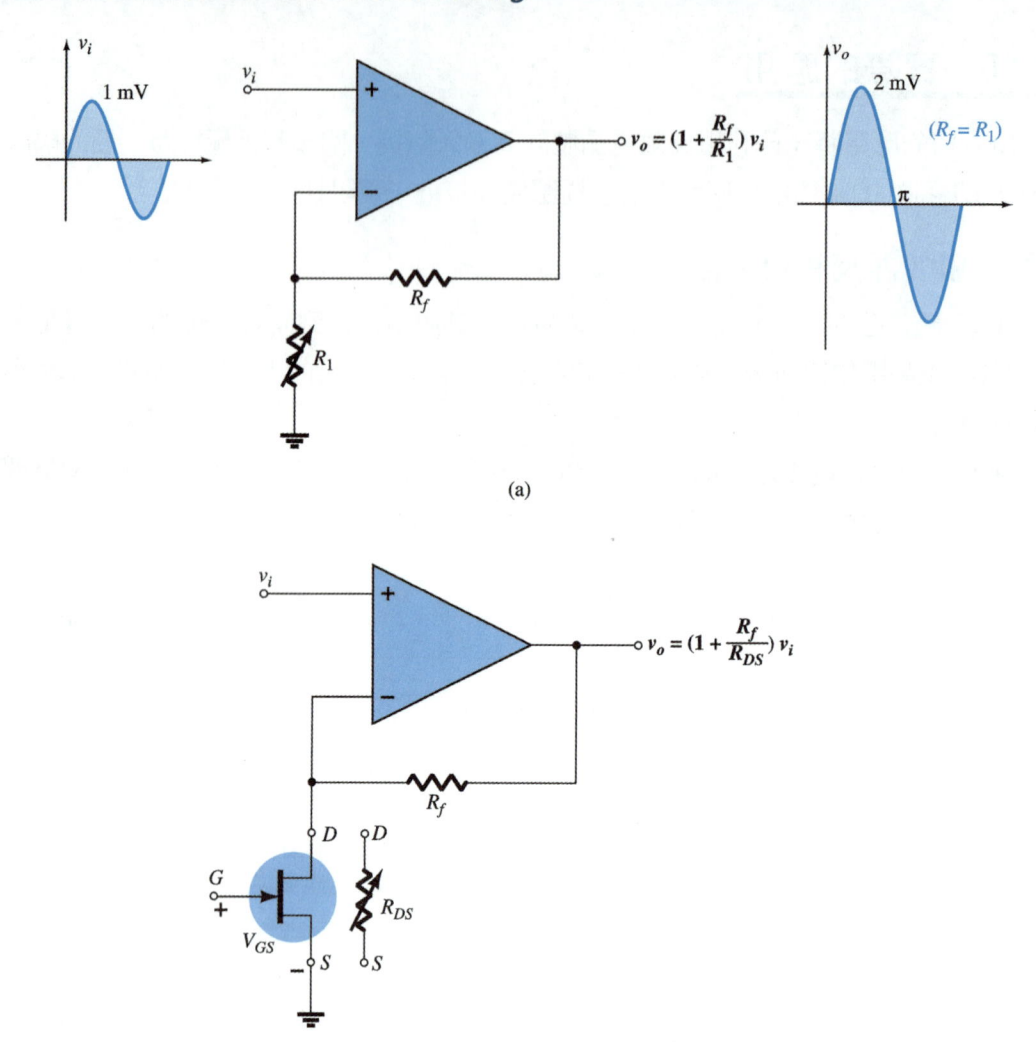

圖 7.44 (a)非反相運算放大器電路；(b)將 JFET 的壓控汲極對源極電阻用在非反相放大器

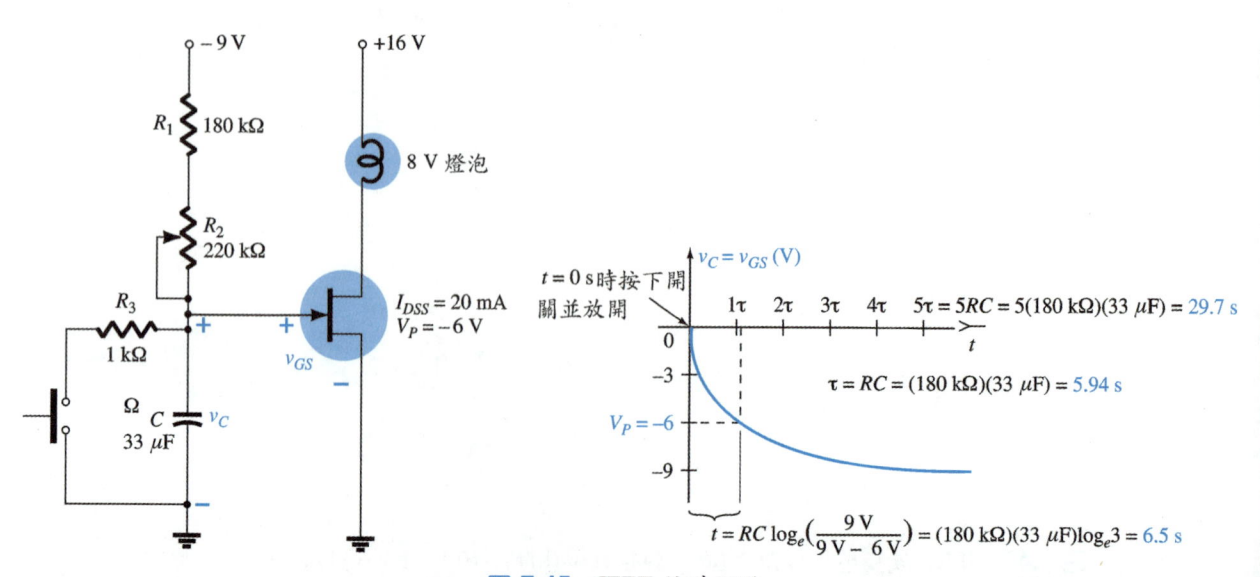

圖 7.45 JFET 計時網路

光纖系統

使用 TTL 邏輯資訊的計算機傳輸系統的等效電子電路，提供在圖 7.46a，致能控制設在"導通"或 1 狀態，AND 閘輸入端的 TTL 訊號，經由 AND 閘，送到 JFET 的閘極。系統的設計使不同的 TTL 邏輯值，可分別使 JFET 導通或截止。光二極體的電流是逆向電流，其方向如圖 7.46a 所示。但在交流等效電路中，光二極體和電阻 R 並聯，見圖 7.46b，可在 JFET 的閘極建立所需的訊號極性。電容 C 對直流開路，可隔離光二極體的偏壓電路和 JFET，但電容 C 對訊號 v_s 則是短路。因此輸入訊號可被 JFET 放大，並輸出到汲極端。

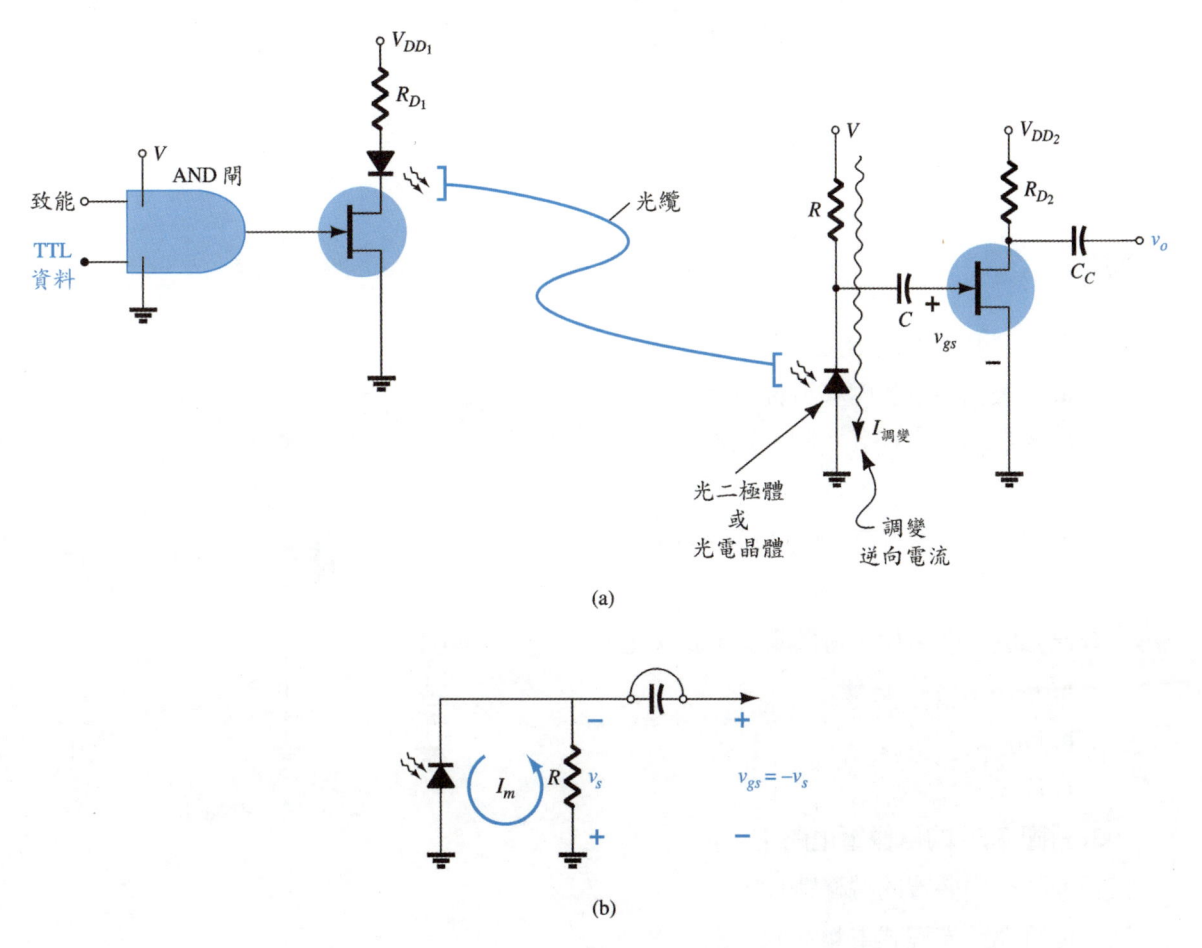

圖 7.46　TTL 光纖通訊通道：(a)JFET 設計；(b)訊號產生在光二極體上

MOSFET 繼電器驅動電路

MOSFET 繼電器驅動電路，不需從驅動電路取得電流或功率，就可驅動高電流／高電壓網路。無需光學或電磁的連結，**FET** 的高輸入阻抗幾可隔離網路的兩部分，應用在警報系統，如圖 7.47 電路，當人或物通過光傳播平面時，就會啟動警報。

図 7.47　MOSFET 繼電器驅動電路

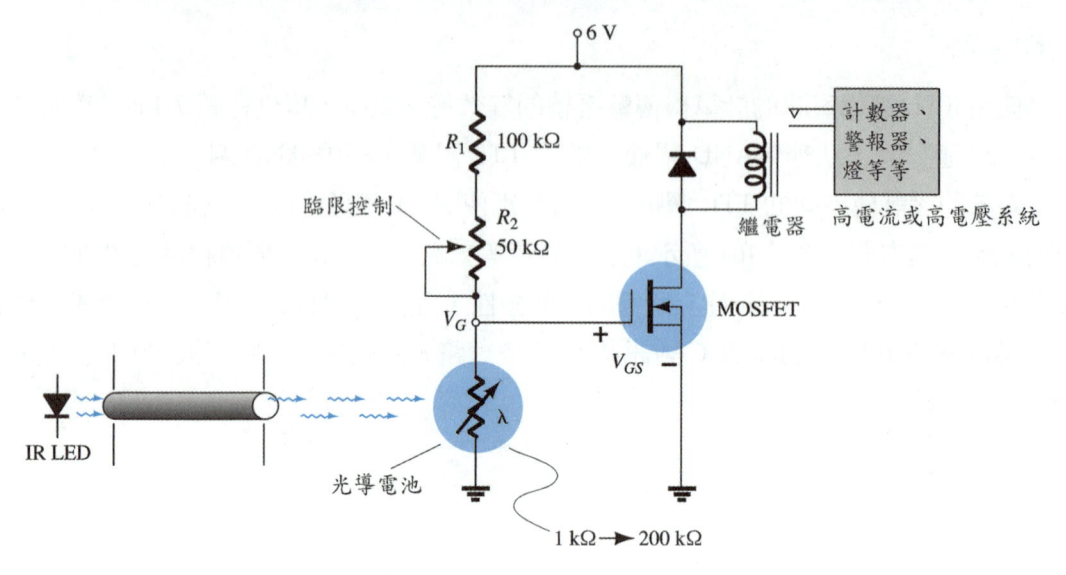

習題

1. 對圖 7.48 的固定偏壓電路：
   a. 試畫出裝置的轉移特性。
   b. 重疊網路方程式在同一圖上。
   c. 試決定 I_{D_Q} 和 V_{DS_Q}。
   d. 試利蕭克萊方程式解出 I_{D_Q}，並求出 V_{DS_Q}。試和(c)的結果比較。

2. 已知圖 7.49 中 V_D 的量測值，試決定：
   a. I_D。
   b. V_{DS}。
   c. V_{GG}。

3. 對圖 7.50 的自偏壓電路：
   a. 試畫出裝置的轉移特性。
   b. 將網路方程式重疊在同一圖上。
   c. 試決定 I_{D_Q} 和 V_{GS_Q}。
   d. 試計算 V_{DS}、V_D、V_G 和 V_S。

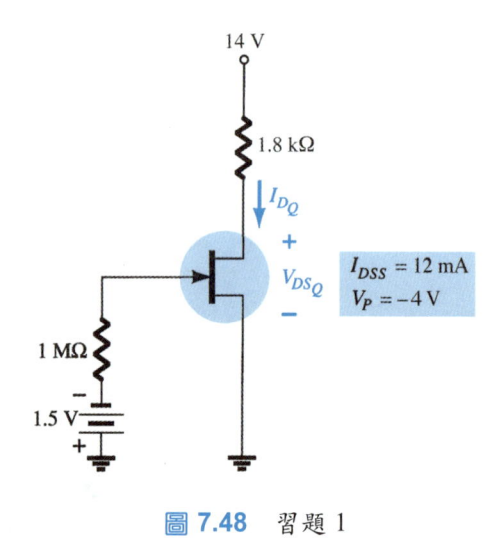

圖 7.48　習題 1

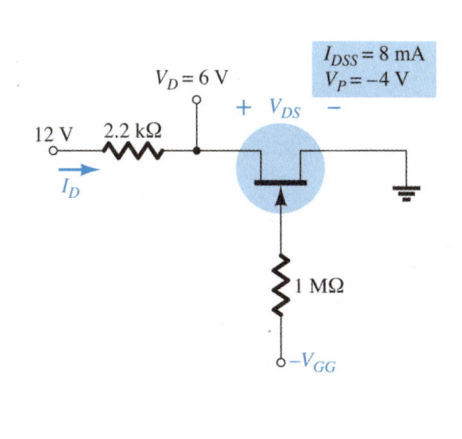

▣ 7.49　習題 2

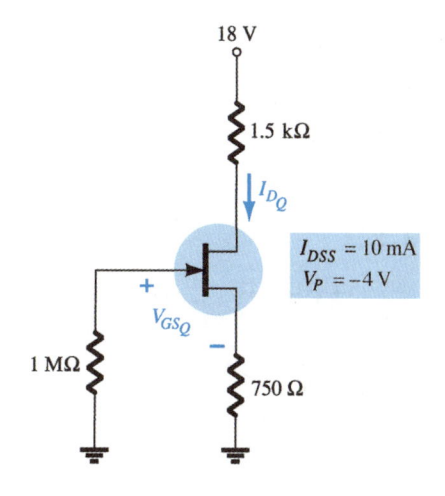

▣ 7.50　習題 3

4. 已知圖 7.51 網路中的量測值 $V_S = 1.7$ V，試決定：

  a. I_{D_Q}。

  b. V_{GS_Q}。

  c. I_{DSS}。

  d. V_D。

  e. V_{DS}。

5. 對圖 7.52 的網路，試決定：

  a. V_G。

  b. I_{D_Q} 和 V_{GS_Q}。

  c. V_D 和 V_S。

  d. V_{DS_Q}。

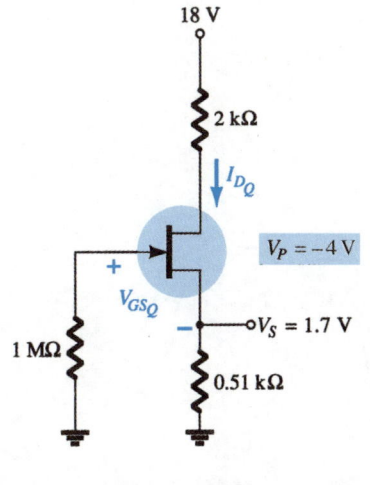

▣ 7.51　習題 4

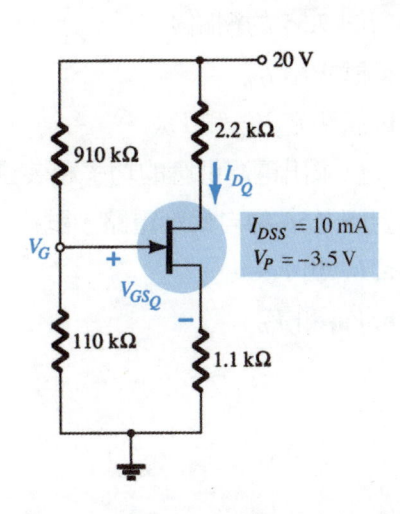

▣ 7.52　習題 5

6. 對圖 7.53 的網路，若 $V_D = 12$ V，試決定：

   a. I_D。

   b. V_S 和 V_{DS}。

   c. V_G 和 V_{GS}。

   d. V_P。

7. 圖 7.54 網路中，已知 $V_{DS} = 4$ V，試決定：

   a. I_D。

   b. V_D 和 V_S。

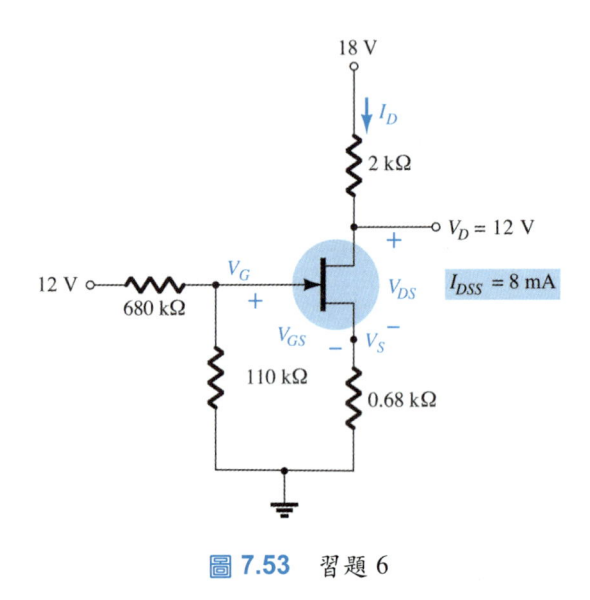

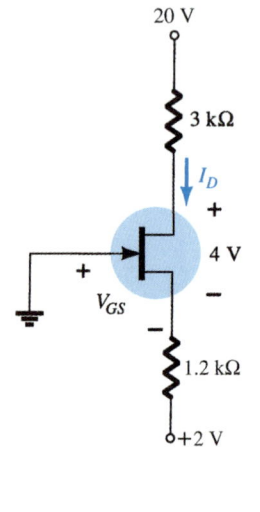

   c. V_{GS}。

▼ 圖 7.53　習題 6

▼ 圖 7.54　習題 7

8. 對圖 7.55 的網路：

   a. 試求出 I_{D_Q}。

   b. 試決定 V_{D_Q} 和 V_{DS_Q}。

   c. 試求出電源供應的功率和裝置消耗的功率。

9. 對圖 7.56 的自偏壓電路，試決定：

   a. I_{D_Q} 和 V_{GS_Q}。

   b. V_{DS} 和 V_D。

圖 7.55 習題 8

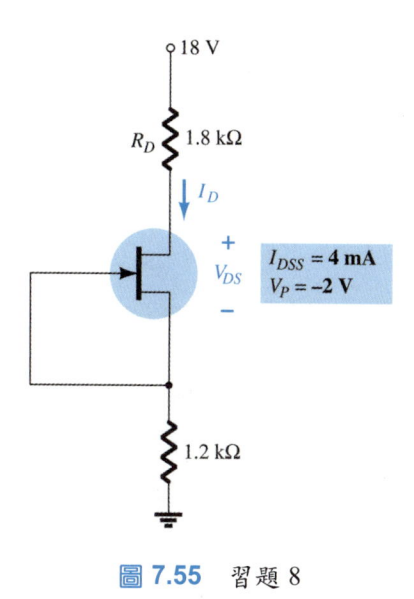

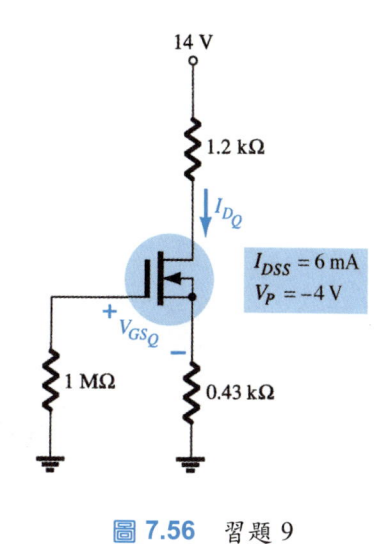

圖 7.56 習題 9

10. 圖 7.57 的分壓器電路，試決定：
    a. I_{D_Q} 和 V_{GS_Q}。
    b. V_D 和 V_S。

11. 對圖 7.58 的網路，試決定：
    a. I_{D_Q} 和 V_{GS_Q}。
    b. V_{DS}。
    c. V_D。

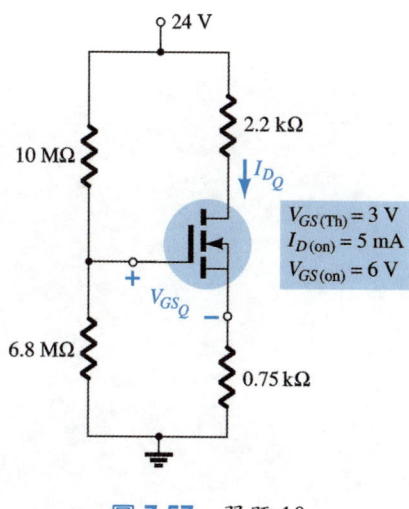

圖 7.57 習題 10

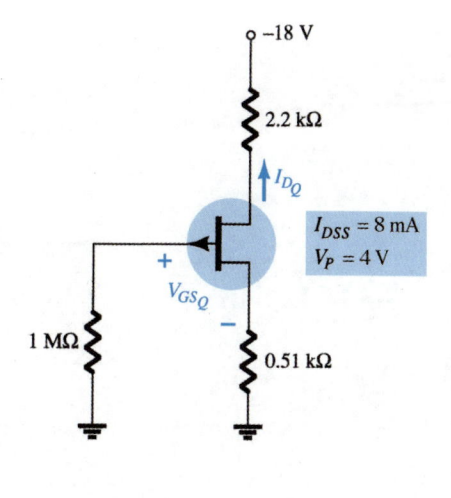

圖 7.58 習題 11

12. 圖 7.59 的網路，試決定：

    a. I_{D_Q} 和 V_{GS_Q}。

    b. V_{DS}。

    c. V_D。

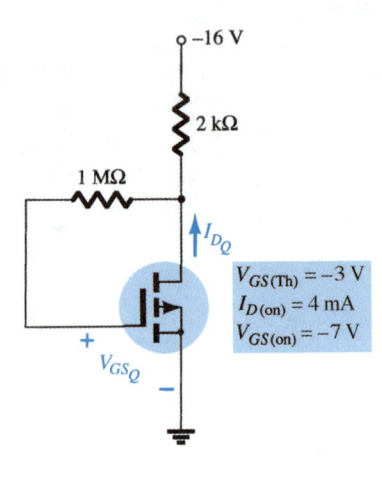

$V_{GS(Th)} = -3\text{ V}$
$I_{D(on)} = 4\text{ mA}$
$V_{GS(on)} = -7\text{ V}$

圖 **7.59** 習題 12

Chapter 8

FET（場效電晶體）放大器

8.1 導言

場效電晶體放大器可提供極佳的電壓增益,並附帶高輸入阻抗特性。這種放大器的功率消耗低,頻率範圍良好,尺寸重量也很小。

FET 可用作線性放大器,或用作邏輯電路中的數位裝置。增強型 MOSFET 在邏輯電路中很普遍,特別是在功率消耗極低的 CMOS 電路。FET 裝置也廣泛應用在高頻領域,以及緩衝(介面)應用。

8.2 JFET 小訊號模型

要做 JFET 的交流分析,需要 JFET 的小訊號交流模型。交流模型的主要組成,是輸入的閘極對源極的交流電壓,可控制汲極到源極的電流值。

> JFET 的閘極對源極電壓控制汲極到源極(通道)電流。

稱為蕭克萊方程式:$I_D = I_{DSS}(1 - V_{GS}/V_P)^2$。其關係可由以下的轉移電導(轉導)因數 g_m 決定:

$$\Delta I_D = g_m \Delta V_{GS} \tag{8.1}$$

用在 g_m 的字首轉移 (trans) 代表輸出量與輸入量之間的關係,而字根電導 (conductance) 代表 g_m 是由電流除以電壓的比值決定。

解出式 (8.1) 中的 g_m,可得

$$g_m = \frac{\Delta I_D}{\Delta V_{GS}} \tag{8.2}$$

由圖形決定 g_m

現在檢視圖 8.1 的轉移特性，可發現 g_m 實際上是特性在工作點上的斜率，亦即

$$g_m = m = \frac{\Delta y}{\Delta x} = \frac{\Delta I_D}{\Delta V_{GS}} \tag{8.3}$$

由式(8.2)知，可在 Q 點附近選擇某一特定的 V_{GS}（或 I_D）增量，然後找出對應的 I_D（或 V_{GS}）增量，如此可決定轉移特性上任意 Q 點的 g_m。

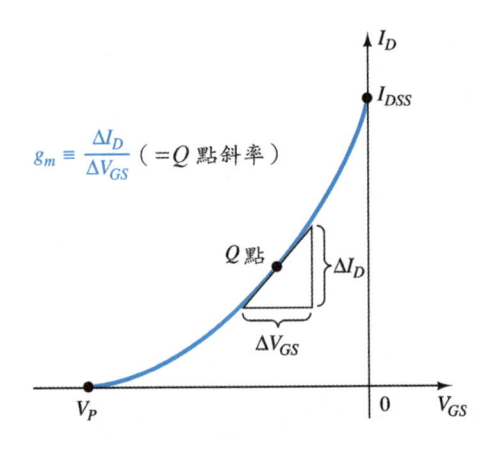

圖 8.1 用轉移特性定義 g_m

例 8.1

某 JFET 的 $I_{DSS}=8$ mA 且 $V_P=-4$ V，試決定此裝置在以下直流偏壓點的 g_m 值。

a. $V_{GS}=-0.5$ V。
b. $V_{GS}=-1.5$ V。
c. $V_{GS}=-2.5$ V。

解：利用第 7 章所定義的程序，產生轉移曲線如圖 8.2。然後在各 Q 點兩側選取適當的 V_{GS} 變化量，再應用式(8.2)決定 g_m。

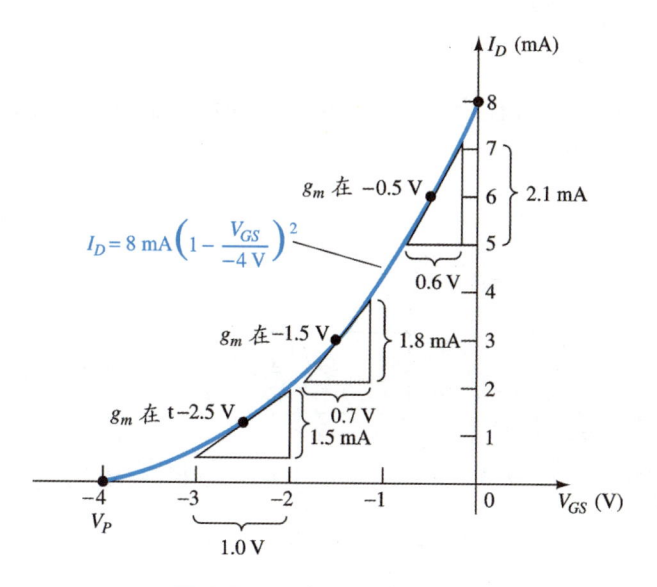

圖 8.2 計算各偏壓點的 g_m

a. $g_m = \dfrac{\Delta I_D}{\Delta V_{GS}} \cong \dfrac{2.1 \text{ mA}}{0.6 \text{ V}} = \textbf{3.5 mS}$

b. $g_m = \dfrac{\Delta I_D}{\Delta V_{GS}} \cong \dfrac{1.8 \text{ mA}}{0.7 \text{ V}} \cong \textbf{2.57 mS}$

c. $g_m = \dfrac{\Delta I_D}{\Delta V_{GS}} = \dfrac{1.5 \text{ mA}}{1.0 \text{ V}} = \textbf{1.5 mS}$

注意到，當 V_{GS} 朝 V_P 接近時，g_m 會下降。

---

g_m 的數學定義

另一種決定 g_m 的方法，

> 函數在某一點的導數，等於在該點的切線斜率。

利用蕭克萊方程式，取 I_D 對應於 V_{GS} 的導數（微分），可導出 g_m 的公式如下：

$$g_m = \left.\dfrac{dI_D}{dV_{GS}}\right|_{Q\text{點}} = \dfrac{d}{dV_{GS}}\left[I_{DSS}\left(1-\dfrac{V_{GS}}{V_P}\right)^2\right]$$

$$= 2I_{DSS}\left[1-\dfrac{V_{GS}}{V_P}\right]\dfrac{d}{dV_{GS}}\left(1-\dfrac{V_{GS}}{V_P}\right) = 2I_{DSS}\left[1-\dfrac{V_{GS}}{V_P}\right]\left[0-\dfrac{1}{V_P}\right]$$

即

$$\boxed{g_m = \dfrac{2I_{DSS}}{|V_P|}\left[1-\dfrac{V_{GS}}{V_P}\right]} \tag{8.4}$$

此處 $|V_P|$ 是絕對值，確保 g_m 為正值。

轉移曲線的最大斜率出現在 $V_{GS}=0$ V，JFET 的最大 g_m 值的關係式如下，表示成 I_{DSS} 和 V_P 的關係：

$$g_m = \frac{2I_{DSS}}{|V_P|}\left[1 - \frac{0}{V_P}\right]$$

即

$$\boxed{g_{m0} = \frac{2I_{DSS}}{V_P}} \tag{8.5}$$

加上下標 0 可提醒我們，這是 $V_{GS}=0$ V 時，對應的 g_m 值，因此式(8.4)變成

$$\boxed{g_m = g_{m0}\left[1 - \frac{V_{GS}}{V_P}\right]} \tag{8.6}$$

例 8.2

對具有例 8.1 轉移特性的 JFET：

a. 試求出 g_m 的最大值。

b. 試利用式(8.6)求出例 8.1 中各工作點的 g_m 值，並和圖形法的結果比較。

解：

a. $g_{m0} = \dfrac{2I_{DSS}}{|V_P|} = \dfrac{2(8\text{ mA})}{4\text{ V}} = \mathbf{4\text{ mS}}$（$g_m$ 的最大可能值）

b. 在 $V_{GS} = -0.5$ V，

$$g_m = g_{m0}\left[1 - \frac{V_{GS}}{V_P}\right] = 4\text{ mS}\left[1 - \frac{-0.5\text{ V}}{-4\text{ V}}\right] = \mathbf{3.5\text{ mS}}\text{（圖形法結果是 3.5 mS）}$$

在 $V_{GS} = -1.5$ V，

$$g_m = g_{m0}\left[1 - \frac{V_{GS}}{V_P}\right] = 4\text{ mS} = \left[1 - \frac{-1.5\text{ V}}{-4\text{ V}}\right] = \mathbf{2.5\text{ mS}}\text{（圖形法結果是 2.57 mS）}$$

在 $V_{GS} = -2.5$ V，

$$g_m = g_{m0}\left[1 - \frac{V_{GS}}{V_P}\right] = 4\text{ mS}\left[1 - \frac{-2.5\text{ V}}{-4\text{ V}}\right] = \mathbf{1.5\text{ mS}}\text{（圖形法結果是 1.5 mS）}$$

在規格表上是用 g_{fs} 或 y_{fs} 表 g_m，y 代表此參數是導納等效電路的一部分，f 指順向轉移參數，而 s 則代表源極。

公式形式為

$$g_m = g_{fs} = y_{fs} \tag{8.7}$$

I_D 對 g_m 的影響

蕭克萊方程式可寫成下式，以導出 g_m 和直流偏壓電流 I_D 之間的數學關係：

$$1 - \frac{V_{GS}}{V_P} = \sqrt{\frac{I_D}{I_{DSS}}} \tag{8.8}$$

將式(8.8)代入式(8.6)，得

$$g_m = g_{m0}\left(1 - \frac{V_{GS}}{V_P}\right) = g_{m0}\sqrt{\frac{I_D}{I_{DSS}}} \tag{8.9}$$

對某些特定的 I_D 值，用式(8.9)決定 g_m，可得以下結果：

a. 若 $I_D = I_{DSS}$，

$$g_m = g_{m0}\sqrt{\frac{I_{DSS}}{I_{DSS}}} = \boldsymbol{g_{m0}}$$

b. 若 $I_D = I_{DSS}/2$，

$$g_m = g_{m0}\sqrt{\frac{I_{DSS}/2}{I_{DSS}}} = \boldsymbol{0.707 g_{m0}}$$

c. 若 $I_D = I_{DSS}/4$，

$$g_m = g_{m0}\sqrt{\frac{I_{DSS}/4}{I_{DSS}}} = \frac{g_{m0}}{2} = \boldsymbol{0.5 g_{m0}}$$

例 8.3

對例 8.1～例 8.2 所用的 JFET，畫出 g_m 對 I_D 的曲線圖。

解：見圖 8.3。

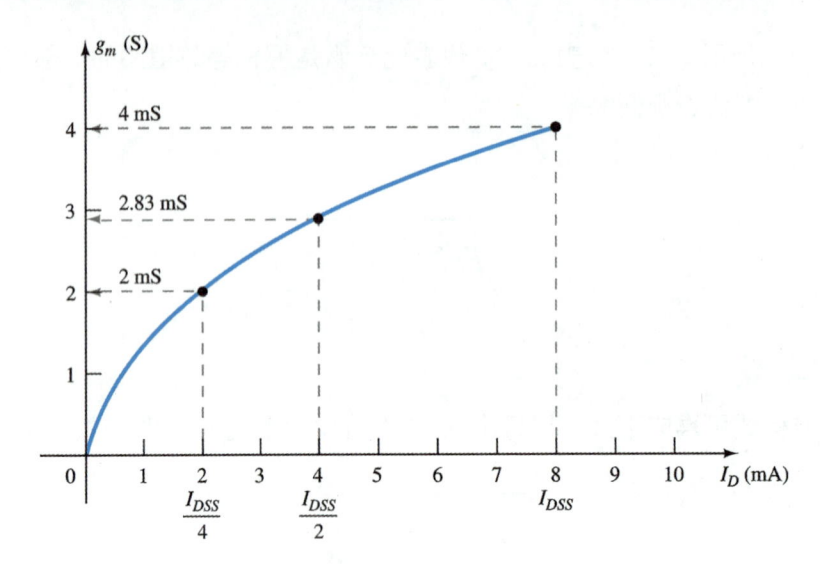

圖 8.3　對 $I_{DSS}=8$ mA 和 $V_{GS}=-4$ V 的 JFET，畫出 g_m 對 I_D 的曲線圖

JFET 輸入阻抗 Z_i

商用 JFET 輸入阻抗都足夠大，可假定輸入端近似於開路。

$$Z_i(\text{JFET}) = \infty \ \Omega \tag{8.10}$$

對 JFET 而言，典型的實際值約 $10^9\ \Omega$（1000 MΩ），而 MOSFET 和 MESFET 的典型值則在 $10^{12}\ \Omega \sim 10^{15}\ \Omega$ 的範圍。

JFET 輸出阻抗 Z_o

JFET 輸出阻抗的大小和傳統的 BJT 類似，在 JFET 的規格表上，輸出導納一般以 g_{os} 或 y_{os} 代表，其單位為 μS。參數 y_{os} 是導納等效電路的組成元件，下標 o 代表這是輸出網路參數，而 s 則代表這是共源極模型。y_{os} 的範圍在 10 μS～50 μS 之間。

公式形式如下：

$$Z_o(\text{JFET}) = r_d = \frac{1}{g_{os}} = \frac{1}{y_{os}} \tag{8.11}$$

輸出阻抗定義在圖 8.4 的特性上，即水平特性曲線在工作點上斜率的倒數。理想情況下輸出阻抗是無窮大（開路）應用時常作此近似。

公式形式如下：

$$r_d = \frac{\Delta V_{DS}}{\Delta I_D}\bigg|_{V_{GS}=\text{定值}} \tag{8.12}$$

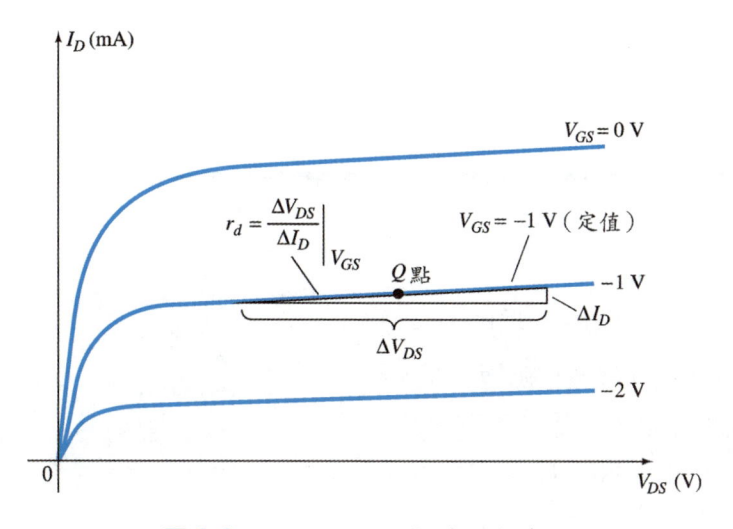

圖 8.4 用 JFET 的汲極特性定義 r_d

例 8.4

圖 8.5 中的 JFET，試決定其分別在 $V_{GS}=0\text{ V}$、$V_{GS}=-2\text{ V}$，且 $V_{DS}=8\text{ V}$ 處的輸出阻抗。

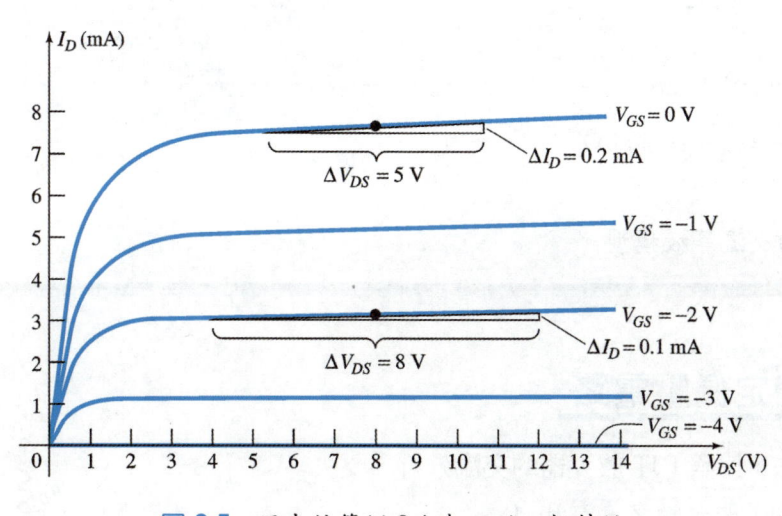

圖 8.5 用來計算例 8.4 中 r_d 的汲極特性

解：對 $V_{GS}=0\text{ V}$，畫出切線，取 $\Delta V_{DS}=5\text{ V}$，可得 ΔI_D 為 0.2 mA。代入式(8.12)，可得

$$r_d = \frac{\Delta V_{DS}}{\Delta I_D}\bigg|_{V_{GS}=0\text{ V}} = \frac{5\text{ V}}{0.2\text{ mA}} = \mathbf{25\text{ k}\Omega}$$

對 $V_{GS}=-2\text{ V}$，畫出切線，取 $\Delta V_{DS}=8\text{ V}$，可得 ΔI_D 為 0.1 mA，代入式(8.12)，可得

$$r_d = \frac{\Delta V_{DS}}{\Delta I_D}\bigg|_{V_{GS}=-2\text{ V}} = \frac{8\text{ V}}{0.1\text{ mA}} = 80\text{ k}\Omega$$

JFET 交流等效電路

建構 JFET 的交流模型，包括用 V_{gs} 控制 I_d 的電流源 $g_m V_{gs}$，接在汲極和源極之間，見圖 8.6。當 r_d 忽略不計時，等效電路會只剩一個電流源，其大小由訊號 V_{gs} 和參數 g_m 控制。

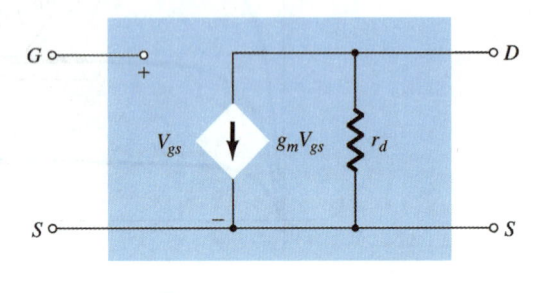

圖 8.6 JFET 交流等效電路

例 8.5

已知某 FET 的 $g_{fs} = 3.8$ mS 且 $g_{os} = 20$ μS，試畫出此 FET 的交流等效電路。

解：

$$g_m = g_{fs} = 3.8\text{ mS}$$

且

$$r_d = \frac{1}{g_{os}} = \frac{1}{20\text{ μS}} = 50\text{ k}\Omega$$

可得圖 8.7 的交流等效模型。

圖 8.7 例 8.5 的 JFET 交流等效模型

8.3 固定偏壓電路

分析方法可比照 BJT 放大器的交流分析，要決定每種電路的重要參數 Z_i、Z_o 和 A_v。

圖 8.8 的固定偏壓電路包含耦合電容 C_1 和 C_2，可將直流偏壓和外加訊號以及負載隔開。在交流分析時，C_1 和 C_2 等效於短路。

一旦由直流偏壓電路、規格表或特性曲線決定好 g_m 和 r_d 值，可在電晶體的適當腳位之間代入交流等效模型，見圖 8.9。

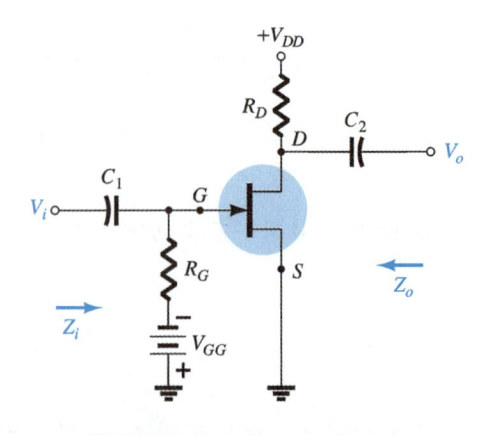

圖 8.8 JFET 固定偏壓電路

圖 8.9 的網路仔細重畫在圖 8.10。注意到 V_{gs} 定義的極性，以及 $g_m V_{gs}$ 定義的方向。外加訊號用 V_i 代表，輸出訊號降至 $R_D \| r_d$ 上，用 V_o 代表。

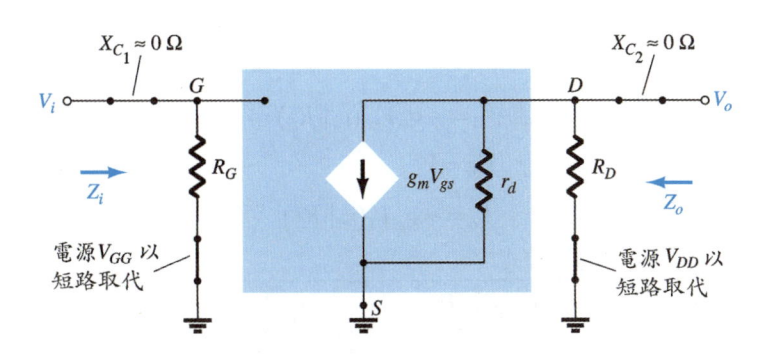

圖 8.9 將 JFET 交流等效電路代入圖 8.8 的網路

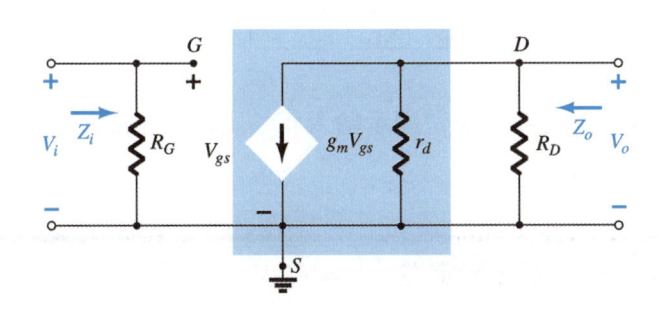

圖 8.10 重畫圖 8.9 的網路

Z_i　由圖 8.10 可清楚看出

$$Z_i = R_G \tag{8.13}$$

因 JFET 的輸入端等效於開路。

Z_o　由 Z_o 的定義，要設 $V_i = 0$ V，使 V_{gs} 也是 0 V，可得 $g_m V_{gs} = 0$ mA，因此電流源等效於開路，見圖 8.11。輸出阻抗是

$$Z_o = R_D \| r_d \tag{8.14}$$

圖 8.11 決定 Z_o

若電阻 r_d 和 R_D 相比足夠大（至少 10：1），常利用近似式 $r_d \| R_D \cong R_D$，即

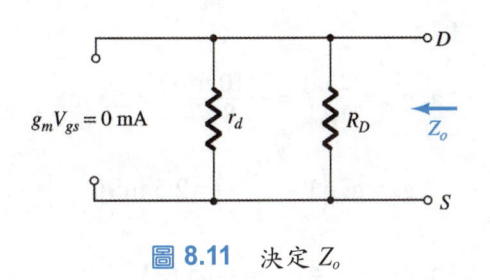

$$\boxed{Z_o \cong R_D}_{r_d \geq 10R_D} \tag{8.15}$$

A_v　解出圖 8.10 的 V_o，可得

$$V_o = -g_m V_{gs}(r_d \| R_D)$$

但
$$V_{gs} = V_i$$

即
$$V_o = -g_m V_i(r_d \| R_D)$$

所以
$$\boxed{A_v = \frac{V_o}{V_i} = -g_m(r_d \| R_D)} \tag{8.16}$$

若 $r_d \geq 10R_D$，
$$\boxed{A_v = \frac{V_o}{V_i} = -g_m R_D}_{r_d \geq 10R_D} \tag{8.17}$$

相位關係　A_v 關係式中的負號，清楚顯示輸入和輸出電壓之間的相差是 180°。

例 8.6

例 7.1 固定偏壓電路的偏壓點定在 $V_{GS_Q} = -2$ V 和 $I_{D_Q} = 5.625$ mA，且 $I_{DSS} = 10$ mA 以及 $V_P = -8$ V。網路重畫在圖 8.12，且外加訊號是 V_i。已知 y_{os} 值是 40 μS。

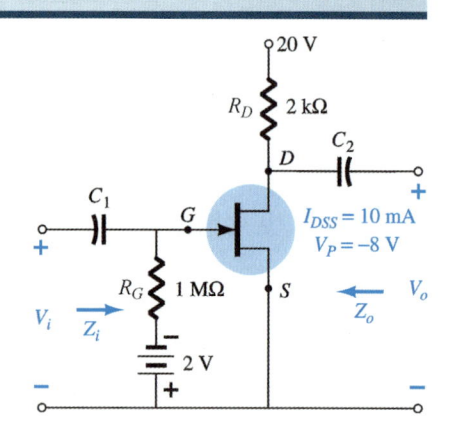

a. 決定 g_m。
b. 求出 r_d。
c. 決定 Z_i。
d. 計算 Z_o。
e. 決定電壓增益 A_v。
f. 決定 A_v，但忽略 r_d 的效應。

圖 8.12　例 8.6 的 JFET 電路

解：

a. $g_{m0} = \dfrac{2I_{DSS}}{|V_P|} = \dfrac{2(10 \text{ mA})}{8 \text{ V}} = 2.5$ mS

$g_m = g_{m0}\left(1 - \dfrac{V_{GS_Q}}{V_P}\right) = 2.5 \text{ mS}\left(1 - \dfrac{(-2 \text{ V})}{(-8 \text{ V})}\right) = \mathbf{1.88\text{ mS}}$

b. $r_d = \dfrac{1}{y_{os}} = \dfrac{1}{40 \text{ }\mu\text{S}} = \mathbf{25 \text{ k}\Omega}$

c. $Z_i = R_G = \mathbf{1 \text{ M}\Omega}$

d. $Z_o = R_D \| r_d = 2 \text{ k}\Omega \| 25 \text{ k}\Omega = \mathbf{1.85 \text{ k}\Omega}$

e. $A_v = -g_m(R_D \| r_d) = -(1.88 \text{ mS})(1.85 \text{ k}\Omega) = \mathbf{-3.48}$

f. $A_v = -g_m R_D = -(1.88 \text{ mS})(2 \text{ k}\Omega) = \mathbf{-3.76}$

從 (f) 的結果可知 r_d 和 R_D 的比值是 25 kΩ：2 kΩ = 12.5：1，結果產生 8% 的差異。

8.4　自穩偏壓電路

R_S 並聯旁路電容

固定偏壓電路有一獨特的缺點，即需要用兩個直流電壓源。而圖 8.13 的自穩偏壓電路只需一個直流電源，即可建立所要的工作點。

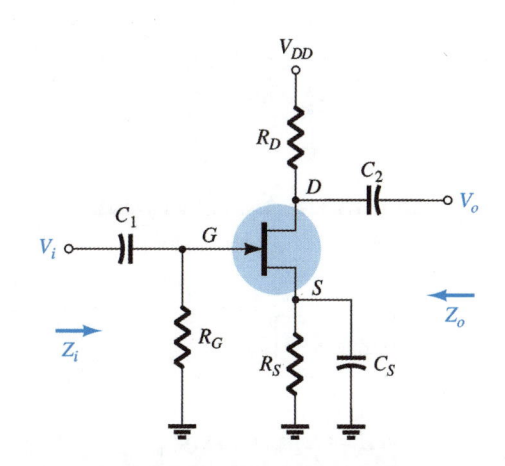

圖 8.13　JFET 自穩偏壓電路

並聯在源極電阻 R_S 兩端的電容 C_S，對直流等效於開路，可讓 R_S 定義工作點。在交流情況下，此電容會等效於"短路"，使 R_S 的影響消失。

JFET 等效電路建立在圖 8.14，並仔細重畫在圖 8.15。

因所得電路和圖 8.10 完全相同，因此 Z_i、Z_o 和 A_v 的關係式也會完全相同。

Z_i
$$\boxed{Z_i = R_G} \tag{8.18}$$

Z_o
$$\boxed{Z_o = r_d \| R_D} \tag{8.19}$$

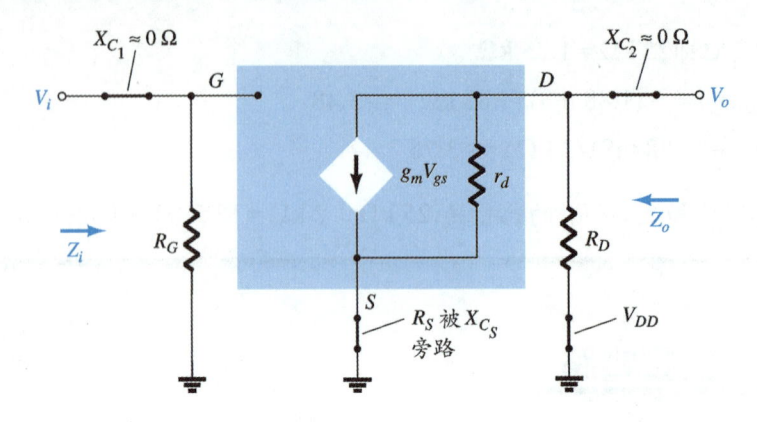

圖 8.14 圖 8.13 的網路代入 JFET 交流等效電路

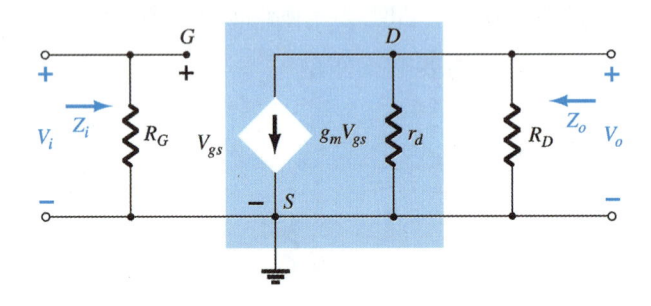

圖 8.15 重畫圖 8.14 的網路

若 $r_d \geq 10R_D$，$\boxed{Z_o \cong R_D}_{r_d \geq 10R_D}$ (8.20)

A$_v$ $\boxed{A_v = -g_m(r_d \| R_D)}$ (8.21)

若 $r_d \geq 10R_D$，$\boxed{A_v = -g_m R_D}_{r_d \geq 10R_D}$ (8.22)

相位關係 A_v 式中的負號，再次表示 V_i 和 V_o 之間有 180° 的相位差。

R_S 未旁路

　　若將圖 8.13 中的 C_S 移開，電阻 R_S 會留在交流等效電路中，如圖 8.16。在決定 Z_i、Z_o 和 A_v 時，要很小心記號、極性和方向。一開始先去除 r_d，以形成比較的基礎。

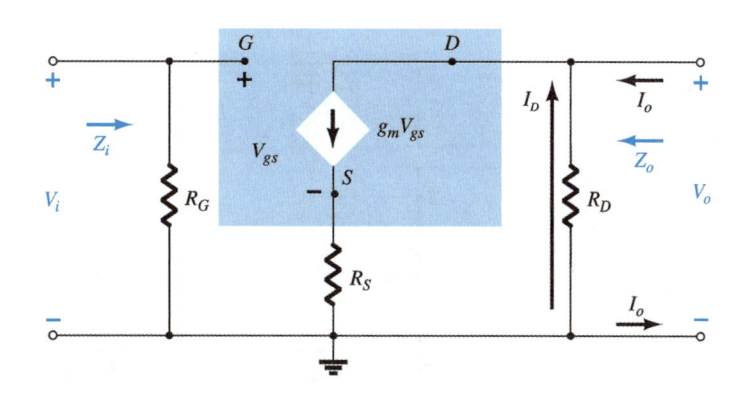

圖 8.16 包含 R_S 效應但 $r_d = \infty \Omega$ 的自穩偏壓 JFET 電路

Z_i 由於閘極和輸出網路開路，輸入阻抗依然如下：

$$Z_i = R_G \qquad (8.23)$$

Z_o 輸出阻抗定義為

$$Z_o = \left. \frac{V_o}{I_o} \right|_{v_i=0}$$

設圖 8.16 中的 $V_i = 0 \text{ V}$，使閘極接地 (0 V)，因此 R_G 的壓降為 0 V，圖上的 R_G 被有效短路掉。

運用克希荷夫定律，得

$$I_o + I_D = g_m V_{gs}$$

又 $\qquad V_{gs} = -(I_o + I_D) R_S$

所以 $\qquad I_o + I_D = -g_m (I_o + I_D) R_S = -g_m I_o R_S - g_m I_D R_S$

整理得 $\qquad I_o [1 + g_m R_S] = -I_D [1 + g_m R_S]$

即 $\qquad I_o = -I_D$（在所用條件下，受控電流源 $g_m V_{gs} = 0 \text{ A}$）

因 $\qquad V_o = -I_D R_D$

所以 $\qquad V_o = -(-I_o) R_D = I_o R_D$

即 $\qquad \left. Z_o = \frac{V_o}{I_o} = R_D \right|_{r_d = \infty \Omega} \qquad (8.24)$

若網路中包含 r_d，等效電路見圖 8.17。

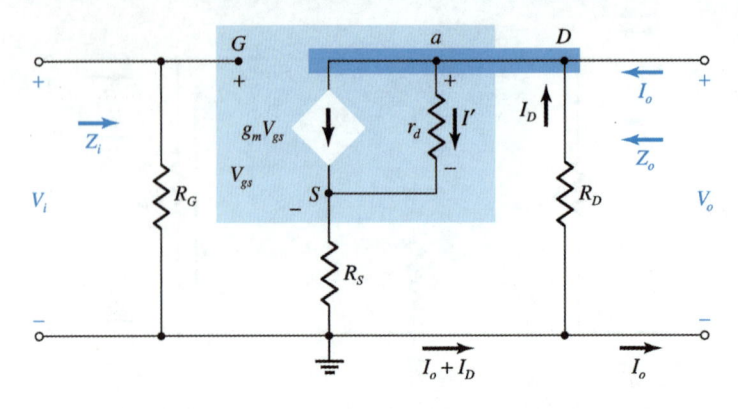

圖 8.17 包含 r_d 效應的 JFET 自穩偏壓電路

因

$$Z_o = \frac{V_o}{I_o}\bigg|_{V_i=0\text{ V}} = -\frac{I_D R_D}{I_o}$$

應用克希荷夫電流定律,可得

$$I_o = g_m V_{gs} + I_{r_d} - I_D$$

但

$$V_{r_d} = V_o + V_{gs}$$

和

$$I_o = g_m V_{gs} + \frac{V_o + V_{gs}}{r_d} - I_D$$

利用 $V_o = -I_D R_D$,可得 $I_o = \left(g_m + \frac{1}{r_d}\right)V_{gs} - \frac{I_D R_D}{r_d} - I_D$

又

$$V_{gs} = -(I_D + I_o)R_S$$

所以

$$I_o = -\left(g_m + \frac{1}{r_d}\right)(I_D + I_o)R_S - \frac{I_D R_D}{r_d} - I_D$$

結果是

$$I_o\left[1 + g_m R_S + \frac{R_S}{r_d}\right] = -I_D\left[1 + g_m R_S + \frac{R_S}{r_d} + \frac{R_D}{r_d}\right]$$

即

$$I_o = \frac{-I_D\left[1 + g_m R_S + \frac{R_S}{r_d} + \frac{R_D}{r_d}\right]}{1 + g_m R_S + \frac{R_S}{r_d}}$$

所以

$$Z_o = \frac{V_o}{I_o} = \frac{-I_D R_D}{\dfrac{-I_D\left(1 + g_m R_S + \frac{R_S}{r_d} + \frac{R_D}{r_d}\right)}{1 + g_m R_S + \frac{R_S}{r_d}}}$$

最後，

$$Z_o = \frac{\left[1 + g_m R_S + \dfrac{R_S}{r_d}\right]}{\left[1 + g_m R_S + \dfrac{R_S}{r_d} + \dfrac{R_D}{r_d}\right]} R_D \qquad (8.25a)$$

對 $r_d \geq 10 R_D$，

$$\left(1 + g_m R_S + \frac{R_S}{r_d}\right) \gg \frac{R_D}{r_d}$$

且

$$1 + g_m R_S + \frac{R_S}{r_d} + \frac{R_D}{r_d} \cong 1 + g_m R_S + \frac{R_S}{r_d}$$

即

$$Z_o \cong R_D \bigg|_{r_d \geq 10 R_D} \qquad (8.25b)$$

A_v 對圖 8.17 的網路，應用克希荷夫電壓定律到輸入電路，可得

$$V_i - V_{gs} - V_{R_S} = 0$$
$$V_{gs} = V_i - I_D R_S$$

利用克希荷夫電壓定律，r_d 的壓降是

$$V_{r_d} = V_o - V_{R_S}$$

且

$$I' = \frac{V_{r_d}}{r_d} = \frac{V_o - V_{R_S}}{r_d}$$

所以利用克希荷夫電流定律，可得

$$I_D = g_m V_{gs} + \frac{V_o - V_{R_S}}{r_d}$$

將 V_{gs}、V_o 和 V_{R_S} 的關係式代入，可得

$$I_D = g_m [V_i - I_D R_S] + \frac{(-I_D R_D) - (I_D R_S)}{r_d}$$

即

$$I_D = \frac{g_m V_i}{1 + g_m R_S + \dfrac{R_D + R_S}{r_d}}$$

輸出電壓是

$$V_o = -I_D R_D = -\frac{g_m R_D V_i}{1 + g_m R_S + \dfrac{R_D + R_S}{r_d}}$$

即

$$A_v = \frac{V_o}{V_i} = -\frac{g_m R_D}{1 + g_m R_S + \dfrac{R_D + R_S}{r_d}} \qquad (8.26)$$

若 $r_d \geq 10(R_D + R_S)$，

$$A_v = \frac{V_o}{V_i} \cong -\frac{g_m R_D}{1 + g_m R_S}\bigg|_{r_d \geq 10(R_D + R_S)} \qquad (8.27)$$

相位關係 由式(8.26)上的負號，再一次看出 V_i 和 V_o 之間存在 180° 的相位差。

例 8.7

例 7.2 自穩偏壓電路的工作點定在 $V_{GS_Q} = -2.6$ V 和 $I_{D_Q} = 2.6$ mA，且 $I_{DSS} = 8$ mA 及 $V_P = -6$ V。網路重畫在圖 8.18，且外加訊號 V_i。已知 g_{os} 值為 20 μS。

a. 試決定 g_m。
b. 試求出 r_d。
c. 試求出 Z_i。
d. 試計算 Z_o，分別考慮及不考慮 r_d 的效應，並比較結果。
e. 試計算 A_v，分別考慮及不考慮 r_d 的效應，並比較結果。

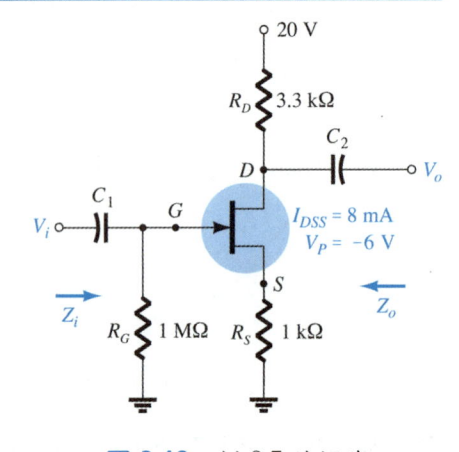

圖 8.18 例 8.7 的網路

解：

a. $g_{m0} = \dfrac{2I_{DSS}}{|V_P|} = \dfrac{2(8 \text{ mA})}{6 \text{ V}} = 2.67$ mS

$g_m = g_{m0}\left(1 - \dfrac{V_{GS_Q}}{V_P}\right) = 2.67 \text{ mS}\left(1 - \dfrac{(-2.6 \text{ V})}{(-6 \text{ V})}\right)$
$\quad = \mathbf{1.51\ mS}$

b. $r_d = \dfrac{1}{y_{os}} = \dfrac{1}{20\ \mu\text{S}} = \mathbf{50\ k\Omega}$

c. $Z_i = R_G = \mathbf{1\ M\Omega}$

d. 考慮 r_d， $r_d = 50\ \text{k}\Omega > 10R_D = 33\ \text{k}\Omega$

因此， $Z_o = R_D = \mathbf{3.3\ k\Omega}$

若 $r_d = \infty\ \Omega$， $Z_o = R_D = \mathbf{3.3\ k\Omega}$

e. 考慮 r_d，

$$A_v = \frac{-g_m R_D}{1 + g_m R_S + \dfrac{R_D + R_S}{r_d}} = \frac{-(1.51\ \text{mS})(3.3\ \text{k}\Omega)}{1 + (1.51\ \text{mS})(1\ \text{k}\Omega) + \dfrac{3.3\ \text{k}\Omega + 1\ \text{k}\Omega}{50\ \text{k}\Omega}}$$

$$= \mathbf{-1.92}$$

不考慮 r_d，即 $r_d = \infty$（等效於開路）

$$A_v = \frac{-g_m R_D}{1 + g_m R_S} = \frac{-(1.51\ \text{mS})(3.3\ \text{k}\Omega)}{1 + (1.51\ \text{mS})(1\ \text{k}\Omega)} = \mathbf{-1.98}$$

8.5　分壓器電路

分壓器電路也可應用在 JFET，見圖 8.19。

將交流等效電路代入 JFET，直流電源 V_{DD} 短路，使 R_1 和 R_D 的一端接地，可得圖 8.20 的電路。因輸入和輸出網路共地，使 R_1 和 R_2 並聯、R_D 和 r_d 並聯，如圖 8.21。所得的等效網路和先前已分析過的網路相比，基本形式類似。

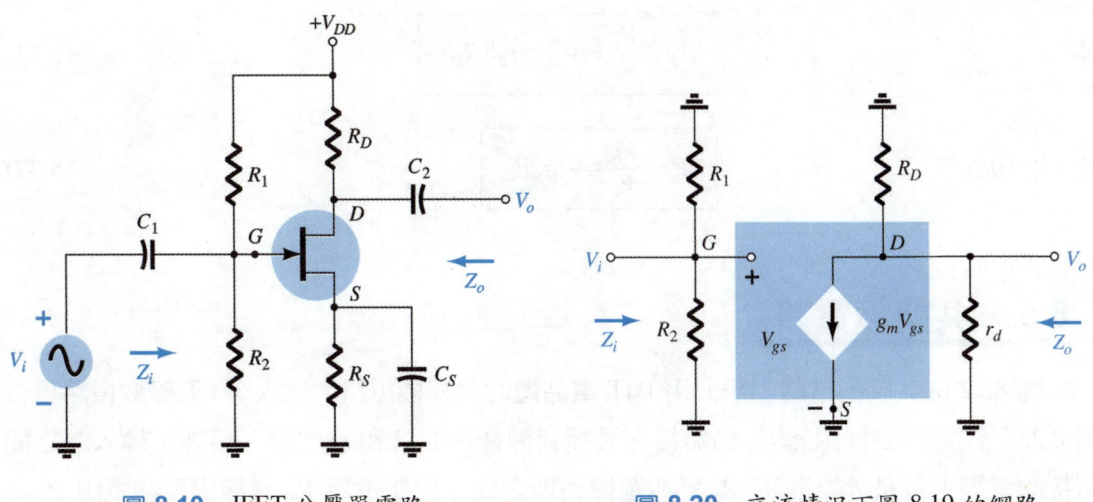

圖 8.19　JFET 分壓器電路　　　　**圖 8.20**　交流情況下圖 8.19 的網路

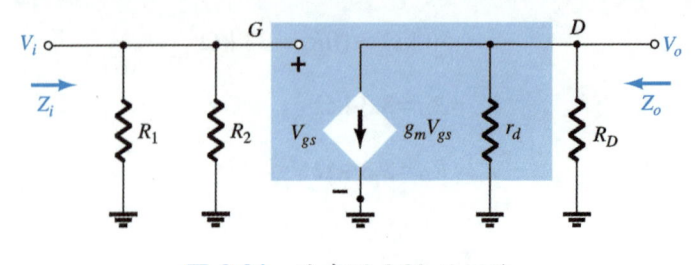

圖 8.21 重畫圖 8.20 的網路

Z_i R_1、R_2 和 JFET 閘極的開路並聯，可得

$$Z_i = R_1 \| R_2 \tag{8.28}$$

Z_o 設 $V_i = 0$ V，使 V_{gs} 和 $g_m V_{gs}$ 為零，因此

$$Z_o = r_d \| R_D \tag{8.29}$$

對於 $r_d \geq 10 R_D$，

$$Z_o \cong R_D \Big|_{r_d \geq R_D} \tag{8.30}$$

A_v

$$V_{gs} = V_i$$

且

$$V_o = -g_m V_{gs}(r_d \| R_D)$$

所以

$$A_v = \frac{V_o}{V_i} = \frac{-g_m V_{gs}(r_d \| R_D)}{V_{gs}}$$

即

$$A_v = \frac{V_o}{V_i} = -g_m (r_d \| R_D) \tag{8.31}$$

若 $r_d \geq 10 R_D$，

$$A_v = \frac{V_o}{V_i} \cong -g_m R_D \Big|_{r_d \geq 10 R_D} \tag{8.32}$$

8.6 共閘極電路

圖 8.22 的共閘極電路，類似用 BJT 電晶體的共基極電路。代入 JFET 等效電路可得圖 8.23，注意到受控源 $g_m V_{gs}$ 仍需接在汲極到源極之間且和 r_d 並聯。另外，輸入端之間所接的電阻不再是 R_G，而是 R_S 接在源極到地之間。控制電壓 V_{gs} 直接出現在電阻 R_S 兩端。

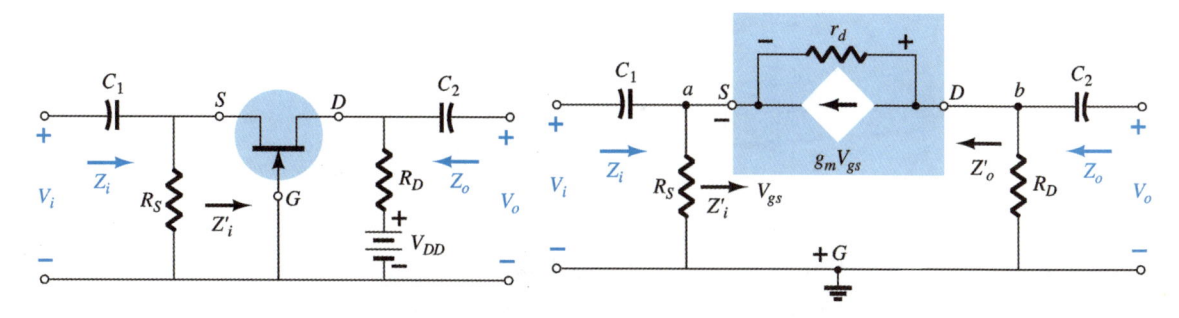

圖 8.22 JFET 共閘極電路

圖 8.23 圖 8.22 的網路代入 JFET 交流等效模型

Z_i 電阻 R_S 直接和定義 Z_i 的兩端並聯，因此讓我們先找出圖 8.22 中的阻抗 Z'_i，此值和 R_S 並聯即得 Z_i。

計算 Z'_i 的網路重畫在圖 8.24，電壓 $V' = -V_{gs}$。利用克希荷夫電壓定律環繞網路外圈，可得

$$V' - V_{r_d} - V_{R_D} = 0$$

即
$$V_{r_d} = V' - V_{R_D} = V' - I'R_D$$

運用克希荷夫電流定律到節點 a，可得

$$I' + g_m V_{gs} = I_{r_d}$$

即
$$I' = I_{r_d} - g_m V_{gs} = \frac{(V' - I'R_D)}{r_d} - g_m V_{gs}$$

或
$$I' = \frac{V'}{r_d} - \frac{I'R_D}{r_d} - g_m[-V']$$

所以
$$I'\left[1 + \frac{R_D}{r_d}\right] = V'\left[\frac{1}{r_d} + g_m\right]$$

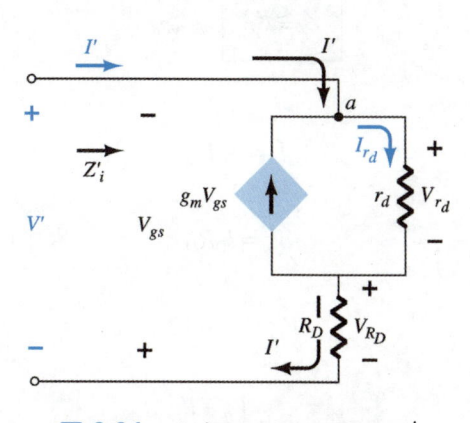

圖 8.24 決定圖 8.22 網路的 Z'_i

即
$$Z_i' = \frac{V'}{I'} = \frac{\left[1 + \dfrac{R_D}{r_d}\right]}{\left[g_m + \dfrac{1}{r_d}\right]} \quad (8.33)$$

或
$$Z_i' = \frac{V'}{I'} = \frac{r_d + R_D}{1 + g_m r_d}$$

且
$$Z_i = R_S \| Z_i'$$

可得
$$Z_i = R_S \| \left[\frac{r_d + R_D}{1 + g_m r_d}\right] \quad (8.34)$$

若 $r_d \geq 10 R_D$，因 $R_D/r_d \ll 1$ 且 $1/r_d \ll g_m$，式(8.33)可近似如下：

$$Z_i' = \frac{\left[1 + \dfrac{R_D}{r_d}\right]}{\left[g_m + \dfrac{1}{r_d}\right]} \cong \frac{1}{g_m}$$

即
$$Z_i \cong R_S \| 1/g_m \Big|_{r_d \geq 10 R_D} \quad (8.35)$$

Z_o 將 $V_i = 0$ V 代入圖 8.23，將 R_S 的影響"短路掉"，使 $V_{gs} = 0$ V，結果使 $g_m V_{gs} = 0$，r_d 會並聯 R_D，因此

$$Z_o = R_D \| r_d \quad (8.36)$$

對 $r_d \geq 10 R_D$，

$$Z_o \cong R_D \Big|_{r_d \geq 10 R_D} \quad (8.37)$$

A_v 由圖 8.23 可看出
$$V_i = -V_{gs}$$

且
$$V_o = I_D R_D$$

r_d 的壓降是
$$V_{r_d} = V_o - V_i$$

且
$$I_{r_d} = \frac{V_o - V_i}{r_d}$$

利用克希荷夫電流定律到圖 8.23 的節點 b，可得

$$I_{r_d} + I_D + g_m V_{gs} = 0$$

即

$$I_D = -I_{r_d} - g_m V_{gs} = -\left[\frac{V_o - V_i}{r_d}\right] - g_m[-V_i]$$

$$I_D = \frac{V_i - V_o}{r_d} + g_m V_i$$

所以

$$V_o = I_D R_D = \left[\frac{V_i - V_o}{r_d} + g_m V_i\right] R_D$$

$$= \frac{V_i R_D}{r_d} - \frac{V_o R_D}{r_d} + g_m$$

整理得

$$V_o\left[1 + \frac{R_D}{r_d}\right] = V_i\left[\frac{R_D}{r_d} + g_m R_D\right]$$

即

$$\boxed{A_v = \frac{V_o}{V_i} = \frac{\left[g_m R_D + \dfrac{R_D}{r_d}\right]}{\left[1 + \dfrac{R_D}{r_d}\right]}} \tag{8.38}$$

對 $r_d \geq 10 R_D$，去掉式 (8.38) 中的因數 R_D/r_d 時，仍不失為良好近似，即

$$\boxed{A_v \cong g_m R_D}\bigg|_{r_d \geq 10 R_D} \tag{8.39}$$

相位關係 A_v 為正值，代表在共閘極電路中，V_o 和 V_i 之間的關係是同相。

例 8.8

圖 8.25 的網路雖然一開始看起來不太像共閘極電路，但再深入檢視後，將發現具備圖 8.22 的所有特性。若 $V_{GS_Q} = -2.2$ V 且 $I_{D_Q} = 2.03$ mA：

a. 試決定 g_m。
b. 求出 r_d。
c. 試計算 Z_i，分別考慮和不考慮 r_d，並比較結果。
d. 試求出 Z_o，分別考慮和不考慮 r_d，並比較結果。
e. 試決定 V_o，分別考慮和不考慮 r_d，並比較結果。

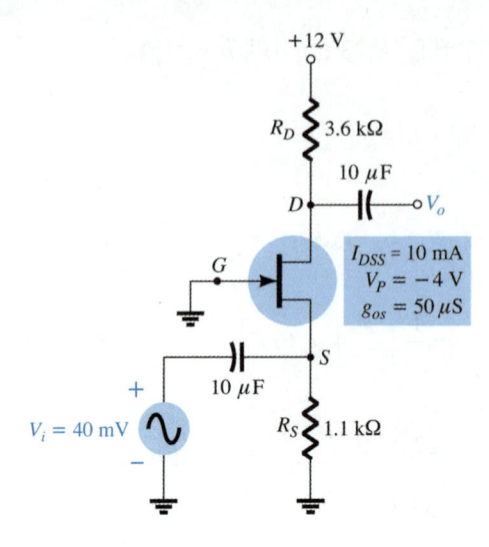

圖 8.25 例 8.8 的網路

解：

a. $g_{m0} = \dfrac{2I_{DSS}}{|V_P|} = \dfrac{2(10\text{ mA})}{4\text{ V}} = 5\text{ mS}$

$g_m = g_{m0}\left(1 - \dfrac{V_{GS_Q}}{V_P}\right) = 5\text{ mS}\left(1 - \dfrac{(-2.2\text{ V})}{(-4\text{ V})}\right) = \mathbf{2.25\text{ mS}}$

b. $r_d = \dfrac{1}{g_{os}} = \dfrac{1}{50\ \mu\text{S}} = \mathbf{20\text{ k}\Omega}$

c. 考慮 r_d，

$$Z_i = R_S \| \left[\dfrac{r_d + R_D}{1 + g_m r_d}\right] = 1.1\text{ k}\Omega \| \left[\dfrac{20\text{ k}\Omega + 3.6\text{ k}\Omega}{1 + (2.25\text{ ms})(20\text{ k}\Omega)}\right]$$
$$= 1.1\text{ k}\Omega \| 0.51\text{ k}\Omega = \mathbf{0.35\text{ k}\Omega}$$

不考慮 r_d，

$$Z_i = R_S \| 1/g_m = 1.1\text{ k}\Omega \| 1/2.25\text{ ms} = 1.1\text{ k}\Omega \| 0.44\text{ k}\Omega$$
$$= \mathbf{0.31\text{ k}\Omega}$$

d. 考慮 r_d，

$$Z_o = R_D \| r_d = 3.6\text{ k}\Omega \| 20\text{ k}\Omega = \mathbf{3.05\text{ k}\Omega}$$

不考慮 r_d，
$$Z_o = R_D = \mathbf{3.6\text{ k}\Omega}$$

e. 考慮 r_d,

$$A_v = \frac{\left[g_m R_D + \dfrac{R_D}{r_d}\right]}{\left[1 + \dfrac{R_D}{r_d}\right]} = \frac{\left[(2.25 \text{ mS})(3.6 \text{ k}\Omega) + \dfrac{3.6 \text{ k}\Omega}{20 \text{ k}\Omega}\right]}{\left[1 + \dfrac{3.6 \text{ k}\Omega}{20 \text{ k}\Omega}\right]}$$

$$= \frac{8.1 + 0.18}{1 + 0.18} = \mathbf{7.02}$$

且 $\quad A_v = \dfrac{V_o}{V_i} \Rightarrow V_o = A_v V_i = (7.02)(40 \text{ mV}) = \mathbf{280.8 \text{ mV}}$

不考慮 r_d, $\quad A_v = g_m R_D = (2.25 \text{ mS})(3.6 \text{ k}\Omega) = \mathbf{8.1}$

且 $\quad V_o = A_v V_i = (8.1)(40 \text{ mV}) = \mathbf{324 \text{ mV}}$

8.7　源極隨耦器（共汲極）電路

　　相對於 BJT 的射極隨耦器電路，在 JFET 則是源極隨耦器電路，見圖 8.26。代入 JFET 等效電路，可得圖 8.27 的電路。受控源和 JFET 內部的輸出阻抗並聯，一端接地，另一端接 R_S，而 V_o 則是 R_S 的壓降。因 $g_m V_{gs}$、r_d 和 R_S 三者並聯，如圖 8.28 所示。

Z_i　由圖 8.28 可清楚看出，Z_i 為

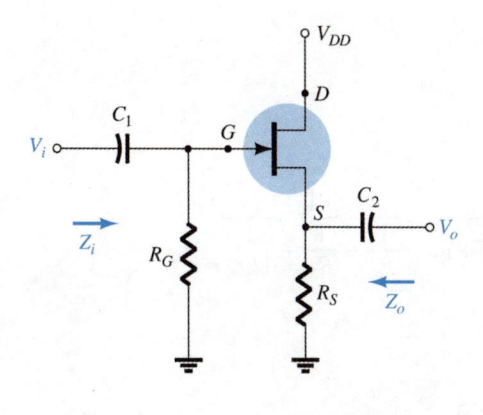

$$\boxed{Z_i = R_G} \tag{8.40}$$

圖 8.26　JFET 源極隨耦器電路

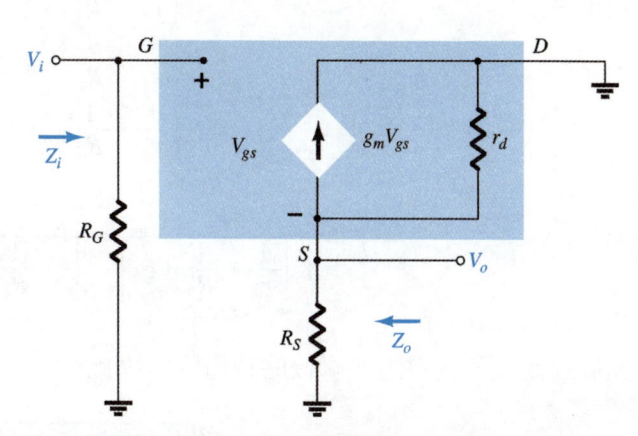

圖 8.27　圖 8.26 的網路代入 JFET 交流等效模型

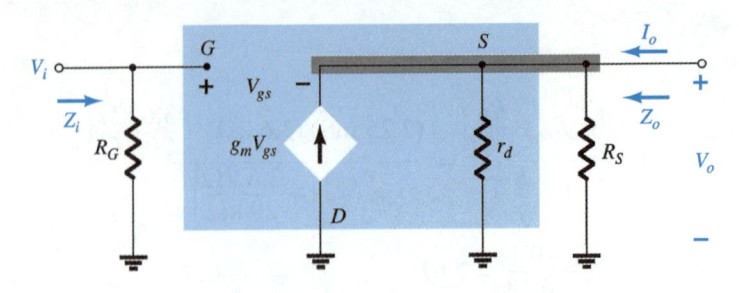

圖 8.28 重畫圖 8.27 的網路

Z_o 設 $V_i=0$ V，使閘極直接接地，如圖 8.29 所示。

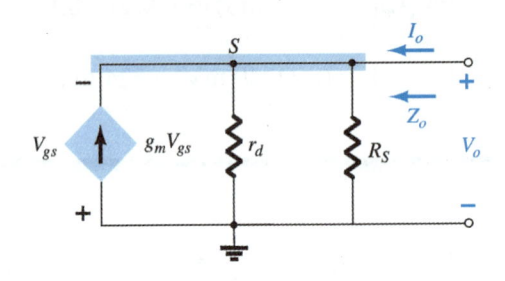

圖 8.29 決定圖 8.28 網路的 Z_o

因 V_{gs} 和 V_o 都是並聯網路的壓降，可得 $V_o = -V_{gs}$。
應用克希荷夫電流定律到源極(S)節點，可得

$$I_o + g_m V_{gs} = I_{r_d} + I_{R_S}$$

$$= \frac{V_o}{r_d} + \frac{V_o}{R_S}$$

結果是

$$I_o = V_o\left[\frac{1}{r_d} + \frac{1}{R_S}\right] - g_m V_{gs}$$

$$= V_o\left[\frac{1}{r_d} + \frac{1}{R_S}\right] - g_m[-V_o]$$

$$= V_o\left[\frac{1}{r_d} + \frac{1}{R_S} + g_m\right]$$

即

$$Z_o = \frac{V_o}{I_o} = \frac{V_o}{V_o\left[\frac{1}{r_d} + \frac{1}{R_S} + g_m\right]} = \frac{1}{\frac{1}{r_d} + \frac{1}{R_S} + g_m} = \frac{1}{\frac{1}{r_d} + \frac{1}{R_S} + \frac{1}{1/g_m}}$$

此形式代表三個電阻並聯後的總電阻，因此，

$$\boxed{Z_o = r_d \| R_S \| 1/g_m} \tag{8.41}$$

對 $r_d \geq 10R_S$，

$$\boxed{Z_o \cong R_S \| 1/g_m}\Big|_{r_d \geq 10R_S} \tag{8.42}$$

A_v　輸出電壓 V_o 決定為

$$V_o = g_m V_{gs}(r_d \| R_S)$$

應用克希荷夫電壓定律，環繞圖 8.28 網路的外圍一周，可得

$$V_i = V_{gs} + V_o$$

即 $\quad V_{gs} = V_i - V_o$

所以 $\quad V_o = g_m(V_i - V_o)(r_d \| R_S)$

或 $\quad V_o = g_m V_i(r_d \| R_S) - g_m V_o(r_d \| R_S)$

即 $\quad V_o[1 + g_m(r_d \| R_S)] = g_m V_i(r_d \| R_S)$

所以

$$\boxed{A_v = \frac{V_o}{V_i} = \frac{g_m(r_d \| R_S)}{1 + g_m(r_d \| R_S)}} \tag{8.43}$$

若無 r_d 或 $r_d \geq 10R_S$ 時，

$$\boxed{A_v = \frac{V_o}{V_i} \cong \frac{g_m R_S}{1 + g_m R_S}}\Big|_{r_d \geq 10R_S} \tag{8.44}$$

相位關係　因式(8.43)中的 A_v 為正值，對 JFET 源極隨耦器電路而言，V_o 和 V_i 同相。

例 8.9

圖 8.30 的源極隨耦器網路，直流分析結果是 $V_{GS_Q} = -2.86$ V 且 $I_{D_Q} = 4.56$ mA。

a. 試決定 g_m。
b. 試求出 r_d。
c. 試決定 Z_i。
d. 試計算 Z_o，分別考慮和不考慮 r_d，並比較結果。
e. 試決定 A_v，分別考慮和不考慮 r_d，並比較結果。

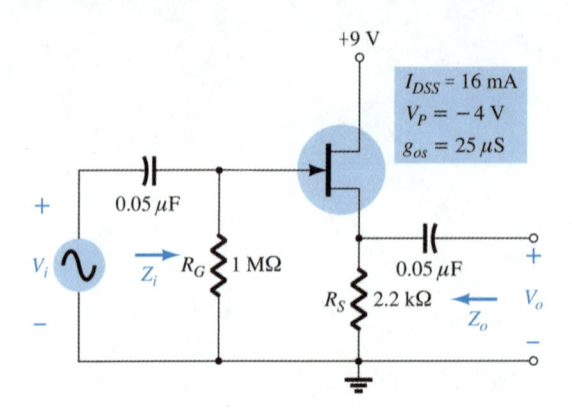

圖 8.30 例 8.9 所分析的網路

解：

a. $g_{m0} = \dfrac{2I_{DSS}}{|V_P|} = \dfrac{2(16\text{ mA})}{4\text{ V}} = 8\text{ mS}$

$g_m = g_{m0}\left(1 - \dfrac{V_{GS_Q}}{V_P}\right) = 8\text{ mS}\left(1 - \dfrac{(-2.86\text{ V})}{(-4\text{ V})}\right) = \mathbf{2.28\text{ mS}}$

b. $r_d = \dfrac{1}{g_{os}} = \dfrac{1}{25\ \mu\text{S}} = \mathbf{40\text{ k}\Omega}$

c. $Z_i = R_G = \mathbf{1\text{ M}\Omega}$

d. 考慮 r_d，

$$Z_o = r_d \| R_S \| 1/g_m = 40\text{ k}\Omega \| 2.2\text{ k}\Omega \| 1/2.28\text{ mS}$$
$$= 40\text{ k}\Omega \| 2.2\text{ k}\Omega \| 438.6\text{ }\Omega$$
$$= \mathbf{362.52\text{ }\Omega}$$

由此顯示 Z_o 通常比較小，主要由 $1/g_m$ 決定。

不考慮 r_d，

$$Z_o = R_S \| 1/g_m = 2.2\text{ k}\Omega \| 438.6\text{ }\Omega = \mathbf{365.69\text{ }\Omega}$$

由此顯示 r_d 一般對 Z_o 的影響很小。

e. 考慮 r_d，

$$A_v = \dfrac{g_m(r_d\|R_S)}{1 + g_m(r_d\|R_S)} = \dfrac{(2.28\text{ mS})(40\text{ k}\Omega\|2.2\text{ k}\Omega)}{1 + (2.28\text{ mS})(40\text{ k}\Omega\|2.2\text{ k}\Omega)}$$
$$= \dfrac{(2.28\text{ mS})(2.09\text{ k}\Omega)}{1 + (2.28\text{ mS})(2.09\text{ k}\Omega)} = \dfrac{4.77}{1 + 4.77} = \mathbf{0.83}$$

不考慮 r_d，

$$A_v = \frac{g_m R_S}{1+g_m R_S} = \frac{(2.28 \text{ mS})(2.2 \text{ k}\Omega)}{1+(2.28 \text{ mS})(2.2 \text{ k}\Omega)} = \frac{5.02}{1+5.02}$$
$$= \mathbf{0.83}$$

8.8 空乏型 MOSFET

蕭克萊方程式也可應用在空乏型 MOSFET(D-MOSFET)，所以 g_m 的公式相同。D-MOSFET 的交流等效模型見圖 8.31，和 JFET 所用者（圖 8.6）完全相同。

D-MOSFET 和 JFET 的唯一差異是，n 通道裝置的 V_{GS_Q} 可以為正值，而 p 通道裝置的 V_{GS_Q} 可以為負值。結果使 g_m 可能大於 g_{m0}。而 r_d 值的範圍，則和 JFET 的情況十分類似。

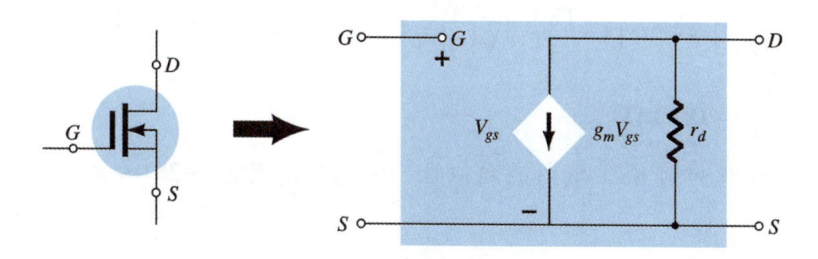

圖 8.31 D-MOSFET 交流等效模型

例 8.10

圖 8.32 的網路已分析過知道 $V_{GS_Q}=0.35$ V 以及 $I_{D_Q}=7.6$ mA。

a. 試決定 g_m，並和 g_{m0} 比較。
b. 試求出 r_d。
c. 試畫出圖 8.32 的交流等效網路。
d. 試求出 Z_i。
e. 試計算 Z_o。
f. 試求出 A_v。

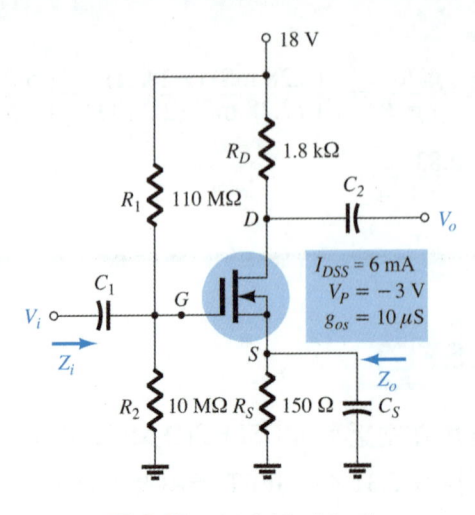

圖 8.32　例 8.10 的網路

解：

a. $g_{m0} = \dfrac{2I_{DSS}}{|V_P|} = \dfrac{2(6 \text{ mA})}{3 \text{ V}} = 4 \text{ mS}$

$g_m = g_{m0}\left(1 - \dfrac{V_{GS_Q}}{V_P}\right) = 4 \text{ mS}\left(1 - \dfrac{(+0.35 \text{ V})}{(-3 \text{ V})}\right) = 4 \text{ mS}(1 + 0.117) = \mathbf{4.47 \text{ mS}}$

b. $r_d = \dfrac{1}{g_{os}} = \dfrac{1}{10 \text{ }\mu\text{S}} = \mathbf{100 \text{ k}\Omega}$

c. 見圖 8.33，注意和圖 8.21 網路的相似性，因此可應用式(8.28)～式(8.32)。

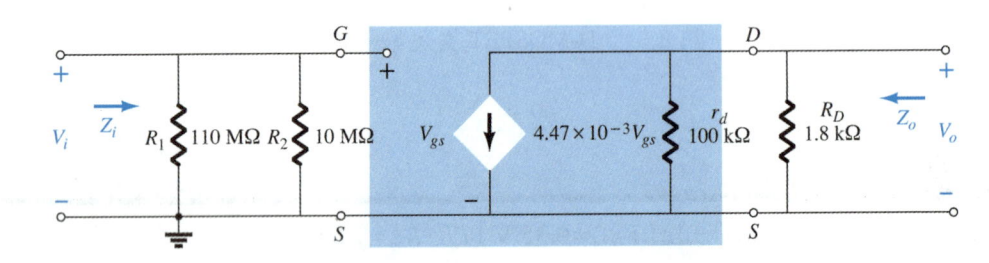

圖 8.33　圖 8.32 的交流等效電路

d. 式 (8.28)：$Z_i = R_1 \| R_2 = 10 \text{ M}\Omega \| 110 \text{ M}\Omega = \mathbf{9.17 \text{ M}\Omega}$

e. 式 (8.29)：$Z_o = r_d \| R_D = 100 \text{ k}\Omega \| 1.8 \text{ k}\Omega = \mathbf{1.77 \text{ k}\Omega} \cong R_D = \mathbf{1.8 \text{ k}\Omega}$

f. $r_d \geq 10 R_D \to 100 \text{ k}\Omega \geq 18 \text{ k}\Omega$

式 (8.32)：$A_v = -g_m R_D = -(4.47 \text{ mS})(1.8 \text{ k}\Omega) = \mathbf{8.05}$

8.9　增強型 MOSFET

增強型 MOSFET(E-MOSFET)可以是 n 通道(nMOS)或 p 通道(pMOS)裝置，這兩種裝置的交流小訊號等效電路如圖 8.34 所示，可發現閘極和汲極源極通道之間開路，且汲極到源極的電流源大小決定於閘極對源極電壓。從汲極到源極有一輸出阻抗 r_d，在規格表常提供電導 g_{os} 或導納 y_{os} 值。而裝置轉導 g_m，在規格表中則是以順向轉移導納 y_{fs} 代表。

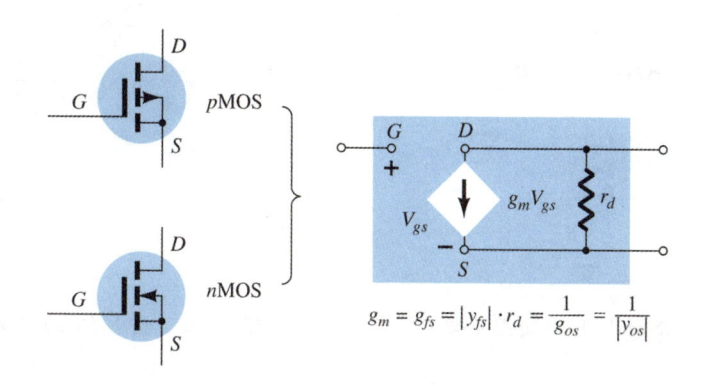

圖 8.34　增強型 MOSFET 及其交流小訊號模型

$$g_m = g_{fs} = |y_{fs}| \cdot r_d = \frac{1}{g_{os}} = \frac{1}{|y_{os}|}$$

對 E-MOSFET 而言，輸出電流和控制電壓之間的關係定義如下：

$$I_D = k(V_{GS} - V_{GS(\text{Th})})^2$$

$$g_m = \frac{\Delta I_D}{\Delta V_{GS}}$$

可取轉移方程式的導數，以決定工作點的 g_m。也就是，

$$g_m = \frac{dI_D}{dV_{GS}} = \frac{d}{dV_{GS}} k(V_{GS} - V_{GS(\text{Th})})^2 = k \frac{d}{dV_{GS}}(V_{GS} - V_{GS(\text{Th})})^2$$

$$= 2k(V_{GS} - V_{GS(\text{Th})}) \frac{d}{dV_{GS}}(V_{GS} - V_{GS/(\text{Th})}) = 2k(V_{GS} - V_{GS(\text{Th})})(1 - 0)$$

即

$$g_m = 2k(V_{GS_Q} - V_{GS(\text{Th})}) \tag{8.45}$$

8.10 E-MOSFET 汲極反饋電路

E-MOSFET 汲極反饋電路見圖 8.35，對交流情況而言，R_F 提供 V_o 和 V_i 之間重要的高阻抗，不然 V_i 若和 V_o 直接相接會使 $V_o = V_i$。

將交流等效模型代入裝置，可得圖 8.36 的裝置。陰影部分代表裝置的等效模型。

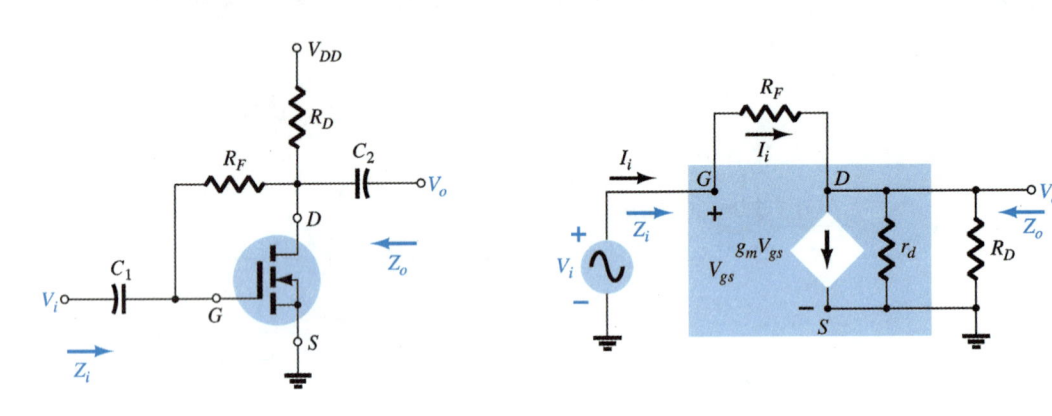

圖 8.35　E-MOSFET 汲極反饋電路　　　　圖 8.36　圖 8.35 的交流等效網路

Z_i　運用克希荷夫電流定律到輸出電路（圖 8.36 的節點 D），可得

$$I_i = g_m V_{gs} + \frac{V_o}{r_d \| R_D}$$

又

$$V_{gs} = V_i$$

所以

$$I_i = g_m V_i + \frac{V_o}{r_d \| R_D}$$

或

$$I_i - g_m V_i = \frac{V_o}{r_d \| R_D}$$

因此，

$$V_o = (r_d \| R_D)(I_i - g_m V_i)$$

又

$$I_i = \frac{V_i - V_o}{R_F} = \frac{V_i - (r_d \| R_D)(I_i - g_m V_i)}{R_F}$$

即

$$I_i R_F = V_i - (r_d \| R_D) I_i + (r_d \| R_D) g_m V_i$$

所以

$$V_i [1 + g_m (r_d \| R_D)] = I_i [R_F + r_d \| R_D]$$

最後，
$$Z_i = \frac{V_i}{I_i} = \frac{R_F + r_d \| R_D}{1 + g_m(r_d \| R_D)} \tag{8.46}$$

一般而言，$R_F \gg r_d \| R_D$，所以

$$Z_i \cong \frac{R_F}{1 + g_m(r_d \| R_D)}$$

對 $r_d \geq 10 R_D$，

$$Z_i \cong \frac{R_F}{1 + g_m R_D} \bigg|_{R_F \gg r_d \| R_D, \ r_d \geq 10 R_D} \tag{8.47}$$

Z_o 代入 $V_i = 0$ V 可得 $V_{gs} = 0$ V 且 $g_m V_{gs} = 0$，在閘極和地之間產生短路路徑，如圖 8.37 所示。R_F、r_d 和 R_D 並聯，即

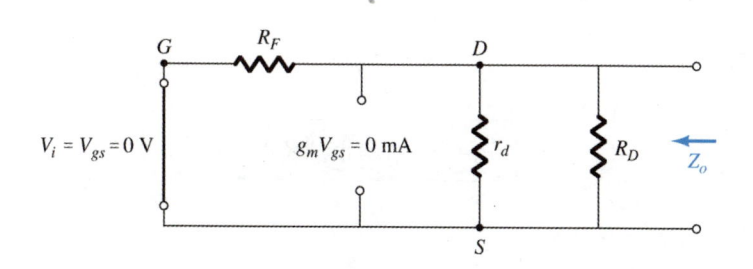

圖 8.37 決定圖 8.35 網路的 Z_o

$$Z_o = R_F \| r_d \| R_D \tag{8.48}$$

正常情況下，R_F 會遠大於 $r_d \| R_D$，

$$Z_o \cong r_d \| R_D$$

且若 $r_d \geq 10 R_D$，

$$Z_o \cong R_D \bigg|_{R_F \gg r_d \| R_D, \ r_d \geq 10 R_D} \tag{8.49}$$

A_v 應用克希荷夫電流定律到圖 8.36 的節點 D，可得

$$I_i = g_m V_{gs} + \frac{V_o}{r_d \| R_D}$$

但

$$V_{gs}=V_i \quad 且 \quad I_i=\frac{V_i-V_o}{R_F}$$

所以

$$\frac{V_i-V_o}{R_F}=g_m V_i+\frac{V_o}{r_d\|R_D}$$

即

$$\frac{V_i}{R_F}-\frac{V_o}{R_F}=g_m V_i+\frac{V_o}{r_d\|R_D}$$

因此

$$V_o\left[\frac{1}{r_o\|R_D}+\frac{1}{R_F}\right]=V_i\left[\frac{1}{R_F}-g_m\right]$$

即

$$A_v=\frac{V_o}{V_i}=\frac{\left[\dfrac{1}{R_F}-g_m\right]}{\left[\dfrac{1}{r_d\|R_D}+\dfrac{1}{R_F}\right]}$$

但

$$\frac{1}{r_o\|R_D}+\frac{1}{R_F}=\frac{1}{R_F\|r_d\|R_D}$$

且

$$g_m\gg\frac{1}{R_F}$$

所以

$$\boxed{A_v=-g_m(R_F\|r_d\|R_D)} \tag{8.50}$$

因通常 $R_F\gg r_d\|R_D$ 且若 $r_d\geq 10R_D$，

$$\boxed{A_v\cong -g_m R_D}\bigg|_{R_D\gg r_d\|R_D,\,r_d\geq 10R_D} \tag{8.51}$$

相位關係 由 A_v 的負號可看出，V_o 和 V_i 相差 $180°$。

例 8.11

圖 8.38 的 E-MOSFET 已分析過，結果是 $k=0.24\times 10^{-3}$ A/V^2，$V_{GS_Q}=6.4$ V 且 $I_{D_Q}=2.75$ mA。

a. 試決定 g_m。
b. 試求出 r_d。
c. 試計算 Z_i，分別考慮與不考慮 r_d，並比較結果。
d. 試求出 Z_o，分別考慮與不考慮 r_d，並比

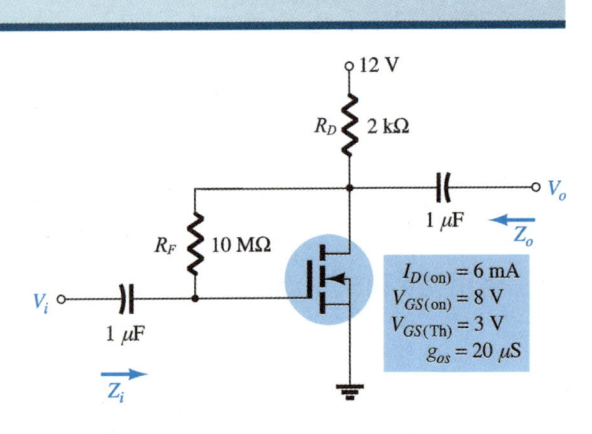

電路參數：$V_{DD}=12$ V，$R_D=2$ kΩ，$R_F=10$ MΩ，$1\mu F$ 電容；$I_{D(\text{on})}=6$ mA，$V_{GS(\text{on})}=8$ V，$V_{GS(\text{Th})}=3$ V，$g_{os}=20\ \mu S$

圖 8.38 例 8.11 的汲極反饋放大器

較結果。

e. 試求出 A_v，分別考慮與不考慮 r_d，並比較結果。

解：

a. $g_m = 2k(V_{GS_Q} - V_{GS(Th)})$
$= 2(0.24 \times 10^{-3} \text{ A/V}^2)(6.4 \text{ V} - 3 \text{ V})$
$= \textbf{1.63 mS}$

b. $r_d = \dfrac{1}{g_{os}} = \dfrac{1}{20 \ \mu\text{S}} = \textbf{50 k}\boldsymbol{\Omega}$

c. 考慮 r_d，

$$Z_i = \frac{R_F + r_d \| R_D}{1 + g_m(r_d \| R_D)} = \frac{10 \text{ M}\Omega + 50 \text{ k}\Omega \| 2 \text{ k}\Omega}{1 + (1.63 \text{ mS})(50 \text{ k}\Omega \| 2 \text{ k}\Omega)}$$

$$= \frac{10 \text{ M}\Omega + 1.92 \text{ k}\Omega}{1 + 3.13} = \textbf{2.42 M}\boldsymbol{\Omega}$$

不考慮 r_d，

$$Z_i \cong \frac{R_F}{1 + g_m R_D} = \frac{10 \text{ M}\Omega}{1 + (1.63 \text{ mS})(2 \text{ k}\Omega)} = \textbf{2.53 M}\boldsymbol{\Omega}$$

d. 考慮 r_d，

$$Z_o = R_F \| r_d \| R_D = 10 \text{ M}\Omega \| 50 \text{ k}\Omega \| 2 \text{ k}\Omega = 49.75 \text{ k}\Omega \| 2 \text{ k}\Omega$$

$$= \textbf{1.92 k}\boldsymbol{\Omega}$$

不考慮 r_d，

$$Z_o \cong R_D = \textbf{2 k}\boldsymbol{\Omega}$$

e. 考慮 r_d，

$$A_v = -g_m(R_F \| r_d \| R_D)$$
$$= -(1.63 \text{ mS})(10 \text{ M}\Omega \| 50 \text{ k}\Omega \| 2 \text{ k}\Omega)$$
$$= -(1.63 \text{ mS})(1.92 \text{ k}\Omega)$$
$$= \textbf{--3.21}$$

不考慮 r_d，

8.11 E-MOSFET 分壓器電路

E-MOSFET 在圖 8.39 的分壓器網路中，將交流等效網路代入可得圖 8.40 的電路，和圖 8.21 完全相同。因此 E-MOSFET 的分析結果詳列於下。

Z$_i$

$$Z_i = R_1 \| R_2 \tag{8.52}$$

Z$_o$

$$Z_o = r_d \| R_D \tag{8.53}$$

對 $r_d \geq 10R_D$，

$$Z_o \cong R_D \quad _{r_d \geq 10R_D} \tag{8.54}$$

A$_v$

$$A_v = \frac{V_o}{V_i} = -g_m(r_d \| R_D) \tag{8.55}$$

且若 $r_d \geq 10R_D$，

$$A_v = \frac{V_o}{V_i} \cong -g_m R_D \tag{8.56}$$

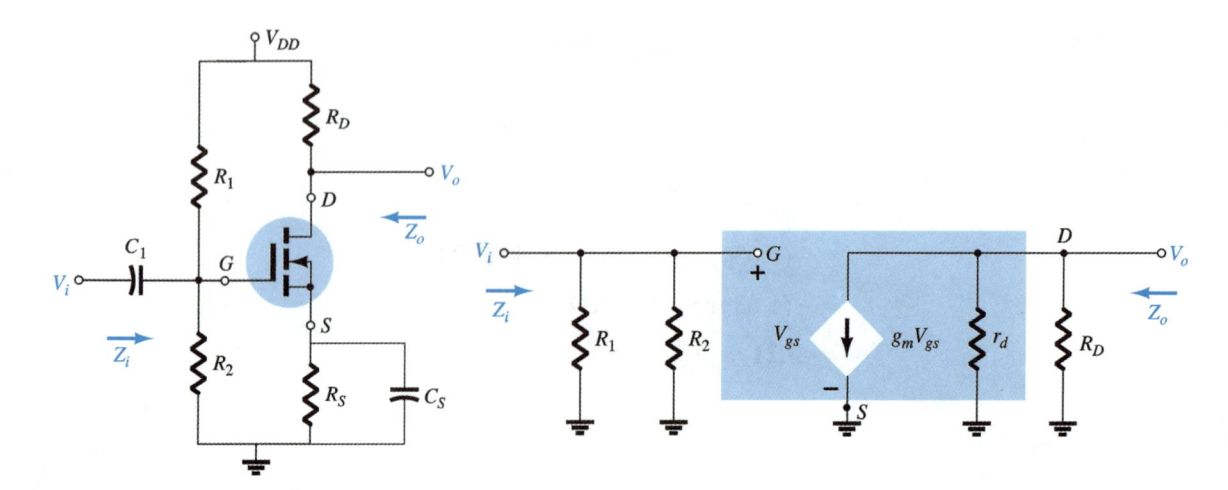

圖 8.39 E-MOSFET 分壓器電路

圖 8.40 圖 8.39 電路的交流等效網路

8.12 歸納表

為提供各電路組態間的快速比較,以及各種理由,給予一組列如表 8.1。每一重要參數都提供精確式和近似式,以及參數值的典型範圍。

表 8.1 各種 FET 電路的 Z_i、Z_o 和 A_v

電路組態	Z_i	Z_o	$A_v = \dfrac{V_o}{V_i}$
固定偏壓(JFET 或 D-MOSFET)	高 (10 MΩ) $= R_G$	中等 (2 kΩ) $= R_D \| r_d$ $\cong R_D \ (r_d \geq 10R_D)$	中等 (−10) $= -g_m(r_d \| R_D)$ $\cong -g_m R_D \ (r_d \geq 10R_D)$
自穩偏壓 R_S 旁路(JFET 或 D-MOSFET)	高 (10 MΩ) $= R_G$	中等 (2 kΩ) $= R_D \| r_d$ $\cong R_D \ (r_d \geq 10R_D)$	中等 (−10) $= -g_m(r_\| R_D)$ $\cong -g_m R_D \ (r_d \geq 10R_D)$
自穩偏壓 R_S 未旁路(JFET 或 D-MOSFET)	高 (10 MΩ) $= R_G$	$= \dfrac{\left[1 + g_m R_S + \dfrac{R_S}{r_d}\right] R_D}{1 + g_m R_S + \dfrac{R_S}{r_d} + \dfrac{R_D}{r_d}}$ $= R_D \ \ r_d \geq 10R_D \text{ 或 } r_d = \infty \ \Omega$	低 (−2) $= \dfrac{g_m R_D}{1 + g_m R_S + \dfrac{R_D + R_S}{r_d}}$ $\cong \dfrac{g_m R_D}{1 + g_m R_S} \ [r_d \geq 10(R_D + R_S)]$
分壓器偏壓(JFET 或 D-MOSFET)	高 (10 MΩ) $= R_1 \| R_2$	中等 (2 kΩ) $= R_D \| r_d$ $\cong R_D \ (r_d \geq 10R_D)$	中等 (−10) $= -g_m(r_d \| R_D)$ $\cong -g_m R_D \ (r_d \geq 10R_D)$

表 8.1　（續）

電路組態	Z_i	Z_o	$A_v = \dfrac{V_o}{V_i}$
共閘極（JFET 或 D-MOSFET）	低 (1 kΩ) $= R_S \| \left[\dfrac{r_d + R_D}{1 + g_m r_d}\right]$ $\cong R_S \| \dfrac{1}{g_m}$ $(r_d \geq 10R_D)$	中等 (2 kΩ) $= R_D \| r_d$ $\cong R_D$ $(r_d \geq 10R_D)$	中等 (+10) $= \dfrac{g_m R_D + \dfrac{R_D}{r_d}}{1 + \dfrac{R_D}{r_d}}$ $\cong g_m R_D$ $(r_d \geq 10R_D)$
源極隨耦器（JFET 或 MOSFET）	高 (10 MΩ) $= R_G$	低 (100 Ω) $= r_d \| R_S \| 1/g_m$ $\cong R_S \| 1/g_m$ $(r_d \geq 10R_S)$	低 (<1) $= \dfrac{g_m(r_d \| R_S)}{1 + g_m(r_d \| R_S)}$ $\cong \dfrac{g_m R_S}{1 + g_m R_S}$ $(r_d \geq 10R_S)$
汲極反饋偏壓 E-MOSFET	中等 (1 MΩ) $= \dfrac{R_F + r_d \| R_D}{1 + g_m(r_d \| R_D)}$ $\cong \dfrac{R_F}{1 + g_m R_D}$ $(r_d \geq 10R_D)$	中等 (2 kΩ) $= R_F \| r_d \| R_D$ $\cong R_D$ $(R_F, r_d \geq 10R_D)$	中等 (−10) $= -g_m(R_F \| r_d \| R_D)$ $\cong -g_m R_D$ $(R_F, r_d \geq R_D)$
分壓器偏壓 E-MOSFET	中等 (1 MΩ) $= R_1 \| R_2$	中等 (2 kΩ) $= R_D \| r_d$ $\cong R_D$ $(R_d \geq 10R_D)$	中等 (−10) $= -g_m(r_d \| R_D)$ $\cong -g_m R_D$ $(r_d \geq 10R_D)$

8.13　R_L 和 R_{sig} 的影響

現在探討訊號源電阻和負載電阻對放大器交流增益的影響，同樣的分析方法：是直接將交流模型代入 FET，類似無載的情況作詳細的分析；的雙埠方程式。

所有 BJT 電晶體所發展出的雙埠方程式，皆可應用在 FET 網路，這是因為所有變量都是定義在輸入與輸出端，而不是定義在系統元件上。

一些重要的方程式重列於下，作為本章分析的簡單參考，並恢復對相關結論的記憶：

$$A_{v_L} = \dfrac{R_L}{R_L + R_o} A_{v_{NL}} \tag{8.57}$$

$$A_i = -A_{v_L}\frac{Z_i}{R_L} \tag{8.58}$$

$$A_{v_S}=\frac{V_o}{V_s}=\frac{V_i}{V_s}\cdot\frac{V_o}{V_i}=\left(\frac{R_i}{R_i+R_{sig}}\right)\left(\frac{R_L}{R_L+R_o}\right)A_{v_{NL}} \tag{8.59}$$

一些有關 BJT 電晶體電路增益的重要結構，也可應用在 FET 網路，包括以下的事實：

放大器的最大增益是無載增益。

有載增益必低於無載增益。

訊號源阻抗會使總增益低於無載或有載增益。

因此一般而言，

$$A_{v_{NL}} > A_{v_L} > A_{v_S} \tag{8.60}$$

由於閘極和通道之間的高阻抗，一般可以假定，輸入阻抗不受負載電阻的影響，且輸出阻抗也不受訊號源電阻的影響。

探討源極電阻有旁路的自穩偏壓電路，見圖 8.41。將交流等效模型代入 JFET，可得圖 8.42 的電路。

注意到，負載電阻和汲極電阻並聯，而訊號源電阻 R_{sig} 則和閘極電阻 R_G 串聯，總電壓增益可得式(8.21)的修正形式：

$$A_{v_L}=\frac{V_o}{V_i}=-g_m(r_d\|R_D\|R_L) \tag{8.61}$$

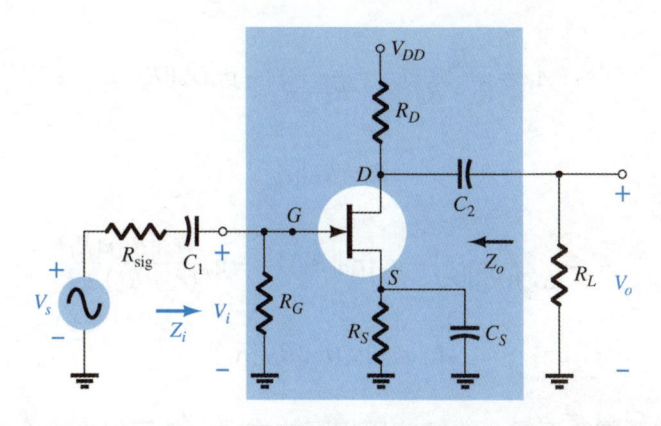

圖 8.41 有 R_{sig} 和 R_L 的 JFET 放大器

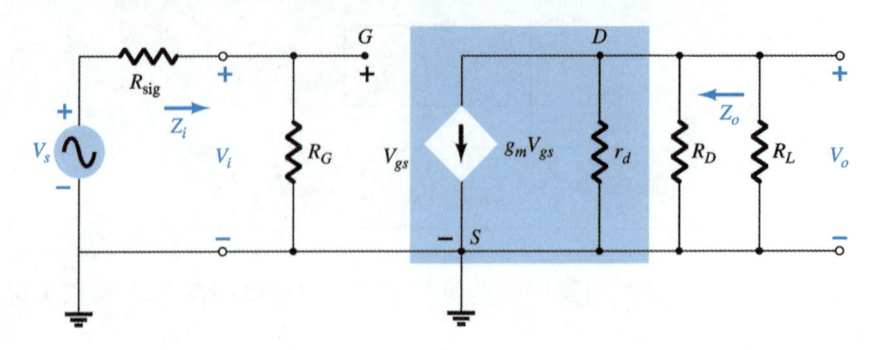

圖 8.42　將 JFET 的交流等效電路代入圖 8.41 的網路

輸出阻抗和沒有訊號源電阻的無載情況所得者相同：

$$Z_o = r_d \| R_D \tag{8.62}$$

輸入阻抗也維持在

$$Z_i = R_G \tag{8.63}$$

對於總增益 A_{v_S}，

$$V_i = \frac{R_G V_S}{R_G + R_{sig}}$$

即

$$A_{v_S} = \frac{V_o}{V_S} = \frac{V_i}{V_S} \cdot \frac{V_o}{V_i} = \left[\frac{R_G}{R_G + R_{sig}}\right][-g_m(r_d \| R_D \| R_L)] \tag{8.64}$$

對大部分的情況而言，$R_G \gg R_{sig}$ 且 $R_D \| R_L \ll r_d$，可得

$$A_{v_S} \cong -g_m(R_D \| R_L) \tag{8.65}$$

現在對同一網路採取雙埠分析方法，總增益的方程式如下：

$$A_{v_L} = \frac{R_L}{R_L + R_o} A_{v_{NL}} = \frac{R_L}{R_L + R_o}[-g_m(r_d \| R_D)]$$

但

$$R_o = R_D \| r_d$$

所以

$$A_{v_L} = \frac{R_L}{R_L + R_D \| r_d}[-g_m(r_d \| R_D)] = -g_m \frac{(r_d \| R_D)(R_L)}{(r_d + R_D) + R_L}$$

即

$$A_{v_L} = -g_m(r_d \| R_D \| R_L)$$

對大部分的普通電路而言，繼續使用相同的方式，就可得到表 8.2 的方程式。

表 8.2

電路組態	$A_{v_L}=V_o/V_i$	Z_i	Z_o
(共源極，R_S 旁路)	$-g_m(R_D\|R_L)$	R_G	R_D
	包含 r_d： $-g_m(R_D\|R_L\|r_d)$	R_G	$R_D\|r_d$
(共源極，R_S 未旁路)	$\dfrac{-g_m(R_D\|R_L)}{1+g_mR_S}$	R_G	$\dfrac{R_D}{1+g_mR_S}$
	包含 r_d： $\dfrac{-g_m(R_D\|R_L)}{1+g_mR_S+\dfrac{R_D+R_S}{r_d}}$	R_G	$\cong\dfrac{R_D}{1+g_mR_S}$
(分壓器偏壓)	$-g_m(R_D\|R_L)$	$R_1\|R_2$	R_D
	包含 r_d： $-g_m(R_D\|R_L\|r_d)$	$R_1\|R_2$	$R_D\|r_d$
(源極隨耦器)	$\dfrac{g_m(R_S\|R_L)}{1+g_m(R_S\|R_L)}$	R_G	$R_S\|1/g_m$
	包含 r_d： $=\dfrac{g_mr_d(R_S\|R_L)}{r_d+R_D+g_mr_d(R_S\|R_L)}$	R_G	$\dfrac{R_S}{1+\dfrac{g_mr_dR_S}{r_d+R_D}}$
(共閘極)	$g_m(R_D\|R_L)$	$\dfrac{R_S}{1+g_mR_S}$	R_D
	包含 r_d： $\cong g_m(R_D\|R_L)$	$Z_i=\dfrac{R_S}{1+\dfrac{g_mr_dR_S}{r_d+R_D\|R_L}}$	$R_D\|r_d$

8.14 串級電路

圖 8.43 是 JFET 的串級電路。第 1 級的輸出就是第 2 級的輸入，第 2 級的輸入阻抗就是第 1 級的負載阻抗。

總增益是各級增益的乘積，各增益須包含下一級的負載效應。

對圖 8.43 電路的總增益關係式

$$A_v = A_{v_1} A_{v_2} = (-g_{m_1} R_{D_1})(-g_{m_2} R_{D_2}) = g_{m_1} g_{m_2} R_{D_1} R_{D_2} \tag{8.66}$$

串級放大器的輸入阻抗，是第 1 級的輸入阻抗，

$$Z_i = R_{G_1} \tag{8.67}$$

而輸出阻抗則是第 2 級的輸出阻抗，

$$Z_o = R_{D_2} \tag{8.68}$$

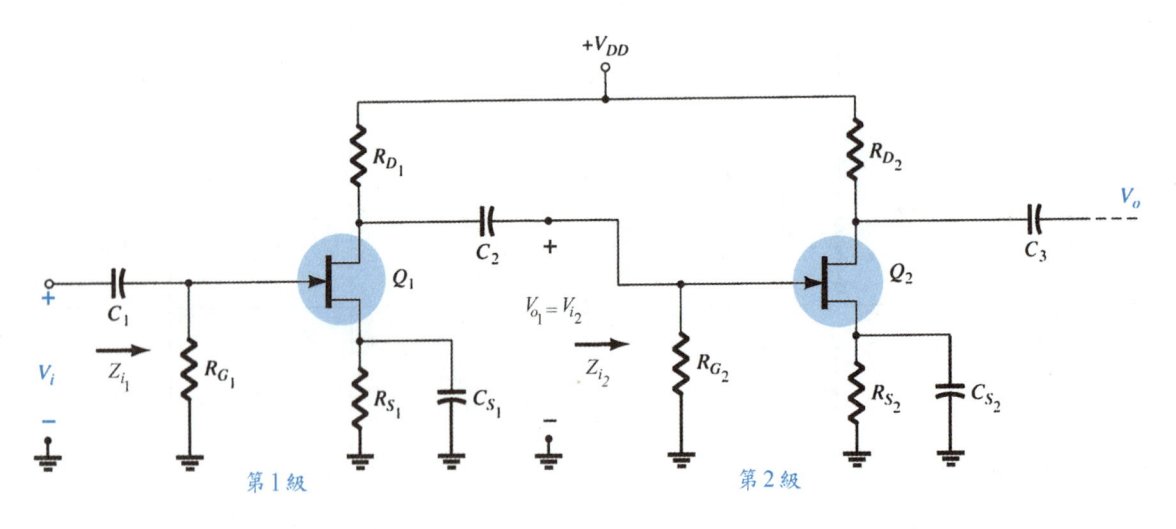

圖 8.43 串級 FET 放大器

例 8.12

對圖 8.44 的串級放大器，試計算直流偏壓、電壓增益、輸入阻抗和輸出阻抗，以及所得的輸出電壓。若有 10 kΩ 負載並接在輸出端，試計算負載電壓。

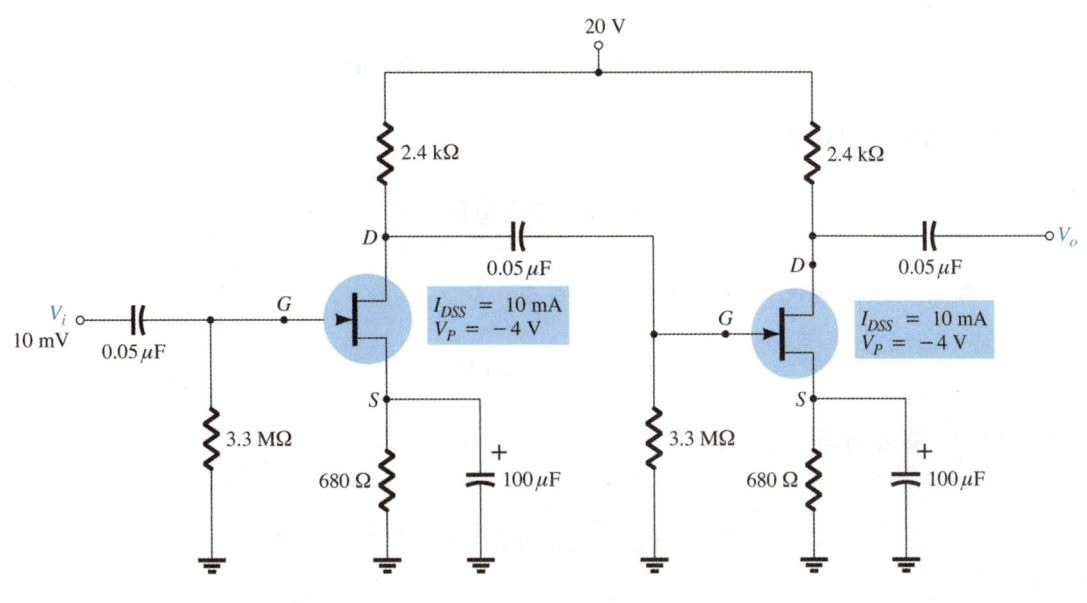

圖 8.44 例 8.12 的串級放大器電路

解： 兩個放大器有相同的直流偏壓，利用第 7 章的直流偏壓分析技巧，可得

$$V_{GS_Q} = -1.9 \text{ V} \quad I_{D_Q} = 2.8 \text{ mA} \quad g_{m0} = \frac{2I_{DSS}}{|V_P|} = \frac{2(10 \text{ mA})}{|-4 \text{ V}|} = 5 \text{ mS}$$

且在直流偏壓點，

$$g_m = g_{m0}\left(1 - \frac{V_{GS_Q}}{V_P}\right) = (5 \text{ mS})\left(1 - \frac{-1.9 \text{ V}}{-4 \text{ V}}\right) = \mathbf{2.6 \text{ mS}}$$

因第 2 級無載

$$A_{v_2} = -g_m R_D = -(2.6 \text{ mS})(2.4 \text{ k}\Omega) = \mathbf{-6.24}$$

而對第 1 級，因 2.4 kΩ∥3.3 MΩ ≅ 2.4 kΩ，可得相同增益。

串級放大器的總增益是

$$式(8.66)：A_v = A_{v_1} A_{v_2} = (-6.2)(-6.2) = \mathbf{38.4}$$

總增益為正時，要特別注意。
因此輸出電壓是

$$V_o = A_v V_i = (38.4)(10 \text{ mV}) = \mathbf{384 \text{ mV}}$$

串級放大器的輸入阻抗是

$$Z_i = R_G = \mathbf{3.3 \text{ M}\Omega}$$

串級放大器的輸出阻抗（假定 $r_d = \infty \ \Omega$）是

$$Z_o = R_D = \mathbf{2.4 \text{ k}\Omega}$$

因此，10 kΩ 負載的輸出電壓降是

$$V_L = \frac{R_L}{Z_o + R_L} V_o = \frac{10 \text{ k}\Omega}{2.4 \text{ k}\Omega + 10 \text{ k}\Omega}(384 \text{ mV}) = \mathbf{310 \text{ mV}}$$

8.15 實際的應用

三聲道混音器

三聲道 JFET 混音器的基本組成見圖 8.45。三個輸入訊號來自不同的聲源，如麥克風、樂器和背景音樂產生器等等。

靜音開關

任何使用機械開關的電子系統，很容易在線路上產生雜音，而降低 **S/N** 比。

清除雜訊源的有效方法是使用電子開關，如圖 8.46a 所示的兩聲道混音網路。要混合的訊號加到每個 JFET 的汲極側，直流控制電位直接加到每個 JFET 的閘極。當兩個控制電位都在 0 V 時，兩個 JFET 會導通且電阻降到最低，D_1～S_1 以及 D_2～S_2 也許小到 100 Ω。遠小於串聯電阻 47 kΩ，仍可忽略不計。因此，兩開關都在"導通"位置，兩輸入訊號都會到達反相放大器的輸入端，見圖 8.46b。

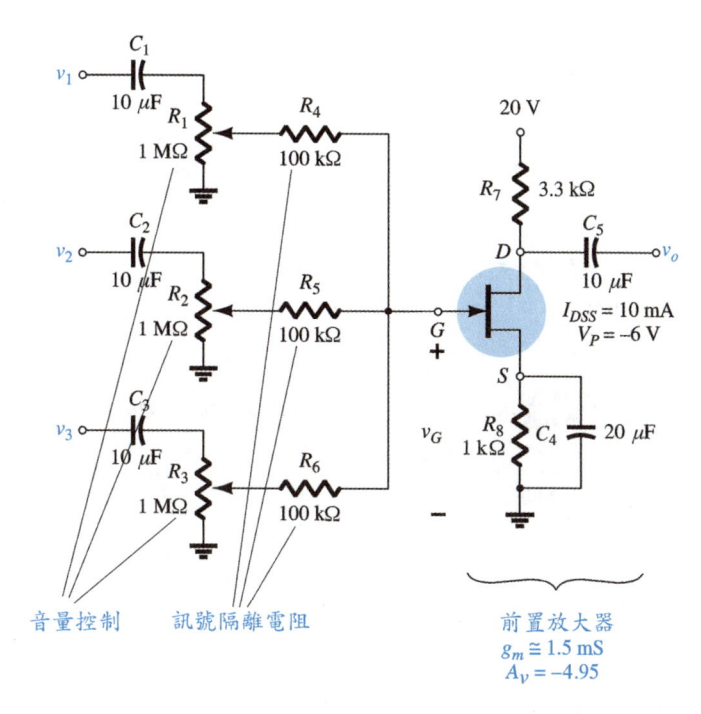

圖 8.45 三聲道 JFET 混音器的基本組成

    若外加比夾止電壓值更負的電壓，例如圖 8.46a 中的 -10 V，可使兩個電子開關都在"截止"狀態。"截止"時的電阻值可達 10,000 MΩ，對大部分的應用而言，可近似於開路。一般而言，急劇上升或下降的脈波所造成的雜訊或串音，會在閘極產生突波引發誤動作，RC 時間常數可確保不會有這種錯誤的控制訊號。利用充電網路，確保經過一定時間後，直流位準才能達到夾止電壓。線路上的任何突波都不可能長到可以將電容充電夾止電壓，而使 JFET 誤導通（或者相反）。

移相網路

    利用 JFET 汲極對源極的壓控電阻特性，可使用圖 8.47 的電路，控制訊號的相角。圖 8.47a 是相位領先網路，會加上一個角度到輸入訊號，而圖 8.47b 的網路則是相位滯後電路，會產生負相移。

移動偵測系統

    被動紅外線(PIR)移動偵測系統的基本組成，見圖 8.48。系統核心是**熱電檢測器**，可**根據不同的輸入熱量大小，產生對應的電壓**。它可濾除某特定區域所發出的非紅外線輻射，並將能量聚焦到感溫元件上。

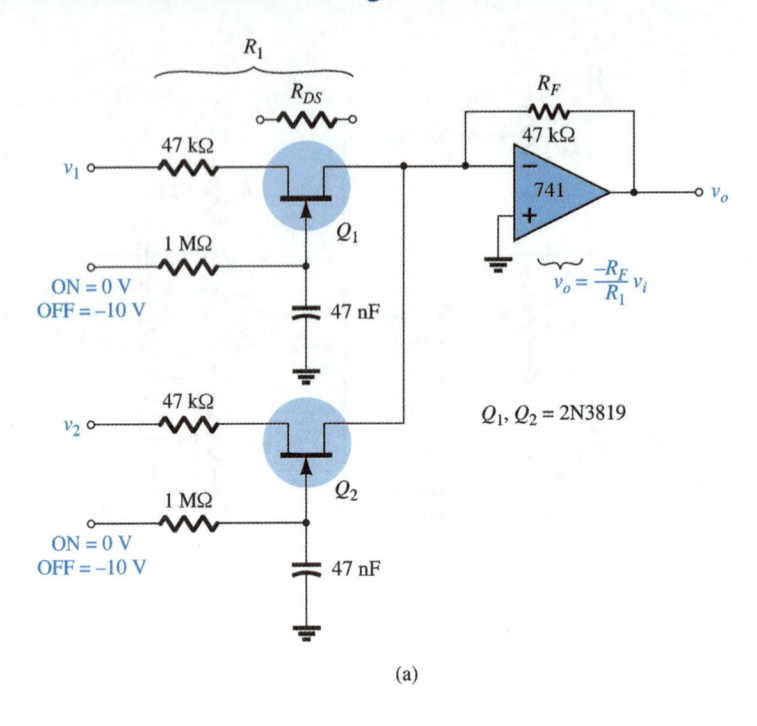

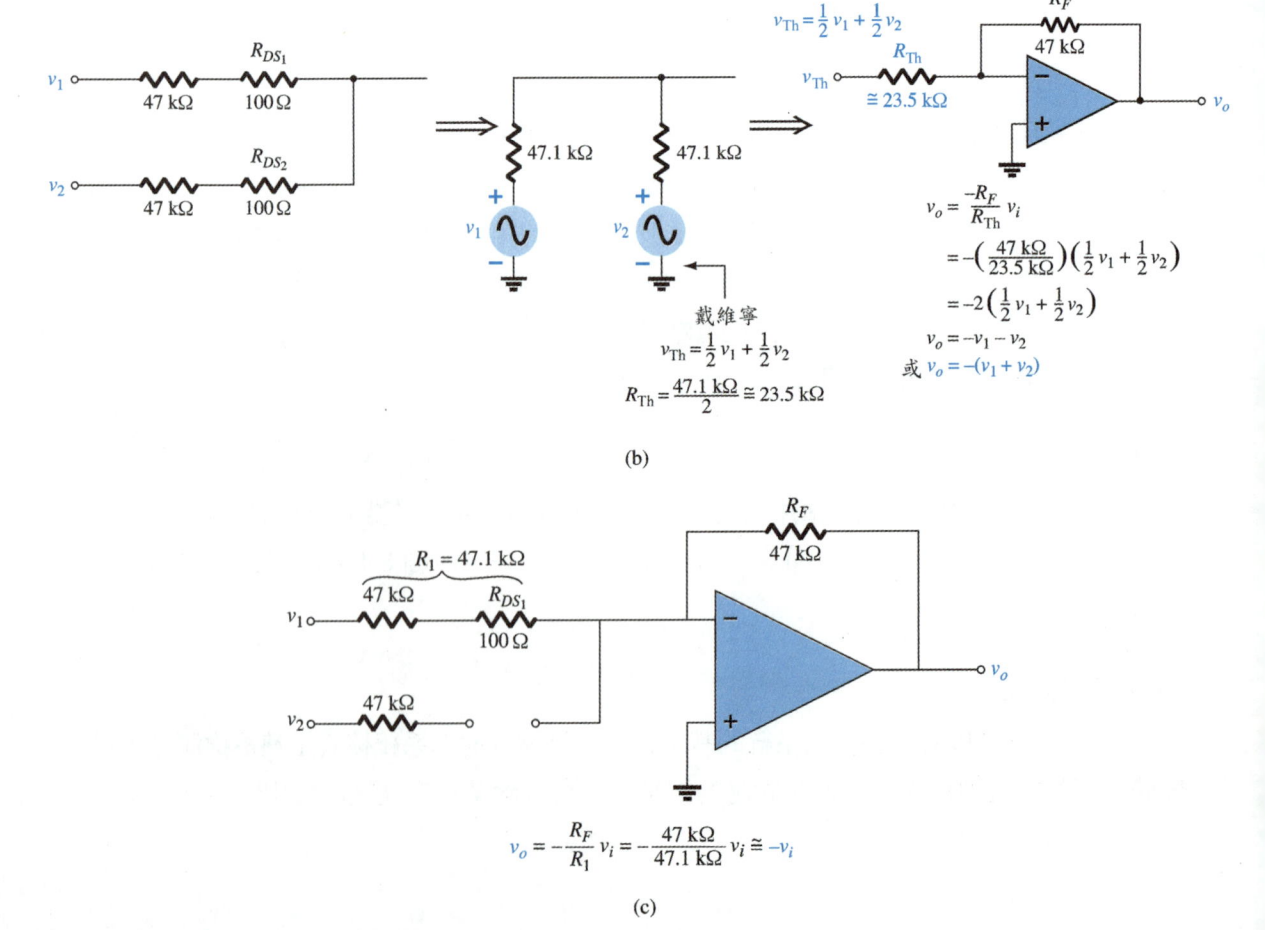

圖 8.46 靜音開關音頻網路：(a)JFET 電路；(b)兩訊號都加入；(c)只採用一個訊號

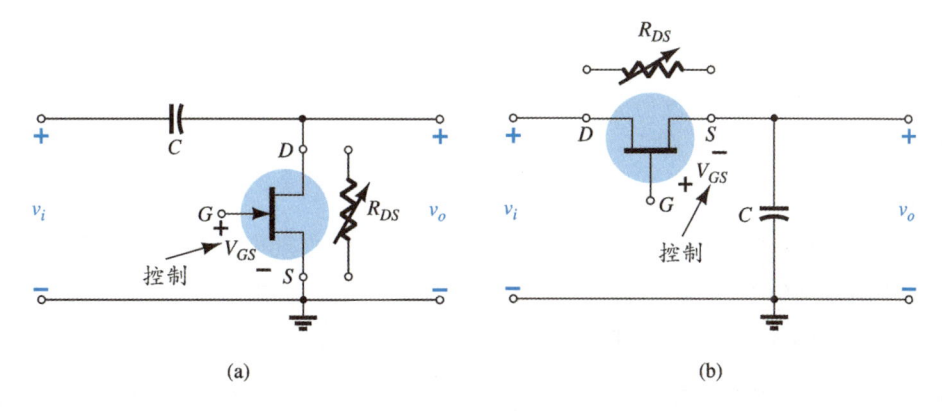

圖 8.47 移相網路：(a)領先；(b)滯後

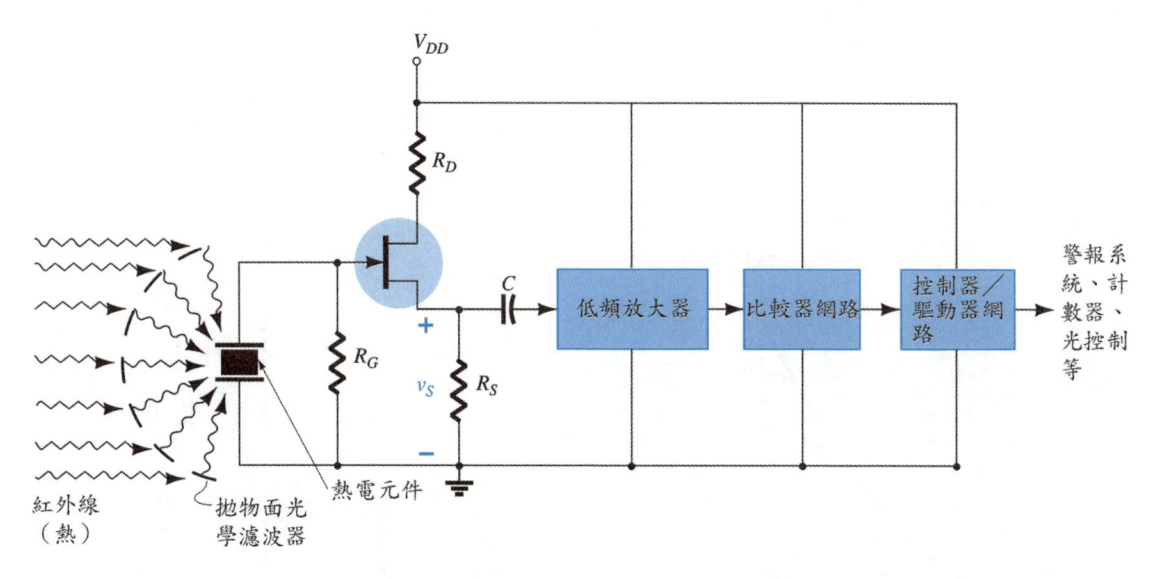

圖 8.48 被動紅外線(PIR)移動偵測系統

習　題

1. 某 JFET 的裝置參數 $I_{DSS}=12$ mA 且 $V_P=-4$ V，試計算其 g_{m0}。
2. 某 JFET 的 $g_{m0}=10$ mS 且 $I_{DSS}=12$ mA，決定其夾止電壓。
3. 某 JFET 的裝置參數 $g_{m0}=5$ mS 且 $V_P=-4$ V，則此裝置在 $V_{GS}=0$ V 時的電流是多少？
4. 某 JFET 在 $V_{GS_Q}=-1$ V 時的 $g_m=6$ mS，若 $V_P=-2.5$ V，則 I_{DSS} 值是多少？
5. 某 JFET($I_{DSS}=8$ mA，$V_P=-5$ V)偏壓在 $V_{GS}=V_P/4$，試決定 g_m 值。

6. 某 JFET 指定 g_{fs}=4.5 mS 且 g_{os}=25 μS，試決定裝置的輸出阻抗 Z_o(FET) 以及理想電壓增益 A_v(FET)。

7. 利用圖 8.49 的轉移特性：

  a. g_{m0} 值是多少？

  b. 試用圖形法決定 V_{GS}=−0.5 V 時的 g_m。

  c. 試利用式(8.6)，V_{GS_Q}=−0.5 V 時的 g_m 值是多少？並和(b)的結果作比較。

  d. 試用圖形法決定 V_{GS}=−1 V 時的 g_m。

  e. 試利用式(8.6)，V_{GS_Q}=−1 V 時的 g_m 值是多少？並和(d)的結果作比較。

8. a. 某 n 通道 JFET 的 I_{DSS}=12 mA 且 V_P=−6 V，試畫出其 g_m 對 V_{GS} 的特性。

  b. 就與(a)相同的 n 通道 JFET，試畫出其 g_m 對 I_D 的特性。

9. 某 JFET 的 g_{fs}=5.6 mS 且 g_{os}=15 μS，試畫出其交流等效模型。

10. 圖 8.50 網路中，若 JFET 的 I_{DSS}=10 mA、V_P=−6 V 且 r_d=40 kΩ，試決定 Z_i、Z_o 和 A_v。

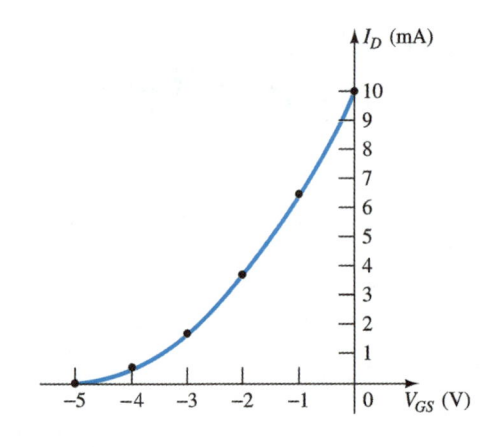

圖 8.49 習題 7 的 JFET 轉移特性

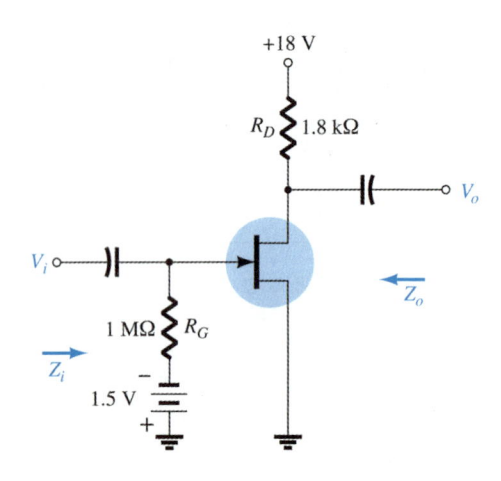

圖 8.50 習題 10 的固定偏壓放大器

11. 圖 8.51 的網路去掉 20 μF 電容，若 JFET 的 g_{fs}=3000 μS，且 g_{os}=50 μS，試決定 Z_i、Z_o 和 A_v，並和習題 20 的結果作比較。

12. 圖 8.52 的網路中，若 V_i=20 mV，試決定 Z_i、Z_o 和 V_o。

13. 重做習題 12，但拿掉電容 C_S，並比較結果。

▣ 8.51 習題 11

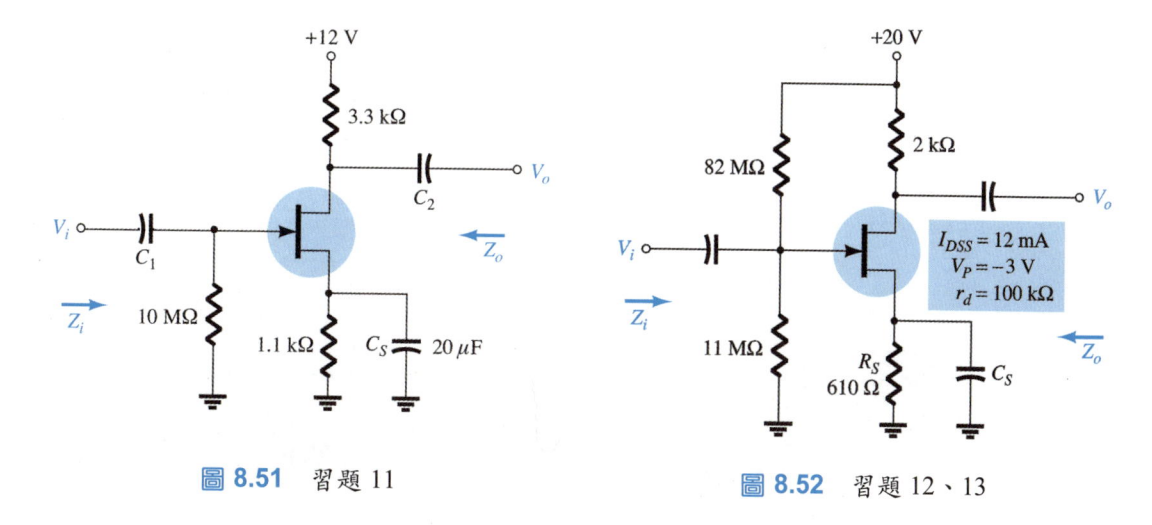

▣ 8.52 習題 12、13

14. 試決定圖 8.53 電路的 Z_i、Z_o 和 A_v，若 $V_i = 4$ mV。
15. 試決定圖 8.54 網路的 Z_i、Z_o 和 A_v。

▣ 8.53 習題 14

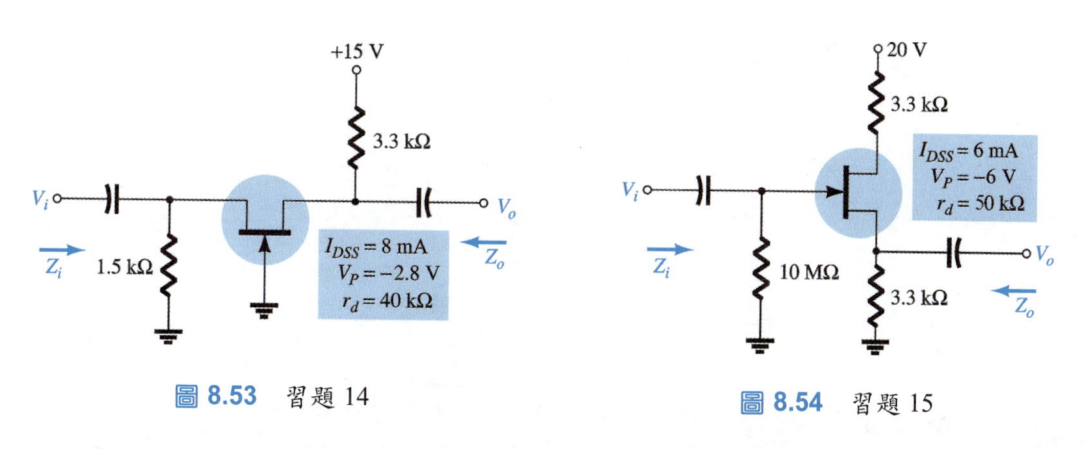

▣ 8.54 習題 15

16. 圖 8.55 的網路中，若 $g_{os} = 20\ \mu S$，試決定 V_o。
17. 試決定圖 8.56 網路的 Z_i、Z_o 和 A_v。

▣ 8.55 習題 16

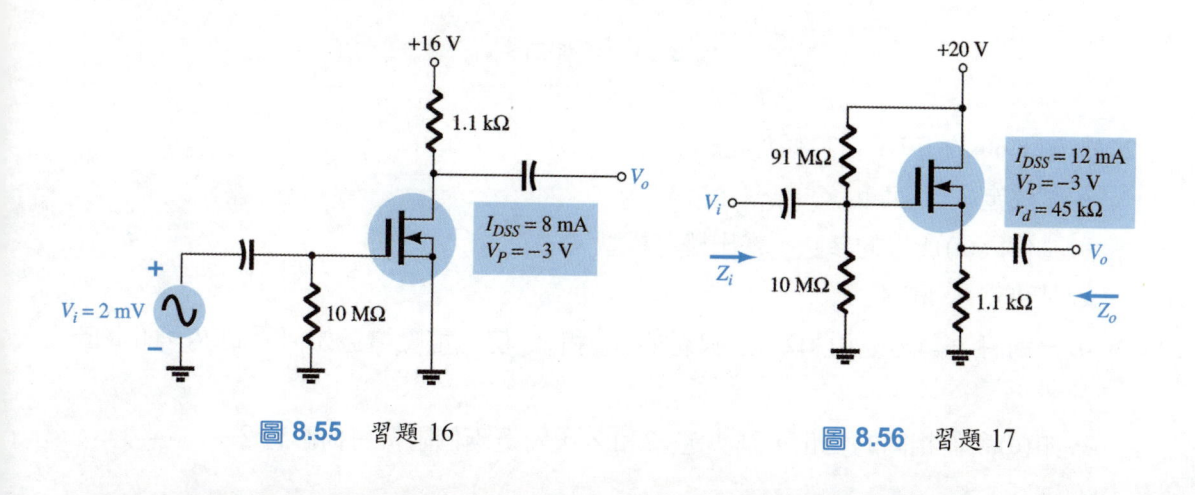

▣ 8.56 習題 17

18. 某 MOSFET 的 $V_{GS(Th)}=3$ V，若偏壓在 $V_{GS_Q}=8$ V，假定 $k=0.3\times10^{-3}$，試決定其 g_m。

19. 圖 8.57 的放大器，若 $k=0.3\times10^{-3}$，試決定此放大器的 Z_i、Z_o 和 A_v。

20. 若圖 8.58 網路的 $V_i=20$ mV，試決定 V_o。

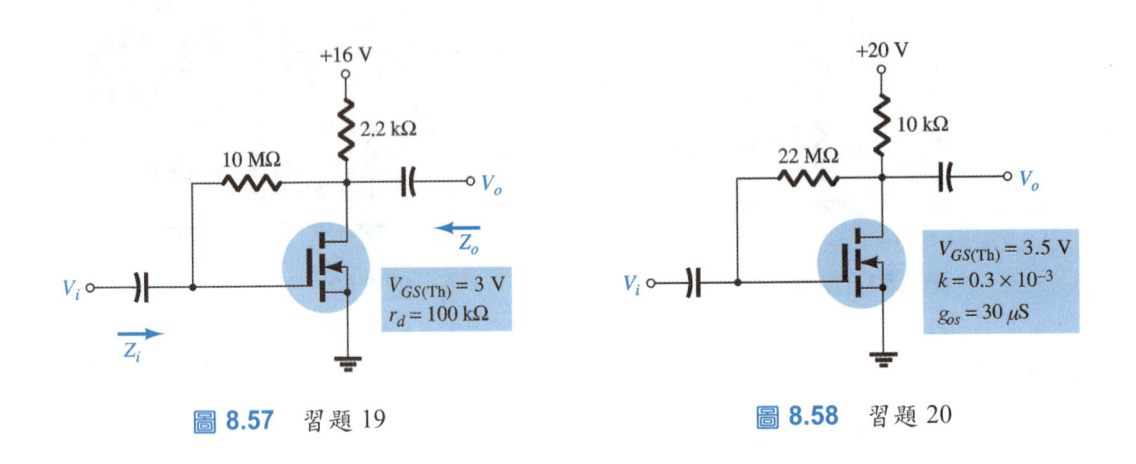

圖 8.57　習題 19　　　　圖 8.58　習題 20

21. 若圖 8.59 網路的 $V_i=0.8$ mV 且 $r_d=40$ kΩ，決定輸出電壓。

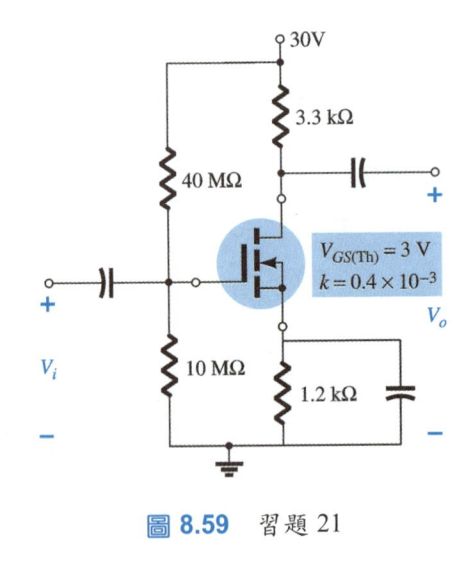

圖 8.59　習題 21

22. 對圖 8.60 的 JFET 自穩偏壓電路。

　　a. 試決定 $A_{v_{NL}}$、Z_i 和 Z_o。

　　b. 試代入(a)所得的參數，畫出雙埠模型。

　　c. 試決定 A_{v_L} 和 A_{v_s}。

　　d. 分別將 R_{sig} 改成 10 kΩ，計算新的 A_{v_L} 和 A_{v_s} 值，電壓增益如何受到 R_S 變化的影響？

　　e. 如(d)所作相同的變化，試決定 Z_i 和 Z_o，對這兩個阻抗有何影響？

圖 8.60 習題 22

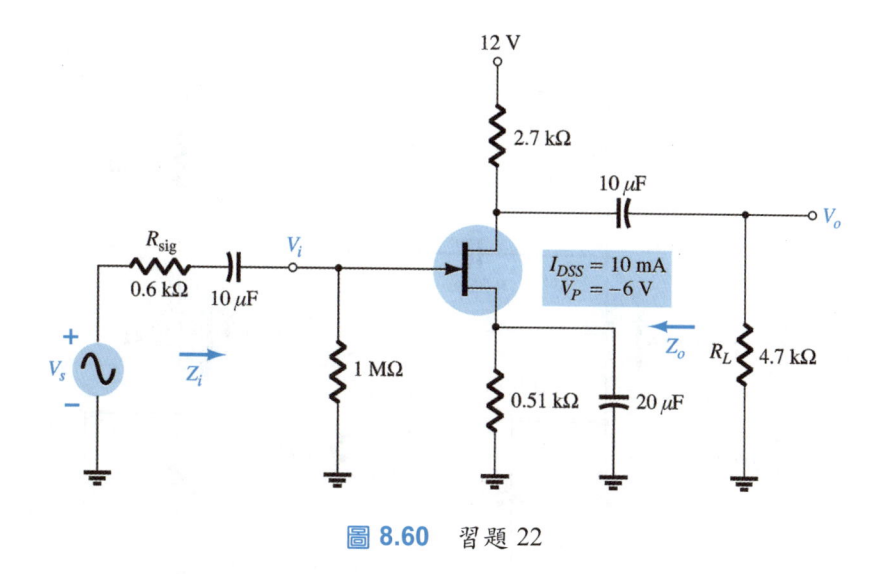

23. 對圖 8.61 的源極隨耦器網路：
    a. 試決定 $A_{v_{NL}}$、Z_i 和 Z_o。
    b. 試代入(a)所得的參數，畫出雙埠模型。
    c. 試決定 A_{v_L} 和 A_{v_s}。
    d. 試將 R_{sig} 改成 4.7 kΩ，並計算 A_{v_L} 和 A_{v_s}。增加 R_L 值對兩電壓增益有何影響？
    e. 試將 R_{sig} 改成 1 kΩ（R_L 維持在 2.2 kΩ），計算 A_{v_L} 和 A_{v_s}。增加 R_{sig} 值對兩電壓增益的影響是什麼？
    f. 將 R_L 改成 4.7 kΩ，R_{sig} 改成 20 kΩ，計算 Z_i 和 Z_o。對這兩個參數的影響是什麼？

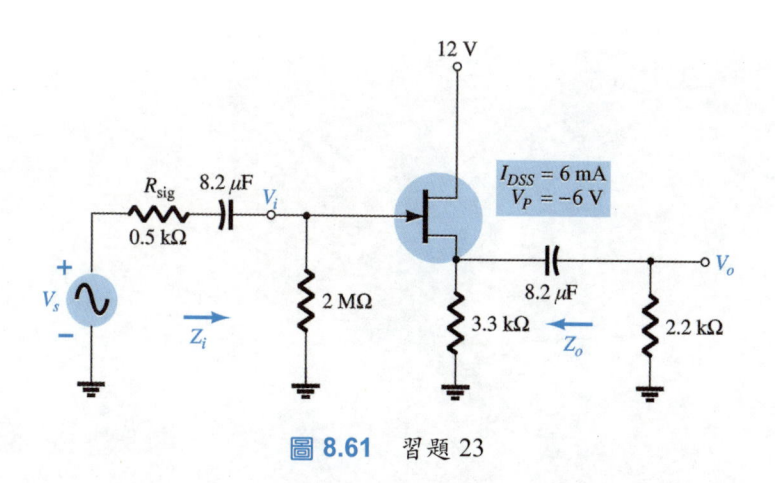

圖 8.61 習題 23

24. 對圖 8.62 的 JFET 串級放大器，試計算前後兩相同放大級的直流偏壓條件，所用 JFET 的 $I_{DSS}=8$ mA 且 $V_P=-4.5$ V。

圖 8.62　習題 24、25

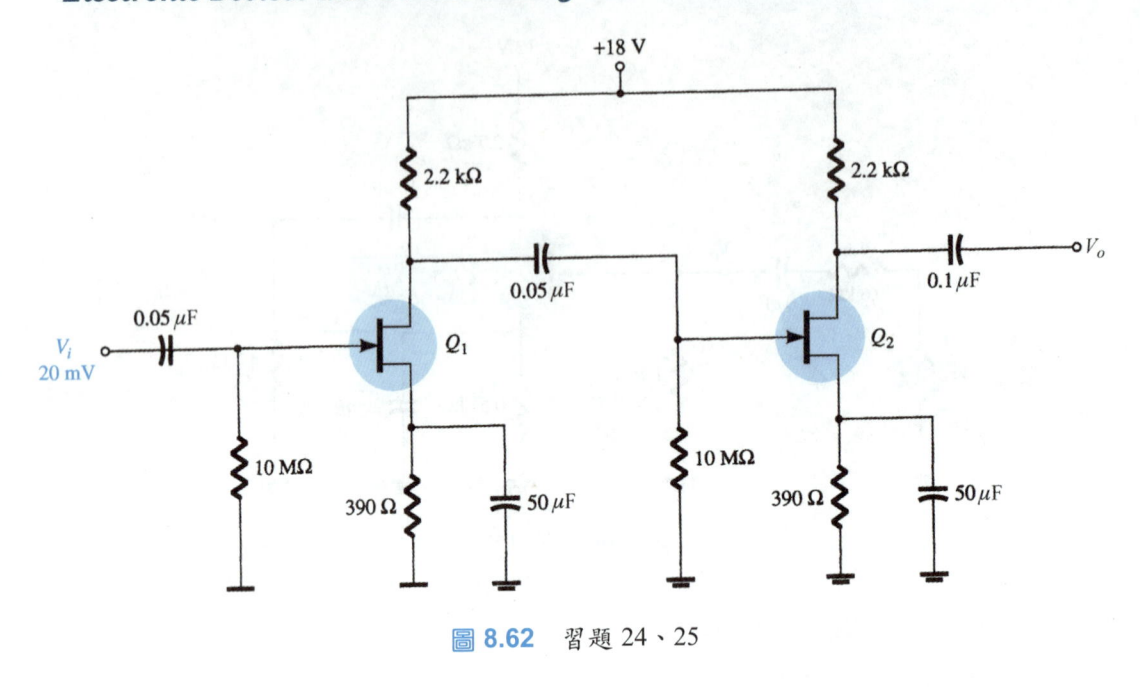

25. 圖 8.62 的串級放大器中，若兩個 JFET 的規格都改成 $I_{DSS}=12$ mA、$V_P=-3$ V 且 $g_{os}=25$ μS，試計算各級的電壓增益、總電壓增益，以及輸出電壓 V_o。

Chapter 9
BJT 和 JFET 的頻率響應

9.1 導言

對放大器而言,網路在低頻時有大電容元件的影響,以及在高頻時有主動元件內部小寄生電容的影響。因分析會擴展到很寬的頻率範圍,整個分析會定義並使用對數座標,頻率圖一般以分貝(dB)為單位。

9.2 對數

在設計、檢視和分析程序中,使用對數函數有許多正面的特質,諸如在很寬的範圍內畫變量圖、實際數值有的很大有的很小,以及要確認很重要的數值。

對電機/電子業以及絕大部分的科學研究而言,對數式的底會取 10 或 $e = 2.71828\cdots$。

取 10 為底的對數稱為普通對數,而取 e 為底的對數則稱為自然對數。總之:

$$\boxed{普通對數:x = \log_{10} a} \tag{9.1}$$

$$\boxed{自然對數:y = \log_e a} \tag{9.2}$$

兩式之間的關係為

$$\boxed{\log_e a = 2.3 \log_{10} a} \tag{9.3}$$

表 9.1 可清楚看出，某數的對數值和該數的指數呈正變關係。若要找出某數的反對數，可利用計算器上的 10^x 或 e^x 功能鍵。

表 9.1

$\log_{10} 10^0$	$=0$
$\log_{10} 10$	$=1$
$\log_{10} 100$	$=2$
$\log_{10} 1,000$	$=3$
$\log_{10} 10,000$	$=4$
$\log_{10} 100,000$	$=5$
$\log_{10} 1,000,000$	$=6$
$\log_{10} 10,000,000$	$=7$
$\log_{10} 100,000,000$	$=8$
等	

例 9.1

試利用計算器決定以下表示式的反對數。

a. $1.6=\log_{10} a$。

b. $0.04=\log_e a$。

解：

a. $a=10^{1.6}$

用 10^x 鍵：得 $a=\mathbf{39.81}$。

b. $a=e^{0.04}$

用 e^x 鍵：得 $a=\mathbf{1.0408}$。

$$\log_{10} 1 = 0 \tag{9.4}$$

這可清楚從表 9.1 看出，因 $10^0=1$。其次，

$$\log_{10} \frac{a}{b} = \log_{10} a - \log_{10} b \tag{9.5}$$

考慮 $a=1$ 的特例，

$$\log_{10}\frac{1}{b} = -\log_{10}b \tag{9.6}$$

對任何大於 1 的 b 值而言，小於 1 的數值的對數值必為負。最後，

$$\log_{10}ab = \log_{10}a + \log_{10}b \tag{9.7}$$

以上三式，若採自然對數形式也成立。

　　使用對數座標可大幅拓展特定變數在圖上的變化範圍，市面上大部分的圖紙屬於半對數或全對數。半對數標圖見圖 9.1，注意縱軸是線性座標，格距都均等。對數圖上線與線的間隔都顯示在圖上，以 10 為底時 2 的對數是 0.3，因此 1 ($\log_{10}1=0$) 和 2 的距離是 1～10 級距的 30%。以 10 為底時 3 的對數是 0.4771，幾乎為級距的 48%（很接近對數座標上相鄰兩個 10 的次方之間距的一半）。因 $\log_{10}5 \cong 0.7$，因此刻度在級距 70% 的位置。

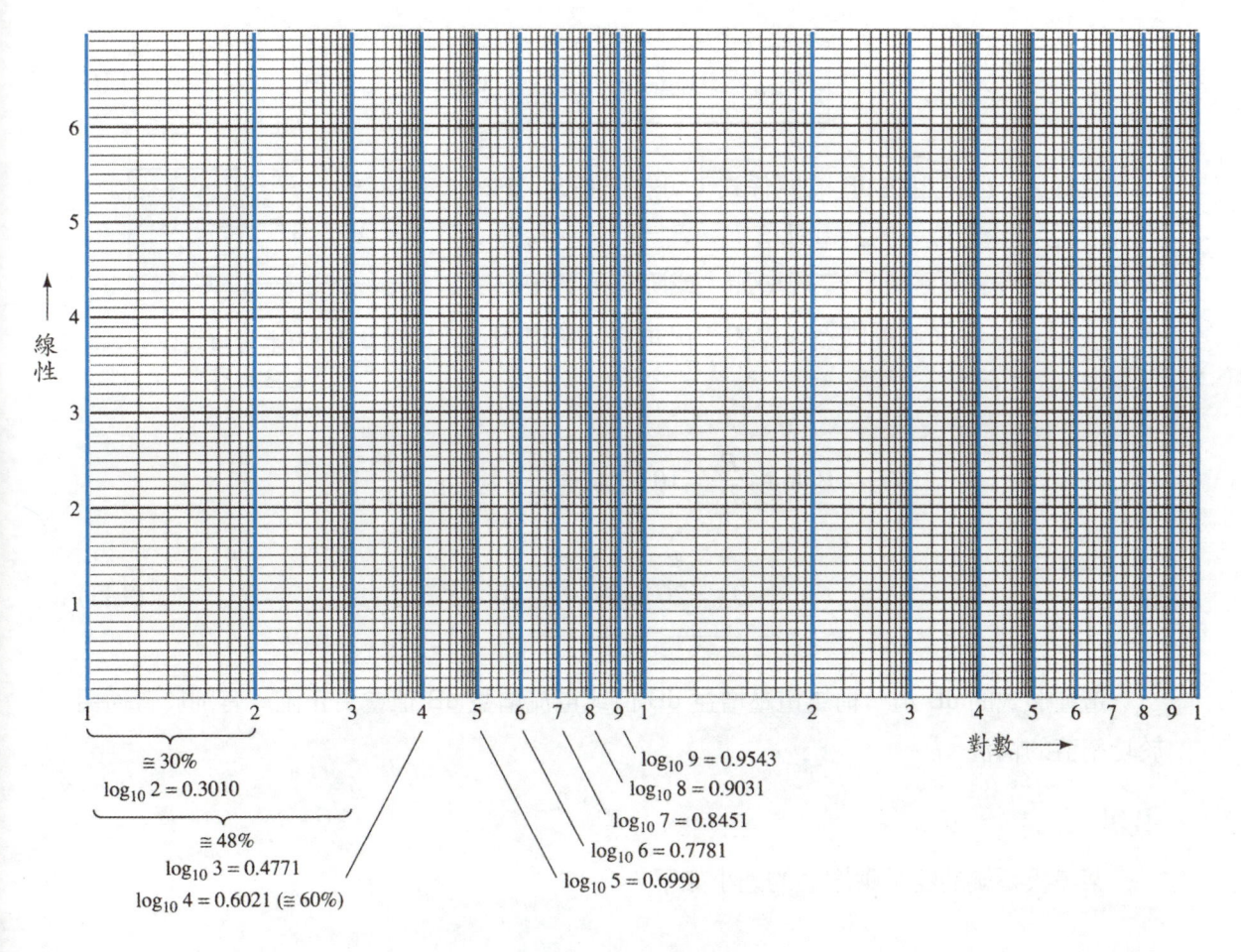

圖 9.1 半對數圖線

9.3 分貝

分貝 (decibel, dB) 一詞源於以對數為基礎的功率和音量值。
為求標準化，以兩功率值 P_1 和 P_2 定義 bel(B) 如下：

$$\boxed{G = \log_{10} \frac{P_2}{P_1}} \text{ bel} \tag{9.8}$$

在實用上 bel 作量測單位是太大了，所以定義 decibel(dB)，10 decibel = 1 bel，

$$\boxed{G_{dB} = 10 \log_{10} \frac{P_2}{P_1}} \text{ dB} \tag{9.9}$$

電子通訊設備（放大器、麥克風等）的外部接腳額定值，普通都是以 dB 為單位，dB 值是兩個功率值之間大小差異的一種量度，如以 1 mW 作參考功率值，則 dB 符號常以 dBm 代表，關係式的形式如下：

$$\boxed{G_{dBm} = 10 \log_{10} \frac{P_2}{1 \text{ mW}} \bigg|_{600\,\Omega}} \text{ dBm} \tag{9.10}$$

還有另一個常用在 dB 的關係式，可利用圖 9.2 的系統作說明。設 V_i 等於某電壓值 V_1，$P_1 = V_1^2/R_i$，R_i 是圖 9.2 系統的輸入電阻。若 V_i 增加（或降低）到另一值 V_2，則 $P_2 = V_2^2/R_i$。可代入式(9.9)，決定兩功率值的差異並以 dB 代表，可得

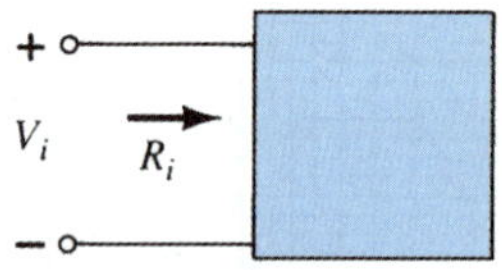

圖 9.2 用來討論式(9.13)的電路組態

$$G_{dB} = 10 \log_{10} \frac{P_2}{P_1} = 10 \log_{10} \frac{V_2^2/R_i}{V_1^2/R_i} = 10 \log_{10} \left(\frac{V_2}{V_1}\right)^2$$

即

$$\boxed{G_{dB} = 20 \log_{10} \frac{V_2}{V_1}} \text{ dB} \tag{9.11}$$

這種形式的 dB 值，稱為電壓增益 dB 值或電流增益 dB 值會更正確，有別於普通用於功率值的情況。

串級

某串級系統的總電壓增益的大小如下：

$$|A_{v_T}| = |A_{v_1}| \cdot |A_{v_2}| \cdot |A_{v_3}| \cdots |A_{v_n}| \tag{9.12}$$

應用適當的對數關係式,可得

$$G_v = 20\log_{10}|A_{v_T}| = 20\log_{10}|A_{v_1}| + 20\log_{10}|A_{v_2}| + 20\log_{10}|A_{v_3}| + \cdots + 20\log_{10}|A_{v_n}| \quad \text{(dB)} \quad (9.13)$$

以文字來表示,此式說明串級系統的總增益 dB 值,是各級增益 dB 值之和,亦即

$$\boxed{G_{\text{dB}_T} = G_{\text{dB}_1} + G_{\text{dB}_2} + G_{\text{dB}_3} + \cdots + G_{\text{dB}_n}} \text{ dB} \quad (9.14)$$

例 9.2

試求出電壓增益 100 dB 對應的增益大小。

解: 由式(9.11),

$$G_{\text{dB}} = 20\log_{10}\frac{V_2}{V_1} = 100 \text{ dB} \Rightarrow \log_{10}\frac{V_2}{V_1} = 5$$

所以

$$\frac{V_2}{V_1} = 10^5 = 100{,}000$$

例 9.3

某裝置在電壓 1000 V 時的輸入功率是 10,000 W,輸出功率是 500 W 且輸出阻抗是 20 Ω。

a. 試求功率增益的 dB 值。
b. 試求電壓增益的 dB 值。
c. 解釋(a)和(b)的解答何以相符或不符。

解:

a. $G_{\text{dB}} = 10\log_{10}\dfrac{P_o}{P_i} = 10\log_{10}\dfrac{500 \text{ W}}{10 \text{ kW}} = 10\log_{10}\dfrac{1}{20} = -10\log_{10}20$

   $= -10(1.301) = \mathbf{-13.01 \text{ dB}}$

b. $G_v = 20\log_{10}\dfrac{V_o}{V_i} = 20\log_{10}\dfrac{\sqrt{PR}}{1000} = 20\log_{10}\dfrac{\sqrt{(500 \text{ W})(20 \text{ Ω})}}{1000 \text{ V}}$

   $= 20\log_{10}\dfrac{100}{1000} = 20\log_{10}\dfrac{1}{10} = -20\log_{10}10 = \mathbf{-20 \text{ dB}}$

c. $R_i = \dfrac{V_i^2}{P_i} = \dfrac{(1 \text{ kV})^2}{10 \text{ kW}} = \dfrac{10^6}{10^4} = \mathbf{100 \text{ Ω}} \neq \mathbf{\mathit{R}_o = 20 \text{ Ω}}$

例 9.4

某放大器的輸出接到 10 Ω 揚聲器,輸出額定 40 W。

a. 若功率增益是 25 dB,試計算全功率輸出之下所需的輸入功率。
b. 若放大器電壓增益是 40 dB,試計算在額定輸出時對應的輸入電壓。

解:

a. 式 (9.9):$25 = 10 \log_{10} \dfrac{40 \text{ W}}{P_i}$ $\Rightarrow$ $P_i = \dfrac{40 \text{ W}}{\text{反對數 }(2.5)} = \dfrac{40 \text{ W}}{3.16 \times 10^2}$

$$= \dfrac{40 \text{ W}}{316} \cong \mathbf{126.5 \text{ mW}}$$

b. $G_v = 20 \log_{10} \dfrac{V_o}{V_i}$ $\Rightarrow$ $40 = 20 \log_{10} \dfrac{V_o}{V_i}$

$\dfrac{V_o}{V_i} = 2$ 的反對數 $= 100$

$V_o = \sqrt{PR} = \sqrt{(40 \text{ W})(10 \text{ V})} = 20 \text{ V}$

$V_i = \dfrac{V_o}{100} = \dfrac{20 \text{ V}}{100} = 0.2 \text{ V} = \mathbf{200 \text{ mV}}$

9.4 一般的頻率考慮

到目前為止,所作的分析都僅限於中頻。在低頻,由於電容的電抗增加,將發現耦合電容和旁路電容不再等效於短路。另外,小訊號等效電路中受頻率影響的參數,以及主動元件中的雜散電容,也會限制系統的高頻響應。當串級系統中的級數增加時,對高頻和低頻響應的限制都會增加。

低頻範圍

因此很清楚地,

> 系統中的較大電容對低頻範圍的響應有重要影響,而對高頻區域的影響則可忽略。

高頻範圍

因此很清楚地,

> 系統中的較小電容對高頻範圍的響應有重要影響,而對低頻區域的影響則可忽略。

中頻範圍

在中頻範圍，電容的效應完全忽略不計，放大器看成是理想的，只包含電阻性的元件和受控源。結果是

> 對中頻範圍而言，在決定放大器的增益和阻抗值等重要物理量時，完全忽略電容的效應。

典型的頻率響應

RC 耦合、直接耦合和變壓器耦合放大器系統的增益響應曲線，分別提供在圖 9.3。低頻區增益的降低是由於 C_C、C_s 或 C_E 電抗的增加，而高頻區增益的降低則決定於網路的寄生電容，對變壓器耦合系統增益下降的原因，在低頻於激磁感抗（在變壓器的兩輸

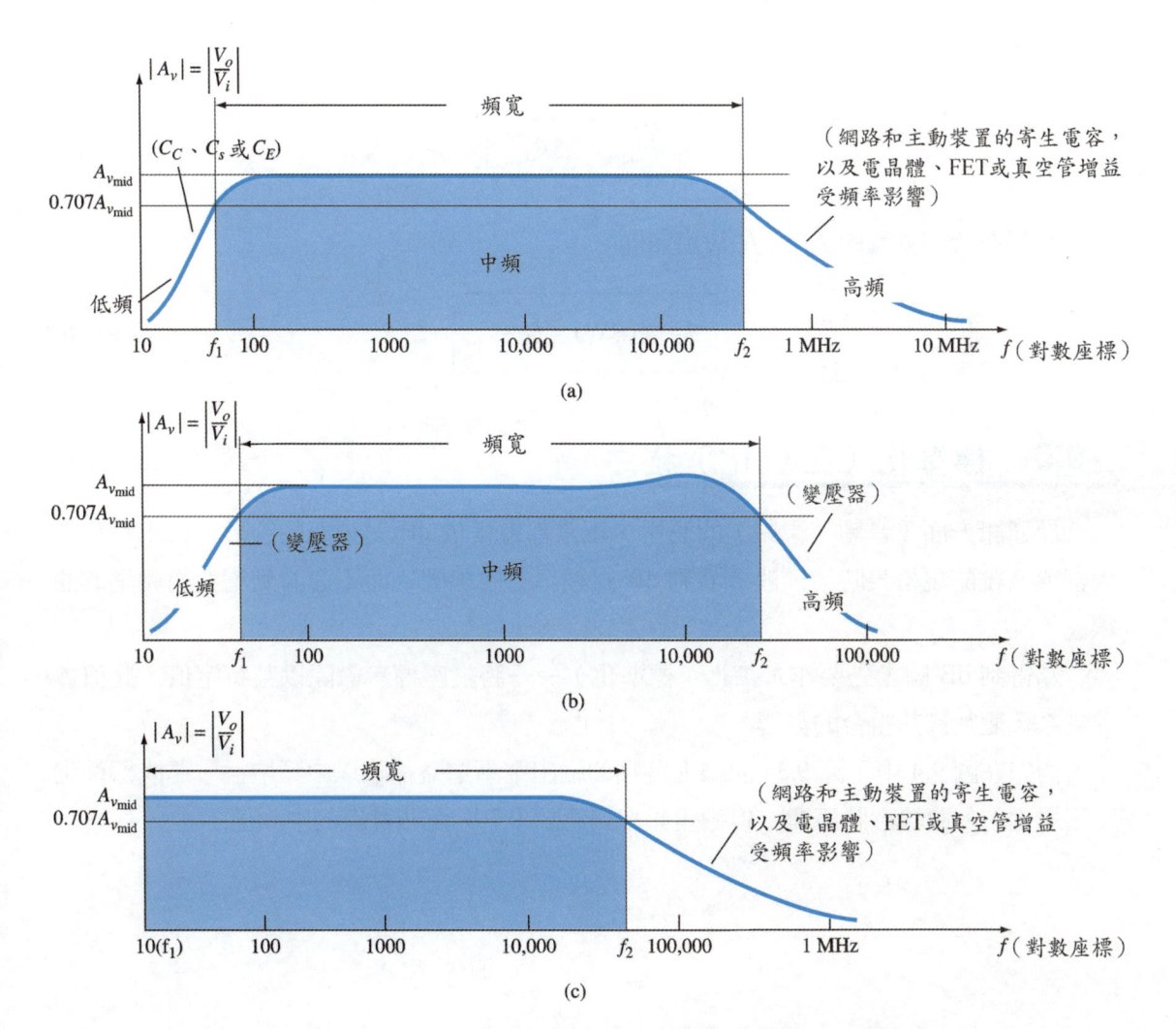

圖 9.3 增益對頻率的變化曲線：(a) RC 耦合放大器；(b) 變壓器耦合放大器；(c) 直接耦合放大器

入端之間）的短路效應 ($X_L=2\pi fL$)，而在高頻響應部分，主要由於初級側以及次級側線圈之間的雜散電容，使增益降低。對直接耦合放大器而言，沒有耦合電容與旁路電容，低頻增益不會下降，在高頻截止頻率之前是平坦響應。

在圖 9.3 上的每一系統都有一頻帶，其增益大小等於或相當接近中頻值。為固定此足夠高增益的頻帶邊界，取 $0.707A_{v_{mid}}$ 作為截止增益，對應的頻率 f_1 和 f_2 一般稱為轉角 (corner)、截止 (cutoff)、頻帶 (band)、中斷 (break) 或半功率 (half-power) 頻率。增益乘數 0.707 對應的輸出功率恰為中頻輸出功率之半，也就是在中頻時，

$$P_{o_{mid}} = \frac{|V_o^2|}{R_o} = \frac{|A_{v_{mid}}V_i|^2}{R_o}$$

且在半功率頻率時，

$$P_{o_{HPF}} = \frac{|0.707A_{v_{mid}}V_i|^2}{R_o} = 0.5\frac{|A_{v_{mid}}V_i|^2}{R_o}$$

即
$$\boxed{P_{o_{HPF}} = 0.5P_{o_{mid}}} \tag{9.15}$$

每個系統的頻寬由 f_H 和 f_L 決定，即

$$\boxed{頻寬(BW) = f_H - f_L} \tag{9.16}$$

9.5 標準化（正規化）程序

於通訊方面（音頻、視頻）的應用，正常都會提供 dB 對頻率的圖形，找出特定放大器或系統的規格表時，一般會看到 dB 對頻率的曲線圖，而不會看到增益對頻率的曲線圖。

為得到 dB 圖，先要作正規化（標準化）──將縱座標參數除以某特定值，此值會受到系統變數或其組合的影響。

例如在圖 9.4 中，圖 9.3a 曲線上各點的輸出電壓增益都除以中頻增益，達成標準化（正規化）。曲線形狀不變，但截止頻率對應於 0.707 而非實際的中頻值。

第 9 章　BJT 和 JFET 的頻率響應　341

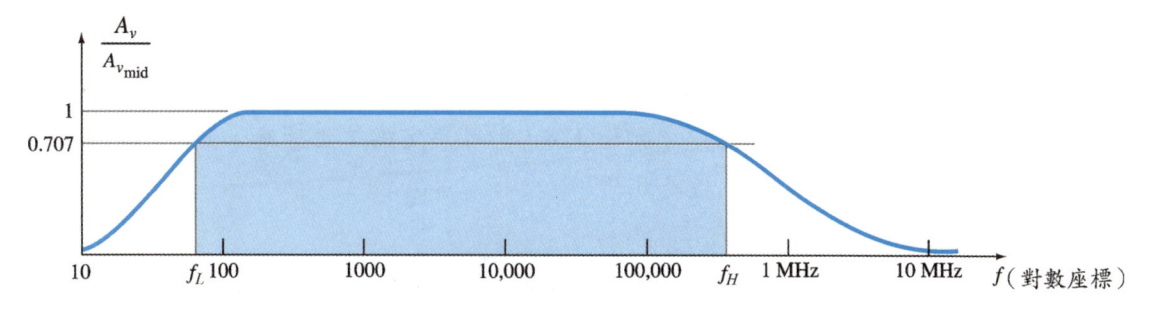

圖 9.4　標準化增益對頻率的曲線圖

例 9.5

已知頻率響應如圖 9.5：

a. 試利用所給的量測數據求出截止頻率 f_L 和 f_H。
b. 試求出響應的頻寬。
c. 畫出標準化後的響應。

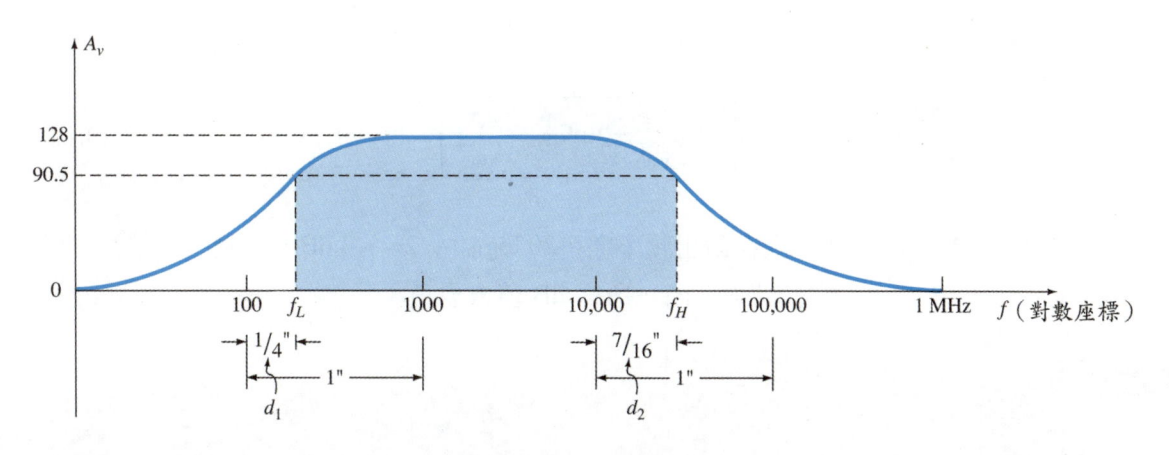

圖 9.5　例 9.5 的增益圖

解：

a. 對 f_L：$\dfrac{d_1}{d_2} = \dfrac{1/4''}{1''} = 0.25$

$10^{d_1/d_2} = 10^{0.25} = 1.7783$

值 $= 10^x \times 10^{d_1/d_2} = 10^2 \times 1.7783 =$ **177.83 Hz**

對 f_H：$\dfrac{d_1}{d_2} = \dfrac{7/16''}{1''} = 0.438$

$10^{d_1/d_2} = 10^{0.438} = 2.7416$

值 $= 10^x \times 10^{d_1/d_2} = 10^4 \times 2.7416 =$ **27,416 Hz**

b. 頻寬：

BW = $f_H - f_L$ = 27,416 Hz − 177.83 Hz ≅ **27.24 KHz**

c. 只要將圖 9.5 中的每一值都除以中頻值 128，即可決定標準化響應，如圖 9.6 所示，所得結果的最大值是 1，截止值是 0.707。

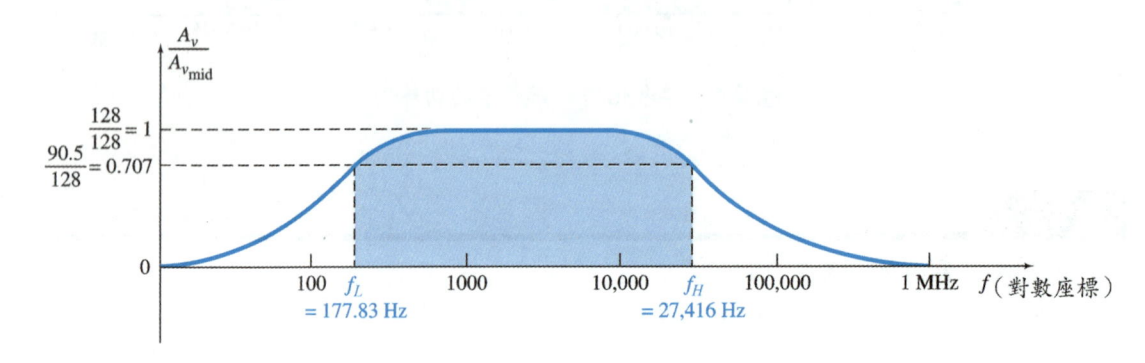

圖 9.6 圖 9.5 標準化之後的響應圖

應用式(9.11)，以如下形式可得圖 9.6 的 dB 圖：

$$\left.\frac{A_v}{A_{v_{\text{mid}}}}\right|_{\text{dB}} = 20 \log_{10} \frac{A_v}{A_{v_{\text{mid}}}} \tag{9.17}$$

在中頻，$20 \log_{10} 1 = 0$，且在截止頻率處，$20 \log_{10} 1/\sqrt{2} = -3$ dB，這兩個值都清楚顯示在圖 9.7 的 dB 圖上。當比值愈小時，所得 dB 值會愈負。

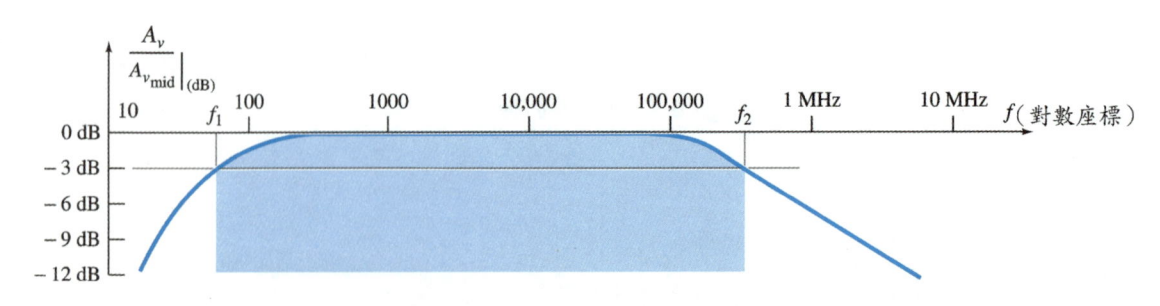

圖 9.7 圖 9.4 標準化增益對頻率圖的 dB 圖

大部分的放大器提供輸入和輸出訊號之間 180° 的相移，但現在此事實只有在中頻區才成立。在低頻，V_o 超前 V_i 的角度會增加，而在高頻時，相位移會低於 180°。圖 9.8 是 RC 耦合放大器標準的相位圖。

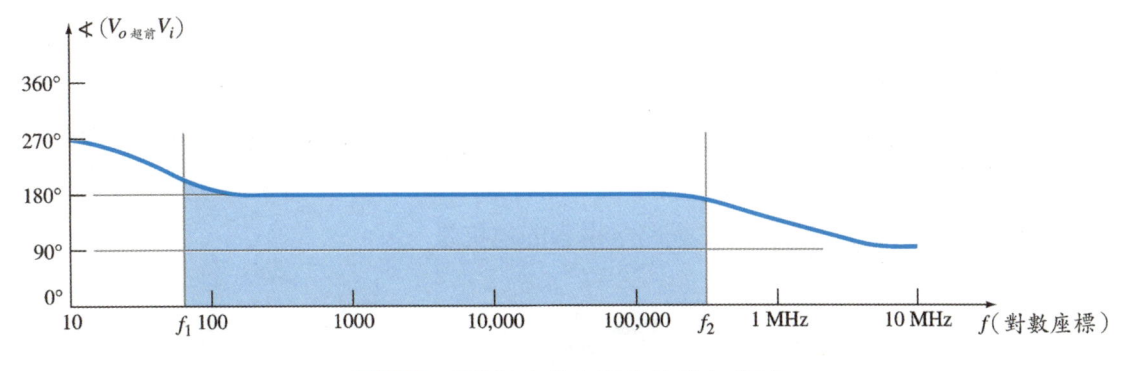

圖 9.8 RC 耦合放大器系統的相位圖

9.6 低頻分析──波德圖

在單級 BJT 或 FET 放大器中，網路電容 C_C、C_E 和 C_s 以及網路的電阻參數會形成 RC 組合，可據以決定截止頻率。對每一電容性元件，都可建立類似圖 9.9 的 RC 網路，由此可決定輸出電壓掉到最大值的 0.707 倍時的頻率。

例如，考慮圖 9.10 的 BJT 分壓器偏壓電路，分析得到輸入阻抗：

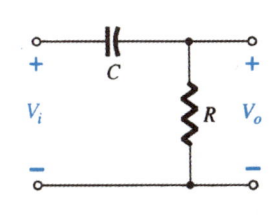

圖 9.9 可定義低頻截止頻率的 RC 組合

$$Z_i = R_i = R_1 \| R_2 \| \beta r_e$$

輸入部分的等效電路見圖 9.11。

就中頻範圍而言，電容 C_s 假定等效於短路，即 $V_b = V_i$，結果使放大器得到高中頻

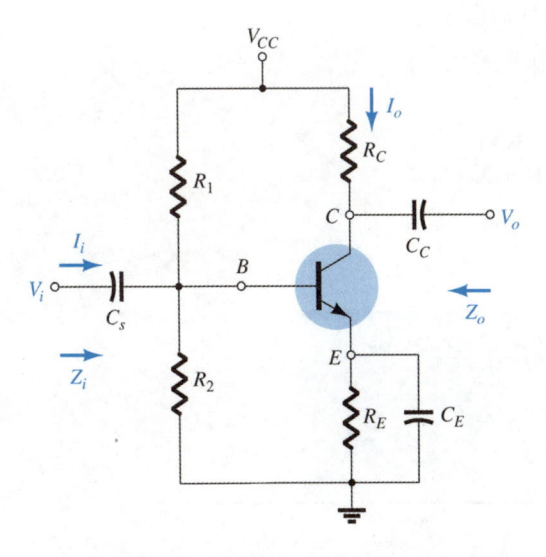

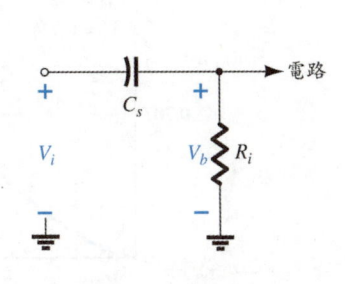

圖 9.10 分壓器偏壓電路　　**圖 9.11** 圖 9.10 電路輸入部分的等效電路

增益，且不受耦合或旁路電容的影響。如果降低外加頻率，電容的電抗將會增加，會分到外加電壓 V_i 的更多比例。電壓 V_b 會下降，使總增益 V_o/V_i 產生相同程度的下降。到達電晶體基極的外加電壓的比例愈少，輸出電壓 V_o 也就愈低。使 V_b 等於 $0.707V_i$ 的頻率，就是完整放大器響應的低頻截止頻率。

分析上述圖 9.9 的一般性 RC 網路，電容的電抗是

$$X_C = \frac{1}{2\pi f C} \cong 0 \text{ } \Omega$$

電容等效於短路，如圖 9.12 所示，結果是高頻時的 $V_o \cong V_i$。在 $f = 0$ Hz 處，

$$X_C = \frac{1}{2\pi f C} = \frac{1}{2\pi(0)C} = \infty \text{ } \Omega$$

近似於開路，如圖 9.13 所示，結果是 $V_o = 0$ V。

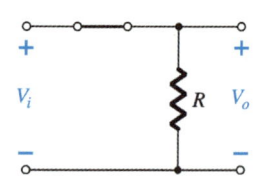

圖 9.12 圖 9.9 在極高頻率時的等效電容

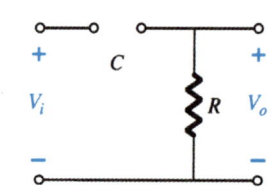

圖 9.13 圖 9.9 的 RC 電路在 $f = 0$ Hz 時的情況

在這兩個極端之間，比值 $A_v = V_o/V_i$ 會隨頻率變化，見圖 9.14。當頻率增加時，電容的電抗值降低，輸入電壓會有更多的比例出現在輸出端。

輸出和輸入之間的關係是分壓定律，如下式：

$$\mathbf{V_o = \frac{RV_i}{R + X_C}}$$

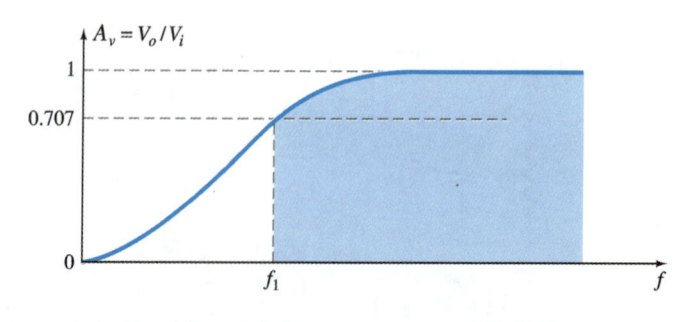

圖 9.14 圖 9.9 中 RC 電路的低頻響應

粗體羅馬字母代表包含大小和角度的物理量。

V_o 的大小決定如下：

$$V_o = \frac{RV_i}{\sqrt{R^2 + X_C^2}}$$

考慮特例 $X_C = R$，

$$V_o = \frac{RV_i}{\sqrt{R^2 + X_C^2}} = \frac{RV_i}{\sqrt{R^2 + R^2}} = \frac{RV_i}{\sqrt{2R^2}} = \frac{RV_i}{\sqrt{2}R} = \frac{1}{\sqrt{2}} V_i$$

即

$$\boxed{|A_v| = \frac{V_o}{V_i} = \frac{1}{\sqrt{2}} = 0.707|_{X_C = R}}$$ (9.18)

此頻率決定如下：

$$X_C = \frac{1}{2\pi f_L C} = R$$

即

$$\boxed{f_L = \frac{1}{2\pi RC}}$$ (9.19)

表成對數形式，

$$G_v = 20 \log_{10} A_v = 20 \log_{10} \frac{1}{\sqrt{2}} = -3 \text{ dB}$$

若增益關係式寫成

$$A_v = \frac{V_o}{V_i} = \frac{R}{R - jX_C} = \frac{1}{1 - j(X_C/R)} = \frac{1}{1 - j(1/\omega CR)} = \frac{1}{1 - j(1/2\pi f CR)}$$

將上述的頻率關係代入，得

$$\boxed{A_v = \frac{1}{1 - j(f_L/f)}}$$ (9.20)

將大小和相位分別開來，可得以下形式：

$$A_v = \frac{V_o}{V_i} = \underbrace{\frac{1}{\sqrt{1+(f_L/f)^2}}}_{A_v \text{的大小}} \underbrace{\angle \tan^{-1}(f_L/f)}_{V_o \text{超前} V_i \text{的相位*}} \qquad (9.21)$$

當 $f = f_L$ 時,大小為

$$|A_v| = \frac{1}{\sqrt{1+(1)^2}} = \frac{1}{\sqrt{2}} = 0.707 \Rightarrow -3 \text{ dB}$$

表成對數形式,增益以 dB 代表,

$$\boxed{A_{v(\text{dB})} = 20 \log_{10} \frac{1}{\sqrt{1+(f_L/f)^2}}} \qquad (9.22)$$

當頻率 $f \ll f_L$ 或 $(f_L/f)^2 \gg 1$ 時,上式可近似成

$$A_{v(\text{dB})} = -10 \log_{10} \left(\frac{f_L}{f}\right)^2$$

最後,

$$\boxed{A_{v(\text{dB})} = -20 \log_{10} \frac{f_L}{f}} \bigg|_{f \ll f_L} \qquad (9.23)$$

這些點從 $0.1 f_L \sim f_L$ 形成的圖形見圖 9.15,呈暗藍色直線。同一圖上另外畫了一條直線在 0 dB 上,對應的 $f \gg f_L$。利用此點,配合直線段,可以得到相當精確的頻率響圖。

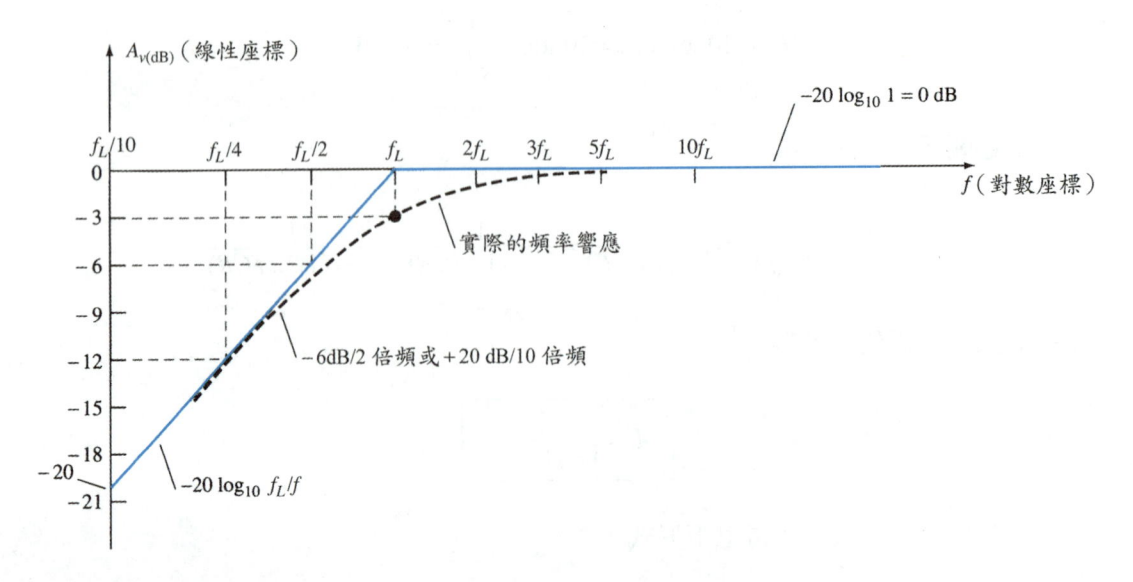

圖 9.15　低頻區的波德圖

漸近線和相關轉折點組合而成的片段線性圖，稱為大小對頻率的波德圖。

頻率變化 2 倍，等於一個 2 倍頻時，增益會變化 6 dB，如圖上頻率自 $f_L/2$ ～f_L 時增益的變化。

頻率變化 10 倍，等於一個 10 倍頻時，增益會變化 20 dB，圖上已清楚說明頻率自 $f_L/10$～f_L 之間的變化。

可以利用以下方法，由頻率圖決定任意頻率點對應的增益：

$$A_{v(dB)} = 20 \log_{10} \frac{V_o}{V_i}$$

即

$$\frac{A_{v(dB)}}{20} = \log_{10} \frac{V_o}{V_i}$$

可得

$$\boxed{A_v = \frac{V_o}{V_i} = 10^{A_{v(dB)}/20}} \tag{9.24}$$

由下式決定相角 θ：

$$\boxed{\theta = \tan^{-1} \frac{f_L}{f}} \tag{9.25}$$

對頻率 $f \ll f_L$ 時，
$$\theta = \tan^{-1} \frac{f_L}{f} \rightarrow 90°$$

對 $f = f_L$，
$$\theta = \tan^{-1} \frac{f_L}{f} = \tan^{-1} 1 = 45°$$

對 $f \gg f_L$，
$$\theta = \tan^{-1} \frac{f_L}{f} \rightarrow 0°$$

$\theta = \tan^{-1}(f_L/f)$ 的圖形提供在圖 9.16，若加上放大器提供的 180° 相移，即可得圖 9.8 的相位圖。

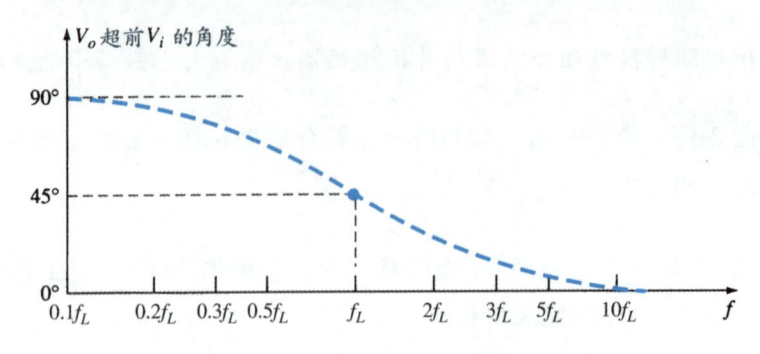

圖 9.16 圖 9.9 中 RC 電路的相位響應

例 9.6

對圖 9.17 的網路：
a. 試決定轉折頻率。
b. 試畫出漸近線，並定好 −3 dB 點。
c. 試畫出頻率響應曲線。
d. 試求出 $A_{v(dB)} = -6$ dB 的增益值。

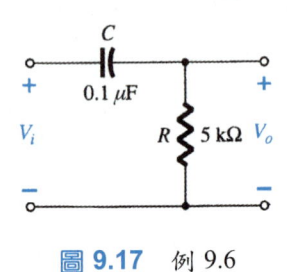

圖 9.17 例 9.6

解：

a. $f_L = \dfrac{1}{2\pi RC} = \dfrac{1}{(6.28)(5\times 10^3\ \Omega)(0.1\times 10^{-6}\ \text{F})}$

$\cong$ **318.5 Hz**

b. 和 **c.** 見圖 9.18。

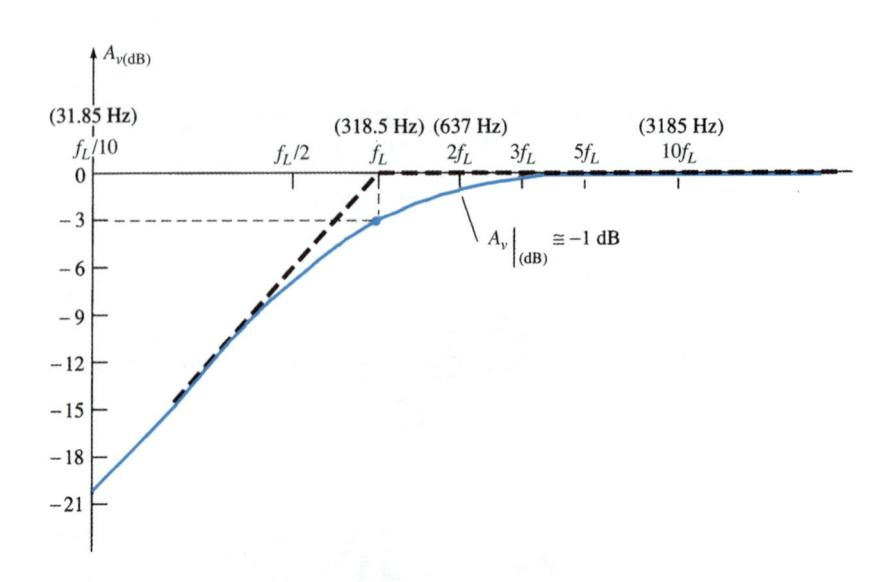

圖 9.18 圖 9.17 中 RC 電路的頻率響應

d. 由式 (9.27)：$A_v = \dfrac{V_o}{V_i} = 10^{A_{v(dB)}/20} = 10^{(-6/20)} = 10^{-0.3} = 0.501$

且 $V_o = (0.501)V_i$，近似於 V_i 的 50%。

9.7 低頻響應──BJT 放大器

就圖 9.19 的電路，電容 C_s、C_C 和 C_E 決定了低頻響應，以下將依序分別單獨考慮個別電容的影響。

C_s 因 C_s 接在外加訊號源和主動元件之間，RC 電路的一般形式建立在圖 9.20 的電路，且 $R_i = R_1 \| R_2 \| \beta r_e$。

利用分壓定律：

$$\mathbf{V}_i = \dfrac{R_i \mathbf{V}_s}{R_s + R_i - jX_{C_s}} \tag{9.26}$$

$$\dfrac{\mathbf{V}_b}{\mathbf{V}_i} = \dfrac{R_i}{R_i - jX_{C_s}} = \dfrac{1}{1 - j\dfrac{X_{C_s}}{R_i}}$$

因數

$$\dfrac{X_{C_s}}{R_i} = \left(\dfrac{1}{2\pi f C_s}\right)\left(\dfrac{1}{R_i}\right) = \dfrac{1}{2\pi f R_i C_s}$$

定義

$$f_{L_s} = \dfrac{1}{2\pi R_i C_s} \tag{9.27}$$

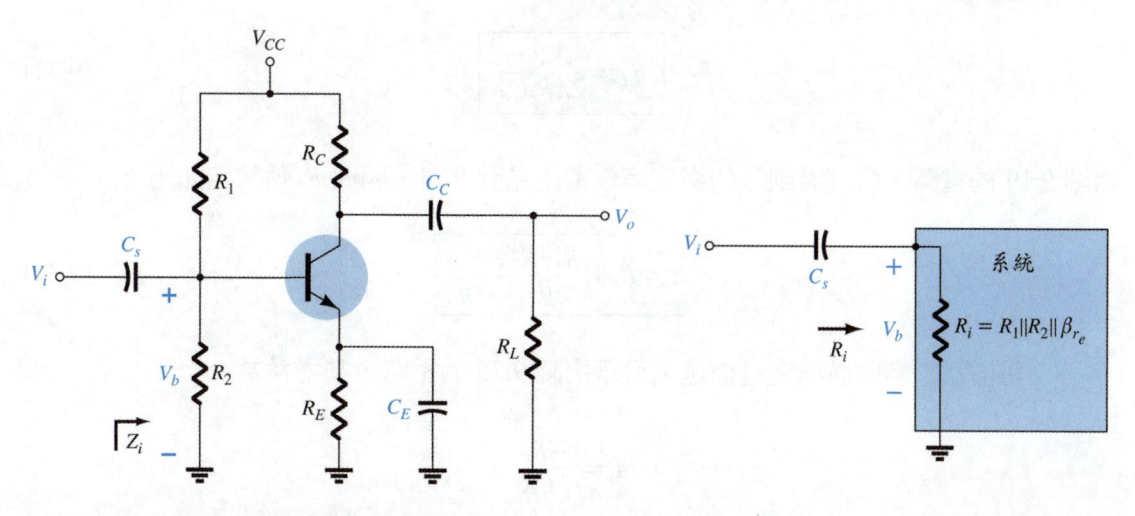

圖 9.19 帶有影響低頻響應的電容之有載 BJT 放大器

圖 9.20 決定 C_s 對低頻響應的效應

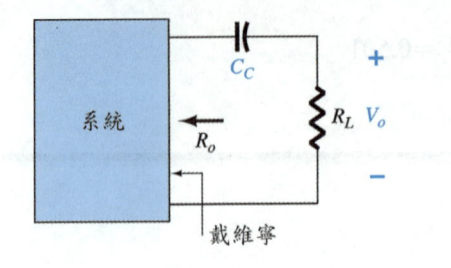

圖 9.21 決定 C_C 對低頻響應的影響 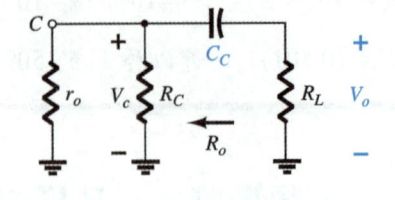   **圖 9.22** $V_i=0$ V 時，針對 C_C 的局部交流等效電路

可得
$$A_v = \frac{V_b}{V_i} = \frac{1}{1-j(f_{L_s}/f)} \tag{9.28}$$

C_C 因耦合電容正常接在主動裝置的輸出和外加負載之間，決定 C_C 對應的低頻截止頻率的 RC 電路見圖 9.21。現在總串聯電阻是 R_o+R_L，C_C 對應的截止頻率決定如下：

$$f_{L_C} = \frac{1}{2\pi(R_o+R_L)C_C} \tag{9.29}$$

對圖 9.19 的網路而言，輸出部分在 $V_i=0$ V 時的交流等效電路見圖 9.22，因此式(9.29)中的 R_o 值為

$$R_o = R_C \| r_o \tag{9.30}$$

C_E 為決定 f_{L_E}，必須先決定 C_E "看到" 的網路，如圖 9.23 所示。一旦建立 R_e 值，可用下式決定 C_E 對應的截止頻率：

$$f_{L_E} = \frac{1}{2\pi R_e C_E} \tag{9.31}$$

對圖 9.19 的電路，C_E "看到" 的交流等效電路見圖 9.24，因此 R_e 值決定如下：

$$R_e = R_E \| \left(\frac{R_1 \| R_2}{\beta} + r_e\right) \tag{9.32}$$

C_E 對增益影響的最佳定量描述，可藉由圖 9.25 的電路，其增益為

$$A_v = \frac{-R_C}{r_e+R_E}$$

圖 9.23 決定 C_E 對低頻響應的影響

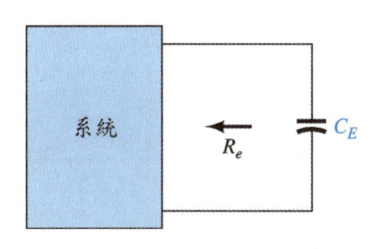

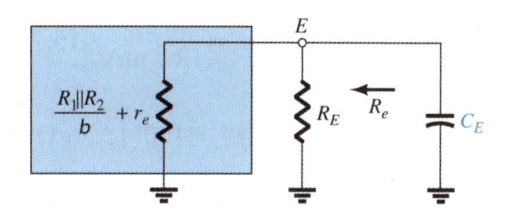

圖 9.24 針對 C_E 的局部交流等效電路

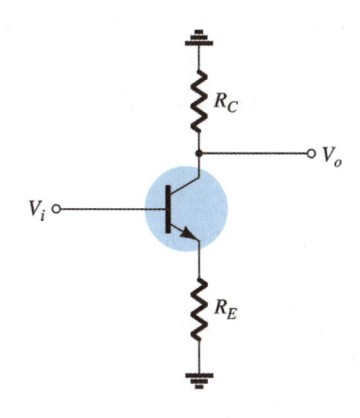

圖 9.25 用來描述 C_E 對放大器增益影響的網路

記住 C_S、C_C 和 C_E 只影響低頻響應,但 C_S、C_C 或 C_E 所決定的截止頻率中,其最高者因離中頻最近,將產生最大的影響。

例 9.7

試利用圖 9.19 的截止頻率,用以下參數:
$C_S = 10\ \mu\text{F}$,$C_E = 20\ \mu\text{F}$,$C_C = 1\ \mu\text{F}$
$R_1 = 40\ \text{k}\Omega$,$R_2 = 10\ \text{k}\Omega$,$R_E = 2\ \text{k}\Omega$,$R_C = 4\ \text{k}\Omega$,$R_L = 2.2\ \text{k}\Omega$
$\beta = 100$,$r_o = \infty\ \Omega$,$V_{CC} = 20\ \text{V}$

解: 為決定 r_e,要求出直流條件,先應用測試公式:

$$\beta R_E = (100)(2\ \text{k}\Omega) = 200\ \text{k}\Omega \gg 10R_2 = 100\ \text{k}\Omega$$

條件滿足,直流基極電壓決定如下:

$$V_B \cong \frac{R_2 V_{CC}}{R_2 + R_1} = \frac{10\ \text{k}\Omega\,(20\ \text{V})}{10\ \text{k}\Omega + 40\ \text{k}\Omega} = \frac{200\ \text{V}}{50} = 4\ \text{V}$$

又

$$I_E = \frac{V_E}{R_E} = \frac{4\ \text{V} - 0.7\ \text{V}}{2\ \text{k}\Omega} = \frac{3.3\ \text{V}}{2\ \text{k}\Omega} = 1.65\ \text{mA}$$

所以
$$r_e = \frac{26 \text{ mV}}{1.65 \text{ mA}} \cong \mathbf{15.76 \ \Omega}$$

且
$$\beta r_e = 100(15.76 \ \Omega) = 1576 \ \Omega = \mathbf{1.576 \text{ k}\Omega}$$

$$A_v = \frac{V_o}{V_i} = \frac{-R_C \| R_L}{r_e} = -\frac{(4 \text{ k}\Omega) \| (2.2 \text{ k}\Omega)}{15.76 \ \Omega} \cong -90$$

C_s

$$R_i = R_1 \| R_2 \| \beta r_e = 40 \text{ k}\Omega \| 10 \text{ k}\Omega \| 1.576 \text{ k}\Omega \cong 1.32 \text{ k}\Omega$$

$$f_{L_S} = \frac{1}{2\pi R_i C_s} = \frac{1}{(6.28)(1.32 \text{ k}\Omega)(10 \ \mu\text{F})}$$

$$f_{L_S} \cong \mathbf{12.06 \text{ Hz}}$$

C_C

$$f_{L_C} = \frac{1}{2\pi (R_o + R_L) C_C} \quad \text{又} \quad R_o = R_C \| r_o \cong R_C$$

$$= \frac{1}{(6.28)(4 \text{ k}\Omega + 2.2 \text{ k}\Omega)(1 \ \mu\text{F})}$$

$$\cong \mathbf{25.68 \text{ Hz}}$$

C_E

$$R_e = R_E \| \left(\frac{R_1 \| R_2}{\beta} + r_e \right)$$

$$= 2 \text{ k}\Omega \| \left(\frac{40 \text{ k}\Omega \| 10 \text{ k}\Omega}{100} + 15.76 \ \Omega \right)$$

$$= 2 \text{ k}\Omega \| \left(\frac{8 \text{ k}\Omega}{100} + 15.76 \ \Omega \right)$$

$$= 2 \text{ k}\Omega \| (80 \ \Omega + 15.76 \ \Omega)$$

$$= 2 \text{ k}\Omega \| 95.76 \ \Omega$$

$$\cong 91.38 \ \Omega$$

$$f_{L_E} = \frac{1}{2\pi R_e C_E} = \frac{1}{(6.28)(91.38 \ \Omega)(20 \ \mu\text{F})} = \frac{10^6}{11,477.73} \cong \mathbf{87.13 \text{ Hz}}$$

因 $f_{L_E} \gg f_{L_C}$ 或 f_{L_S}，所以旁路電容 C_E 決定了放大器的低頻截止頻率。

9.8　R_s 對放大器低頻響應的影響

　　訊號源電阻對各種截止頻率的影響，在圖 9.26 中，訊號源及其源阻加到圖 9.19 的電路組態中，此時的增益是輸出電壓 V_o 和訊號源 V_s 之間的放大倍數。

C_s　輸入部分的等效電路見圖 9.27，R_i 繼續等於 $R_1 \| R_2 \| \beta r_e$。

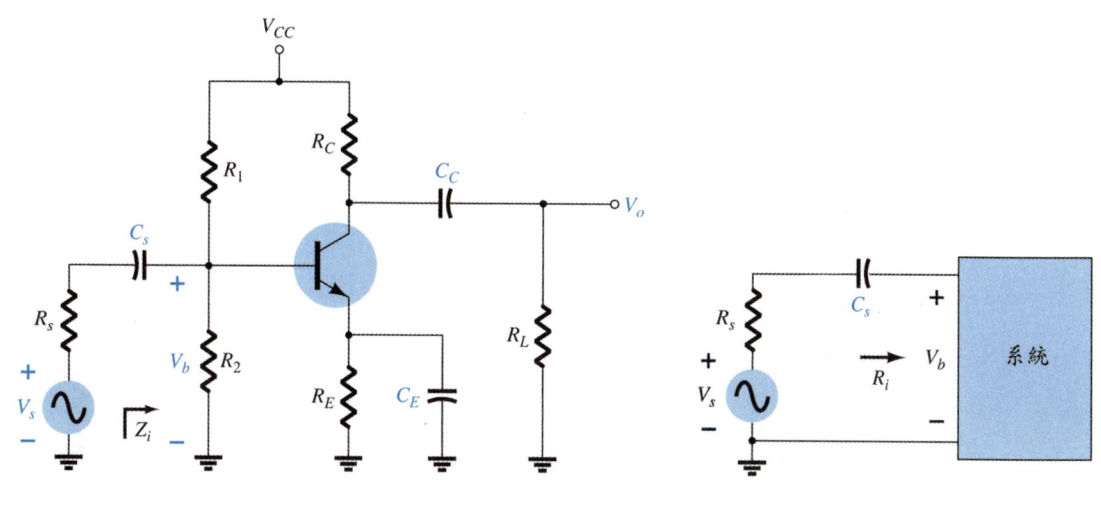

圖 9.26 決定 R_s 對 BJT 放大器的低頻響應

圖 9.27 決定 C_s 對低頻響應的效應

截止頻率公式：

$$f_{L_s} = \frac{1}{2\pi(R_i+R_s)C_s} \tag{9.33}$$

驗證我們的假設先應用分壓公式如下：

$$\mathbf{V}_b = \frac{R_i \mathbf{V}_s}{R_s+R_i-jX_{C_s}} \tag{9.34}$$

截止頻率決定於 C_s，將上式表成標準形式

$$\frac{\mathbf{V}_b}{\mathbf{V}_s} = \frac{R_i}{R_s+R_i-jX_{C_s}} = \frac{1}{1+\dfrac{R_s}{R_i}-j\dfrac{X_{C_s}}{R_i}}$$

$$= \frac{1}{\left(1+\dfrac{R_s}{R_i}\right)\left[1-j\dfrac{X_{C_s}}{R_i}\left(\dfrac{1}{1+\dfrac{R_s}{R_i}}\right)\right]} = \frac{1}{\left(1+\dfrac{R_s}{R_i}\right)\left(1-j\dfrac{X_{C_s}}{R_i+R_s}\right)}$$

因數

$$\frac{X_{C_s}}{R_i+R_s} = \left(\frac{1}{2\pi f C_s}\right)\left(\frac{1}{R_i+R_s}\right) = \frac{1}{2\pi f(R_i+R_s)C_s}$$

定義

$$f_{L_s} = \frac{1}{2\pi(R_i+R_s)C_s}$$

可得
$$\frac{\mathbf{V}_b}{\mathbf{V}_s} = \frac{1}{\left(\dfrac{1}{1+\dfrac{R_s}{R_i}}\right)\left(1-\dfrac{1}{1-if_{L_s/f}}\right)}$$

最後
$$\mathbf{A}_v = \frac{\mathbf{V}_b}{\mathbf{V}_s} = \left[\frac{R_i}{R_i+R_s}\right]\left[\frac{1}{1-f(f_{L_s}/f)}\right]$$

就中頻而言，輸入部分的電路可表成如圖 9.28 所示。

所以
$$A_{v_{\text{mid}}} = \frac{\mathbf{V}_b}{\mathbf{V}_s} = \frac{R_i}{R_i+R_s} \tag{9.35}$$

且
$$\frac{A_v}{A_{v_{\text{mid}}}} = \frac{1}{1-j(f_{L_s}/f)}$$

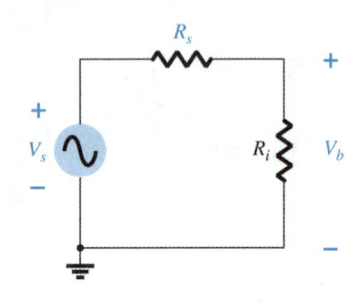

圖 9.28　決定 R_s 對增益 A_{v_s} 的影響

截止頻率 f_{L_s} 如上所定，且

$$f_{L_s} = \frac{1}{2\pi(R_s+R_i)C_s} \tag{9.36}$$

C_C　回顧 9.7 節對耦合電容 C_C 的分析，可發現截止頻率公式的推導是相同的，即

$$f_{L_C} = \frac{1}{2\pi(R_o+R_L)C_C} \tag{9.37}$$

C_E　再依據 9.7 節對同一電容(C_E)的分析，代入截止頻率公式，可發現 R_s 會影響電阻值，因此

$$f_{L_E} = \frac{1}{2\pi R_e C_E} \tag{9.38}$$

又
$$R_e = R_E \| \left(\frac{R'_s}{\beta}+r_e\right) \text{ 和 } R'_s = R_s \| R_1 \| R_2$$

例 9.8

重做例 9.7 的分析，但採用 1 kΩ 的源阻，增益則取 V_o/V_s 而非 V_o/V_i，並比較結果。

解：

a. 直流條件維持不變：

$$r_e = 15.76\ \Omega\ \text{和}\ \beta r_e = 1.576\ \text{k}\Omega$$

$$A_v = \frac{V_o}{V_i} = \frac{-R_C \| R_L}{r_e} \cong -90\ \text{同前}$$

可得輸入阻抗

$$Z_i = R_i = R_1 \| R_2 \| \beta r_e$$
$$= 40\ \text{k}\Omega \| 10\ \text{k}\Omega \| 1.576\ \text{k}\Omega$$
$$\cong 1.32\ \text{k}\Omega$$

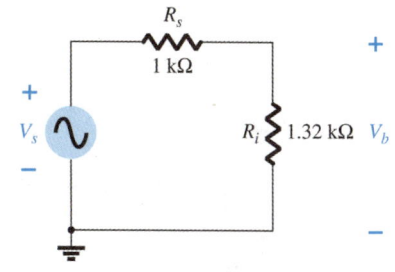

並由圖 9.29，

$$V_b = \frac{R_i V_s}{R_i + R_s}$$

即

$$\frac{V_b}{V_s} = \frac{R_i}{R_i + R_s} = \frac{1.32\ \text{k}\Omega}{1.32\ \text{k}\Omega + 1\ \text{k}\Omega} = 0.569$$

所以

$$A_{v_s} = \frac{V_o}{V_s} = \frac{V_o}{V_i} \cdot \frac{V_b}{V_s} = (-90)(0.569)$$
$$= -51.21$$

圖 9.29 決定 R_s 對增益 A_{v_s} 的影響

C_s

$$R_i = R_1 \| R_2 \| \beta r_e = 40\ \text{k}\Omega \| 10\ \text{k}\Omega \| 1.576\ \text{k}\Omega \cong 1.32\ \text{k}\Omega$$

$$f_{L_S} = \frac{1}{2\pi (R_s + R_i) C_s} = \frac{1}{(6.28)(1\ \text{k}\Omega + 1.32\ \text{k}\Omega)(10\ \mu\text{F})}$$

$$f_{L_S} \cong 6.86\ \text{Hz}\ \text{對}\ 12.06\ \text{Hz}\ \text{沒有}\ R_s\ \text{時}$$

C_C

$$f_{L_C} = \frac{1}{2\pi (R_C + R_L) C_C} = \frac{1}{(6.28)(4\ \text{k}\Omega + 2.2\ \text{k}\Omega)(1\ \mu\text{F})}$$

$$\cong 25.68\ \text{Hz}\ \text{同前}$$

C_E

$$R_s' = R_s \| R_1 \| R_2 = 1\ \text{k}\Omega \| 40\ \text{k}\Omega \| 10\ \text{k}\Omega \cong 0.889\ \text{k}\Omega$$

$$R_e = R_E \left\| \left(\frac{R_s'}{\beta} + r_e \right) = 2\ \text{k}\Omega \right\| \left(\frac{0.889\ \text{k}\Omega}{100} + 15.76\ \Omega \right)$$

$$= 2\ \text{k}\Omega \| (8.89\ \Omega + 15.76\ \Omega) = 2\ \text{k}\Omega \| 24.65\ \Omega \cong 24.35\ \Omega$$

$$f_{L_E} = \frac{1}{2\pi R_e C_E} = \frac{1}{(6.28)(24.35\ \Omega)(20\ \mu\text{F})} = \frac{10^6}{3058.36}$$

$$\cong 327\ \text{Hz}\ (\text{對沒有}\ R_s\ \text{時是 87.13 Hz})$$

9.9　低頻響應──FET 放大器

FET 放大器在低頻區的分析，和 9.7 節 BJT 放大器的分析很類似。一樣有三個主要考慮的電容，見圖 9.30 的網路，即 C_G、C_C 和 C_S。

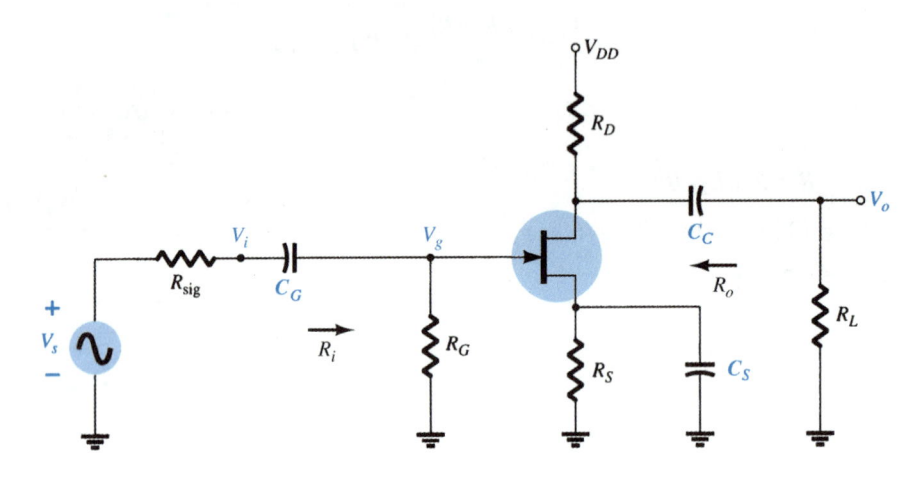

圖 9.30　會影響 JFET 放大器低頻響應的電容性元件

C_G　對訊號源和主動元件之間的耦合電容，交流等效網路見圖 9.31，C_G 決定的截止頻率如下：

$$f_{L_G} = \frac{1}{2\pi(R_{\text{sig}} + R_i)C_G} \tag{9.39}$$

對圖 9.30 的網路，

$$R_i = R_G \tag{9.40}$$

一般而言，$R_G \gg R_{\text{sig}}$，所以低頻截止頻率主要由 R_G 和 C_G 決定。

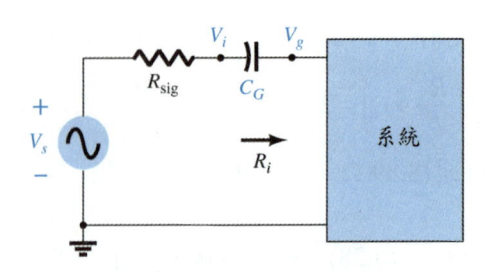

圖 9.31　決定 C_G 對低頻響應的影響

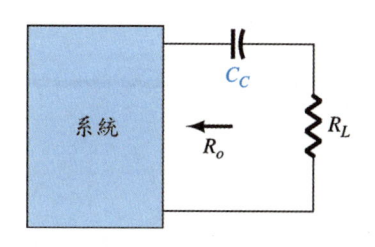

圖 9.32 決定 C_C 對低頻響應的影響 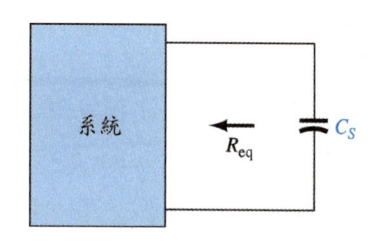　　　　**圖 9.33** 決定 C_S 對低頻響應的影響

C_C　對主動裝置和負載之間的耦合電容，可得圖 9.32 的網路，可得截止頻率是

$$f_{L_C} = \frac{1}{2\pi(R_o + R_L)C_C} \tag{9.41}$$

對圖 9.30 的網路，

$$R_o = R_D \| r_d \tag{9.42}$$

G_S　對源極電容 C_S，對應的電阻值定義在圖 9.33，截止頻率定義為

$$f_{L_S} = \frac{1}{2\pi R_{eq} C_S} \tag{9.43}$$

對圖 9.30，所得 R_{eq} 變成

$$R_{eq} = \frac{R_S}{1 + R_S(1 + g_m r_d)/(r_d + R_D \| R_L)} \tag{9.44}$$

若 $r_d \cong \infty\ \Omega$，R_{eq} 變成

$$R_{eq} = R_S \left\| \frac{1}{g_m} \right._{r_d \cong \infty\ \Omega} \tag{9.45}$$

例 9.9

a. 試利用以下參數,決定圖 9.30 網路的低頻截止頻率:

$C_G = 0.01\ \mu\text{F}$,$C_C = 0.5\ \mu\text{F}$,$C_S = 2\ \mu\text{F}$

$R_{\text{sig}} = 10\ \text{k}\Omega$,$R_G = 1\ \text{M}\Omega$,$R_D = 4.7\ \text{k}\Omega$,$R_S = 1\ \text{k}\Omega$,$R_L = 2.2\ \text{k}\Omega$

$I_{DSS} = 8\ \text{mA}$,$V_P = -4\ \text{V}$ $r_d = \infty\ \Omega$,$V_{DD} = 20\ \text{V}$

b. 試利用波德圖畫出頻率響應。

解:

a. 直流分析:畫出轉移特性 $I_D = I_{DSS}(1 - V_{GS}/V_P)^2$,並重疊在負載線 $V_{GS} = -I_D R_S$ 上,交點在 $V_{GS_Q} = -2\ \text{V}$ 且 $I_{D_Q} = 2\ \text{mA}$。另外,

$$g_{m0} = \frac{2I_{DSS}}{|V_P|} = \frac{2(8\ \text{mA})}{4\ \text{V}} = 4\ \text{mS}$$

$$g_m = g_{m0}\left(1 - \frac{V_{GS_Q}}{V_P}\right) = 4\ \text{mS}\left(1 - \frac{-2\ \text{V}}{-4\ \text{V}}\right) = 2\ \text{mS}$$

C_G 由式 (9.33):$f_{L_G} = \dfrac{1}{2\pi(R_{\text{sig}} + R_i)C_G} = \dfrac{1}{2\pi(10\ \text{k}\Omega + 1\ \text{M}\Omega)(0.01\ \mu\text{F})} \cong \mathbf{15.8\ Hz}$

C_C 由式 (9.35):$f_{L_C} = \dfrac{1}{2\pi(R_o + R_L)C_C} = \dfrac{1}{2\pi(4.7\ \text{k}\Omega + 2.2\ \text{k}\Omega)(0.5\ \mu\text{F})} \cong \mathbf{46.13\ Hz}$

C_S $R_{eq} = R_S \| \dfrac{1}{g_m} = 1\ \text{k}\Omega \| \dfrac{1}{2\ \text{mS}} = 1\ \text{k}\Omega \| 0.5\ \text{k}\Omega = 333.33\ \Omega$

由式 (9.37):$\qquad f_{L_S} = \dfrac{1}{2\pi R_{eq} C_S} = \dfrac{1}{2\pi(333.33\ \Omega)(2\ \mu\text{F})} = \mathbf{238.73\ Hz}$

因 f_{L_S} 是三個截止頻率中最大者,此頻率定義了圖 9.30 網路的低頻截止頻率。

b. 系統的中頻增益定義如下:

$$A_{v_{\text{mid}}} = \frac{V_o}{V_i} = -g_m(R_D \| R_L) = -(2\ \text{mS})(4.7\ \text{k}\Omega \| 2.2\ \text{k}\Omega)$$

$$= -(2\ \text{mS})(1.499\ \text{k}\Omega)$$

$$\cong \mathbf{-3}$$

用中頻增益將圖 9.30 網路的響應標準化,可得圖 9.34 的頻率響應圖。

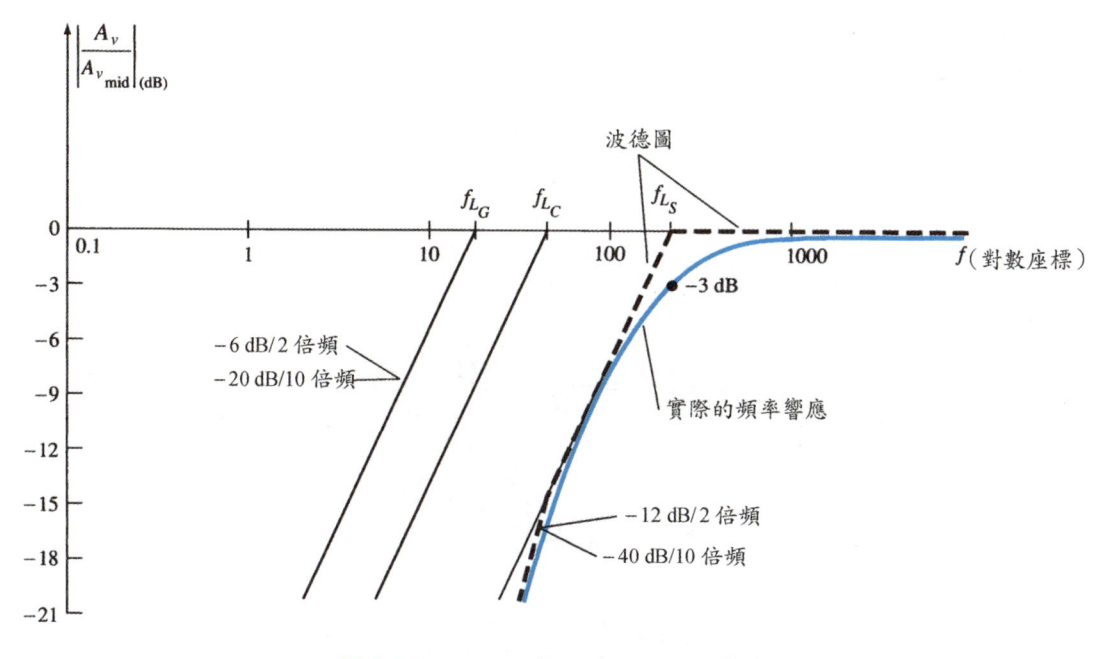

圖 9.34 例 9.9 JFET 電路的低頻響應

9.10 米勒效應電容

在高頻區,會產生重要影響的電容元件是主動元件內部的極間(腳位之間)電容和網路接頭之間的接線電容。

對反相放大器(輸入和輸出之間相差 180°,使 A_v 為負值)而言,由於裝置輸入和輸出腳位之間的電容和放大器的增益,會使輸入和輸出電容的電容值增加。在圖 9.35 中,此"反饋"電容定義為 C_f。

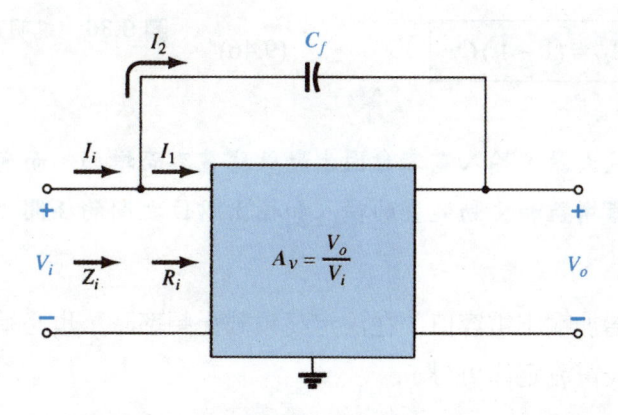

圖 9.35 利用此電路推導米勒輸入電容的關係式

利用克希荷夫電流定律得

$$I_i = I_1 + I_2$$

利用歐姆定律得

$$I_i = \frac{V_i}{Z_i}, \quad I_1 = \frac{V_i}{R_i}$$

且

$$I_2 = \frac{V_i - V_o}{X_{C_f}} = \frac{V_i - A_v V_i}{X_{C_f}} = \frac{(1 - A_v) V_i}{X_{C_f}}$$

代入得

$$\frac{V_i}{Z_i} = \frac{V_i}{R_i} + \frac{(1 - A_v) V_i}{X_{C_f}}$$

即

$$\frac{1}{Z_i} = \frac{1}{R_i} + \frac{1}{X_{C_f}/(1 - A_v)}$$

但

$$\frac{X_{C_f}}{1 - A_v} = \underbrace{\frac{1}{\omega (1 - A_v) C_f}}_{C_M} = X_{C_M}$$

即

$$\frac{1}{Z_i} = \frac{1}{R_i} + \frac{1}{X_{C_M}}$$

由此可建立圖 9.36 的等效網路。此為圖 9.37 放大器的等效輸入阻抗，其中有 R_i 和一個為放大器增益放大的反饋電容抗。

因此一般而言，米勒效應輸入電容定義如下：

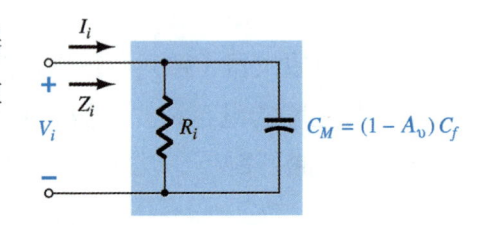

$$\boxed{C_{M_i} = (1 - A_v) C_f} \qquad (9.46)$$

圖 9.36 說明米勒效應電容的影響

對任何反相放大器，輸入電容會因米勒效應電容而增加，而米勒效益電容會受到放大器增益和主動裝置的輸入和輸出腳位之間的極間（寄生）電容的影響。

米勒效應也會增加輸出電容值，在決定高頻截止頻率時，也必須考慮此電容。在圖 9.37 中應用克希荷夫電流定律可得

$$I_o = I_1 + I_2$$

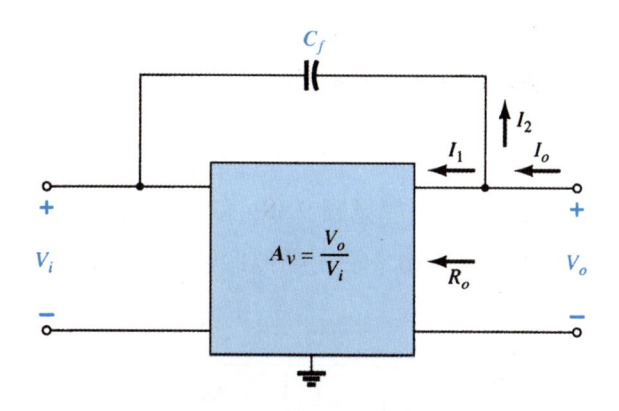

圖 9.37 用來推導米勒輸出電容關係式的網路

其中

$$I_1 = \frac{V_o}{R_o} \quad 且 \quad I_2 = \frac{V_o - V_i}{X_{C_f}}$$

$$I_o \cong \frac{V_o - V_i}{X_{C_f}}$$

由 $A_v = V_o/V_i$ 得 $V_i = V_o/A_v$，代入上式得

$$I_o = \frac{V_o - V_o/A_v}{X_{C_f}} = \frac{V_o(1 - 1/A_v)}{X_{C_f}}$$

即

$$\frac{I_o}{V_o} = \frac{1 - 1/A_v}{X_{C_f}}$$

或

$$\frac{V_o}{I_o} = \frac{X_{C_f}}{1 - 1/A_v} = \frac{1}{\omega C_f(1 - 1/A_v)} = \frac{1}{\omega C_{M_o}}$$

產生米勒輸出電容的關係式如下：

$$\boxed{C_{M_o} = \left(1 - \frac{1}{A_v}\right)C_f} \tag{9.47}$$

對於 $A_v \gg 1$ 的通常情況，式(9.47)可簡化成

$$\boxed{C_{M_o} \cong C_f} \Big|_{|A_v| \gg 1} \tag{9.48}$$

9.11 高頻響應──BJT 放大器

網路參數

在高頻區,所關注的 RC 網路組態見圖 9.38。隨著頻率的上升,電抗 X_C 的大小會下降,使增益下降,最後輸出端會短路。沿用類似低頻區的推導方法,可導出此 RC 網路的轉角頻率的一般形式:

$$A_v = \frac{1}{1+j(f/f_H)} \tag{9.49}$$

由此可得如圖 9.39 所示的增益大小對頻率圖,隨著頻率增加,增益大小以 6 dB/2 倍頻的斜率下降。

在圖 9.40 中,電晶體的各種寄生電容(C_{be}、C_{bc}、C_{ce})和接線電容(C_{W_i}、C_{W_o})包含在電路中。圖 9.40 網路的高頻等效模型見圖 9.41。注意到,電容 C_s、C_C 和 C_E 不見了。因為在高頻都假定為短路。電容 C_i 包括輸入接線電容 C_{W_i}、遷移(以及擴散)電容 C_{be} 和米勒電容 C_{M_i}。電容 C_o 包括輸出接線電容 C_{W_o},寄生電容 C_{ce} 和輸出米勒電容 C_{M_o}。

決定圖 9.41 輸入和輸出網路的戴維寧等效電路,可得圖 9.42 的電路組態。對輸入網路,−3 dB 頻率決定如下:

$$f_{H_i} = \frac{1}{2\pi R_{\text{Th}_i} C_i} \tag{9.50}$$

又

$$R_{\text{Th}_i} = R_s \| R_1 \| R_2 \| R_i \tag{9.51}$$

且

$$C_i = C_{W_i} + C_{be} + C_{M_i} = C_{W_i} + C_{be} + (1 - A_v)C_{bc} \tag{9.52}$$

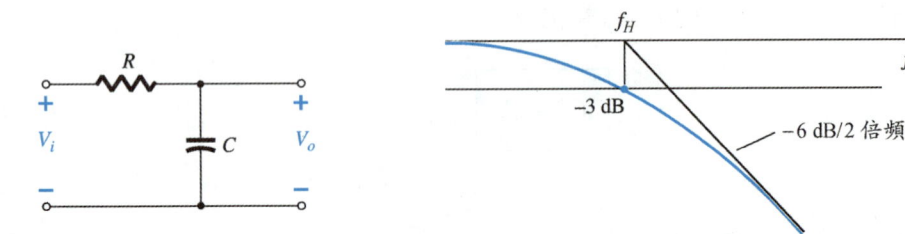

圖 9.38 定義高頻截止頻率的網路組合

圖 9.39 由式(9.49)定義的漸近圖

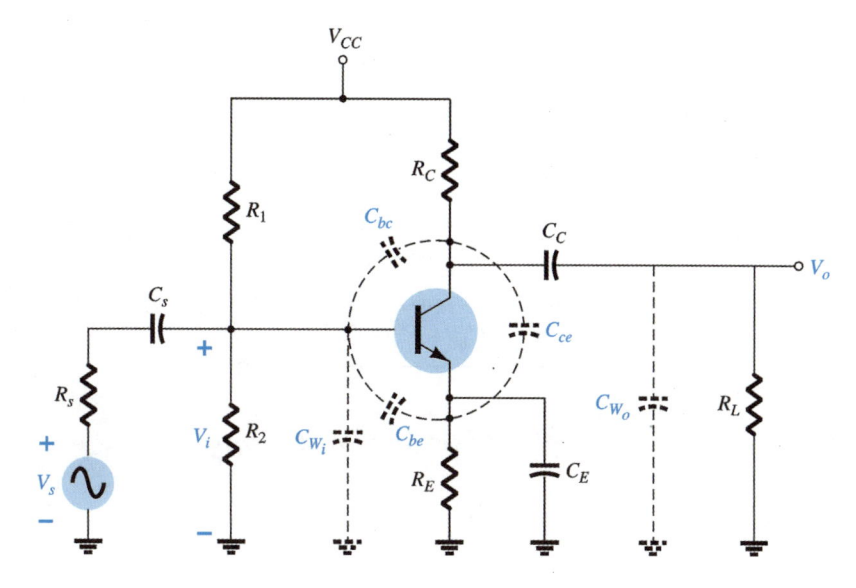

圖 9.40 圖 9.19 的網路加上會影響高頻響應的電容

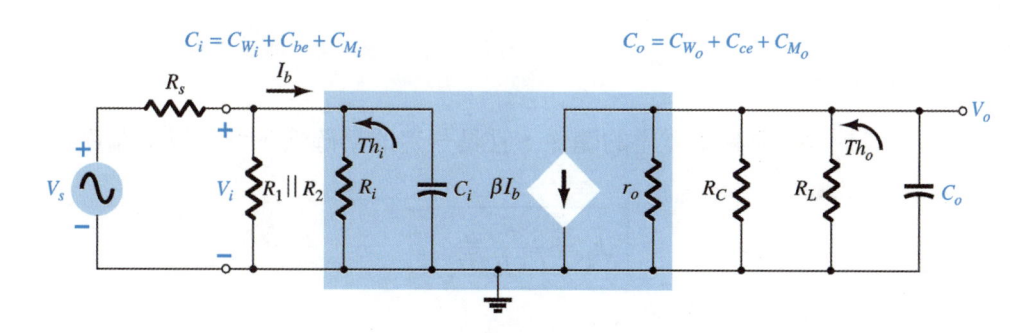

圖 9.41 圖 9.40 網路的高頻交流等效模型

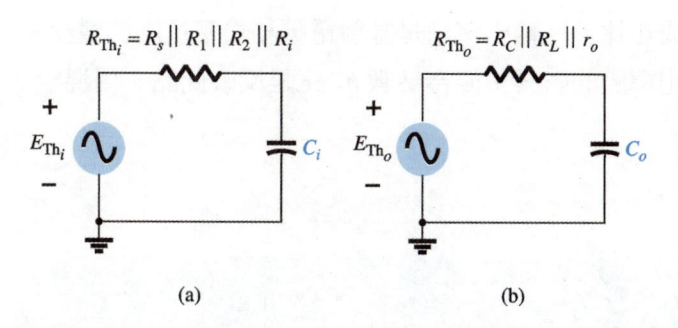

(a)   (b)

圖 9.42 圖 9.41 網路的輸入和輸出部分的戴維寧等效電路

在極高頻，C_i 會減低圖 9.41 中 R_1、R_2、R_i 和 C_i 的總並聯阻抗，結果使 C_i 的壓降降低，因而使 I_b 降低，也使系統增益降低。

對輸出網路，

$$f_{H_o} = \frac{1}{2\pi R_{Th_o} C_o} \tag{9.53}$$

又
$$R_{Th_o} = R_C \| R_L \| r_o \tag{9.54}$$

且
$$C_o = C_{W_o} + C_{ce} + C_{M_o} \tag{9.55}$$

或
$$C_o = C_{W_o} + C_{ce} + (1 - 1/A_v) C_{bc}$$

對很大的 A_v（一般情況）： $1 \gg 1/A_v$

即
$$C_o \cong C_{W_o} + C_{ce} + C_{be} \tag{9.56}$$

h_{fe}（或 β）的變化

為探討 h_{fe}（或 β）隨頻率變化的關係，且具一定的精確性，考慮以下關係式：

$$h_{fe} = \frac{h_{fe_{mid}}}{1 + j(f/f_\beta)} \tag{9.57}$$

定義量是 f_β 利用圖 9.43 混合 π 模型中的一組參數來決定。

電阻 r_μ 反映基極電流會受到集極對基極電壓的影響，因根據歐姆定律，基極對射極電壓和基極電流成正比，且輸出電壓是基射電壓和集基電壓的電壓差。由此可得結論，基極電流會到輸出電壓的影響，混合參數 h_{r_e} 正是反映此點。用混合 π 參數代表，

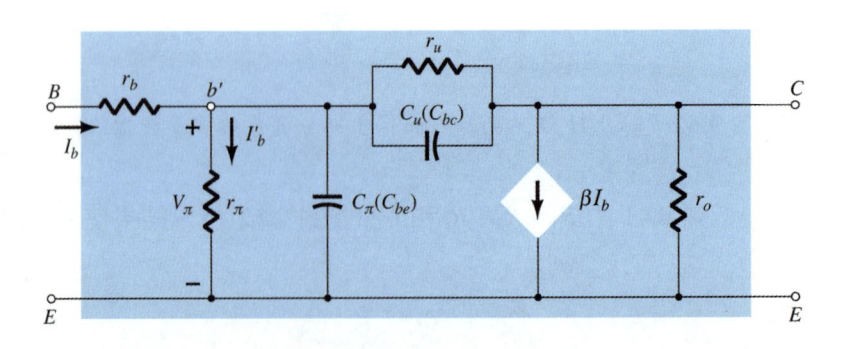

圖 9.43　電晶體的混合 π 高頻小訊號交流等效電路

$$f_\beta \text{（有時表成 } f_{h_{fe}}） = \frac{1}{2\pi r_\pi (C_\pi + C_u)} \tag{9.58}$$

又因 $r_\pi = \beta r_e = h_{fe_{mid}} r_e$，

$$f_\beta = \frac{1}{h_{fe_{mid}}} \frac{1}{2\pi r_e (C_\pi + C_u)} \tag{9.59}$$

f_β 是偏壓值的函數。

若 f_α 和 α 已知，則可利用下式直接決定 f_β：

$$f_\beta = f_\alpha (1-\alpha) \tag{9.60}$$

增益頻寬積

在放大器有一個**價值指數**，稱為**增益頻寬積**(GBP)，它提供了放大器增益和預期工作頻率範圍之間的重要資訊。

在圖 9.44 中顯示了某放大器的頻率響應，其增益為 100，低頻截止頻率是 250 Hz，高頻截止頻率是 1 MHz。

放大器在低頻端的增益常稱為直流增益。

從圖 9.44 可清楚看出，因低頻截止頻率相對甚小，故頻寬幾由高頻截止頻率決定。若圖 9.44 的水平軸改用對數座標，將得到圖 9.45。

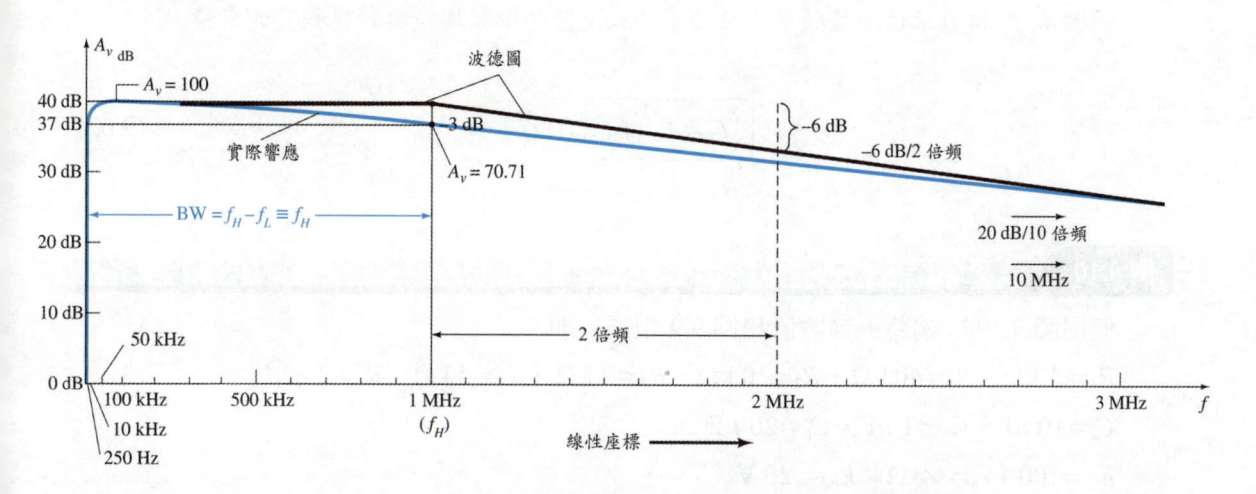

圖 9.44 以線性頻率座標率畫出放大器的 dB 增益曲線

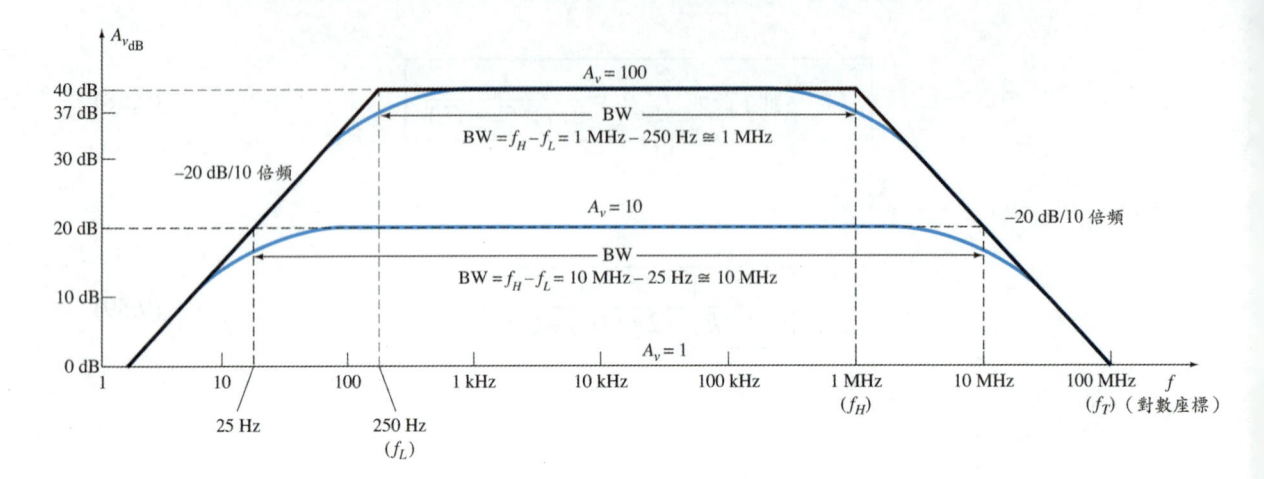

圖 9.45 找出兩不同增益對應的頻寬

可看出頻率響應的高頻轉折頻率記為 f_H，而低頻轉折頻率則記為 f_L。

增益頻寬積是

$$\boxed{GBP = A_{v_{\text{mid}}} BW} \tag{9.61}$$

就此例而言，

$$GBP = (100)(1\ MHz) = 100\ MHz$$

事實上，就任何增益值而言，增益頻寬積維持定值。

當 $A_v = 1$ 或 $A_v|_{dB} = 0\ dB$ 時，其頻寬定為 f_T，見圖 9.45。

一般而言，

頻率 f_T 稱為單位增益頻率，且必等於放大器的中頻增益與對應頻寬的乘積。

$$\boxed{f_T = A_{v_{\text{mid}}} f_H}\ (Hz) \tag{9.62}$$

例 9.10

使用圖 9.19 的網路，參數值和例 9.9 相同，即

$R_s = 1\ k\Omega$，$R_1 = 40\ k\Omega$，$R_2 = 10\ k\Omega$，$R_E = 2\ k\Omega$，$R_C = 4\ k\Omega$，$R_L = 2.2\ k\Omega$

$C_s = 10\ \mu F$，$C_C = 1\ \mu F$，$C_E = 20\ \mu F$

$h_{fe} = 100$，$r_o = \infty\ \Omega$，$V_{CC} = 20\ V$

再加上
$$C_\pi(C_{be}) = 36 \text{ pF} , C_u(C_{bc}) = 4 \text{ pF} , C_{ce} = 1 \text{ pF} , C_{W_i} = 6 \text{ pF} , C_{W_o} = 8 \text{ pF}$$

a. 決定 f 和 f_{H_o}。
b. 試求出 f_β 和 f_T。
c. 試利用例 9.8 的結果以及本例中(a)、(b)的結果，畫出低頻區和高頻區的頻率響應。

解：

a. 由例 9.8：

$$R_i = 1.32 \text{ k}\Omega , A_{v_{\text{mid}}}（放大器－不含 R_s 的效應）= -90$$

且
$$R_{Th_i} = R_s \| R_1 \| R_2 \| R_i = 1 \text{ k}\Omega \| 40 \text{ k}\Omega \| 10 \text{ k}\Omega \| 1.32 \text{ k}\Omega$$
$$\cong 0.531 \text{ k}\Omega$$

又
$$C_i = C_{W_i} + C_{be} + (1 - A_v) C_{bc}$$
$$= 6 \text{ pF} + 36 \text{ pF} + [1 - (-90)] 4 \text{ pF}$$
$$= 406 \text{ pF}$$

$$f_{H_i} = \frac{1}{2\pi R_{Th_i} C_i} = \frac{1}{2\pi (0.531 \text{ k}\Omega)(406 \text{ pF})}$$
$$= \mathbf{738.24 \text{ kHz}}$$

$$R_{Th_o} = R_C \| R_L = 4 \text{ k}\Omega \| 2.2 \text{ k}\Omega = 1.419 \text{ k}\Omega$$
$$C_o = C_{W_o} + C_{ce} + C_{M_o} = 8 \text{ pF} + 1 \text{ pF} + \left(1 - \frac{1}{-90}\right) 4 \text{ pF}$$
$$= 13.04 \text{ pF}$$

$$f_{H_o} = \frac{1}{2\pi R_{Th_o} C_o} = \frac{1}{2\pi (1.419 \text{ k}\Omega)(13.04 \text{ pF})}$$
$$= \mathbf{8.6 \text{ MHz}}$$

b. 利用式(9.60)，得

$$f_\beta = \frac{1}{2\pi h_{fe_{\text{mid}}} r_e (C_{be} + C_{bc})}$$
$$= \frac{1}{2\pi (100)(15.76 \text{ }\Omega)(36 \text{ pF} + 4 \text{ pF})} = \frac{1}{2\pi (100)(15.76 \text{ }\Omega)(40 \text{ pF})}$$
$$= \mathbf{2.52 \text{ MHz}}$$

$$f_T = h_{f_{\text{mid}}} f_\beta = (100)(2.52 \text{ MHz})$$
$$= \mathbf{252 \text{ MHz}}$$

c. 見圖 9.46，轉角頻率 f_{H_i} 決定了放大器的高頻截止頻率和頻寬。高頻截止頻率很接近 600 kHz。

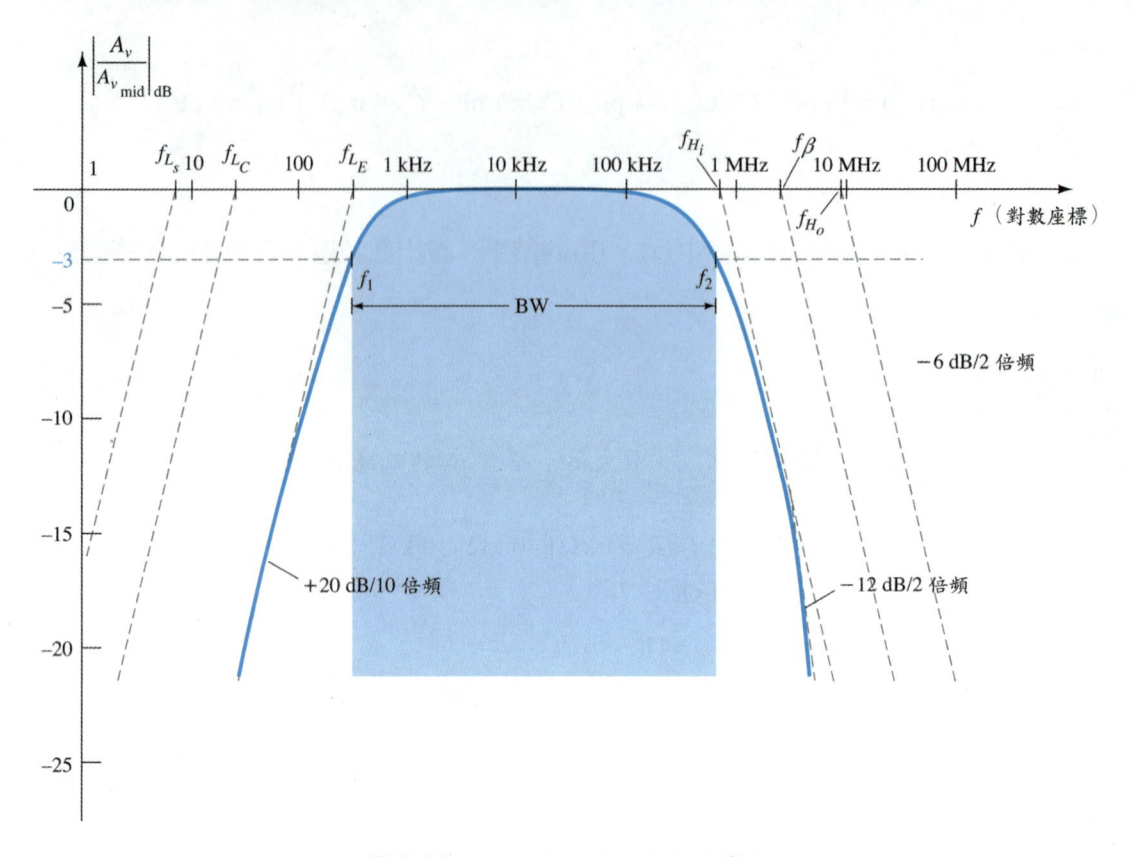

圖 9.46　圖 9.19 網路的全頻率響應

9.12　高頻響應──FET 放大器

　　FET 放大器的高頻響應分析，其進行方式和 BJT 放大器極類似。如圖 9.47 所示，決定放大器高頻特性的有極間電容和接線電容。電容 C_{gs} 和 C_{gd} 一般在 1 pF～10 pF 之間，而電容 C_{ds} 會小一點，在 0.1 pF～1 pF 的範圍。

　　因圖 9.47 的網路是反相放大器，所以米勒電容會出現在圖 9.48 的高頻交流等效網路中。在高頻，C_i 會逐漸趨近於短路且 V_{gs} 會逐漸下降，使總增益降低。另方面，當頻率增加使 C_o 逐漸趨近於短路時，並聯輸出電壓 V_o 的大小也會下降。

　　可先求出輸入電路和輸出電路的戴維寧等效電路，見圖 9.49，再分別定出這兩部分的截止頻率。對輸入電路，

$$f_{H_i} = \frac{1}{2\pi R_{Th_i} C_i} \tag{9.63}$$

第 9 章　BJT 和 JFET 的頻率響應　369

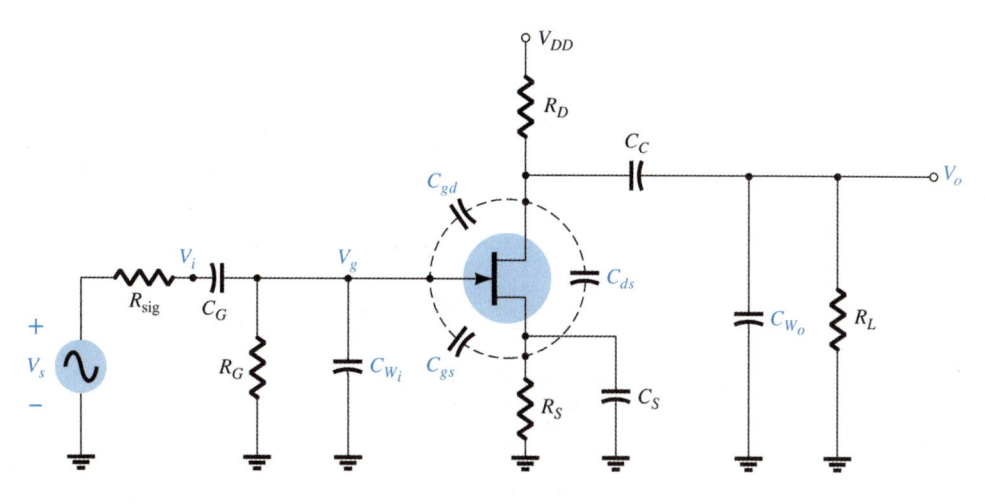

圖 9.47　影響 JFET 高頻響應的電容性元件

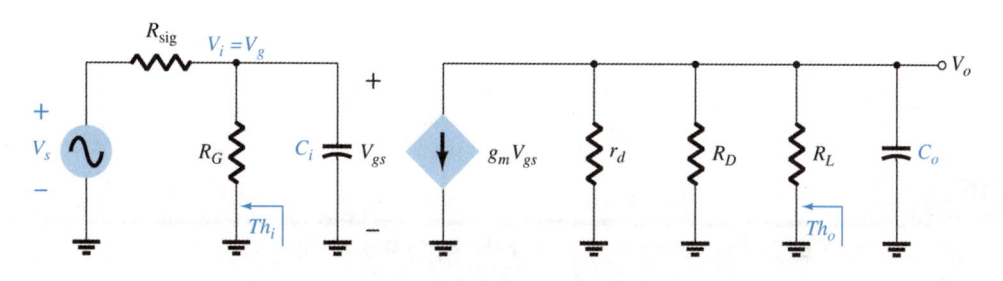

圖 9.48　圖 9.47 的高頻交流等效電路

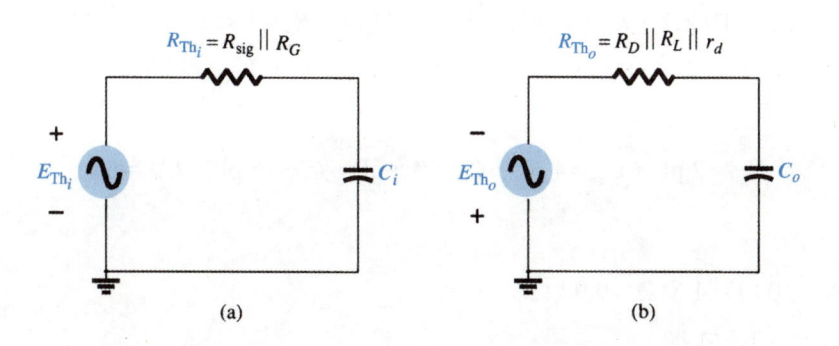

圖 9.49　輸入部分(a)和輸出部分(b)的戴維寧等效電路

且

$$R_{Th_i} = R_{sig} \| R_G \tag{9.64}$$

又

$$C_i = C_{W_i} + C_{gs} + C_{M_i} \tag{9.65}$$

且
$$C_{M_i} = (1-A_v)C_{gd} \tag{9.66}$$

對輸出電路，
$$f_{H_o} = \frac{1}{2\pi R_{Th_o} C_o} \tag{9.67}$$

又
$$R_{Th_o} = R_D \| R_L \| r_d \tag{9.68}$$

且
$$C_o = C_{W_o} + C_{ds} + C_{M_o} \tag{9.69}$$

且
$$C_{M_o}\left(1-\frac{1}{A_v}\right)C_{gd} \tag{9.70}$$

例 9.11

試決定圖 9.47 網路的高頻截止頻率，利用和例 9.9 相同的參數：

$$C_G=0.01\ \mu F \text{，} C_C=0.5\ \mu F \text{，} C_s=2\ \mu F$$
$$R_{sig}=10\ k\Omega \text{，} R_G=1\ M\Omega \text{，} R_D=4.7\ k\Omega \text{，} R_S=1\ k\Omega \text{，} R_L=2.2\ k\Omega$$
$$I_{DSS}=8\ mA \text{，} V_P=-4\ V \text{，} r_d=\infty\ \Omega \text{，} V_{DD}=20\ V$$

再加上
$$C_{gd}=2\ pF \text{，} C_{gs}=4\ pF \text{，} C_{ds}=0.5\ pF \text{，} C_{W_i}=5\ pF \text{，} C_{W_o}=6\ pF$$

解：

$R_{Th_i} = R_{sig} \| R_G = 10\ k\Omega \| 1\ M\Omega = 9.9\ k\Omega$

由例 9.9，$A_v = -3$，可得

$$\begin{aligned} C_i &= C_{W_i} + C_{gs} + (1-A_v)C_{gd} \\ &= 5\ pF + 4\ pF + (1+3)2\ pF \\ &= 9\ pF + 8\ pF \\ &= 17\ pF \end{aligned}$$

$$\begin{aligned} f_{H_i} &= \frac{1}{2\pi R_{Th_i} C_i} \\ &= \frac{1}{2\pi(9.9\ k\Omega)(17\ pF)} = \mathbf{945.67\ kHz} \end{aligned}$$

$$R_{Th_o} = R_D \| R_L$$
$$= 4.7 \text{ k}\Omega \| 2.2 \text{ k}\Omega$$
$$\cong 1.5 \text{ k}\Omega$$
$$C_o = C_{W_o} + C_{ds} + C_{M_o} = 6 \text{ pF} + 0.5 \text{ pF} + \left(1 - \frac{1}{-3}\right) 2 \text{ pF} = 9.17 \text{ pF}$$
$$f_{H_o} = \frac{1}{2\pi(1.5 \text{ k}\Omega)(9.17 \text{ pF})} = \mathbf{11.57 \text{ MHz}}$$

9.13 多級的頻率效應

若第 2 級電晶體放大器直接接在第 1 級的輸出端，則總頻率響應會有很顯著的改變。在高頻區，第 1 級的輸出電容(C_o)必然包含第 2 級的接線電容(C_{W_1})、寄生電容(C_{be})和米勒電容(C_{M_i})。另外，第 2 級也會提供新增的個別低頻截止頻率，因而更進一步降低系統在低頻區的總增益。放大器每新增一級時，高頻截止頻率主要由產生最低的高頻截止頻率的放大級決定，而低頻截止頻率則主要由產生最高的低頻截止頻率的放大級決定。

考慮圖 9.50 所顯示的情況，清楚說明相同放大級的級數增加時的效應。對單一級而言，如圖所示，截止頻率分別是 f_L 和 f_H。兩相同放大級串級之後，高頻區和低頻區的下降率增加到 −12 dB/2 倍頻或 −40 dB/10 倍頻，因此在 f_L 和 f_H 處的 dB 降是 −6 dB 而不是 −3 dB，−3 dB 點會移到如圖所示的 f'_L 和 f'_H，因而造成頻寬的減小。

假定每一放大級都相同，可導出截止頻率對應於級數(n)的關係式如下：對低頻區，

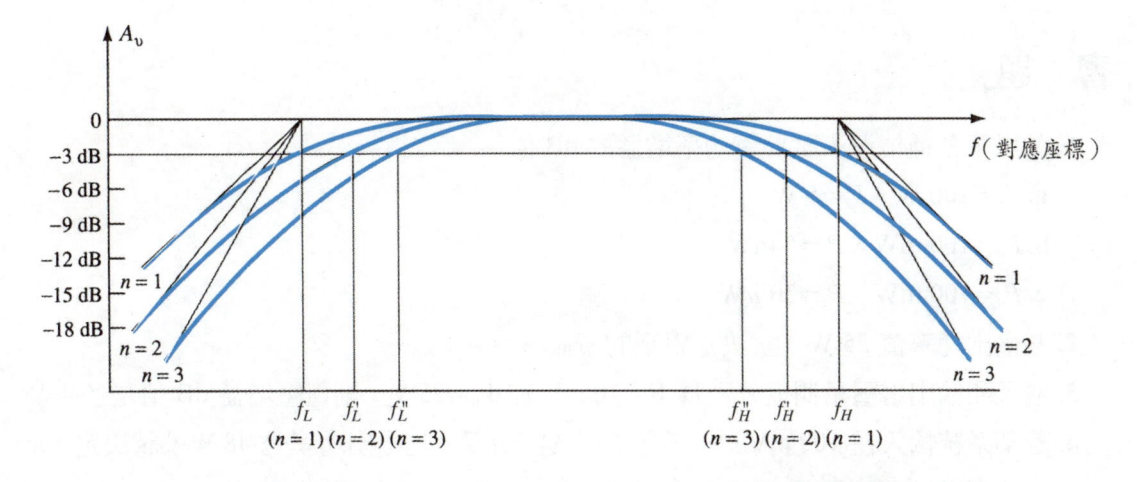

$$A_{v_{\text{low}},\,(總和)} = A_{v_{1_{\text{low}}}} A_{v_{2_{\text{low}}}} A_{v_{3_{\text{low}}}} \cdots A_{v_{n_{\text{low}}}}$$

圖 9.50 放大級級數增加時，對截止頻率和頻寬的影響

因每一級都相同，$A_{v_{1\text{low}}} = A_{v_{2\text{low}}} = \cdots$，即

$$A_{v_{\text{low}},\,(總和)} = (A_{v_{1\text{low}}})^n$$

或

$$\frac{A_{v_{\text{low}}}}{A_{v_{\text{mid}}}}（總和）= \left(\frac{A_{v_{\text{low}}}}{A_{v_{\text{mid}}}}\right)^n = \frac{1}{(1-jf_L/f)^n}$$

將大小設在 $1/\sqrt{2}\,(-3\text{ dB})$，得

$$\frac{1}{\sqrt{[1+(f_L/f'_L)^2]^n}} = \frac{1}{\sqrt{2}}$$

即

$$\left\{\left[1+\left(\frac{f_L}{f'_L}\right)^2\right]^{1/2}\right\}^n = \left\{\left[1+\left(\frac{f_L}{f'_L}\right)^2\right]^n\right\}^{1/2} = (2)^{1/2}$$

所以

$$\left[1+\left(\frac{f_L}{f'_L}\right)^2\right]^n = 2$$

即

$$1+\left(\frac{f_L}{f'_L}\right)^2 = 2^{1/n}$$

結果

$$\boxed{f'_L = \frac{f_L}{\sqrt{2^{1/n}-1}}} \tag{9.71}$$

以類似方式，對高頻區可得

$$\boxed{f'_H = (\sqrt{2^{1/n}-1})\,f_H} \tag{9.72}$$

習　題

1. 就以下各種情況，試計算功率增益的 dB 值。
    a. $P_o = 100$ W，$P_i = 5$ W。
    b. $P_o = 100$ mW，$P_i = 5$ mW。
    c. $P_o = 100$ mW，$P_i = 20\ \mu$W。
2. 某輸出功率值 25 W，試決定對應的 G_{dBm}。
3. 輸入和輸出電壓量測值分別為 $V_i = 10$ mV 和 $V_o = 25$ V，則電壓增益 dB 值是多少？
4. 若某系統輸入在 100 mV 時，交流功率是 $5\ \mu$W，且輸出功率是 48 W，試決定：
    a. 功率增益 dB 值。

b. 若輸出阻抗 40 kΩ 時的電壓增益 dB 值。

c. 輸入阻抗。

d. 輸出電壓。

5. 對圖 9.51 的網路：

a. 試決定電壓比 V_o/V_i 大小的數學表示式。

b. 試利用(a)的結果，決定 100 Hz、1 kHz、2 kHz、5 kHz 和 10 kHz 時的 V_o/V_i，並畫出頻率範圍 100 Hz ～10 kHz 的曲線圖，採用對數座標。

c. 試決定轉折頻率。

d. 試畫出漸近線，並定出 −3 dB 點。

e. 試畫出 V_o/V_i 的頻率響應，並和(b)的結果比較。

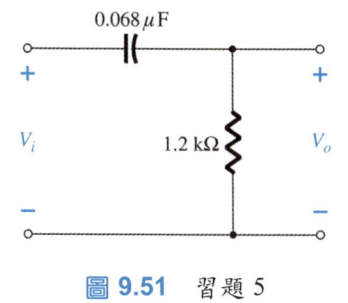

圖 9.51 習題 5

6. 對圖 9.52 的網路：

a. 試決定 r_e。

b. 試求出 $A_{v_{\text{mid}}} = V_o/V_i$。

c. 試計算 Z_i。

d. 試決定 f_{L_S}、f_{L_C} 和 f_{L_E}。

e. 試決定低頻截止頻率。

f. 試畫出由(d)決定的截止頻率所定義的波德圖漸近線。

g. 試利用(e)的結果，畫出放大器的低頻響應。

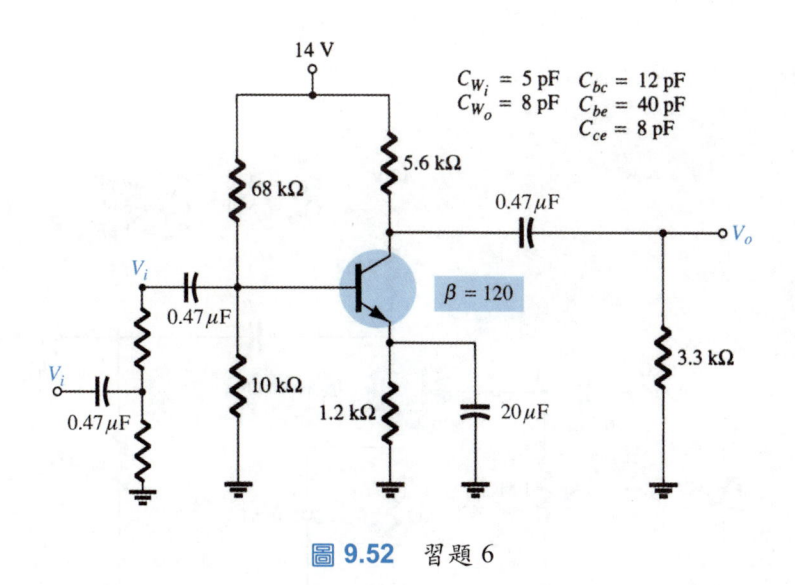

圖 9.52 習題 6

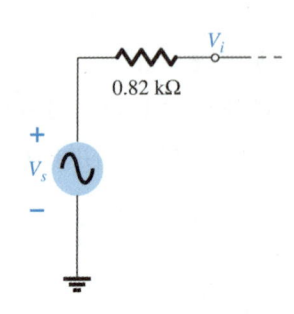

7. 就圖 9.52 的電路，重做習題 6 的分析，加上源阻和訊號源如圖 9.53 所示。畫出增益 $A_{v_s} = \dfrac{v_o}{v_s}$，和習題 6 相比，對低頻截止頻率的變化作評論。

圖 9.53 圖 9.52 的修正習題 7

8. 對圖 9.54 的電路：
   a. 試決定 V_{GS_Q} 和 I_{D_Q}。
   b. 試求出 g_{m0} 和 g_m。
   c. 試計算中頻增益 $A_v = V_o/V_i$。
   d. 試決定 Z_i。
   e. 試計算 $A_{v_s} = V_o/V_s$。
   f. 試決定 f_{L_G}、f_{L_C} 和 f_{L_S}。
   g. 試決定低頻截止頻率。
   h. 試畫出由(f)定義的波德圖的漸近線。
   i. 試利用(f)的結果，畫出放大器的低頻響應。

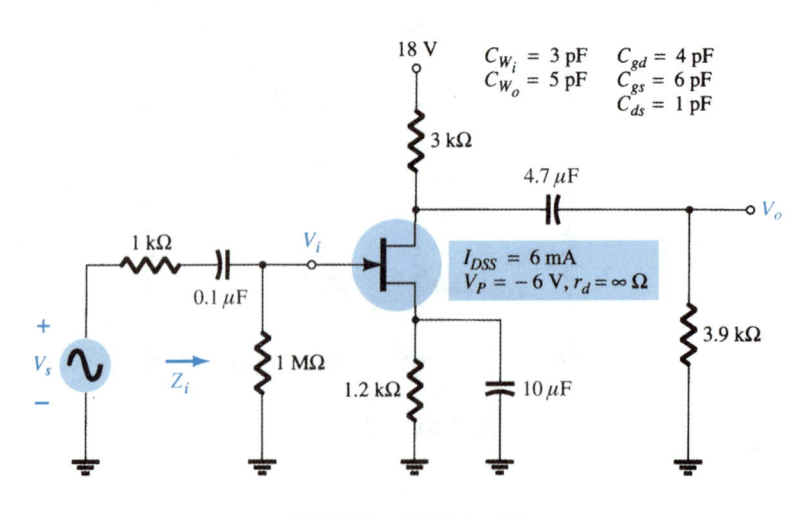

圖 9.54 習題 8、10

9. **a.** 某反相放大器的反饋電容值是 10 pF，若放大器的增益是 -120，則輸入處的米勒電容值是多少？

  b. 放大器輸出處的米勒電容值是多少？

  c. 假定 $C_{M_i} \cong |A_v| C_f$ 和 $C_{M_o} \cong C_f$，這是良好的近似嗎？

10. 就圖 9.54 的電路：

  a. 試決定 g_{m0} 和 g_m。

  b. 試求出中頻區的 A_v 和 A_{v_s}。

  c. 試決定 f_{H_i} 和 f_{H_o}。

  d. 試利用波德圖畫出高頻區的頻率響應，並決定截止頻率。

  e. 此放大器的增益頻寬積是多少？

11. 某放大器由四個相同放大級串級而成，每一放大級的增益 20，試計算總增益。

12. 某 4 級放大器，單一級的 $f_2 = 2.5$ MHz，試計算總和的高頻 3 dB 頻率。

13. 某 4 級放大器，單一級的 $f_1 = 40$ Hz，則整個放大器的低頻 3 dB 頻率是多少？

Chapter 10
運算放大器

10.1 導言

運算放大器(op)是具有極高輸入阻抗和極低輸出阻抗,且增益極高的差動放大器。典型應用可提供電壓振幅的變化(振幅和極性)、振盪器、濾波器電路,以及各種型式的儀表電路。

圖 10.1 是一基本的運算放大器,有兩個輸入和一個輸出,使用差動放大器作為輸入級,其中一個輸入的極性(相位)和輸出相同,另一個則和輸出相反,分別視訊號是加到正(+)端或負(−)端而定。

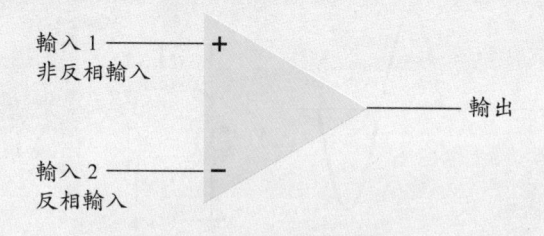

```
輸入 1 ————+⟩
非反相輸入       ⟩———— 輸出
輸入 2 ————−⟩
反相輸入
```

圖 10.1　基本的運算放大器

單端輸入

當輸入訊號只接到一個輸入端,而另一輸入端接地時,即為單端輸入操作,圖 10.2 顯示此種操作的訊號接法。

雙端(差動)輸入

在兩個輸入同時加上訊號,即雙端操作,圖 10.3a 顯示輸入 V_d 加到兩輸入端之間(沒有任何輸入端接地),所產生的放大輸出和正負兩輸入端的電壓降同相位。圖 10.3b 顯示兩個獨立的訊號加到輸入端,差訊號是 $V_{i_1} - V_{i_2}$,其作用和 V_d 相同。

(a) 同相

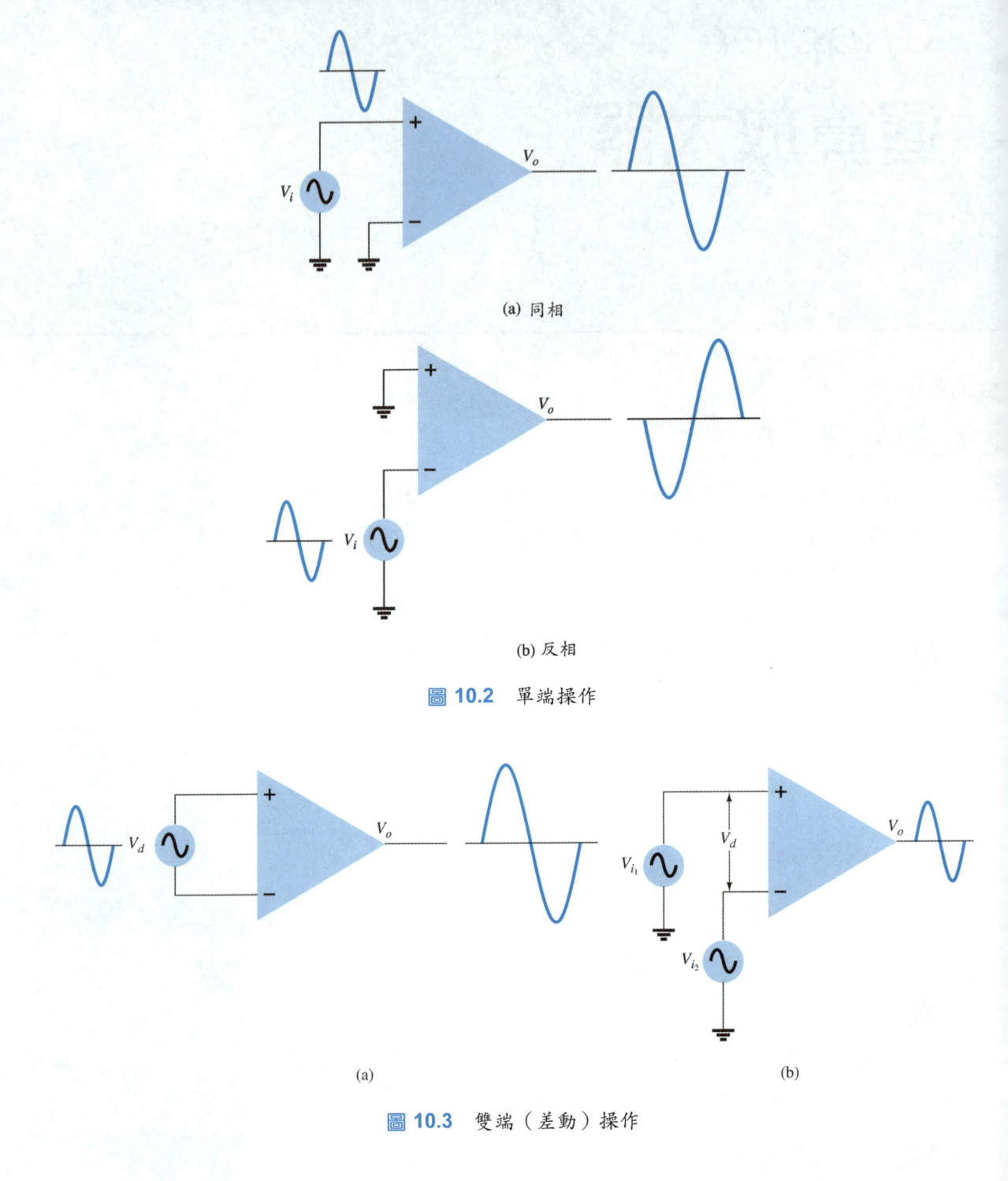

(b) 反相

圖 10.2 單端操作

(a)   (b)

圖 10.3 雙端（差動）操作

雙端輸出

雖然到目前為止的討論都是單端輸出，但也有運算放大器具有兩個相反的輸出，如圖 10.4 所示。圖 10.5 顯示單端輸入但雙端輸出的情況，如圖所示，接到正輸入端的訊號會產生兩個相反極性的放大輸出。圖 10.6 則顯示相同的操作，但由兩輸出端之間產生

圖 10.4　雙端輸出

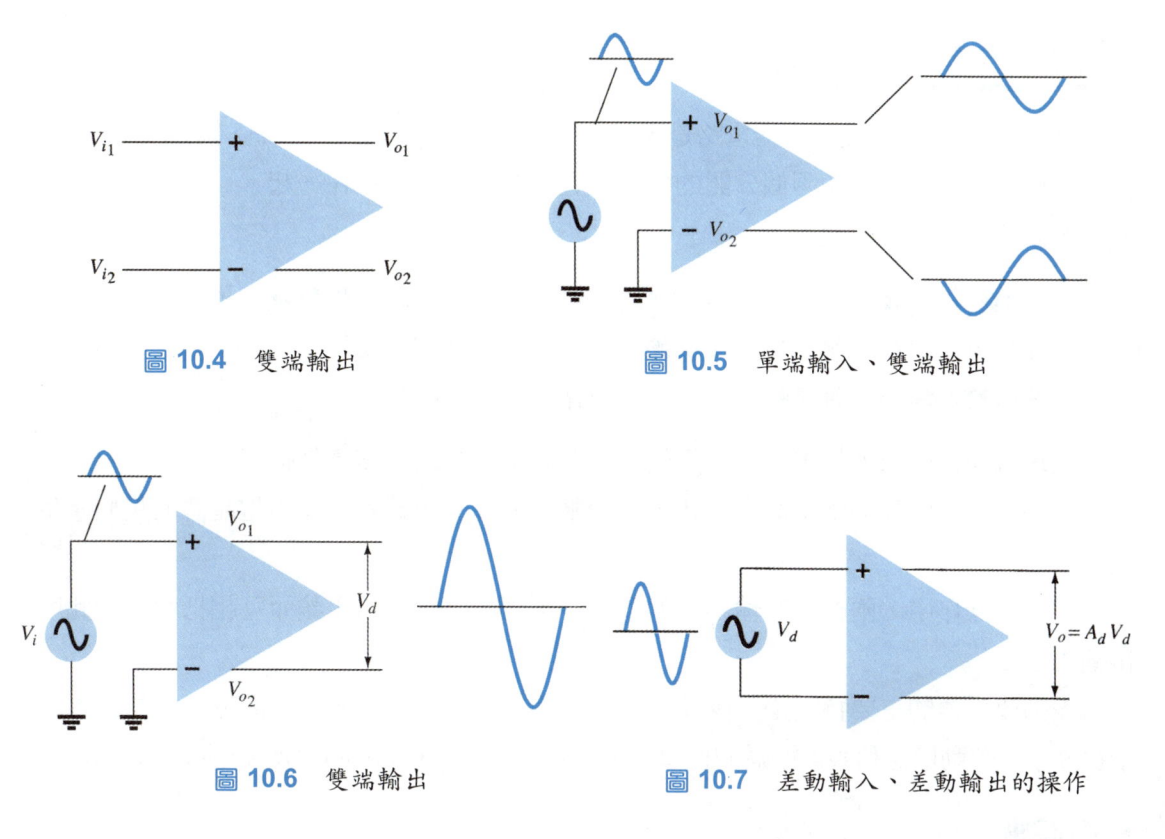

圖 10.5　單端輸入、雙端輸出

圖 10.6　雙端輸出

圖 10.7　差動輸入、差動輸出的操作

單一輸出訊號（不對地）。此差動輸出訊號是 $V_{o_1} - V_{o_2}$，差動輸出也稱為浮接訊號(floating signal)，因為沒有一個輸出端是接地（參考）腳位。注意到，差動輸出的大小是 V_{o_1} 或 V_{o_2} 的 2 倍。

共模操作

若將相同的兩輸入訊號接到兩輸入端，就產生共模操作，見圖 10.8。理想情況下，兩輸入端是相等放大，但輸出訊號極性相反，因此會互相抵消，使輸出為 0 V。實際上，會產生小的輸出訊號。

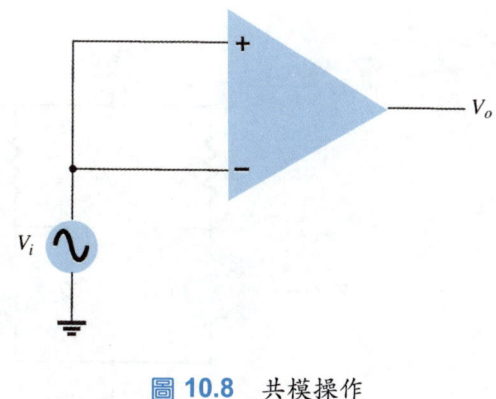

共模斥拒

當兩輸入端接到共同訊號時，訊號只被輕微放大——總和操作是放大兩輸入端之間的差動訊號卻斥拒共同訊號。因為雜訊（任何不想要的輸入訊號）一般都會同時加到兩輸入端，差動接法可衰減這不想要的輸入，但可將輸入的差動訊號放大輸出。這種操作特性稱為共模斥拒(common-mode rejection)。

圖 10.8　共模操作

10.2 差動放大器電路

在 IC 元件上，差動放大器電路是極為普遍的一種接法，圖 10.9 的基本差動放大器，電路有兩個分開的輸入和兩個分開的輸出，且兩晶體的射極接在一起。

輸入訊號組合有好幾種：

若輸入訊號接到任一輸入端，且另一輸入端接地，此操作稱為"單端"。

若外加兩個極性相反的輸入訊號，此種操作稱為"雙端"。

若兩輸入端外加相同輸入訊號，此種操作稱為"共模"。

在單端操作中只外加單一輸入訊號，可在兩電晶體的集極產生輸出。

在雙端輸入中外加兩個輸入訊號，加到兩輸入端的訊號差會在兩電晶體的集極產生輸出。

在共模操作中，兩相同的輸入訊號會在各集極產生相反的訊號而互相抵消，因此所得輸出是零。

差動放大器的主要特點是，兩輸入端外加相反訊號時增益極大，而輸入相同訊號時增益極小。差動增益和共模增益的比值，稱為共模斥拒比(common-mode rejection ratio)。

直流偏壓

先考慮圖 10.9 電路的直流偏壓操作，如圖 10.10 所示。兩個基極電壓都在 0 V，共射極直流偏壓電壓是

$$V_E = 0 \text{ V} - V_{BE} = -0.7 \text{ V}$$

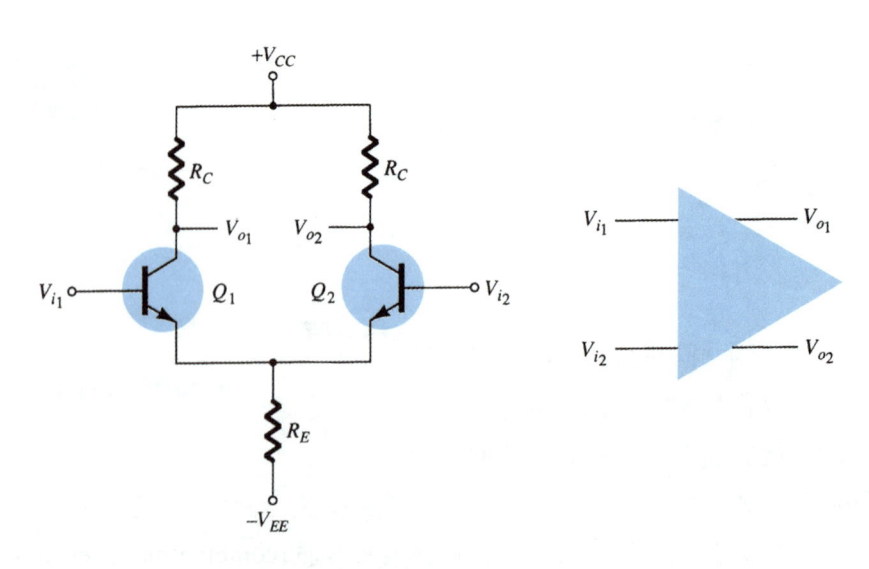

▣ **10.9** 基本的差動放大器電路

第 10 章 運算放大器 381

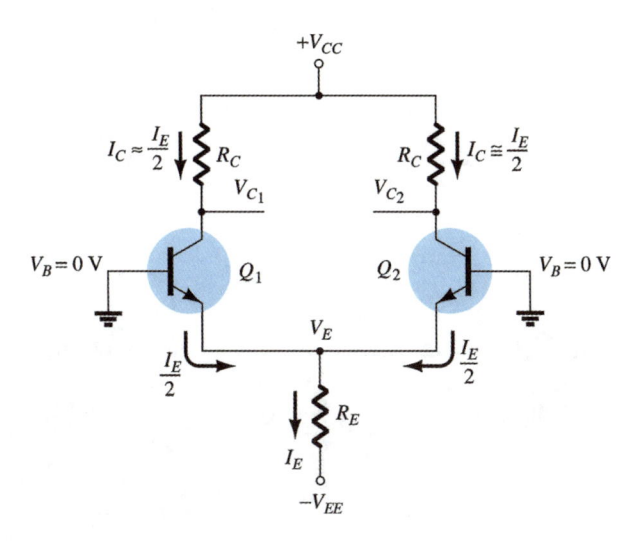

圖 10.10 差動放大器電路的直流偏壓

射極直流偏壓電流是

$$I_E = \frac{V_E - (-V_{EE})}{R_E} \approx \frac{V_{EE} - 0.7 \text{ V}}{R_E} \tag{10.1}$$

假定電晶體匹配良好（這是 IC 元件中的一般情況），可得

$$I_{C_1} = I_{C_2} = \frac{I_E}{2} \tag{10.2}$$

產生的集極電壓是

$$V_{C_1} = V_{C_2} = V_{CC} - I_C R_C = V_{CC} - \frac{I_E}{2} R_C \tag{10.3}$$

例 10.1

試計算圖 10.11 電路中的直流電壓和電流。

解：

$$式(10.1)：I_E = \frac{V_{EE} - 0.7 \text{ V}}{R_E} = \frac{9 \text{ V} - 0.7 \text{ V}}{3.3 \text{ k}\Omega} \approx \mathbf{2.5 \text{ mA}}$$

因此集極電流是

$$式(10.2)：I_C = \frac{I_E}{2} = \frac{2.5 \text{ mA}}{2} = \mathbf{1.25 \text{ mA}}$$

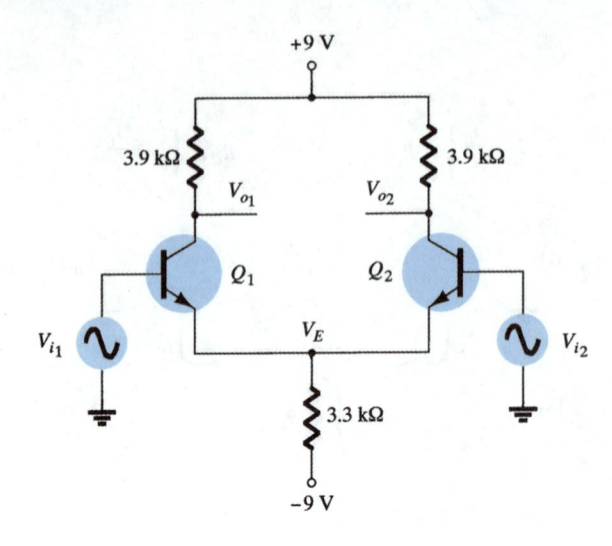

圖 10.11 例 10.1 的差動放大器電路

產生集極電壓

$$式(10.3)：V_C = V_{CC} - I_C R_C = 9\,V - (1.25\,mA)(3.9\,k\Omega) \cong 4.1\,V$$

因此射極電壓是 $-0.7\,V$，而集極偏壓電壓則約為 $4.1\,V$。

電路的交流操作

差動放大器的交流接法見圖 10.12，外加 V_{i_1} 和 V_{i_2} 的獨立輸入訊號，產生 V_{o_1} 和 V_{o_2} 兩個分開的輸出。交流分析重畫電路在圖 10.13，每個電晶體都用交流等效電路替代。

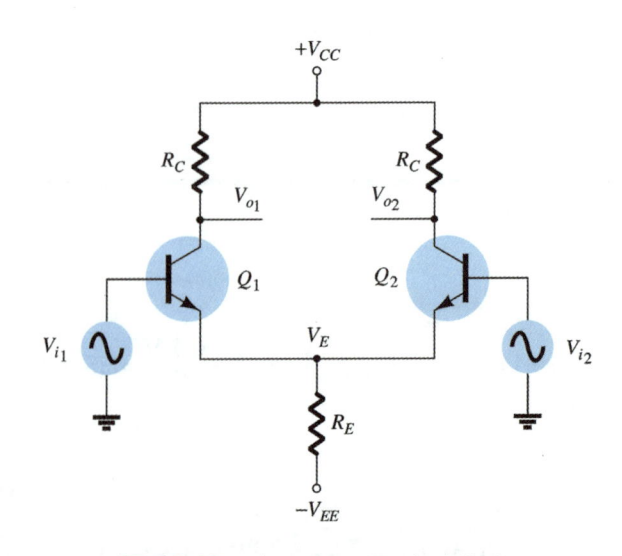

圖 10.12 差動放大器的交流接法

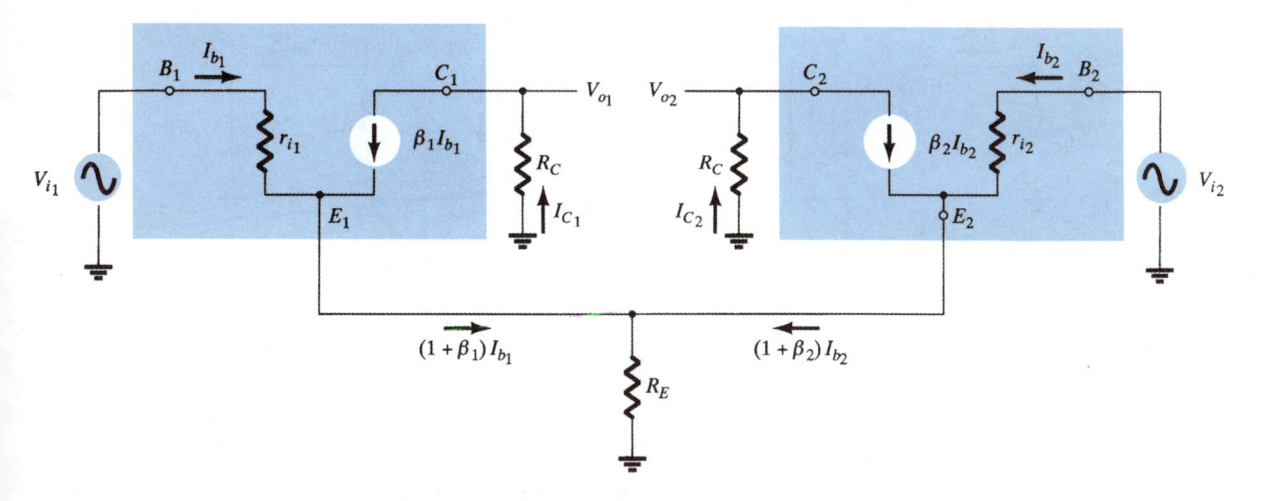

圖 10.13 差動放大器電路的交流等效電路

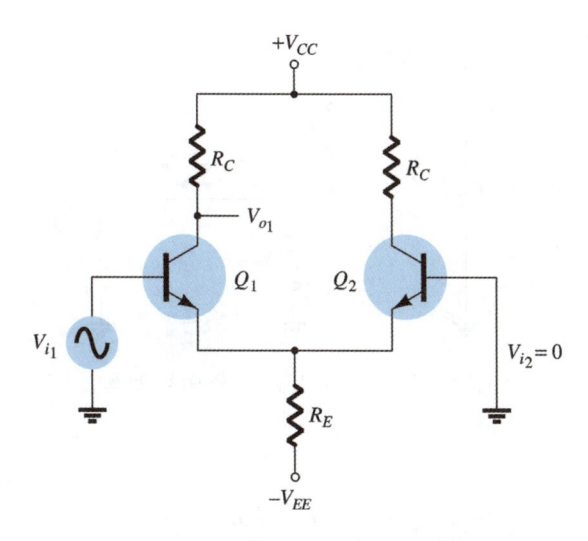

圖 10.14 用來計算 $A_{V_1}=V_{o_1}/V_{i_1}$ 的電路接法

單端交流電壓增益 施加訊號到其中一個輸入端,另一輸入端則接地,見圖 10.14。此接法的交流等效電路畫在圖 10.15,利用輸入端 B1 的克希荷夫電壓迴路(KVL)方程式,可算出交流基極電流。若假定電晶體完全匹配,

$$I_{b_1}=I_{b_2}=I_b$$
$$r_{i_1}=r_{i_2}=r_i=\beta r_e$$

若 R_E 很大(理想是無窮大),則此 KVL 方程式的電路可簡化成圖 10.16,由此可寫出

$$V_{i_1}-I_b r_i-I_b r_i=0$$

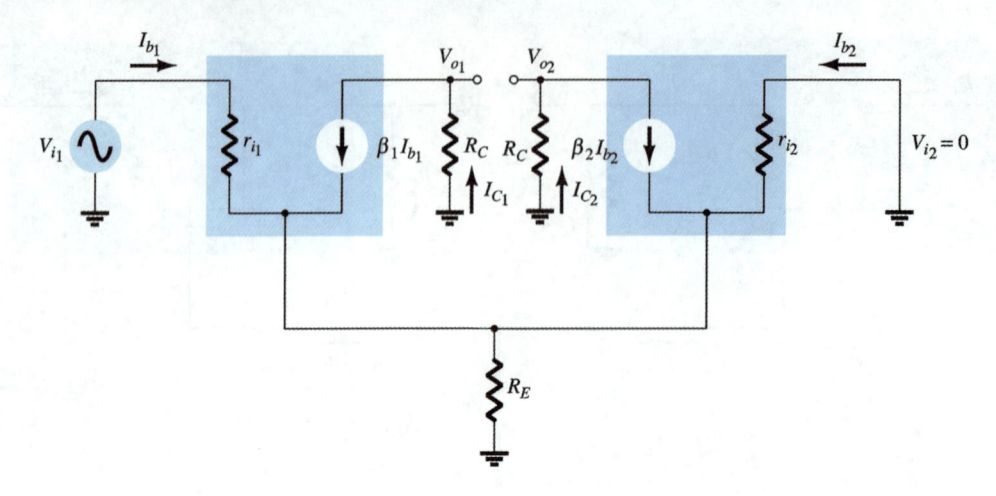

▣ 10.15　圖 10.14 電路的交流等效電路

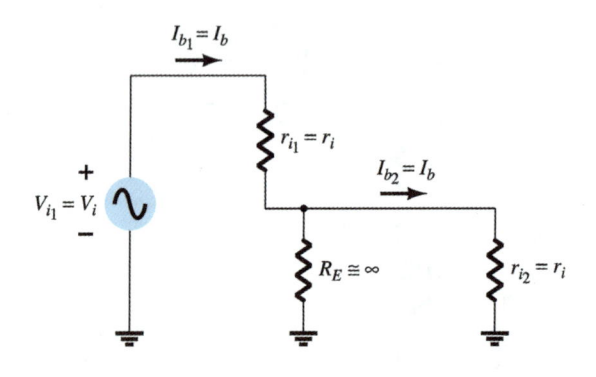

▣ 10.16　計算 I_b 所用的部分電路

所以
$$I_b = \frac{V_{i_1}}{2r_i} = \frac{V_i}{2\beta r_e}$$

若假定
$$\beta_1 = \beta_2 = \beta$$

則
$$I_C = \beta I_b = \beta \frac{V_i}{2\beta r_e} = \frac{V_i}{2r_e}$$

任一集極的輸出電壓大小為

$$V_o = I_C R_C = \frac{V_i}{2r_e} R_C = \frac{R_C}{2r_e} V_i$$

在任一集極的單端電壓增益大小是

$$\boxed{A_V = \frac{V_o}{V_i} = \frac{R_C}{2r_e}} \tag{10.4}$$

例 10.2

試計算圖 10.17 電路的單端輸出電壓 V_{o_1}。

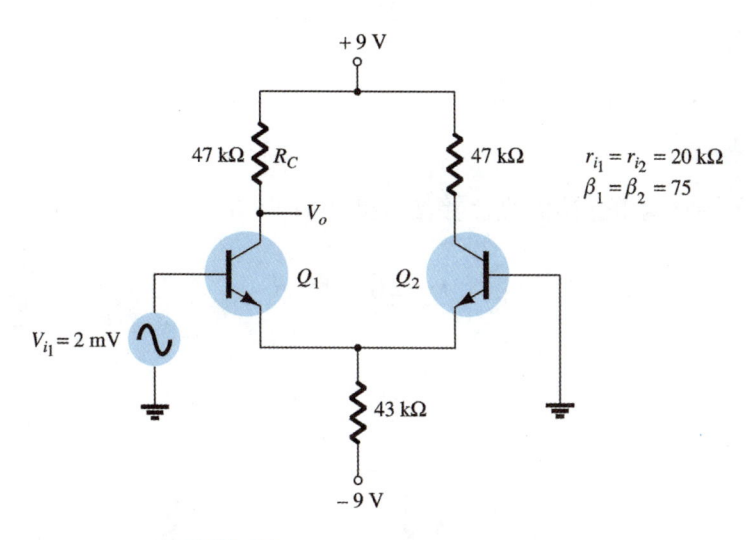

圖 10.17 例 10.2 和例 10.3 的電路

解：

直流偏壓電路提供

$$I_E = \frac{V_{EE} - 0.7 \text{ V}}{R_E} = \frac{9 \text{ V} - 0.7 \text{ V}}{43 \text{ k}\Omega} = 193 \text{ } \mu\text{A}$$

因此集極直流電流是

$$I_C = \frac{I_E}{2} = 96.5 \text{ } \mu\text{A}$$

所以

$$V_C = V_{CC} - I_C R_C = 9 \text{ V} - (96.5 \text{ } \mu\text{A})(47 \text{ k}\Omega) = 4.5 \text{ V}$$

因此 r_e 值是

$$r_e = \frac{26}{0.0965} \cong 269 \text{ } \Omega$$

利用式 (10.4) 可計算出交流電壓增益大小：

$$A_V = \frac{R_C}{2r_e} = \frac{(47 \text{ k}\Omega)}{2(269 \Omega)} = 87.4$$

提供的輸出交流電壓大小是

$$V_o = A_V V_i = (87.4)(2 \text{ mV}) = 174.8 \text{ mV} = \mathbf{0.175 \text{ V}}$$

雙端交流電壓增益　可用類似的分析證明，當訊號外加到兩輸入端時，差動電壓增益是

$$A_d = \frac{V_o}{V_d} = \frac{R_C}{r_e} \tag{10.5}$$

其中，$V_d = V_{i_1} - V_{i_2}$。

電路的共模操作

兩相同輸入接到兩電晶體的交流接法見圖 10.19，由此電路可寫出

$$I_b = \frac{V_i - 2(\beta+1)I_b R_E}{r_i}$$

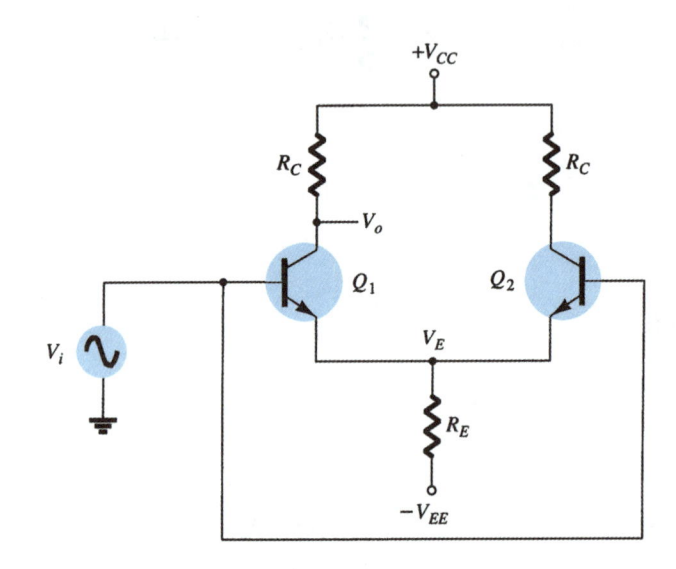

圖 10.18　共模接法

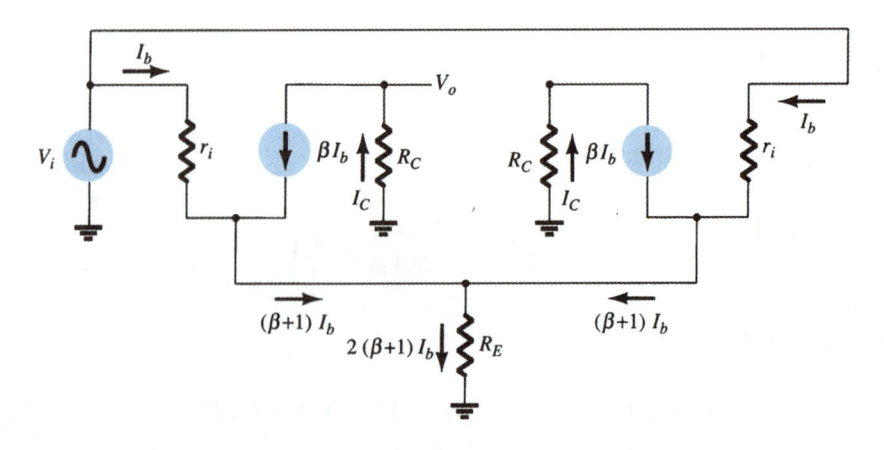

圖 10.19　共模接法的交流電路

$$I_b = \frac{V_i}{r_i + 2(\beta+1)R_E}$$

因此輸出電壓大小是

$$V_o = I_C R_C = \beta I_b R_C = \frac{\beta V_i R_C}{r_i + 2(\beta+1)R_E}$$

提供的電壓增益大小是

$$A_c = \frac{V_o}{V_i} = \frac{\beta R_C}{r_i + 2(\beta+1)R_E} \tag{10.6}$$

例 10.3

試計算圖 10.17 放大器電路的共模增益。

解：

式 (1.6)：$A_c = \dfrac{V_o}{V_i} = \dfrac{\beta R_C}{r_i + 2(\beta+1)R_E} = \dfrac{75(47\ \text{k}\Omega)}{20\ \text{k}\Omega + 2(76)(43\ \text{k}\Omega)} = \mathbf{0.54}$

定電流源的使用

良好的差動放大器有極高的差動增益 A_d，遠大於共模增益 A_c。可以使共模增益儘量小（理想是 0），而大幅改善電路的共模斥拒能力。增加 R_E 交流值的普遍方法，是使用定電流源。圖 10.20 顯示具有定電流源的差動放大器，可在共用射極和交流接地之間提供大電阻值。圖 10.20 電路的交流等效電路見圖 10.21，如圖所示，實際的定電流源是高阻抗和定電流並聯。

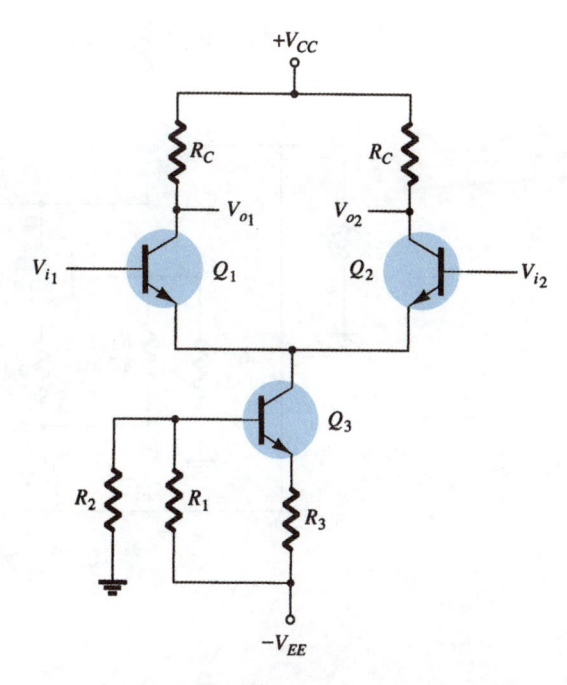

圖 10.20 具有定電流源的差動放大器

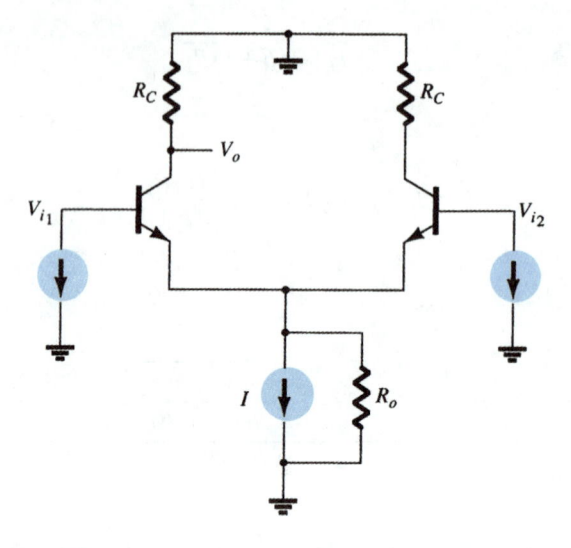

圖 10.21 圖 10.20 電路的交流等效電路

例 10.4

試計算圖 10.22 差動放大器的共模增益。

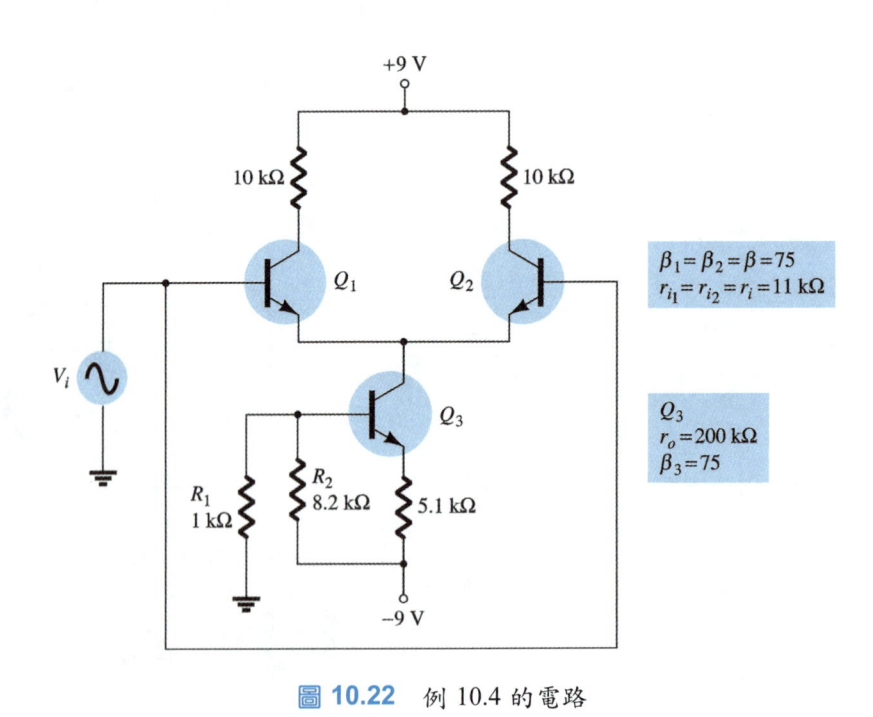

$\beta_1 = \beta_2 = \beta = 75$
$r_{i_1} = r_{i_2} = r_i = 11\ \text{k}\Omega$

Q_3
$r_o = 200\ \text{k}\Omega$
$\beta_3 = 75$

圖 10.22 例 10.4 的電路

解：

利用 $R_E = r_o = 200 \text{ k}\Omega$，得

$$A_c = \frac{\beta R_C}{r_i + 2(\beta+1)R_E} = \frac{75(10 \text{ k}\Omega)}{11 \text{ k}\Omega + 2(76)(200 \text{ k}\Omega)} = \mathbf{24.7 \times 10^{-3}}$$

10.3　BiFET、BiMOS 和 CMOS 差動放大器電路

除了用雙載子裝置作差動放大器，但現成商用 IC 也使用 JFET 和 MOSFET 建構這類電路。有一種 IC 同時利用雙載子 (Bi) 和接面場效 (FET) 電晶體來建構差動放大器，稱為 *BiFET* 電路。另一種 IC 利用雙載子 (Bi) 和 MOSFET (MOS) 電晶體製成，稱為 *BiMOS* 電路。最後，利用相反類型 MOSFET 電晶體製成的電路稱為 *CMOS* 電路。

CMOS 是一種電路形式，在數位電路上很普遍，利用 n 通道和 p 通道增強型 MOSFET 組成（見圖 10.23）。

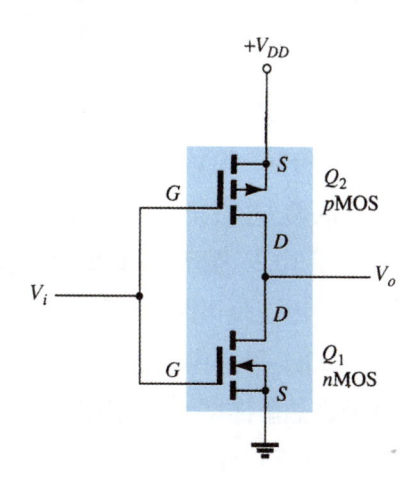

圖 10.23　CMOS 反相器電路

*n*MOS 導通／截止操作

n 通道增強型 MOSFET 或 nMOS 電晶體的汲極特性見圖 10.24a。

輸入 0 V 使 nMOS "截止"，而輸入 +5 V 則使 nMOS 導通。

當 $V_{GS} = 0$ V
$I_D = 0$（裝置 "截止"）

當 $V_{GS} = +5$ V
I_D 出現
（裝置 "導通"）

(a)

當 $V_{GS} = -5$ V
I_D 出現
（裝置 "導通"）

當 $V_{GS} = 0$ V
$I_D = 0$（裝置 "截止"）

(b)

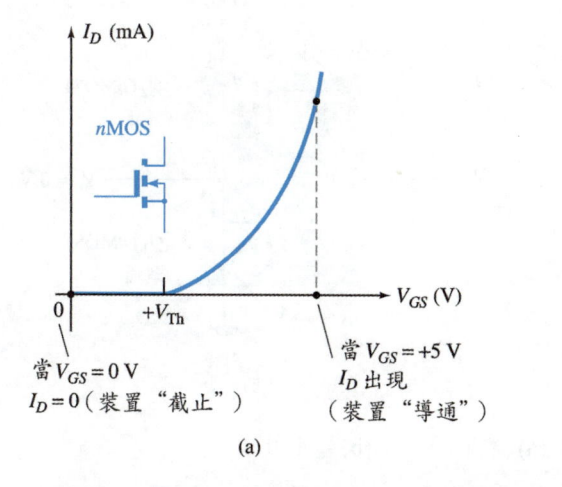

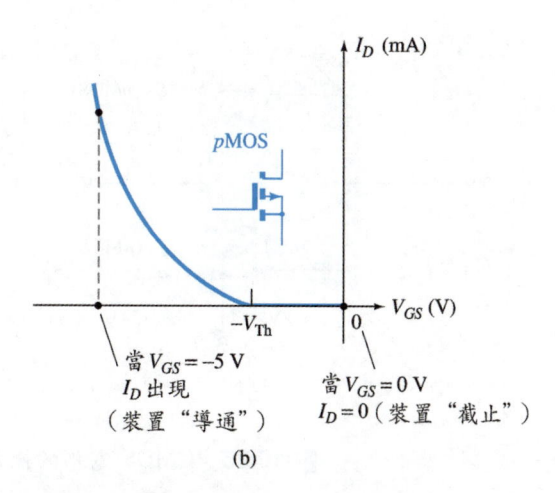

圖 10.24　顯示截止和導通條件的增強型 MOSFET 特性：(a) nMOS；(b) pMOS

pMOS 導通／截止操作

p 通道 MOSFET 或 pMOS 的特性見圖 10.24b。

$V_{GS}=0$ V 使 pMOS "截止"；$V_{GS}=-5$ V 使 pMOS 導通。

0 V 輸入

當 0 V 加到 CMOS 電路的輸入時，都提供 0 V 給 nMOS 和 pMOS 的閘極。由圖 10.25a 知輸入 0 V 到 nMOS 電晶體 Q_1，會使該裝置 "截止"。但相同的 0 V 輸入卻會使 pMOS 電晶體 Q_2 的閘極源極電壓在 -5 V（閘極在 0 V，比源極的 $+5$ V 低了 5 V），而使裝置導通，因此輸出在 $+5$ V。

+5 V 輸入

當 $V_i=+5$ V，提供 $+5$ V 到兩個閘極。由圖 10.25b 知此輸入會使電晶體 Q_1 導通且使電晶體 Q_2 截止，因此透過導通的電晶體 Q_1，輸出會接近 0 V。

圖 10.26 顯示，BiFET 電路在輸入端採用 JFET 裝置，並利用雙載子晶體提供電流源（使用電流鏡電路），電流鏡可確保每一 JFET 會以相同偏壓電流工作。而對交流操作而言，JFET 可提供高輸入阻抗。圖 10.27 顯示，使用 MOSFET 作為輸入電晶體並使用雙載子電晶體作電流源的電路。此種 BiMOS IC 由於使用 MOSFET 裝置，其輸入阻抗甚至高於 BiFET 電路。

最後，可利用互補 MOSFET 裝置建構差動放大器電路，見圖 10.28。pMOS 電晶體提供相反的輸入，而 nMOS 電晶體則以定電流源工作。

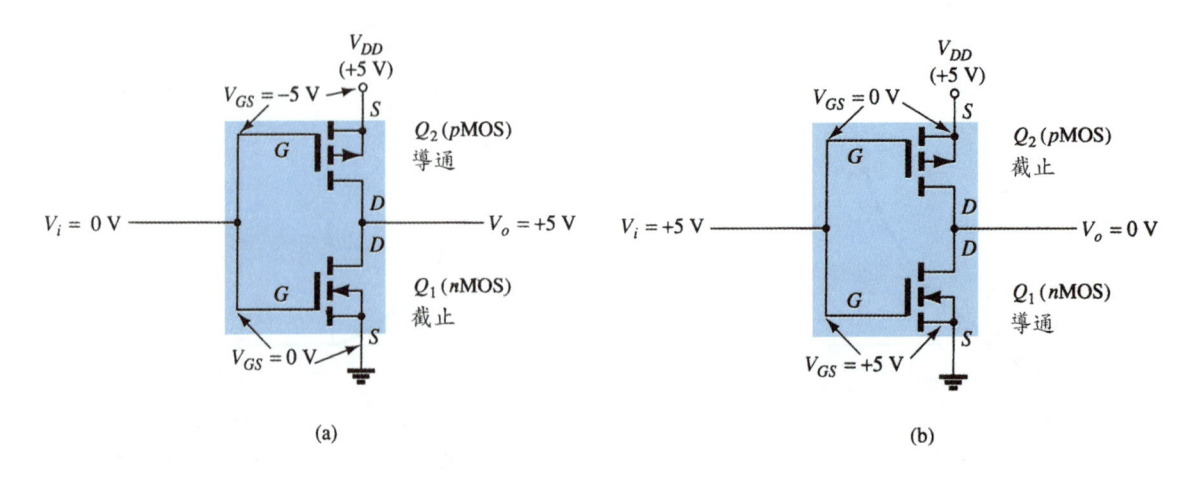

圖 10.25 CMOS 電路的操作：(a)輸出 $+5$ V；(b)輸出 0 V

圖 10.26 BiFET 差動放大器電路

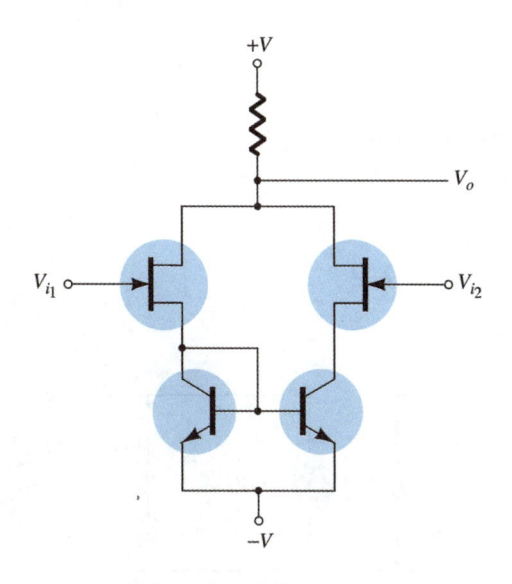

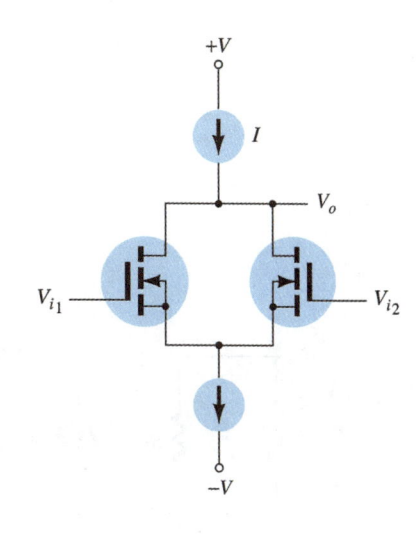

圖 10.27 BiMOS 差動放大器電路

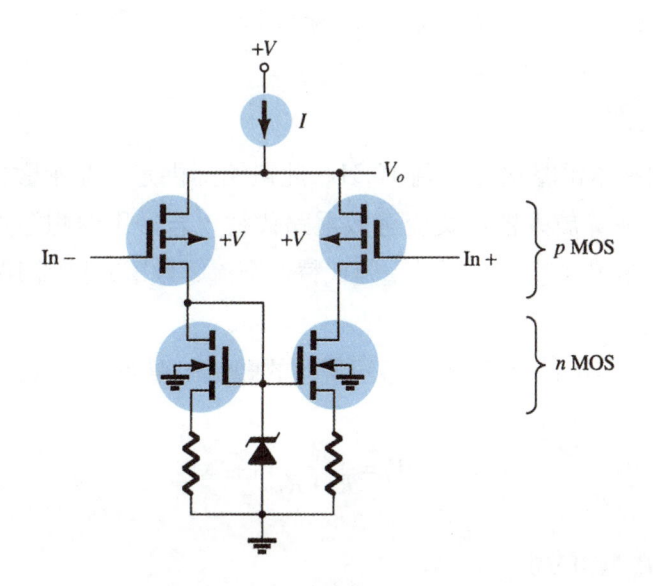

圖 10.28 CMOS 差動放大器

10.4 運算放大器的基本觀念

圖 10.29 顯示一基本的運算放大器單元，正(+)輸入所產生的輸出和外加訊號同相，而負(−)輸入則產生相反極性的輸出。運算放大器的等效電路見圖 10.30a，如圖所示，輸入訊號加到兩輸入端之間的輸入阻抗 R_i 上，R_i 一般很高。放大器增益乘上輸入訊號後經輸出阻抗 R_o 得到輸出電壓，R_o 一般很小。理想的運算放大器電路如圖 10.30b 所示，有無窮大的輸入阻抗、零輸出阻抗和無窮大電壓增益。

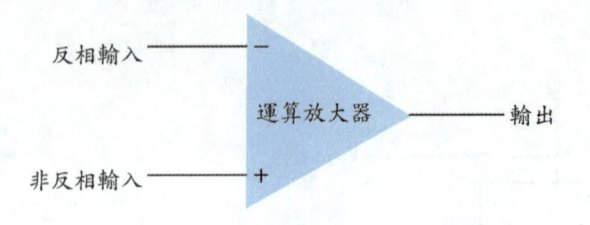

圖 10.29 基本的運算放大器

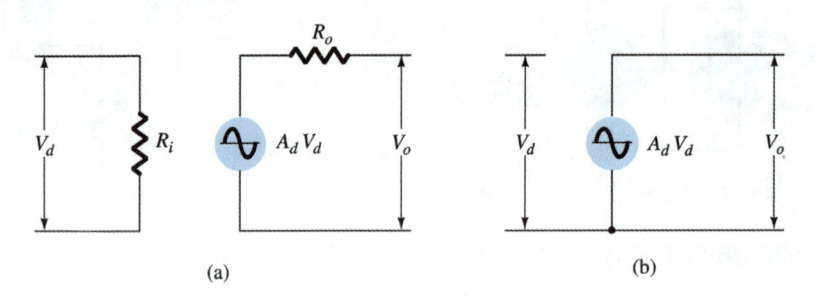

圖 10.30 運算放大器的交流等效電路：(a)實際；(b)理想

基本的運算放大器

運算放大器的基本電路接法見圖 10.31，此電路提供定增益乘數器（放大器）的操作。圖 10.32a 中，運算放大器以交流等效電路代替，若採用理想運算放大器的等效電路，則 R_i 以無窮大電阻代替，R_o 用零電阻代替，交流等效電路見圖 10.32b，再重畫成圖 10.32c。

利用重疊原理，可將電壓 V_1 表成各訊號源的關係。單考慮 V_1（設 $-A_vV_i$ 為 0 V），

$$V_{i_1} = \frac{R_f}{R_1 + R_f} V_1$$

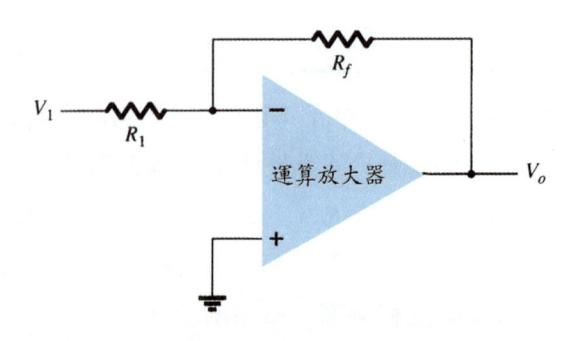

單考慮 $-A_vV_i$（設 V_1 為 0 V），

圖 10.31 基本運算放大器接法

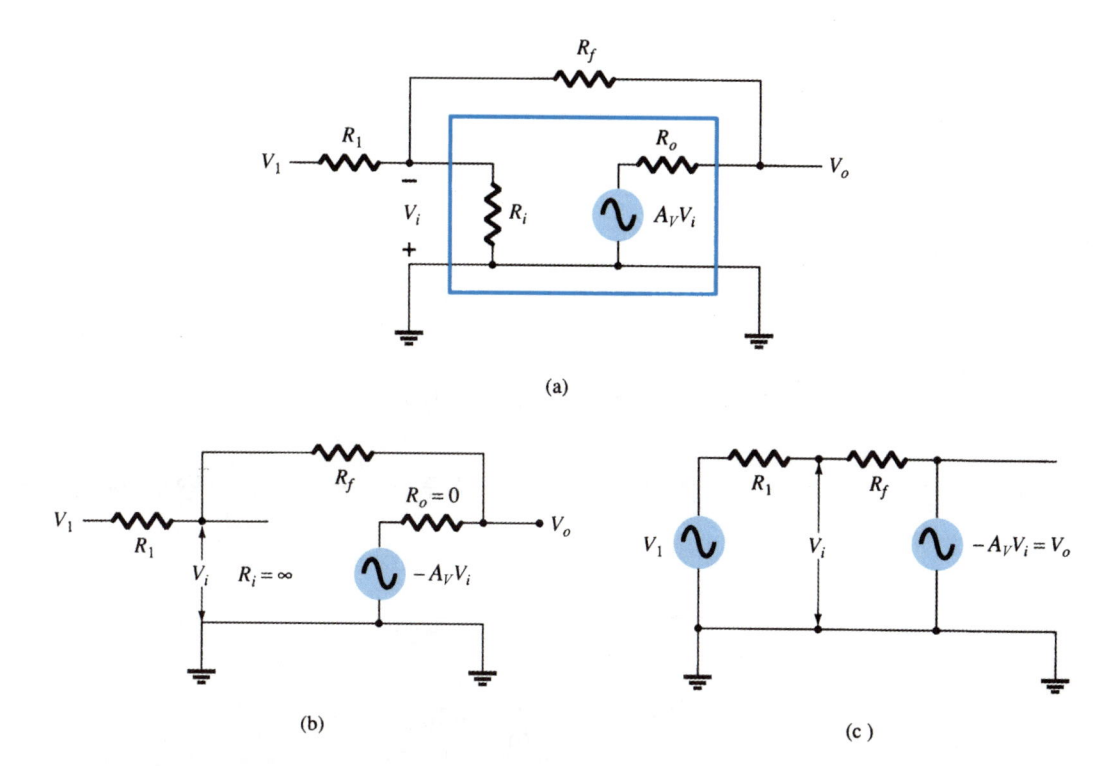

圖 10.32 運算放大器作為定增益乘數器的操作：(a)運算放大器的交流等效電路；(b)理想的運算放大器的等效電路；(c)重畫等效電路

$$V_{i_2} = \frac{R_1}{R_1 + R_f}(-A_V V_i)$$

總和電壓 V_i 為

$$V_i = V_{i_1} + V_{i_2} = \frac{R_f}{R_1 + R_f}V_1 + \frac{R_1}{R_1 + R_f}(-A_V V_i)$$

整理後，解出 V_i，

$$V_i = \frac{R_f}{R_f + (1 + A_V)R_1}V_1 \tag{10.7}$$

若 $A_V \gg 1$ 且 $A_V R_1 \gg R_f$，通常如此，則

$$V_i = \frac{R_f}{A_V R_1}V_1$$

解出 V_o/V_1，得

$$\frac{V_o}{V_1} = \frac{-A_V V_i}{V_1} = \frac{-A_V}{V_1}\frac{R_f V_i}{A_V R_1} = -\frac{R_f}{R_1}\frac{V_i}{V_i}$$

所以

$$\boxed{\frac{V_o}{V_1} = -\frac{R_f}{R_1}} \tag{10.8}$$

單位增益

若 $R_f = R_1$，增益是

$$電壓增益 = -\frac{R_f}{R_1} = -1$$

故此電路提供單位增益且反相（相移 180°），若 R_f 完全等於 R_1 時，電壓增益正好是 1。

定值增益

若 R_f 是 R_1 的某一倍數時，總和的放大器增益為定值。例如，若 $R_f = 10R_1$，則

$$電壓增益 = -\frac{R_f}{R_1} = -10$$

若 R_f 和 R_1 選用精密電阻值，所得增益會有一變化範圍。

虛接地

輸出電壓受到電源電壓的限制

$$V_i = \frac{-V_o}{A_V} = \frac{10\text{ V}}{20,000} = 0.5\text{ mV}$$

雖然 $V_i \approx 0$ V，但並不完全是 0 V。由於很小的輸入 V_i 乘上很大的增益 A_V，輸出電壓仍有好幾伏特。

虛短路的概念意指，雖然電壓幾近 0 V，但並無電流經放大器的輸入端到地。圖 10.33 描繪虛接地的概念，粗線用來表示可以看成有一短路存在（$V_i \approx 0$ V），但這是虛假的短路，實際上並無電流由此短路到地。

用虛接地的概念寫出電流 I 的方程式如下：

$$I = \frac{V_1}{R_1} = -\frac{V_o}{R_f}$$

可解出 V_o/V_1：

$$\frac{V_o}{V_1} = -\frac{R_f}{R_1}$$

圖 10.33 運算放大器上的虛接地

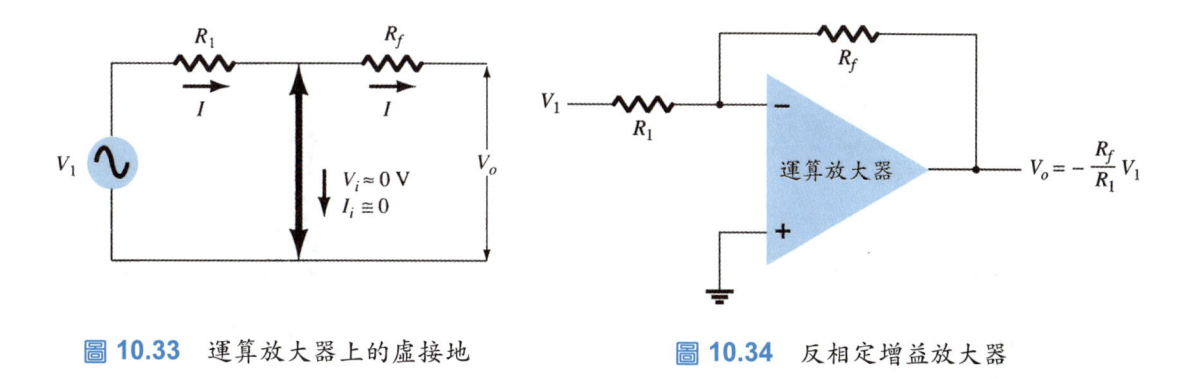

圖 10.34 反相定增益放大器

10.5 實際的運算放大器電路

反相放大器

最廣泛使用的定增益放大器電路是反相放大器，見圖 10.34，將輸入乘上固定值增益即得輸出。

$$V_o = -\frac{R_f}{R_1}V_1$$

例 10.5

若圖 10.34 電路的 $R_1 = 100\ \text{k}\Omega$ 且 $R_f = 500\ \text{k}\Omega$，則輸入 $V_1 = 2\ \text{V}$ 時，產生的輸出電壓是多少？

解：

$$式 (1.8)：V_o = -\frac{R_f}{R_1}V_1 = -\frac{500\ \text{k}\Omega}{100\ \text{k}\Omega}(2\ \text{V}) = -\mathbf{10\ V}$$

非反相放大器

圖 10.35a 的接法顯示運算放大器以定增益非反相放大器工作，電路的電壓增益可用圖 10.35b 的等效所示。R_1 的電壓降是 V_1，且此值必等於輸出電壓經分壓器 R_1 和 R_f 的分壓，所以

$$V_1 = \frac{R_1}{R_1 + R_f}V_o$$

(a)　　　　　　　　　　　　　　　　(b)

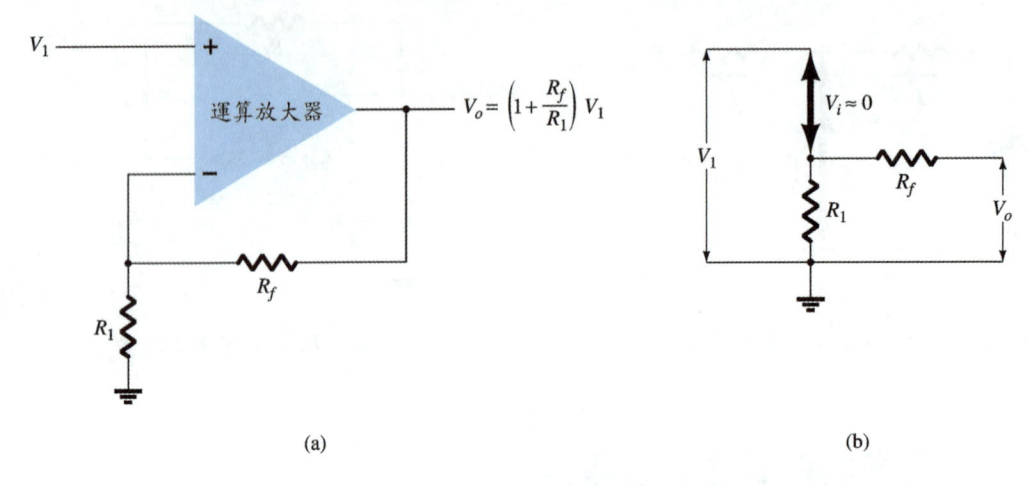

圖 10.35　非反相定增益放大器

可導出

$$\boxed{\frac{V_o}{V_1} = \frac{R_1 + R_f}{R_1} = 1 + \frac{R_f}{R_1}} \tag{10.9}$$

例 10.6

計算某非反相放大器（如圖 10.35）的輸出電壓，已知 $V_1 = 2$ V、$R_f = 500$ kΩ 和 $R_1 = 100$ kΩ。

解：

$$\text{式(1.9)}: V_o = \left(1 + \frac{R_f}{R_1}\right)V_1 = \left(1 + \frac{500 \text{ kΩ}}{100 \text{ kΩ}}\right)(2 \text{ V}) = 6(2 \text{ V}) = \mathbf{+12 \text{ V}}$$

單位隨耦器

單位隨耦器電路見圖 10.36a，提供單位增益(1)，且無極性或相位的倒反。由等效電路（如圖 10.36b）可清楚看出

$$\boxed{V_o = V_1} \tag{10.10}$$

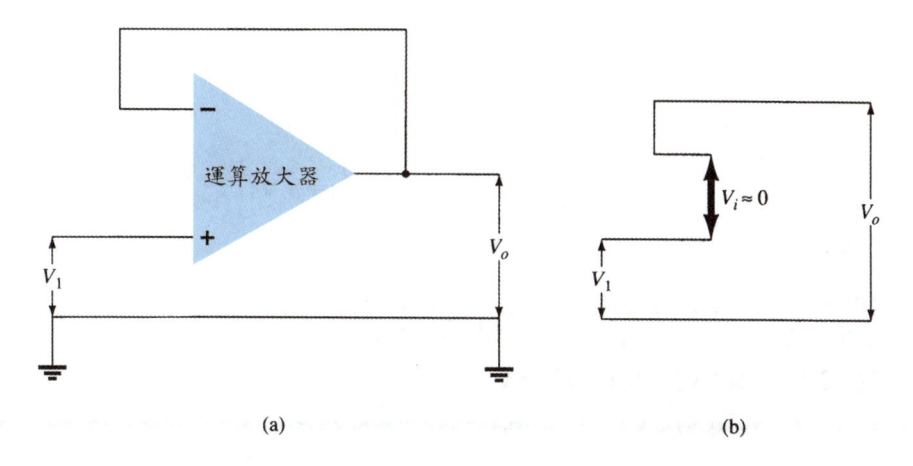

圖 10.36 (a)單位隨耦器；(b)虛接地等效電路

和（加法）放大器

運算放大器中最常用者可能是和放大器電路，見圖 10.37a，此電路是三輸入的和放大器電路，可將三個輸入電壓乘上定增益後再相加。利用圖 10.37b 的等效表法，將輸出電壓表成輸入電壓的關係式如下：

$$V_o = -\left(\frac{R_f}{R_1}V_1 + \frac{R_f}{R_2}V_2 + \frac{R_f}{R_3}V_3\right) \tag{10.11}$$

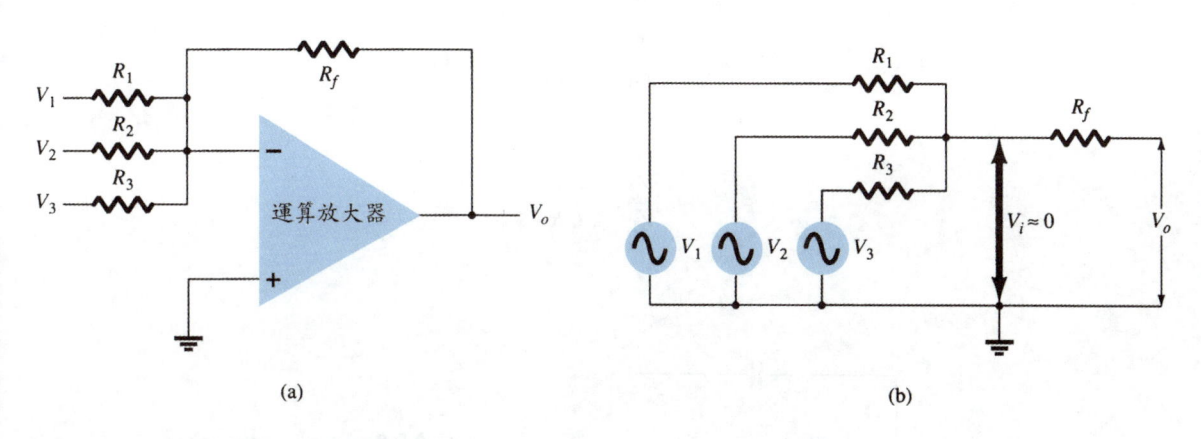

圖 10.37 (a)和放大器；(b)虛接地等效電路

例 10.7

試就以下各組電壓和電阻值，計算運算放大器建立的和放大器的輸出電壓。每一情況都採用 $R_f = 1\ \text{M}\Omega$。

a. $V_1 = +1\ \text{V}$，$V_2 = +2\ \text{V}$，$V_3 = +3\ \text{V}$，$R_1 = 500\ \text{k}\Omega$，$R_2 = 1\ \text{M}\Omega$，$R_3 = 1\ \text{M}\Omega$。
b. $V_1 = -2\ \text{V}$，$V_2 = +3\ \text{V}$，$V_3 = +1\ \text{V}$，$R_1 = 200\ \text{k}\Omega$，$R_2 = 500\ \text{k}\Omega$，$R_3 = 1\ \text{M}\Omega$。

解：

利用式(1.11)，可得

a. $V_o = -\left[\dfrac{1000 \text{ k}\Omega}{500 \text{ k}\Omega}(+1 \text{ V}) + \dfrac{1000 \text{ k}\Omega}{1000 \text{ k}\Omega}(+2 \text{ V}) + \dfrac{1000 \text{ k}\Omega}{1000 \text{ k}\Omega}(+3 \text{ V})\right]$

$= -[2(1 \text{ V}) + 1(2 \text{ V}) + 1(3 \text{ V})] = \mathbf{-7 \text{ V}}$

b. $V_o = -\left[\dfrac{1000 \text{ k}\Omega}{200 \text{ k}\Omega}(-2 \text{ V}) + \dfrac{1000 \text{ k}\Omega}{500 \text{ k}\Omega}(+3 \text{V}) + \dfrac{1000 \text{ k}\Omega}{1000 \text{ k}\Omega}(+1 \text{ V})\right]$

$= -[5(-2 \text{ V}) + 2(3 \text{ V}) + 1(1 \text{ V})] = \mathbf{+3V}$

積分器

若反饋元件使用電容，如圖 10.38a 所示，所得接法稱為**積分器** (integrator)。由虛接地等效電路（圖 10.38b）看出，可用輸入到輸出的電流 I 導出輸入和輸出之間的電壓關係。電容性阻抗可表成

$$X_C = \dfrac{1}{j\omega C} = \dfrac{1}{sC}$$

其中 $s = j\omega$，解出 V_o/V_1，得

$$I = \dfrac{V_1}{R} = -\dfrac{V_o}{X_C} = \dfrac{-V_o}{1/sC} = -sCV_o$$

$$\dfrac{V_o}{V_1} = \dfrac{-1}{sCR} \tag{10.12}$$

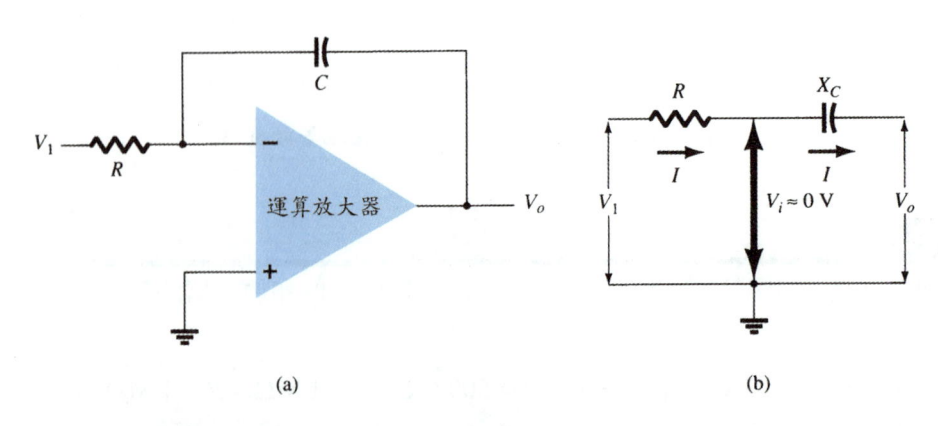

圖 **10.38** 積分器

此可改寫成時域關係式如下：

$$v_o(t) = -\frac{1}{RC}\int v_1(t)\,dt \tag{10.13}$$

考慮輸入電壓 $V_1 = 1$ V 到圖 10.39a 的積分器電路，純量因數 $1/RC$ 是

$$-\frac{1}{RC} = \frac{1}{(1\text{ M}\Omega)(1\mu\text{F})} = -1$$

所以輸出是負斜波電壓，如圖 10.39b 所示。若改變純量因數，例如使 $R = 100$ kΩ，則

$$-\frac{1}{RC} = \frac{1}{(100\text{ k}\Omega)(1\mu\text{F})} = -10$$

輸出會是更陡的斜波電壓，如圖 10.39c 所示。

可以將超過一個以上的輸入加到積分器，如圖 10.40 所示，所得操作結果是

$$v_o(t) = -\left[\frac{1}{R_1C}\int v_1(t)\,dt + \frac{1}{R_2C}\int v_2(t)\,dt + \frac{1}{R_3C}\int v_3(t)\,dt\right] \tag{10.14}$$

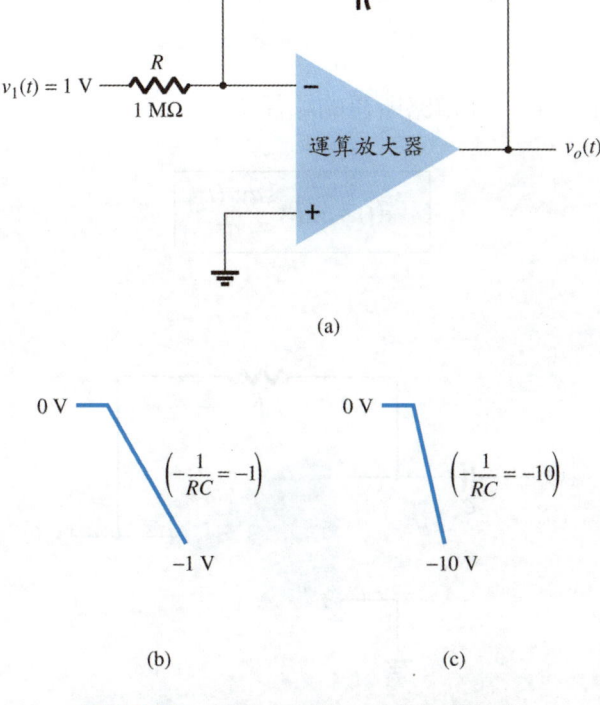

圖 10.39　具有步級輸入的積分器操作

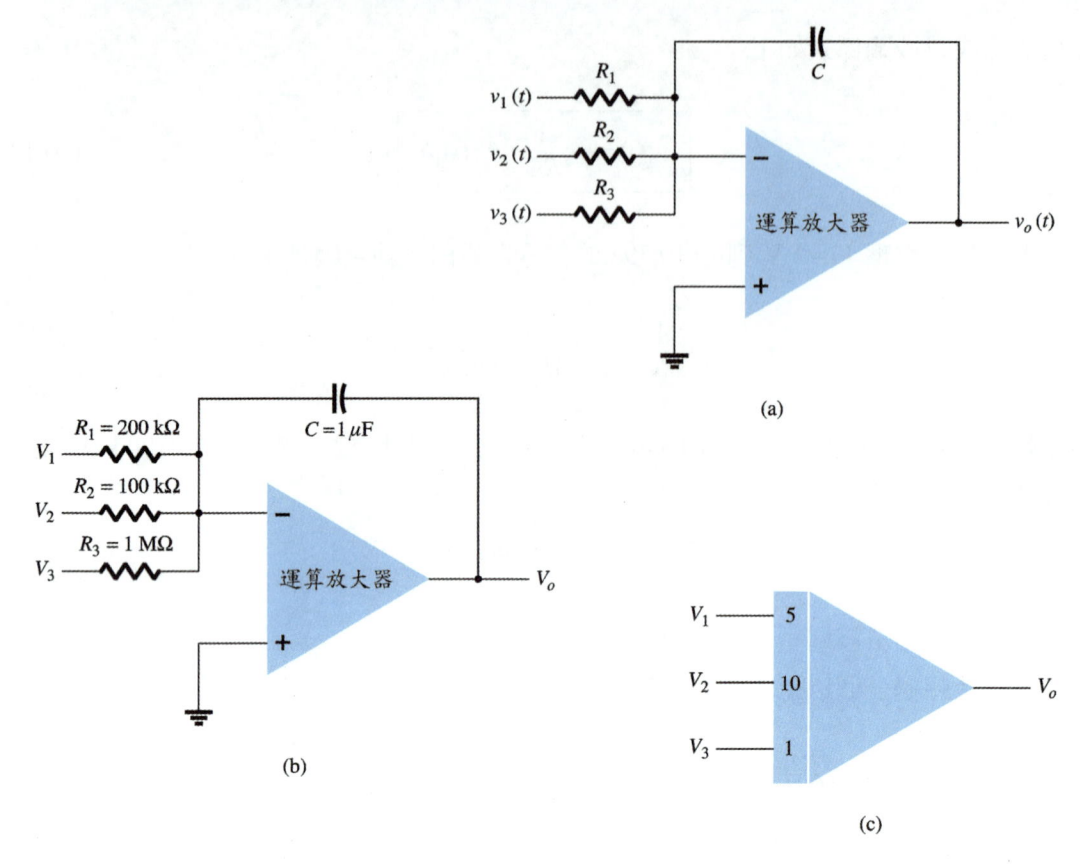

圖 10.40 (a)和積分器電路；(b)元件值；(c)類比計算機中，積分器電路的表示法

微分器

微分器電路見圖 10.41，此電路所得的關係是

$$v_o(t) = -RC\frac{dv_1(t)}{dt} \tag{10.15}$$

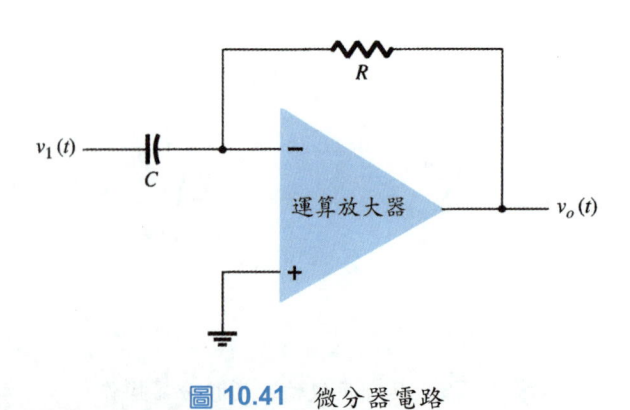

圖 10.41 微分器電路

10.6 運算放大器規格——直流偏壓參數

運算放大器的應用之前，應熟悉某些用來定義運算放大器操作的參數。

偏移電流和電壓

當運算放大器的輸入 0 V 時輸出應為 0 V，但在實際操作上輸出會有一些偏移電壓。

輸出偏移電壓是由兩個獨立的電路條件所影響：(1)輸入偏移電壓 V_{IO} 和(2)輸入偏移電流（源自正負輸入端的偏壓電流之差）。

輸入偏移電壓 V_{IO}　考慮圖 10.42 所示的接法。利用 $V_o = AV_i$，可寫出

$$V_o = AV_i = A\left(V_{IO} - V_o \frac{R_1}{R_1 + R_f}\right)$$

解出 V_o，得

$$V_o = V_{IO}\frac{A}{1 + A[R_1/(R_1 + R_f)]} \approx V_{IO}\frac{A}{A[R_1/(R_1 + R_f)]}$$

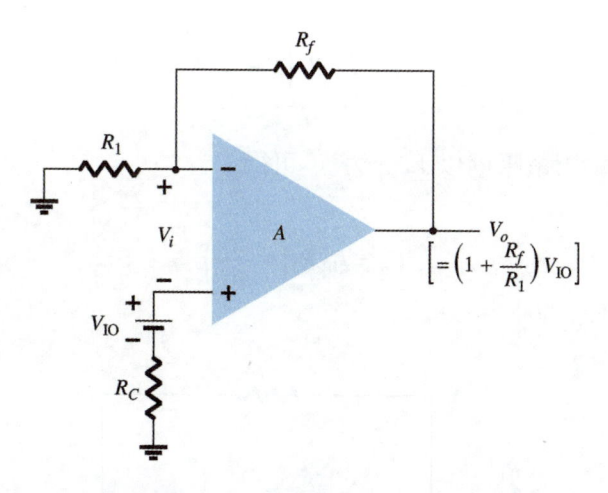

$$\boxed{V_o\,(\text{偏移}) = V_{IO}\frac{R_1 + R_f}{R_1}} \tag{10.16}$$

圖 10.42　輸入偏壓電壓 V_{IO} 的效應

例 10.8

試計算圖 10.43 電路的輸出偏移電壓。此運算放大器的規格 $V_{IO} = 1.2$ mV。

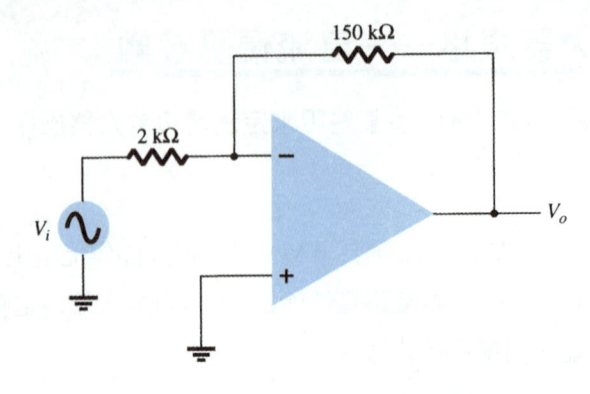

圖 10.43 例 10.8 和例 10.9 的運算放大器接法

解：

式(10.16)：$V_o（偏移）= V_{IO}\dfrac{R_1+R_f}{R_1} = (1.2\text{ mV})\left(\dfrac{2\text{ k}\Omega + 150\text{ k}\Omega}{2\text{ k}\Omega}\right) = \mathbf{91.2\text{ mV}}$

輸入偏移電流 I_{IO} 產生的輸出偏移電壓 兩輸入端的直流偏壓電流若有任何差異，也會產生輸出偏移電壓。因兩輸入電晶體不會完全匹配，其工作電流會有些微差距。對一般的運算放大器接法，如圖 10.44 所示。將兩偏壓電流流經輸入電阻的效應分別用電壓源取代，見圖 10.45，可決定所產生輸出電壓的表示式。利用重疊原理，輸入偏壓電流 I_{IB}^+ 所產生的輸出電壓以 V_o^+ 代表，可得

$$V_o^+ = I_{IB}^+ R_C\left(1 + \dfrac{R_f}{R_1}\right)$$

而單由 I_{IB}^- 所產生的輸出電壓則以 V_o^- 代表，可得

$$V_o^- = I_{IB}^- R_1\left(-\dfrac{R_f}{R_1}\right)$$

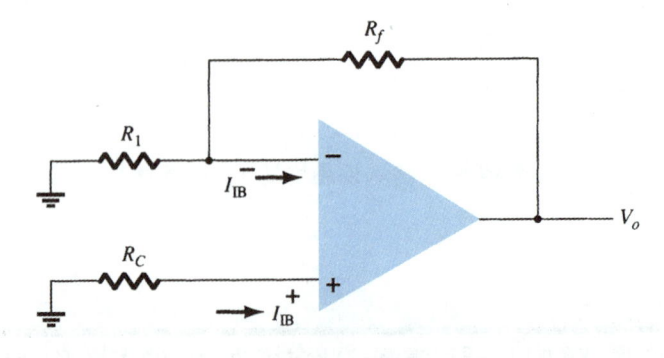

圖 10.44 顯示輸入偏壓電流的運算放大器接法

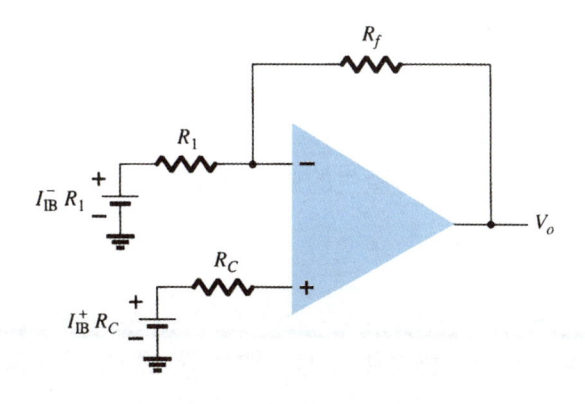

圖 10.45 重畫圖 10.44 的電路

總輸出偏移電壓

$$V_o\,(\text{由 } I_{\text{IB}}^+ \text{ 和 } I_{\text{IB}}^- \text{ 產生的偏移}) = I_{\text{IB}}^+ R_C\left(1 + \frac{R_f}{R_1}\right) - I_{\text{IB}}^- R_1 \frac{R_f}{R_1} \tag{10.17}$$

定義偏移電流 I_{IO}：

$$I_{\text{IO}} = I_{\text{IB}}^+ - I_{\text{IB}}^-$$

因抵補電阻 R_C 通常約等於 R_1 值，式(10.17)中用 $R_C = R_1$，可寫出

$$\begin{aligned}V_o\,(\text{偏移}) &= I_{\text{IB}}^+(R_1 + R_f) - I_{\text{IB}}^- R_f \\ &= I_{\text{IB}}^+ R_f - I_{\text{IB}}^- R_f = R_f(I_{\text{IB}}^+ - I_{\text{IB}}^-)\end{aligned}$$

可得

$$\boxed{V_o\,(I_{\text{IO}} \text{ 產生的偏移}) = I_{\text{IO}} R_f} \tag{10.18}$$

例 10.9

試計算圖 10.43 電路的偏移電壓，運算放大器的規格 $I_{\text{IO}} = 100$ nA。

解：

式(10.18)：$V_o = I_{\text{IO}} R_f = (100 \text{ nA})(150 \text{ k}\Omega) = \mathbf{15\ mV}$

V_{IO} 和 I_{IO} 產生的總偏移 上前兩種因素產生的輸出偏移電壓，可得運算放大器的輸出。總輸出偏移電壓可表成

$$|V_0（偏移）|=|V_o（V_{IO} 產生的偏移）|+|V_o（I_{IO} 產生的偏移）| \qquad (10.19)$$

例 10.10

試計算圖 10.46 電路的總偏移電壓，運算放大器的規格輸入偏移電壓 $V_{IO}=4$ mV 且輸入偏移電流 $I_{IO}=150$ nA。

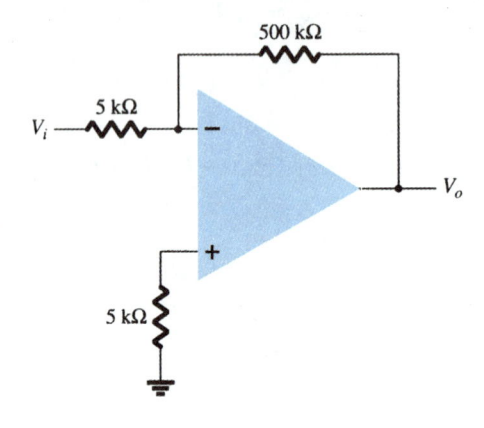

圖 10.46 例 10.10 的運算放大器電路

解：

V_{IO} 產生的偏移是

$$式(10.16)：V_o（V_{IO} 產生的偏移）=V_{IO}\frac{R_1+R_f}{R_1}=(4\text{ mV})\left(\frac{5\text{ k}\Omega+500\text{ k}\Omega}{5\text{ k}\Omega}\right)$$
$$=404\text{ mV}$$

$$式(10.18)：V_o（I_{IO} 產生的偏移）=I_{IO}R_f=(150\text{ nA})(500\text{ k}\Omega)=75\text{ mV}$$

產生的總偏移

$$式(10.19)：V_o（總偏移）=V_o（V_{IO} 產生的偏移）+V_o（I_{IO} 產生的偏移）$$
$$=404\text{ mV}+75\text{ mV}=\mathbf{479\text{ mV}}$$

輸入偏壓電流，I_{IB} 和 I_{IO} 以及個別輸入偏壓電流 I_{IB}^+ 和 I_{IB}^- 有關的參數是平均偏壓電流，定義如下

$$I_{IB} = \frac{I_{IB}^+ + I_{IB}^-}{2} \tag{10.20}$$

可用規格值 I_{IO} 和 I_{IB} 決定個別的輸入偏壓電流。若 $I_{IB}^+ > I_{IB}^-$，則可導出

$$I_{IB}^+ = I_{IB} + \frac{I_{IO}}{2} \tag{10.21}$$

$$I_{IB}^- = I_{IB} - \frac{I_{IO}}{2} \tag{10.22}$$

例 10.11

某運算放大器的規格值 $I_{IO}=5$ nA 且 $I_{IB}=30$ nA，試計算各輸入端的輸入偏壓電流。

解：

利用式(10.21)，可得

$$I_{IB}^+ = I_{IB} + \frac{I_{IO}}{2} = 30 \text{ nA} + \frac{5 \text{ nA}}{2} = \mathbf{32.5 \text{ nA}}$$

$$I_{IB}^- = I_{IB} - \frac{I_{IO}}{2} = 30 \text{ nA} - \frac{5 \text{ nA}}{2} = \mathbf{27.5 \text{ nA}}$$

10.7 運算放大器規格——頻率參數

運算放大器設計成高增益寬頻寬放大器，此操作在正反饋時會傾向於不穩定（振盪）。為確保穩定工作，運算放大器會內建抵補電路，這也會使極高的開迴路增益隨著頻率的增加而遞減，此種增益的降低稱為**滾落**(roll-off)。

運算放大器的規格表列出開迴路電壓增益(A_{VD})，使用者一般會用反饋電阻連接運算放大器，將電路的電壓增益降低很多（閉迴路電壓增益 A_{CL}），由此增益的下降可獲得一些電路的改善。

增益頻寬積

因內抵補電路包含在運算放大器中，電壓增益會隨著頻率的上升而下降。運算放大器的規格表提供增益對頻寬的描述，圖 10.47 提供典型運算放大器增益對頻率的圖形。

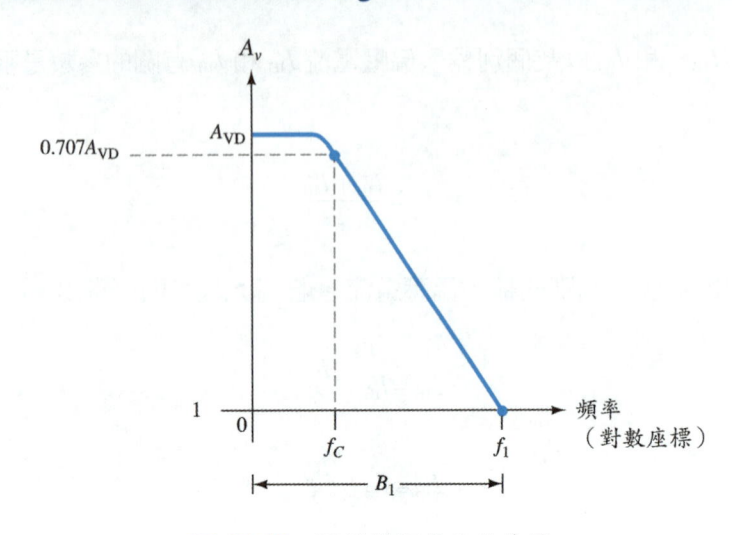

圖 10.47　增益對頻率的曲線圖

隨著輸入訊號頻率的增加，開迴路增益會持續下降，最後降到 1。增益降到 1 對應的頻率點是單位增益頻率(f_1)或單位增益頻寬(B_1)。

單位增益頻率和截止頻率的關係如下：

$$f_1 = A_{VD} f_C \tag{10.23}$$

例 10.12

某運算放大器的規格值 $B_1 = \mathbf{1\ MHz}$ 且 $A_{VD} = 200\ V/mV$，試決定其截止頻率。

解：

因 $f_1 = B_1 = 1\ MHz$，可用式(10.23)算出

$$f_C = \frac{f_1}{A_{VD}} = \frac{1\ MHz}{200\ V/mV} = \frac{1 \times 10^6}{200 \times 10^3} = \mathbf{5\ Hz}$$

迴轉率 (SR)

反映運算放大器處理變化訊號能力的參數是迴轉率，定義如下：

$$\mathrm{SR} = \frac{\Delta V_o}{\Delta t}\ V/\mu s \qquad t\ \text{的單位是}\ \mu s \tag{10.24}$$

用較大的步級輸入訊號驅動超過迴轉率的電壓變率作變化，會使訊號截掉或失真。

例 10.13

某運算放大器的迴轉率 SR＝2 V/μs，當輸入訊號在 10 μs 內變化 0.5 V 時，可用的最大閉迴路增益是多少？

解：

因 $V_o = A_{CL} V_i$，可採用

$$\frac{\Delta V_o}{\Delta t} = A_{CL} \frac{\Delta V_i}{\Delta t}$$

由此得

$$A_{CL} = \frac{\Delta V_o/\Delta t}{\Delta V_i/\Delta t} = \frac{SR}{\Delta V_i/\Delta t} = \frac{2 \text{ V}/\mu s}{0.5 \text{ V}/10\mu s} = \mathbf{40}$$

只要閉迴路增益值超過 40，輸出變率就會超過容許的迴轉率，所以最大的閉迴路增益是 40。

最大訊號頻率

運算放大器可以工作的頻率，決定於運算放大器的頻寬(BW)和迴轉率(SR)參數。為避免輸出失真，此變率必須小於迴轉率，即

$$2\pi f K \leq SR$$
$$\omega K \leq SR$$

所以

$$\boxed{\begin{aligned} f &\leq \frac{SR}{2\pi K} \text{ Hz} \\ \omega &\leq \frac{SR}{K} \text{ rad/s} \end{aligned}}$$

(10.25)

例 10.14

對圖 10.48 的訊號和電路，試決定可以用的最大頻率，運算放大器的迴轉率是 SR＝0.5 V/μs。

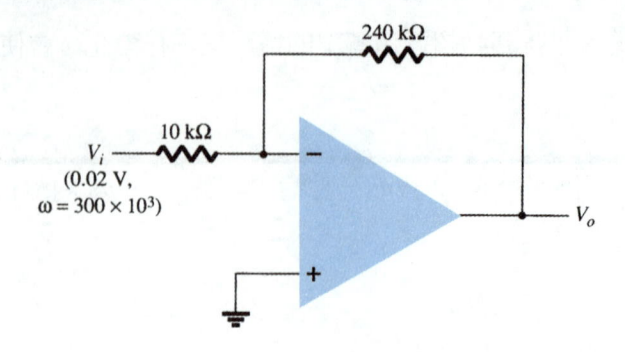

圖 10.48 例 10.14 的運算放大器電路

解：

增益值

$$A_{CL} = \left| \frac{R_f}{R_1} \right| = \frac{240 \text{ k}\Omega}{10 \text{ k}\Omega} = 24$$

提供的輸出電壓

$$K = A_{CL} V_i = 24(0.02 \text{ V}) = 0.48 \text{ V}$$

式(10.25)：$\omega \leq \dfrac{\text{SR}}{K} = \dfrac{0.5 \text{ V}/\mu s}{0.48 \text{ V}} = \mathbf{1.1 \times 10^6 \text{ rad/s}}$

由於訊號頻率 $\omega = 300 \times 10^3$ rad/s 小於上述決定的最大值，輸出不會產生失真。

例 10.15

使用 $V_{IO} = 1$ mV 規格，試計算圖 10.49 電路接法的輸出偏移電壓的典型值。

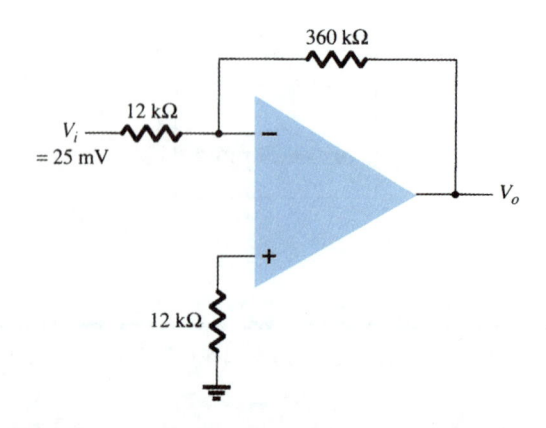

圖 10.49 例 10.15、例 10.16 和例 10.17 的運算放大器電路

解：

由於 V_{IO} 所產生的輸出偏移電壓計算如下：

$$式(10.16)：V_o（偏移）=V_{IO}\frac{R_1+R_f}{R_1}=(1\text{ mV})\left(\frac{12\text{ k}\Omega+360\text{ k}\Omega}{12\text{ k}\Omega}\right)=31\text{ mV}$$

由於 I_{IO} 所產生的輸出電壓計算如下：

$$式(10.18)：V_o（偏移）=I_{IO}R_f=20\text{ nA}(360\text{ k}\Omega)=7.2\text{ mV}$$

假定以上兩種偏移在輸出的極性相同，可得總輸出偏移電壓是

$$V_o（偏移）=31\text{ mV}+7.2\text{ mV}=\mathbf{38.2\text{ mV}}$$

例 10.16

就 741 運算放大器的一般特性 ($r_o=75\text{ }\Omega$、$A=200\text{ k}\Omega$)，試對圖 10.49 的電路計算以下各值：

a. A_{CL}。

b. Z_i。

c. Z_o。

解：

a. 式(10.8)：$\dfrac{V_o}{V_i}=-\dfrac{R_f}{R_1}=-\dfrac{360\text{ k}\Omega}{12\text{ k}\Omega}=\mathbf{-30}\cong\dfrac{1}{\beta}$

b. $Z_i=R_1=\mathbf{12\text{ k}\Omega}$

c. $Z_o=\dfrac{r_o}{(1+\beta A)}=\dfrac{75\text{ }\Omega}{1+\left(\dfrac{1}{30}\right)(200\text{ k}\Omega)}=\mathbf{0.011\text{ }\Omega}$

例 10.17

試計算圖 10.49 電路輸入訊號的最大頻率，輸入 $V_i=25\text{ mV}$。

解：

就閉迴路增益 $A_{CL}=30$ 和輸入 $V_i=25\text{ mV}$，輸出增益因數計算如下：

$$K=A_{CL}V_i=30(25\text{ mV})=750\text{ mV}=0.750\text{ V}$$

利用式(10.25)，可得最大訊號頻率 f_{max} 為

$$f_{max} = \frac{SR}{2\pi K} = \frac{0.5 \text{ V}/\mu s}{2\pi (0.750 \text{ V})} = \mathbf{106 \text{ kHz}}$$

10.8 差模與共模操作

放大器提供的輸出有兩個分量，其中一項是將正輸入端和負輸入端的訊號差放大，而另一項則受到兩輸入端共同訊號的影響。

差動輸入

當兩個個別的輸入加到運算放大器，所得差訊是兩輸入訊號之差。

$$\boxed{V_d = V_{i_1} - V_{i_2}} \qquad (10.26)$$

共模輸入

兩輸入訊號相同時稱為共模輸入，而輸入訊號的共模輸入分量可定義為兩輸入訊號的平均值。

$$\boxed{V_c = \frac{1}{2}(V_{i_1} + V_{i_2})} \qquad (10.27)$$

輸出電壓

因加到運算放大器的訊號一般不是同相就是反相，所得輸出可表為

$$\boxed{V_o = A_d V_d + A_c V_c} \qquad (10.28)$$

其中 V_d＝差動電壓，
　　　V_c＝共模電壓，
　　　A_d＝放大器的差模增益
　　　A_c＝放大器的共模增益

相反極性的輸入

總輸出電壓是

$$式(10.28)：V_o = A_d V_d + A_c V_c = A_d(2V_s) + 0 = 2A_d V_s$$

相同極性的輸入

總輸出電壓是

$$式(10.28)：V_o = A_d V_d + A_c V_c = A_d(0) + A_c V_s = A_c V_s$$

共模斥拒比

已經得到 A_d 和 A_c（根據上述討論的程序），現在可以計算共模斥拒比(CMRR)的數值，根據以下定義式：

$$\boxed{CMRR = \frac{A_d}{A_c}} \qquad (10.29)$$

CMRR 值可表成對數形式如下：

$$\boxed{CMRR(\log) = 20 \log_{10} \frac{A_d}{A_c}} \quad (dB) \qquad (10.30)$$

例 10.18

試計算圖 10.50 電路量測出的 CMRR。

解：

由圖 10.50a 所示的量測值，採用上述步驟 1 的程序，可得

$$A_d = \frac{V_o}{V_d} = \frac{8\text{ V}}{1\text{ mV}} = 8000$$

由圖 10.50b 所示的量測值，採用上述步驟 2 的程序，可得

$$A_c = \frac{V_o}{V_c} = \frac{12\text{ mV}}{1\text{ mV}} = 12$$

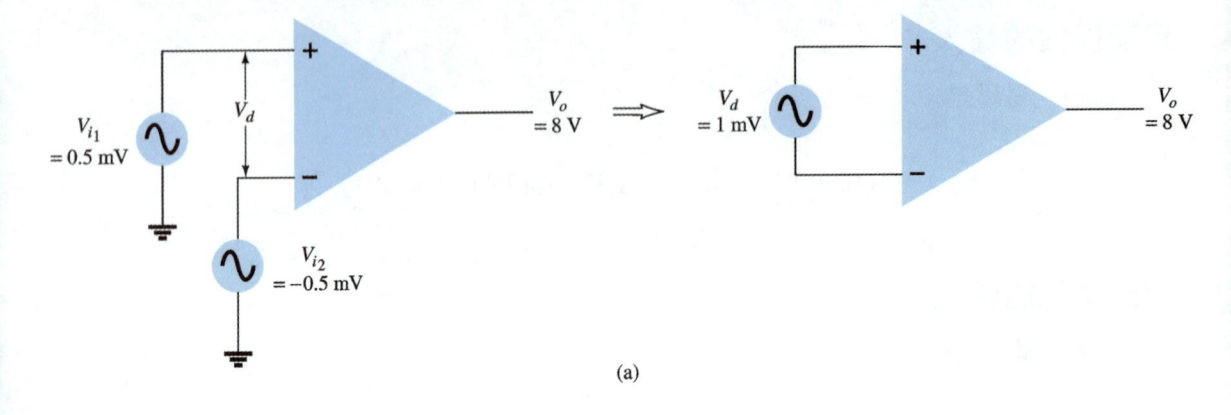

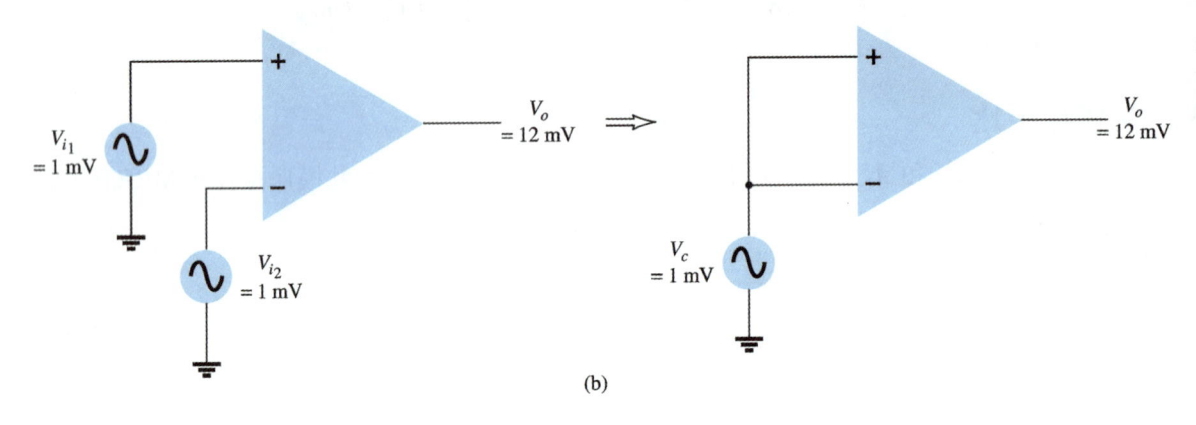

圖 10.50 (a)差模與(b)共模操作

利用式(10.28)，可得 CMRR 值，

$$\text{CMRR} = \frac{A_d}{A_c} = \frac{8000}{12} = \mathbf{666.7}$$

也可表為

$$\text{CMRR} = 20 \log_{10} \frac{A_d}{A_c} = 20 \log_{10} 666.7 = \mathbf{56.48 \text{ dB}}$$

習 題

1. 圖 10.51 電路中的輸出電壓是多少？

圖 10.51　習題 1

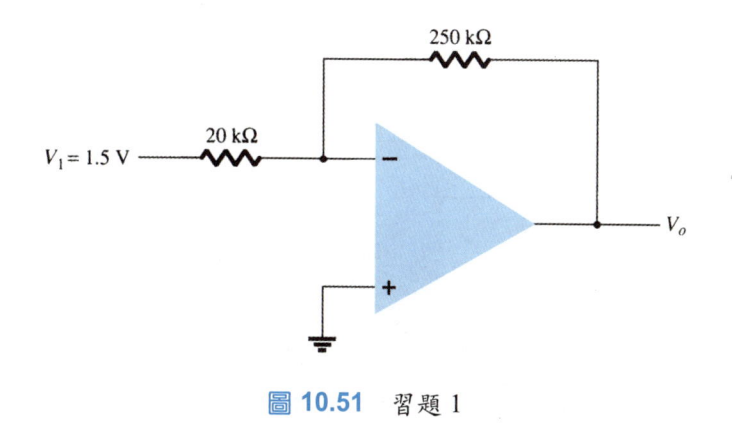

2. 圖 10.52 電路中，輸入電壓多少時，可產生 2 V 的輸出？

3. 圖 10.53 的電路中，若輸入 $V_1 = -0.3$ V，則產生的輸出電壓是多少？

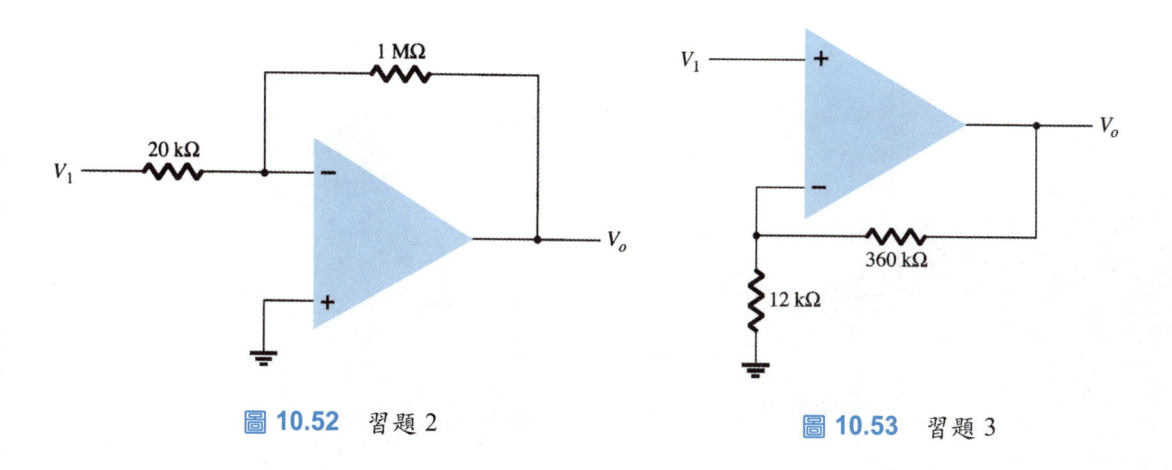

圖 10.52　習題 2

圖 10.53　習題 3

4. 圖 10.54 電路所能建立的輸出電壓範圍是多少？

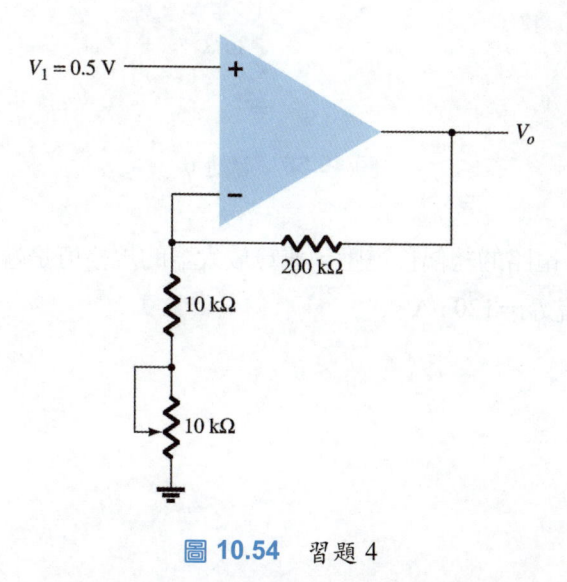

圖 10.54　習題 4

5. 圖 10.55 電路在 $V_i = +0.5\text{ V}$ 時,產生的輸出電壓是多少?

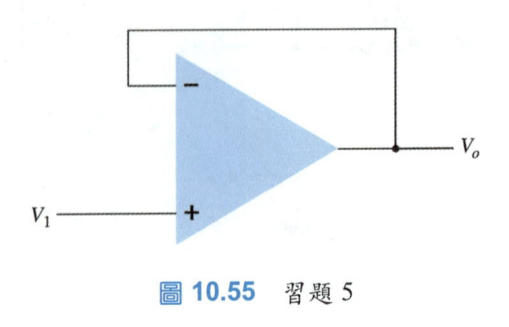

圖 10.55 習題 5

6. 試計算圖 10.56 電路的輸出電壓 V_2 和 V_3。

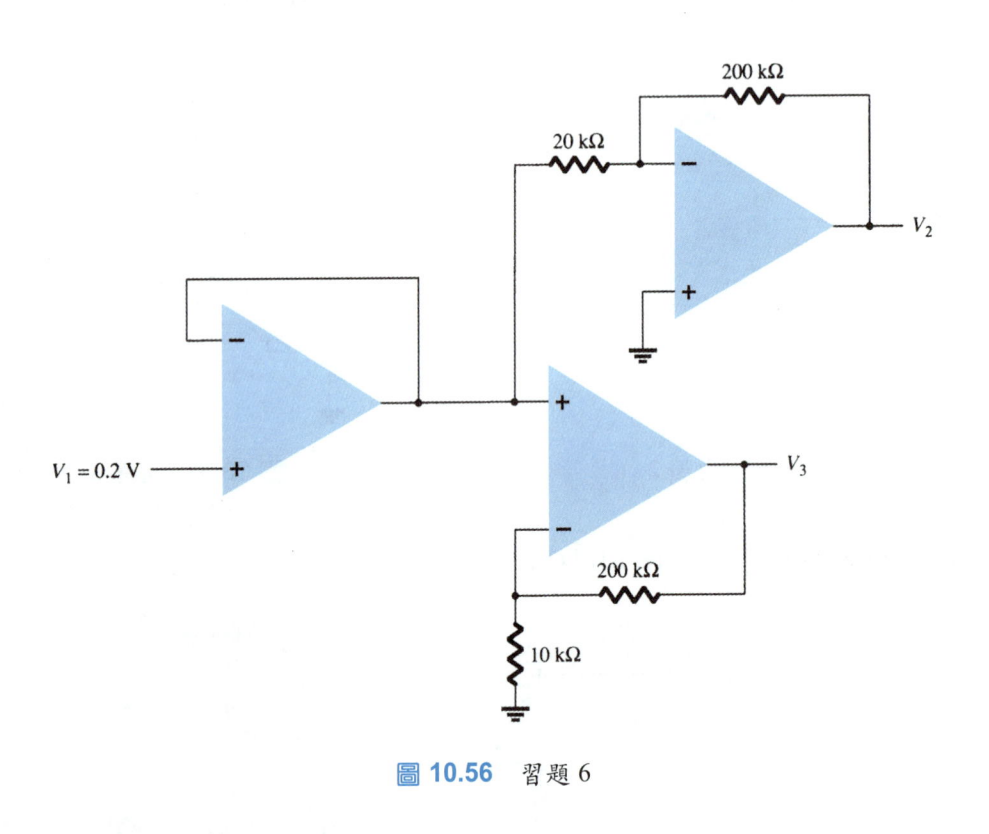

圖 10.56 習題 6

7. 試計算圖 10.57 電路的總偏移電壓,運算放大器的規格值是輸入偏移電壓 $I_{IO} = 6\text{ mV}$ 且輸入偏移電流 $I_{IO} = 120\text{ nA}$。

圖 10.57 習題 7

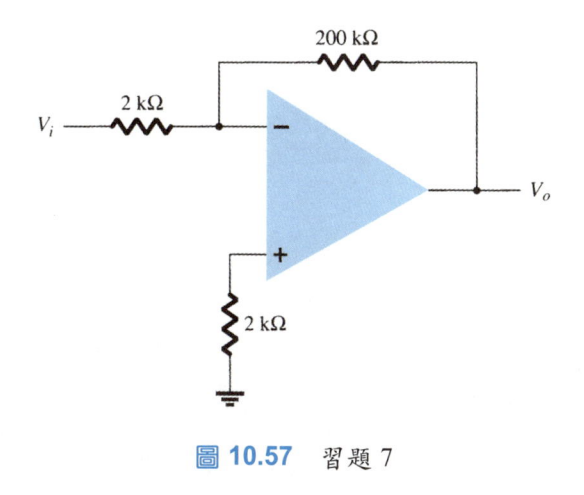

8. 某運算放大器的規格值是 $I_{IO}=4$ nA 且 $I_{IB}=20$ nA，試計算各輸入端的輸入偏壓電流。

9. 某運算放大器的迴轉率 SR=2.4 V/μs，若輸入訊號在 10 μs 之內變化 0.3 V，試決定其可用的最大閉迴路電壓增益。

10. 就 741 運算放大器的典型特性，試計算圖 10.57 電路的以下各值：
    a. A_{CL}。
    b. Z_i。
    c. Z_o。

11. 某電路的量測值如下，$V_d=1$ mV 時 $V_o=120$ mV，且 $V_C=1$ mV 時 $V_o=20$ μV，試計算 CMRR（dB 值）。

12. 某運算放大器的 $V_{i_1}=200$ μV 且 $V_{i_2}=140$ μV，放大器的差動增益 $A_d=6000$ 且 CMRR 值分別如下，試決定輸出電壓：
    a. 200。
    b. 10^5。

Chapter 11
運算放大器應用

11.1 定增益放大器

最普遍的運算放大器電路是反相定增益放大器,可提供精準的增益或放大倍數。圖 11.1 顯示標準的電路接法,所得增益如下:

$$A = -\frac{R_f}{R_1} \tag{11.1}$$

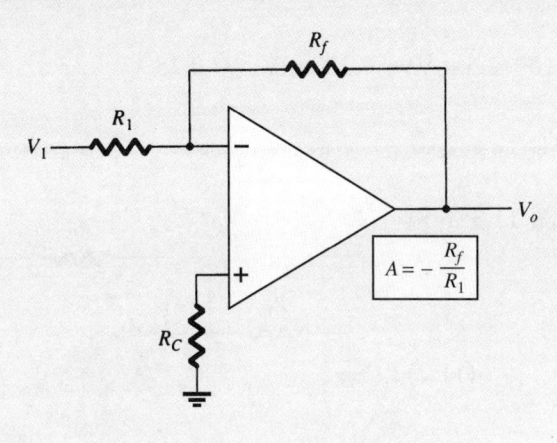

圖 11.1 定增益放大器

例 11.1

圖 11.2 電路的弦波輸入是 2.5 mV，試決定此電路的輸出電壓。

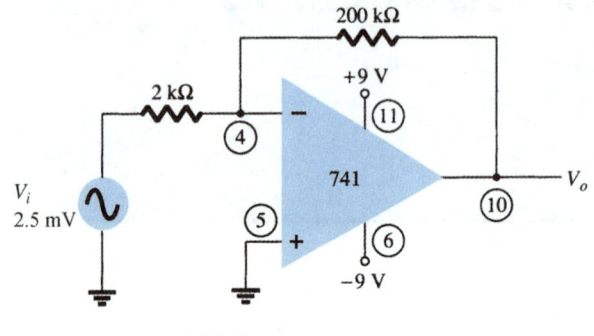

圖 11.2 例 11.1 的電路

解：

圖 11.2 的電路利用 741 運算放大器提供定增益，由式(11.1)算出

$$A = -\frac{R_f}{R_1} = -\frac{200\,\text{k}\Omega}{2\,\text{k}\Omega} = -100$$

因此輸出電壓是

$$V_o = AV_i = -100(2.5\,\text{mV}) = -250\,\text{mV} = \mathbf{-0.25\,V}$$

非反相定增益放大器提供在圖 11.3 的電路，增益為

$$\boxed{A = 1 + \frac{R_f}{R_1}} \qquad (11.2)$$

$$A = 1 + \frac{R_f}{R_1}$$

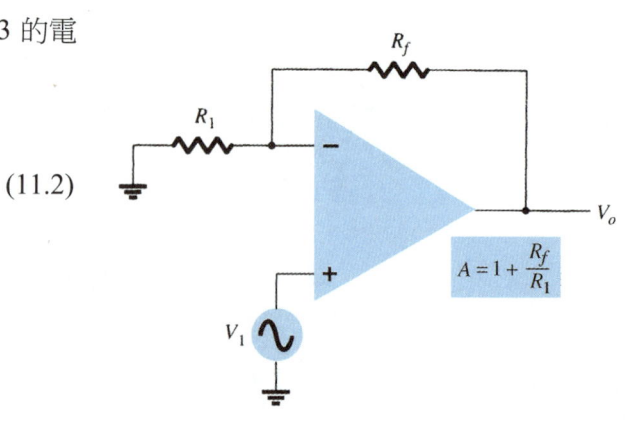

圖 11.3 非反相定增益放大器

例 11.2

圖 11.4 電路的輸入是 120 μV，試計算此電路的輸出電壓。

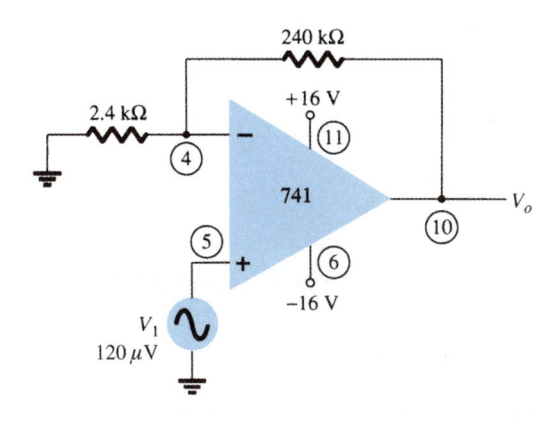

圖 11.4 例 11.2 的電路

解：

利用式(11.2)算出運算放大器電路的增益是

$$A = 1 + \frac{R_f}{R_1} = 1 + \frac{240 \text{ k}\Omega}{2.4 \text{ k}\Omega} = 1 + 100 = 101$$

因此輸出電壓是

$$V_o = AV_i = 101(120 \mu V) = \textbf{12.12 mV}$$

多級增益

圖 11.5 顯示三個放大級的串級，第 1 級提供非反相增益，接下來兩級則提供反相增益，總電路增益是非反相，計算如下：

$$A = A_1 A_2 A_3$$

其中 $A_1 = 1 + R_f/R_1$、$A_2 = -R_f/R_2$ 且 $A_3 = -R_f/R_3$。

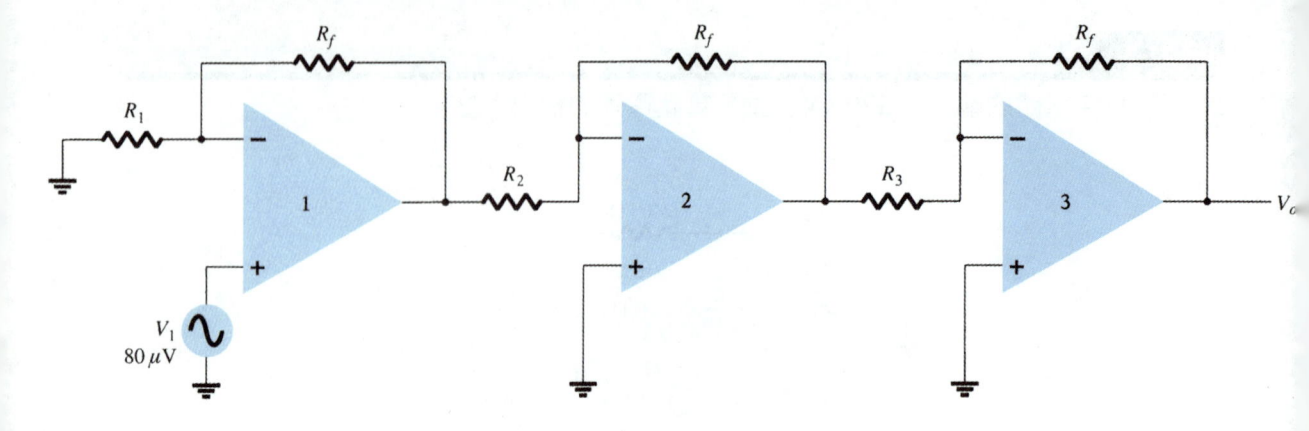

圖 11.5 使用多個放大級的定增益接法

例 11.3

圖 11.5 電路的電阻元件值採用 R_f=470 kΩ、R_1=4.3 kΩ、R_2=33 kΩ 且 R_3=33 kΩ，輸入 80 μV，試計算輸出電壓。

解：放大器增益計算如下：

$$A = A_1 A_2 A_3 = \left(1 + \frac{R_f}{R_1}\right)\left(-\frac{R_f}{R_2}\right)\left(-\frac{R_f}{R_3}\right)$$

$$= \left(1 + \frac{470 \text{ k}\Omega}{4.3 \text{ k}\Omega}\right)\left(-\frac{470 \text{ k}\Omega}{33 \text{ k}\Omega}\right)\left(-\frac{470 \text{ k}\Omega}{33 \text{ k}\Omega}\right)$$

$$= (110.3)(-14.2)(-14.2) = 22 \times 10^3$$

所以

$$V_o = AV_i = 22.2 \times 10^3 (80 \mu\text{V}) = \mathbf{1.78 \text{ V}}$$

也可用幾個運算放大級提供個別不同的增益，見下例的說明。

例 11.4

試利用 LM348 IC 接出三個運算放大級，所提供的輸出分別是輸入的 10、20 和 50 倍，各級採用相同的反饋電阻 R_f=500 kΩ。

解：

各級所用電阻元件計算如下：

$$R_1 = -\frac{R_f}{A_1} = -\frac{500 \text{ k}\Omega}{-10} = 50 \text{ k}\Omega$$

$$R_2 = -\frac{R_f}{A_2} = -\frac{500 \text{ k}\Omega}{-20} = 25 \text{ k}\Omega$$

$$R_3 = -\frac{R_f}{A_3} = -\frac{500 \text{ k}\Omega}{-50} = 10 \text{ k}\Omega$$

所得電路畫在圖 11.6。

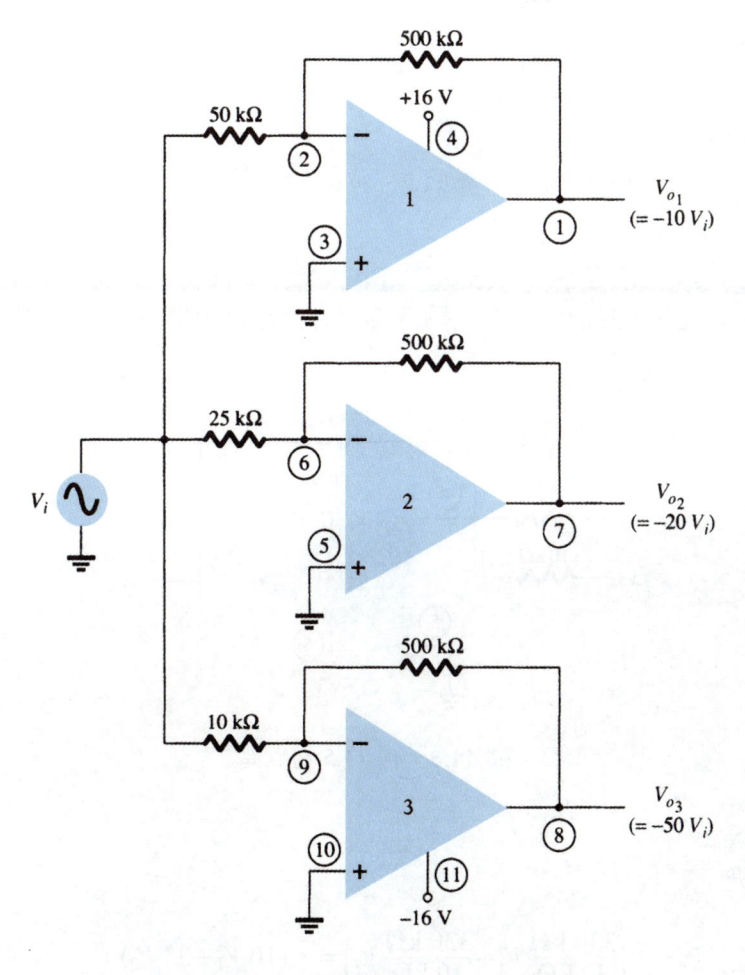

圖 11.6 例 11.4 的電路（採用 LM348）

11.2 電壓和

運算放大器另一個普遍的應用是和放大器,圖 11.7 顯示此種接法,輸出是三個輸入乘上不同增益後之和。轉出電壓是

$$V_o = -\left(\frac{R_f}{R_1}V_1 + \frac{R_f}{R_2}V_2 + \frac{R_f}{R_3}V_3\right) \tag{11.3}$$

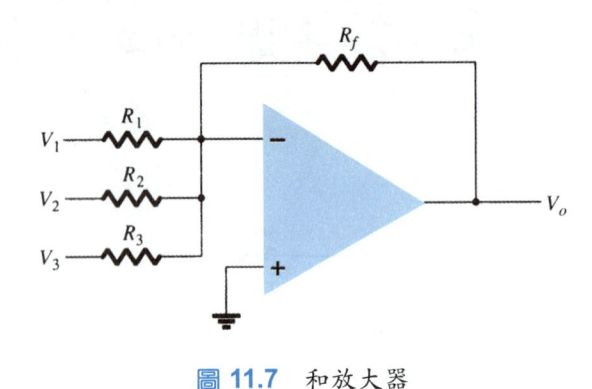

圖 11.7　和放大器

例 11.5

計算圖 11.8 電路的輸出電壓,輸入是 $V_1 = 50\sin(1000t)$ mV 且 $V_2 = 10\sin(3000t)$ mV。

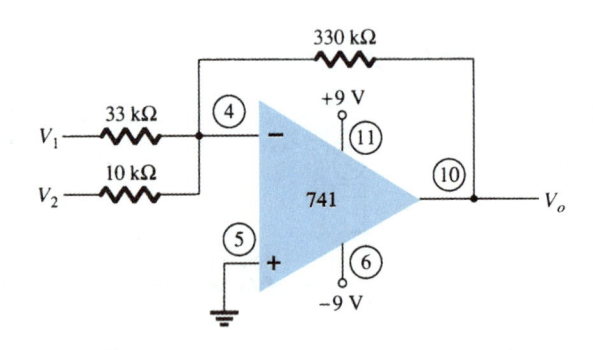

圖 11.8　例 11.5 的電路

解:

輸出電壓是

$$V_o = -\left(\frac{330\text{ k}\Omega}{33\text{ k}\Omega}V_1 + \frac{330\text{ k}\Omega}{10\text{ k}\Omega}V_2\right) = -(10\,V_1 + 33\,V_2)$$

$$= -[10(50)\sin(1000t) + 33(10)\sin(3000t)]\text{ mV}$$

$$= \mathbf{-[0.5\sin(1000t) + 0.33\sin(3000t)]\text{ V}}$$

電壓相減

兩訊號互減的方式有很多種，圖 11.9 顯示用兩個運算放大級提供輸入訊號相減，所得輸出如下：

$$V_o = -\left[\frac{R_f}{R_3}\left(-\frac{R_f}{R_1}V_1\right) + \frac{R_f}{R_2}V_2\right]$$

$$\boxed{V_o = -\left(\frac{R_f}{R_2}V_2 - \frac{R_f}{R_3}\frac{R_f}{R_1}V_1\right)} \tag{11.4}$$

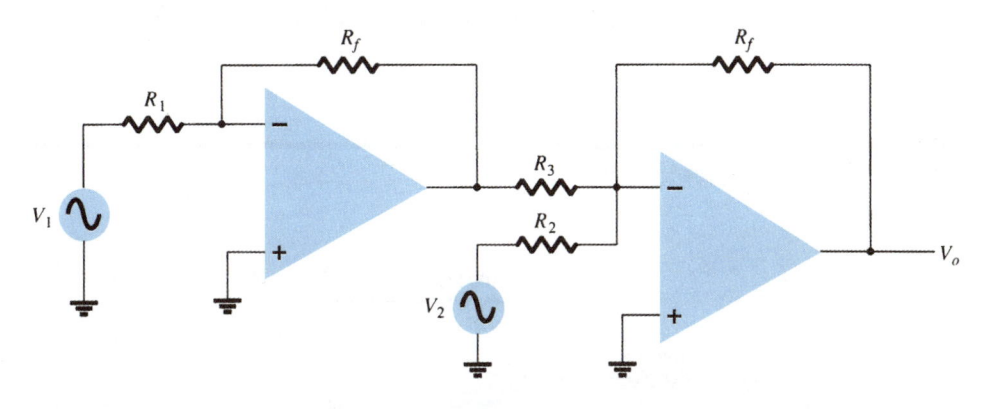

圖 11.9 兩訊號相減的電路

例 11.6

試決定圖 11.9 電路的輸出，元件 $R_f = 1\,\text{M}\Omega$、$R_1 = 100\,\text{k}\Omega$、$R_2 = 50\,\text{k}\Omega$ 且 $R_3 = 500\,\text{k}\Omega$。

解：

輸出電壓計算如下：

$$V_o = -\left(\frac{1\,\text{M}\Omega}{50\,\text{k}\Omega}V_2 - \frac{1\,\text{M}\Omega}{500\,\text{k}\Omega}\frac{1\,\text{M}\Omega}{100\,\text{k}\Omega}V_1\right) = -(20V_2 - 20V_1) = \mathbf{-20(V_2 - V_1)}$$

可看到輸出是 V_2 和 V_1 的差，再乘上增益 -20。

另一個提供兩訊號減法的接法見圖 11.10，此接法僅用一個運算放大級提供兩輸入訊號相減。利用重疊原理，可證明輸出是

$$\boxed{V_o = \frac{R_3}{R_1 + R_3}\frac{R_2 + R_4}{R_2}V_1 - \frac{R_4}{R_2}V_2} \tag{11.5}$$

圖 11.10 減法電路

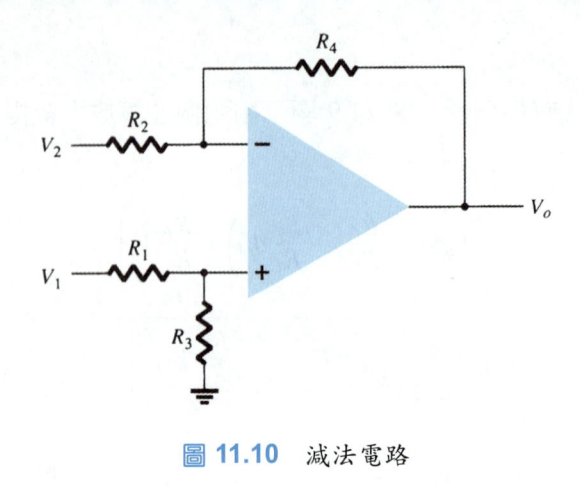

例 11.7

試決定圖 11.11 電路的輸出電壓。

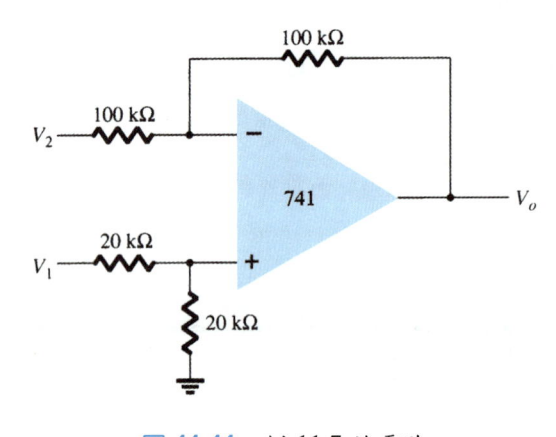

圖 11.11 例 11.7 的電路

解：

所得輸出電壓可表成

$$V_o = \left(\frac{20 \text{ k}\Omega}{20 \text{ k}\Omega + 20 \text{ k}\Omega}\right)\left(\frac{100 \text{ k}\Omega + 100 \text{ k}\Omega}{100 \text{ k}\Omega}\right)V_1 - \frac{100 \text{ k}\Omega}{100 \text{ k}\Omega}V_2$$
$$= V_1 - V_2$$

可看出所得輸出電壓是兩輸入電壓之差。

11.3 電壓緩衝器

電壓緩衝器利用單位電壓增益放大級,以隔離輸入訊號和負載,不會產生相位或極性的倒反,其作用有如極高輸入阻抗和極低輸出阻抗的理想電路。圖 11.12 顯示接成此種緩衝放大器操作的運算放大器,輸出電壓決定如下:

$$V_o = V_1 \tag{11.6}$$

圖 11.13 顯示如何將一個輸入提供給兩個分開的輸出,此接法的優點在於,接在某一輸出端的負載不會對另一輸出產生負載效應。在作用上,兩輸出被緩衝或彼此隔離。

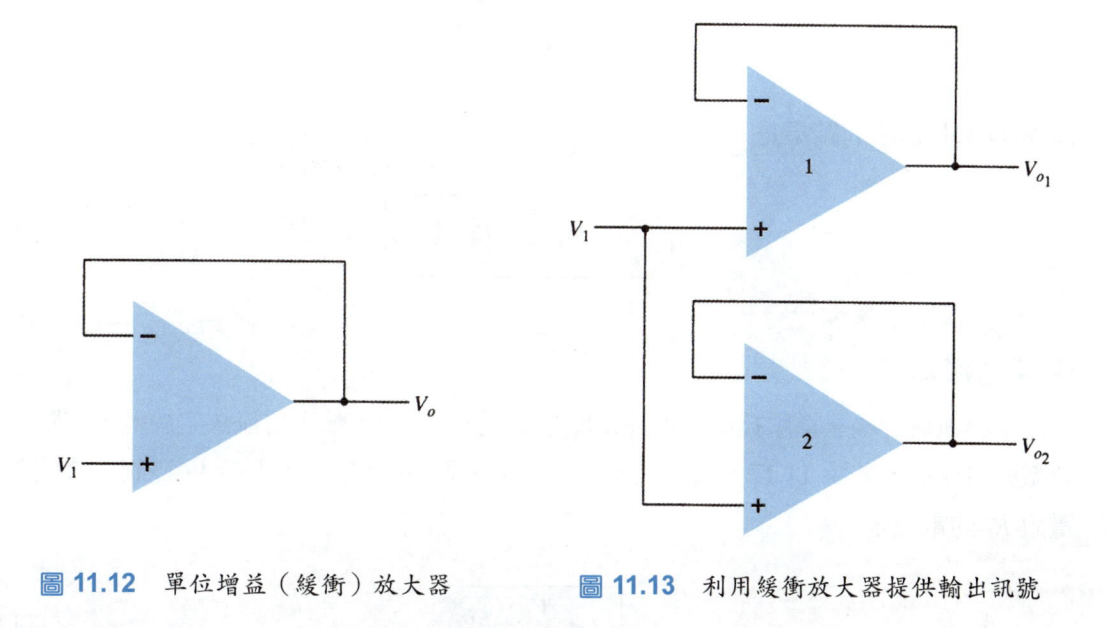

圖 11.12 單位增益(緩衝)放大器

圖 11.13 利用緩衝放大器提供輸出訊號

11.4 受控源

可用運算放大器建立各種型式的受控源,可用輸入電壓控制輸出電壓或電流,或者用輸入電流控制輸出電壓或電流。

壓控電壓源

輸出 V_o 由輸入電壓 V_1 控制的理想電壓源型式見圖 11.14,可看出,輸出電壓決定於輸入電壓(乘上因數 k),如圖 11.15 所示。一個採用反相輸入,另一則採用非反相輸入。對圖 11.15a 的接法,輸出電壓是

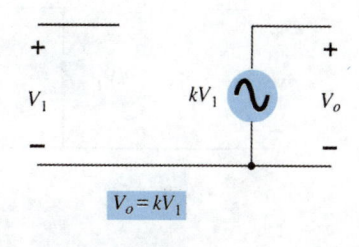

圖 11.14 理想的壓控電壓源

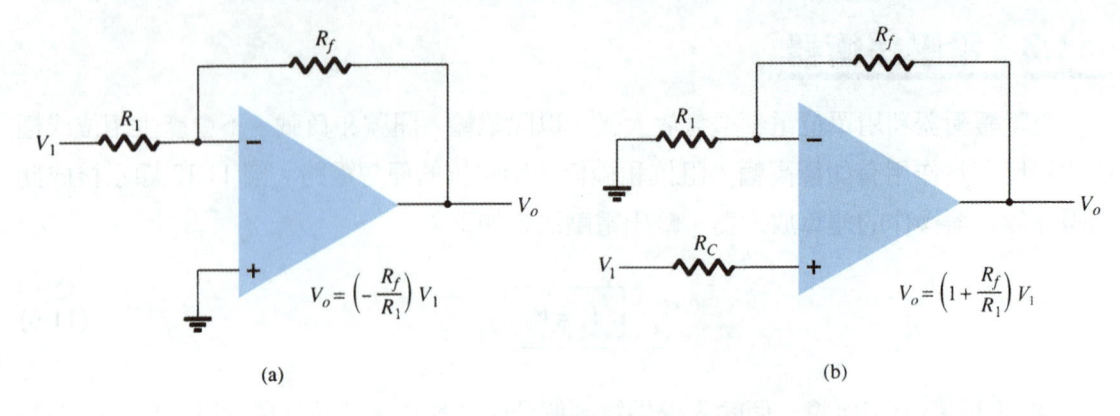

(a)   (b)

圖 11.15 實際的壓控電壓源電路

$$V_o = -\frac{R_f}{R_1} V_1 = kV_1 \tag{11.7}$$

而圖 11.15b 輸出的結果是

$$V_o = \left(1 + \frac{R_f}{R_1}\right) V_1 = kV_1 \tag{11.8}$$

壓控電流源

輸出電流受輸入電壓控制的理想電路型式見圖 11.16，輸出電流決定於輸入電壓。實際電路可建構成如圖 11.17，輸出電流流經負載電阻 R_L 且受輸入電壓 V_1 控制，流經負載電阻 R_L 的電流是

$$I_o = \frac{V_1}{R_1} = kV_1 \tag{11.9}$$

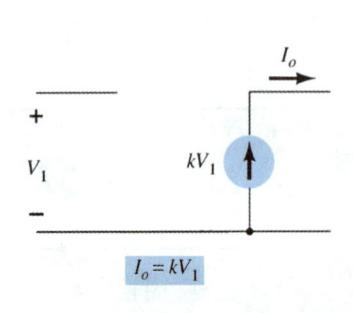

圖 11.16 理想的壓控電流源 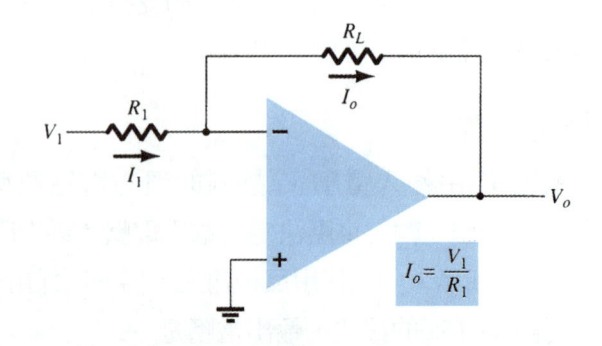   圖 11.17 實際的壓控電流源

流控電壓源

由輸入電流控制的理想電壓源型式見圖 11.18，輸出電壓決定於輸入電流，實際電路形式見圖 11.19，可看出輸出電壓是

$$V_o = -I_1 R_L = kI_1 \qquad (11.10)$$

流控電流源

輸出電流決定於輸入電流的理想電路形式見圖 11.20，在此電路中，所提供的輸出電流決定於輸入電流。電流的實際形式見圖 11.21，可看出輸入電流 I_1 產生輸出電流 I_o。

$$I_o = I_1 + I_2 = I_1 + \frac{I_1 R_1}{R_2} = \left(1 + \frac{R_1}{R_2}\right) I_1 = kI_1 \qquad (11.11)$$

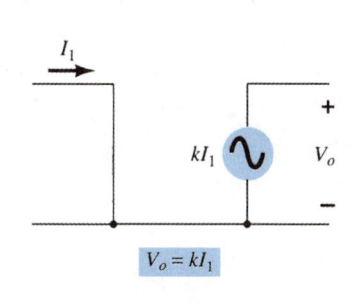

圖 11.18 理想的流控電壓源

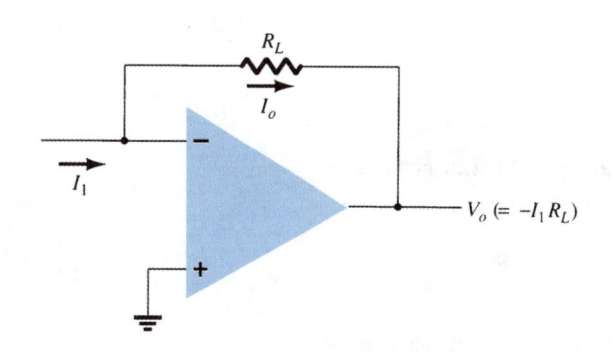

圖 11.19 流控電壓源的實際形式

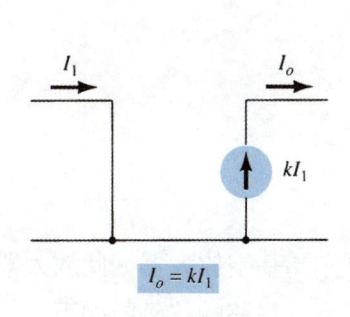

圖 11.20 理想的流控電流源

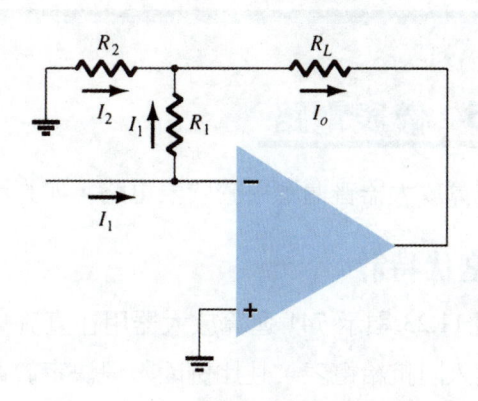

圖 11.21 流控電流源的實際型式

例 11.8

a. 對圖 11.22a 的電路，試計算 I_L。
b. 對圖 11.22b 的電路，試計算 V_o。

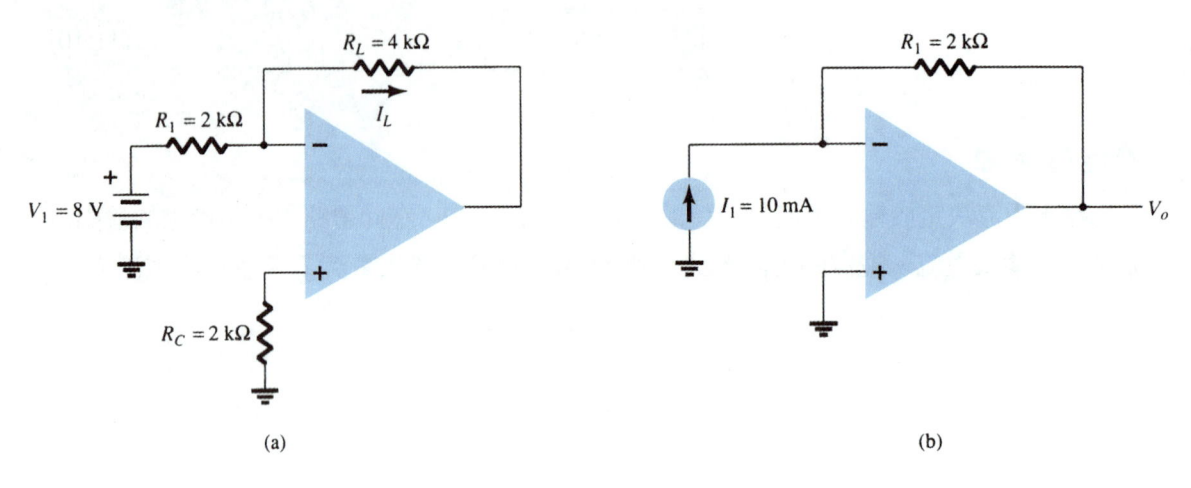

圖 11.22　例 11.8 的電路

解：

a. 對圖 11.22a 的電路，

$$I_L = \frac{V_1}{R_1} = \frac{8 \text{ V}}{2 \text{ k}\Omega} = \mathbf{4 \text{ mA}}$$

b. 對圖 11.22b 的電路，

$$V_o = -I_1 R_1 = -(10 \text{ mA})(2 \text{ k}\Omega) = \mathbf{-20 \text{ V}}$$

11.5　儀表電路

運算放大器普遍應用於儀表電路，如直流或交流電壓表。

直流毫伏特計

圖 11.23 顯示 741 運算放大器用在直流毫伏特計中，作為基本放大器。此放大器提供高輸入阻抗給電表，且比例因數只決定於電阻值和精確度。電路轉移函數如下：

$$\left|\frac{I_o}{V_1}\right| = \frac{R_f}{R_1}\left(\frac{1}{R_S}\right) = \left(\frac{100 \text{ k}\Omega}{100 \text{ k}\Omega}\right)\left(\frac{1}{10 \text{ }\Omega}\right) = \frac{1 \text{ mA}}{10 \text{ mV}}$$

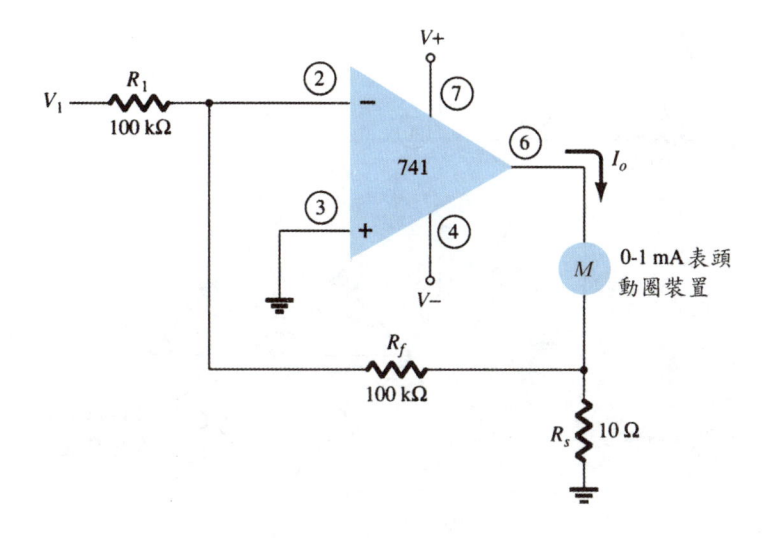

圖 11.23 運算放大器直流毫伏特計

因此，10 mV 輸入會使表頭流經 1 mA 電流。若輸入為 5 mV 時，流經表頭的電流會是 0.5 mA，此為半滿刻度偏轉。將 R_f 改為 200 kΩ 時，電路比例因數會成為

$$\left|\frac{I_o}{V_1}\right| = \left(\frac{200\text{ k}\Omega}{100\text{ k}\Omega}\right)\left(\frac{1}{10\Omega}\right) = \frac{1\text{ mA}}{5\text{ mV}}$$

交流毫伏特計

另一個儀表電路的例子是交流毫伏特計，見圖 11.24，此電路的轉移函數是

$$\left|\frac{I_o}{V_1}\right| = \frac{R_f}{R_1}\left(\frac{1}{R_S}\right) = \left(\frac{100\text{ k}\Omega}{100\text{ k}\Omega}\right)\left(\frac{1}{10\Omega}\right) = \frac{1\text{ mA}}{10\text{ mV}}$$

所處理的訊號是交流訊號之外，看起來和直流毫伏特計完全相同，電表的指示在全刻度偏轉時，對應於 10 mV 交流輸入電壓。

顯示器驅動電路

圖 11.25 顯示，可利用運算放大器電路驅動燈泡或 LED 顯示器。在圖 11.25a 的電路中，當非反相輸入高於反相輸入時，第 1 腳的輸出會到達正飽和位準，Q_1 導通，燈泡被驅動"點亮"。圖 11.25b 則顯示，當非反相輸入高於反相輸入時，運算放大器電路可供應 20 mA 的電流，以驅動 LED 顯示器。

儀表放大器

以兩輸入的差（再乘上某因數）提供輸出的電路，見圖 11.26，電位計可供調整電路因數的大小。可導出輸出和輸入的關係是

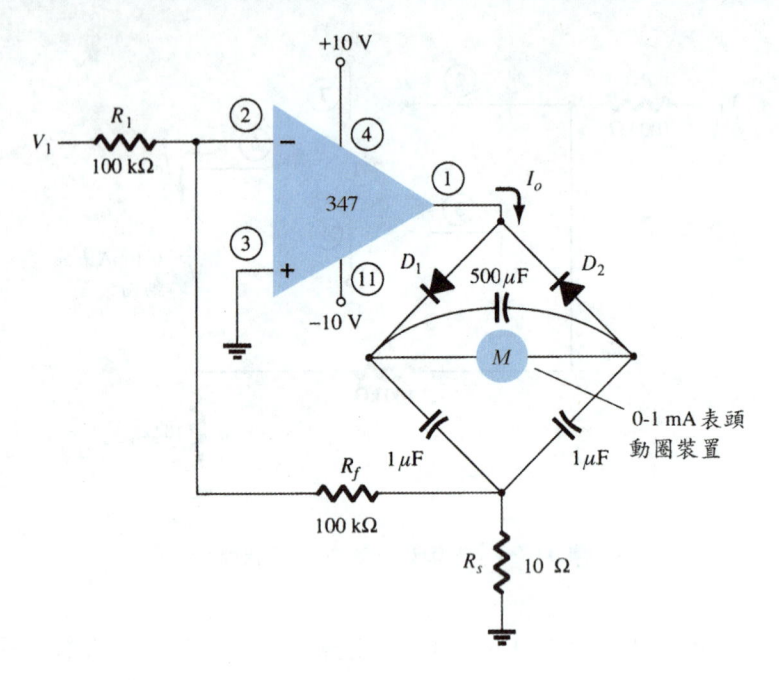

圖 11.24 使用運算放大器建立交流毫伏特計

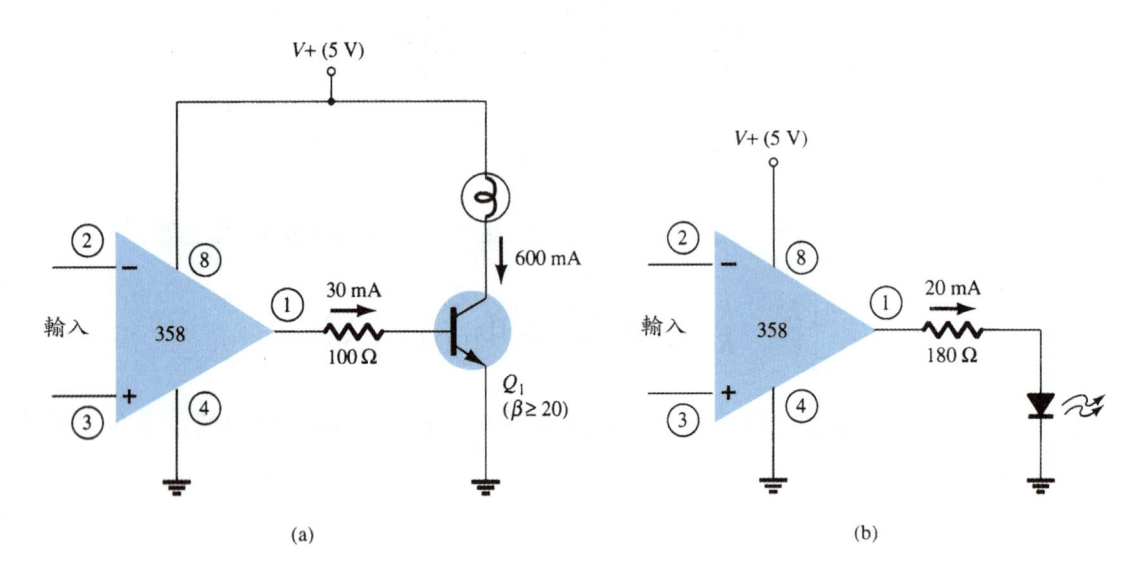

圖 11.25 顯示器驅動電路：(a)燈泡驅動電路；(b)LED 驅動電路

$$\frac{V_o}{V_1-V_2}=1+\frac{2R}{R_P}$$

所以可得輸出如下：

$$V_o=\left(1+\frac{2R}{R_P}\right)(V_1-V_2)=k(V_1-V_2) \tag{11.12}$$

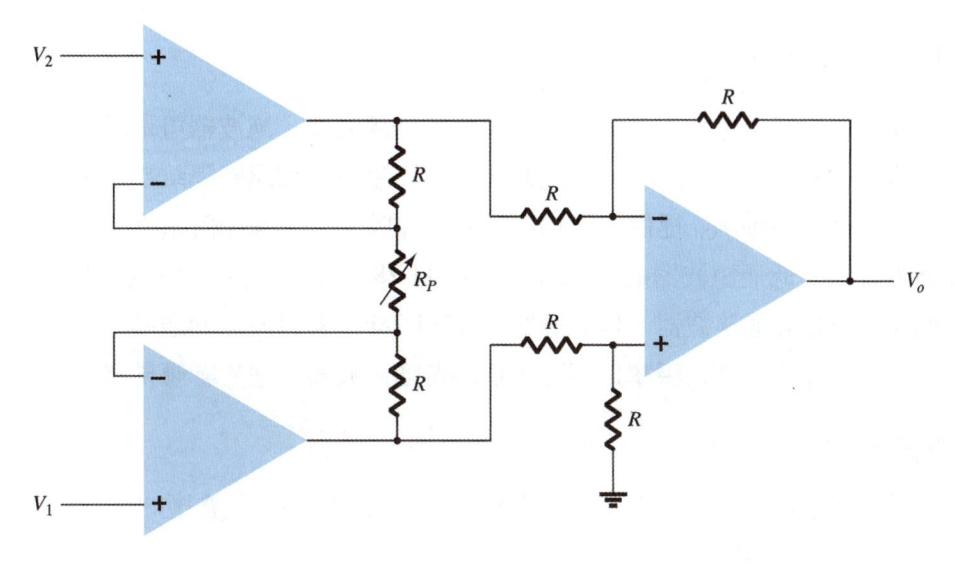

圖 11.26 儀表放大器

例 11.9

試計算圖 11.27 電路中輸出電壓的表示式。

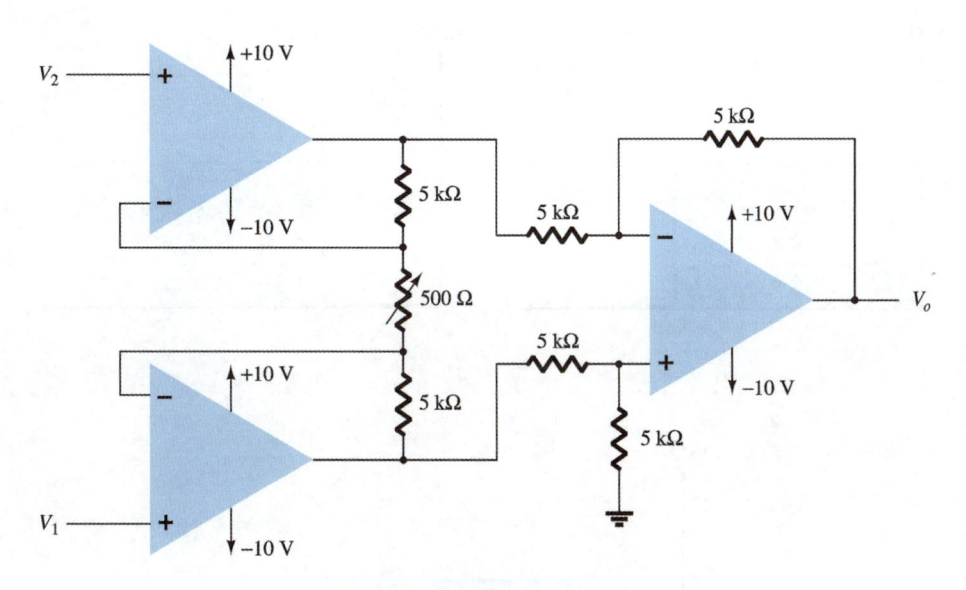

圖 11.27 例 11.9 的電路

解：

可利用式(11.12)，輸出電壓可表為

$$V_o = \left(1 + \frac{2R}{R_P}\right)(V_1 - V_2) = \left[1 + \frac{2(5000)}{500}\right](V_1 - V_2)$$
$$= 21\,(V_1 - V_2)$$

11.6　主動濾波器

有一種普通的應用是利用運算放大器建構主動濾波器。濾波器可單用被動元件：電阻和電容建構。主動濾波器則加上放大器，提供電壓放大和訊號隔離或緩衝。

從直流到截止頻率 f_{OH} 提供定值輸出，且 f_{OH} 以上不通過任何訊號的濾波器，稱為理想低通濾波器，低通濾波器的理想響應見圖 11.28a。能提供或通過截止頻率 f_{OL} 以上的訊號的濾波器是高通濾波器，理想響應見圖 11.28b。若濾波器的通過訊號在某一理想截止頻率以上且在另一截止頻率以下時，稱為帶通濾波器，理想響應見圖 11.28c。

低通濾波器

使用單一個電阻和電容的 1 階低通濾波器，如圖 11.29a，其響應的實際斜率是每 10 倍頻 −20 dB，見圖 11.29b。截止頻率以下的電壓增益為定值，

$$A_v = 1 + \frac{R_F}{R_G} \tag{11.13}$$

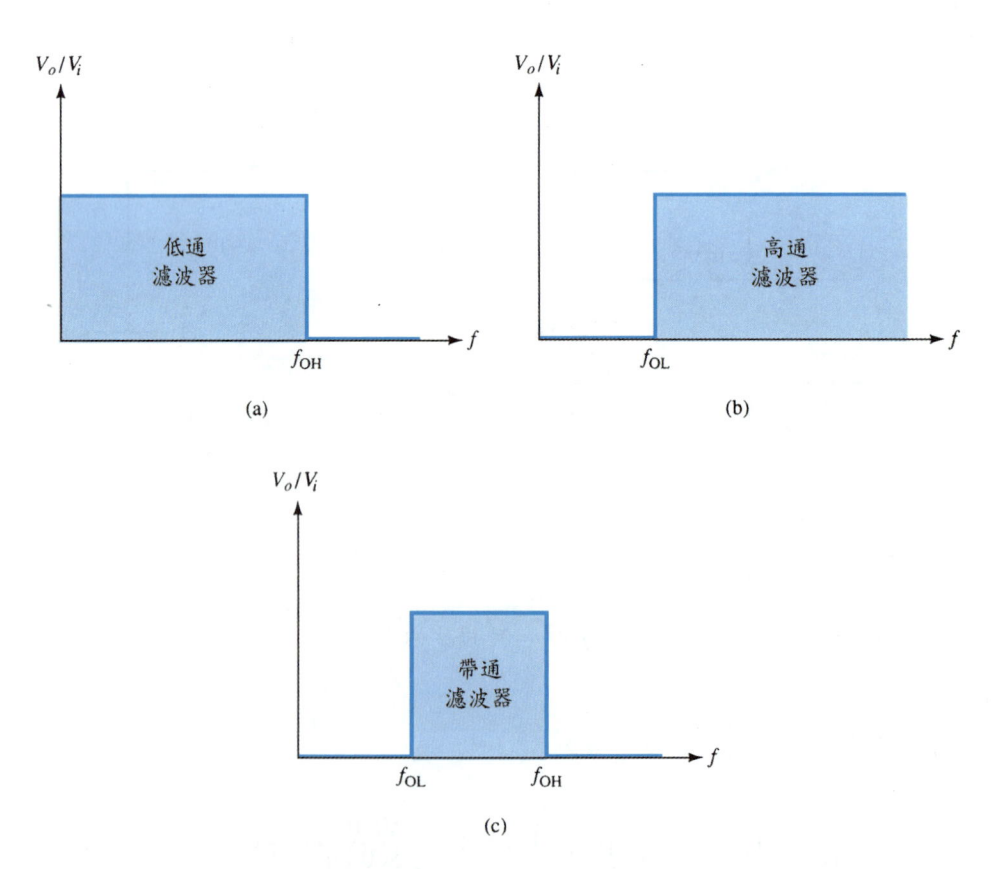

圖 11.28　理想的濾波器響應：(a)低通；(b)高通；(c)帶通

截止頻率是

$$f_{OH} = \frac{1}{2\pi R_1 C_1} \tag{11.14}$$

若使用兩段 RC 組合的濾波器如圖 11.30 所示，可產生 2 階低通濾波器，其截止後斜率可達 -40 dB/10 倍頻，更接近圖 11.29a 的理想特性。

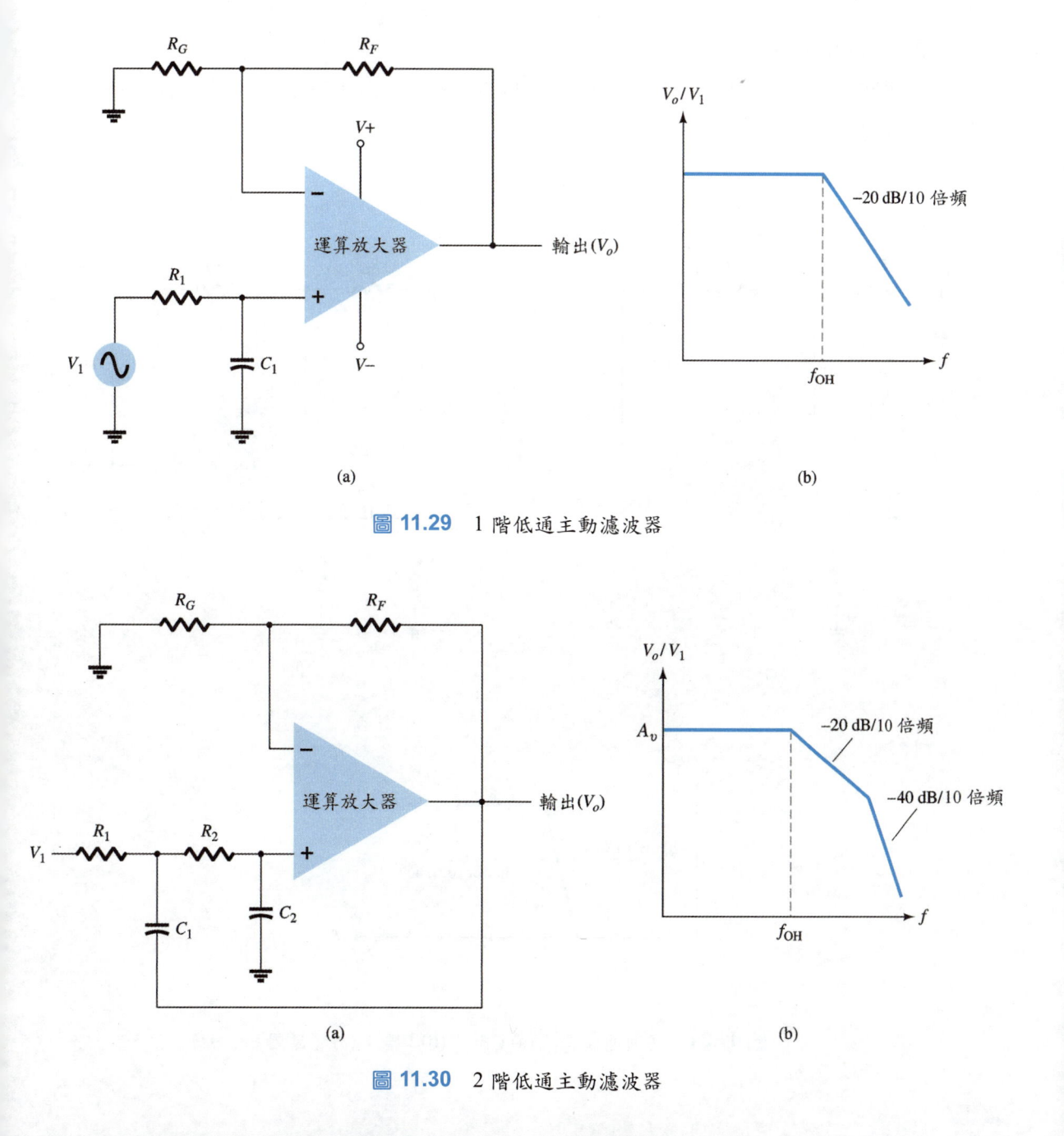

圖 11.29 1 階低通主動濾波器

圖 11.30 2 階低通主動濾波器

例 11.10

試計算 1 階低通濾波器的截止頻率，已知 $R_1=1.2$ kΩ 且 $C_1=0.02$ μF。

解：

$$f_{OH} = \frac{1}{2\pi R_1 C_1} = \frac{1}{2\pi(1.2 \times 10^3)(0.02 \times 10^{-6})} = \mathbf{6.63 \text{ kHz}}$$

高通主動濾波器

1 階和 2 階高通主動濾波器可建構如圖 11.31 所示，放大器增益可用式(11.13)算出，放大器的截止頻率是

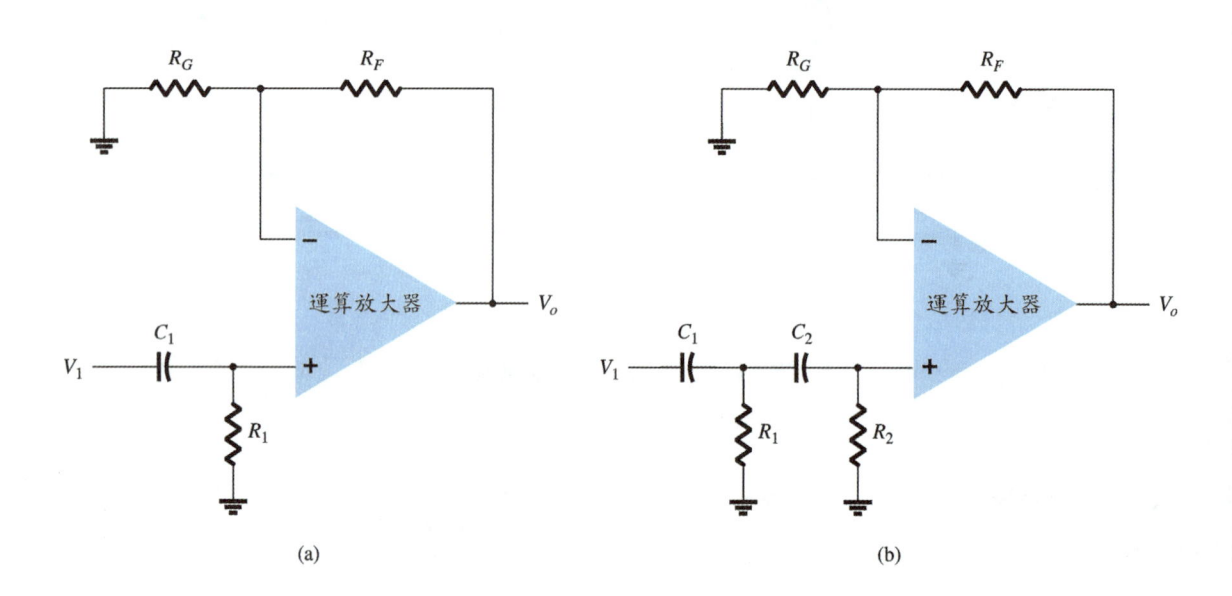

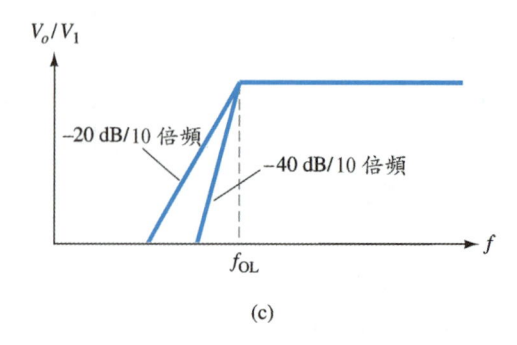

圖 11.31 高通濾波器：(a)1 階；(b)2 階；(c)響應圖

$$f_{OL} = \frac{1}{2\pi R_1 C_1} \tag{11.15}$$

若 2 階濾波器的 $R_1 = R_2$ 且 $C_1 = C_2$，可得如式 (11.15) 相同的截止頻率。

例 11.11

試計算如圖 11.31b 中，2 階高通濾波器的截止頻率，已知 $R_1 = R_2 = 2.1 \text{ k}\Omega$、$C_1 = C_2 = 0.05 \text{ }\mu\text{F}$ 且 $R_G = 10 \text{ k}\Omega$、$R_F = 50 \text{ k}\Omega$。

解：

$$\text{式 (11.13)：} A_v = 1 + \frac{R_F}{R_G} = 1 + \frac{50 \text{ k}\Omega}{10 \text{ k}\Omega} = 6$$

因此截止頻率是

$$\text{式 (11.15)：} f_{OL} = \frac{1}{2\pi R_1 C_1} = \frac{1}{2\pi (2.1 \times 10^3)(0.05 \times 10^{-6})} \approx \mathbf{1.5 \text{ kHz}}$$

帶通濾波器

圖 11.32 顯示使用 2 級的帶通濾波器，第 1 級是高通濾波器，而第 2 級是低通濾波器，總和操作是所要的帶通響應。

例 11.12

試計算圖 11.32 帶通濾波器電路的截止頻率，已知 $R_1 = R_2 = 10 \text{ k}\Omega$、$C_1 = 0.1 \text{ }\mu\text{F}$ 且 $C_2 = 0.002 \text{ }\mu\text{F}$。

解：

$$f_{OL} = \frac{1}{2\pi R_1 C_1} = \frac{1}{2\pi (10 \times 10^3)(0.1 \times 10^{-6})} = \mathbf{159.15 \text{ Hz}}$$

$$f_{OH} = \frac{1}{2\pi R_2 C_2} = \frac{1}{2\pi (10 \times 10^3)(0.002 \times 10^{-6})} = \mathbf{7.96 \text{ kHz}}$$

(a) 高通段　　低通段

(b)

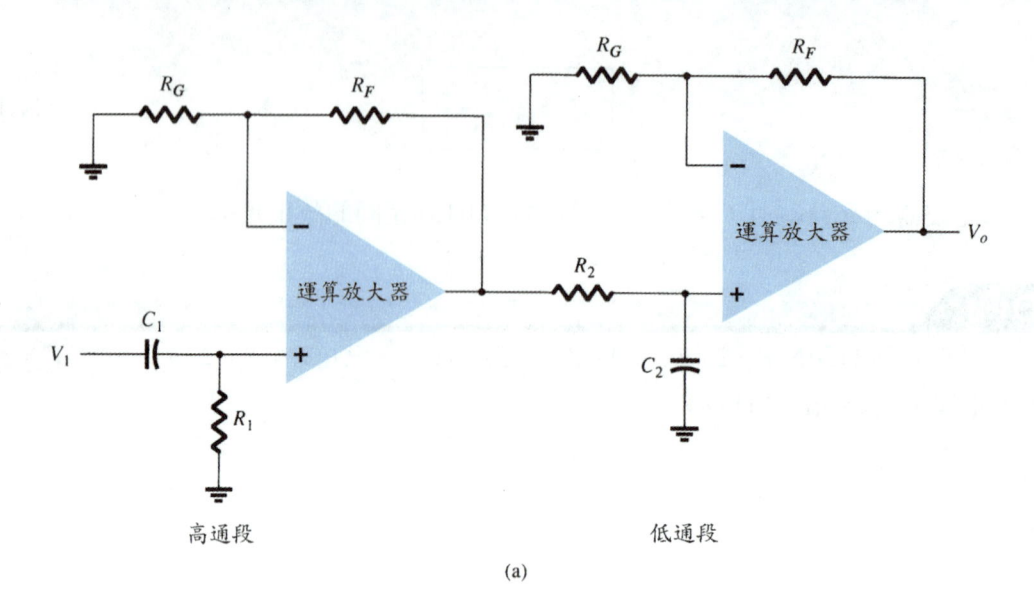

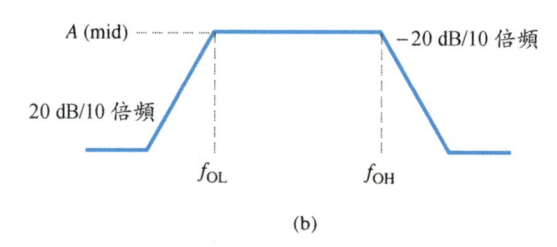

圖 11.32　帶通主動濾波器

習　題

1. 試計算圖 11.33 電路中的輸出電壓，已知輸入 V_i＝3.5 mV rms。
2. 試計算圖 11.34 電路中的輸出電壓，已知輸入是 150 mV rms。

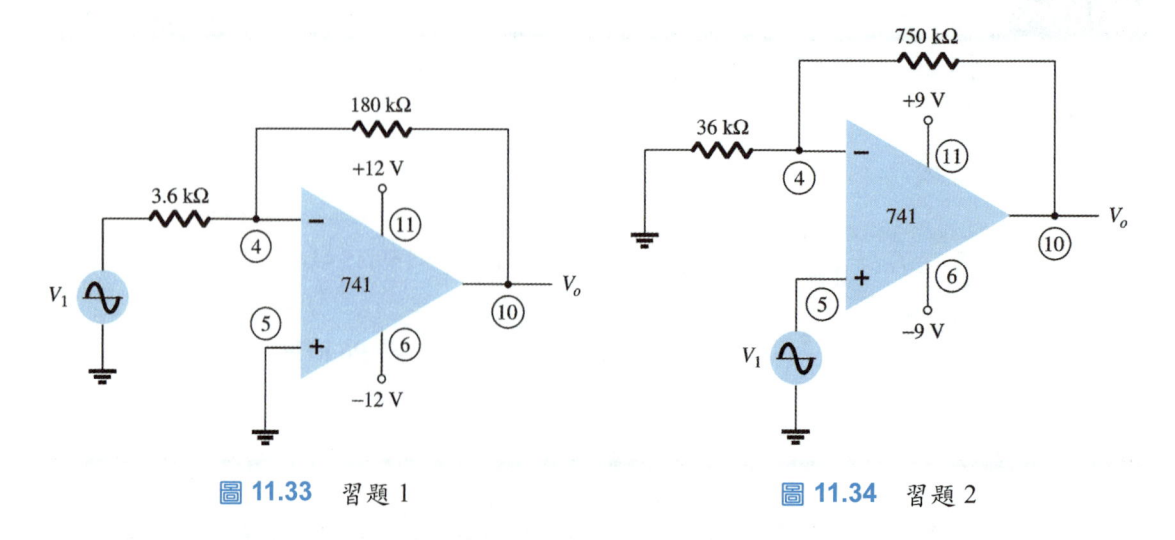

圖 11.33　習題 1　　圖 11.34　習題 2

3. 試計算圖 11.35 電路中的輸出電壓。

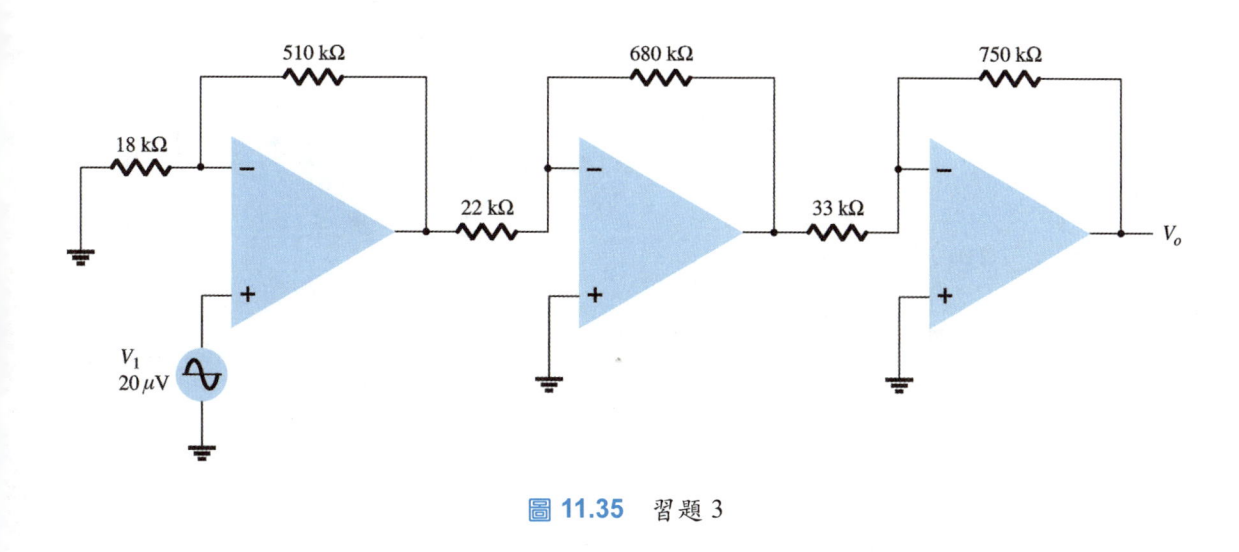

圖 11.35 習題 3

4. 試計算圖 11.36 電路的輸出電壓，已知輸入 $V_1 = 40$ mV rms 且 $V_2 = 20$ mV rms。

5. 試決定圖 11.37 電路的輸出電壓。

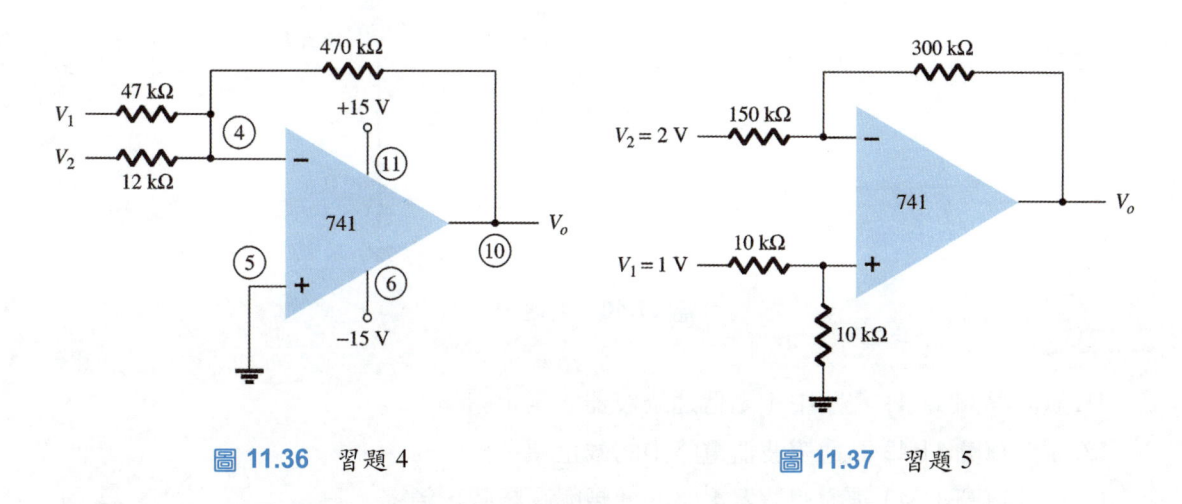

圖 11.36 習題 4   **圖 11.37** 習題 5

6. 試將 LM741 IC 接成單位增益放大器（須標出腳位）。

7. 試將 LM741 接成單位增益放大器以提供相同輸出（須標出腳位）。

8. 試計算圖 11.38 電路中的 I_L。

9. 試計算圖 11.39 電路中的 V_o。

10. 試計算圖 11.40 電路中的輸出電流 I_o。

▲ 11.38 習題 8   ▲ 11.39 習題 9

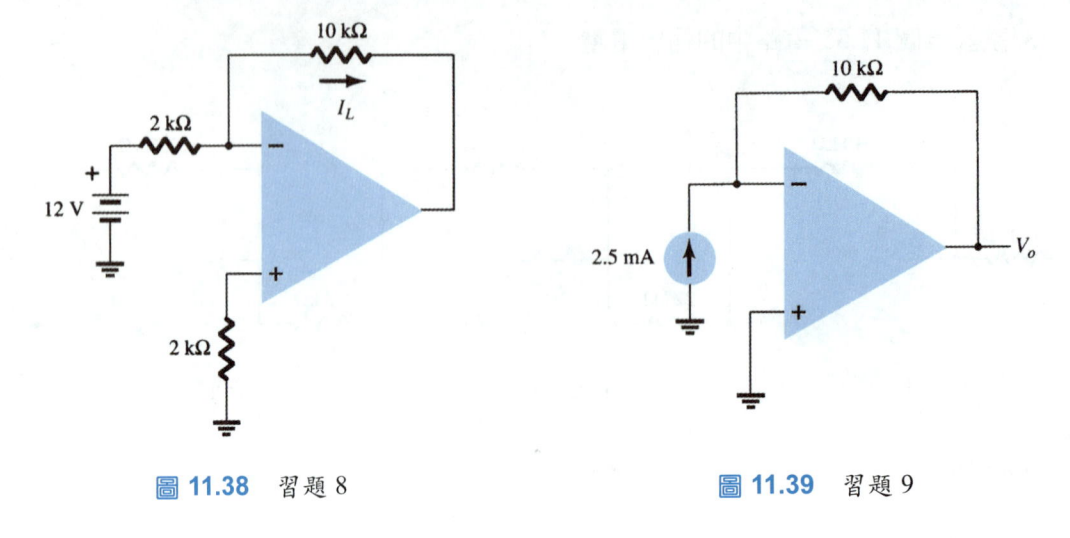

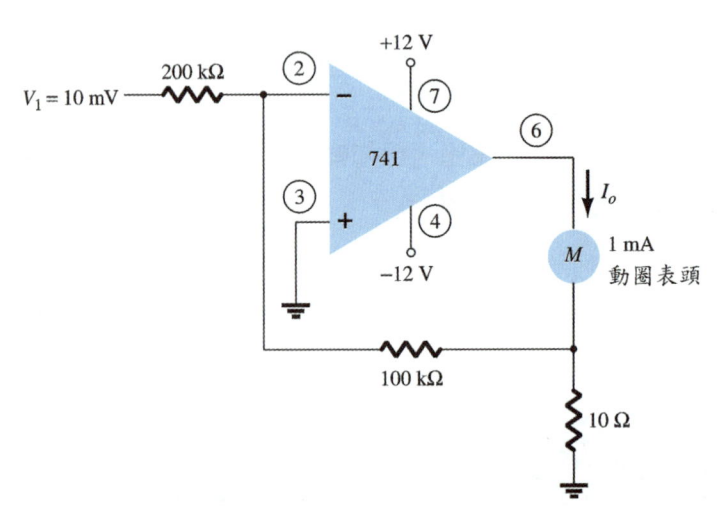

▲ 11.40 習題 10

11. 試計算圖 11.41 電路中 1 階低通濾波器的截止頻率。

12. 試計算圖 11.42 高通濾波器電路中的截止頻率。

13. 試計算圖 11.43 帶通濾波器電路的低頻與高頻截止頻率。

圖 **11.41** 習題 11

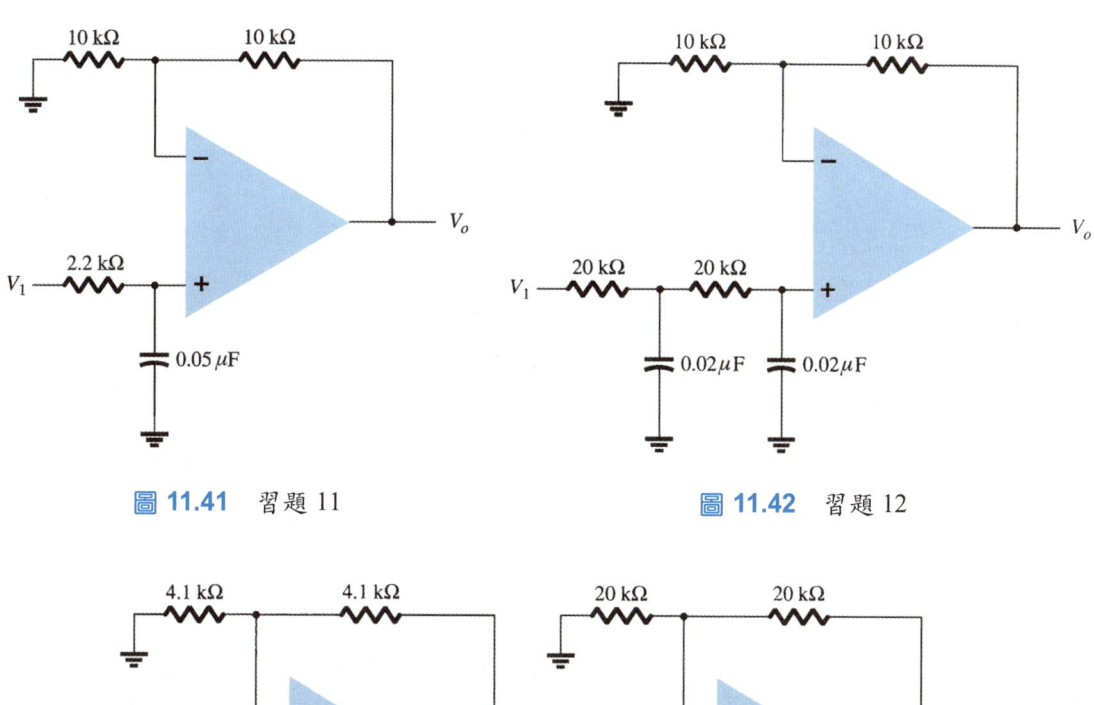

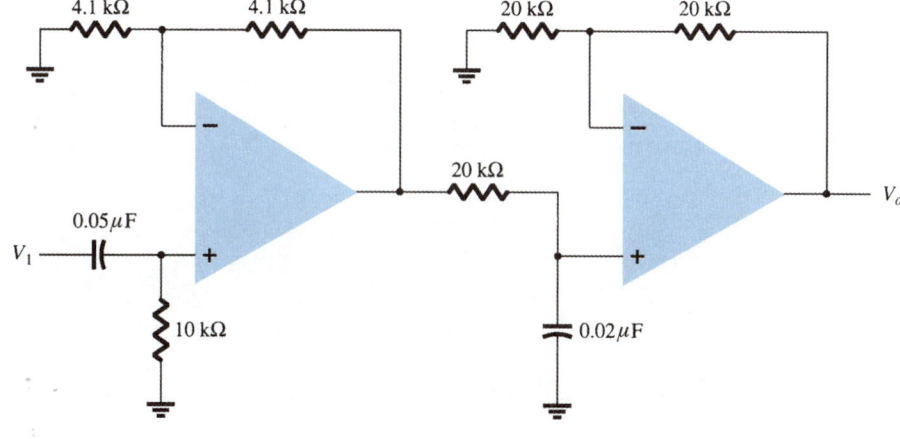

圖 **11.42** 習題 12

圖 **11.43** 習題 13

Chapter 12
功率放大器

12.1 導言——定義與放大器類型

　　放大器從某些感測器或輸入源收到訊號後，會產生較大的訊而號提供給某些輸出裝置或另一放大級。在小訊號放大器中，主要考慮因素通常是放大的線性度和增益大小。大訊號或功率放大器，主要在提供足夠的功率給輸出負載，以驅動揚聲器或其他功率裝置，一般約幾瓦到幾十瓦。大訊號放大器的主要特點是電路的功率效率、電路所能處理的最大功率，以及對輸出裝置的阻抗匹配。

　　區分放大器的方法是分類。簡要敘述如下：

　　A 類：輸出訊號在週期的完整 360° 中都會變化，如圖 12.1a 顯示，此需 Q 點至少偏壓到輸出訊號高低擺幅的一半，訊號最高時不會受限於電源電壓值，最低也不會到負電源電壓。

　　B 類：B 類電路提供的輸出訊號，在輸入訊號的半個週期中變化，即 180°，見圖 12.1b。B 類的直流偏壓是 0 V，因此輸出會由直流偏壓點起變化半個週期。因只提供半個週期的輸出，所以要用兩個 B 類操作一者提供半個週期的正輸出，另一提供半個週期的負輸出，兩個半週合起來提供完整的 360° 輸出操作，這種接法稱為推挽式(push-pull)操作。

　　AB 類：放大器的直流偏壓值可以高於 B 類的零基極電流，並高於 A 類電源電壓的一半，這種偏壓條件就是 AB 類。AB 類操作仍需要推挽式接法才能達到完整輸出週期，。

　　C 類：C 類放大器的偏壓會使輸出操作低於週期的 180°，若與調諧（共振）電路一起工作，在共振頻率處可提供完整工作週期，因此這種電路用在特殊的調諧電路領域，如無線電或通訊方面。

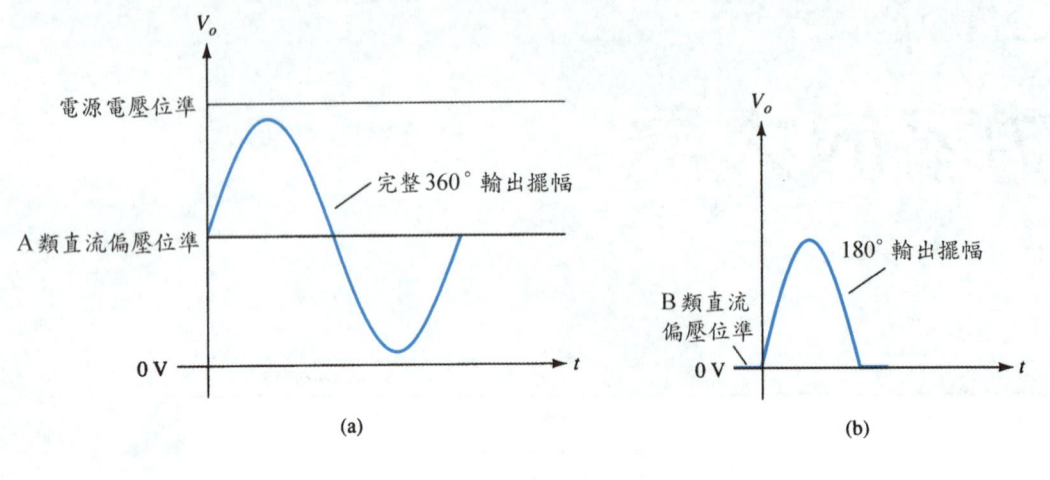

圖 12.1 放大器操作分類

D 類：此類操作中，放大器用於脈波（數位）訊號操作，導通週期較短而截止週期較長。利用數位技巧可得到完整週期變化的訊號（利用取樣保持電路），並由許多片段輸入訊號重組成輸出。D 類操作的主要優點是，放大器的"導通"（使用功率）週期很短，總效率極高。

放大器效率

放大器的功率效率是定義為輸出功率對輸入功率的比值，從 A 類到 D 類，效率依次提高。表 12.1 歸納各種放大器類型的操作，此表提供各類型輸出週期和功率效率的比較。

表 12.1 各類放大器的比較

	類別				
	A	AB	B	C[a]	D
工作週期	360°	180°到 360°	180°	小於 180°	脈波操作
功率效率	25%～50%	在 25% (50%)～78.5% 之間	78.5%		一般高於 90%

[a] C 類一般不用來傳送大功率，因此不給效率值。

12.2　串饋 A 類放大器

固定偏壓電路接法見圖 12.2，可用此電路來討論 A 類串饋放大器的主要特質。此電路作為大訊號放大器並不是最好的，因其功率效率差。功率電晶體的 β 一般小於 100，採用功率電晶體的整體放大器電路有能力處理大功率或大電流，但無法提供大電壓增益。

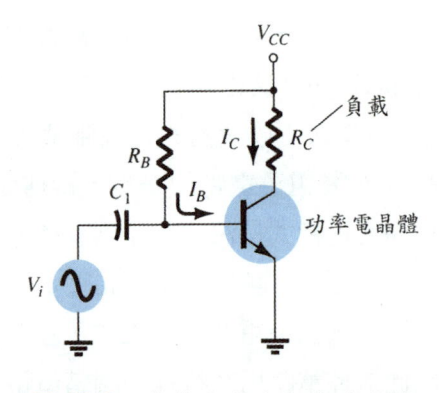

圖 12.2 串饋 A 類大訊號放大器

直流偏壓操作

直流偏壓由 V_{CC} 和 R_B 設定，直流基極電流固定在

$$I_B = \frac{V_{CC} - 0.7 \text{ V}}{R_B} \tag{12.1}$$

因此集極電流是

$$I_C = \beta I_B \tag{12.2}$$

集極射極電壓是

$$V_{CE} = V_{CC} - I_C R_C \tag{12.3}$$

考慮圖 12.3 的集極特性，利用 V_{CC} 和 R_C 值畫出直流負載線。直流偏壓值 I_B 和直流負載線的交點決定電路的工作點（Q 點），若直流偏壓集極電流設在可能訊號擺幅（在 $0 \sim V_{CC}/R_C$ 之間）之半，將可得到最大的集極電流擺幅。另外，若靜態集極射極電壓設在電源電壓的一半，也會得到最大電壓擺幅。

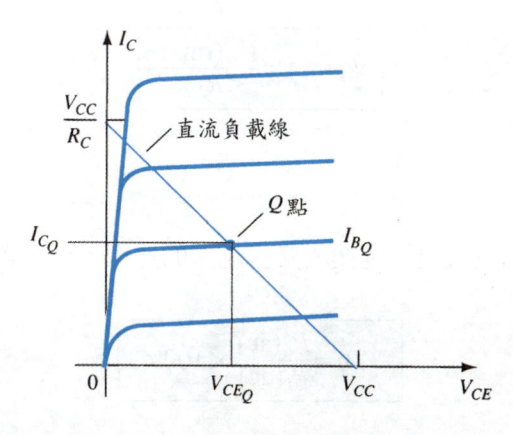

圖 12.3 顯示負載線和 Q 點的轉移特性

交流操作

輸入交流訊號加到圖 12.2 的放大器時，輸出會以直流偏壓操作電壓和電流為中心而變化。小輸入訊號會使基極電流在直流偏壓點上下變動，如圖 12.4 所示，接著會造成（輸出）集極電流以及集極射極電壓在直流偏壓點上下變動。對電流而言，此極限條件是擺幅的低限零電流或高限 V_{CC}/R_C。對集極射極電壓而言，極限是在 0 V 或電源電壓 V_{CC}。

功率考慮

輸入到放大器的功率是由電源供應，沒有輸入訊號時，得到的直流電流是集極偏壓電流 I_{C_Q}，由電源得到的功率是

$$P_i(\text{dc}) = V_{CC}I_{C_Q} \tag{12.4}$$

即使加入交流訊號，電源供應的平均電流會維持不變，此即是靜態電流。

輸出功率 輸出電壓和電流以偏壓點為中心作變動，提供交流功率給負載，此交流功率送到圖 12.2 電路中的負載 R_C。交流訊號 V_i 使基極電流以直流偏壓電流為中心變動，且集極電流以靜態值 I_{C_Q} 為中心變動。

用 **RMS**（均方根）訊號。送到負載(R_C)的交流功率可表成

$$P_o(\text{ac}) = V_{CE}(\text{rms})I_C(\text{rms}) \tag{12.5}$$

$$P_o(\text{ac}) = I_C^2(\text{rms})R_C \tag{12.6}$$

$$P_o(\text{ac}) = \frac{V_C^2(\text{rms})}{R_C} \tag{12.7}$$

效 率

放大器的效率代表由直流電源轉換成交流功率的比例，放大器的效率可用下式計算：

$$\% \, \eta = \frac{P_o(\text{ac})}{P_i(\text{dc})} \times 100\% \tag{12.8}$$

最大效率 對 A 類串饋放大器而言，可用最大電壓和電流擺幅決定最大效率。電壓擺幅是

$$\text{最大 } V_{CE}(\text{p-p}) = V_{CC}$$

電流擺幅是

$$\text{最大 } I_C(\text{p-p}) = \frac{V_{CC}}{R_C}$$

將最大電壓擺幅代入式(12.7)，得

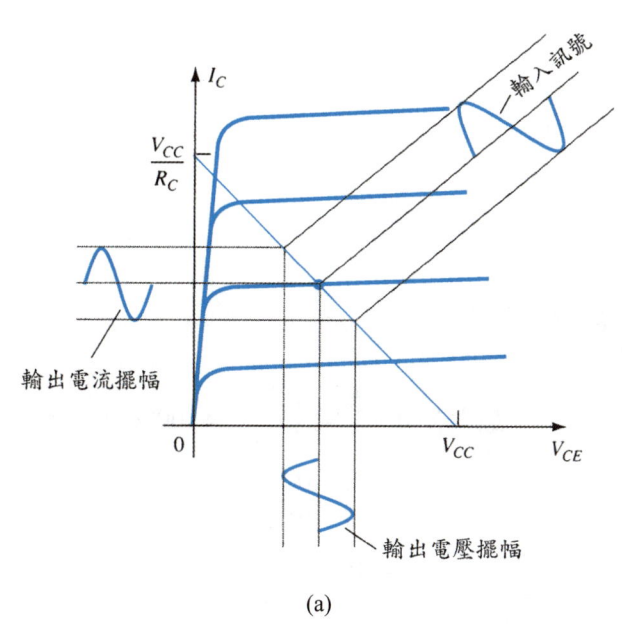

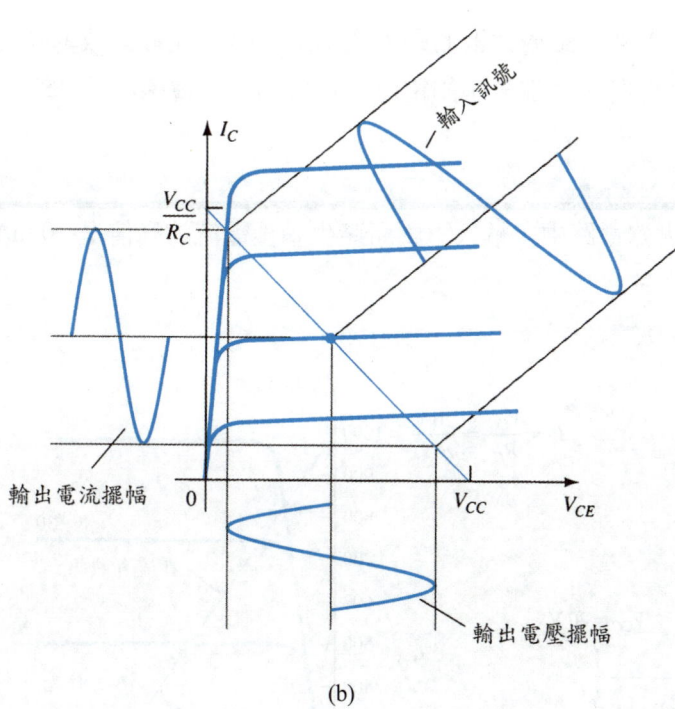

圖 12.4 放大器輸入和輸出訊號的變化

$$\text{最大 } P_o(\text{ac}) = \frac{V_{CC}(V_{CC}/R_C)}{8}$$

$$= \frac{V_{CC}^2}{8R_C}$$

將直流偏壓電流設成最大值的一半，可算出最大輸入功率：

$$\text{最大 } P_i(\text{dc}) = V_{CC}（\text{最大 } I_C) = V_{CC}\frac{V_{CC}/R_C}{2}$$

$$= \frac{V_{CC}^2}{2R_C}$$

接著用式(12.8)算出最大效率：

$$\text{最大 } \% \eta = \frac{\text{最大 } P_o(\text{ac})}{\text{最大 } P_i(\text{dc})} \times 100\%$$

$$= \frac{V_{CC}^2/8R_C}{V_{CC}^2/2R_C} \times 100\%$$

$$= 25\%$$

因此可看出，A 類串饋放大器的最大效率是 25%，此最大效率僅發生在電壓及電流擺幅均處於理想條件時，大部分串饋電路所提供的效率會遠小於 25%。

例 12.1

圖 12.5 的放大器電路中，輸入電壓所產生基極電流的峰值是 10 mA，試計算輸入功率、輸出功率和效率。

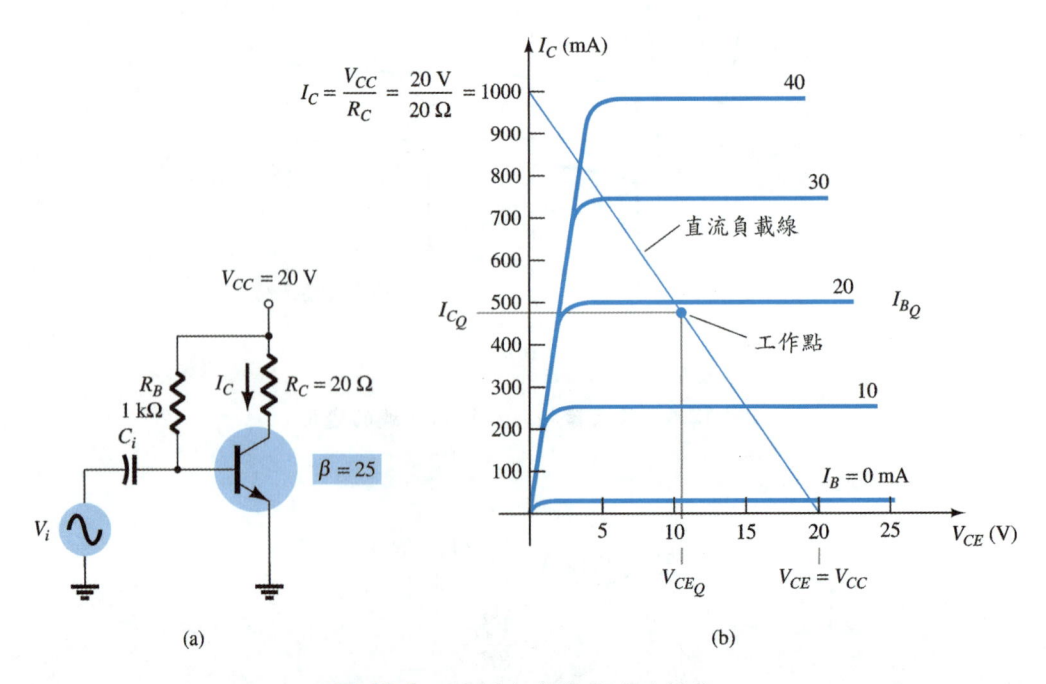

圖 12.5　例 12.1 串饋電路的操作

解：

利用式(12.1)~式(12.3)，可決定 Q 點：

$$I_{B_Q} = \frac{V_{CC} - 0.7 \text{ V}}{R_B} = \frac{20 \text{ V} - 0.7 \text{ V}}{1 \text{ k}\Omega} = 19.3 \text{ mA}$$

$$I_{C_Q} = \beta I_B = 25(19.3 \text{ mA}) = 482.5 \text{ mA} \cong 0.48 \text{ A}$$

$$V_{CE_Q} = V_{CC} - I_C R_C = 20 \text{ V} - (0.48\Omega)(20\Omega) = 10.4 \text{ V}$$

此偏壓點註記在圖 12.5b 的電晶體集極特性上，可利用圖形法，在圖 12.5b 上連接 $V_{CE} = V_{CC} = 20$ V 和 $I_C = V_{CC}/R_C = 1000$ mA $= 1$ A，形成負載線，而得輸出訊號的交流變化。輸入的交流基極電流自直流偏壓值上升時，集極電流的上升量可達

$$I_C(\text{p}) = \beta I_B(\text{p}) = 25(10 \text{ mA 峰值}) = 250 \text{ mA 峰值}$$

用式(12.6)，得

$$P_o(\text{ac}) = I_C^2(\text{rms}) R_C = \frac{I_C^2(\text{p})}{2} R_C = \frac{(250 \times 10^{-3} \text{A})^2}{2}(20 \text{ }\Omega) = \textbf{0.625 W}$$

用式(12.4)，得

$$P_i(\text{dc}) = V_{CC} I_{C_Q} = (20 \text{ V})(0.48 \text{ A}) = \textbf{9.6 W}$$

接著用式(12.8)算出放大器的功率效率：

$$\% \eta = \frac{P_o(\text{ac})}{P_i(\text{dc})} \times 100\% = \frac{0.625 \text{ W}}{9.6 \text{ W}} \times 100\% = \textbf{6.5\%}$$

12.3 變壓器耦合 A 類放大器

利用變壓器耦合輸出訊號到負載，這種 A 類放大器的最大效率可達 50%，見圖 12.6。

變壓器作用

變壓器依據匝數比以提升或降低電壓值或電流值，變壓器某一側的阻抗，決定於變壓器繞組匝數比的平方。以下的討論係假定自一次側到二次側是理想(100%)的功率轉

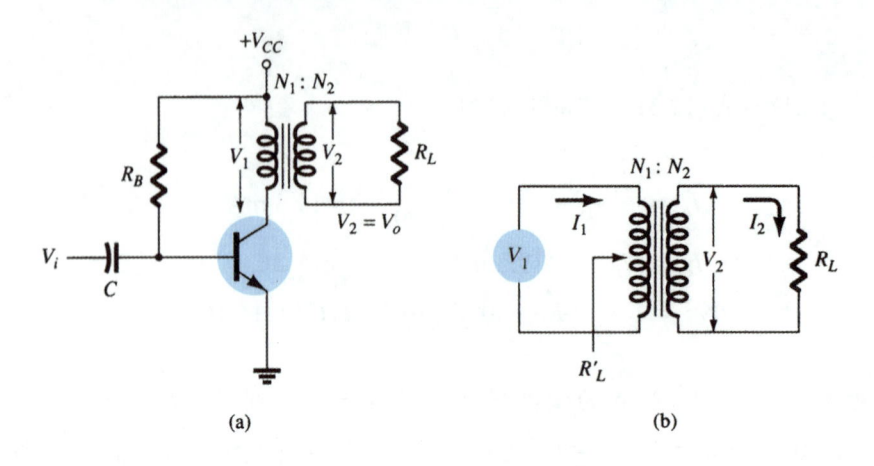

電子學—裝置與電路精析
Electronic Devices and Circuit Theory

圖 12.6 變壓器耦合音頻功率放大器

移,也就是考慮無任何功率損失。

電壓轉換 如圖 12.7a 所示,變壓器按照兩側的匝數比,電壓轉換設定為

$$\frac{V_2}{V_1}=\frac{N_2}{N_1} \tag{12.9}$$

電流轉換 二次側繞組的電流則和繞組匝數成反比,電流轉換設定為

$$\frac{I_2}{I_1}=\frac{N_1}{N_2} \tag{12.10}$$

此關係見圖 12.7b,若二次側匝數大於一次側時,二次側電流會小於一次側。

阻抗轉換 因電壓和電流會被變壓器改變,任一側(一次側或二次側)"看到"的阻抗也會改變。如圖 12.7c 所示,阻抗 R_L 與阻抗值 (R'_L) 會變化,可得之如下:

$$\frac{R_L}{R'_L}=\frac{R_2}{R_1}=\frac{V_2}{I_2}\frac{I_1}{V_1}=\frac{V_2}{V_1}\frac{I_1}{I_2}=\frac{N_2}{N_1}\frac{N_2}{N_1}=\left(\frac{N_2}{N_1}\right)^2$$

若定義 $a=N_1/N_2$,其中 a 為變壓器的匝數比,上式變成

$$\frac{R'_L}{R_L}=\frac{R_1}{R_2}=\left(\frac{N_1}{N_2}\right)^2=a^2 \tag{12.11}$$

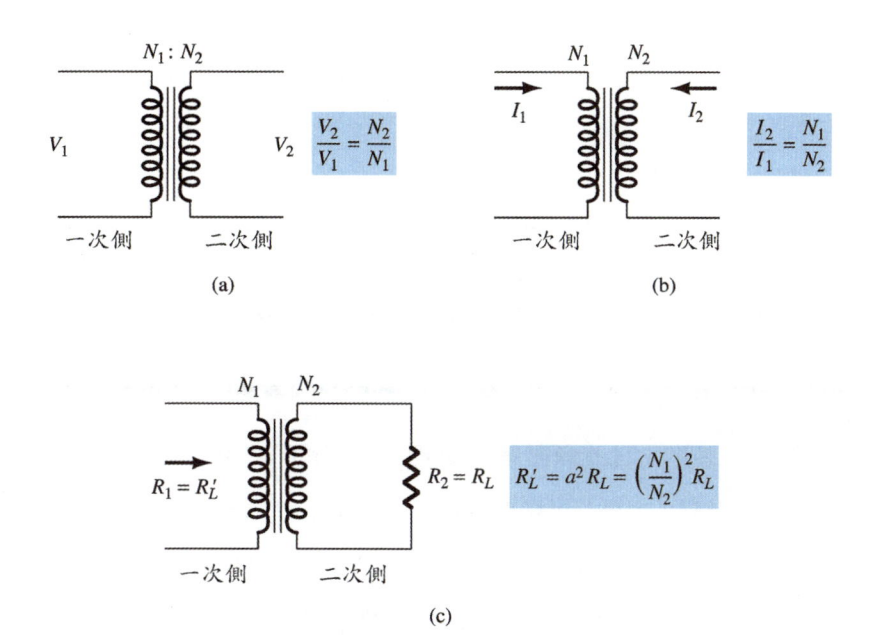

圖 12.7 變壓器操作：(a)電壓轉換；(b)電流轉換；(c)阻抗轉換

反映到一次側的負載電阻可表成

$$R_1 = a^2 R_2 \quad \text{或} \quad R_L' = a^2 R_L \tag{12.12}$$

例 12.2

某 15：1 的變壓器接到 8 Ω 負載，試計算由一次側看入的有效電阻值。

解：

式(12.12)：

$$R_L' = a^2 R_L = (15)^2 (8\ \Omega) = 1800\ \Omega = \mathbf{1.8\ k\Omega}$$

例 12.3

欲匹配 16 Ω 的揚聲器，在一次側看到的有效負載電阻值須為 10 kΩ，則變壓器匝比要用多少？

解：

式(12.11)：

$$\left(\frac{N_1}{N_2}\right)^2 = \frac{R_L'}{R_L} = \frac{10 \text{ k}\Omega}{16 \text{ }\Omega} = 625$$

$$\frac{N_1}{N_2} = \sqrt{625} = \mathbf{25:1}$$

直流負載線　圖 12.6 電路的直流負載線由變壓器繞組的直流電阻決定。一般而言，此直流電阻很小（理想為 $0 \text{ }\Omega$），$0 \text{ }\Omega$ 的直流負載線是一條垂直線，如圖 12.8 所示。

靜態工作點　利用圖形方法，由電路所設定的基極電流和直流負載線的交點，可得圖 12.8 特性曲線的工作點，接著可由工作點得到集極靜態電流。

交流負載線　為執行交流分析，需計算由變壓器一次側"看入"的交流負載電阻，畫出通過工作點的交流負載線，其斜率等於 $-1/R_L'$（R_L' 是反映後的負載電阻），得到交流負載線之後，電壓擺幅不能超過電晶體的最大額定值。

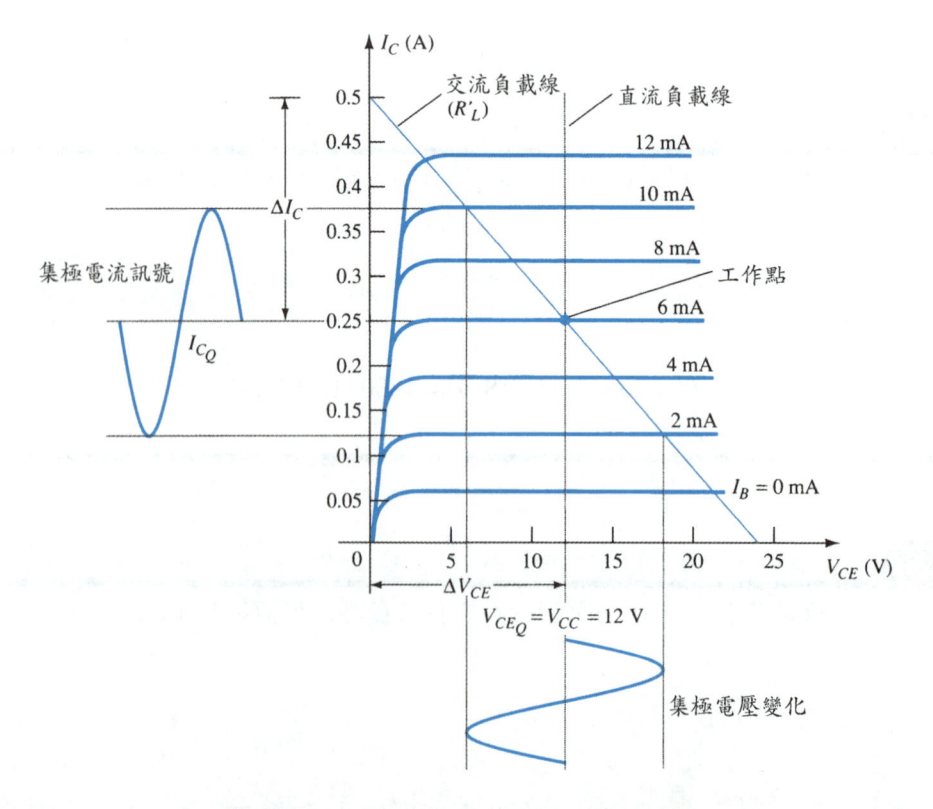

圖 12.8　A 類變壓器耦合放大器的負載線

訊號擺幅與輸出交流功率　圖 12.9 顯示圖 12.6 電路的電壓和電流訊號擺幅,由圖 12.9 所示的訊號變化,峰對峰訊號擺幅值是

$$V_{CE}(\text{p-p}) = V_{CE_{\max}} - V_{CE_{\min}}$$

$$I_C(\text{p-p}) = I_{C_{\max}} - I_{C_{\min}}$$

變壓器一次側產生的交流功率:

$$\boxed{P_o(\text{ac}) = \frac{(V_{CE_{\max}} - V_{CE_{\min}})(I_{C_{\max}} - I_{C_{\min}})}{8}} \tag{12.13}$$

假定變壓器為理想二次側送到負載的功率會近似於式(12.13)所算者。也可用送到負載的電壓計算輸出的交流功率。

送到負載的電壓:

$$V_L = V_2 = \frac{N_2}{N_1} V_1$$

負載功率可表成

$$P_L = \frac{V_L^2(\text{rms})}{R_L}$$

負載電流

$$I_L = I_2 = \frac{N_1}{N_2} I_C$$

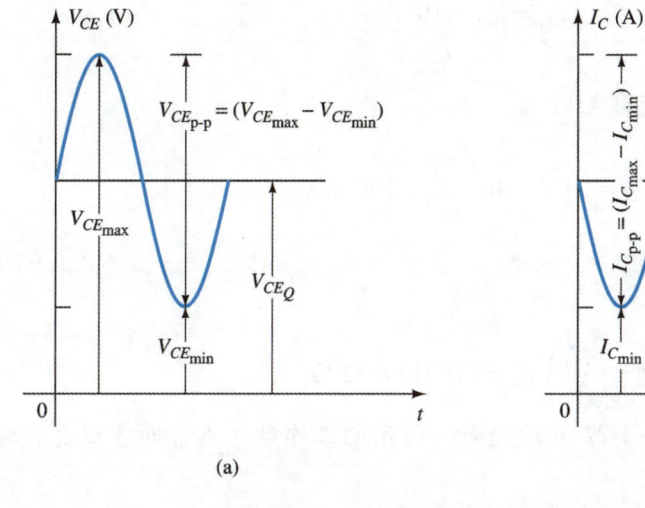

圖 12.9　變壓器耦合 A 類放大器的操作圖示

輸出交流功率：

$$P_L = I_L^2(\text{rms}) R_L$$

例 12.4

試計算圖 12.10 電路中，送到 8 Ω 揚聲器的交流功率，電路元件值可產生 6 mA 的基極電流，且輸入訊號 (V_i) 會產生 4 mA 的峰值基極電流擺幅。

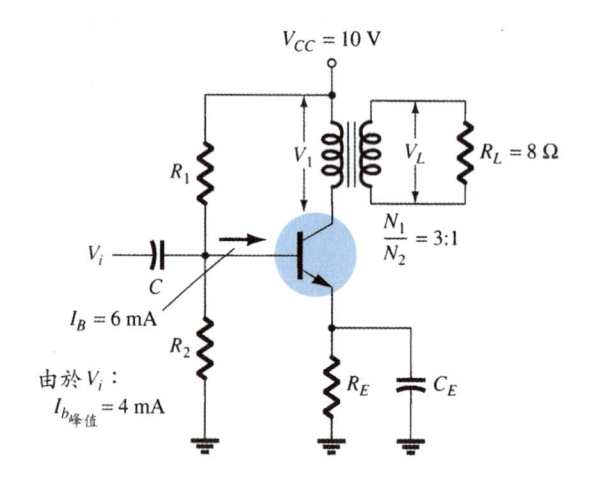

圖 12.10 例 12.4 的變壓器耦合 A 類放大器

解：

直流負載線由以下電壓點垂直畫出（見圖 12.11）：

$$V_{CE_Q} = V_{CC} = 10 \text{ V}$$

對 $I_B = 6$ mA，圖 12.11 上的工作點是

$$V_{CE_Q} = 10 \text{ V} \quad 和 \quad I_{C_Q} = 140 \text{ mA}$$

一次側看到的有效交流電阻是

$$R_L' = \left(\frac{N_1}{N_2}\right)^2 R_L = (3)^2(8) = 72 \text{ Ω}$$

接著畫出交流負載線，斜率是 $-1/72$ 且通過圖上所示的工作點。為幫助畫出負載線，考慮以下程序，電流擺幅

$$I_C = \frac{V_{CE}}{R_L'} = \frac{10 \text{ V}}{72 \text{ }\Omega} = 139 \text{ mA}$$

標記 A 點：

$$I_{CE_Q} + I_C = 140 \text{ mA} + 139 \text{ mA} = 279 \text{ mA} \text{ 沿著 } y \text{ 軸}$$

連接 A 點和 Q 點，可得交流負載線。對給予的 4 mA 峰值的基極電流擺幅而言，可由圖 12.11 得到最大和最小的集極電流，以及集極射極電壓，分別如下：

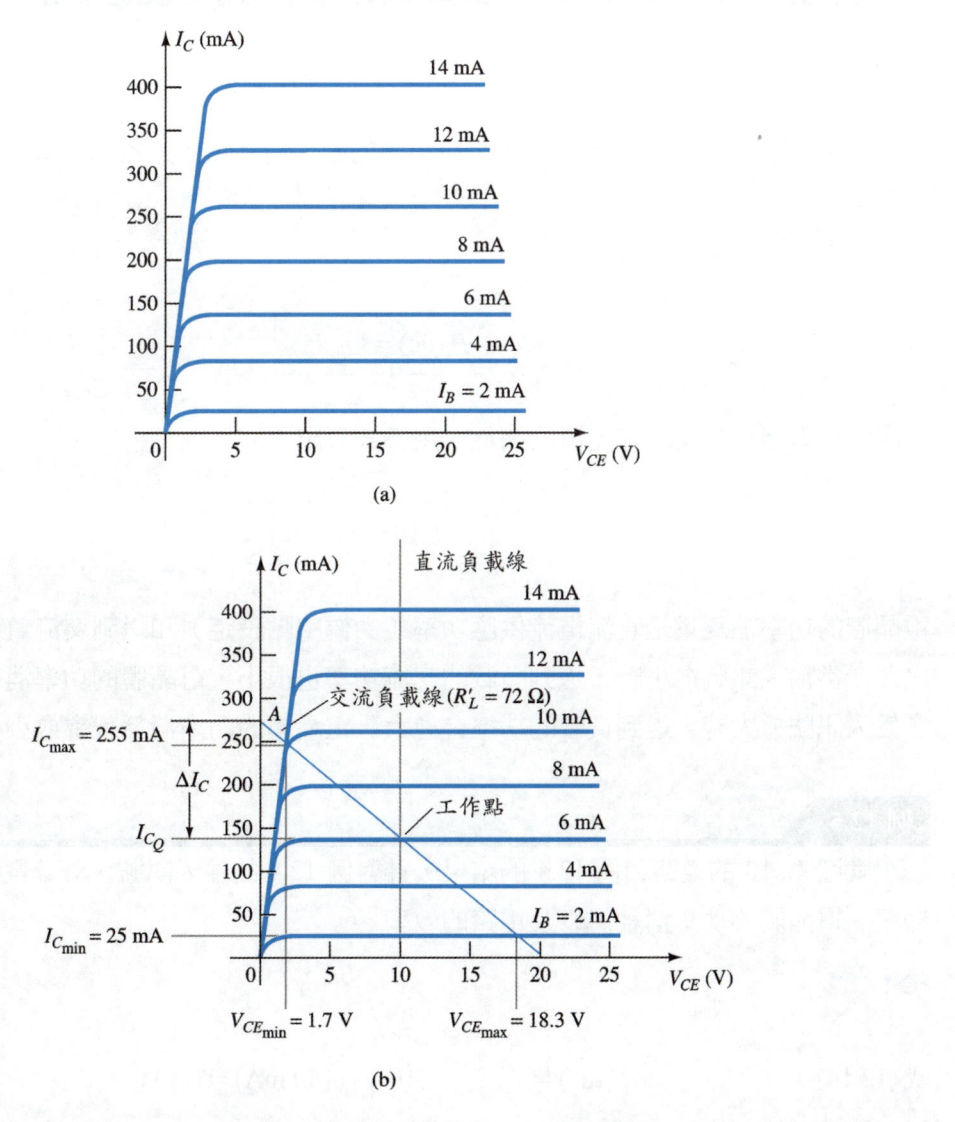

圖 12.11 例 12.4 和例 12.5 的變壓器耦合 A 類電晶體特性：(a)裝置特性；(b)直流和交流負載線

$$V_{CE_{min}} = 1.7 \text{ V} \qquad I_{C_{min}} = 25 \text{ mA}$$
$$V_{CE_{max}} = 18.3 \text{ V} \qquad I_{C_{max}} = 255 \text{ mA}$$

可利用式(12.13)算出送到負載的交流功率：

$$P_o(\text{ac}) = \frac{(V_{CE_{max}} - V_{CE_{min}})(I_{C_{max}} - I_{C_{min}})}{8}$$
$$= \frac{(18.3 \text{ V} - 1.7 \text{ V})(255 \text{ mA} - 25 \text{ mA})}{8} = \mathbf{0.477 \text{ W}}$$

效　率

考慮變壓器耦合 A 類放大器中來自電源的輸入功率、放大器的功率損耗，以及總功率效率。

由電源取得的平均功率：

$$\boxed{P_i(\text{dc}) = V_{CC} I_{C_Q}} \tag{12.14}$$

考慮的功率損耗是功率電晶體的消耗，用下式算出：

$$\boxed{P_Q = P_i(\text{dc}) - P_o(\text{ac})} \tag{12.15}$$

電晶體的功率消耗量是直流電流供應功率（由偏壓點設定）和送到交流負載的功率兩者之差。當輸入訊號很小時，送到負載的交流功率也很小，電晶體的功率消耗會到最大。當輸入訊號愈大時，送到負載的功率會愈大，電晶體的功率消耗就會愈小。

例 12.5

就圖 12.10 的電路和例 12.4 的結果，針對例 12.4 的輸入訊號，計算電路的直流輸入功率、電晶體的功率消耗，以及電路的效率。

解：

式(12.14)： $\qquad P_i(\text{dc}) = V_{CC} I_{C_Q} = (10 \text{ V})(140 \text{ mA}) = \mathbf{1.4 \text{ W}}$

式(12.15)： $\qquad P_Q = P_i(\text{dc}) - P_o(\text{ac}) = 1.4 \text{ W} - 0.477 \text{ W} = \mathbf{0.92 \text{ W}}$

放大器的效率是

$$\% \eta = \frac{P_o(\text{ac})}{P_i(\text{dc})} \times 100\% = \frac{0.477 \text{ W}}{1.4 \text{ W}} \times 100\% = \mathbf{34.1\%}$$

理論上的最大效率　對 A 類變壓器耦合放大器而言，最大效率的理論值可達到 50%，效率可表成

$$\boxed{\% \eta = 50 \left(\frac{V_{CE_{\max}} - V_{CE_{\min}}}{V_{CE_{\max}} + V_{CE_{\min}}} \right)^2 \%} \tag{12.16}$$

例 12.6

某變壓器耦合 A 類放大器，電源為 12 V 且輸出分別如下，試分別計算其效率：
a. $V(\text{p}) = 12$ V。
b. $V(\text{p}) = 6$ V。
c. $V(\text{p}) = 2$ V。

解：

a. 因 $V_{CE_Q} = V_{CC} = 12$ V，電壓擺幅的高低限分別是

$$V_{CE_{\max}} = V_{CE_Q} + V(\text{p}) = 12 \text{ V} + 12 \text{ V} = 24 \text{ V}$$
$$V_{CE_{\min}} = V_{CE_Q} - V(\text{p}) = 12 \text{ V} - 12 \text{ V} = 0 \text{ V}$$

可得

$$\% \eta = 50 \left(\frac{24 \text{ V} - 0 \text{ V}}{24 \text{ V} + 0 \text{ V}} \right)^2 \% = \mathbf{50\%}$$

b.

$$V_{CE_{\max}} = V_{CE_Q} + V(\text{p}) = 12 \text{ V} + 6 \text{ V} = 18 \text{ V}$$
$$V_{CE_{\min}} = V_{CE_Q} - V(\text{p}) = 12 \text{ V} - 6 \text{ V} = 6 \text{ V}$$

可得

$$\% \eta = 50 \left(\frac{18 \text{ V} - 6 \text{ V}}{18 \text{ V} + 6 \text{ V}} \right)^2 \% = \mathbf{12.5\%}$$

c.

$$V_{CE_{max}} = V_{CE_Q} + V(p) = 12\text{ V} + 2\text{ V} = 14\text{ V}$$
$$V_{CE_{min}} = V_{CE_Q} - V(p) = 12\text{ V} - 2\text{ V} = 10\text{ V}$$

可得

$$\% \eta = 50\left(\frac{14\text{ V} - 10\text{ V}}{14\text{ V} + 10\text{ V}}\right)^2 \% = \mathbf{1.39\%}$$

注意到，放大器效率的變化何等劇烈，從 $V(p) = V_{CC}$ 對應的最大值時的 50%，降到 $V(p) = 2$ V 時僅略超過 1%。

12.4　B 類放大器操作

B 類所提供的操作是，直流偏壓恰使電晶體截止，一加上交流訊號時，電晶體即導通。為得到訊號完整週期的輸出，需要用兩個電晶體輪流導通半個週期，總和操作可提供完整週期的輸出訊號。因一部分電路在半個週期中將訊號推高，而另一部分電路則在另半個週期中將訊號拉低，故此電路稱為推挽式(push-pull)電路，如圖 12.12 示。

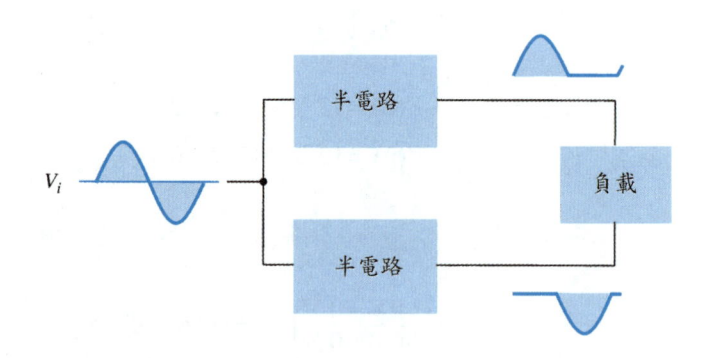

圖 12.12　推挽式操作的方塊表示

輸入（直流）效率

放大器供應給負載的功率是取自於電源供應器（見圖 12.13），電源（供應器）提供輸入或直流功率，此輸入功率的大小可用下式算出：

$$P_i(\text{dc}) = V_{CC} I_{\text{dc}} \tag{12.17}$$

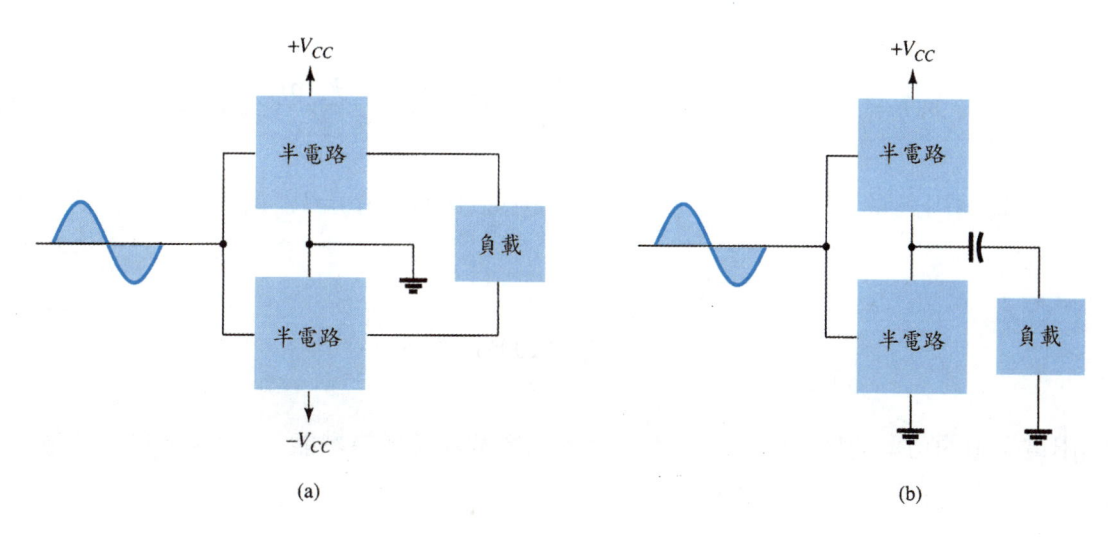

圖 12.13 推挽式放大器對負載的接法：(a)用雙電壓源；(b)用單電壓源

在 B 類操作中，單電源供應的電流或雙電源供應的電流，供應的平均電流值皆可表成

$$I_{dc} = \frac{2}{\pi} I(p) \tag{12.18}$$

將式(12.18)代入式(12.17)的輸入功率公式，可得

$$P_i(dc) = V_{CC}\left(\frac{2}{\pi} I(p)\right) \tag{12.19}$$

輸出（交流）功率

送到負載（通常以電阻 R_L 表示）的輸出功率可計算如下：

$$P_o(ac) = \frac{V_L^2(\text{rms})}{R_L} \tag{12.20}$$

或

$$P_o(ac) = \frac{V_L^2(\text{p-p})}{8R_L} = \frac{V_L^2(p)}{2R_L} \tag{12.21}$$

效率

B 類放大器的效率可用以下基本公式算出：

$$\% \eta = \frac{P_o(ac)}{P_i(dc)} \times 100\%$$

$$\%\,\eta = \frac{P_o(\text{ac})}{P_i(\text{dc})} \times 100\% = \frac{V_L^2(\text{p})/2R_L}{V_{CC}[(2/\pi)I(\text{p})]} \times 100\% = \frac{\pi}{4} \frac{V_L(\text{p})}{V_{CC}} \times 100\% \qquad (12.22)$$

由式(12.22)看出，峰值電壓愈大時，電路的效率愈高，當 $V_L(\text{p}) = V_{CC}$ 時，可達最大值，此最大效率是

$$\text{最大效率} = \frac{\pi}{4} \times 100\% = 78.5\%$$

輸出電晶體的功率消耗　輸出功率電晶體的功率消耗（成為熱能），是電源供應的輸入功率和送到負載的輸出功率之差，

$$P_{2Q} = P_i(\text{dc}) - P_o(\text{ac}) \qquad (12.23)$$

單一電晶體的功率消耗是

$$P_Q = \frac{P_{2Q}}{2} \qquad (12.24)$$

例 12.7

某 B 類放大器提供 20 V 的峰值訊號給 16 Ω 負載（揚聲器），電源供應器是 $V_{CC} = 30$ V，試決定此放大器的輸入功率、輸出功率和電路效率。

解：

20 V 峰值訊號加在 16 Ω 負載上，提供的峰值負載電流是

$$I_L(\text{p}) = \frac{V_L(\text{p})}{R_L} = \frac{20\text{ V}}{16\text{ }\Omega} = 1.25\text{ A}$$

電源供應的電流的直流值是

$$I_{\text{dc}} = \frac{2}{\pi} I_L(\text{p}) = \frac{2}{\pi}(1.25\text{ A}) = 0.796\text{ A}$$

電源供應的輸入功率是

$$P_i(\text{dc}) = V_{CC} I_{\text{dc}} = (30\text{ V})(0.796\text{ A}) = \mathbf{212.9\text{ W}}$$

送到負載的功率是

$$P_o(\text{ac}) = \frac{V_L^2(\text{p})}{2R_L} = \frac{(20 \text{ V})^2}{2(16 \text{ }\Omega)} = \textbf{12.5 W}$$

產生的效率是

$$\% \eta = \frac{P_o(\text{ac})}{P_i(\text{dc})} \times 100\% = \frac{12.5 \text{ W}}{23.9 \text{ W}} \times 100\% = \textbf{52.3\%}$$

最大功率的考慮

對 B 類操作而言，送到負載的最大輸出功率發生在 $V_L(\text{p}) = V_{CC}$ 時，即

$$\boxed{\text{最大 } P_o(\text{ac}) = \frac{V_{CC}^2}{2R_L}} \tag{12.25}$$

因此對應的峰值交流電流 $I(\text{p})$ 是

$$I(\text{p}) = \frac{V_{CC}}{R_L}$$

所以電源供應的平均電流的最大值是

$$\text{最大 } I_{\text{dc}} = \frac{2}{\pi} I(\text{p}) = \frac{2V_{CC}}{\pi R_L}$$

利用此電流可算出輸入功率的最大值，得

$$\boxed{\text{最大 } P_i(\text{dc}) = V_{CC}(\text{最大 } I_{\text{dc}}) = V_{CC}\left(\frac{2V_{CC}}{\pi R_L}\right) = \frac{2V_{CC}^2}{\pi R_L}} \tag{12.26}$$

因此 B 類操作的最大電路效率是

$$\text{最大 } \% \eta = \frac{P_o(\text{ac})}{P_i(\text{dc})} \times 100\% = \frac{V_{CC}^2/2R_L}{V_{CC}[(2/\pi)(V_{CC}/R_L)]} \times 100\%$$

$$= \frac{\pi}{4} \times 100\% = \textbf{78.54\%} \tag{12.27}$$

對 B 類操作而言，輸出電晶體的最大功率消耗不會發生在出現最大輸入功率或最大輸出功率。兩電晶體的最大功率消耗是發生在負載輸出電壓為以下數值時，

$$V_L(p) = 0.636 V_{CC} \quad \left(= \frac{2}{\pi} V_{CC}\right)$$

對應的電晶體功率消耗最大值是

$$\boxed{最大\ P_{2Q} = \frac{2V_{CC}^2}{\pi^2 R_L}} \tag{12.28}$$

例 12.8

某 B 類放大器採用電源 $V_{CC}=30$ V 且推動 16 Ω 的負載，試決定最大的輸入功率、輸出功率和電晶體的功率消耗。

解：

最大輸出功率是

$$最大\ P_o(\text{ac}) = \frac{V_{CC}^2}{2R_L} = \frac{(30\ \text{V})^2}{2(16\ \Omega)} = \mathbf{28.125\ W}$$

電壓源供應的最大輸入功率是

$$最大\ P_i(\text{dc}) = \frac{2V_{CC}^2}{\pi R L} = \frac{2(30\ \text{V})^2}{\pi (16\ \Omega)} = \mathbf{35.81\ W}$$

因此電路的效率是

$$最大\ \%\ \eta = \frac{P_o(\text{ac})}{P_i(\text{dc})} \times 100\% = \frac{28.125\ \text{W}}{35.81\ \text{W}} \times 100\% = 78.54\%$$

一如預期，各電晶體的最大功率消耗是

$$最大\ P_Q = \frac{最大\ P_{2Q}}{2} = 0.5 \left(\frac{2V_{CC}^2}{\pi^2 R_L}\right) = 0.5 \left[\frac{2(30\ \text{V})^2}{\pi^2 16\ \Omega}\right] = \mathbf{5.7\ W}$$

在最大情況下，一對電晶體中各至多消耗 5.7 W，至多可供應 28.125 W 給 16 Ω 負載，至多由電源取得 35.81 W。

B 類放大器的最大效率可表示如下：

$$P_o(\text{ac}) = \frac{V_L^2(\text{p})}{2R_L}$$

$$P_i(\text{dc}) = V_{CC} I_{\text{dc}} = V_{CC} \left[\frac{2V_L(\text{p})}{\pi R_L} \right]$$

所以
$$\% \eta = \frac{P_o(\text{ac})}{P_i(\text{dc})} \times 100\% = \frac{V_L^2(\text{p})/2R_L}{V_{CC}[(2/\pi)(V_L(\text{p})/R_L)]} \times 100\%$$

$$\% \eta = 78.54 \frac{V_L(\text{p})}{V_{CC}} \% \tag{12.29}$$

例 12.9

某 B 類放大器的電源電壓 $V_{CC} = 24$ V 且峰值電壓分別如下，試分別計算對應的效率：
a. $V_L(\text{p}) = 22$ V。
b. $V_L(\text{p}) = 6$ V。

解：

利用式 (12.29)，可得

a. $\% \eta = 78.54 \dfrac{V_L(\text{p})}{V_{CC}} \% = 78.54 \left(\dfrac{22 \text{ V}}{24 \text{ V}} \right) = \mathbf{72\%}$

b. $\% \eta = 78.54 \left(\dfrac{6 \text{ V}}{24 \text{ V}} \right) \% = \mathbf{19.6\%}$

注意到，電壓接近最大值時（如(a)中的 22 V），產生的效率也接近最大值；而當電壓擺幅較小時（如(b)中的 6 V），提供的效率仍接近 20%。類似的電源電壓和訊號擺幅若用在 A 類放大器中，所產生的效率會變差很多。

12.5　B 類放大器電路

有好幾種電路接法可得到 B 類操作，因輸入訊號相反之故，一種得到相反極性和相位的方法是用變壓器。利用具有兩個相反輸出的運算放大器，可以很容易得到相反極性的輸入訊號；或者利用幾個運算放大級，也可得到兩個相反極性的訊號，使用單一輸入和互補電晶體（npn 和 pnp，或者 nMOS 和 pMOS），也可達成相反極性操作。

圖 12.14 顯示由單一輸入訊號得到反相訊號的不同方法。

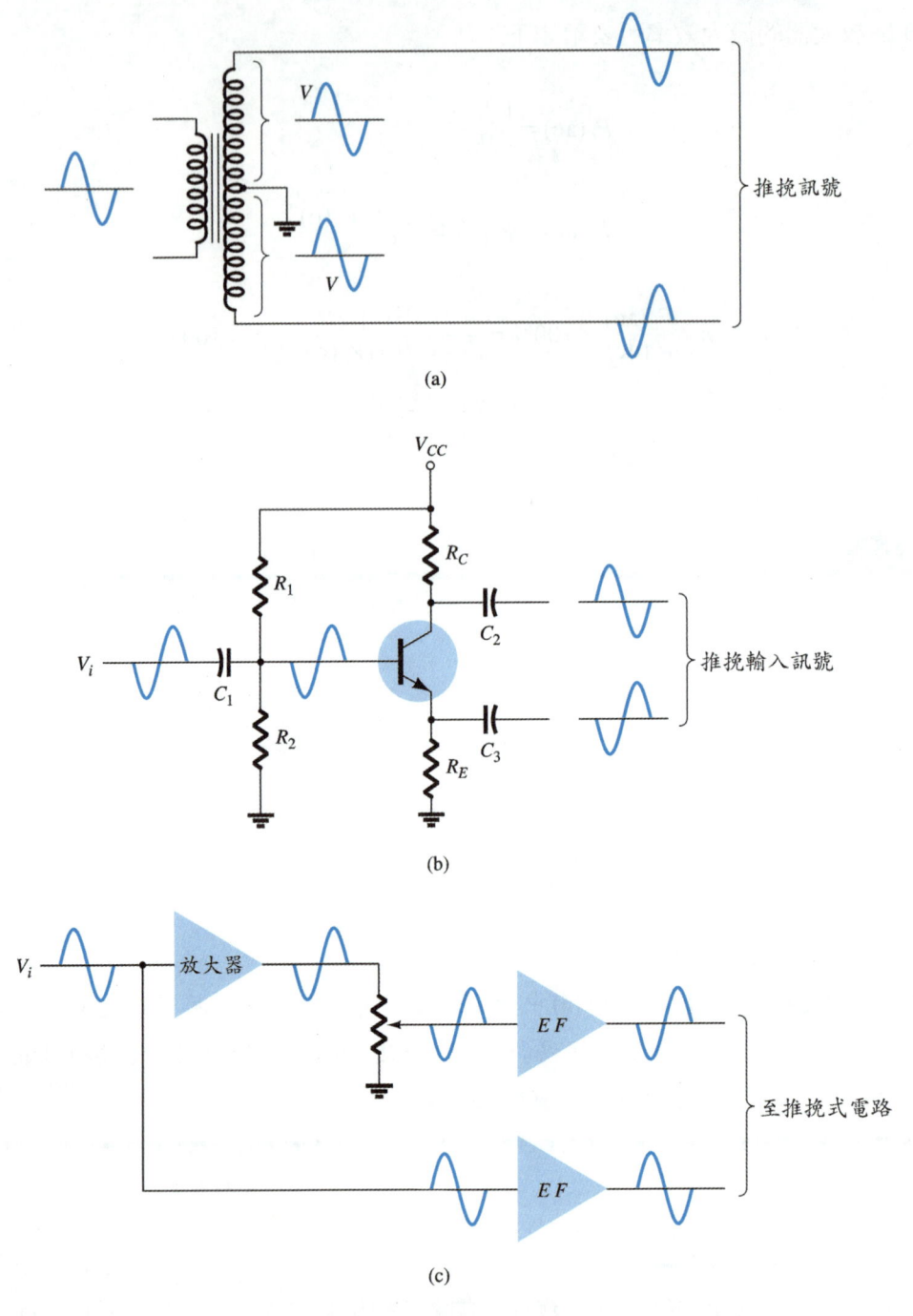

圖 12.14　分相電路

變壓器耦合推挽式電路

圖 12.15 電路中的中間抽頭變壓器,產生相反極性的訊號給電晶體的輸入,並用一個輸出變壓器以推挽式操作驅動負載。

互補對稱電路

使用互補電晶體,每個電晶體執行半個週期的操作,可在負載上得到完整週期的輸出,如圖 12.16a 所示。在訊號的正半週,*npn* 電晶體會被正訊號偏壓導通,負載上產生的半週訊號如圖 12.16b 所示。而在訊號的負半週,*pnp* 電晶體會被負訊號偏壓導通,如圖 12.16c 所示。此電路的缺點是需要分開的雙電壓源,另一較不明顯的缺點是,互補電路會在輸出訊號上產生交越失真(見圖 12.16d)。**交越失真**(crossover distortion)意指訊號由正到負(或由負到正)時輸出訊號會出現非線性,這是因為電路無法剛好在零電壓處使一電晶體導通且使另一電晶體截止,即無法使兩電晶體同時作相反的切換,兩電晶體可能同時截止,所以在零電壓附近,輸出電壓無法追隨輸入。若將電晶體偏壓成 AB 類操作,將可改善這種失真。

推挽式電路採用互補電晶體的更實用版本見圖 12.17,此電路採用互補的達靈頓接法電晶體,以提供較高的輸出電流和較低的輸出電阻。

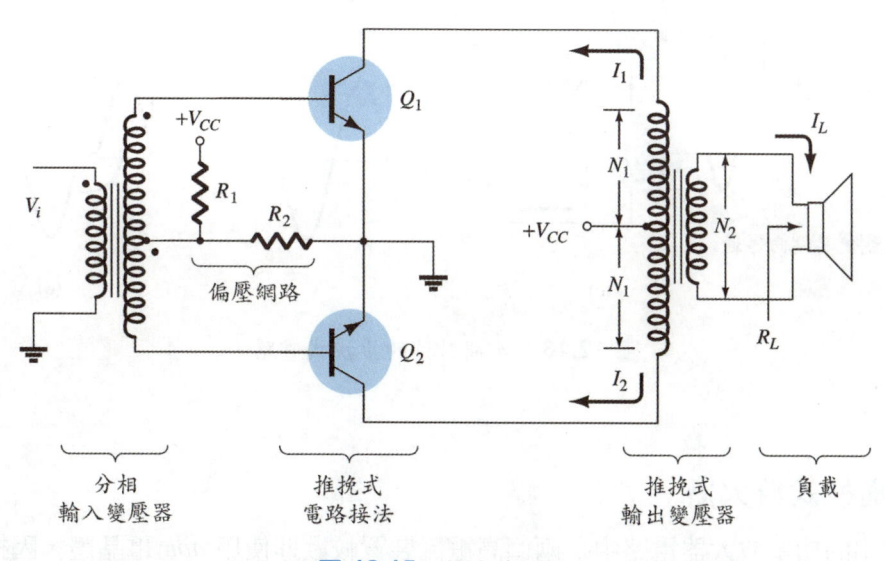

圖 12.15 推挽式電路

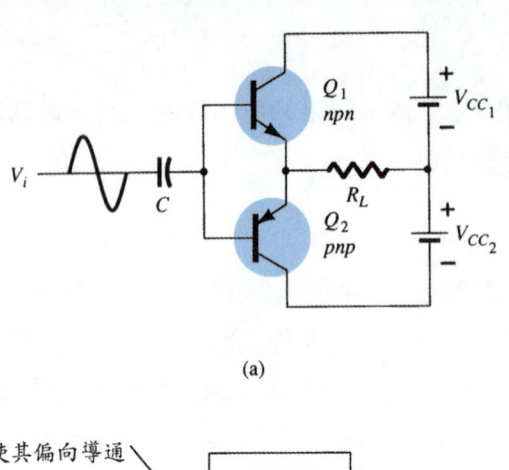

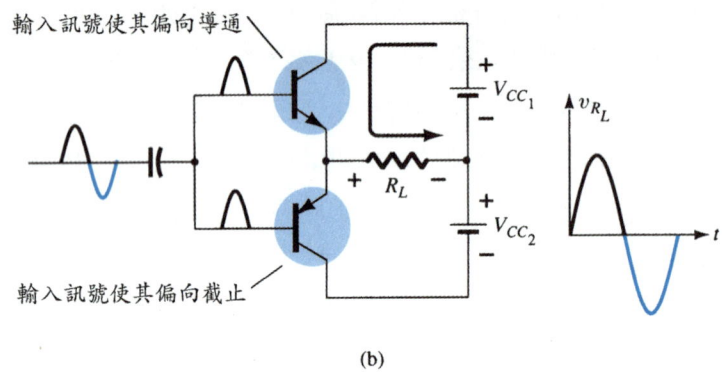

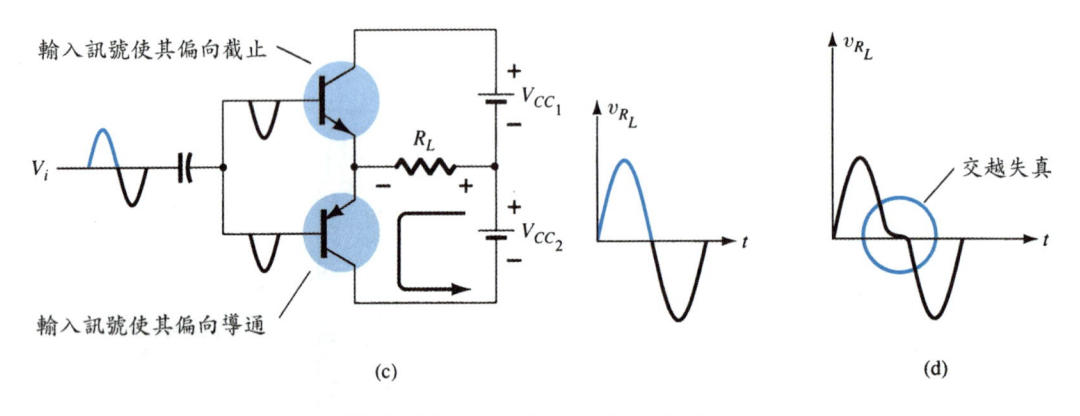

圖 12.16　互補對稱的推挽式電路

似互補推挽式放大器

在實用的功率放大器電路中，兩個高電流裝置較歡迎使用 *npn* 電晶體，因推挽式接法需要用互補裝置，所以一定要用 *pnp* 高功率電晶體。一種得到互補操作的實用方法是採用兩個匹配的 *npn* 輸出電晶體，這是似互補電路，如圖 12.18 所示。

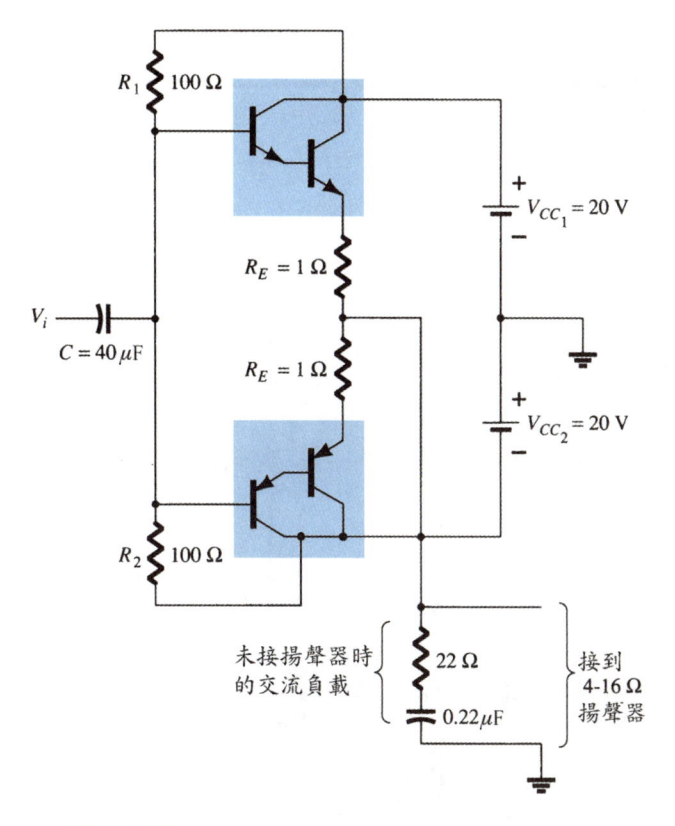

圖 12.17 使用達靈頓對的互補對稱推挽式電路

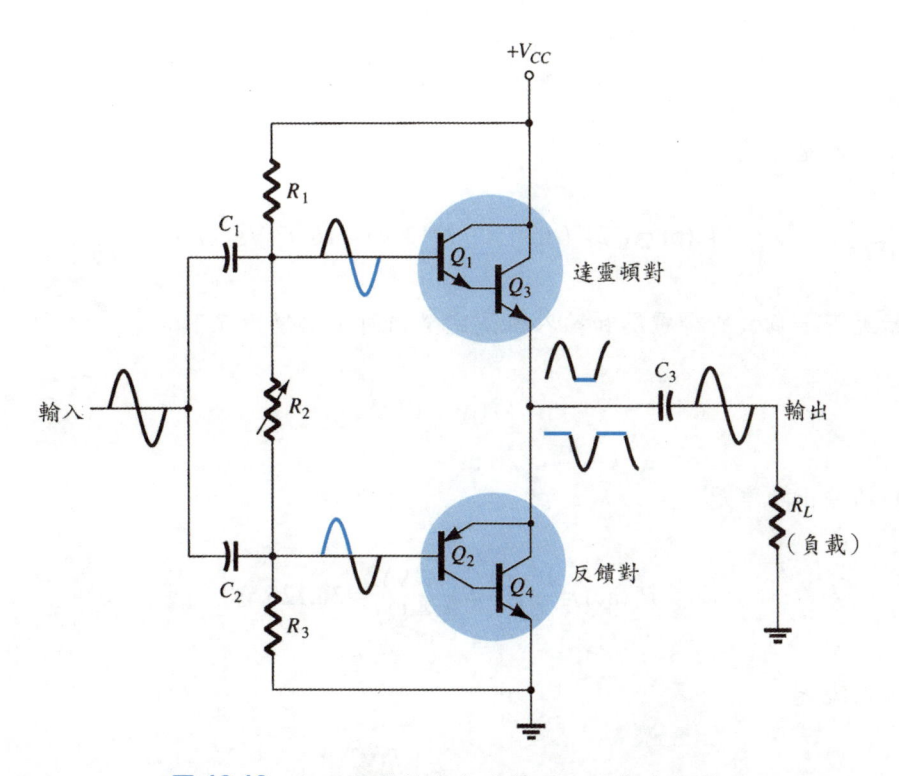

圖 12.18 似互補推挽式無變壓器的功率放大器

例 12.10

就圖 12.19 的電路，若輸入 12 V rms，試計算輸入功率、輸出功率和各輸出電晶體的功率，以及電路效率。

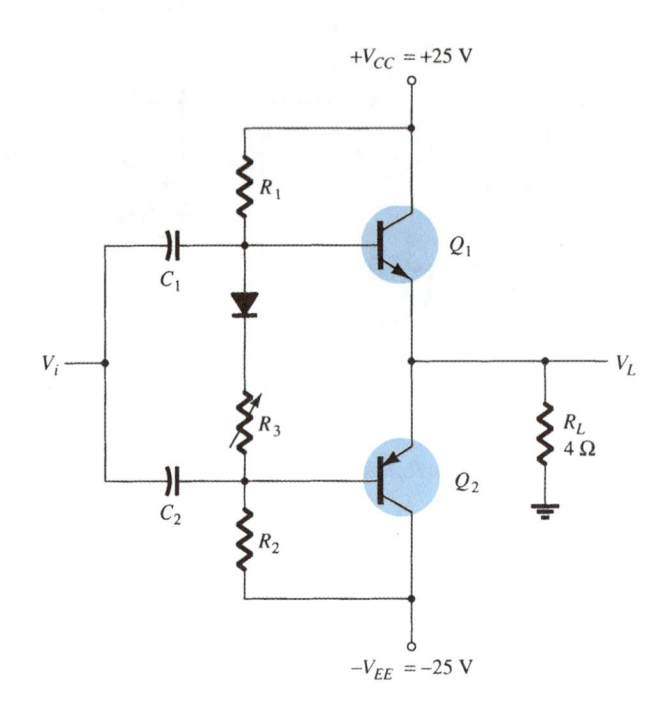

圖 12.19 例 12.10～例 12.12 的 B 類功率放大器

解： 峰值輸入電壓是

$$V_i(p) = \sqrt{2}V_i(\text{rms}) = \sqrt{2}(12\text{ V}) = 16.97\text{ V} \approx 17\text{ V}$$

在理想情況下，負載所得電壓和輸入訊號完全相同（理想情況下的電壓增益是 1），

$$V_L(p) = 17\text{ V}$$

負載得到的輸出功率是

$$P_o(\text{ac}) = \frac{V_L^2(p)}{2R_L} = \frac{(17\text{ V})^2}{2(4\text{ Ω})} = \mathbf{36.125\text{ W}}$$

峰值負載電流是

$$I_L(\text{p}) = \frac{V_L(\text{p})}{R_L} = \frac{17\text{ V}}{4\text{ }\Omega} = 4.25\text{ A}$$

由此可算出電源供應的直流電流是

$$I_{\text{dc}} = \frac{2}{\pi} I_L(\text{p}) = \frac{2(4.25\text{ A})}{\pi} = 2.71\text{ A}$$

所以供應給電路的功率是

$$P_i(\text{dc}) = V_{CC} I_{\text{dc}} = (25\text{ V})(2.71\text{ A}) = \mathbf{67.75\text{ W}}$$

各輸出電晶體的消耗功率是

$$P_Q = \frac{P_{2Q}}{2} = \frac{P_i - P_o}{2} = \frac{67.75\text{ W} - 36.125\text{ W}}{2} = \mathbf{15.8\text{ W}}$$

因此電路效率（針對輸入 12 V rms），

$$\%\,\eta = \frac{P_o}{P_i} \times 100\% = \frac{36.125\text{ W}}{67.75\text{ W}} \times 100\% = \mathbf{53.3\%}$$

例 12.11

就圖 12.19 的電路，試計算最大輸入功率、最大輸出功率、最大功率操作時對應的輸入電壓，以及在此電壓下輸出電晶體的功率消耗。

解：最大輸入功率是

$$\text{最大 } P_i(\text{dc}) = \frac{2V_{CC}^2}{\pi R_L} = \frac{2(25\text{ V})^2}{\pi 4\text{ }\Omega} = \mathbf{99.47\text{ W}}$$

最大輸出功率是

$$\text{最大 } P_o(\text{ac}) = \frac{V_{CC}^2}{2R_L} = \frac{(25\text{ V})^2}{2(4\text{ }\Omega)} = \mathbf{78.125\text{ W}}$$

（注意，所達到的最大效率：$\%\,\eta = \dfrac{P_o}{P_i} \times 100\% = \dfrac{78.125\text{ W}}{99.47\text{ W}} \times 100\% = 78.54\%$）

為達成最大功率操作，輸出電壓必須是

$$V_L(\text{p}) = V_{CC} = 25 \text{ V}$$

因此輸出電晶體的功率消耗是

$$P_{2Q} = P_i - P_o = 99.47 \text{ W} - 78.125 \text{ W} = \mathbf{21.3 \text{ W}}$$

例 12.12

就圖 12.19 的電路，試決定輸出電晶體最大的功率消耗，以及對應的輸入電壓。

解： 兩個輸出電晶體的最大功率消耗是

$$\text{最大 } P_{2Q} = \frac{2V_{CC}^2}{\pi^2 R_L} = \frac{2(25 \text{ V})^2}{\pi^2 4 \text{ }\Omega} = \mathbf{31.66 \text{ W}}$$

此最大功率消耗發生在

$$V_L = 0.636 V_L(\text{p}) = 0.636(25 \text{ V}) = \mathbf{15.9 \text{ V}}$$

12.6 放大器失真

若訊號的變化期間不足完整的 360° 週期，此訊號可看成失真。失真可能發生，因裝置特性是非線性的，這會產生非線性或振幅失真，且可能發生在所有類型的放大器操作中。失真也可能源於電路元件和裝置對不同頻率的輸入訊號，產生不同的反應，這是頻率失真。

諧波失真

當訊號存在諧波頻率分量（不單只有基波分量）時，即可認為訊號具有諧波失真。若基頻分量的振幅是 A_1，且第 n 階頻率分量的振幅是 A_n，諧波失真定義成

$$\% n \text{ 階諧波失真} = \% D_n = \frac{|A_n|}{|A_1|} \times 100\% \tag{12.30}$$

例 12.13

某輸出訊號的基波振幅 2.5 V，2 階諧波振幅是 0.25 V，3 階諧波振幅是 0.1 V，且 4 階諧波振幅是 0.05 V，試計算各階諧波失真。

解：

用式(12.30)，得

$$\% D_2 = \frac{|A_2|}{|A_1|} \times 100\% = \frac{0.25 \text{ V}}{2.5 \text{ V}} \times 100\% = \mathbf{10\%}$$

$$\% D_3 = \frac{|A_3|}{|A_1|} \times 100\% = \frac{0.1 \text{ V}}{2.5 \text{ V}} \times 100\% = \mathbf{4\%}$$

$$\% D_4 = \frac{|A_4|}{|A_1|} \times 100\% = \frac{0.05 \text{ V}}{2.5 \text{ V}} \times 100\% = \mathbf{2\%}$$

總諧波失真 當輸出包含數個諧波失真分量時，訊號可看成有一總諧波失真，根據以下關係式將各分量總和起來：

$$\% \text{THD} = \sqrt{D_2^2 + D_3^2 + D_4^2 + \cdots} \times 100\% \tag{12.31}$$

例 12.14

試利用例 12.13 所給各諧波分量的振幅，計算總諧波失真。

解：

利用已計算值 $D_2 = 0.10$、$D_3 = 0.04$，且 $D_4 = 0.02$，代入式(12.31)，可得

$$\begin{aligned} \% \text{THD} &= \sqrt{D_2^2 + D_3^2 + D_4^2} \times 100\% \\ &= \sqrt{(0.10)^2 + (0.04)^2 + (0.02)^2} \times 100\% = 0.1095 \times 100\% \\ &= \mathbf{10.95\%} \end{aligned}$$

失真訊號的功率

出現失真時，送到負載電阻 R_C 的輸出功率中，由失真訊號的基波分量所產生的部分是

$$P_1 = \frac{I_1^2 R_C}{2} \tag{12.32}$$

由失真訊號的全部諧波分量（含基波）產生的總功率如下：

$$P = (I_1^2 + I_2^2 + I_3^2 + \cdots)\frac{R_C}{2} \tag{12.33}$$

此總功率可表成總諧波失真的關係，

$$P = (1 + D_2^2 + D_3^2 + \cdots)I_1^2 \frac{R_C}{2} = (1 + \text{THD}^2)P_1 \tag{12.34}$$

例 12.16

某諧波失真讀值是 $D_2=0.1$、$D_3=0.02$，且 $D_4=0.01$。又已知 $I_1=4\text{ A}$ 且 $R_C=8\text{ Ω}$，試計算總諧波失真、基波功率分量，以及總功率。

解：

總諧波失真是

$$\text{THD} = \sqrt{D_2^2 + D_3^2 + D_4^2} = \sqrt{(0.1)^2 + (0.02)^2 + (0.01)^2} \approx \mathbf{0.1}$$

利用式(12.35)，基波功率是

$$P_1 = \frac{I_1^2 R_C}{2} = \frac{(4\text{ A})^2(8\text{ Ω})}{2} = \mathbf{64 \text{ W}}$$

接著用式(12.34)，算出總功率是

$$P = (1 + \text{THD}^2)P_1 = [1 + (0.1)^2]64 = (1.01)64 = \mathbf{64.64 \text{ W}}$$

12.7 功率電晶體散熱

大部分高功率的應用仍需要個別的功率電晶體。生產技術的改進使小型包裝也能提供更高的功率額定、增加電晶體最大崩潰電壓，以及提供切換更快的功率電晶體。

特定裝置所能處理的最大功率和電晶體接面的溫度是相關的，因裝置的消耗功率會造成裝置接面溫度的上升。

電晶體的功率愈大時，外殼溫度會愈高。實際上，限制特定電晶體功率的因素是裝置集極接面的溫度。功率電晶體固定在大的金屬殼上，此大面積可將裝置產生的熱輻射（轉移）出去。若將裝置固定在某種散熱片上（很常用），其功率能力將更接近額定的最大值。某些散熱片見圖 12.20，使用散熱片時，電晶體消耗功率所產生的熱可得到更大的面積，由此將熱輻射（轉移）到空氣中，因此可讓外殼溫度維持在更低值（和不用散熱片時相比）。

圖 12.21 顯示矽電晶體典型的功率衰減典線，此曲線顯示，製造商會指定一上限溫度點，超過此溫度時，會出現線性的功率遞減。

以數學方式來描述，可得

$$P_D(溫度_1) = P_D(溫度_0) - (溫度_1 - 溫度_0)(遞減因數) \tag{12.35}$$

其中，溫度 $_0$ 是指開始遞減時對應的溫度，溫度 $_1$ 則指所關注的特定溫度（高於溫度 $_0$）。$P_D(溫度_0)$ 和 $P_D(溫度_1)$ 是指這兩個溫度對應的最大功率消耗，而遞減因數由製造商給定，單位是瓦（或毫瓦）除以度（溫度）。

圖 12.20 典型的功率散熱片

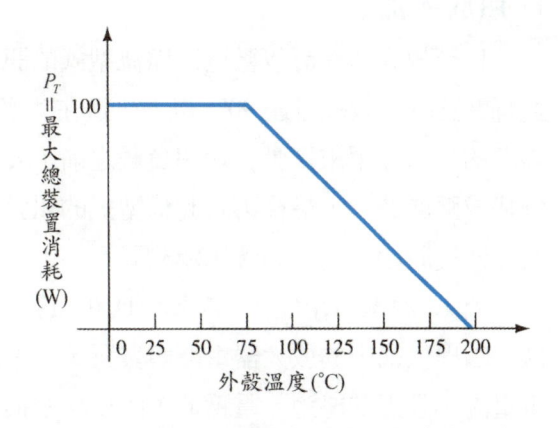

圖 12.21 矽電晶體典型的功率遞減曲線

例 12.16

某 80 W（25°C 額定值）矽電晶體自 25°C 以上開始遞減，遞減因數為 0.5 W/°C，試決定外殼溫度 125°C 時，容許的最大功率消耗。

解：

$$P_D(125°C) = P_D(25°C) - (125°C - 25°C)(0.5 \text{ W/°C})$$
$$= 80 \text{ W} - 100°C(0.5 \text{ W°/C}) = \mathbf{30 \text{ W}}$$

12.8　C 類與 D 類放大器

D 類放大器因效率極高，也很普遍使用。C 類放大器雖不能用作音頻放大器，但也會用在通訊方面的調諧電路中。

C 類放大器

C 類放大器如圖 12.22 所示，電晶體偏壓到操作週期不到輸入訊號的 180°，但輸出部分的調諧電路仍對基波或共振頻率提供完整週期的輸出訊號（調諧電路為 L 和 C 槽形電路），因此這種電路會限用於某一固定頻率，如用於通訊電路，C 類電路的操作主要並不是用於大訊號或功率放大器。

D 類放大器

D 類放大器設計以數位或脈波型式的訊號工作，使用此種電路時，效率可達 90% 以上，這在功率放大器中是很需要的，但在用來驅動大功率負載之前，要先將輸入訊號轉換成脈波波形，最後再將此種型式的訊號轉換回弦式訊號以回復原始訊號，如圖 12.23 顯示。

圖 12.24 顯示需要用來放大 D 類訊號，並利用低通濾波器轉換回弦式訊號的方塊圖。因提供輸出的放大器電晶體裝置，基本上不是導通就是截止，只有當導通時，才提供電流，且因"導通"電壓低，所以功率損耗很少。因大部分加到放大器的功率都轉移到負載，電路的效率一般極高。在 D 類放大器中，功率 MOSFET 裝置作為驅動器裝置，已極為普遍。

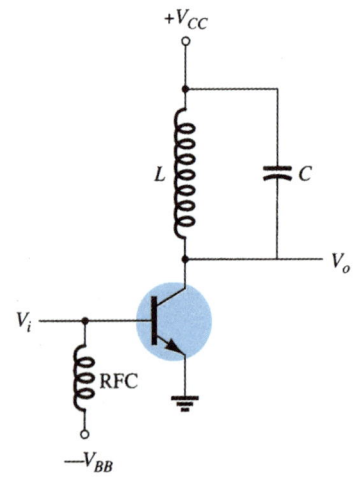

圖 12.22　C 類放大器電路

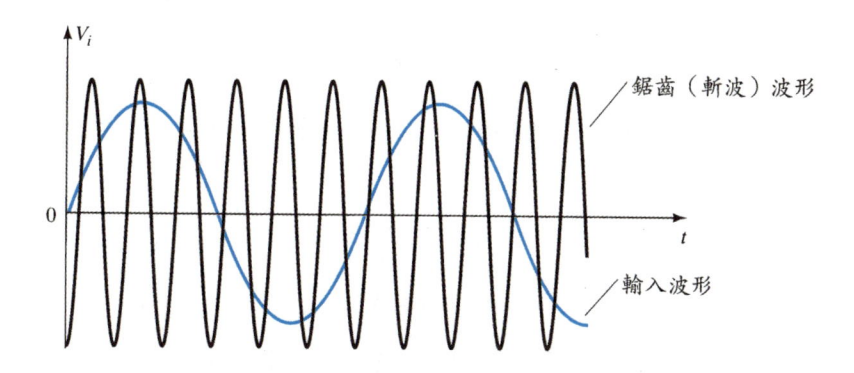

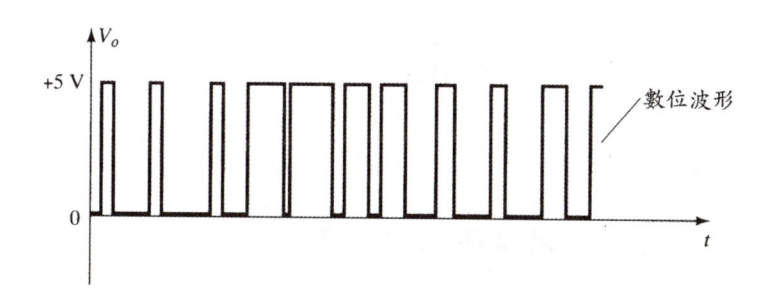

圖 12.23 對弦波波形斬波以提供數位波形

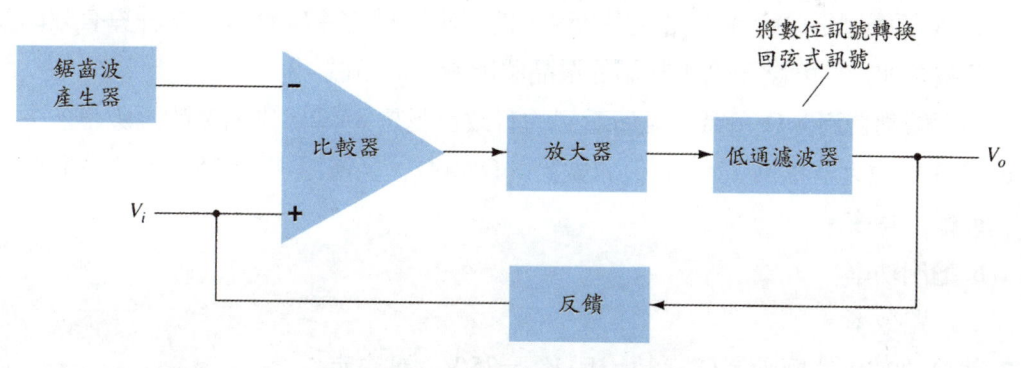

圖 12.24 D 類放大器的方塊圖

習題

1. 試計算圖 12.25 電路的輸入和輸出功率，輸入訊號可產生 5 mA rms 的基極電流。

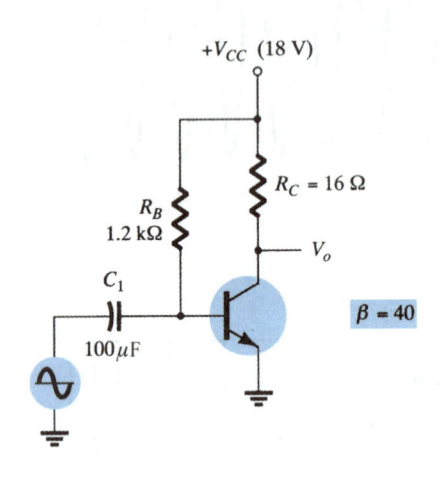

圖 12.25 習題 1～3

2. 圖 12.25 電路中，若 R_B 改成 1.5 kΩ，試計算此電路的輸入功率。

3. 圖 12.25 電路中，若 R_B 改成 1.5 kΩ，試計算此電路送出的最大輸出功率。

4. 某 A 類變壓器耦合放大器採用 25：1 的變壓器推動 4 Ω 負載，試計算有效的交流負載（即接到變壓器高匝數側的電晶體所看到的負載）。

5. 變壓器耦合到 8 Ω 負載，且所看到的有效負載是 8 kΩ，則所需的匝數是多少？

6. 某 B 類放大器提供 22 V 峰值訊號給 8 Ω 負載，且電源 $V_{CC}=25$ V，試決定：
   a. 輸入功率。
   b. 輸出功率。
   c. 電路效率。

7. 某 B 類放大器驅動 8 Ω 負載，且 $V_{CC}=25$ V，試決定：
   a. 最大輸入功率。
   b. 最大輸出功率。
   c. 最大電路效率。

8. 就圖 12.26 的 B 類放大器電路，試算出：
   a. 最大 P_o(ac)。
   b. 最大 P_i(dc)。
   c. 最大 % η。
   d. 兩電晶體的最大功率效率。

9. 若圖 12.26 功率放大器的輸入電壓是 8 V rms，試計算：

  a. $P_i(dc)$。

  b. $P_o(ac)$。

  c. % η。

  d. 兩功率輸出電晶體的功率消耗。

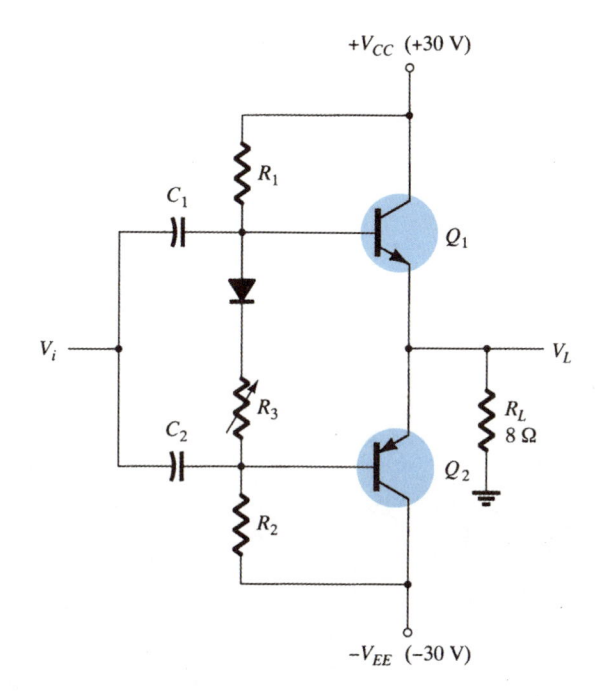

圖 3.26 習題 8、9

10. 某輸出訊號基波振幅是 2.1 V，2 階諧波振幅是 0.3 V，3 階諧波振幅是 0.1 V，且 4 階諧波振幅是 0.05 V，試計算此訊號的各諧波失真分量。

11. 就失真讀值 $D_2=0.15$、$D_3=0.01$、$D_4=0.05$，且 $I_1=12.3$ A 以及 $R_C=4\,\Omega$，試計算總諧波失真、基波功率分量和總功率。

12. 某 100 W 矽電晶體（25°C 時的額定）在外殼溫度 150°C 時的遞減因數是 0.6 W/°C，試決定此電晶體允許的最大功率消耗。

13. 當環境溫度 80°C 時，矽電晶體（$T_{J_{max}}=200°C$）可直接消散到空氣的最大功率是多少？

Chapter 13
線性－數位積體電路 (IC)

13.1 導　言

有很多 IC 只包含數位電路，也有很多 IC 只包含線性電路，但有一些 IC 同時包含線性與數位電路，這種線性／數位 IC 有比較器電路、數位／類比轉換器、介面電路、計時器電路、壓控振盪器(VCO)電路，以及鎖相迴路(PLL)。

比較器電路將類比輸入電壓和另一參考電壓作比較，輸出則是數位狀態，反映輸入電壓是否超過參考電壓。

將數位訊號轉換成類比或線性電壓，以及將線性電壓轉換成數位值的電路，在航太設備、汽車設備和 CD 播放器等方面都很普遍。

介面電路用來連結不同數位電壓位準的訊號，電壓位準不同是源於不同類型的輸出裝置或不同的阻抗，所以驅動級和接收級都要正確工作。

計時器 IC 提供線性和數位電路，用於各種不同的計時操作，如汽車警報器、啟動燈具亮滅的家用計時器，以及提供正確計時以符合所要單元工作的電磁設備電路。

13.2　比較器 IC（單元）操作

比較器電路接受線性輸入電壓並提供數位輸出，以指示某一輸入是小於或大於另一輸入。基本的比較器可用圖 13.1a 代表，當非反相(+)輸入高於反相輸入(−)電壓時，輸出的數位訊號會維持在高電壓位準，而當非反相輸入電壓低於反相輸入電壓時，輸出則會切換到低電壓位準。

圖 13.1b 顯示，其中一輸入（此例中為反相輸入）接到參考電

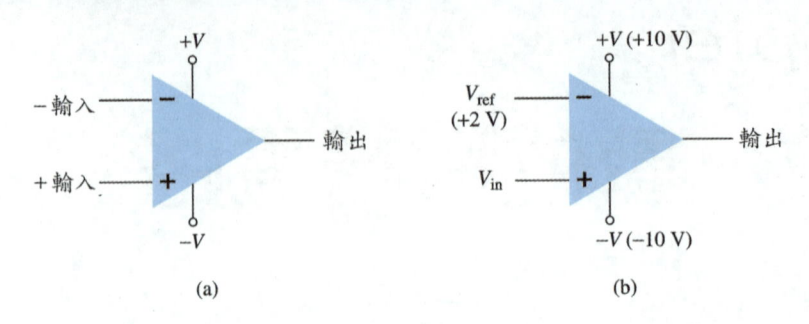

圖 13.1 比較器 IC 單元：(a) 基本單元；(b) 典型應用

壓。只要 V_{in} 低於參考電壓值 +2 V，輸出就會維持在低電壓位準（接近 −10 V）。當輸入上升到恰高於 +2 V 時，輸出會很快切換到高電壓位準（接近 +10 V）。

因用來建構比較器的內部電路中，本質上包含極高電壓增益的運算放大器電路，見圖 13.2。參考輸入（第 2 腳）設在 0 V，而弦波輸入加到非反相輸入（第 3 腳），使輸出在兩種輸出狀態之間切換，如圖 13.2b 所示。圖 13.2b 清楚顯示，輸入訊號是類比的，而輸出則是數位的。

用運算放大器作比較器

圖 13.3a 顯示以正參考電壓接到負輸入端工作的電路，輸出接到 LED 指示燈，參考電壓位準設在

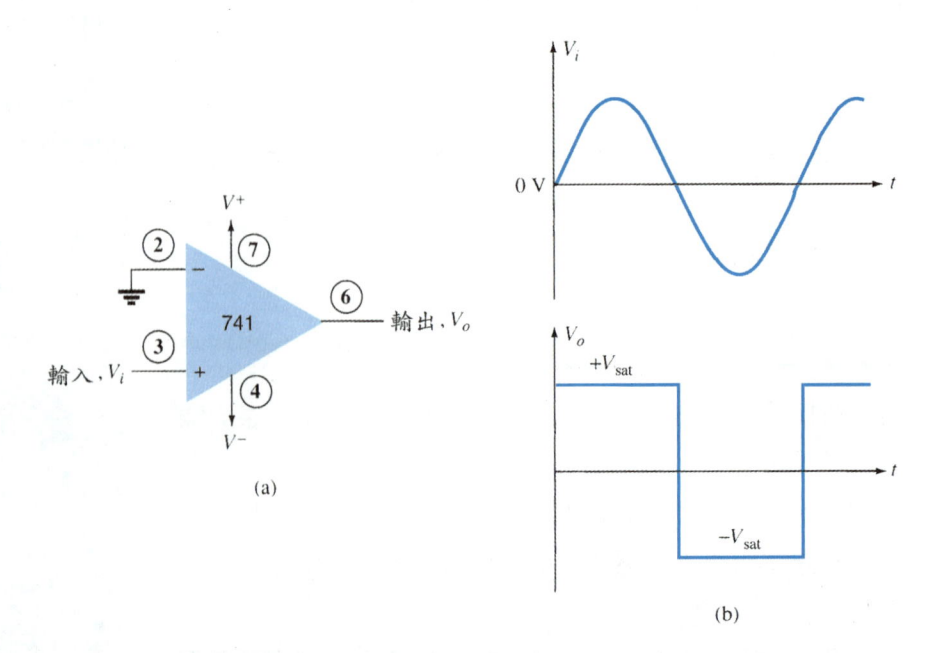

$$V_{ref} = \frac{10\ k\Omega}{10\ k\Omega + 10\ k\Omega}(+12\ V) = +6\ V$$

圖 13.2 741 運算放大器用作比較器的操作

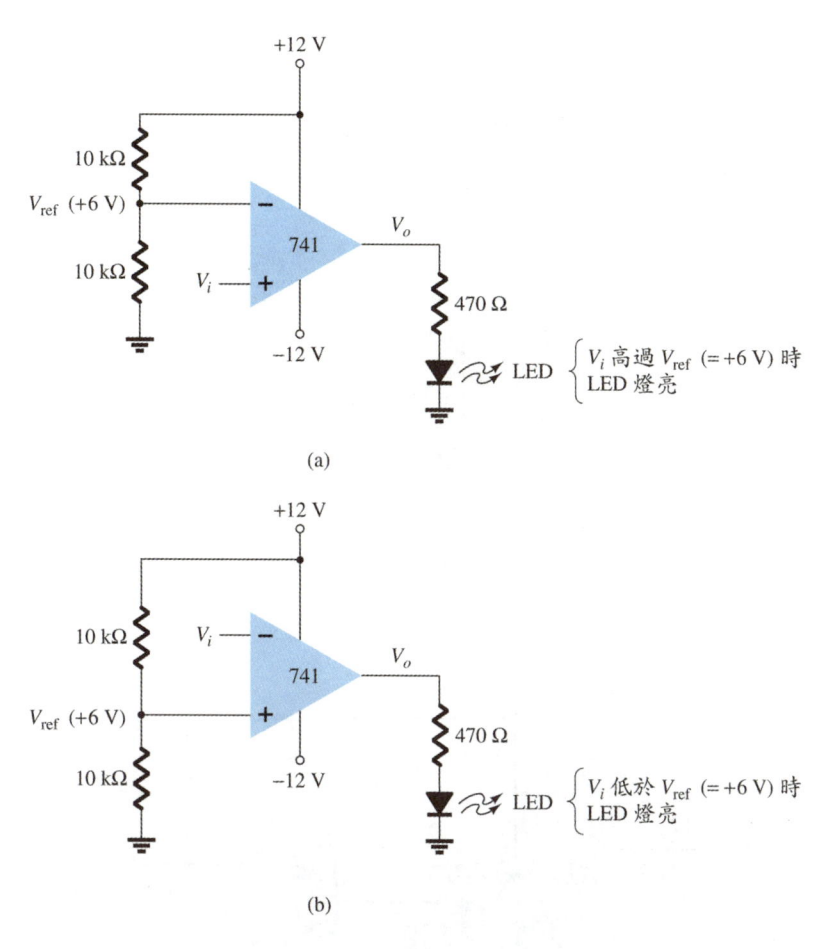

圖 13.3 741 運算放大器用作比較器

當輸入 V_i 比 +6 V 參考電壓值更正時，輸出會切換到正飽和位準，此時的輸出 V_o 會使 LED 燈亮，代表輸入比參考值更正（高）。

換另一種接法，參考電壓可以接到非反相輸入端，如圖 13.3b 所示，用此接法時，當輸入訊號低於參考值，就會使輸出驅動 LED 燈亮。

使用比較器 IC 單元

雖然運算放大器可用來作比較器電路，但仍以獨立的 IC 比較器單元較為合適。使兩輸出位準間的切換更快速，內建雜訊排除使輸入越過參考值時可避免輸出的振盪，以及使輸出可直接驅動各種不同的負載。

311 比較器 311 電壓比較器見圖 13.4，內含比較器電路，可在雙電源 ±15 V 之下工作，也可在單電源 +5 V 之下工作（用在數位邏輯電路），輸出可提供兩種不同的電壓位準，可用來驅動燈泡或繼電器。

圖 13.5 顯示，利用 311 IC 建立零交越檢測器，可感知輸入電壓越過 0 V 的情況。

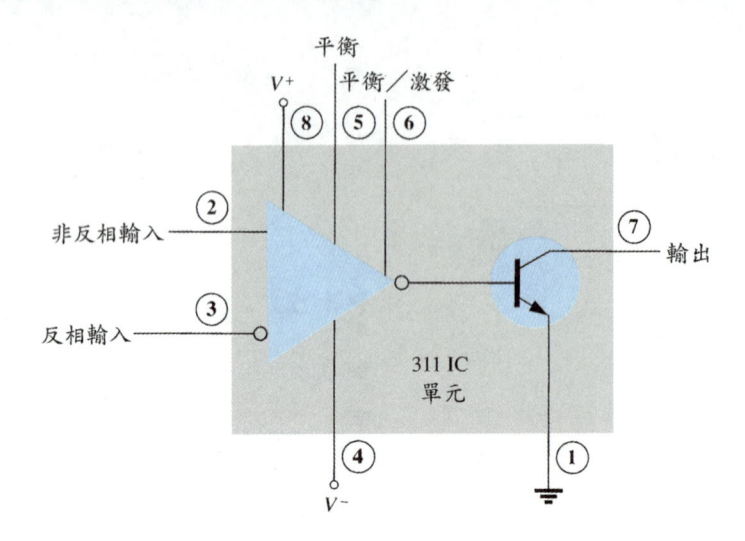

圖 13.4 311 比較器（8 腳 DIP IC）

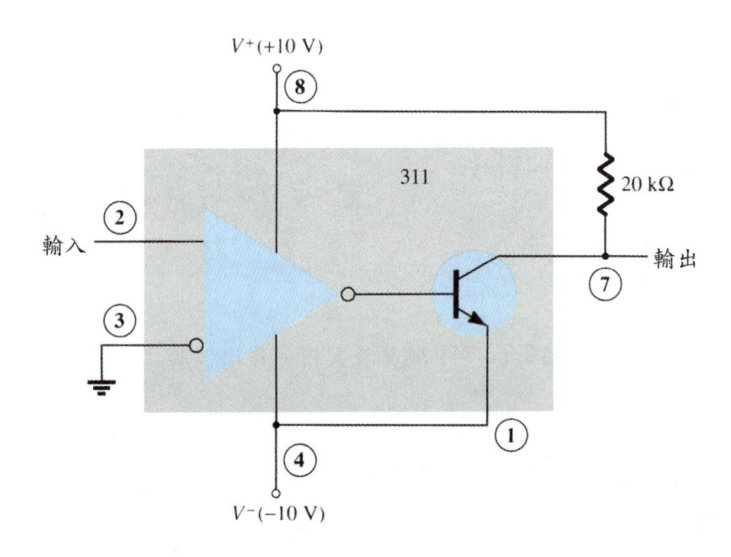

圖 13.5 使用 311 IC 的零交越檢測器

圖 13.6 顯示，如何使用 311 比較器的激發輸入，在此例中，當輸入高於參考值時輸出會到達高位準——但只有當 TTL 的激發輸入截止（或 0 V）時才能如此。若 TTL 的激發輸入到高位準時，會使 311 的第 6 腳激發輸入在低位準，而使輸出維持在"截止"狀態，無論輸入訊號如何，輸出都會在高位準。

圖 13.7 顯示，比較器的輸出驅動一繼電器。當輸入低於 0 V 時，驅動輸出到低位準，繼電器被激磁，常開(N.O.)接點會閉路，這些接點可連接到多種裝置，例如蜂鳴器或電鈴。

339 比較器 339 IC 是四個比較器的 IC，內含四個獨立的電壓比較器電路，接到外部腳位，如圖 13.8 所示。

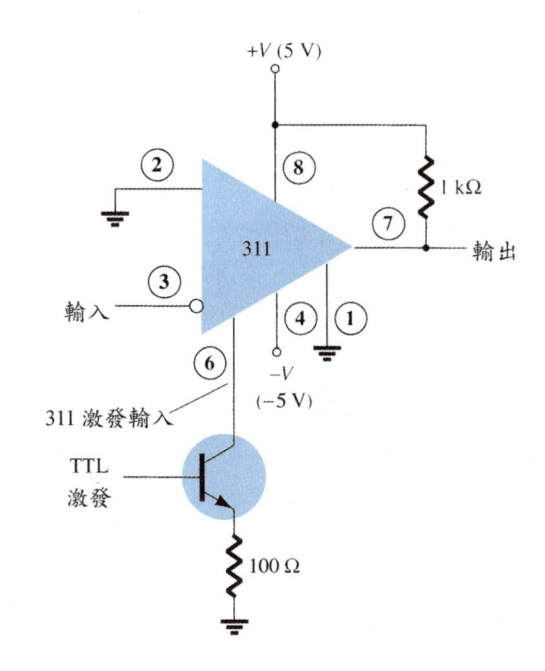

圖 13.6 具有激發輸入的 311 比較器的操作

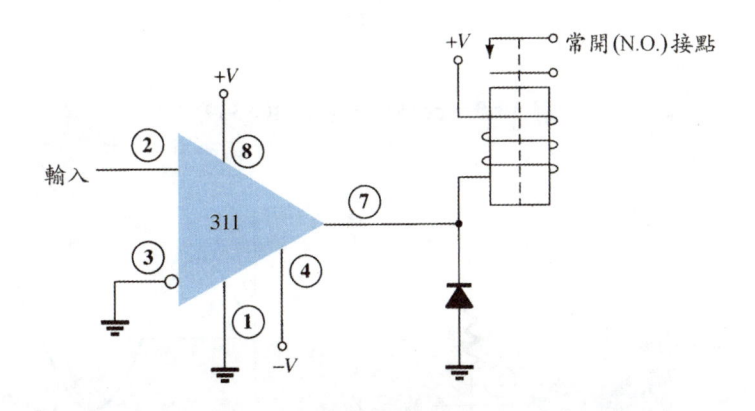

圖 13.7 311 比較器接繼電器輸出的操作

　　圖 13.9 顯示將 339 中的一個比較器接成零交越檢測器。只要輸入訊號高於 0 V，輸出就會切換到 V^+，而當輸入低於 0 V 時，輸出會切換到 V^-。

　　339 IC 中單一個比較器電路的操作描述於下。

　　差動輸入電壓（兩輸入端之間的電壓差）為正時，輸出會在低電源電壓位準。若負輸入端設在參考位準 V_{ref}，當正輸入端高於 V_{ref} 時會產生正差動輸入電壓，驅動輸出到開路狀態。當非反相（正）輸入端低於 V_{ref} 時會產生負差動輸入電壓，驅動輸出到 V^-。

　　若正輸入端設在參考位準，當反相（負）輸入低於 V_{ref} 時會使輸出開路，但當反相（負）輸入高於 V_{ref} 時會使輸出在 V^-。整個操作歸納在圖 13.10。

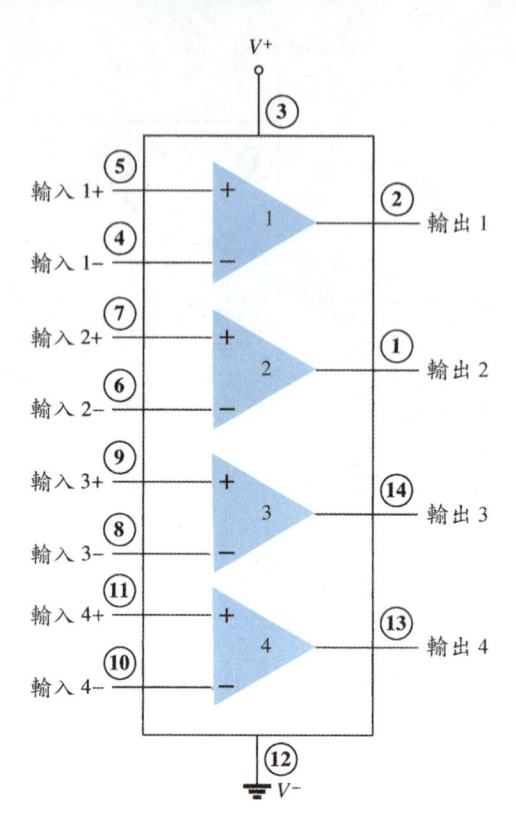

圖 13.8 四個比較器的 IC (339)

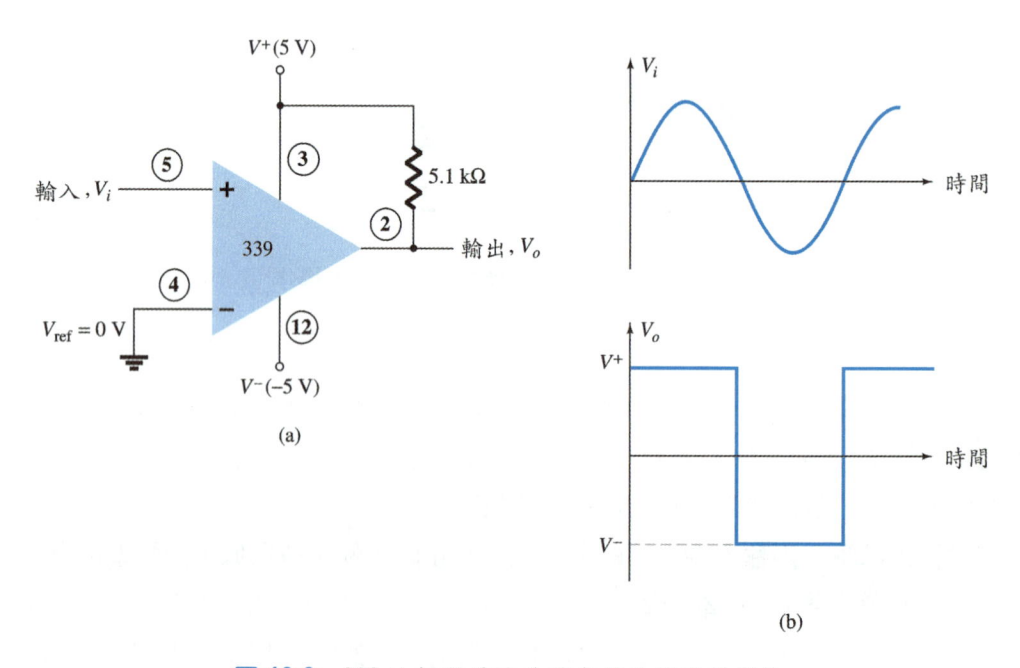

圖 13.9 339 比較器電路作零交越檢測器的操作

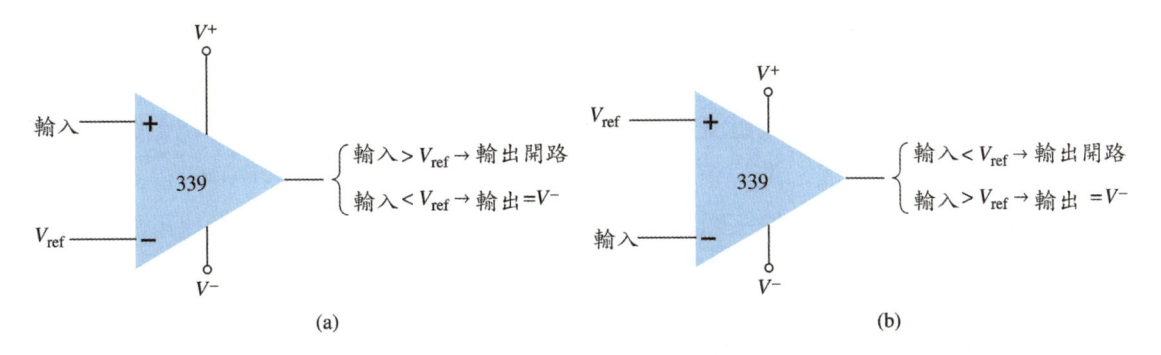

▣ 13.10　具有參考輸入的 339 比較器電路的操作：(a)負輸入；(b)正輸入

　　因這些比較器的輸出都是從開路的電晶體集極接出，應用上可將這些電路的輸出接在一起，形成接線 AND。圖 13.11 顯示兩個比較器電路的輸出接在一起，且輸入也接在一起。總和的操作結果是，這是窗型電壓檢測器，高位準輸出代表輸入是落在 $+1 \sim +5$ V 之間。

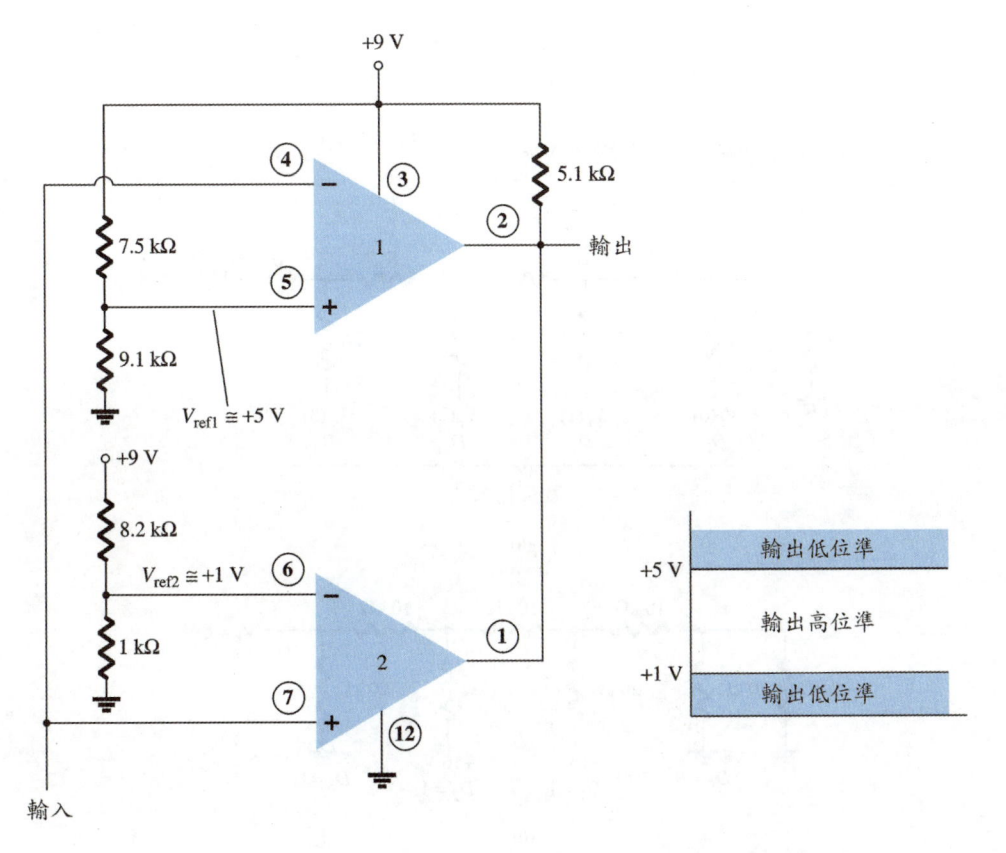

▣ 13.11　用 339 中的兩個比較器作窗型電壓檢測器的操作

13.3 數位－類比轉換器

電子電路中有許多電壓或電流會在某些數值範圍內連續變化，但在數位電路中訊號只有兩種位準，分別代表二進位值 1 或 0。可利用類比－數位轉換器(ADC)得到代表輸入類比電壓的數位值，而數位－類比轉換器(DAC)則可將數位值轉換回類比電壓。

數位對類比轉換

階梯網路轉換　利用電阻組成階梯網路，圖 13.12a 顯示一具有四個輸入電壓（代表 4 位元的數位資料）的階梯網路，以及一直流電壓輸出，此輸出電壓和數位輸入值成正比，關係如下：

$$V_o = \frac{D_0 \times 2^0 + D_1 \times 2^1 \times D_2 \times 2^2 + D_3 \times 2^3}{2^4} V_{\text{ref}} \tag{13.1}$$

在圖 13.12b 的例子中，所得輸出電壓是

$$V_o = \frac{0 \times 1 + 1 \times 2 + 1 \times 4 + 0 \times 8}{16}(16\text{ V}) = 6\text{ V}$$

因此，數位值 0110_2 轉換成類比電壓 6 V。

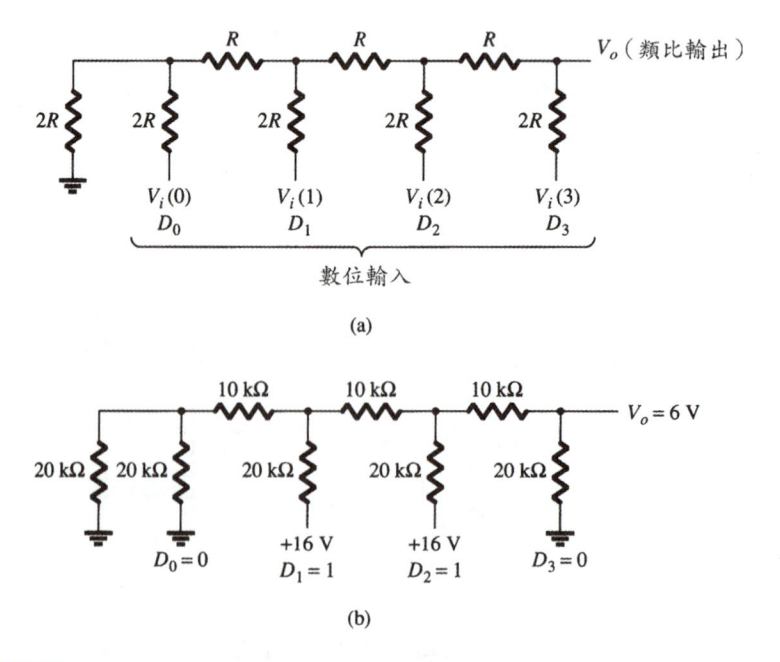

圖 13.12　用 4 級階梯網路作 DAC：(a) 基本電路；(b) 電路例且輸入 0110

階梯網路的功能是將 0000～1111 這 16 個可能的二進位值，轉換成 16 個電壓位準。一般而言，n 級階梯的電壓解析度是

$$\boxed{\frac{V_{\text{ref}}}{2^n}} \tag{13.2}$$

圖 13.13 顯示使用階梯網路的典型 DAC 的方塊圖，圖上的階梯網路稱為 R-2R 階梯，夾在參考電流源和接到各二進位輸入的電流開關之間，所得的輸出電流會和輸入的二進位值成正比。

類比對數位轉換

雙斜率轉換　普遍用來將類比電壓轉換成數位值的方法是雙斜率法，圖 13.14a 顯示基本雙斜率轉換器的方塊圖。要轉換的類比電壓經電子開關加到積分器或斜波產生器電路，在積分器的正斜率和負斜率週期中，由計數器得到數位輸出。

轉換的方法進行如下，在固定的時間週期（對應於計數器的滿計數週期），接到積分器的類比電壓會使比較器的輸入電壓上升到某一正值，圖 13.14b 顯示，在固定週期的最後，輸入電壓愈大時積分器的輸出電壓也愈高。在此固定（計數）週期的最後，計數器重置為零且電子開關將積分器的輸入接到參考（或固定）輸入電壓，此時積分器的輸出（或電容器的輸入）會以固定速率下降，同時間內計數器往前計數，而積分器輸出卻以定速下降，直到低於比較器的參考電壓，此時控制邏輯收到比較器的輸出訊號就會停止計數，而儲存在計數器的數位值就是轉換器的數位輸出。

計數器可以用二進位，BCD（二進位編碼，十進位制），或其他符合所需的數位計數器型式。

階梯網路轉換　另一種普遍應用在類比對數位轉換的方法，是結合階梯網路、計數器和比較器電路（見圖 13.15）。計數器由零往前計數時，同時驅動階梯網路，使其輸出階梯

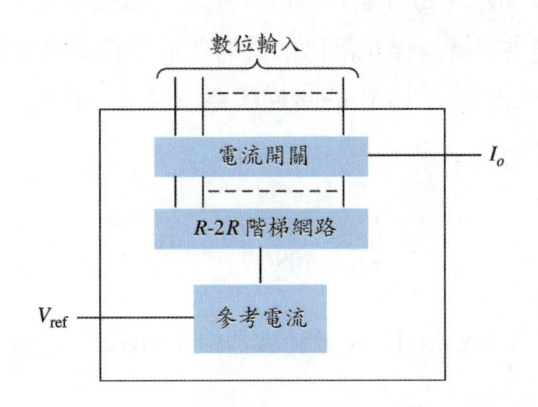

圖 13.13　使用 R-2R 階梯網路的 DAC IC

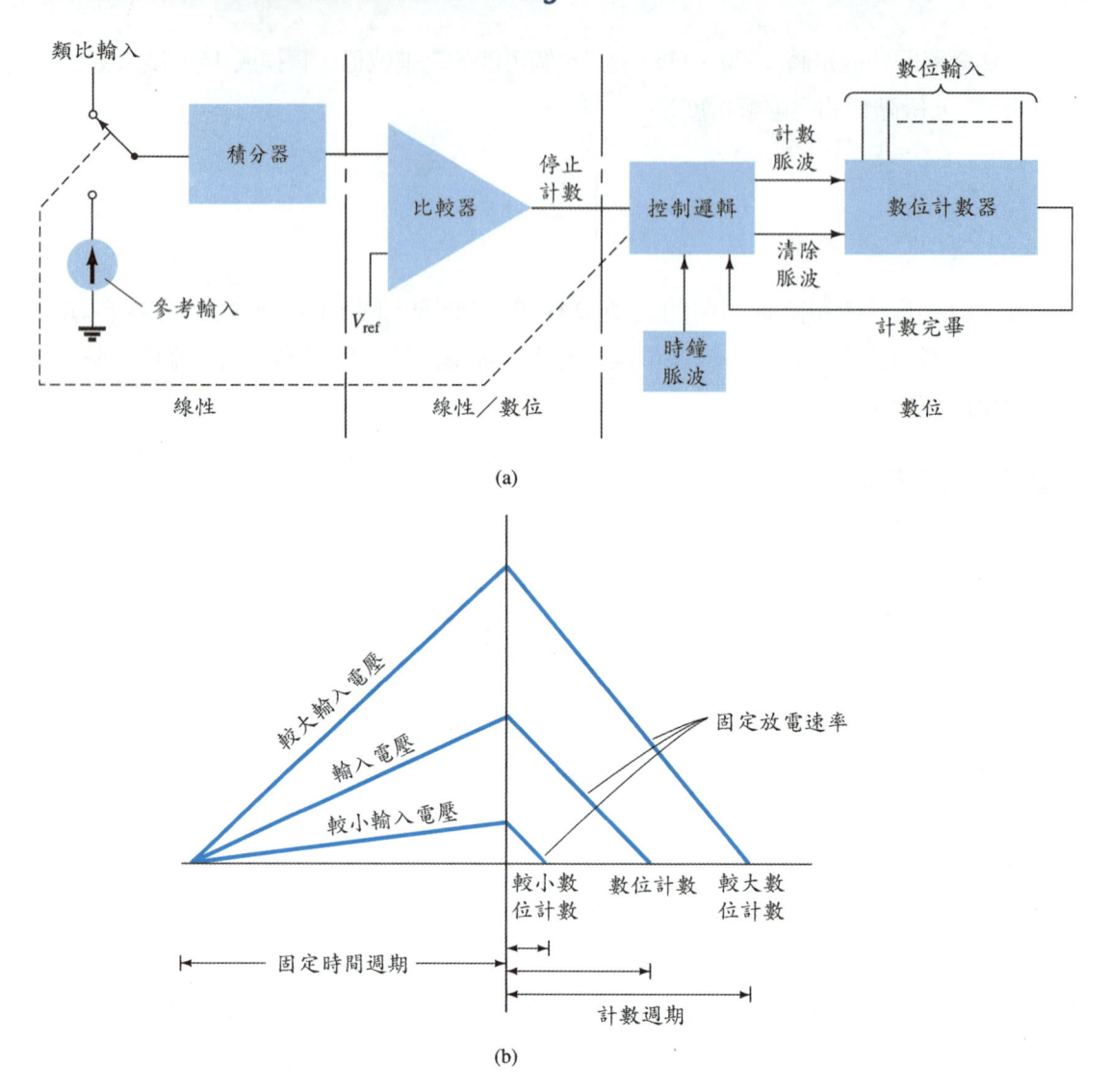

圖 13.14 利用雙斜率法的類比對數位轉換：(a)邏輯圖；(b)積分器輸出波形

式的電壓，如圖 13.15b 所示，每計數一步時即產生一電壓增量。當階梯電壓高於類比輸入電壓時，比較器會提供訊號以停止計數，此時的計數值即數位輸出。

若用 12 位元的計數器配合 12 級的階梯網路，且參考電壓為 10 V 時，每計數一步產生的電壓變化量是

$$\frac{V_{\text{ref}}}{2^{12}} = \frac{10 \text{ V}}{4096} = 2.4 \text{ mV}$$

所產生的轉換解析度是 2.4 mV。12 位元計數器以 1 MHz 的時鐘頻率工作時，所需的最大轉換時間是

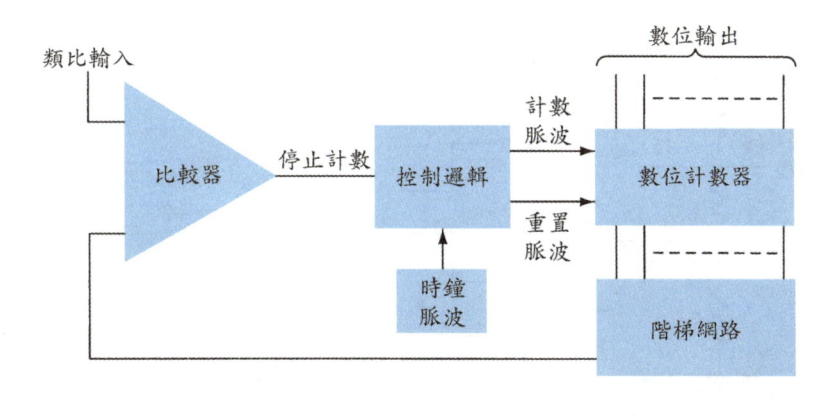

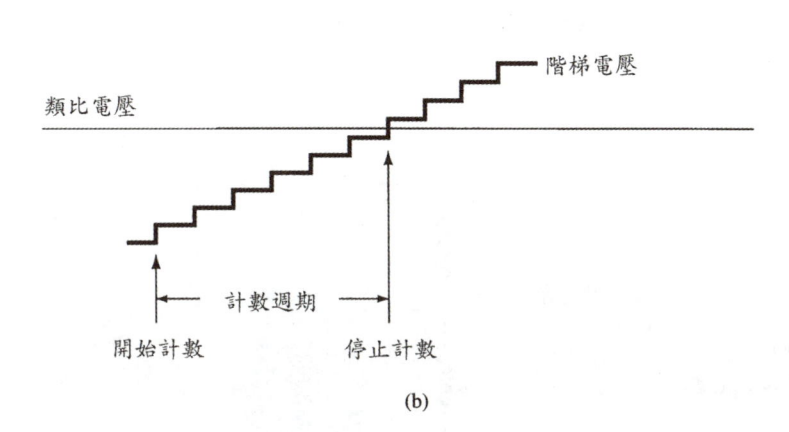

圖 13.15 利用階梯網路作類比對數位轉換：(a)邏輯圖；(b)波形

$$4096 \times 1\ \mu s = 4096\ \mu s \approx 4.1\ ms$$

因此，每秒可執行的最少轉換次數是

$$轉換次數 = 1/4.1\ ms \approx 244\ 次轉換／秒$$

13.4 計時器 IC 單元操作

另一種普遍使用的類比－數位積體電路是多用途的 555 計時器，此 IC 是由線性的比較器和數位的正反器組合而成，見圖 13.16。

不穩態操作

555 計時器 IC 的一種普遍應用，是作為不穩態多諧振器或時鐘電路。圖 13.17 顯示

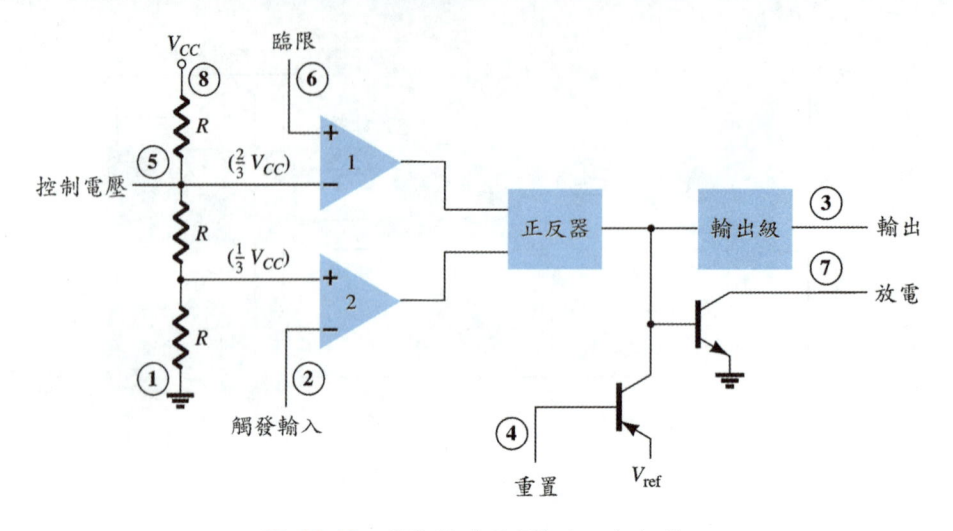

圖 13.16 555 計時器 IC 的細部架構

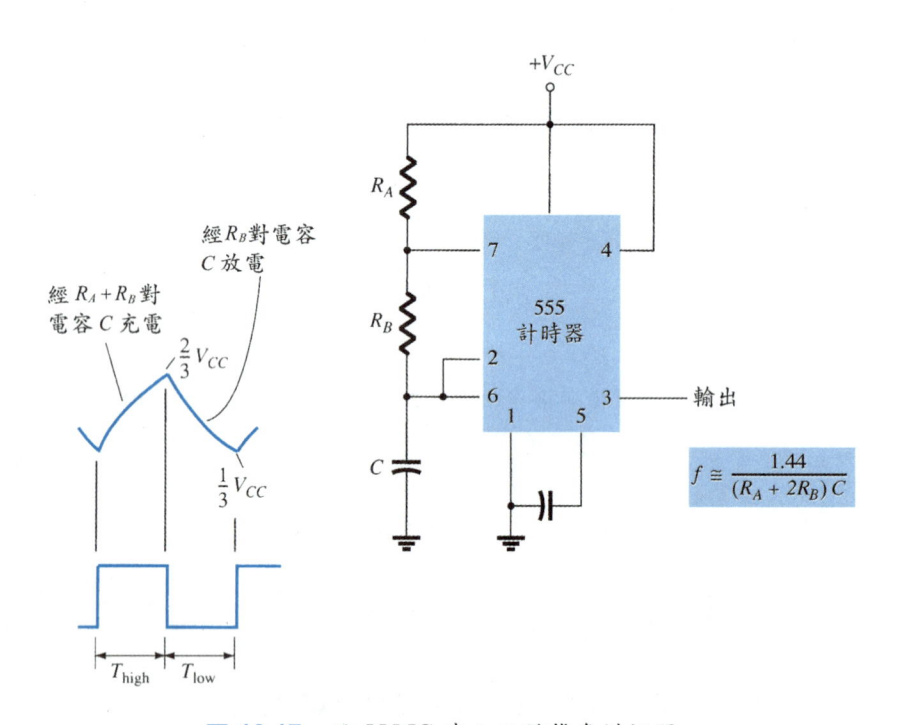

圖 13.17 用 555 IC 建立不穩態多諧振器

建構好的不穩態電路,利用外部電阻和電容設定輸出訊號的時間週期。

圖 13.18a 顯示此不穩態電路中電容和輸出的波形,輸出在高位準和低位準的時間週期,可分別用以下的關係式算出:

$$T_{\text{high}} \approx 0.7(R_A + R_B)C \tag{13.3}$$

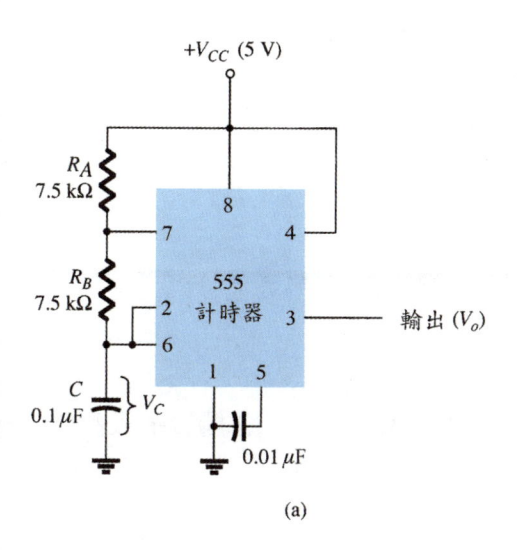

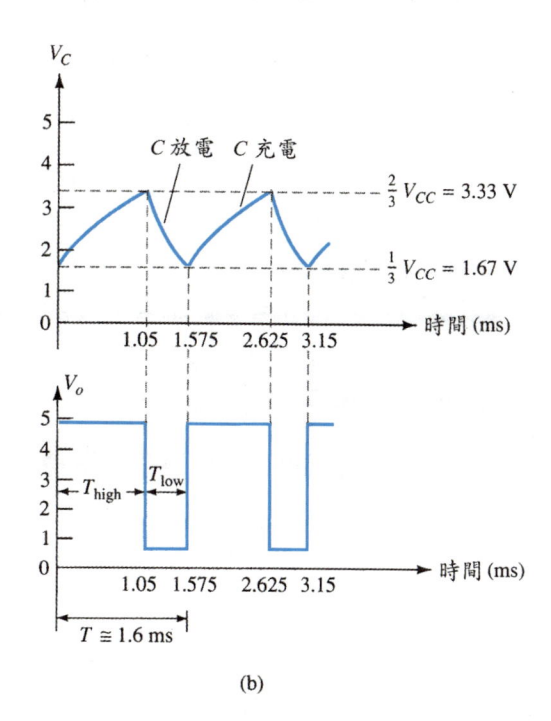

圖 13.18 例 13.1 不穩態多諧振器：(a)電路；(b)波形

$$T_{\text{low}} \approx 0.7 R_B C \tag{13.4}$$

總週期是

$$T = 週期 = T_{\text{high}} + T_{\text{low}} \tag{13.5}$$

不穩態電路的頻率：

$$f = \frac{1}{T} \approx \frac{1.44}{(R_A + 2R_B)C} \tag{13.6}$$

例 13.1

決定圖 13.18a 電路的頻率，並畫出輸出波形。

解：

利用式(13.3)～式(13.6)，可得

$$T_{\text{high}} = 0.7(R_A + R_B)C = 0.7(7.5 \times 10^3 + 7.5 \times 10^3)(0.1 \times 10^{-6})$$
$$= 1.05 \text{ ms}$$

$$T_{\text{low}} = 0.7 R_B C = 0.7 (7.5 \times 10^3)(0.1 \times 10^{-6}) = 0.525 \text{ ms}$$

$$T = T_{\text{high}} + T_{\text{low}} = 1.05 \text{ ms} + 0.525 \text{ ms} = 1.575 \text{ ms}$$

$$f = \frac{1}{T} = \frac{1}{1.575 \times 10^{-3}} \approx \mathbf{635 \text{ Hz}}$$

波形畫在圖 13.18b。

單穩態操作

555 計時器也可用作單擊或單穩態多諧振電路，如圖 13.19 所示。當觸發輸入轉負時，會觸發單擊電路，第 3 腳輸出會到達高位準維持一段時間，週期是

$$T_{\text{high}} = 1.1 R_A C \tag{13.7}$$

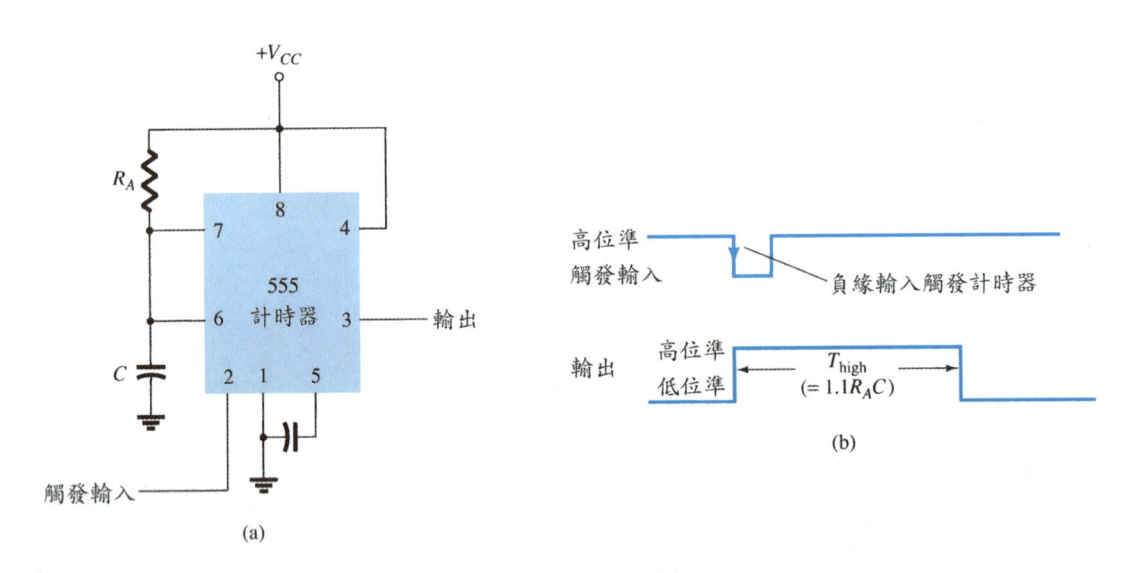

圖 13.19 555 計時器用作單擊電路的操作：(a)電路；(b)波形

例 13.2

圖 13.20 的電路經負脈波觸發，試決定其輸出波形的週期。

解：

用式(13.7)，得

$$T_{\text{high}} = 1.1 R_A C = 1.1 (7.5 \times 10^3)(0.1 \times 10^{-6})$$

$$= \mathbf{0.825 \text{ ms}}$$

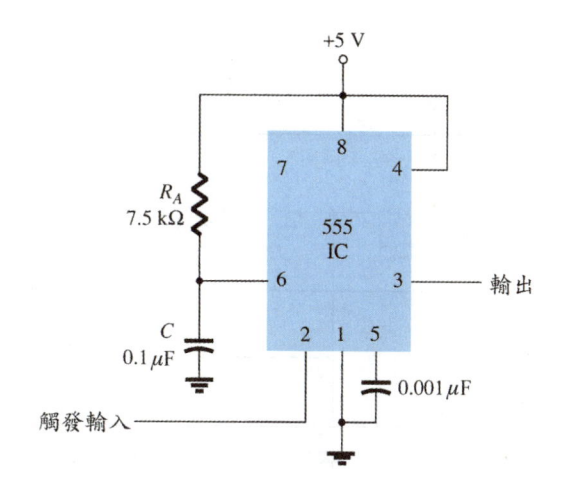

圖 13.20 例 13.2 的單穩態電路

13.5　壓控振盪器

壓控振盪器(VCO)是一種提供變動輸出訊號的電路（一般為方波或三角波形式），其頻率可在一定範圍內調整，且由直流電壓控制。VCO 的一個例子是 566 IC 單元，內部包含可產生方波和三角波的電路，訊號頻率由外接的電阻電容和外加的直流電壓設定。圖 13.21a 顯示，566 內含電流源，對外部電容 C_1 充放電，充放電速度由外部電阻 R_1 和調變直流電壓共同設定。

圖 13.21b 顯示 566 IC 的腳位，並整理了公式和限制值。

自由操作或中間操作頻率可由下式算出：

$$f_o = \frac{2}{R_1 C_1} \left(\frac{V^+ - V_C}{V^+} \right) \qquad (13.8)$$

實際電路值的限制：

1. R_1 的範圍應在 $2\,k\Omega \le R_1 \le 20\,k\Omega$。
2. V_C 的範圍應在 $\frac{3}{4}V^+ \le V_C \le V^+$。
3. f_o 應低於 1 MHz。
4. V^+ 範圍應在 10 V～24 V 之間。

圖 13.22 的例子中，566 函數產生器用來提供固定頻率的方波和三角波訊號，此固定頻率由 R_1、C_1 和 V_C 設定。

圖 13.23 的電路顯示如何用輸入電壓 V_C 調整輸出方波頻率，使訊號頻率變化。電位

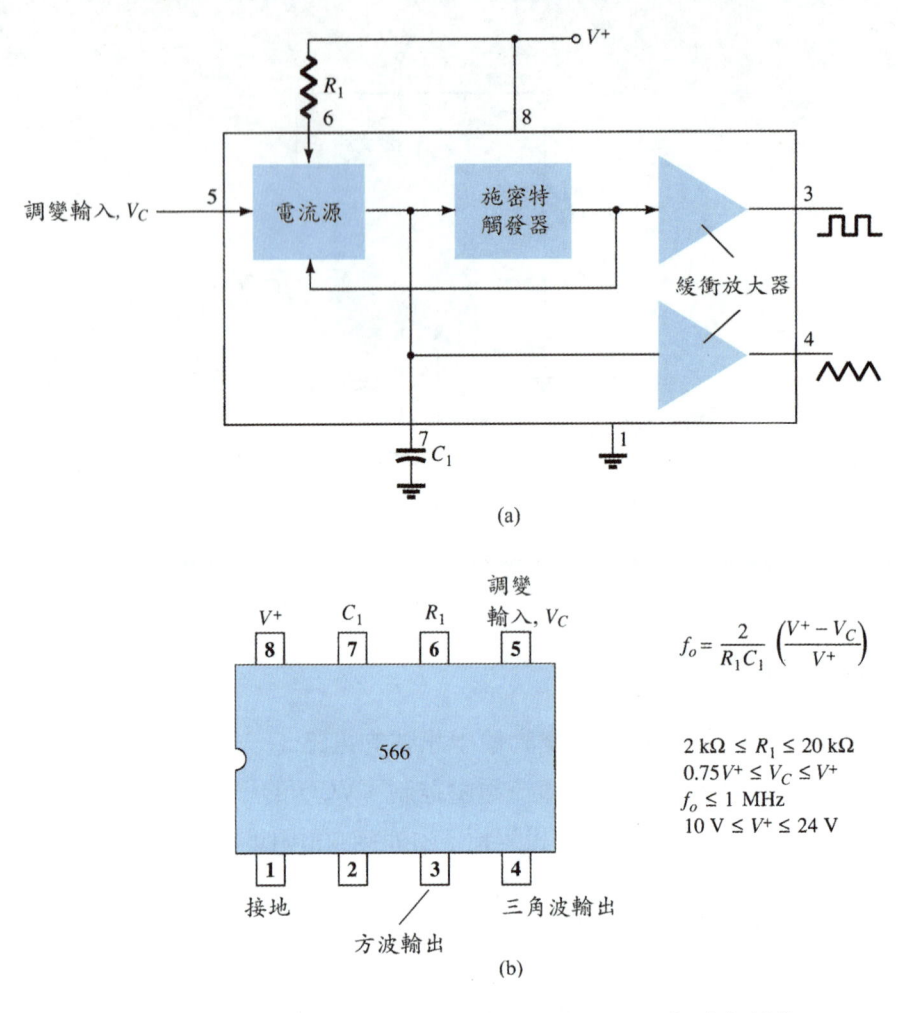

圖 13.21 566 函數產生器：(a)方塊圖；(b)腳位和操作數據整理

$$f_o = \frac{2}{R_1 C_1}\left(\frac{V^+ - V_C}{V^+}\right)$$

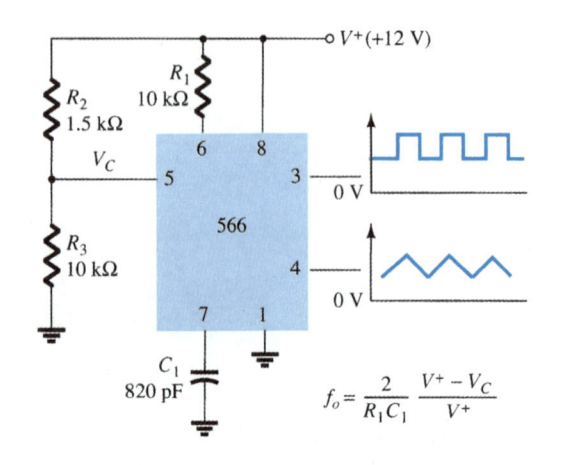

$2\ \text{k}\Omega \leq R_1 \leq 20\ \text{k}\Omega$
$0.75V^+ \leq V_C \leq V^+$
$f_o \leq 1\ \text{MHz}$
$10\ \text{V} \leq V^+ \leq 24\ \text{V}$

圖 13.22 566 VCO 的接法

$$f_o = \frac{2}{R_1 C_1}\frac{V^+ - V_C}{V^+}$$

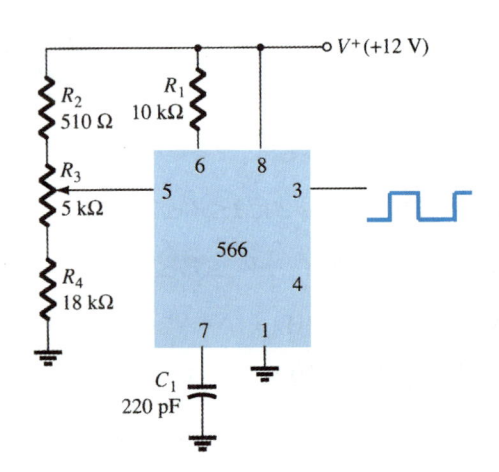

圖 13.23 566 接成 VCO

計 R_3 可使 V_C 的變化範圍由約 9 V 到接近 12 V，使頻率調整範圍超過 10 倍。也可以不用電位計改變 V_C 值，而直接外加輸入調變電壓 V_{in}，如圖 13.24 所示。

13.6 介面電路

無論是數位或類比電路，可能需要某種電路來連接不同型式的電路。介面電路可以用來驅動負載，或作為接收器電路以得到訊號。另外，介面電路可以括激發功能，可在特定時間內用激發建立介面訊號的連結。

圖 13.25a 顯示一 2 路驅動器，每一驅動器接受 TTL 訊號輸入，提供可驅動 TTL 或 MOS 裝置電路的輸出。圖 13.25b 的電路則是一 2 路接收器，同時具有反相和非反相輸

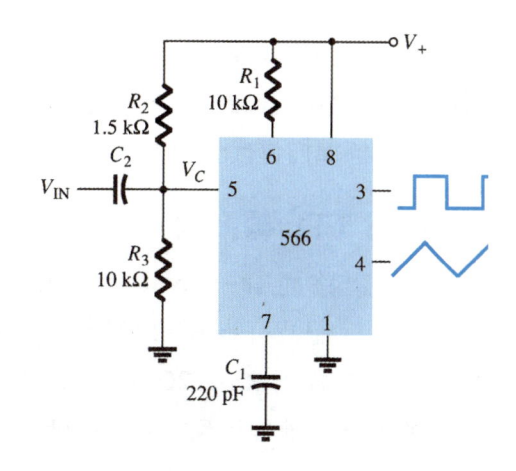

圖 13.24　具有頻率調變輸入的 VCO 的操作

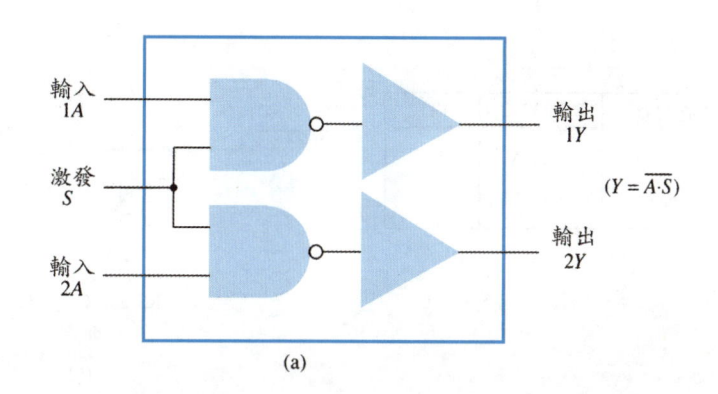

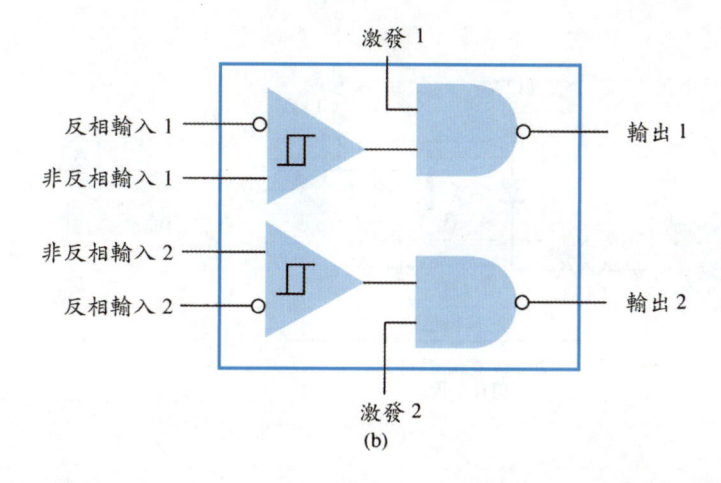

圖 13.25　介面電路：(a) 2 路驅動器 (SN75150)；(b) 2 路接收器 (SN75152)

入，故可隨意選擇操作條件。另一類介面電路用來連接各種不同的數位輸入和輸出裝置，這些裝置如鍵盤、監視器（終端機）和印表機等。有一種 EIA 電子工業標準稱為 RS-232C，此標準描述代表記號（邏輯 1）和空白（邏輯 0）的數位訊號。

RS-232C 對 TTL 轉換器

對 TTL 電路而言，+5 V 是記號（邏輯 1），而 0 V 是空白（邏輯 0）。而對 RS-232C 而言，記號可能是 −12 V，而空白則是 +12 V。圖 13.26a 提供某些記號和空白的定義表。對於採用 RS-232C 定義輸出的單元而言，若要和以 TTL 訊號位準工作的另一單元連接時，可能要用到如圖 13.26b 所示的介面電路。

另一個介面電路是將 TTY 電流迴路訊號轉換成 TTL 位準，如圖 13.26c 所示。有一種數位介面方法是採用開集極輸出或三態輸出，當訊號由電晶體集極輸出時，見圖 13.27，並未接到任何其他的電子元件，此輸出是開集極，這種方法允許好幾個訊號接到同一條線（或匯流排）。只要有任一電晶體導通，即可提供低位準輸出電壓，而當所有電晶體都截止時，則提供高位準輸出電壓。

	電流迴路	RS-232-C	TTL
記號	20 mA	−12 V	+5 V
空白	0 mA	+12 V	0 V

(a)

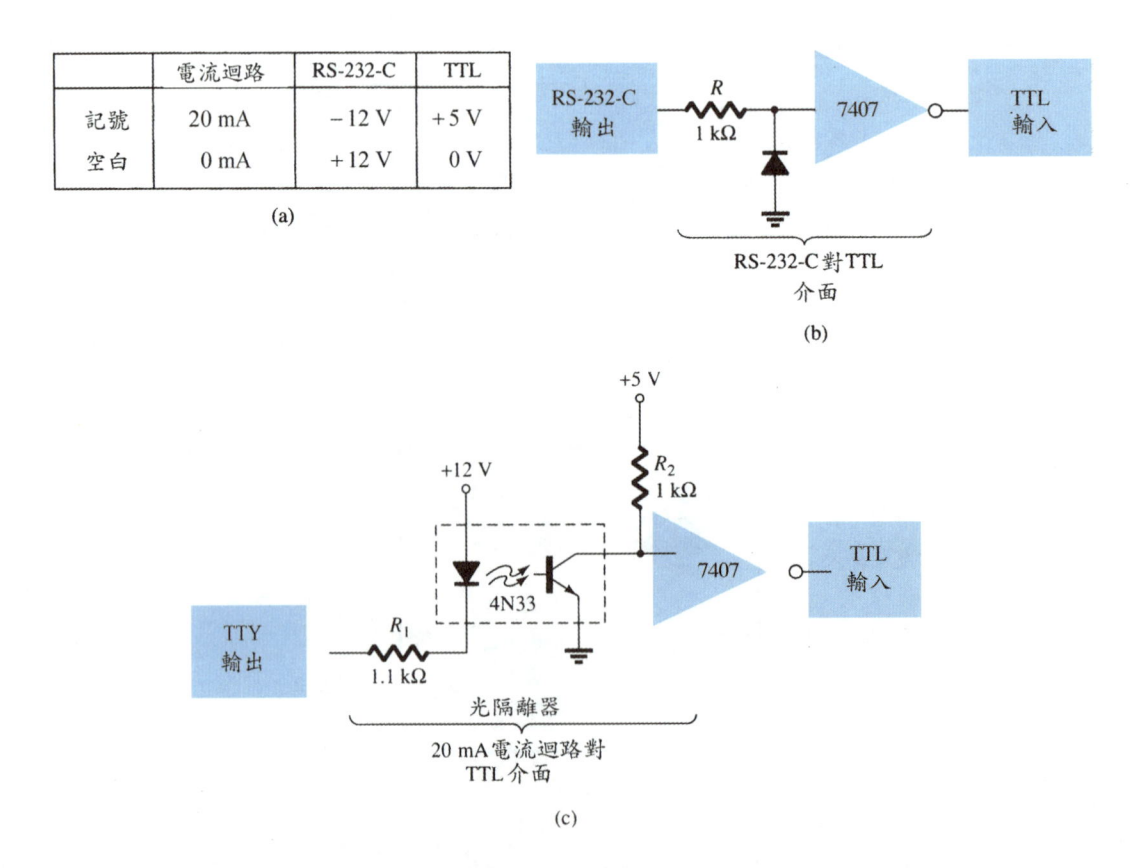

(b) RS-232-C 對 TTL 介面

(c) 20 mA 電流迴路對 TTL 介面（光隔離器）

圖 13.26 介面訊號標準與轉換器電路

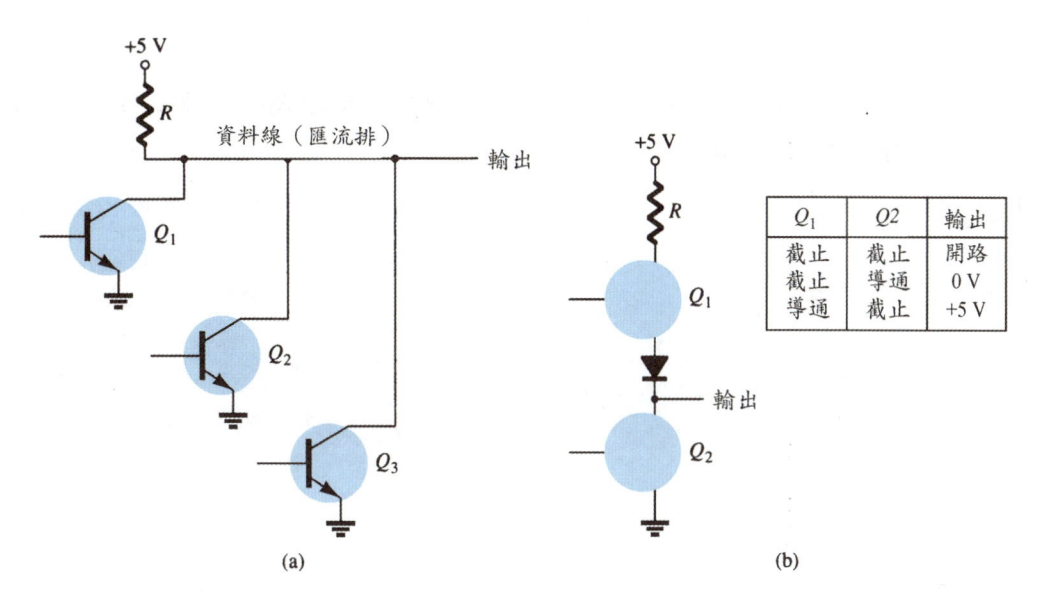

▎圖 13.27　資料線的接法：(a)開集極輸出；(b)三態輸出

習　題

1. 試畫出圖 13.28 電路的輸出波形。
2. 試畫出圖 13.29 電路所產生的輸出波形。

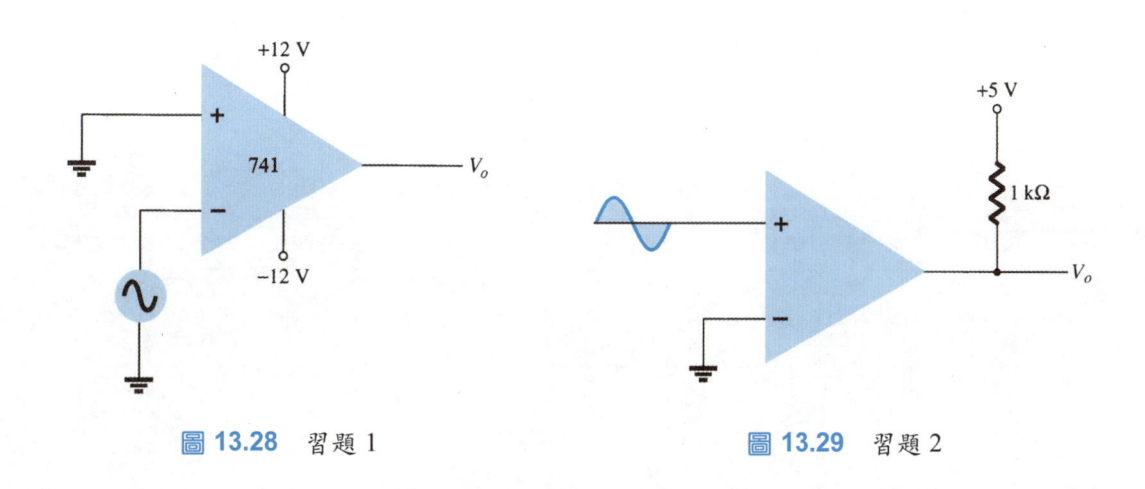

▎圖 13.28　習題 1　　　　　　　　▎圖 13.29　習題 2

3. 試利用 339 IC 中單一個比較器，畫出零交越檢測器的電路圖，採用 ±12 V 電源。
4. 試利用 15 kΩ 和 30 kΩ 電阻畫出 5 級階梯網路。
5. 就 16 V 的參考電壓，試計算習題 4 的電路輸入 11010 時對應的輸出電壓。
6. 在 ADC 的輸出用 12 級的數位計數器，可計數多少步？
7. 某 12 級計數器以 20 MHz 的時鐘脈波頻率工作，則最大計數週期是多少？
8. 試利用 555 計時器畫出單擊電路，以提供 20 μs 的週期。若 R_A=7.5 kΩ，則 C 值需要多少？

9. 試計算如圖 13.22 中用 555 IC 所得 VCO 的中心頻率，已知 $R_1=13.7\ \text{k}\Omega$、$R_2=1.8\ \text{k}\Omega$、$R_3=11\ \text{k}\Omega$，且 $C_1=0.001\ \mu\text{F}$。

10. 資料匯流排是什麼？

Chapter 14 反饋與振盪器電路

14.1 反饋概念

根據訊號反饋到電路的相對極性，可決定是正反饋或負反饋。負反饋會使電壓增益降低，但可以改善某些電路性質，整理如下。

典型的反饋接法見圖 14.1，「輸入訊 V_s 加到混合單元，和反饋訊號 V_f 結合，這兩個訊號的差 V_i 成為放大器的輸入電壓 V_i。放大器的輸出接到反饋網路(β)，取輸出的一小部分比例作為反饋訊號，再接到輸入混合單元。

雖然負反饋會降低總電壓增益，但可得到一些改善，諸如：
1. 更高的輸入阻抗。
2. 更穩定的電壓增益。
3. 更好的頻率響應。
4. 更低的輸出阻抗。
5. 更低的雜訊。
6. 更線性的操作。

14.2 反饋接法類型

有四種基本方式用來連接反饋訊號，輸出的電壓和電流可用串聯或並聯的接法反饋回輸入端。分別為：

1. 電壓－串聯反饋（圖 14.2a）。
2. 電壓－並聯反饋（圖 14.2b）。
3. 電流－串聯反饋（圖 14.2c）。
4. 電流－並聯反饋（圖 14.2d）。

(輸入訊號)V_s ⊕ V_i → A → V_o (輸出訊號)

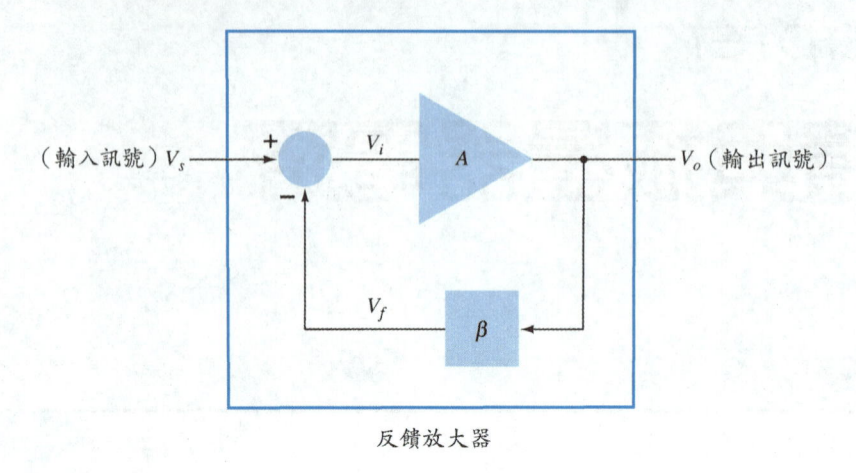

V_f ← β

反饋放大器

圖 14.1 反饋放大器的簡單方塊圖

電壓代表將輸出電壓接到反饋網路；電流代表取出某些輸出電流且流回反饋網路。串聯代表反饋訊號和輸入電壓訊號串聯；而並聯則代表反饋訊號和輸入電流訊號（源）並聯。

串聯反饋接法傾向於增加輸入電阻，而並聯反饋接法則傾向於降低輸入電阻。電壓反饋傾向於降低輸出阻抗，而電流反饋則傾向於增加輸出阻抗。

反饋後的增益

圖 14.2 的增益、反饋因數和反饋後的增益，提供在表 14.1 作參考。

電壓串聯反饋 圖 14.2a 顯示的電壓串聯反饋接法。若無反饋($V_f=0$)，放大器的增益是

$$A = \frac{V_o}{V_s} = \frac{V_o}{V_i} \tag{14.1}$$

反饋後的總電壓增益是

$$A_f = \frac{V_o}{V_s} = \frac{A}{1+\beta A} \tag{14.2}$$

電壓並聯反饋 對圖 14.2b 的網路，反饋後的增益是

$$A_f = \frac{A}{1+\beta A} \tag{14.3}$$

反饋後的輸入阻抗

電壓串聯反饋 更詳細的電壓串聯反饋接法見圖 14.3，輸入阻抗可決定如下：

$$Z_{if} = \frac{V_s}{I_i} = Z_i + (\beta A)Z_i = Z_i(1+\beta A) \tag{14.4}$$

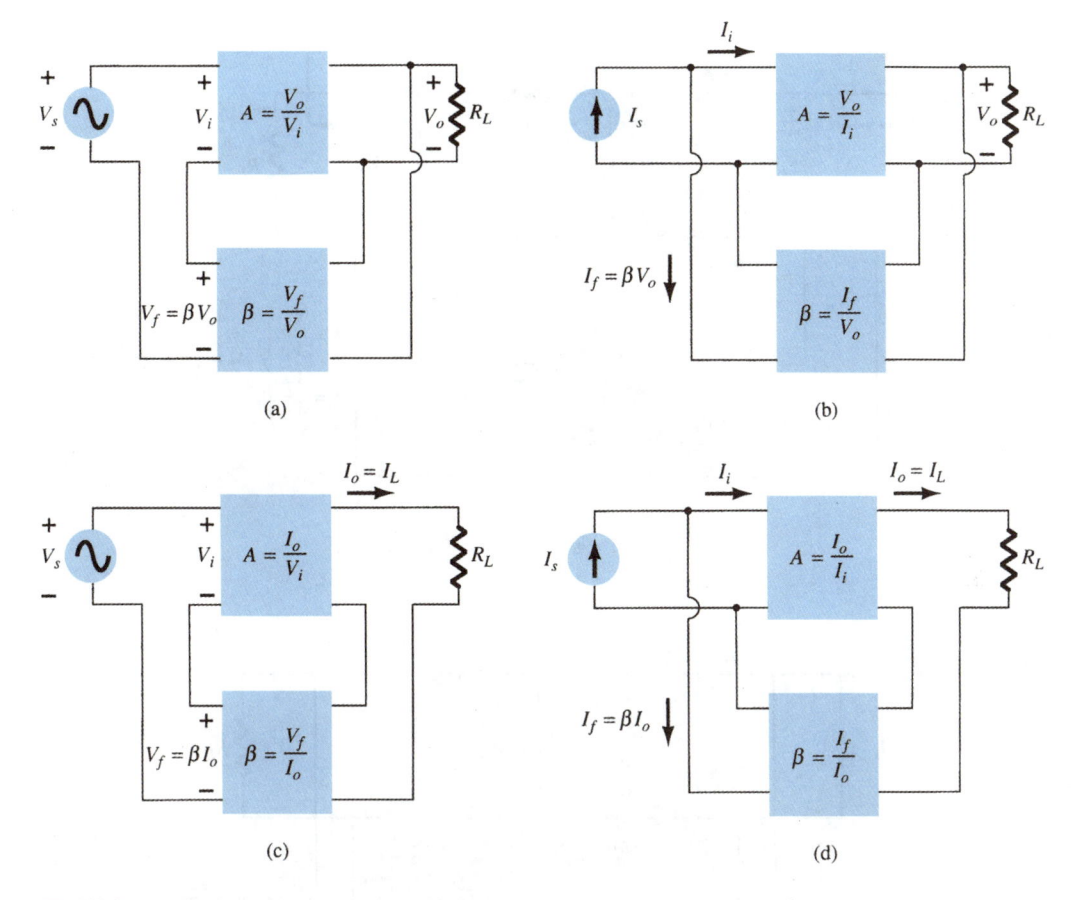

圖 14.2 反饋放大器類型：(a) 電壓串聯反饋，$A_f = V_o/V_s$；(b) 電壓並聯反饋，$A_f = V_o/I_s$；(c) 電流串聯反饋，$A_f = I_o/V_s$；(d) 電流並聯反饋，$A_f = I_o/I_s$

表 14.1 圖 14.2 中，增益、反饋因數和反饋後增益的歸納整理

		電壓串聯	電壓並聯	電流串聯	電流並聯
無反饋增益	A	$\dfrac{V_o}{V_i}$	$\dfrac{V_o}{I_i}$	$\dfrac{I_o}{V_i}$	$\dfrac{I_o}{I_i}$
反饋	β	$\dfrac{V_f}{V_o}$	$\dfrac{I_f}{V_o}$	$\dfrac{V_f}{I_o}$	$\dfrac{I_f}{I_o}$
反饋後增益	A_f	$\dfrac{V_o}{V_s}$	$\dfrac{V_o}{I_s}$	$\dfrac{I_o}{V_s}$	$\dfrac{I_o}{I_s}$

電壓並聯反饋　更詳細的電壓並聯反饋接法見圖 14.4，輸入阻抗可決定如下：

$$Z_{if} = \frac{Z_i}{1 + \beta A} \tag{14.5}$$

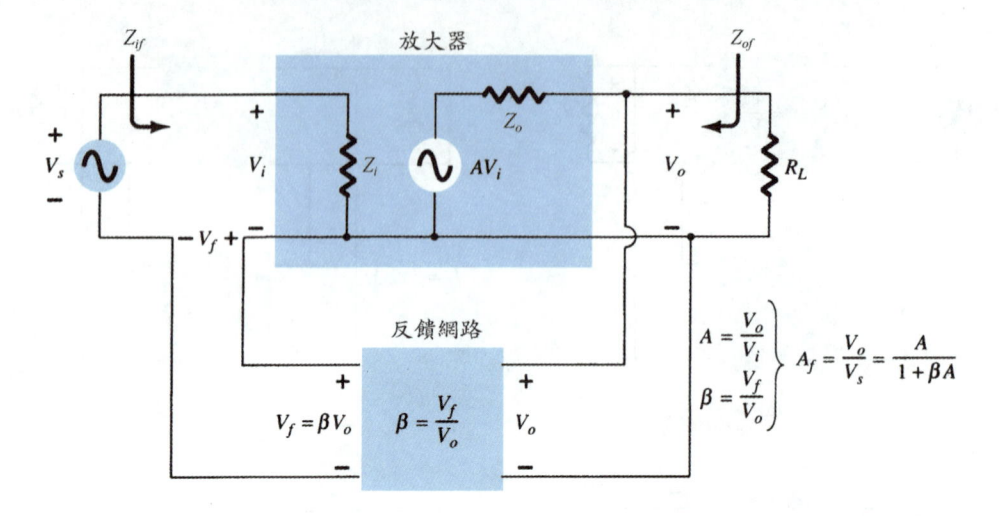

圖 14.3　電壓串聯反饋接法

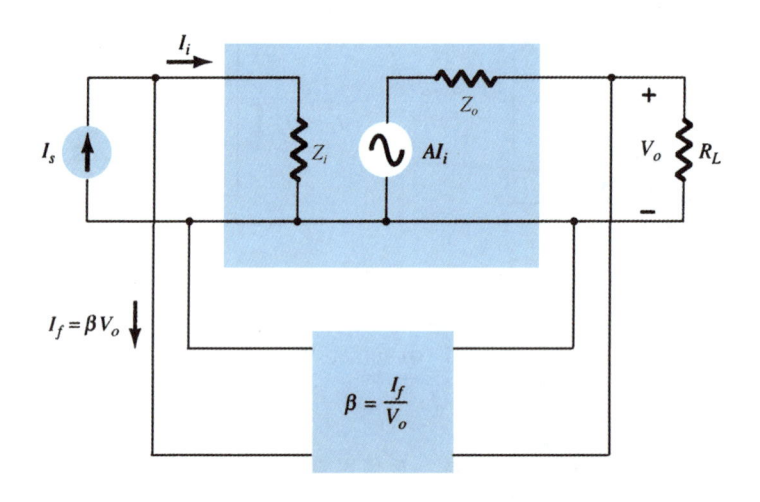

圖 14.4　電壓並聯反饋接法

反饋後的輸出阻抗

電壓串聯反饋　圖 14.3 的電壓串聯反饋電路反饋後的輸出電阻：

$$Z_{of} = \frac{V}{I} = \frac{Z_o}{1+\beta A} \tag{14.6}$$

電流串聯反饋　決定電流串聯反饋後的輸出阻抗時。圖 14.5 顯示更為詳細的電流串聯反饋接法，輸出阻抗決定如下

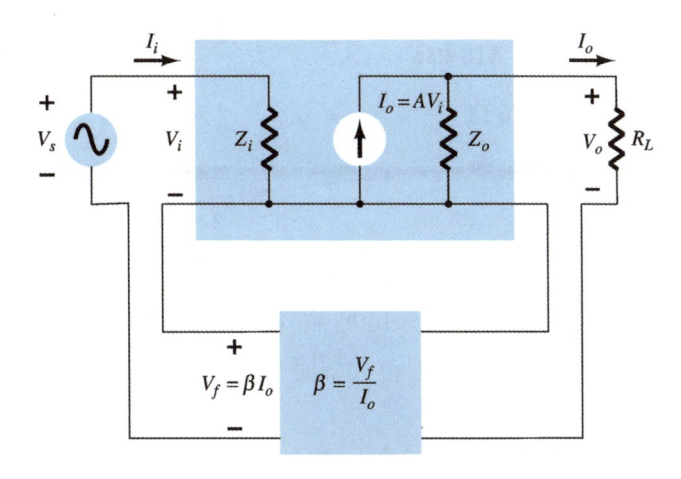

▶ 圖 14.5　電流串聯反饋接法

▶ 表 14.2　反饋接法對輸入和輸出阻抗的效應

電壓串聯	電流串聯	電壓並聯	電流並聯
Z_{if}　$Z_i(1+\beta A)$	$Z_i(1+\beta A)$	$\dfrac{Z_i}{1+\beta A}$	$\dfrac{Z_i}{1+\beta A}$
（增加）	（增加）	（降低）	（降低）
Z_{of}　$\dfrac{Z_o}{1+\beta A}$	$Z_o(1+\beta A)$	$\dfrac{Z_o}{1+\beta A}$	$Z_o(1+\beta A)$
（降低）	（增加）	（降低）	（增加）

$$Z_{of}=\frac{V}{I}=Z_o(1+\beta A) \tag{14.7}$$

反饋對輸入和輸出阻抗的效應，整理歸納提供在表 14.2。

例 14.1

某電壓串聯反饋，已知 $A=-100$、$R_i=10\ \text{k}\Omega$ 且 $R_o=20\ \text{k}\Omega$，試分別就(a)$\beta=-0.1$ 和 (b)$\beta=-0.5$，決定反饋後的電壓增益、輸入和輸出阻抗。

解：利用式(14.2)、式(14.4)和式(14.6)，可得

a. $A_f=\dfrac{A}{1+\beta A}=\dfrac{-100}{1+(-0.1)(-100)}=\dfrac{-100}{11}= \mathbf{-9.09}$

　　$Z_{if}=Z_i(1+\beta A)=10\ \text{k}\Omega\,(11)= \mathbf{110\ k\Omega}$

　　$Z_{of}=\dfrac{Z_o}{1+\beta A}=\dfrac{20\times10^3}{11}= \mathbf{1.82\ k\Omega}$

b. $A_f=\dfrac{A}{1+\beta A}=\dfrac{-100}{1+(-0.5)(-100)}=\dfrac{-100}{51}= \mathbf{-1.96}$

$$Z_{if} = Z_i(1+\beta A) = 10\ \text{k}\Omega\,(51) = \mathbf{510\ k\Omega}$$
$$Z_{of} = \frac{Z_o}{1+\beta A} = \frac{20\times 10^3}{51} = \mathbf{392.16\ \Omega}$$

頻率失真的降低

負反饋放大器的 $\beta A \gg 1$ 時，反饋後的增益 $A_f \cong 1/\beta$。因放大器增益隨頻率變化所產生的頻率失真，在負反饋電壓放大器中會大幅降低。

雜訊和非線性失真的降低

訊號反饋會傾向於壓低噪音（如電源供應器的嗡聲）和非線性失真。輸入雜訊和產生的非線性失真都會降低 $(1+\beta A)$ 倍。

負反饋對增益和頻率的影響

圖 14.6 顯示，放大器在負反饋後的頻寬 (B_f) 會大於無反饋的頻寬 (B)。和無反饋相比，反饋放大器有更高的高頻 3 dB 頻率，以及更低的低頻 3 dB 頻率。

事實上，增益和頻率乘積維持定值，所以基本放大器和反饋放大器的增益頻寬積的數值相同。

反饋後的增益穩定性

放大器反饋前後的相對穩定程度有興趣，對式(14.2)微分得

$$\left|\frac{dA_f}{A_f}\right| = \frac{1}{|1+\beta A|}\left|\frac{dA}{A}\right| \tag{14.8}$$

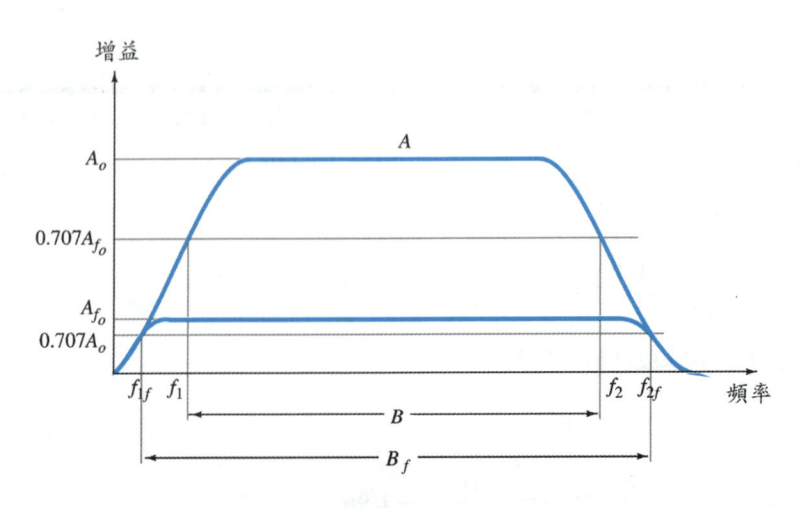

圖 14.6 負反饋對增益和頻寬的影響

$$\left|\frac{dA_f}{A_f}\right| \cong \left|\frac{1}{\beta A}\right|\left|\frac{dA}{A}\right| \quad 對 \beta A \gg 1 \tag{14.9}$$

這顯示反饋後增益的變化比例 $\left|\frac{dA_f}{A_f}\right|$ 比無反饋時 $\left(\left|\frac{dA}{A}\right|\right)$ 下降了 $|\beta A|$ 倍。

例 14.2

某放大器的增益 -1000 且反饋因數 $\beta = -0.1$，因溫度變化使增益改變了 20%，試計算反饋放大器增益的變化。

解： 利用式(14.9)，可得

$$\left|\frac{dA_f}{A_f}\right| \cong \left|\frac{1}{\beta A}\right|\left|\frac{dA}{A}\right| = \left|\frac{1}{-0.1(-1000)}(20\%)\right| = \mathbf{0.2\%}$$

改善了 100 倍。因此，雖然放大器增益由 $|A|=1000$ 起變化 20%，但反饋後的增益自 $|A_f|=100$ 起只改變了 0.2%。

14.3 實用的反饋電路

電壓串聯反饋

圖 14.7 顯示採用電壓串聯反饋的 FET 放大器，利用電阻 R_1 和 R_2 的反饋網路，可擷取部分輸出訊號(V_o)，反饋電壓 V_f 和訊號源 V_s 接成串聯，兩者之差即輸入訊號 V_i。

無反饋的放大器增益是

$$A = \frac{V_o}{V_i} = -g_m R_L \tag{14.10}$$

其中 R_L 是三個電阻的並聯：

$$R_L = R_D // R_o // (R_1 + R_2) \tag{14.11}$$

反饋網路提供反饋因數

$$\beta = \frac{V_f}{V_o} = \frac{-R_2}{R_1 + R_2} \tag{14.12}$$

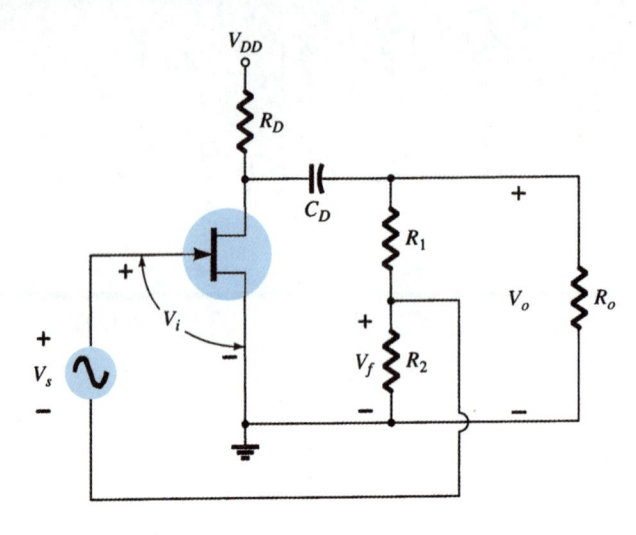

電子學─裝置與電路精析
Electronic Devices and Circuit Theory

圖 14.7 採用電壓串聯反饋的 FET 放大級

將以上的 A 和 β 值代入式(14.2)，可得負反饋後的增益是

$$A_f = \frac{A}{1+\beta A} = \frac{-g_m R_L}{1+[R_2 R_L/(R_1+R_2)]g_m} \tag{14.13}$$

若 $\beta A \gg 1$，可得

$$\boxed{A_f \cong \frac{1}{\beta} = -\frac{R_1+R_2}{R_2}} \tag{14.14}$$

例 14.3

對圖 14.7 的 FET 放大器電路，試計算無反饋和反饋後的增益，電路中參數值如下：
$R_1 = 80\ \text{k}\Omega$、$R_2 = 20\ \text{k}\Omega$、$R_o = 10\ \text{k}\Omega$、$R_D = 10\ \text{k}\Omega$、$g_m = 4000\ \mu\text{S}$。

解：

$$R_L \cong \frac{R_o R_D}{R_o + R_D} = \frac{10\ \text{k}\Omega\,(10\ \text{k}\Omega)}{10\ \text{k}\Omega + 10\ \text{k}\Omega} = 5\ \text{k}\Omega$$

若 R_1 和 R_2 的串聯電阻 $100\ \text{k}\Omega$ 忽略不計，可得

$$A = -g_m R_L = -(4000 \times 10^{-6}\ \mu\text{S})(5\ \text{k}\Omega) = \mathbf{-20}$$

反饋因數是

$$\beta = \frac{-R_2}{R_1 + R_2} = \frac{-20\ \text{k}\Omega}{80\ \text{k}\Omega + 20\ \text{k}\Omega} = -0.2$$

反饋後的增益是

$$A_f = \frac{A}{1+\beta A} = \frac{-20}{1+(-0.2)(-20)} = \frac{-20}{5} = -4$$

圖 14.8 顯示用運算放大器接成的電壓串聯反饋。

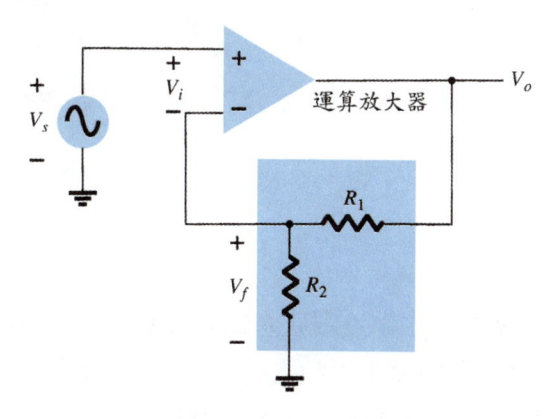

圖 14.8 用運算放大器接成電壓串聯反饋

例 14.4

圖 14.8 電路中，運算放大器的增益 $A = 100{,}000$，且電阻 $R_1 = 1.8 \text{ k}\Omega$ 及 $R_2 = 200 \text{ }\Omega$，試計算此放大器的增益。

解：

$$\beta = \frac{R_2}{R_1 + R_2} = \frac{200 \text{ }\Omega}{200 \text{ }\Omega + 1.8 \text{ k}\Omega} = 0.1$$

$$A_f = \frac{A}{1+\beta A} = \frac{100{,}000}{1+(0.1)(100{,}000)}$$
$$= \frac{100{,}000}{10{,}001} = 9.999$$

注意，因 $\beta A \gg 1$，

$$A_f \cong \frac{1}{\beta} = \frac{1}{0.1} = 10$$

圖 14.9 的射極隨耦器電路，$V_f=0$ 時訊號源電壓 V_s 即輸入電壓 V_i，輸出電壓 V_o 也是反饋電壓，和輸入電壓串聯。反饋後的電路增益是

$$A_f = \frac{V_o}{V_s} = \frac{A}{1+\beta A} = \frac{h_{fe}R_E/h_{ie}}{1+(1)(h_{fe}R_E/h_{ie})}$$

$$= \frac{h_{fe}R_E}{h_{ie}+h_{fe}R_E}$$

對 $h_{fe}R_E \gg h_{ie}$，

$$A_f \cong 1$$

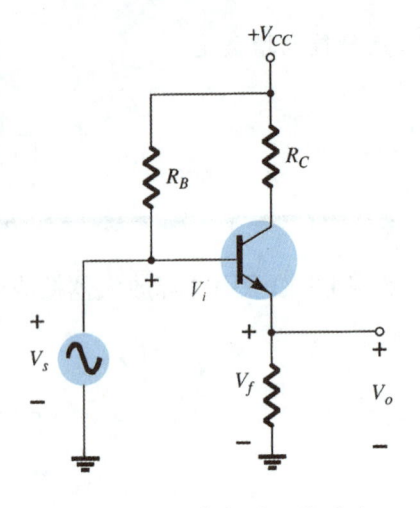

圖 14.9　電壓串聯反饋電路（射極隨耦器）

電流串聯反饋

圖 14.10 顯示單一電晶體放大級，因放大級的射極未接旁路電容，故能產生電流串聯反饋的效果。電流流經電阻 R_E 產生反饋電壓，此電壓會抵抗外加的訊號源電壓，使輸出電壓 V_o 降低。如欲除去電流串聯反饋，必須拿掉射極電阻或者並聯旁路電容（這是通常的作法）。

無反饋　參考圖 14.2c 的基本形式和表 14.1 所整理，可得

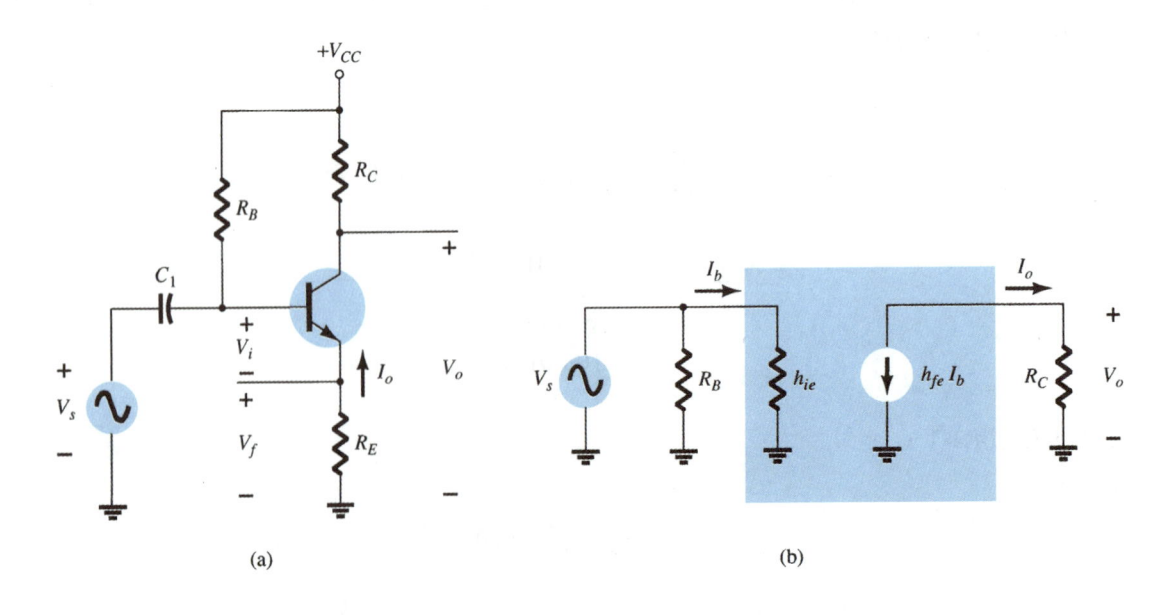

圖 14.10　射極電阻(R_E)未旁路的電晶體放大器，接成電流串聯反饋：(a)放大器電路；(b)無反饋的交流等效電路

第 14 章　反饋與振盪器電路　**507**

$$A = \frac{I_o}{V_i} = \frac{-I_b h_{fe}}{I_b h_{ie} + R_E} = \frac{-h_{fe}}{h_{ie} + R_E} \tag{14.15}$$

$$\beta = \frac{V_f}{I_o} = \frac{-I_o R_E}{I_o} = -R_E \tag{14.16}$$

輸入和輸出阻抗分別為

$$Z_i = R_B \| (h_{ie} + R_E) \cong h_{ie} + R_E \tag{14.17}$$

$$Z_o = R_C \tag{14.18}$$

反饋後

$$A_f = \frac{I_o}{V_s} = \frac{A}{1 + \beta A} = \frac{-h_{fe}/h_{ie}}{1 + (-R_E)\left(\frac{-h_{fe}}{h_{ie} + R_E}\right)} = \frac{-h_{fe}}{h_{ie} + h_{fe} R_E} \tag{14.19}$$

輸入和輸出阻抗計算如下，如表 14.2 所定：

$$Z_{if} = Z_i(1 + \beta A) \cong h_{ie}\left(1 + \frac{h_{fe} R_E}{h_{ie}}\right) = h_{ie} + h_{fe} R_E \tag{14.20}$$

$$Z_{of} = Z_o(1 + \beta A) = R_C\left(1 + \frac{h_{fe} R_E}{h_{ie}}\right) \tag{14.21}$$

反饋後的電壓增益 A_{vf} 是

$$A_{vf} = \frac{V_o}{V_s} = \frac{I_o R_C}{V_s} = \left(\frac{I_o}{V_s}\right) R_C = A_f R_C \cong \frac{-h_{fe} R_C}{h_{ie} + h_{fe} R_E} \tag{14.22}$$

例 14.5

試計算圖 14.11 電路的電壓增益。

解：無反饋，

$$A = \frac{I_o}{V_i} = \frac{-h_{fe}}{h_{ie} + R_E} = \frac{-120}{900 + 510} = -0.085$$

$$\beta = \frac{V_f}{I_o} = -R_E = -510$$

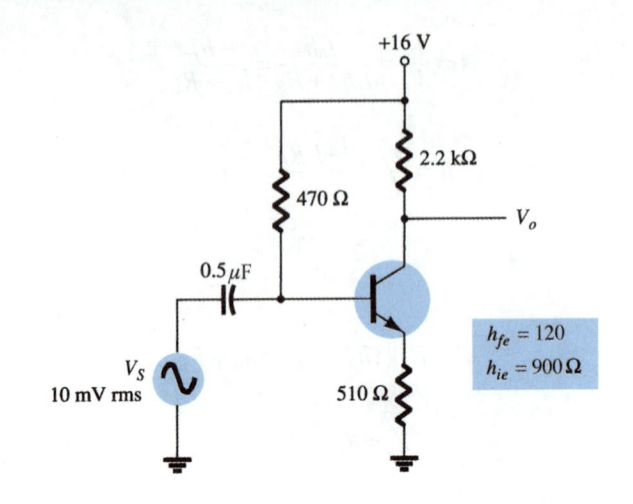

圖 14.11 例 14.5 中採用電流串聯反饋的 BJT 放大器

因此，因數 $(1+\beta A)$ 是

$$1+\beta A = 1+(-0.085)(-510) = 44.35$$

反饋後的增益是

$$A_f = \frac{I_o}{V_s} = \frac{A}{1+\beta A} = \frac{-0.085}{44.35} = -1.92 \times 10^{-3}$$

反饋後的電壓增益是

$$A_{vf} = \frac{V_o}{V_s} = A_f R_C = (-1.92 \times 10^{-3})(2.2 \times 10^3) = \mathbf{-4.2}$$

無反饋 ($R_E=0$) 的電壓增益是

$$A_v = \frac{-R_C}{r_e} = \frac{-2.2 \times 10^3}{7.5} = \mathbf{-293.3}$$

電壓並聯反饋

圖 14.12a 的定增益運算放大器電路提供電壓並聯反饋，參考圖 14.2b 和表 14.1，且理想運算放大器的特性是 $I_i=0$、$V_i=0$ 和無窮大的電壓增益，可得

$$A = \frac{V_o}{I_i} = \infty \tag{14.23}$$

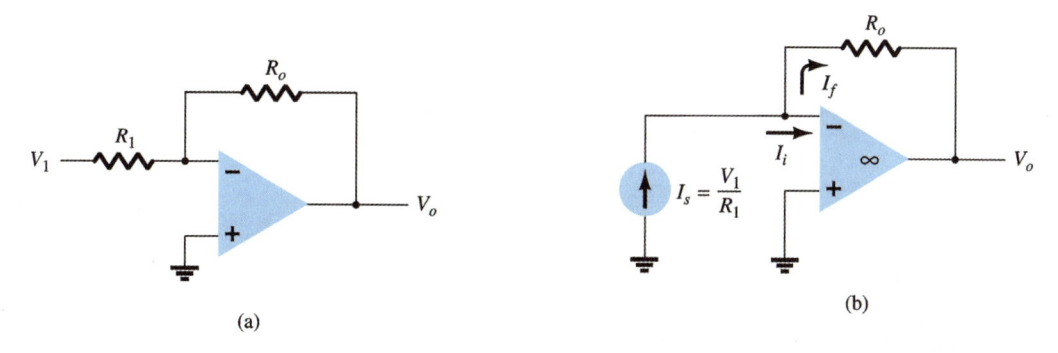

圖 14.12 電壓並聯負反饋放大器：(a)定增益電路；(b)等效電路

$$\beta = \frac{I_f}{V_o} = \frac{-1}{R_o} \tag{14.24}$$

因此反饋後的增益是

$$A_f = \frac{V_o}{I_s} = \frac{V_o}{I_i} = \frac{A}{1+\beta A} = \frac{1}{\beta} = -R_o \tag{14.25}$$

此為轉阻增益，更通用的增益是反饋後的電壓增益，

$$A_{vf} = \frac{V_o}{I_s}\frac{I_s}{V_1} = (-R_o)\frac{1}{R_1} = \frac{-R_o}{R_1} \tag{14.26}$$

圖 14.13 的電路是 FET 電壓並聯反饋放大器，無反饋時 $I_f=0$。

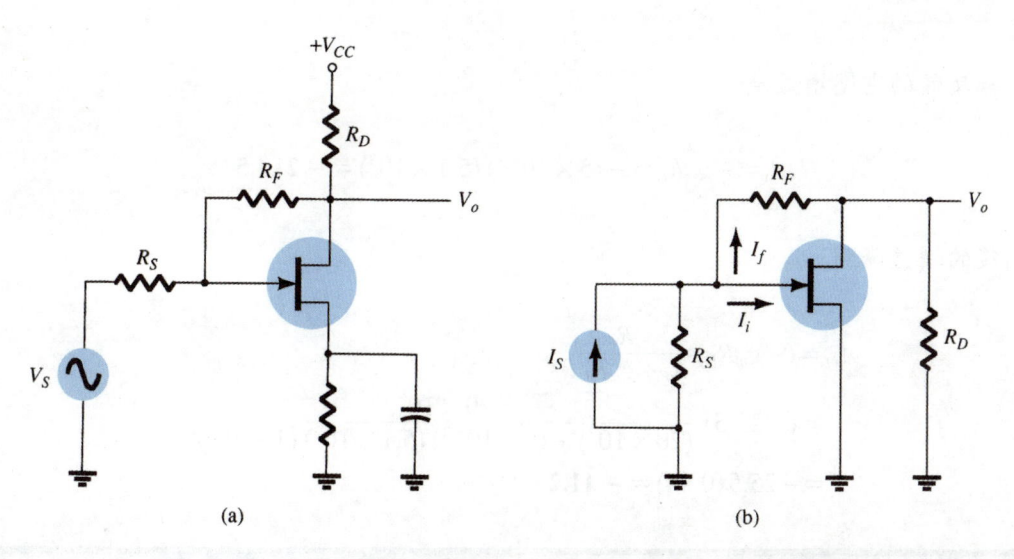

圖 14.13 FET 電壓並聯反饋放大器：(a)電路；(b)等效電路

$$A = \frac{V_o}{I_i} \cong -g_m R_D R_S \tag{14.27}$$

反饋因數是

$$\beta = \frac{I_f}{V_o} = \frac{-1}{R_F} \tag{14.28}$$

反饋後的電路增益是

$$A_f = \frac{V_o}{I_s} = \frac{A}{1+\beta A} = \frac{-g_m R_D R_S}{1+(-1/R_F)(-g_m R_D R_S)}$$
$$= \frac{-g_m R_D R_S R_F}{R_F + g_m R_D R_S} \tag{14.29}$$

因此反饋後電路的電壓增益是

$$A_{vf} = \frac{V_o}{I_s} \frac{I_s}{V_s} = \frac{-g_m R_D R_S R_F}{R_F + g_m R_D R_S}\left(\frac{1}{R_S}\right)$$
$$= \frac{-g_m R_D R_F}{R_F + g_m R_D R_S} = (-g_m R_D)\frac{R_F}{R_F + g_m R_D R_S} \tag{14.30}$$

例 14.6

就圖 14.13a 的電路，若 $g_m = 5$ mS、$R_D = 14.1$ kΩ、$R_S = 1$ kΩ 且 $R_F = 20$ kΩ，試計算無反饋和反饋後的電壓增益。

解：

無反饋的電壓增益是

$$A_v = -g_m R_D = -(5 \times 10^{-3})(5.1 \times 10^3) = \mathbf{-214.5}$$

反饋後的增益降到

$$A_{vf} = (-g_m R_D)\frac{R_F}{R_F + g_m R_D R_S}$$
$$= (-25.5)\frac{20 \times 10^3}{(20 \times 10^3) + (5 \times 10^{-3})(5.1 \times 10^3)(1 \times 10^3)}$$
$$= -25.5(0.44) = \mathbf{-11.2}$$

14.4 振盪器操作

反饋放大器出現正反饋時，在滿足相位條件（迴路增益 $A\beta$ 的相位角度 $180°$）之下的閉迴路增益 $|A_f|$ 會大於 1，利用這種正反饋可產生振盪器電路的操作。振盪器電路提供隨時間變化的輸出訊號，若輸出訊號以弦波形式變化，這種電路稱為**弦式振盪器** (sinusoidal oscillator)。若輸出電壓是在高低兩輸出位準之間快速升降，則電路稱為**脈波** (pulse) 或**方波振盪器** (square-wave oscillator)。

考慮圖 14.14 的反饋電路。當放大器輸入端的開關開路時，不會出現振盪。考慮放大器的輸入端有一**虛擬電壓** V_i，這會在放大級之後產生輸出電壓 $V_o=AV_i$，並在反饋級之後產生 $V_f=\beta AV_i$，βA 稱為**迴路增益**。若基本放大器電路和反饋網路提供正確大小和相位的 βA，可使 V_f 等於 V_i。此時將開關閉路並除去虛擬電壓 V_i，電路仍可繼續工作，因反饋電壓已足以驅動放大器和反饋電路，可產生適當的輸入電壓來維持迴路工作。如能滿足以下條件，則在開關閉路之後仍能維持輸出波形：

$$\beta A = 1 \qquad (14.31)$$

此稱為達成振盪的巴克豪生法則。

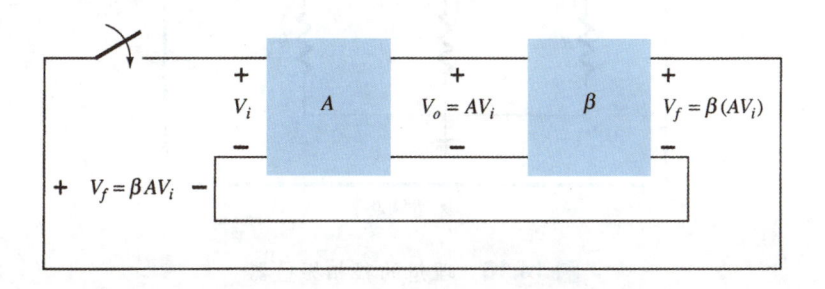

圖 14.14 用作振盪器的反饋電路

實用上，會使 $\beta A > 1$，使系統放大雜訊電壓而起振，雜訊電壓是無所不在的。實際電路中的飽和因數會使 βA 的"平均"值為 1 時，所產生的波形不會是完全正確的弦波。當 βA 值愈恆定在 1 時，輸出波形就會愈接近真正的弦波。圖 14.15 顯示如何從雜訊訊號建立穩態的振盪條件。

14.5 移相振盪器

由反饋電路的基本發展而得的振盪器電路例子是**移相** (phase-shift) **振盪器**，此電路的理想版本見圖 14.16。振盪的條件是，迴路增益 βA 大於 1 且反饋迴路相移 $180°$（提供正反饋）。

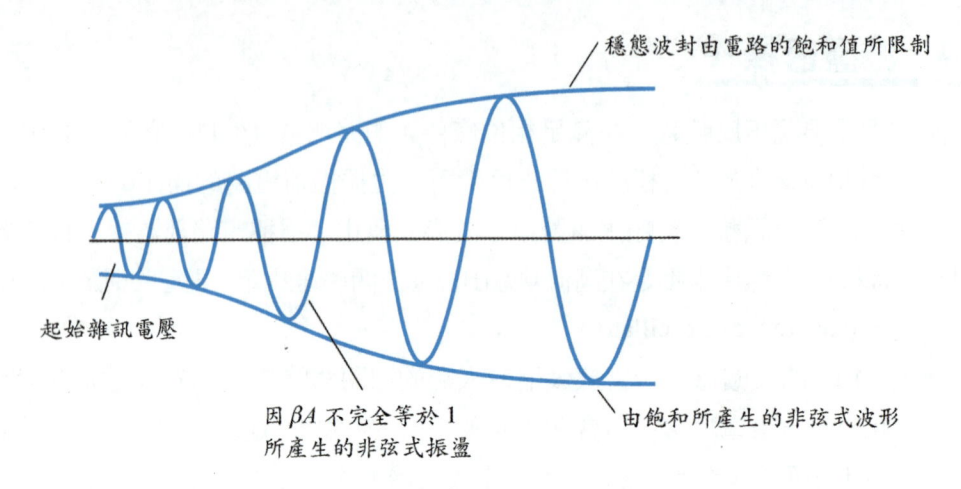

電子學—裝置與電路精析
Electronic Devices and Circuit Theory

圖 14.15 穩態振盪的建立

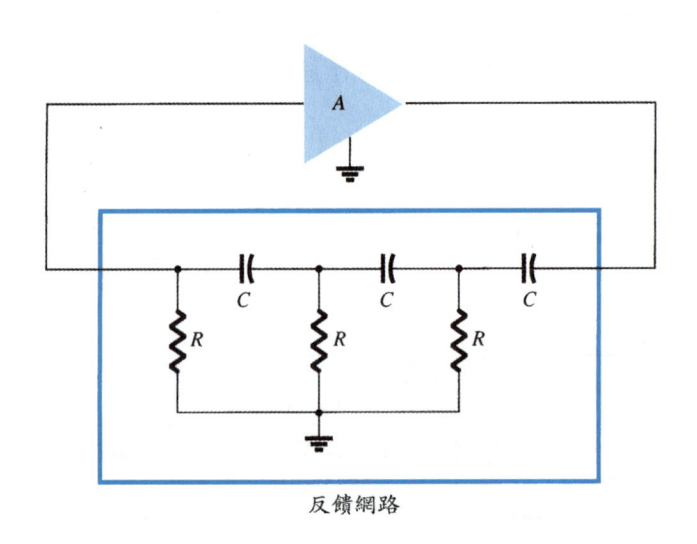

圖 14.16 理想的移相振盪器

利用傳統的網路分析法，可得

$$f = \frac{1}{2\pi RC\sqrt{6}} \tag{14.32}$$

$$\beta = \frac{1}{29} \tag{14.33}$$

且相移為 180°。

當迴路增益 βA 大於 1 時，放大級的增益必須大於 $1/\beta$，即 29：

$$A > 29 \tag{14.34}$$

FET 移相振盪器

移相振盪器電路的實際版本見圖 14.17a,所畫出的電路清楚顯示放大器和反饋網路。放大級使用自穩偏壓,源極電阻 R_S 以電容旁路,再加上一個汲極電阻。FET 裝置參數是 g_m 和 r_d,由 FET 放大器理論,放大器的增益大小由下式算出:

$$|A| = g_m R_L \tag{14.35}$$

其中 R_L 是 R_D 和 r_d 的並聯電阻,

$$R_L = \frac{R_D r_d}{R_D + r_d} \tag{14.36}$$

例 14.7

某 FET 的 $g_m = 5000\ \mu S$ 且 $r_d = 40\ k\Omega$,試利用此 FET 設計一移相振盪器(如圖 14.17a),反饋電路的 $R = 10\ k\Omega$。試選取 C 和 R_D 的值使振盪器在 1 kHz 工作且 $A > 29$,確保振盪器動作。

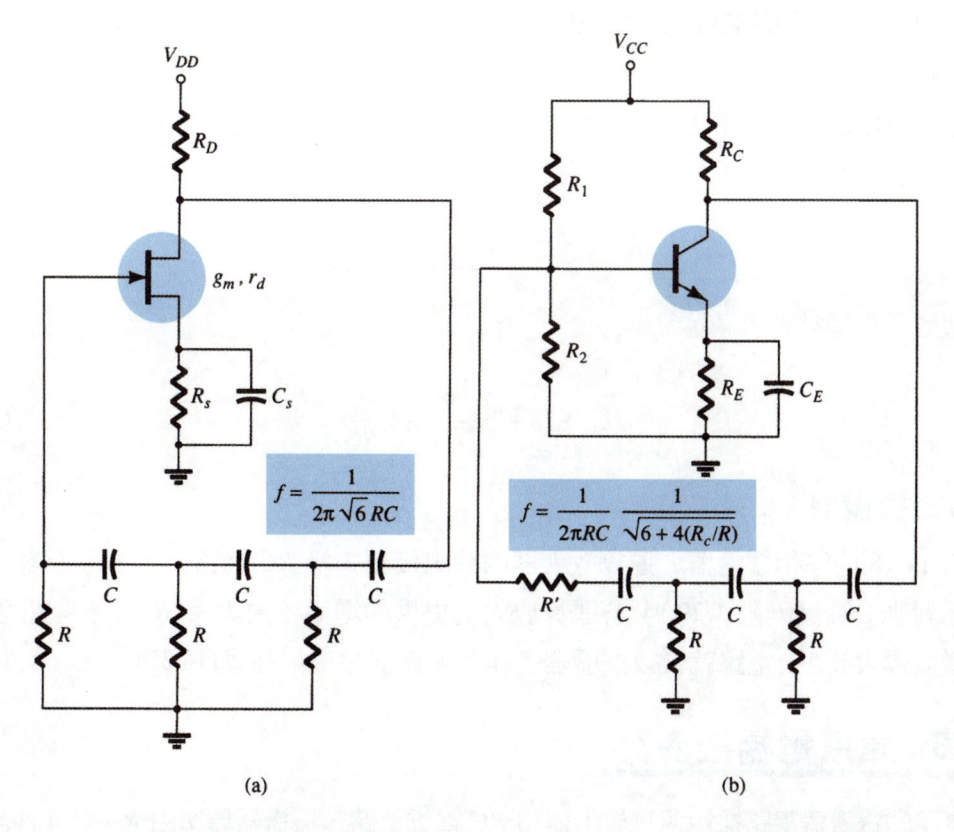

圖 14.17 實際的移相振盪器:(a)FET 版本;(b)BJT 版本

解：

用式(14.32)解出電容值，因 $f=1/2\pi RC\sqrt{6}$，可解出 C：

$$C=\frac{1}{2\pi Rf\sqrt{6}}=\frac{1}{(6.28)(10\times 10^3)(1\times 10^3)(2.45)}=\textbf{6.5 nF}$$

用式(14.35)，解出 R_L 以提供 $A=40$（以允許反饋網路的負載效應）：

$$|A|=g_m R_L$$

$$R_L=\frac{|A|}{g_m}=\frac{40}{5000\times 10^{-6}}=8 \text{ k}\Omega$$

用式(14.36)，解出 $R_D=\textbf{10 k}\boldsymbol{\Omega}$。

電晶體移相振盪器

若放大器的主動元件改用雙載子電晶體，則電晶體較低的輸入電阻（h_{ie}）會對反饋網路的輸出形成可觀的負載效應。只想用一個電晶體，則採取電壓並聯反饋（見圖 14.17b）會更適合。

盪器頻率的公式如下：

$$f=\frac{1}{2\pi RC}\frac{1}{\sqrt{6+4(R_C/R)}} \tag{14.37}$$

電晶體的電流增益必須滿足

$$h_{fe}>23+29\frac{R}{R_C}+4\frac{R_C}{R} \tag{14.38}$$

IC 移相振盪器

圖 14.18 的移相振盪器。運算放大器的輸出接到 3 級 RC 網路，可提供所需的 180° 相移（對應於衰減因數 1/29）。若運算放大器提供的增益（由 R_i 和 R_f 設定）超過 29，迴路增益會大於 1，電路就會以振盪器工作（振盪器頻率給在式(14.32)）。

14.6 韋恩電橋振盪器

實用的振盪器電路採用運算放大器和 RC 電橋電路，振盪器頻率由 R、C 元件設定。

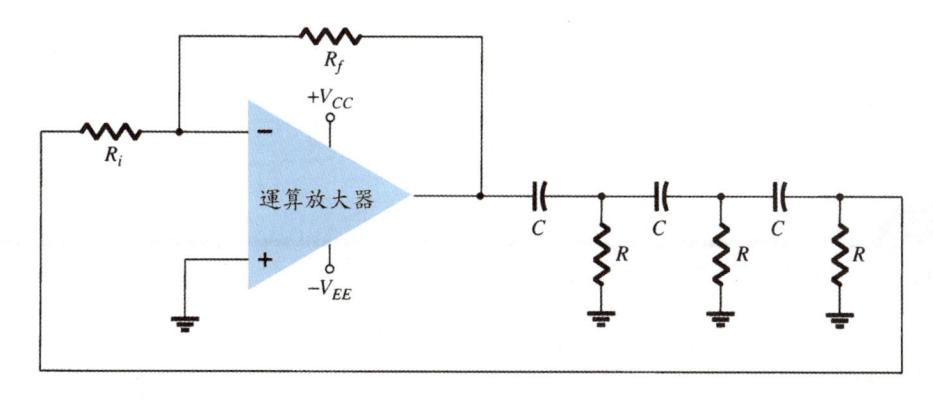

圖 14.18 用運算放大器建立移相振盪器

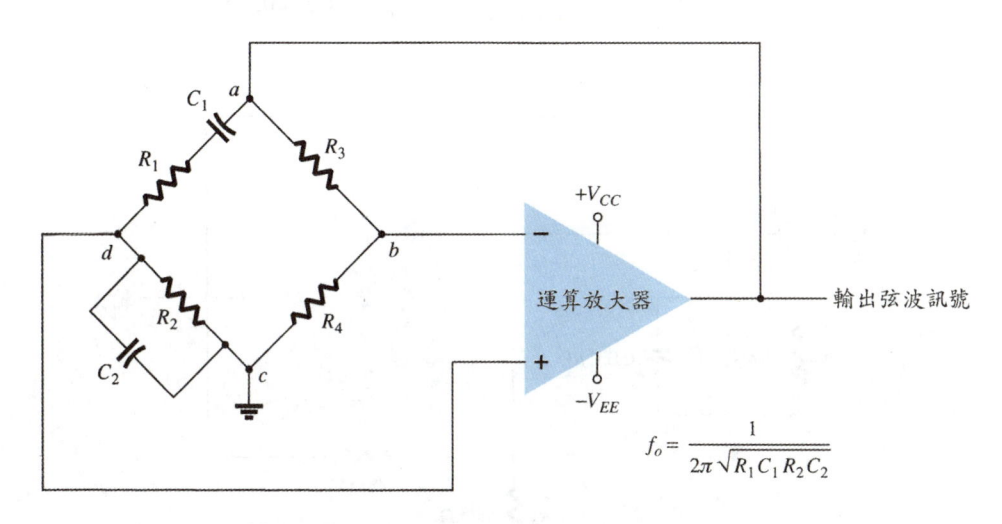

圖 14.19 用運算放大器建立韋恩電橋振盪器

圖 14.19 顯示韋恩電橋振盪器電路的基本組成。電阻 R_1 和 R_2，以及電容 C_1 和 C_2 形成頻率調整元件。電阻 R_3 和 R_4 組成部分反饋路徑。

運算放大器輸入和輸出阻抗的負載效應忽略不計，分析電橋電路得

$$\frac{R_3}{R_4} = \frac{R_1}{R_2} + \frac{C_2}{C_1} \tag{14.39}$$

且

$$f_o = \frac{1}{2\pi\sqrt{R_1 C_1 R_2 C_2}} \tag{14.40}$$

考慮特別情況，若 $R_1=R_2=R$ 且 $C_1=C_2=C$，所得振盪器頻率是

$$f_o = \frac{1}{2\pi RC} \tag{14.41}$$

且
$$\boxed{\frac{R_3}{R_4}=2} \tag{14.42}$$

例 14.8

試計算圖 14.20 韋恩電橋振盪器的共振頻率。

解：

用式(14.41)，得

$$f_o = \frac{1}{2\pi RC} = \frac{1}{2\pi(51\times 10^3)(0.001\times 10^{-6})} = 3120.7 \text{ Hz}$$

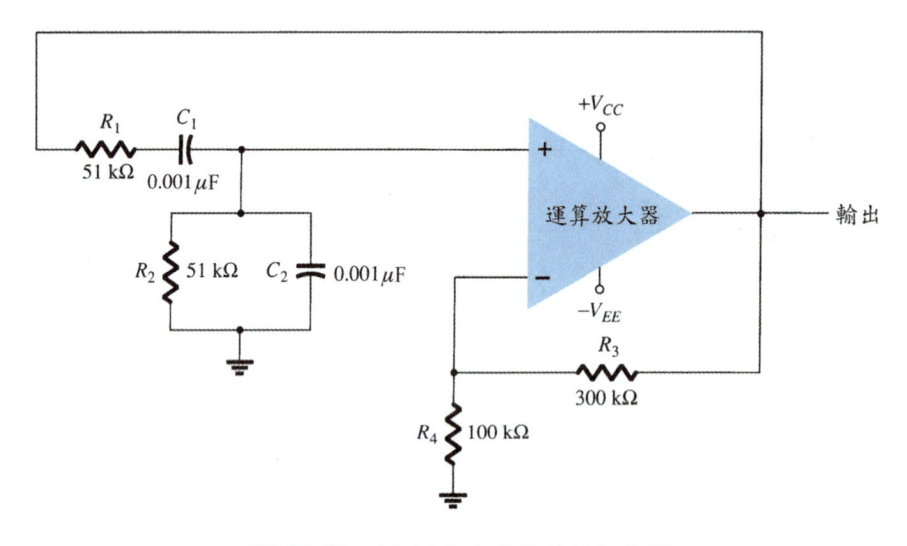

圖 14.20 例 14.8 的韋恩電橋振盪器

14.7 單接面振盪器

有一種特別的裝置稱為單接面電晶體，可用在單級振盪器電路以提供適用於數位電路應用的脈波訊號。單接面電晶體用在所謂的弛張振盪器(relaxation oscillator)，其基本電路如圖 14.21 所示。式中包含單接面電晶體的純質分隔比(intrinsic stand-off ratio) η，振盪器工作頻率如下：

$$\boxed{f_o \cong \frac{1}{R_T C_T \ln[1/(1-\eta)]}} \tag{14.43}$$

一般而言，單接面電晶體的分隔比從 0.4～0.6，取 $\eta=0.5$ 可得

$$f_o \cong \frac{1}{R_T C_T \ln[1/(1-0.5)]} = \frac{1.44}{R_T C_T \ln 2} = \frac{1.44}{R_T C_T}$$

$$\cong \frac{1.5}{R_T C_T} \tag{14.44}$$

在圖 14.22 所示，射極訊號呈鋸齒波，B_1 的波形是正脈波，而 B_2 則是負脈波。一些單接面電晶體振盪器的電路變化，見圖 14.23。

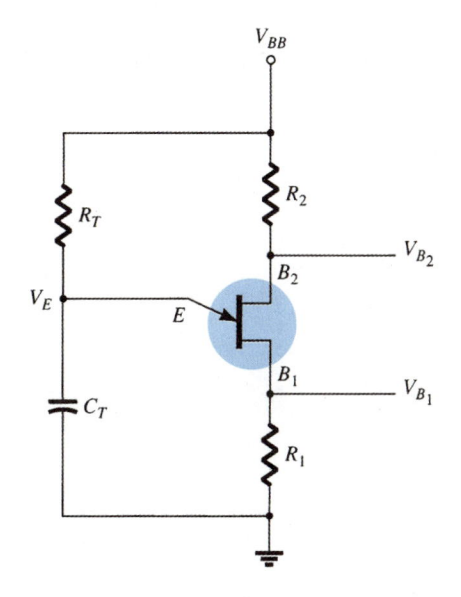

圖 14.21 基本的單接面振盪器電路

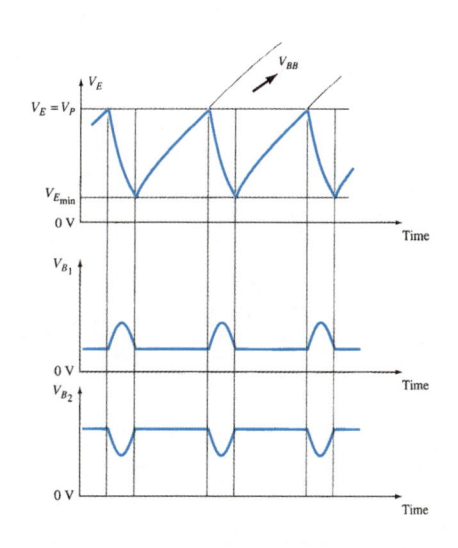

圖 14.22 單接面振盪器波形

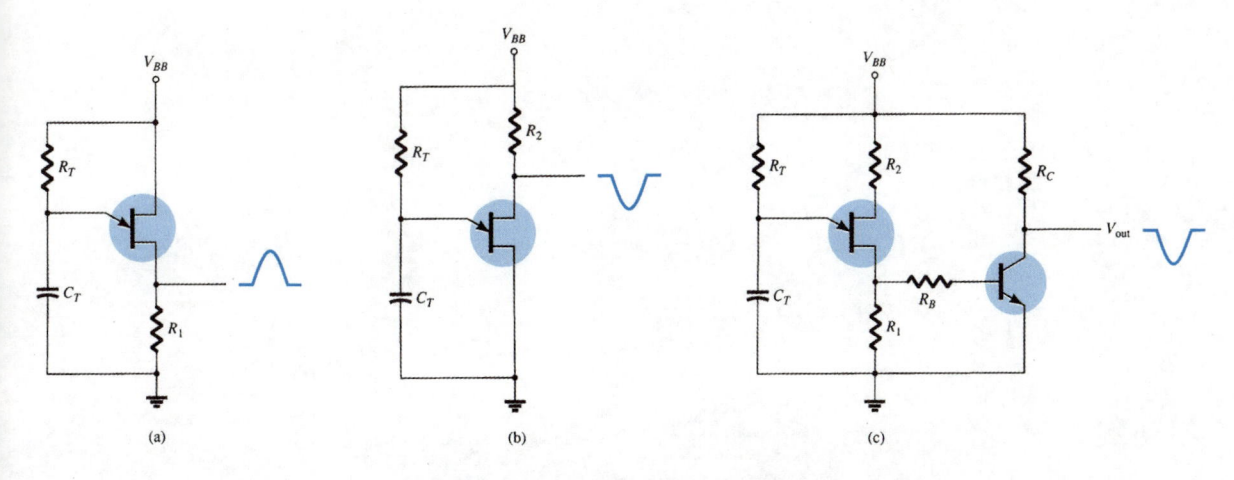

圖 14.23 某些單接面振盪器電路組態

習　題

1. 某負反饋放大器的 $A=-2000$ 且 $\beta=-1/10$，試計算其增益。

2. 某放大器的增益由 -1000 變化 10%，若放大器所在反饋電路的 $\beta=-1/20$，試計算總增益的變化。

3. 某電壓串聯反饋放大器的 $A=-300$、$R_i=1.5\ \text{k}\Omega$、$R_o=50\ \text{k}\Omega$ 且 $\beta=-1/15$，試計算總增益、輸入和輸出阻抗。

4. 就如圖 14.11 的電路和以下的電路參數值，試計算電路在無反饋和反饋後的增益、輸入阻抗和輸出阻抗：$R_B=600\ \text{k}\Omega$、$R_E=1.2\ \text{k}\Omega$、$R_C=4.7\ \text{k}\Omega$ 且 $\beta=75$，取 $V_{CC}=16\ \text{V}$。

5. 試計算如圖 14.17b 所示的 BJT 移相振盪器的工作頻率，已知 $R=6\ \text{k}\Omega$，$C=1500\ \text{pF}$ 且 $R_C=18\ \text{k}\Omega$。

6. 試計算韋恩電橋振盪器電路（如圖 14.19）的頻率，已知 $R=10\ \text{k}\Omega$ 且 $C=2400\ \text{pF}$。

Chapter 15

電源供應器
（穩壓器）

15.1 導言

　　本章介紹由濾波器、整流器和穩壓器建構的電源供應器電路，從交流電壓開始，對交流電壓整流而得到穩定的直流電壓，接著經過濾波產生直流位準，最後經穩壓得到所要的固定直流電壓。

　　典型電源供應器各部的方塊圖，以及系統中各不同點的電壓波形見圖 15.1。

15.2 濾波器的一般考慮

　　整流器產生的輸出是脈波式的直流電壓，尚不適合直接作為直流電源，這種電壓可以用在電池充電器。作為直流電源電壓而言，整流器產生的脈波式直流電壓並不夠好，不適合直接用在收音機、音響系統和計算機等設備上，因此需要用濾波器電路提供較穩定的直流電壓。

濾波器的電壓調整率和漣波電壓

　　圖 15.2 顯示一般濾波器的輸出電壓，可用來定義某些訊號因數。

　　用直流電壓表和交流（有效值）電壓表量測濾波器電路的輸出電壓，直流電壓表只能讀出輸出電壓的平均或直流值，而交流電表則只能讀出輸出電壓中交流分量。

定義：漣波（因數）定義如下：

$$r = \frac{漣波電壓(\text{rms})}{直流電壓} = \frac{V_r(\text{rms})}{V_{dc}} \times 100\% \qquad (15.1)$$

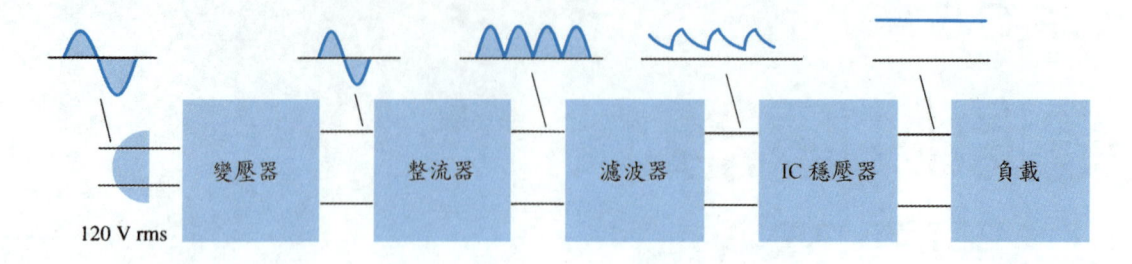

圖 15.1 電源供應器各部方塊圖

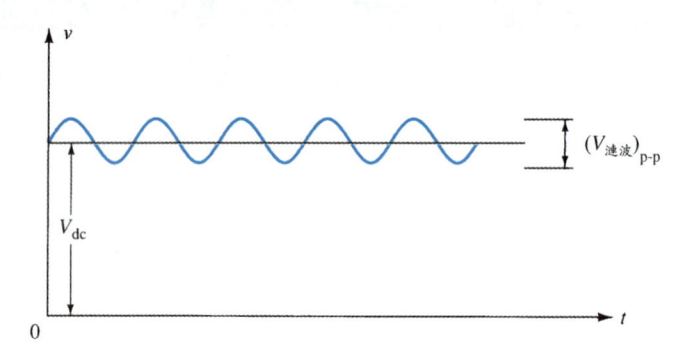

圖 15.2 顯示直流和漣波電壓的濾波器電壓波形

例 15.1

利用直流和交流電表量測某濾波器電路的輸出訊號，分別得到讀值 25 V dc 和 1.5 V rms，試計算此濾波器輸出電壓的漣波（因數）。

解：

$$r = \frac{V_r(\text{rms})}{V_{dc}} \times 100\% = \frac{1.5 \text{ V}}{25 \text{ V}} \times 100\% = \mathbf{6\%}$$

電壓調整率 在電源供應器有另一重要因數，即直流輸出電壓變化對電路工作範圍的比率。

定義： 電壓調整率給定為

$$\text{電壓調整率} = \frac{\text{無載電壓} - \text{全載電壓}}{\text{全載電壓}}$$

$$\%\text{V.R.} = \frac{V_{NL} - V_{FL}}{V_{FL}} \times 100\% \qquad (15.2)$$

例 15.2

某直流電壓源在無載時提供 60 V 的輸出，接負載後降到 56 V，試計算電壓調整率的數值。

解： 利用式(15.2)：

$$\%\text{V.R.} = \frac{V_{NL} - V_{FL}}{V_{FL}} \times 100\% = \frac{60 \text{ V} - 56 \text{ V}}{56 \text{ V}} \times 100\% = \mathbf{7.1\%}$$

整流訊號的漣波因數 雖然整流後的電壓和濾波後的電壓不同，但包含了直流與漣波分量。

半波： 對半波整流的訊號而言，輸出直流電壓是

$$V_{dc} = 0.318 V_m \tag{15.3}$$

輸出訊號的交流分量的有效值可算出（見附錄 B）是

$$V_r(\text{rms}) = 0.385 V_m \tag{15.4}$$

半波整流訊號的漣波百分率是

$$r = \frac{V_r(\text{rms})}{V_{dc}} \times 100\% = \frac{0.385 V_m}{0.318 V_m} \times 100\% = 121\% \tag{15.5}$$

全波： 對全波整流電壓而言，直流值是

$$V_{dc} = 0.636 V_m \tag{15.6}$$

輸出訊號的交流分量的有效值可算出（見附錄 B）是

$$V_r(\text{rms}) = 0.308 V_m \tag{15.7}$$

全波整流訊號的漣波百分率是

$$r = \frac{V_r(\text{rms})}{V_{dc}} \times 100\% = \frac{0.308 V_m}{0.636 V_m} \times 100\% = 48\% \tag{15.8}$$

總之，全波整流訊號的漣波比半波整流訊號還要少，更適合接到濾波器。

15.3 電容濾波器

極普遍的濾波器電路是電容濾波器電路，見圖 15.3。圖 15.4a 顯示全波整流器的輸出在尚未濾波時的電壓訊號，而圖 15.4b 則顯示整流器輸出接上濾波電容之後產生的波形。

圖 15.5a 顯示全波橋式整流器以及濾波器電路接到負載(R_L)時得到的輸出波形。

輸出波形的相關時間

圖 15.5b 顯示電容濾波器的電壓波形，時間 T_1 是全波整流器中任一二極體的導通時間，電容充到整流器的峰值電壓 V_m，而時間 T_2 則是整流器電壓低於電容電壓的時間，此時電容經負載放電。對全波整流器而言，每半週會充電放電一次，因此整流波形的週期是 $T/2$，是輸入訊號週期的一半。濾波後的電壓波形見圖 15.6，顯示輸出波形的直流值是 V_{dc}，電容充放電的漣波電壓是 V_r (rms)。

漣波電壓 V_r (rms)　漣波電壓可用下式算出

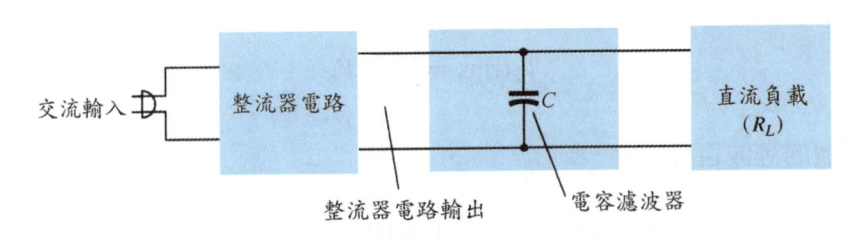

圖 15.3　簡單的電容濾波器

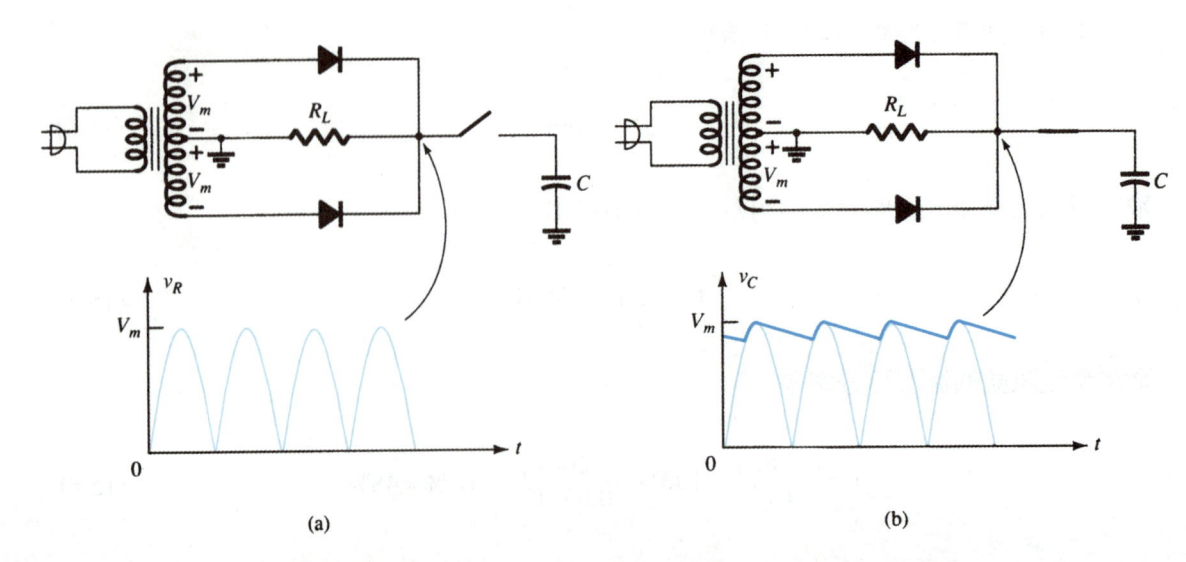

圖 15.4　電容濾波器的工作：(a)全波整流器電壓；(b)濾波後的輸出電壓

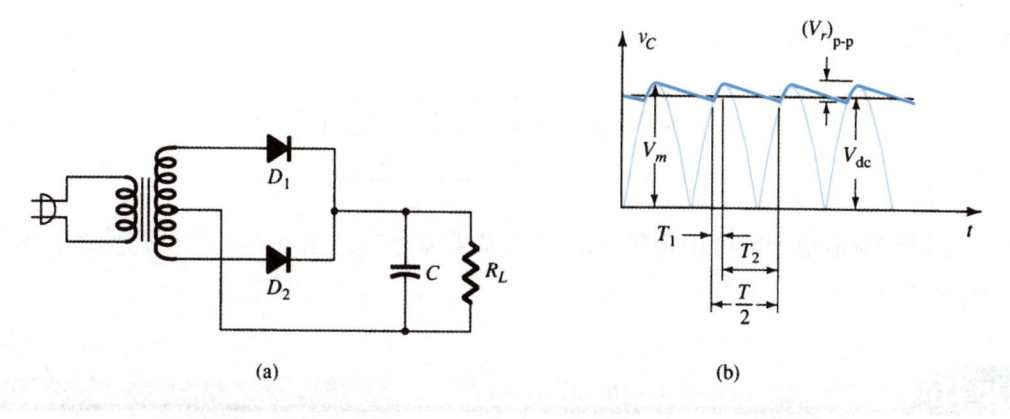

圖 15.5 電容濾波器：(a)電容濾波器電路；(b)輸出電壓波形

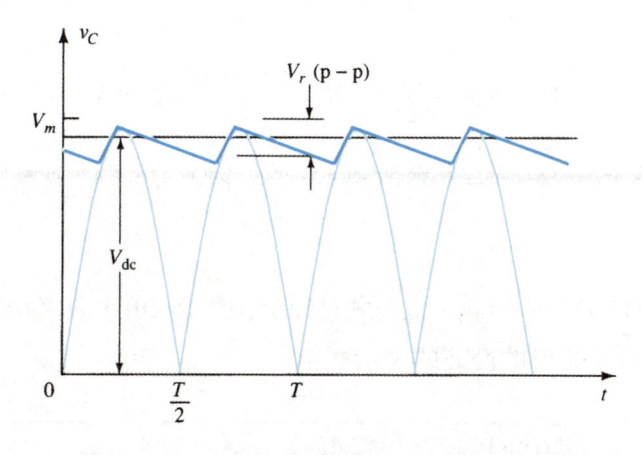

圖 15.6 電容濾波器電路近似的輸出電壓

$$V_r(\text{rms}) = \frac{I_{dc}}{4\sqrt{3}fC} = \frac{2.4I_{dc}}{C} = \frac{2.4V_{dc}}{R_L C} \tag{15.9}$$

其中，I_{dc} 的單位是 mA，C 是 μF，且 R_L 是 kΩ。

例 15.3

某全波整流器用 100 μF 的濾波電容，且所接負載取用 50 mA 的電流，試計算其漣波電壓。

解： 利用式(15.9)：

$$V_r(\text{rms}) = \frac{2.4(50)}{100} = \mathbf{1.2\ V}$$

直流電壓 V_{dc}　濾波電容兩端電壓波形的直流值如下：

$$V_{dc} = V_m - \frac{I_{dc}}{4fC} = V_m - \frac{4.17 I_{dc}}{C} \tag{15.10}$$

其中，V_m 是整流器輸出的峰值電壓，I_{dc} 是負載電流且單位是 mA，而 C 則是濾波電容值且單位是 μF。

例 15.4

若例 15.3 中濾波器的峰值整流電壓是 30 V，試計算濾波器的直流電壓。

解：利用式(15.10)：

$$V_{dc} = V_m - \frac{4.17 I_{dc}}{C} = 30 - \frac{4.17(50)}{100} = \mathbf{27.9\ V}$$

濾波電容的漣波

利用漣波（式(15.1)）的定義，以及式(15.9)和式(15.10)，取 $V_{dc} \approx V_m$，可得全波整流器和濾波電容電路輸出波形的漣波的表示式：

$$r = \frac{V_r(\mathrm{rms})}{V_{dc}} \times 100\% = \frac{2.4 I_{dc}}{CV_{dc}} \times 100\% = \frac{2.4}{R_L C} \times 100\% \tag{15.11}$$

其中，I_{dc} 的單位是 mA，C 的單位是 μF，V_{dc} 的單位為 Volt，且 R_L 的單位是 kΩ。

例 15.5

某電容濾波器的峰值整流電壓是 30 V、電容 $C=50$ μF，且負載電流是 50 mA，試計算漣波因數。

解：利用式(15.11)：

$$r = \frac{2.4 I_{dc}}{CV_{dc}} \times 100\% = \frac{2.4(50)}{100(27.9)} \times 100\% = \mathbf{4.3\%}$$

也可用基本定義計算出漣波（因數）：

$$r = \frac{V_r(\mathrm{rms})}{V_{dc}} \times 100\% = \frac{1.2\ \mathrm{V}}{27.9\ \mathrm{V}} \times 100\% = \mathbf{4.3\%}$$

15.4 RC 濾波器

在濾波電容之後再加上一 RC 段,可進一步降低漣波量,如圖 15.7 所示。圖 15.8 顯示在具電容濾波器的全波整流器之後,接上 RC 濾波器。

RC 濾波段的直流工作

圖 15.9a 顯示用來分析圖 15.8 RC 濾波電路的直流等效電路,因兩個電容在直流工作時皆開路,所得的輸出直流電壓是

$$V'_{dc} = \frac{R_L}{R + R_L} V_{dc} \tag{15.12}$$

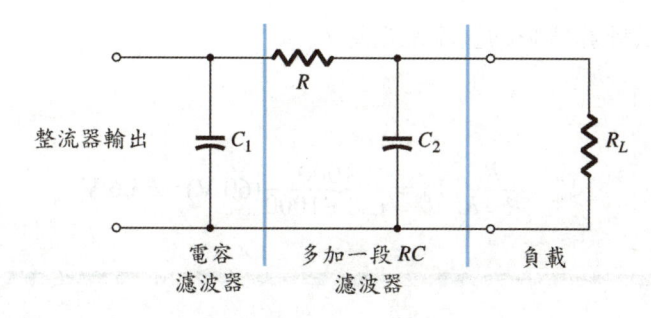

圖 15.7 RC 濾波級

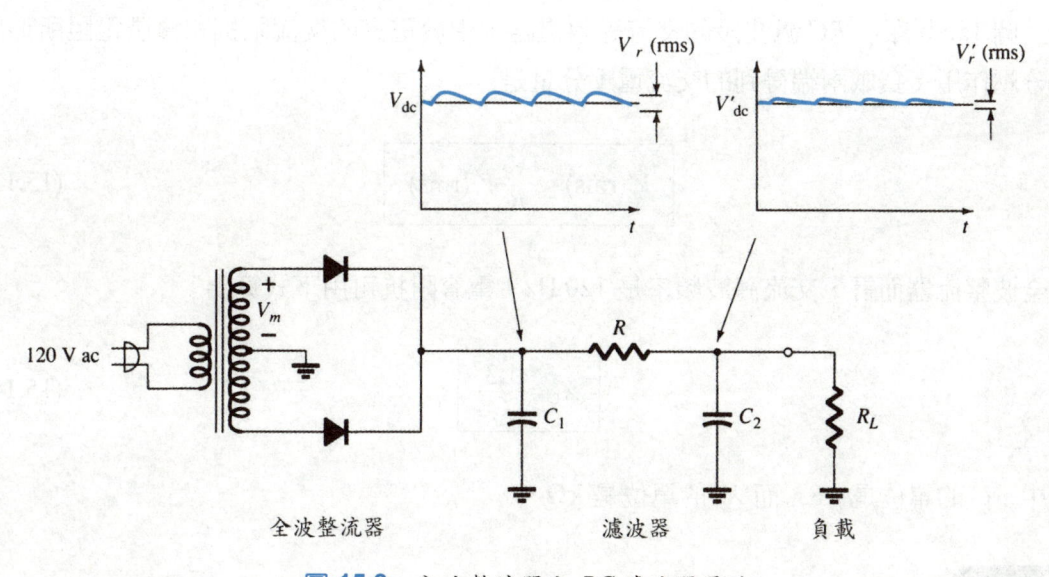

圖 15.8 全波整流器和 RC 濾波器電路

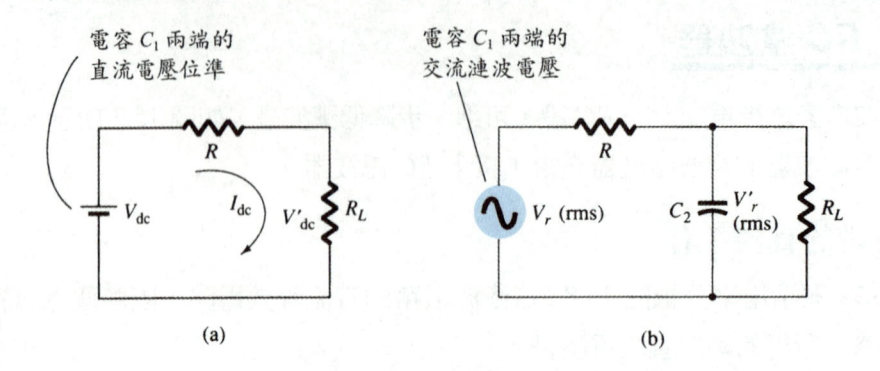

圖 15.9 RC 濾波器的：(a) 直流和 (b) 交流等效電路

例 15.6

濾波電容的直流電壓降是 $V_{dc} = 60$ V，其後是 RC 濾波段 ($R = 120\ \Omega$、$C = 10\ \mu F$)，再接 1 kΩ 負載，試計算負載的直流電壓降。

解： 利用式(15.13)：

$$V'_{dc} = \frac{R_L}{R + R_L} V_{dc} = \frac{1000}{120 + 1000}(60\ V) = \mathbf{53.6\ V}$$

RC 濾波段的交流工作

圖 15.9b 顯示 RC 濾波段的交流等效電路，由於電容的交流阻抗和負載電阻所形成的分壓作用，負載兩端得到的交流電壓分量是

$$V'_r(\text{rms}) \approx \frac{X_C}{R} V_r(\text{rms}) \tag{15.13}$$

對全波整流器而言，交流漣波頻率是 120 Hz，電容阻抗可用下式算出

$$X_C = \frac{1.3}{C} \tag{15.14}$$

其中，C 的單位是 μF，而 X_C 的單位是 kΩ。

例 15.7

試計算圖 15.10 電路中負載 R_L 兩端輸出訊號的直流和交流分量，並計算輸出波形的漣波（因數）。

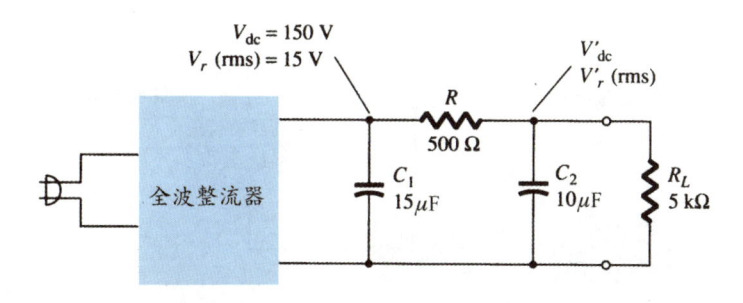

圖 15.10 例 15.7 的 RC 濾波電路

解：

直流計算 可算出

$$\text{式 (15.12)}: V'_{dc} = \frac{R_L}{R+R_L} V_{dc} = \frac{5 \text{ k}\Omega}{500 + 5 \text{ k}\Omega}(150 \text{ V}) = \mathbf{1315.4 \text{ V}}$$

交流計算 RC 段的電容阻抗是

$$\text{式 (15.14)}: X_C = \frac{1.3}{C} = \frac{1.3}{10} = 0.13 \text{ k}\Omega = 130 \text{ }\Omega$$

用式 (15.13) 算出輸出電壓的交流分量是

$$V'_r(\text{rms}) = \frac{X_C}{R} V_r(\text{rms}) = \frac{130}{500}(15 \text{ V}) = \mathbf{3.9 \text{ V}}$$

因此，輸出波形的漣波（因數）是

$$r = \frac{V'_r(\text{rms})}{V'_{dc}} \times 100\% = \frac{3.9 \text{ V}}{136.4 \text{ V}} \times 100\% = \mathbf{2.86\%}$$

15.5 個別電晶體的穩壓電路

有兩種電晶體穩壓器，每種電路都會提供穩定在預設值的輸出直流電壓。

串聯穩壓電路

串聯穩壓器電路的基本接法見圖 15.11 的方塊圖，由串聯元件控制輸入電壓到達輸出的電壓量。

1. 輸出電壓增加時，比較器電路會提供控制訊號，使串聯控制元件降低輸出電壓值──因而維持住輸出電壓。

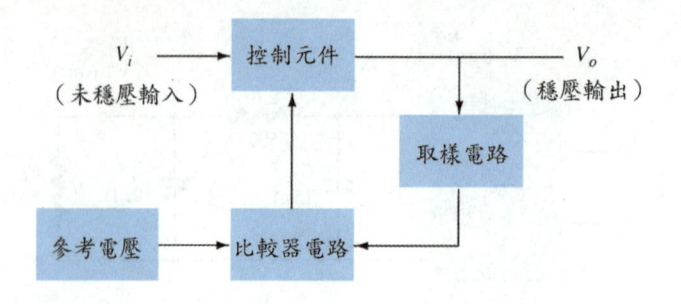

圖 15.11 串聯穩壓器的方塊圖

2. 輸出電壓降低時，比較器電路會提供控制訊號，使串聯控制元件增加輸出電壓值。

串聯穩壓電路 簡單的串聯穩壓電路見圖 15.12，電晶體 Q_1 是串聯控制元件，齊納二極體 D_Z 則提供參考電壓。

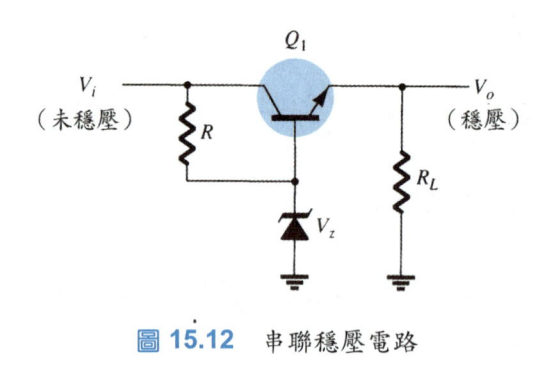

圖 15.12 串聯穩壓電路

例 15.8

圖 15.13 的穩壓器電路中，若 $R_L = 1\ k\Omega$，試計算輸出電壓和齊納電流。

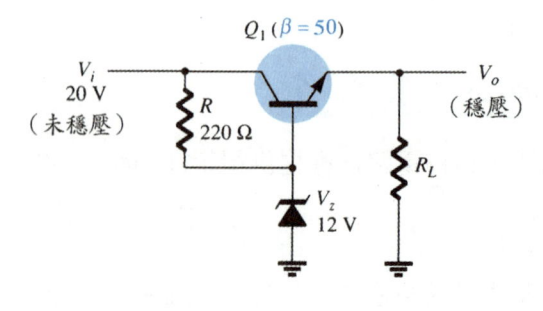

圖 15.13 例 15.8 的電路

解：

$$V_o = V_Z - V_{BE} = 12\text{ V} - 0.7\text{ V} = \mathbf{11.3\text{ V}}$$

$$V_{CE} = V_i - V_o = 20\text{ V} - 11.3\text{ V} = 8.7\text{ V}$$

$$I_R = \frac{20\text{ V} - 12\text{ V}}{220\text{ }\Omega} = \frac{8\text{ V}}{220\text{ }\Omega} = 36.4\text{ mA}$$

就 $R_L = 1\text{ k}\Omega$，

$$I_L = \frac{V_o}{R_L} = \frac{11.3\text{ V}}{1\text{ k}\Omega} = 11.3\text{ mA}$$

$$I_B = \frac{I_C}{\beta} = \frac{11.3\text{ mA}}{50} = 226\text{ }\mu\text{A}$$

$$I_Z = I_R - I_B = 36.4\text{ mA} - 226\text{ }\mu\text{A} \approx \mathbf{36\text{ mA}}$$

改良式串聯穩壓器 改良式串聯穩壓電路見圖 15.14，電阻 R_1 和 R_2 作為取樣電路，而齊納二極體 D_Z 則提供參考電壓，然後電晶體 Q_2 控制輸入到 Q_1 的基極電流，藉著調整通過電晶體 Q_1 的電流，使輸出電壓保持定值。

感測電阻 R_1 和 R_2 所提供的電壓 V_2，必須等於 Q_2 基極對射極電壓和齊納二極體電壓的總和，也就是

$$V_{BE_2} + V_Z = V_2 = \frac{R_2}{R_1 + R_2} V_o \tag{15.15}$$

解式(15.15)，可得穩壓的輸出電壓 V_o

$$\boxed{V_o = \frac{R_1 + R_2}{R_2}(V_Z + V_{BE_2})} \tag{15.16}$$

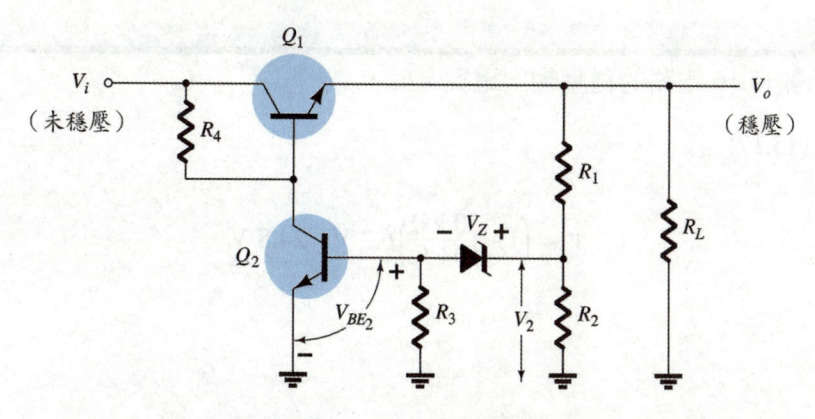

圖 15.14 改良式串聯穩壓電路

例 15.9

圖 15.14 電路中元件 $R_1=20\text{ k}\Omega$、$R_2=30\text{ k}\Omega$ 且 $V_Z=8.3\text{ V}$，則電路提供的穩壓輸出電壓是多少？

解：由式(15.16)，穩壓輸出電壓是

$$V_o = \frac{20\text{ k}\Omega + 30\text{ k}\Omega}{30\text{ k}\Omega}(8.3\text{ V} + 0.7\text{ V}) = \mathbf{15\text{ V}}$$

用運算放大器建立串聯穩壓器　另一種串聯穩壓器見圖 15.15，輸出電壓值會維持在

$$V_o = \left(1 + \frac{R_1}{R_2}\right)V_Z \tag{15.17}$$

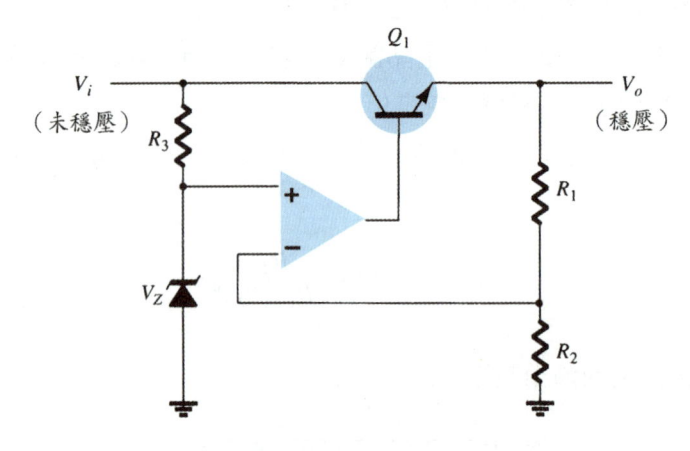

圖 15.15　運算放大器建立串聯穩壓電路

例 15.10

試計算圖 15.16 電路的穩壓輸出電壓。

解：利用式(15.17)：

$$V_o = \left(1 + \frac{30\text{ k}\Omega}{10\text{ k}\Omega}\right)6.2\text{ V} = \mathbf{24.8\text{ V}}$$

圖 15.16 例 15.10 的電路

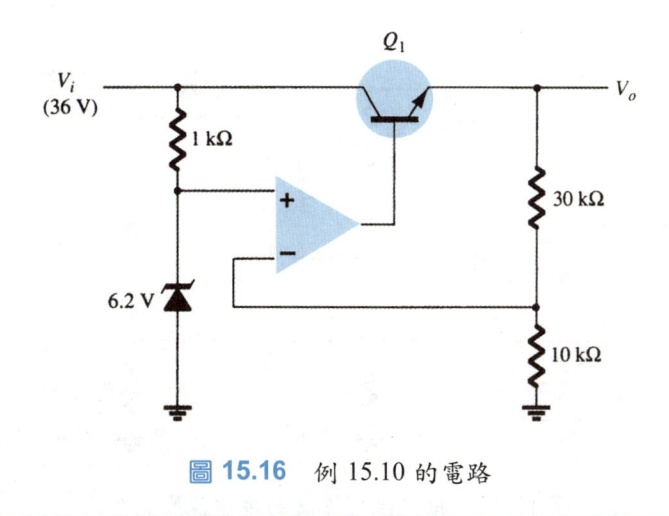

限流電路　限流電路是短路或過載保護的一種形式，如圖 15.17 所示。

捲退限制　當電流超過限制值時，限流的結果會造成負載電壓的降低。圖 15.18 的電路提供捲退限制，可同時降低輸出電壓和輸出電流，使負載免於過電流並保護穩壓器。

並聯穩壓電路

並聯穩壓器提供的穩壓方式，是將負載電流導至並聯路徑，藉此達成穩壓輸出，圖 15.19 顯示此種穩壓器的方塊圖。

基本的電晶體並聯穩壓器　簡單的並聯穩壓電路見圖 15.20，接到未穩壓輸入的電阻 R_S，其電壓降決定於供應到負載 R_L 的電流。當負載電阻降低時，進到 Q_1 基極的驅動電流會減少，集極的分流跟著減少，因此負載電流會變大，使負載兩端的電壓可維持穩壓。送到負載的輸出電壓是

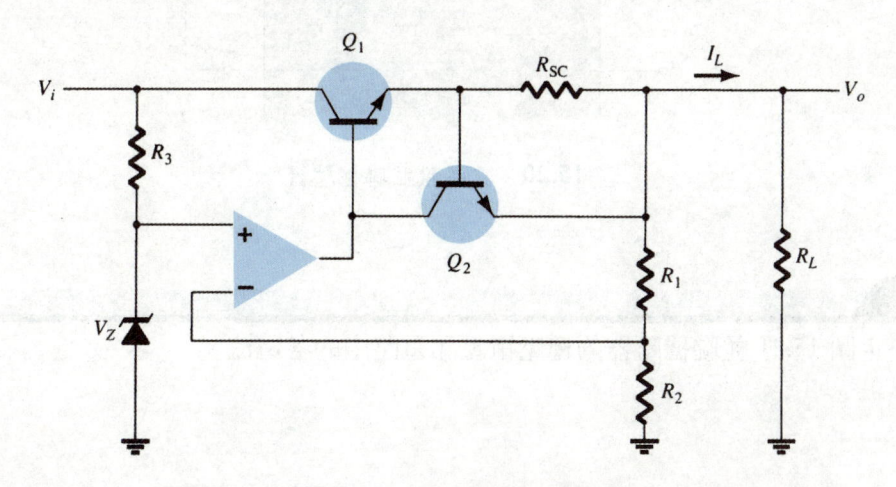

$$V_L = V_Z + V_{BE} \tag{15.18}$$

圖 15.17　限流保護的穩壓器

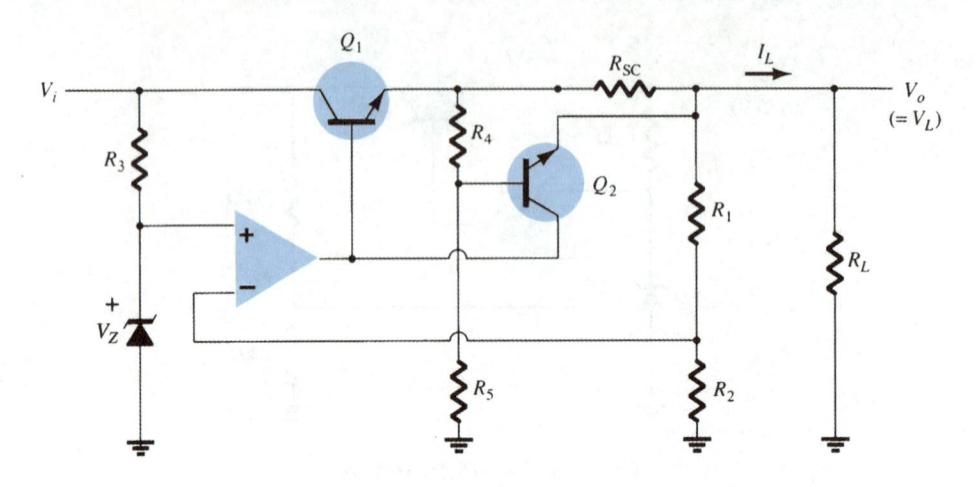

圖 15.18 捲退限制保護的串聯穩壓電路

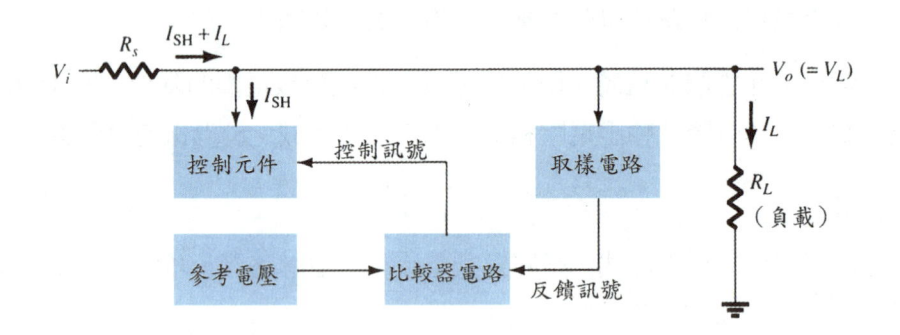

圖 15.19 並聯穩壓器的方塊圖

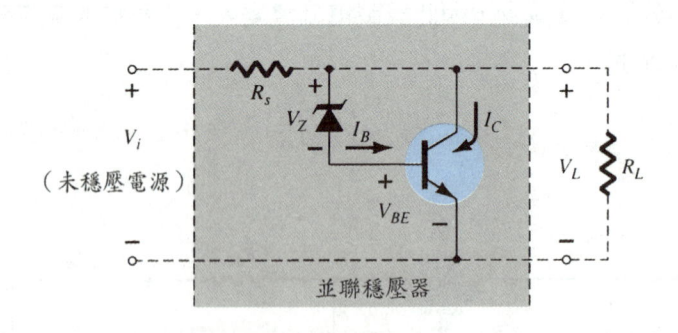

圖 15.20 電晶體並聯穩壓器

例 15.11

試決定圖 15.21 並聯穩壓器的穩壓電壓和電路中的各電流。

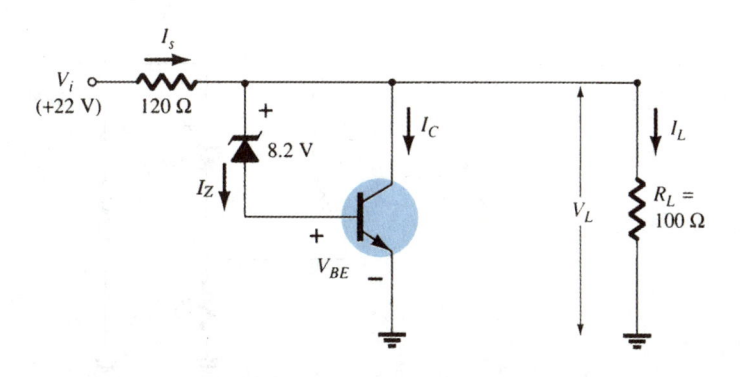

圖 15.21 例 15.11 的電路

解：負載電壓是

$$\text{式 (15.18)}: V_L = 8.2\text{ V} + 0.7\text{ V} = \mathbf{8.9\text{ V}}$$

對給予負載，

$$I_L = \frac{V_L}{R_L} = \frac{8.9\text{ V}}{100\text{ }\Omega} = \mathbf{89\text{ mA}}$$

已知未穩壓輸入電壓在 22 V，流經 R_S 的電流是

$$I_S = \frac{V_i - V_L}{R_S} = \frac{22\text{ V} - 8.9\text{ V}}{120} = \mathbf{109\text{ mA}}$$

所以集極電流是

$$I_C = I_S - I_L = 109\text{ mA} - 89\text{ mA} = \mathbf{20\text{ mA}}$$

（流經齊納二極體和電晶體基極的電流，會比 I_C 小 β 倍。）

改良式並聯穩壓器　圖 15.22 的電路是改良式並聯穩壓器電路，齊納二極體提供參考電壓，使 R_1 可感測到輸出電壓。

$$V_o = V_L = V_Z + V_{BE_2} + V_{BE_1} \tag{15.19}$$

用運算放大器建立並聯穩壓器　圖 15.23 顯示並聯穩壓器的另一版本，這是利用運算放大器作為電壓比較器。

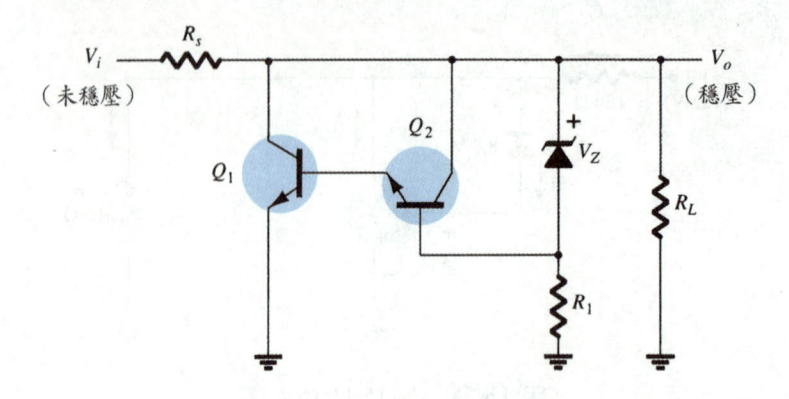

圖 15.22　改良式並聯穩壓電路

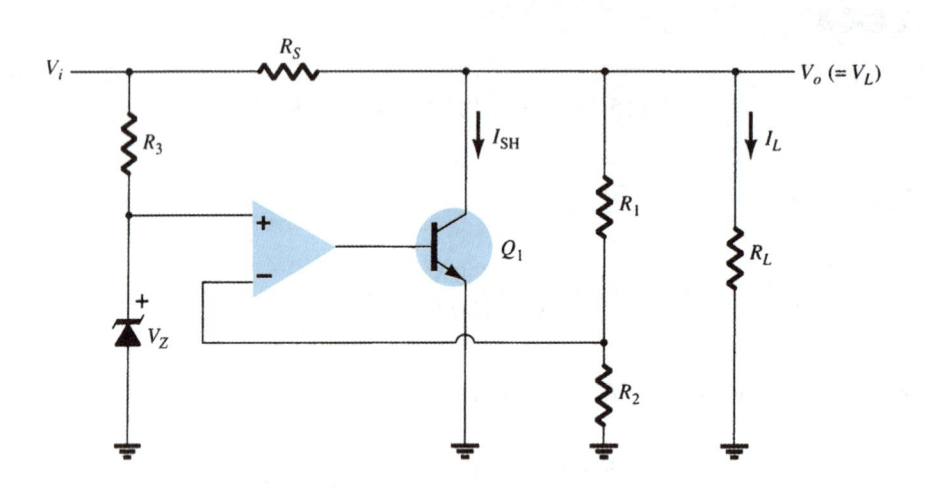

圖 15.23　用運算放大器建立並聯穩壓器

切換式穩壓

有一種穩壓器電路很普遍，即切換式穩壓器，其電力轉換極有效率。基本上，切換式穩壓器以脈波方式將電壓供應給負載，再經濾波之後提供平穩的直流電壓。圖 15.24 顯示這種穩壓器的基本組成，可再增加電路的複雜度，以獲取更好的工作效率。

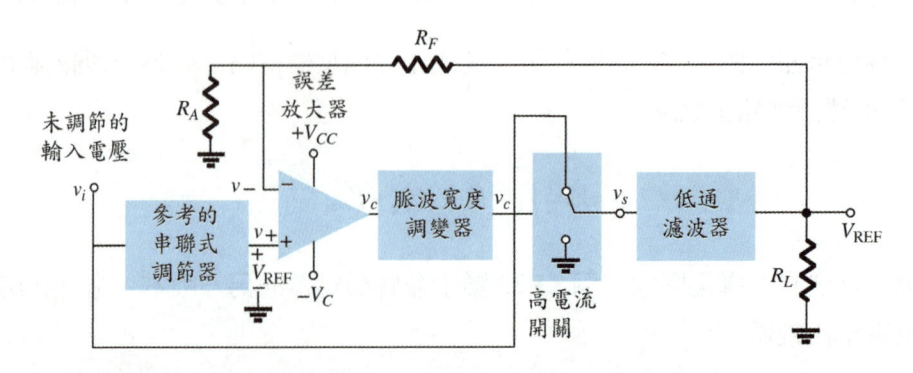

圖 15.24　交換式調節器之電路方塊圖

15.6　IC 穩壓器

廣泛使用的穩壓器 IC 可組成一大類，穩壓 IC 單元包含電路有參考電源、比較放大器、控制裝置和過載保護等，都在單一 IC 內。IC 單元提供的穩壓，可以是固定的正電壓，也可以是固定的負電壓或可調整設定的電壓。

三端穩壓器

圖 15.25 顯示三端穩壓 IC 到負載的基本接法，未穩壓直流輸入電壓 V_i 加到定電壓穩壓器的輸入端，穩壓直流輸出電壓 V_o 自另一端接出，而第 3 端則接地。

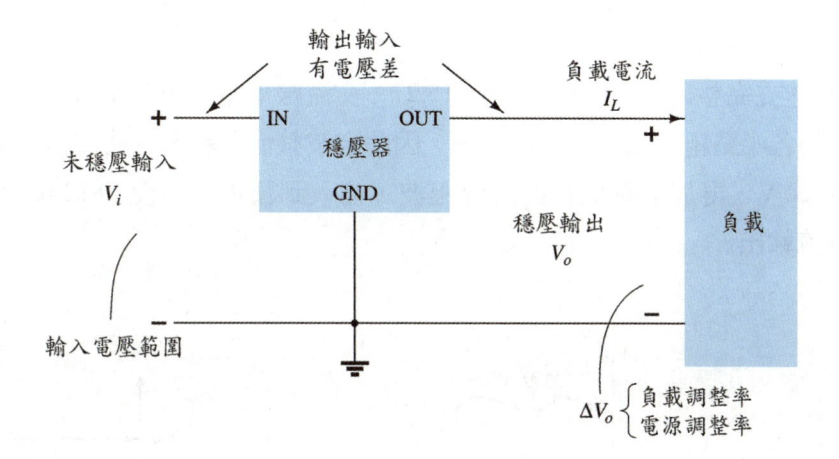

圖 15.25　三端穩壓器的方塊圖

固定正電壓穩壓器

圖 15.26 顯示將 7812 IC 接成可以提供 12 V 直流的穩壓輸出，未穩壓輸入電壓 V_i 用電容 C_1 濾波，並接到 IC 的 IN 腳，IC 的 OUT 腳則提供 +12 V 的穩壓輸出，並用電容 C_2 濾波（大部分針對高頻雜訊）。正電壓穩壓 IC 提供在表 15.1。

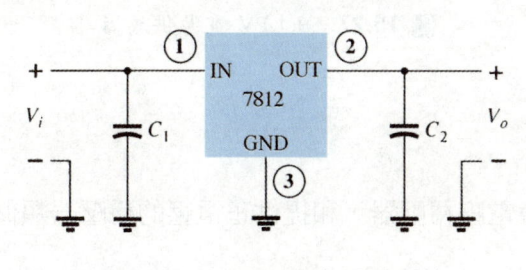

圖 15.26　7812 穩壓器的接法

表 15.1　7800 系列正電壓穩壓器

IC 編號	輸出電壓(V)	最小輸入電壓V_i(V)
7805	+5	7.3
7806	+6	8.3
7808	+8	10.5
7810	+10	12.5
7812	+12	14.6
7815	+15	17.7
7818	+18	21.0
7824	+24	27.1

以 7812 建立完整電壓源的接法見圖 15.27，交流線電壓(120 V rms)經中間抽頭變壓器，二次側的各半繞組電壓降到 18 V rms，因此全波整流器和電容濾波器提供的未穩壓直流電壓約 22 V，再加上幾伏特的交流漣波，輸入到穩壓器，使 7812 IC 提供穩壓在 +12 V 的直流輸出。

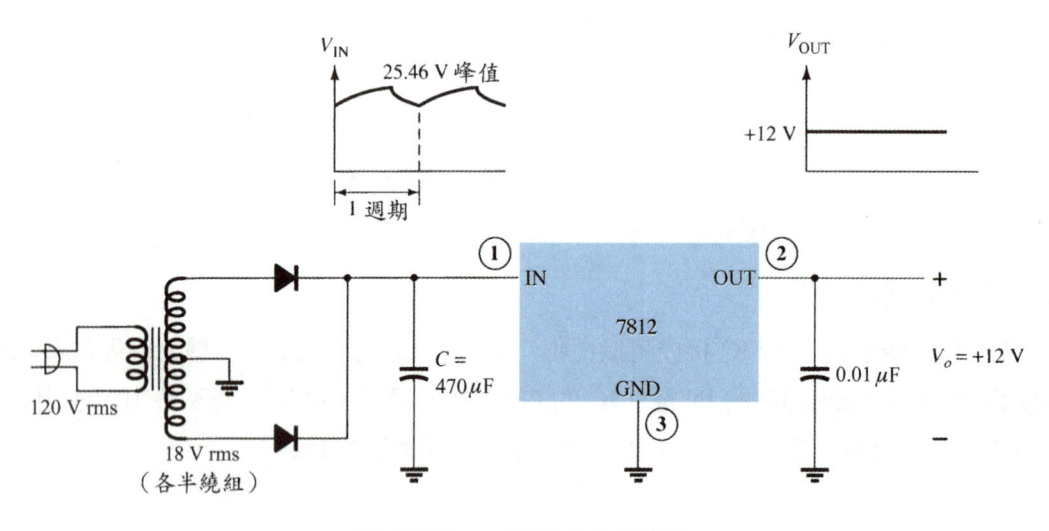

圖 15.27　+12 V 電源供應器

固定負電壓穩壓器

7900 IC 系列提供負電壓穩壓器，和提供正電壓的穩壓器類似，負電壓穩壓器 IC 的列表提供在表 15.2。

表 15.2　7900 系列負電壓穩壓器

IC 編號	輸出電壓(V)	最小輸入 V_i (V)
7905	−5	−7.3
7906	−6	−8.4
7908	−8	−10.5
7909	−9	−11.5
7912	−12	−14.6
7915	−15	−17.7
7918	−18	−20.8
7924	−24	−27.1

例 15.12

試利用全波橋式整流器、電容濾波器和 IC 穩壓器，畫出一電源供應器，以提供 +5 V 的輸出。

解：所得電路見圖 15.28。

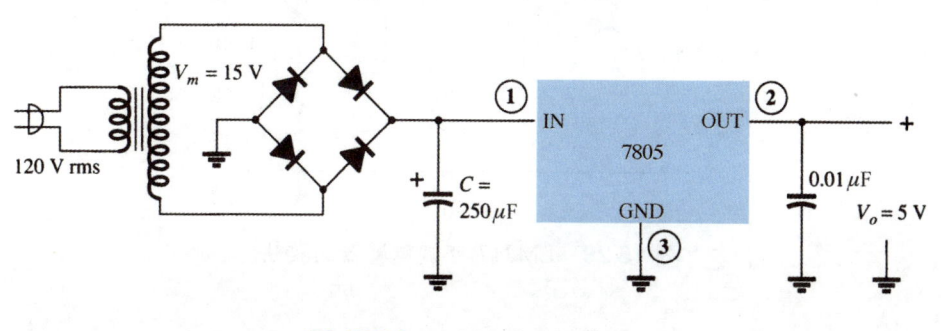

圖 15.28　+5 V 電源供應器

例 15.13

就 15 V 輸出的變壓器和 250 μF 的濾波電容器，若所接負載取用 400 mA 電流，試計算最小輸入電壓。

解：濾波電容的電壓降是

$$V_r（峰值）=\sqrt{3}V_r(\text{rms})=\sqrt{3}\frac{2.4I_{\text{dc}}}{C}=\sqrt{3}\frac{2.4(400)}{250}=6.65 \text{ V}$$

$$V_{dc} = V_m - V_r\text{（峰值）} = 15\text{ V} - 6.65\text{ V} = 8.35\text{ V}$$

因輸入以直流值為中心作變動，最小輸入電壓會掉到

$$V_i\text{（低值）} = V_{dc} - V_r\text{（峰值）} = 15\text{ V} - 6.65\text{ V} = \mathbf{8.35\text{ V}}$$

此電壓仍高於 IC 穩壓器所需之最小值（由表 15.1 知 $V_i = 7.3\text{ V}$），因此 IC 可提供額定的穩壓電壓到所給定的負載。

可調穩壓器

在穩壓器的電路組態中，也有一種可讓使用者自行設定所要的穩壓輸出電壓值。例如 LM317，就可使穩壓輸出電壓在 1.2 V～37 V 的電壓範圍內任意設定，圖 15.29 顯示。

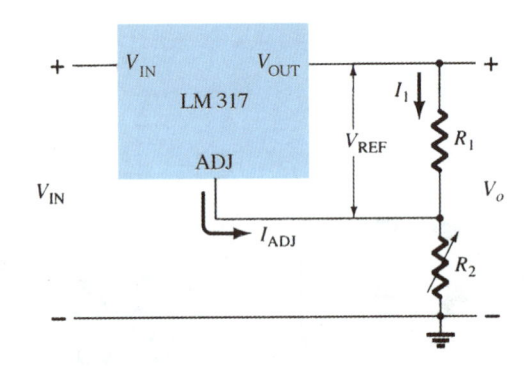

圖 15.29 LM317 可調穩壓器的接法

輸出電壓如下：

$$V_o = V_{ref}\left(1 + \frac{R_2}{R_1}\right) + I_{adj}R_2 \tag{15.20}$$

典型的 IC 參數值是

$$V_{ref} = 1.25\text{ V} \quad \text{及} \quad I_{adj} = 100\ \mu\text{A}$$

例 15.15

試決定圖 15.29 電路的穩壓輸出電壓值，已知 $R_1 = 240\ \Omega$ 且 $R_2 = 2.4\text{ k}\Omega$。

解： 利用式(15.21)：

$$V_o = 1.25 \text{ V}\left(1 + \frac{2.4 \text{ k}\Omega}{240 \text{ }\Omega}\right) + (100 \text{ }\mu\text{A})(2.4 \text{ k}\Omega)$$
$$= 13.75 \text{ V} + 0.24 \text{ V} = \mathbf{13.99 \text{ V}}$$

例 15.16

試決定圖 15.30 電路的穩壓輸出電壓值。

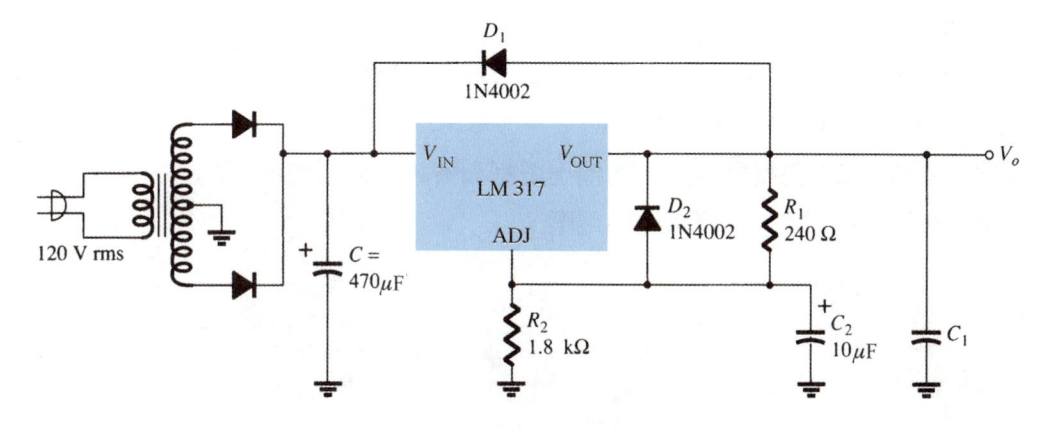

圖 15.30 例 15.16 的正電壓可調穩壓器

解： 用式(15.20)算出輸出電壓是

$$V_o = 1.25 \text{ V}\left(1 + \frac{1.8 \text{ k}\Omega}{240 \text{ }\Omega}\right) + (100 \text{ }\mu\text{A})(1.8 \text{ k}\Omega) \approx \mathbf{10.8 \text{ V}}$$

對濾波電容電壓的檢查顯示，當負載電流到達 200 mA 時，輸入和輸出之間仍可維持 2 V 以上的電壓差。

習 題

1. 某弦波訊號的平均值 50 V 且最大漣波 2 V，則漣波因數是多少？
2. 某濾波器電路無載時提供 28 V 輸出，全載工作時是 25 V，試計算其電壓調整百分率。
3. 某半波整流器產生 20 V 直流輸出，則漣波電壓值是多少？

4. 某全波濾波器接到簡單的電容濾波器，產生 14.5 V 的直流電壓，且漣波因數 8.5%，則輸出漣波電壓(rms)是多少？

5. 某峰值 18 V 的全波整流電壓接到 400 μF 的濾波電容，當負載是 100 mA 時，電容兩端的漣波和直流電壓各是多少？

6. 某全波整流器（在 60 Hz 電源下工作）驅動電容濾波電路($C=100\ \mu F$)，接到 2.5 kΩ 負載時產生 12 V 直流電壓，試計算輸出電壓漣波。

7. 某 120 μF 濾波電容器提供 80 mA 的負載電流，試計算電容兩端電壓的漣波百分率。已知全波整流器在 60 Hz 電源之下工作，產生的峰值整流電壓是 25 V。

8. 將 RC 濾波器接到電容濾波器之後，使漣波百分率降到 2%。若此 RC 濾波器提供 80 V 直流電，試計算對應的漣波電壓。

9. 某 RC 濾波器接到 1 kΩ 負載，當全波整流器和電容濾波器輸出 50 V 直流且帶有 2.5 V rms 漣波到此 RC 濾波器時，試計算此濾波器輸出的漣波電壓，已知 RC 濾波段的元件 $R=100\ \Omega$ 且 $C=100\ \mu F$。

10. 試計算圖 15.31 穩壓器電路中的輸出電壓和齊納二極體電流。

11. 試計算圖 15.32 電路的穩壓輸出電壓。

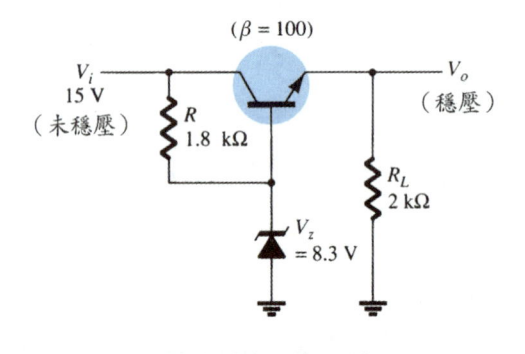

圖 15.31　習題 10

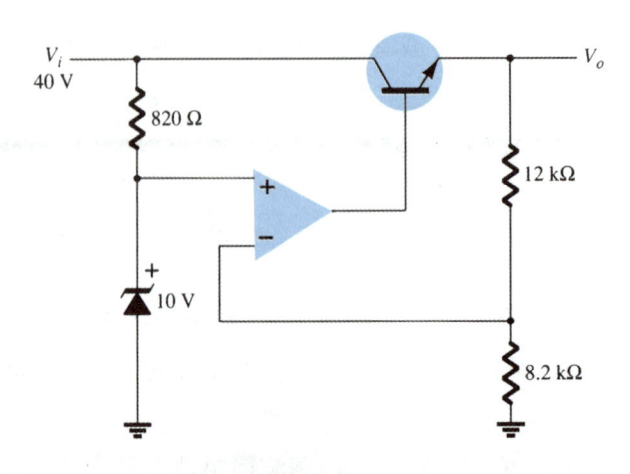

圖 15.32　習題 11

12. 試畫出由全波橋式整流器、電容濾波器和 IC 穩壓器所組成的電壓源電路，以提供 +12 V 的輸出。
13. 試決定圖 15.33 電路的穩壓輸出電壓值。

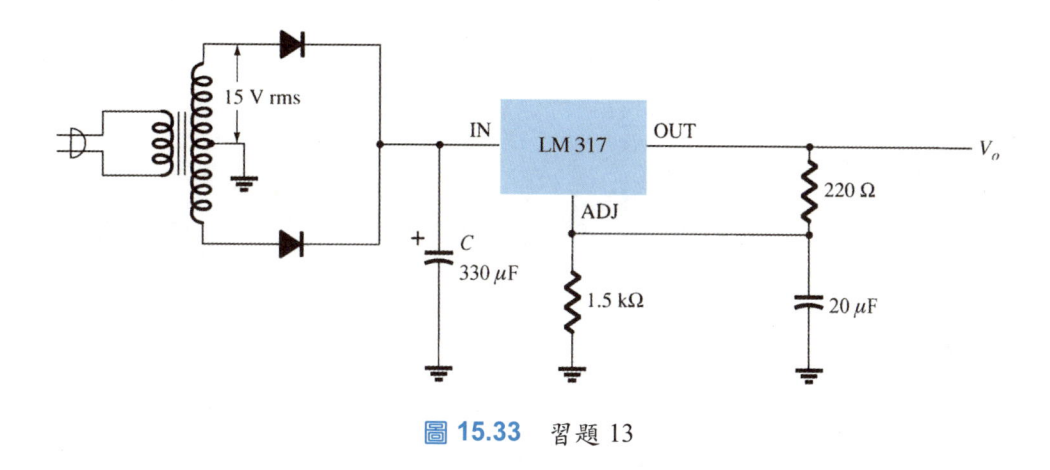

圖 15.33　習題 13

Chapter 16
其他的雙端裝置

16.1 導 言

有一些雙端元件類似半導體二極體或齊納二極體,都有一個 p-n 接面,但有不同的工作模式、端電壓電流特性以及應用領域。本章將介紹其中一些,包括肖特基、透納、變容、光二極體和太陽能電池等。另外,也將探討一些不同結構的雙端裝置,如光導電池、LCD(液晶顯示器)和熱阻器等。

16.2 肖特基障壁(熱載子)二極體

首先介紹一種名為肖特基障壁(Schottky-barrier)、表面障壁或熱載子二極體的雙端裝置,其應用領域起初限於極高頻的領域,這是因為它的反應時間快速(在高頻特別重要),以及較低的雜訊指數(在高頻應用上是很重要的物理量)。這種二極體在低電壓/高電流的電源供應器以及交流對直流轉換器中也愈來愈常看到。其他應用領域,包括雷達系統、計算機上的肖特基 TTL 邏輯、通訊設備上的混頻器或檢測器、儀器以及類比對數位轉換器等。

如圖 16.1 所示,半導體正常是用 n 型矽,但金屬所用的種類就很多,如鉬、白金、鉻或鎢等都有在用,不同的構造技術會給裝置不同的特性。

當兩種材料相接時,n 型矽半導體材料中的電子馬上流進相接的金屬材料中,會建立很大的多數載子電流。和金屬中的電子相比,射入的載子有極高的動能,普遍稱為熱(hot)載子。現在電子所射入的區域,也是電子占多數的區域,導通時流通的都是多數載子。極多電子流到金屬的結果,會使矽材料靠近接面處產生一缺乏載子的

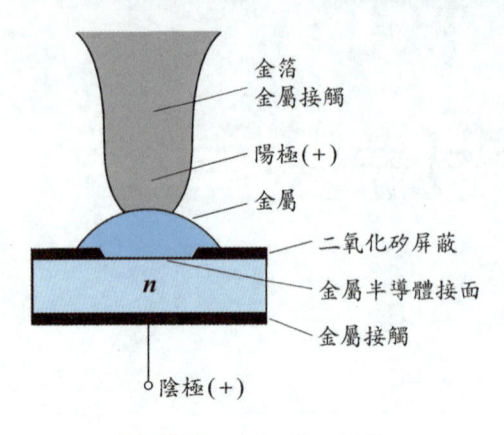

圖 16.1　肖特基二極體

區域——很像 p-n 接面二極體的空乏區。而金屬中多出來的載子會建立一"負電牆"，在金屬中緊臨兩種材料的邊界。總和結果是，兩種材料之間會出現"表面障壁"，擋住電流，也就是矽材料中的負性電子面對無載子區域，且被金屬表面的"負電牆"排拒而無法再流動。

施加順偏時的情況見圖 16.2 中的第一象限，外加的正電位會吸引"負電牆"中的電子，使負障壁的強度降低，這會使電子再度大量流過接面，電流的大小由外加順偏電壓值控制。無論是順偏或逆偏，肖特基二極體的接面障壁都小於 p-n 接面裝置，因此在相同的順偏或逆偏電壓之下，肖特基二極體都會產生較高的電流。

目前此種裝置的最大電流額定限制在約 100 A，此種二極體主要應用領域之一是切換式電源供應器，其工作頻率範圍在 20 kHz 以上。用在這種電源供應器中的肖特基二極

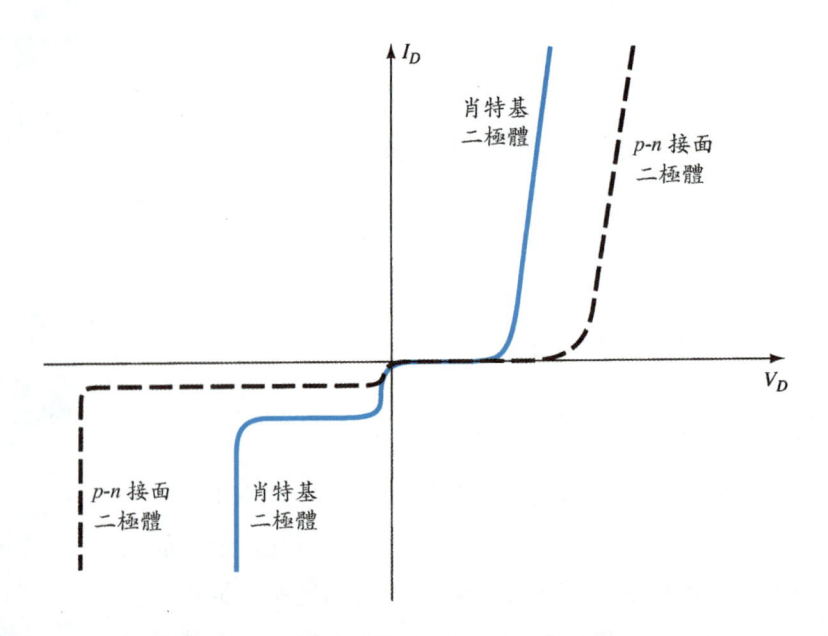

圖 16.2　熱載子和 p-n 接面二極體的特性比較

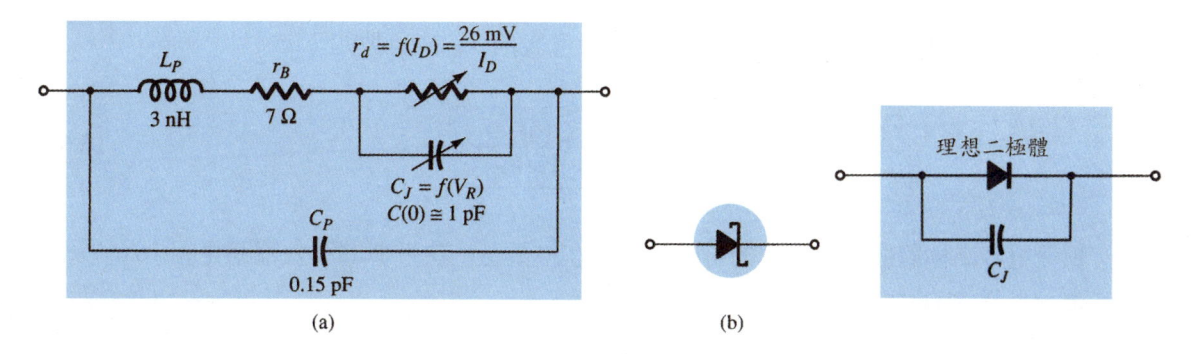

▲ 圖 16.3　肖特基（熱載子）二極體：(a)等效電路；(b)符號　　▲ 圖 16.4　肖特基二極體近似的等效電路

體，順偏 0.6 V 溫度 25°C 時的額定電流可以到 50 A，恢復時間低到 10 ns。

此種裝置的等效電路（及對應典型值）和常用符號，見圖 16.3。對大部分的應用而言，只要用理想二極體和電容並聯，即可得極佳的近似等效電路，見圖 16.4。

16.3　變容二極體

變容器〔也稱為 VVC（壓變電容）〕二極體是一種半導體電壓控制的可變電容器，其工作模式決定於逆偏時 p-n 接面上存在的電容。在逆偏情況下，接面兩側存在未遮覆電荷區域為空乏區。遷移電容 C_T 由隔離的未遮覆電荷所建立，由下式決定：

$$C_T = \epsilon \frac{A}{W_d} \tag{16.1}$$

其中，ϵ 為半導體材料的介電係數，A 是 p-n 接面截面積，且 W_d 是空乏區寬度。

典型商用現成的壓變電容二極體的特性，見圖 16.5。注意到，逆偏一開始增加時，C_T 的下降很快。VVC 二極體正常的 V_R 範圍限制在約 20 V，遷移電容對應於外加逆偏的近似關係如下：

$$C_T = \frac{K}{(V_T + V_R)^n} \tag{16.2}$$

其中，K ＝半導體材料和構裝技術所決定的參數
　　　V_T＝膝點電壓，定義在基礎篇第 1.6 節
　　　V_R＝外加的逆偏電壓大小
　　　n ＝合金接面為 1/2 且擴散接面為 1/3

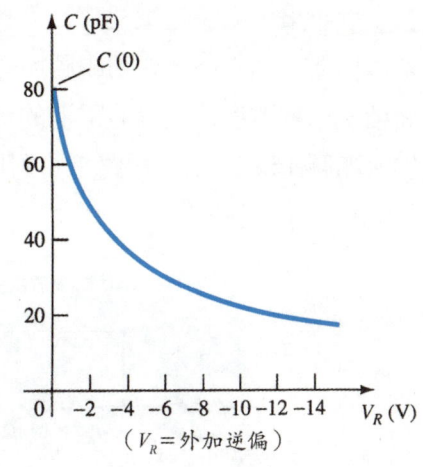

▲ 圖 16.5　壓變電容二極體的特性

以零偏壓條件下的電容 $C(0)$ 為參數，電容值可表成 V_R 的函數如下

$$C_T(V_R) = \frac{C(0)}{(1+|V_R/V_T|)^n} \tag{16.3}$$

壓變電容二極體最普遍使用的符號，及其在逆偏區一次近似的等效電路見圖 16.6。

電容溫度係數定義為

$$TC_C = \frac{\Delta C}{C_0(T_1 - T_0)} \times 100\% \qquad \%/°C \tag{16.4}$$

其中，ΔC 是溫度變化 $T_1 - T_0$ 對應的電容值變化，C_0 是某特定逆偏電壓之下對應於 T_0 的電容值。例如，$V_R = -3$ V 且 $T_0 = 25°C$ 時對應的 $C_0 = 29$ pF，利用式(16.4)並代入新的溫度 T_1 和相關的 TC_C，即可得電容變化量 ΔC。對不同的 V_R，TC_C 值會隨之變化。

變容二極體應用在某些高頻（對應於小電容值）領域，包括 FM 調變器、自動頻控裝置、可調帶通濾波器，以及參數放大器。

應　用

在圖 16.7 中，變容二極體用在調諧網路，亦即並聯 LC 組合的共振頻率是 $f_p = 1/2\pi\sqrt{L_2 C_T'}$（高 Q 系統），且 $C_T' = C_T + C_C$，C_T 由外加逆偏電壓 V_{DD} 決定，耦合電容 C_C 提供 L_2 直流短路效應和外加偏壓之間的直流隔離。

16.4　太陽能電池

近年來，太陽能電池作為替代能源，所受關注持續增加。矽 *p-n* 接面太陽能電池的基本構造見圖 16.8，如頂視圖所看到的，所有努力都要確保得到和太陽光垂直的最大表面積。單電池型矽太陽能電池的電流，會隨著入射光強度的增加而幾乎以線性之方式增加，如圖 16.9 所示。開路電壓對應於相同光強度值的效應提供在圖 16.10，注意到，開

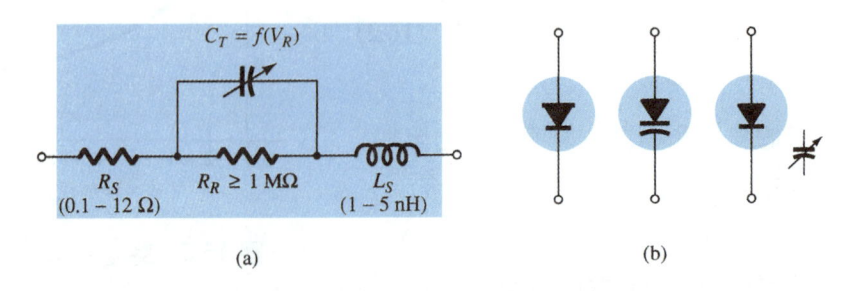

圖 16.6　壓變電容二極體：(a)逆偏區的等效電路；(b)符號

第 16 章　其他的雙端裝置　**547**

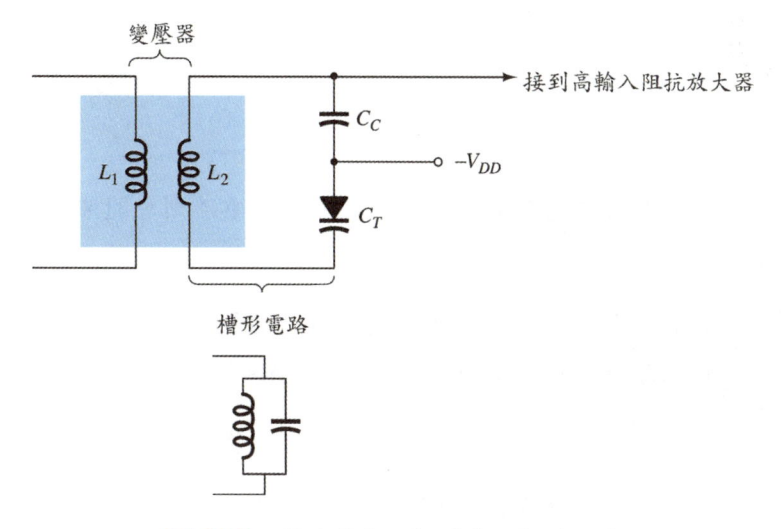

圖 16.7　利用變容二極體建立調諧網路

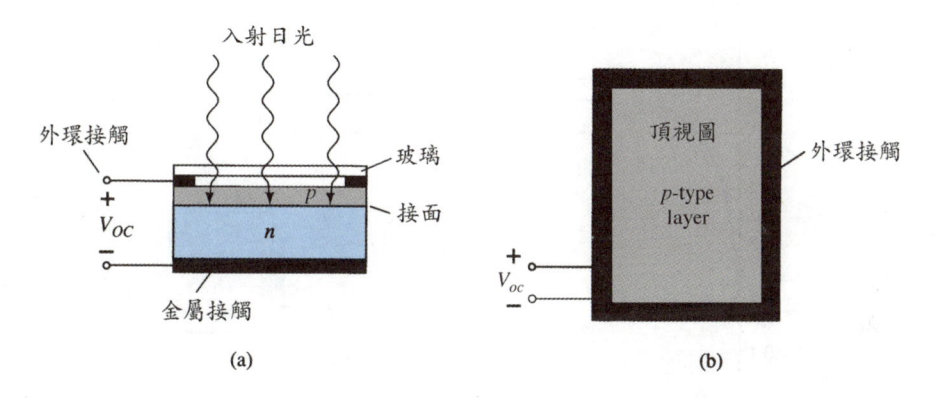

圖 16.8　太陽能電池：(a)剖面圖；(b)頂視圖

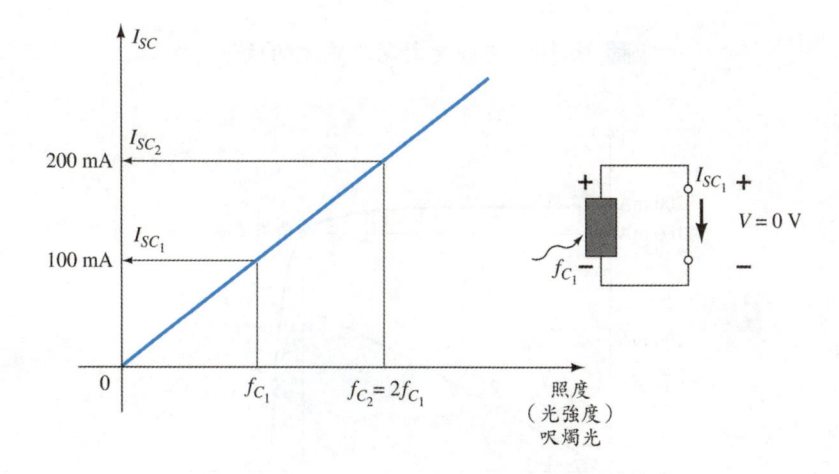

圖 16.9　光強度對短路電流的效應

路電壓快速增加到 0.5 V～0.6 V 之間。亦即在圖 16.10 上的寬廣入射光範圍，端電壓幾乎維持定值。

一般而言：

> 太陽能電池產生的開路電壓幾乎為定值，而短路電流則會隨照度的增加而線性上升。

電流對電壓的圖形建立在圖 16.11，針對某特定光強度。可利用公式 $P=VI$ 得到該太陽能電池的功率。最大功率出現在 $I-V$ 曲線的膝點區。就此太陽能電池，照度 f_{C_2} 對應的最大功率約為

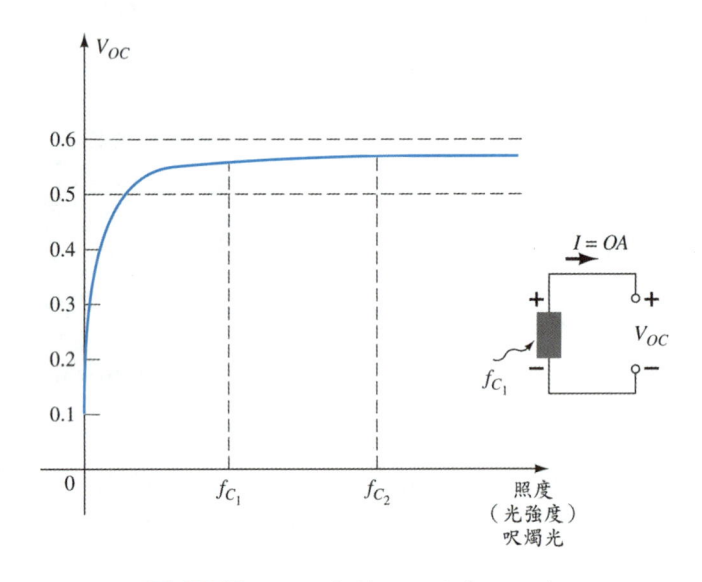

$$P=VI=(0.5\ V)(180\ mA)=\mathbf{90\ mW}$$

圖 16.10　光強度對開路電流的效應

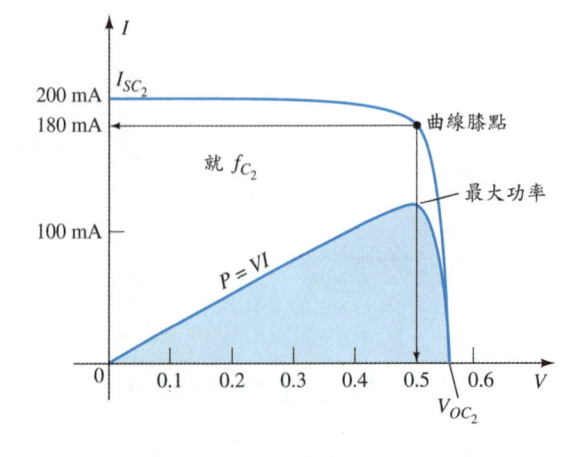

圖 16.11　畫出光強度 f_{C_2} 的功率曲線

光強度

設計太陽能的重要因數是光強度。光強度愈大時，光子數目愈多，所產生的電子電洞對數量也就愈多。光強度是落在特定表面積上光流量的一種量度，光流量一般以流明(lm)或瓦(W)為單位，兩者的關係為

$$1 \text{ 流明} = 1 \text{ lm} = 1.496 \times 10^{-10} \text{ W} \tag{16.5}$$

光強度的單位是 lm/ft^2、呎燭光(fc) 或 W/m^2，關係是

$$1 \text{ lm/ft}^2 = 1 \; fc = 1.609 \times 10^{-9} \text{ W/m}^2 \tag{16.6}$$

現今的最大效率值

近年來，研究機構的太陽能電池效率已跨過 40% 高檔區，事實上，在 2011 年已達到 43.5%。就薄膜技術而言，最大效率值仍維持在 20%，而單晶 GaAs 電池則到 29%，單晶矽電池則在 25%。

16.5 光二極體

光二極體是半導體 p-n 接面裝置，其工作區限制在逆偏區，此種裝置的偏壓方式、架構和符號見圖 16.12。光射到接面時，入射光波的能量（以光子的形式）會轉移到原子結構中，產生更多的少數載子，因而提高了逆向電流值，此可從圖 16.13 中對應於不同的光強度看出來。暗電流是沒有照射光時存在的電流，注意到，只有當外加正電壓為 V_T 時，電流才會回到零。另外，圖 16.12 也說明了利用透鏡將光線聚焦到接面區域，商用現成的光二極體見圖 16.14。

應 用

在圖 16.15 中，光二極體用在警報系統。只要光線未被打斷，逆向電流 I_λ 會持續流通。若光線被打斷，I_λ 會掉到暗電流的大小並使警報響起。在圖 16.16 中，光二極體用來計算輸送帶上的物件數。當物件通過時，光線打斷，I_λ 掉到暗電流的大小，計數器即加上 1。

圖 16.12　光二極體：(a)基本偏壓方式和架構；(b)符號

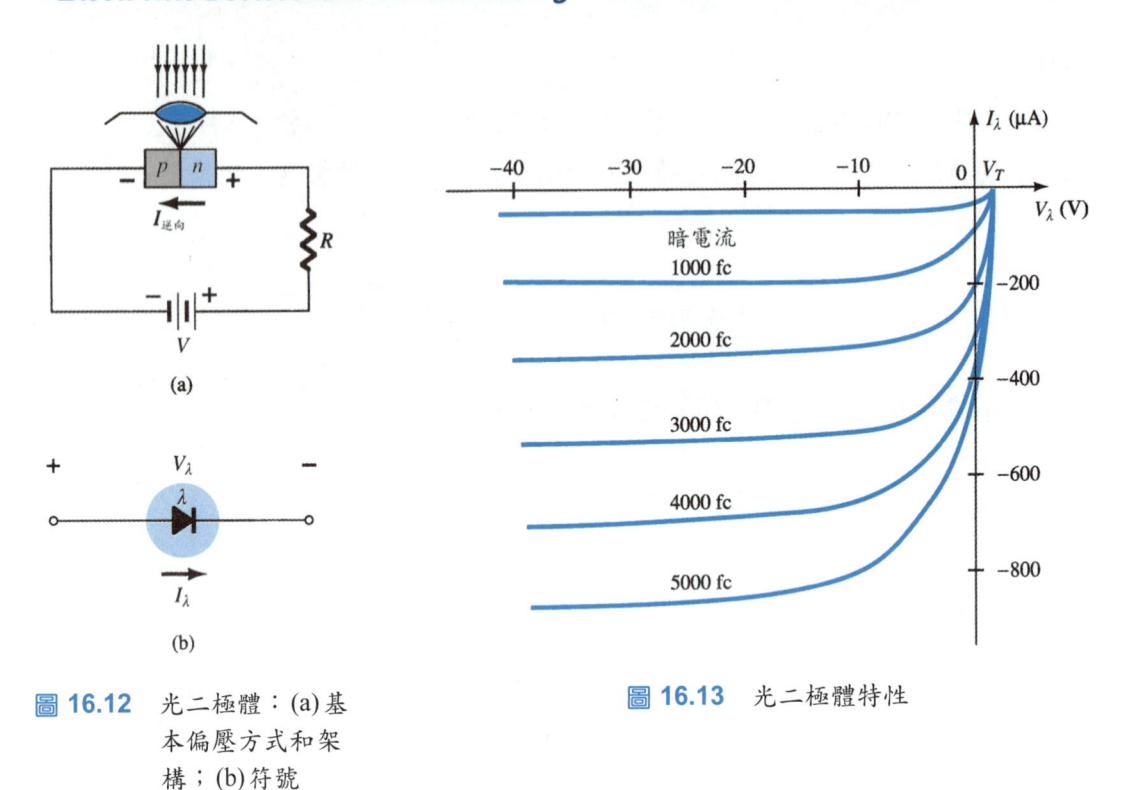

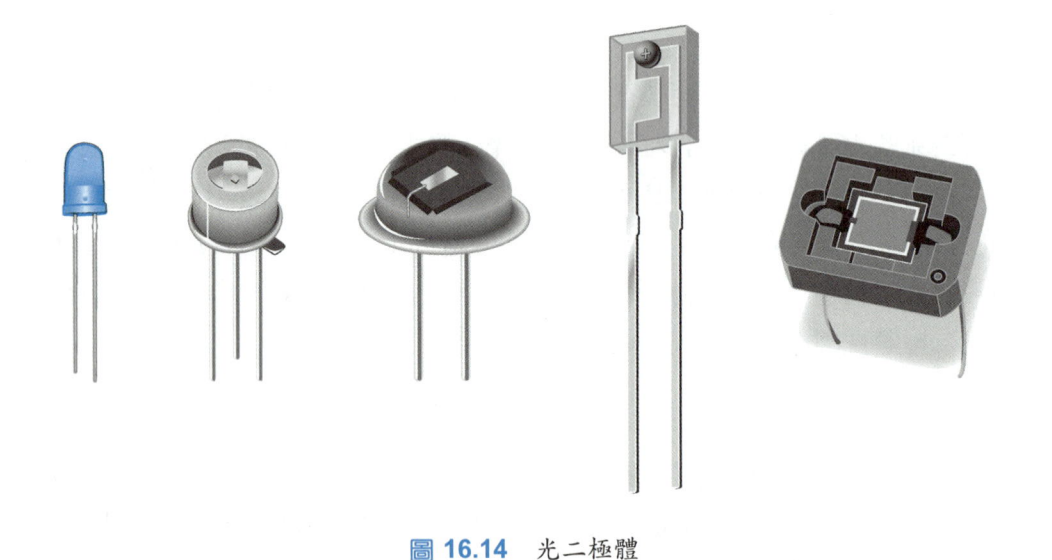

圖 16.13　光二極體特性

圖 16.14　光二極體

16.6　光導電池

　　光導電池是一種雙端半導體裝置，其兩端電阻會隨著入射光強度而線性變化，根據此明顯理由，光導電池也常稱為光敏電阻裝置。光導電池的典型結構和最常用的圖形符號，提供在圖 16.16。

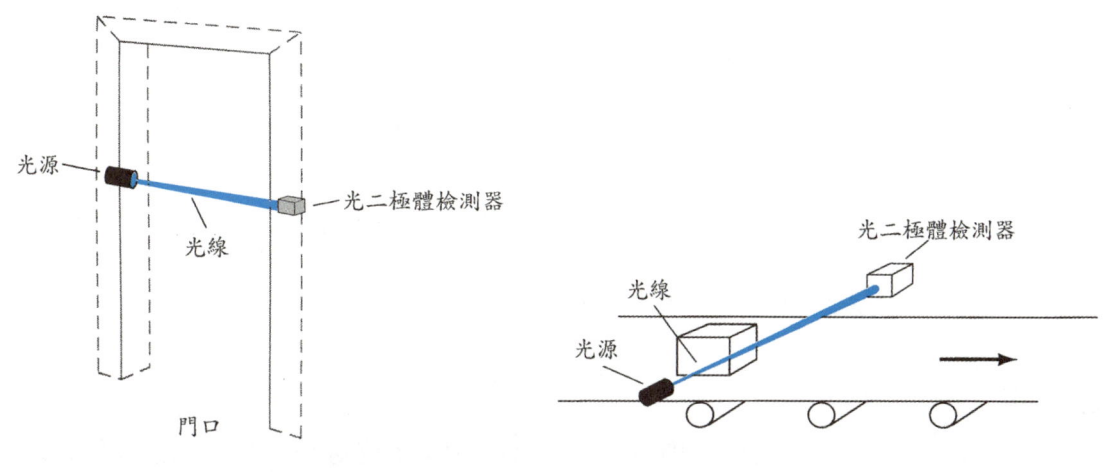

▲ 圖 16.15(a)　光二極體用在警報系統　　　　　▲ 圖 16.15(b)　光二極體用在計數器工作

最常用的光導材料包括硫化鎘(CdS)和硒化鎘(CdSe)，CdS 的最大頻譜反應發生在約 5100 Å 處，而 CdSe 則在 6150 Å 處。CdS 元件的反應時間約 100 ms，而 CdSe 元件則約 10 ms。光導電池和光二極體不同，並沒有接面，兩端之間僅一薄材料層，用來接受入射光能的照射。

典型光導電池裝置的靈敏度典線見圖 16.17。注意到，所得曲線是線性的（本圖採對數－對數座標），在所給的光強度變化範圍，電阻值的變化很大($100\,k\Omega \rightarrow 100\,\Omega$)。

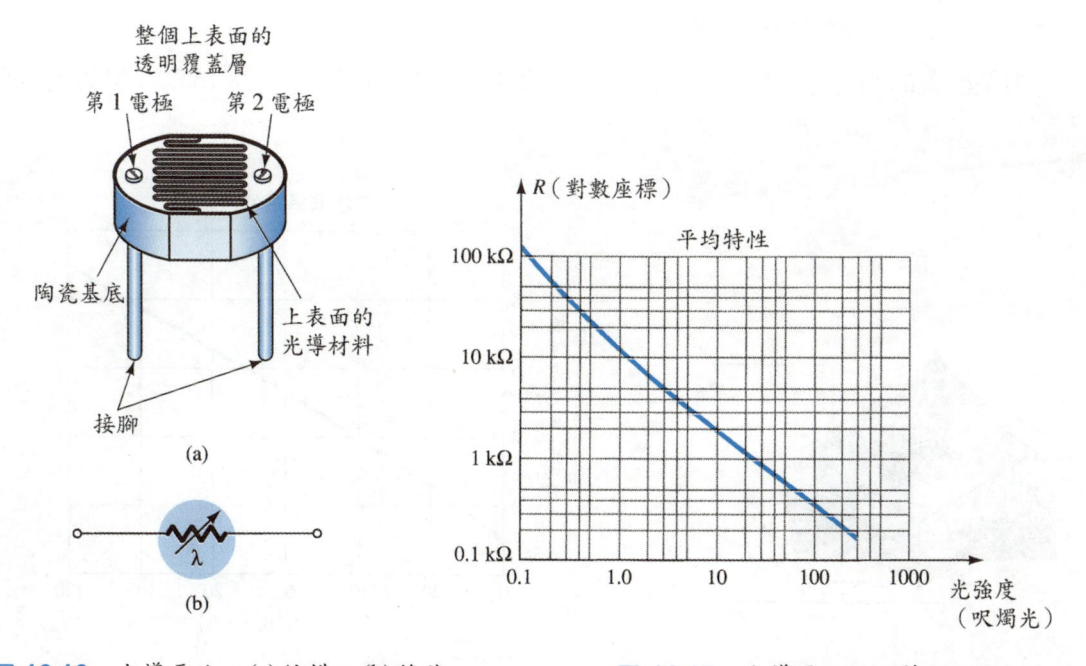

▲ 圖 16.16　光導電池：(a)結構；(b)符號　　　　　▲ 圖 16.17　光導電池的端特性

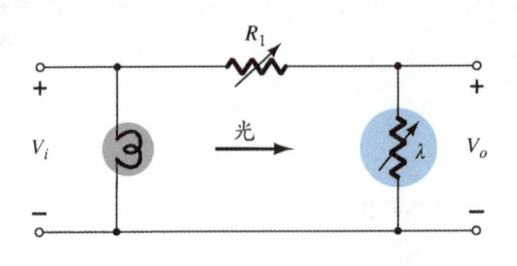

圖 16.18 用光導電池建立穩壓器

應　用

圖 16.18 之系統的作用是，即使 V_i 可能在額定值上下波動，仍能使 V_o 維持在定值。如圖上所顯示的，光導電池，燈泡和電阻形成此穩壓系統。V_o 值由分壓定律決定如下：

$$V_o = \frac{R_\lambda V_i}{R_\lambda + R_1} \tag{16.7}$$

16.7　紅外線(IR)發射器

　　紅外線發射二極體是固態砷化鎵裝置，在順偏時會發射輻射光束，此種裝置的基本構造見圖 16.19。當接面順偏時，來自 n 型區的電子會和 p 型材料的多餘電洞在特別設計的復合區進行復合，此復合區在 p 型與 n 型材料區之間形成三明治結構。復合時，裝置會以光子的形式輻射能量出來。

　　典型裝置的輻射光通量（單位 mW）對直流順向電流的關係見圖 16.20，裝置的內部

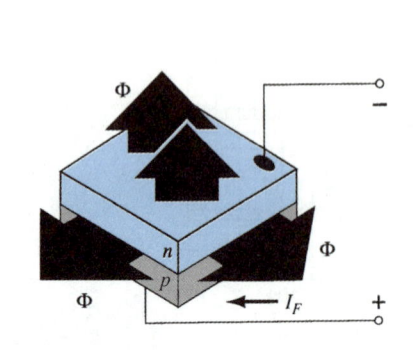

圖 16.19　半導體紅外線(IR)發射二極體的一般結構

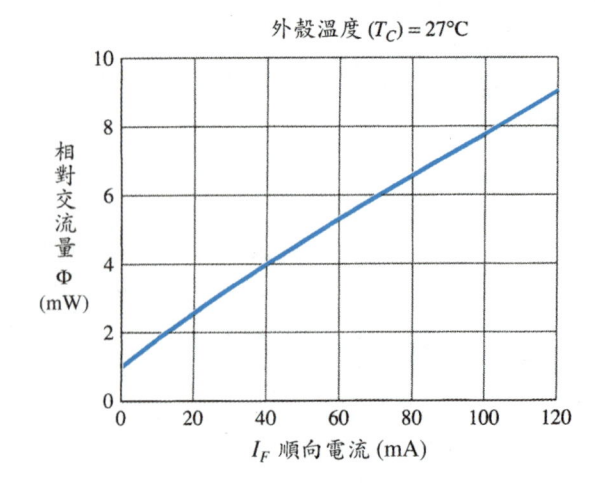

圖 16.20　紅外線(IR)發射二極體典型的輻射光通量對應於直流順向電流的關係

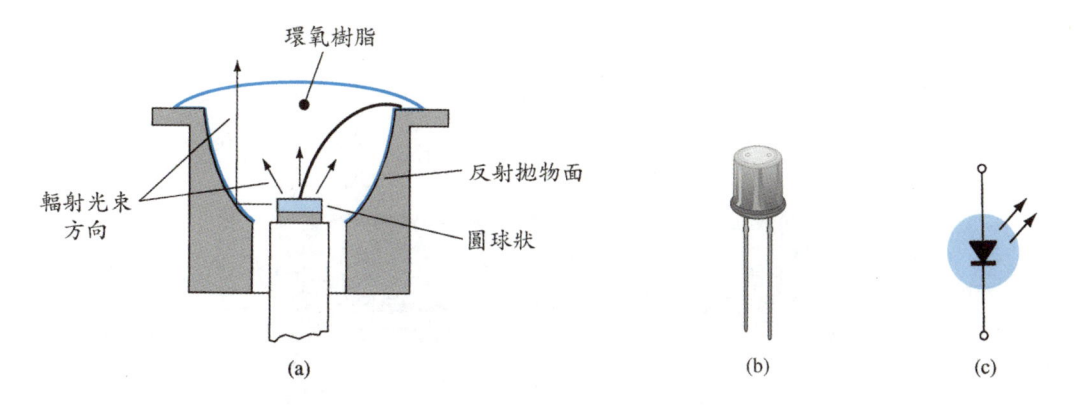

圖 16.21　RCA 紅外線(IR)發光二極體：(a)結構；(b)照片；(c)符號

結構和圖形符號見圖 16.21，此類裝置的應用領域如讀卡（或紙帶）機、軸編碼器、資料傳輸系統和侵入警報等。

16.8　液晶顯示器

液晶顯示器(LCD)的獨特優點是較低的功率需求，約在 μW (10^{-6} W) 範圍，而 LED 則達到 $mW(10^{-3} W)$ 的大小。但是 LCD 一定要藉助外部或內部的光源，且溫度限制在 0°C～60°C 的範圍。又因 LCD 可能會化學性的變質，故壽命也是需考量之處。

液晶是一種材料（用於 LCD 的有機物質），流動似液體，但其分子結構具有某些和固體相關的性質。就光散射型元件而言，最大的關注是在**向列型液晶**(nematic liquial crystal)方面，其晶體結構見圖 16.22，個別分子具有棒式外型，如圖所示。又圖 16.23，分子排列將被擾亂，結果會建立不同折射率的區域。在不同折射率區域之間的介面，入射光會以不同的方向反射（稱為**動態散射** (dynamic scattering)。

LCD 顯示器上的數字外觀分為數段，如圖 16.24 所示。色塊區域實際上是清澈的導電表面，連接其下的接腳供外部控制。兩個相似的罩子置放在密封液晶材料厚層的相反

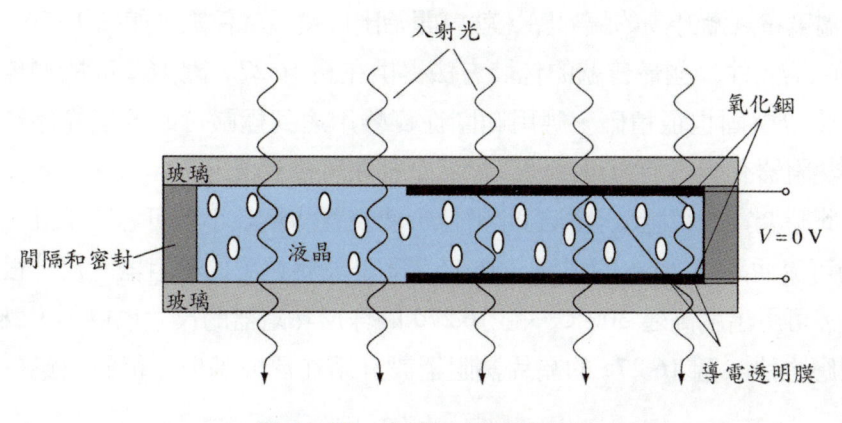

圖 16.22　未外加偏壓時的向列液晶

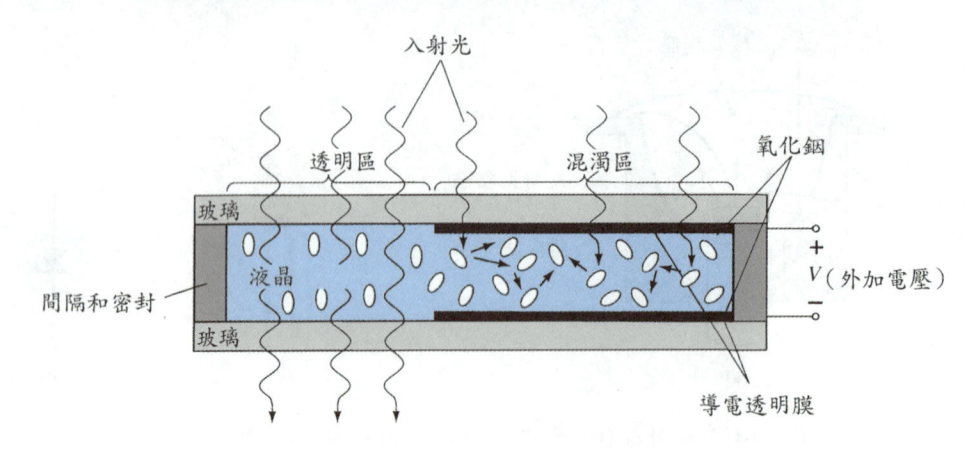

圖 16.23 外加偏壓後的向列液晶

兩面。若要顯示數字 2，接腳 8、7、3、4 和 5 要施加電壓。

LCD 不會自己發光，要藉助外部或內部光源。為得到最佳工作，手錶製造商結合穿透式（自有內部光源）和反射式，稱為**穿透反射式**(transflective)工作。

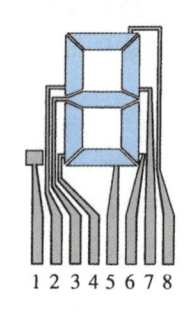

16.9　熱阻器

熱阻器是一種受溫度影響的電阻，亦即其兩端阻值和電阻本體溫度有關。熱阻器並非接面裝置，由鍺、矽或者是鈷、鎳、鍶或錳的氧化物的混合所建構，所用的複合體材料決定了裝置是正或負溫度係數。

圖 16.24 LCD 8 段數字顯示器

典型具負溫度係數的熱阻器特性提供在圖 16.25，此圖也顯示此種裝置普通所用符號。此熱阻器的阻值在室溫(20°C)時的阻值約 5000 Ω，而在 100°C(212°F)時，電阻值則降到 100 Ω，所以 80°C 的度變化造成電阻值 50：1 的變化，溫度每變化 1° 時，阻值的典型變化是 3%～5%。當外加電壓很小時，所產生的電流太小，無法使電阻本體溫度高於外在環境，在此區域工作時，熱阻器的作用有如一具正溫度係數的電阻。但隨著電流的上升，電阻本體溫度會逐漸升高的臨界點，就會開始出現負溫度係數，如圖 16.26 所示。

感測用熱阻器元件一些最普遍的包裝方法提供在圖 16.27，圖 16.27a 的測棒具有高穩定性因數，十分堅固也很精確，應用範圍從實驗用途到極嚴苛的環境條件皆可。圖 16.27b 的功率熱阻器有絕對能力可將湧入電流壓制在可接受值之下，直到電容充電到足夠電壓為止，此時裝置的電阻值會掉到非常低，使裝置的壓降小到可忽略不計，阻值低到 1 Ω 時，仍可流通高達 20 A 的電流。圖 16.27c 是玻璃包覆的熱阻器，尺寸很小，很堅固也很穩定，可用溫度高達 300°C。圖 16.27d 的珠形熱阻器的尺寸也很小，既準確也很穩定，熱反應也快。圖 16.27e 的晶片熱阻器設計用在混成基板、積體電路或印刷電路板上。

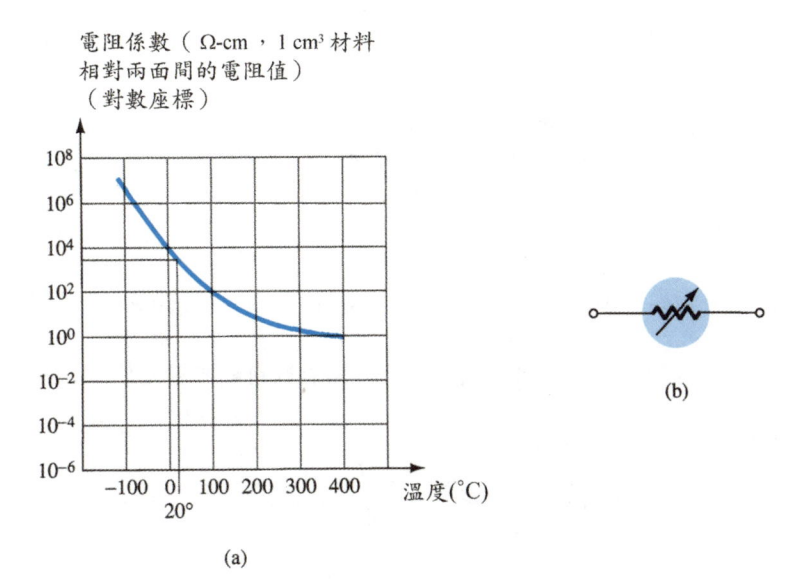

圖 16.25　熱阻器：(a)典型特性；(b)符號

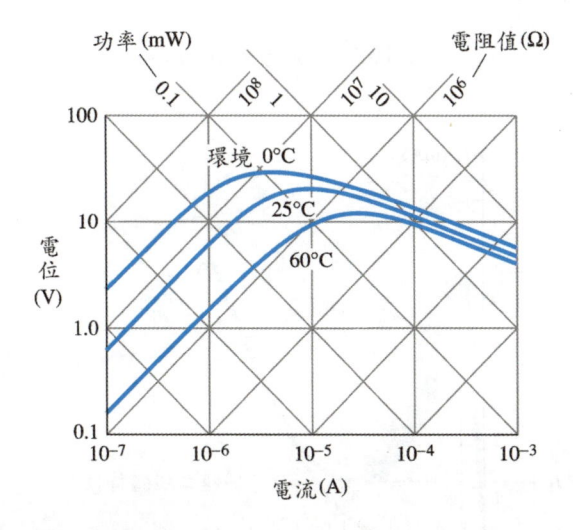

圖 16.26　Honeywell-Fenwal 公司的熱阻器的穩態電壓－電流特性

應　用

簡單的溫度指示電路見圖 16.28，任何周遭介質溫度的上升都會使熱阻器的電阻值下降，也會使電流 I_T 上升。

16.10　透納二極體

透納二極體在 1958 年由 Leo Esaki 首創，其特性見圖 16.29，和其他二極體不同之處在於具有負電阻區。在負電阻區，端電壓的增加會造成二極體電流的降低。

(a)測棒　　(b)高功率　　(c)玻璃　　(d)珠形　　(e)表面黏著

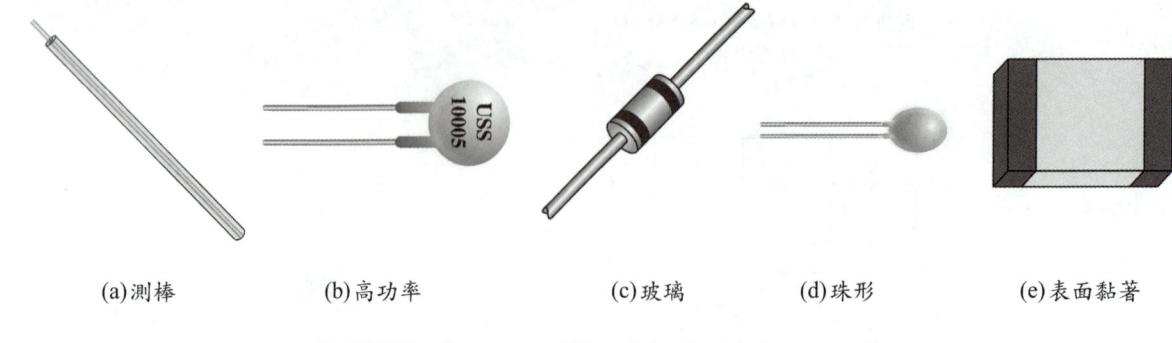

圖 16.27　各種不同型態的美國感測用熱阻器元件

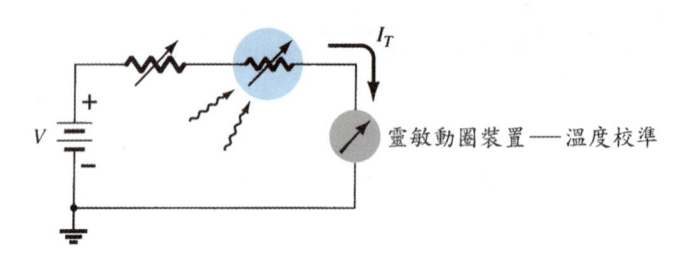

圖 16.28　溫度指示電路

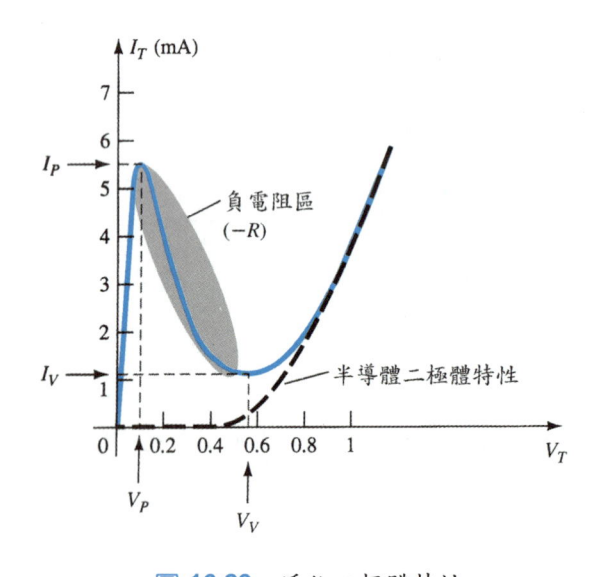

圖 16.29　透納二極體特性

對半導體材料摻雜，使其 p-n 接面的濃度是一般半導體二極體的數千倍，可製出透納二極體。這種作法會使空乏區大幅縮減，其寬度大小約在 10^{-6} cm 的範圍，約為一般的半導體二極體空乏區寬度的 1/100。為作比較，典型的半導體二極體特性和透納二極體特性同時畫在圖 16.29 上。

透納二極體在負電阻區的等效電路，以及最常用的幾種電路符號，提供在圖 16.30，

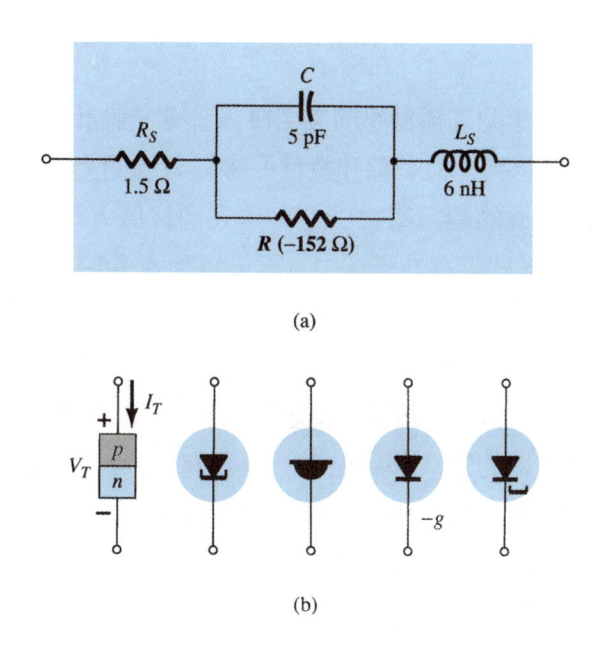

圖 16.30 透納二極體：(a)等效電路；(b)符號

　　圖上所給參數值是今日商用元件的典型值。電感 L_S 主要源自接腳，電阻 R_S 則源自接腳、接腳和半導體之間的歐姆式接觸，以及半導體自身的電阻。電容 C 是接面擴散電容，而 R 是負電阻區的負電阻，此負電阻可應用於振盪器。

　　在圖 16.31 中，所選定的電源電壓和負載電阻定義了負載線和透納二極體的特性曲線產生三個交點。交點 a 和 b 稱為穩定工作點，位於特性的正電阻區。網路的些微擾動不會造成網路振盪或導致 Q 點位置的大幅變動。c 定義的工作點則是不穩定的工作點，因為二極體電壓或電流的微幅變化就會使 Q 點移到 a 或 b 點。因 c 點位於負電阻區，V_T 的上升反而造成 I_T 下降，因而使 V_T 再上升，如此造成 I_T 再下降，循環不已。反之，當電源電壓些微下降時，工作點則會移動到穩定的 a 點。

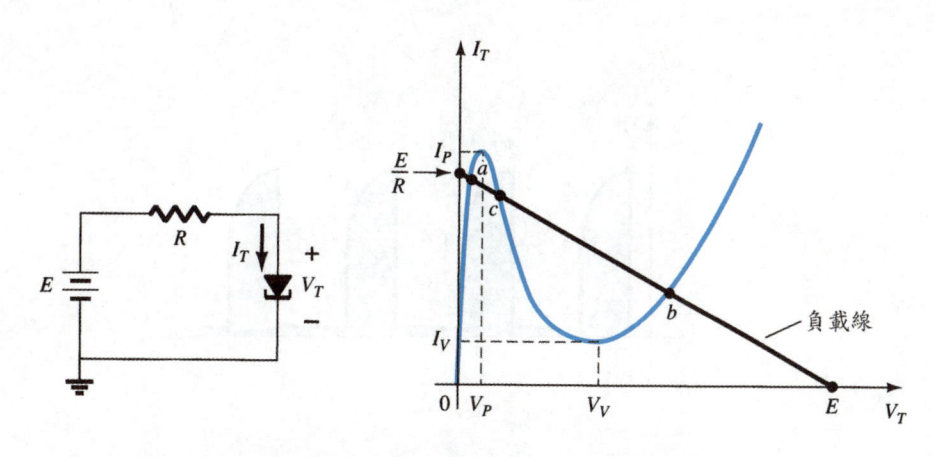

圖 16.31 透納二極體和所產生的負載線

應　用

在圖 16.32a 中，利用透納二極體建構負電阻振盪器。設計選擇網路元件，建立如圖 16.32b 所示的負載線，注意到，負載線和特性曲線只有一個交點，且位於不穩定的負電阻區。當電源一開啟，電源的端電壓會由 0 V 建立到終值 E。起初，電流 I_T 會從 0 mA 增加到 I_P，能量以磁場的形式儲存在電感中。但一旦到達 I_P 時，由二極體特性知，電流 I_T 會隨著二極體電壓降的上升而降低。

電源電壓不可能維持原設定值，因此工作點會從點 1 移到點 2。但在點 2 的電壓 V_T 已跳到比外加電壓還大，為滿足克希荷夫電壓定律，線圈上的暫態電壓極性會倒反，使電流開始下降，從特性曲線的點 2 移到點 3。當 V_T 降到 V_V 時，從特性曲線看，I_T 會開始再上升，因 V_T 仍大於外加電壓，線圈仍會經由串聯電路釋出能量，工作點必須移到點 4，讓電流 I_T 持續下降。但一旦到達點 4 後，外加電壓會再使透納二極電流上升，從 0 mA 直到 I_P，如特性圖上所示。此過程會一再反覆，無法安定在不穩定區上的工作點。透納二極體所產生的電壓降波形見圖 16.32c，只要維持供應直流電源，此波形會一直持續。

(a)

(b)

(c)

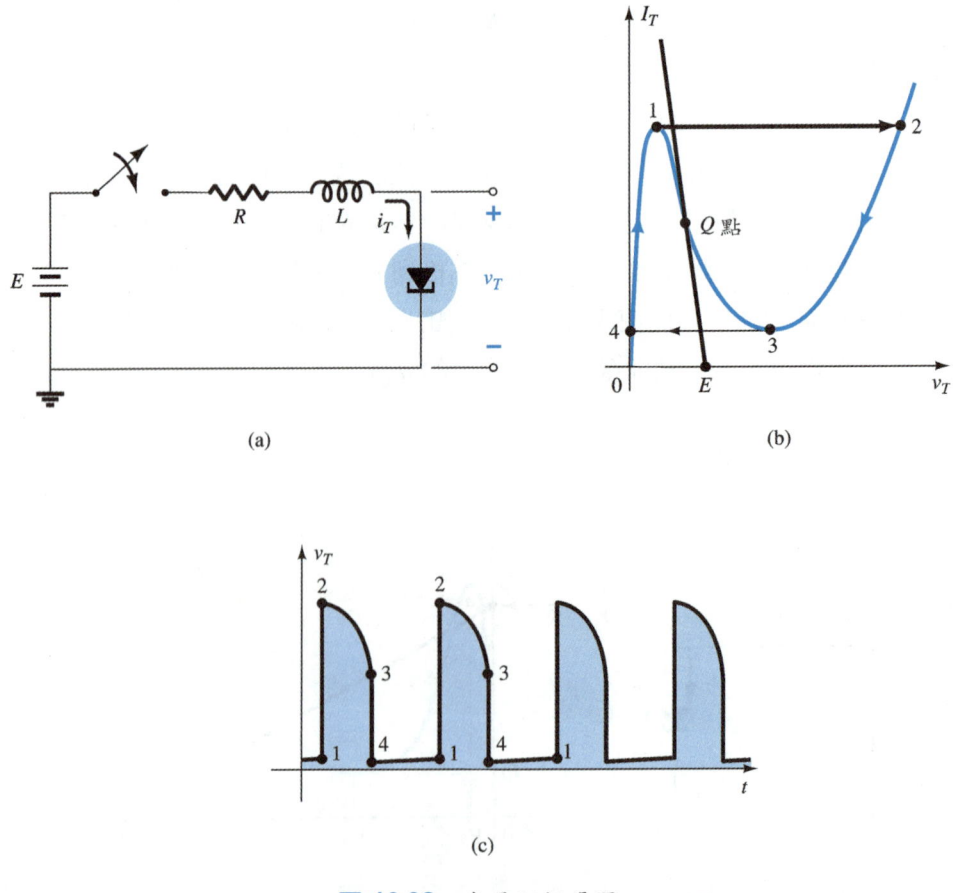

圖 16.32 負電阻振盪器

▣ 16.33　弦式振盪器

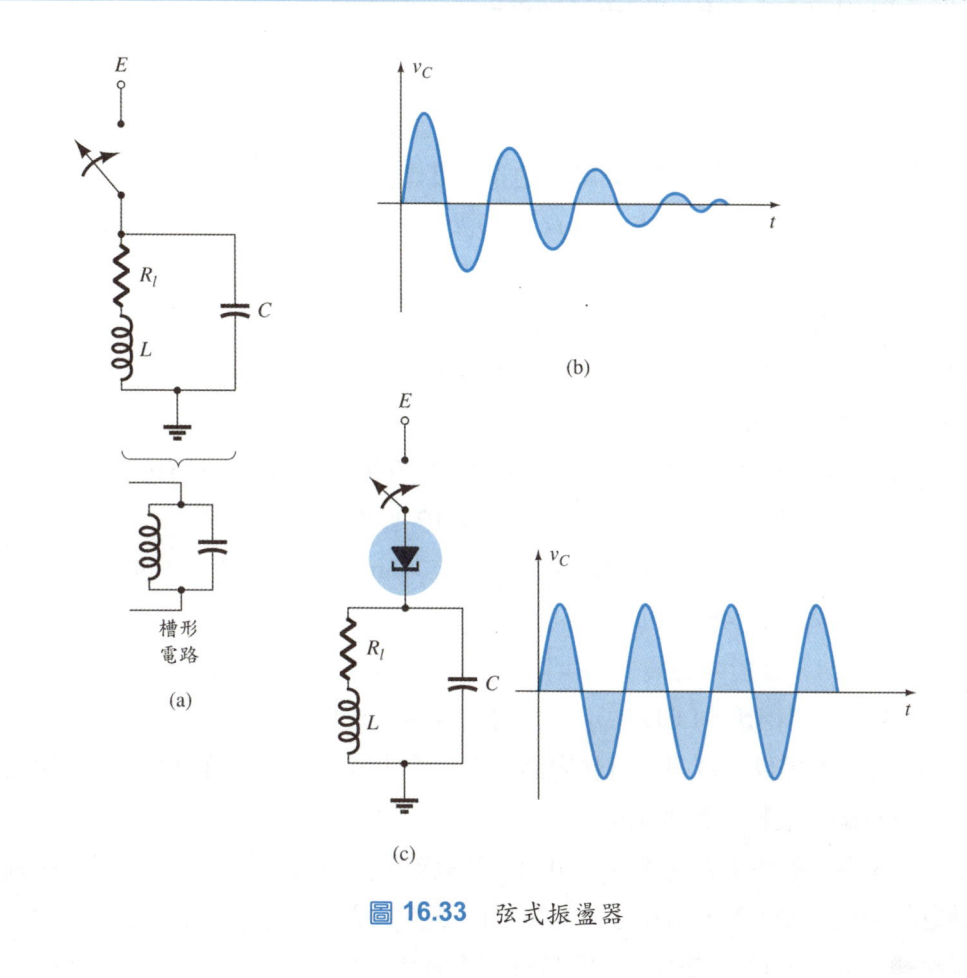

只要配合直流電源和幾個被動元件，也可用透納二極體產生弦波電壓。在圖 16.33a 中，開關閉合時會產生振幅隨時間遞減的弦波，如圖 16.33b 所示。將透納二極體和槽型電路串聯，如圖 16.33c 所示，透納二極體的負電阻可抵補槽型電路的電阻性特性，產生無阻尼響應。

習　題

1. **a.** 試用自己的話描述，熱載子二極體的構造和傳統的半導體二極體如何明顯不同。
   b. 另外描述其操作模式。
2. **a.** 某擴散接面變容二極體的 $C(0)=80$ pF 且 $V_r=0.7$ V，試決定逆偏 4.2 V 時對應的遷移電容值。
   b. 根據(a)的資料，決定式(16.2)的常數 K。
3. **a.** 某變容二極體具圖 16.5 的特性，試決定逆偏電壓 -3 V～-12 V 之間電容值的差異。
   b. 試決定 $V=-8$ V 時的變率 $(\Delta C/\Delta V_r)$，此值和 $V=-2$ V 時的變率相比如何？
4. 若某變容二極體 $C_0=22$ pF、$TC_C=0.02\%/°C$ 且溫度自 $T_0=25°C$ 上升所產生的 $\Delta C=$

0.11 pF，試決定 T_1。

5. a. 就圖 16.7 的太陽能電池，若 $fc_1 = 20\,fc$，試決定比值 $\Delta I_{SC}/\Delta fc$。

  b. 利用(a)的結果，求出 28 呎燭光的光強度產生的 I_{SC} 值。

6. a. 就圖 16.10 的太陽能電池，若 $fc_1 = 40\,fc$，試對 $20\,fc \sim 100\,fc$ 的範圍，求出比值 $\Delta IV_{OC}/\Delta fc$。

  b. 利用(a)的結果，決定光強度 $60\,fc$ 對應的 V_{OC} 預期值。

7. 參考圖 16.13，若 $V_\lambda = 30$ V 且光強度 4×10^{-9} W/m^2，試決定 I_λ。

8. 光二極體的"暗電流"是什麼？

9. 圖 16.18 中，若照射在光導電池的光強度是 10 fc 且 R_1 等於 5 kΩ，試決定 V_i 的大小，使光導電池的壓降為 6 V。採用圖 16.19 的特性。

10. a. 就圖 16.20 的裝置，試決定直流順向電流 70 mA 時的輻射光通量。

  b. 試決定順向電流 45 mA 時的輻射光通量，以流明為單位。

11. 參考圖 16.24，要對中哪幾支腳供電才能顯示數字 7？

12. 和 LED 顯示器相比，LCD 顯示器相對的優點和缺點是什麼？

13. 利用圖 16.25 提供的資訊，材料表面積 1 cm^2 且高 2 cm，溫度 0°C，試決定總電阻值，注意圖上縱軸為對數座標。

14. 圖 16.28 中，$V = 0.2$ V 且 $R_{可變} = 10$ Ω。若流經靈敏動圈裝置的電流是 2 mA 且動圈裝置的電壓降是 0 V，則熱阻器的電阻值是多少？

15. 半導體接面二極體和透納二極體的根本差異為何？

16. 試決定圖 16.29 中，透納二極體在 $V_T = 0.1$ V $\sim V_T = 0.3$ V 之間的負電阻值。

17. 圖 16.33 的網路中，若 $L = 5$ mH、$R_1 = 10$ Ω 且 $C = 1\,\mu$F，試決定振盪頻率。

Chapter 17
pnpn 及其他裝置

17.1 導　言

　　2 層的半導體二極已發展到 3、4 層，甚至 5 層裝置，要先考慮 4 層 pnpn 裝置族類：SCR（矽控整流子）、SCS（矽控開關）、GTO（閘關斷開關）、LASCR（光激 SCR），UJT（單接面電晶體）。具有控制機制的 4 層裝置，普通稱為閘流體(thyristor)，此名稱也常用來代表 SCR。

pnpn 裝置

17.2 矽控整流子

　　在 pnpn 裝置族類中，矽控整流子是最受關注者，其較普遍的應用領域包括繼電器控制、延時電路、穩壓電源供應器、靜態開關、馬達開關、斬波器、變流器、變頻器、電池充電器、保護電路、加熱器控制和相位控制等。

17.3 矽控整流子的基本操作

　　如名稱所顯示的，SCR 是用矽材料建構的整流子。SCR 和基礎的兩層半導體二極體在基本操作上的不同之處，在於第 3 腳，此腳位稱為閘極(gate)，用來決定整流子何時由開路狀態切換到短路狀態。SCR 在導通區的電阻典型值介於 $0.01\ \Omega \sim 0.1\ \Omega$ 之間，逆向電阻的典型值則在 $100\ k\Omega$ 以上。

　　SCR 的圖形符號和對應的 4 層半導體結構的接法見圖 17.1，如圖 17.1a 所示者。當順向導通建立時，陽極電位必定高於陰極，但必須施加足夠大的脈波到閘極，建立觸發導通的閘極電流（以 I_{GT} 代表），才能使裝置導通。可將圖 17.1b 的 4 層 *pnpn* 結構析解成兩個 3 層電晶體結構，如圖 17.2a，再得到圖 17.2b 的電路。

將圖 17.3a 所示的訊號加到圖 17.3b 電路的閘極。在 $0 \to t_1$ 的期間內，$V_{閘極}=0\,\text{V}$，圖 17.2b 的電路情況顯示在圖 17.3b 上。因此兩電晶體都在"截止"狀態，兩個電晶體的集極和射極之間都產生高阻抗狀態，因此矽控整流子可用開路代表，如圖 17.3c 所示。

當 $t=t_1$，SCR 閘極出現 V_G 伏特的脈波，此電路所建立的電路情況見圖 17.4a，所選取的電壓 V_G 需足夠大到使 Q_2 導通 ($V_{BE_2}=V_G$)，接著 Q_2 的集極電流會上升到足夠使 Q_1 導通 ($I_{B_1}=I_{C_2}$)。當 Q_1 導通時，I_{C_1} 會增加，造成 I_{B_2} 對應的增加。Q_2 基極電流的增加，會使 I_{C_2} 進一步增加。總和結果是兩電晶體的集極電流逐漸遞增。因 I_A 很大，所產生的陽極對陰極電阻 ($R_{SCR}=V/I_A$) 會很小，SCR 可用短路代表，如圖 17.4b 所示。

除了閘極觸發之外，也可藉由提高裝置溫度，或使陽極對陰極電壓超過轉態電壓值，而使 SCR 導通。僅移走閘極訊號並不能使 SCR 截止。足有少數特殊的 SCR，可以在閘

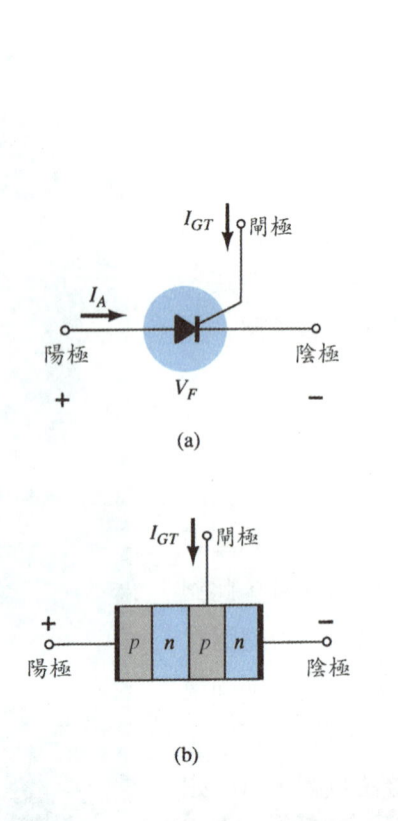

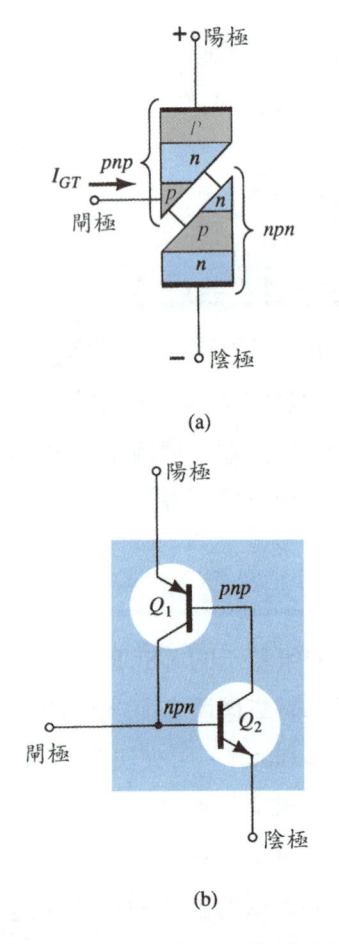

圖 17.1 (a)SCR 符號；(b)基本結構

圖 17.2 SCR 雙電晶體等效電路

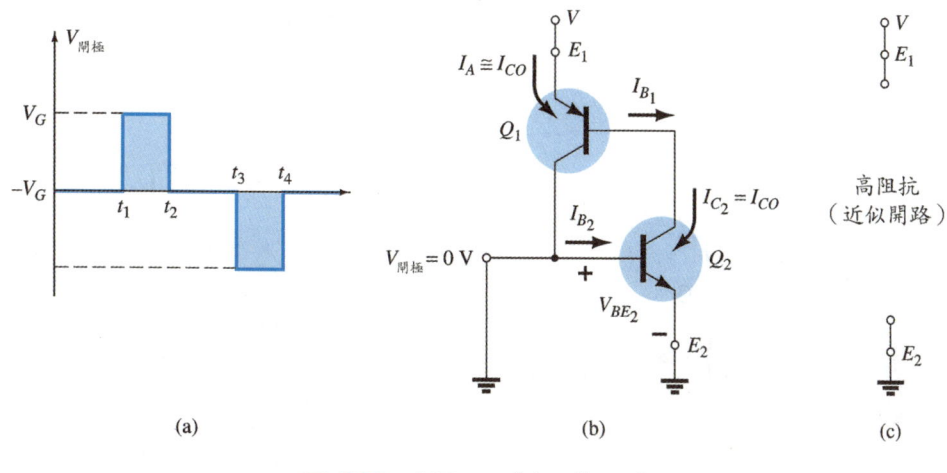

圖 17.3 SCR 的 "截止" 狀態

極腳位加上負脈波而使其截止，如圖 17.3a 中 $t=t_3$ 處的波形。

陽極電流中斷的兩種可能方法，分別見圖 17.5。在圖 17.5a 中，開關開路時 I_A 為零（串聯中斷），而在圖 17.5b 中，當開關閉路時也可使 I_A 為零（並聯中斷）。

在基本的電路類型中見圖 17.6 如圖所示，關斷電路由一 npn 電晶體、直流電池 V_B 和脈波產生器組成。為關斷 SCR，可施加正脈波到電晶體的基極，使電晶體重度導通（飽和區），在集極和射極之間產生極低阻抗（可用短路代表），因此電池電壓會直流落在 SCR 上，如圖 17.6b 所示，強制 SCR 流通相反方向的電流，因而使 SCR 截止。

17.4　SCR 的特性與額定值

針對不同閘極電流值的 SCR 特性提供在圖 17.7。

1. 順向轉態(forward breakover) 電壓 $V_{(BR)F}*$ 代表是 SCR 進入導通區所需的最低電壓。
2. 保持(holding)電流 I_H 是 SCR 在前述導通狀態下不會切換到順向阻斷區的最小電流值。
3. 順向及逆向阻斷區是 SCR 可阻斷陽極到陰極電荷流動的開路對應區。
4. 逆向崩潰電壓等效於兩層半導體二極體的齊納或累增區。

SCR 的外殼構造和腳位識別，因應用不同而異。某些 SCR 的外殼結構技術以及腳位識別，提供在圖 17.8。本節考慮五類應用：靜態開關、相控系統、電池充電器、溫度控制器和單電源緊急照明系統。

▣ 17.4　CSR 的 "導通" 狀態

▣ 17.5　陽極電流中斷法

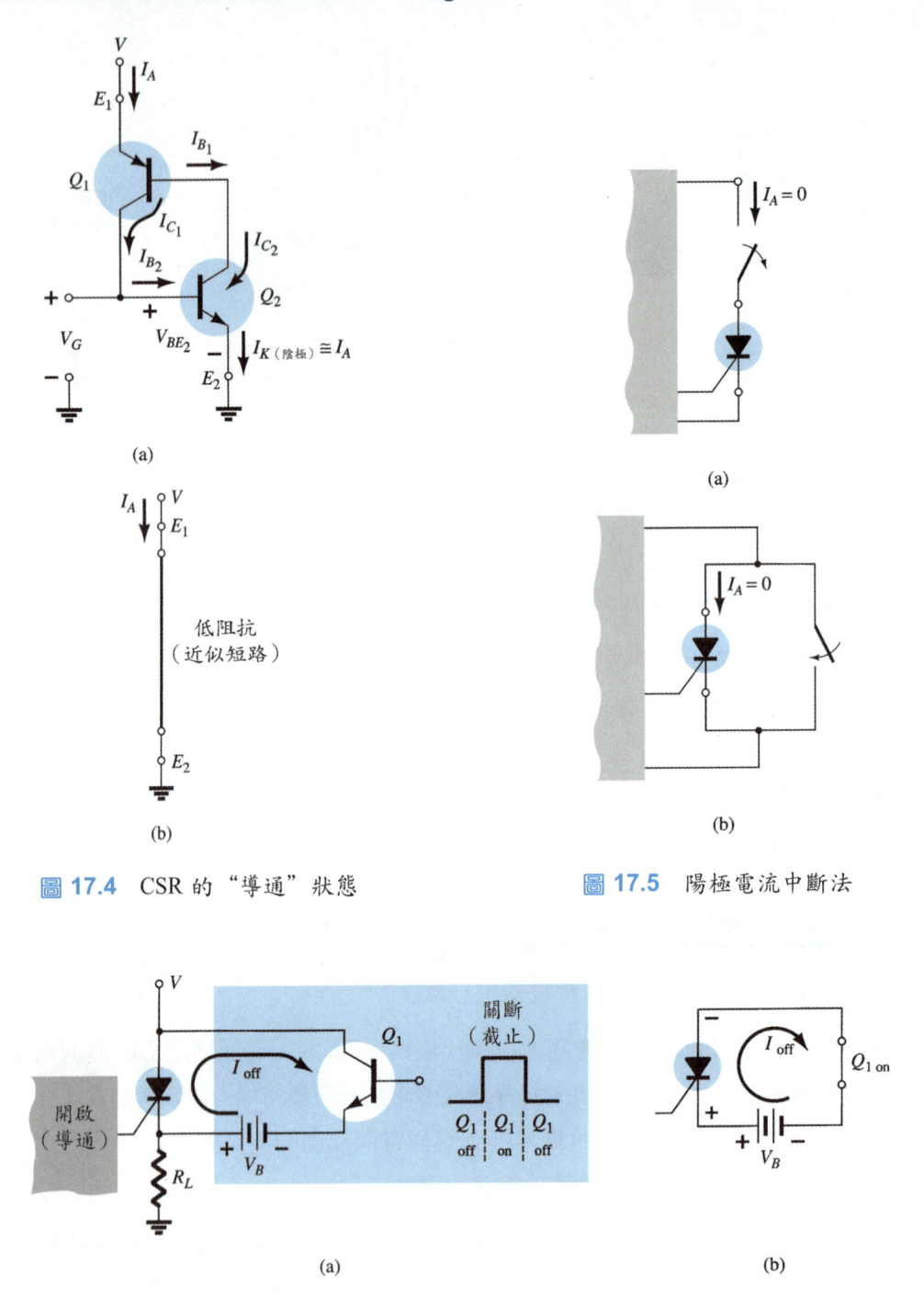

▣ 17.6　強制換流技術

串聯靜態開關

半波串聯靜態開關見圖 17.9a，開關閉路的情況如圖 17.9b，在輸入訊號的正半週會流通閘極電流，使 SCR 導通。電阻 R_1 限制閘極電流的大小，當 SCR 導通時陽極對陰極電壓(V_F)會降到導通值。在輸入負半週，因陽極對陰極為負電壓，使 SCR 截止，加上二

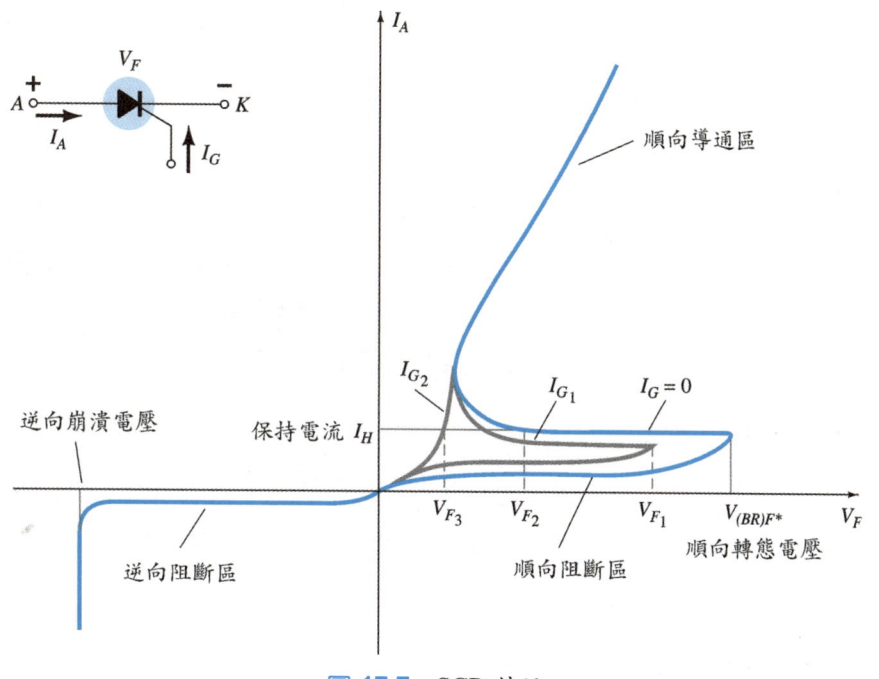

圖 17.7 SCR 特性

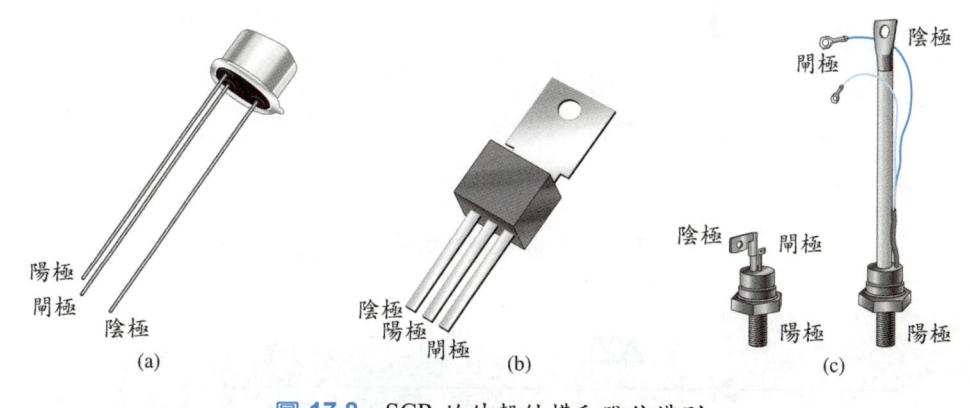

圖 17.8 SCR 的外殼結構和腳位識別

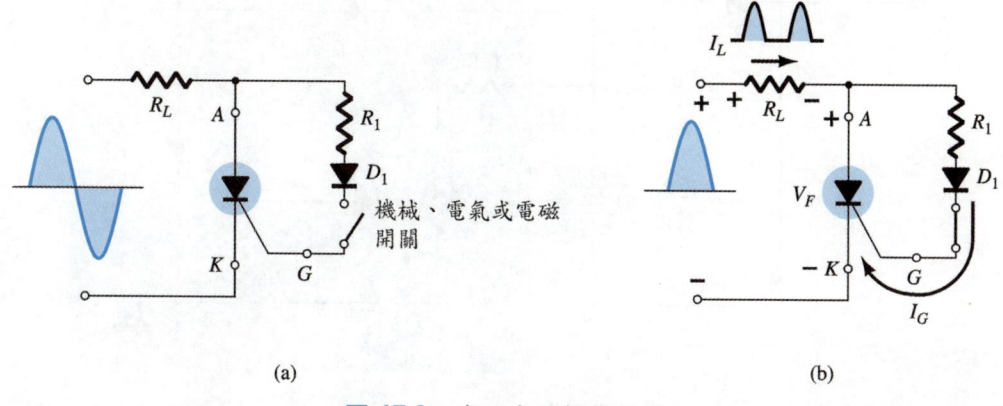

圖 17.9 半波串聯靜態開關

極 D_1 可避免閘極產生逆向電流。負載電流和電壓波形見圖 17.9b，結果負載是半波整流訊號。

可變電阻的相位控制

能夠建立導通角在 90°～180° 之間的電路見圖 17.10a，此電路類似圖 17.9a，但加上可變電阻並去掉開關。電阻 R 和 R_1 的組合，會限制輸入訊號在正半週時的閘極電流。隨著 R_1 自最大值下降，在相同輸入電壓之下的閘極電流會逐漸上升，如此可在 0°～90° 之間的任意點建立所需的閘極導通電流，如圖 17.10b 所示。

電池充電穩壓器

SCR 第 3 種普遍的應用是電池充電穩壓器，電路的基本組成見圖 17.11。D_1 和 D_2 會在 SCR_1 和 12 V 電池上建立全波整流訊號，對電池充電。電池電壓較低時，SCR_2 會在

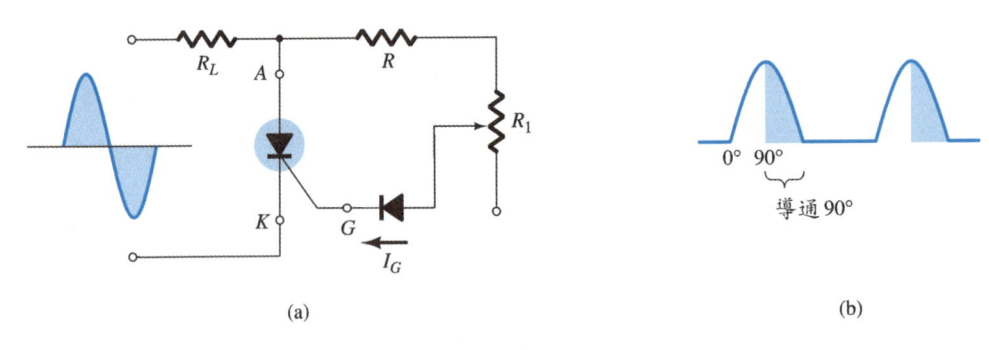

圖 17.10 半波可變電阻的相位控制

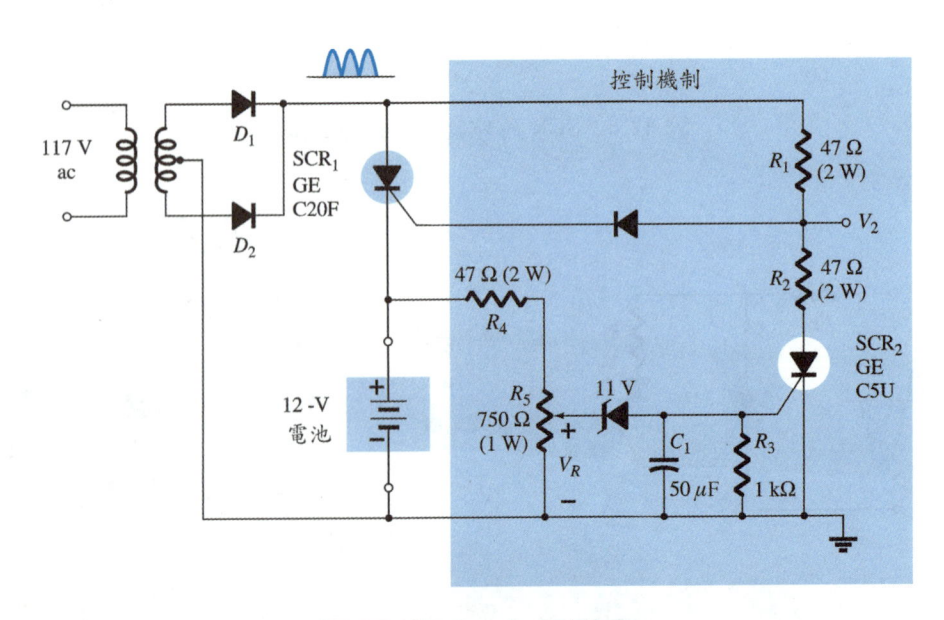

圖 17.11 電池充電穩壓器

"截止"狀態，使 SCR₁ 控制電路和先前討論的串聯靜態開關控制電路完全相同。SCR₁ 會導通就開始對電池充電。低電池電壓會產生低 V_R 電壓，無法使 11 V 的齊納二極體崩潰導通。這會使 SCR₂ 的閘極電流為零，因而使 SCR₂ 維持在"截止"狀態。電容 C_1 在避免電路中的任何電壓暫態而讓 SCR₂ 誤導通。

電池電壓會升高到某一電壓值，其對應的 V_R 已高到足以使 11 V 齊納二極體和 SCR₂ 同時導通。一旦 SCR₂ 觸發導通，使 R_1 和 R_2 產生一分壓器電路，這會使 V_2 降到很低，而使 SCR₁ 無法再導通，SCR₁ 開路會切斷充電電流。

溫度控制器

採用 SCR 的 100 W 加熱器的控制電路見圖 17.12，其設計是藉恆溫器決定 100 W 加熱器的開啟與關斷。橋式網路經 100 W 加熱器接到交流電源，這會在 SCR 上產生全波整流電壓。當恆溫器開路時，整流訊號脈波會將電容電壓充電到閘極點火（觸發）電壓，使電流通過加熱器。隨著溫度上升，最後恆溫器會導電，使電容兩端短路，因而電容絕對無法充電到點火電壓，也不可能觸發 SCR。

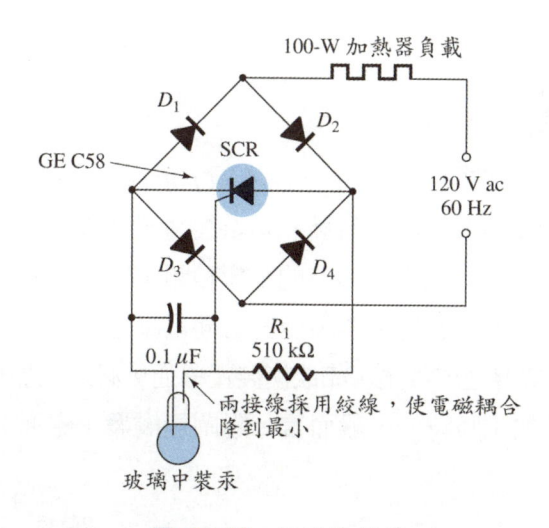

圖 17.12 溫度控制器

緊急照明系統

見圖 17.13 是一單電源緊急照明系統，可維持住 6 V 電池的電量，確保隨時可用，並在電力短缺時可提供直流能量給燈泡。經由二極體 D_2 和 D_1，全波整流訊號會出現在 6 V 燈泡上。6 V 電池在 R_2 上建立一直流電壓，全波整流訊號的峰值和此直流電壓之間的壓差會落到電容 C_1 上，此時 SCR₁ 的陰極電壓必高於陽極，且閘極對陰極的電壓為負，SCR 絕對不會導通。全波整流電壓經 R_1 和 D_1 對電池充電，充電速率由 R_1 決定。只

要 D_1 的陽極電位高於陰極，充電就會進行。電力中斷，電容 C_1 經 R_1 和 R_3 放電，直到 SCR_1 的陰極電位略低於陽極為止，此時 R_2 和 R_3 相接點的電位會略高於 SCR_1 的陰極電位，所建立的閘極對陰極電壓足以觸發 SCR。一旦點火（觸發）導通，6 V 電池會經 SCR_1 放電，對燈泡供應能量使其維持亮度。

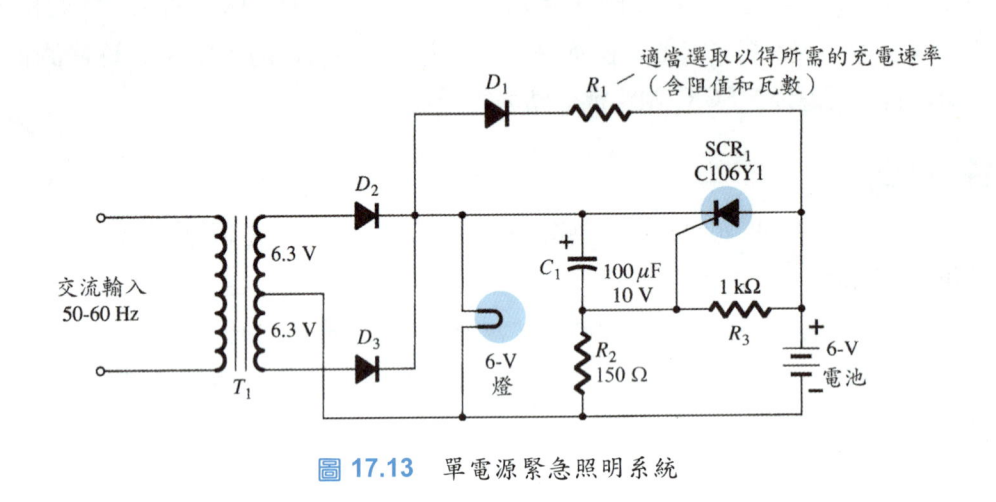

圖 17.13　單電源緊急照明系統

17.6　矽控開關

矽控開關(SCS)類似矽控整流子，是一種 4 層 pnpn 裝置。SCS 的 4 層都有接腳，比 SCR 多了陽閘極，見圖 17.14a，圖形符號和電晶體等效電路則見同一圖的 b 和 c。此裝置的特性幾和 SCR 完全相同，陽閘極電流的影響和圖 17.7 上閘極電流的效應極為相似，陽閘極電流愈高時，使裝置導通所需的陽極對陰極電壓也愈低。

陽閘極可接成使裝置導通或截止，如欲使裝置導通，必須施加負脈波到陽閘極腳位，而要裝置截止時則需施加正脈波。一般而言，陽閘極觸發（導通）所需的電流會大於陰

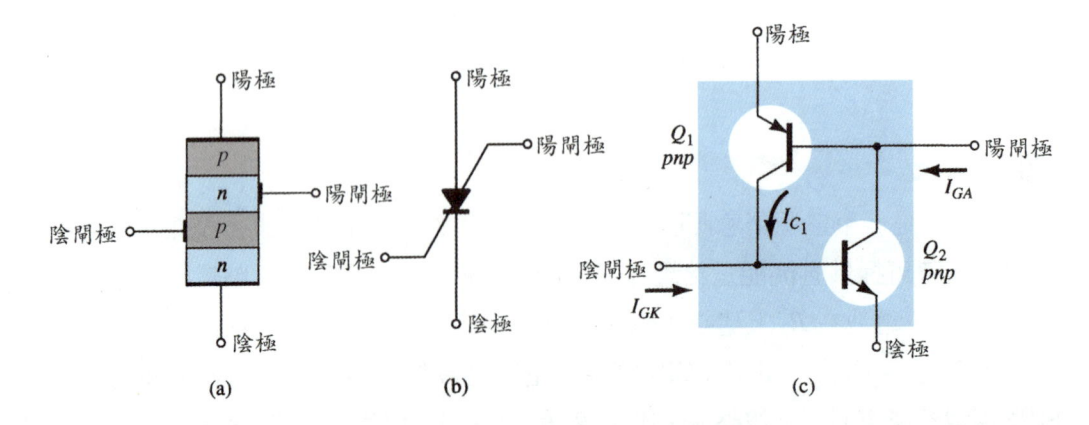

圖 17.14　矽控開關(SCS)：(a)基本結構；(b)圖形符號；(c)等效電晶體電路

(a)　　　　　　　(b)　　　　　　　(c)

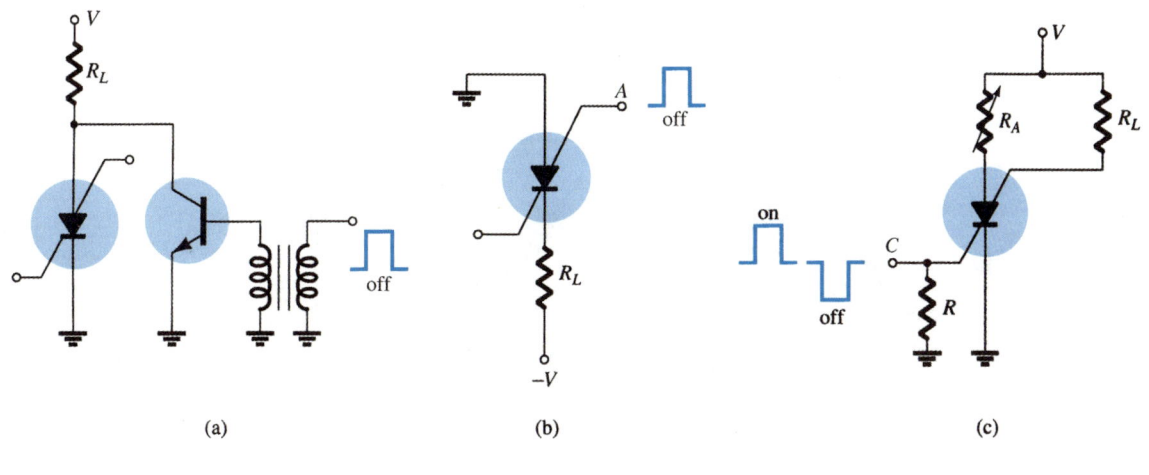

圖 17.15　關斷 SCS 的方法

閘極所需者。

　　SCS 的三種較為基本的關斷電路見圖 17.15，當圖 17.15a 的電路外加脈波時，電晶體會深度導通（飽和），使集極和射極之間呈低阻抗（≅短路）特性，此低阻抗分路會導入原先流入 SCS 陽極的電流，使 SCS 的電流掉到保持電流以下，因而使 SCS 截止。而在圖 17.15b 中，則是以陽閘極的正脈波使 SCS 截止。最後在圖 17.15c 的電路中，可在陰閘極處施加適當大小和方向的脈波，可使 SCR 導通或截止。

　　SCS 的優點是關斷時間縮短，SCS 關斷時間的典型值在 $1\mu s \sim 10\mu s$ 的範圍，而 SCR 則在 $5\mu s \sim 30\mu s$。SCS 優於 SCR 之處還包括控制與觸發靈敏度的提高，以及點火情況更能預測等。SCS 的腳位識別和包裝見圖 17.16。

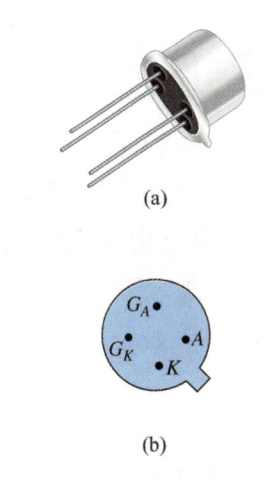

圖 17.16　矽控開關(SCS)：(a)裝置；(b)腳位識別

電壓感測器

　　SCS 較普通的一些應用領域，包括很多種類的計算機電路、脈波產生器、電壓感測器和振盪器。有一種簡單應用是將 SCS 作為電壓感測裝置，見圖 17.17，這是由各分站接進來的 n 個輸入進入警報系統，任何單一輸入都會使對應的 SCS 導通，並對警報繼電器激磁及點亮陽閘極電路的燈泡，以指示出現狀況的輸入位置。

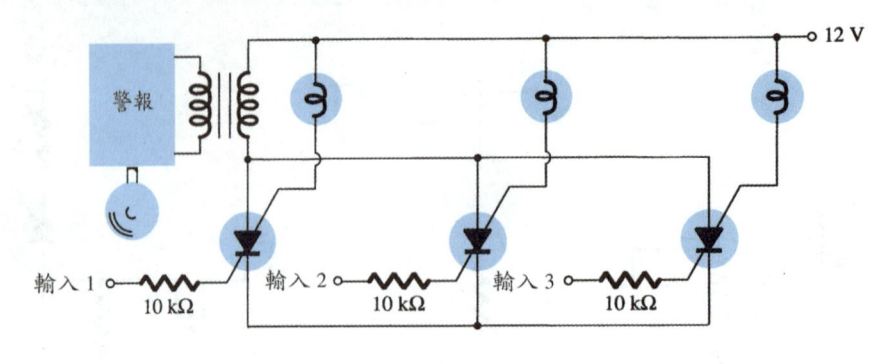

圖 17.17　SCS 警報電路

警報電路

SCS 的另一種應用是圖 17.18 的警報電路，R_S 代表熱敏、光敏或輻射感測電阻，且這些電阻的阻值會隨著能量的施加而降低。陰閘極的電壓可由 R_S 和可變電阻所建立的分壓關係決定。

17.7　閘關斷開關

這是一種 *pnpn* 裝置是閘關斷開關 (GTO)，類似 SCR 與只有三個接腳，如圖 17.19a 所示，其圖形符號見圖 17.19b。雖然符號和 SCR 以及 SCS 都不相同，但三者的電晶體等效電路完全相同，且特性也類似。

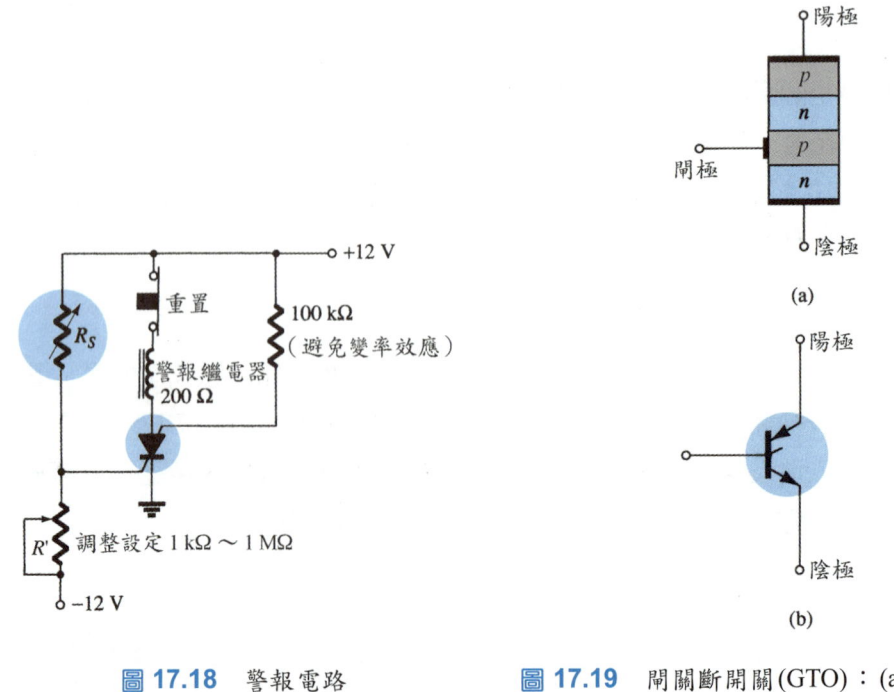

圖 17.18　警報電路

圖 17.19　閘關斷開關(GTO)：(a)基本結構；(b) 符號

GTO 優於 SCR 或 SCS 的最明顯之處，在於可對閘極（GTO 沒有 SCS 的陽閘極和相關電路）施加適當的脈波，使 GTO 導通或截止。

典型的 GTO 及其腳位識別見圖 17.20，GTO 的閘輸入特性和關斷電路可在內容豐富的資料手冊或規格表上找到，大部分的 SCR 關斷電路也可應用在 GTO 上。

鋸齒波產生器

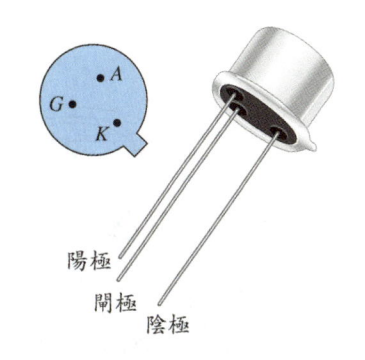

圖 17.20 典型的 GTO 和腳位識別

GTO 的一些應用領域包括計數器、脈波產生器、多諧振器和穩壓器，圖 17.21 是利用 GTO 和齊納二極體建立的簡單鋸齒波產生器的實例。接上電源時，GTO 會導通，造成陽極到陰極間等效於短路，電容 C_1 開始充電，朝向電源電壓，如圖 17.21 所示。當電容 C_1 的電壓降充電到齊納電壓之上時，閘極對陰極電壓會出現逆偏而建立逆向閘極電流，最後當負閘極電流足夠大時，就會使 GTO 截止。電路 C_1 經 R_3 放電，放電時間由 $\tau = R_3 C_1$ 決定。

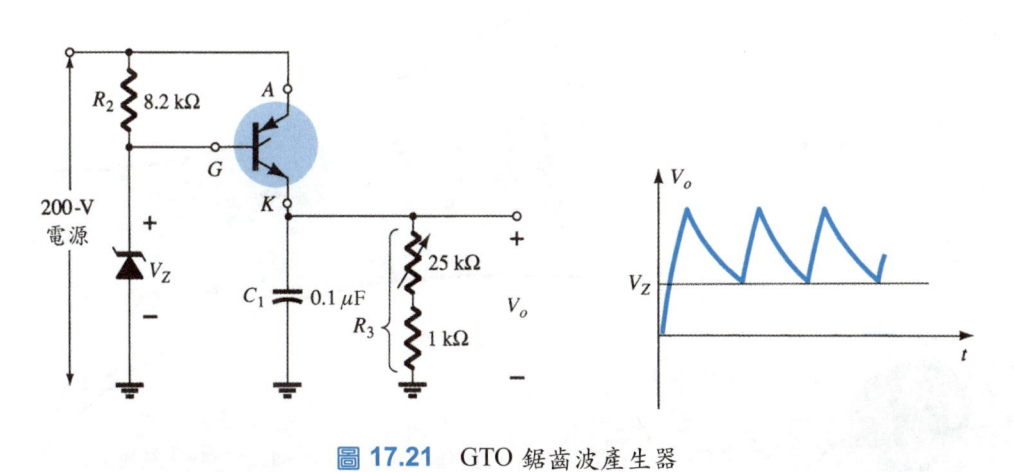

圖 17.21 GTO 鋸齒波產生器

17.8 光激 SCR

光激 SCR(LASCR)。這種 SCR 的狀態是由照射到裝置矽半導體層的光線所控制。SCR 的基本結構見圖 17.22a，可從圖上看出，裝置也提供了閘極接腳，因此也可用典型的 SCR 方法觸發此種裝置。LASCR 最通用的圖形符號提供在圖 17.22b，而典型 LASCR 的外觀和腳位識別則見於圖 17.23a。

LASCR 的一些應用領域包括光控、繼電器、相位控制、馬達控制和各種計算機應用等。LASCR 代表性的（光觸發）特性提供在圖 17.23b，注意在此圖中可看出，接面溫度上升時，激發此裝置所需的光能量也隨之下降。

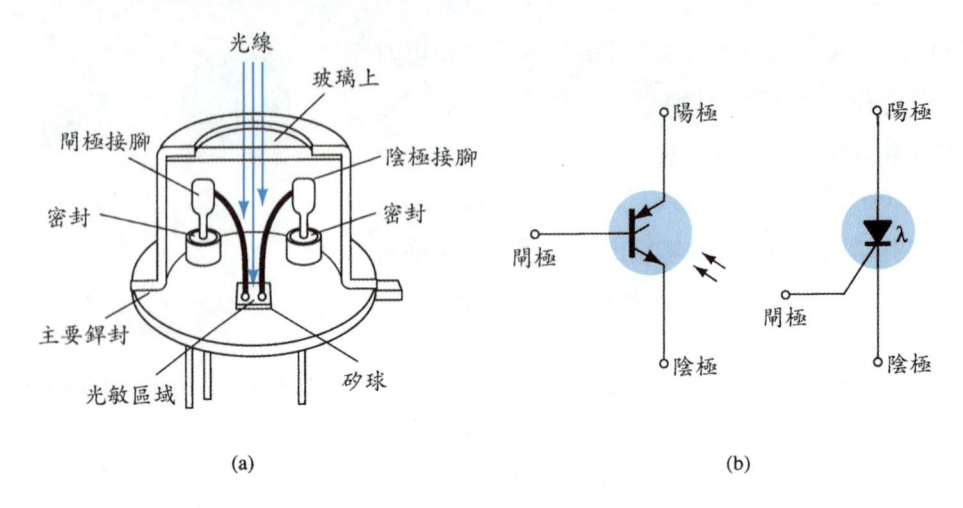

圖 17.22 光激 SCR (LASCR)：(a)基本結構；(b)符號

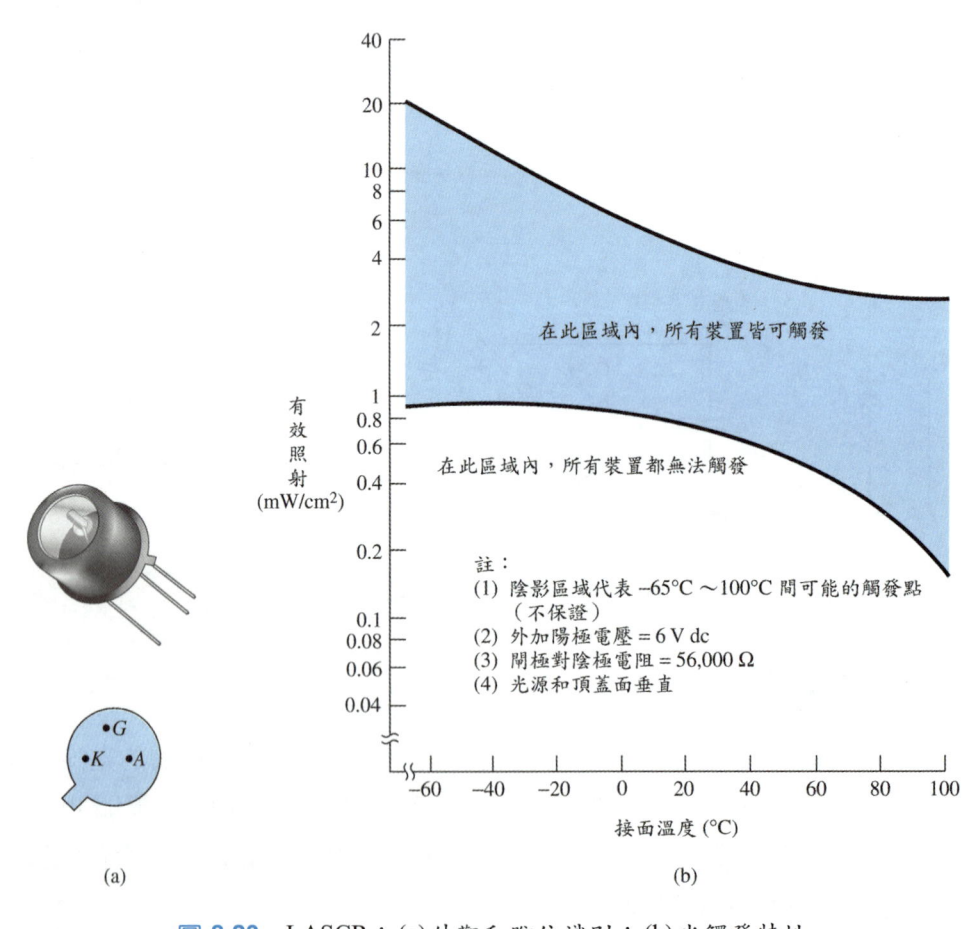

圖 8.23 LASCR：(a)外觀和腳位識別；(b)光觸發特性

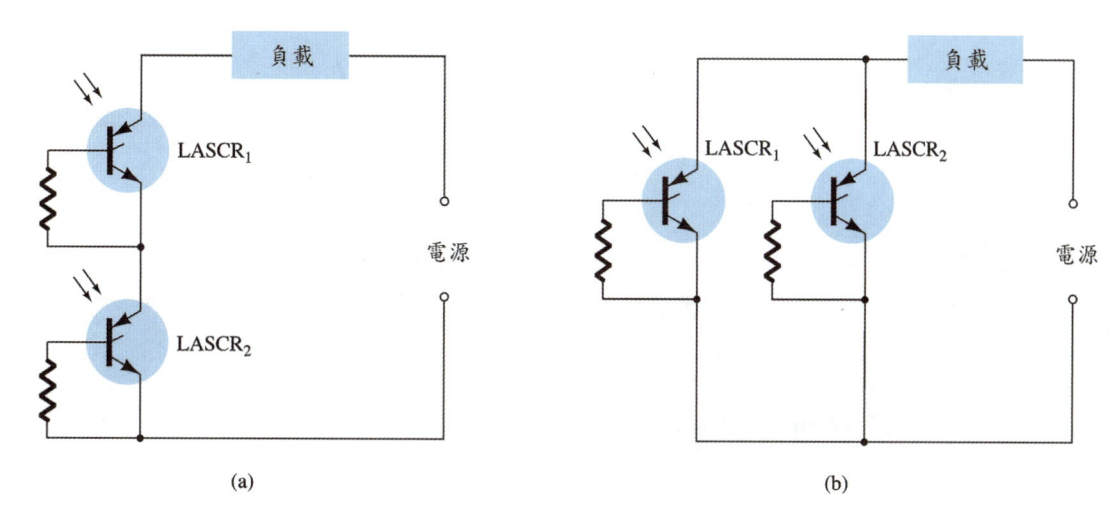

圖 17.24 LASCR 光電邏輯電路：(a) AND 閘：LASCR$_1$ 和 LASCR$_2$ 都須輸入光源才能使負載得到能量；(b) OR 閘：LASCR$_1$ 和 LASCR$_2$ 任一得到輸入光源時，負載就可得到能量

AND/OR 電路

LASCR 一種值得注意的應用是圖 17.24 的 AND 和 OR 電路，在 AND 電路中，只有當光同時照射 LASCR$_1$ 及 LASCR$_2$ 時，兩個裝置等同於短路，電源電壓會降在負載上。而對 OR 電路而言，當光能加到 LASCR$_1$ 或 LASCR$_2$ 時，都會使電源電壓降到負載上。

自鎖繼電器

LASCR 的另一種應用見圖 17.25，這是一種類似機電式繼電器的半導體繼電器。注意到，它提供了輸入和開關元件之間完全的隔離，如圖所示。激發電流流經發光二極體或燈泡，產生的入射光會使 LASCR 導通，使直流電流建立的電流流經負載，利用重置開關 S_1 可關斷 LASCR。

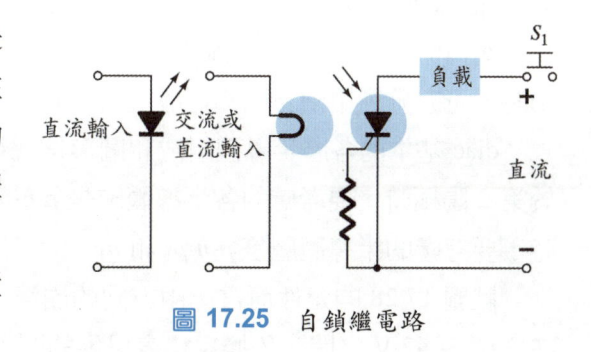

圖 17.25 自鎖繼電路

17.9 蕭克萊二極體

蕭克萊二極體是只有兩個外部接腳的 4 層 $pnpn$ 二極體，其結構和圖形符號見圖 17.26a，其裝置特性（圖 17.26b）和 SCR 在 $I_G=0$ 時的特性完全相同。如在特性上所看到的，在到達轉態電壓之前，裝置會在"截止"狀態（等於開路）。到達轉態電壓時裝置會進入累增狀態而導通（等於短路）。

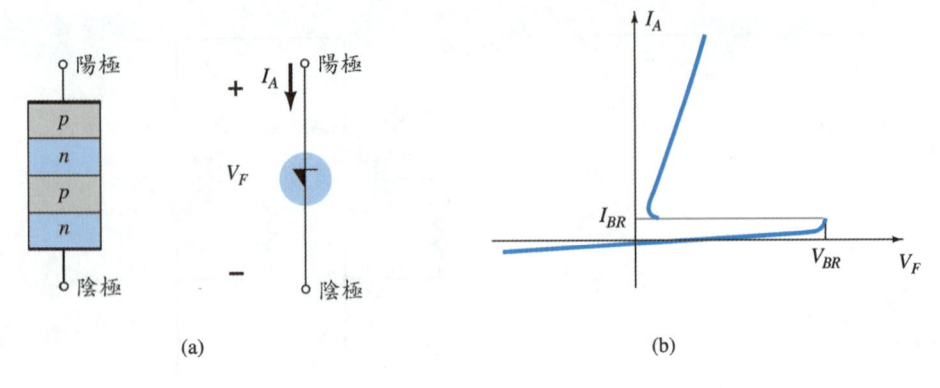

▶ **圖 17.26** 蕭克萊二極體：(a)基本結構和符號；(b)特性

觸發開關

蕭克萊二極體的一種普通應用見圖 17.27，作為 SCR 的觸發開關。當電路接上電源，電容開始充電，電容電壓朝電源電壓變化，最後電容電壓會高到使蕭克萊二極體導通，接著觸發 SCR 導通。

17.10 diac（雙向蕭克萊二極體）

diac 有兩個接腳，基本上是 4 層半導體的反向並聯組合，可以雙向導通。此裝置的特性見圖 17.28a，可清楚看出兩方向都有轉態電壓。在交流應用時，可充分應用兩方向都可導通的優點。

▶ **圖 17.27** 蕭克萊二極體的應用──作為 SCR 的觸發開關

diac 基本的各層半導體組成和圖形符號見圖 17.28b。注意到，當第 1 陽極的電位高於第 2 陽極時，要考慮的各半導體層是 $p_1 n_2 p_2$ 和 n_3。而當第 2 陽極的電位高於第 1 陽極時，要考慮的半導體層是 $p_2 n_2 p_1$ 和 n_1。

就圖 17.28 的元件而言，兩方向的崩潰（轉態）電壓的大小十分相近。其變化範圍在 28 V～42 V 之間，依據規格表提供的關係如下：

$$V_{BR_1} = V_{BR_2} \pm 0.1 V_{BR_2} \tag{17.1}$$

接近偵測器

diac 用在圖 17.29 所示的接近偵測器上，用 SCR 和負載串聯，且將可規劃 UJT（將在第 17.12 節介紹）直接接到感測腳位。當人體接近感測腳位時，此腳位和接地（C_b）之間的電容值會增加。可規劃 UJT(PUT) 這種裝置的陽極電壓（V_A）高過閘極電壓（V_G）0.7 V

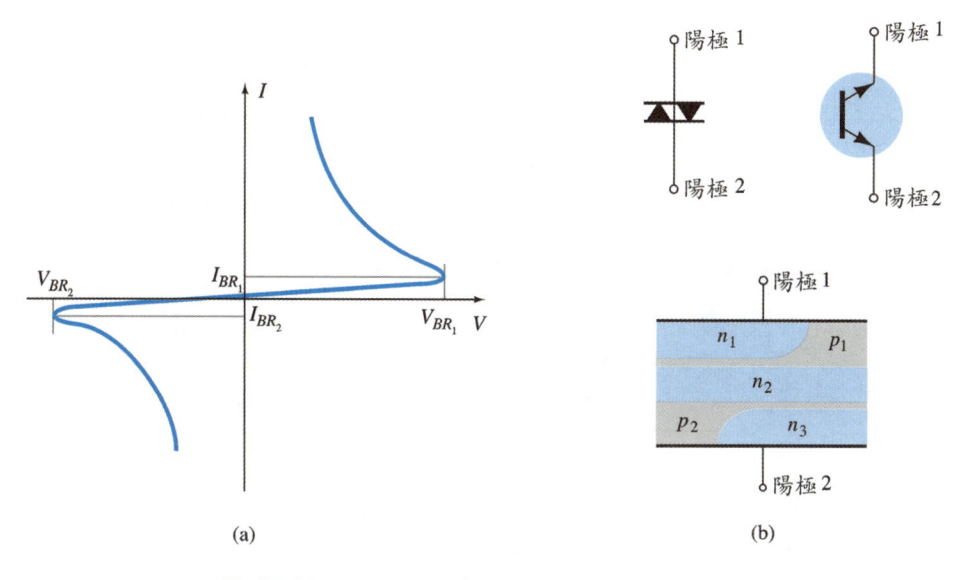

圖 17.28 diac：(a)特性；(b)符號與基本結構

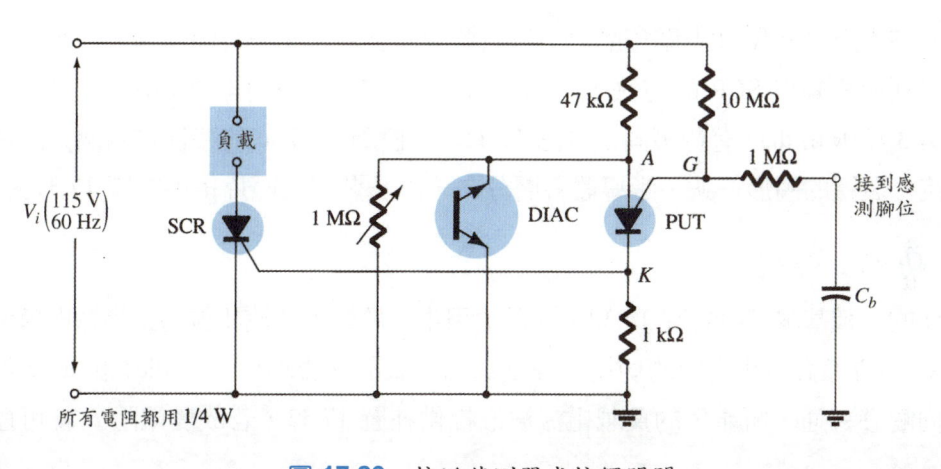

圖 17.29 接近偵測器或接觸開關

以上時，裝置會觸發導通。在 PUT 導通之前，系統可等效於圖 17.30。隨著輸入電壓的上升，diac 的電壓 v_A 和 v_G 會隨之變化，直到到達觸發電位為止，見同一圖。diac 觸發導通時電壓會大幅下降，如圖所示，注意 diac 在點火導通之前幾處於開路狀態。在引入電容元件之前，v_A 不可能高過 v_G 到 0.7 V，所以裝置不可能導通。但引入電容元件後，v_G 會開始落後於輸入電壓，且電容愈大時，落後角度也愈大，有一點對應的 v_A 高過 v_G 達 0.7 V，使 PUT 觸發導通，建立了大電流，使電壓 v_G 上升，因而觸發 SCR 導通。接著 SCR 的大電流通過負載，對人體的接近作出反應。

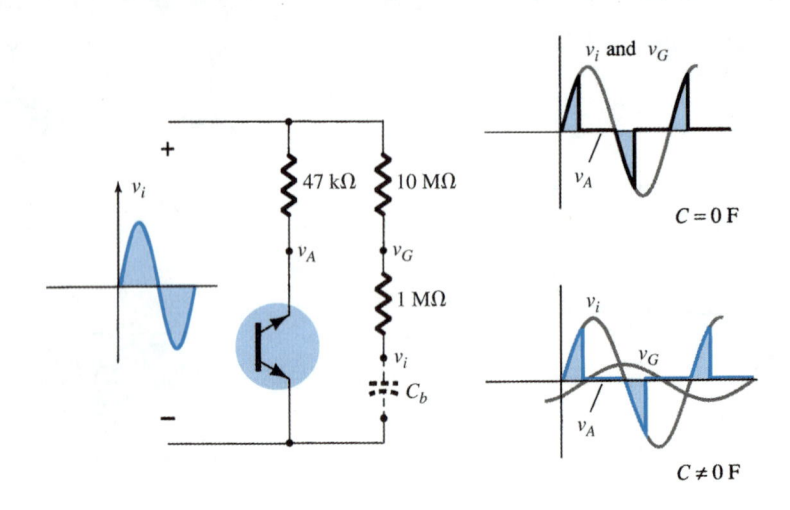

圖 17.30 電容元件對圖 17.29 網路操作的影響

17.11 triac（雙向矽控整流子）

　　triac 基本上是 diac 加上閘極腳位，以對此雙向裝置作任一方向的導通控制。對任一方向都可利用極類似 SCR 的方法，用閘極電流控制裝置的操作。但 triac 的特性在第 1 象限與第 3 象限和 diac 有些不同，見圖 17.31c。注意到，diac 的特性在兩個方向都沒有保持電流。裝置的圖形符號、半導體各層分布，以及裝置的照片提供在圖 17.31。

相位（功率）控制

　　triac 的一種基本應用見圖 17.32，在此應用中，於輸入弦波訊號的正半週與負半週，藉由 triac 在導通與截止之間的切換，控制送到負載的交流功率。因 diac 和 triac 都可在相反方向觸發導通，所產生的負載電流波形提供在圖 17.32，若改變電阻 R 就可控制導通角。

其他裝置

17.12 單接面電晶體(UJT)

　　單接面電晶體(UJT)元件的低成本以及優異的特性，應用於極廣範圍，包括振盪器、觸發電路、鋸齒波產生器、相位控制、定時電路、雙穩網路，以及穩壓或穩流電源。

　　UJT 是三端裝置，基本架構見圖 17.33。n 型低摻雜（可增加電阻係數）矽板材料兩端的一面各有一基極接觸，另一面則和鋁條接合。此單一 p-n 接面可解釋單接面(unijunction)名稱的由來。注意在圖 17.33 中，鋁條和矽板的接合點比較靠近第 2 基極接觸，第 2 基極腳位的電位高於第 1 基極腳位，兩基極間的電壓是 V_{BB} 伏特。

　　單接面電晶體的符號提供在圖 17.34，射極接腳和代表 n 型矽板材料的垂直線成 45° 角，箭頭方向則代表裝置順偏導通時的正電流方向。

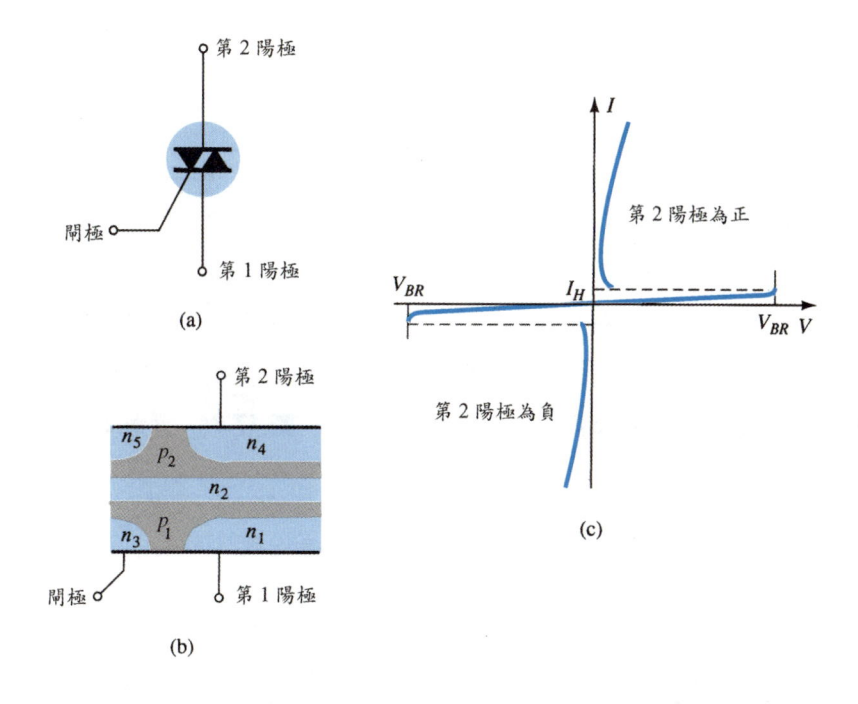

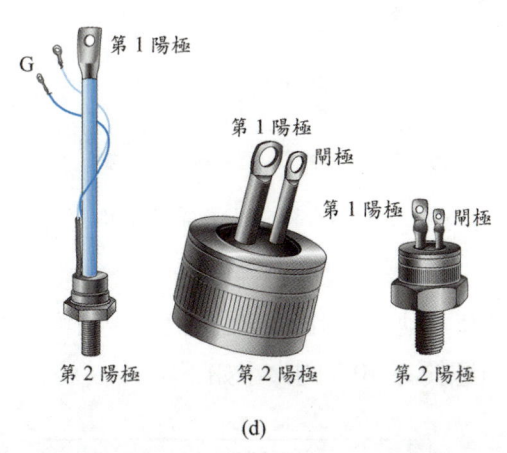

圖 17.31 triac：(a)符號；(b)基本結構；(c)特性；(d)圖片

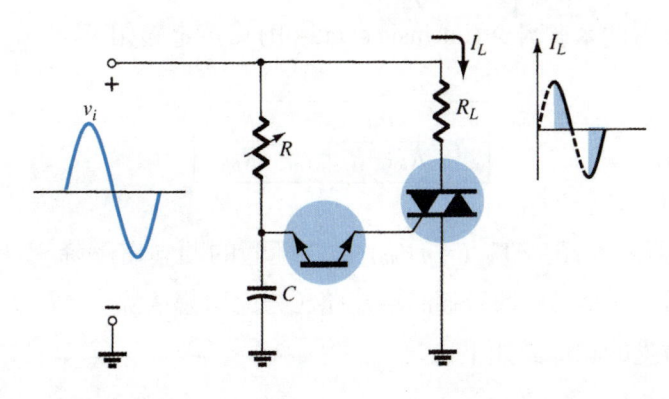

圖 17.32 triac 的應用：相位（功率）控制

圖 17.33 單接面電晶體(UJT)：基本結構

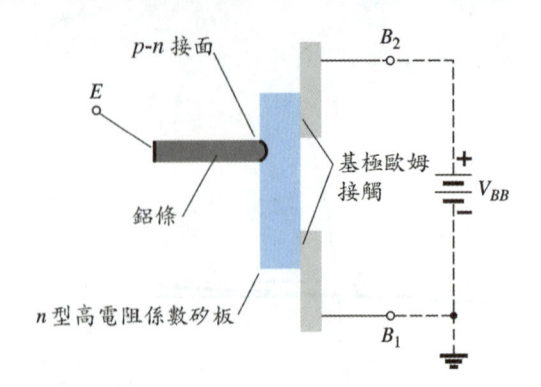

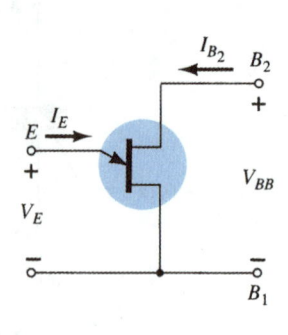

圖 17.34 單接面電晶體(UJT)的符號和基本偏壓安排

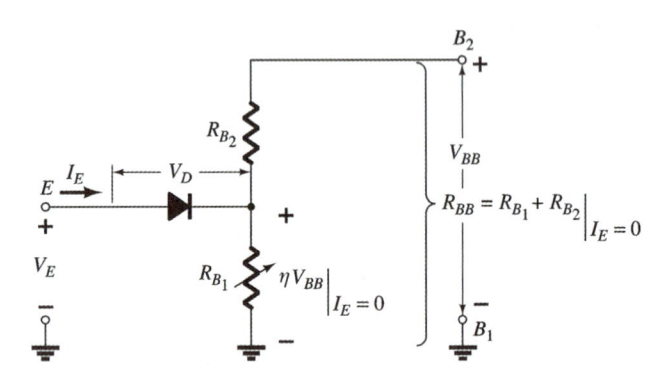

圖 17.35 UJT 等效電路

UJT 的等效電路見圖 17.35，兩個電阻（一個定值、一個可變）和一個二極體。由分壓定律決定 $V_{R_{B_1}}$（對應於 $I_E=0$）的大小如下：

$$V_{R_{B_1}} = \frac{R_{B_1}}{R_{B_1}+R_{B_2}} \cdot V_{BB} = \eta V_{BB} \Big|_{I_E=0} \tag{17.2}$$

希臘字母 η 代表裝置的本質對分(intrinsic stand-off)比，定義如下：

$$\eta = \frac{R_{B_1}}{R_{B_1}+R_{B_2}}\Big|_{I_E=0} = \frac{R_{B_1}}{R_{BB}} \tag{17.3}$$

當外加射極電壓 V_E 超過 $V_{R_{B_1}}(=\eta V_{BB})$ 達二極體的順向電壓降 V_D (0.35 V → 0.70 V)時，二極體會導通。假定二極體導通時為短路（考慮理想情況），I_E 會開始流經 R_{B_1}。射極觸發（點火）電壓的關係式如下：

圖 17.36 UJT 靜態射極特性曲線

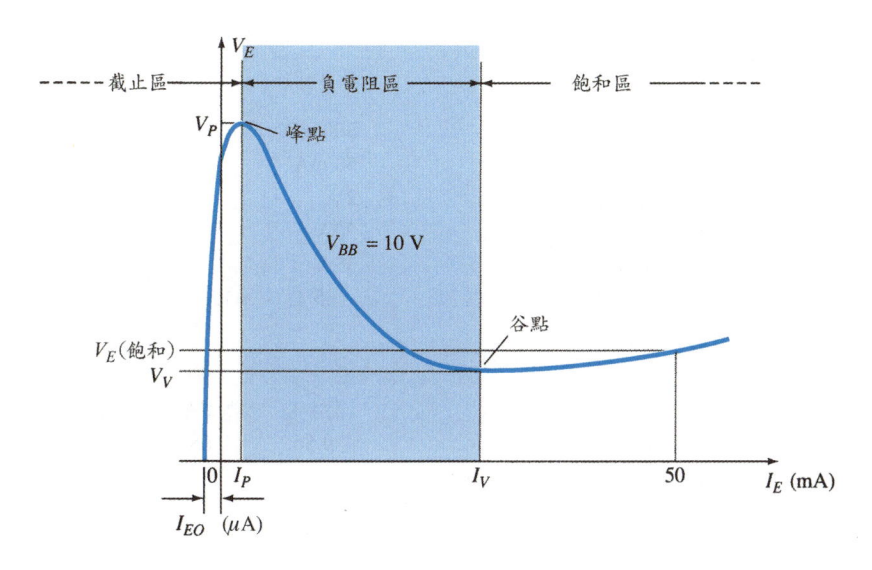

$$V_P = \eta V_{BB} + V_D \tag{17.4}$$

代表性的 UJT 在 $V_{BB}=10$ V 時的特性見圖 17.36，這種裝置有足夠穩定的負電阻區。主動區（負電阻區）工作時導通狀態建立，電洞由 p 型鋁條射入 n 型矽板，n 型材料中電洞濃度的上升會造成自由電子濃度增加，因而增加了電導 G，亦即電阻下降（$R\downarrow=1/G\uparrow$）。單接面電晶體的其他三個參數是 I_P、V_V 和 I_V，分別顯示在圖 17.36 上。UJT 典型的規格提供在圖 17.37b。UJT 的腳位識別提供在圖 17.37c，而照片則提供在圖 17.37a。

SCR 的觸發

UJT 一種很普通的應用是用來觸發其他元件如 SCR，像這樣的觸發電路的基本組成見圖 17.38，確保 R_1 決定的負載線會通過裝置特性的負電阻區，亦即在峰點的右側並且在谷點的左側，如圖 17.39 所示。為確保觸發成功，條件如下：

$$R_1 < \frac{V - V_P}{I_P} \tag{17.5}$$

在谷點，$I_E = I_V$ 且 $V_E = V_V$，所以

$$V - I_{R_1}R_1 = V_E$$

會變成

$$V - I_V R_1 = V_V \tag{17.6}$$

且

$$R_1 = \frac{V - V_V}{I_V}$$

絕對最大額定值(25°C)：

功率消耗	
射極電流 RMS 值	300 mW
最大射極電流	50 mA
逆向射極電壓	2 A
兩基極之間的電壓	30 V
工作溫度範圍	35 V
儲存溫度範圍	$-65°C \sim +125°C$

電氣特性(25°C)：

		最小值	典型值	最大值
本質對分比		0.56	0.65	
(V_{BB}=10 V)	η	0.56	0.65	0.75
兩基極之間電阻(kΩ)				
(V_{BB}=3 V，I_E=0)	R_{BB}	4.7	7	9.1
射極飽和電壓				
(V_{BB}=10 V，I_E=50 mA)	$V_{E(sat)}$		2	
逆向射極電流				
(V_{BB}=3 V，I_{B1}=0)	I_{EO}		0.05	12
峰點射極電流	$I_P (\mu A)$		0.04	5
(V_{BB}=25 V)				
谷點電流				
(V_{BB}=20 V)	I_V (mA)	4	6	

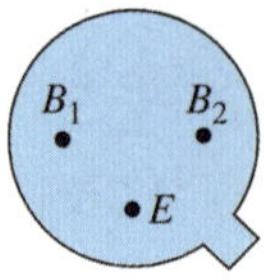

(a)   (b)   (c)

圖 17.37 UJT：(a)外觀；(b)規格表；(c)腳位識別

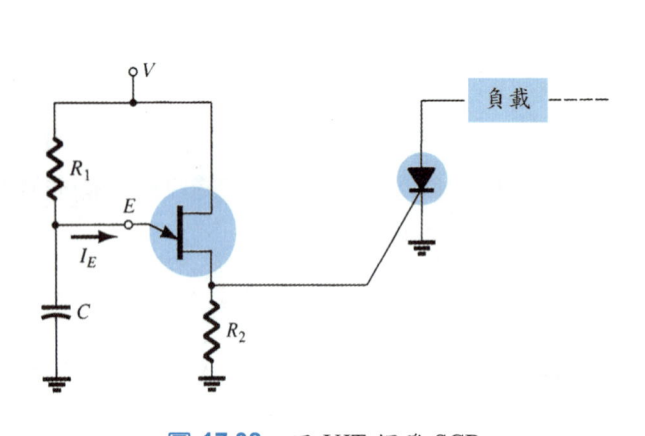

圖 17.38 用 UJT 觸發 SCR 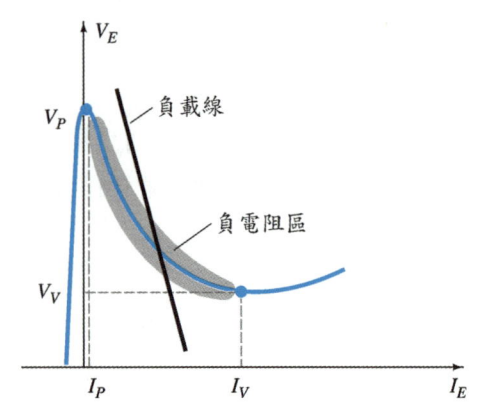   **圖 17.39** 作觸發應用時的負載線

為保證可以截止，應使

$$R_1 > \frac{V - V_V}{I_V} \tag{17.7}$$

因此，R_1 的限制範圍是

$$\frac{V-V_V}{I_V} < R_1 < \frac{V-V_P}{I_P} \tag{17.8}$$

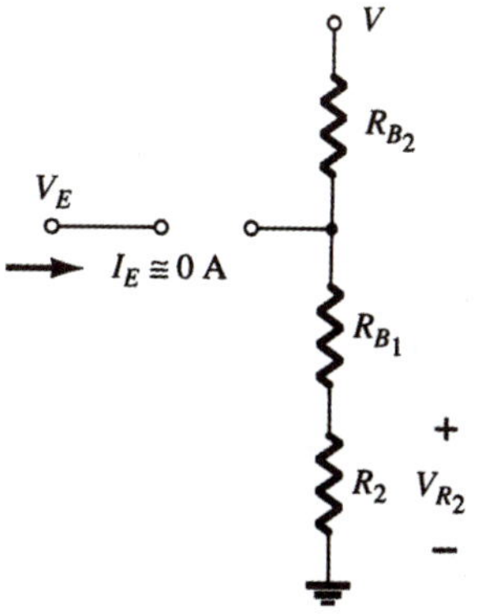

電阻 R_2 要足夠小，以確保圖 17.40 中，當 $I_E \cong 0$ A 時，電壓 V_{R_2} 不會觸發 SCR 導通。$I_E = 0$ 時，電壓 V_{R_2} 為

$$V_{R_2} \cong \left.\frac{R_2 V}{R_2 + R_{BB}}\right|_{I_E = 0 \text{ A}} \tag{17.9}$$

圖 17.40 $I_E \cong 0$ A 的觸發網路

只要一加上直流電壓源 V，電壓 $v_E = v_C$ 會由 V_V 開始朝向 V 伏特充電，如圖 17.41 所示，時間常數 $\tau = R_1 C$。

充電週期中的一般式如下：

$$v_C = V_V + (V - V_V)(1 - e^{-t/R_1 C}) \tag{17.10}$$

UJT 會進入導通狀態，電容經 R_{B_1} 和 R_2 放電，放電速率由時間常數 $\tau = (R_{B_1} + R_2)C$ 決定。

放電週期中，電壓 $v_C = v_E$ 的關係式如下：

$$v_C \cong V_P e^{-t/(R_{B_1} + R_2)C} \tag{17.11}$$

在放電週期可採用圖 17.42 的簡化等效電路，可得 V_{R_2} 峰值的近似式如下：

$$V_{R_2} \cong \frac{R_2(V_P - 0.7)}{R_2 + R_{B_1}} \tag{17.12}$$

圖 17.41 中的週期 t_1 可決定如下：

$$t_1 = R_1 C \log_e \frac{V - V_V}{V - V_P} \tag{17.13}$$

可由式(17.11)決定 $t_1 \sim t_2$ 之間的放電週期如下：

即

$$t_2 = (R_{B_1} + R_2)C \log_e \frac{V_P}{V_V} \tag{17.14}$$

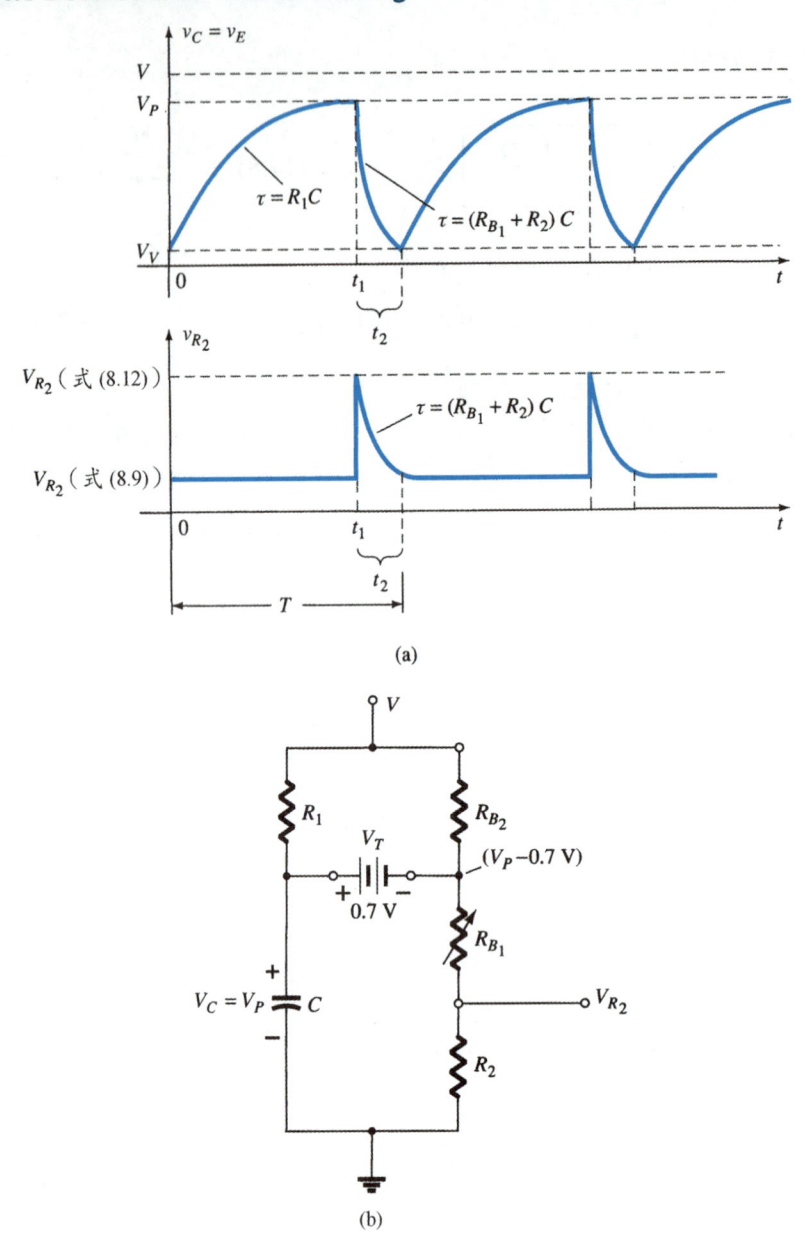

圖 17.41 (a)圖 8.39 觸發網路的充放電週期；(b)UJT 導通時的等效電路

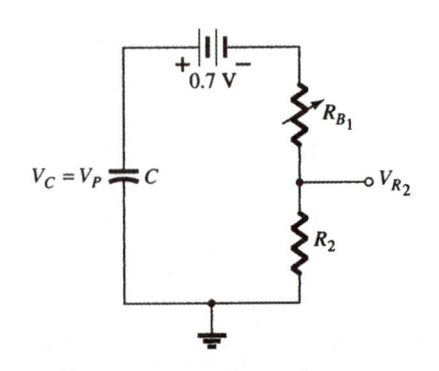

圖 17.42 UJT 導通時簡化的等效電路

圖 17.41 中，完整一個循環的週期定義為 T，亦即

$$T = t_1 + t_2 \tag{17.15}$$

弛張振盪器

若將電路（圖 17.38）中的 SCR 去掉，網路就會成為**弛張振盪器**(relaxatioin oscillator)，可產生圖 17.41 的波形，振盪頻率由下式決定：

$$f_{\text{osc}} = \frac{1}{T} \tag{17.16}$$

在許多系統中，$t_1 \gg t_2$，即

$$T \cong t_1 = R_1 C \log_e \frac{V - V_V}{V - V_P}$$

在許多例子中，$V \gg V_V$，故

$$T \cong t_1 = R_1 C \log_e \frac{V}{V - V_P}$$

$$= R_1 C \log_e \frac{1}{1 - V_P/V}$$

但如果式(17.5)中 V_D 的影響忽略不計，則 $\eta = V_P/V$，即

$$T \cong R_1 C \log_e \frac{1}{1 - \eta}$$

或

$$f \cong \frac{1}{R_1 C \log_e [1/(1-\eta)]} \tag{17.17}$$

例 17.1

給予圖 17.43 中的弛張振盪器：

a. 試決定 $I_E = 0$ A 時的 R_{B_1} 和 R_{B_2}。
b. 試計算出 UJT 導通所需的電壓 V_P。
c. 試由式(17.8)決定 R_1 是否落在 UJT 必能觸發導通的阻值允許範圍之內。
d. 若放電週期內的 $R_{B_1} = 100\ \Omega$，試決定振盪頻率。
e. 試畫出一個完整週期的 v_C 波形。
f. 試畫出一個完整週期的 v_{R_2} 波形。

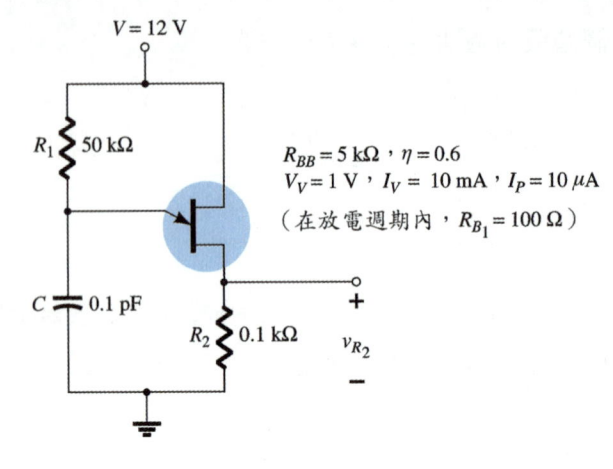

584 電子學—裝置與電路精析
Electronic Devices and Circuit Theory

▲ 圖 17.43　例 17.1

解：

a. $\eta = \dfrac{R_{B_1}}{R_{B_1}+R_{B_2}}$

$0.6 = \dfrac{R_{B_1}}{R_{BB}}$

$R_{B_1} = 0.6 R_{BB} = 0.6(5\text{ k}\Omega) = \mathbf{3\text{ k}\Omega}$

$R_{B_2} = R_{BB} - R_{B_1} = 5\text{ k}\Omega - 3\text{ k}\Omega = \mathbf{2\text{ k}\Omega}$

b. 在 $v_C = V_P$ 處，若維持 $I_E = 0$ A，可得圖 17.44 的網路，

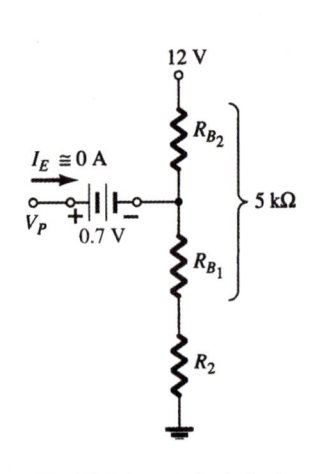

$V_P = 0.7\text{ V} + \dfrac{(R_{B_1}+R_2)12\text{ V}}{\underbrace{R_{B_1}+R_{B_2}}_{R_{BB}}+R_2}$

$= 0.7\text{ V} + \dfrac{(3\text{ k}\Omega + 0.1\text{ k}\Omega)12\text{ V}}{5\text{ k}\Omega + 0.1\text{ k}\Omega} = 0.7\text{ V} + 7.294\text{ V}$

$\cong \mathbf{8\text{ V}}$

▲ 圖 17.44　用來決定使 UJT 導通所需電壓 V_P 的網路

c. $\dfrac{V-V_V}{I_V} < R_1 < \dfrac{V-V_P}{I_P}$

$\dfrac{12\text{ V} - 1\text{ V}}{10\text{ mA}} < R_1 < \dfrac{12\text{ V} - 8\text{ V}}{10\ \mu\text{A}}$

$1.1\text{ k}\Omega < R_1 < 400\text{ k}\Omega$

電阻 $R_1 = 50\text{ k}\Omega$，落在此範圍內。

d. $t_1 = R_1 C \log_e \dfrac{V-V_V}{V-V_P}$

$= (50\text{ k}\Omega)(0.1\text{ pF})\log_e \dfrac{12\text{ V} - 1\text{ V}}{12\text{ V} - 8\text{ V}}$

$= 5 \times 10^{-3} \log_e \dfrac{11}{4} = 5 \times 10^{-3}(1.01)$

$= \mathbf{5.05\text{ ms}}$

$$t_2 = (R_{B_1} + R_2) C \log_e \frac{V_P}{V_V}$$
$$= (0.1 \text{ k}\Omega + 0.1 \text{ k}\Omega)(0.1 \text{ pF}) \log_e \frac{8}{1}$$
$$= (0.02 \times 10^{-6})(2.08)$$
$$= 41.6 \text{ }\mu\text{s}$$

因此
$$T = t_1 + t_2 = 5.05 \text{ ms} + 0.0416 \text{ ms}$$
$$= 5.092 \text{ ms}$$

且
$$f_{\text{osc}} = \frac{1}{T} = \frac{1}{5.092 \text{ ms}} \cong \mathbf{196 \text{ Hz}}$$

利用式(17.17)，得
$$f \cong \frac{1}{R_1 C \log_e[1/(1-\eta)]}$$
$$= \frac{1}{5 \times 10^{-3} \log e 2.5}$$
$$= \mathbf{218 \text{ Hz}}$$

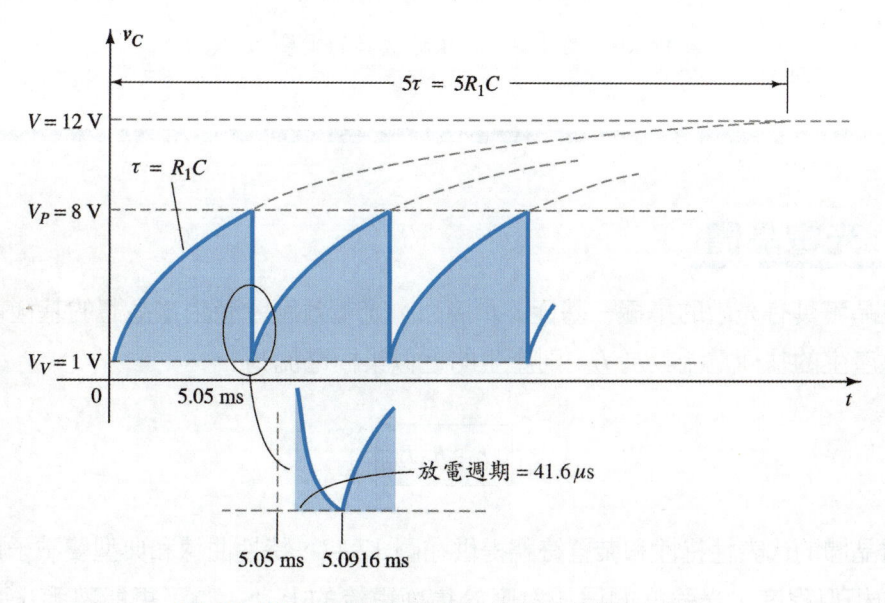

e. 見圖 17.45。

圖 17.45 圖 17.43 弛張振盪器的電壓 v_C 波形

f. 在充電週期，由式(17.9)得

$$V_{R_2} = \frac{R_2 V}{R_2 + R_{BB}} = \frac{0.1\ \text{k}\Omega\,(12\ \text{V})}{0.1\ \text{k}\Omega + 5\ \text{k}\Omega} = \mathbf{0.235\ V}$$

當 $v_C = V_P$ 時，由式(17.12)得

$$V_{R_2} \cong \frac{R_2(V_P - 0.7\ \text{V})}{R_2 + R_{B_1}} = \frac{0.1\ \text{k}\Omega\,(8\ \text{V} - 0.7\ \text{V})}{0.1\ \text{k}\Omega + 0.1\ \text{k}\Omega}$$
$$= \mathbf{3.65\ V}$$

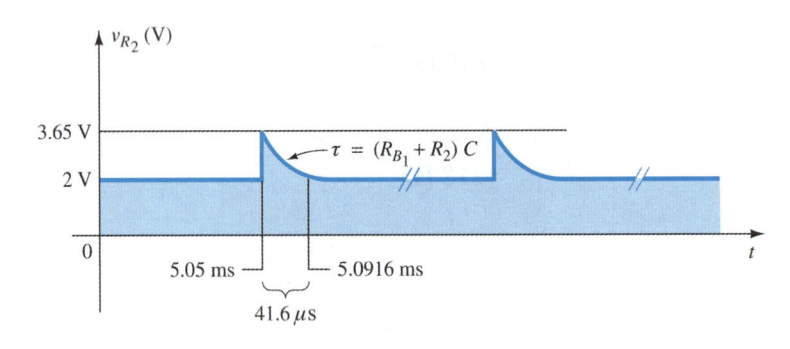

v_{R_2} 的波形圖見圖 17.46。

圖 17.46 圖 17.43 弛張振盪器的電壓 v_{R_2} 波形

17.13 光電晶體

光電晶體具有光敏的集極－基極 p-n 接面，光電效應會產生電晶體的基極電流，若將光感應產生的基極電流設為 I_λ，則產生的近似集極電流為

$$I_C \cong h_{fe} I_\lambda \tag{17.18}$$

光電晶體的代表性特性和裝置符號提供在圖 17.47，特性曲線和典型雙載子電晶體特性之間的相似程度，光強度的增加對應於集極電流的上升。為了更能熟悉光強度單位 mW/cm^2，另給一基極電流對光通量密度的曲線，見圖 17.48a。光電晶體的一些應用領域包括計算機邏輯電路、照明控制（高速公路等）、位準指示、繼電器和計數系統等。

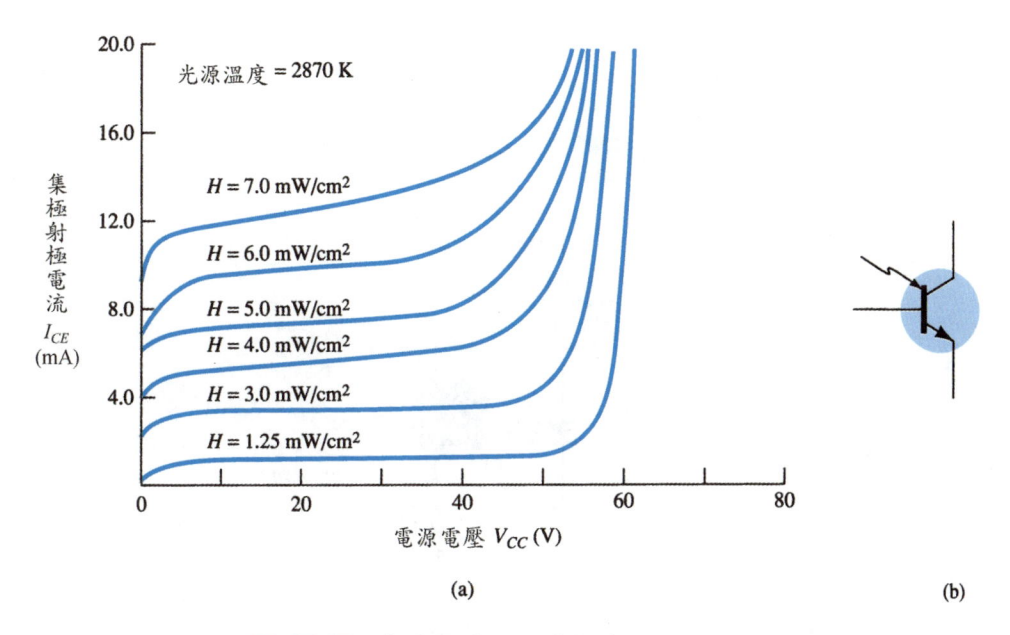

圖 17.47 光電晶體：(a)集極特性；(b)符號

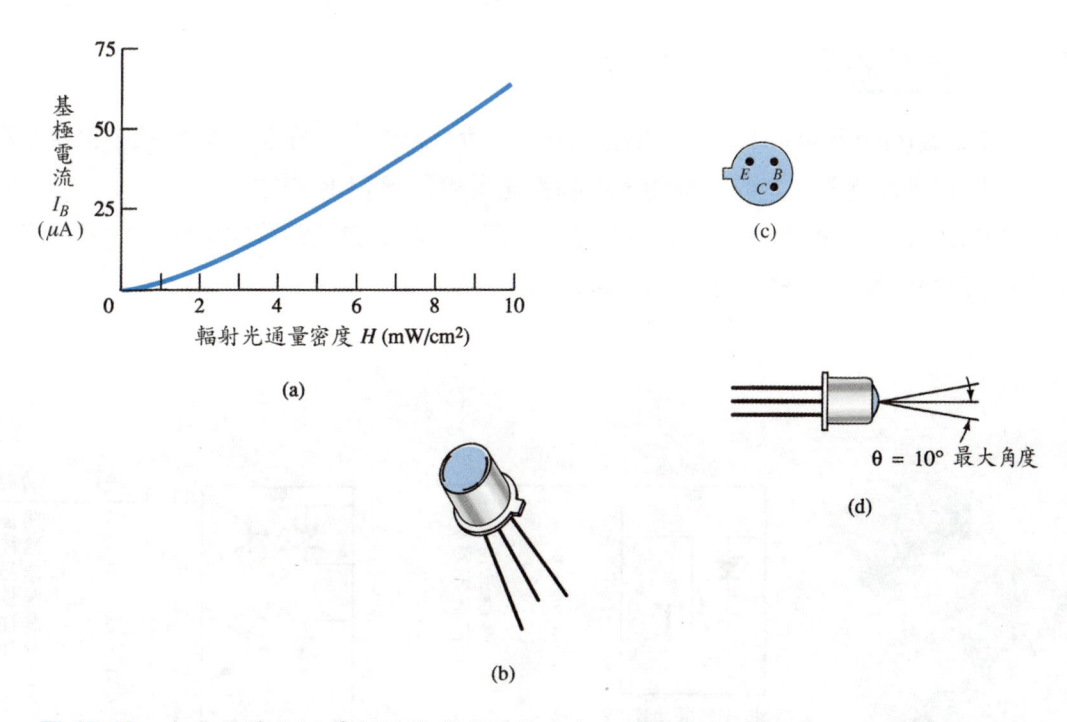

圖 17.48 光電晶體：(a)基極電流對光通量密度；(b)裝置；(c)腳位識別；(d)角度對準

高阻抗隔離 AND 閘

　　高阻抗隔離 AND 閘見圖 17.49，採用三個光電晶體和三個發光二極體(LED)。LED 其發光強度決定於裝置流通的順偏電流。高阻抗隔離(high isolation)一詞代表輸入和輸出電路之間無任何電路的連接。

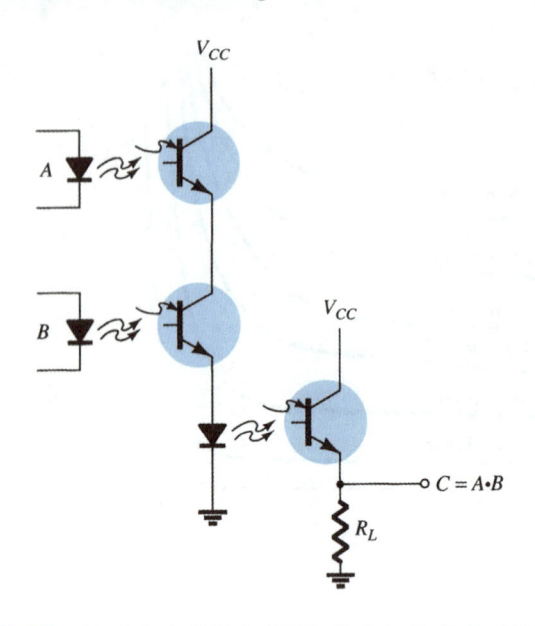

圖 17.49　採用光電晶體和 LED 的高阻抗隔離 AND 閘

17.14　光隔離器

光隔離器 (opto-isolator) 這種裝置結合上一節所介紹的多種特性，IC 包裝中包含了紅外線 LED 和光檢測器，如矽二極體、電晶體達靈頓對或 SCR。

圖 17.50 的光隔離器是用光電晶體耦合，而圖 17.51 的電路符號則分別代表用光二極體、光達靈頓對和光 SCR 耦合的光隔離器。

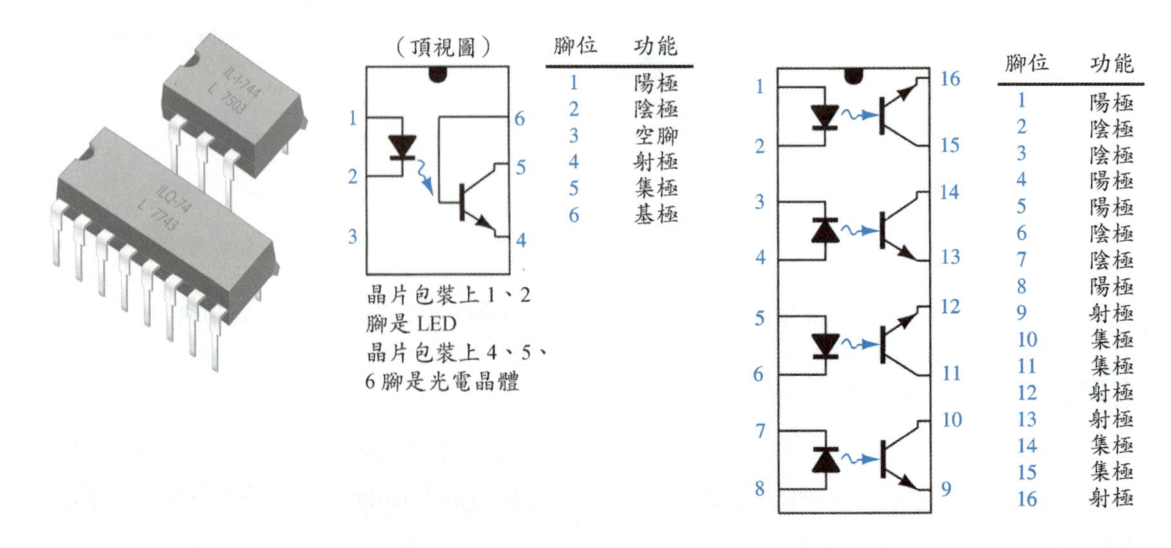

圖 17.50　兩種 Litronix 光隔離器

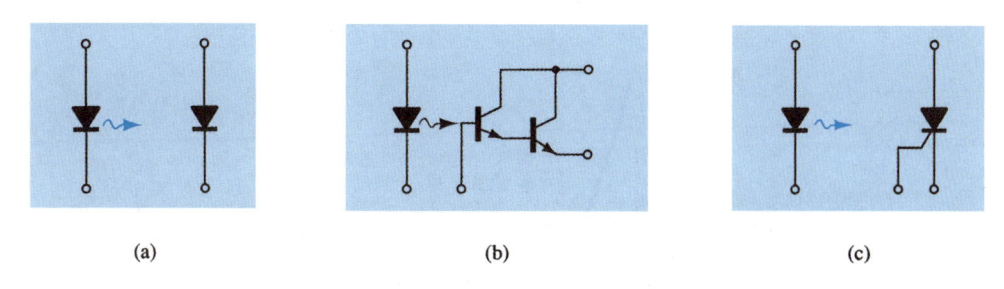

圖 17.51 光隔離器：採用(a)光二極體；(b)光達靈頓對；(c)光 SCR

17.15 可規劃單接面電晶體(PUT)

可規劃單接面電晶體(PUT)和單接面電晶體(UJT)雖然名稱相似，但實際結構和操作模式卻大不相同。因 $I-V$ 特性和用途相近，才促成此種命名選擇。

如圖 17.52 所示，PUT 是一種 4 層 *pnpn* 裝置，閘極直接接到夾在中間的 n 型層。PUT 的符號和基本偏壓安排見圖 17.53，如符號所意指的，**可規劃**(programmable)一詞代表 UJT 所定義的 R_{BB}、η 和 V_P 三個參數，在 PUT 中可藉由電阻 R_{B_1}、R_{B_2} 和電源電壓 V_{BB} 加以控制。注意在圖 17.53 中，當 $I_G=0$ 時，由分壓定律可得

$$V_G = \frac{R_{B_1}}{R_{B_1}+R_{B_2}} V_{BB} = \eta V_{BB} \tag{17.19}$$

其中
$$\eta = \frac{R_{B_1}}{R_{B_1}+R_{B_2}}$$

PUT 的特性見圖 17.54，如圖上看到的，"截止"狀態（I 很低，V 在 $0 \sim V_P$ 之間）和"導通"狀態（$I \geq I_V$，$V \geq V_V$）中間有一不穩定區分隔。裝置無法滯留在不穩定狀態，會移動到"截止"或"導通"中之一的穩定狀態。

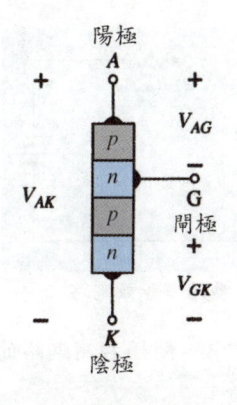

圖 17.52 可規劃 UJT(PUT)

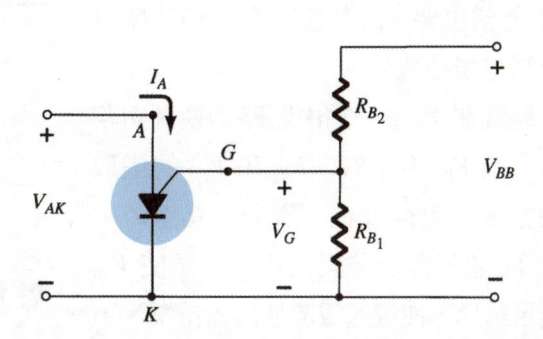

圖 17.53 PUT 的基本偏壓安排

圖 17.54 PUT 特性

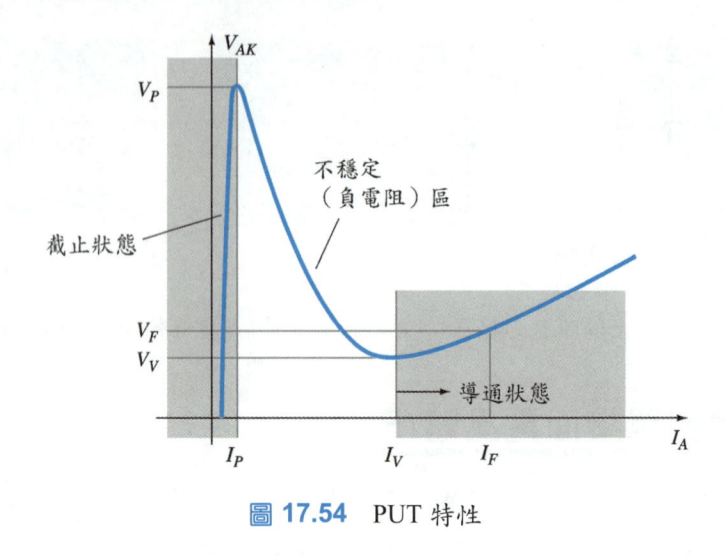

裝置觸發（點火）所需電壓 V_P 為

$$V_P = \eta V_{BB} + V_D \tag{17.20}$$

因為
$$V_{AK} = V_{AG} + V_{GK}$$
$$V_P = V_D + V_G$$

所以
$$V_P = \eta V_{BB} + 0.7 \text{ V} \quad \text{矽} \tag{17.21}$$

$V_G = \eta V_{BB}$，可得

$$V_P = V_G + 0.7 \quad \text{矽} \tag{17.22}$$

　　對圖 17.53 中閘極右側電路取戴維寧等效電路，可得圖 17.55 的網路，所得電阻 R_S 相當重要，因為會影響 I_V 值，所以常包括在規格表中。

　　裝置在 V_P 這一點由開路切換到短路狀態，且 V_P 可由 R_{B_1}、R_{B_2} 和 V_{BB} 的選取來決定。一旦裝置在"導通"狀態時，移走 V_G 並不能使裝置截止，必須使 V_{AK} 降到足夠低，使流通電流低於保持電流，PUT 才能截止。

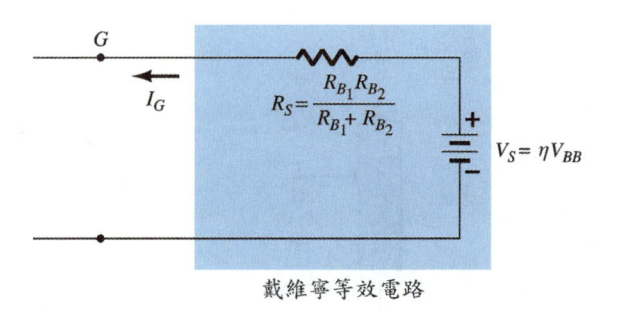

圖 17.55 圖 17.53 中，閘極右側網路的戴維寧等效電路

例 17.2

某矽 PUT，欲使 $\eta=0.8$ 且 $V_P=10.3$ V，已知 $R_{B_2}=5\ k\Omega$，試決定 R_{B_1} 和 V_{BB} 的值。

解：

式 (17.4)：$\eta = \dfrac{R_{B_2}}{R_{B_1}+R_{B_2}} = 0.8$

$$R_{B_1} = 0.8(R_{B_1}+R_{B_2})$$
$$0.2 R_{B_1} = 0.8 R_{B_2}$$
$$R_{B_1} = 4 R_{B_2}$$
$$R_{B_1} = 4(5\ k\Omega) = \mathbf{20\ k\Omega}$$

式 (17.20)：$V_P = \eta V_{BB} + V_D$

$$10.3\ \text{V} = (0.8)(V_{BB}) + 0.7\ \text{V}$$
$$9.6\ \text{V} = 0.8 V_{BB}$$
$$V_{BB} = \mathbf{12\ V}$$

弛張振盪器

PUT 一種普遍的應用見圖 17.56 的弛張振盪器，電源一接上時，因沒有陽極電流，電容會開始朝 V_{BB} 伏特充電，充電曲線見圖 17.57，到達觸發（點火）電壓 V_P 所需時間 T 可近似如下：

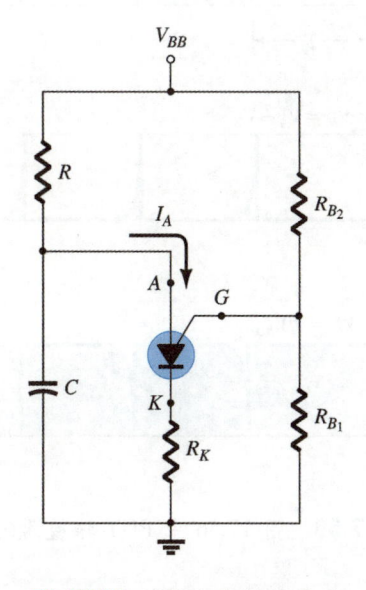

圖 17.56 PUT 弛張振盪器

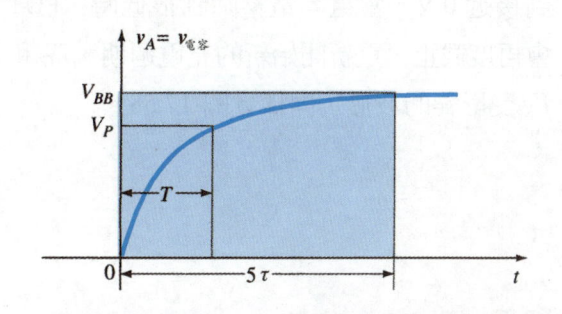

圖 17.57 圖 17.56 電路中電容 C 的充電波形

$$T \cong RC \log_e \frac{V_{BB}}{V_{BB}-V_P} \tag{17.23}$$

又因 $V_P \cong \eta V_{BB}$，關係式變為

$$T \cong RC \log_e \left(1+\frac{R_{B_1}}{R_{B_2}}\right) \tag{17.24}$$

裝置會觸發導通與無法觸發導通，在此狀態轉換點，

$$I_P R = V_{BB} - V_P$$

即

$$R_{max} = \frac{V_{BB}-V_P}{I_P} \tag{17.25}$$

若希望裝置再進入不穩定區時，返回"截止"狀態，可得

$$R_{min} = \frac{V_{BB}-V_V}{I_V} \tag{17.26}$$

使系統振盪所需 R 的限制條件如下：

$$R_{min} < R < R_{max}$$

v_A、v_G 和 v_K 波形見圖 17.58，T 由 v_A 可充到的最大電壓決定。一旦裝置觸發導通，電容會快速經 PUT 和 R_K 放電，產生如圖所示的下降波形。電壓 v_G 也會快速由 V_G 下降到接近 0 V。當電容電壓降到很低時，PUT 會再度截止，重新開始新的充電週期。V_G 和 V_K 受影響的波形，同樣見圖 17.58。

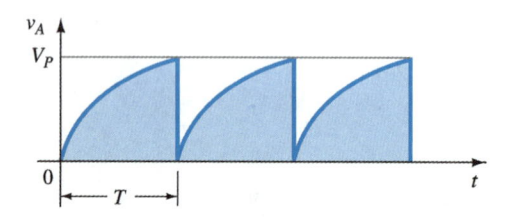

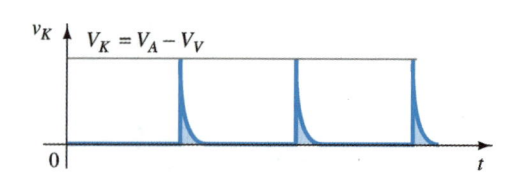

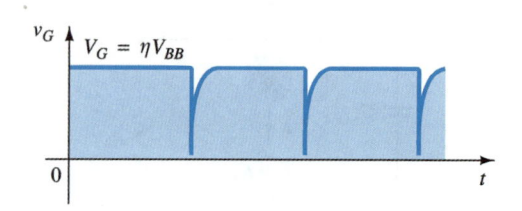

圖 17.58 圖 17.56 中 PUT 振盪器的波形

例 17.3

就圖 17.56 的電路，若 $V_{BB}=12$ V、$R=20$ kΩ、$C=1$ μF、$R_K=100$ Ω、$R_{B_1}=10$ kΩ、$R_{B_2}=5$ kΩ、$I_P=100$ μA、$V_V=1$ V，且 $I_V=5.5$ mA，試決定：

a. V_P。

b. $R_{\max}$ 和 $R_{\min}$。

c. T 和振盪頻率。

d. v_A、v_G 和 v_K 的波形。

解：

a. 式 (17.20)：
$$V_P = \eta V_{BB} + V_D$$
$$= \frac{R_{B_1}}{R_{B_1}+R_{B_2}} V_{BB} + 0.7 \text{ V}$$
$$= \frac{10 \text{ kΩ}}{10 \text{ kΩ} + 5 \text{ kΩ}}(12 \text{ V}) + 0.7 \text{ V}$$
$$= (0.67)(12 \text{ V}) + 0.7 \text{ V} = \mathbf{17.7 \text{ V}}$$

b. 由式 (17.25)：
$$R_{\max} = \frac{V_{BB} - V_P}{I_P}$$
$$= \frac{12 \text{ V} - 8.7 \text{ V}}{100 \text{ μA}} = \mathbf{33 \text{ kΩ}}$$

由式 (17.26)：
$$R_{\min} = \frac{V_{BB} - V_V}{I_V}$$
$$= \frac{12 \text{ V} - 1 \text{ V}}{5.5 \text{ mA}} = \mathbf{2 \text{ kΩ}}$$

R：2 kΩ < 20 kΩ < 33 kΩ

c. 由式 (17.23)：
$$T = RC \log_e \frac{V_{BB}}{V_{BB} - V_P}$$
$$= (20 \text{ kΩ})(1 \text{ μF}) \log_e \frac{12 \text{ V}}{12 \text{ V} - 8.7 \text{ V}}$$
$$= 30 \times 10^{-3} \log_e (3.64)$$
$$= 20 \times 10^{-3} (1.29)$$
$$= \mathbf{25.8 \text{ ms}}$$

$$f = \frac{1}{T} = \frac{1}{25.8 \text{ ms}} = \mathbf{317.8 \text{ Hz}}$$

d. 如圖 17.59。

圖 17.59 例 17.3 中振盪器的波形

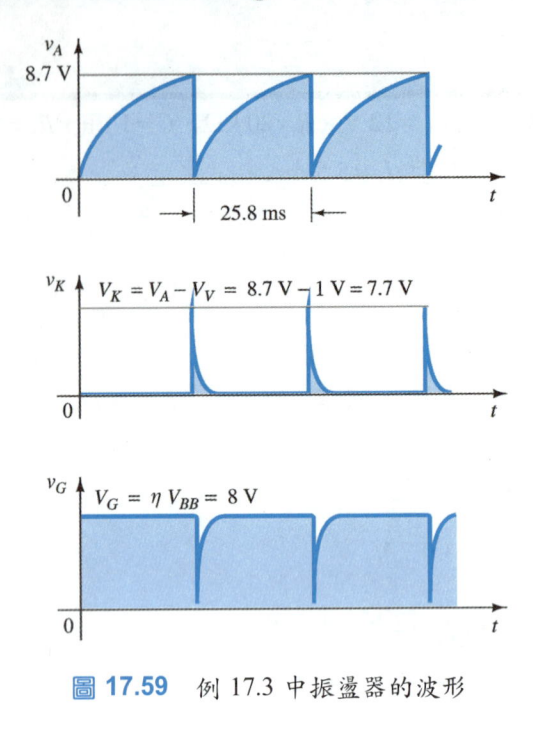

習 題

1. 描述兩種關斷 SCR 的方法。
2. 在圖 17.9b 中，SCR 導通時的損耗（電壓降）為何很小？
3. 請充分說明圖 17.10 中，何以較低的 R_1 值可產生較大的導通角。
4. 參考圖 17.12 的溫度控制器。
    a. 畫出 SCR 上的全波整流波形。
    b. 當 SCR "導通" 且陽極與陰極間等效於短路時，通過加熱器的最大電流是多少？假定各二極體導通時的電壓降是 0.7 V。
    c. 當 SCR 導通時，通過調溫器的最大電流是多少？
    d. 在外加交流電壓的正半週，整流訊號自 0 V 到達最大值所需的總上升時間是多少？
    e. 在(d)所得的期間裡，電容充電的時間常數是多少？兩者相比如何？為何需關注此點？
    f. 在此充電期間內，SCR 的狀態是什麼？為何如此？
    g. 若閘極點火電壓是 40 V，則 SCR 連續兩次點火間的時間間隔是多少？
    h. 一旦調溫器到達設定溫度，且假定在短路狀態，SCR 會如何反應？

  i. 要用什麼方法使 SCR 截止？陽極電流中斷或是強制換流？

5. 就圖 17.18 的電路，
  a. 試寫出 SCR 閘極對地的電壓的方程式。
  b. 當 $R_S=R'$ 時，電壓 V_{GK} 是多少？
  c. 若 $R'=10\ \text{k}\Omega$，試求出 R_S 以得 2 V 的導通電壓。
  d. 警報啟動時，流經繼電器的電流是多少？
  e. 在 $V_A=0\ \text{V}$ 處，通過變率效應電阻的直流電流會達到最大，其值是多少？
  f. 重置按鈕啟動時，有無理由關注電路其他位置產生的電壓突波？應如何壓制此種突波？

6. a. 在圖 17.21 中，若 $V_Z=50\ \text{V}$，試決定電容 C_1 可充電到的可能最大值（取 $V_{GK}\cong 0.7\ \text{V}$）。
  b. 就 $R_3=20\ \text{k}\Omega$，試決定近似的放電時間 (5τ)。
  c. 若上升時間是(b)所決定衰減週期之半，試決定 GTO 的內阻。

7. a. 利用圖 17.23b，試決定室溫(25°C)時，觸發裝置所需的最小照射量。
  b. 若接面溫度由 0°C(32°F)提高到 100°C (212°F)，則允許的照射減少百分比是多少？

8. 對圖 17.27 的網路，若 $V_{BR}=6\ \text{V}$、$V=40\ \text{V}$、$R=10\ \text{k}\Omega$、$C=0.2\ \mu\text{F}$ 且 V_{GK}（點火電壓）$=3\ \text{V}$，試決定從網路開始送電開始到 SCR 導通所需時間。

9. 若 $V_{BR_2}=6.4\ \text{V}$，試利用式(17.1)決定 V_{BR_1} 的範圍。

10. 就圖 17.29 的電路，會使 $v_i \sim v_G$ 間產生 45° 相差的人體電容值是多少？

11. 就圖 17.32 的電路，若 $C=1\ \mu\text{F}$，且雙向二極開關(diac)在任一方向的導通電壓都是 12 V，試求 R 值，使負載在任一方向的導通週期皆為 50%。已知外加弦波訊號的峰值是 170 V($=1.414 \times 120$ V)，頻率 60 Hz。

12. 某 UJT 的 $V_{BB}=20\ \text{V}$、$\eta=0.65$、$R_{B_1}=2\ \text{k}\Omega(I_E=0)$ 且 $V_D=0.7\ \text{V}$，試決定：
  a. R_{B_2}。
  b. R_{BB}。
  c. $V_{R_{B_1}}$。
  d. V_P。

13. 某光電晶體的特性如圖 17.48，試決定照射光通量密度 5 mW/cm^2 對應的光感應基極電流。且若 $h_{fe}=40$，試求出 I_C。

14. 某 PUT 採用 $V_{BB}=20\ \text{V}$ 且 $R_{B_1}=3R_{B_2}$，試決定 η 和 V_G。

15. 試利用例 17.3 提供的資料，試決定 PUT 在點火點和谷點的阻抗，這能證明分別近似於開路和短路狀態嗎？

附錄 A

混合(h)參數的圖形決定法和轉換公式（精確及近似）

A.1　h 參數的圖形決定法

對共射極組態而言，在作用區的小訊號電晶體等效電路的 h 參數大小，可用以下的偏微分數學式求出：*

$$h_{ie} = \frac{\partial v_i}{\partial i_i} = \frac{\partial v_{be}}{\partial i_b} \cong \left. \frac{\Delta v_{be}}{\Delta i_b} \right|_{V_{CE}=\text{定值}} \quad (\Omega) \tag{A.1}$$

$$h_{re} = \frac{\partial v_i}{\partial v_o} = \frac{\partial v_{be}}{\partial v_{ce}} \cong \left. \frac{\Delta v_{be}}{\Delta v_{ce}} \right|_{I_B=\text{定值}} \quad (\text{無單位}) \tag{A.2}$$

$$h_{fe} = \frac{\partial i_o}{\partial i_i} = \frac{\partial i_c}{\partial i_b} \cong \left. \frac{\Delta i_c}{\Delta i_b} \right|_{V_{CE}=\text{定值}} \quad (\text{無單位}) \tag{A.3}$$

$$h_{oe} = \frac{\partial i_o}{\partial v_o} = \frac{\partial i_c}{\partial v_{ce}} \cong \left. \frac{\Delta i_c}{\Delta v_{ce}} \right|_{I_B=\text{定值}} \quad (S) \tag{A.4}$$

每一式中的符號 Δ 代表以靜態工作點為中心的微小變化，也就是說，h 參數是在作用區工作且外加訊號時決定，使等效電路得到最大的精確性。每一式中的定值 V_{CE} 和 I_B 是必須滿足的條件，由此依據電晶體特性決定各不同的參數。對共基極和共集極組態而言，只要代入恰當的 v_i、v_o、i_i 和 i_o 值，即可得正確的數學關係式。

參數 h_{ie} 和 h_{re} 由輸入或基極特性決定，而參數 h_{fe} 和 h_{oe} 則由輸出或集極特性決定。因 h_{fe} 通常是最被關注的參數，在討論式(A.1)～式(A.4)相關的操作時，我們會先討論 h_{fe} 這個參數。決定各 h 參數的第一步是找出靜態工作點，如圖 A.1 所示。在式(A.3)中，條件 V_{CE}=定值的要求，在取基極電流和集極電流的變化時，要沿著通過 Q 點的垂直線，

---

*偏微分 $\partial v_i/\partial i_i$ 提供 i_i 瞬時變化所產生 v_i 瞬時變化的量度。

圖 A.1 h_{fe} 的決定

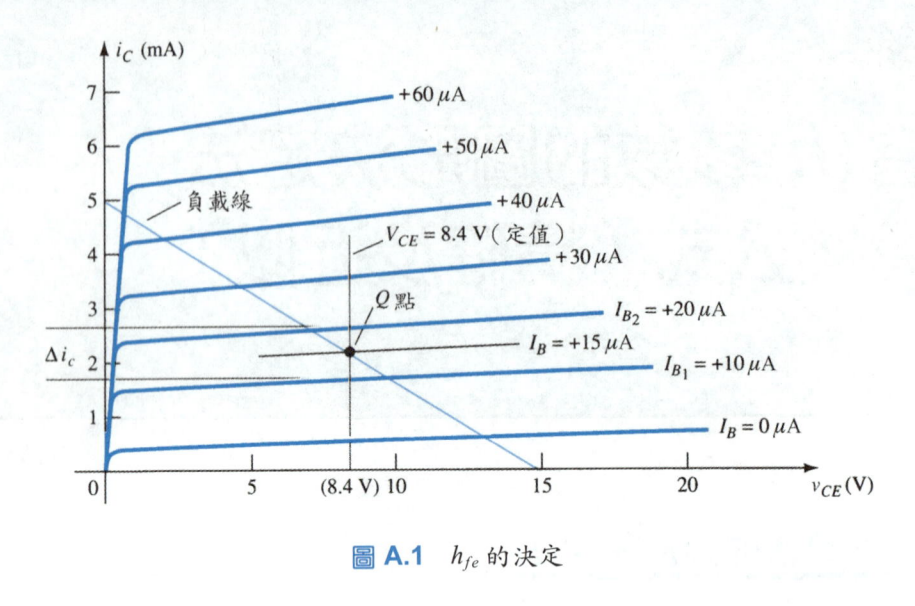

此垂直線代表固定的集極對射極電壓。接著根據式(A.3)，將集極電流的小幅變化除以對應的基極電流變化。為達最大的精確性，變化量應愈小愈好。

在圖 A.1 中，i_b 的變化選從 I_{B_1} 到 I_{B_2}，且沿著位在 V_{CE} 的垂直線。分別畫出 I_{B_1} 和 I_{B_2} 對應的水平線，和 $V_{CE}=$定值的垂直線產生兩個交點，這兩個交點間的距離就是 i_c 對應的變化量。將所得的 i_b 和 i_c 的變化量代入式(A.3)，即

$$|h_{fe}|=\frac{\Delta i_c}{\Delta i_b}\bigg|_{V_{CE}=\text{定值}}=\frac{(2.7-1.7)\text{mA}}{(20-10)\mu\text{A}}\bigg|_{V_{CE}=8.4\text{ V}}$$

$$=\frac{10^{-3}}{10\times 10^{-6}}=100$$

在圖 A.2 中，畫一直線和 I_B 曲線相切並通過 Q 點，可建立 $I_B=$定值所對應的直線，可符合式(A.4) h_{oe} 關係式的要求。接著選取 v_{CE} 的變化，在 $I_B=$定值的直線上找出對應點，由這兩個對應點畫水平線到縱軸，可決定 i_c 對應的變化量。代入式(A.4)，可得

$$|h_{oe}|=\frac{\Delta i_c}{\Delta v_{ce}}\bigg|_{I_B=\text{定值}}=\frac{(2.2-2.1)\text{mA}}{(10-7)\text{V}}\bigg|_{I_B=+15\mu\text{A}}$$

$$=\frac{0.1\times 10^{-3}}{3}=33\ \mu\text{A/V}=33\times 10^{-6}\text{ S}=33\ \mu\text{S}$$

為決定參數 h_{ie} 和 h_{re}，必須先在輸入或基極特性上找出 Q 點，如圖 A.3 所示。對 h_{ie} 而言，畫一條和 $V_{CE}=8.4$ V 對應曲線相切且通過 Q 點的直線，此線即式(A.1)所要求的 V_{CE} =定值的對應直線。接著選取 v_{be} 的小幅變化，會產生對應的 i_b 變化。代入式(A.1)，可得

附錄 A　混合 (h) 參數的圖形決定法和轉換公式（精確及近似）　599

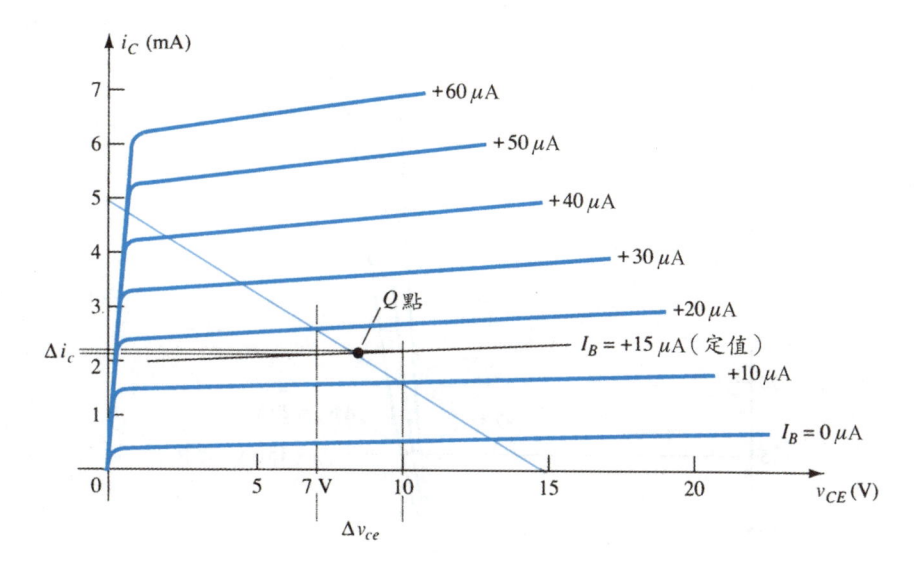

圖 A.2　h_{oe} 的決定

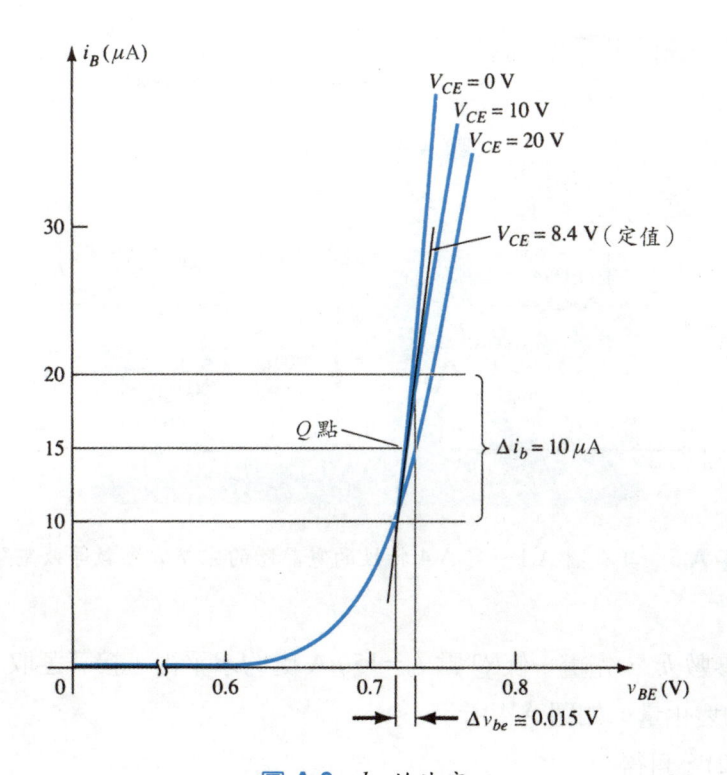

圖 A.3　h_{ie} 的決定

$$|h_{ie}| = \left.\frac{\Delta v_{be}}{\Delta i_b}\right|_{V_{CE}=定值} = \left.\frac{(733-718)\,\text{mV}}{(20-10)\,\mu\text{A}}\right|_{V_{CE}=8.4\,\text{V}}$$

$$= \frac{15 \times 10^{-3}}{10 \times 10^{-6}} = 1.5\,\text{k}\Omega$$

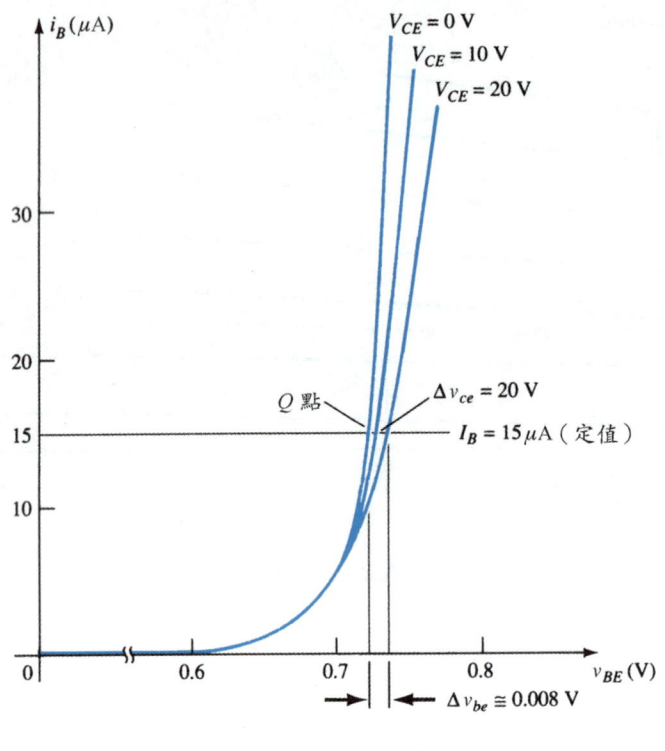

圖 A.4 h_{re} 的決定

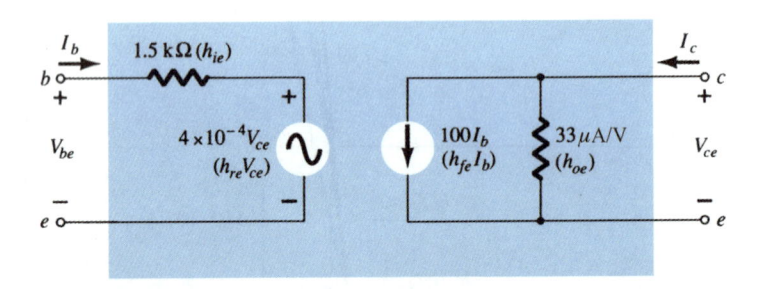

圖 A.5 具有圖 A.1～圖 A.4 特性的電晶體的完整 h 參數等效電路

最後求出參數 h_{re}，先畫一條 Q 點 $I_B=15\,\mu A$ 處的水平線，接著選取 v_{CE} 的變化量並找出 v_{BE} 對應的變化量，如圖 A.4 所示。

代入式(A.2)，可得

$$|h_{re}|=\frac{\Delta v_{be}}{\Delta v_{ce}}\bigg|_{I_B=\text{定值}}=\frac{(733-725)\,\text{mV}}{(20-0)\,\text{V}}=\frac{8\times 10^{-3}}{20}=4\times 10^{-4}$$

就圖 A.1～圖 A.4 特性的電晶體而言，所得的混合（h 參數）小訊號等效電路見圖 A.5。

表 A.1　CE、CC 和 CB 電晶體組態的典型參數值

參數	CE	CC	CB
h_i	1 kΩ	1 kΩ	20 Ω
h_r	2.5×10^{-4}	$\cong 1$	3.0×10^{-4}
h_f	50	-50	-0.98
h_o	25 μA/V	25 μA/V	0.5 μA/V
$1/h_o$	40 kΩ	40 kΩ	2 MΩ

如先前所提的，只要用恰當的變數和特性，即可用相同的基本方程式求出共基極和共集極組態的 h 參數。

表 A.1 就廣泛應用的各種電晶體，列出三種組態 h 參數的典型值。式(A.3)若出現負號，代表某一數值上升時，另一數值會下降。

A.2　精確轉換公式

共射極組態

$$h_{ie} = \frac{h_{ib}}{(1+h_{fb})(1-h_{rb})+h_{ob}h_{ib}} = h_{ic}$$

$$h_{re} = \frac{h_{ib}h_{ob}-h_{rb}(1+h_{fb})}{(1+h_{fb})(1-h_{rb})+h_{ob}h_{ib}} = 1-h_{rc}$$

$$h_{fe} = \frac{-h_{fb}(1-h_{rb})-h_{ob}h_{ib}}{(1+h_{fb})(1-h_{rb})+h_{ob}h_{ib}} = -(1+h_{fc})$$

$$h_{oe} = \frac{h_{ob}}{(1+h_{fb})(1-h_{rb})+h_{ob}h_{ib}} = h_{oc}$$

共基極組態

$$h_{ib} = \frac{h_{ie}}{(1+h_{fe})(1-h_{re})+h_{ie}h_{oe}} = \frac{h_{ic}}{h_{ic}h_{oc}-h_{fc}h_{rc}}$$

$$h_{rb} = \frac{h_{ie}h_{oe}-h_{re}(1+h_{fe})}{(1+h_{fe})(1-h_{re})+h_{ie}h_{oe}} = \frac{h_{fc}(1-h_{rc})+h_{ic}h_{oc}}{h_{ic}h_{oc}-h_{fc}h_{rc}}$$

$$h_{fb} = \frac{-h_{fe}(1-h_{re})-h_{ie}h_{oe}}{(1+h_{fe})(1-h_{re})+h_{ie}h_{oe}} = \frac{h_{rc}(1+h_{fc})-h_{ic}h_{oc}}{h_{ic}h_{oc}-h_{fc}h_{rc}}$$

$$h_{ob} = \frac{h_{oe}}{(1+h_{fe})(1-h_{re})+h_{ie}h_{oe}} = \frac{h_{oc}}{h_{ic}h_{oc}-h_{fc}h_{rc}}$$

共集極組態

$$h_{ic} = \frac{h_{ib}}{(1+h_{fb})(1-h_{rb})+h_{ob}h_{ib}} = h_{ie}$$

$$h_{rc} = \frac{1+h_{fb}}{(1+h_{fb})(1-h_{rb})+h_{ob}h_{ib}} = 1 - h_{re}$$

$$h_{fc} = \frac{h_{rb}-1}{(1+h_{fb})(1-h_{rb})+h_{ob}h_{ib}} = -(1+h_{fe})$$

$$h_{oc} = \frac{h_{ob}}{(1+h_{fb})(1-h_{rb})+h_{ob}h_{ib}} = h_{oe}$$

A.3 近似轉換公式

共射極組態

$$h_{ie} \cong \frac{h_{ib}}{1+h_{fb}} \cong \beta r_e$$

$$h_{re} \cong \frac{h_{ib}h_{ob}}{1+h_{fb}} - h_{rb}$$

$$h_{fe} \cong \frac{-h_{fb}}{1+h_{fb}} \cong \beta$$

$$h_{oe} \cong \frac{h_{ob}}{1+h_{fb}}$$

共基極組態

$$h_{ib} \cong \frac{h_{ie}}{1+h_{fe}} \cong \frac{-h_{ic}}{h_{fc}} \cong r_e$$

$$h_{rb} \cong \frac{h_{ie}h_{oe}}{1+h_{fe}} - h_{re} \cong h_{rc} - 1 - \frac{h_{ic}h_{oc}}{h_{fc}}$$

$$h_{fb} \cong \frac{-h_{fe}}{1+h_{fe}} \cong -\frac{(1+h_{fc})}{h_{fc}} \cong -\alpha$$

$$h_{ob} \cong \frac{h_{oe}}{1+h_{fe}} \cong \frac{-h_{oc}}{h_{fc}}$$

共集極組態

$$h_{ic} \cong \frac{h_{ib}}{1+h_{fb}} \cong \beta r_e$$

$$h_{rc} \cong 1$$

$$h_{fc} \cong \frac{-1}{1+h_{fb}} \cong -\beta$$

$$h_{oc} \cong \frac{h_{ob}}{1+h_{fb}}$$

附錄 B
漣波因數和電壓的計算

B.1 整流器的漣波因數

電壓的漣波因數定義為

$$r = \frac{\text{訊號交流分量的有效(rms)值}}{\text{訊號的平均值}}$$

可表成

$$r = \frac{V_r(\text{rms})}{V_{dc}}$$

因包含直流位準的訊號的交流電壓分量是

$$v_{ac} = v - V_{dc}$$

此交流分量的有效值是

$$\begin{aligned} V_r(\text{rms}) &= \left[\frac{1}{2\pi}\int_0^{2\pi} v_{ac}^2\, d\theta\right]^{1/2} \\ &= \left[\frac{1}{2\pi}\int_0^{2\pi} (v - V_{dc})^2\, d\theta\right]^{1/2} \\ &= \left[\frac{1}{2\pi}\int_0^{2\pi} (v^2 - 2vV_{dc} + V_{dc}^2)\, d\theta\right]^{1/2} \\ &= [V^2(\text{rms}) - 2V_{dc}^2 + V_{dc}^2]^{1/2} \\ &= [V^2(\text{rms}) - V_{dc}^2]^{1/2} \end{aligned}$$

其中，$V(\text{rms})$是總電壓的有效(rms)值。對半波整流訊號而言，

$$V_r(\text{rms}) = [V^2(\text{rms}) - V_{\text{dc}}^2]^{1/2}$$
$$= \left[\left(\frac{V_m}{2}\right)^2 - \left(\frac{V_m}{\pi}\right)^2\right]^{1/2}$$
$$= V_m\left[\left(\frac{1}{2}\right)^2 - \left(\frac{1}{\pi}\right)^2\right]^{1/2}$$

$$\boxed{V_r(\text{rms}) = 0.385 V_m} \quad \text{（半波）} \tag{B.1}$$

對全波整流訊號而言，

$$V_r(\text{rms}) = [V^2(\text{rms}) - V_{\text{dc}}^2]^{1/2}$$
$$= \left[\left(\frac{V_m}{\sqrt{2}}\right)^2 - \left(\frac{2V_m}{\pi}\right)^2\right]^{1/2}$$
$$= V_m\left(\frac{1}{2} - \frac{4}{\pi^2}\right)^{1/2}$$

$$\boxed{V_r(\text{rms}) = 0.308 V_m} \quad \text{（全波）} \tag{B.2}$$

B.2　電容濾波器的漣波電壓

假定用三角波形近似漣波，如圖 B.1 所示，可寫出（見圖 B.2）：

$$V_{\text{dc}} = V_m - \frac{V_r(\text{p-p})}{2} \tag{B.3}$$

在電容放電期間，電容 C 的電壓變化量是

$$V_r(\text{p-p}) = \frac{I_{\text{dc}} T_2}{C} \tag{B.4}$$

由圖 B.1 的三角波形，

$$V_r(\text{rms}) = \frac{V_r(\text{p-p})}{2\sqrt{3}} \tag{B.5}$$

（計算過程未列出）。

利用圖 B.1 的詳細波形，可得

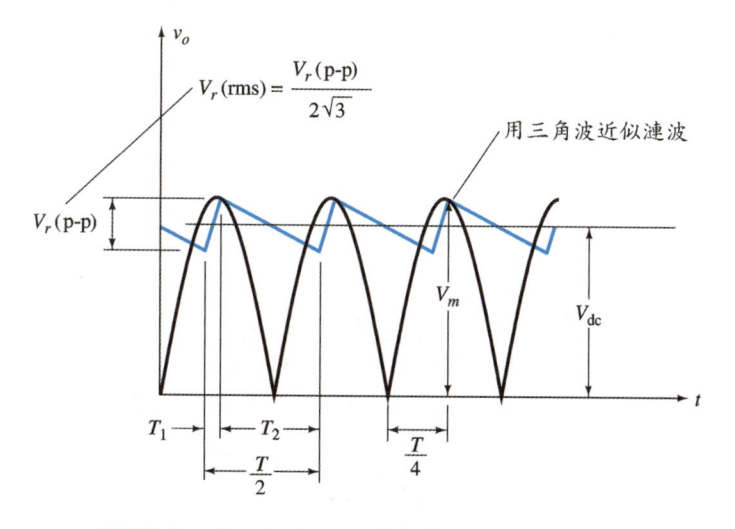

圖 B.1 用三角波近似電容濾波器的漣波電壓

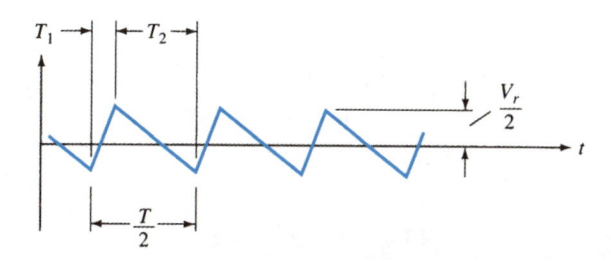

圖 B.2 漣波電壓

$$\frac{V_r(\text{p-p})}{T_1} = \frac{V_m}{T/4}$$

$$T_1 = \frac{V_r(\text{p-p})\,(T/4)}{V_m}$$

又

$$T_2 = \frac{T}{2} - T_1 = \frac{T}{2} - \frac{V_r(\text{p-p})\,(T/4)}{V_m} = \frac{2TV_m - V_r(\text{p-p})\,T}{4V_m}$$

$$T_2 = \frac{2V_m - V_r(\text{p-p})}{V_m}\,\frac{T}{4} \tag{B.6}$$

因式(B.3)可寫成

$$V_{\text{dc}} = \frac{2V_m - V_r(\text{p-p})}{2}$$

結合上式與式(B.6),可得

$$T_2 = \frac{V_{dc}}{V_m}\frac{T}{2}$$

代入式(B.4),得

$$V_r(\text{p-p}) = \frac{I_{dc}}{C}\left(\frac{V_{dc}}{V_m}\frac{T}{2}\right)$$

$$T = \frac{1}{f}$$

$$V_r(\text{p-p}) = \frac{I_{dc}}{2fC}\frac{V_{dc}}{V_m} \tag{B.7}$$

結合式(B.5)和式(B.7),解出 $V_r(\text{rms})$:

$$\boxed{V_r(\text{rms}) = \frac{V_r(\text{p-p})}{2\sqrt{3}} = \frac{I_{dc}}{4\sqrt{3}fC}\frac{V_{dc}}{V_m}} \tag{B.8}$$

B.3　V_{dc} 和 V_m 對漣波因數 r 的關係

濾波器電容產生的直流電壓,與變壓器提供的峰值電壓,可和漣波因數得到關係如下:

$$r = \frac{V_r(\text{rms})}{V_{dc}} = \frac{V_r(\text{p-p})}{2\sqrt{3}V_{dc}}$$

$$V_{dc} = \frac{V_r(\text{p-p})}{2\sqrt{3}r} = \frac{V_r(\text{p-p})/2}{\sqrt{3}r} = \frac{V_r(\text{p})}{\sqrt{3}r} = \frac{V_m - V_{dc}}{\sqrt{3}r}$$

$$V_m - V_{dc} = \sqrt{3}rV_{dc}$$

$$V_m = (1 + \sqrt{3}r)V_{dc}$$

$$\boxed{\frac{V_m}{V_{dc}} = 1 + \sqrt{3}r} \tag{B.9}$$

式(B.9)畫在圖 B.3,可應用到半波以及全波整流－電容濾波器電路。例如,在漣波 5% 時,直流電壓 $V_{dc} = 0.92V_m$,即在峰值電壓的 10% 變化之內;而當漣波 20% 時,直流電壓會降到 $0.74V_m$,其下降量已超過峰值的 25%。注意到,當漣波小於 6.5% 時,V_{dc} 會在 V_m 的 10% 變化之內,此漣波量代表電路的輕載邊界。

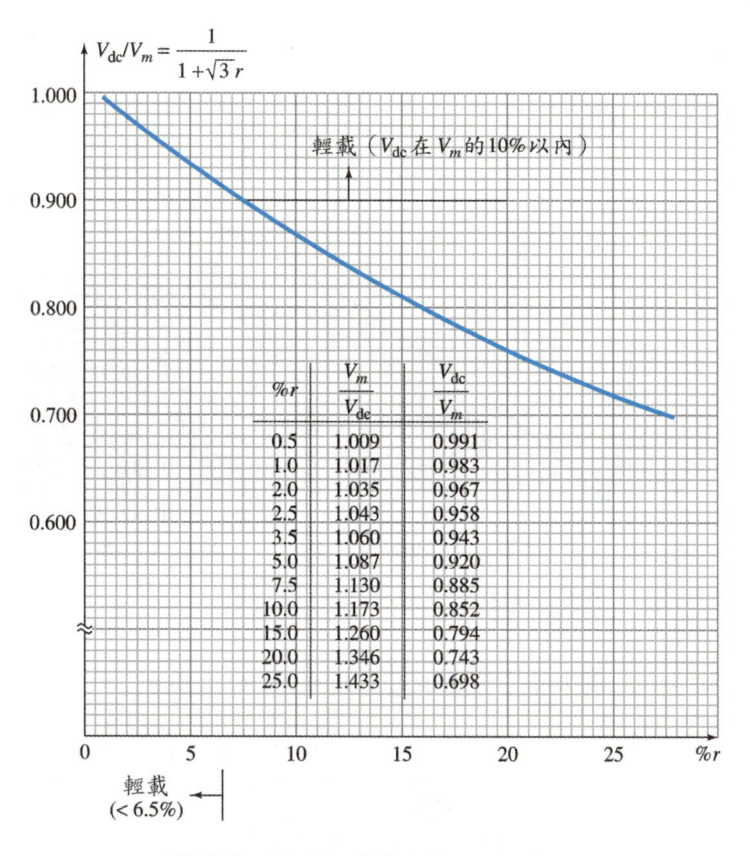

圖 B.3 V_{dc}/V_m 對應於 %r 的函數圖

B.4　V_r(rms) 和 V_m 對漣波因數 r 的關係

對半波和全波整流－電容濾波器電路而言，也可建立 V_r(rms)、V_m 和漣波因數的關係如下：

$$\frac{V_r(\text{p-p})}{2} = V_m - V_{dc}$$

$$\frac{V_r(\text{p-p})/2}{V_m} = \frac{V_m - V_{dc}}{V_m} = 1 - \frac{V_{dc}}{V_m}$$

$$\frac{\sqrt{3}V_r(\text{rms})}{V_m} = 1 - \frac{V_{dc}}{V_m}$$

利用式(B.9)，可得

$$\frac{\sqrt{3}V_r(\text{rms})}{V_m} = 1 - \frac{1}{1+\sqrt{3}r}$$

$$\frac{V_r(\text{rms})}{V_m} = \frac{1}{\sqrt{3}}\left(1 - \frac{1}{1+\sqrt{3}r}\right) = \frac{1}{\sqrt{3}}\left(\frac{1+\sqrt{3}r-1}{1+\sqrt{3}r}\right)$$

$$\frac{V_r(\text{rms})}{V_m} = \frac{1}{1+\sqrt{3}r}$$

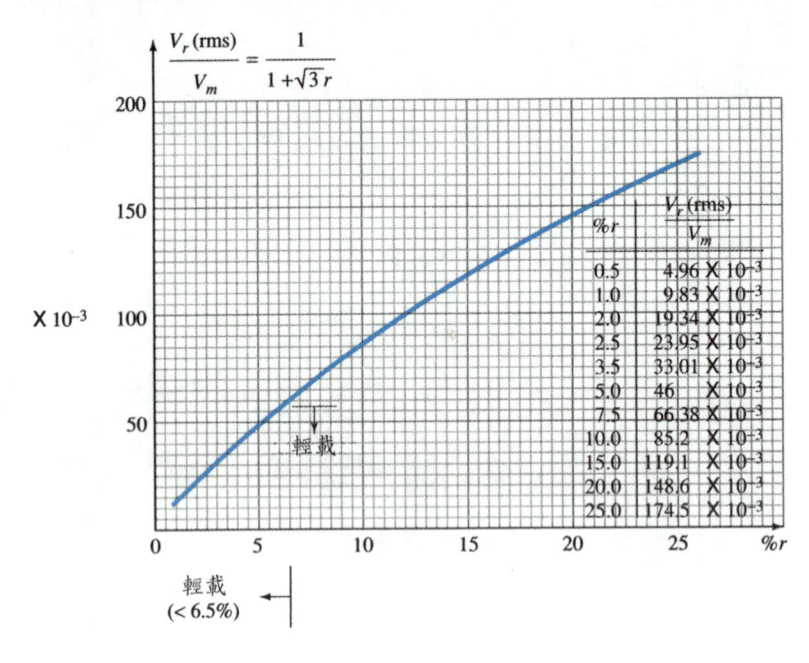

%r	$\frac{V_r(\text{rms})}{V_m}$
0.5	4.96 × 10⁻³
1.0	9.83 × 10⁻³
2.0	19.34 × 10⁻³
2.5	23.95 × 10⁻³
3.5	33.01 × 10⁻³
5.0	46 × 10⁻³
7.5	66.38 × 10⁻³
10.0	85.2 × 10⁻³
15.0	119.1 × 10⁻³
20.0	148.6 × 10⁻³
25.0	174.5 × 10⁻³

輕載 (< 6.5%)

圖 B.4　$V_r(\text{rms})/V_m$ 對應於 %r 的函數圖

$$\boxed{\frac{V_r(\text{rms})}{V_m}=\frac{r}{1+\sqrt{3}r}} \qquad (B.10)$$

式(B.10)畫在圖 B.4。

因對漣波≤6.5%而言，V_{dc} 會在 V_m 的 10% 變化以內，

$$\frac{V_r(\text{rms})}{V_m}\cong\frac{V_r(\text{rms})}{V_{dc}}=r \quad （輕載）$$

因此當漣波≤6.5%時，可採用 $V_r(\text{rms})/V_m=r$。

B.5　整流－電容濾波器電路中，導通角、%r 和 $I_{峰值}/I_{dc}$ 的關係

利用圖 B.1，可決定二極體開始導通的角度如下：因

$$v=V_m\sin\theta=V_m-V_r(\text{p-p}) \quad 在\ \theta=\theta_1$$

可得

$$\theta_1=\sin^{-1}\left[1-\frac{V_r(\text{p-p})}{V_m}\right]$$

利用式(B.10)和 $V_r\text{(rms)}=V_r\text{(p-p)}/2\sqrt{3}$，得

$$\frac{V_r\text{(p-p)}}{V_m}=\frac{2\sqrt{3}V_r\text{(rms)}}{V_m}$$

所以
$$1-\frac{V_r\text{(p-p)}}{V_m}=1-\frac{2\sqrt{3}V_r\text{(rms)}}{V_m}=1-2\sqrt{3}\left(\frac{r}{1+\sqrt{3}r}\right)$$
$$=\frac{1-\sqrt{3}r}{1+\sqrt{3}r}$$

且
$$\theta_1=\sin^{-1}\frac{1-\sqrt{3}r}{1+\sqrt{3}r} \tag{B.11}$$

其中 θ_1 是開始導通的角度。

在並聯阻抗 R_L 和 C 充電一段時間之後，電流會降到零，可決定對應的角度：

$$\theta_2=\pi-\tan^{-1}\omega R_L C$$

$\omega R_L C$ 的表示式可得如下：

$$r=\frac{V_r\text{(rms)}}{V_\text{dc}}=\frac{(I_\text{dc}/4\sqrt{3}fC)(V_\text{dc}/V_m)}{V_\text{dc}}=\frac{V_\text{dc}/R_L}{4\sqrt{3}fC}\frac{1}{V_m}$$
$$=\frac{V_\text{dc}/V_m}{4\sqrt{3}fCR_L}=\frac{2\pi\left(\dfrac{1}{1+\sqrt{3}r}\right)}{4\sqrt{3}\omega CR_L}$$

所以
$$\omega R_L C=\frac{2\pi}{4\sqrt{3}(1+\sqrt{3}r)r}=\frac{0.907}{r(1+\sqrt{3}r)}$$

因此，停止導通的角度是

$$\theta_2=\pi-\tan^{-1}\frac{0.907}{(1+\sqrt{3}r)r} \tag{B.12}$$

由式(6.10b)，可寫出

$$\frac{I_{\text{峰值}}}{I_\text{dc}}=\frac{I_p}{I_\text{dc}}=\frac{T}{T_1}=\frac{180°}{\theta}\quad\text{（全波）}$$
$$=\frac{360°}{\theta}\quad\text{（半波）} \tag{B.13}$$

%r	θ_c $\theta_2-\theta_1$	$\dfrac{I_{\text{峰值}}}{I_{dc}}$ 半波	全波
0.5	10.79	33.36	16.68
1.0	15.32	25.30	11.75
2.0	21.74	16.56	8.28
2.5	24.33	14.80	7.40
3.5	28.84	12.48	6.24
5.0	34.51	10.43	5.22
7.5	42.32	8.51	4.25
10.0	48.89	7.36	3.68
15.0	59.96	6.00	3.00
20.0	69.40	5.19	2.59
25.0	77.84	4.62	2.31

$$\theta_1 = \sin^{-1}\left(\dfrac{1-\sqrt{3}\,r}{1+\sqrt{3}\,r}\right) \quad \theta_2 = \pi - \tan^{-1}\left[\dfrac{0.907}{r(1+\sqrt{3}\,r)}\right] \quad \theta_c = \theta_2 - \theta_1$$

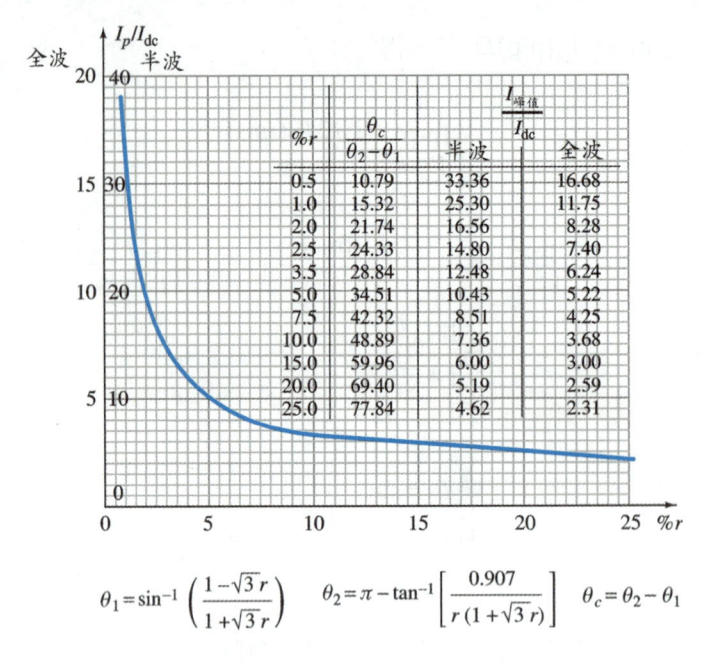

圖 **B.5** 針對半波和全波操作，I_p/I_{dc} 對 %r 的函數圖

針對半波和全波操作，I_p/I_{dc} 對應於漣波的函數圖提供在圖 B.5。

附錄 C 圖 表

表 C.1　希臘字母

名稱	大寫	小寫
alpha	A	α
beta	B	β
gamma	Γ	γ
delta	Δ	δ
epsilon	E	ε
zeta	Z	ζ
eta	H	η
theta	Θ	θ
iota	I	ι
kappa	K	κ
lambda	Λ	λ
mu	M	μ
nu	N	ν
xi	Ξ	ξ
omicron	O	o
pi	Π	π
rho	P	ρ
sigma	Σ	σ
tau	T	τ
upsilon	Υ	υ
phi	Φ	ϕ
chi	X	χ
psi	Ψ	ψ
omega	Ω	ω

表 C.2　商用現成電阻的標準值

歐姆(Ω)					仟歐姆(kΩ)		百萬歐姆(MΩ)	
0.10	1.0	10	100	1000	10	100	1.0	10.0
0.11	1.1	11	110	1100	11	110	1.1	11.0
0.12	1.2	12	120	1200	12	120	1.2	12.0
0.13	1.3	13	130	1300	13	130	1.3	13.0
0.15	1.5	15	150	1500	15	150	1.5	15.0
0.16	1.6	16	160	1600	16	160	1.6	16.0
0.18	1.8	18	180	1800	18	180	1.8	18.0
0.20	2.0	20	200	2000	20	200	2.0	20.0
0.22	2.2	22	220	2200	22	220	2.2	22.0
0.24	2.4	24	240	2400	24	240	2.4	
0.27	2.7	27	270	2700	27	270	2.7	
0.30	3.0	30	300	3000	30	300	3.0	
0.33	3.3	33	330	3300	33	330	3.3	
0.36	3.6	36	360	3600	36	360	3.6	
0.39	3.9	39	390	3900	39	390	3.9	
0.43	4.3	43	430	4300	43	430	4.3	
0.47	4.7	47	470	4700	47	470	4.7	
0.51	5.1	51	510	5100	51	510	5.1	
0.56	5.6	56	560	5600	56	560	5.6	
0.62	6.2	62	620	6200	62	620	6.2	
0.68	6.8	68	680	6800	68	680	6.8	
0.75	7.5	75	750	7500	75	750	7.5	
0.82	8.2	82	820	8200	82	820	8.2	
0.91	9.1	91	910	9100	91	910	9.1	

表 C.3　典型的電容元件值

pF				μF				
10	100	1000	10,000	0.10	1.0	10	100	1000
12	120	1200						
15	150	1500	15,000	0.15	1.5	18	180	1800
22	220	2200	22,000	0.22	2.2	22	220	2200
27	270	2700						
33	330	3300	33,000	0.33	3.3	33	330	3300
39	390	3900						
47	470	4700	47,000	0.47	4.7	47	470	4700
56	560	5600						
68	680	6800	68,000	0.68	6.8			
82	820	8200						

附錄 D

奇數習題解答

第 1 章

1. **(a)** 72 μJ **(b)** 2.625×10^{14} eV
7. 0.1 μA
9. 0.41 V
11. $R_{DC} = 76\ \Omega$, $r_d = 3\ \Omega$, $R_{DC} > r_d$
13. 3.3 pF, 9 pF
15. 10.24 V

第 2 章

1. **(a)** $I_{D_Q} \cong 15$ mA, $V_{D_Q} \cong 0.85$ V, $V_R = 11.15$ V **(b)** $I_{D_Q} \cong 15$ mA, $V_{D_Q} = 0.71$ V, $V_R = 11.3$ V
   (c) $I_{D_Q} = 16$ mA, $V_{D_Q} = 0$ V, $V_R = 12$ V
3. $R = 0.62$ kΩ
5. **(a)** $V_o = -4.3$ V, $I_D = 1.955$ mA **(b)** $V_o = 5.3$ V, $I_D = 2.25$ mA
7. $V_{o_1} = 0.7$ V, $V_{o_2} = 0.7$ V, $I = 19.3$ mA
9. $V_o = -0.7$ V
11. v_i: $V_m = 6.98$ V: r_d: 最大正值 $= 0.7$ V, 負峰值 $= -6.98$ V: i_d: 正脈波 3.14 mA
13. 正脈波，峰值 $= 169.68$ V, $V_{dc} = 5.396$ V
15. 全波整流波形，峰值 $= -100$ V; PIV $= 100$ V, $I_{max} = 45.45$ mA
17. **(a)** 脈波 5.09 V **(b)** 正脈波 15.3 V
19. **(a)** 0 V 到 40 V 擺幅 **(b)** -5 V 到 35 V 擺幅

第 3 章

5. $I_C = 7.921$ mA, $I_B = 79.21$ mA
9. $\beta_{dc} = 116$, $\alpha_{dc} = 0.991$, $I_E = 2.93$ mA

第 4 章

1. (a) $I_{B_Q}=30\ \mu A$ (b) $I_{C_Q}=3.6$ mA (c) $V_{CE_Q}=6.48$ V (d) $V_C=6.48$ V
   (e) $V_B=0.7$ V (f) $V_E=0$ V

3. (a) $I_{B_Q}=35.27\ \mu A$ (b) $I_{C_Q}=4.41$ mA (c) $V_{CE_Q}=8.23$ V (d) $V_C=17.93$ V (e) $V_B=10.48$ V
   (e) $V_E=9.7$ V

5. (a) 21.42 mA (b) 1.71 mA (c) 8.17 V (d) 9.33 V (e) 1.16 V (f) 1.86 V

7. $I_{C_{sat}}=3.49$ mA

9. (a) 2.24 mA (b) 11.63 V (c) 4.03 V (d) 7.6 V

11. (a) $R_C=2$ kΩ (b) $I_B=32.97\ \mu A$, $I_E=3$ mA (c) $V_{BC}=-4$ V, $V_{CE}=4.7$ V

13. (a) $\beta_D=3750$ (b) $I_{B_1}=4.19\ \mu A$, $I_{B_2}=213.69\ \mu A$ (c) $I_{C_1}=0.21$ mA, $I_{C_2}=16.03$ mA
    (d) $V_{C_1}=V_{C_2}=18$ V, $V_{E_1}=8.23$ V, $V_{E_2}=7.53$ V

15. $I=8.65$ mA

17. $I_B=17.5$ mA, $V_C=13.53$ V

第 5 章

3. (a) 20 Ω (b) 0.588 V (c) 58.8 (d) $\infty\ \Omega$ (e) 0.98 (f) 10 μA

5. (a) $Z_i=497.47\ \Omega$, $Z_o=2.2$ kΩ (b) -264.74 (c) $Z_i=497.47\ \Omega$, $Z_o=1.98$ kΩ, $A_v=238.27\ \Omega$

7. (a) 30.56 Ω (b) $Z_i=1.77$ kΩ, $Z_o=3.9$ kΩ (c) -127.6
   (d) $Z_i=1.77$ kΩ, $Z_o=3.37$ kΩ, $A_v=-110.28$

9. (a) 5.34 Ω (b) $Z_i=118.37$ kΩ, $Z_o=2.2$ kΩ (c) -1.81 (d) $Z_i=105.95$ kΩ, $Z_o=2.2$ kΩ, $A_v=-1.81$

11. (a) $r_e=8.72\ \Omega$, $\beta r_e=959.2\ \Omega$ (b) $Z_i=142.25$ kΩ, $Z_o=8.69\ \Omega$ (c) $A_v=0.997$

13. (a) 13.08 Ω (b) $Z_i=501.98\ \Omega$, $Z_o=3.83$ kΩ (c) -298

15. (a) $A_{v_{NL}}=-557.36$, $Z_i=616.52\Omega$, $Z_o=4.3$ kΩ (b) $A_{v_L}=-214.98$, $A_{v_s}=-81.91$ (c) 49.04
    (d) -120.12 (e) A_{v_s} 相同 (f) 不變

17. $V_B=3.08$ V, $V_E=2.38$ V, $I_E \cong I_C=1.59$ mA, $V_C=6.89$ V

19. $V_{B_1}=4.4$ V, $V_{B_2}=11.48$ V, $V_{E_1}=3.7$ V, $I_{C_1} \cong I_{E_1}=3.7$ mA $\cong I_{E_2} \cong I_{C_2}$, $V_{C_2}=14.45$ V, $V_{C_1}=10.78$ V

第 6 章

5. $V_p=-7.1$ V

9. $V_{GS}=0$ V, $I_D=6$ mA; $V_{GS}=1$ V, $I_D=2.66$ mA; $V_{GS}=+1$ V, $I_D=10.67$ mA,
   $V_{GS}=2$ V, $I_D=16.61$ mA; $\Delta I_D=3.34$ mA 對 6 mA

11. (a) $k=1$ mA/V^2, $I_D=1\times 10^{-3}(V_{GS}-4\text{ V})^2$
    (c) $V_{GS}=2$ V, $I_D=0$ mA; $V_{GS}=5$ V, $I_D=1$ mA; $V_{GS}=10$ V, $=I_D=36$ mA

13. 1.261 V

第 7 章

1. (c) $I_{D_Q} \cong 4.7$ mA, $V_{DS_Q} \cong 5.54$ V (d) $I_{D_Q}=4.69$ mA, $V_{DS_Q}=5.56$ V

5. (a) V_G=2.16 V (b) I_{D_Q}=3.3 mA, V_{GS_Q}=−1.5 V (c) V_D=12.74 V, V_S=3.63 V (d) V_{DS_Q}=9.11 V

7. (a) I_D=3.33 mA (b) V_D=10 V, V_S=6 V (c) V_{GS}=−6 V

9. (a) I_{D_Q}=4 mA, V_{GS_Q}=−1.72 V (b) V_{DS}=9.27 V, V_D=10.52 V

11. (a) I_{D_Q}=3 mA, V_{GS_Q}=1.55 V (b) V_{DS}=−9.87 V (c) V_D=−11.4 V

第 8 章

1. 6 mS

3. 10 mA

5. 2.4 mS

7. (a) 4 mS (b) 3.64 mS (c) 3.6 mS (d) 3 mS (e) 3.2 mS

9. g_m=5.6 mS, r_d=66.67 kΩ

11. Z_i=10 MΩ, Z_o=730 Ω, A_v=2.19

13. Z_i=9.7 Ω, Z_o=461.1 Ω, V_o=−50.40 mA

15. Z_i=10 MΩ, Z_o=1 kΩ, A_v=0.66

17. Z_i=9 MΩ, Z_o=197.6 Ω, Av=0.816

19. Z_i=1.73 MΩ, Z_o=2.15 kΩ, A_v=−4.77

21. −3.51 mV

23. (a) Z_i=2 MΩ, Z_o=0.72 kΩ, $A_{v_{NL}}$=0.733 (c) A_{v_L}=0.552, A_{v_s}=0.552 (d) A_{v_L}=0.670, A_{v_s} 相同
    (e) A_{v_L} 相同, A_{v_s}=0.546 (f) Z_i 和 Z_o 相同

第 9 章

1. (a) 13.01 dB (b) 13.01 dB (c) 6.99 dB

3. G_{dB}=67.96 dB

5. (a) $f_L = 1/\sqrt{1+(1950.43 \text{ Hz}/f)^2}$ (b) 100 Hz: $|A_v|$=0.051; 1k Hz: $|A_v|$=0.456;
   2k Hz: $|A_v|$=0.716; 5k Hz: $|A_z|$=0.932; 10k Hz: $|A_v|$=0.982
   (c) $f_L \cong 1950$ Hz

7. (a) r_e=28.48 Ω (b) $A_{v_{mid}}$=−72.91 (c) Z_i=2.455 kΩ
   (d) f_{L_s}=103.4 Hz, f_{L_C}=38.05 Hz, f_{L_E}=235.79 Hz (e) $f_L = f_{LE}$=235.79 Hz

9. (a) 1210 pF (b) 10.08 pF

11. A_{v_T}=16×10^4

13. f_L=91.96 Hz

第 10 章

1. V_o=−18.75 V

3. V_o=−9.3 V

5. V_o=0.5 V

7. 630 mV

9. $A_{CL}=80$

11. CMRR$=75.56$ dB

第 11 章

1. $V_o=-175$ mV，rms
3. $V_o=412$ mV
5. $V_o=-2.5$ V
9. -25 V
11. $f_{OH}=1.45$ kHz
13. $f_{OL}=318.3$ Hz，$f_{OH}=397.9$ Hz

第 12 章

1. $P_i=10.4$ W，$P_o=640$ mW
3. $P_o=2.1$ W
5. 31.6
7. (a) 最大 $P_i=49.7$ W (b) 最大 $P_o=39.06$ W (c) 最大 % $\eta=78.5$%
9. (a) $P_i=27$ W (b) $P_o=8$ W (c) % $\eta=29.6$% (d) $P_{2Q}=19$ W
11. 0.16, 21.8 W, 22.36 W
13. $P_D=3$ W

第 13 章

5. $V_o=13$ V
7. 週期$=204.8$ μs
9. $f_o=60$ kHz

第 14 章

1. $A_f=-9.95$
3. $A_f=-14.3$，$R_{if}=31.5$ kΩ，$R_{of}=2.4$ kΩ
5. $f_o=4.2$ kHz

第 15 章

1. 漣波因數$=0.028$
3. 漣波電壓$=24.2$ V
5. $V_r=0.6$ V rms，$V_{dc}=17$ V
7. % $r=7.2$%
9. $V_r=0.325$ V rms
11. $V_o=24.6$ V
13. $V_o=9.9$ V

第 16 章

3. (a) $-3V:40\,pF$,$12V:20\,pF$,$\Delta C=20\,pF$ **(b)** $-8V:\Delta C/\Delta V_R=2\,pF/V$,$-2V:\Delta C/\Delta V_R=6.67\,pF/V$

5. (a) 5 mA/fc **(b)** 140 mA

7. 440 μA

9. $V_i=21$ V

11. 6, 7, 8

13. $R=20$ kΩ

17. 2228 Hz

第 17 章

5. (a) $V_G K = -12\,\text{V} + \dfrac{R'(24_A\text{V})}{R'+R_S}$ **(b)** $0\,V$ **(c)** 14 kΩ **(d)** 60 mA **(e)** 0.12 mA **(f)** 是,警報電感性元件;安裝保護電容性元件

7. (a) $\cong 0.7$ MW/cm^2 **(b)** 80.5 %

11. 25.25 kΩ

13. 1 mA

索引

CMOS 邏輯設計　241
npn 電晶體　88
n 通道　(nMOS)　311
pnp 電晶體　88
p 通道　(pMOS)　311

二劃
三極真空管　87

三劃
大訊號　159
小訊號　159
工作點　(operating point)　104, 249

四劃
中斷　(break)　340
互補　(complementary)　241
介電　(dielectric)　229
分貝　(decibel, dB)　336
分段線性等效電路　21
分壓器　168
切換式電源供應器　544
反相器　147
巴克豪生法則　511
方波振盪器　(square-wave oscillator)　511

五劃
半功率　(half-power)　340
半波整流　(half-wave rectification)　45
半波整流器　(half-wave rectifier)　44
半導體二極體　7
可規劃　(programmable)　589
外加偏壓　88
平均交流電阻　20
本質對分　(intrinsic stand-off)　578
未旁路　171
正規化　340

六劃
交越失真　(crossover distortion)　463
光敏電阻裝置　550
光隔離器　(opto-isolator)　588
全波整流　(full-wave rectification)　47
共汲極　305
共射極　(emitter)　95
共射極組態　93
共模斥拒　(common-mode rejection)　379
共模斥拒比　(common-mode rejection ratio)　380
向列型液晶　(nematic liquial crystal)　153
弛張振盪器　(relaxation oscillator)　516

曲線測試儀　99
米勒效應電容　359
自然對數　333
自穩偏壓　293

七劃

串聯　51
串聯靜態開關　308
作用區　(active)　90
夾止　(pinch-off)　221
夾止電壓　(pinch-off voltage)　221
汲極　(drain, D)　220
肖特基接面　242
肖特基障壁　(schottky-barrier)　543

八劃

並聯　54
固定偏壓　290
定電流區　222
弦式振盪器　(sinusoidal oscillator)　511
空乏　(depletion)　220, 228
空乏型　228
空乏區　(depletion region)　230
表面障壁　543
金半場效電晶體　(metal-semiconductor field-effect transistor, MESFET)　220
金氧半場效電晶體　(metal-oxide-semiconductor field-effect transistor, MOSFET)　219

九劃

保持電流　563
前置放大器　(preamplifier)　209
施者　(donor)　5
相對移動率　(μ_n)　2
穿透反射式　(transflective)　554
負載線　33, 109

負電阻振盪器　558
韋恩電橋振盪器　514

十劃

倍壓電路　71
射極　(emitter)　88
射極隨耦器　(emitter follower)　175
峰值反向電壓　12
峰值逆向電壓　12
效應　(effect)　228
純質分隔比　(intrinsic stand-off ratio)　516
脈波　(pulse)　511
逆向偏壓　9
逆向飽和電流　9
迴路增益　511
高阻抗隔離　(high isolation)　587

十一劃

剪除　(clip)　51
動態散射　(dynamic scattering)　553
基板　(substrate)　228
基極　(base)　88
崩潰電壓　12
控制柵極　87
接面場效電晶體　(junction field-effect transistor, JFET)　219
推挽式　(push-pull)　441, 456
混合　(hybrid)　95
混合 π 模型　160
混合等效　160
移相　(phase-shift)　511
累增崩潰　12

十二劃

單接面　(unijunction)　576
單載子　(unipolar)　88, 219

場效　(field-effect)　219
普通對數　333
無阻尼　559
發光二極體　28
階梯網路　484
集極　(collector)　88
集極對射極　93
順向　(forward)　95
順向偏壓　9
順向轉態　(forward breakover)　563

十三劃

源極　(source, S)　220
達靈頓接法　199
過渡電容　23
閘流體　562
閘極　(gate, G)　220, 562
閘關斷開關　570
電子伏特　(eV)　4
電池充電穩壓器　566
電流鏡　140
電洞　(hole)　6
電容溫度係數　546
電晶體開關電路　147
電導　(conductance)　283
電壓調整率　520
零偏壓　8
飽和區　(saturation)　90, 103, 222

十四劃

截止區　(cutoff)　90, 103
滾落　(roll-off)　405
漣波　519
箝拉電路　56
齊納二極體　12, 26
齊納崩潰　12

十五劃

增益頻寬積　(GBP)　365
增強　(enhancement)　220, 228
增強型　228
增強型 MOSFET　(E-MOSFET)　311
增強區　(enhancement region)　230
數位電表　99
歐姆計　100
歐姆區　223
熱阻器　554
熱耗毀　(thermal runaway)　240
熱載子　543
熱電壓　11
線性放大區　222

十六劃

導納等效電路　288
橋式網路　47
積分器　(integrator)　398
蕭克萊方程式　(Schokley equation)　225
諧波失真　468
隨機雜訊產生器　(random-noise generator)　209
靜態　(quiescent, Q)　249
靜態點　(quiescent point)　103
頻帶　(band)　340

十八劃

壓控振盪器　(VCO)　491
壓控電阻區　223
臨限電壓　(threshold voltage)　234

十九劃

轉角　(corner)　340
轉移　(trans)　283
轉換效率　159

雙載子　(bipolar)　88, 219
雙載子接面電晶體　(bipolar junction transistor, BJT)　88
雙端裝置　8
穩壓器　(regulator)　64

二十三劃

邏輯閘　151